# 上扬子克拉通盆地演化与含油气系统

Basin Evolution and Petroleum Systems of
the Upper Yangtze Craton

汪泽成 等 著

科学出版社

北京

## 内 容 简 介

本书是作者从事四川盆地及邻区油气地质研究20余年科研成果的系统总结与集成。按照"阶段论"与"活动论"思想，将盆地沉积充填与形变的旋回性作为盆地分析的基础，突出成盆期构造-古地理及构造运动形变响应，总结叠合盆地演化规律。按照含油气系统研究思路，系统梳理成藏地质要素，突出关键时刻成藏要素的空间配置关系，总结油气富集条件与分布规律，指出勘探有利方向。

本书可供从事油气地质、油气勘探与开发、盆地分析等研究的科研人员及大学教师、研究生参考使用。

图书在版编目（CIP）数据

上扬子克拉通盆地演化与含油气系统=Basin Evolution and Petroleum Systems of the Upper Yangtze Craton / 汪泽成等著. —北京：科学出版社，2023.6
　ISBN 978-7-03-069655-7

Ⅰ.①上… Ⅱ.①汪… Ⅲ.①扬子地块-含油气盆地-含油气系统-研究 Ⅳ.①P618.130.2

中国版本图书馆CIP数据核字（2021）第172702号

责任编辑：万群霞　冯晓利 / 责任校对：郑金红
责任印制：师艳茹 / 封面设计：无极书装

科学出版社 出版
北京东黄城根北街16号
邮政编码：100717
http://www.sciencep.com

北京汇瑞嘉合文化发展有限公司 印刷
科学出版社发行　各地新华书店经销
\*
2023年6月第 一 版　开本：787×1092 1/16
2023年6月第一次印刷　印张：31
字数：730 000
定价：428.00元
（如有印装质量问题，我社负责调换）

# 本书主要撰写人员

汪泽成　姜　华　段书府　江青春　张建勇
谢武仁　黄士鹏　王明磊　陶士振　余　谦
马德波　刘静江　邓胜徽　李文正　付小东
辛勇光　徐安娜　卞从胜　郝　毅　任梦怡

# 前　言

　　四川盆地是一个在上扬子克拉通基底上发展起来的叠合盆地，也是天然气资源富集的超级盆地。油气勘探经历了80余年的历史，在多个主力含气层系发现了一批大中型气田，已成为我国重要的天然气资源基地。21世纪以来，随着勘探程度不断深入，先后在四川盆地发现四个储量规模超万亿立方米的领域和层系：川北地区的长兴组—飞仙关组礁滩气藏群、川中—川西地区的三叠系须家河组致密气、川中地区安岳震旦系—寒武系特大气田、蜀南—川东南地区的奥陶系—志留系海相页岩气。安岳特大型气田是我国目前在深层碳酸盐岩领域发现的单体规模最大、地层时代最古老的原生型大气田，五峰组—龙马溪组是我国目前唯一的海相页岩气富集层系。四川盆地外围天然气勘探也取得了突破与发现，充分展示了以四川盆地为主体的上扬子地区天然气勘探的巨大潜力。因此，系统地研究上扬子地区盆地演化及含油气系统，不仅对深化认识古老克拉通盆地演化具有理论意义，更重要的是对勘探有利区评价选区有指导意义。认识上要"跳出盆地看盆地"，勘探上要"盆内盆外"两手抓，这是本书出版的初衷。

　　迄今为止，笔者从事四川盆地油气地质相关研究长达二十余年。作为骨干或课题负责人，先后参加或承担了"九五"国家重点科技攻关项目"四川盆地大中型气田勘探研究"（编号：99-110-02）、国家科技重大专项"大型油气田及煤层气开发"下设"四川、塔里木等盆地及邻区海相碳酸盐岩大油气田形成条件、关键技术及目标评价"（编号：2008ZX05004、2011ZX05004）及"下古生界—前寒武系碳酸盐岩油气成藏规律、关键技术及目标评价"（编号：2016ZX05004）、国家重点基础研究发展计划（973计划）项目"高效天然气藏形成分布与凝析、低效气藏经济开发的基础研究"（编号：2001CB209）及"中低丰度天然气藏大面积成藏机理与有效开发的基础研究"项目（编号：2007CB209）、中国石油天然气股份有限公司项目重大科技专项"海相碳酸盐岩大油气田勘探开发关键技术"（编号：2008E-0700）等，研究层系涵盖了四川盆地元古界至侏罗系。近三年来，中国石油勘探开发研究院四川盆地研究中心在西南油气田公司大力支持下，紧紧围绕勘探重点领域，加强基础地质研究，按照"跳出盆地看盆地"的理念，系统编制了基础图件，对认识盆地演化及指导勘探选区发挥了重要作用。本书是上述成果的综合集成，凝聚了笔者及团队多年的心血。

　　本书撰写遵循"阶段论"与"活动论"的思想，将盆地沉积充填与形变的旋回性作为盆地分析的基础，突出成盆期的构造-古地理及构造运动的形变响应，总结盆地演化特征。按照含油气系统研究思路，系统梳理成藏地质要素，突出关键时刻成藏要素的空间配置关系，总结油气富集条件与分布规律，指出勘探有利方向。

　　本书核心要点如下。

　　(1)剖析上扬子叠合盆地结构特征及机制。

①基于地球物理信息所揭示的现今构造特征，进一步明确盆山结合部及四川盆地具有"纵向分层、平面分块"的构造形变特征；多层滑脱是四川盆地构造变形的基本特征，寒武系盐下的震旦系构造稳定，表现为"龟壳形"大背斜；川中—川西地区可能存在南华系裂谷。

②从构造层序观点出发，将上扬子克拉通地层分为五个构造-地层层序，即基底构造层序($TS_1$)、新元古界南华系构造——地层层序($TS_2$)、震旦系—下古生界构造——地层层序($TS_3$)、上古生界—中三叠统构造——地层层序($TS_4$)、上三叠统—新生界构造——地层层序($TS_5$)。

③探讨了多期构造叠加变形样式及机制，指出多期构造叠加变形可形成多类型构造枢纽带，深层震旦系—寒武系存在三期构造枢纽带；中新生代以来，华蓥山断裂活动导致川中地区发生走滑构造变形。

(2) 划分了上扬子克拉通盆地演化的四大阶段，揭示了成盆动力机制。

新元古代，受罗迪尼亚超大陆裂解影响，上扬子克拉通发生裂解形成裂谷盆地，四川盆地腹部发育 NE 向为主的陆内裂谷，可能存在沿深大断裂发育的基性—超基性火山岩墙。震旦纪—早中三叠世，为海相克拉通拗陷演化阶段，存在三种类型的克拉通内构造分异：拉张期的克拉通断陷、挤压期的三类古隆起及线性构造。晚三叠世—侏罗纪，受龙门山及大巴山褶皱冲断作用控制，形成了两期前陆盆地，沉降中心和沉积中心不断迁移。

(3) 系统编制不同时期构造-岩相古地理图件，提出克拉通内构造分异、海平面变化及古气候是海相层系古地理演变的主因，揭示海相克拉通拗陷演化经历了两期由伸展到挤压的构造-沉积旋回。

①震旦纪—志留纪为第一个构造-沉积旋回。震旦纪—早寒武世早期，上扬子克拉通表现为受两个台内断陷分隔的三个孤立台地，台地边缘发育微生物丘滩体；早寒武世晚期是分异型台地向统一台地转化的过渡期；早寒武世晚期—中奥陶世，受控于华南造山运动远程效应影响，古地理格局表现为西高东低的宽缓斜坡，以缓坡型碳酸盐岩台地沉积为特征。同时，受川中同沉积古隆起控制，颗粒滩体展布由老到新不断向东迁移。晚奥陶世—早中志留世，受雪峰山陆内造山运动向西挤压作用影响，导致蜀南—川东地区快速沉降，发育深水陆棚富有机质页岩沉积。

②泥盆纪—中三叠世为第二个构造-沉积旋回。泥盆纪—中二叠世早期，受川西海盆拉张作用影响，上扬子克拉通西部的龙门山地区块断作用明显，发育台缘带礁滩体；中二叠世晚期—早三叠世，受克拉通北缘的勉略洋开启与闭合影响，开始出现川北地区发育开江-梁平台内断陷，环绕断陷发育台地边缘生物礁与颗粒滩复合体；早三叠世晚期—中三叠世，雪峰山褶皱带向西挤压作用导致四川盆地东部开江-泸州古隆起由水下古隆起向褶皱古隆起发展，川中—川西地区发育蒸发台地沉积。

(4) 厘定了桐湾运动、加里东运动及东吴运动幕次及其在四川盆地的响应特征。

提出上扬子地区桐湾运动有三幕，以升降运动为特征，导致震旦系灯影组二段（灯二段）、灯影组四段（灯四段）普遍发育风化壳岩溶作用；加里东运动在四川盆地也有三幕响应特征，川中古隆起形成于中奥陶世末的都匀运动，最终定型于广西运动。东吴运动表现为升降运动性质，冰川型海平面下降及峨眉地幔柱的隆升是茅口组岩溶古地貌南北差异的主因。

(5) 系统阐述了四川盆地含油气系统特征。

提出了南华系存在间冰期含气系统，指出震旦系与寒武系分属不同的含气系统；将海相碳酸盐岩层系划分为下古生界子系统、中二叠统子系统、上二叠统—下三叠统子系统以及中—下三叠统子系统；将前陆盆地含油气系统划分为上三叠统致密气系统及侏罗系致密油气系统。重点论述了不同系统的储层特征及关键时刻的成藏要素空间配置，强调"相控"型储层存在的广泛性与规模性。同时，指出在晚期构造活动区存在着复合含油气系统，应引起勘探选区评价的高度重视。

(6) 发展完善海相碳酸盐岩油气地质理论。

①生烃机理方面，解剖研究安岳气田震旦系—寒武系气源，提出古老海相碳酸盐岩存在烃源岩、分散液态烃及古油藏三类烃源灶，为天然气晚期成藏奠定资源基础，安岳气田天然气资源来自古油藏及源外分散液态烃裂解气的贡献比例超过60%。

②克拉通内构造分异控制规模成藏要素组合。首次提出克拉通内构造分异的三种类型，指出克拉通内断陷控制优质烃源岩，断陷周缘发育台缘带丘滩体，同沉积古隆起斜坡带发育环状分布的颗粒滩体；碳酸盐岩台地演化控制了成藏组合的时空分布，为大面积成藏创造有利条件。

③创建两类沉积新模式：一是断控型台缘带模式，如震旦系灯影组同沉积断层控制微生物岩分布、长兴组—飞仙关组同沉积断层控制礁滩分布等；二是同沉积古隆起控滩模式，如川中古隆起寒武系—奥陶系颗粒滩环绕古隆起分布等。

④解剖川东北飞仙关组礁滩高效气藏，提出台缘带礁滩复合体具备形成规模大、丰度高、产量高的高效气藏有利条件，指出涵盖地质要素、成藏过程及能量场环境的成藏三要素对高效气藏形成有明显的控制作用。

(7) 提出古老碳酸盐岩成藏组合评价方法。

古老海相碳酸盐岩成藏组合分为同构造期成藏组合及跨构造期成藏组合两大类型。储集体类型是海相碳酸盐岩成藏组合评价研究中最重要的评价参数，也是进一步划分成藏组合类型的重要依据。源-储配置关系是成藏组合评价的核心，归纳起来有两种类型：同沉积期的源-储配置以及跨构造期的源-储配置。

(8) 梳理碳酸盐岩大气田基本特征，总结海相碳酸盐岩油气富集规律，指明勘探方向。

指出碳酸盐岩大气田三大基本特征："层控"性，大气田主力含气层系分布稳定；气藏类型以中低丰度的地层型、岩性型及复合型为主；碳酸盐岩大气田气藏"集群式"分布。分布规律如下。

①遵循"源控论"，有效烃源控制了天然气资源分布，有规模的近源成藏组合是碳酸盐岩大气田形成的必要条件。

②规模储层分布具"相控"特征，高能环境礁(滩)体经建设性成岩作用叠加改造形成有效储集层，深层-超深层碳酸盐岩仍可发育多类型规模储集层。

③成藏与保存关键时刻的三要素有效配置控制气藏规模与质量，古隆起、古斜坡、古台缘带与古断裂带是天然气成藏富集的有利区。

全书共十一章。前言由汪泽成、段书府撰写；第一章由汪泽成、姜华、马德波撰写；第二章由汪泽成、刘静江、邓胜徽撰写；第三章由汪泽成、余谦撰写；第四章由汪泽成、刘静江、谢武仁撰写；第五章由汪泽成、李文正、付小东撰写；第六章由汪泽成、江青春、王明磊、辛勇光、苏旺撰写；第七章由汪泽成、徐安娜、卞从胜撰写；第八章由汪泽成、谢武仁、姜华撰写；第九章由汪泽成、张建勇、任梦怡、王明磊、辛勇光、郝毅撰写；第十章由汪泽成、陶士振、徐安娜、卞从胜、庞正炼撰写；第十一章由汪泽成、余谦、黄士鹏撰写。全书由汪泽成、姜华统稿并定稿。张宝民、翟秀芬、苏旺、陈娅娜、石书缘、马石玉、田瀚、谷明峰、武赛军、杨荣军、施亦做等参加了研究工作，研究生张浩然、黄彤飞及魏瑶等参与图件绘制工作。本书相关的项目研究过程中得到了赵文智院士、邹才能院士、马新华教授、杜金虎教授、胡素云教授、冉隆辉教授、顾家裕教授等专家的悉心指导，还得到西南油气田公司徐春春教授、杨跃明教授、沈平教授、黄先平教授、杨雨教授、赵路子教授、张健教授、肖富森教授、文龙教授等领导及专家的大力支持，此外，还得到了四川盆地研究中心的姚根顺教授、李熙喆教授、李伟教授、谢占安教授、王永辉教授、万玉金教授、张静高级工程师等的全力支持，在此一并表示衷心的感谢。

由于作者水平有限，不妥或错漏之处，敬请读者批评指正。

作　者

2022 年 6 月

# 目 录

前言

**第一章 上扬子地块构造特征** ............................................. 1

  第一节 区域构造特征 ............................................. 1

    一、大地构造位置 ............................................. 1

    二、上扬子地块主要构造特征 ............................................. 1

  第二节 四川盆地构造特征与构造演化 ............................................. 9

    一、构造层划分 ............................................. 9

    二、穿盆地地震大剖面构造解释 ............................................. 10

    三、四川盆地深层震旦系—寒武系构造特征及构造演化 ............................................. 16

    四、四川盆地中浅层构造特征及变形机制——以上三叠统须家河组为例 ............................................. 22

  第三节 多期构造叠加变形的构造枢纽带 ............................................. 27

    一、构造枢纽带的基本类型 ............................................. 28

    二、四川盆地深层三期构造枢纽带 ............................................. 33

  第四节 高石梯-磨溪地区深层走滑断层构造特征 ............................................. 37

    一、走滑断层几何学特征 ............................................. 38

    二、走滑断层的运动学特征 ............................................. 42

    三、走滑断层的形成演化 ............................................. 44

  参考文献 ............................................. 49

**第二章 构造-地层层序与盆地演化** ............................................. 50

  第一节 构造层序地层 ............................................. 50

    一、构造层序地层划分 ............................................. 51

    二、盆地基底($TS_1$) ............................................. 54

    三、新元古界南华系构造-地层层序($TS_2$) ............................................. 56

    四、震旦系—下古生界构造-地层层序($TS_3$) ............................................. 60

    五、上古生界—中三叠统构造-地层层序($TS_4$) ............................................. 76

    六、上三叠统—新生界构造-地层层序($TS_5$) ............................................. 81

  第二节 上扬子克拉通盆地演化 ............................................. 87

    一、基底形成阶段 ............................................. 88

    二、南华纪裂谷盆地阶段 ............................................. 88

    三、震旦纪—中三叠世海相克拉通盆地演化阶段 ............................................. 88

    四、前陆盆地演化阶段 ............................................. 89

  参考文献 ............................................. 90

**第三章 新元古代南华纪构造-古地理** ............................................. 92

  第一节 新元古代区域构造背景 ............................................. 92

    一、罗迪尼亚超大陆裂解 ............................................. 92

二、扬子陆块新元古代构造格局…………………………………………………94
第二节　南华纪构造-古地理格局………………………………………………………101
　　一、南华纪构造沉积分区…………………………………………………………101
　　二、南华纪构造-岩相古地理特征…………………………………………………102
第三节　四川盆地前震旦系裂谷盆地探讨………………………………………………107
　　一、深部信息的重磁力资料处理与解译…………………………………………108
　　二、前震旦系结构的地球物理综合解译…………………………………………112
参考文献……………………………………………………………………………………115

# 第四章　震旦纪构造-岩相古地理…………………………………………………………117
第一节　早震旦世陡山沱期构造-古地理………………………………………………117
　　一、早震旦世古构造格局…………………………………………………………117
　　二、陡山沱组典型剖面沉积特征…………………………………………………121
　　三、陡山沱期岩相古地理及其演化………………………………………………124
第二节　晚震旦世灯影期构造-古地理…………………………………………………130
　　一、晚震旦世古构造格局…………………………………………………………130
　　二、沉积相主要类型及特征………………………………………………………134
　　三、灯一段+灯二段沉积期岩相古地理……………………………………………141
　　四、灯三段沉积期岩相古地理……………………………………………………146
　　五、灯四段沉积期岩相古地理……………………………………………………147
　　六、克拉通内裂陷台缘带沉积模式………………………………………………150
第三节　上扬子克拉通桐湾运动幕次与响应特征………………………………………156
　　一、桐湾运动幕次…………………………………………………………………158
　　二、不同地区桐湾运动响应特征…………………………………………………159
参考文献……………………………………………………………………………………164

# 第五章　早古生代构造-岩相古地理………………………………………………………166
第一节　早寒武世早期构造-岩相古地理………………………………………………166
　　一、麦地坪期岩相古地理…………………………………………………………166
　　二、筇竹寺期岩相古地理…………………………………………………………167
第二节　早寒武世中期—中奥陶世构造-岩相古地理…………………………………172
　　一、沧浪铺期重大构造变革结束了克拉通内裂陷演化历史……………………172
　　二、碳酸盐岩台地同沉积古隆起…………………………………………………173
　　三、缓坡型碳酸盐岩台地沉积模式………………………………………………176
　　四、主要沉积期岩相古地理特征…………………………………………………181
第三节　志留纪构造-岩相古地理………………………………………………………196
　　一、志留纪沉积地质背景…………………………………………………………197
　　二、主要沉积相类型………………………………………………………………197
　　三、早志留世龙马溪期岩相古地理………………………………………………198
　　四、早志留世小河坝期或石牛栏期岩相古地理…………………………………199
　　五、早志留世韩家店期岩相古地理………………………………………………203
第四节　加里东运动幕次及在四川盆地响应……………………………………………204
　　一、郁南运动与汉中-广元古隆起…………………………………………………205

二、都匀运动与川中古隆起形成 ……………………………………………………… 206
　　三、广西运动与川中古隆起叠加改造 …………………………………………………… 211
参考文献 …………………………………………………………………………………………… 213

# 第六章　晚古生代—中三叠世构造-岩相古地理 ……………………………………………… 215
第一节　晚古生代区域地质背景 ………………………………………………………………… 215
　　一、扬子地块北缘的勉略洋开启与闭合 ………………………………………………… 215
　　二、峨眉山大火成岩省 …………………………………………………………………… 216
　　三、二叠纪海平面升降事件与放射虫硅质岩 …………………………………………… 218
第二节　中二叠世栖霞期—茅口期岩相古地理 ………………………………………………… 219
　　一、地层特征 ……………………………………………………………………………… 219
　　二、层序地层格架 ………………………………………………………………………… 220
　　三、主要沉积相类型 ……………………………………………………………………… 225
　　四、中二叠世栖霞期岩相古地理 ………………………………………………………… 227
　　五、中二叠世茅口期岩相古地理 ………………………………………………………… 229
第三节　晚二叠世—早三叠世长兴期—飞仙关期岩相古地理 ………………………………… 234
　　一、开江-梁平裂陷初始形成时间 ………………………………………………………… 234
　　二、开江-梁平裂陷形成演化 ……………………………………………………………… 235
　　三、长兴期—飞仙关期岩相古地理特征及演化 ………………………………………… 237
第四节　中三叠世雷口坡期构造-岩相古地理 …………………………………………………… 248
　　一、雷口坡组特征 ………………………………………………………………………… 248
　　二、沉积相类型及其特征 ………………………………………………………………… 248
　　三、雷口坡期沉积模式 …………………………………………………………………… 252
　　四、岩相古地理特征 ……………………………………………………………………… 255
　　五、雷口坡期盐盆演化及变迁 …………………………………………………………… 263
参考文献 …………………………………………………………………………………………… 264

# 第七章　晚三叠世—侏罗纪构造-岩相古地理 ……………………………………………… 266
第一节　两期前陆盆地 …………………………………………………………………………… 266
　　一、晚三叠世川西前陆盆地 ……………………………………………………………… 266
　　二、中—晚侏罗世大巴山前陆盆地 ……………………………………………………… 270
第二节　晚三叠世须家河期岩相古地理 ………………………………………………………… 274
　　一、须家河组沉积体系展布 ……………………………………………………………… 274
　　二、构造沉降对须家河组沉积体系控制作用的探讨 …………………………………… 280
第三节　侏罗纪岩相古地理 ……………………………………………………………………… 286
　　一、沉积相类型 …………………………………………………………………………… 286
　　二、沉积相展布与演化 …………………………………………………………………… 287
参考文献 …………………………………………………………………………………………… 292

# 第八章　新元古界含油气系统 ……………………………………………………………… 293
第一节　国外新元古界含油气系统研究进展与启示 …………………………………………… 293
　　一、全球气候和冰川作用对新元古烃源岩分布的控制作用 …………………………… 294
　　二、早期裂谷—晚期克拉通拗陷的构造带利于形成油气富集区 ……………………… 296

三、环冈瓦纳边缘是未来新元古界含油气勘探的有利领域⋯⋯⋯⋯⋯⋯⋯⋯⋯⋯⋯⋯296
第二节 上扬子地区震旦系含油气系统⋯⋯⋯⋯⋯⋯⋯⋯⋯⋯⋯⋯⋯⋯⋯⋯⋯⋯⋯⋯⋯297
　　一、三套烃源岩⋯⋯⋯⋯⋯⋯⋯⋯⋯⋯⋯⋯⋯⋯⋯⋯⋯⋯⋯⋯⋯⋯⋯⋯⋯⋯⋯⋯298
　　二、深层震旦系灯影组发育台缘与台内两类规模储层⋯⋯⋯⋯⋯⋯⋯⋯⋯⋯⋯⋯302
　　三、多关键时刻与多源供烃成藏⋯⋯⋯⋯⋯⋯⋯⋯⋯⋯⋯⋯⋯⋯⋯⋯⋯⋯⋯⋯⋯304
　　四、震旦系含气系统气藏特征与控藏因素⋯⋯⋯⋯⋯⋯⋯⋯⋯⋯⋯⋯⋯⋯⋯⋯⋯316
第三节 震旦系与寒武系分属不同含气系统⋯⋯⋯⋯⋯⋯⋯⋯⋯⋯⋯⋯⋯⋯⋯⋯⋯⋯⋯323
　　一、震旦系与寒武系天然气组分与气源的差异性⋯⋯⋯⋯⋯⋯⋯⋯⋯⋯⋯⋯⋯⋯323
　　二、震旦系气藏与寒武系气藏压力系统的差异性⋯⋯⋯⋯⋯⋯⋯⋯⋯⋯⋯⋯⋯⋯328
　　三、寒武系以构造-岩性气藏、岩性气藏为主⋯⋯⋯⋯⋯⋯⋯⋯⋯⋯⋯⋯⋯⋯⋯329
　　四、构造-沉积分异控制了不同成藏组合⋯⋯⋯⋯⋯⋯⋯⋯⋯⋯⋯⋯⋯⋯⋯⋯⋯329
第四节 上扬子地区南华系冰期含油气系统(潜在的)⋯⋯⋯⋯⋯⋯⋯⋯⋯⋯⋯⋯⋯⋯⋯329
　　一、裂陷盆地控制优质烃源岩发育⋯⋯⋯⋯⋯⋯⋯⋯⋯⋯⋯⋯⋯⋯⋯⋯⋯⋯⋯330
　　二、紧邻大塘坡组的碎屑岩储集层具特低孔特低渗特征⋯⋯⋯⋯⋯⋯⋯⋯⋯⋯⋯330
　　三、四川盆地可能存在南华系含气系统⋯⋯⋯⋯⋯⋯⋯⋯⋯⋯⋯⋯⋯⋯⋯⋯⋯331
参考文献⋯⋯⋯⋯⋯⋯⋯⋯⋯⋯⋯⋯⋯⋯⋯⋯⋯⋯⋯⋯⋯⋯⋯⋯⋯⋯⋯⋯⋯⋯⋯⋯⋯331

## 第九章　下古生界—中三叠统碳酸盐岩含油气系统⋯⋯⋯⋯⋯⋯⋯⋯⋯⋯⋯⋯⋯⋯⋯⋯333
第一节 下古生界含油气子系统⋯⋯⋯⋯⋯⋯⋯⋯⋯⋯⋯⋯⋯⋯⋯⋯⋯⋯⋯⋯⋯⋯⋯⋯334
　　一、主力烃源岩⋯⋯⋯⋯⋯⋯⋯⋯⋯⋯⋯⋯⋯⋯⋯⋯⋯⋯⋯⋯⋯⋯⋯⋯⋯⋯⋯⋯334
　　二、主要储集层特征⋯⋯⋯⋯⋯⋯⋯⋯⋯⋯⋯⋯⋯⋯⋯⋯⋯⋯⋯⋯⋯⋯⋯⋯⋯⋯334
　　三、成藏过程与控藏因素⋯⋯⋯⋯⋯⋯⋯⋯⋯⋯⋯⋯⋯⋯⋯⋯⋯⋯⋯⋯⋯⋯⋯⋯345
　　四、油气分布规律⋯⋯⋯⋯⋯⋯⋯⋯⋯⋯⋯⋯⋯⋯⋯⋯⋯⋯⋯⋯⋯⋯⋯⋯⋯⋯⋯349
第二节 中二叠统含油气子系统⋯⋯⋯⋯⋯⋯⋯⋯⋯⋯⋯⋯⋯⋯⋯⋯⋯⋯⋯⋯⋯⋯⋯⋯350
　　一、主力烃源岩⋯⋯⋯⋯⋯⋯⋯⋯⋯⋯⋯⋯⋯⋯⋯⋯⋯⋯⋯⋯⋯⋯⋯⋯⋯⋯⋯⋯351
　　二、储集层⋯⋯⋯⋯⋯⋯⋯⋯⋯⋯⋯⋯⋯⋯⋯⋯⋯⋯⋯⋯⋯⋯⋯⋯⋯⋯⋯⋯⋯⋯352
　　三、茅口组成藏演化⋯⋯⋯⋯⋯⋯⋯⋯⋯⋯⋯⋯⋯⋯⋯⋯⋯⋯⋯⋯⋯⋯⋯⋯⋯⋯357
　　四、油气分布与勘探有利区带⋯⋯⋯⋯⋯⋯⋯⋯⋯⋯⋯⋯⋯⋯⋯⋯⋯⋯⋯⋯⋯⋯367
第三节 上二叠统—下三叠统子系统⋯⋯⋯⋯⋯⋯⋯⋯⋯⋯⋯⋯⋯⋯⋯⋯⋯⋯⋯⋯⋯⋯368
　　一、主力烃源岩⋯⋯⋯⋯⋯⋯⋯⋯⋯⋯⋯⋯⋯⋯⋯⋯⋯⋯⋯⋯⋯⋯⋯⋯⋯⋯⋯⋯368
　　二、主要储集层特征⋯⋯⋯⋯⋯⋯⋯⋯⋯⋯⋯⋯⋯⋯⋯⋯⋯⋯⋯⋯⋯⋯⋯⋯⋯⋯369
　　三、礁滩气藏分布及富集规律⋯⋯⋯⋯⋯⋯⋯⋯⋯⋯⋯⋯⋯⋯⋯⋯⋯⋯⋯⋯⋯⋯373
　　四、礁滩气藏有利勘探区带⋯⋯⋯⋯⋯⋯⋯⋯⋯⋯⋯⋯⋯⋯⋯⋯⋯⋯⋯⋯⋯⋯⋯376
第四节 中三叠统雷口坡组子系统⋯⋯⋯⋯⋯⋯⋯⋯⋯⋯⋯⋯⋯⋯⋯⋯⋯⋯⋯⋯⋯⋯⋯377
　　一、发育多套烃源岩⋯⋯⋯⋯⋯⋯⋯⋯⋯⋯⋯⋯⋯⋯⋯⋯⋯⋯⋯⋯⋯⋯⋯⋯⋯⋯377
　　二、主要储集层特征⋯⋯⋯⋯⋯⋯⋯⋯⋯⋯⋯⋯⋯⋯⋯⋯⋯⋯⋯⋯⋯⋯⋯⋯⋯⋯378
　　三、雷口坡组成藏组合与关键时刻⋯⋯⋯⋯⋯⋯⋯⋯⋯⋯⋯⋯⋯⋯⋯⋯⋯⋯⋯⋯382
　　四、气藏类型与分布规律⋯⋯⋯⋯⋯⋯⋯⋯⋯⋯⋯⋯⋯⋯⋯⋯⋯⋯⋯⋯⋯⋯⋯⋯383
参考文献⋯⋯⋯⋯⋯⋯⋯⋯⋯⋯⋯⋯⋯⋯⋯⋯⋯⋯⋯⋯⋯⋯⋯⋯⋯⋯⋯⋯⋯⋯⋯⋯⋯384

## 第十章　前陆盆地碎屑岩含油气系统⋯⋯⋯⋯⋯⋯⋯⋯⋯⋯⋯⋯⋯⋯⋯⋯⋯⋯⋯⋯⋯⋯⋯386
第一节 上三叠统致密砂岩含气系统⋯⋯⋯⋯⋯⋯⋯⋯⋯⋯⋯⋯⋯⋯⋯⋯⋯⋯⋯⋯⋯⋯386
　　一、烃源岩特征⋯⋯⋯⋯⋯⋯⋯⋯⋯⋯⋯⋯⋯⋯⋯⋯⋯⋯⋯⋯⋯⋯⋯⋯⋯⋯⋯⋯386

  二、储集层特征……388
  三、须家河组大面积储层形成的主控因素……391
  四、成藏关键因素与富集规律……396
 第二节 侏罗系湖相致密油含油气系统……405
  一、储层特征……405
  二、成岩作用特征及其孔隙演化……410
  三、储层分布特征……415
  四、侏罗系致密油聚集规律和主控因素……416
 参考文献……429

## 第十一章 大油气田分布规律与勘探方向……430
 第一节 复合含油气系统……430
  一、多个生烃灶叠合分布……430
  二、两期关键时刻……431
  三、晚期构造活动导致多含气系统的贯通复合……432
  四、复合含油气系统分布……435
 第二节 碳酸盐岩大油气田分布规律……439
  一、碳酸盐岩大气田基本特征……439
  二、深层碳酸盐岩大气田形成条件……444
  三、克拉通内构造分异对碳酸盐岩油气成藏要素规模分布的控制……447
  四、油气成藏的三大要素及其对碳酸盐岩高效大气田形成的主控作用……453
 第三节 古老海相碳酸盐岩油气成藏组合的评价方法……467
  一、古老海相碳酸盐岩成藏组合研究方法……468
  二、古老海相碳酸盐岩成藏组合类型……471
  三、成藏组合实例……473
 第四节 资源潜力与勘探方向……475
  一、资源现状……475
  二、待发现天然气资源分布特点……476
  三、大气田勘探方向……476
 参考文献……479

# 第一章　上扬子地块构造特征

根据板块构造理论，地块指造山带之间的陆壳块体，是相对稳定的大地构造单元。上扬子地块位于我国中西部，地理位置以四川盆地为中心，盆地四周为褶皱山系环绕。上扬子地块的分布大致范围：东部边界为湖北宜昌—湖南邵阳一线以西，西部边界为龙门山断裂—云南昭通一线以东，北部界线在甘肃武都—陕西汉中一线、南部则以云南宣威—贵州贵阳—广西桂林—湖南邵阳为界。东西长约820km、南北宽约800km，面积约65万 km$^2$。

四川盆地是在扬子克拉通基底之上发育的大型叠合含油气盆地，面积20余万平方千米，发育厚达上万米的震旦系—新近系，油气资源丰富。盆地演化经历了四个重要阶段：①陆内裂谷阶段，主要发生在南华纪。②克拉通盆地阶段，发生在震旦纪—中三叠世，以海相沉积为主。这一阶段发生了多幕构造运动，在现今四川盆地内部产生了多期、多类型的构造分异。③前陆盆地演化阶段，发生在晚三叠世—白垩纪。④晚期构造形变阶段，发生在白垩纪末期—新近纪。受喜马拉雅运动影响，四川盆地周缘发生强烈构造变形，形成了龙门山褶皱-冲断带、米仓山-大巴山褶皱-冲断带、川东高陡构造带，盆地内部构造变形相对较弱。

本章在简述区域构造特征基础上，重点讨论四川盆地构造特征与构造演化、多期构造叠加变形的构造枢纽带、川中深层走滑断层构造特征。

## 第一节　区域构造特征

### 一、大地构造位置

扬子地块是指华南大陆中江绍-钦防构造带以西的华南区域(图 1-1)，包括具有前南华纪基底的扬子板块和华夏板块的西部。基底之上统一不整合覆盖着南华系与连续的下古生界及以上岩层，表明扬子地块是虽具不同基底但有统一盖层的大陆块体(张国伟等，2013)。以雪峰山基底隆升构造带西缘张家界-花垣断裂为界，以西称之为上扬子地块，以东称之为下扬子地块。下扬子地块与华夏地块共同遭受显生宙以来早古生代(海西期)和中生代初(印支期)两期陆内造山作用而活化，使南华系—中三叠统盖层岩系普遍变形变质，岩浆活动贯入的具造山性质的多期构造运动复合叠加改造的面状分布的陆内造山区(张国伟等，2013)。

### 二、上扬子地块主要构造特征

上扬子地块的西部发育四川盆地，四周均为深大断裂：西边界是青川-茂汶断裂，向西为松潘-甘孜褶皱系；北界为安康断裂，向北为秦岭造山带；东南为桃源-怀化断裂，与华南造山带过渡；南界为垭都-紫云断裂。

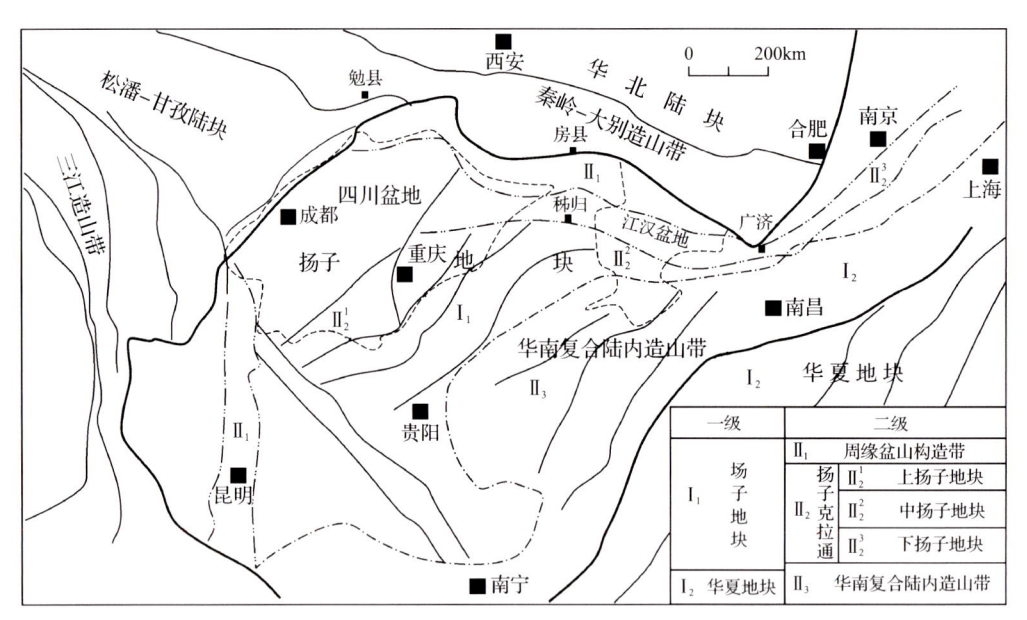

图 1-1 华南大陆构造区划图(据张国伟等,2013,有修改)

上扬子地块又可进一步划分为六个二级构造单元(图 1-2),分别为龙门山褶皱冲断带、米仓山-大巴山褶皱冲断带、四川盆地、黔-湘-鄂隔槽式构造带、雪峰山基底隆升构造带、滇东隆升构造带。

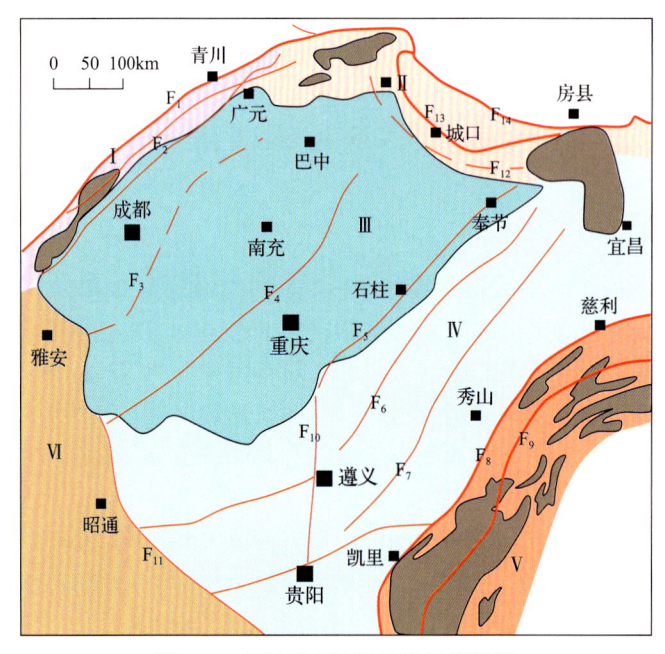

图 1-2 上扬子克拉通构造区划简图

Ⅰ-龙门山褶皱冲断带;Ⅱ-米仓山-大巴山褶皱冲断带;Ⅲ-四川盆地;Ⅳ-黔-湘-鄂隔槽式构造带;Ⅴ-雪峰山基底隆升构造带;Ⅵ-滇东隆升构造带。$F_1$-青川-茂汶断裂;$F_2$-安县-灌县断裂;$F_3$-龙泉山隐伏断裂;$F_4$-华蓥山断裂;$F_5$-齐岳山断裂;$F_6$-建始-彭水断裂;$F_7$-来凤-假渡口断裂;$F_8$-慈利-大庸-保靖断裂;$F_9$-桃源-怀化断裂;$F_{10}$-遵义-贵阳断裂;$F_{11}$-垭都-紫云断裂;$F_{12}$-万源-巫溪断裂;$F_{13}$-城口断裂;$F_{14}$-安康断裂

1. 龙门山褶皱冲断带

该带为扬子地块向松潘-甘孜褶皱系过渡带，西界断裂为青川-茂汶断裂，东界断裂为彭县-灌县断裂。整个龙门山冲断-褶皱带大致以绵竹为界，分为南北两段。北段除唐王寨向斜外，主要是倾向西北、向盆地推掩的逆冲断层带，靠近盆地前缘出现了天井山等背斜。南段包括九顶山、宝兴杂岩体在内，除有大片前震旦系出露外，主要由泥盆系、石炭系和二叠系组成的推覆体，逆掩在上三叠统须家河组乃至侏罗系之上，彭县附近可以见到"飞来峰"构造。

该构造带内构造活动频繁，变化较大。新元古代—早古生代为被动大陆边缘，沉积巨厚的以深水相为主的南华系—志留系。海西期，龙门山断裂带西侧下降，形成 NE 向槽形拗陷带，沉积巨厚的泥盆系—石炭系。二叠纪—早中三叠纪以海相碳酸盐岩沉积为主，海水自西部海槽进入该区。中三叠世末的印支运动早幕基本上结束了海相沉积，进入前陆盆地发展阶段。印支以来的历次构造运动，主要受挤压力作用，以褶皱-冲断作用和走滑作用为主。

2. 米仓山-大巴山褶皱冲断带

米仓山-大巴山褶皱冲断带位于扬子克拉通北缘，呈弧形展布，从东向西由 EW 向转为 NW 向，弧形带轴部在兰皋—城口—宣汉一线呈 SW 向向四川盆地凸出，与川东北部 NE 向弧形带共同构成"收敛双弧"构造。这一独特的构造形迹，在现今地质图上表现非常明显，大巴山弧形构造带地层呈线条状褶皱，且由山前带向造山带内部，依次出露地层有侏罗系、三叠系、上古生界、下古生界、前寒武系，表明构造变形所卷入地层越来越老。川东 NE 向弧形带在开江—万州以北发生明显转向，由 NE 向转为近 EW 向，除华蓥山中北段出露古生界外，在线性构造轴部出露三叠系，宽缓向斜出露侏罗系。华蓥山以西的川中地区，主要出露侏罗系和白垩系，地层变形微弱，地表构造显示为背斜或穹隆构造。

米仓山-大巴山褶皱冲断带分为三个三级构造单元，从大巴山到盆地依次为大巴山弧形构造带、米仓山-大巴山前缘带、川北凹陷带。其中，大巴山弧形构造带可划分出三个构造变形区，以华蓥山北部潜伏断裂及开江-温泉井断裂为构造变形区分界，从西向东依次为通江-黄金口西 NW 向潜伏断褶带、五宝场-铁山 NW-NE 构造交会带、温泉井-奉节近 EW 向构造带(图 1-3、图 1-4)。

1)通江-铁山坡西 NW 向潜伏断褶带

该构造带与大巴山弧形带内的镇巴断褶区紧邻，以冲断层与镇巴断褶区逐渐过渡。地表出露侏罗系和白垩系，地表断层不发育，但发育多排 NW 走向的低幅褶皱。近几年来的油气勘探证实，该构造带潜伏构造发育，构造走向以 NW 向为主。地震构造解释表明，该区发育两套滑脱层，上滑脱层(顶板滑脱层)为下三叠统嘉陵江组膏岩层，全区发育；下滑脱层(底板滑脱层)为寒武系泥质岩，主要发育在大巴山山前带。位于顶板滑脱层之上的上构造层，断层相关褶皱变形强度从山前带向盆地方向不断减弱。上构造层下部(相当于上三叠统须家河组和侏罗系下部地层)冲断层和反向冲断层发育，而浅层(中上侏罗统—白垩系)断层不发育，呈现低幅度的褶皱形态(在地表地层分布格局中清晰地反映出来)。冲断层和反向冲断层两者之间地层下凹，构成"三角带"[图 1-4(a)]。三角带

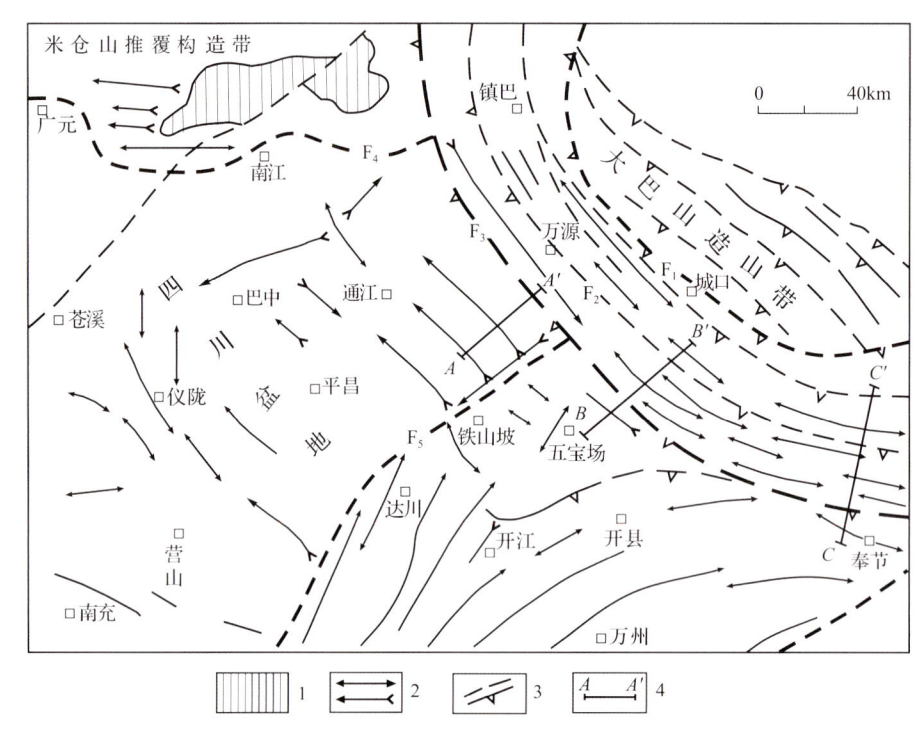

图 1-3 米仓山-大巴山及邻区构造单元与地表构造略图

1-基底；2-褶皱；3-主要断裂($F_1$-城口断裂；$F_2$-万源-巫溪断裂；$F_3$-徐家坝断裂；$F_4$-米仓山山前断裂(推测)；$F_5$-华蓥山断裂；$F_6$-齐岳山断裂)；4-地震-地质综合解释剖面线

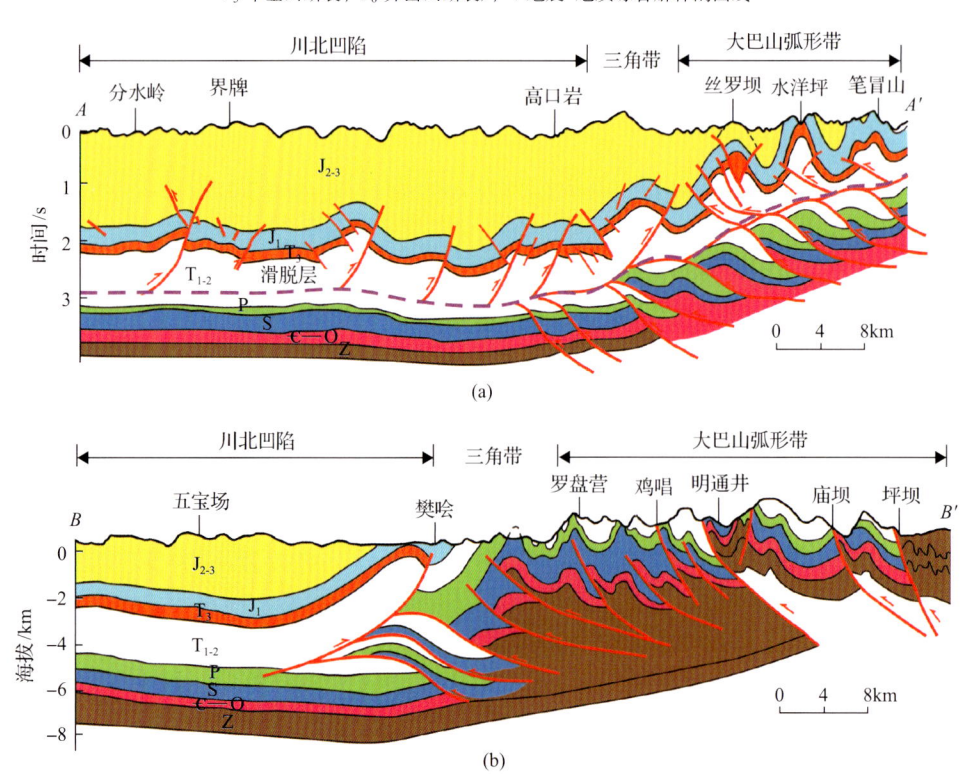

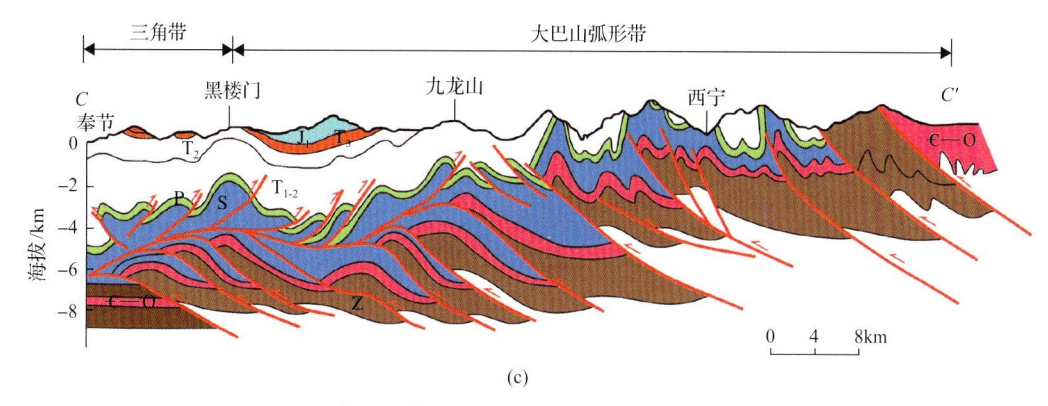

图 1-4 大巴山前缘带典型构造剖面(剖面位置见图 1-3)

(a)黄金口西 DBS008 地震测线构造解释 A—A′剖面;(b)五宝场地区地震-地表综合构造解释 B—B′剖面;
(c)黑楼门地震-地表联合构造解释 C—C′剖面

成为变形强弱的分界,靠大巴山一侧,构造变形强度大,且在滑脱层之下发育双重构造,上下滑脱层之间发育叠瓦状排列的冲断层。也正是由于被动顶双重构造的"拱顶抬升"作用,使得山前带地层抬升高,浅层被剥蚀的地层多。

2) 五宝场-铁山坡 NW-NE 向构造交会带

该构造带对应着大巴山弧形带内的万源断褶区,位于大巴山弧形带向盆地凸出部分。弧形带内地表出露古生界,并向侧翼过渡到三叠系,显示出明显的老地层卷入;山前带地表出露侏罗系,地表断层不发育。平面上,该区由铁山坡 NE 向断层带(相当于华蓥山断裂带的北部倾末端)和开江-温泉井 NEE 向断层所围限的"三角形"区域,区内地表出露白垩系及侏罗系,断层不发育,因而又被称为五宝场凹陷。"三角形"区以北属于大巴山弧形带,发育 NW 向断层,延伸距离较长;"三角形"区块内 NW 向断层延伸受限,断层发育仅局限在 NE 向断层之间,形成时间明显晚于 NE 向断层。樊哙以北地区,断层发育,呈叠瓦状排列[图 1-4(b)]。断层向下呈明显的收敛态势,可能最终收敛于寒武系滑脱层。地层变形明显增强,中生界和古生界一起卷入变形,反映了大巴山弧形带凸出部位构造挤压应力增强。从该区完成的下三叠统飞仙关组构造图看(图 1-5),存在三组方向的断层,即 NW 向、NE 向及 NEE 向,三者之间所围限的地区断层不发育,地层较平缓。

3) 温泉井-奉节近 EW 向构造带

该构造带对应着大巴山弧形带内的巫溪断褶区,以冲断层逐渐过渡。山前地表出露侏罗系和三叠系,地表断层和褶皱发育,变形强烈。潜伏构造主体上呈 NEE 走向,水田坝以东过渡为近东向,与剪刀架背斜正鞍相接。背斜核部出露嘉陵江组[图 1-4(c)],伴生一系列同构造走向一致的断层。

大巴山前缘构造变形样式有很大差异。这种差异是大巴山的 NE 向挤压应力、来自川东的 NW 向挤压应力及川中地块的 SE 向反作用力联合作用的结果(图 1-5)。

铁山坡以西地区,主要受大巴山 NE 向主挤压应力所分解的近 EW 向侧向挤压应力作用。这种应力要远小于主挤压应力,因而该区变形强度明显弱,出露地层相对较新(万源-镇巴地区广泛出露侏罗系)。

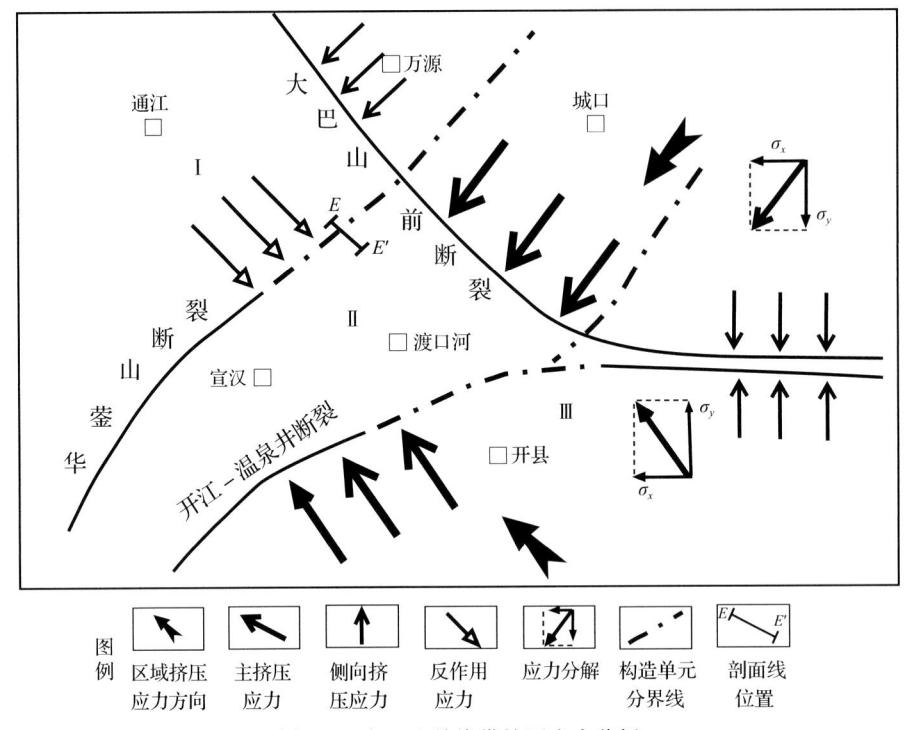

图 1-5 大巴山前缘带挤压应力分析

Ⅰ-通江-铁山城西 NW 向潜伏断褶带；Ⅱ-五宝场-铁山坡 NW-NE 向构造交会带；Ⅲ-温泉井-奉节近 EW 向构造带

铁山坡及其以东的渡口河地区，构造应力复杂。存在上述三种不同方向的挤压应力作用。一方面，华蓥山断裂以西的川中地块是一个刚性块体，当其受到 NW 向挤压应力时必然产生反方向的作用力，使其产生向 SE 向逆冲的断层，可以从铁山坡构造带深、浅层构造变形不协调得到证实。铁山坡构造深层(下三叠统以下地层)由 10 余条 NE 走向逆断层组成，断层产状为东倾西冲叠瓦状排列，揭示了早期构造变形特征，与川东地区的 SE-NW 向挤压作用有关。随着挤压作用的加强，产生了反向作用力，导致下三叠统滑脱层以上地层反向逆冲，形成不对称褶皱，西北翼缓，地表出露 $J_{2-3}$；东南翼陡，地表出露 $J_3$—$K_1$；构造高点较下构造层高点向东南迁移，背斜轴部地表出露 $J_{1-2}$。这种深浅层构造不协调现象，是多期构造叠加的结果。

渡口河-五宝场"三角形"区是不同方向应力联合作用的区块，按理说构造变形应该最强烈。实际上，该"三角形"区的三条"边"及其外围断层发育，褶皱构造变形强烈，"三角形"区内断层不发育，构造变形较弱，表明该区挤压应力较弱。这种应力状态可能与"三角形"区外通过断层释放挤压应力有关。

奉节-温泉井地区经受了南、北双向的挤压应力作用，因而构造变形最为强烈，相向挤压的变形特征在黑楼门-奉节一带表现非常明显(图 1-5)。

3. 四川盆地

从大地构造看，四川盆地是上扬子地块的一个二级构造单元(图 1-2)，在盆地形成和发展过程中，与周边的地质构造有着紧密的联系。根据区域构造特征，现今构造形迹和已知油气区分布特点等因素，将四川盆地次级构造单元从西向东划分为川西拗陷带、川中低缓褶皱带、川西南低陡褶皱带、川东高陡构造带、川北低陡褶皱带等。尽管每个次级构造单元中浅层构造变形差异较大，但深层-超深层构造变形特征又不受构造单元控制，与中浅层存在明显差异。

四川盆地是上扬子克拉通基础上发展起来的叠合含油气盆地，构造相对稳定，地层保存齐全，油气资源富集。本章安排以下三节内容重点论述构造特征、加里东运动在四川盆地响应特征及构造叠加变形特征。

4. 渝东-鄂西隔槽式构造带

西边界以齐岳山断裂为界与川东高陡构造带（隔槽式构造带）过渡，东边界为慈利-大庸断裂，与雪峰山基底隆升构造带接壤（刘恩山等，2010）（图1-6）。该构造带内主要出露古生界和中生界，形成一系列轴向NE的尖棱向斜和箱状背斜。尖棱向斜核部地层主要为二叠系—三叠系，而箱状背斜核部地层主要为寒武系。每个褶皱两侧或者一侧多出露逆冲断层，并发育构造角砾岩，褶皱深部还发育隐伏逆冲断层，属于典型的断层相关褶皱。

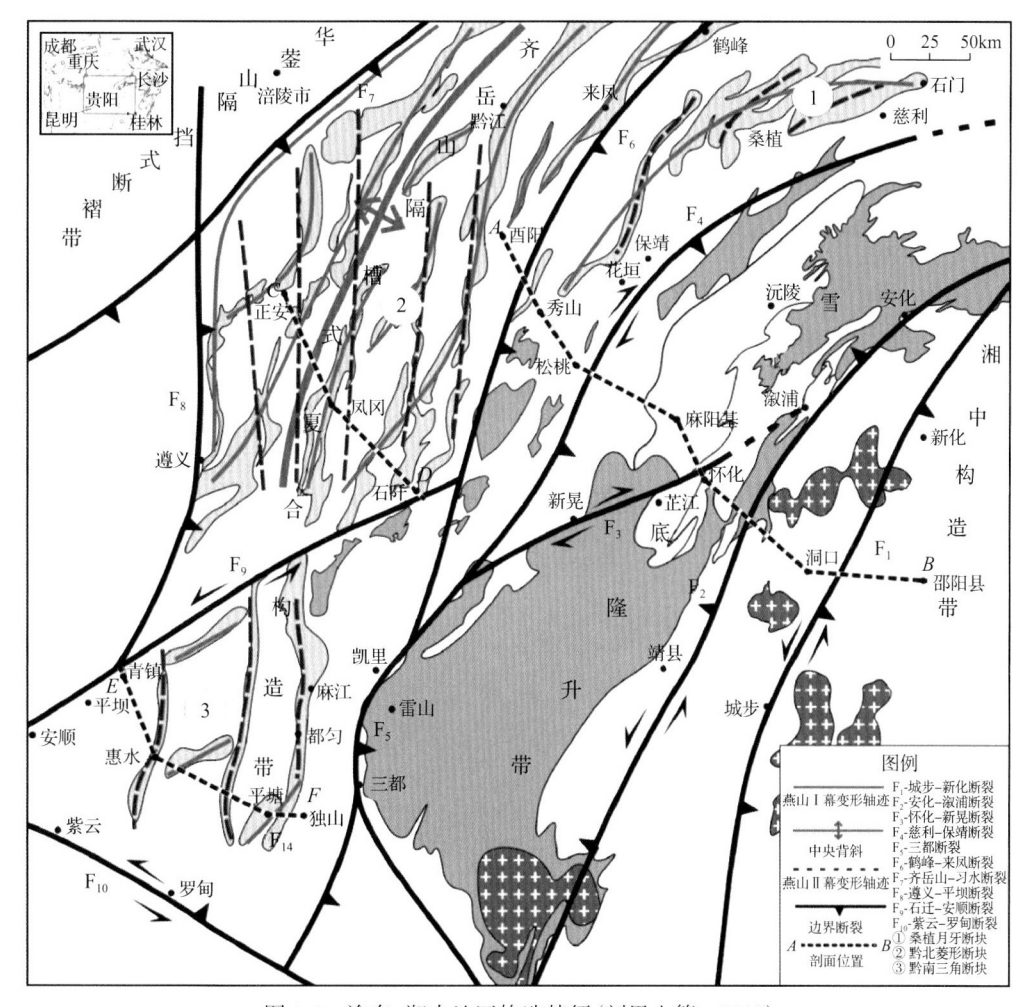

图1-6 渝东-湘中地区构造特征（刘恩山等，2010）

区域上本区古生界—中生界厚度仅为数千米，箱状背斜核部可能卷入板溪群，并且发育高角度逆冲断层的事实表明，逆冲断层主要断坪应当沿深部基底中的软弱层发育。如果上述较多倾向 NW 的逆冲断层为反向生长断层，则这个沿基底软弱面发育的断坪应当向 SE 缓倾。因此，隔槽式逆冲构造带基本构造样式与运动学特征与梵净山穹隆体一致，均为厚皮逆冲构造下的断层相关褶皱，区别仅在于二者剥蚀和出露的构造层次不同(颜丹平等，2018a)。

5. 雪峰山基底隆升构造带

雪峰山基底隆升构造带西以大庸逆冲断裂为界，浅变质板溪群褶皱基底大面积出露，并为南华系冰碛岩和震旦系白云岩与碳酸盐岩及寒武系等古生界不整合覆盖，石炭系、二叠系、三叠系和下侏罗统主要在沅麻盆地边部等局部出露，普遍角度不整合覆盖于下伏地层之上，并被白垩系—古近系红层角度不整合覆盖。

雪峰山基底隆升构造带中大面积出露浅变质褶皱基底板溪群，以及不整合其上的南华系冰碛岩和震旦系碳酸盐岩，局部零星出露寒武系等，并角度不整合于南华系和震旦系之上，因此，也称之为雪峰山厚皮构造带(颜丹平等，2018b)。雪峰山基底隆升构造带中发育一系列指向 NW 的高角度逆冲推覆构造、构造窗，并向西卷入古生界和大部分中生界，以沅麻盆地为代表的晚白垩世—古近纪盆地红色碎屑岩系角度不整合覆盖于逆冲推覆构造之上，表明推覆构造形成于中生代中晚期。在雪峰山基底隆升构造带南部发育的摩天岭和元宝山构造穹隆体核部，出露有中元古界四堡群花岗片麻岩。以瓮安、梵净山、走马为代表的构造穹隆体，沿雪峰山西缘形成一条与雪峰山基底隆升构造带近平行的穹隆构造带，穹隆构造呈 NE 向长垣状，具有相同或者相似结构与变形样式。

越来越多的研究表明，四川盆地川东高陡构造带至雪峰山基底隆升构造带，是一个规模巨大的陆内基底拆离系统(丁道桂等，2008)，构造动力为中生代雪峰山陆内造山作用(张国伟等，2013)。汪新伟等(2008)按逆冲方向分别以桃园-辰溪-怀化断层、慈利-大庸-保靖断层、齐岳山断层和华蓥山断层为界划分为根带、中带、显露前锋带、隐伏前锋带和外缘带。桃园-辰溪-怀化断裂为一条大型韧性剪切带，发育糜棱岩、高度片理化和流劈理等显微构造，向下滑脱于约 20km 深度处的壳内高导层，即中-下地壳角闪岩变质相的岩系与古元古界麻粒岩相变质程度的结晶基底之间的转换界面(苏金宝等，2014)。同时该滑移软弱面也是导致壳内剪切重熔形成的花岗质岩浆沿着逆冲断层上移侵入的源区(丁道桂等，2008)，表明它是造山带的根带。夹于桃园-辰溪-怀化断层与慈利-大庸-保靖断层间的中带，变形特征表现为慈利-大庸-保靖断层为脆-韧性冲断层，发育断层角砾岩、碎裂岩、透入性糜棱面理及 NW 翼陡立、SE 翼较缓的断展背斜群，指示了由 SE 向 NW 的逆冲作用，该断层向深部滑脱于深度为 8~10km 的中—新元古界绿片岩相变质程度的板溪群—冷家溪群与中-古元古界角闪岩相变质程度的岩系之间的岩石密度、物性转换面(颜丹平等，2008a；苏金宝等，2014)。湘鄂西隔槽式褶皱带，以寒武系底部泥页岩为拆离滑脱层，局部与震旦系底部的拆离滑脱构造共同作用，控制其上盘下构造层下古生界(局部可能延伸至基底与盖层不整合面，其形成原因是由坡-坪式滑脱断层所控制的冲断褶皱受多期构造挤压、滑脱断层不断向逆冲方向位移而成，早期为尖棱褶皱，中期为近似等长的箱状背斜与向斜，晚期就位于现今的隔槽式褶皱。分布于齐岳山断层和华蓥山断层之间的川东隔挡式褶皱带为断层隐伏的前锋带，以寒武系底部泥页岩为拆离滑脱层，表现为前锋断层沿寒武系底部的滑脱层隐伏扩展，在隐伏断层向前方传递的过程中，发育叠瓦状逆冲断层系，该逆冲断层系向上滑脱于志留系底部的泥岩层。隐伏的双重构造的前锋断层沿华蓥山断层冲出地表，绝大部分的逆冲应力与位移量被释放，致使华蓥山断层以西的地区变形微弱，是雪峰山前陆褶皱-冲断带的外缘带。

雪峰山前陆褶皱-冲断带的扩展次序以前展式为主。地层不整合分析与大量的裂变径迹表观年龄揭示由东向西的传递过程。印支晚期的构造变形主要发生在慈利-大庸-保靖断裂以东的地区，燕山早期向西扩展至齐岳山断裂带，在齐岳山断裂带获得断层泥中绢云母 Ar-Ar 年龄为 136Ma 表明，晚侏罗世末—早白垩世初齐岳山断裂已开始活动。燕山晚期构造变形向西传递至华蓥山断裂一带，并形成双层滑脱反冲结构。野外可见华蓥山断层上盘最老地层出露为上寒武统娄山关组白云岩，且有峨眉山玄武岩呈夹层状卷入褶皱，表明华蓥山断层晚古生代是一条切穿基底的深断裂，在中—新生代挤压变形时剥蚀量大，可能在晚侏罗世末已有活动，但强烈抬升剥蚀期应在晚白垩世以来。同时，在华蓥山断裂带的北段发育的右旋剪切构造，可能是喜马拉雅期与南大巴山前陆-褶皱冲断带在盆地内形成联合构造的反映。

## 第二节 四川盆地构造特征与构造演化

四川盆地是我国天然气最富集的含油气盆地之一，经历 80 余年的油气勘探开发，获取了丰富的钻井地质、地震资料，为研究盆地结构及构造奠定了丰富的资料基础。近年来，随着深层-超深层油气勘探发展，中国石油西南油气田公司完成了数十条穿盆地的区域地震大剖面的采集、处理与解释，结合超深层钻井地质层位标定，完成了大剖面构造样式的解释，为深化四川盆地深部结构及构造演化提供了重要的一手信息。

### 一、构造层划分

构造层是一定地区一定的构造发展阶段中所形成的地质体的组合。它具有一定的构造形态，一定的沉积建造、岩浆建造、变质建造及有关矿产。相邻构造层以区域性不整合或假整合接触。研究构造层对一个地区地壳演化和各个构造发展阶段的地壳运动性质有重要意义。

构造层划分是重塑该地区构造演化经历的一条重要途径。各构造层之间的分界通常表现为明显的间断、区域不整合和构造格局的根本性改变。不同构造层是同一地区不同构造发展时期的不同方式、不同程度构造变形的产物，因而表现出构造层在变质、变形强度和构造样式上都有明显的不同。

四川盆地总体构造特征可概括为纵向分层、平面分区的构造变形特征。

基于构造变形特征，依据地震信息，可将四川盆地构造划分为三个构造层：基底构造层、中-深层构造层、中-浅层构造层。平面分区是指具有相似的构造变形特征划归为同一个构造变形区，是现今盆地二级构造单元划分的重要依据，包括龙门山前褶皱-冲断带、川中-川西平缓构造变形区、川东-蜀南强烈构造变形区、米仓山-大巴山前褶皱-冲断带。

图 1-7 是川中地区三维地震剖面构造层解释方案，基底构造层位于震旦系灯影组底

界以下，可见较清晰的"下正上逆"的断层反转现象。中-深层构造层涉及地层包括震旦系—下三叠统嘉陵江组下段，主要表现为高角度逆冲断层，局部见正断层，总体表现为花状构造。中-浅层构造层是指以嘉陵江组嘉二²亚段膏盐岩为滑脱层的中-浅层构造变形，涉及层系包括嘉陵江组中上部—侏罗系，以盐构造变形为主要特征。

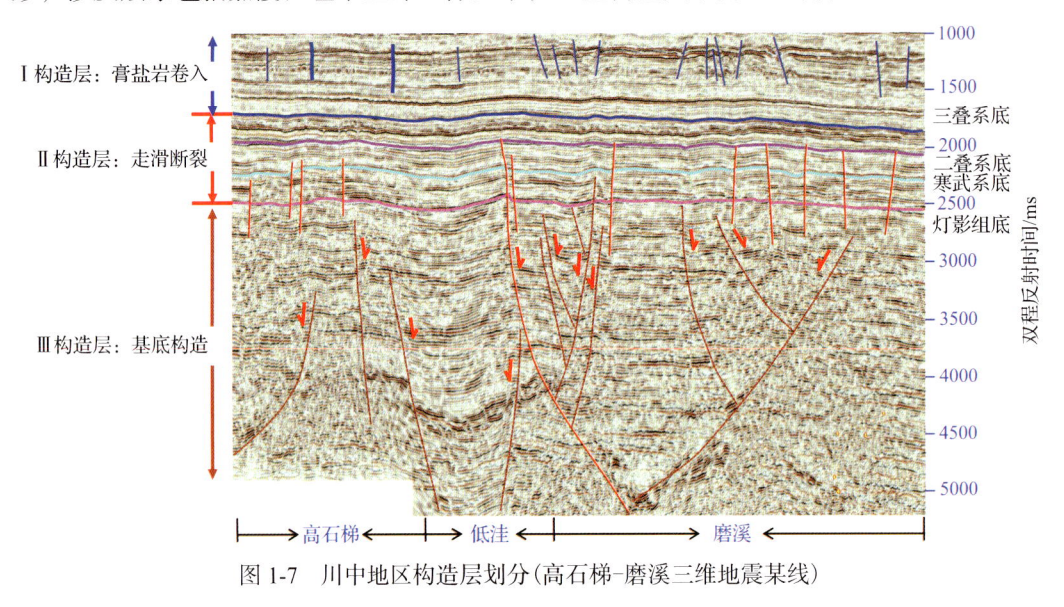

图1-7 川中地区构造层划分(高石梯-磨溪三维地震某线)

图1-8是川东高陡构造带地震剖面构造层解释方案，基底构造层位于震旦系灯影组底界以下。深层构造层与中-浅层构造层以寒武系高台组膏盐岩为界，之下的深层构造变形微弱，之上构造层变形强烈，以著名的隔挡式构造变形为特征。

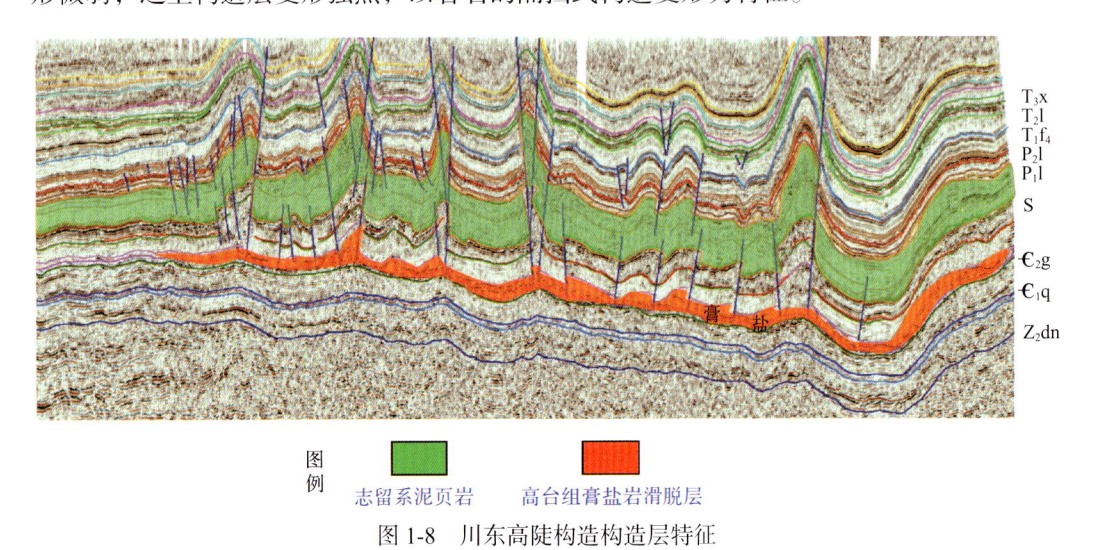

图1-8 川东高陡构造构造层特征

## 二、穿盆地地震大剖面构造解释

四川盆地历经多期次构造运动及多类型盆地叠加，构造特征具纵向分层、平面分区的特点。为了清晰地展示四川盆地结构特征，挑选穿盆地的五条区域地震大剖面(图 1-9)，完成地震层位标定及构造解释，下面对每条剖面构造特征进行论述。

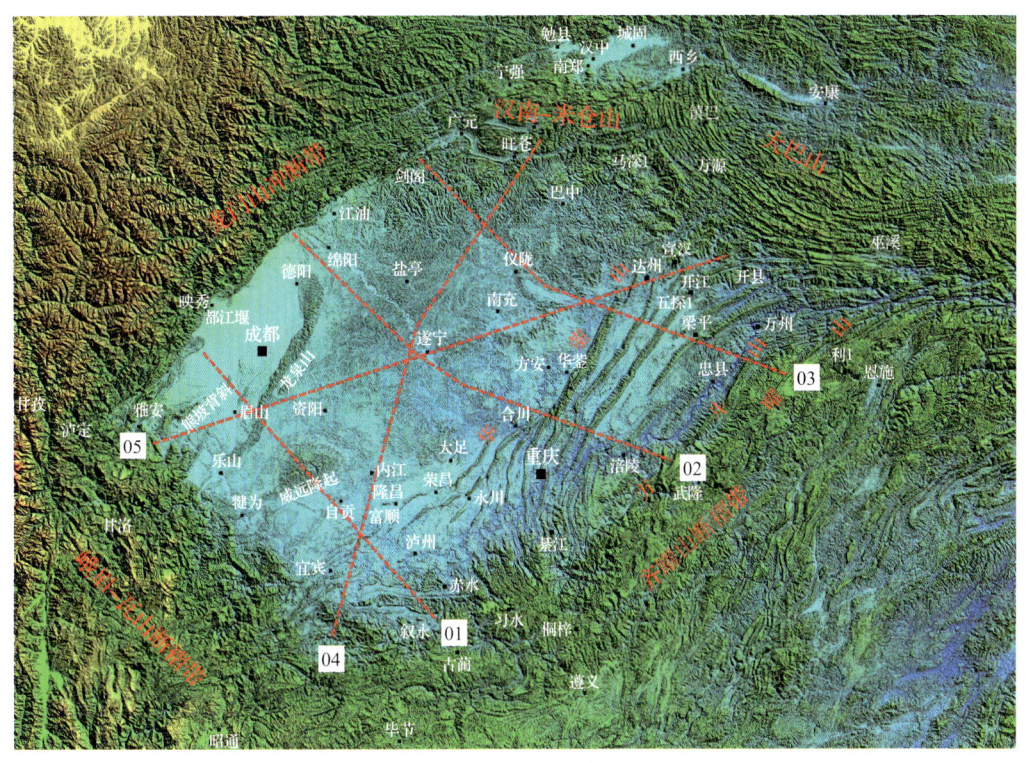

图 1-9 四川盆地区域地震大剖面位置图

1. 四川盆地南部 NWW-SEE 向地震大剖面

01 线地震剖面地理位置位于四川盆地南部，呈 NWW-SEE 向展布，横跨龙门山南段山前带、川西低陡构造带、川西南低褶构造带、川南低陡构造带，剖面长度 383km (图 1-10)。

该剖面构造形态总体表现为"一隆两凹"。西段为川西拗陷，为龙门山山前褶皱冲断带与川中古隆起之间的"向斜构造"，中浅层发育数条逆冲断裂，深层构造简单，高角度走滑断层密集分布，龙泉山断裂一带基底构造层可能存在南华系裂谷，表现为较强连续反射特征。中段为川中古隆起，表现为被高角度走滑断层复杂化的背斜形态，二叠系底界角度不整合面清晰，在背斜高点可见寒武系—志留系地层削截现象。东段为川南低陡构造，构造层受滑脱层控制，高陡构造变形主要发生在寒武系高台组膏盐岩之上，滑脱层之下表现为平缓的斜坡构造。

2. 四川盆地中部近 EW 向地震大剖面

02 线地震剖面地理位置位于四川盆地中部，呈近 EW 向展布，横跨龙门山中段山前带、川西低陡构造带、川中平缓构造带、川东高陡构造带，剖面长度 486km (图 1-11)。

图 1-10 四川盆地南部 01 线地震大剖面构造解释

图 1-11 四川盆地中部 02 线地震大剖面构造解释

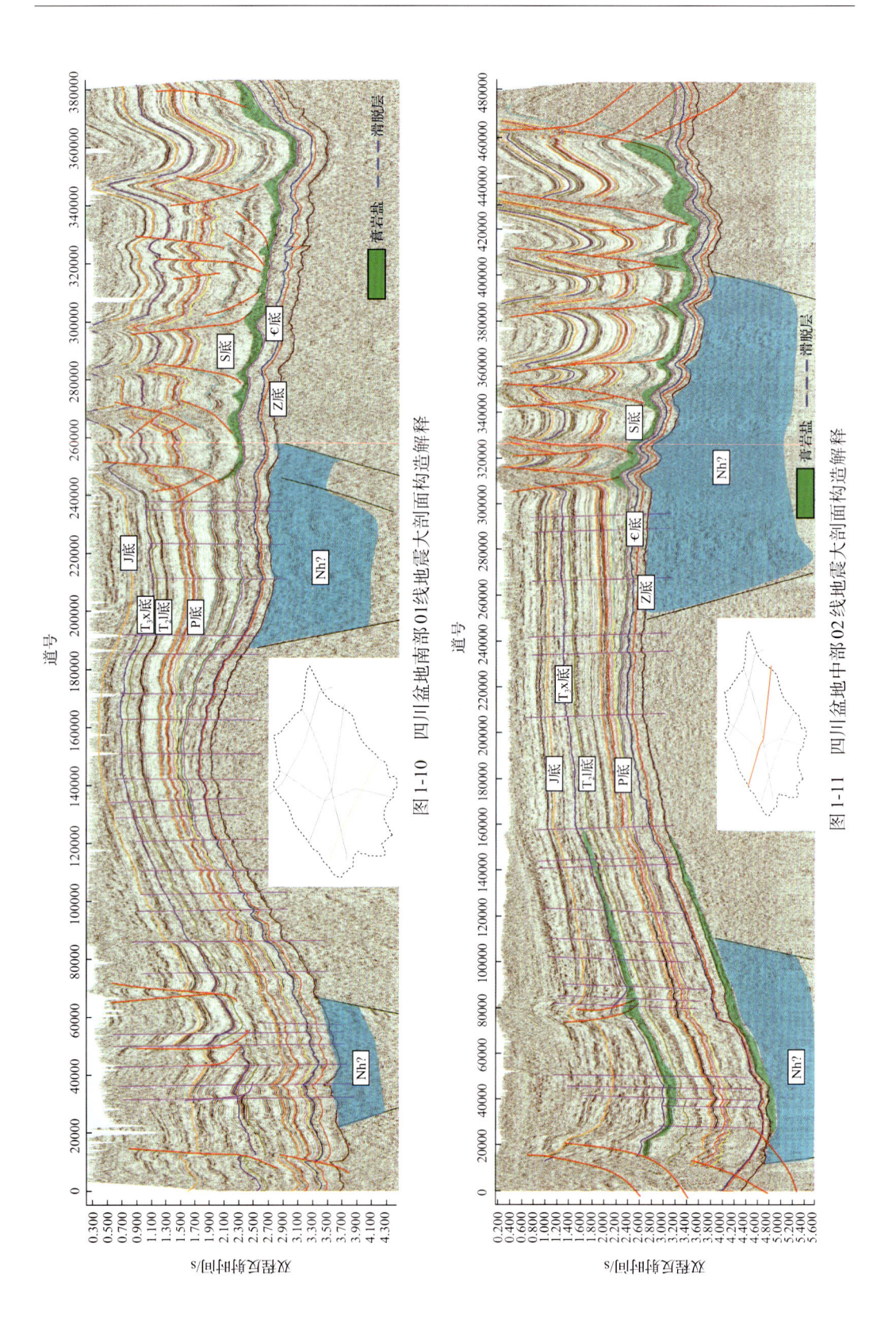

该剖面构造下构造层总体表现为完整背斜形态。西段的川西拗陷，为龙门山山前褶皱冲断带与川中古隆起之间的"向斜构造"，中浅层发育数条逆冲断裂，深层构造简单，高角度走滑断层密集分布。龙泉山断裂带下伏的震旦系灯影组可见明显的"陡坎带"，为灯影组由台缘带与裂陷的变化带。灯影组之下可见连续反射层，厚度向两侧尖灭，可能为陡山沱组响应。基底构造层可能存在南华系裂谷，表现为较强连续反射特征。中段的川中古隆起，表现为被高角度走滑断层复杂化的背斜形态，二叠系底界角度不整合面清晰，在背斜高点可见寒武系—志留系地层削截现象。东段为川东高陡构造带，存在明显的上下不同的构造变形层，高陡构造变形主要发生在寒武系高台组膏盐岩之上，滑脱层之下表现为平缓的斜坡构造。东翼的震旦系—寒武系卷入变形，应属于渝东-鄂西隔槽式构造变形。

3. 四川盆地北部 NWW-SEE 向地震大剖面

03 线地震剖面地理位置位于四川盆地北部，呈 NWW-SEE 向展布，横跨龙门山北段山前带、川北低缓构造带、川东高陡构造带，剖面长度 466km（图 1-12）。

该剖面构造形态相比 01 线和 02 线表现为构造复杂。西段为龙门山北段山前褶皱冲断带与米仓山山前拗陷交会区，龙门山北段山前构造表现出多重构造特征，向东以向斜与九龙山背斜构造相接。中段为川中古隆起的深斜坡，表现为被高角度走滑断层复杂化的斜坡形态。东段为川东高陡构造，构造层受滑脱层控制，高陡构造变形主要发生在寒武系高台组膏盐岩之上，滑脱层之下表现为平缓的斜坡构造。东翼的震旦系—寒武系卷入变形，应属于渝东-鄂西隔槽式构造变形。与其他剖面相比，该剖面志留系厚度大、分布广。

4. 四川盆地近 SN 向地震大剖面

04 线地震剖面地理位置位于四川盆地腹部，呈近 SN 向展布，横跨米仓山山前带、川北低缓构造带、川中平缓构造带、川南低陡构造带，剖面长度 520km（图 1-13）。从古构造单元看，该剖面横切川中古隆起。

该剖面构造形态南北差异很大，南段构造变形强烈，北段构造变形简单。南段为川南低陡构造，以寒武系膏盐岩滑脱层，中浅层发育低陡褶皱-冲断带，深层构造简单。中段为川中古隆起，西高东低的褶皱形态，二叠系底界角度不整合面清晰，在背斜高点可见寒武系—志留系地层削截现象。北段为川西拗陷，构造变形简单，为北倾的单斜形态。受嘉陵江组膏盐岩滑脱层控制，滑脱层之上发育盐构造变形，以层间逆冲-褶皱变形为主。向北为米仓山构造带，山前逆冲断层发育，且震旦系—下古生界卷入变形。

5. 四川盆地 NE 向地震大剖面

05 线地震剖面地理位置位于四川盆地腹部，呈北东向展布，横跨川西南部低陡构造带、川中平缓构造带、川东高陡构造带、大巴山山前构造带，剖面长度 550km（图 1-14）。

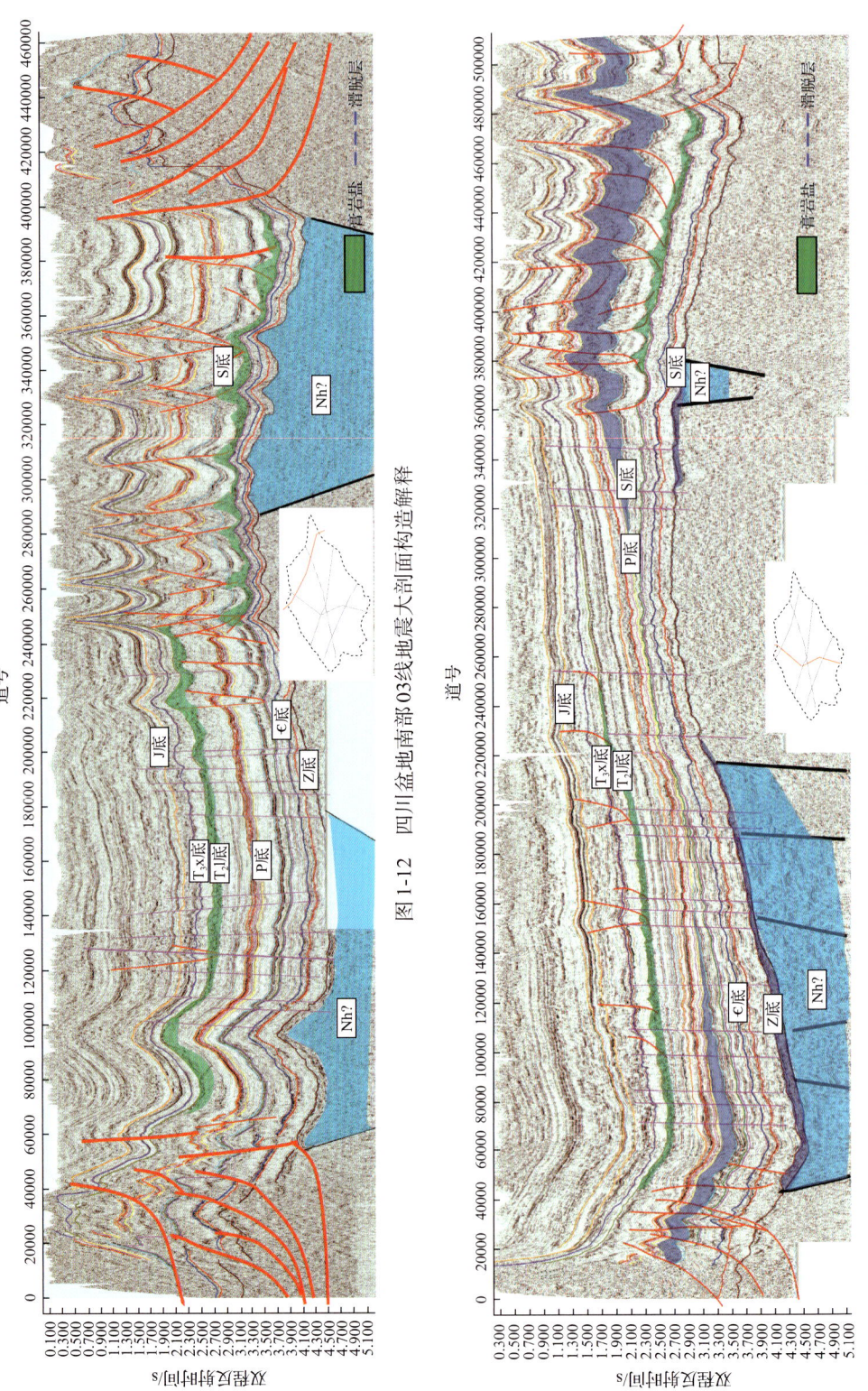

图 1-12 四川盆地南部 03 线地震大剖面构造解释

图 1-13 四川盆地南北向 04 线地震大剖面构造解释

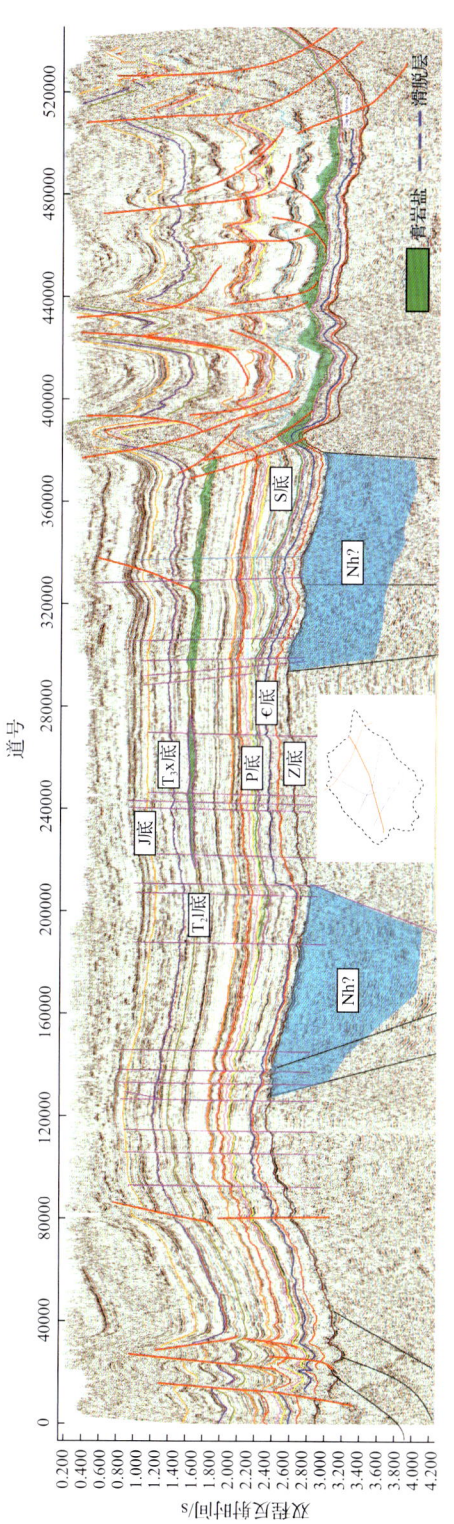

图1-14 四川盆地北东向05线地震大剖面构造解释

该剖面西南段发育多条逆冲断层，向东为斜坡带与川中平缓构造带过渡。中段构造简单，表现为舒缓"波状"的褶皱形态，从西南向北东，分别为威远背斜构造西翼、磨溪-龙女寺构造、广安构造、开江古隆起。北段为川东高陡构造，构造层受滑脱层控制，高陡构造变形主要发生在寒武系高台组膏盐岩之上，滑脱层之下表现为平缓的斜坡构造。从地层分布看，加里东不整合面（二叠系底界不整合面）的下古生界由东向西逐渐削截剥蚀。震旦系灯影组在磨溪构造以西存在明显减薄现象，且下寒武统超覆沉积，揭示了德阳-安岳克拉通裂陷构造-沉积演化特征。

### 三、四川盆地深层震旦系—寒武系构造特征及构造演化

四川盆地深层震旦系—寒武系是重要的含油气层系，发现安岳特大型气田，已探明天然气地质储量超万亿立方米，剩余资源丰富，是未来天然气勘探的重点领域。同时，从构造特征看，震旦系—寒武系为四川叠合盆地的下构造层，"大隆大拗"构造形态为其主要特征，发育著名的川中古隆起。因此，深化震旦系—寒武系构造研究，有利于加强对叠合盆地深层构造的认识，而且对指导深层天然气勘探有重要意义。

（一）震旦系顶面构造

四川盆地震旦系顶界平面上埋深变化很大，最大高差近万米（图1-15）。川中西南方向的威远地区为构造最高点，埋藏较浅，只有1000多米，而川西和川西北的德阳地区、

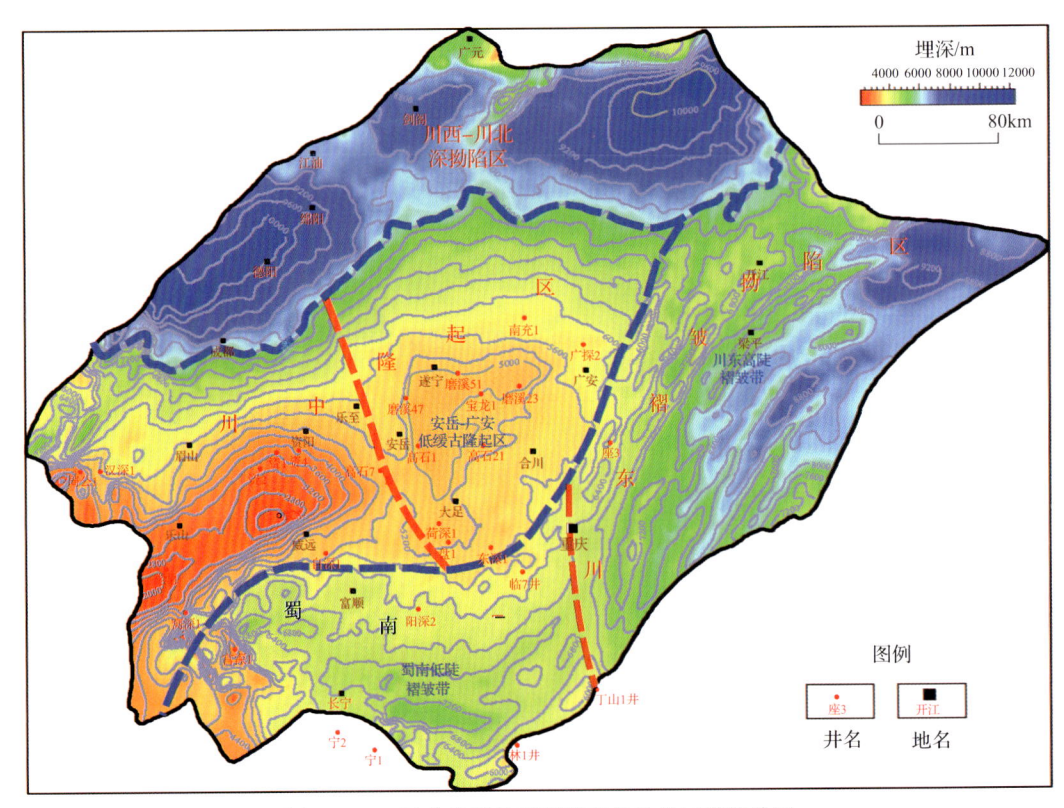

图1-15　四川盆地震旦系顶界面构造及区带划分图

川北大巴山前巴中地区埋藏较深，已经超过10000m。整体上看，震旦系顶界在川中表现为一个NE-SW向展布的巨大鼻状构造，而鼻状构造的主体部分则在川中，部分位于蜀南地区。而川西、川西北及川东地区则相当于鼻状构造的两翼，埋藏逐渐加深，最深的区域位于川西和川西北的拗陷区。

以震旦系顶界面构造特征为基础，将震旦系构造划分为三个二级构造单元：川西-川北深拗陷带、川中古隆起带、蜀南-川东褶皱拗陷带。其中川中古隆起带又划分为威远-资阳高陡古隆起区和安岳-广安低缓古隆起区两部分；蜀南-川东褶皱拗陷带划分为蜀南低陡褶皱带和川东高陡褶皱带两部分。

1. 川中古隆起带

川中古隆起带为龙泉山以东埋深小于8km与华蓥山断裂以西的广阔地区(8km为近期勘探的极限深度)，该构造整体呈NE向展布的鼻状构造，构造轴线沿威远—高石梯—广安展布。根据坡度不同又可以划分为威远-资阳高陡古隆起带和高石梯-广安低缓古隆起带，目前在两个区域分别发现了威远震旦系气田和安岳震旦系气田。威远-资阳高陡古隆起带为喜马拉雅期构造运动造成的局部迅速隆升形成的，其圈闭面积为1.16万km²，而高石梯-广安低缓古隆起带自加里东运动后长期保持构造稳定发育，圈闭面积为2.55万km²。

威远-资阳高陡古隆起带现今呈现一大型穹隆构造(图1-14)，长轴北东向，浅层构造形态(中生界及上古生界)同深部构造形态(下古生界)近一致，新生代古隆起幅度达5km。在威远背斜南西方向，有一大小相近、古隆起幅度更高的老龙坝背斜，其已被切过核部的断层破坏。

高石梯-广安低缓古隆起带局部构造褶皱幅度一般较弱，构造宽平，断裂少，向地腹深处变小变弱。在高石梯-磨溪地区之间形成一个独立圈闭，面积约1300km²，目前已发现了安岳大气田。

2. 蜀南-川东褶皱拗陷带

蜀南-川东褶皱拗陷带是指华蓥山断裂以东的广泛地区，由于控盆断裂华蓥山断裂带自印支期后的多期活动，特别是晚期挤压，形成了川东地区中浅层强烈褶皱，形成7~8排弧形山脉，而在蜀南地区华蓥山断褶带向西南延伸、形成帚状撒开的雁行式低背斜群。由于在嘉陵江组和雷口坡组之间、下寒武统内部存在着膏岩层，形成滑脱层，导致深层的变形相对较弱，多数断裂在下寒武统内滑脱层消减，从而使其深层构造与浅层构造相比，整体幅度明显减弱。震旦系整体隐伏于滑脱层之下，并未同上层构造同步发生剧烈变形，但是与构造活动强烈部位对应，其底部发生相应的褶皱变形。根据该区整体处于构造低部位，且发生不同幅度褶皱的特点，将其划分为蜀南-川东褶皱拗陷带，总体上仍为川东地区褶皱较为陡峭，而蜀南地区为低缓褶皱。

3. 川西-川北深拗陷区

川西-川北深拗陷区指川中古隆起西部和北部构造埋深大于8km的地区，埋藏较深，主要是须家河沉积期龙门山构造与侏罗系沉积期大巴山构造运动强烈活动形成的多期前陆盆地深部构造变形形成的。

## (二)寒武系龙王庙组界面构造特征

平面上看,龙王庙组构造形态与震旦系顶界面非常相似(图1-16)。龙王庙组在成都以南的川西南地区完全缺失。川中南部地区是一个NE-SW向展布的不完整鼻状构造,而川西、川西北及川东地区则相当于鼻状构造的侧翼。从鼻状构造主体部分向侧翼方向埋藏逐渐加深,最深的区域位于川西北和川东北的拗陷中心。

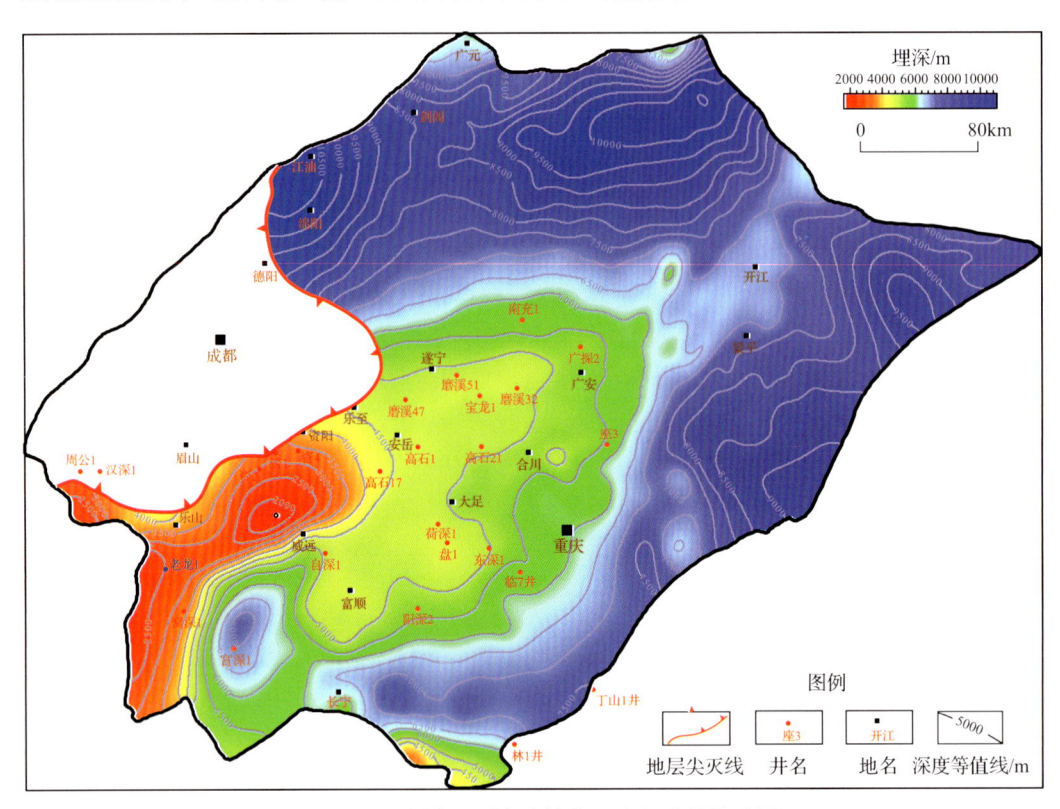

图1-16 四川盆地下寒武统龙王庙组底界构造图

龙王庙组构造相对比较简单,主要发育褶皱、背斜构造、鼻状构造和向斜构造。古隆起东段川中地区,是盆地内褶皱最弱的地区,褶皱平缓,断层不发育,是有利的勘探区带。该区高石梯-磨溪一带发育NE-SW向背斜构造和鼻状构造,在龙女寺、广安和大足地区均有低幅度背斜构造发育,虽然规模不大,但是位于古隆起斜坡区,是油气运聚的有利场所。而川东北西部则发育高陡褶皱带,是盆地内褶皱变形最强烈的地区,主要由NNE向和NEE向高背斜带和断裂带组成的隔挡式褶皱,背斜紧凑,向斜宽缓,成排成带平行排列。背斜褶皱强度大,逆断层发育,主背斜带往往即主断裂带。圈闭闭合度较大。而蜀南地区褶皱强度相对较弱,断层规模也减小,主要发育一些低幅度的宽缓背斜构造,如天宫堂构造、大塔场构造、宜宾构造、邓井关构造、青山岭构造等,构造幅度比较低,规模都比较小,局部如天宫堂东边也有向斜发育。川中威远地区则发育NE-SW向的大型背斜构造,圈闭面积大,埋藏浅,是下古生界中规模最大的有利构造。

在古隆起西部的川西和川西北地区，主要是低陡褶皱带，发育向斜构造，虽有背斜发育，但是埋藏深，勘探风险大。

(三) 深层震旦系—寒武系构造演化——以震旦系顶面构造为例

如前所述，四川盆地纵向发育多个构造层，在经历桐湾运动、加里东运动、海西运动、印支运动、燕山运动及喜马拉雅运动之后，不同构造层变形特征存在显著差异。下面以震旦系顶面及寒武系龙王庙组底面构造为例，通过构造反演技术，恢复不同时期的构造形态，揭示不同时期下构造层的变形特征。

1. 寒武系沉积前震旦系构造特征

扬子地区在震旦纪末期发生桐湾运动，表现为以抬升剥蚀作用为主的升降运动。在区域抬升背景下，震旦系灯影组普遍遭受剥蚀作用，受沉积地层厚度影响，不同地区残留的灯影组存在较大差异。总体表现出沉积地层厚度大地区残留的地层厚度大，表现为隆-拗古地貌格局。这一古地貌格局对上覆岩层的沉积作用有重要影响。对这类古隆起可称之为沉积型古隆起，是指因沉积作用形成的地层厚度较大的古地貌，在经历区域性构造运动之后仍得以保存，并对后期构造-沉积演化有一定的控制作用。

图1-17是寒武系沉积前震旦系顶面古构造图，可以看出寒武系沉积前四川盆地构造格局表现为两隆夹一拗。威远-汉王场-雅安构造高带分布于盆地西南部，构造相对高程

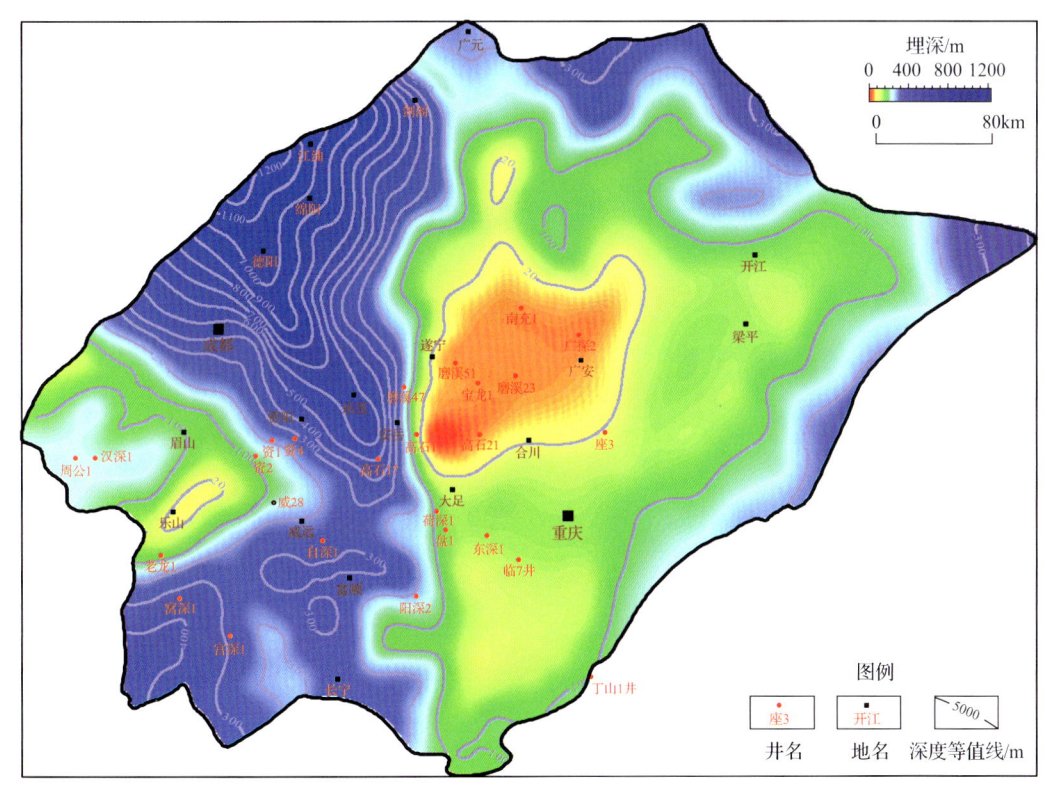

图1-17　寒武系沉积前震旦系顶面古构造图

为 –20m 至 –100m。江油-长宁近 NS 向构造低带，构造相对高程为 –300m 至 –1000m，地理分布与德阳-安岳裂陷一致，表明与该裂陷演化有关。中东部构造高带占据盆地主体，高点分布在高石梯-广安一带，构造相对高程为 0m 至 –20m，外围斜坡构造相对高程为 –20m 至 –100m。

四川盆地寒武纪沉积前震旦系顶面古构造与震旦纪灯影期古地理格局非常相似，两个构造高带圈定范围与川中加里东古隆起分布也非常相似，表明三者之间具有成因联系，对油气成藏具有重要的控制作用。后面将重点论述。

2. 二叠系沉积前震旦系构造特征

二叠系沉积前震旦系顶面构造反映了加里东运动深层构造变形特征。图 1-18 可以看出，该时期四川盆地震旦系顶面构造表现 NE 走向、西高东低的构造面貌。构造格局具三分性，西北部为斜坡-拗陷区，主要分布在川西北部及米仓山-大巴山前缘，震旦系顶面埋深在 1500～2100m。其中，在广元-剑阁一带存在近 NS 向低隆带，震旦系顶面埋深在 1000m～1500m 与震旦系灯影组台缘带有关。中部为眉山-广安构造高带，震旦系顶面埋深在 300～1000m，受德阳-安岳裂陷区震旦系顶面埋深大的影响，构造高带表现为"两隆一鞍部"特征，即存在雅安-威远古隆起、高石梯-磨溪古隆起以及安岳鞍部。东部为拗陷带大体以威远—广安—南江一线为界，与中部构造高带存在明显的构造落差，震旦系顶面埋深由西向东不断加大，从 1500m 增加到 4000m。

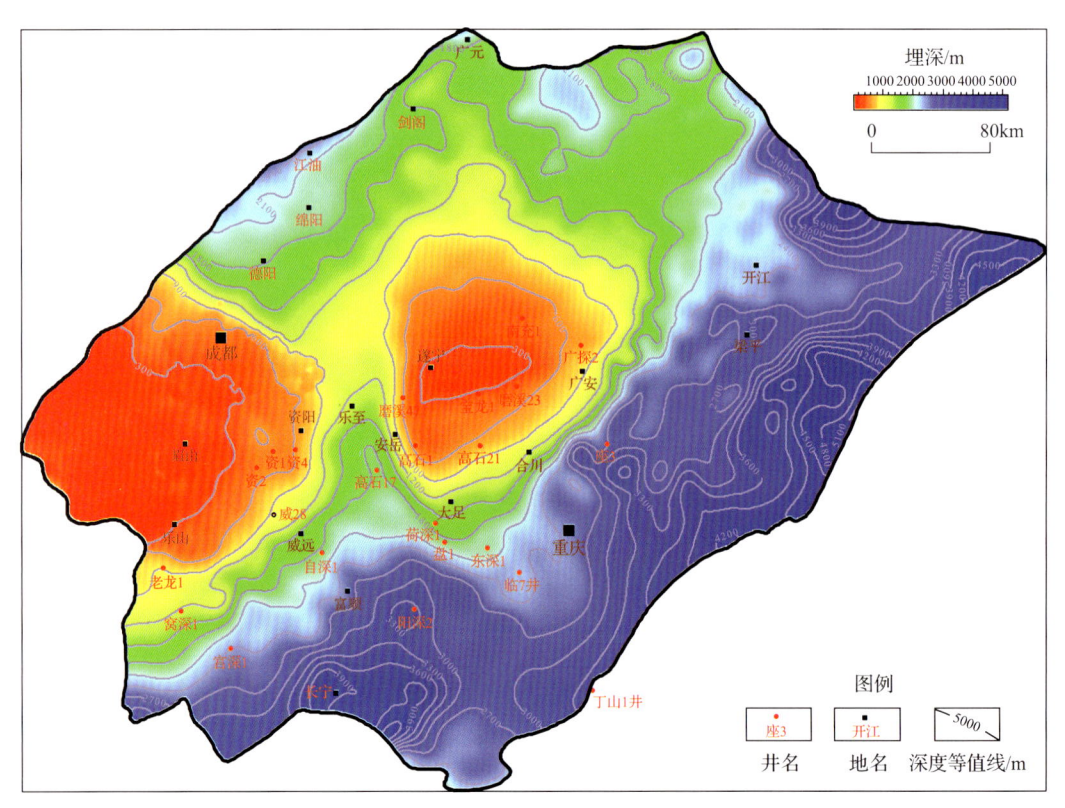

图 1-18 二叠系沉积前震旦系顶界面古构造图

### 3. 上三叠统沉积前震旦系构造特征

上三叠统须家河组沉积前震旦系顶面构造反映了早印支运动深层构造变形特征。须家河组沉积前，西部龙门山构造开始强烈活动，造成龙门山前形成前渊深拗，局部震旦系地层埋深增大，使川中古隆起成为东西两翼低，中间高的盆内古隆起。同时由于构造运动的加强，构造幅度增大，威远-资阳地区和高石梯-磨溪地区总体上成为一个统一的大型古隆起（图1-19）。此时，古隆起顶部埋深约为3300m，而西侧埋深为5000m左右，东部埋深最大，为继承性发育的深拗区，最大埋深达到7000m以上。与二叠系沉积前相比，在漫长的地史演化过程中，高石梯-磨溪地区始终处于构造的最高部位，而这一段时期，正是对应着生烃的高峰期，因此这种构造的演化使高石梯-磨溪地区长期处于液态烃运移的有利指向区，这可以解释古隆起周围沥青在震旦系储层中大面积分布的原因。同时，德阳-安岳裂陷造成的分割状态使得在成藏过程中，威远-资阳地区与高石梯-磨溪地区相对独立。

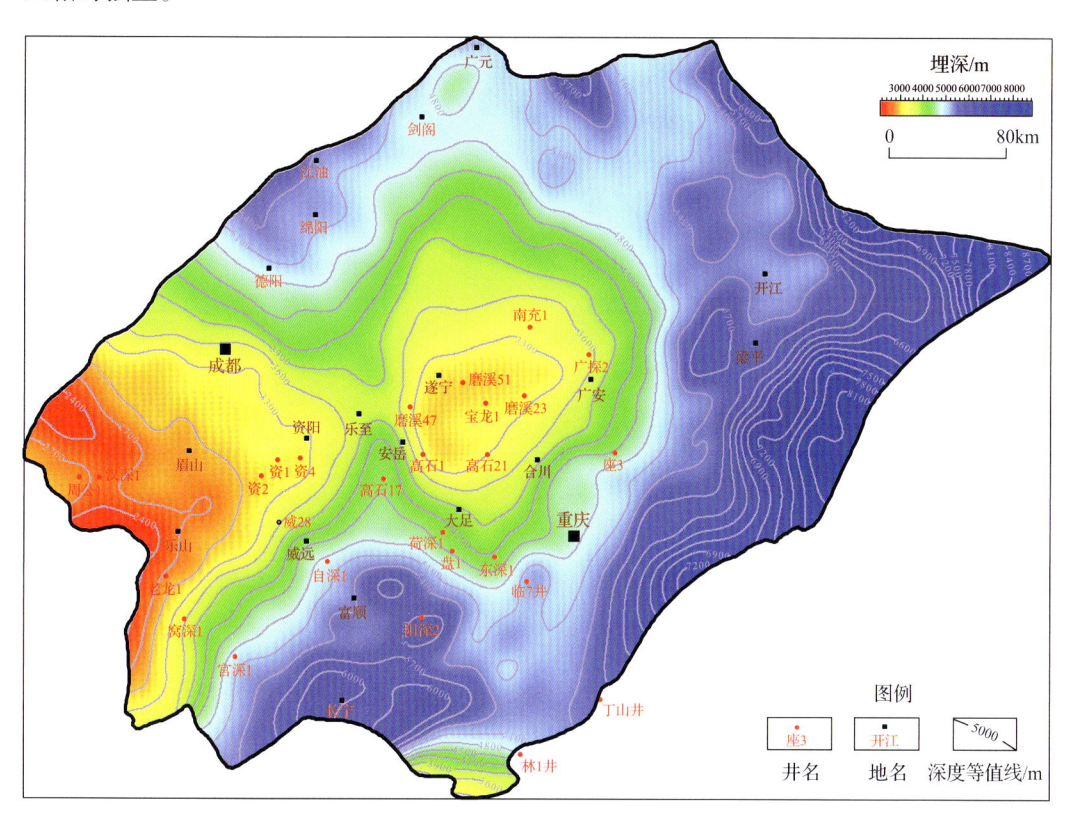

图1-19 上三叠统须家河组沉积前震旦系顶界面古构造图

### 4. 侏罗系沉积前震旦系构造特征

侏罗系沉积前震旦系顶面构造反映了晚印支运动深层构造变形特征。晚印支运动是四川盆地经历的另一期重要的构造运动，盆地的西部和北部继续发生造山推覆运动，使川中古隆起的西侧和北侧埋深继续增加，古隆起的整体形态从盆地边缘向盆地中心迁移，在该时期已经成为一个盆地内部的古隆起。此时，东西部的最大埋深都超过了7000m，而古隆起顶部埋深为 3000m 左右，形成巨大的地貌高差。而随着古隆起核部与周边地区构造幅度差异的增强，古隆起核部的局部地貌差异在弱化，整体更为平缓，裂陷槽分割的威远-资阳地区和高石梯-磨溪地区已经连成一片(图 1-20)。

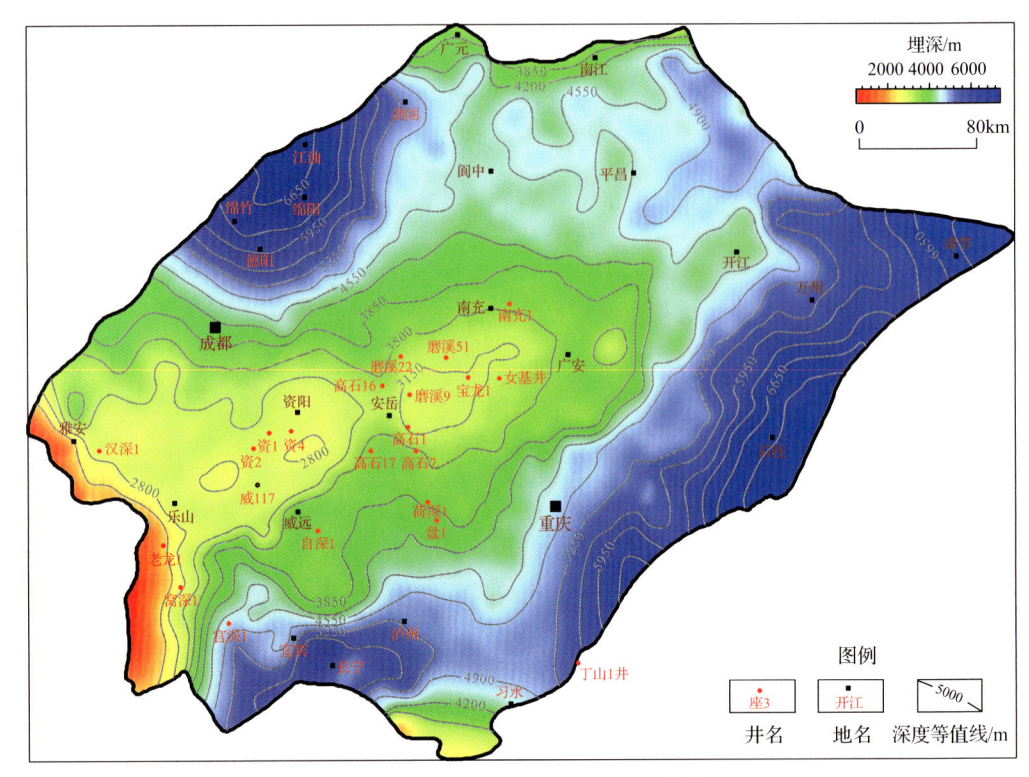

图 1-20 侏罗系沉积前震旦系顶界面古构造图

综上所述，尽管经历了多期构造运动，但四川盆地下构造层构造变形总体表现为"大隆大拗"的构造格局，且具有显著的继承性。从不同时期震旦系顶界面构造形态看，震旦纪沉积期的构造-古地理格局对深层构造有重要影响，震旦纪沉积期发育德阳-安岳裂陷控制了灯影组沉积古地貌，裂陷两侧的台缘带在桐湾运动形成了东西两个高地，在整个地史演化过程中一直处于古隆起的高部位，对储层的形成、油气的聚集和保持都起到非常重要的作用。

## 四、四川盆地中浅层构造特征及变形机制——以上三叠统须家河组为例

1. 构造特征

四川盆地须家河组经历了印支期以来的多期次构造变形。受盆缘山系的褶皱冲断以及川东高陡构造变形影响，区域构造特征总体表现为"西部拗陷、北部拗陷、川中单斜与川东高陡构造带"。

盆地西部拗陷是晚三叠世前陆盆地的沉积中心，向西与龙门山褶皱冲断带接壤。须家河组埋深由山前拗陷向川中地区逐渐抬升，表现为不对称的前陆盆地结构特点，可进一步划分为深拗陷、下斜坡、上斜坡及古隆起区(图 1-21)。

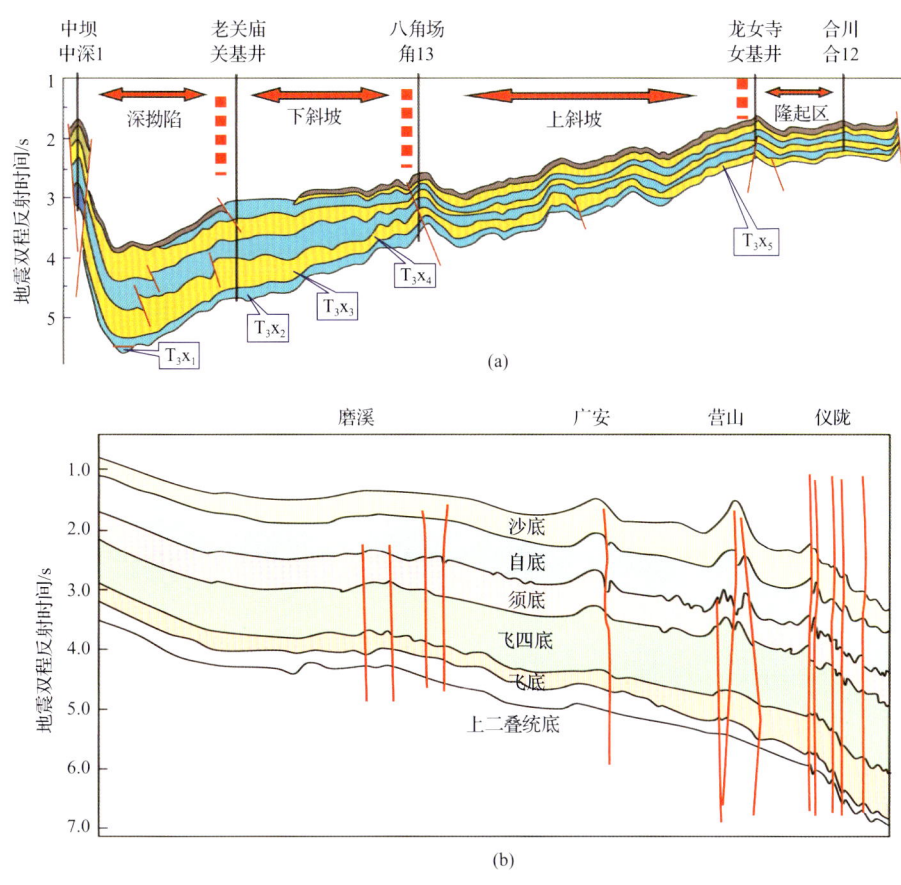

图 1-21 四川盆地中浅层构造剖面

(a)川西-川中须家河组构造剖面；(b)川中地区南北向剖面

盆地北部拗陷属于大巴山前陆褶皱冲断带的前渊。受大巴山前陆盆地影响，从北向南依次为大巴山弧形构造带、米仓山-大巴山前缘带、川北凹陷带、川中低隆带。近年完成的区域地震大剖面揭示，大巴山前陆冲断带的前锋带可能在平昌以北。该区以 NW 向逆冲断层发育为特征，断层倾向北，从万源到平昌断距越来越小，断层分布由紧密向稀疏过渡，表现出受大巴山挤压构造应力场控制。

华蓥山断裂以东的川东高陡构造带，隔挡式构造变形特征显著。在长轴背斜核部，须家河组多出露地表。合川以南地区，华蓥山断裂并非表现为一条断裂，而是表现为一组 NE 向展布的断层系，与这些断层系相伴生，发育雁行式排列的背斜构造。

盆地中部的川中地区，包括平昌以南、华蓥山以西、内江以北、龙泉山-梓潼以东地区。须家河组构造总体表现为向北、向西倾伏的区域单斜，构造平缓，变形较弱，断距较大的断层不发育，以低幅度局部构造为主。

2. 川中地区须家河组构造分区

川中地区须家河组构造特征总体表现平缓，前人用"川中低缓褶皱带"统称之。然而，近年来，大量二维地震资料揭示川中不同区块构造变形特征差异较大，尤其是川中北部地区，断层发育，褶皱变形较强烈，因而很难用"低缓褶皱带"术语来概括川中构造特征。可依据须家河组构造特征，将川中构造进一步划分为四个三级构造区。从南到北依次为威远背斜古隆起区、遂宁-合川低缓褶皱区、简阳-阆中斜坡区、南充-平昌断褶区(图1-21)。

1) 威远背斜古隆起区

威远背斜古隆起区西至简阳，东至威远，整体表现为西翼缓、东翼陡的不对称背斜构造形态，轴向NE。背斜核部位于资中以南地区，形态完整，且缺失须家河组。在构造等值线图上表现出向NE方向倾伏、向SW方向开口的"蚌壳"形鼻状构造。该区断层不发育，零星小断层分布在背斜翼部，断层延伸方向呈发散状垂直于构造等值线。

威远背斜古隆起区向北与遂宁-合川低缓褶皱区过渡。

2) 遂宁-合川低缓褶皱区

遂宁-合川低缓褶皱区东界为华蓥山断裂。北界为广安-南充以南，西界为简阳-盐亭。区内构造整体表现为东南高、西北低的大单斜，构造走向为NE向。遂宁-合川地区构造更为平缓，构造等值线稀疏，遂宁以西地区的构造逐渐变陡。

区内低缓褶皱背斜发育，规模较大的构造有磨溪、龙女寺、合川、罗渡溪等。构造走向以NE向为主，构造幅度低，构造圈闭闭合高度多在100m以内。断层零星分布，以NW向断层为主，延伸长度多为5～15km。受NW向断层错动影响，部分构造形态发生扭曲，表现出明显错动。

3) 简阳-阆中斜坡区

简阳-阆中斜坡区构造走向以NNE为主，是川西深拗陷区向川中平缓区过渡的斜坡带。南端以龙泉山断裂为界，与川西拗陷相接，向东与遂宁-合川低缓褶皱区过渡，构造形态简单，向斜形态明显。

中北段与川西拗陷未有明显的边界，构造形态较复杂，表现为NE向斜坡构造，受NW向错动影响，局部小褶皱发育，以NW向为主。

4) 南充-平昌断褶区

南充-平昌断褶区位于广安—南充一线以北。最显著的构造特征是发育四排NW向构造带，从南向北依次为广安-南充断褶带、营山-双河断褶带、税家槽-仪陇断褶带、龙岗北断褶带。断层相关褶皱发育，长轴状，幅度较大。

广安-南充断褶带由广安、南充、西充等局部构造组成，平面上呈现雁行式排列。与构造相伴生的断层也呈现出雁行式排列特点。简阳-阆中斜坡区的八角场构造、川西拗陷区内的老关庙构造，均呈NW向展布，且位于广安-南充断褶带构造带西延线上。两者之间应有成因联系。

营山-双河断褶带由营山、双河等构造组成。营山构造由九条NW向断层组成，断层延伸向东截止于华蓥山断裂，断层上盘发育背斜构造。双河构造由三条NNW向断层组成，构造幅度大于营山构造。

税家槽-仪陇断褶带东段为税家槽断层带，由多条NW向断层组成，向东截止于华蓥山断裂。中段为龙岗-天池断层带，发育多条NW向断层。西段为仪陇断层发育带，以NNW向断层为主。

3. 川中地区须家河组NW向构造变形机制

1) NW向构造变形形迹

川中地区NW向构造形迹可分为两类。

一类表现为"显性"特征，即断层和构造在地震剖面和平面图上均很清晰，断层组合表现为左行走滑雁行式特征。这类构造变形主要发生在广安—南充一线以北。从须家河组构造图上(图1-21)，可以划分出五个NW向构造变形带，构造变形较强烈，NW向局部构造成带分布特征明显。其中最明显的构造带有广安-南充构造带、营山-双河坝构造带、税家槽-龙岗构造带，每个构造变形带由一系列局部构造和NW向断层组成。如广安-南充构造带上发育广安、充西、八角场等NW向展布的局部构造和断层。

另一类表现为"隐性"特征，即NW向断层零星分布，局部构造规模小，零星分布。这类构造变形主要发生在广安-南充以南地区。整体看，该区须家河组构造以发育NE向、NNE向构造为特征，但也发育为数众多的NW向小断层。平面上这些小断层呈雁行式排列，且切割NE向构造等值线与局部构造。如果将构造等值线转折点、零星小断层以及局部构造联系起来，不难发现在南充-潼南地区可以划分出五条近乎平行的NW向走滑构造形迹。

值得指出，川中地区上述两种类型的NW向构造形迹是叠加在NE向构造背景上，其形成时间应是燕山晚期—喜马拉雅期。

2) NW向构造变形机制分析

四川盆地中新生代发育两期前陆盆地，晚三叠世前陆盆地的形成主要受龙门山褶皱冲断带控制，形成龙门山冲断带—川西前渊—川中斜坡—前隆的较典型的前陆盆地结构(图1-22)。晚期前陆盆地发生在中晚侏罗世，受大巴山-米仓山褶皱冲断带控制，

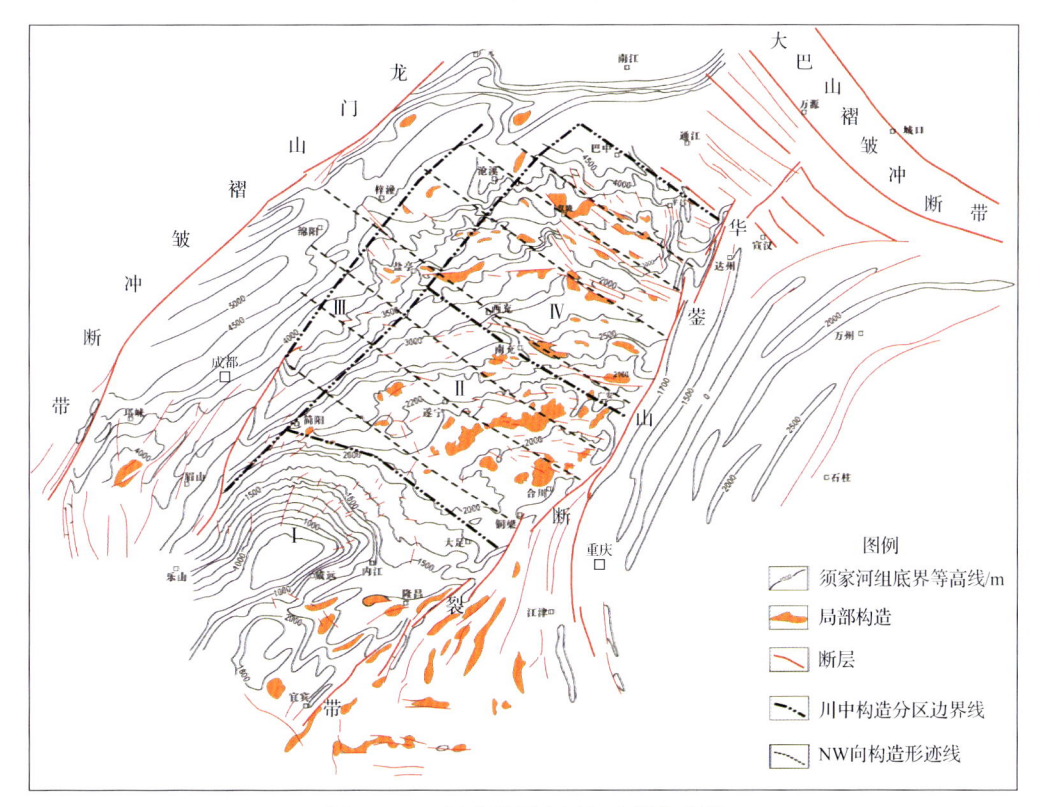

图1-22 四川盆地须家河组底界构造图

川中构造分区：Ⅰ-威远背斜古隆起区；Ⅱ-遂宁-合川低缓褶皱区；Ⅲ-简阳-阆中斜坡区；Ⅳ-南充-平昌断褶区

形成大巴山冲断带-川北前渊-川中斜坡的前陆盆地结构。华蓥山断裂以东的川东高陡构造，是雪峰山前陆褶皱冲断带的组成部分，经历了晚侏罗世—早白垩世的强烈冲断作用、晚白垩世的冲断与隆升作用以及喜马拉雅期的强烈剥蚀。由此可见，位于四川盆地腹部的川中地区中新生代以来经历了多期次不同方向的挤压作用，为区内构造叠加变形奠定了力学基础。

基底断裂后期活动控制了 NW 向构造形迹。基底断裂后期活动是稳定地块沉积盖层构造变形的重要因素。基底断裂在燕山晚期—喜马拉雅期的"隐性"活动对川中地区构造变形产生了明显控制作用。利用重力、磁力的重新处理成果，完成了四川盆地基底断裂的解译。沿 NE45°方向重力布格异常导数图上，可解译出 5 条 NW 向基底断裂，其中绵阳-广安断裂规模最大，特征最为明显。其余四条断裂包括大足-乐至断裂、遂宁-合川断裂、仪陇-石柱断裂、巴中-开江断裂。将这些基底断裂和须家河组 NW 向构造形迹对比，不难发现两者具有很好的吻合性。从力学机制分析，这些断层带与深部基底断裂扭动有关；从卷入地层分析，构造变形主要发生在燕山晚期—喜马拉雅期。

华蓥山断裂带右行走滑作用是诱发基底断裂活动的动力。华蓥山断裂是上扬子板块内重要的深大断裂，是川东高陡构造与川中平缓构造的分界断裂，不仅重磁力上有明显响应，而且地震剖面断裂特征也很明显。平面上，华蓥山断裂是由多条高角度断层组成的断层带，大体可划分为北、中、南三段。北段位于达州以北，向北延伸到罗文，地表未见断层，出露中上侏罗统呈 NE 向线状展布，与其两侧的下白垩统形成明显差异。地震剖面上该断裂表现为高角度、切割层位深。中段分布在达州-铜梁一带，是华蓥山断裂隆升幅度最大地区，在合川、华蓥市以东地表均可见断层，宝顶一带寒武系—二叠系出露。南段在四川盆地内可分成铜梁断层、荣昌断层、宜宾断层，呈 NE 向雁行式排列。上述断层发育带的平面展布表现为右行走滑特点，发生时期为燕山晚期—喜马拉雅期。

上述表明，川中地区 NW 向构造形迹受控于 NW 向基底断裂晚期活动，与华蓥山断裂带的右行走滑作用有关。根据走滑应变椭圆分析，剪切方向与走滑构造的主要位移带方向一致。从断层切割深度、走向的稳定性、延伸长度及伴生构造等构造要素分析，华蓥山断裂带应属于主位移带，川中地区左行走滑的 NW 向构造形迹则属于反向走滑断层（图 1-23）。因此，川中地区 NW 向构造应是华蓥山断裂在燕山晚期—喜马拉雅期右行走滑作用的结果。

基于川中地区须家河组走滑构造的认识，须家河组天然气勘探开发要高度重视构造变形规律分析，尤其要重视 NW 向构造与 NE 向构造叠加发育的区块。在威远背斜古隆起区要重视 NE 向小断层发育带；遂宁-合川低缓褶皱区要重视低幅度褶皱与 NW 向小断层叠加变形带，除合川、磨溪等局部构造外，要高度重视遂宁-岳池、射洪-西充两个构造变形较强烈的区带；简阳-阆中斜坡区要重视三台-盐亭区块。南充-平昌断褶区构造变形最为强烈，断层和局部构造发育，天然气富集高产条件较优越。

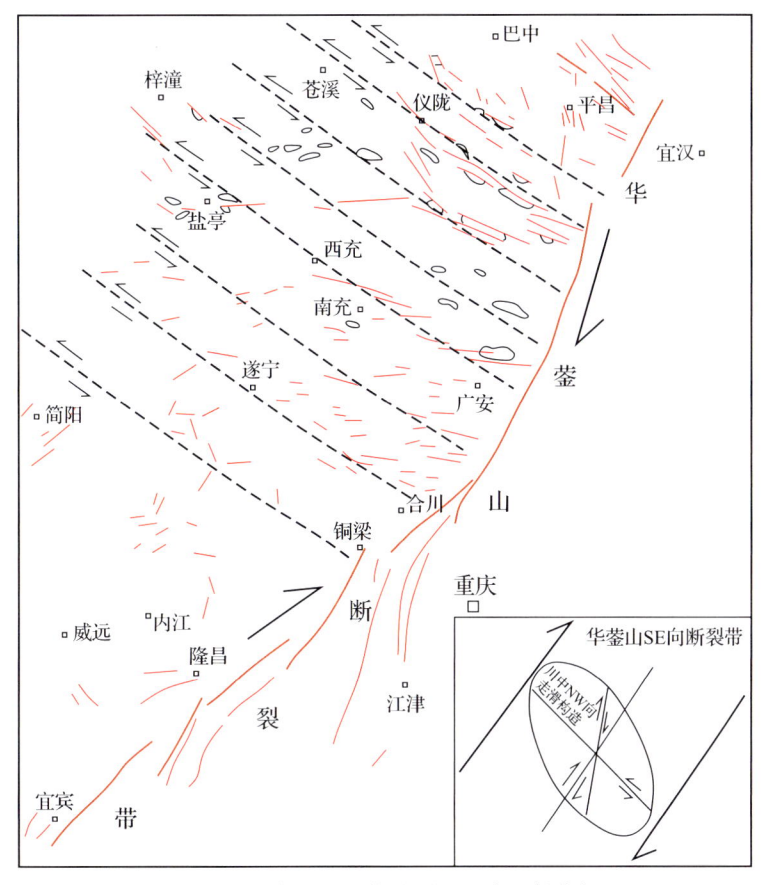

图 1-23　川中 NW 向构造形迹形成机制分析图

## 第三节　多期构造叠加变形的构造枢纽带

构造枢纽带作为含油气盆地中一种重要的构造现象，对盆地构造演化、构造单元、储层发育特征、圈闭类型、油气成藏与油气分布等有重要影响。如世界油气最富集的波斯湾盆地，寒武纪至古近纪长期处于稳定沉降的克拉通盆地阶段。区域构造单元分为三部分，即西部为阿拉伯克拉通盆地、东部为扎格罗斯前陆盆地、中部为构造枢纽带（刘和甫等，2003）。中部构造枢纽带为陆架边缘与深海盆地的过渡带，沉积厚度与岩相变化较大，形成烃源岩、储集岩与圈闭的有利组合，枢纽带内油气富集，著名的基尔库克油田就位于该枢纽带上。在我国主要含油气盆地中，构造枢纽带对油气地质与成藏富集的影响也很明显。在我国东部新生代断陷盆地，构造枢纽带不仅控制了古构造单元和沉积区域的边界，而且控制了沉积体的分布（林畅松等，2000）。在塔里木盆地，多期升降运动以及周缘的造山作用，形成了构造活动的枢纽带，如塔中、塔北及巴楚古隆起的斜坡部位及构造倾没部位，处在一个聚集与保存的最佳部位构造，有利于碳酸盐岩油气成藏与富集（金之钧，2010；汪泽成等，2012）。

## 一、构造枢纽带的基本类型

"枢纽"一词原意是指主门户开合之枢与提系器物之纽，多泛指事物的关键部位、事物之间联系的中心环节，如交通枢纽、水利枢纽等。本书所谓的"构造枢纽带"是指盆地演化过程中对盆地构造格局或者沉积格局的形成与演化起关键作用的构造带（汪泽成等，2012）。一般而言，构造枢纽带多呈线状或条状分布，形式多样，可以是条断裂，也可以是古隆起轴部及其延伸部分，甚至可以是不同时期构造"跷跷板"运动的平衡点，而这一平衡点可能没有显著的构造形变。判识这类构造枢纽带要从构造演化角度进行综合分析。

前人对构造枢纽带的研究，主要从两个方面考虑：①强调同沉积期构造对沉积的控制作用，如林畅松等（2000）提出"构造坡折带"概念，强调由同沉积构造长期活动引起的沉积斜坡地带对层序的发育、沉积体系域及砂体的分布起重要的控制作用；②强调经历了"跷跷板"运动的构造枢纽带对油气地质条件的影响（金之钧，2010）。

实际上，针对我国古生界为主的海相碳酸盐岩层系而言，在漫长地质历史时期，不仅有同沉积期构造控沉积现象，而且在沉积期后经历了多期构造运动，不同期次构造运动可导致海相层系形成不同类型的构造枢纽。因而，对海相碳酸盐岩层系的构造枢纽带类型划分，不仅要考虑同沉积期构造作用，也要考虑沉积期后的构造作用。本节从枢纽带形成演化的角度，将构造枢纽带分为同沉积期的构造枢纽带和跨构造期构造枢纽带两大类（图 1-24）。

### （一）同沉积期构造枢纽带

顾名思义，同沉积期构造枢纽带是指沉积期对沉积体系展布、演化有控制作用的构造带。这类构造枢纽带的形成主要与沉积断裂活动有关。在断陷盆地中常见同沉积期构造枢纽带，因而也受国内外学者的普遍关注，并加以研究。例如，土耳其西部 Alasehir 地堑发育的同沉积期构造枢纽带，其形成受控于不同时期发育的同沉积断层的掀斜作用（Gessner et al.，2001）。在中国东部断陷盆地，同沉积期构造枢纽带表现为同沉积断裂带活动所产生的具明显差异升降和沉积地貌突变的构造枢纽带，通常为断陷盆地内部古构造单元和沉积区域的边界，对盆地的层序构成、沉积体系域及砂体分布起重要的控制作用（王英民等，2003）。同时，构造枢纽带在断陷盆地断-拗转换的构造演化中起重要角色。例如，断陷期的枢纽带两侧沉积充填差异大；拗陷期，尽管盆地整体沉降，但枢纽带两侧的地层堆积厚度和沉积相仍有较大差异；拗陷期后的构造反转作用，枢纽带构造变形较强烈，通常是断陷盆地二级构造单元的分界。

克拉通盆地边缘部位，构造活动强烈，是同沉积期构造枢纽带发育的有利部位，如前述波斯湾盆地中部构造枢纽带分隔陆架边缘沉积与深海盆地沉积。然而，我国以古生界为主的克拉通盆地受后期多旋回造山运动影响，使这部分地层或者深埋于造山带之下，或者卷入构造变形，对油气勘探意义不大，本书不做讨论。

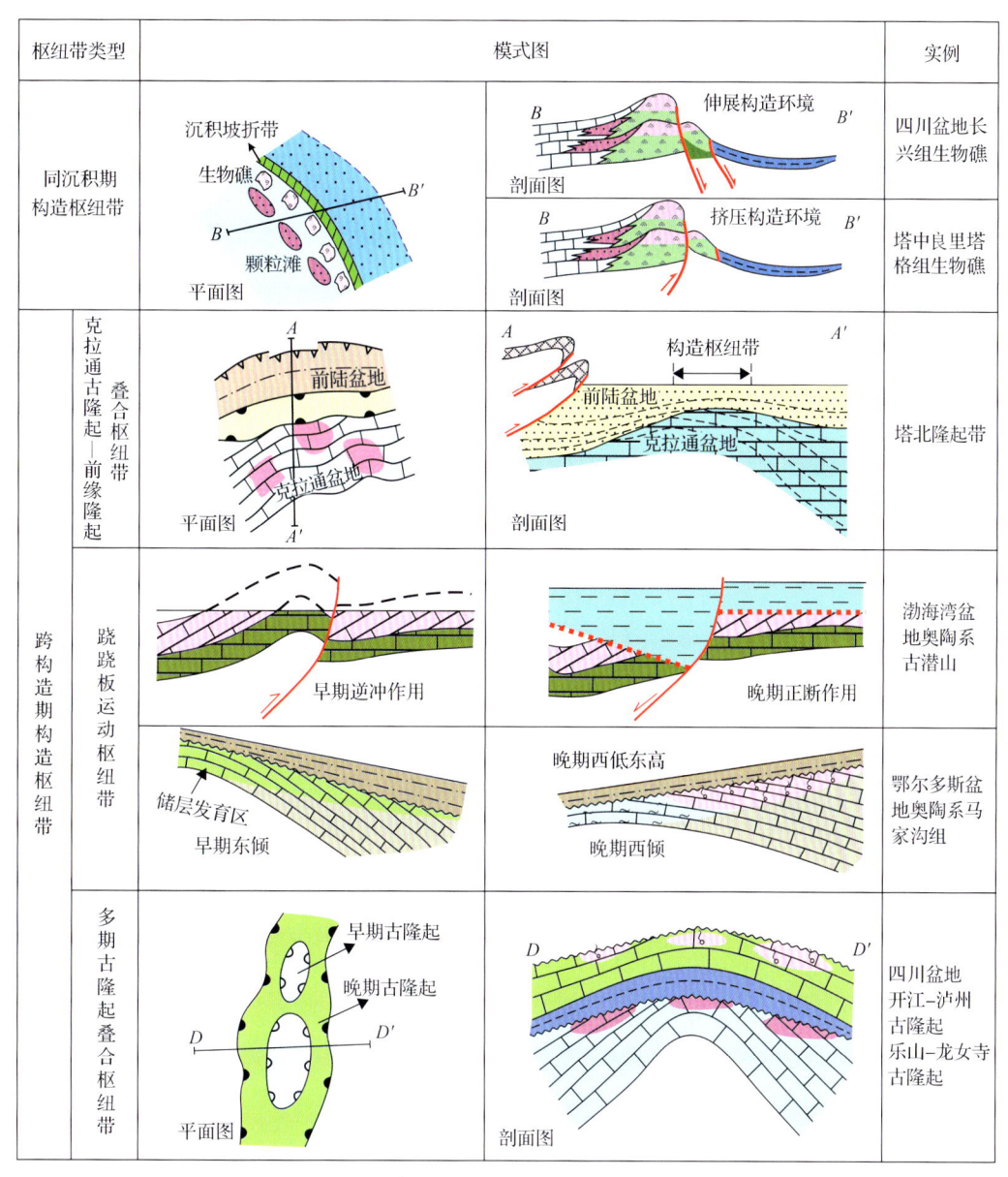

图 1-24 克拉通盆地构造枢纽带类型及示意图

克拉通盆地内部也可以发育同沉积期构造枢纽带，其形成主要受控于克拉通内构造活动（如断裂活动）引起的差异沉降或古地貌变化。导致克拉通盆地内部差异沉降的主要因素是区域构造应力作用及由此产生的盆地基底构造活动，如基底断裂的晚期活动，使得沉积盖层发生正断层活动，或者沉降速率加快，沉积厚度增大（汪泽成等，2004）。研究表明，在我国克拉通盆地内存在两种类型的同沉积期构造枢纽带：一类为拉张构造环境下受伸展断层控制的枢纽带，如四川盆地川中北部晚二叠世环开江-梁平海槽台缘带；另一类为挤压构造环境下受逆冲断裂控制的枢纽带，如塔里木盆地塔中Ⅰ号断裂带。两者的共同特点是断裂活动导致构造枢纽带形成，同时枢纽带两侧沉积古地形存在差异，古地形高地水体较浅，利于生物礁生长和颗粒滩堆积，而古地形低凹区发育泥质岩沉积。随着生物礁的不断生长及颗粒滩的堆积，最初的古地形高地逐渐演化成碳酸盐岩台地边缘，这一演化历史持续发展直至新的构造格局出现。

四川盆地晚二叠世—早三叠世处于区域拉张构造环境，受 NW 向基底断裂张扭活动影响，在盆地北部出现受 NW 向正断层控制的"地堑式"断陷，断陷两侧形成构造枢纽带。在此构造背景下形成开江-梁平海槽，海槽两侧的台缘带发育台地边缘礁滩体。钻井资料显示有三期生物礁以加积方式生长（图 1-25），使台缘带地层厚度高于相邻的海槽区 150～200m，在地震上有显著的响应。据地震预测，海槽西侧的台缘带呈条带状，长 150～200km，宽 4～30km。到早三叠世飞仙关组沉积早期，基本上继承了长兴期古地理格局。受其控制，上述台缘带在生物礁之上叠置发育鲕滩相沉积，发育层位为飞一段—飞二段。到飞仙关中晚期，正断活动减弱，早期断陷进入拗陷发展阶段，以填平补齐沉积为主，构造枢纽带控沉积作用减弱直至不明显。

(二)跨构造期构造枢纽带

所谓跨构造期构造枢纽带是指构造枢纽带的形成演化经历了多个构造旋回，具多期构造叠加演化特点。根据构造叠加样式，跨构造期构造枢纽带可分为三个亚类（图 1-24）。

1. "跷跷板"构造枢纽带

"跷跷板"是指不同时期的构造作用导致地层倾斜方向不同甚至相反，形似"跷跷板"运动。其主要有两种形式：一种形式表现为围绕一个平衡支点的"跷跷板"运动，其结果为区域性单斜地层在不同时期地层倾斜方向相反，如图 1-26(a)所示，早期地层围绕平衡支点做"跷跷板"运动，即地层一端由 $A$ 点运动到 $A'$ 点，另一端则由 $B$ 点运动到 $B'$ 点。"跷跷板"运动的平衡支点在平面上呈线状展布，形成构造运动的枢纽带。这类枢纽带主要发生在中西部克拉通盆地，如鄂尔多斯盆地中部奥陶系。另一种形式表现为沿断层面的"跷跷板"运动，如图 1-26(b)所示，早期地层被逆断层切割，晚期断层发生反转，逆断层反转为正断层，断点 $A$ 点运动到 $A'$ 点，断点 $B$ 点运动到 $B'$ 点。该断层的上盘地层与下盘地层在不同时期做方向相反的运动，断层是构造运动的枢纽带，主要发生在渤海湾断陷盆地，如控盆的边界断裂及控带的大断裂。

典型的"跷跷板"构造枢纽带为鄂尔多斯盆地中部地区。加里东运动在鄂尔多斯盆地形成了以庆阳-鄂托克旗为轴部的近 NS 向展布的不对称古隆起，西翼较陡，东翼为宽缓的向东倾伏的单斜构造。经过长达 2 亿年的剥蚀夷平，到中—上石炭统沉积前，奥陶系顶面构造趋于平缓。到三叠纪沉积期，盆地西部构造沉降加快，地层厚度加大，使奥陶系发生东高西低的区域性倾斜，并持续到现今。"跷跷板"运动枢纽带位于盆地中东部的靖边一带，呈近 NS 向延伸。枢纽带区域的奥陶系在加里东运动末期处于西高东低古隆起的斜坡部位，剥蚀后暴露马家沟组马五段，风化壳岩溶储层发育。枢纽带以东地区，处于岩溶盆地，方解石充填作用明显，储层致密。中生代以来，奥陶系发生区域性西倾，

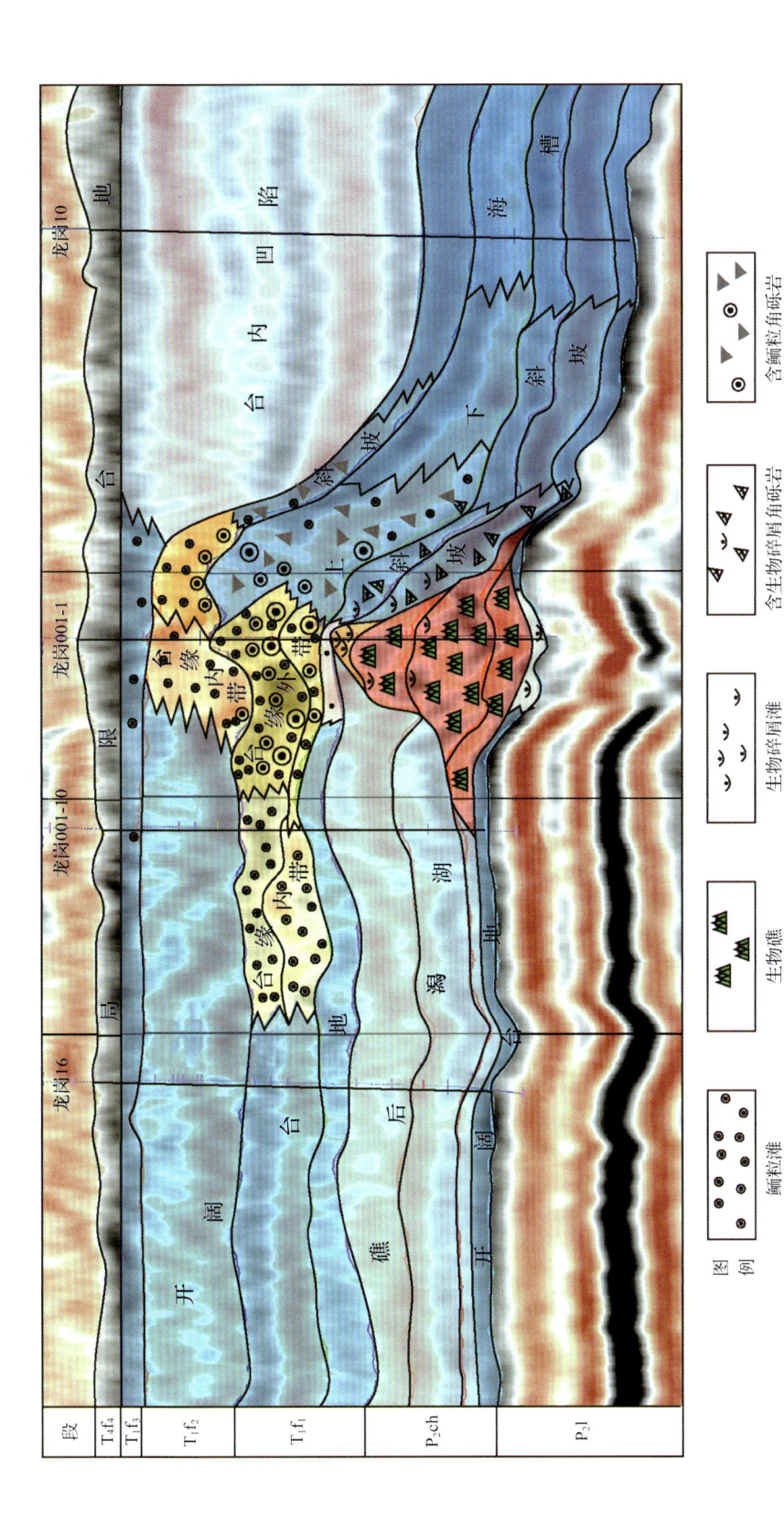

图1-25 开江-梁平海槽西侧台缘带生物礁分布受断层控制

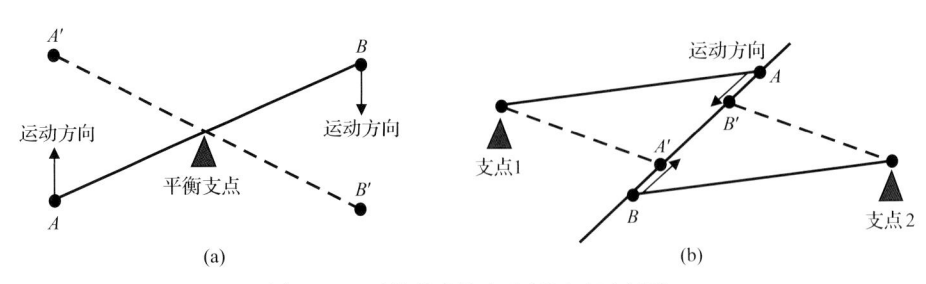

图 1-26 两种形式的跷跷板运动示意图

(a)有平衡支点的跷跷板运动；(b)沿断层面的跷跷板运动。实线为早期的地层产状，虚线为后期的地层产状

构造枢纽带以东的致密层位于岩溶储层发育的上倾方向，成为区域性的遮挡，使枢纽带部位的岩溶储层成为风化壳地层油气藏发育的有利地区。由此可见，"跷跷板"运动枢纽带有利于油气成藏与富集。塔里木盆地巴楚古隆起的形成也经历了"跷跷板"运动，加里东晚期形成西南高、东北低的北倾斜坡，定型于早海西期，晚海西期—喜马拉雅早期这一斜坡带稳定沉降，直至喜马拉雅晚期古隆起沉没南倾，形成向西南倾伏的斜坡，其中麦盖提斜坡是"跷跷板"运动的支点，长期处于古隆起斜坡枢纽部位。目前该枢纽带油气勘探程度低，是值得高度重视的有利勘探领域。

### 2. 克拉通古隆起-前陆古隆起叠合枢纽带

该类枢纽带是指在早期克拉通阶段形成的古隆起之上叠置发育晚期前陆盆地阶段形成的前陆古隆起带。典型实例为塔里木盆地塔北古隆起，与中新生代库车前陆盆地的前陆古隆起叠置发育，成为分隔台盆区海相含油气系统与库车前陆盆地含油气系统的构造枢纽带。该枢纽带呈 EW 向展布，西以喀拉玉尔滚断裂、柯吐尔断裂与阿瓦提拗陷相隔，北以秋里塔格逆冲推覆带为界，南以斜坡向北部拗陷过渡。古隆起的轴脊位于轮台凸起，呈东高西低，沿新和—轮台一线展布，并向阿瓦提拗陷倾伏。

从塔北枢纽带的构造演化可以看出克拉通古隆起-前陆古隆起叠合枢纽带的特点：①早期古隆起主要位于克拉通盆地边缘，经历了多旋回构造运动，长期继承性发育，可形成多套岩溶型储集层。②前陆盆地演化早期，古隆起对沉积充填有控制作用，沉积中心和生烃中心主要位于山前深拗陷区。③成为分割海相与陆相两大含油气系统的分水岭，深层海相地层油气主要来自克拉通拗陷区，中浅层的油气来自前陆拗陷区。④海相与陆相地层的圈闭及油气藏类型存在明显差异，前者受不整合面与断裂控制，地层型油气藏为主；后者则主要发育地层超覆、岩性-构造复合等油气藏类型。

### 3. 多期古隆起叠合枢纽带

古隆起是克拉通盆地重要的构造枢纽带类型。受多旋回构造运动影响，多期古隆起继承性发育，形成古隆起继承性叠合构造枢纽带。该类型枢纽带在四川盆地海相层系中可见，如开江-泸州古隆起及川中古隆起均属于这种类型。

以开江-泸州古隆起为例。该古隆起位于华蓥山断裂带以东地区，呈 NE 向展布，是一个经历了多期古隆起叠加的构造枢纽带(图 1-27)。石炭纪末期的云南运动，在川东北部的开江地区形成 NE 向古隆起，位于古隆起核部的开江-梁平地区石炭系剥蚀殆尽，而此时的泸州地区未见明显的古隆起。到早二叠世末期的东吴运动，泸州—重庆一带及开江—梁平一带剥蚀缺失茅口组茅四段，剥蚀地层厚度明显较两翼多，泸州、开江统一的古隆起已见雏形。中三叠世末期的印支运动，是四川盆地重要的构造运动，基本结束了四川盆地海相克拉通沉积历史，而进入前陆盆地阶段。这一构造运动在川东地区形成泸州-开江古隆起。古隆起核部的泸州地区中三叠统雷口坡组剥蚀殆尽，出露嘉陵江组；开江地区雷口坡组剥蚀到雷一段。

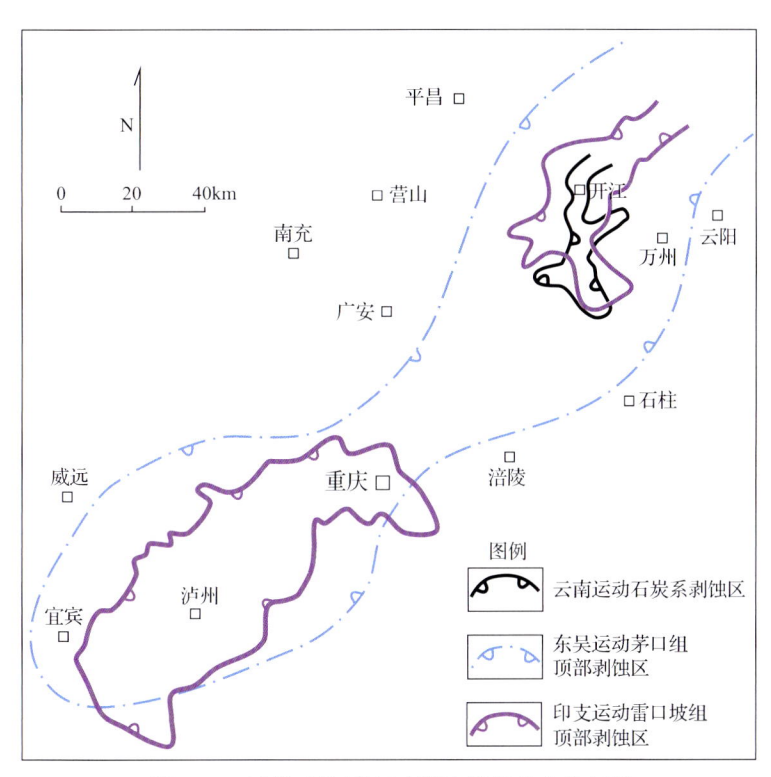

图 1-27 泸州-开江地区多期古隆起叠合分布图

从开江-泸州古隆起的形成演化看，多期叠合枢纽带具有如下特征：①每一期古隆起的形成受控于区域构造运动。不同时期古隆起的形成与纵弯褶皱作用有关，发育规模大小不一，但古隆起轴线基本一致。②古隆起部位岩溶储层发育，多期古隆起叠加可形成多层系岩溶储层。

## 二、四川盆地深层三期构造枢纽带

四川盆地深层震旦系—寒武系构造较稳定，但受多期多类型盆地叠加改造，尤其不同时期构造沉降与沉积厚度影响，形成了三期构造枢纽带。

加里东运动形成川中古隆起，在泥盆纪、石炭纪均处于隆升剥蚀状态，直到二叠系沉积前。二叠纪以来，四川盆地先后经历了晚二叠世—早三叠世克拉通内裂陷阶段、晚三叠世龙门山前陆盆地、中晚侏罗世大巴山前陆盆地、喜马拉雅运动的盆缘褶皱-冲断作用等。在上述构造运动及成盆演化过程中，斜卧于盆地腹部的川中古隆起构造形态变化也经历了四个时期：均衡埋藏期、差异埋藏期、区域隆升与强烈变形期。

1. 二叠纪—中三叠世古隆起均衡埋藏

四川盆地进入二叠纪—中三叠世，盆地演化为克拉通拗陷阶段，总体表现为均衡沉降作用，沉积地层厚度相对均一。因而，对川中古隆起的震旦系—寒武系而言，这一时期除埋深加大之外，构造形态基本上继承了加里东末期的古隆起形态(图1-28)。

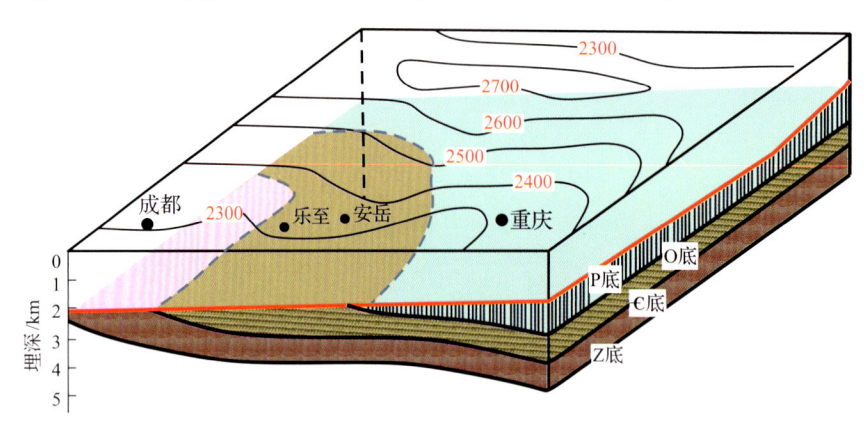

图1-28 中三叠世末期川中古隆起形态示意图(单位：m)

2. 晚三叠世EW向差异沉降与NW向构造枢纽带(Ⅰ期枢纽带)

到了印支期，四川盆地演化进入前陆盆地阶段。这一时期，由于龙门山前陆冲断带的隆升以及川西拗陷的快速沉降，晚三叠世沉积的须家河组具有西厚东薄的特征。川西拗陷须家河组地层厚度达3500～4000m，而到川中地区地层厚度减薄至400～600m，再往东减薄至200m。受须家河组差异沉降和厚度悬殊影响，川中古隆起震旦系—寒武系构造发生很大变化。加里东期NE向古隆起被动地迁移，其轴线转变为平行于川西深拗陷的NW向延伸。同时，也形成了古隆起高部位到斜坡带的构造枢纽带(图1-29)。

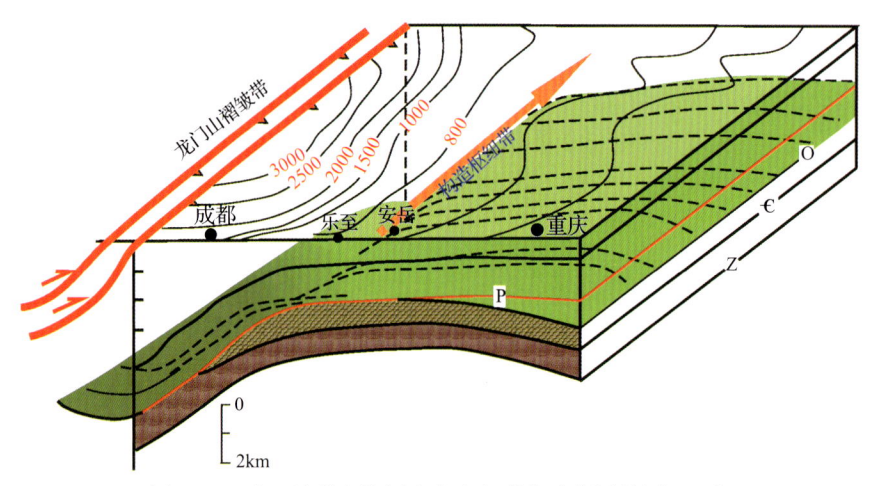

图1-29 晚三叠世末期川中古隆起形态示意图(单位：m)

3. 中—晚侏罗世NW-SE向差异沉降与NWW向构造枢纽带(Ⅱ期枢纽带)

到中侏罗世，随着大巴山的褶皱隆升及冲断作用，在川北地区形成前陆盆地(汪泽成等,2004)。这一时期的前渊深拗陷区主要分布在大巴山山前带,堆积地层厚度达 3500m。向盆地腹部,地层厚度明显减薄,在川中地区厚度减薄为 1000m 左右。受中侏罗世不均衡沉降的影响,古隆起深层地层"被动"变形,北部埋深加大,川中埋深较浅,且在广安—绵阳一带形成构造枢纽带(称之为Ⅱ期枢纽带)。理论上讲,如果没有须家河期的沉降差异及厚度变化,则侏罗纪的深层震旦系—寒武系构造应表现为平行大巴山的 NWW 向展布。实际上,须家河期 NW 向与侏罗纪 NWW 向叠加作用,使深层构造"被动扭曲",成为 NE 向构造(图 1-30)。也就是说川中古隆起深层构造以 NE 向为主,其成因归终于晚三叠世前陆盆地与侏罗纪前陆盆地的叠加改造,并于侏罗纪末就已定型。

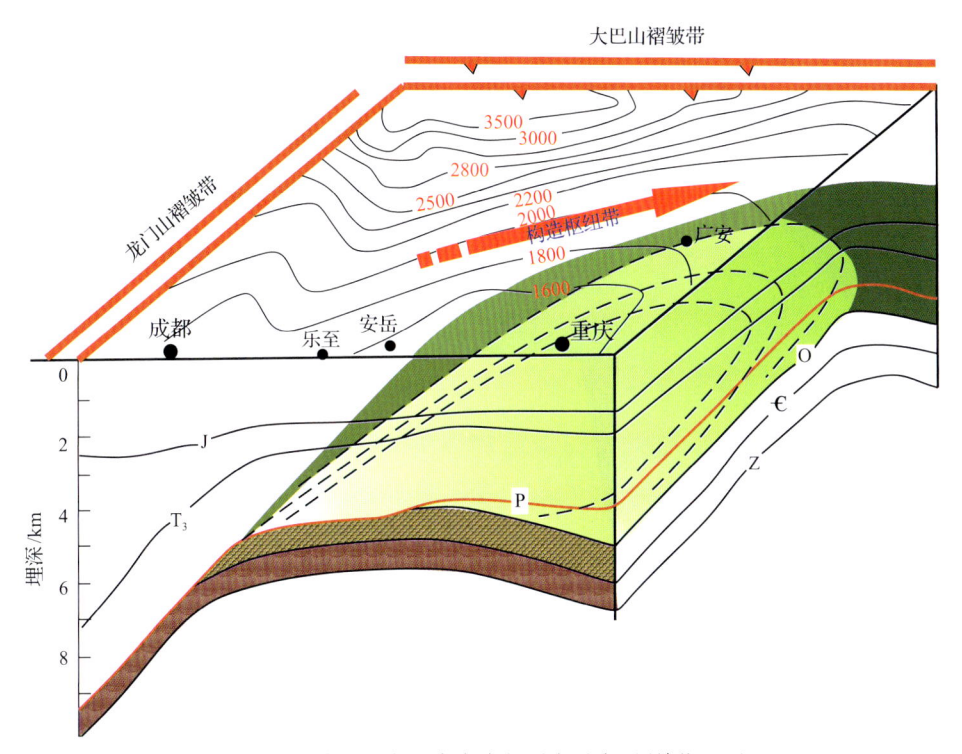

图 1-30 侏罗纪末川中古隆起形态示意图(单位:m)

4. 喜马拉雅期区域隆升、强烈变形与 NW 向构造枢纽带(Ⅲ期枢纽带)

新生代发生的喜马拉雅运动造就了青藏高原的快速隆升。四川盆地周缘构造变形强烈,盆地东部形成了著名的川东高陡构造带,盆地西缘龙门山及北缘的米仓山-大巴山进一步向盆地内部冲断-褶皱变形。盆地内部形成了威远大背斜构造,川中及其以北地区也发生褶皱变形,但主要发生在中浅层。盆地内部其他变形较弱。

喜马拉雅运动对四川盆地的影响最显著特征是构造变形强烈、隆升幅度大。前人利用磷灰石裂变径迹分析喜马拉雅期的隆升速率。在大量调研基础上,收集整理分析磷灰石裂变径迹资料(6 个地区 45 块样品),表明喜马拉雅期存在三期隆升与剥蚀,隆升幅度高达 3000~4000m。威远构造是喜马拉雅期形成的 NE 向倾伏的大型鼻状构造。磷灰石裂变径迹资料表明,该构造在喜马拉雅期经历了三期隆升(图 1-31):第一阶段(65~

47Ma),隆升幅度1200~2200m;第二阶段(47~15Ma),隆升幅度600~2000m;第三阶段(15~0Ma),隆升幅度1880~4000m。同样,盆地外围的兴文(NW向构造)构造也经历了三期隆升,分别是:第一阶段(37.3~9.6Ma),隆升幅度900~1000m;第二阶段(9.6~1.2Ma),隆升幅度600~700m;第三阶段(1.2~0Ma),快速隆升,隆升1484m。隆升造成的地层剥蚀可达3000~4000m。四川盆地东南缘丁山构造的丁山1井,利用磷灰石裂变径迹反映盆地边缘隆升速率与幅度,样品采自二叠系龙潭组煤系。结果表明盆地东南缘自72.1Ma以来经历了四次隆升与剥蚀(图1-31),隆升幅度最大的时期为72.1~31.4Ma,隆升幅度可达1336m,隆升速率可达128.46m/Ma;其次是近10Ma以来,隆升幅度可达1200m,隆升速率可达112.15m/Ma。

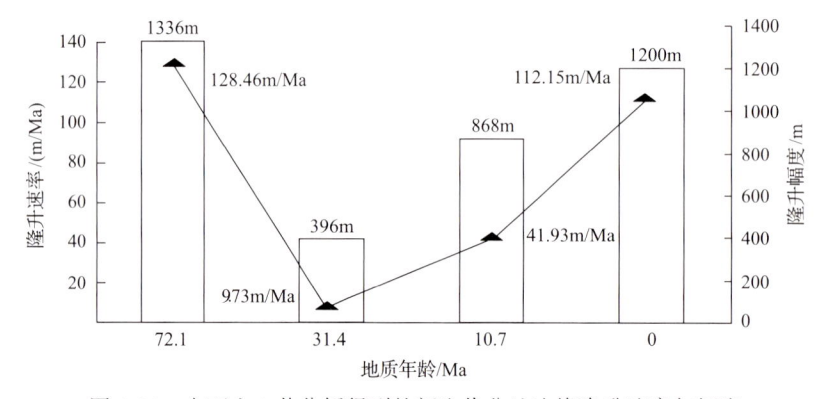

图1-31 由丁山1井分析得到的新生代盆地边缘隆升速率与幅度

然而,喜马拉雅期的快速隆升与剥蚀主要发育在盆地周缘、威远地区,盆地腹部总体变形较弱。从威远背斜到磨溪-高石梯构造,其间存在一条NW向延伸的构造枢纽带(称之为Ⅲ期构造枢纽带)(图1-32)。

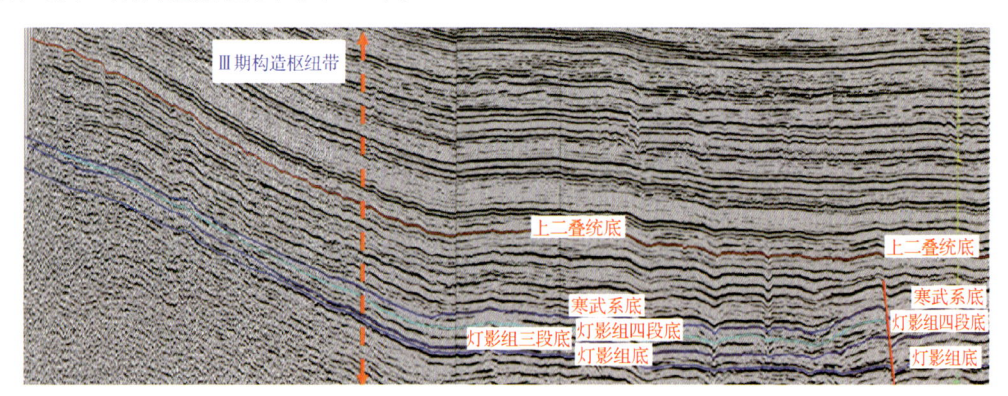

图1-32 威远背斜与磨溪-高石梯构造之间的构造枢纽带

综上,川中古隆起自加里东运动定型后,在海西—早印支期上覆地层相对均一,整体被深埋,但古隆起形态变化不大。到印支—燕山期,受两期前陆盆地不均衡沉降控制,古隆起被动深埋并被改造,印支期主要以NW向延伸为主,而在燕山期古隆起经叠加改造后,古隆起变为NE向为主。两期不均衡沉降,分别形成了Ⅰ期、Ⅱ期构造枢纽带;

到喜马拉雅期，由于威远构造的快速隆升、剥蚀影响，形成了Ⅲ期构造枢纽带。三期构造枢纽带叠置在现今震旦系顶面构造图上(图 1-33)，东边界为华蓥山断裂，其围限的面积超过 3.0 万 km²。

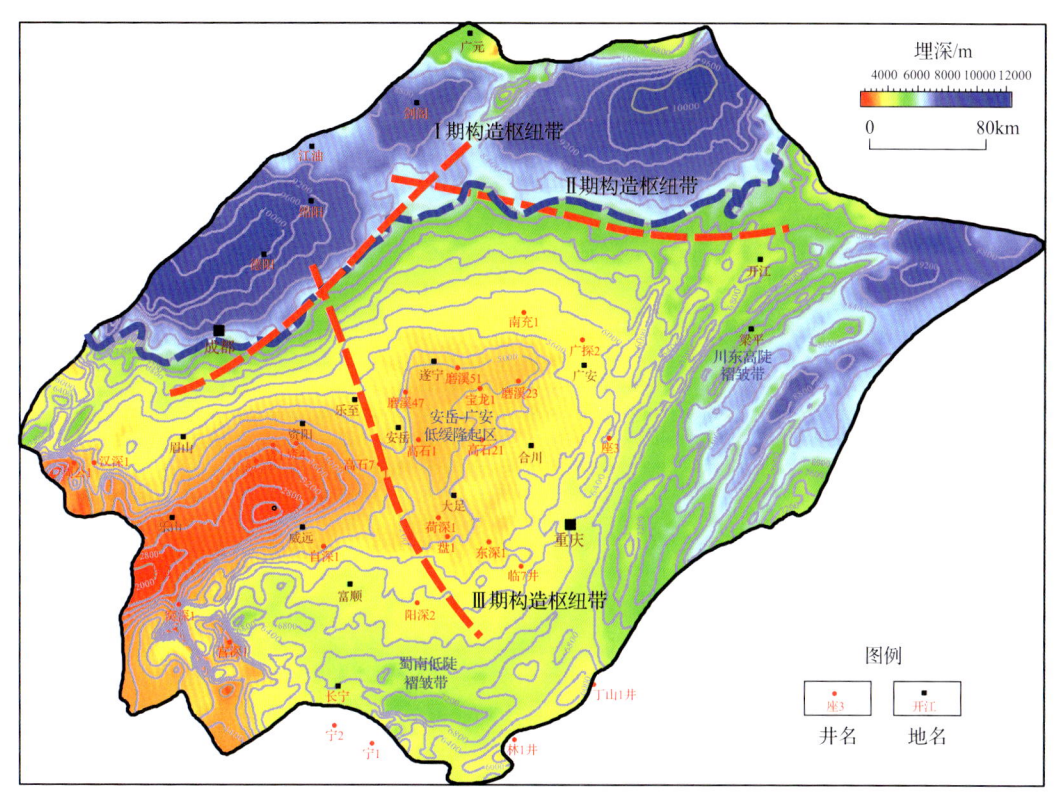

图 1-33　三期构造枢纽带与震旦系顶构造叠合图

构造枢纽带的提出对指导勘探部署有重要意义。川中古隆起在加里东末期可达 6.25 万 km²，是一个大型古隆起。受印支运动以来的多旋回构造运动影响，主要目的层震旦系—寒武系被深埋，在川西拗陷及川北拗陷埋深可达 9000~10000m，显然不能成为近期勘探的领域。然而，在三期构造枢纽带范围内，不仅构造变形较弱，而且埋深相对较浅，是近期天然气勘探可以进军的领域。据统计，构造枢纽带围限区埋深埋深小于 7000m，震旦系顶面积可达 1.95 万 km²，龙王庙组面积可达 2.0 万 km²；埋深小于 6000m，震旦系顶面积可达 2.6 万 km²，龙王庙组面积可达 2.8 万 km²。由此可见，该区域具有良好的勘探前景。

## 第四节　高石梯-磨溪地区深层走滑断层构造特征

近年来，塔里木盆地塔中-塔北深层碳酸盐岩油气勘探揭示走滑断层具有明显的控储、控藏作用(焦方正，2017)。四川盆地深层存在着高角度断裂(汪泽成等，2006；马德波等,2018),这些断裂对油气地质条件有重要影响。然而,四川盆地走滑断裂的系统研究较少,尚不能有效指导油气勘探选区评价。为此,开展了川中地区高石梯-磨溪三维地震工区走滑断裂的解剖研究,以期为深入研究四川盆地走滑断层发育特征及其控藏作用提供研究思路。研究工区位于四川盆地川中地区,利用高石梯-磨溪地区连片处理的高精度三维地震资料、钻井资料,利用走滑断层构造解析的思路,通过高精度相干提取、断层精细解释,系统分析研究区走滑断层的几何学、运动学特征,恢复其形成演化过程,并揭示走滑断层对天然气成藏的意义。

## 一、走滑断层几何学特征

### (一)剖面特征

根据断层剖面组合样式的差异,识别出研究区主要发育三种构造样式:高陡直立断层、花状构造、"Y"字形断层与反"Y"字形断层(图1-34)。

高陡直立断层是研究区内走滑断层最普遍的特征。断层大多为张扭性断层,剖面上近于直立,断面倾角大于80°,往上断至寒武系或二叠系内部,向下断穿震旦系直至前震旦系,断面形态具有越往深层越陡的特点[图1-34(a)]。

花状构造是走滑断层主干断层和分支断层的剖面组合形态,是走滑断层鉴别的重要标志之一。高石梯-磨溪地区走滑断层主要发育负花状构造[图1-34(b)]和半花状构造[图1-34(c)],分布在震旦系—二叠系中,由一系列凹面向上的正断层组成由深部往浅层撒开的"花状"或"半花状"结构。由于多期构造变形叠加,局部地区发育多层花状构造,剖面上形成"花上花"的结构。负花状构造的广泛发育反映了研究区走滑断层发育于张扭性构造环境中。

"Y"字形断层与反"Y"字形断层是研究区内较为发育的两种断层样式,剖面上表现为两条倾向相反的正断层(主干断层、分支断层)组成的小型地堑。根据分支断层与主干断层相对位置的差异,划分为"Y"字形断层[图1-34(d)]和反"Y"字形断层[图1-34(e)]。

### (二)平面特征

选取高石梯-磨溪地区地震资料的寒武系底(图1-35)、二叠系龙潭组底(图1-36)高精度相干切片及对应的断层分布图来说明研究区走滑断层的平面分布特征。图1-35中近南北向断层$F_0$为德阳-安岳克拉通内裂陷的边界断层,根据前人对德阳-安岳克拉通内裂陷形成演化的研究,$F_0$断层形成于晚震旦世灯影组沉积期,消亡于下寒武统筇竹寺组沉积晚期。研究区内走滑断层向上大多断穿寒武系,同时对$F_0$断层有明显的切割,因此,该区走滑断层的形成晚于$F_0$断层的形成。

寒武系主要发育近东西向、北东向、北西向三组走滑断层(图1-35),断层呈线性展布。近东西向断层(如$F_3$、$F_4$、$F_6$)主要分布在北部磨溪-龙女寺地区,延伸长度可达110km,整条断层由多段次级断层组成,不同段次级断层之间多有叠覆现象,由西往东断层呈发散的特点。北东向断层(如$F_8$、$F_9$、$F_{10}$)主要分布在研究区西南部,连续性差,整条断层

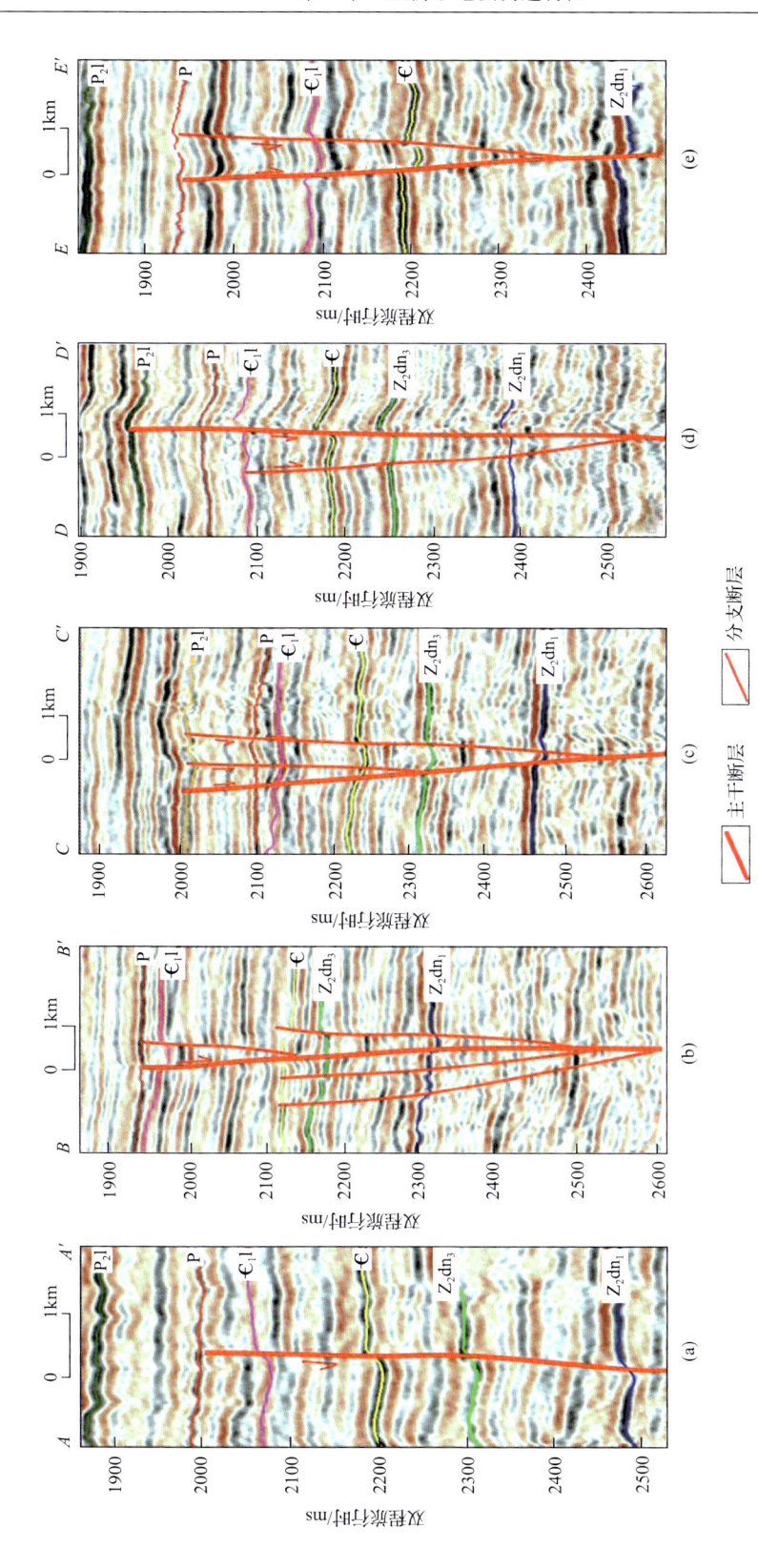

图1-34 高石梯-磨溪地区典型三维地震剖面走滑断层[剖面位置见图1-35(b)]

$Z_2dn_1$-灯影组一段；$Z_2dn_3$-灯影组三段；$\epsilon$-寒武系；$\epsilon_1l$-寒武系龙王庙组；P-二叠系；$P_2l$-上二叠统龙潭组

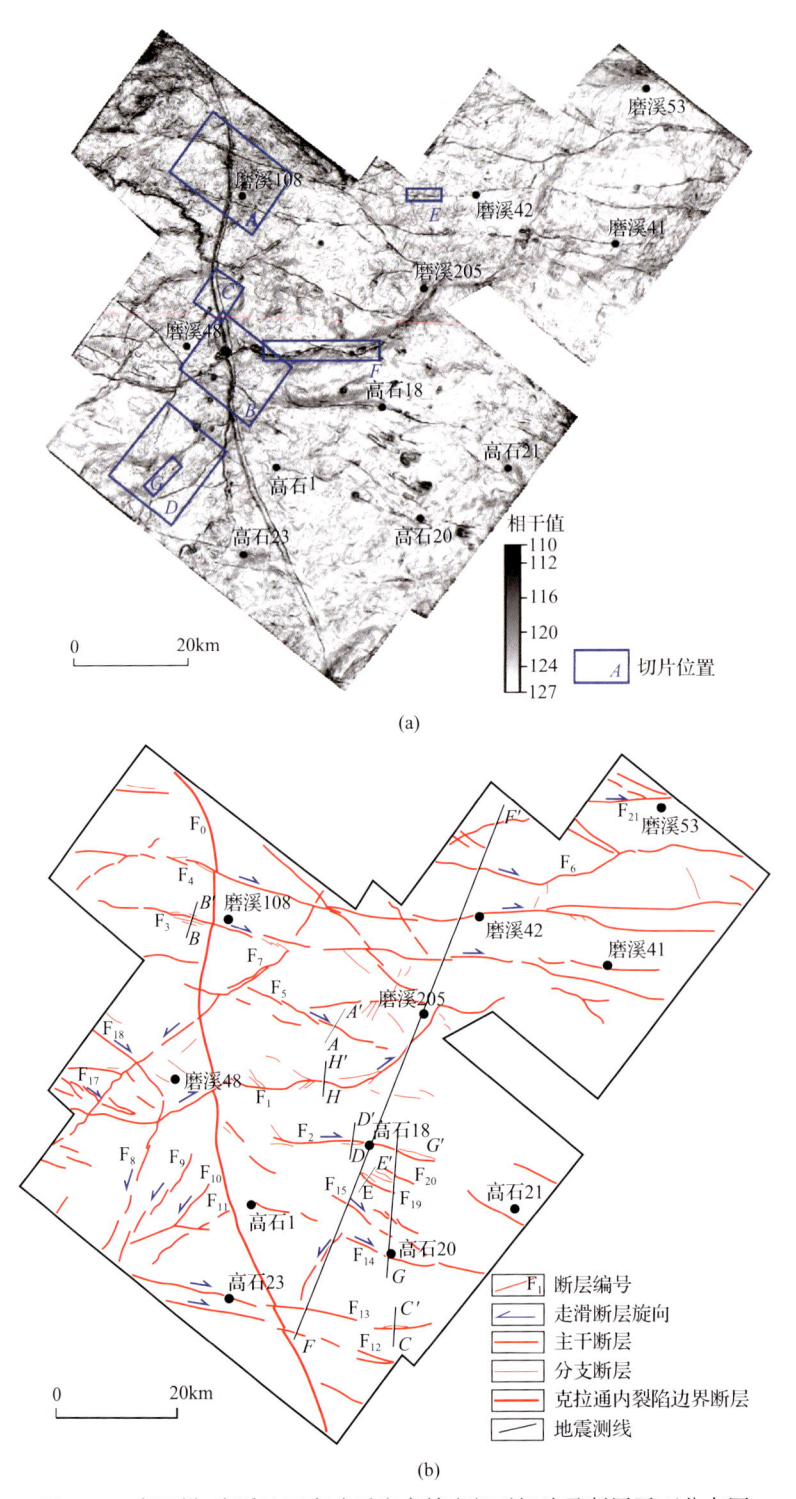

图 1-35 高石梯-磨溪地区寒武系底高精度相干切片及断层平面分布图

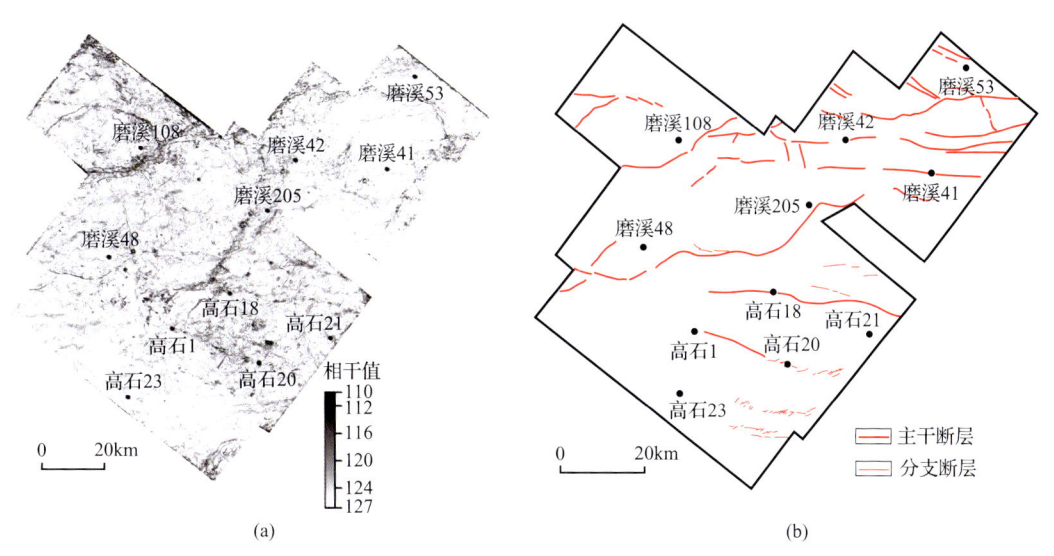

图 1-36 高石梯-磨溪地区二叠系龙潭组底高精度相干切片及断层平面分布图

由断续分布或雁列状分布的次级断层组成，这些断层向下断穿震旦系，往上一般只断至寒武系龙王庙组底。北西向断层(如 $F_5$、$F_{15}$、$F_{17}$)在研究区分布较广，单条断层长度短，多条雁列式分布的断层组成一条大的断层(图 1-35)。研究区中部发育的 $F_1$、$F_2$ 断层为高石梯-磨溪构造的边界断层，$F_1$ 断层为磨溪构造的南边界，$F_2$ 断层为高石梯构造的北边界。$F_1$、$F_2$ 断层由震旦系一直断至二叠系—三叠系内部，为多期活动断层。剖面上可以看到 $F_1$、$F_2$ 断层随地层整体褶皱隆升表现为逆断层，为高石梯-磨溪构造挤压隆升过程中的构造反转所致(图 1-37)。

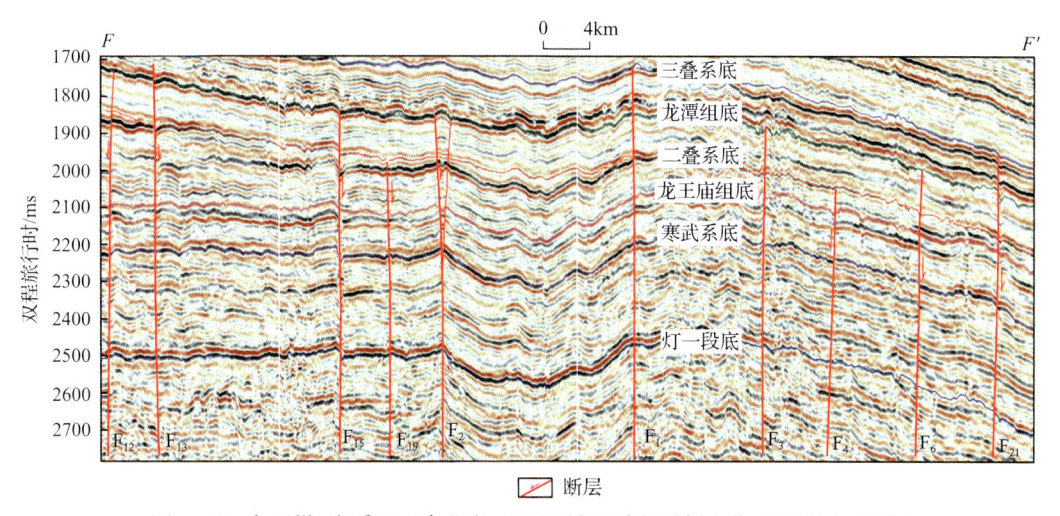

图 1-37 高石梯-磨溪地区南北向 FF'地震解释剖面[剖面位置见图 1-35(b)]

二叠系断层发育较少，主要沿下覆寒武系主干断层分布，突出主干断层发育具有一定的继承性。平面上二叠系断层主要分布在研究区中东部，且具有北多南少的特点。北部以近东西向、北西向断层为主，断续分布，整体延伸较远；南部以北西向断层为主，延伸较短(图1-36)。北部磨溪-龙女寺地区断层发育密度明显高于南部高石梯地区。研究区东南部发育两条由雁列式正断层组成的北西向断层带,整体沿深层寒武系断层分布,体现了该区张扭应力场的存在。

几何学特征分析表明,研究区古生界发育张扭性走滑断层,剖面上表现为高陡直立、负花状或半花状、"Y"字形与反"Y"字形。平面上发育近东西向、北西向、北东向三组断层,呈线性延伸,断层内部由多条雁列状或斜列状分布的次级断层组成。

## 二、走滑断层的运动学特征

### (一)运动方向的确定

研究区断层走向滑距小,运动方向的判定比较难。本章主要根据走滑断层对 $F_0$ 断层和褶皱构造的错断及主干断层内部次级断层雁列状排列的方式进行运动方向的确定。

前面已经论述 $F_0$ 断层的形成早于研究区内走滑断层的形成,因此可以根据 $F_0$ 断层被走滑断层错断的方向判断走滑断层的运动方向。近东西向 $F_3$、$F_4$ 断层 2360ms 等时切片显示[图1-38(a)],$F_0$ 断层被 $F_3$、$F_4$ 断层右行错断,因此 $F_3$、$F_4$ 断层为右行走滑断层。地震振幅切片图显示北西向、近东西向断层内部次级断层呈左阶式斜列展布[图1-39(a)],进一步证实北西向、近东西向断层为右行走滑断层。$F_1$ 断层 2290ms 等时切片显示,$F_0$ 断层被 $F_1$ 右行错断,表明 $F_1$ 断层为右行走滑断层[图1-38(b)]。$F_1$ 断层内部次级断层呈左阶式雁列状分布[图1-39(b)],也证实 $F_1$ 断层为右行走滑断层。由北东向 $F_7$ 断层 2498ms、$F_9$ 断层 2412ms 等时切片[图1-38(c)、图1-38(d)]可以看出北东向断层为左行走滑断层,其内部雁列式分布的次级断层呈右阶式雁列状展布[图1-39(c)],也指示北东向断层为左行走滑断层。

通过上述分析,可以判断出高石梯-磨溪地区近东西向、北西向走滑断层为右行张扭性走滑断层,北东向断层为左行张扭性走滑断层(图1-35)。

### (二)位移量分析

断层位移量分析可以定量反映断层的活动强弱。本节通过统计断层的水平位移、垂向断距对研究区古生界走滑断层的位移量进行分析,其中水平位移用来分析走滑作用的强弱,垂向断距用来反映断层的活动强度。

断层两盘地质参照物对比法是进行走滑断层水平位移测量最有效的方法。本节选取断层 $F_0$ 和南部的褶皱构造作为参照物,通过测量二者被走滑断层错断的距离来计算张扭性走滑断层的水平位移量。国内外学者研究认为,走滑断层的水平位移与断层长度呈正相关关系,因此选取研究区内规模较大且与参照物有切割关系的五条断层来计算其水平位移,代表研究区内走滑断层水平位移的上限。经测量,$F_0$ 断层分别被 $F_1$、$F_3$、$F_4$ 断层右行错断了 490m、335m、550m,因此 $F_1$、$F_3$、$F_4$ 断层水平位移量分别为 490m、335m、550m[图1-38(a)、图1-38(b)]。图1-38(c)、图1-38(d)显示北东向断层 $F_7$、

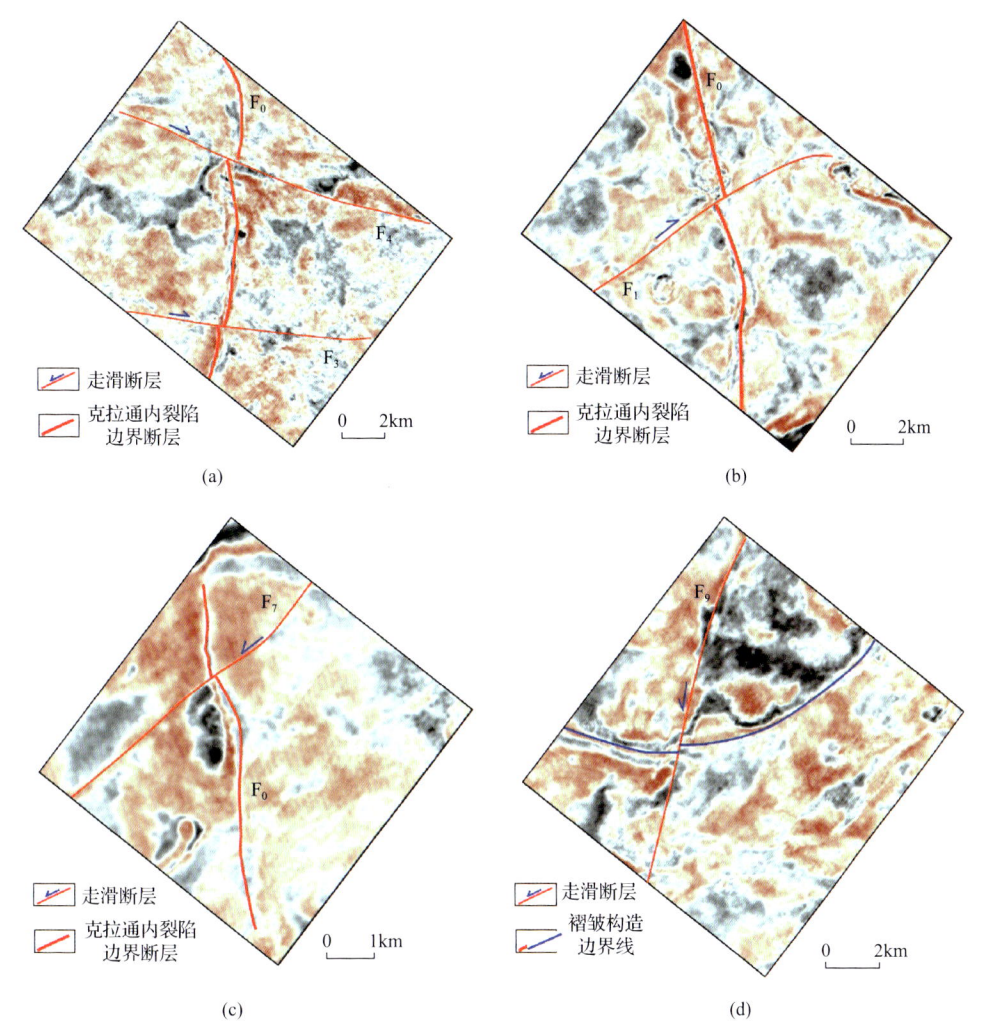

图 1-38 研究区三维地震数据体振幅等时切片[切片位置见图 1-34(a)]

(a)F$_3$、F$_4$断层 2360ms 振幅切片；(b)F$_1$断层 2290ms 振幅切片；(c)F$_7$断层 2498ms 振幅切片；(d)F$_9$断层 2412ms 振幅切片

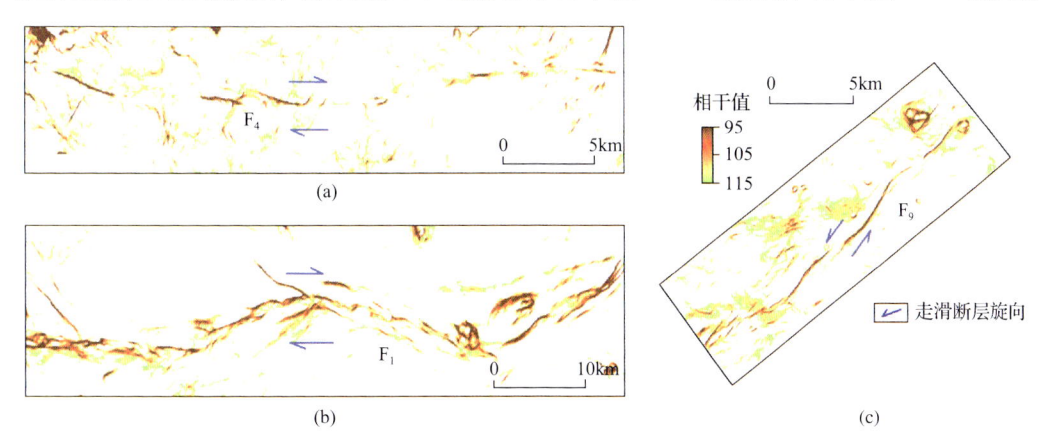

图 1-39 近东西向、北东向断层精细相干图[切片位置见图 1-35(a)]

(a)E 区切片；(b)F 区切片；(c)G 区切片

$F_9$的水平位移量分别为110m、290m。对比五条断层的水平位移,北东向断层$F_7$、$F_9$规模小,水平位移量也小,最小为110m;近东西向断层$F_4$规模最大,水平位移也最大,为550m。

垂向断距是断层活动强弱定量分析的一个重要指标。地震剖面上可以看出寒武系的断距大,同相轴错断明显;二叠系断距小,没有明显的错断,有时仅表现为同相轴的扭动,如$F_6$断层(图1-37)。通过测量同一条断层不同层位垂向断距的变化,发现寒武系底的垂向断距最大,龙王庙组底的垂向断距次之,二叠系龙潭组底的垂向断距明显小于前两者[图1-40(a)、图1-40(b)]。其中,二叠系垂向断距较寒武系垂向断距呈断崖式减小,而非渐变,如$F_1$断层即为如此[图1-40(c)]。说明研究区内古生界断层垂向断距的变化是由断层不同期次活动强度差异造成,而非晚期发育断层导致的垂向断距往上逐渐减小。

综上所述,近东西向断层的走滑作用最强,北东向断层的走滑作用最弱,走滑断层最大水平位移量约为550m,早期断层的活动强度明显强于晚期断层。

## 三、走滑断层的形成演化

四川盆地是经历多期构造变动的复合叠合克拉通盆地,经历多期拉张—挤压构造旋回,形成多期活动的断层。为了研究川中地区走滑断层的形成演化过程,首先厘定断层期次,然后结合区域构造背景,阐述研究区走滑断层的形成演化过程。

### (一)走滑断层活动期次

断层活动期次厘定一直是构造地质学领域的难题。本节在调研川中地区构造演化背景的基础上,综合利用上下构造样式差异、断层断穿层位来判定研究区走滑断层的活动期次。

#### 1. 上下构造样式差异

多期活动断层在不同期次活动时形成具有一定差异的构造样式。对于走滑断层来说,一次活动就是一次构造应力释放的过程,形成一期花状或半花状构造。多期活动的走滑断层就会形成花状构造的纵向叠置,形成"花上花"的构造样式,据此可以判断走滑断层的活动期次。如$F_{14}$断层剖面上为两期半花状构造叠置[图1-40(a)],下面一期发育在二叠系底以下,上面一期主要发育在二叠系龙潭组底以下,据此初步判断研究区内断层经历二叠纪之前、上二叠统龙潭组沉积以前两期演化。

#### 2. 断层断穿层位

研究区深层走滑断层主要断穿二叠系底、龙潭组底两个重要不整合面。

二叠系底为高石梯-磨溪构造褶皱隆升之后遭受剥蚀形成的削截不整合,二叠系直接覆盖在寒武系之上。研究区内部分走滑断层(如$F_{15}$、$F_{18}$、$F_{20}$)往上断穿寒武系在二叠系底之下终止[图1-41(a)],据此推断走滑断层发育在二叠系沉积之前。为了确定断层发育

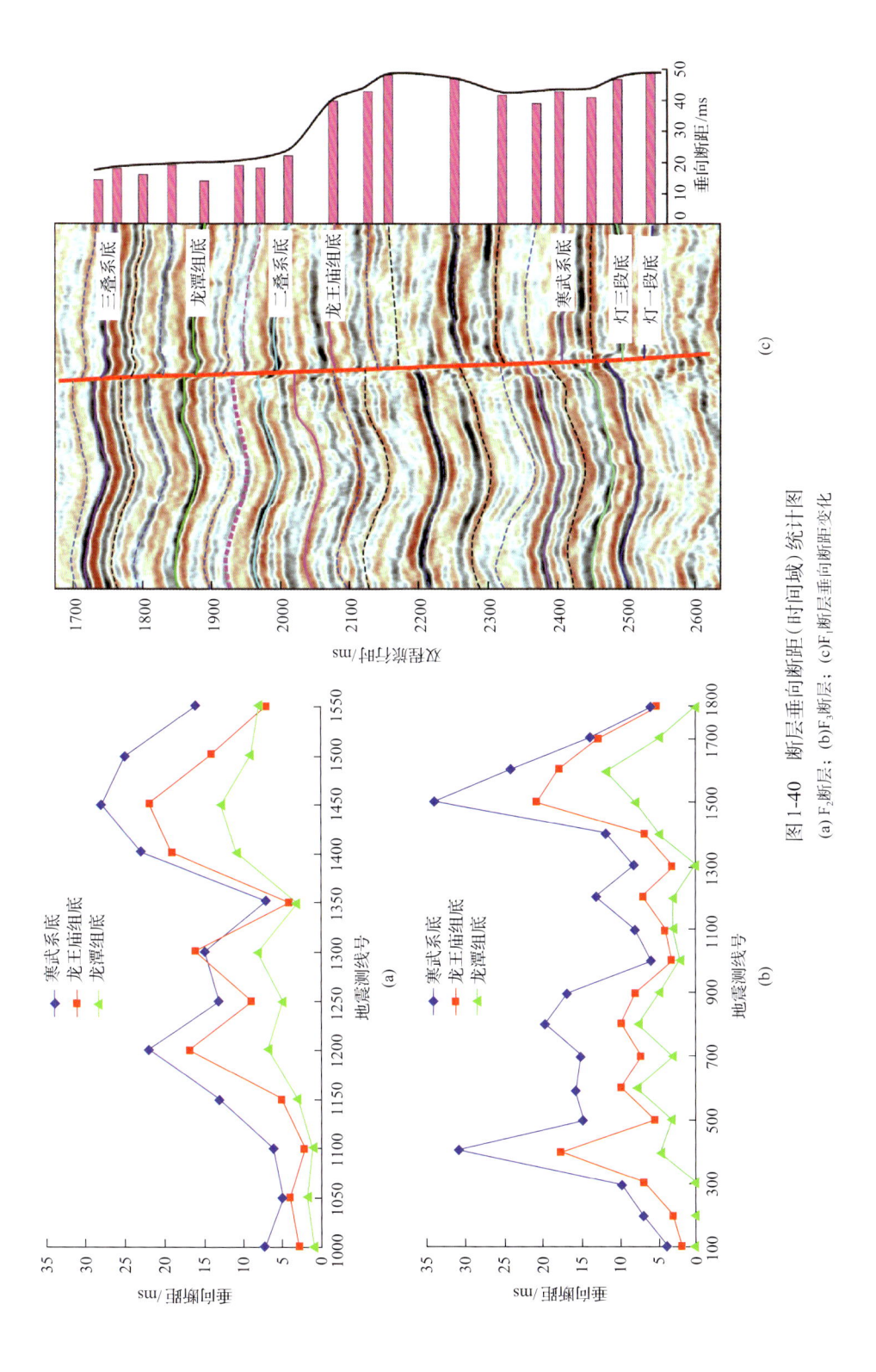

图 1-40 断层垂向断距（时间域）统计图

(a) $F_2$ 断层；(b) $F_3$ 断层；(c) $F_1$ 断层垂向断距变化

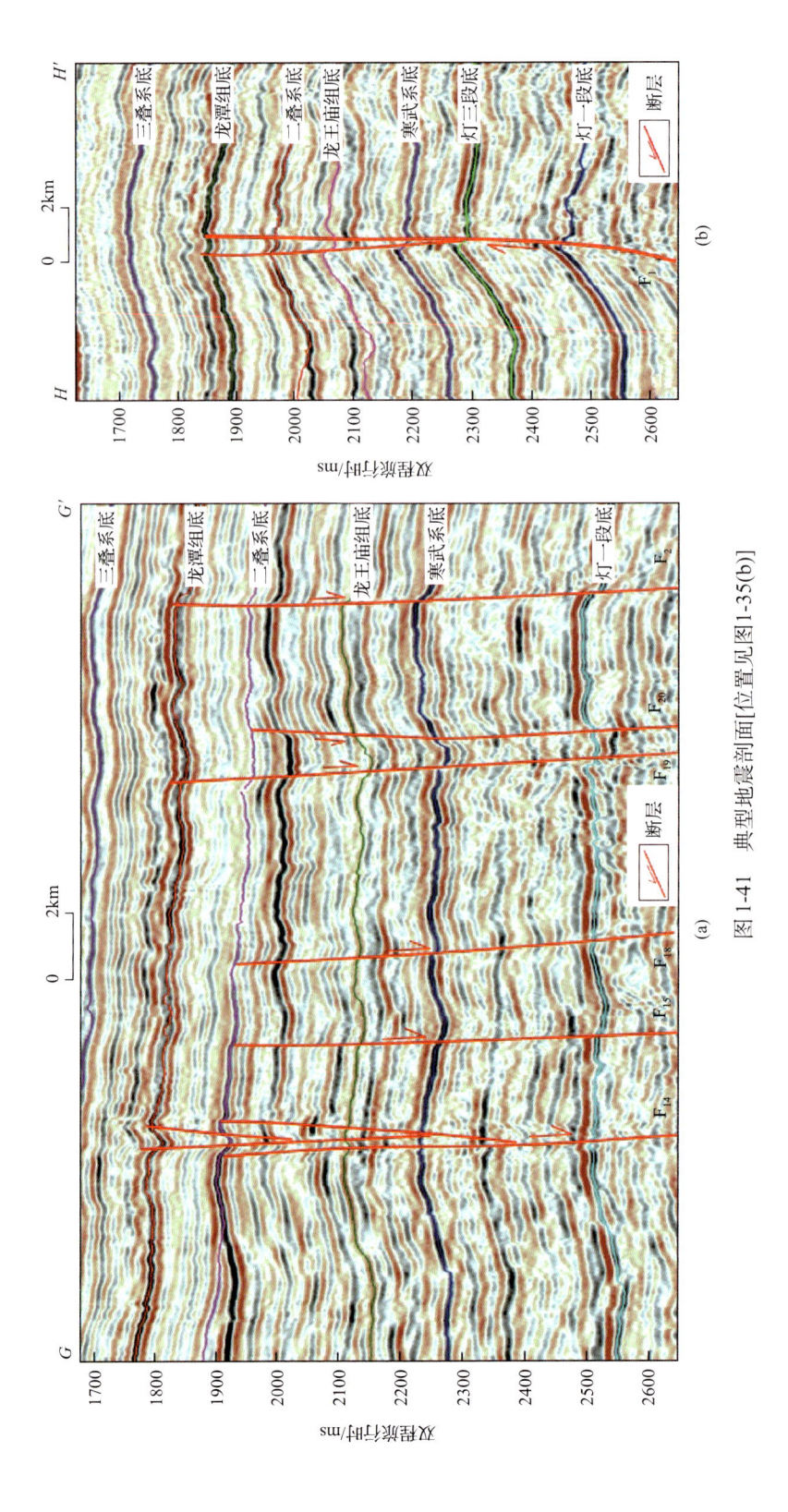

图 1-41 典型地震剖面[位置见图 1-35(b)]

的准确时期，本节对多期活动的磨溪构造边界断层 $F_1$ 进行分析。$F_1$ 断层西段为张扭性走滑断层，东段为磨溪构造的南边界，地震上表现为高陡直立的逆断层[图 1-41(b)]，但在东段 $F_1$ 断层上部发育与西段特征类似的张性断层，表明 $F_1$ 断层东段早期也是张性断层，后期高石梯-磨溪构造挤压隆升过程中发生整体褶皱形成逆断层。高石梯构造北部边界断层 $F_2$ 也有类似的特征(图 1-37)。这就限定了研究区走滑断层形成时期早于高石梯-磨溪构造的褶皱隆升期。前人研究表明，高石梯-磨溪构造形成于晚加里东期，因此研究区张扭性走滑断层形成于晚加里东期之前，寒武系沉积之后，结合区域构造演化背景，本节认为研究区走滑断层形成于早加里东期。

上二叠统龙潭组底为东吴运动形成的不整合面，地震剖面上看不到明显的削截现象，但能够看到茅口组顶面发育侵蚀沟谷或河道。研究区部分走滑断层(如 $F_2$、$F_{19}$)断穿震旦系—寒武系[图 1-41(a)]，在龙潭组底之下终止，表明走滑断层发育在上二叠统沉积之前，即晚海西期。

综合以上两种方法，判定高石梯-磨溪地区走滑断层主要发育两期，即早加里东期、晚海西期。

(二)走滑断层形成演化过程

高石梯-磨溪地区深层走滑断层为兴凯和峨眉两次地裂运动背景下，先存构造薄弱带受到后期斜向拉张产生的张扭性走滑断层。具体过程如下。

早加里东期，受兴凯地裂运动拉张的影响，高石梯-磨溪地区处于强烈伸展的动力学背景，即最大主应力($\sigma_1$)近于直立，中间主应力($\sigma_2$)和最小主应力($\sigma_3$)是水平的。根据下寒武统德阳-安岳克拉通内裂陷呈近南北向展布的特点，判断早加里东期四川盆地处于 NEE-SWW 向拉张应力环境，即最小主应力 $\sigma_3$ 沿 NEE-SWW 方向。研究区存在早期的基底构造薄弱带，例如前震旦纪裂谷、基底断裂，根据前人研究认识，早期的基底构造薄弱带在研究区南部沿 NE 向展布，在研究区北部主要为近 EW 向、NW 向展布[图 1-42(a)]。这些基底构造薄弱带在 NEE-SWW 向斜向拉张作用下在上覆震旦系—寒武系中产生斜列状展布的张扭性走滑断层，沿近 EW 向、NW 向、NE 向展布[图 1-42(b)、图 1-42(c)]。

晚海西期，受峨眉地裂运动的影响，川中地区再次处于拉张应力环境，根据川中周缘晚二叠世盐亭-潼南海槽呈 NW-SE 向展布的特征，推测川中地区在晚海西期时处于 NE-SW 向伸展的应力环境，即最小主应力沿 NE-SW 方向[图 1-42(d)]。在斜向拉张作用下，先存走滑断层(早加里东期主干断层)活化，在二叠系中形成正断层并具有一定的走滑分量[图 1-42(e)]，主要为近 EW 向、NW 向断层，NE 向断层不发育[图 1-42(f)]。此外，研究区北部新生三对 NW-SE 向正断层，剖面上呈两条正断层夹持的地堑样式。这些新生断层为晚海西期 NE-SW 向拉张应力的直接结果。

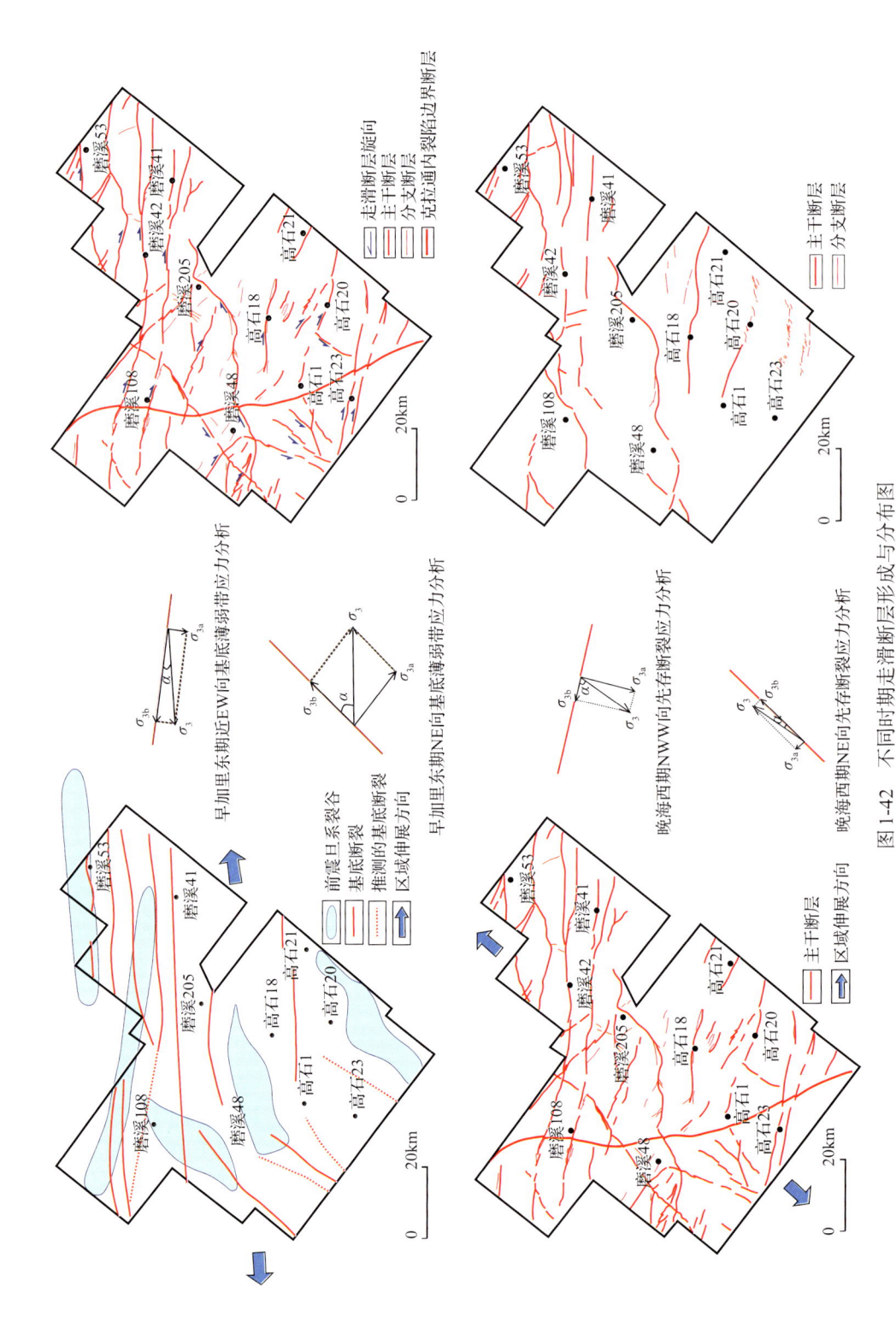

图 1-42 不同时期走滑断层形成与分布图

$\sigma_3$-最小主应力;$\sigma_{3a}$-最小主应力沿先存构造薄弱带的分量;$\sigma_{3b}$-最小主应力垂直于先存构造薄弱带的分量;$\alpha$-最小主应力与先存构造薄弱带走向之间的夹角

## 参 考 文 献

丁道桂, 潘文蕾, 彭金宁, 等. 2008. 扬子板块中、古生代盆地的改造变形. 石油与天然气地质, 29(5): 597-13.
焦方正. 2017. 塔里木盆地顺托果勒地区北东向走滑断裂带的油气勘探意义. 石油与天然气地质, 38(5): 831-840.
金之钧. 2010. 我国海相碳酸盐岩层系石油地质基本特征及含油气远景. 前沿科学, 4(13): 10-23.
林畅松, 潘元林, 肖建新, 等. 2000. "构造坡折带"—断陷盆地层序分析和油气预测的重要概念. 中国地质大学学报: 地球科学, 25(3): 260-267.
刘恩山, 李三忠, 金宠, 等. 2010. 雪峰陆内构造系统燕山期构造变形特征和动力学. 海洋地质与第四纪地质, 30(5): 63-74.
刘和甫, 李小军, 刘立群. 2003. 地球动力学与盆地层序及油气系统分析. 现代地质, 17(1): 80-86.
马德波, 汪泽成, 段书府, 等. 2018. 四川盆地高石梯-磨溪地区走滑断裂构造特征与天然气成藏意义. 石油勘探与开发, 45(5): 795-806.
苏金宝, 董树文, 张岳桥, 等. 2014. 川黔湘构造带构造样式及深部动力学约束. 现代地质, 44(5): 490-506.
汪新伟, 沃玉进, 张荣强. 2008. 扬子克拉通南华纪-早古生代的构造-沉积旋回. 现代地质, 22(4): 525-534.
汪泽成, 邹才能, 陶士振, 等. 2004. 大巴山前陆盆地形成及演化与油气勘探潜力分析. 石油学报, 25(6): 23-29.
汪泽成, 赵文智, 徐安娜, 等. 2006. 四川盆地北部大巴山山前带构造样式与变形机制. 现代地质, 20(3): 429-436.
汪泽成, 姜华, 刘伟, 等. 2012. 克拉通盆地构造枢纽带类型及其在碳酸盐岩油气成藏中的作用. 石油学报, 33(S2): 11-21.
王英民, 金武弟, 刘书会, 等. 2003. 断陷湖盆多级坡折带的成因类型、展布及其勘探意义. 石油与天然气地质, 24(3): 199-204.
颜丹平, 金哲龙, 张维宸, 等. 2008a. 川渝湘鄂薄皮构造带多层拆离滑脱系的岩石力学性质及其对构造变形样式的控制. 地质通报, 27(10): 1687-1697.
颜丹平, 邱亮, 陈峰, 等. 2018b. 华南地块雪峰山中生代板内造山带构造样式及其形成机制. 地学前缘, 25(1): 1-13.
张国伟, 郭安林, 王岳军, 等. 2013. 中国华南大陆构造与问题. 中国科学: 地球科学, 43(10): 1553-1582.
Gessner K, Ring U, Johnson C, et al. 2001. An active bivergent rolling-hinge detachment system: Central Menderes metamorphic core complex in western Turkey. Geology, 29(7): 611-614.

# 第二章 构造-地层层序与盆地演化

我国大多数含油气盆地是叠合盆地，盆地演化具有阶段性，不同的演化阶段具有不同的大地构造环境、海陆分布和盆地原型。一些大型叠合含油气盆地如塔里木、四川、鄂尔多斯等盆地，均在成盆早期发育克拉通盆地，时代古老，以元古代—古生代为主。与全球大型克拉通盆地相比，我国克拉通盆地具规模小、活动性强等特点。小克拉通盆地形成之后，受区域构造活动影响，绝大多数克拉通边缘盆地或卷入造山带，或被板块俯冲所吞噬，不具备油气勘探潜力。保存较完整的克拉通盆地是油气赋存主体，且以海相碳酸盐岩储集层为主。目前已在塔里木盆地的奥陶系，鄂尔多斯盆地奥陶系，四川盆地的震旦系—寒武系、石炭系、二叠系及下三叠统等碳酸盐岩层系，发现一批大油气田，展示了克拉通盆地海相碳酸盐岩巨大的勘探潜力。然而，目前勘探集中在埋深在7000m以浅的层系，勘探面积相对于克拉通盆地而言仅仅是很小的一部分，钻探获取的地质信息也很有限，导致超深层的广大碳酸盐岩领域油气成藏条件与分布规律认识不清，超深层的勘探方向不明。破解这一困境，必须深入研究克拉通盆地油气地质的基本规律，尤其要研究克拉通盆地古构造及其对油气成藏条件的影响。本章重点解剖上扬子克拉通基本特征，通过对该盆地构造-地层层序、地球物理场特征分析，揭示盆地结构尤其是深部结构特征、盆地的构造演化，为后续章节奠定基础。

## 第一节 构造层序地层

构造层序地层学是研究大地构造作用与地层之间联系的学科。

大地构造对沉积盆地充填的几何形状和沉积相的三维分布有较强的控制作用，大地构造作用的沉积响应在空间和时间上都包含在盆地充填格架和沉积相内。盆地充填的几何形状及大规模的沉积层均含有大地构造作用的证据。在不同的构造作用背景下，盆地充填沉积的可容纳空间的变化是不同的。一般说来，拉张背景下盆地边缘内部断裂活动活跃。在盆地早期拉张阶段，往往形成粗碎屑沉积，随着拉张作用的继续，可容纳空间不断增大，沉积细粒泥质沉积物。在挤压背景下，可容纳空间小，且沉积速率大多大于沉降速率，多数情况下形成厚度较小的粗碎屑沉积物。可见，通过对沉积盆地地层结构与沉积相等研究，反演盆地形成演化历史。

随着层序地层理论的发展和广泛应用，不少学者基于陆相盆地沉积、地层的复杂性与特殊性研究，提出了有特色的术语体系，如"构造层序"(李思田等，1992)、"超层序"(刘立和汪筱林，1994；王东坡和刘立，1994)等概念来描述层序地层组合及其所记录的盆地演化特征，并把这些术语引用到其他类型的盆地分析中去。其根本出发点是为了从盆地整体观点出发，通过盆地构造旋回与层序样式及层序界面的关系，进行盆地内层序界面或区域性层序界面的追踪对比，以期建立地层对比等时格架。此外，有学者将构造层序地层学的研究方法引入到克拉通盆地(汪泽成等，2000，2002)、叠合盆地(何登发等，

2011),目的是通过建立盆地的构造演化与地层样式之间的成因联系,恢复盆地构造-古地理面貌,重建盆地演化历史,对盆地(尤其是叠合盆地深层-超深层古老地层)的油气勘探潜力评价提供重要的理论基础。

## 一、构造层序地层划分

所谓"构造层序地层"是指在一定的构造作用背景下所形成的地层,以不整合或与之相对应的整合为界,指示沉积盆地类型的一个构造演化阶段(汪泽成等,2000,2002)。沉积盆地充填演化受控于不同序次的幕式构造作用,因此构造层序的级次与幕式构造旋回的级次有关。

一级构造层序是指根据沉积盆地中一级古构造运动面所划分的地层序列,每个构造层序都是一个盆地原型。一级构造运动与板块相互作用或软流圈的热动力作用及洋中脊的扩张有关,具有持续时间长、影响区域范围广等特点,它们在地层中的沉积响应是一级构造层序。一级构造层序顶底以区域性不整合面为界,每个一级构造层序代表了沉积盆地的一个构造演化阶段。

二级构造层序是根据沉积盆地中对应于构造幕中次级构造作用旋回所划分的地层序列。这种构造作用旋回以沉积盆地演变过程中沉降速率变化为特征,引起沉降速率变化的原因可能是板块间或板块内脉动式俯冲或碰撞,相应地导致板内盆地间歇式沉降或盆缘断裂的间歇式活动;也可能是局部构造调整,导致不同构造单元沉降速率的变化;或者全球海平面的变化(或者陆相盆地区域性基准面的变化),二级构造层序的顶底以不整合面或整合面为界,其顶或底界面可能与一级构造层序界面相一致。

构造层序界面在野外露头、钻孔岩心或测井曲线中显示古风化壳、古土壤层或强烈冲刷现象等一系列特征标志,界面上下地层不仅有明显的岩性差异,而且在古生物组合、有机质丰度和有机质类型等方面有显著的差异,在地震剖面上可见削截现象和超覆现象。

构造层序界面识别标志,可概括为如下六个方面。

1. 古构造运动面

代表盆地的基底面或盆地萎缩阶段古风化剥蚀面,通常代表一定规模的构造运动中所形成的不整合面。这种界面与区域性构造事件吻合,表现为区域性不整合面。这种古构造运动面不仅在同一沉积盆地内等时并普遍发育,而且在相同应力场作用下的同期盆地也普遍,因而具有较好的可比性,如华北地区奥陶系顶部发育的古风化面。

2. 构造应力场转换面

在盆地演化过程中,由于构造应力场的转变,导致盆地沉降速率的急剧变化,进而使充填沉积物发生较大的变化(吴冲龙,1984)。构造应力场的转换面在沉积上表现为沉积体系或体系域的转换面(解习农和李思田,1993)。这种界面在盆地中央可能为整合面,而在盆缘地带为侵蚀或冲刷界面,如鄂尔多斯盆地石炭系和二叠系之间的界面。

3. 区域侵蚀面或冲刷不整合面

区域侵蚀面或称为沉积间断型界面,相当于 van Wagoner 和 Posamentier(1988)的层序Ⅱ型不整合面。这种沉积间断型界面在不同地区表现出不同特征。盆缘地带为陆上沉积间断,除出现无沉积作用外,还出现明显的大面积侵蚀和冲刷现象,在地震剖面上常见到明显的削截现象。间断面上下不仅岩性差异较大,而且在有机质丰度和有机质类型上具有明显差异。

4. 大面积超覆界面

由于盆地构造机制的改变,必然导致全盆范围内出现大面积的超覆界面。这种界面在盆缘地带多为角度不整合,而在盆地中央地带可能为连续整合界面或者为平行不整合面。

5. 区域性沉积体系转换面或突变面

盆地构造体制的改变,通常引起沉积体系或古环境的转换或突变,包括沉积相的突变、沉积体系的大规模迁移,与水流系统的改变、古气候的变化。这种沉积体系或古环境的转换面或突变面,可以有不整合或整合的表现形式。

6. 区域海侵方向转换面

海侵方向的改变与构造体制的转换相关联,是在构造活动作用下,盆地底形坡度和坡向改变的结果(汪泽成等,2000)。转换面表现为沉积间断面或整合面。

上扬子陆块自晋宁运动基底固结形成以后,开始了克拉通旋回发展阶段。充填地层层序齐全,包括南华系、震旦系、古生界、中生界及新生界,累计沉积盖层厚度9000~15000m。目前地层保存较好的地区为四川盆地,震旦系—中三叠统属海相地层,以碳酸盐岩为主,厚4000~7000m。上三叠统—第四系属陆相沉积,上三叠统厚1500~3000m,厚度最大在川西南部,侏罗系厚2000~5000m,厚度最大值位于川北地区,白垩系厚0~2000m,川西地区最厚。新生界厚0~1100m,以成都平原最厚。

上扬子克拉通在长期的发展过程中,受周边板块构造活动与区域性海侵、海退事件的影响,盆地内部发育九个主要不整合面:①南华系—前南华系(Nh/AnNh),为晋宁运动的产物,南华系不整合于板溪群之上;②Z/AnZ,为澄江运动产物,震旦系沉积岩不整合于南华系或前震旦系变质岩或侵入体之上;③€/Z,代表桐湾运动,寒武系与震旦系之间在区域上呈平行不整合接触,向川中古隆起方向,寒武系由东、西两侧向古隆起顶部减薄,下寒武统底界向古隆起顶部有上超现象,寒武系顶界则被削蚀,表明川中古隆起既具有同沉积性质也具有剥蚀特征(何登发等,2011;汪泽成等,2016),该古隆起四周为拗陷区,古隆起和拗陷的幅度差为3000m左右,表明寒武纪四川盆地已呈现出大隆大拗的构造格局;④D/S,为加里东晚期运动(也称为广西运动)的产物,导致泥盆系在四川盆地内部大面积缺失,在川西南及龙门山一带与下伏志留系普遍为平行不整合接触,在龙门山北段西缘可见低角度不整合接触;在川东一带,上泥盆统与下伏志留系呈平行不整合接触;⑤P/AnP,中二叠统与前二叠系之间为一区域性角度不整合界面,为海西晚期运动的产物,下二叠统在四川盆地内部大范围缺失,中二叠统主要超覆于石炭系、志留系或奥陶系之上;⑥$P_3/P_2$,中二叠统和上二叠统之间为平行不整合接触,扬子地区称为东吴运动,晚二叠世受"峨眉地幔柱"活动的影响,峨眉山玄武岩大规模喷发(罗志立,1998),川北地区发育"开江-梁平海槽",拉张活动明显;⑦$T_3/T_2$,为中三—上三叠统之间的角度不整合界面,属印支运动的产物,除川西地区局部发育上三叠统海相沉积外,其余地区基本结束了海相沉积;⑧J/T,为印支晚期运动产物,在龙门山山前及川西地区可见侏罗系与上三叠统角度不整合接触;⑨K/J,侏罗系与白垩系不整合接触,侏罗纪末的燕山运动中幕,以区域性抬升剥蚀作用为主,从侏罗系剥蚀程度分析,川西拗陷侏罗系剥蚀厚度变化不大,为700~

1000m，在侏罗系剥蚀与地貌基础上，白垩纪早期以填平补齐作用为主。由此可见，侏罗纪末的燕山早期运动没有表现出明显的造山性质，总体上构造相对稳定。

依据区域性不整合面，可将上扬子克拉通地层划分为五个一级构造-地层层序，从下往上依次记为 $TS_1 \sim TS_5$（图 2-1），分别对应于盆地构造演化旋回。

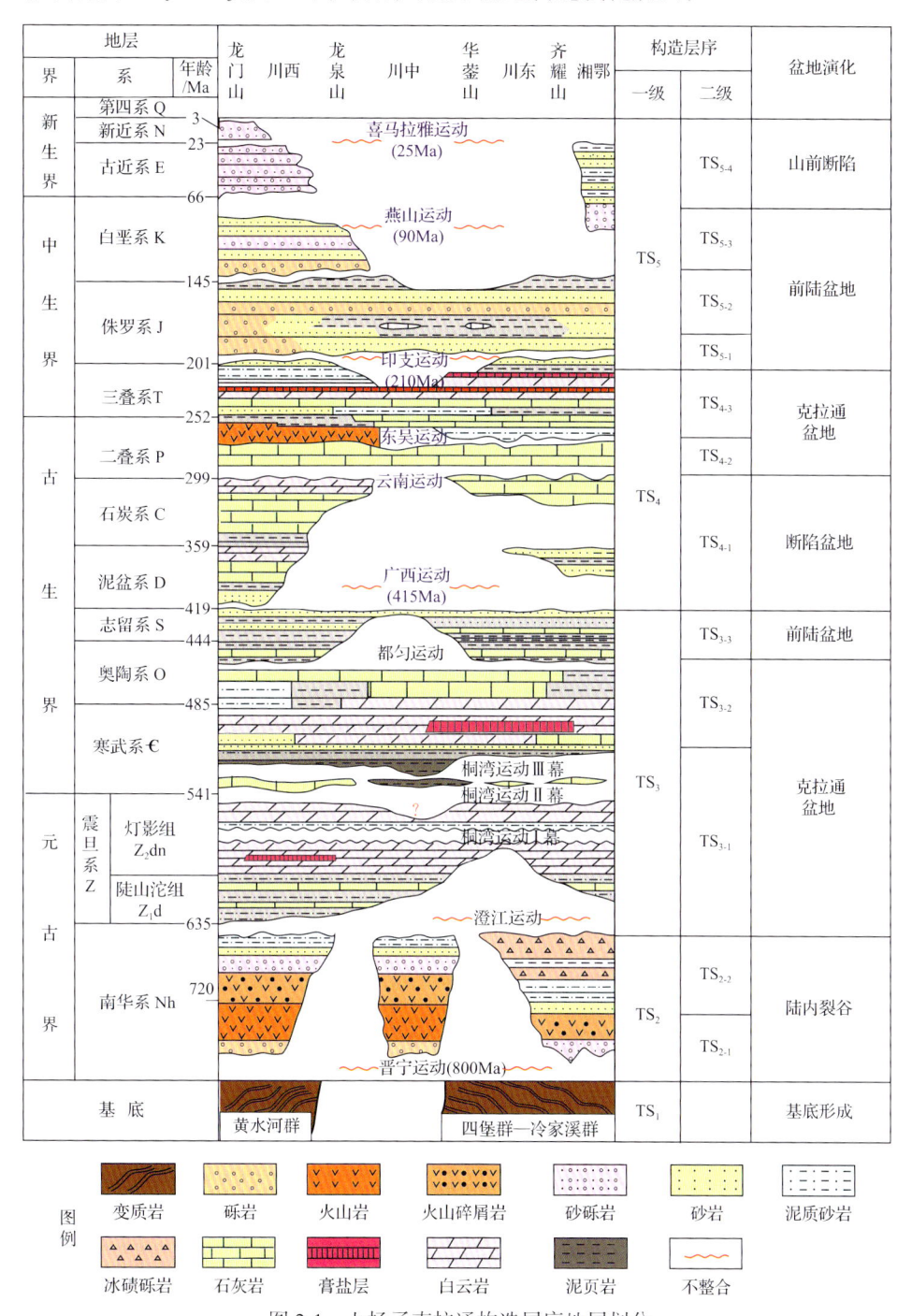

图 2-1　上扬子克拉通构造层序地层划分

TS₁构造-地层层序：层序顶界面为晋宁运动—四堡造山运动形成的不整合面，代表了前新元古代的上扬子克拉通基底，露头出露地层以中元古代中低级变质火山-沉积岩系广泛发育为特色，如上扬子西缘的碧口群、黄水河群等，康滇带的会理群、昆阳群，东南缘梵净山群、四堡群、冷家溪群。太古宙及古元古代地层出露很少，依据地质、地球物理资料，通常推断四川盆地之下为陆核(潘桂堂等，2009)。

TS₂构造-地层层序：层序顶界面为震旦系与南华系之间的分界面，是上扬子克拉通基底形成之后的第一套沉积盖层，主要由南华系构成，康滇地区最大厚度可达4000～5000m，发育溢出相玄武岩-英安岩和火山碎屑岩，为裂陷沉积的产物；湘渝黔地区发育浅水-深水海湾或潟湖沉积，发育黑色含碳质锰质板岩；秦岭-大别山区为河流-冰湖和冰湖冰碛岩沉积和少量的火山碎屑岩，代表了新元古代罗迪尼亚超大陆的裂解在扬子克拉通的响应。

TS₃构造-地层层序：层序顶界面为下古生界与上古生界之间的不整合面，包含震旦系—下古生界，主要由海相碳酸盐岩及泥页岩、硅质岩组成，是海相克拉通盆地演化的重要阶段。从古板块演化看，属于原特提斯构造域。

TS₄构造-地层层序：层序顶界面为中三叠统与上三叠统之间的不整合面，包含上古生界—中三叠统，主要由海相碳酸盐岩及泥页岩、硅质岩组成，是海相克拉通盆地演化的重要阶段。从古板块演化看，属于古特提斯构造域。

TS₅构造-地层层序：包含上三叠统—第四系，主要由陆相碎屑岩、煤系地层、碳酸盐岩及泥页岩组成，是前陆盆地演化的重要阶段。从古板块演化看，属于新特提斯构造域。

## 二、盆地基底(TS₁)

扬子陆块是华南最大的具陆壳基底的块体，从川西向东至鄂、苏、皖、浙西、赣东北；向南至云南、贵州、桂西北和粤北，仅克拉通盆地的面积就约50万$km^2$(图2-2)。

### (一)扬子陆块的双层结构基底

扬子陆块具有双层结构的基底。其一是太古代—古元古代结晶基底，如康定群、普登群、崆岭群等结晶杂岩，它们构成古陆核部；其二是新元古代早期—中元古代浅变质褶皱基底，由晋宁期造山作用形成的中元古代变质增生杂岩或褶皱岩系构成，它们发育在古陆核的周缘及其上部(郝杰和翟明国，2004)。

扬子陆块结晶基底岩性主要为变质程度高的高绿片岩相-角闪岩相变质岩系，发育时代为新太古代—古元古代。宜昌黄陵穹隆一带有确切证据显示有太古代高级变质地体(崆岭群下部)，其大部分英云闪长-奥长花岗岩-花岗闪长质(TTG)片麻岩和混合岩的原岩形成年龄为29亿～29.6亿年(Zhang et al.，2005；郑永飞和张少兵，2007)。大量研究证实扬子陆块普遍存在古元古界—太古宇基底。Zheng等(2006)以扬子陆块湖北京山、湖南宁乡、贵州镇远三个地区的含金刚石煌斑岩锆石U-Pb定年研究等，得到了大量中新太古代捕获锆石年龄及更为古老的Hf同位素年龄，认为扬子陆块广泛存在太古宇基底。Zhang等(2006)和汪正江等(2015)通过对扬子陆块崆岭地区、郧西地区元古代变质地体以及沉积地层中经受不同程度变质的岩浆锆石、碎屑锆石U-Pb年龄及Hf同位素

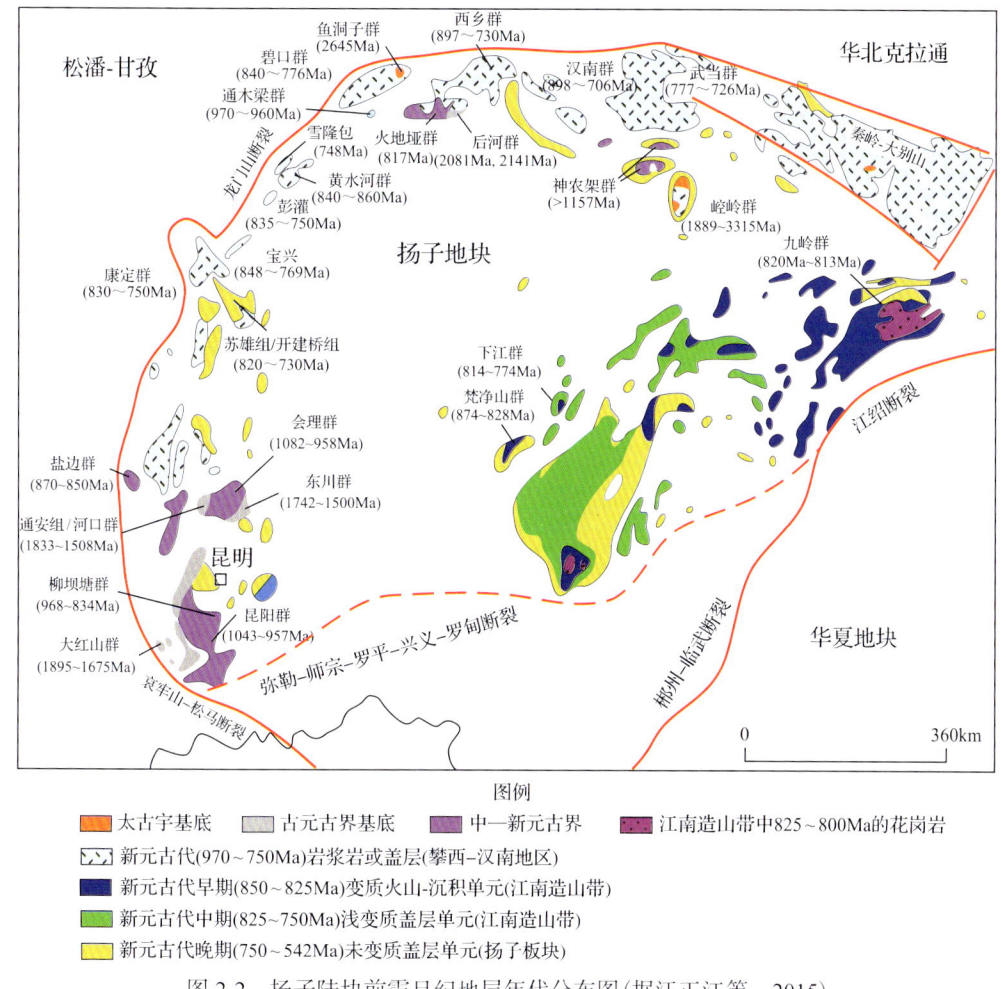

图 2-2　扬子陆块前震旦纪地层年代分布图（据汪正江等，2015）

分析结果证实了扬子地块内部古元古界—太古宇基底的存在。夏金龙等（2013）研究鄂东南铜鼓山岩体，认为铜鼓山岩体中存在的大量继承锆石，提供了丰富的地壳深部地质信息，继承锆石形成于古元古代晚期（1798~1888Ma）。

扬子陆块新元古代早期—中元古代浅变质褶皱基底，以中元古代中低级变质火山-沉积岩系广泛发育为特色的上扬子古陆西缘的碧口群、通木梁群、白水群、黄水河群，康滇带的会理群、昆阳群，东南缘梵净山群、四堡群、冷家溪群，以及中—新元古代赣北的九岭群、双桥山群、皖南的上溪群、浙西北的双溪坞群为代表。总体表现为扬子周边由岛弧-弧后盆地组成的弧-盆系火山-浊流沉积组合类型（潘桂堂等，2009）。

(二) 扬子陆块基底的形成

从全球看，中元古代晚期（距今1200~1000Ma），发生了一次影响广泛的造山作用，即格林威尔造山运动，代表着南美古陆与劳伦古陆东南缘的拼合过程（Davidson，1995；Riviers，1997），形成了罗迪尼亚超大陆，格林威尔期造山带是各陆块拼合的主要对比标志(郝杰和翟明国，2004)。20余年来，我国一些地质专家、学者也开展罗迪尼亚超大陆的研究，取得丰硕的学术成果，不仅对扬子陆块基底形成及后期工作演化的认识意义重大，而且对全球超大陆的重建也有重要参考价值。

已有研究表明，新太古代(大于2500Ma)中国南方扬子、华夏两个主要陆块的陆核已经形成，于古元古代(2500～1800Ma)进一步增生而形成初始陆块，随后于中元古代(1800～1000Ma)曾经历过裂解-拼合两个重要过程(高坪仙，1999；高长林等，2005)。裂解作用主要发生在中元古代早中期，在扬子古陆周围形成裂解的拗拉槽(或小洋盆)，如扬子古陆西缘的裂解形成盐边-石棉洋，与川滇藏陆块分隔；东南缘裂解形成黔东拗拉槽与四堡、九岭岛弧，岛弧之外以边缘海(如怀玉山地区)与华夏陆块分隔(周祖翼等，1997；郝杰和翟明国，2004)；北缘以南秦岭裂陷槽分隔了中秦岭等地块(周小进和杨帆，2007)。

中元古代末(1000Ma左右)发生的晋宁运动在扬子陆块的周缘形成碰撞造山带，如在康滇-龙门山、南秦岭、雪峰-九岭-怀玉山等地形成的晋宁碰撞造山带，使华夏、川滇藏等陆块与扬子陆块拼合成统一的华南古大陆(高坪仙，1999)，奠定了新元古代—早古生代盆地发育的基底。由于所处的大地构造位置和背景不同，晋宁运动在中国南方各区表现出各自的特殊性，并分别冠以不同的名称，如滇中的晋宁运动(李献华，1998；郝杰和翟明国，2004)、黔东南的梵净山运动(王砚耕，2001)、湘西的武陵运动(戴传固等，2010；高林志等，2012)、赣北的九岭运动(王孝磊等，2003；周小进和杨帆，2007)、浙西的神功运动等(包超民，1995)，但它们都代表了中元古代末期拗拉槽或洋盆关闭至陆-陆碰撞的作用过程。因此，晋宁运动导致了扬子陆块统一基底的形成，不仅使扬子古陆的地域范围得到了进一步扩大，而且由此奠定了中国南方新元古代—早古生代盆地发育的构造基础。

越来越多证据表明，中国扬子地区的晋宁运动在发生时代及其大地构造性质，可以与国际上的格林威尔期造山运动进行对比，中国大陆的晋宁期造山带应属于格林威尔期造山带的一部分，并成为罗迪尼亚超级大陆的组成部分(郝杰和翟明国，2004；潘桂堂等，2009)。

### 三、新元古界南华系构造-地层层序($TS_2$)

晋宁运动—四堡造山运动后，在罗迪尼亚超大陆裂解的构造背景及成冰纪"雪球地球"古气候背景下，上扬子陆块启动了新一轮板内拉张活动为主的构造-沉积演化。新元古代中期板溪群沉积期(820～720Ma)为裂谷盆地开启与充填阶段，伴随着三幕重要的火山岩浆事件，沉积了一套裂谷盆地充填序列。新元古代中晚期(780～635Ma)，随着罗迪尼亚超大陆主要陆块的裂离及全球性的"雪球事件"，扬子克拉通进入南华冰期演化阶段，是持续伸展构造背景下的寒冷气候沉积，也是扬子新元古代—早古生代海相克拉通盆地被动陆缘阶段早期的碎屑岩陆架建设过程(汪正江等，2015)。

(一)新元古代裂谷充填层序($TS_{2-1}$)

依据地层及火山岩分布，在上扬子地区可识别出康滇裂谷、龙门山裂谷、湘黔贵裂谷及扬子北缘裂谷(图2-3)。这些裂谷群沿克拉通边缘分布，充填火山岩沉积建造，厚度达数千米。

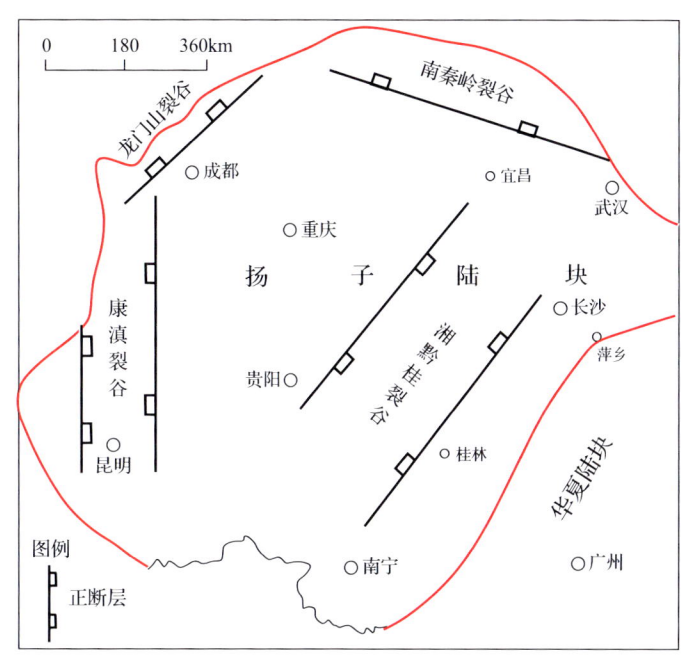

图 2-3　扬子陆块新元古代裂谷分布略图(据王剑等，2003；汪正江等，2015，有修改)

上扬子西缘的康滇裂谷，在越西小相岭、德昌的螺髻山及汉源九襄大相岭(福静山、杨家山等地)、甘洛苏雄、峨边等，岩相呈带状展布。包括两个岩石地层单元，由下而上分别为苏雄组和开建桥组，两者具相变特征，均呈楔形体、南北向带状分布。列古六组底部常有砾岩层，中上部为细碎屑岩，小型沙纹层理发育并见对称波痕，偶见干裂纹，火山岩相区中分布局限，大部地区未见，是地势相对低洼的冰水湖泊沉积。

扬子西缘的苏雄组发育陆相火山岩、火山碎屑堆积相，陆相火山岩沿着川中-滇西裂谷的中段-北段呈面状展布、楔形体堆积，下部火山碎屑岩，代表早期磨拉石建造夹火山岩；中部为主火山喷发期，为中酸性-酸性熔岩，紫红色、绿灰色英安岩、流纹岩均呈块状分布；上部为沉凝灰岩和玄武岩。陆相火山岩喷发的地质构造效应：一是造成川西高耸的古地貌；二是为上扬子中东部提供物源。开建桥组火山碎屑岩楔形体，是以酸性为主的火山碎屑岩夹少量熔岩。该组与苏雄组既有上下关系，又有横向上的相变，由西向东、由北向南火山岩减少，沉积碎屑岩增多(与澄江组相当)，反映了裂谷区火山活动的差异性。

上扬子东南缘的湘黔桂裂谷也称之为湘黔桂次级盆地(王剑，2005)，地理位置包括湘西、黔东、渝东、鄂西、桂北等地区，对应的地层序列分别是板溪群、高涧群、下江群、丹洲群等。充填序列的底界为武陵运动不整合面，顶界为南华纪冰期超覆沉积，其时限跨度约 100Ma(820～720Ma)(汪正江等，2013)。地层层序显示出明显的阶段性：盆地开启、初始海侵、最大海泛和快速充填四个阶段，表现出一个相对完整的沉积盆地演化序列(汪正江，2008；杨菲等，2012)。板溪群底部发育的陆相磨拉石底砾岩超覆沉积在强烈变质的四堡群之上，表明新一轮盆地发育的开始。随着盆地的不断扩张和海平面的上升，经历了一个从碎屑岩陆架到碳酸盐岩缓坡建设的过程，沉积相表现由三角洲前缘—浅水陆棚—碳酸盐岩缓坡的退积型沉积序列，其后出现了碳酸盐岩缓坡的淹没和饥饿盆地充填。晚期发育火山岩建造，以合桐组上段为代表，下部为沉凝灰岩层，上部为基性火山岩。

扬子北缘新元古代裂谷盆地沉积序列分布较为零星，主要出露在汉南-米仓山、神农架周边及大洪山地区。板溪早期的地层单元有西乡群的孙家河组、铁船山组、花山群，板溪晚期地层主要有西乡群的大石沟组—三郎铺组、莲沱组（汪正江等，2015）。

扬子北缘新元古代板溪期裂谷沉积特征表现为下部火山岩发育，上部沉积岩发育；西部火山活动强烈，东部火山活动较弱。汉南地区的西乡群是扬子北缘板溪期相对完整的地层序列，但分布相对局限。早期的孙家河组为中基性火山岩夹火山碎屑岩组合，岩性有安山岩、安山玄武岩夹玄武岩、细碧岩、流纹岩、晶屑凝灰岩、沉凝灰岩等，下未见底，上与大石沟组呈平行不整合接触；大石沟组下段为紫红色砾岩、砂砾岩与细粒长石砂岩夹凝灰岩，上段为含砾砂岩、细砂岩韵律层夹玄武岩、英安岩，其中砂岩中斜层理发育；三郎铺组为酸性火山岩、火山熔岩为主，夹火山碎屑岩组合。神农架、黄陵背斜周缘等地区发育莲沱组滨浅海相砂砾岩-凝灰质砂岩-粉砂岩-凝灰质粉砂质泥岩沉积组合。

（二）南华系冰期充填层序（TS$_{2-2}$）

新元古代成冰纪（Cryogenian）在国际地层年代表中为850～635Ma，其中"雪球地球"的三套冰期基本上发育在755～635Ma，后者与中国新元古代南华系时代（780～635Ma）大体相当。前人对华南地区南华纪地层开展了大量研究（陆松年，2002；汪正江等，2013；林树基等，2013；张启锐，2014），可识别出两个冰期和两个间冰期，即长安冰期和富禄间冰期，南沱冰期和上覆地层间冰期，并与澳大利亚 Sturnian 和 Marinian 冰期对比。

在南华纪的两次冰期中，为广泛的大陆冰川覆盖与活动区。从目前掌握的资料来看，扬子东南缘南华冰期沉积记录较西缘和北缘完整。以三峡地区为代表，南华纪的两次冰期地质事件，留有完整而典型的记录，成为南华系中各岩石地层组：莲沱组、古城组、大塘坡组及南沱组的层型剖面所在地。从冰川分布的构造环境看，克拉通内可见大陆冰川的冰碛岩块状堆积、山麓冰川堆积；克拉通边缘为陆海冰川活动的地区，亦有含砾（冰筏）碎屑岩发育，但以大陆冰川沉积相为主。从陆块边缘至克拉通内，沉积序列的完整性越来越差，甚至部分古地理高地仅发育晚期的南沱冰期沉积（汪正江等，2013）。

以扬子东南缘为例，揭示南华冰期沉积特征。

1. 长安冰期沉积

根据现有的资料分析，长安冰期沉积在整个扬子东南缘，仅在湘黔桂邻区和湘中新化一带有记录。从岩石组合来看，长安组下段主要为冰水重力流含砾砂质板岩与含砾板岩韵律互层，单个韵律厚度一般在20～60m，主要为冰前和冰海相组合；长安组上段主要为一套含砾长石石英砂岩和长石岩屑砂岩冰前相岩石组合，粒度较下段要粗，砂岩发育（图2-4）。

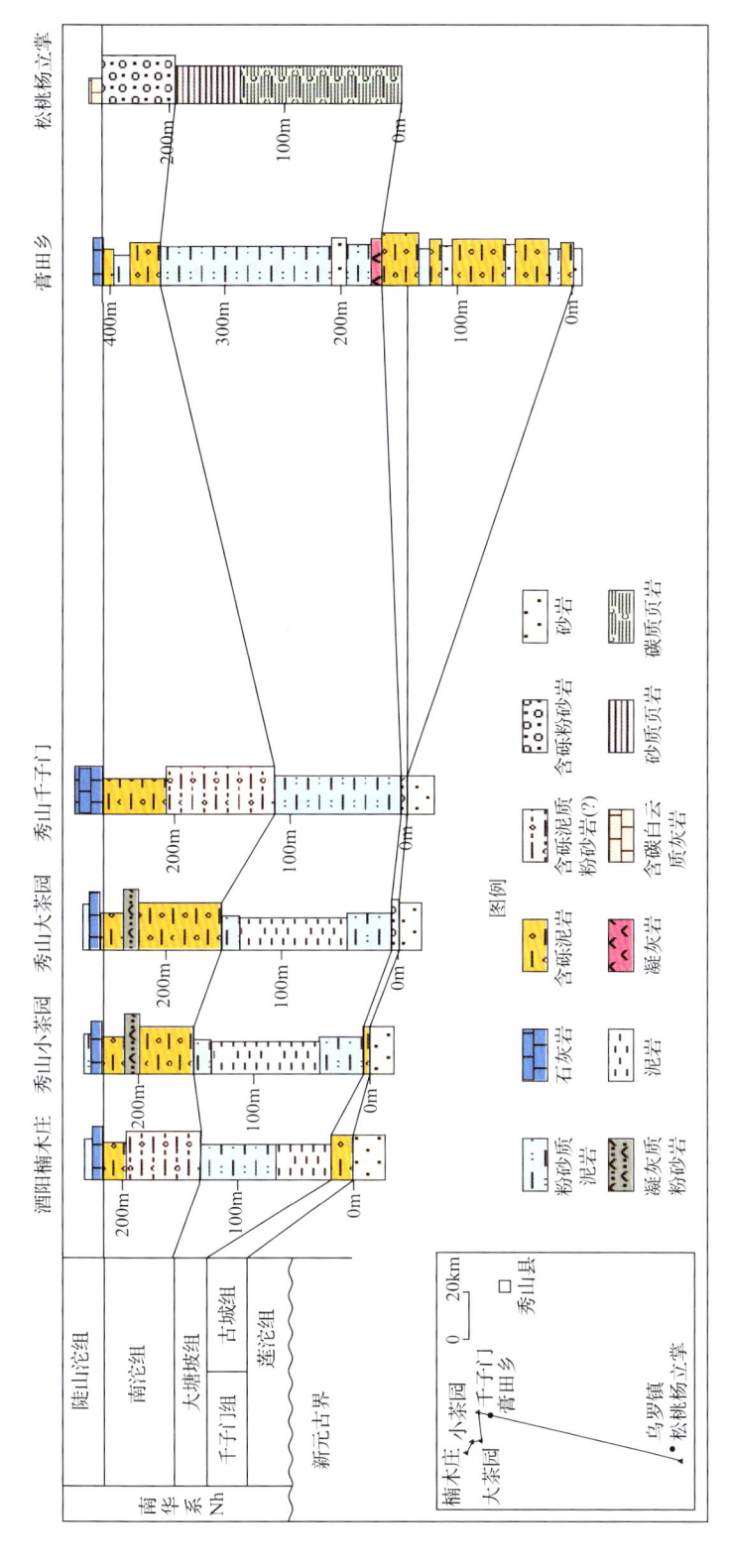

图 2-4 湘渝黔地区南华系地层对比

## 2. 富禄间冰期沉积

该时期沉积包含了富禄早期的江口式铁矿沉积、富禄砂岩和上部的含锰页岩、含锰白云岩等组合。在湘黔桂邻区，该期沉积存在三个标志层：含铁建造、含锰建造和含砾砂岩沉积。根据这些标志层，从扬子东南缘的湘中地区、雪峰山地区，再到扬子陆块内部的湘鄂西地区，地层序列发育的完整性逐渐变差。由此推断，富禄期沉积具有明显的渐次海侵上超特征，且海平面上升较快，至大塘坡组沉积期，海水已经覆盖了扬子东南缘和北缘的大部分地区，为区域性南沱冰盖的发育奠定了基础。

特别指出，南华系间冰期沉积大塘坡组，以盛产"大塘坡式"锰矿而闻名，主要分布于渝南秀山、黔东松桃-黔东南湘西花垣一带。前人对"大塘坡式"锰矿形成的沉积环境、成矿条件等方面开展了大量研究，为揭示间冰期沉积特征提供丰富资料。

从构造环境看，扬子陆块东南缘南华纪裂谷，在渝南—黔东—黔东南—湘西一带发育系列的地堑盆地群，如秀山地堑、松桃地堑、黔东南地堑。在地堑盆地中，由于次级断裂发育形成了一系列的次级地堑和地垒，这些地堑区是锰矿床富集的主要地区，每一个次级地堑就是一个成锰小盆地(杜远生等，2015)。在次级地堑盆地内识别出了盆地中心、盆地边缘、斜坡三个沉积亚相，锰矿主要赋存在盆地中心亚相，其次为盆地边缘亚相。重庆秀山地堑秀山锰矿钻孔剖面揭示，该区大塘坡组岩性分为两段。下段为灰黑色碳质页岩、碳质粉砂质页岩、白云岩、菱锰矿，厚0～35m，是锰矿主要富集段。上段为灰绿色含绿泥石水云母页岩、粉砂质水云母页岩，厚90～220m。间冰期最初阶段，由于缺氧环境，微生物可以繁衍生长。随着微生物死亡、降解释放出大量$CO_2$，使周围介质的碱性增强，有利于碳酸盐矿物的沉淀。这些因素给缺氧环境下长期蕴积的锰质提供了形成碳酸锰的机会。微生物的生长、死亡、降解也会造成缺氧环境和微环境的交替变化，并控制锰的溶解和沉淀。锰矿石中蓝藻形成的凝块状构造和纹层状构造可能就是生物化学作用的产物。因此，碳酸锰在同沉积阶段就发生了富集，在成岩早期进一步富集成矿。

## 3. 南沱冰期沉积

随着南华纪海平面的进一步上升，南沱组冰碛岩层在中上扬子大部分区域均有分布。总体上，南沱组岩性相似，主体为一套含砾泥岩或砂质砾岩组合，块状，砾石无分选、无磨圆、无明显沉积构造。但各地在沉积厚度、砾石的大小、成分等还是存在较明显的差异，这主要与物源区的距离、源区性质以及沉积区水体的深度等有关。

## 四、震旦系—下古生界构造-地层层序（$TS_3$）

该构造-地层层序为扬子陆块进入稳定克拉通盆地阶段的产物。如上所述，在罗迪尼亚超大陆裂解的全球构造背景下，新元古代早中期发育多期火山岩浆活动，扬子克拉通东南缘形成了南华裂谷系，沉积一套火山岩层系。南华纪(距今635～720Ma)，在"雪球地球"及伸展构造背景下，扬子克拉通边缘沉积被动陆缘碎屑岩，克拉通内部发育克拉通内裂陷。震旦纪—早奥陶世，进入克拉通坳陷演化阶段，沉积充填以海相碳酸盐岩沉积为主。到奥陶世晚期，受扬子与华夏两个陆块全面拼接形成了华南加里东造山带，在雪峰山陆内造山带以西区域形成蜀南-川东前陆盆地。由此可见，震旦系—下古生界构造-地层层序揭示了早期伸展构造环境下的克拉通内裂陷、中期弱挤压环境下的稳定碳酸盐岩台地、晚期强挤压环境下的前陆盆地三个成盆演化阶段。

依据不整合面分布及盆地演化，可划分为三个二级构造-地层层序。

(一)震旦系—下寒武统筇竹寺组($TS_{3-1}$)

1. 下震旦统陡山沱组

中—上扬子地区震旦系陡山沱组分布广泛，不同地层分区有不同组名。上扬子东部及中扬子地区称之为陡山沱组，典型剖面位于湖北宜昌莲沱镇西面之陡山沱，岩性主要为灰、灰黑色泥质白云岩、白云质灰岩及黑色泥页岩，常夹硅磷质结核和团块，含微古植物、宏观藻类，与下伏南华系南沱组灰绿色冰碛岩不整合接触。滇东地区为王家湾组，为海湾潟湖相紫红色砂页岩夹白云岩、泥质灰岩。滇北-川西地区为观音崖组，下部为紫红色砂泥岩，上部夹碳酸盐岩，云南华坪、盐边地区夹膏盐岩，含叠层石。川南-川北-陕南地区为喇叭岗组，岩性为一套砂岩、含砾砂岩、页岩夹白云岩或白云质灰岩，局地夹膏盐岩。黔中开阳、福泉、麻江一带称洋水组，一般厚度为10~50m，主要为灰绿色砂岩、粉砂岩及细砾岩，顶部为砂质白云岩及磷块岩，含硅质叠层石；在遵义松林，陡山沱组为一套灰黑色含磷页岩夹硅质岩、薄层白云岩沉积。

陡山沱组自下而上可分四段(图2-5)。陡一段为5m左右的灰色白云岩，称盖帽白云岩，仅分布于鄂西及黔北小部分地区；陡二段在鄂西、川北及黔北地区为黑色页岩、泥岩夹灰色泥质白云岩、白云岩，在川西地区为灰白色、紫红色砂泥岩夹少量灰色泥岩及白云岩，除古陆顶部缺失外，大部分地区都有沉积；陡三段为灰色白云岩、白云质灰岩及条带状灰岩，分布范围与陡二段相当，但比陡二段分布范围略大；陡四段在鄂西为黑色页岩夹少量泥灰岩和灰岩，四川盆地砂泥岩为主，局地夹灰色白云岩或膏岩和白云岩，其分布范围同陡三段。陡四段遭受剥蚀，多数地区缺失。

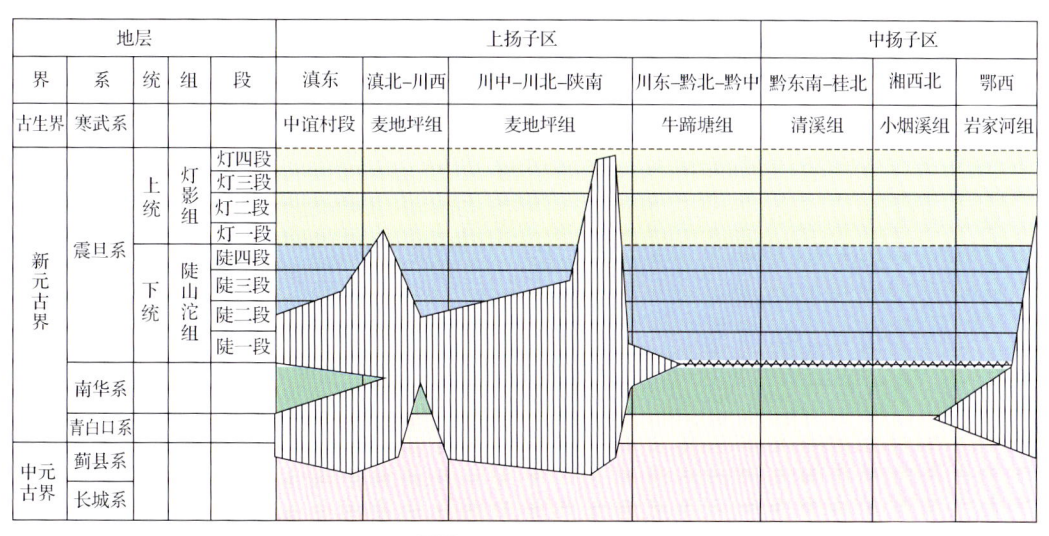

图2-5 中-上扬子地区震旦系地层对比

陡山沱组各层段分布及与下伏地层接触关系见图 2-6。陡一段仅分布于湘鄂西及北部的秦岭海槽地区；四川盆地大部分缺失陡二段，只有陡三段沉积。在接触关系方面，湘鄂西-秦岭海槽地区陡一段与下伏南沱组冰碛岩不整合接触；在四川盆地外围陡一段缺失区陡二段直接与南沱组不整合接触；在四川盆地主体部分，陡三段直接与中元古界不整合接触。

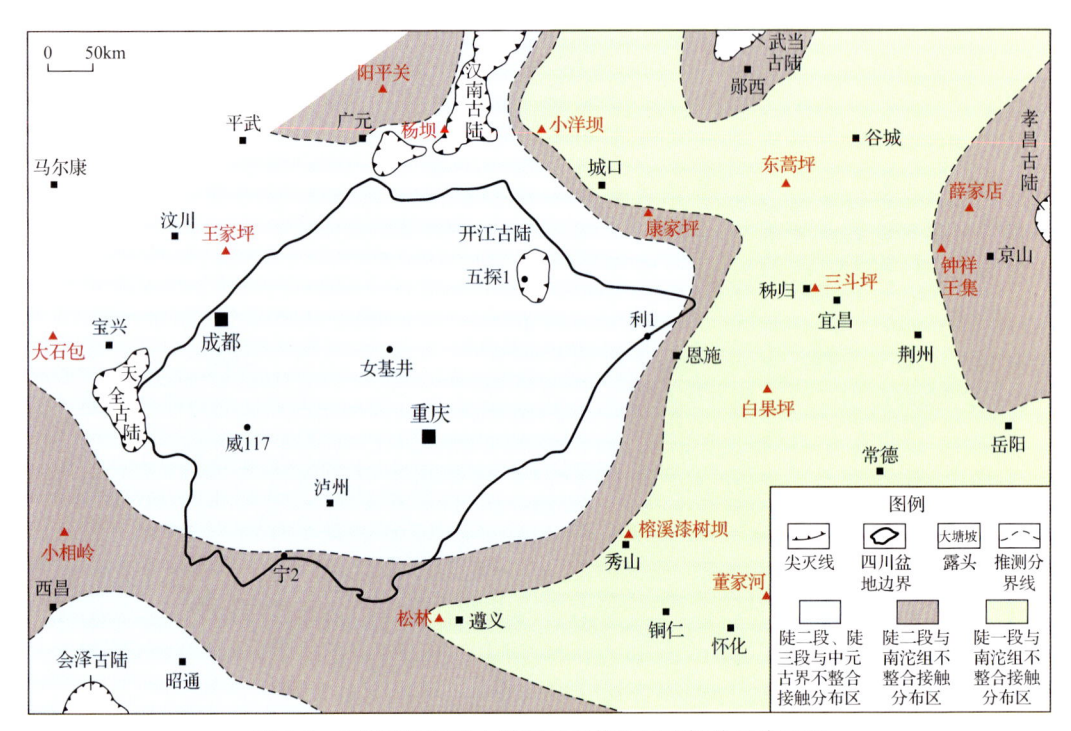

图 2-6 上扬子地区陡山沱组与下伏地层接触关系分区图

利用露头、钻井资料，结合少量地震资料，编制四川盆地及邻区陡山沱组地层厚度图(图 2-7)，揭示陡山沱组地层厚度分布具有四川盆地厚度薄、盆地周缘厚度大的特征。四川盆地大部分地区缺失陡一段、陡二段及陡三段的部分地层，厚度一般为 20~60m。四川盆地外围陡山沱组厚度较大，一般为 500~1000m，渝北城口高观最厚 1843.6m。鄂西地区陡山沱组发育较全，可以划分为四个岩性段。往东向淮阳古陆地层厚度具有超覆变薄的特征，在孝昌地区灯影组直接覆盖在红安群灰绿色混合片岩之上。此外，汉南古陆、开江古陆和天全古陆陡山沱组缺失，灯影组直接超覆在前震旦系上。

2. 上震旦统灯影组

上震旦统灯影组是四川盆地及邻区重要的天然气勘探目的层系。尽管灯影组的岩性特征比较清楚，但对该组的进一步划分、时代及顶界的认识还是存在相当大的争议，特别是在该组的细分及不同地层小区之间的精细对比存在较大分歧。近几年来，以中国石油为主的多家研究机构开展了地层对比工作，提出灯影组四个岩性段的划分方案，即自下而上分为灯一段、灯二段、灯三段和灯四段。

(a)

(b)

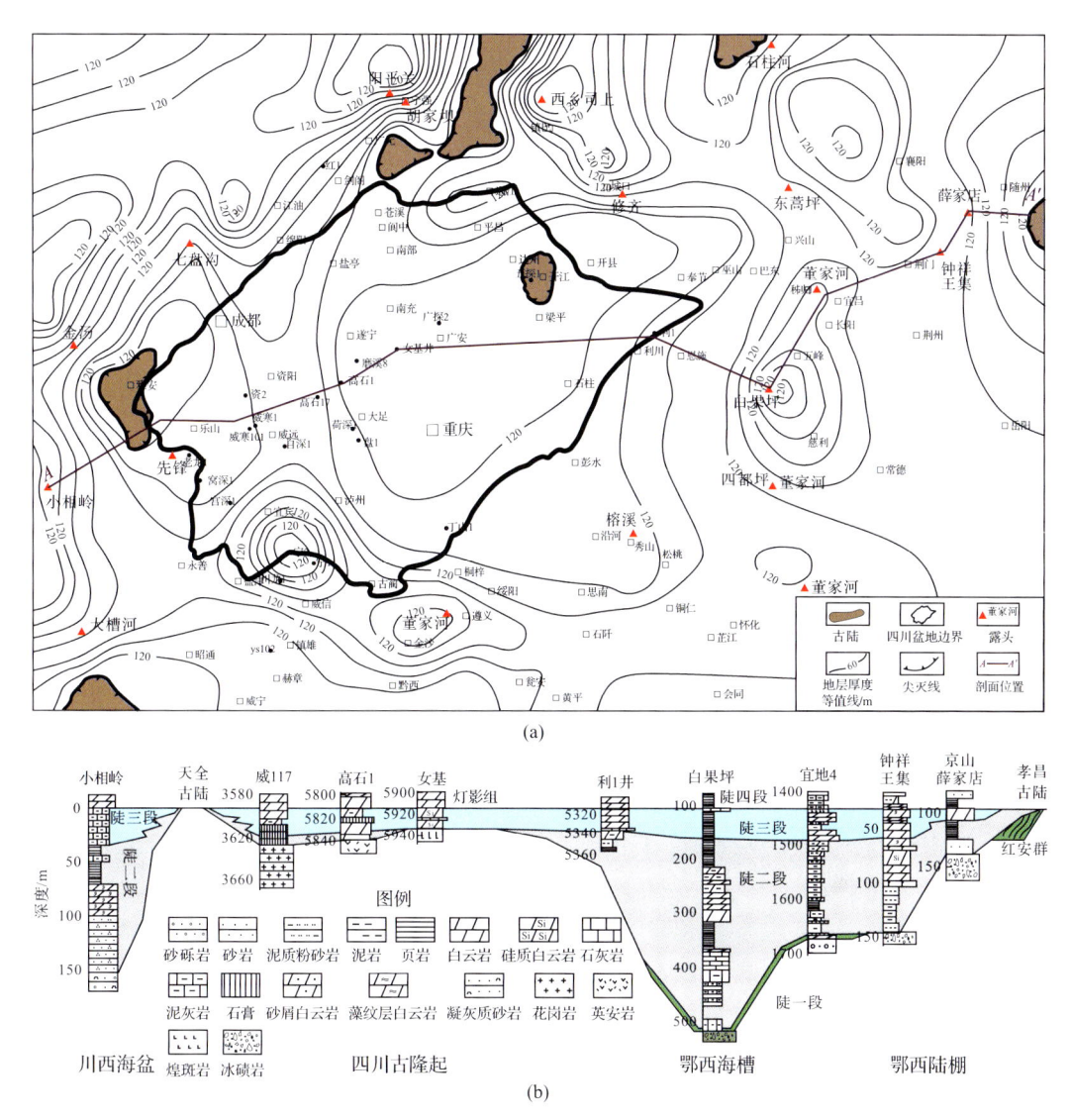

图 2-7　上扬子地区陡山沱组残留地层厚度等值线图(a)及地层对比剖面图(b)

灯一段底与喇叭岗组或陡山沱组碎屑岩呈整合接触，岩性与下伏地层区别大，在一些地区为平行不整合接触，两者间有风化壳，如南江杨坝剖面等。因此，灯一段的底界容易辨认，也可较好对比。灯一段岩性在各地层小区和周边的露头剖面上基本一致，均为一套块状的白云岩，藻纹层少，基本没有葡萄状、花边状构造，岩性可作为对比标志，厚度为 30～160m。

灯二段与灯一段连续沉积，岩性以块状富藻白云岩为特点，下部葡萄状、花边状构造发育，上部不发育，菌藻类也显著减少，单层厚度变小，薄层状，厚度为 350～550m。由于地震资料上很难将二者区分开，且钻井资料稀少，故将灯一段与灯二段分布合并成图(图 2-8)。

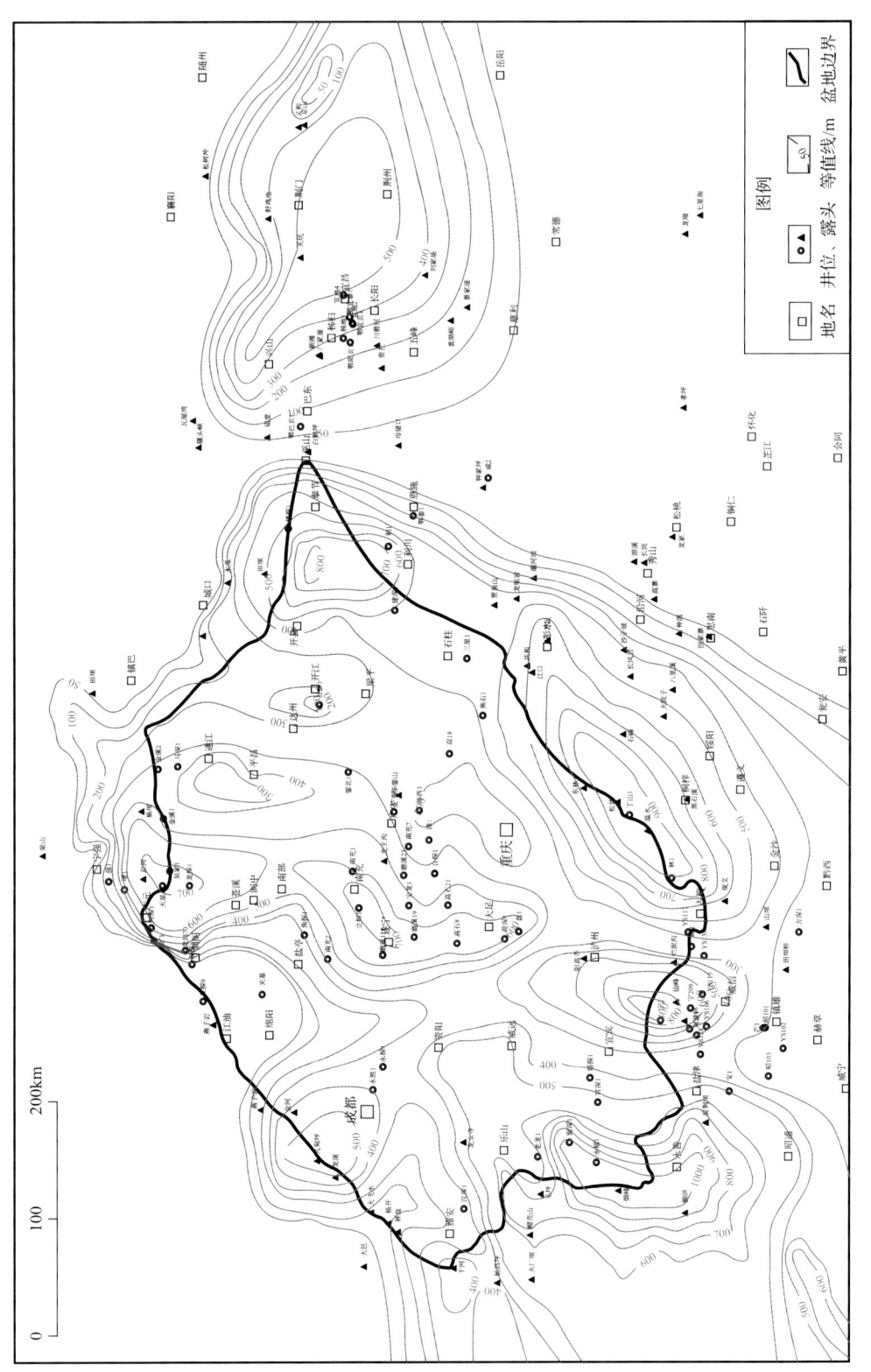

图 2-8 上扬子地区灯影组灯一段和灯二段地层厚度图

灯三段是四川盆地及周缘的灯影组大套碳酸盐岩地层中出现的一套碎屑岩，其岩性清楚，与下伏灯影组二段为平行不整合接触，电性曲线也很特别，是研究区很好的地层划分对比标志层。但是，在不同地层小区，甚至同一地层小区内灯三段厚度差别很大。例如，在雅安-南江小区和威远-开县小区最为发育，一般为30～50m，而在峨边-仪陇地层小区厚度显著变薄，一般只有数米到十余米，甚至只有数十厘米。在峨边先锋剖面，这种厚度的巨大差别可能是沉积因素造成，因为在灯二段沉积结束后发生了桐湾运动，致使研究区整体抬升，灯二段遭到剥蚀，灯三段是在该剥蚀面上填平补齐的结果。因此在那些接受沉积较早有地区，如南江地区，其厚度较大，而接受沉积较晚的地区，如峨边先锋一带，其厚度则较小。在南江沙滩剖面含火山灰的蓝灰色泥岩见于灯三段的上部，也说明峨边先锋剖面灯三段可能沉积较晚，只相当于前者的上部。在钻井剖面，灯三段的测井曲线表现为高伽马、低电阻率的特点，在以碳酸盐岩为主的灯影组中特征明显。

灯四段以块状含硅质团块或条带白云岩为特点，厚度0～100m，在发育较完整的地区其厚度200余米(图2-9)。在四川峨边先锋、南江杨坝和云南会泽银厂坡等露头剖面以及威117井等钻井剖面，灯四段近底部都存在一个碳同位素负偏事件，指示灯四段近底部是相互可以对比的。在钻井剖面上，灯四段表现为自然伽马低值，曲线平直或呈小锯齿状；电阻率高值，曲线大小锯齿间互等特点。

3. 下寒武统麦地坪组与筇竹寺组

1)麦地坪组($\epsilon_1m$)

麦地坪组由中科院南京地质古生物研究所、四川石油局1975年建立于四川省峨眉县高桥，由原灯影组顶部的一个岩性段划出而来，指一套薄层含磷、硅质条带的白云岩，产早寒武世小壳动物化石，与其下伏灯影组主体部分大套白云岩以及上覆的筇竹寺组大套黑色页岩相区别。麦地坪组创立后虽有应用(张紫琪，1990)，但未得到广泛承认。例如，四川省岩石地层(幸学达和刘啸虎，1997)认为该组与筇竹寺组不易区分而不采纳，项礼文(1999)仍将其回归并入灯影组中。除了划分上的不同认识外，对麦地坪组的分布，特别是对覆盖区的分布情况还知之甚少。

通过对四川盆地及周缘的峨眉高桥、峨边先锋、雷波抓抓岩等十余条露头剖面的研究，认为麦地坪组(及相当地层)岩性比较特征，与上覆岩性界线清楚，与下伏灯影组大套白云岩界线在大多情况下可以识别；还发现在多数地区麦地坪组或其相当的地层的顶底均为平行不整合接触；其中所产小壳类动物群在生物演化阶段意义重大，组合划分和时代均很明确；此外，在不同地层小区原灯影组顶部均存在该岩性与生物化石组合均相似甚至相同的地层，说明其发育普遍，因此，本节认为麦地坪组是成立的，故采用最早的命名意见，称麦地坪组。对覆盖区数十口钻井的重新划分结果证明麦地坪组(或相当地层)在盆地内普遍发育，厚度数米至196.5m不等，但局部剥蚀殆尽，在资4井、汉深1井、磨溪11井、高石17井、威117井、盘1井等中发现了小壳类化石。

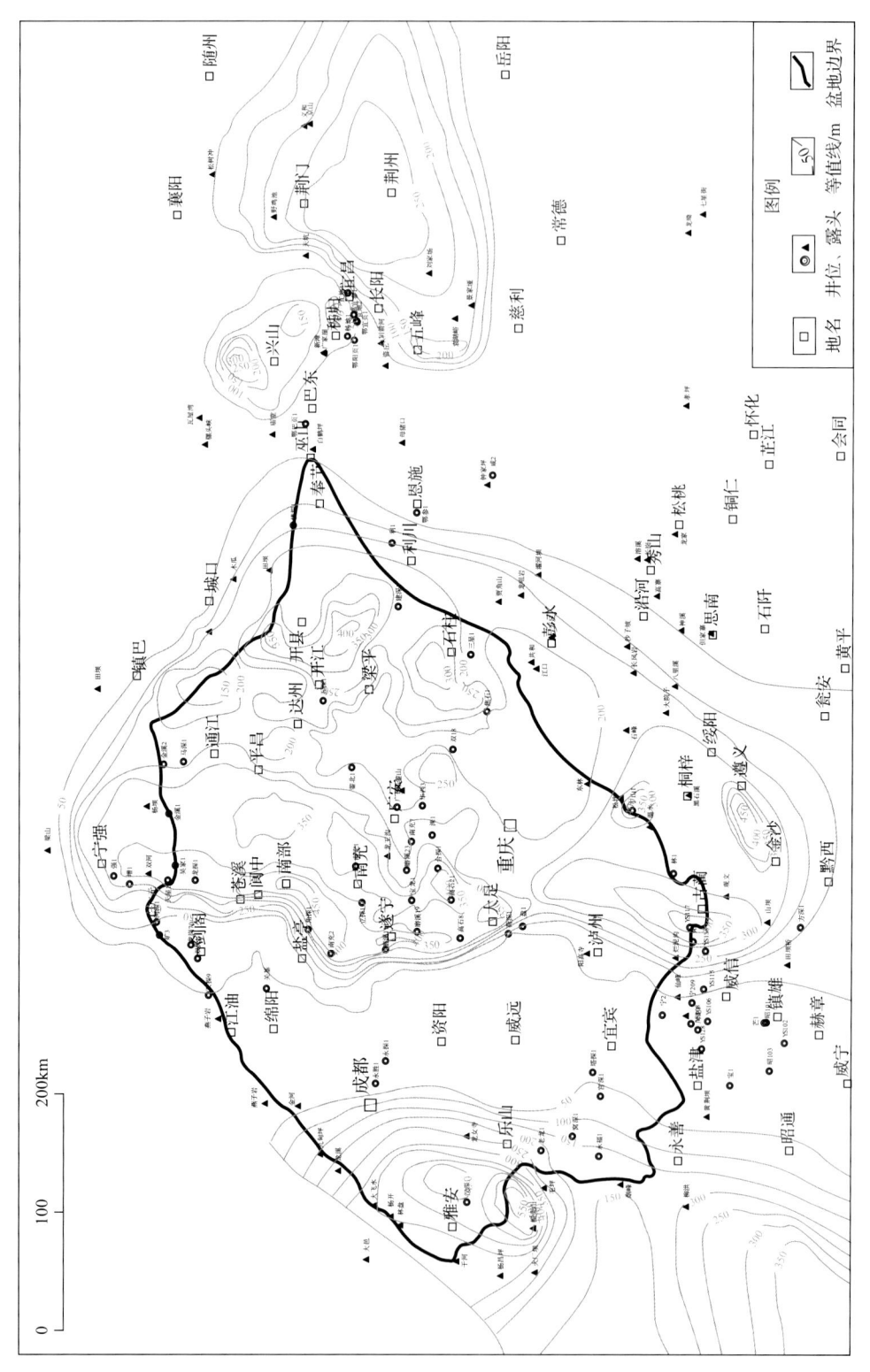

图 2-9 上扬子地区灯影组四段地层厚度图

麦地坪组的时代为早寒武世，相当于梅树村阶中下部。在麦地坪组及相当地层中获得的锆石 U-Pb 同位年龄为 539.4Ma±2.9Ma 至 525.1Ma±1.9Ma(Compston et al., 2008)，在麦地坪组之上筇竹寺组底部测得年龄值有 528.3Ma±2.0Ma(Compston et al., 2008)和 532.3Ma±0.7Ma(Jiang et al., 2009)等数据，均为早寒武世早期。

总之，麦地坪组的岩性为白云岩、硅质条带白云岩夹胶磷矿砂砾屑生物碎屑白云岩或胶磷矿砂砾屑白云岩，产丰富的小壳类动物化石，与下伏灯影组为整合或平行不整合接触，与上覆筇竹寺组为平行不整合接触。该组广泛分布于乐山-仪陇地层、雷波地层和习水-石柱地层小区的露头和覆盖区，厚度一般为 30~50m，剖面长 38.42m(殷继成等，1980)。

四川盆地周缘露头、覆盖区钻井及地震剖面资料表明，麦地坪组及其相当地区广泛分布于四川盆地及周缘，但厚度各地差异很大。盆地内存在一个大厚度区，以覆盖区磨溪-资阳之间的资 4 井、高石 17 井，川南雷波-云南永善及云南会东等地为代表，呈大致南北向带状展布，最大残余厚度达 200m。而在川西的汉源、峨边、资阳(资 4 井除外)、威远等地厚度为 0~30m；磨溪-高石梯地区厚度一般小于 20m，局部地区全部被剥蚀(如高石 1 井)；川北的南江、陕南宁强厚度一般也小于 10m(图 2-10)。

2) 筇竹寺组($\epsilon_1 q$)

上扬子地区下寒武统筇竹寺组以黑色页岩为特点，在全球海侵时期至海退时期缺氧的深水陆棚环境沉积产物，含小壳动物 Sinosachites flabelliformis 带；中上部发育围绕古陆的浅水陆棚环境和滨岸海滩环境沉积的泥质粉砂岩、粉砂岩至细砂岩，产三叶虫 Eoredlichia-Wutingaspis 带，与之对比的包括长江沟组、郭家坝组、牛蹄塘组及水井沱组中下部，这些岩组除长江沟组外均以黑色页岩、泥岩为特点，而且大多均产 Eoredlichia-Wutingaspis 带，牛蹄塘组和水井沱组均有三叶虫 Zhenbaspis 带，表明两者基本可以对比。

四川盆地筇竹寺组地层厚度分布受古地理控制明显，变化较大，在德阳-安岳台内断陷厚度可达 400~700m，而台地内部厚度一般为 200~400m(图 2-11)。纵向上筇竹寺组可划分为三个层段。第一段分布在德阳-安岳裂陷内，为海侵初期产物。岩性以黑-深灰色泥岩、页岩为主，厚度为 50~300m，地震剖面表现为强连续反射且向裂陷翼部超覆。第二段全盆地分布，为最大海侵期产物，以黑-深灰色碳质页岩、泥岩为主，厚度为 50~200m。裂陷内厚度较大，为 100~200m；川中台内厚度 50~100m。第三段为高位体系域沉积产物，受川中古隆起西部物源供应影响，粉砂质泥岩、泥质粉砂岩明显增多。

(二)下寒武统沧浪铺组—中奥陶统(TS$_{3-2}$)

1. 下寒武统沧浪铺组—上寒武统洗象池组

下寒武统沧浪铺组以砂、泥岩等碎屑岩为主，夹少量碳酸盐岩，其中上部发育的"下红层"，并具泥裂构造等，指示了炎热气候(陈旭等，2001)；而所产的三叶虫、古杯类动物等化石指示其与南江-旺苍地层小区仙女洞组及阎王碥组(夹紫红色砂、泥岩)，习水-石柱地层小区的明心寺组及金顶山组(含古杯化石)，城口-巫溪地层小区水井沱组上部、石牌组及天河板组(均产古杯化石)等对比(表 2-1)。

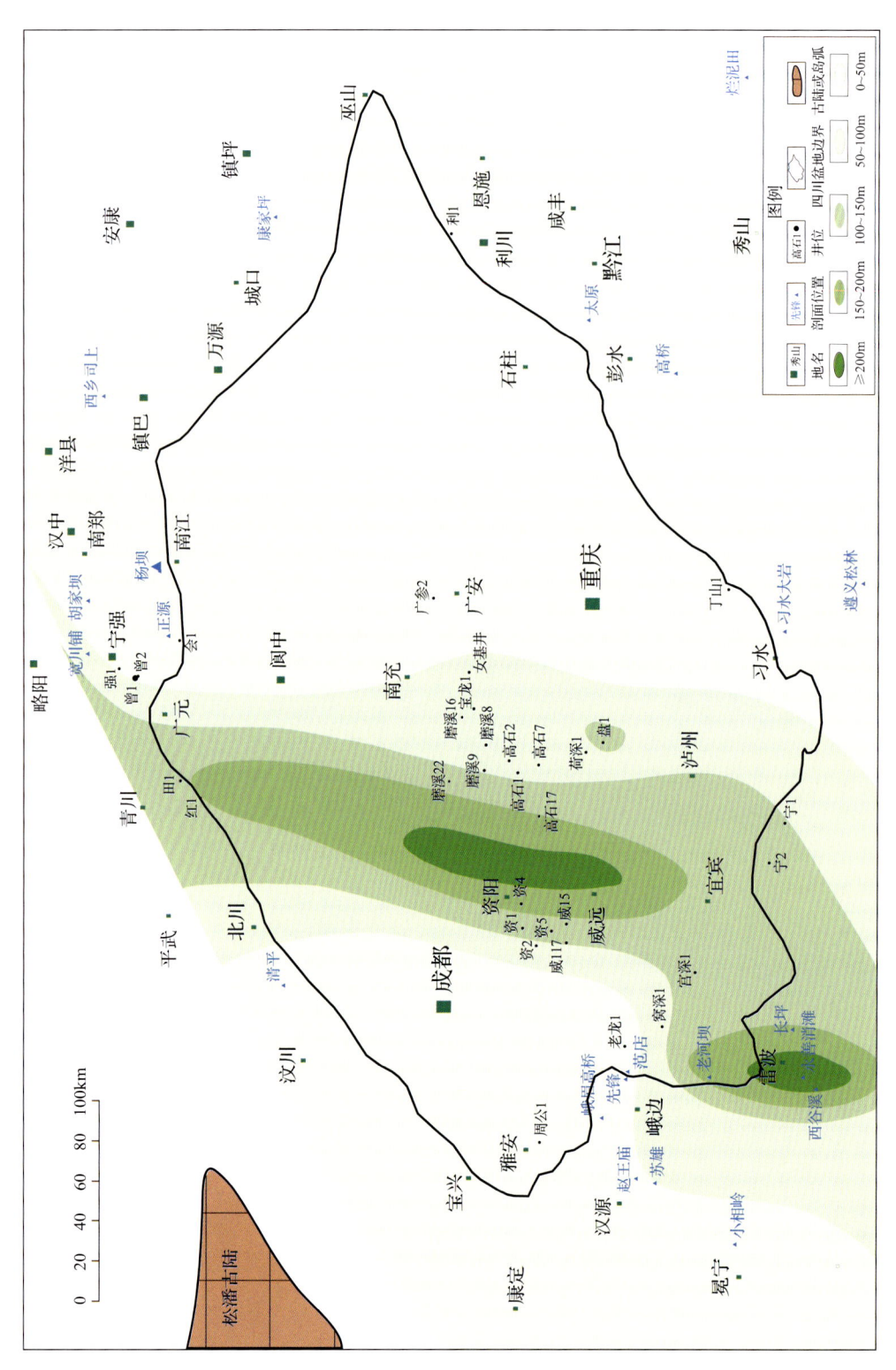

图 2-10 上扬子地区下寒武统麦地坪组厚度图

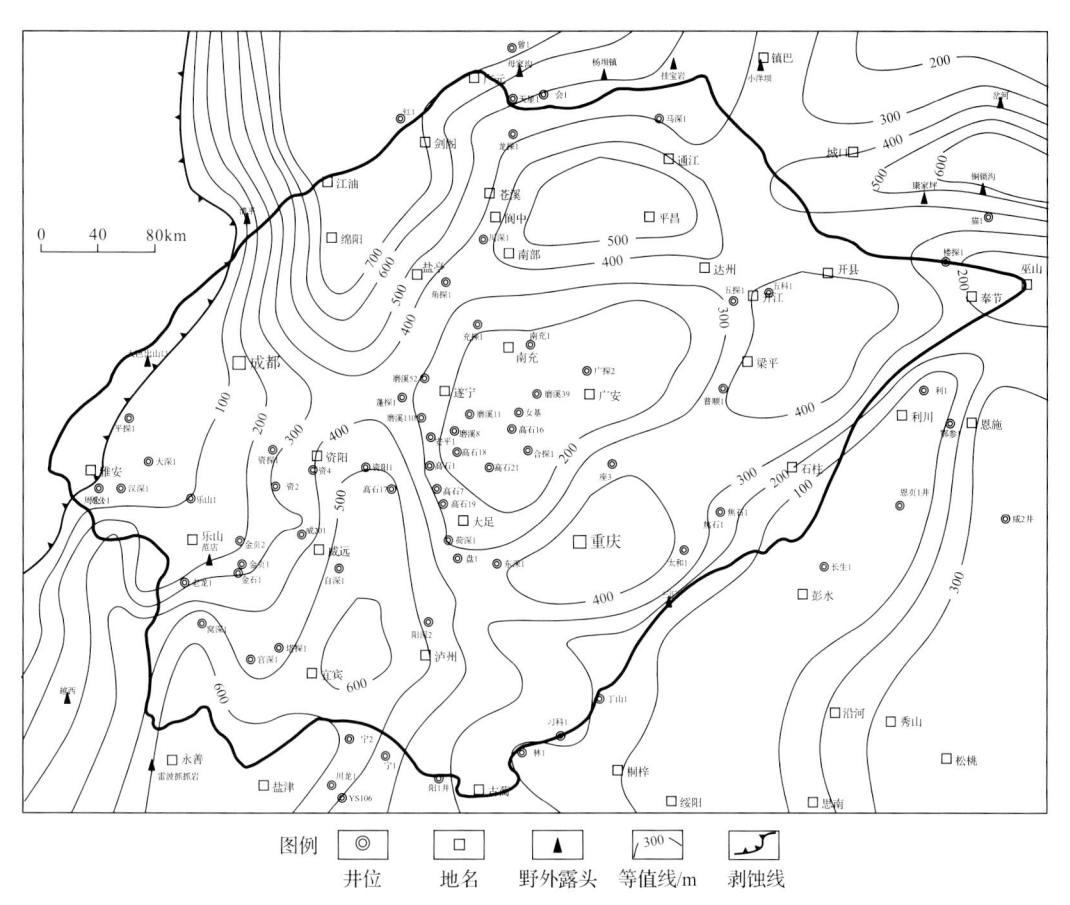

图 2-11 四川盆地及邻区筇竹寺组地层厚度图

表 2-1 上扬子地区寒武系划分对比的主要岩性标志层

| 标志层 | 年代地层划分(全国地层委员会《中国地层表》编委会, 2014) | 主要特点 | 上扬子地区组名 |
|---|---|---|---|
| 上碳酸盐岩层 | 芙蓉统—王村阶 | 巨厚灰白至深灰色白云岩，数百米至过千米 | 洗象池组、娄山关群、二道水组、三游洞组 |
| 上红层 | 乌溜阶下部 | 红色碎屑岩、膏盐岩或红色泥质碳酸盐岩，厚数十米至数百米 | 陡坡寺组、高台组、覃家庙组下部 |
| 下碳酸盐岩层 | 都匀阶 | 灰泥-细晶灰岩、藻灰岩、竹叶状灰岩、白云岩等 | 龙王庙组、孔明洞组、清虚洞组、石龙洞组 |
| 下红层 | 南皋阶 | 红色层，以红色碎屑岩为主，夹少量碳酸盐岩，十余米至上百米 | 沧浪铺组上部、阎王碥组 |
| 含小壳、硅、磷层 | 梅树村阶—晋宁阶 | 灰黑色中、薄层磷质、硅质岩白云岩、泥岩，厚十余米到数米 | 麦地坪组、宽川铺组、清平组、黄鳝洞组、大岩组 |

四川盆地及邻区沧浪铺组地层厚度总体表现为西薄东厚。川中古隆起区核部的雅安—成都一带因加里东运动遭受剥蚀而缺失，古隆起斜坡带厚度为50~250m。四川盆地周缘厚度较大，分别存在三个厚值区，分别为川南地区的长宁-盐津、川东北的利川-恩施、川北的通江-镇巴，厚度可达400~600m(图2-12)。

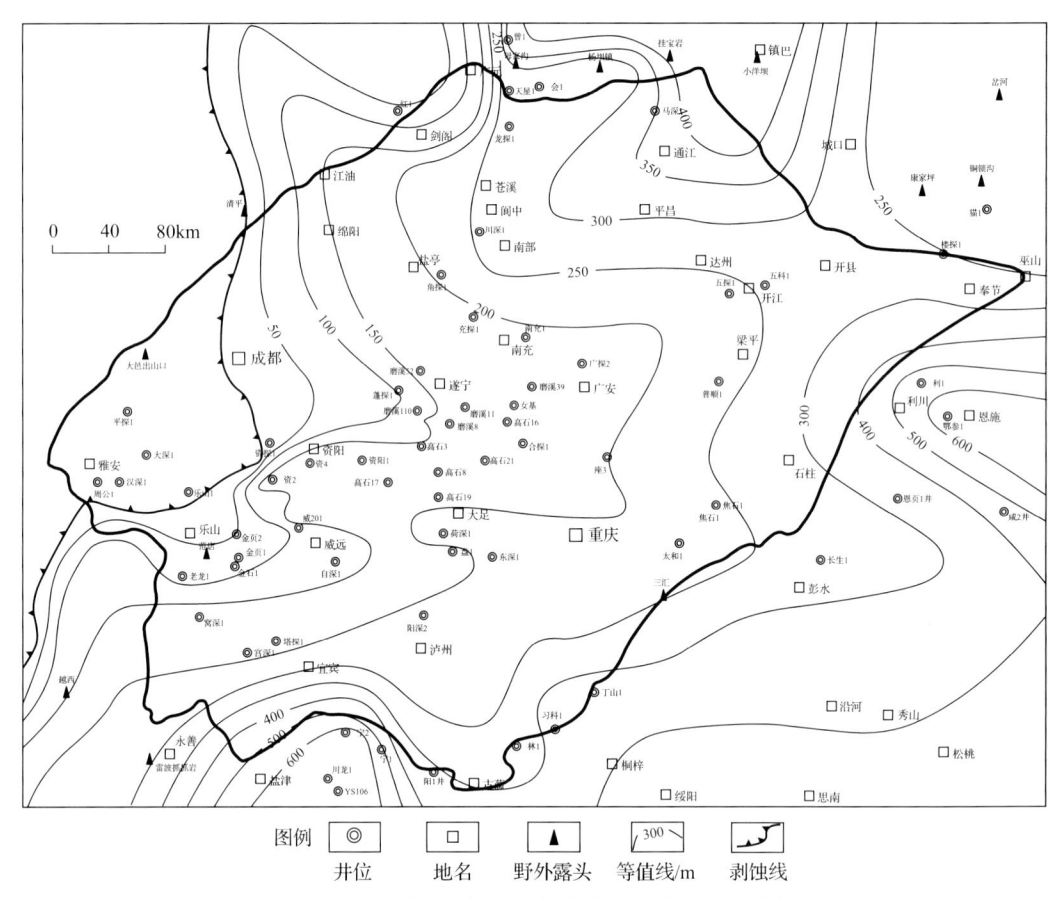

图2-12 四川盆地及邻区下寒武统沧浪铺组地层厚度图

下寒武统龙王庙组的"下碳酸盐岩层"及所产三叶虫 *Hoffetella-Redlichia(Pteroedlichia) murakamii* 带和 *Redlichia guizhouensis* 带及在其顶部发育的 $\delta^{13}C$ 负漂移(ROECE事件)指示了其与孔明洞组、石龙洞组、清虚洞组等有良好的对比关系，但在一些剖面上，ROECE未发现，可能反映了地层有缺失。四川盆地及邻区龙王庙组地层厚度总体表现为西薄东厚特征。川中古隆起区核部的雅安—资阳—德阳一带因加里东运动遭受剥蚀而缺失，古隆起斜坡带厚度为60~160m。环川中古隆起存在三个厚值区，分别为川南地区的绥江-永善、川东的长寿-合川、川北的平昌-开江，厚度可达160~200m(图2-13)。

中寒武统高台组发育寒武系"上红层"，属陆地边缘相沉积，此外，其中还发育了含膏白云岩、泥岩及泥裂构造等，均指示了炎热而干旱的气候类型，所产三叶虫 *Kunmingaspis-Chiittidilla*(或 *Chiittidilla* 带)和 *Sinoptychoparia* 带也反映了中寒武世毛庄

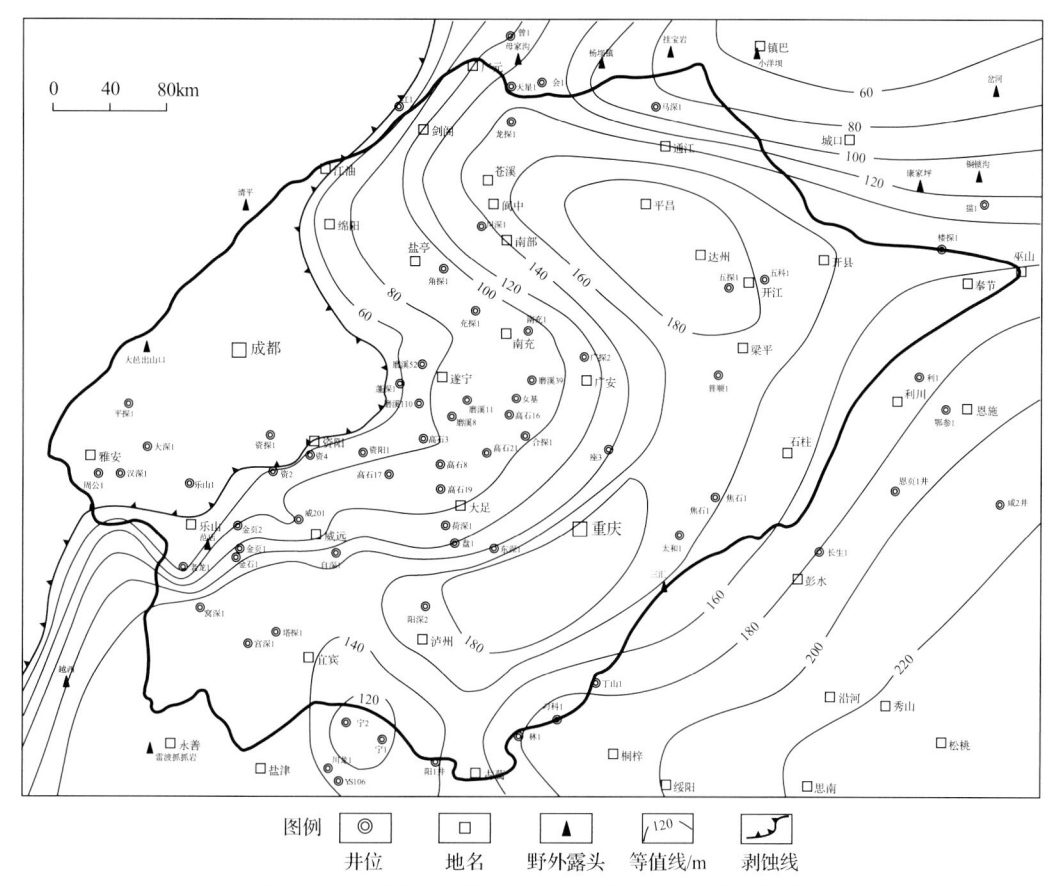

图 2-13 四川盆地及邻区下寒武统龙王庙组地层厚度图

期—徐庄期(或苗岭世乌溜期)的时代。习水-石柱地层小区的高台组和城口-巫溪地层小区覃家庙组等所产生物化石虽不一致,但反映的时代可对比,而其中发育了膏盐地层也是气候干旱的响应,指示时代相近。四川盆地及邻区高台组地层厚度总体表现为西薄东厚特征。川中古隆起区核部的雅安—乐至一带因加里东运动遭受剥蚀而缺失,古隆起斜坡带厚度 60~180m。环川中古隆起存在厚值区,川南地区的沐川及盐津地区厚度可达 200~300m,川东-鄂西地区厚度可达 180~300m(图 2-14)。

上寒武统洗象池组、二道水组、娄山关群和三游洞组等均以巨厚碳酸盐岩为特点,化石稀少,除了二道水组外(可能有地层缺失),各群组近顶部均发现了相同或相似的牙形石。而在这些地层的中下部发现了碳同位素正漂移事件(SPICE),指示了芙蓉统底界在它们中的位置基本相当,因此总体而言,上述地层单元是相互可对比的。四川盆地及邻区洗象池组地层厚度总体表现为西薄东厚特征。川中古隆起区西部的雅安—乐至—绵阳—广元一带因加里东多幕运动遭受剥蚀而缺失,古隆起斜坡带厚度 100~300m。川中古隆起斜坡-鄂西地区地层不断增厚,川东地区厚度 300~700m,鄂西地区厚度可达 800~1100m(图 2-15)。

## 2. 中、下奥陶统的对比

上扬子地区奥陶系底部地层以桐梓组分布最广，主要分布于川西南-川东地层小区，由黄灰色泥、页岩和灰岩、生物碎屑灰岩等组成。该组含较丰富的生物化石，其中，时代意义较强的自下而上包括：①三叶虫 *Dactylocephalus-Asaphellus* 带和 *Tungtzuella* 带；②牙形石 *Acanthodus costatus* 带、*Glyptoconus quadraplicatus* 带和 *Scolopodus barbatus* 带。可对比的包括川西南-川东地层小区的罗汉坡组、城口-秀山地层小区的南津关组和分乡组，在雷波地层小区和广元-南江地层小区该套地层缺失。

川西南-川东地层小区的红花园组的岩性及生物群特征比较明显，产牙形石 *Serratognathus diversus* 带，头足类 *Coreanocras* 带，几丁石 *Conochitina symmetrica* 带，时代为早奥陶世益阳防沉积期早期，虽然有一定的穿时性，但横向上可以大体对比。

湄潭组产大量的笔石和头足类化石，指示时代为益阳防沉积期晚期到大坪期，与城口-秀山地层小区的大湾组基本可以对比。

广元-南江地层小区局部发育的赵家坝组和西梁寺组岩性以黄绿色页岩、砂岩为特点，后者还产薄层石灰岩或石灰岩透镜体。赵家坝组笔石丰富，与湄潭组和大湾组下部相当。西梁寺组下部产三叶虫，上部产腕足类，指示其时代为中奥陶世早期，可与大湾组的上部对比。

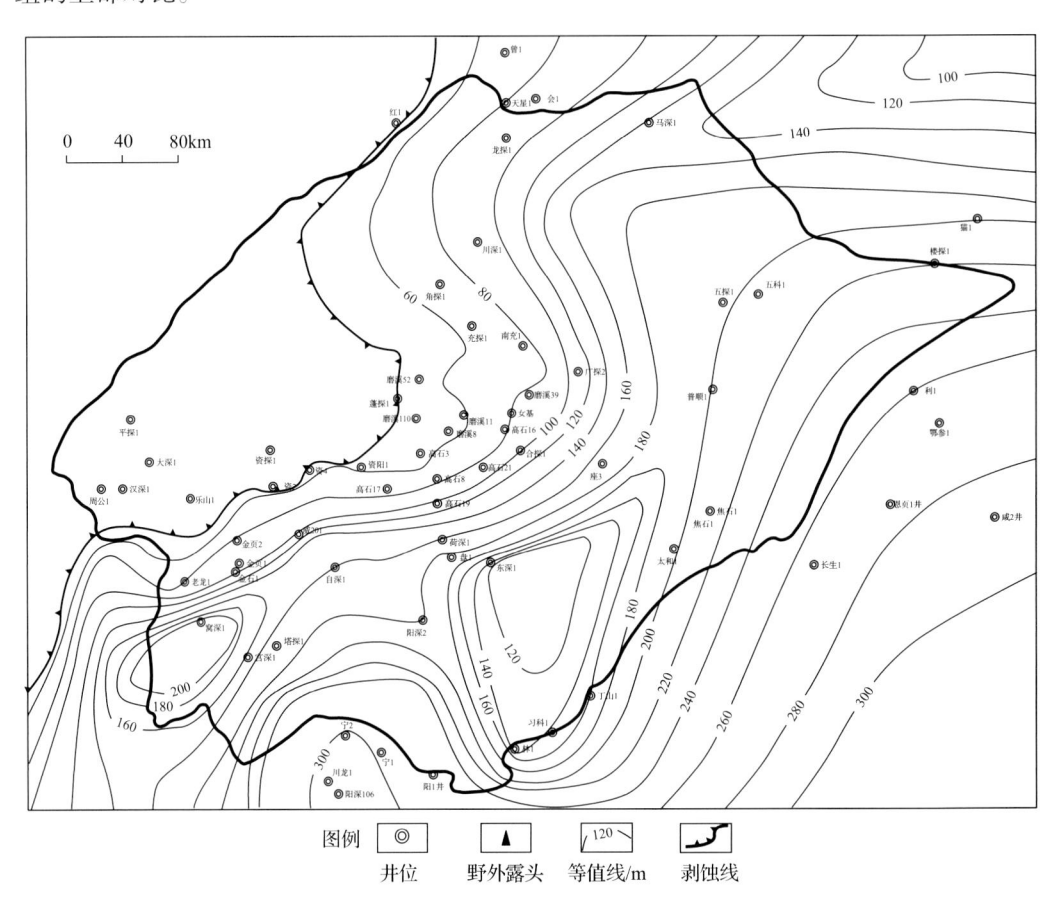

图 2-14　四川盆地及邻区中寒武统高台组地层厚度图

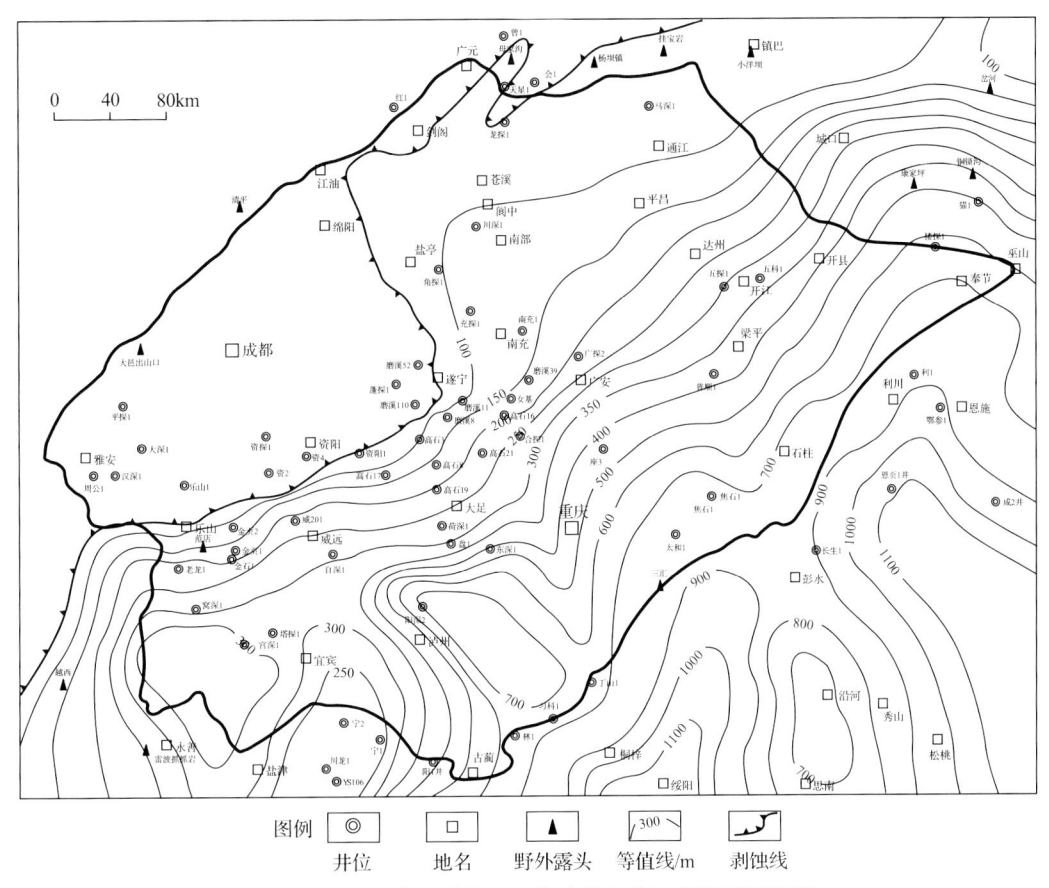

图 2-15 四川盆地及邻区上寒武统洗象池组地层厚度图

在雷波地层小区，下奥陶统上部的红石崖组岩性为紫红、灰绿及灰白色砂岩及页岩，产笔石 Corymbograptus deflexus 带，说明与湄潭组和赵家坝组可以对比。巧家组上段产中奥陶世晚期的笔石、珊瑚等，其下部应相当于大湾组的上部。

川西南-川东地层小区十字铺组产笔石、牙形石和几丁石(汪啸风等，1996)，指达瑞威尔期中晚期，可以对比的包括谭家沟组、巧家组的中上部和牯牛潭组加上庙坡组的下部等。四川盆地及邻区中下奥陶统地层厚度总体表现为西薄东厚特征。川中古隆起区西部的雅安—遂宁—江油一带因加里东多幕运动遭受剥蚀而缺失，古隆起斜坡带厚度 50~300m。川中古隆起斜坡-鄂西地区地层不断增厚，蜀南地区厚度可达 600~800m，川东地区厚度 400~500m，鄂西地区南部厚度可达 500~600m(图 2-16)。

(三)上奥陶统—志留系($TS_{3-2}$)

1. 上奥陶统

上奥陶统的三个岩组在整个上扬子地层分区全区分布，且可以对比，甚至还可以对比到下扬子地层分区。

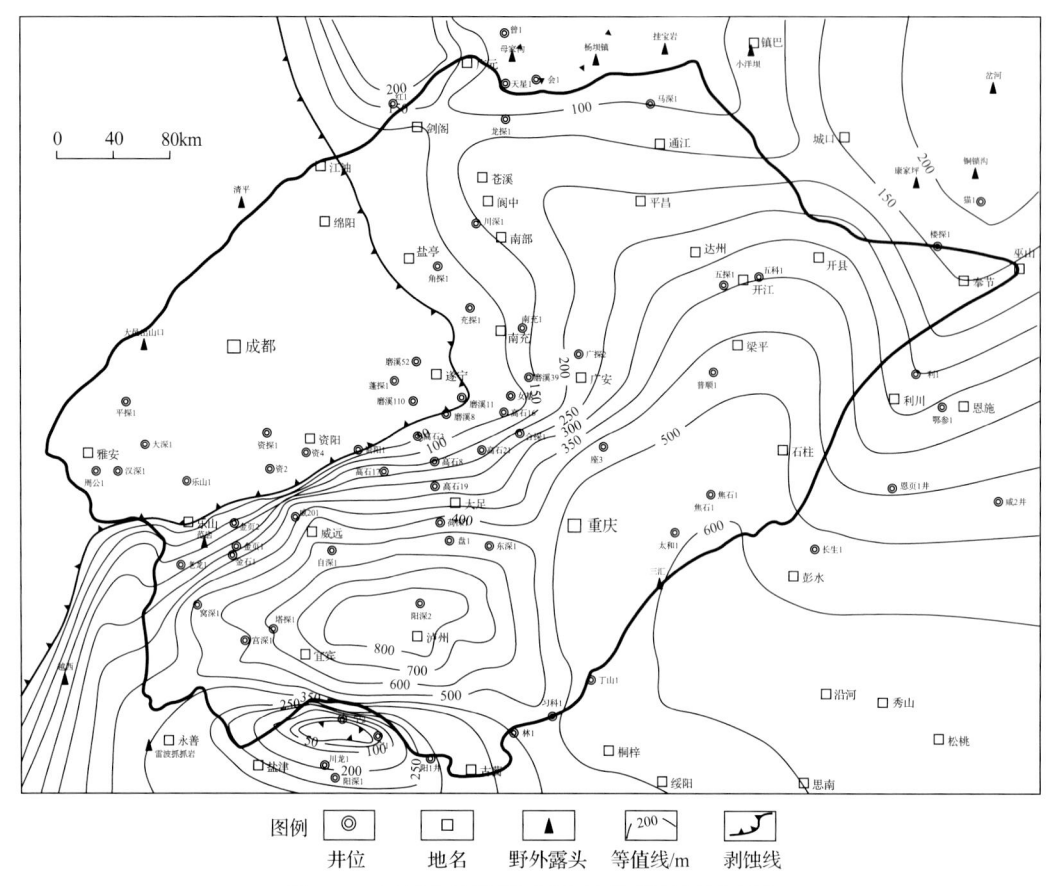

图 2-16 四川盆地及邻区中下奥陶统地层厚度图

宝塔组以"马蹄纹"灰岩为标志，全区可以很好追踪，牙形石 *Hamaroduseuropaeus* 带和 *Protopanderodus insculptus* 带及头足类、三叶虫等指示了晚奥陶世早期艾家山期早期的特点。但在不同地区宝塔组与下伏地层，如十字铺组、牯牛潭组、谭家沟组等之间有地层缺失（表 1-8），而在东部的城口-秀山地层小区宝塔组与下伏庙坡组之间为连续沉积。

临湘组岩性特征也较明显，其上覆和下伏地层也限定了其层位，在整个上扬子地层分区内可以对比。需说明的是，在四川广元及滇东、黔北地区，与临湘组可以对比的地层被称作涧草沟组。但是，涧草沟组的总体岩性与临湘组差别不大，产相同的三叶虫化石带（汪啸风等，1996），本书将其并入临湘组，也便于应用。

五峰组包括下部的笔石页岩段和上部的观音桥石灰岩、泥灰岩层，基本岩性全区可以对比，所产笔石及赫南特贝腕足类动物群指示了时代为桑比期晚期（或钱塘江期）至赫南特期。其顶部与上覆龙马溪组为整合接触，奥陶系与志留系界线位于后者的近底部。

2. 志留系

上扬子地区志留纪地层分属四川盆地分区、黔北-川南分区、川北-陕南分区和四川东北部分区。除川北广元以北、秀山-黔东北地区外，研究区主要发育下志留统（兰多弗里统），自下而上依次为龙马溪组、小河坝组（石牛栏组）和韩家店组。

龙马溪组（$S_1l$）：下部为富含笔石的黑色页岩及碳质泥岩，上部为灰、黄灰色页岩夹薄层粉砂岩及石灰岩透镜体，厚 300~500m。

小河坝组（$S_1x$）：包括上、下两部分。下部为灰、灰绿色粉砂岩、细砂岩（"小河坝砂岩"段）；上部黄绿色页岩、砂质页岩夹粉砂岩和生物灰岩透镜体，大致分布在华蓥山深大断裂以东地区，厚 290~500m。其以西地区与之相当的层位称石牛栏组，下部为灰色钙质页岩与薄层生物灰岩、泥灰岩互层，上部夹瘤状灰岩和生物礁灰岩。区域上小河坝组与黔东北石阡地区的雷家屯组和马角冲组、川北广元地区的崔家沟组和王家湾组相当。

韩家店组（$S_1h$）：主要由灰绿、黄绿色页岩组成，底部为 2~10m 紫红色泥岩，上部夹薄层状粉砂岩、细砂岩，因后期风化剥蚀，残余厚度 20~450m 不等；区域上大致与秀山-黔东北部地区的溶溪组和秀山组、川北广元地区的宁强组下部相当。

志留系主要出露于盆地周缘的川东南、大巴山-米仓山、龙门山及康滇古陆东侧。盆地内部有数十口钻井揭穿该层系。因志留纪末的加里东运动，造成了志留系区域性剥蚀，在川中古隆起核部，志留系大面积缺失，上古生界直接不整合覆盖在震旦系-奥陶系之上。由古隆起向四周地层厚度逐渐增大，到湘鄂西已达 1500 多米（图 2-17）。在龙门山

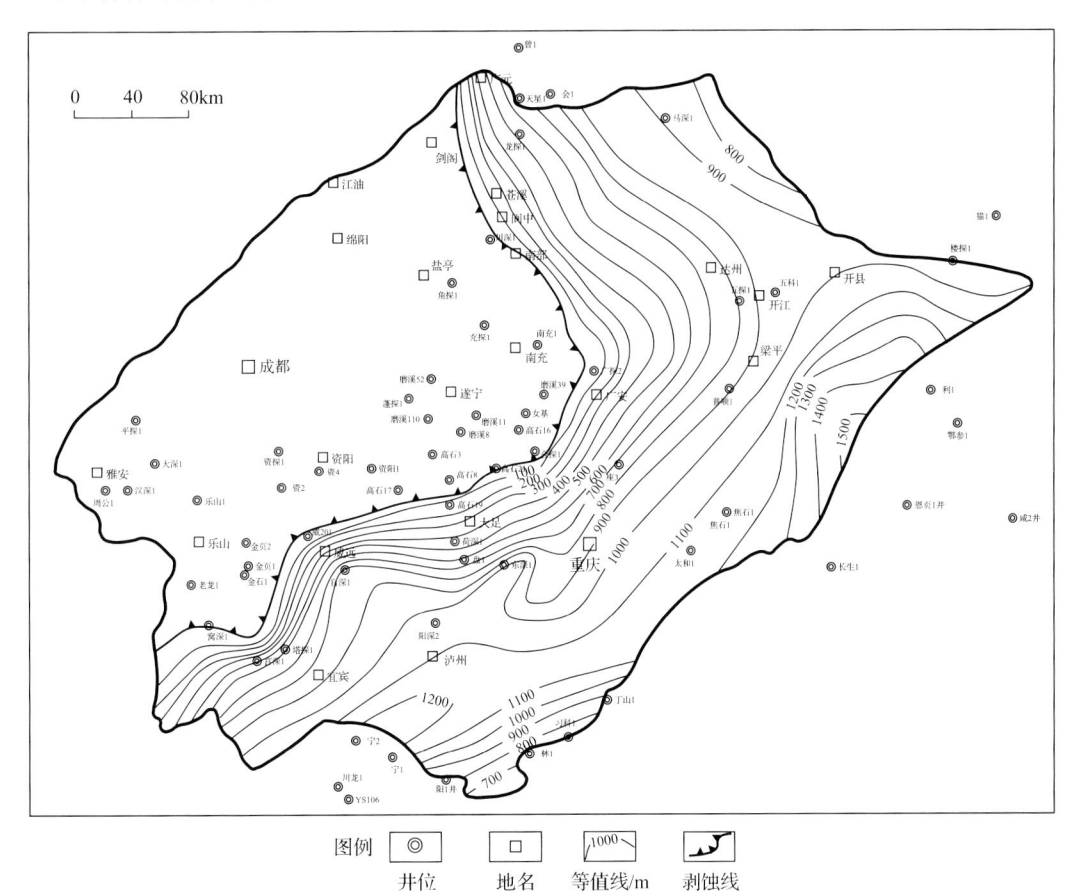

图 2-17 四川盆地志留系地层厚度图

地区可见志留系向古隆起上不断超覆，同样在盆地内部地震剖面上也可见向古隆起上超现象，古隆起与拗陷相比，隆幅差超过3000m，表明寒武纪形成的古隆起在志留纪差异升降活动又加剧。

综上所述，TS₃构造-地层层序揭示了上扬子地区震旦纪—早古生代构造-沉积演化，具有以下特点。

(1) TS₃构造-地层层序揭示上扬子克拉通盆地形成到加里东构造运动形成的区域性角度不整合面的地层分布特征。

(2) 三个二级构造-地层层序揭示了震旦纪—志留纪期间上扬子克拉通构造-古地理变迁及盆地演化。TS₃₋₁层序，震旦纪—早寒武世早期以克拉通裂陷为特征，发育德阳-安岳裂陷及鄂西-城口裂陷，沉积充填序列为灯影组碳酸盐岩台地、下寒武统富有机质泥页岩。TS₃₋₂层序，早寒武世中晚期—中奥陶世克拉通拗陷，同沉积古隆起继承性演化控制了碳酸盐岩台地沉积，以发育缓坡型碳酸盐岩台地为主要沉积特征。TS₃₋₃层序，晚奥陶世—志留纪前陆盆地，以富有机质泥页岩沉积为主要特征。

## 五、上古生界—中三叠统构造-地层层序（TS₄）

该层序底界面为上、下古生界之间不整合面，是个区域性不整合面，代表了加里东构造运动。顶界面为中三叠统与上三叠统之间的不整合面，是印支运动早幕的产物。

该层序包括泥盆系、石炭系、二叠系及中下三叠统，根据它们之间的接触关系，又可划分出四个二级构造地层层序，即TS₄₋₁(D—C)、TS₄₋₂(P₁)、TS₄₋₃(P₂)、TS₄₋₄(T₁—T₂)。

### 1. TS₄₋₁层序

泥盆系主要分布于盆地西缘越西碧鸡山、二郎山、盐边等地及川西北龙门山一带。川东西阳、秀山、黔江、彭水及巫山地区，仅有上泥盆统零星出露。盆地内部大面积缺失。

四川盆地边缘的泥盆系，根据其古地理状况可划分为三个地层分区：①龙门山地区，为西部松潘-甘孜海域的东缘；②川西南地区，为滇黔桂海域的北延部分；③川东地区，为鄂西海域的西缘。

泥盆系在龙门山及川西南地区发育较全，底部与下伏志留系普遍为假整合接触，个别地区（龙门山北段西缘）呈低角度不整合接触。川东西阳、秀山、黔江、彭水及巫山地区缺失中下泥盆统，上泥盆统与下伏志留系仍为假整合接触。泥盆系顶与上覆石炭系一般为整合或假整合接触。

龙门山北段泥盆系发育齐全，厚度大，可达1000~3000m，由碎屑岩、生物灰岩和白云岩组成一个完整的旋回。下部为中厚层石英砂岩夹粉砂岩、泥质岩组成。中部以生物灰岩、礁灰岩、泥质页岩为主，间夹细粒石英砂岩、页岩，富含化石。上部以厚层块状白云质灰岩、白云岩、块状灰岩、鲕状灰岩为主，化石少，反映了由无障壁陆源碎屑海岸沉积向开阔陆棚-局限陆棚沉积、局限台地沉积过渡，最后区域性海退形成浅滩化台地。

川东秀山等地泥盆系只保留上泥盆统，为上扬子古陆东缘的鄂西海开始西侵，在川东、鄂西一带沉积了一套厚数米至120m的滨岸相地层，以石英砂岩、泥岩为主，夹泥质白云岩、石灰岩，普遍含鲕状赤铁矿。

石炭纪大体继承了泥盆纪的沉积格局。在龙门山一带地层发育齐全，与泥盆系呈整合或假整合接触，而川东地区石炭系分布明显较泥盆系扩大，已扩展到川东腹部，但仅存留了中石炭统黄龙组。龙门山地区石炭系厚200~1000m，为开阔台地石灰岩沉积。川东地区石炭系由早石炭世鄂西开阔台地石灰岩沉积，过渡到中石炭世川东腹部的局限海湾环境潮坪沉积，以白云岩发育为特征。

综述，TS$_{4-1}$构造-地层层序记录了泥盆纪、石炭纪构造-沉积特征，它具有以下特点：①这套层序在盆地内部大面积缺失，主要分布于盆地边缘，沉积格局具有继承性；②龙门山地区和川东地区差异很大，龙门山地区沉积分布受控于基底断裂同沉积活动，基底沉降快，地层发育齐全，且沉积厚度变化大，海侵方向来自西边；③川东地区从泥盆纪到石炭纪，由于海水西侵不断扩大，地层超覆沉积为主，基底断裂活动不强烈，沉降缓慢，地层发育不齐全，厚度不大且分布较稳定；④所反映的构造背景差异，龙门山地区以断陷盆地沉积为主，川东地区以拗陷沉积为主。

2. TS$_{4-2}$构造层序（P$_2$）

该构造层序顶底均以区域性假整合与其上下地层接触。下二叠统普遍以假整合分别超覆于下、中石炭统及泥盆系、志留系或更老地层之上；上、下统之间也为假整合接触。

上扬子地区二叠系中各类生物化石相当丰富，研究程度也较高，据古生物化石可建立比较可靠的地层对比关系。下二叠统（船山统）陈家坝组产䗴类 *Pseudoschwagerina* 带，指示时代为早二叠世早期，与下伏晚石炭世 *Triticites* 带的马平组为整合接触，其分布仅限于龙门山前一带（李国辉等，2005），本节不做讨论。

中二叠统（阳新统）十分发育，最底部的梁山组厚度小但分布较广泛，自东而西层位略有差异，大致由船山统的最顶部（即隆林阶顶部）到阳新统的最底部（栖霞阶下部）。栖霞组产牙形石 *Mesogondolella idahoensis* 带和䗴类 *Misellina* 带，地层为阳新统栖霞阶的上部到祥播阶的下部，全区层位基本一致。

茅口组全区分布，下部与栖霞组连续过渡，但顶部遭后期剥蚀，横向变化大，缺失的2~6个牙形石带，不同地区缺失的地层差异较大，总体北部缺失地层较多。

中二叠统在盆地内部及边缘地区均发育较全，划分也比较单一，与邻区易于对比，包括梁山组、栖霞组、茅口组，厚度相对稳定，盆地范围内厚400~500m，受东吴运动影响，茅口组在区内遭受不同程度剥蚀，致使地层在大巴山前缘及龙门山地区相对变薄，厚为200~400m。

中二叠统岩性为一套完整的海侵沉积旋回序列，下部以陆相为主或海陆过渡相的砂页岩沉积，夹煤线。中上部为一套开阔台地相块状灰岩、泥质灰岩夹砂质灰岩，局部夹白云岩及硅质结核，上部局部夹黑色页岩，在乐山—泸州—南川一带生物滩发育。往东南到鄂西—遵义一带过渡为广海陆棚相沉积。

总之，TS$_{3-2}$构造层序代表了全球海平面上升，导致四川盆地稳定沉降，中二叠世海平面上升期延续到晚二叠世长兴期。

3. TS$_{4-3}$构造层序（P$_3$—T$_2$）

该层序底界面为东吴运动造成的上下二叠统侵蚀面假整合的界面，顶界面为中下三叠统与上三叠统之间界面，该层序包括上二叠统和中下三叠统。

上二叠统（乐平统）岩相分异较大，各岩组岩性变化较大，生物化石类型也不相同，因此不同岩组的精确对比很困难，但依据不同门类化石所指示的时代，可说明相互间的层位关系。

上二叠统吴家坪组以薄层生物碎屑灰岩、燧石灰岩夹黑色碳质页岩等，分布较广，生物化石指示了晚二叠世早期的时代，与之相当的龙潭组为分布于川中、川南、川东南部地区的海陆过渡相的含煤沉积，其中，下部夹含燧石生物碎屑灰岩。本组产植物及腕足类等化石，指示了晚二叠世早期的特点，与吴家坪组对比。长兴组生物碎屑灰岩与大隆组硅质岩所产的化石均指示了晚二叠世晚期的时代，说明可以相互对比。

上二叠统龙潭组是一套海陆过渡相含煤铁沉积。主要为深灰、灰黑色泥页岩、岩屑砂岩夹煤层。含黄铁矿结核，有时夹石灰岩、硅质岩薄层或透镜体。以产植物 *Gigantopteris* 及 *Codonofusiella* 动物群为其特征。向川北—川东一带，逐渐过渡为浅海碳酸盐岩沉积，称吴家坪组，其岩性主要为石灰岩，含硅质灰岩，有时夹硅质层，底部见铝土质黏土岩、碳质页岩夹薄煤层。在川西南地区，侧变为一套以陆相含煤砂页岩为主的地层，称宣威组，岩性为灰、灰绿色及紫红色泥页岩、粉砂岩夹砂质铁质岩及煤层，中上部夹薄层生物碎屑灰岩，一般厚50～200m。

峨眉山玄武岩主要分布在川西南地区。岩性为灰绿、深灰色厚层块状致密状、气孔状、杏仁状、斑状玄武岩及含铁玄武岩。有时夹凝灰岩、含铜层及赤铁矿层。但因玄武岩喷发和间歇的时间不一、期次不同，剖面结构随地而异。与下伏茅口组常为假整合接触，与上覆宣威组或龙潭组连续沉积。厚度一般为400～1500m。

上二叠统长兴组是以碳酸盐岩为主的沉积层，为深灰、棕灰色石灰岩、硅质岩与页岩互层，夹粉砂质页岩及薄层页岩。川东地区因生物礁发育特点，在礁发育剖面和非礁发育剖面地层对比较困难。非礁剖面显示出三分性比较明显，下部中-薄层状褐灰-深灰色生物泥晶灰岩，含燧石较高；中部石灰岩层厚增加，生物含量增加，色变浅且燧石含量相对减少；上部石灰岩又变为暗色薄到中层状生物泥晶灰岩，泥岩夹层及燧石或条带状增加，有的还具风暴作用形成的递变层理或假眼球状构造。该长兴组三段特征反映了沉积时海水由深逐渐变浅再变深的沉积过程。

四川盆地及周边地区长兴组地层厚度分布与古地理格局密切相关。海槽区内长兴组最薄，海槽两侧台缘带长兴组厚度最大。开江-梁平海槽两侧台缘带长兴组平均厚度约300m，海槽区长兴组厚度一般小于50m。川中和川西大部分地区长兴组属于开阔台地相区沉积，厚度约为60～150m。其中，台凹区长兴组厚度多小于80m，台凹边缘高隆带长兴组厚度多在150m左右（图2-18）。

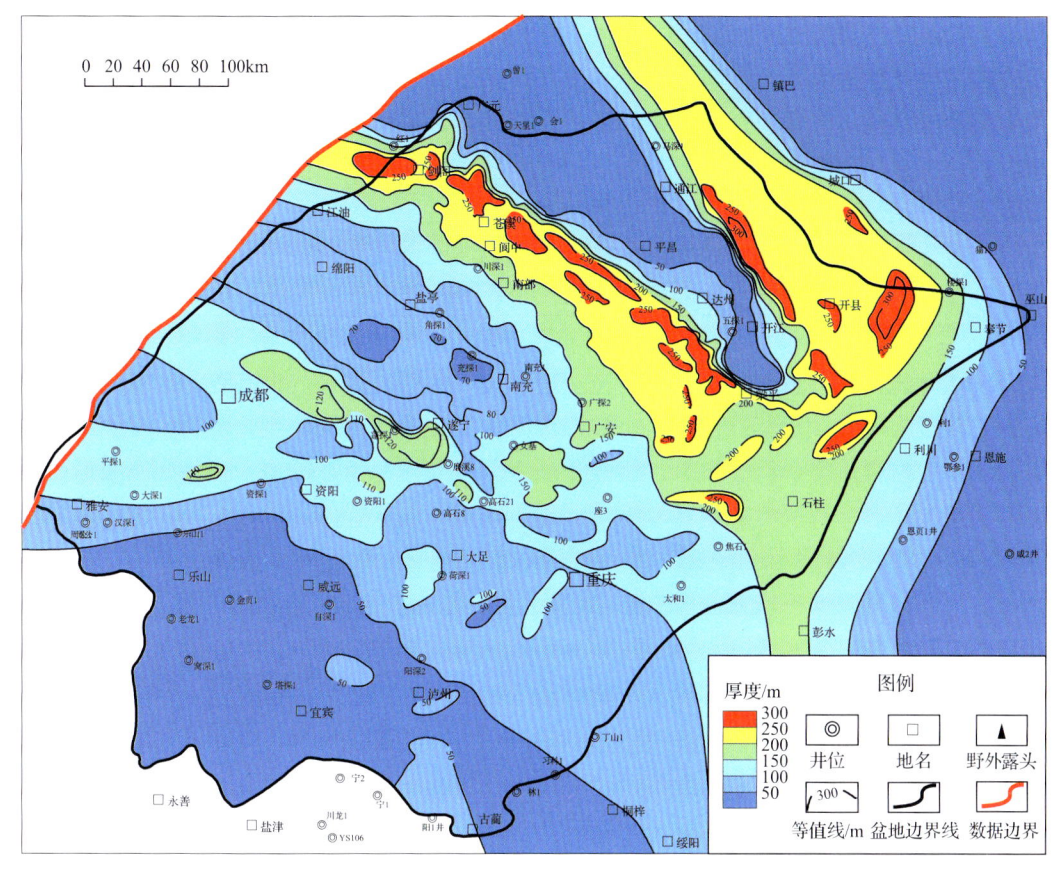

图 2-18 四川盆地及邻区长兴组地层厚度分布图

代表海槽相的以硅质岩为主的大隆组在川东地区没有钻遇到。在四川盆地外缘地区如宣恩小关、广元长江沟、旺苍罐子坝、旺苍天台等剖面长兴组石灰岩相变为大隆组硅质岩及泥页岩,但向盆地内在九龙山龙 4 井、南江桥亭以及奉节、巫山等地剖面仅有长兴组上部相变为大隆组。这种情况反映了晚二叠世的海侵过程。川东地区非礁相剖面长三段的沉积特征反映的海侵过程亦是这次区域性海侵的一种表现,它与龙 4 井等剖面的差异可能是基底断块活动及沉积物充填速率等因素造成的。

总之,$TS_{4-3}$ 构造地层层序记录了晚二叠世克拉通内裂陷充填层序,以火山喷发岩广为发育为特征。晚二叠世"峨眉地裂运动"达到高潮,在上扬子地台西南缘发育陆内裂谷并伴有大面积玄武岩喷发,形成了著名的峨眉山玄武岩。火山岩喷发主要受断裂控制,除盆地西南缘普遍发育且厚度大外,在川东地区华蓥山和井下均可见到,但其以时代新、厚度大、旋回少区别于川西南地区(罗志立等,1988),表明克拉通内裂陷作用先从扬子板块西南缘拉开,后期朝东北方向(克拉通内部)发展。

由于克拉通内裂陷作用,在川东尤其是北部地区基底断裂活动,这些古断裂不仅与玄武岩喷溢活动有关,而且还决定了开江-梁平海槽的发育,导致海槽内外地层厚度、岩性很大差异,同时环海槽四周高能环境为边缘礁的形成提供了地质背景。

### 4. TS$_{4-4}$构造地层层序(T$_1$—T$_2$)

该层序底界面为二叠系与三叠系界面，虽然在盆地内部大部分地区上二叠统长兴组与上覆下三叠统飞仙关组之间没有明显的沉积间断，但在局部地区呈假整合接触，而且在生物地层学上都有明显差异。二叠纪的大多数生物种属都未能延续到三叠纪，三叶虫及大多数腕足、蜓藻灭绝，瓣鳃类则开始繁盛。

该层序顶界为中、上三叠统之间的假整合面，区域分布稳定，代表印支运动早期构造面，同时也是一级构造层序界面。

TS$_{4-4}$层序包括飞仙关组、嘉陵江组和雷口坡组三个地层组。

下三叠统飞仙关组可分为四段，飞一段、飞三段以石灰岩、泥灰岩为主，夹少量泥岩；飞二段、飞四段以紫红色页岩、砂质泥岩为主，夹泥灰岩、生物灰岩，生物以瓣鳃类为主，含有腹足类、有孔虫等。岩性平面上分布大体在南京—重庆—泸州一线以西地区砂质逐渐增多，石灰岩减少；以东地区砂质减少，石灰岩增多，而且厚度也有向东增厚的趋势。在川东北部飞仙关组沉积是在晚二叠世海槽基础上的填平补齐，开江-梁平海槽内的飞仙关组厚度明显较邻区大（一般大于550m），而且围绕海槽鲕粒岩发育，成为川东地区有利的孔隙型储层。

四川盆地飞仙关组分布同样受古地理格局影响。与长兴组不同的是，海槽内的飞仙关组地层厚度大，而海槽两侧变薄。最厚区位于开江-梁平海槽，飞仙关组的厚度均在800m以上，海槽向外侧厚度快速递减，至川东和川中大部分地区厚度已降至400~450m，川南大部分地区厚约500m。川西地区德阳向西至雅安厚度依次递减，德阳—资阳一线厚约350m，成都—仁寿—乐山—沐川—绥江一线厚约300m，都江堰—崇州一线厚约250m，邛崃—洪雅一线厚约200m，雅安地区厚度已经小于200m(图2-19)。

嘉陵江组以碳酸盐岩沉积为主，岩性为石灰岩、生物灰岩、鲕状灰岩与白云岩、硬石膏互层，厚400~600m。

雷口坡组与嘉陵江组为连续沉积，岩性为一套石灰岩、白云岩夹泥页岩及石膏层。雷口坡组在区内遭受不同程度的剥蚀，大部分地区保存不完整。在泸州、江津一带剥蚀殆尽，其外围仅存有雷一段、雷四段，川西北江油、成都一带有雷五段分布。

TS$_{4-4}$构造层序特点：①由晚二叠世克拉通内裂陷向克拉通内拗陷转化。对川东地区来说，如果说晚二叠世是裂陷高潮期，形成了开江-梁平海槽，那么到早三叠世早期飞仙关组沉积期则以填平补齐作用为主，断裂活动不强烈，晚期到中三叠世则以整合拗陷沉降为主。②由于周缘古陆（包括康滇古隆、龙门山古陆、大巴山古陆及江南古陆）的不断隆升、扩大，盆地内部沉积分异明显，靠近古陆陆源碎屑沉积物增多，盆地内部出现闭塞的蒸发台地相膏盐沉积。由于江南古陆不断向西推进，改变了早三叠世西浅东深的古地形格局，变为东浅西深，沉积分异作用使向东表现为海陆过渡相的碎屑岩增多，西部表现为石灰岩增多。③中三叠世以来龙门山和江南古陆的相对挤压，导致了泸州古隆起的形成，造成雷口坡组地层剥蚀、缺失。

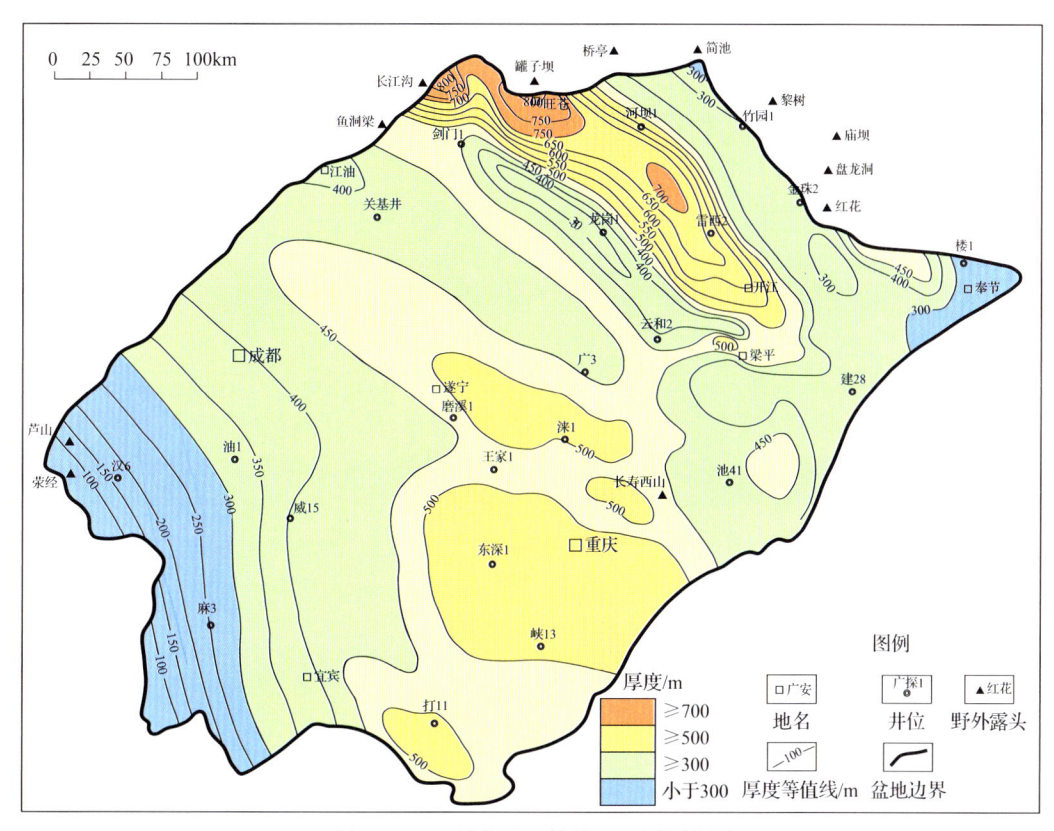

图 2-19　四川盆地飞仙关组地层厚度图

综上所述，TS₄ 构造层序具有以下特点：①TS₄ 一级构造层序包括了四个二级构造层序，记录了晚古生代到中三叠世上扬子地台西部（四川盆地为主体）经历了克拉通边缘裂陷（D—C）向克拉通内裂陷转化的过程。克拉通内裂陷又经历了初期发展阶段（P₂），发展高潮阶段（P₃）和拗陷阶段（T₁—T₂）。裂陷期，裂陷海槽内以深水沉积为主，发育深水硅质岩，且厚度较大。②层序以海相沉积为主，发育碳酸盐岩和泥页岩，层序发育明显受区域海平面升降影响，尤其是二叠纪沉积；同时受古构造运动、古地形影响，早二叠世末的东吴运动使盆地周缘古陆形成，在古陆边缘以发育陆源碎屑沉积为特征，早三叠世晚期至中三叠世，泸州古隆起由水下到露出水面，造成了其以西地区广泛发育局限海沉积，以膏盐发育为特征。

## 六、上三叠统—新生界构造-地层层序（TS₅）

TS₅ 构造-地层层序底界面为中—上三叠统之间区域性不整合面，为印支运动产物。该层序包含三个二级构造层序，即 TS₅₋₁（T₃x₁₋₃）、TS₅₋₂（T₃x₄₋₆）、TS₅₋₃（J—K）。

1. TS₅₋₁ 层序

该层序底界面为中—上三叠统之间不整合面。底界面在川西、川西北地区地震剖面上都有明显的反射层上超于基底上，局部可见对下伏地层的剥蚀现象，顶界面为 T₃x₃ 与 T₃x₄

之间界面，地震和钻井资料可见川西北地区的$T_3x_{1-3}$段地层至川中地区已基本尖灭，到西区南部变薄。

须家河组须一段直接沉积在雷口坡组之上，沉积环境以海相沉积为主，盆地内大部分地区为滨海相沉积，沉积范围仅局限在华蓥山以西、泸州古隆起以北地区，沉积厚度为0~100m，川中地区厚度相对较稳定，川西地区厚度及厚度变化相对较大，最厚位于大邑雾中山一带，厚度大于1600m，在南部雅安、荥经一带，须一段厚度小于200m[图2-20(a)]。在龙门山中段山前带，须一段见厚度不等的碳酸盐岩分布，绵竹一带并见海绵生物礁。

须二段沉积范围在须一段的基础上进一步扩大，东部越过开江古隆起进入川东地区，南部进入蜀南地区北部，但未越过泸州古隆起。沉积尖灭线位于马槽坝—石宝场—重庆—荣昌—犍为一带，此外，在川东北地区通江平溪以北也未见须二段沉积。沉积厚度为0~600m，以川中地区厚度相对稳定，厚度为100~200m，川西地区厚度变化为200~600m[图2-20(b)]。在川中地区须二段直接覆盖在雷口坡侵蚀面上的地区，其沉积厚度的变化与雷口坡侵蚀面的起伏有关，具体表现为沉积厚度变化不大的背景下存在局部的沉积厚带与薄带的分布。

须三段沉积范围进一步向东、向南扩展，东部已达石柱—南川一线，向南则越过泸州古隆起导致南部地区普遍接受沉积，但须三段沉积厚度在龙泉山以东地区变化较小，为0~200m，特别是超覆沉积在雷口坡侵蚀面上的地区，须三段厚度小于100m，且在宽缓的沉积背景下由于古地貌的凹凸不平，存在一些沉积"厚带"与"薄带"，川西地区厚度变化相对较大，最厚处位于什邡金河一带[图2-20(c)]。

$TS_{5-1}$层序记录了晚三叠世早期卡尼阶—诺利阶沉积上扬子地台由被动大陆边缘向前陆盆地转化，前陆挠曲盆地(称其为早期前陆盆地；许效松，1998)沉积特征，表现为海侵退积型沉积，早期为海湾型沉积，晚期海水退却，为近海湖盆沉积。

2. $TS_{5-2}$构造层序($T_3x_{4-6}$段)

层序底界面为$T_3x_4$超覆不整合面，顶界面为新近系、古近系之间不整合面。层序包括上三叠统须家河组须四段—须六段。

须四段沉积期，由于后龙门山地区的巴颜喀拉海槽的褶皱回返，龙门山构造带的抬升，使盆地西部与后龙门山的联系隔断，龙门山前缘带大量的砾岩分布显示出这一时期川西地区的物源区为龙门山构造带，盆地内的沉积厚度更加明显地反映了前陆盆地的沉积格局，川西地区厚度变化大，为200~1000m；盆地内其他地区厚度变化较小，一般为100~200m，在川西北地区九龙山—中坝一线以西因剥蚀而缺失须四段[图2-20(d)]。

须五段厚度为40~600m，沉降中心仍位于川西地区。由于川西北部地区因地层剥蚀而使地层厚度较大者位于川西南部地区，在公山庙—南充—龙女寺—威东—犍为一线以东地区沉积厚度小于100m[图2-20(e)]，显示出其沉积古地貌较平缓、沉积稳定。

须六段沉积期，受印支晚期运动影响，盆地西北部遭受剥蚀，沉积厚度总体自西北向东南方向变厚，厚度为0~300m[图2-20(f)]，最大厚度和地层保存相对较全的地区是蜀南北部地区。

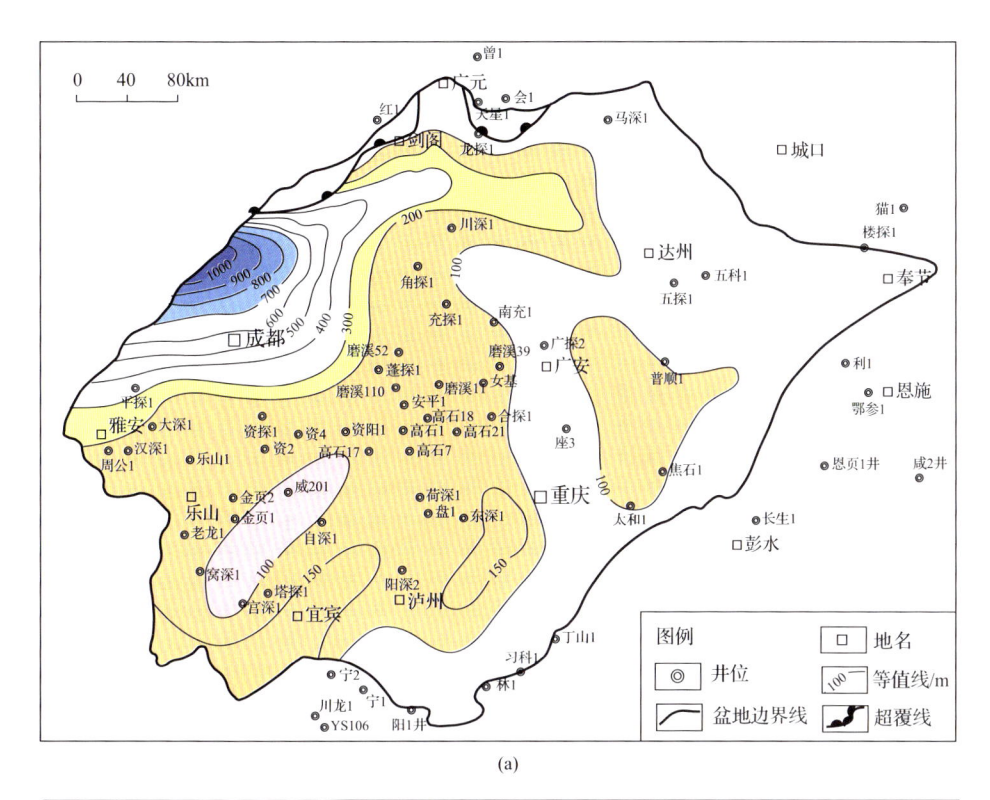

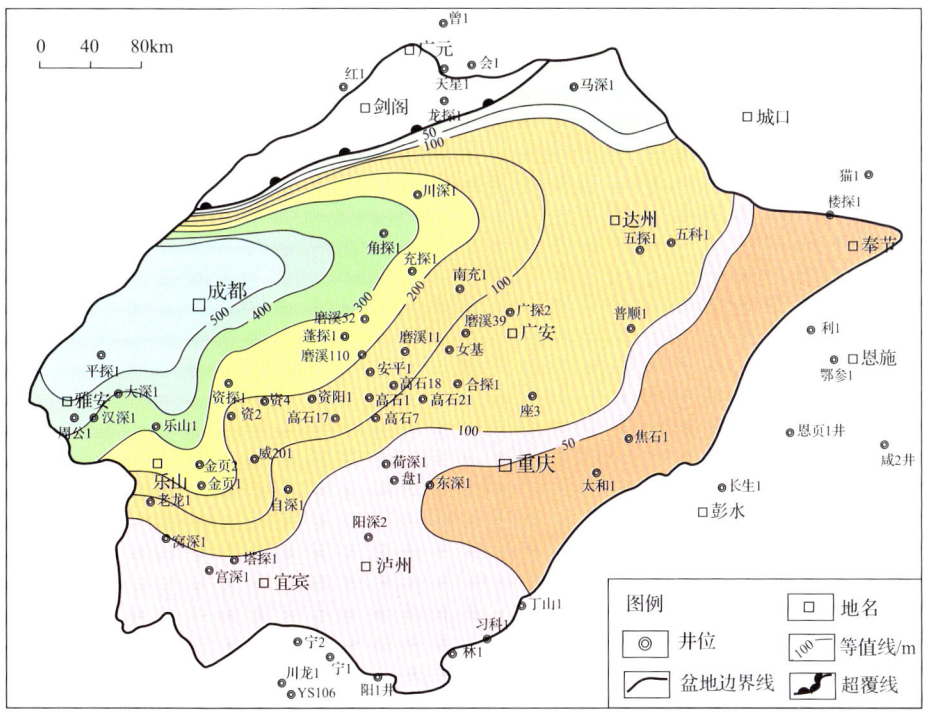

第二章 构造-地层层序与盆地演化 ·83·

(a)

(b)

(c)

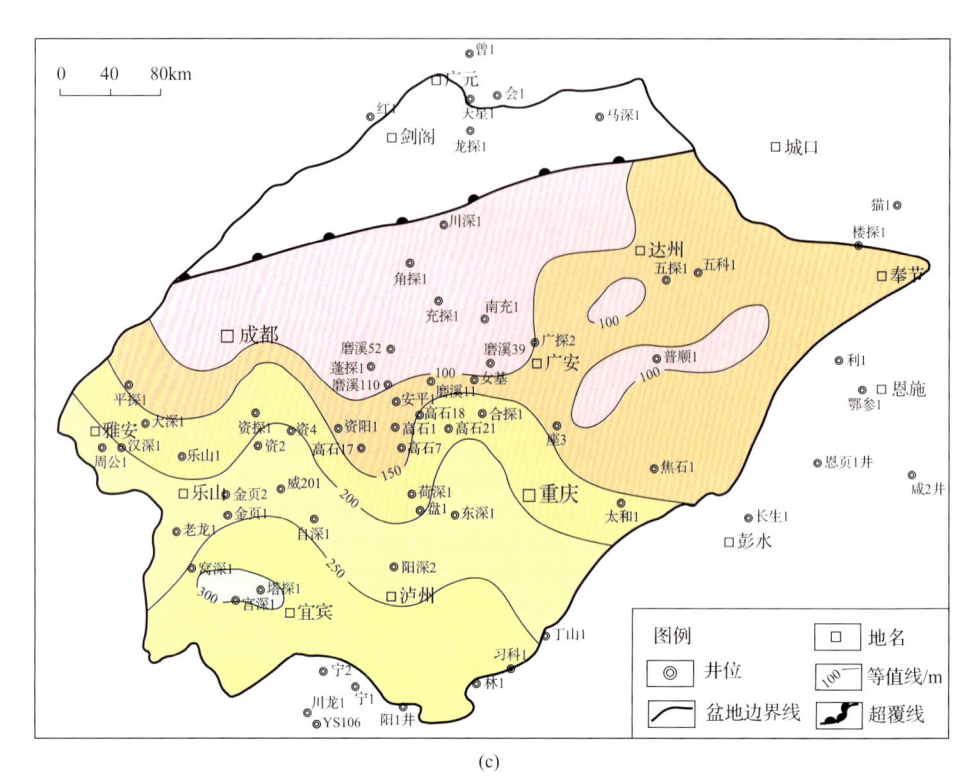

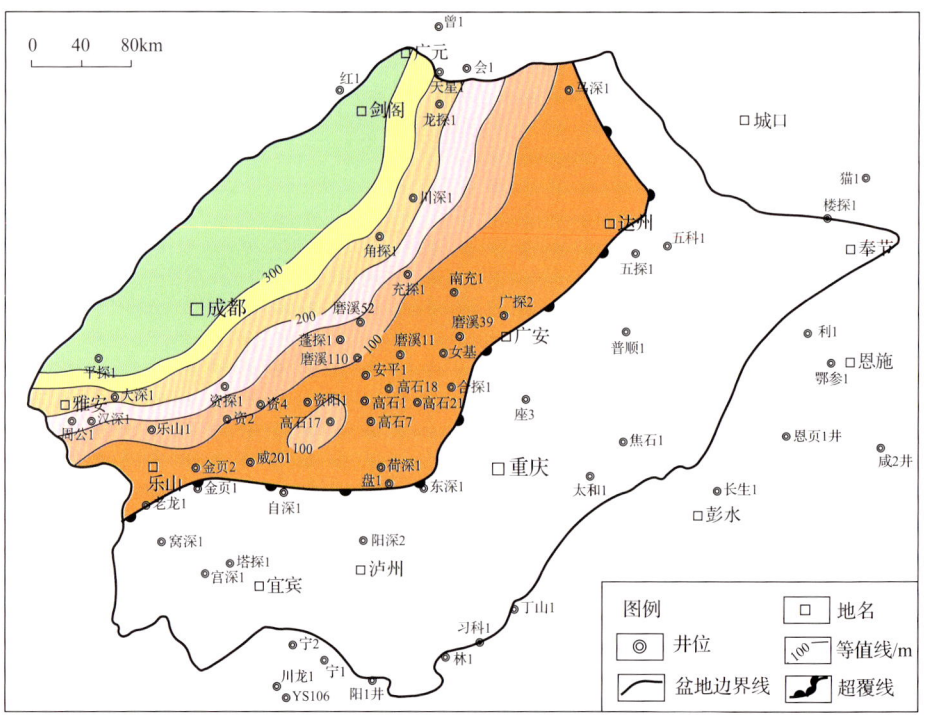

(d)

(e)

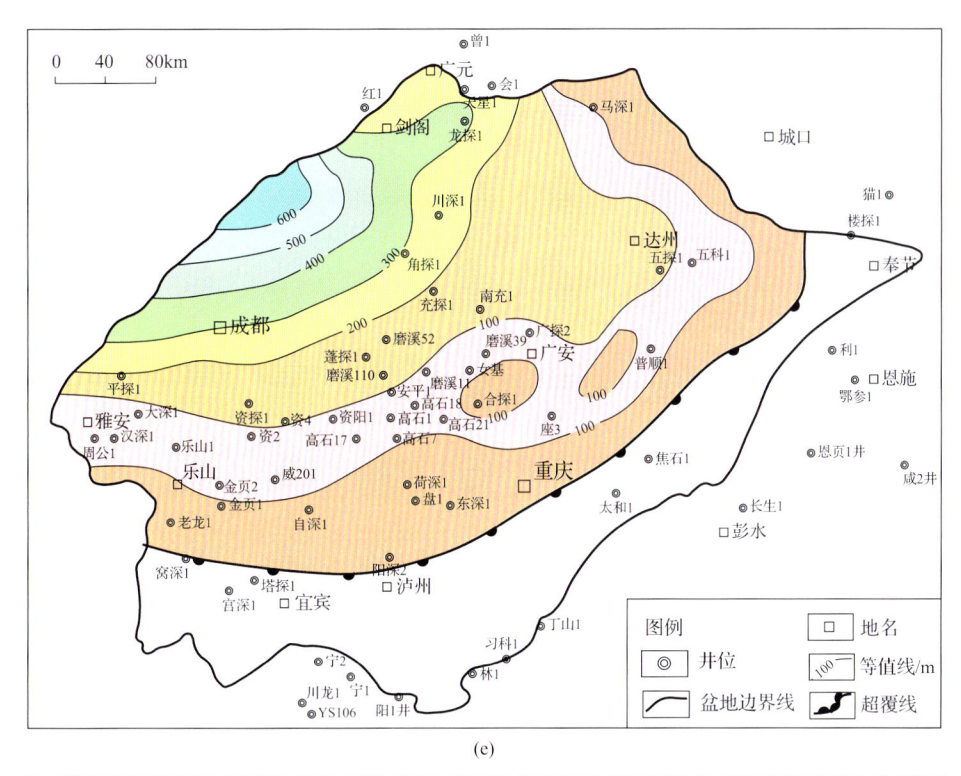

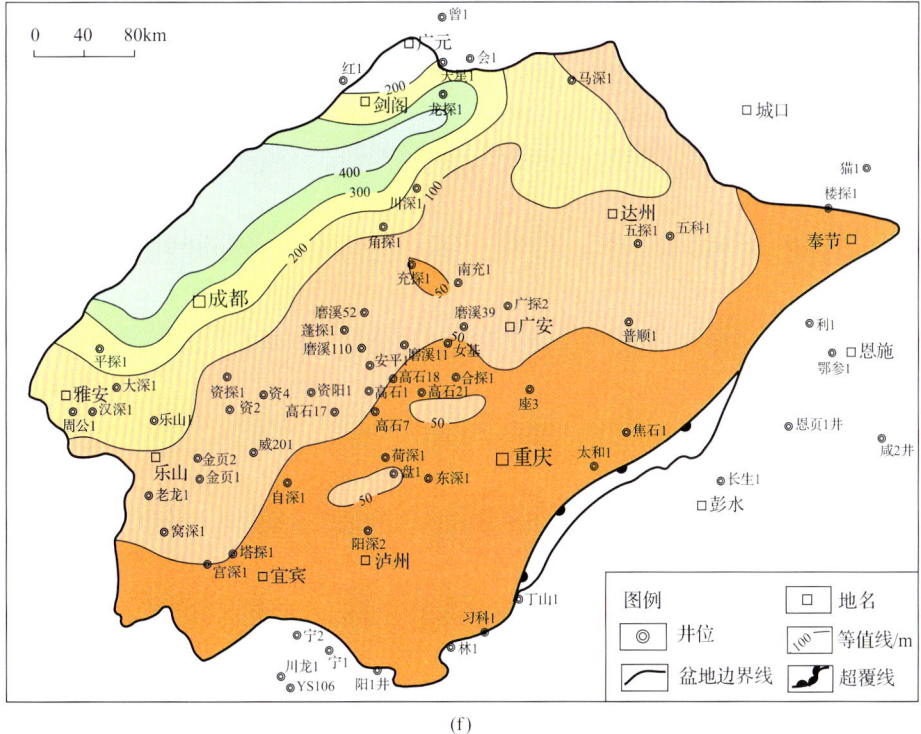

(f)

**图 2-20 四川盆地须家河组地层厚度图**

(a)须一段；(b)须二段；(c)须三段；(d)须四段；(e)须五段；(f)须六段

总之，TS$_{5-2}$构造层序记录了四川盆地周边山系如龙门山、大巴山，其先后崛起后成为真正的内陆湖盆的沉积特征。晚三叠世瑞替期，由于龙门山的隆升，在川西地区形成前陆盆地，其沉降中心主要位于川西南部安县一带。

3. TS$_{5-3}$构造层序(J—K)

早—中侏罗世，大巴山的强烈抬升，在其前缘发生强烈下沉，沉降幅度大、沉积厚度大。白垩纪到古近纪沉降中心和沉积中心又转回到龙门山及康滇古陆前缘。

侏罗系主要为红色碎屑岩，在盆地广泛出露，故四川盆地有"红色盆地"之称。侏罗系湖盆沉积相呈环带状分布，以大安寨组为例，湖盆边缘以河流-滨湖相沉积，向盆地内逐渐变为浅湖相，湖中心部位为半深水-深水相页岩与石灰岩沉积。侏罗系厚度为2000～4400m，厚度最大值位于大巴山前缘一带，尤其是中侏罗统沙溪庙组在大巴山前缘厚度可达2800m，说明侏罗纪时大巴山前缘下沉明显。

白垩系主要分布于川西、川中及川西南地区，主要为砂岩、泥岩夹粉砂岩、泥灰岩，底部普遍含砾岩，厚度为950～1650m，在西昌盆地厚度最大，为河流、湖泊相沉积。

4. TS$_{5-4}$构造层序(N—Q)

层序底界面为新近系、古近系不整合面，以"大邑砾岩"发育为特征。大邑砾岩为灰色块状砾岩夹岩屑砂岩透镜体，零星分布于大邑、峨眉等地，厚0～150m。第四系主要分布在成都盆地，厚0～300m，主要为河流相砂砾岩沉积。

该层序记录了喜马拉雅运动盆地定型后在龙门山前缘稳定沉降特征。

成都盆地是四川陆相盆地演变的最新阶段，其形成受喜马拉雅运动中幕控制。盆地总体上呈箕状，其西部边缘是一个受逆冲断裂控制的较陡边缘，东部边缘坡度很缓，少见断层。

成都盆地第四系可划分出四个沉积旋回。早期更新世沉积以"大邑砾岩"为代表，是一套含泥砂砾石与钙质砾岩的不等厚互层，属河流相沉积。该期沉积以填平补齐作用为主，受控于下伏基岩构造。基岩构造为受逆冲断层控制的龙门山前大向斜，砾岩厚度与分布受断裂控制，表明该时期发生了构造活动。中更新世雅安期沉积(即广义的雅安砾石层)表现出二元结构，下部以洪积、冲积物为主，局部地带有湖相或沉泽相沉积。平原内广泛超覆，特别是向东更明显。晚更新世广汉期沉积分布于成都平原，是平原上部地层的主体，其分布面貌与现平原基本一致。中更新世末的又一次挤压推覆运动影响到成都盆地，造成中更新统与上更新统高角度不整合接触。同时龙门山的不断隆升，巨大的构造负荷造成盆地基底下沉，使及上更新统与全新统沉积速率明显加快。上更新世与全新世，成都盆地基本上没有明显构造运动的记录。

总之，TS$_5$构造层序具有以下特征：①TS$_5$构造层序可以划分为四个二级构造层序，TS$_{4-1}$构造层序记录了由被动大陆边缘转化为前陆盆地过程中早期前陆盆地构造演化与沉积充填特征；TS$_{4-2}$构造层序记录了龙门山北段隆升及须家河组晚期前陆盆地充填沉积特征；TS$_{4-3}$构造层序记录了侏罗纪大巴山前陆盆地充填特征及盆地腹部坳陷沉积特征；TS$_{4-4}$构造层序记录了喜马拉雅运动盆地定型后在龙门山前缘稳定沉降特征。②多期次的冲断造山活动导致了沉降中心的迁移及岩性的变化，表明了盆山具有很好的耦合关系。

## 第二节　上扬子克拉通盆地演化

盆地形成和演化可以从地壳发展的时间和空间上来考虑。时间上主要与构造发展的阶段有关，空间上主要与盆地所处的板块构造位置和板块相对运动有关。因此对于盆地分类和盆地分析来说主要考虑三个参数(刘和甫，1996)：①盆地所处的地壳性质，即基底性质及形成时代；②盆地相对于板块边缘的位置，即盆地处于克拉通内部或克拉通边缘的相对位置；③板块之间相互作用方式，即按相对运动学及动力学性质来分析。历史大地构造学的阶段论提出盆地发育与构造旋回和地层旋回的关系，大陆动力学的开合论提出盆地形变的运动学和动力学特点。因此将盆地形成与形变的旋回动力学作为盆地分析的基础，并将盆地静态分类推向动态研究。两次重要的地学革命理论：板块构造学和层序地层学为盆地旋回动力学研究提供了思维和方法，同时又为盆地内对各级含油气系统的主控作用提供了依据。

王鸿祯(1982)强调地球发展历史中构造阶段的重要性，将中国地壳发展阶段划分为五个阶段：①陆核形成阶段(早于 2800Ma)；②原地台形成阶段(2800～1800Ma)；③地台形成阶段(1800～800Ma)；④超级大陆形成阶段(800～208Ma)；⑤超级大陆解体阶段(208Ma 以后)。

刘和甫(1996)从中国沉积盆地发展来看，主要可以划分为两个主要构造阶段：①中国大陆增生与拼合阶段(超级大陆形成阶段)；②中国陆内造山与成盆阶段(超级大陆解体阶段)。构造演化在时间上具有不同尺度，可以划分为三级：一级旋回称为构造阶段；二级旋回称为构造旋回；三级旋回称为构造运动或构造事件。

贾承造(2005)从板块构造及叠合盆地演化角度，认为中国克拉通规模小、构造活动性强，中西部叠合盆地普遍经历：①寒武纪—志留纪，相互独立漂移于大洋中的小型克拉通盆地；②泥盆纪—二叠纪，亚欧板块南缘地体增生；③三叠纪—古近纪，特提斯洋关闭，陆相断(拗)陷盆地；④新近纪以来，再生前陆盆地构造演化阶段。从下而上叠合了早古生代海相克拉通盆地、晚古生代海陆交互相克拉通盆地、早中生代陆相断(拗)陷盆地和新生代再生前陆盆地四个构造层序。

张国伟等(2013)以构造为主综合多学科研究华南大陆构造及其形成演化，认为新元古代以来华南大陆具有两大地块、三大类型构造单元与四大变形构造系统，由此构成华南大陆构造基本格局。划分出四个不同属性特点的演化阶段，包括：①新元古代古板块构造的拼合与裂解，尤其陆内伸展裂谷构造；②显生宙以来在板块构造围限下的早古生代与中生代初两期陆内造山作用，形成两期复合的陆内造山构造区；③统一华南大陆内扬子克拉通与陆内造山的长期并行演化和克拉通的多期逐次迁移活化；④中新生代现代全球板块构造体制下的板块构造与陆内构造的复合差异演化及动力学特征。

本节按照"阶段论"和"活动论"观点，以一级构造层序为界划分上扬子克拉通盆地演化阶段。

## 一、基底形成阶段

扬子陆块具有双层结构的基底：①太古代—古元古代结晶基底，如康定群、普登群、崆岭群等结晶杂岩，它们构成古陆核部；②新元古代早期—中元古代浅变质褶皱基底，由晋宁期造山作用形成的中元古代变质增生杂岩或褶皱岩系构成，它们发育在古陆核的周缘及其上部。以中元古代中低级变质火山-沉积岩系广泛发育为特色的上扬子古陆西缘的碧口群、通木梁群、白水群、黄水河群，康滇带的会理群、昆阳群，东南缘梵净山群、四堡群、冷家溪群，以及中—新元古代赣北的九岭群、双桥山群、皖南的上溪群、浙西北的双溪坞群为代表。总体表现为扬子周边由岛弧-弧后盆地组成的弧-盆系火山-浊流沉积组合类型(潘桂堂等，2009)。

中元古代末(1000Ma左右)发生的晋宁运动在扬子陆块的周缘形成碰撞造山带，如在康滇—龙门山、南秦岭、雪峰—九岭—怀玉山等地形成的晋宁碰撞造山带，使华夏、川滇藏等陆块与扬子陆块拼合成统一的华南古大陆(高坪仙，1999)，奠定了新元古代—早古生代盆地发育的基底。

## 二、南华纪裂谷盆地阶段

晋宁—四堡造山运动后，在罗迪尼亚超大陆裂解的构造背景以及成冰纪"雪球地球"古气候背景下，上扬子陆块启动了新一轮以板内拉张活动为主的构造-沉积演化。新元古代中期板溪群沉积期(820~720Ma)为裂谷盆地开启与充填阶段，伴随着三幕重要的火山岩浆事件，沉积了一套裂谷盆地充填序列。新元古代中晚期(780~635Ma)，随着罗迪尼亚超大陆主要陆块的裂离及全球性的"雪球事件"，扬子克拉通进入南华冰期演化阶段，是在持续伸展构造背景下的寒冷气候沉积，也是扬子新元古代—早古生代海相克拉通盆地被动陆缘阶段早期的碎屑岩陆架建设过程。

受大陆裂解作用影响，上扬子克拉通腹地发生裂解作用，形成了以NE向为主的陆内裂谷盆地。

## 三、震旦纪—中三叠世海相克拉通盆地演化阶段

### (一)震旦纪—早古生代

震旦纪—早古生代，扬子陆块进入克拉通盆地阶段，沉积充填以海相碳酸盐岩沉积为主。受区域构造环境从伸展到聚敛变化影响，克拉通盆地历经克拉通内裂陷、克拉通拗陷到前陆盆地的演化。

震旦纪—早寒武世早期，受伸展构造活动影响，在上扬子克拉通内部发育德阳-安岳裂陷及城口-鄂西裂陷，裂陷发展具从盆缘向盆地不断递进的特点。早寒武世晚期到中奥陶世，为相对稳定的克拉通拗陷阶段，沉积充填以浅水碳酸盐岩沉积为特征，厚度稳定。到晚奥陶世—志留纪，受华南加里东造山带挤压作用影响，在雪峰山陆内造山带以西区域形成蜀南-川东前陆拗陷盆地，沉积充填了由早期的深水陆棚泥页岩沉积、中晚期的浅水陆棚及三角洲沉积。

(二)晚古生代—中三叠世

晚古生代，受扬子地块北缘勉略洋开启与闭合、西南缘古特提斯开启与闭合以及峨眉地幔柱隆升的影响，扬子克拉通构造分异明显，造成台地与槽盆相间的古地理环境。

泥盆纪—石炭纪，扬子克拉通西部边缘发育断陷盆地沉积，在龙门山地区受控于基底断裂同沉积活动，基底沉降快，地层发育齐全，且沉积厚度变化大，海侵方向来自西边。川东地区从泥盆纪到石炭纪，由于海水西侵不断扩大，地层超覆沉积为主，基底断裂活动不强烈，沉降缓慢，地层发育不齐全，厚度不大且分布较稳定，以拗陷沉积为主。

中二叠世栖霞期—茅口早中期，以克拉通拗陷为主要特征，构造相对稳定，沉积充填碳酸盐岩沉积为主，在四川盆地西部发育台缘带。茅口晚期，受北缘勉略洋拉张影响，开始出现克拉通内断陷，开启了开江-梁平克拉通内断陷演化历程。

晚二叠世—早三叠世早期，在峨眉地幔柱隆升及勉略洋有限洋盆扩张与俯冲作用下，上扬子克拉通西部的四川盆地出现南高北低的古地理格局，盆地北部构造分异进一步加强，开江-梁平断陷经历了由鼎盛到衰亡的演化。早三叠世晚期—中三叠世，受雪峰山古隆起影响，上扬子克拉通西部发育蒸发碳酸盐岩台地沉积。印支运动由东向西的挤压，在四川盆地东部形成了开江-泸州古隆起，海相盆地沉积局限于西部边缘，上扬子克拉通主体结束了海相沉积。

**四、前陆盆地演化阶段**

中国南方中、晚三叠世之交发生了一系列重大地质事件，导致了中国南方巨大的海陆变迁。扬子板块北部边缘秦岭造山带的形成与隆升事件，扬子板块西部摩天岭褶皱带不断向南推进导致龙门山褶皱带由西向东推挤，华南造山带强烈作用所产生的前陆逆冲褶皱带的北西向迁移，导致以碳酸盐岩台地沉积为主的上扬子地台消亡，进入前陆盆地演化新阶段。

晚三叠世—侏罗纪存在两期前陆盆地。晚三叠世前陆盆地主要受龙门山褶皱隆升影响，导致川西前渊拗陷沉积巨厚的须家河组碎屑岩，川中地区为前缘古隆起区，须家河组下部地层超覆沉积。早侏罗世为构造平静期，上扬子克拉通西部发育拗陷湖盆沉积，以发育大面积湖相介壳滩灰岩和富有机质泥页岩为特征。中—晚侏罗世前陆盆地主要受大巴山褶皱隆升影响，在川北前渊拗陷区沉积厚度较大的中—上侏罗统。

综上，上扬子克拉通盆地为典型的叠合盆地，是在晋宁运动形成的统一基底之上发展起来的多期、多类型盆地的叠合。叠合盆地演化具如下特征：①在叠合方式方面，总体表现为三类盆地叠合，即下部为裂谷盆地、中部为克拉通盆地、上部为前陆盆地。不同类型盆地沉降中心和沉积中心在空间分布上存在明显差异，迁移特征显著。②在盆地充填方面，除板块位置、海平面变化、气候环境、物源供给等因素外，克拉通内构造分异对沉积古地理及沉积产物有显著控制作用。③在构造形变方面，克拉通盆地阶段总体表现构造形变相对稳定，以"大隆大拗"为特征。挤压构造环境下，表现为大型古隆起与大型拗陷并存；在伸展构造环境下，表现为克拉通内断陷与台地并存。前陆盆地阶段总体表现为由造山带向盆地方向递进变形特征，多层滑脱结构特征明显。

## 参 考 文 献

包超民.1995.浙江省萧山-富阳前震旦纪双重基底及构造演化.浙江地质,11(2):20-25.

陈旭,戎嘉余,周志毅,等.2001.上扬子区奥陶-志留纪之交的黔中隆起和宜昌上升.科学通报,46(12):1052-1056.

戴传固,陈建书,卢定彪,等.2010.黔东及邻区武陵运动及其地质意义.地质力学学报,16(1):78-85.

杜远生,周琦,余文超,等.2015.Rodinia超大陆裂解、Sturtian冰期事件和扬子地块东南缘大规模锰成矿作用.地质科技情报,34(6):1-7.

高长林,单翔麟,秦德余.2005.中国古生代盆地基底大地构造特征.石油实验地质,27(6):551-560.

高林志,黄志忠,丁孝忠,等.2012.赣西北新元古代修水组合马涧桥组SHRIMP锆石U-Pb年龄.地质通报,31(7):1086-1094.

高坪仙.1999.论造山带的内部结构.前寒武纪研究进展,22(3):30-36.

辜学达,刘啸虎.1997.四川省岩石地层.武汉:中国地质大学.

郝杰,翟明国.2004.罗迪尼亚超大陆与晋宁运动和震旦系.地质科学,39(1):139-152.

何登发,李德生,张国伟,等.2011.四川多旋回叠合盆地的形成与演化.地质科学,46(3):589-606.

贾承造.2005.中国中西部前陆冲断带构造特征与天然气富集规律.石油勘探与开发,32(4):9-16.

李国辉,李翔,宋蜀筠,等.2005.四川盆地二叠系三分及其意义.天然气勘探与开发,28(3):20-27.

李思田,杨士恭,林畅松.1992.论沉积盆地的等时地层格架和基本建造单元.沉积学报,10(4):11-23.

李献华.1998.华南晋宁期构造运动-地质年代学和地球化学制约.地球物理学报,41(增刊):184-195.

林树基,卢定彪,肖加飞,等.2003.沧水铺火山岩锆石SHRIMP U-Pb年龄及"南华系"底界新证据.地层学杂志,37(4):542-558.

刘和甫.1996.中国沉积盆地演化与旋回动力学环境.中国地质大学学报:地球科学,21(4):346-356.

刘立,汪筱林.1994.当前沉积盆地研究的若干进展.世界地质,13(1):77-86.

陆松年.2002.关于中国新元古界划分几个问题的讨论.地质论评,48(3):242-249.

罗志立.1998.四川盆地基底结构的新认识.成都理工学院学报,25(2):191-200.

罗志立,金以钟,朱夔玉,等.1998.试论上扬子地台的峨眉地裂运动.地质论评,34(1):11-25.

潘桂棠,肖庆辉,陆松年,等.2009.中国大地构造单元划分.中国地质,36(1):1-29.

全国地层委员会《中国地层表》编委会.2014.中国地层表(2014).北京:地质出版社.

汪啸风,李志明,陈建强,等.1996.华南早奥陶世海平面变化及其对比.华南地质与矿产,(3):1-11.

汪焕成,刘焕杰,张林,等.2000.鄂尔多斯含油气区构造层序地层研究.中国矿业大学学报,29(4):432-438.

汪泽成,赵文智,张林,等.2002.四川盆地构造层序与天然气勘探.北京:地质出版社.

汪泽成,王铜山,文龙,等.2016.四川盆地安岳特大型气田基本地质特征与形成条件.中国海上油气,28(2):45-53.

汪正江.2008.关于建立"板溪系"的建议及其基础的讨论——以黔东地区为例.地质论评,54(3):296-307.

汪正江,王剑,杜秋定,等.2013.扬子克拉通内存在太古代成熟陆壳:来自岩石学、同位素年代学和地球化学证据.科学通报,58(17):1651-1660.

汪正江,王剑,江新胜,等.2015.华南扬子地区新元古代地层划分对比研究新进展.地质论评,61(1):1-22.

王东坡,刘立.1994.大陆裂谷盆地层序地层学的研究.岩相古地理,14(3):1-9.

王鸿祯.1982.中国地壳构造发展的主要阶段.地球科学,(3):163-186.

王剑.2005.华南"华南系"研究新进展-论南华地层划分与对比.地质通报,24(6):491-496.

王剑,李献华,Duan T Z,等.2003.沧水铺火山岩锆石SHRIMP U-Pb年龄及"南华系"底界新证据.科学通报,48(16):1726-1732.

王孝磊,周金城,邱检生,等.2003.湖南中-新元古代火山-侵入岩地球化学及成因意义.岩石学报,19(1):49-61.

王砚耕.2001.梵净山区格林威尔期造山带与Rodinia超大陆.贵州地质,4(69):211-217.

吴冲龙. 1984. 阜新盆地古构造应力场研究. 地球科学, 25(2): 43-53.
夏金龙, 黄圭成, 丁丽雪, 等. 2013. 鄂东南地区存在古元古代-太古宙基底——来自铜鼓山岩体锆石 U-Pb-Hf 同位素的证据. 地球学报, 34(6): 691-701.
项礼文. 1999. 古生物学地史学. 北京: 地质出版社.
解习农, 李思田. 1993. 陆相盆地层序地层研究特点. 地质科技情报, 12(1): 22-27.
许效松. 1998. 盆山转换与造盆、造山过程分析. 岩相古地理, 18(6): 1-9.
杨菲, 汪正江, 王剑, 等. 2012. 华南西部新元古代中期沉积盆地性质及其动力学分析. 地质评论, 58(5): 854-865.
殷继成, 丁莲芳, 何廷贵, 等. 1980. 四川峨眉高桥震旦系-寒武系界线. 中国地质科学院院报, 2(1): 59-74.
张国伟, 郭安林, 王岳军, 等. 2013. 中国华南大陆构造与问题. 中国科学: 地球科学, 43(10): 1553-1583.
张启锐. 2014. 关于南华系底界年龄 780Ma 数值的讨论. 地层学杂志, 38(3): 336-340.
张紫琪. 1990. 四川省区域矿产总结. 成都: 四川省地质矿产局.
郑永飞, 张少兵. 2007. 华南前寒武纪大陆地壳的形成和演化. 科学通报, 52(1): 1-10.
周小进, 杨帆. 2007. 中国南方新元古代-早古生代构造演化与盆地原型分析. 石油实验地质, 29(5): 446-452.
周祖翼, 丁晓, 廖宗廷, 等. 1997. 边缘海盆地的形成机制及其对中国东南地质研究的启示. 地球科学进展, 12(1): 7-15.
Compston W, Zhang Z, Cooper J A, et al. 2008. Further SHRIMP geochronology on the early Cambrian of South China. American Journal of Science, 308(4): 399-420.
Davidson A. 1995. A review of the Grenville orogeny in its North American type. Journal of Australia Geology and Geophysics, 16(1): 3-24.
Jiang S Y, Pi D H, Heubeck C, et al. 2009. Early Cambrian ocean anoxia in South China. Nature, 459(7248): E5-E6.
Riviers T. 1997. Lithotectonic elements of the Grenville Province: Review and tectonic implication[J]. Precambrian Research, 86(3): 117-154.
van Wagoner J C, Posamentier H W. 1988. An overview of the fundamentals of sequence stratigraphy and key definitions//Wilgus C K, et al. Sea-level Changes: An Integrated Approach, SEPM Special Publication, 42: 39-45.
Zhang S H, Jiang G Q, Zhang J M, et al. 2005. U-Pb sensitive high-resolution ion microprobe ages from the Doushantuo Formation in south China: Constraints on late Neoproterozoic glaciations. Geology, 33(6): 473-476.
Zheng J P, Griffin W L, O'Reilly S Y, et al. 2006. Widespread Archean basement beneath the Yangtze Craton. Geology, 34(3): 417-420.

# 第三章　新元古代南华纪构造-古地理

新元古代(1000~542Ma)在地球地质历史中是一段十分重要而颇具特色的时期,除全球性的冰川活动和埃迪卡拉动物群的出现外,超大陆的汇聚和裂解构成该时期的另一特色。上扬子克拉通在新元古代经历了可全球对比的重要地质事件,南华纪以板内拉张活动为主、震旦纪为克拉通拗陷沉积,形成了两套各具特点的含油气系统:震旦系微生物白云岩为储集层的含油气系统和南华系裂谷盆地含油气系统。四川盆地腹部是否存在南华系裂谷,其原型盆地如何展布,已成为近年来讨论的热点。

本章在大量野外露头考察基础上,充分利用四川盆地重力、磁力及深层地震信息,重点讨论四川盆地南华系裂谷的分布,为该领域油气地质评价提供参考。

## 第一节　新元古代区域构造背景

### 一、罗迪尼亚超大陆裂解

罗迪尼亚超大陆假说于20世纪90年代提出(Moores,1991),该学说认为在中元古代晚期存在一个以劳伦古陆为中心,周缘与澳大利亚、东南极、波罗的、南美和非洲古陆块的超大陆。其证据是古陆块边缘有可拼合的格林威尔造山带(13亿~10亿年)。Moores(1991)所提出的SWEAT假说,即中元古代末期劳伦大陆西南与澳大利亚、南极的东缘、部分南美及波罗的古陆拼合在一起,南美则与劳伦古陆东缘相邻。目前国内外学者普遍认为,在13亿~10亿年期间全球大陆曾聚合成一个超大陆和一个超大洋,在中元古代末期的超大陆及新元古代的裂谷系,这一时期的构造运动,具有全球规模的连续性和可对比性(李江海,1998)。

超大陆在新元古代早期发生裂解。其证据是各主要陆块边缘有新元古代具拉张性质的裂谷盆地,并在此后得到古地磁的佐证(李江海,1998;凌文黎和程建萍,2000)。继之,对各陆块的相对位置和拼合方式不断修正和完善,但在早期全球古大陆复原图上并没有标出中国主要陆块的位置,至1995年李正祥在全球古地理复原图中标出华南和华北的位置(Li et al.,1995),分别与澳大利亚和西伯利亚相邻。Li等(2008)完善了Grenville造山期全球古大陆配置(图3-1),标出劳伦大陆西缘与Kalahari间的Grenville造山带,同时指出华南的各陆块,华夏陆块向扬子俯冲为活动边缘,相当江南岛弧带-龙胜岛弧带造山带;华北、西伯利亚与劳伦大陆相近,而塔里木陆块置于北半球。Grenville造山和其后的裂解,导致扬子陆块与华夏陆块间形成赣闽湘粤陆缘裂陷海盆。

超大陆裂解的时间与动力机制是地学界研究与讨论的热点问题,裂解的时间在750~530Ma,部分与泛非期造山重合。裂解的动力以巨大的地幔柱说(Li et al.,1995)占主流。

地幔柱上涌诱发罗迪尼亚裂解,以澳大利亚东南部的基性岩墙群 827Ma±6Ma 和 824Ma±4Ma 为标志,李正祥等提出以 825Ma 作为裂解的时间(Li et al., 2008),澳大利亚周边具高热流的地幔柱上涌。

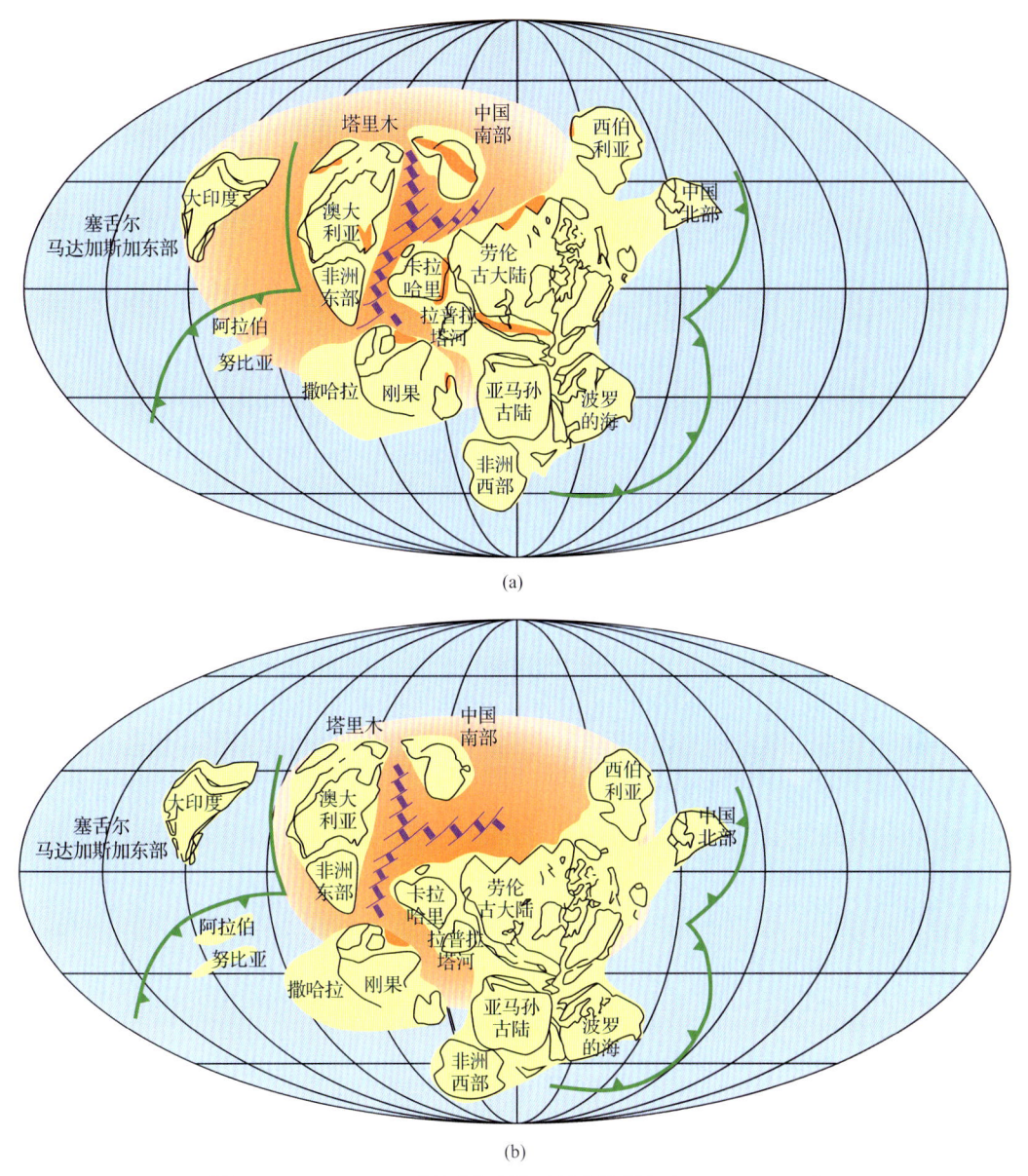

图 3-1 750~720Ma 期间罗迪尼亚超大陆裂解(Li et al., 2008)
(a) 750Ma; (b) 720Ma

华南新元古代裂解热事件以板内拉张为主,表现在扬子陆块的东西两侧,华夏陆块东部也有相应时限的裂解。扬子西部为川西-滇中裂谷盆地,也称康滇裂谷系;扬子的东南为溆浦-三江裂陷带。川西-滇中裂谷盆地以双峰式火山为代表,但在各边缘的表现形式和地质记录各异，有裂谷早期的磨拉石充填和陆相火山岩(李武显等，2006)。龙胜-三江裂陷带下部为水下磨拉石和海相火山岩。据本洞岩体和三防岩体测年分别为820Ma±7Ma 和 825Ma±6Ma，因而李献华等(2001a，2001b)赞同三江-龙胜带以 825Ma 为裂解的起始时间。前者的起始时间晚于后者，川西以 800Ma 作为华南裂解时限 20Ma(李献华等，2001a，2001b)。在 720Ma 时，华南陆块内已停止拉张，即无热地幔柱活动，并向西偏转(左旋)，其时限相当于莲沱组与南沱组之间(748~650Ma)。但华南的海域范围和归属应为原特提斯洋范畴并与古太平洋相通，北为南秦岭小洋盆，西为西秦岭和松潘-甘孜洋，而中间的海域由拉张转为收缩过程。不同地史阶段因构造活动和海平面相对升降，造成扬子陆块边缘的海侵-海退沉积旋回。

## 二、扬子陆块新元古代构造格局

(一) 基底岩性及分区

扬子陆块是华南最大的具陆壳基底的块体，从川西向东至鄂、苏、皖、浙西、赣东北，向南至云南、贵州、桂西北和粤北，仅克拉通盆地的面积就约 50 万 $km^2$。

出露地表的老地层为早中元古代变质岩，围绕扬子克拉通的边缘地带均有出露。西部边缘有新太古代变质基底，除云南的大红山群外，在攀枝花地区的康定杂岩中，新厘定出晚太古代的红格群(马玉孝等，2003)；湘东北益阳东的涧溪冲，有新太古代变质岩，其中的变火山岩全岩 Sm-Nd 为 2594Ma±48Ma(伍光英等，2005)。由此，可认为扬子陆块在晚太古代—早元古代具有双层结构的基底：晚太古代—中元古代的结晶基底，四堡期—晋宁期褶皱基底。

扬子克拉通的基底性质毋庸置疑。王砚耕(2001)对贵州梵净山群的研究认为，扬子克拉通基底具"三层式"结构：下层新太古代—古元古代中深变质杂岩，中层为中元古代变质火山沉积岩，上层则是新元古代浅变质沉积岩和火山碎屑岩。潘杏南和赵济湘(1986)认为，1700Ma 的小关河运动形成原始扬子陆核，包括早中元古代的会理群、昆阳群等；四堡期—晋宁期形成统一陆块，其上有拉伸纪、南华纪充填序列和震旦纪的沉积盖层。深部地区在四川中部女基井震旦系之下，见新元古代拉伸纪苏雄组火山岩；威远地区的威 15 井震旦系之下也见花岗岩。两个地区均无南华纪沉积物，代表基底古隆起区，属古陆的范畴。

成都地质调查中心通过 1∶5 万区调在康滇地区的攀枝花对康定群进行清理、分解，由原同德杂岩、大田杂岩和其围岩角闪片麻岩、石英云母片岩组成的红格群，作为扬子西缘新太古代—早元古代的结晶基底(马玉孝等，2003)。于津海等(2007)在前人研究的基础上，认为扬子陆块形成于中太古代之前，捕房碎屑锆石有 31 亿～32 亿的年龄(张旗等，2007)。因此，扬子陆块可能有太古代的地壳。

由此可见，扬子克拉通基底具有太古代和早中元古代基底，新元古代时表现为一稳定的克拉通盆地。

## (二)新元古代构造分区

从构造属性和古地理特征来看,新元古代时,扬子陆块分为六个构造单元,除传统上划分的上扬子地块、中扬子地块和下扬子地块外,还分出扬子北部-西部大陆边缘、滇黔桂陆缘海盆地和湘桂陆内裂陷海盆地(表3-1,图3-2)。

### 1. 上扬子地块克拉通盆地

上扬子地块为一具有新太古代—早中元古代结晶基底和褶皱基底的克拉通盆地,其上有稳定的南华纪、震旦纪(埃迪卡拉纪)—早古生代沉积盖层。

西部边缘有基底古隆起的古陆,控制碎屑岩的展布、构造可容空间变化和海平面相对升降,导致沉积相的时空展布与演化基本上具有完整的演化序列,由碎屑岩陆架—混积陆架—碳酸盐岩陆架—碳酸盐岩台地,其沉积演化序列可作为扬子陆块的典型代表,并可与塔里木陆块对比。克拉通盆地周边为裂解的大陆边缘,基本与罗迪尼亚裂解同步,但构造较复杂,可分为六个次级构造单元(包括越北地块),并控制着沉积相的展布。

**表3-1 扬子陆块基底特征与新元古代构造分区**

| 构造单元与盆地类型 ||| 特征及演化 |
|---|---|---|---|
| 一级 | 二级 | 三级 | |
| 扬子陆块 | 上扬子克拉通盆地 | 汉南古陆 | 由汉南至川北、以汉南杂岩为代表(由岛弧岩浆带组成,735Ma) |
| ^ | ^ | 康滇古陆 | 中元古代大红山群结晶基底与川西-滇中褶皱基底,在古生代期间为陆源供给区 |
| ^ | ^ | 川西-滇中裂谷盆地 | 苏雄组陆相火山岩(803Ma±12Ma)和南华纪开建桥组、列古六组陆相碎屑岩为裂谷充填,上被震旦系(埃迪卡拉系)不整合覆盖 |
| ^ | ^ | 克拉通内裂陷盆地 | 受基底断裂控制的地垒和地堑式盆地,充填黑色页岩、硅质岩,填平补齐后为碳酸盐岩台地和台缘带 |
| ^ | ^ | 克拉通边缘裂陷盆地 | 南华纪有双峰式火山岩(龙胜三门街 760~825Ma、沧水铺组 814Ma±12Ma)板内火山岩,海相冰碛岩覆盖,为地垒-地堑式盆地 |
| ^ | ^ | 湘桂裂陷海盆地 | 三江-龙胜断裂与萍乡-贺县-鹰阳关断裂之间海域,震旦系为黑色页岩、硅质岩,寒武系底部有黑色页岩,至奥陶系为碎屑岩、浊积岩 |
| ^ | 扬子北部-西部大陆边缘 | 武当地块 | 扬子北部和西部为被动大陆边缘,其中南秦岭的武当地块,为中元古代武当群过渡型基底,其上有新元古代耀岭河组火山岩、火山碎屑岩、沉积岩组成的裂谷带,上覆盖震旦纪沉积岩盖层 |
| ^ | 中扬子地块克拉通盆地 | | 中新元古代崆岭群代表结晶基底(2607~3292Ma),上被南华纪冰碛岩和震旦纪沉积岩覆盖,其间有长时间的沉积间断 |
| ^ | 下扬子地块克拉通盆地 | | 中新元古代双桥山群、双溪坞群结晶基底和褶皱基底(10亿~17亿年) |
| ^ | 滇黔桂陆缘海盆地 | | 紫云-罗甸断裂以南,凭祥-东门断裂以西,越北地块逆冲带以北,西为师宗-弥勒断裂。震旦系和寒武系为碎屑岩充填,可能无奥陶系沉积,志留纪时隆升为加里东褶皱带 |
| 越北地块 | 越北克拉通盆地 | | 越北地块北部-黄连山变质岩为基底,上覆震旦系和寒武系碳酸盐岩,印支期由南向北推覆为逆冲带 |

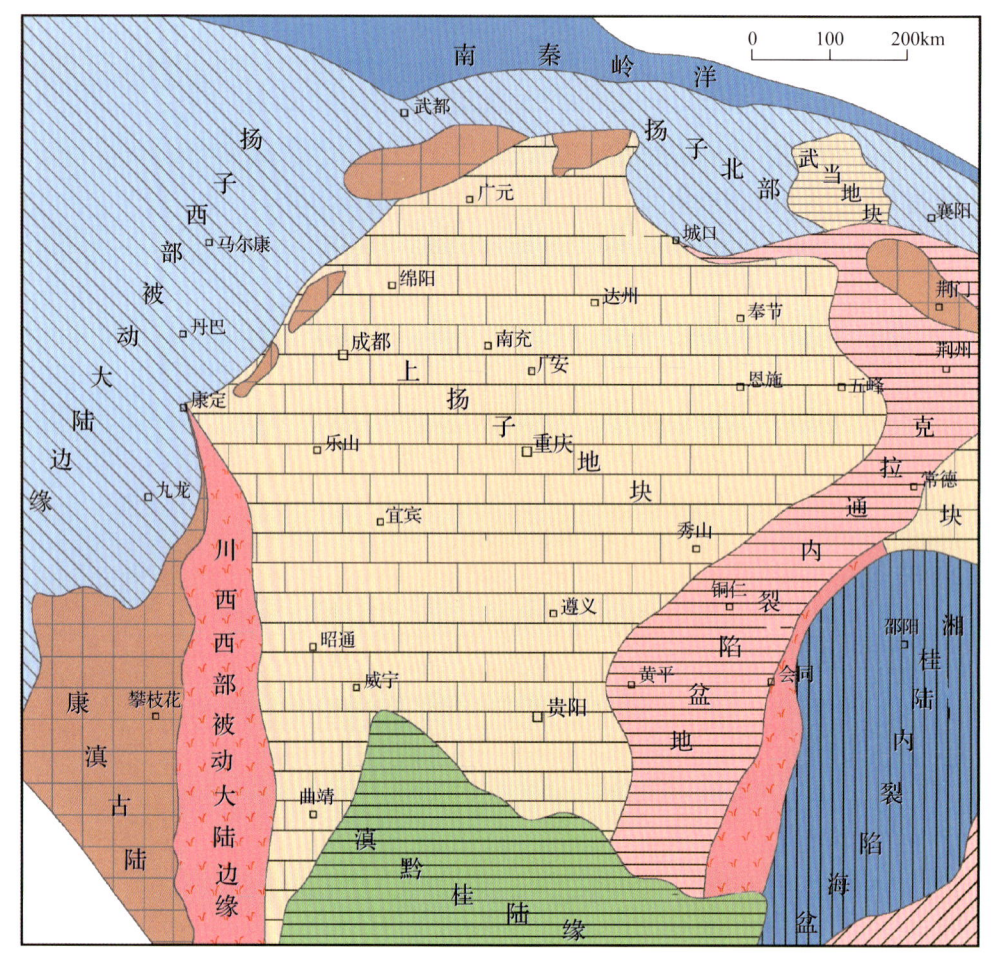

图 3-2 上扬子陆块新元古代早期原型盆地特征

1)汉南古陆

汉南古陆是扬子北缘向北突出的岬岛与南秦岭造山带交界，最早由刘鸿允(1950)命名，并沿用至今。汉南结晶基底统称汉南杂岩，为早元古代的后河杂岩和子午杂岩，中元古代和新元古代分别与之不整合接触。沿边缘有南华纪至早古生代的沉积，并间有海平面下降和构造幕次事件，形成边缘古隆起带(南郑上升、西乡上升)(陈旭等，1990)，向西扩大至四川的广元一带，并提供少量的陆源碎屑。

汉南有较多的新元古代岩浆岩和火山岩侵入体，据赖绍聪等(2003)、赵凤清等(2006)对单颗粒锆石 U-Pb 数据表明，火山岩的成岩年龄为 840~820Ma，花岗岩结晶年龄为 764Ma±2Ma，是前裂谷期的岩浆岩和火山岩，与罗迪尼亚裂解有关。

2)康滇古陆

康滇古陆以早元古代大红山群为基底，东部以绿汁江断裂为界、西为哀牢山断裂限定，是长期古隆起的物源区。早古生代出露在海平面以上，可能无沉积，在古地貌上为东高西低，向西与扬子西部大陆边缘海域-洋盆相通，向北与川西-滇中古陆间有海道分隔。

3) 川西-滇中裂谷盆地

川西-滇中裂谷盆地是格林威尔造山后的撞击裂谷(陈世瑜等,1980),在新元古代早期为造陆运动过程,因而在拉伸纪1000~900Ma时期无沉积记录。900~800Ma间为陆内的陆相裂谷盆地,具有高山深盆的特点,古隆起区为地垒,构成上扬子地块最大的物源供给区,裂谷-地堑区充填了陆相碎屑岩和火山岩。

川西-滇中裂谷盆地为南北向展布,北由龙门山起,向南至泸定、西昌、攀枝花,长千余千米,宽15~30km,出露有16个岩体群。Lee(1934)对出露的结晶基底和褶皱基底的变质岩称"康定片麻岩"。康定杂岩代表扬子地台西缘的结晶基底(徐先哲等,1985;四川省地质矿产局,1991;程裕淇,1994)。地貌上,川西-滇中裂谷盆地呈南北向展布,切穿中元古代东西向构造线。四条边界断裂,自东向西分别为:小江断裂、普渡河断裂、安宁河-易门断裂、绿汁江断裂。在构造上,为地垒、地堑式结构,南华纪的火山岩、火山碎屑岩、陆相磨拉石和大陆冰川。堆积物呈楔形体,在厚度、岩相上时空差异很大,时有尖灭、各地不一,虽时间的年限有界定,但不具有等时对比性。自北向南,裂谷盆地可分为北段、中段和南段。北段和中段主要为火山岩充填序列,为通木梁组和苏雄组火山岩,上部为开建桥组,两者均为火山热事件的堆积物,仅开建桥组上部夹有火山碎屑岩和沉积碎屑岩(上部可能归属南华系)(图3-3)。苏雄组为大陆喷发岩相,为中基性-酸性火山熔岩、火山碎屑岩夹冲积平原相碎屑岩。该组的分布范围,由平武向南至茂县、康定、盐源、西昌,西由石棉以东至越西、甘洛、苏雄和峨边,再向东至川中的雷波、宜宾、自贡、南充和万源(四川省地质矿产局,1991)。在川中的武胜女基井震旦系底部为紫红色英安质霏细斑岩,为苏雄组火山岩,无板溪群相当的沉积岩地层(四川省地质矿产局,1991)。

北段在康定-泸定-石棉,有基性岩墙裙,SHRIMP锆石年龄在780~760Ma,石棉泸定瓦斯沟基性岩墙裙火山岩U-Pb年龄为779Ma±6Ma(林广春等,2006),在石棉、甘洛裂谷的底部有数百米厚的苏雄组陆相火山岩(803Ma±12Ma)(李献华等,2002)和2000多米厚的开建桥组火山碎屑岩,分布在小江断裂以西。

中段由盐边至巧家,沉积序列虽全,但苏雄组火山岩分布在绿汁江断裂以西,盐边群之上有数百米厚的苏雄组火山岩,向上有近3000多米厚的开建桥组火山碎屑岩分布在普渡河断裂与安宁河断裂之间,为典型的裂谷充填物。普渡河断裂以东仅厚数百米,小江断裂以东无拉伸纪的火山热事件堆积物。

川西-滇中裂谷盆地的南段为康滇古陆的一部分,缺失拉伸纪火山岩堆积,南华系与中元古代的变质岩为不整合接触。新元古代为南华纪早期澄江组陆相碎屑岩和晚期南沱组冰碛岩(图3-4)。

4) 克拉通内裂陷盆地

上扬子地块内的裂陷盆地,分布于黔东-湘西的铜仁、松桃、花垣等地,呈北东向延展,止于中扬子和渝北的城口一带。

在南华纪时,为一继承性的裂陷盆地和热水活动带,具地垒、地堑式结构,由西向东,垒堑高低的幅度增大。西部在黔东-湘西一带沉积物厚度通常仅百余米,向东至溆浦-三江裂陷带则为千余米(图3-5),并在贵州的铜仁-松桃、重庆秀山、湖南花垣等地,

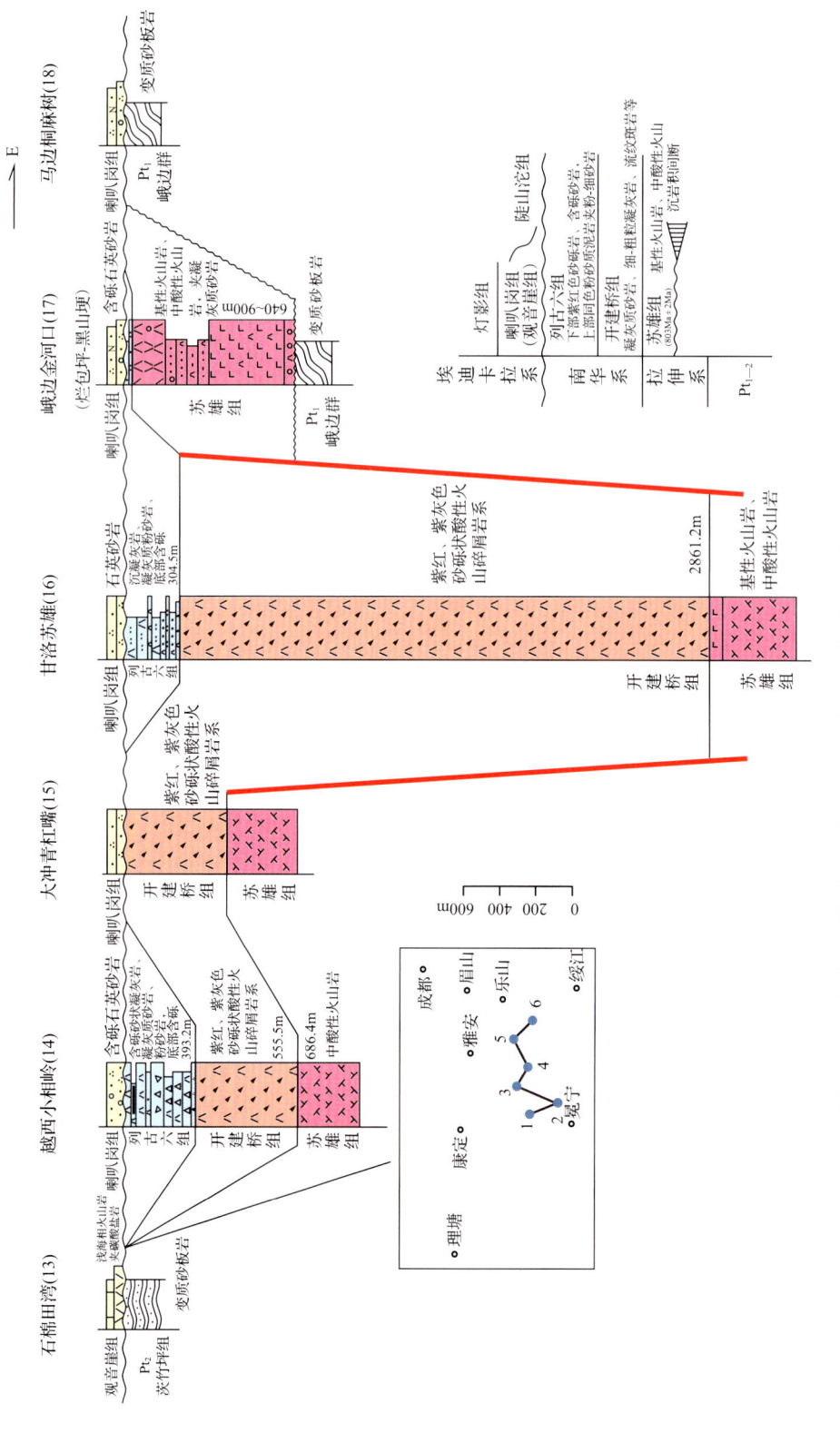

图 3-3 川西-滇中裂谷盆地北段石棉-甘洛-马边拉伸系-南华系火山岩-碎屑岩对比图

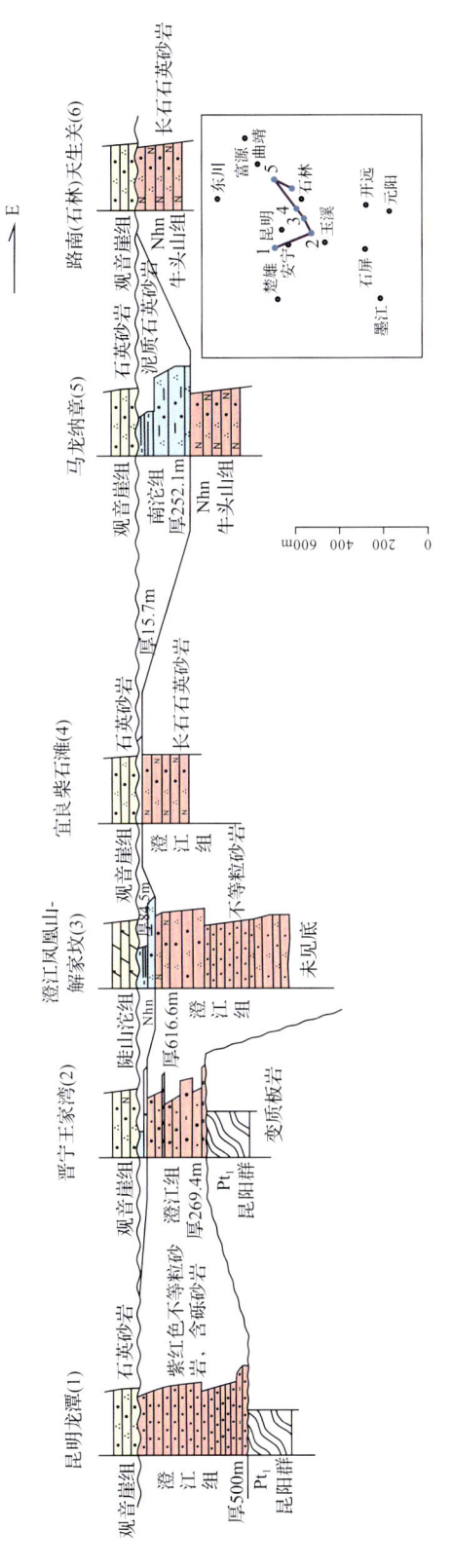

图 3-4 川西-滇中裂谷南段昆明-曲靖地区南华系碎屑岩序列对比

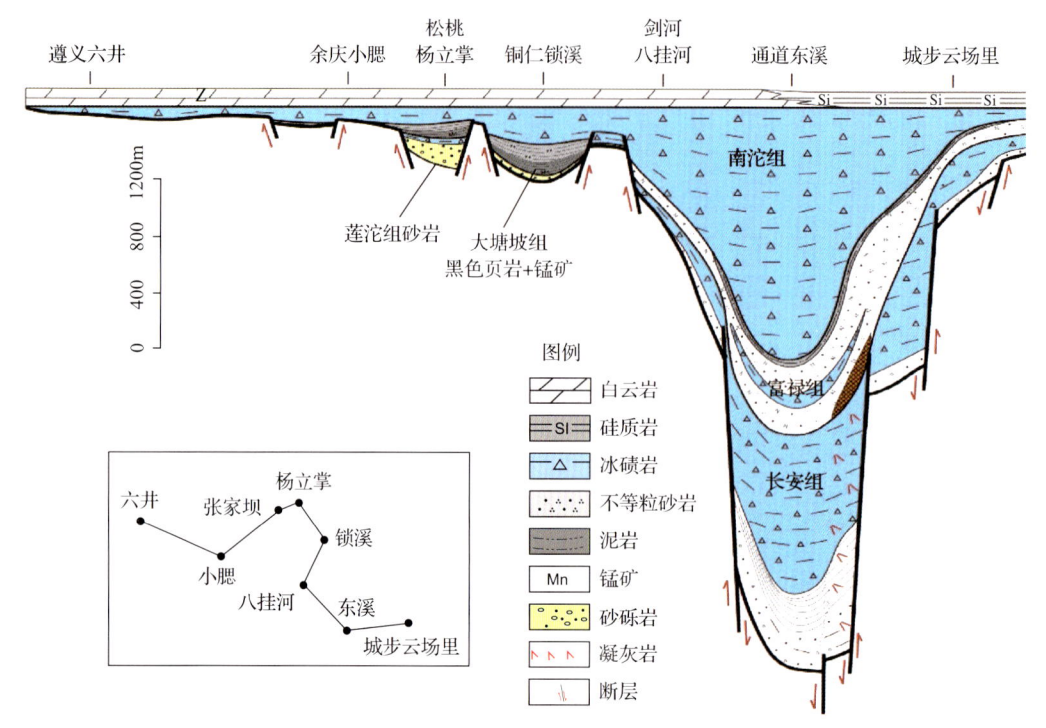

图 3-5 南华纪上扬子克拉通内裂陷盆地南沱组冰碛岩与间冰期大塘坡组黑色页岩
引自成都地质矿产研究所许效松教授未公开发表图件(2015年),经本人授权使用

有南华纪间冰期大塘坡组黑色页岩和结核状-枕状锰矿沉积,局部发育碳酸锰条带,反映深部热水活动。

裂陷盆地中,陡山沱组底部盖帽白云岩直接与南沱组冰碛砾岩接触,向上为黑色页岩和硅泥质岩沉积,并含有稀有元素,灯影组(或称老堡组)为厚10~20余米的硅质岩。克拉通内裂陷带在寒武纪时,早期的地垒-地堑已填平,不具垒堑特征,但控制了碳酸盐岩台地的边缘。

5) 克拉通边缘裂陷盆地(溆浦-三江裂陷带)

溆浦-三江克拉通边缘裂陷盆地分布在黔东的天柱以东,至湘西-桂北交界的三江-龙胜一带,呈北东向延展,可能至湖南的益阳、长沙。

由龙胜向西至三江的三门街,在丹洲群合桐组中的细碧岩和流纹岩组成的双峰式火山岩,为板内拉张构造背景,时限为820~760Ma(葛文春等,2001),与罗迪尼亚超大陆裂解有关。在益阳沧水铺组陆相-海相火山岩与中元古代冷家溪群呈高角度不整合,其中取自英安质火山集块岩的样品,锆石 U-Pb 年龄 814Ma±12Ma(王剑等,2003),也是大陆裂解的佐证。

6) 湘桂陆内裂陷海盆地

湘桂陆内裂陷海盆地,介于三江-龙胜与广西北部贺县鹰阳关之间,为新元古代裂谷盆地,并伴有火山热事件。

盆地充填物与扬子和华夏边缘均有很大不同,具有东西向的分带特征:桂北地区的贺县下龙，与富禄组相当的鹰阳关组，为变质海相火山岩-沉积岩系列，以细碧岩-角斑岩及火山碎屑岩夹白云岩、硅质岩，向上含铁，变质火山岩年龄为819Ma±11Ma（周汉文等，2002），代表裂谷盆地底部的火山岩。西部为扬子边缘的沉积体系，南华纪的冰碛岩，陡山沱组冰盖帽碳酸盐岩、黑色页岩和磷块岩，向东则为硅泥岩，灯影组以硅质岩为主；早寒武世早期有黑色页岩，向上为灰泥岩、条带灰岩，中晚寒武世至奥陶纪则以碎屑岩为主，石英砂岩、长石石英砂岩等，具浊流性质。东部在衡阳四洲山以南和以东，寒武系和奥陶系不发育碳酸盐岩，主要为碎屑岩，而且粒度东粗西细，也为浊流沉积，沉积体具有由东向西迁移的特征，而且大部地区无志留系沉积物。

2. 扬子北部-西部大陆边缘

扬子北部至南秦岭和扬子的西部均为被动大陆边缘，早期具裂解和裂谷带，以耀岭河群变基性火山岩为代表。

对耀岭河群的研究基本认为是陆内裂谷，其凝灰岩热电离质谱(thermal ionization mass spectrometer, TIMS)法锆石U-Pb同位素年龄分别为808Ma±6Ma、746Ma±2Ma（李怀坤等，2003），为大陆裂谷型火山岩，相当全球罗迪尼亚裂解期的产物。目前大部分学者认同这一观点，扬子北缘为裂解的大陆边缘（徐学义等，2001）。

其中的武当岩群出露的范围视为一独立地块，以新太古代—早元古代的变质基底为特征、中元古代的过渡型基底（胡健民等，2002，2003）。李雄伟和汪国虎（2003）将其分为下部沉积变质岩组，中部为火山变质岩，上部为变质沉积火山岩组，同位素年龄在1155～1545Ma，其上限年龄为795.7Ma±79Ma。武当岩群作为主体变质岩，仍可作为中元古代的褶皱基底，可视为南秦岭中的独立块体，其上有未变质的南华系和埃迪卡拉系沉积盖层（包括灯影组白云岩）。

上扬子陆块，新元古代拉伸纪为裂谷早期充填，纵向序列为陆相磨拉石—火山岩—火山碎屑岩，以强烈的构造热事件为主；南华纪为裂谷晚期充填，与全球冰期对应，以冷事件为主，由大陆冰川堆积转为冰海碎屑流。大陆冰盖的刨蚀作用，导致扬子克拉通上的高低地形被初步夷平，成为发育碳酸盐岩的基座，震旦纪开始沉积了稳定的盖层。

# 第二节 南华纪构造-古地理格局

## 一、南华纪构造沉积分区

格林威尔造山后，上扬子的南华系与青白口系共同组成扬子陆块上的第一套沉积盖层。这套楔状地层位于震旦系与四堡造山不整合面之间，区域上具有侧向延伸不连续、相变及厚度变化大的特征（王剑等，2003）。自西向东，南华系可分为三个主要区带。不同的区带，其底界层位及剖面沉积序列的完整程度也很不一致。

（一）西部区

西部区，即川西-滇中裂谷盆地的南段，在小江断裂以西，自下而上分为开建桥组和列古六组。前者的下部可能属苏雄组，列古六组底有底砾岩与开建桥组呈不整合接触。

普渡河断裂以东和小江断裂以东，南华系分为两部分：下部澄江组为碎屑岩，上部为南沱组冰碛岩(图 3-5)，但仅厚 200～300m，分布范围局限，与中部广布的南沱组冰碛岩的对比尚不明确，盆地可能为小规模的地垒和地堑结构。

（二）中部区

中部区，相当川南-黔北-黔东至湘西、鄂中一带。南华系具四分性，由下向上：①莲沱组陆相碎屑岩或磨拉石充填；②古城组(或称小冰)；③湘锰组—大塘坡组，含锰沉积物，包括锰矿层，为间冰期沉积；④最上部为南沱组冰碛岩。除底部磨拉石建造的莲沱组外，发育两次冰期、一次间冰期，与全球雪球事件相当。黄晶等(2007)和尹崇玉(2005)研究认为，南沱组冰期相当 Marinoan 冰期，古城组或江口组冰期相当 Sturtian 冰期。

（三）东部区

东部区为湘中南一带，向南至桂北。南沱组冰川沉积之下与湘锰组相当的层位为富禄组，与江口组冰期相当的为长安组，均为冰水碎屑浊流沉积，下部夹裂谷型火山岩。

## 二、南华纪构造-岩相古地理特征

南华纪时，扬子陆块的岩相展布受基底构造的制约，不同地区古地理和沉积环境差异极大，可分为四个相区：①大陆相区，包括火山岩相区及山麓堆积、泥石流和大陆冰川相区；②滨浅海冰水沉积相区；③海相-冰海碎屑流；④湘桂裂陷海盆，主要为深水盆地碎屑流和热事件沉积物。现仅以扬子陆块为主，简述岩相古地理特征。

（一）大陆火山岩相

大陆火山岩相主要分布在上扬子西缘的川中-滇西裂谷的中段-北段，在越西小相岭、德昌的螺髻山及汉源九襄大相岭(福静山、杨家山等地)、甘洛苏雄、峨边等，宝兴以南及二郎山一带有零星分布，岩相呈带状展布(图 3-6)。包括两个岩石地层单元，由下而上：苏雄组和开建桥组，两者具相变特征，均呈楔形体、南北向带状分布。列古六组底部常有砾岩层，中上部为细碎屑岩，小型沙纹层理发育并可见对称波痕，偶见干裂纹，火山岩相区中分布局限，大部分地区未见，是地势相对低洼的冰水湖泊沉积。

苏雄组陆相火山岩、火山碎屑堆积相，陆相火山岩沿着川中-滇西裂谷的中段-北段呈面状展布、楔形体堆积，下部火山碎屑岩，代表早期磨拉石建造夹火山岩；中部为主火山喷发期，为中酸性-酸性熔岩，紫红色、绿灰色英安岩、流纹岩均呈块状分布；上部为沉凝灰岩和玄武岩。陆相火山岩喷发的地质构造效应：一是造成川西高耸的古地貌；二是为上扬子中东部提供物源。

开建桥组火山碎屑岩楔形体，是以酸性为主的火山碎屑岩夹少量熔岩。该组与苏雄组既为上下关系，也有横向上的相变，由西向东、由北向南火山岩减少，沉积碎屑岩增多(与澄江组相当)，反映了裂谷区火山活动的差异性。

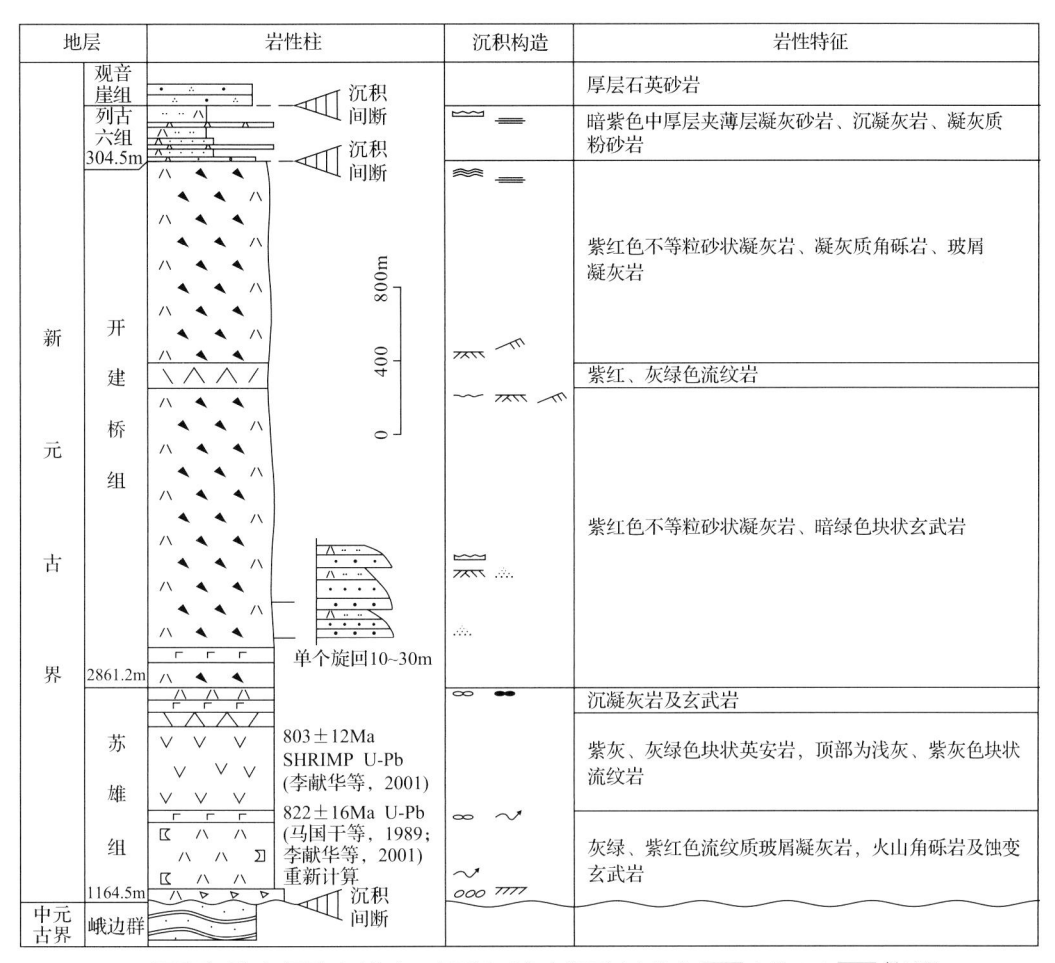

图 3-6 川西-滇中裂谷新元古界大陆火山岩相区地层序列(甘洛苏雄)
引自成都地质矿产研究所许效松教授未公开发表图件(2015年),经本人授权使用

## (二)陆源山麓堆积、泥石流和冰水杂砾岩相

陆源山麓堆积、泥石流和冰水杂砾岩相主要以川中-滇西裂谷的南段澄江组、南沱组(或列古六组)为代表。上扬子川中基底古隆起的边缘、黔中地区也有零星分布。

### 1. 澄江组陆源山麓堆积

澄江组在滇中-滇东一带全为紫红色碎屑岩,底部常见砾岩层。岩性以含长石的细-中粗粒岩屑砂岩为主。厚度变化大,300~3000多米不等。滇中的晋宁王家湾,底部与中元古界昆阳群变质板岩呈角度不整合接触。

黔中一带,莲沱组(与澄江组相当)厚度减薄至数米到数十米不等,与下伏板溪群平行不整合或微角度不整合接触,仅在贵州省瓮安县玉华乡等地见南沱组与下伏板溪群高角度不整合接触，缺失该套地层沉积。

2. 南沱组(列古六组)泥石流和冰水杂砾岩相

南沱组(列古六组)区域上岩性岩相在空间上变化大。列古六组，川西-滇中裂谷盆地的北部夹凝灰岩，而南部的盐源则有两层冰碛岩，略具有面状展布的特征；上部有具平行层理和沙纹层理的砂岩，具冰水湖泊沉积特征。

南沱组岩性具有两分的特点：下部紫红色冰碛砾岩，仅厚数十米，砾石杂乱分布，具泥石流特征，有学者认为是陆相泥石流；上部紫红色粉砂质泥页岩，有冰水沉积的特点。冰水沉积明显的地区，如黔东南的麻江一带，南沱组主要为冰水湖相沉积，顶部有快速搬运的密度流堆积(图3-7左上照片为泥石流)。在川中一带，据女基井、威15井、威28井的钻井资料，底部终孔处为苏雄组火山岩。四川省地质矿产局(1991)认为，苏雄组火山岩分布在川中地区。相当南沱组冰碛物可能无沉积，而是古隆起的陆地(川中基底古隆起)。

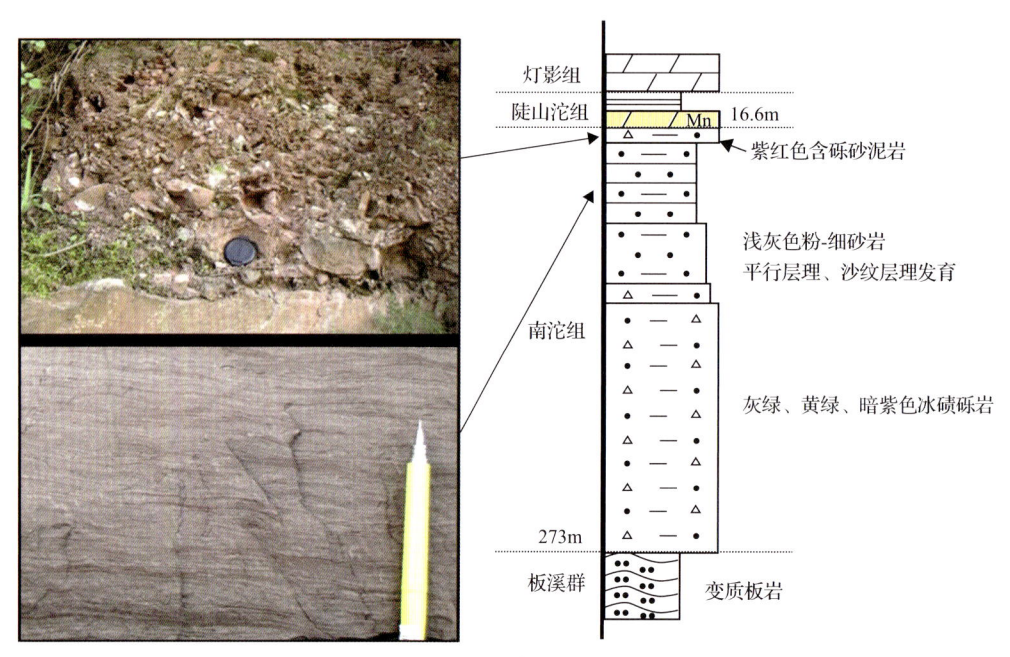

图 3-7 麻江基东南沱组沉积特征
左下图为冰水湖泊相，左上图为泥石流，右图为该组纵向序列

3. 海相-冰海碎屑流

海相-冰海碎屑流可分为两个岩相区：滨浅海砂岩相-冰海杂砾岩相、滨浅海砂岩相-盆地黑色页岩相-冰海碎屑流。

(1)滨浅海砂岩相—冰海杂砾岩相。分布在中上扬子克拉通边缘，岩石地层为莲沱组和南沱组，在纵向上由陆相—滨海相—冰海碎屑流组成演化序列，在空间上自西向东由

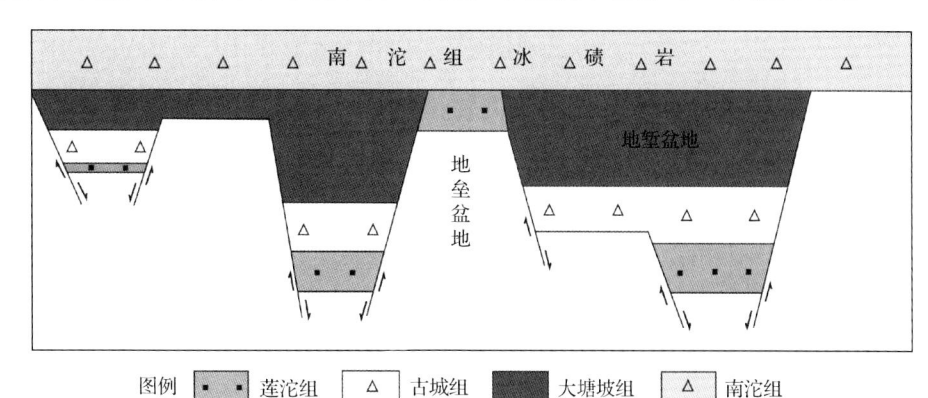

陆相转为海相,大致分布在中扬子的三峡地区和上扬子的都匀一带(图 3-8)。

图 3-8 南华纪扬子克拉通边缘地垒-地堑式盆地结构示意图

莲沱组底部为陆相磨拉石建造,中扬子的局部地区向上渐转为滨海,发育浅水快速的牵引流沉积构造。南沱组基本上具冰湖-冰海相沉积,相的转换可能为冰海泛的扩大淹没了冰湖,形成统一的海域,在空间上处于扬子克拉通内裂陷盆地的边缘,位于都匀、凯里和麻江一带。事实上,目前残留的地层尚未找到与海隔离的陆相冰湖的边界,另外冰川沉积研究者也很难划分冰湖。在露头上,具密度流的杂砾岩中,出现小规模的层理明显的薄-中层的沉积物,也可能是搬运中的冰川融化积水而成湖泊,在现代的北冰洋也有冰水湖。

(2)滨浅海砂岩相—盆地黑色页岩相—冰海碎屑流。该相区分布在上扬子克拉通东侧陆内裂陷带,由黔东-湘西、转向鄂东南的通山、赣西北的幕府山,呈北东向带状展布,同时由鄂中至神农架一带也为同一相带。沉积的构造背景为克拉通内裂陷带,盆地为狭窄的地垒、地堑式,并呈带状展布,可有两个条带,均分布在黔东和湘西,如贵州的松桃、湖南的花垣,向西可延至重庆秀山等地。

这一相带由南华纪四个岩石单元组成,由下向上为:莲沱组、古城组、大塘坡组和南沱组。其典型特征是具有大塘坡组黑色页岩和锰矿沉积。地堑中地层齐全,沉积了四个岩石地层单元,而地垒盆地中一般只有 2~3 个地层单元,缺失大塘坡组沉积物,沉积序列各异(图 3-8)。

地垒盆地沉积组合,南华系只有两个岩石单元:莲沱组和南沱组。中扬子三峡地区,莲沱组与黄陵花岗岩不整合接触,黄陵背斜核部与崆岭群不整合接触。莲沱组之上为南沱组冰碛岩,南沱组之上与震旦系陡山沱组盖帽碳酸盐岩呈假整合接触(图 3-9)。

地堑盆地沉积组合,地堑盆地中具有南华系四个岩石地层单元的连续沉积,总厚度为 200~400m,古城组冰碛岩厚仅数米,南沱组冰碛物厚数十米,但间冰期的大塘坡组厚度较大。

图3-9 宜昌毛公山剖面震旦系陡山沱组白云岩与南沱组冰碛岩假整合接触

大塘坡组总体上为黑色页岩，下部含锰，上部的黑色页岩常夹硅质岩，向上略含粉砂质。含锰黑色页岩具纹层状、显微粒序层理，富含微粒黄铁矿，与黑色页岩组成层纹并含放射虫。锰矿体呈大小不等的球形、结核状和皮壳状结构，并形成锰枕群赋存在黑色页岩中。锰矿物为碳酸锰、含锰黑色页岩，有机碳平均含量为2.68%（王砚耕等，1986），其中硫同位素值异常高，为42.9‰~57.3‰，通过细菌还原作用，反映为水流不畅还原环境的特点。当古城组冰川消融后海平面快速上升，在地堑盆地中形成还原环境的深水海槽。锰质来源于深部，通过断裂上涌并沉积在地堑中，为热水沉积，也是克拉通内裂陷盆地的佐证。

大塘坡组在湘渝黔区分布较广，其秀山桐麻岭地区厚为123~188m，底部的溶溪冰碛层（小冰碛层）厚为4~12m，黑色碳质页岩中产碳酸锰矿，以鸡公岭锰矿较大。秀山中溪地区大塘坡组厚138m，冰碛层厚3.5m，在凉桥和猫瑭厚26~47m，为砂质页岩，未见黑色页岩及锰矿层。松桃红子溪，大塘坡一带厚550~608m，大塘坡产2~3层菱锰矿，其下的溶溪冰碛层厚15~35m。区内松桃1井为锰矿探井，揭露南沱组73m，由灰色-灰黑色的含砂质的泥岩组成，其中砂质和砾质为海湾内的浮冰融化的产物。大塘坡组厚度为240m，下部为深水海湾沉积的黑色页岩厚度为193m，上部为灰黑色泥质岩，为浅水海湾沉积。在江口—玉屏—三穗一带及镇远以东地区缺失大塘坡组，而是南沱组直接超覆于板溪群之上。类似的情况在台江城郊、剑河八桂河，以及西部的余庆小鳂、瓮安朵丁、丹寨乌倪等地也可见到，而在印江张家坝、黄平重安坪、丹寨新屋基等地，则只见大塘坡组黑色页岩直接超覆在板溪群之上，缺失溶溪冰碛层，黑色页岩厚度为22~32m，在镇远白岩山、台江五河则又有大塘坡组分布，大塘坡组厚度为55~160m，台江五河剖面底部小冰碛层厚度为14m，到丹寨南皋乌嵩，大塘坡增厚至287m，未见锰矿层，溶溪冰碛层厚度为79m，其顶部和底部皆为冰碛层，中部则为砂岩夹页岩层。

4. 陆架深水相

华夏板块西缘与扬子板块的东南边缘之间为陆架深水相，据沉积组合可分为两个亚相带，冰筏-冰水浊积岩亚相和陆架深水碎屑岩亚相，呈北东向展布。

1）冰筏-冰水浊积岩亚相

冰筏-冰水浊积岩亚相是指冰筏携带的冰块、大小不等的碎屑搬运到正常海域中，消融形成的混杂堆积物，既具有密度流特征又具有牵引流的特征，沉积了冰碛砾岩、含砾砂泥岩，其中可见有坠石沉积构造，岩层具平行层理和细层纹。

该亚相带分布在溆浦-三江陆缘裂谷，岩石地层下部为长安组（或江口组下部）、上部为南沱组。长安组与南沱组冰碛砾岩层，砾石含量和结构成熟度略有变化，冰水环境中的砾石较少，以细砾为主，结构成熟度较高，以灰绿色、灰黑色为主，具平行层理，局部见水平层理和沙纹层理，具坠石构造等特征。

从沉积的厚度来看，裂谷带内一般可达800~1500m，厚者可达2200余米，而邻近的地垒上沉积厚度显著减小。

2）陆架深水碎屑岩亚相

该亚相分布在溆浦-三江陆缘裂谷带以东的湘桂陆内裂陷海盆。沉积序列由下向上为：长安组、富禄组和南沱组，沉积厚度大，一般在3000m以上，具有浊流沉积特点，其中以南沱组为对比标志层。

湘桂陆内裂陷海盆中发育热活动事件的记录，表现在两方面：一是热水沉积的铁锰层，夹在富禄组中，为含铁锰的石英岩，以粉尘式的磁铁矿为特征，仅厚数十厘米，有的具有粒序性；二是夹火山岩，如贺县鹰阳关的长安组中夹细碧角斑岩、玄武岩，为陆内拉斑玄武岩序列，表明具裂解的构造背景。

综上所述，南华纪在新元古代的地质演化过程中，在沉积和构造上处于过渡阶段，具有两个特征：①地质历史长。800~630Ma基底构造不稳定，在格林威尔造山后的结晶基底和褶皱基底上，基底构造活动强，早期构造热事件多，导致古地理和古地貌具有分隔性和差异性，未形成稳定、统一的沉积基底。②构造不稳定导致沉积环境的非稳定性。从沉积序列而言，在褶皱基底和构造分隔的古地理上，堆积物具有充填作用的意义，对造山后的构造地貌也有填平补齐的作用，因而视为盖层沉积，南沱组沉积后，上扬子基本具有相对稳定的沉积基底，为构筑碳酸盐岩的基底打下了基础。

## 第三节　四川盆地前震旦系裂谷盆地探讨

四川盆地安岳特大型气田的发现，展示了克拉通内裂陷控制优质烃源岩展布，裂陷及其周缘具备最佳的成藏组合条件。受安岳大气田发现的启示，在稳定克拉通盆地寻找克拉通内裂陷是深层-超深层油气勘探评价的重要手段。如前所述，扬子地块在新元古代南华纪发育裂谷盆地，发育受地垒控制的间冰期大塘坡组优质烃源岩，因而四川盆地寻找前震旦系裂陷或裂谷已成为近年来的热点，众多学者提出了诸多认识（谷志东和汪泽成，2014；汪泽成等，2017；赵文智等，2019；魏国齐等，2019；何登发等，2020），分歧较大。然而，四川盆地钻遇前震旦系的钻井仅7口，深部地震信噪比低，基于地震信息的深部构造解释存在多解性。本章利用重磁电震等地球物理信息，结合钻井资料，基于区域上对前震旦系古构造格局的认识，提出四川盆地前震旦系可能的裂谷展布。

## 一、深部信息的重磁力资料处理与解译

前人利用重力、磁力结合露头地质资料，研究四川盆地基底性质、分区及基岩埋深，指出川中地区结晶基底层厚度约为10km，其底界面深度为16km，其早期固结为硬性地块，川中后期一直处于稳定状态（宋鸿彪和罗志文，1995）。利用地震信息，研究盆地腹部深部地层结构和基底构造特征，指出基底与灯影组底界之间存在能量较强成层性较好的反射层，推测是沉积岩的反射特征，地层厚度约4000m，埋深可达8000～15000m，地层年代归属为南华系（张健等，2020）。由于区内尚无钻井资料证实这套沉积岩层，是否存在含油气地质条件有待研究。

为了深入探讨四川盆地基底结构特征，研究团队与成都理工大学合作，对四川盆地重磁数据进行重新处理，采用的技术包括基于多层异常分离的切割法、任意深度视强度反演技术、3D物性界面深度反演技术等。重力、磁力研究成果与深层地震反射信息相结合，不仅对识别基底岩性分区、基底断裂等基底构造分析，并为震旦系之下的沉积岩层研究提供了重要基础资料。

### （一）基础资料

收集了20世纪60～80年代完成的四川省内1∶100万、1∶50万的航磁、重力测量，完成部分1∶20万、1∶10万、1∶5万的重点油气区的重磁测量，以及四川盆地重磁力普查成果报告、基础图件。这些成果特别是对盆地的基底结构、基岩埋深的合理解释，对认识四川盆地的区域构造特征和构造区划起了重要作用。然而，四川盆地虽然开展了大量的地球物理工作，但是历年来所做的重力、航磁资料是零散的，研究目标较粗、范围较大，对重点油气区缺乏精度较高的航磁及重力资料分析，因此，对盆地进行全区的较大比例尺资料处理与分析，尤其对盆地基底及深层-超深层结构进行精度较高的解释很有必要。

### （二）技术思路

第一，对收集研究区域（1∶100万、1∶50万、1∶20万）重力、航磁资料，对重磁资料进行拼接、再处理。

第二，研究了适合四川盆地重磁数据处理技术，其中包括基于多层异常分离的切割法异常分离技术、外推内插法任意深度视强度反演技术、3D物性界面深度反演等技术。

第三，运用延拓、导数、化极、滤波以及切割法异常分离、视强度反演与界面深度反演等技术，完成重磁资料处理解释。

第四，基于处理资料，开展重磁场异常特征描述和断裂分析、构造分区、隆凹识别以及结晶基底深度反演等。

### （三）主要技术方法

为解决与油气背景有关的局部构造、断裂分布及基底特征，在本次重磁资料处理与成像反演拟采用的技术方法中，既采用已经成熟重磁处理与反演成像方法，如解析

延拓、高次导数、匹配滤波法等处理方法，还将针对测区地质与地球物理条件开展新方法探索，这些方法包括切割法异常分离与视强度反演、Parker界面反演法(Parker，1973)等新方法。

1. 切割法异常分离技术算法

切割法异常分离技术算法最早由中南大学程方道等(1987)提出的一种算法，该法的要点是，对位场曲面上的局部凸起进行多次切割，进行区域场和局部场的分离，其步骤如下。

(1)第一步：令

$$G_0(x,y) = G(x,y) \tag{3-1}$$

式中，$G_0(x,y)$为近似区域场；$G(x,y)$为地面重力场，它由区域场$R(x,y)$和局部场$L(x,y)$叠加组成，即

$$G(x,y) = R(x,y) + L(x,y) \tag{3-2}$$

其中，$L(x,y)$或$R(x,y)$待求。

(2)第二步：用某种求剩余场的算子$A_1$作用于$G_0(x,y)$，得到剩余场

$$S(x,y) = A_1\{G_0(x,y)\} \tag{3-3}$$

(3)第三步：根据剩余场$S(x,y)$确定切除量$S_1(x,y)$。

$S(x,y)$通常有正有负。假定局部场为正，则在$S(x,y) \leqslant 0$处及无局部场处均不切割，即取切除量

$$S_1(x,y) = \begin{cases} S(x,y), & S(x,y) > 0, \quad (x,y) \in D_d \\ 0, & S(x,y) > 0, \quad (x,y) \notin D_d \\ 0, & S(x,y) \leqslant 0 \end{cases} \tag{3-4}$$

式中，$D_d$为局部场影响区域；$S_1(x,y)$相当于非线性算子$A_2$作用于$S(x,y)$的结果，即

$$S_1(x,y) = A_2\{S(x,y)\} = A_2A_1\{G_0(x,y)\} = A\{G(x,y)\} \tag{3-5}$$

其中，$A = A_2A_1$为非线性算子，称$A$为切割算子。

(4)第四步：计算切除量最大值$\max S_1(x,y)$及切割后的近似区域场

$$G_1(x,y) = G_0(x,y) - S_1(x,y) \tag{3-6}$$

为进行下一步切割，改变$G_0(x,y)$的数值，使

$$G_0(x,y) = G_1(x,y) \tag{3-7}$$

(5)第五步：若$\max S_1(x,y)$小于预先给定的误差限$E$，或切割次数达到预先给定的最大切割次数$N_m$，则进行下一步，否则转到第二步。

(6)第六步：计算区域场$R(x,y)$及局部场$L(x,y)$。

经上述多次切割的近似区域场 $G_0(x,y)$ 作为区域场 $R(x,y)$，多次切割剩余场为重力场 $G(x,y)$ 与 $G_0(x,y)$ 的差值，把它作为局部场 $L(x,y)$，即

$$R(x,y) = G_0(x,y) \quad L(x,y) = G(x,y) - G_0(x,y) \tag{3-8}$$

2. 匹配滤波技术

设 $\Delta\tilde{T}_{局}$ 为局部场的频谱，$\Delta\tilde{T}_{区}$ 为区域场的频谱。实测磁场频谱 $\Delta\tilde{T}$ 由它们叠加而成

$$\Delta\tilde{T} = \Delta\tilde{T}_{局} + \Delta\tilde{T}_{区} \tag{3-9}$$

为简单起见，设

$$\Delta\tilde{T}_{区} = B\mathrm{e}^{-Hr} \tag{3-10}$$

式中，$B$ 为与区域场场源磁性有关的参数；$r$ 为滤波半径；$H$ 为其顶端的埋深，且假设向下无限延伸。

$$\Delta\tilde{T}_{局} = b\mathrm{e}^{-hr}(1-\mathrm{e}^{lr}) \tag{3-11}$$

式中，$b$ 为与局部场场源磁性有关的参数；$h$ 为其顶端埋深；$l$ 为向下延伸的厚度。在高频端该式可近似写为

$$\Delta\tilde{T}_{局} \approx b\mathrm{e}^{-hr} \tag{3-12}$$

$$\Delta\tilde{T} = B\mathrm{e}^{-Hr} + b\mathrm{e}^{-hr} \tag{3-13}$$

由式(3-13)可得到

$$\Delta\tilde{T} = B\mathrm{e}^{-Hr}\left[1 + \frac{b}{B}\mathrm{e}^{(H-h)r}\right] \tag{3-14}$$

或

$$\Delta\tilde{T} = b\mathrm{e}^{-hr}\left[1 + \frac{B}{b}\mathrm{e}^{(h-H)r}\right] \tag{3-15}$$

通过公式变换可得

$$\Delta\tilde{T}_{区} = \Delta\tilde{T}\left[1 + \frac{b}{B}\mathrm{e}^{(H-h)r}\right]^{-1} \tag{3-16}$$

$$\Delta\tilde{T}_{局} = \Delta\tilde{T}\left[1 + \frac{B}{b}\mathrm{e}^{(h-H)r}\right]^{-2} \tag{3-17}$$

这种数据处理方法称为匹配滤波。其中 $\left[1 + \frac{b}{B}\mathrm{e}^{(H-h)r}\right]^{-1}$ 和 $\left[1 + \frac{B}{b}\mathrm{e}^{(h-H)r}\right]^{-2}$ 被称为匹配滤波算子。从算子表达式可知，为做匹配滤波，需要知道 $H$、$h$ 和 $b/B$ 的值。这些值可

以由径向平均对数功率谱上获取，其基本步骤如下。

(1) 利用傅里叶变换，由实测异常求频谱。
(2) 由傅里叶变换的实部与虚部求对数功率谱。
(3) 根据对数功率谱曲线求 $H$、$h$ 和 $b/B$ 等参数，构造匹配滤波因子。
(4) 把实测异常频谱乘以相应滤波因子，得到浅源场(或深源场)的频谱。
(5) 反傅里叶变换得到分离的浅源场与深源场。

3. Parker 界面反演法

在重磁界面反演中，常常把重磁界面划分成大量的离散二度水平棱柱体或三度直立棱柱体组合模型，由于未知参数太多不能采用直接解法，往往只能采用迭代法或其他方，Parker(1973)采用了连续模型，提出了频率域重磁位场正反演的理论公式，Oldenburg 把它推广成迭代形式并做了二维计算。由于引入快速傅里叶变换，在相同精度下，Parker 界面反演法比离散模型的算法至少要快一个数量级，因此，Parker 界面反演法成为重磁异常定量计算中的有力工具，可用于油气田勘探中研究基底构造的起伏变化及区域重磁资料反演解释。

若密度或磁性界面其上下密度差为 $\sigma$，磁化强度差为 $J$，为简单起见，设 $J$ 的方向垂直向下。

经过一系列推导，可以导出以下计算重磁异常的正演公式：

$$\Delta g(u,v) = -2\pi f \sigma \left[ e^{-HS} \sum_{n=1}^{\infty} \frac{S^{n-1}}{n!}(\tilde{h}^n) \right] \tag{3-18}$$

或

$$\Delta Z(u,v) = 2\pi J \left[ e^{-HS} \sum_{n=1}^{\infty} \frac{S^n}{n!}(\tilde{h}^n) \right] \tag{3-19}$$

式(3-18)和式(3-19)中，$f$ 为引力常数；$H$ 为平均深度；$S$ 为径向频率；$\tilde{h}$ 为延拓深度。

式(3-19)表明，当给定了平均深度 $H$ 及平均深度上的起伏 $h(\zeta,\eta)$，取泰勒展开式有限项数 $n=3\sim 8$，就可以计算出 $\tilde{h}^n$ 和 $\Delta g(u,v)$，利用快速傅里叶变换即可得到空间域的重磁异常值 $\Delta g(x,y,0)$ 与 $\Delta Z(x,y,0)$。

对重磁界面正演计算公式，稍作一下变化，就可以当作反演迭代公式。可表示为

$$\tilde{h}^{i+1} = \frac{e^{HS}}{-2\pi f \sigma} \Delta \tilde{g} + \sum_{n=2}^{\infty} \left[ \tilde{h}(i)^n \right] \frac{(-S)^{n-1}}{n!} \quad \tilde{h}^{i+1} = \frac{e^{HS}}{-2\pi JS} \Delta \tilde{Z} + \sum_{n=2}^{\infty} \left[ \tilde{h}(i)^n \right] \frac{(-S)^{n-1}}{n!} \tag{3-20}$$

上面讨论的是单界面情况，如果还存在另一个下底面，那么给出了下地面的平均深度，上述单界面的正演公式就可以推广到双界面。

在实际计算中，无论是重磁上界面还是下界面，都是先把观测值减去平均值，再用它计算界面的起伏，通常所说界面的深度，实际上是把平均深度加上计算的界面起伏深度得到的。因此可以得出，不管计算什么界面，关键在于所提取的场，若把重力观测值

作位场分离，那么局部场就看作由莫霍面产生，用区域场来反演莫霍面深度。对于磁场也如此，其局部场由浅部的磁力基底或火成岩等产生，而深部场则看作由居里面所产生，可以把实测磁场化极上延 20~40km，以此来消除浅部磁性体的影响，把它近似作为深部居里面起伏产生的场，再把反演结果叠加到平均深度上得到居里面深度。

## 二、前震旦系结构的地球物理综合解译

从重力、磁力处理结果的构造解译看，四川盆地深层构造复杂，基底构造形迹总体表现为 NE 向。基底断裂以 NE 向为主，规模最大的有华蓥山断裂和龙泉山基底断裂；川中地区发育 NW 向基底断裂，但多数受限于华蓥山断裂和龙泉山基底断裂之间（图 3-10）。

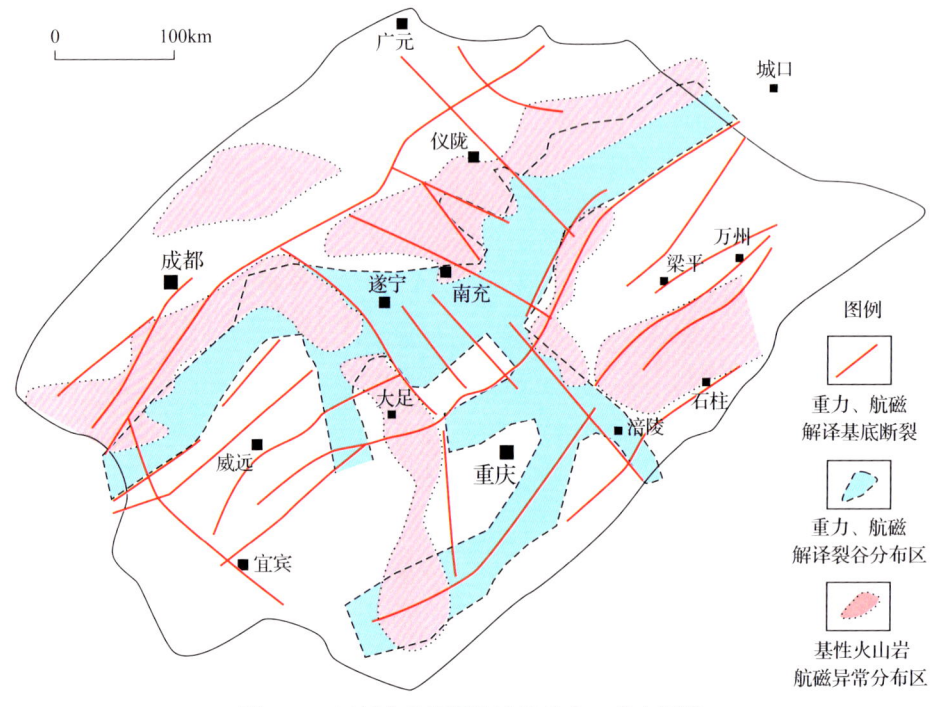

图 3-10 四川盆地深层构造的重力、磁力解译

通过对剩余重力异常、磁异常处理，突出深、浅部岩石磁性特征。以切割半径为 5km 的两层切割剩余磁异常，向上延拓 5km、10km、40km。结果表明在绵阳、南充、大足、石柱等存在高磁异常，是盆地内基性火山岩的响应，且紧邻基底断裂。对布格重力异常进行切割半径为 5km 的 1 层切割法，求取剩余异常与区域异常。结果表明除大足重力高之外，剩余重力异常呈 NE 向紧邻磁异常高分布。结合岩性分析，认为结晶基底及花岗岩基底表现为弱异常、高重力异常；巨厚的沉积岩表现为弱磁异常及低重力异常；中-基性火山岩表现为高磁异常、中等剩余重力异常。依据上述信息，推测四川盆地深层存在裂谷盆地，总体表现为 NE 向展布，且受基底断裂控制。裂谷两侧发育断裂与基性火山岩伴生，可能是裂谷初期火山活动的表现。根据区域资料推测，这套中-基性火山岩可能与川西-滇中裂谷充填的巨厚苏雄组及川中女基井钻遇的苏雄组火山岩为同期产物，时

代为803~760Ma。而紧邻火山岩分布为裂谷沉积物充填，表现为重力低值区。需要指出，在重庆、涪陵、南充、遂宁一带，存在受 NW 向断裂控制的裂谷发育区，在地震剖面上有较清楚的反射特征响应，尤其是遂宁—大足之间的基底断裂在地震反射剖面上响应特征更为明显。

根据对川中地区震旦系灯影组以下层位的地震反射特征解释，可以进一步识别出裂谷形态及分布特征。图 3-11 可以看出南充—遂宁之间、磨溪地区存在近 EW 向裂谷，而高石梯以西存在近 NS 向裂谷。根据三维地震反射特征，可以将裂谷区充填地层划分为 3 个

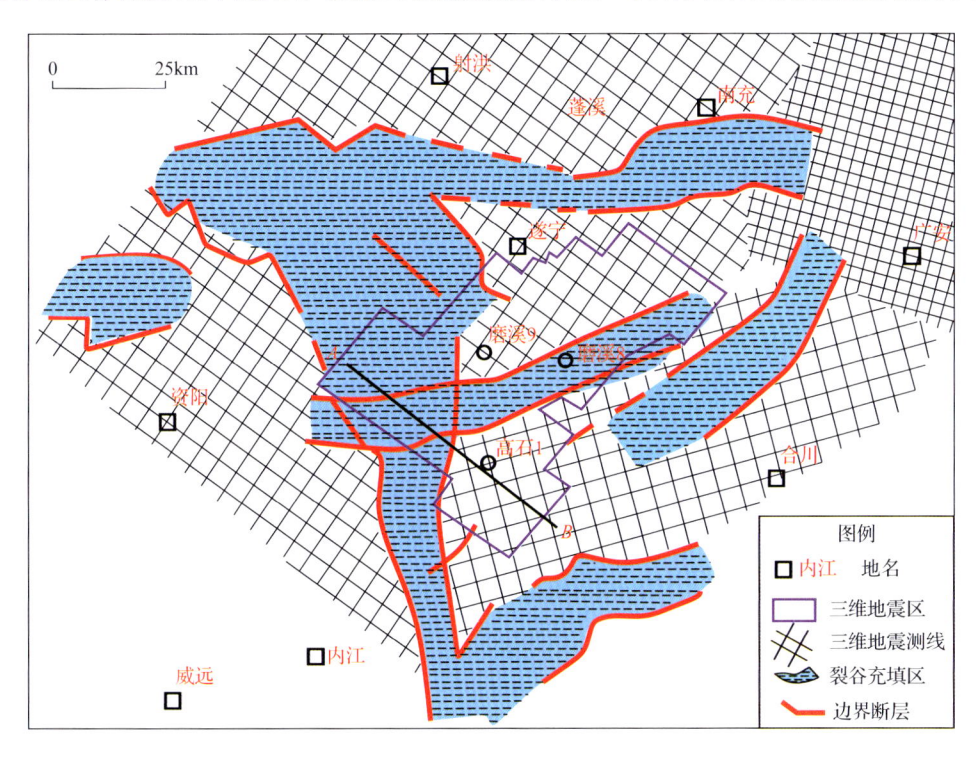

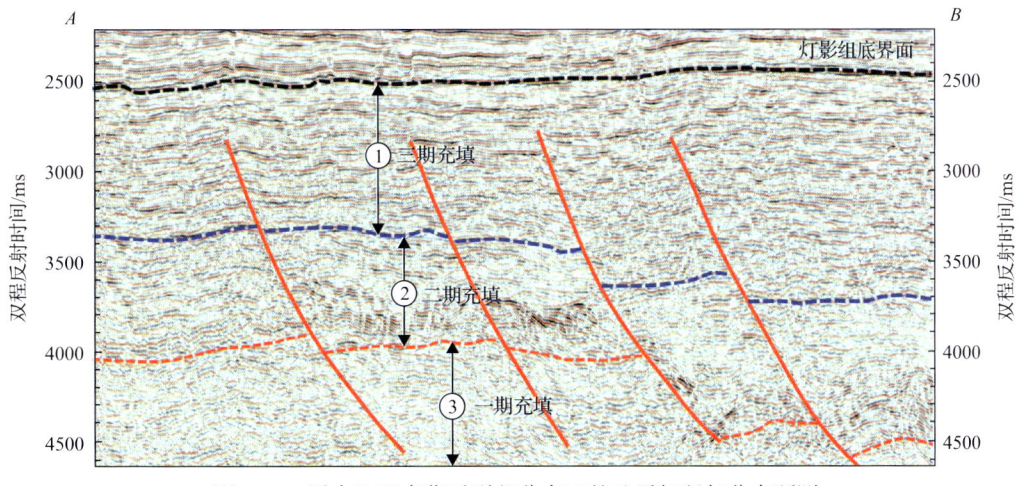

图 3-11　川中地区南华系裂谷分布区的地震解释与分布预测
①~③为三个反射层组

反射层组(图 3-11);①反射层组为较连续反射,成层性好,厚度变化较大,600~1300ms;②反射层组为断续反射,底界反射波组连续性较强,可能是某个地层界面的反射特征;③反射层组为杂乱反射特征。从解释的断裂来看,既有正断层又有逆断层,反映裂谷区经历了复杂的构造演化历史。当然,区内的地震解释方案尚没有得到钻井证实,有待进一步深化研究。

综合区域构造-沉积特征及四川盆地腹部前震旦系重磁与地震综合解译,首次恢复了上扬子陆块南华系原型盆地分布(图 3-12)。图中可以看出受罗迪尼亚大陆裂解影响,扬子地区产生近 NS 向展布的川西-滇中裂谷及一系列 NE 走向的陆内裂陷盆地,包括四川盆地陆内裂陷、中上扬子陆内裂陷、溆浦-三江陆内裂陷及湘桂陆内裂陷。四川盆地陆内裂陷侧翼发育基性-超基性火山岩墙(基于磁力异常解译),裂陷充填可能与川西-滇中裂谷相似,以火山碎屑岩为主,与其东部的陆内裂陷沉积充填可能存在较大差异。

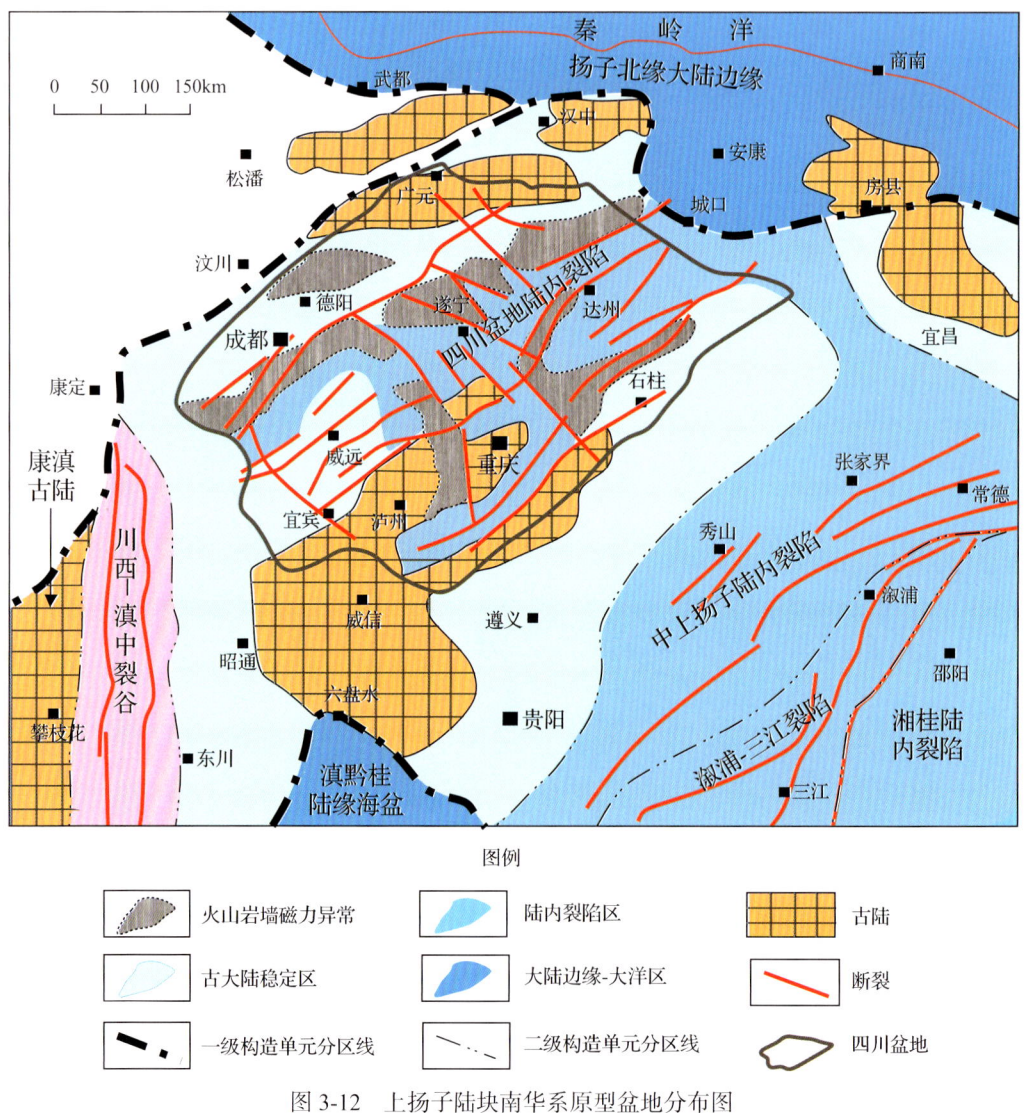

图 3-12 上扬子陆块南华系原型盆地分布图

## 参 考 文 献

陈世瑜, 陈智梁, 周名魁. 1980. 四川省会理、会东地区构造体系概述. 中国地质科学院院报, 1(1): 80-92.
陈旭, 徐均涛, 成汉钧, 等. 1990. 论汉南古陆及大巴山隆起. 地层学杂志, 14(2): 81-117.
程方道, 刘东甲, 姚汝信. 1987. 划分重力区域场与局部场的研究. 物化探计算技术, (1): 3-11.
程裕淇. 1994. 中国区域地质概论. 北京: 地质出版社.
葛文春, 李献华, 李正祥, 等. 2001. 桂北龙胜丹洲群火山岩的地幔源区及大地构造环境. 长春科技大学学报, 31(1): 20-25.
谷志东, 汪泽成. 2014. 四川盆地川中地块新元古代伸展构造的发现及其在天然气勘探中的意义. 中国科学: 地球科学, 44(10): 2210-2220.
何登发, 李德生, 王成善, 等. 2020. 活动论构造古地理的研究现状、思路与方法. 古地理学报, 22(1): 1-28.
胡健民, 孟庆任, 马国良, 等. 2002. 武当地块基性岩席群及其地质意义. 地质评论, 48(4): 353-361.
胡健民, 赵国春, 孟庆任, 等. 2003. 武当地块基性侵入岩群的地质特征与构造意义. 岩石学报, 19(4): 601-612.
黄晶, 储雪蕾, 张启锐, 等. 2007. 新元古代冰期及其年代. 地学前缘, 14(2): 249-257.
赖绍聪, 李三忠, 张国伟. 2003. 陕西西乡群火山-沉积岩系形成构造环境: 火山岩地球化学约束. 岩石学报, 19(1): 141-153.
李怀坤, 陆松年, 陈志宏, 等. 2003. 南秦岭耀岭河群裂谷型火山岩锆石 U-Pb 年代学. 地质通报, 22(10): 775-782.
李江海. 1998. 前寒武纪的超大陆旋回及其板块构造演化意义. 地学前缘, 5(Z1): 144-154.
李武显, 李献华, 李正祥, 等. 2006. 广丰盆地新元古代火山岩的 SHRIMP 锆石 U-Pb 年代学、地球化学及地质意义//2006 年全国岩石与地球动力学研讨会, 南京.
李献华, 李正祥, 葛文春, 等. 2001a. 华南新元古代花岗岩的锆石 U-Pb 年龄及其构造意义. 矿物岩石地球化学通报, 20(4): 271-273.
李献华, 周汉文, 李正祥, 等. 2001b. 扬子块体西缘新元古代双峰式火山岩的锆石 U-Pb 年龄和岩石化学特征. 地球化学, 30(4): 315-322.
李献华, 李正祥, 周汉文, 等. 2002. 川西新元古代玄武质岩浆岩的锆石 U-Pb 年代学、元素和 Nd 同位素研究: 岩石成因与地球动力学意义. 地学前缘, 9(4): 329-339.
李雄伟, 汪国虎. 2003. 随南地区武当岩群地层层序. 湖北地矿, 14(1): 3-13.
林广春, 李献华, 李武显. 2006. 川西新元古代基性岩墙群的 SHRIMP 锆石 U-Pb 年龄、元素和 Nd-Hf 同位素地球化学: 岩石成因与构造意义. 中国科学 D 辑(地球科学), 36(7): 630-645.
凌文黎, 程建萍. 2000. Rodinia 研究意义、重建方案与华南晋宁期构造运动. 地质科技情报, 19(3): 7-12.
刘鸿允. 1950. 中国寒武纪古地理及古地理图. 地质论评, 15(Z2): 119-133.
马国干, 张自超, 李华芹, 等. 1989. 扬子地台震旦系同位素年代地层学的研究//中国地质科学院宜昌地质矿产研究所文集(14). 北京: 地质出版社.
马玉孝, 王大可, 纪相田, 等. 2003. 川西攀枝花-西昌地区结晶基底的划分. 地质通报, 22(9): 688-695.
潘杏南, 赵济湘. 1986. 峨眉山玄武岩是裂谷成穹期产物. 四川地质学报, (1): 77-82.
四川省地质矿产局. 1991. 四川省区域地质志. 北京: 地质出版社.
宋鸿彪, 罗志立. 1995. 四川盆地基底及深部地质结构研究的进展. 地学前缘, 2(3-4): 231-238.
汪泽成, 赵文智, 胡素云, 等. 2017. 克拉通盆地构造分异对大油气田形成的控制作用——以四川盆地震旦系—三叠系为例. 天然气工业, 37(1): 9-24.
王剑, 李献华, Duan T Z, 等. 2003. 沧水铺火山岩锆石 SHRIMP U-Pb 年龄及"南华系"底界新证据. 科学通报, 48(16): 1726-1731.
王砚耕, 谢志强, 王来兴, 等. 1986. 贵州东部及邻区铁丝坳组层序及沉积环境成因. 中国区域地质, (4): 55-62.
王砚耕. 2001. 梵净山区格林威尔期造山带与 Rodinia 超大陆. 贵州地质, 18(4): 211-217.
魏国齐, 杨威, 刘满仓, 等. 2019. 四川盆地大气田分布、主控因素与勘探方向. 天然气工业, 39(6): 1-12.
伍光英, 李金冬, 唐晓珊, 等. 2005. 湘东北洞冲新太古代变质沉积-火山岩岩石矿物学和岩石地球化学研究. 中国地质, 32(1): 82-90.

徐先哲, 李卫, 杨七文. 1985. 康定杂岩特征及成因//张云湘. 中国攀西裂谷文集(1). 北京: 地质出版社.
徐学义, 夏林圻, 夏祖春, 等. 2001. 岚皋早古生代碱质煌斑杂岩地球化学特征及成因探讨. 地球学报, 22(1): 55-61.
尹崇玉. 2005. 国际新元古代年代地层学研究进展与发展趋势. 地层学杂志, 29(2): 178-181.
于津海, Y. S. O'Reilly, 王丽娟, 等. 2007. 华夏地块古老物质的发现和前寒武纪地壳的形成. 科学通报, 52(1): 11-19.
张健, 沈平, 杨威, 等. 2020. 四川盆地前震旦纪沉积岩新认识与油气勘探的意义. 天然气工业, 32(7): 1-6.
张棋, 王焰, 刘红涛, 等. 2007. 中国埃达克岩的时空分布及其形成背景 附: 《国内关于埃达克岩的争论》. 地学前缘, 10(4): 385-401.
赵风清, 赵文平, 左义成, 等. 2006. 陕南汉中地区新元古代岩浆岩 U-Pb 年代学. 地质通报, 25(3): 382-388.
赵文智, 王晓梅, 胡素云, 等. 2019. 中国元古宇烃源岩成烃特征及勘探前景. 中国科学: 地球科学, 49(6): 939-964.
周汉文, 李献华, 王汉荣, 等. 2002. 广西鹰扬关群基性火山岩的锆石 U-Pb 年龄及其地质意义. 地质论评, 48(S1): 22-25.
Lee C Y. 1934. The development of the upper Yangtze Valley. Acta Geologica Sinica, 13: 119-129.
Li Z X, Zhang L H, Powell C McA. 1995. South China in Rodinia: A part of the missing link between Australia-East Antarctica and Laurentia. Geology, 23: 407-410.
Li Z X, Bogdanova S V, Collins A S, et al. 2008. Assembly, configuration, and break-up history of Rodinia: A synthesis. Precambrian Research, 160: 179-210.
Moores E M. 1991. Southwest U.S.–East Antarctic (SWEAT) connection: A hypothesis. Geology, 19: 425-428.
Parker R L. 1973. The rapid calculation of potential anomalies. Geophysical Journal International, 31(4): 447-455.

# 第四章  震旦纪构造-岩相古地理

震旦纪—早古生代是新元古代罗迪尼亚超大陆裂解和晚古生代泛古陆超大陆聚合的重要承接时期，构造-古地理演变早期受超大陆裂解影响、晚期受超大陆聚合影响，盆地类型由克拉通盆地转变为前陆盆地。经历了两次区域性的构造运动，即桐湾运动和加里东运动。沉积充填了巨厚的碳酸盐岩和富有机质泥页岩，油气地质条件优越，发现了我国储量规模最大的微生物白云岩气田和页岩气田，展示了震旦系—下古生界天然气勘探的巨大潜力。

本章利用钻井、地震及露头资料，分析了震旦纪的构造-古地理格局、沉积环境、沉积演化，探讨了桐湾运动性质、幕次及在上扬子克拉通的响应特征。

## 第一节  早震旦世陡山沱期构造-古地理

上扬子地区震旦系陡山沱组研究可追溯到 20 世纪 20 年代。1924 年，李四光、赵亚曾在此建立了震旦纪地层剖面，包括南沱组、陡山沱岩系和灯影组 3 个岩石地层单位。其后的数十年，震旦系研究取得重要成果。前人研究主要侧重于地层学(曹瑞骥和赵文杰，1978；周传明等，1998；汪啸风等，2001；柳永清等，2003)、生物学(陈孟莪等，1994)，研究新元古代埃迪卡拉(震旦纪)重大生命事件对地球早期生命演化的科学意义，对其沉积古地理的研究很少并很简略。近年来，随着震旦系常规天然气的发现及海相页岩气勘探的快速发展，陡山沱组、灯影组逐渐成为研究热点。为了深入了解陡山沱组油气地质特征，研究团队考察了川、渝、滇、黔、陕南及湘鄂西数十条震旦系露头剖面，收集整理了钻井、测井、地震和其他综合研究资料，开展了上扬子地区震旦系地层对比、沉积相分析等基础工作，编制了地层厚度、岩相古地理等基础图件(汪泽成等，2019)，为重建震旦纪构造-古地理奠定了重要基础。

### 一、早震旦世古构造格局

早震旦世是上扬子地区南华纪裂谷结束之后进入克拉通盆地演化阶段的初始时期。克拉通边缘表现出较好的构造继承性，但克拉通内部构造则表现出相对稳定性，局部发育古陆。该时期沉积的陡山沱组向古陆超覆沉积特征明显。从陡山沱组沉积前古地质图看，陡一段仅分布于湘鄂西及北部的秦岭海槽地区；四川盆地大部分缺失陡二段，只有陡三段沉积。在接触关系方面，湘鄂西-秦岭海槽地区陡一段与下伏南沱组冰碛岩不整合接触；在四川盆地外围陡一段缺失区，陡二段直接与南沱组不整合接触；在四川盆地主体部分，陡三段直接与中元古界不整合接触。

基于上扬子地区陡山沱组沉积前古地质图及地层分布特征，结合区域构造环境及陡山沱组沉积环境分析，编制早震旦世古构造格局图(图 4-1)及构造-沉积格架剖面(图 4-2)。

陡山沱期沉积古构造格局由古隆起和边缘凹陷组成。

1. 古隆起(古陆)

陡山沱组沉积前上扬子地区发育三大古隆起：四川古隆起、淮阳古隆起和滇黔古隆起。其中，四川古隆起范围包括了现今的四川盆地及其周缘，陡山沱组地层薄、下部地层缺失，由边缘凹陷向古隆起区超覆沉积。

四川古隆起面积 40 万 km²(图 4-1)。米仓山地区和峨眉山以西地区有前震旦系出露，分别为火地垭群和峨边群。米仓山地区的火地垭群，下部为一套浅变质碎屑岩夹大理岩，含叠层石，称麻窝子组，厚度 3500m 左右；上部主要为一套变质碎屑岩，夹大理岩和火山岩，称上两组，厚度 1700m 以上。侵位于该群的钠长黑云千片岩(原岩为中酸性火山岩)锆石铅同位素年龄为 1619.3Ma(杨逞和和张洪刚，1984)，橄榄角闪辉石岩同位素年龄为 1065Ma(K-Ar)，石英闪长岩为 956Ma(U-Pb)(何政伟等，1997)，时代属于中元古代。南江杨坝剖面可见陡山沱组陡四段直接与火地垭群上两组不整合接触，缺失陡一段—陡三段(图 4-2)。四川盆地西部的峨边群，主要为一套灰白色大理岩夹浅变质海相碎屑岩，夹基性-酸性火成岩，厚 6800m，时代属于中元古代(崔晓庄等，2012)。

图 4-1 上扬子地区早震旦世构造格局示意图

第四章 震旦纪构造-岩相古地理

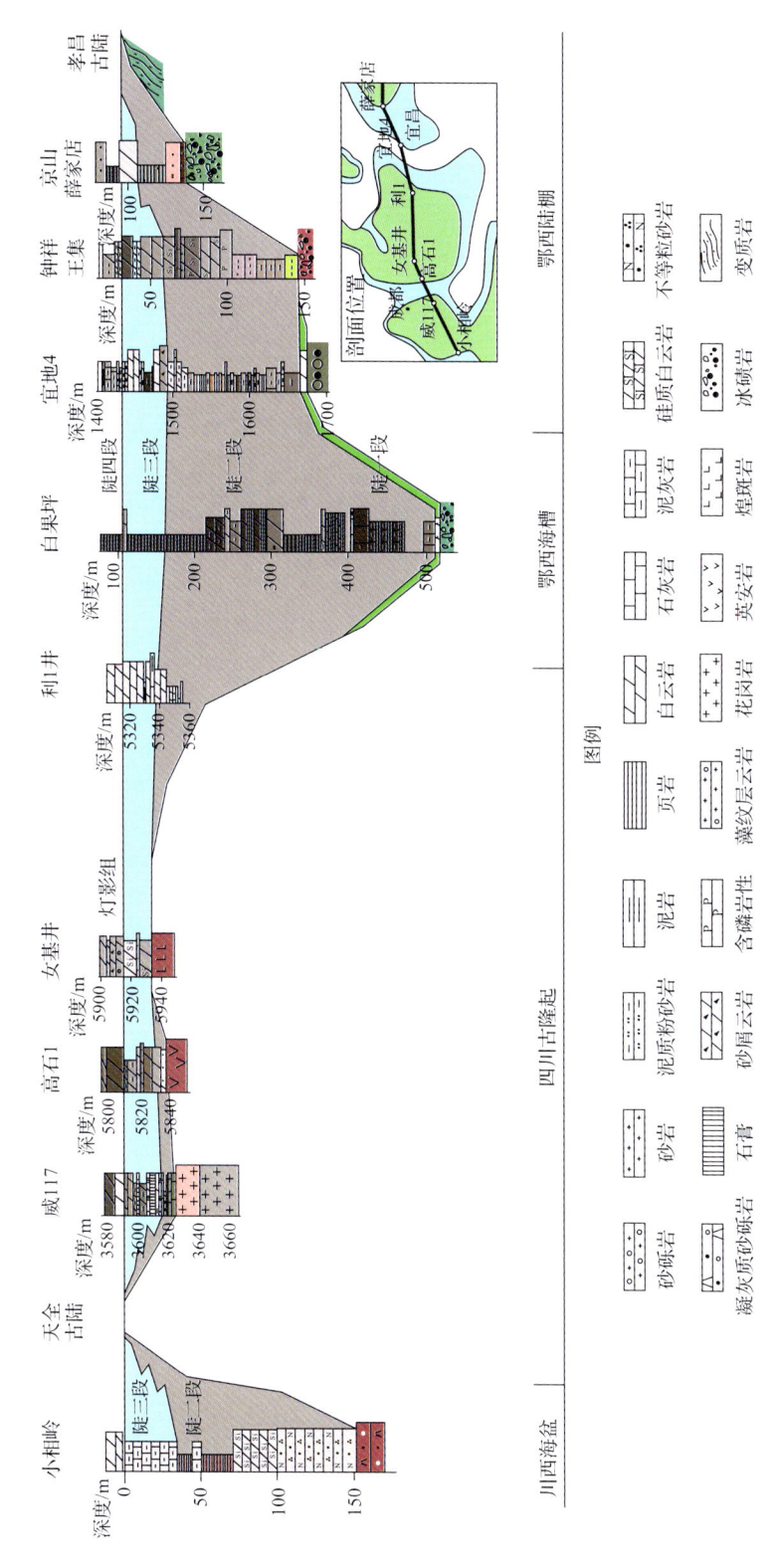

图 4-2 上扬子地区早震旦世构造-沉积剖面图

四川古隆起可能形成于青白口纪中—晚期至南华纪早期,发生于该时期的大规模的构造热事件导致了四川古隆起的形成。火地垭群、峨边群含有基性-酸性侵入岩体,其中的辉绿岩锆石年龄为813.4Ma±8.2Ma(崔晓庄等,2012),花岗岩年龄在750~840Ma(陈岳龙等,2004)。凌文黎等(1996)认为,在新元古代早期(860Ma±12Ma)火地垭群受到了构造热事件的改造,与区域上广泛分布的基性-超基性和碱性、中-酸性岩浆活动时间一致,川西地区发生大规模裂谷岩浆活动是新元古代中期与超大陆裂解有关的超级地幔柱作用导致的。四川盆地腹部的威 117 井、高石 1 井和女基井钻遇黄灰色花岗岩(794Ma±11Ma)和紫红色英安岩。Li 等(2003)认为,超级地幔柱的形成有两个阶段,分别是 830~795Ma 和 780~745Ma,广泛分布于上扬子地区中新元古界火山岩侵入岩体可能是罗迪尼亚超大陆在 830~795Ma 期间裂解产生的岩浆侵位而成。青白口纪中—晚期超级地幔柱活动导致了上扬子地区大规模构造隆升,中—新元古界暴露剥蚀,以至于古陆之上大面积缺失青白口纪—南华纪地层沉积。

四川古隆起对陡山沱组沉积的控制作用很明显,古隆起整体缺失陡山沱组陡一段,大部分地区仅存在陡山沱组中—上部地层,厚度仅 20~60m,远小于周缘凹陷地层厚度。需要指出,四川盆地腹部有少量钻井钻遇陡山沱组,但厚度小于 30m。从川西北剑阁地区地震剖面看,在灯影组底界之下发育强连续性反射层,推测为陡山沱组,厚度 50~100m(图 4-3)分布,表明德阳-安岳裂陷在早震旦世陡山沱期就已具雏形。

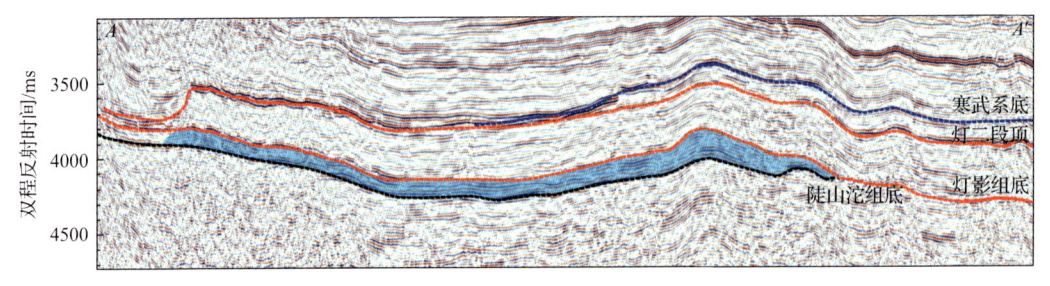

图 4-3 剑阁地区 2007jg019 地震剖面地质解释

位于中扬子北部的淮阳古隆起,主体位于大别山地区,又称之为大别古陆。该古隆起主要由前震旦纪变质岩系组成,在湖北北部包括了随县群(668~1228.03Ma)和大别群。在圻州地区随县群与上覆陡二段不整合接触;在孝昌县以东地区为大别群灰绿色片岩与上覆陡二段不整合接触(称孝昌古陆)。

2. 边缘凹陷

陡山沱期上扬子台地西部边缘发育典型的大陆裂谷-攀西裂谷。攀西裂谷活动的记录最早可以追溯到中元古代,并在新元古代有过多次活动期和间歇期。受攀西裂谷活动影响,自北向南分别发育有宁强、清平、康定、西昌、攀枝花等多个边缘凹陷,沉积厚度在千米左右,局部厚度超过 1800m。

四川古隆起北缘发育城口凹陷,陡山沱组黑色岩系沉积厚度可达 1840m。城口凹陷可能是华北板块与扬子板块拼合过程中残存的小型残留洋盆。赵东旭(1992)在城口陡山沱组沉积中发现锰质叠层石,或为锰结核,可能与现今大洋锰结核成因相似。

四川古隆起东缘发育鹤峰凹陷,属于四川古隆起和淮阳古隆起之间的低洼,是陡山沱期鄂西海槽的沉积中心，沉积了巨厚的黑色页岩夹硅质岩和碳酸盐岩。鄂西海槽是扬子台地上扬子与中扬子之间相对低洼的窄长地带，近南北向展布，向北沟通扬子台地北面的秦岭海槽，向南连通湘桂海盆。

四川古隆起南缘发育长宁凹陷，夹持在四川古隆起与黔中古隆起之间，西侧有天全古陆的遮挡，形成一个半封闭至封闭的海湾，陡山沱中—晚期沉积了巨厚的膏盐岩。

## 二、陡山沱组典型剖面沉积特征

下面重点介绍川北南江县杨坝剖面、川中威117井剖面和鄂西宜地4井陡山沱组沉积特征。

### 1. 南江县杨坝剖面

剖面位于四川盆地北部南江县杨坝镇，构造上位于汉南古陆西斜坡上部（图4-1）。地层出露下震旦统喇叭岗组和上震旦统灯影组，灯影组厚度为836m，喇叭岗组厚度为53m（图4-4）。喇叭岗组与陡山沱组为同期异相沉积。剖面陡山沱组缺失陡一段—陡三段（部分），

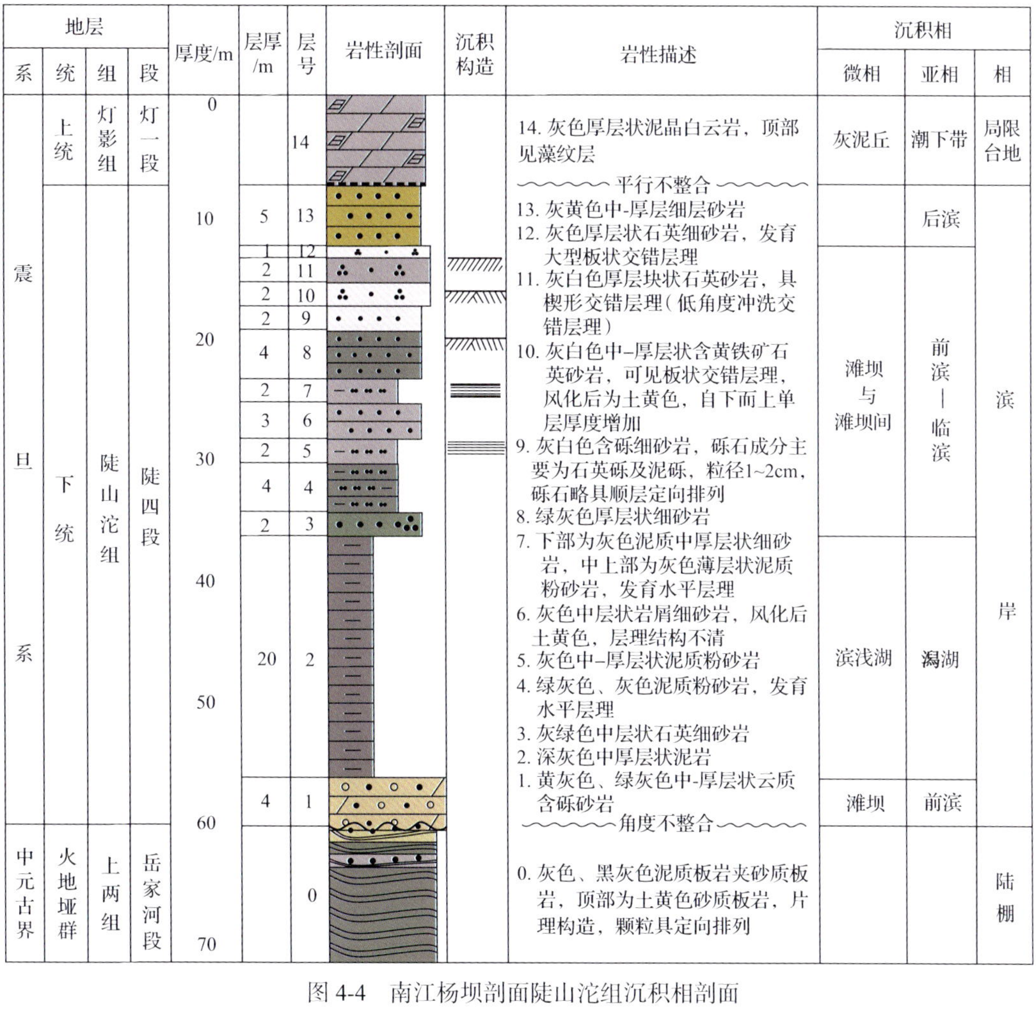

| 地层 |||| 厚度/m | 层厚/m | 层号 | 岩性剖面 | 沉积构造 | 岩性描述 | 沉积相 |||
|---|---|---|---|---|---|---|---|---|---|---|---|---|
| 系 | 统 | 组 | 段 ||||||| 微相 | 亚相 | 相 |
| 震旦系 | 上统 | 灯影组 | 灯一段 | 0 || 14 ||| 14.灰色厚层状泥晶白云岩，顶部见藻纹层 | 灰泥丘 | 潮下带 | 局限台地 |
||||||||| 平行不整合 ||||
|| 下统 | 陡山沱组 | 陡四段 | 10 | 5 | 13 ||| 13.灰黄色中-厚层细层砂岩 || 后滨 | 滨岸 |
|||||| 1 | 12 ||| 12.灰色厚层状石英细砂岩，发育大型板状交错层理 | 滩坝与滩坝间 | 前滨—临滨 ||
|||||| 2 | 11 ||| 11.灰白色厚层块状石英砂岩，具楔形交错层理（低角度冲洗交错层理） ||||
|||||| 2 | 10 ||||||||
|||||| 2 | 9 ||||||||
|||||| 20 | 4 | 8 ||| 10.灰白色中-厚层状含黄铁矿石英砂岩，可见板状交错层理，风化后为土黄色，自下而上单层厚度增加 ||||
|||||| 2 | 7 ||||||||
|||||| 3 | 6 ||||||||
|||||| 30 | 2 | 5 ||| 9.灰白色含砾细砂岩，砾石成分主要为石英砾及泥砾，粒径1~2cm，砾石略具顺层定向排列 ||||
|||||| 4 | 4 ||||||||
|||||| 2 | 3 ||| 8.绿灰色厚层状细砂岩 ||||
||||| 40 ||| 2 |||| 7.下部为灰色泥质中厚层细砂岩，中上部为灰色薄层状泥质粉砂岩，发育水平层理 6.灰色中层状岩屑细砂岩，风化后土黄色，层理结构不清 5.灰色中-厚层泥质粉砂岩 4.绿灰色、灰色泥质粉砂岩，发育水平层理 3.灰绿色中层状石英细砂岩 2.深灰色中厚层状泥岩 | 滨浅湖 | 潟湖 | 岸 |
||||| 50 | 20 ||||||||
||||| 60 | 4 | 1 ||| 1.黄灰色、绿灰色中-厚层状云质含砾砂岩 | 滩坝 | 前滨 ||
||||||||| 角度不整合 ||||
| 中元古界 | 火地垭群 | 岳家河段 上两组 || 70 || 0 ||| 0.灰色、黑灰色泥质板岩夹砂质板岩，顶部为土黄色砂质板岩，片理构造，颗粒具定向排列 ||| 陆棚 |

图4-4 南江杨坝剖面陡山沱组沉积相剖面

仅有陡四段,与下伏火地垭群上两组黄灰色砂质板岩呈不整合接触,顶部黄灰色中厚层细砂岩与上覆灯影组灰白色白云岩呈不整合接触。

陡山沱组主要为碎屑滨岸-潟湖相砂泥岩沉积。底部为中层状白云质含砾砂,为前滨滩坝沉积;中-下部为浅灰色、灰色薄层泥岩,局部含少量粉砂,为近岸潟湖沉积;上部为灰色、灰绿色中厚层夹薄层粉-细砂岩、石英砂岩夹泥质粉砂岩,具楔状层理、交错层理、平行层理和斜层理,为前滨-临滨滩坝沉积。

2. 威 117 井

威 117 井位于四川盆地威远构造带,井深 3746m,钻穿震旦系至基底花岗岩。震旦系灯影组钻厚 598m,陡山沱组钻厚 41m。震旦系全井段取心,陡山沱组沉积现象明显而典型(图 4-5),上部为灰白色泥晶白云岩、浅褐灰色泥晶白云岩,局部见藻纹层;中部为灰色含石膏泥质白云岩夹白色石膏层;下部为灰绿色砂泥岩含石膏团块,可见波痕。总体为局限台地潮坪-蒸发潟湖相沉积。区域对比为陡二段和陡三段,缺失陡一段和陡四段。

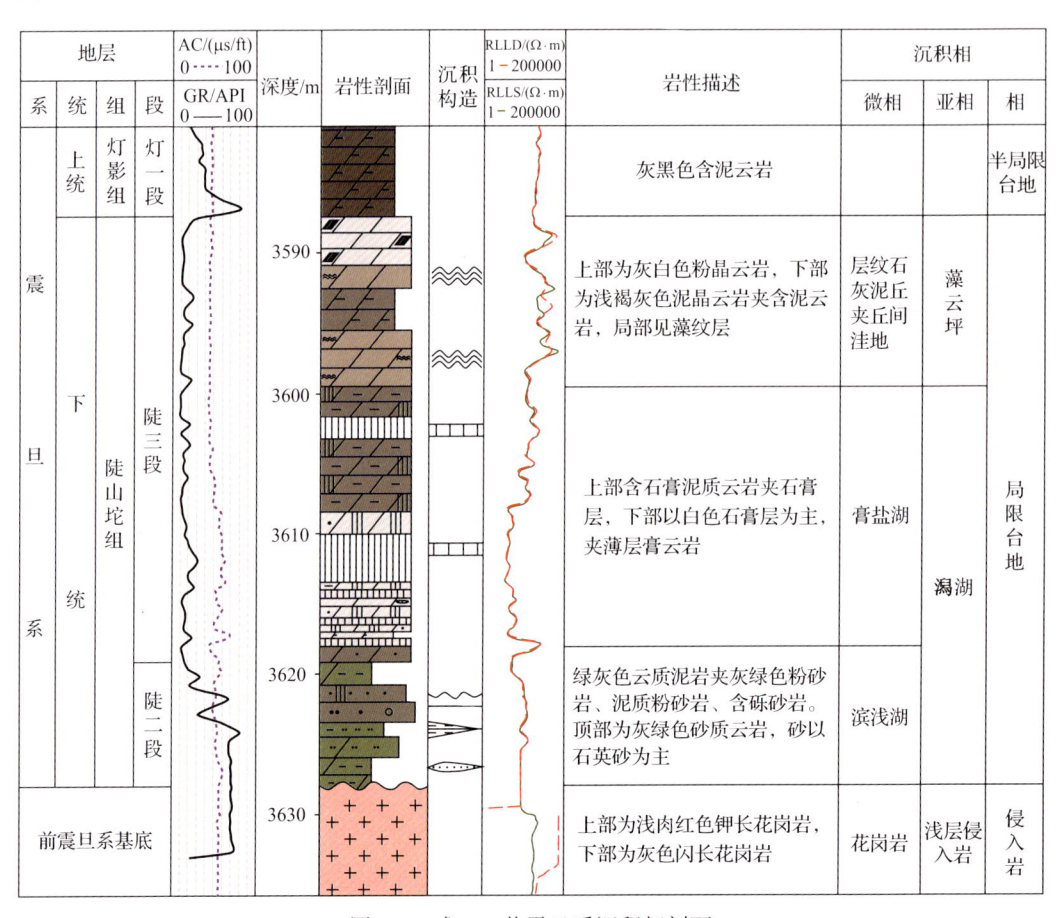

| 地层 | | | AC/(μs/ft) 0····100 GR/API 0——100 | 深度/m | 岩性剖面 | 沉积构造 | RLLD/(Ω·m) 1-200000 RLLS/(Ω·m) 1-200000 | 岩性描述 | 沉积相 | | |
|---|---|---|---|---|---|---|---|---|---|---|---|
| 系 | 统 | 组 | 段 | | | | | | 微相 | 亚相 | 相 |
| 震旦系 | 上统 | 灯影组 | 灯一段 | | | | | | 灰黑色含泥云岩 | | | 半局限台地 |
| | 下统 | 陡山坨组 | 陡三段 | | 3590 3600 3610 | | | | 上部为灰白色粉晶云岩,下部为浅褐灰色泥晶云岩夹含泥云岩,局部见藻纹层 | 层纹石灰泥丘夹丘间洼地 | 藻云坪 | 局限台地 |
| | | | | | | | | 上部含石膏泥质云岩夹石膏层,下部以白色石膏层为主,夹薄层膏云岩 | 膏盐湖 | 潟湖 | |
| | | | 陡二段 | | 3620 | | | | 绿灰色云质泥岩夹灰绿色粉砂岩、泥质粉砂岩、含砾砂岩。顶部为灰绿色砂质云岩,砂以石英砂为主 | 滨浅湖 | | |
| 前震旦系基底 | | | | | 3630 | | | | 上部为浅肉红色钾长花岗岩,下部为灰色闪长花岗岩 | 花岗岩 | 浅层侵入岩 | 侵入岩 |

图 4-5 威 117 井震旦系沉积相剖面

3. 宜地 4 井

宜地 4 井位于宜昌秭归附近,是一口以陡山沱组页岩气为对象的探井,井底层位为南沱组。该井震旦系全取心，陡山沱组可分四段(图4-6)，陡一段为浅灰色条带状含泥白云岩，浅色条带白云质含量较多，深色条带泥质含量较多，为浅水陆棚沉积；陡二段底部为深灰色泥岩、灰质泥岩夹灰色泥灰岩；中-上部为褐灰色夹灰色、深灰色页岩，局部含磷质结核，为深水陆棚沉积；陡三段下部为灰色条带状泥质白云岩夹薄层白云岩，为浅水陆棚沉积；中部夹灰色砂屑白云岩，上部为浅灰色条带状泥晶云岩，为浅水陆棚及碎屑流沉积；陡四段下部为黑色泥岩夹薄层泥质灰岩或白云岩，为深水陆棚沉积，中-上部为浅灰色条带状含泥白云岩夹泥晶云岩，顶部为灰色、浅灰色白云质泥岩或泥质云岩，为浅水陆棚沉积。陡山沱组与下伏南沱组冰碛岩不整合接触，与上覆灯影组整合接触。

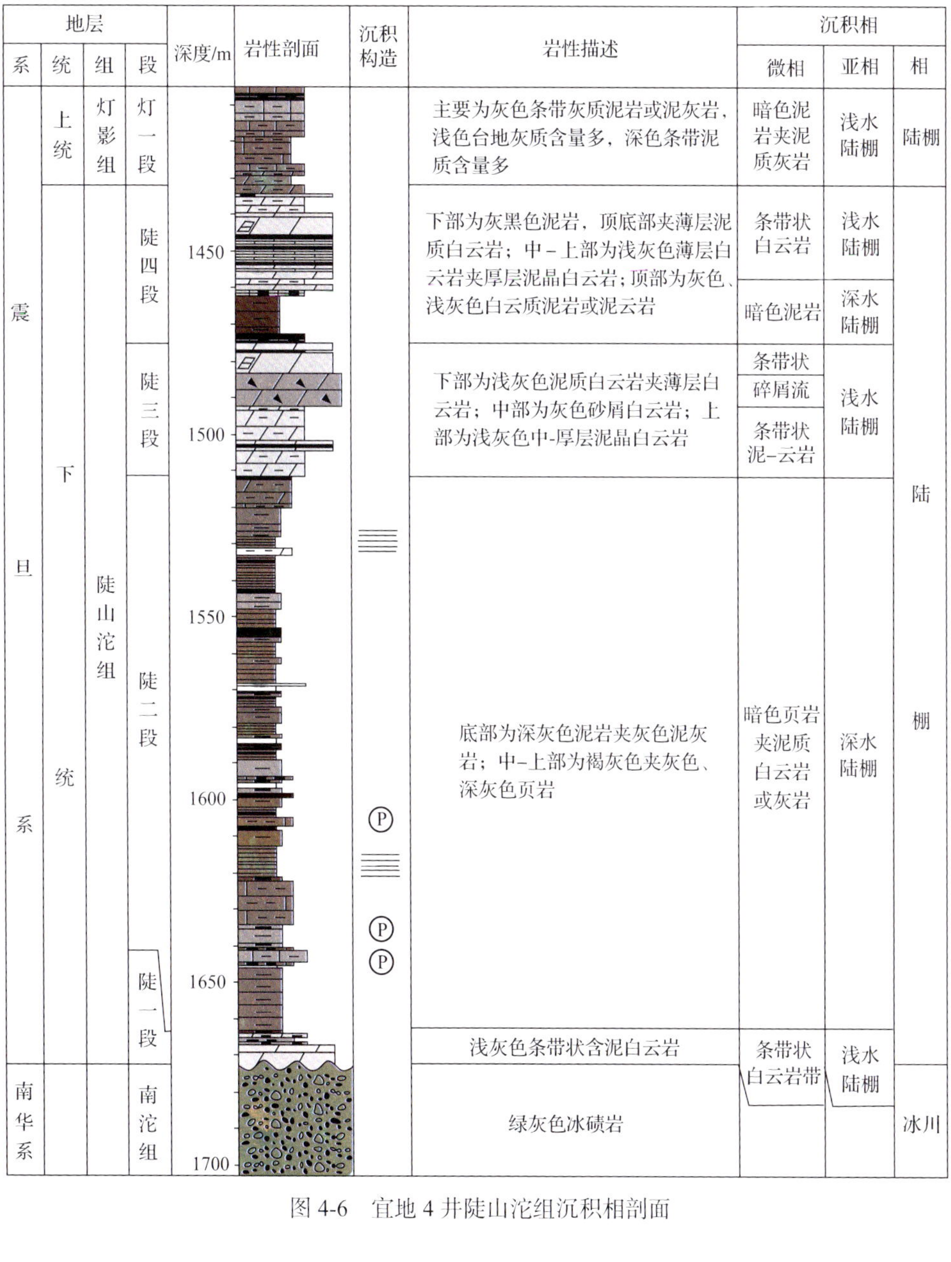

图4-6　宜地4井陡山沱组沉积相剖面

### 三、陡山沱期岩相古地理及其演化

上扬子地区陡山沱组主要有碎屑滨岸沉积、碳酸盐岩台地沉积、陆棚和局限海盆沉积，可划分为3大沉积体系、6大沉积相、15个亚相、若干微相（表4-1）。碎屑岩沉积主要发育在陡山沱组陡二段和陡四段，碳酸盐岩沉积主要发育在陡一段和陡三段。陡一段—陡二段为海侵阶段沉积，陡三段海侵达到高位，陡四段为海退沉积，整个陡山沱组沉积构成一个较完整的海侵-高位-海退沉积旋回。

**表4-1 上扬子地区陡山沱组沉积体系**

| 沉积体系 | 沉积相 | 亚相 | 微相及主要岩石类型 | 发育层位 |
|---|---|---|---|---|
| 碳酸盐岩台地 | 局限-半局限台地 | 藻丘、丘间洼地、颗粒滩、藻云坪、蒸发潟湖 | 藻纹层白云岩、微生凝块白云岩、含磷叠层石白云岩；氧化色砂泥岩，泥质白云岩、硅质条带白云岩、砂屑白云岩 | 陡三段 |
| | 台缘斜坡 | 上斜坡、下斜坡 | 微晶凝块灰泥丘、条带状泥晶碳酸盐岩、瘤状碳酸盐岩、滑塌角砾状碳酸盐岩，浊积岩、深色泥岩、硅质岩 | 陡三段 |
| 滨岸潟湖 | 潟湖、膏盐湖 | 滨浅湖三角洲、深湖 | 灰绿色泥岩、含硬石膏白云岩、石膏层、交错层理砂泥岩 | 陡二段 陡四段 |
| | 潮坪 | 潮上、潮间 | 泥坪、沙坪、混合坪、含泥膏质白云岩 | 陡二段 陡三段 陡四段 |
| | 滨岸 | 临滨 | 砂滩、砂坝 | |
| 陆棚和海盆 | 陆棚、海盆 | 浅水陆棚、深水陆棚、海盆 | 条带状白云岩、中薄层白云质泥岩、硅质泥岩、泥质白云岩、含磷白云质砂岩、黑色页岩 | 陡一段至陡四段 |

#### 1. 陡一段岩相古地理

陡山沱组是南沱冰期之后的第一套海侵沉积，因此古陆对陡山沱组沉积影响很大，在古陆范围内普遍缺失陡山沱一段沉积。

陡一段沉积时，四川古陆和淮阳古陆已经存在（图4-7）。四川古陆比较高陡，淮阳古陆比较宽缓。淮阳古陆的西斜坡鄂西地区为宽缓的浅水陆棚环境，其水体深度应在20m左右，因此沉积了一套厚度不大（2～10m）但分布较广的碳酸盐岩（盖帽白云岩）。但其岩性不全是白云岩，在水体较浅的地区如荆门-岳阳一带主要是白云岩、含膏白云岩；在宜昌-常德、遵义-瓮安一带主要条带状含泥白云岩、硅质条带白云岩与灰质白云岩，发育水平层理和层纹状构造；在怀化、麻阳、凤凰、贡溪、芷江等地，主要为含锰白云岩、灰质白云岩、泥质白云岩，水平层理发育，为浅水陆棚沉积。在保康-城口一带的秦岭海槽地区主要为泥质灰岩、含泥灰岩或白云质灰岩夹少量薄层白云岩，表现为较深水陆棚或海盆沉积环境。在川西宁强阳平关至绵竹王家坪及四川古陆主体部位和鄂西东部孝昌地区（孝昌古陆）缺失陡一段碳酸盐岩沉积。在川西北平武地区陡山沱组为一套变质灰岩夹黑色泥质板岩，无法与其他地区分段对比，是否有相当于陡一段的相变地层存

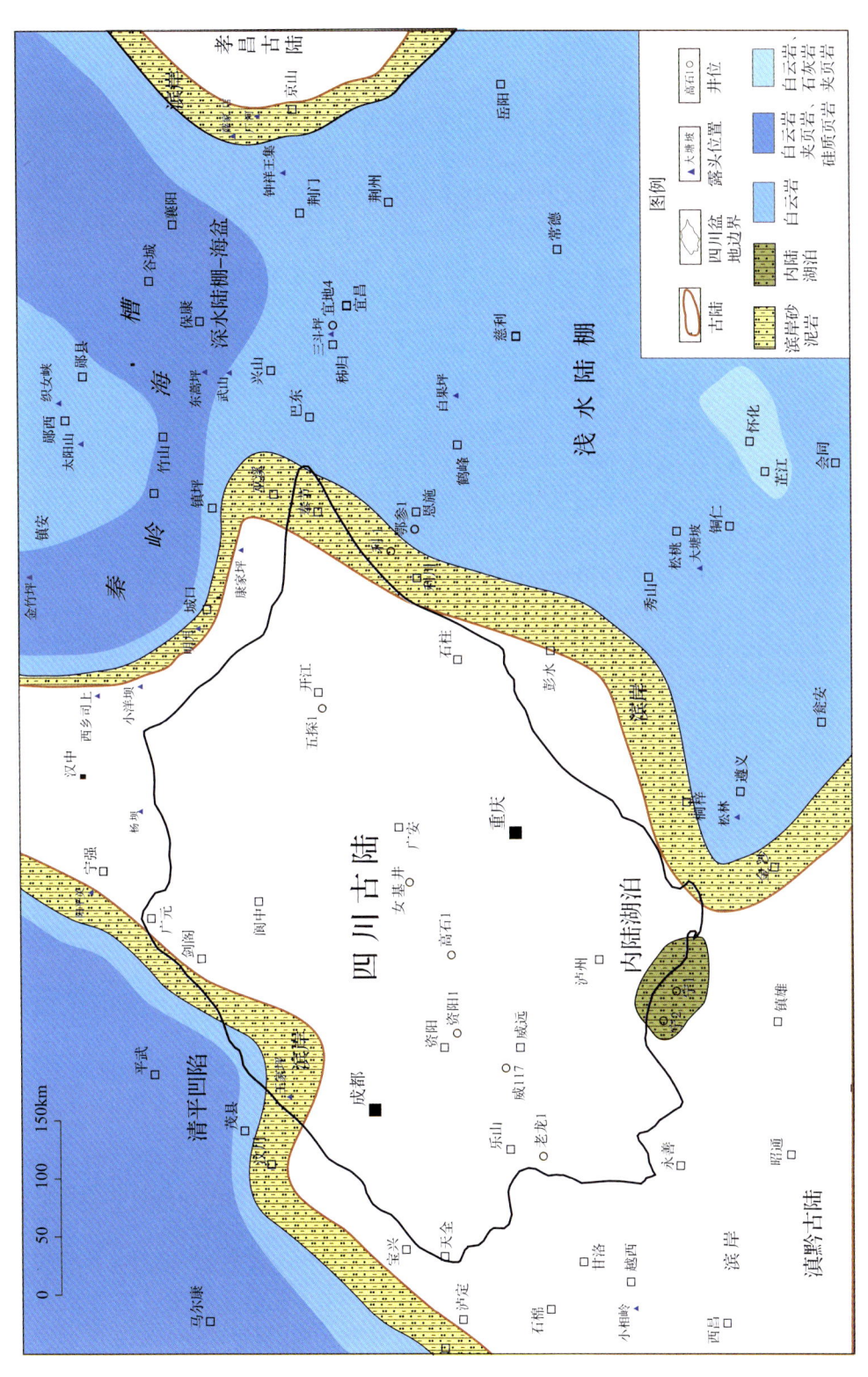

图 4-7 上扬子地区陡一段沉积古地理

在尚不清楚。在古陆的周缘可能有陡一段同时沉积的异相滨岸碎屑岩沉积，但至今没有确切的剖面证实。

根据沉积背景、沉积厚度及岩性特征，陡一段沉积表现为宽缓陆棚上的碳酸盐岩缓坡沉积。由于沉积厚度较薄(2~10m)，可以认为是碳酸盐岩缓坡的初期阶段，或称非典型碳酸盐岩缓坡。对于盖帽白云岩，杨爱华等(2015)也认为是碳酸盐岩缓坡沉积。根据岩性分布和古构造背景，陡一段碳酸盐岩缓坡可以划分为内缓坡、中缓坡、外缓坡-盆地几个沉积环境。荆门—岳阳一带主要是内缓坡潮间-潮上带沉积；宜昌—常德、遵义—瓮安一带主要是中缓坡潮间-潮下带；保康—城口一带的秦岭海槽地区主要为外缓坡-盆地相潮下带沉积。

2. 陡二段岩相古地理

陡二段是上扬子地区广泛海侵时期的沉积(图4-8)。受海侵影响，陆地面积迅速缩小，至陡二段沉积晚期，曾广泛暴露的四川古陆、淮阳古陆和滇黔古陆大部分被海水淹没，仅在较高部位还有部分残余古陆，分别是汉南古陆、开江古陆、天全古陆、会泽古陆和孝昌古陆。在古陆上沉积了一套浅水碎屑岩夹碳酸盐岩和膏盐沉积，古陆周缘的边缘凹陷则沉积了大套以黑色页岩夹硅质岩为主的黑色岩系。该时期可能发生大规模的火山喷发，在湖北宜昌、湖南石门县中岭、沅陵县岩屋潭、洗溪、贵州江口县瓮会、三穗县兴隆等地陡二段夹有多层火山灰。

陡二段沉积环境可划分为滨岸潮坪-潟湖-混积浅水陆棚环境、斜坡-海盆环境。

(1)滨岸-潮坪、潟湖。残余古陆成为陡山沱组沉积期重要的物源供应地，围绕古陆发育广泛的滨岸-潮坪潟湖相砂泥岩夹白云岩、膏盐沉积。在川北旺苍干河、川中威远、高石梯、龙女寺钻井都分别发现大套紫红色砂岩，石英砂砾岩，灰绿色、紫红色泥岩，表明陡山沱期川北-川中地区为干旱的滨岸-潮坪潟湖沉积环境；在川西陡二段底部为紫灰色长石石英砂岩，向上为灰绿色粉细砂岩、泥质粉砂岩和紫红色粉砂质泥岩(绵竹王家坪剖面)，在川西南峨边先锋-越西小相岭地区主要为灰白色长石石英砂岩夹硅质白云岩，发育交错层理和板状斜层理，上部为紫红色钙质页岩夹少量黑色泥灰岩，属于滨岸-潟湖沉积。川东鄂参1井陡二段为灰绿色泥岩、泥质粉砂岩、灰质石英粉砂岩，属于混积陆棚沉积。鄂西东部京山厂河-薛家店地区陡二段主要为褐灰色碳质页岩夹含锰页岩、含磷页岩，黄绿色、灰绿色粉砂质页岩夹含磷黏土岩，紫红色砂岩，灰褐色含砾砂岩，属滨岸-潟湖或海湾沉积。此时长宁凹陷为一封闭-半封闭海湾，沉积了一套厚达400m的含石膏沉积。

(2)浅水陆棚。在神农架武山陡二段主要为灰黑色碳质页岩、灰色泥岩夹粉砂质泥岩、含磷粉砂岩及薄层状白云岩，东蒿坪则主要为深灰色碳质页岩、黑色页岩夹白云岩；秀山榕溪、泸溪洗溪、溆浦董家河陡二段为灰黑色泥岩与条带状泥质白云岩互层夹黑色硅质页岩；遵义松林为黑色页岩、硅质页岩夹少量薄层泥质白云岩或白云岩，属于浅水陆棚沉积；石门杨家坪、常德太阳山陡二段主要为深灰色泥质灰岩或泥质白云岩夹深灰色页岩，灰质或白云质成分较多，为浅水陆棚沉积。

(3)深水陆棚-海盆。四川古陆的边缘地带快速变陡，形成坡度较陡的深水陆棚，并迅速过渡为深水盆地。在鹤峰白果坪、秭归三斗坪、宜地4井、城口修齐高观、宁强阳

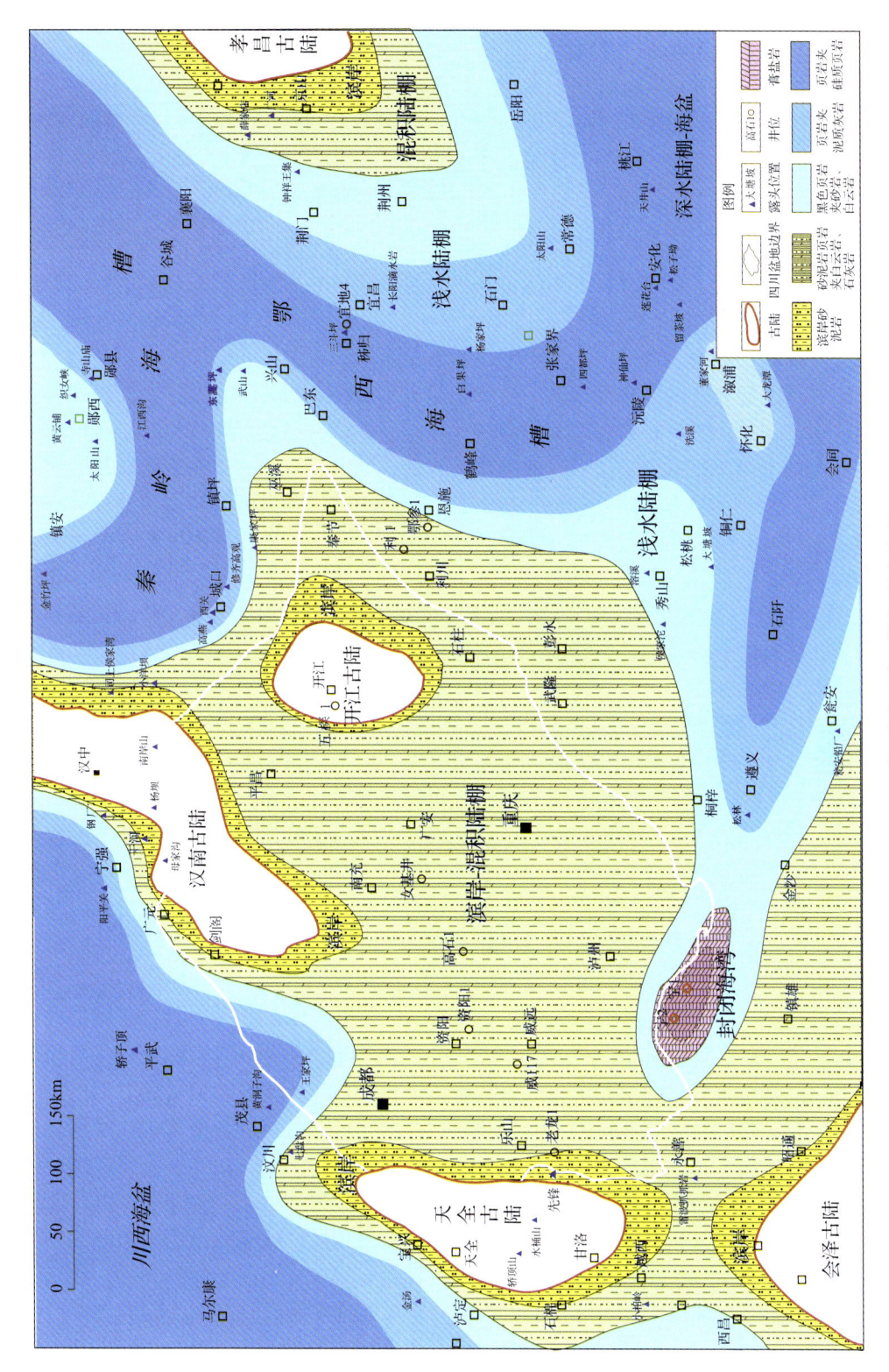

图 4-8 上扬子地区陡二段沉积古地理

平关、绵竹王家坪等地都沉积了大套以灰黑色页岩为主的地层，这些沉积在古陆周边的深水盆地中形成了清平凹陷、宁强凹陷、城口凹陷、鹤峰凹陷等几个沉积中心，位于沉积中心的王家坪、阳平关、修齐高观和白果坪剖面黑色岩系厚度都在580~1840m。

湖南安化留茶坡、莲花台、松子坳、桃江天井山等地，陡二段主要为黑色碳质页岩、硅质页岩夹硅质岩，沉积环境为海盆相饥饿盆地。

3. 陡三段岩相古地理

陡三段主要为碳酸盐岩沉积(图4-9)，是陡山沱期海侵达到最高位时期的沉积，古陆进一步缩小，并出现了局部分化。围绕古陆仍然是滨岸碎屑岩沉积；在远离古陆的地区形成局限-半局限台地，边缘凹陷区形成深水盆地。

陡三段沉积以碳酸盐岩为主，但厚度并不大，四川盆地主体部分仅10~20m左右，并夹有泥质碳酸盐岩，局部含膏盐岩。简单套用威尔逊台地模式比较牵强。由于分布较为广泛，水体较浅，似又有陆表海沉积特征。故本书处理为陆表海模式与威尔逊模式的融合，可以称之为非典型碳酸盐岩台地模式。这种碳酸盐岩沉积体可能为碳酸盐岩台地的初级阶段，由于形成时间短，还没有达到典型碳酸盐岩台地(缓坡或镶边台地)的规模。在刘静江等(2016)《灰泥丘系统分类及石油地质特征》一书中曾把这种沉积类型称为前台地沉积。

(1)滨岸沉积。陡三段沉积期古陆有汉南古陆、开江古陆、天全古陆、孝昌古陆及武当古陆和会泽古陆。古陆上缺失陡山沱组沉积。围绕古陆的是滨岸碎屑岩沉积。南江杨坝剖面陡山沱组底部的灰白色砂岩含白云质，可能为陡三段的滨岸沉积，与远离古陆的台地相碳酸盐岩可能为相变关系。

(2)局限-半局限台地潮坪-潟湖相。该相带主要分布在古隆起的主体部位，形成四川和鄂西两个相互独立的碳酸盐岩台地，二者之间有鄂西海峡分隔。川中威117井陡三段上部为灰白色粉晶白云岩、浅褐灰色泥晶白云岩夹含泥白云岩，发育藻纹层，下部为含石膏泥质白云岩夹白色石膏层，为局限台地藻云坪-膏盐湖沉积。在鄂西钟祥王集、太极垭、黔北开阳、瓮安地区陡三段主要为灰色、灰白色微晶凝块白云岩、含磷白云岩，并有大量含磷叠层石白云岩形成的灰泥丘沉积(刘静江等，2016)。叠层石的生长一般需要局限海环境，如现今澳大利亚的鲨鱼湾(Shark Bay)、巴哈马台地等都有叠层石生长。陡三段叠层石沉积环境也应为局限海台地或局限海湾环境。

(3)浅水陆棚(或斜坡)。在台地的外围分布有浅水陆棚或斜坡。其主要沉积特征是灰色、深灰色泥晶白云岩、含泥白云岩或石灰岩夹黑色页岩。总体上以碳酸盐岩为主，夹灰黑色页岩或泥岩，白云岩含磷，并夹磷块岩，在一些地方可形成大型磷矿，如湖北神农架地区、怀化董家河地区的磷矿就分布在陡三段白云岩地层中。

(4)深水陆棚-海盆。该相带沉积以黑色页岩、硅质页岩为主，夹薄层白云岩、泥质白云岩、硅质白云岩、泥灰岩或薄层泥晶灰岩，主要分布在古隆起的边缘拗陷地区。在秦岭海槽地区陡三段主要为薄层状石灰岩、泥灰岩或瘤状灰岩；在鹤峰白果坪，陡三段主要为黑色页岩夹薄层白云岩、泥质白云岩；张家界四都坪地区陡三段为含碳含泥白云岩、灰质白云岩、硅质白云岩，并夹大套浊积岩和碎屑流沉积。在湖南安化松子坳，桃

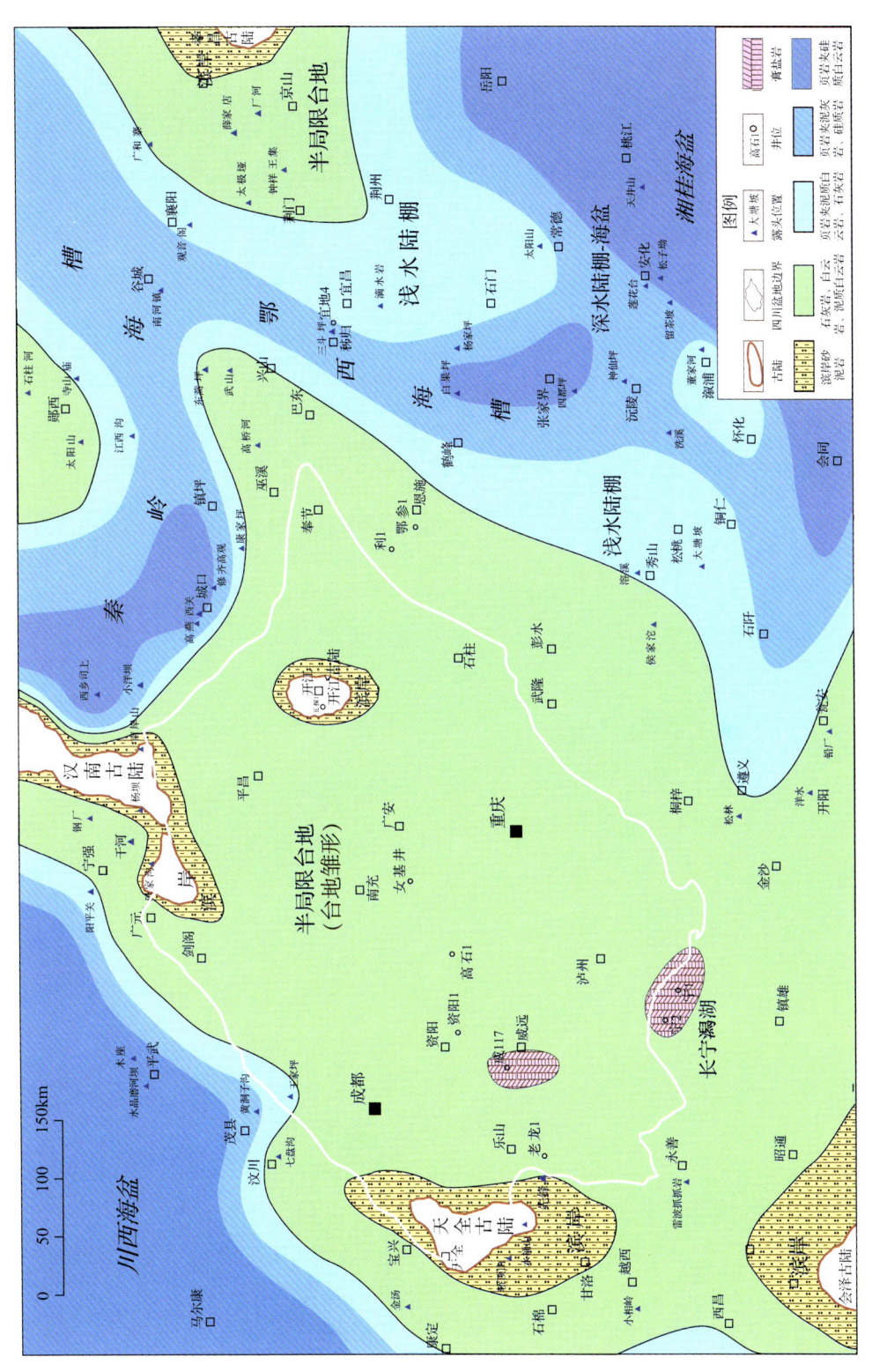

图 4-9　上扬子地区陡三段沉积古地理

江天井山陡三段沉积为黑色碳质页岩，表现为深水海盆沉积。

4. 陡四段岩相古地理

陡四段沉积由于后期剥蚀，在四川古隆起上大部分地区缺失或没有沉积，仅在古隆起的边缘和边缘拗陷及鄂西陆棚地区有所保留。川北杨坝地区陡四段为一套滨岸碎屑岩沉积，岩性主要为石英砂岩、粉砂岩夹灰色、灰绿色泥岩，为滨岸-潟湖相。秦岭海槽内城口—镇坪一带主要为深灰色泥岩、页岩夹泥灰岩或白云质石灰岩，为深水陆棚-海盆沉积。鄂西地区主要为黑色页岩夹泥质灰岩、薄层白云岩、泥质白云岩、硅质白云岩为浅水陆棚沉积。在湖南安化、桃江、沅陵、溆浦，陡四段主要为黑色硅质页岩夹硅质岩，为深水海盆沉积。

# 第二节 晚震旦世灯影期构造-古地理

## 一、晚震旦世古构造格局

上扬子地区震旦纪处于伸张构造环境，西侧与川西海盆相接，北侧为南秦岭被动大陆边缘盆地，东南为湘中南被动大陆边缘盆地。受区域拉张影响，克拉通盆地内部因同沉积断裂活动而产生构造沉降分异现象（汪泽成等，2017），上扬子克拉通被近南北向展布的德阳-安岳台内断陷及城口-鄂西断陷所分割（汪泽成等，2020），形成了"三隆两凹"的构造格局（图4-10）。

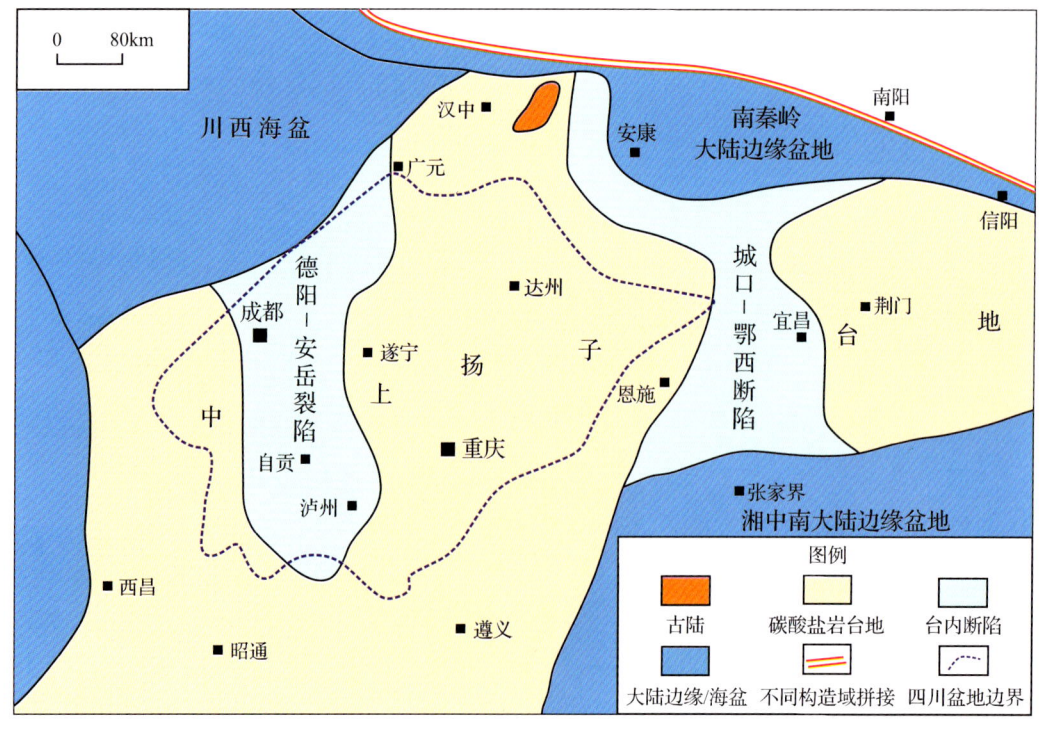

图4-10 上扬子地区晚震旦世古构造格局

## 1. 德阳-安岳台内断陷

德阳-安岳台内断陷位于四川盆地腹部，又称之为安岳-德阳克拉通内裂陷（杜金虎等，2014），呈喇叭形近南北向展布，往北向川西海盆开口，往南向川中、蜀南延伸，宽50～180km，南北长560km，分布面积达6万km²（图4-10）。研究表明，断陷发育同沉积控边断裂及内部次级断裂，以北西西向为主。在高石梯-磨溪地区，灯影组三段底界断距为400～500m，寒武系底界断距为300～400m，向上到沧浪铺组断距减小，除边界断层外的多数断层消失在龙王庙组；平面上，控边断层断距大，具有从北向南断距变小的趋势。成因机制上，断陷形成与川西海盆拉张有关，是川西海盆向上扬子克拉通内部延伸的拉张断陷（汪泽成等，2017）。

德阳-安岳台内断陷演化经历了三个阶段：①陡山沱组—灯影组沉积期，为断陷形成期。陡山沱组沉积期，断陷主要发育在剑阁以北地区，地震剖面可见陡山沱组明显加厚现象。灯一段+灯二段沉积期，断陷向南扩展延伸到高石梯地区，断陷两侧发育边界断层，为双断式断陷。灯四段沉积期，断陷向南扩展发育，规模不断扩大，且东部边界断裂活动强度加大，形成箕状断陷（图4-11）。②早寒武世早期，为断陷发展期。麦地坪组沉积期，断陷区沉积厚100～200m的斜坡-盆地相的碳硅泥岩、泥质纹层瘤状云岩、碳硅泥岩，其外围则发育碳酸盐岩台地相灰岩，厚度仅10～30m。筇竹寺组沉积早期（相当于筇一段—筇二段沉积期），断陷充填深水陆棚相富有机质泥页岩，是下寒武统优质烃源岩的主力层段。③早寒武世中晚期（相当于筇三段沉积期）为断陷消亡期。钻井揭示筇三段为三角洲-浅水陆棚沉积，砂岩明显增多，泥质岩有机碳含量明显降低，表明早期断陷被填平补齐，进入拗陷演化阶段。

## 2. 城口-鄂西台内断陷

城口-鄂西台内断陷位于大巴山及鄂西地区，呈"Y"字形往北向南秦岭被动大陆边缘海盆开口，往南向恩施-大庸延伸，宽80～300km，南北长300km，可能与湘中南大陆边缘盆地相接，分隔上扬子克拉通与中扬子克拉通（图4-10）。陈孝红和汪啸风（2000）利用岩石化学成分和微量元素组成研究大庸-慈利地区晚震旦世沉积环境与沉积成因，认为该区震旦系黑色岩系形成与盆地断陷、地壳拉张减薄并造成地幔流体上涌作用有关。

城口-鄂西台内断陷形成始于震旦纪陡山沱组沉积期，发育厚120～300m的灰黑色碳质页岩、灰色泥岩夹粉砂质泥岩、含磷粉砂岩及薄层状白云岩，属于浅水陆棚沉积（刘静江等，2016）。灯影组沉积期，断陷继承性发育，充填厚度较薄的泥晶白云岩、石灰岩。区内鄂参1井钻遇灯影组厚度仅92.5m，以薄层泥晶白云岩、石灰岩为主，属于深水陆棚沉积。断陷两侧发育丘滩相为主的台缘带，厚度较大。西侧台缘带的利1井，灯影组厚833.5m，以凝块白云岩为主，溶蚀孔洞发育。东侧台缘带鄂宜地4井灯影组厚596m，发育厚层藻白云岩、颗粒白云岩，局部夹石灰岩、硅质白云岩（图4-12）。从地层厚度及岩相变化分析可能存在正断层，下降盘震旦系厚度薄，且发育下寒武统麦地坪组和500～600m厚的筇竹寺组泥页岩；断层上升盘灯影组沉积厚层微生物丘滩体，筇竹寺组厚度明显减薄。这一特征与德阳-安岳断陷充填沉积有着可较好的可对比性。

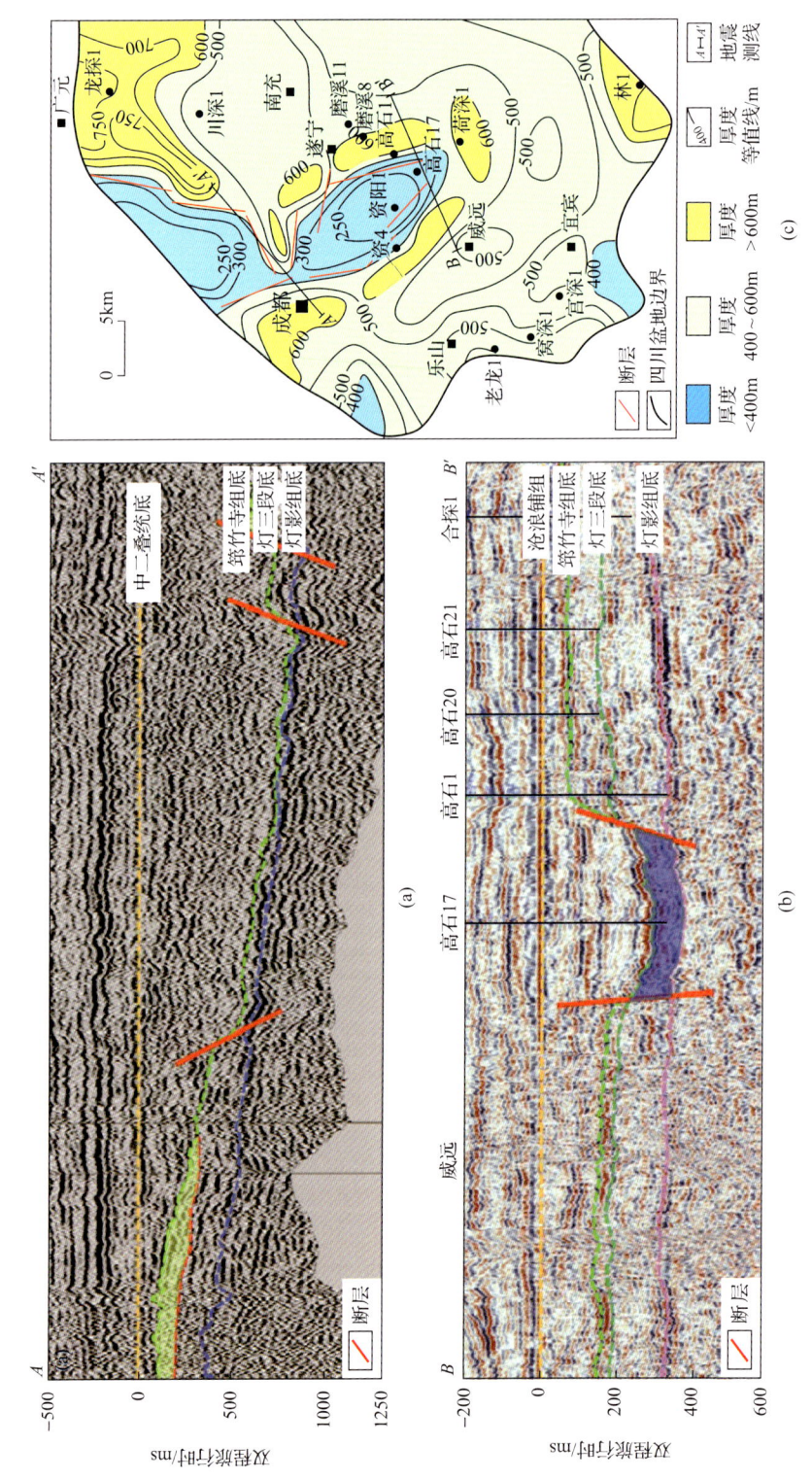

图 4-11 德阳-安岳断陷灯影组灯一段+灯二段厚度及地震解释剖面图

第四章 震旦纪构造-岩相古地理

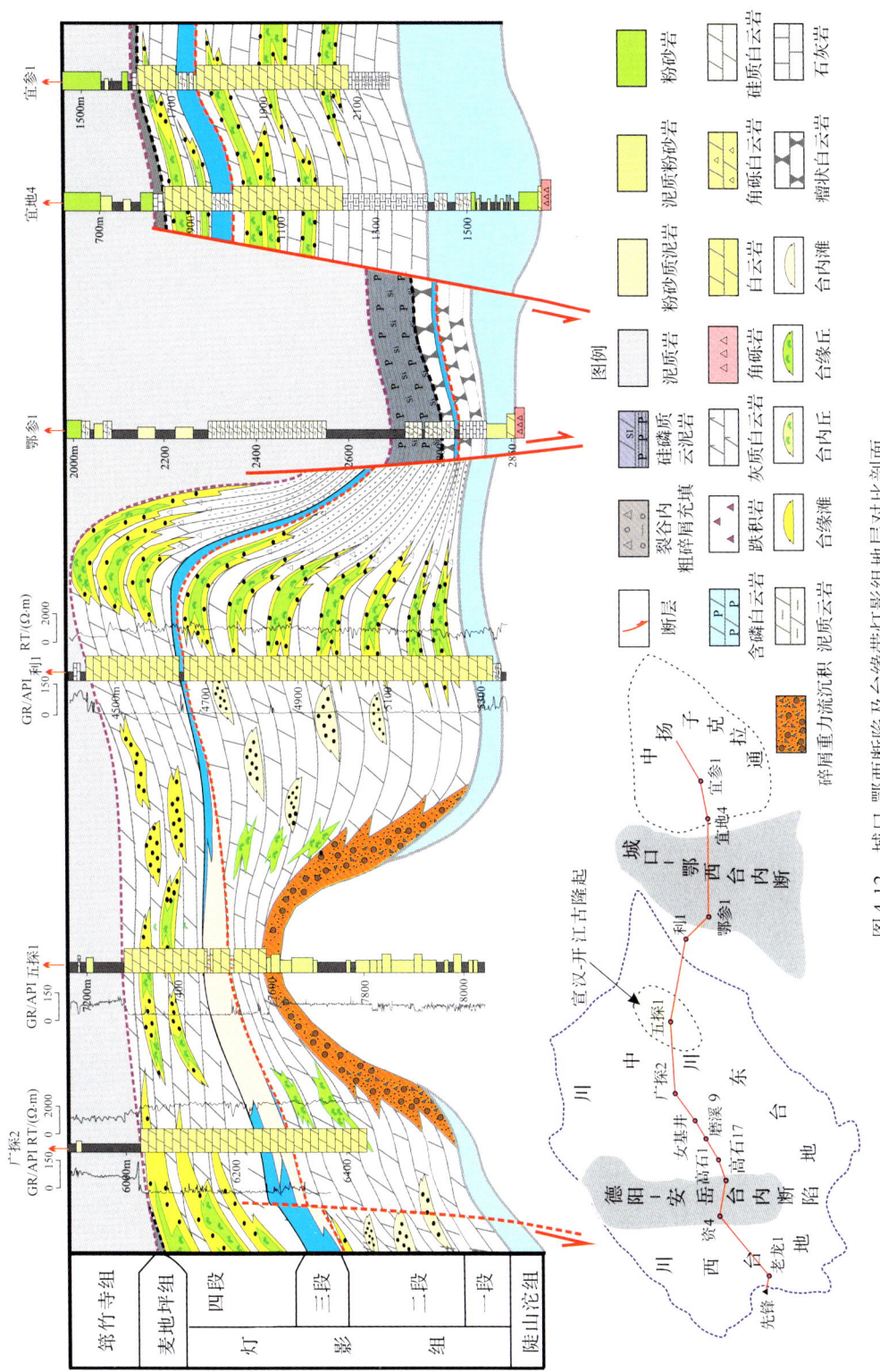

图 4-12 城口-鄂西断陷及台缘带灯影组地层对比剖面

中扬子区块内地震资料稀少，仅宜昌、秭归地区有少量地震测线，因而很难刻画断陷边界及内部断裂展布。通过对宜参1过井剖面地震相解释(图4-13)，宜参1井钻遇灯影组台缘带，地震相表现为弱振幅、杂乱反射，与高石梯-磨溪地区台缘带丘滩体地震相很相似。该井西侧发育正断层，断层下盘可见强振幅、连续反射的斜坡-盆地相特征，且从台缘带向盆地方向可见前积现象；该井东侧可解释出断层控制的局部小断陷，反射层连续性较好，地层厚度明显小于两翼。

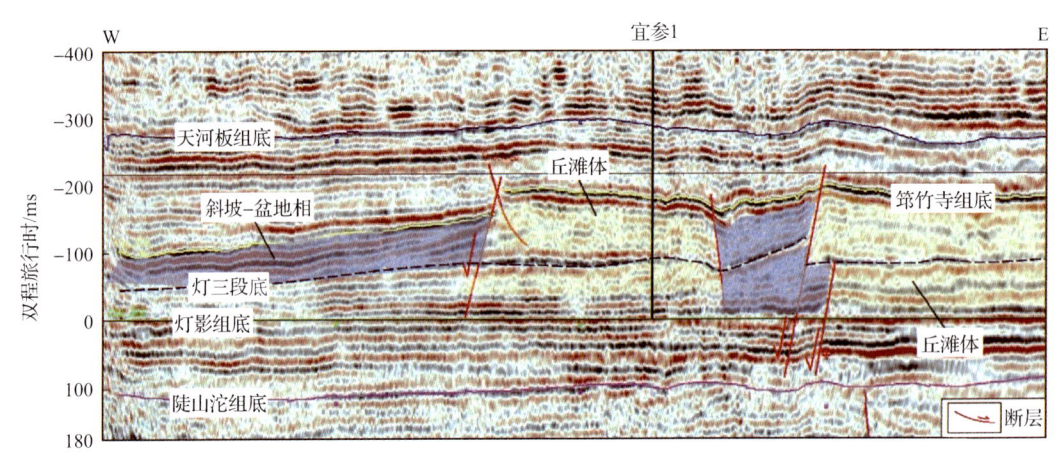

图4-13 过宜参1井地震剖面地震相解释

## 二、沉积相主要类型及特征

上扬子地区灯影组可划分为四段，灯一段—灯二段和灯三段—灯四段分别构成了三个完整的海侵-海退旋回，发育碎屑岩、碎屑岩-碳酸盐岩混积与碳酸盐岩三大沉积体系。

需要指出，与显生宙不同，处于隐生宙的震旦纪灯影期，大型骨架生物不发育，但细菌与低等藻类却非常繁盛且处于生物链的顶端。而且，当时扬子区处于干热古气候背景、冰室期文石海环境，因而形成并保存了大量丰富多彩、形态各异的微生物建隆。因此，从灯影组沉积时所处特殊的古地理环境与特殊沉积产物的角度，可使用广义礁的概念(Webby，2002)。即只要建隆具有丰富的微生物遗迹和抗浪构造，以及格架孔发育，可称为微生物(骨架)礁(microbial reefs)；建隆具有微生物遗迹和凝块、球粒状凝块、泡沫绵层、叠层、层纹、雪花状等构造，尤其是抗浪构造，以及格架孔发育，可称为微生物丘(microbial mound)；肉眼或放大镜观察不见微生物的各类微晶(即泥晶)碳酸盐岩所构成的建隆，可称为狭义灰泥丘(mud mound)(Monty，1995)。

表4-2概括了灯影组碳酸盐岩沉积体系中沉积相、亚相类型及相特征，现按相区分述如下。

表 4-2 上扬子地区灯影组碳酸盐岩沉积相类型及特征

| 相 | 亚相 | 代表岩性 | 颜色 | 组构构造 | 相特征 | 代表井/剖面、层位 |
|---|---|---|---|---|---|---|
| 台内断陷槽盆 | 槽盆上斜坡、下斜坡；浅水与深水欠补偿槽盆 | 槽盆上斜坡：跌积砾屑白云岩 槽盆下斜坡：瘤状白云岩与泥质纹层、泥质条带白云岩 浅水欠补偿槽盆：薄层泥质白云岩或重力流泥质白云岩，泥质泥晶白云岩与白云质泥岩烃源岩 深水欠补偿槽盆：泥页岩烃源岩 | 深灰、黑灰色、灰黑色 | 薄层-中厚层状 | 含泥泥晶白云岩，瘤状泥质泥晶白云岩，泥质纹层、泥质条带白云岩，呈带状展布 | 宁2井、长3井灯一段；荷深1井、高石17井灯二段 |
| 断陷侧翼台地边缘 | 微生物丘，小型微生物礁，颗粒滩、潮坪 | 凝块石白云岩，球粒状凝块石白云岩，泡沫绵层白云岩，叠层石、层纹石白云岩，雪花状白云岩，可夹薄层微生物(骨架)礁白云岩，以及砂砾屑、砂屑白云岩等 | 浅灰、灰白色 | 厚层、巨厚层-块状 | 富含微生物化石，呈带状展布的大型微生物丘滩体，可夹小型微生物礁 | 资4井、高科1井、高石1井等井灯二段、灯四段 |
| 开阔-局限-蒸发台地 | 灰泥丘，微生物丘滩，颗粒滩，云坪；丘滩间海；局限、蒸发潟湖及潮坪 | 球粒状凝块石格架白云岩，微晶凝块白云岩，泡沫绵层格架白云岩，叠层石、层纹石白云岩；砂砾屑、砂屑白云岩，核形石白云岩，硅质条带白云岩，含膏泥晶、泥晶白云岩，粉晶白云岩；结核状、层状硬石膏，含膏(结核、团块、晶体、假晶)泥晶与泥质泥晶白云岩，含砂泥质白云岩等 | 浅灰、灰白色、红色 | 厚层-中厚层-薄层 | 建隆规模小，无抗浪构造；建隆翼颗粒白云岩厚度薄，粒屑滩厚度也很薄。普遍见含膏泥晶白云岩，以及膏盐、岩盐 | 磨溪8井、磨溪10井、磨溪11井灯影组；威117井灯一段；高石18井、曾1井、会1井灯四段；滇东北会泽银厂坡剖面灯二段 |
| 克拉通边缘台地边缘 | 大型微生物礁、微生物丘，颗粒滩、潮坪 | 微生物(骨架)礁白云岩，凝块石格架白云岩，泡沫绵层白云岩，叠层石、层纹石白云岩，雪花状白云岩，鲕粒、核形石、砂砾屑、砂屑白云岩等 | 浅灰、灰白色 | 厚层、巨厚层-块状 | 微生物丰度最高，呈环带状展布的大型微生物礁滩体、丘滩体及颗粒滩体 | 先锋剖面灯二段，高家山剖面灯四段，遵义松林剖面灯一段 |
| 克拉通边缘斜坡-广盆(盆地) | 台地前缘上斜坡、下斜坡；浅水与深水欠补偿广盆 | 上斜坡：跌积砾屑白云岩构成环克拉通边缘碎石堆 下斜坡：含跌积砾屑碳酸盐岩，瘤状或泥质纹层、泥质条带碳酸盐岩，滑塌碳酸盐岩、浊积碳酸盐岩 浅水欠补偿盆地：薄板状、条带状泥质泥晶碳酸盐岩与泥页岩 深水欠补偿盆地：暗色泥页岩与暗色碳硅泥质页岩 | 深灰、黑灰、灰黑色 | 厚层、中厚层-薄层状 | 跌积砾屑白云岩，瘤状、薄板状泥质泥晶白云岩夹页岩，重力流碎石灰岩，砂质泥质白云岩，暗色泥岩、碳硅质泥岩 | 陕南李家沟剖面灯影组，秀山溶溪剖面灯二段，鄂西秭归三斗坪剖面灯三段，贵州剑河五河剖面灯影组 |

1. 克拉通内槽盆与两侧台地边缘相区

克拉通内槽盆与两侧台地边缘相，均属受同沉积断裂控制而形成的克拉通内地貌-沉积单元，相生相伴，缺一不可。前者为负向单元，发育于双断式同沉积正断裂的公共下降盘(公共上盘)，即裂陷中；后者为正向单元，发育于两侧同沉积正断裂的上升盘(下盘)。因裂陷内构造沉降快、陆源碎屑注入少和水体较深而出现欠补偿现象，沉积厚度约150～300m，主要发育槽盆相含泥泥晶白云岩、瘤状泥质泥晶白云岩夹白云质泥页岩等；但断陷两侧控边断裂上升盘却为浅水高能带，由底栖微生物群落及其生化作用建造，形成巨厚(650~1000m)台地边缘丘滩复合体。

1)台内断陷槽盆相

槽盆相及其中的浅水欠补偿槽盆、深水欠补偿槽盆亚相，均发育于槽盆强烈拉张裂陷与海平面快速上升阶段。灯一段—灯二段、灯四段沉积期的克拉通内槽盆，均从川北-秦岭海盆所在的平武、青川向南伸入克拉通盆地腹部，南抵高石 17 井、荷深 1 井附近，总体呈南北向展布。目前的实钻及地震资料，揭示了灯二段沉积期的槽盆上斜坡和下斜坡。

过高石 1—高石 17 井的地震剖面显示，灯三段、灯四段在高石 1 井以西被剥蚀；灯二段自高石 1 井向高石 17 井明显逐渐减薄，其中高石 17 井的残余厚度约 150m，且呈现连续-强振幅反射，表明自东向西依次发育槽盆上斜坡、下斜坡沉积。

荷深 1 井 5400~5755m 井段，钻遇灯二段，近井底取心第 4、5 筒，岩性均为具稀疏"葡萄、花边"构造的灰色含泥泥晶白云岩，没有丘建隆的任何证据[图 4-14(a)]；高石 17 井 5465~5000m 井段，也钻遇灯二段，岩屑均为灰色瘤状泥质泥晶白云岩，泥质含量明显高于荷深 1 井，且也具稀疏的"葡萄、花边"构造[图 4-14(b)、(c)]。综合它们的古地理位置、岩性特征，以及过井地震反射资料，认为荷深 1 井、高石 17 井分别为槽盆上斜坡、下斜坡亚相。而"葡萄、花边"构造，表明灯二段沉积后海平面大幅度下降而海水退出四川盆地，从而遭受了强烈的剥蚀与溶蚀作用。

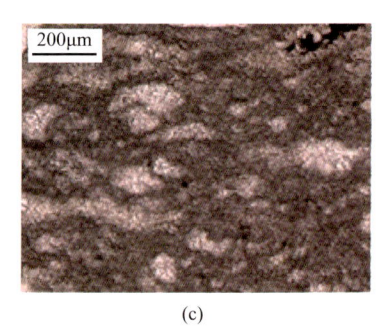

图 4-14 灯二段槽盆-斜坡亚相的沉积特征
(a)泥晶白云岩，具稀疏"葡萄、花边"构造，荷深 1 井，第 5 筒心，5753.17m；
(b)、(c)瘤状泥质泥晶白云岩，高石 17 井，5465~5470m，单偏光

需要指出，在经历了桐湾 I 幕对灯二段的暴露剥蚀与风化壳岩溶作用后，上扬子再次拉张裂陷，德阳-安岳克拉通内裂陷再次形成，灯三段发育了一套以欠补偿槽盆相黑色泥岩、硅质岩夹泥质泥晶白云岩、粉砂岩为主的地层。灯四段沉积期，克拉通内裂陷继承性发育，沉积物可能类似于高石 17 井的灯二段。但灯三段、灯四段在磨溪-高石梯西侧的荷深 1 井、高石 17 井区和资阳、雅安、宝兴、成都、绵竹，以及黔北遵义、长宁、泸州等地被剥缺，因而难以找到槽盆相以及川西北部台地相的岩石学与沉积学证据。被剥蚀的原因，应与桐湾 II 幕运动强烈隆升所导致的剥蚀、溶蚀作用有关。

2)断陷两侧台地边缘相

该相带为克拉通内大型丘滩体的发育相带。其突出特点是，繁盛的底栖微生物群落

# 第四章 震旦纪构造-岩相古地理

及其生物化学作用建造了具抗浪构造的大型丘滩复合体，形成形态与产状各异、微生物成因的凝块石、泡沫绵层、叠层石、层纹石格架白云岩，以及砂砾屑、砂屑白云岩，并可夹小型微生物礁白云岩。其中，以这些岩石类型的组合最为常见，凝块石格架白云岩最为突出，从而构成区别于显生宙的显著特色。

通常，凝块石格架白云岩夹微生物(骨架)礁白云岩，均发育在建隆核。但泡沫绵层格架白云岩既可发育在台地边缘建隆核，也可发育在台内；叠层石、层纹石格架白云岩既可作为台地边缘建隆的重要微相组成而发育在建隆的顶部，也可单独而广泛地发育在台地平坦的浅水区；而各类颗粒白云岩，既可作为建隆的重要微相组成而发育在各类建隆的翼部，也可单独发育成台缘浅滩。这些均构成了四川盆地灯影组的最有利储集岩相带。

地球物理资料显示，在德阳-安岳台凹与两侧台地的过渡带，明显具有坡折带或断裂坡折带的地震响应，(断裂)坡折带下倾方向为槽盆相、上倾方向为台地边缘相，构成槽盆-(断裂)坡折带-台地边缘丘滩复合体组合，揭示台地类型属典型的克拉通内镶边台地。自北而南，北段(阆中、盐亭、射洪)的坡折带缓坦；中段裂陷东、西两侧的坡折带均清晰，走向近南北，且东侧磨溪-高石梯地区为陡倾断裂坡折带(图4-15)，尤其是灯四段自南东向北西的进积现象，指示了德阳-安岳槽盆这一深水区的存在，尽管该槽盆中灯三段—灯四段均被剥蚀殆尽；南段目前尚未识别出坡折带反射，且其走向较模糊。

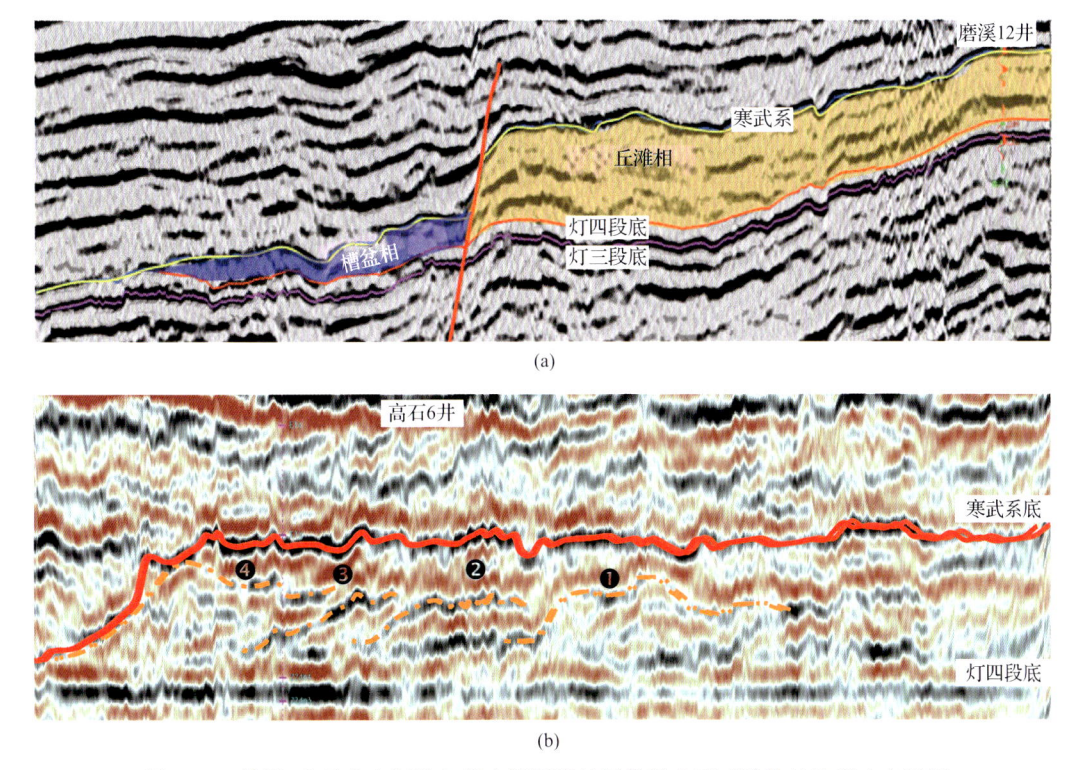

图 4-15 德阳-安岳台内断陷与其东侧断裂坡折带及大型丘滩体的地震响应特征
(a)过蓬莱南测线三维叠前时间偏移剖面，清晰揭示了槽盆—断裂坡折带—台地边缘大型丘滩复合体三元结构；
(b)过高石6井三维地震剖面，反映了克拉通内槽盆东侧台地边缘大型丘滩复合体向西进积的现象(❶→❹)

德阳-安岳台内断陷西侧资 4 井，钻遇灯二段连续厚度达 120m 的台地边缘浅滩相白云岩；槽盆东侧磨溪-高石梯，实钻揭示灯二段、灯四段普遍发育凝块石格架、泡沫绵层格架和叠层石白云岩等构成的大型微生物丘(图 4-16)。

图 4-16　德阳-安岳台内断陷东侧灯二段、灯四段台缘大型丘滩体的发育特征

(a)、(b)凝块石格架白云岩，发育格架溶蚀孔洞，依次为磨溪 9 井和高石 6 井，井深分别为 5033.81～5033.91m 和 5035.76～5035.84m，均为灯四段上储层段，岩心照片；(c)凝块石格架白云岩，发育格架溶蚀孔洞，高科 1 井，5032m，灯四段，单偏光；(d)泡沫绵层格架白云岩，发育格架溶孔，高科 1 井，5446m，灯二段，(粉红色)铸体单偏光；(e)叠层石-层纹石格架白云岩，发育顺层溶蚀孔洞，高科 1 井，5158m，灯四段，岩心照片；(f)砂屑白云岩，微生物丘丘翼，发育针状溶孔，高石 1 井，4956.7m，灯四段，岩心照片

资 4 井钻遇德阳-安岳台内断陷西侧灯二段台缘带丘滩复合体，与下寒武统麦地坪组不整合接触。灯二段下部为由鲕粒、砂屑组成的浅滩，向上过渡到叠层石纹层潮坪相沉积。高石 1 井位于德阳-安岳台内断陷东侧台缘带，钻穿灯影组(图 4-17)。其中，灯一段+灯二段厚度为 560m，底部为混积陆棚沉积的泥质白云岩；下部为微晶凝块白云岩夹泥质白云岩、硅质白云岩，夹砂砾屑白云岩，属于丘滩间海与丘滩互层沉积产物；中上部发育微生物丘滩复合体，由纹层状藻微晶凝块白云岩夹砂屑白云岩组成。灯四段台缘带丘滩复合体，厚度为 260m，由凝块石、叠层石、纹层石白云岩夹砂屑白云岩组成。

2. 克拉通内开阔-局限-蒸发台地相区

开阔、局限、蒸发台地相发育在广阔台地内部的灯一段—灯二段和灯四段，其周缘被克拉通内台缘、克拉通边缘台缘大型丘(礁)滩体、颗粒滩体所围限。

开阔台地相主要包括台内微生物丘滩体与丘滩间海两个亚相，其分布可能为两者相间或台内微生物丘滩体呈星散状分布在丘滩间海中。其突出特点：一是古地貌高部位上微生物建隆规模小、无抗浪构造，建隆类型仅为球粒状凝块石、泡沫绵层、叠层石、层纹石格架白云岩，建隆翼颗粒白云岩厚度薄，粒屑滩厚度也很薄；二是以古地貌低部位

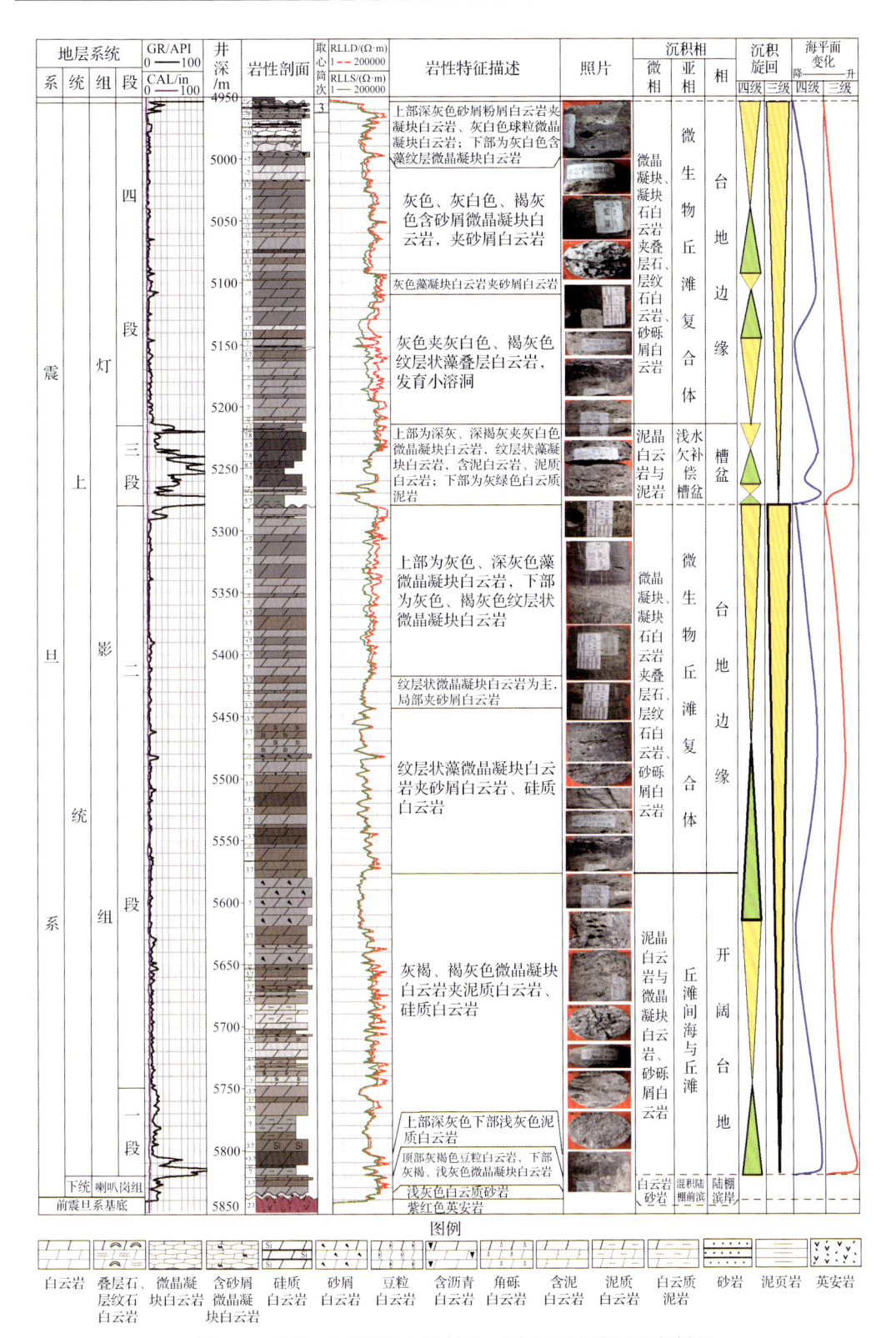

图 4-17 德阳-安岳裂陷东侧高石 1 井灯影组沉积相柱状剖面

的丘滩间海亚相泥晶白云岩最为醒目,如峨边先锋剖面,灯二段富藻层上部及磨溪8井、磨溪10井和磨溪11井灯影组。

局限与蒸发台地相,包括地势低洼的局限潟湖、蒸发潟湖及地势较高且缓坦的蒸发潮坪三个亚相,前两者的水体均较深,后者水体浅。①局限潟湖一般以含板状硬石膏晶体或假晶的泥晶白云岩为特征,如滇东北会泽银厂坡剖面灯二段、川中高石梯构造高石6井、高石18井等灯四段,以及川北旺苍正源剖面灯影组等。②蒸发潟湖以发育膏盐岩为特征,如灯一段,在蜀南长宁地区宁2井发育厚达240m的膏岩、岩盐和30m厚的膏云岩,在长3井发育36m厚的膏岩、盐岩,并向南在云南镇雄露头剖面也发育膏盐岩;灯四段,在川北曾1井和会1井巨厚白云岩中分别夹有厚12.5m、23.5m的膏盐岩。它们的成因可能均与克拉通内台缘、克拉通边缘台缘巨大丘滩体障壁所导致的海水循环受限与周期性封闭有关。③蒸发潮坪以含硬石膏结核、团块的泥晶白云岩为标志,如威117井灯一段发育厚约60m的含硬石膏结核、团块(已去膏化而成为白云石)白云岩,并可见部分硬石膏被溶解后形成的溶蚀孔洞。该井为川西南的一口全取心井,完整记录了陡山沱组蒸发潟湖与灯一段蒸发潮坪、灯二段局限-开阔台地、灯三段碎屑岩陆棚及四段开阔台地的沉积演化。

3. 克拉通边缘台地边缘与斜坡-广盆相

1)克拉通边缘台地边缘相

灯一段—灯二段和灯四段的克拉通边缘台缘相带,均大致沿峨边、康定、北川、青川、宁强、汉中、镇巴、城口、奉节、恩施、咸丰、黔江、湄潭呈环带状展布。不同的是,灯四段的克拉通边缘台缘相带进一步向外进积增生。

由于该相带背靠克拉通、面向广海而古地貌位置高、波浪作用强,具有以下突出特点:一是微生物(骨架)礁与微生物成因凝块石、泡沫绵层等格架白云岩极为发育、抗浪构造典型、滩体厚度大,微生物礁滩体、丘滩体规模宏伟;二是岩石中微生物含量、高能相带展布规模(如高度、宽度)远大于克拉通内台缘的。它们还具有溶蚀孔洞、孔隙的发育程度高于克拉通内台缘,并受原始沉积组构(礁骨架孔、粒间孔)控制的特点。陕南汉中高家山剖面灯影组和峨边先锋剖面灯二段可作为典型代表(图4-18)。

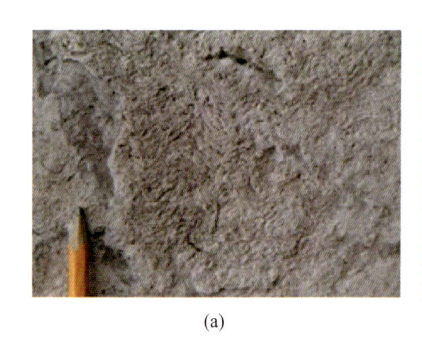

(a) (b) (c)

图4-18 上扬子克拉通边缘台缘带灯影组微生物岩建隆的发育特征

(a)微生物(骨架)礁白云岩,陕南高家山剖面,灯四段;(b)微生物(骨架)礁白云岩,峨边先锋剖面,灯二段;
(c)微生物成因的凝块石格架白云岩,峨边先锋剖面,灯二段

2) 克拉通边缘斜坡-盆地相

在上扬子克拉通边缘斜坡，其沉积可概括为三类：一是浅灰、黑灰色薄板状泥质泥晶白云岩与重力流砂质白云岩，如陕南李家沟剖面灯影组；二是斜坡重力流石灰岩，如秀山溶溪剖面灯二段、鄂西秭归三斗坪剖面灯三段(石板滩段)；三是厚度薄、具欠补偿特征的泥质泥晶白云岩、泥岩，如贵州剑河五河剖面灯影组，总厚仅20m(灯一段—灯二段、灯三段分别厚约5m，灯四段厚约10m)。其中，灯二段中均不见大气淡水溶蚀成因的"葡萄、花边"构造。

广盆相分布在斜坡相的外缘，主要为黑灰、棕色泥质烃源岩、层状硅岩等，如川西海盆、秦岭海盆和湘桂海盆。

### 三、灯一段+灯二段沉积期岩相古地理

灯影组沉积期上扬子地区基本上继承了陡山沱组沉积期的古地理格局，以碳酸盐岩沉积为主，是中国南方地区第一次大规模的碳酸盐岩台地发育期。

灯一段岩性以块状白云岩为主，贫菌、藻类，厚30~160m。灯二段与灯一段连续沉积，岩性以富藻白云岩、葡萄花边状构造为主，厚350~550m。由于地震资料上很难将二者区分开，且钻井资料稀少，故将灯一段与灯二段合并成图。井震结合编制灯一段+灯二段残余地层厚度图，可见上扬子地区厚度为20~1100m，江油—绵阳—资阳一带厚度明显减薄，厚度小于200m。中扬子地区厚度为200~500m，巫山—巴东—慈利一带厚度小于100m。

按照优势相及综合地层厚度变化编制出灯一段+灯二段沉积期岩相古地理图(图4-19)，清晰展示出两个相互独立的镶边台地。上扬子克拉通主体位于四川盆地，其间发育德阳-安岳台内断陷。中扬子克拉通主体位于鄂西地区，两个台地之间发育鄂西台内断陷。台地外围为台缘斜坡和深水海盆，沉积物主要为一套灰泥质白云岩或硅质泥岩、硅质岩。台地以西的川西海盆在平武一带可见较深水的白云质灰岩夹深灰色板岩、千枚岩。台地以北的秦岭海盆在城口一带发育巨厚的灰黑色硅质岩。台地东南缘为台缘斜坡-海盆，在秀山、松桃地区可见灰色、灰黑色含磷泥页岩夹白云质灰岩、硅质白云岩，属于台缘斜坡沉积；在怀化中方、江口、桂北三江地区发育厚层硅质岩，属于深水海盆沉积。

1. 上扬子克拉通

灯影组灯一段+灯二段沉积前的古地形，如德阳-安岳台内断陷及零星分布的古岛链，对岩相古地理展布有显著的控制作用。上扬子克拉通岩相古地理主要由碳酸盐岩台地、德阳-安岳台内断陷两大古地理单元构成。台地边缘及台内断陷侧翼的高能环境均发育规模较大的丘滩复合体，环绕台地分布，共同构成了上扬子地区的镶边台地。台地内部则发育规模较小的台内丘滩体及滩间洼地，呈现独特的"星罗棋布"古地理景观(图4-19)。

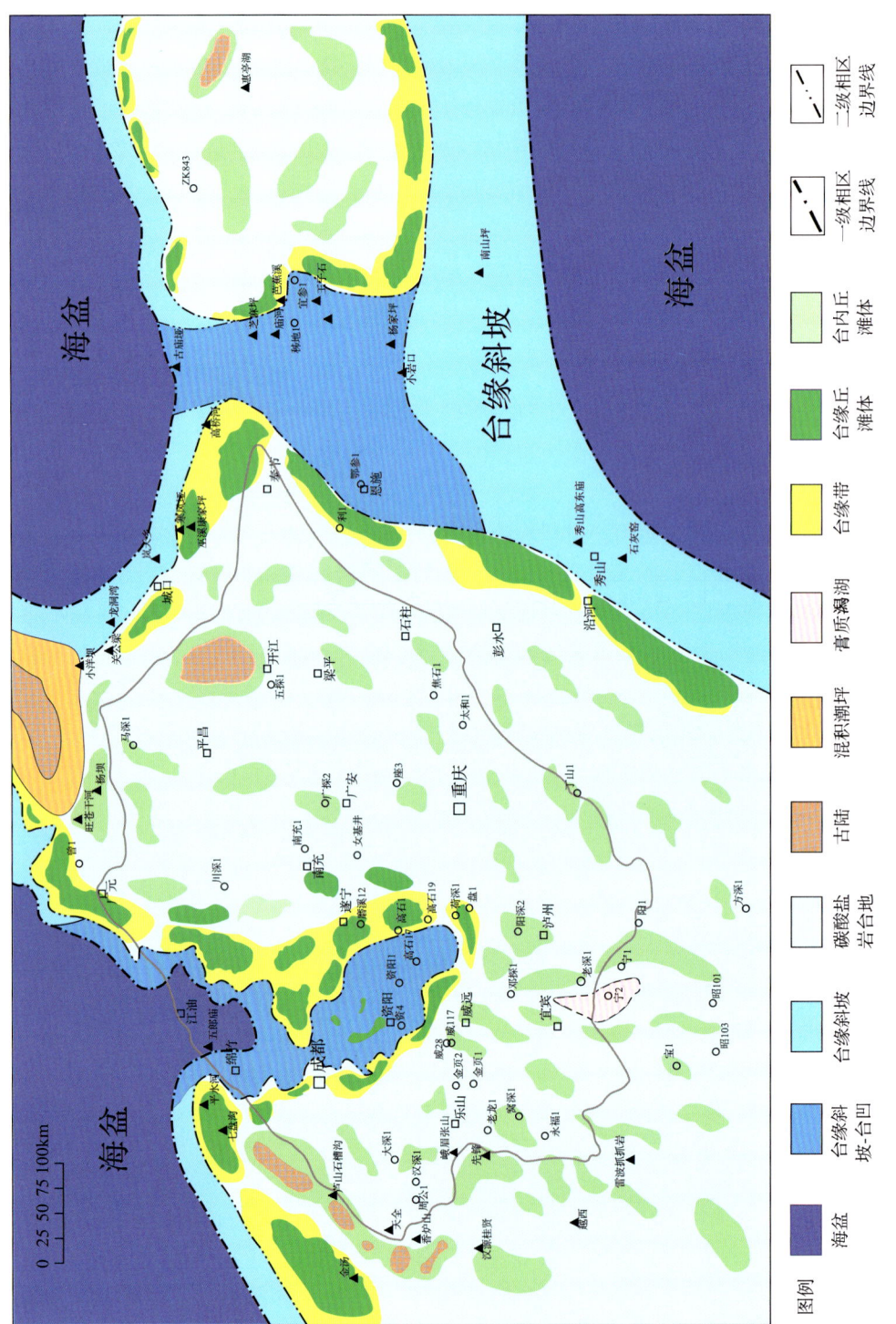

图 4-19　上扬子地区灯影组灯一段+灯二段沉积期岩相古地理图

1) 碳酸盐岩台地

碳酸盐岩台地以局限台地为主，局部发育蒸发潟湖及潮坪。台地内受微古地形控制，在微古地形高部通常发育菌藻类灰泥丘及颗粒滩体构成的丘滩复合体。在峨边先锋剖面，灯二段灰泥丘可以进一步划分为丘核、丘盖和丘基(图4-20)。丘核为泥晶白云岩，见少量藻格架白云岩；丘盖一般为含藻纹层的泥晶白云岩；丘基为砂屑滩或早期的灰泥丘。丘滩复合体之间发育滩间洼地，水体较深，发育含泥的白云岩沉积。在大型丘滩体所围限的滩间洼地，丘滩体障壁作用可形成蒸发潟湖、蒸发潮坪，以云膏盐、膏盐岩、盐岩

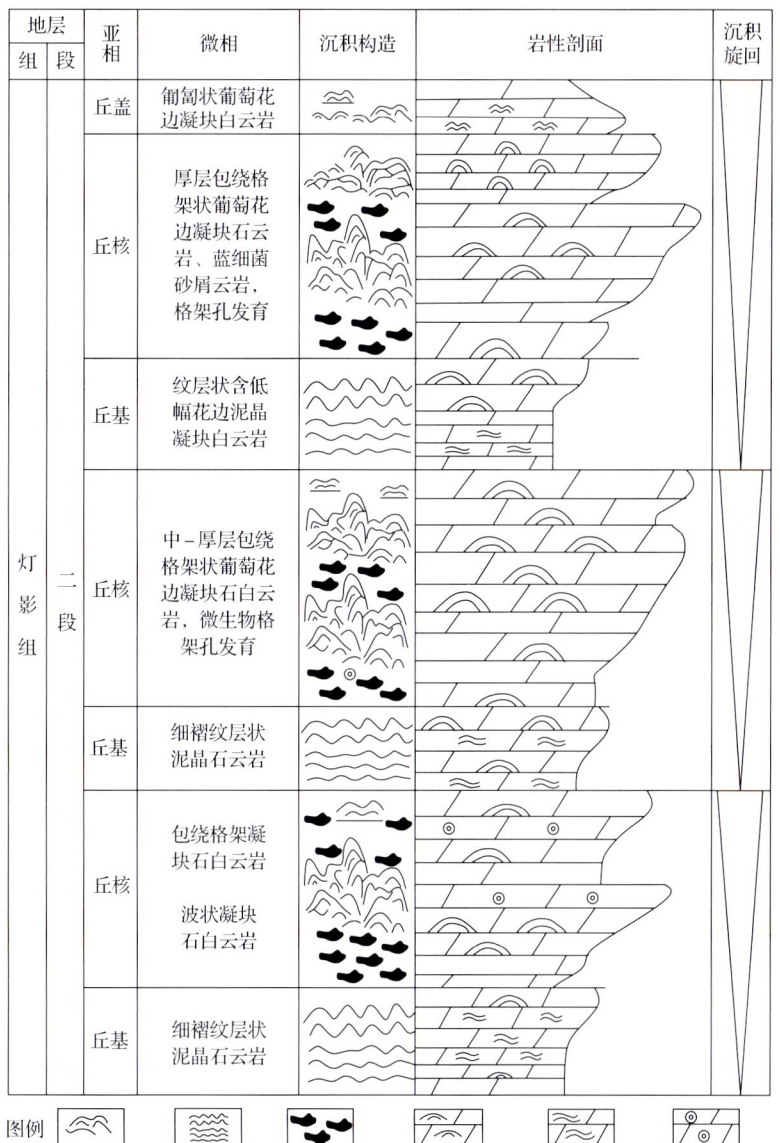

| 地层 | | 亚相 | 微相 | 沉积构造 | 岩性剖面 | 沉积旋回 |
|---|---|---|---|---|---|---|
| 组 | 段 | | | | | |
| 灯影组 | 二段 | 丘盖 | 匍匐状葡萄花边凝块白云岩 | | | |
| | | 丘核 | 厚层包绕格架状葡萄花边凝块石云岩、蓝细菌砂屑云岩，格架孔发育 | | | |
| | | 丘基 | 纹层状含低幅花边泥晶凝块白云岩 | | | |
| | | 丘核 | 中-厚层包绕格架状葡萄花边凝块石白云岩，微生物格架孔发育 | | | |
| | | 丘基 | 细褶纹层状泥晶石云岩 | | | |
| | | 丘核 | 包绕格架凝块石白云岩；波状凝块石白云岩 | | | |
| | | 丘基 | 细褶纹层状泥晶石云岩 | | | |

图例：叠层石构造、纹层状构造、包绕状构造、叠层石白云岩、层纹石白云岩、核形石白云岩

图4-20　先锋剖面灯二段微生物丘滩沉积序列

发育为特征。如威远地区威117井灯影组全取心，完整记录了灯影组灯一段蒸发潮坪、灯二段半局限-开阔台地、灯三段碎屑岩陆棚及灯四段台地的沉积演化。其中，威117井灯一段发育厚约60m的含硬石膏结核、团块(已被白云石交代)白云岩，并可见部分硬石膏被溶解后的残余孔洞。长宁地区宁2井灯一段发育240m厚的膏盐岩和30m厚的膏云岩；云南会泽银厂坡剖面，灯二段普遍含针状或柱状硬石膏晶体白云岩。

2) 台缘带丘滩体复合体

台缘带丘滩体复合体发育于台地边缘及台内断陷翼部高能环境，海水较浅、气候温暖，有利于菌藻类繁盛，发育大量具葡萄花边构造的含菌藻类白云质灰泥丘-藻丘。藻丘具有一定抗浪性，在破浪作用下，藻丘碎屑与藻丘形成丘滩复合体。四川盆地周缘露头区，如川北杨坝、川西汶川七盘沟、云南会泽、渝东彭水、利川等地，均可见大型藻丘及丘滩复合体，高达20~40m。德阳-安岳台内断陷台缘带钻井揭示形态与产状各异、微生物成因的凝块石、泡沫绵层、叠层石、层纹石格架白云岩，以及砂砾屑、砂屑白云岩，如断陷西侧台缘带的资4井钻遇灯二段连续厚度达120m的滩相白云岩；断陷东侧台缘带高石1井钻遇厚达430m的灯二段，下部发育灰褐色微晶凝块白云岩、砂屑白云岩夹泥晶白云岩、硅质白云岩，为丘滩与滩间海互层沉积；上部为微晶凝块白云岩、纹层状凝块白云岩夹叠层石、砂屑白云岩，为微生物丘滩复合体沉积。

3) 台内断陷

德阳-安岳台内断陷在陡山沱组沉积期已具雏形，灯影组灯一段+灯二段沉积期向克拉通内延伸至高石梯地区。台内断陷沉积相包括上斜坡相、下斜坡相、槽盆相。上斜坡相以发育叠积砾屑白云岩为特征；下斜坡相表现为瘤状白云岩与泥质纹层、泥质条带白云岩；槽盆相表现为薄层泥质白云岩或重力流泥质白云岩、泥质(泥晶)白云岩与白云质泥岩。

4) 古陆或古岛屿

灯一段+灯二段沉积期，四川盆地西南缘可见古陆或古岛屿零星分布。研究表明，川东北地区也存在规模较大的宣汉-开江古陆(谷志东等，2016)，面积约1.6万km$^2$。该古陆钻探五探1井，完钻井深8060.00m，钻穿震旦系进入前震旦系(未穿)。该井钻遇灯影组总厚度为303m，远小于川中地区灯影组厚度。地层对比表明，灯四段、灯三段发育完整，岩性可与川中地区对比。灯二段仅厚15m，岩性以泥-粉晶白云岩、砂屑云岩为主(图4-21)。缺失震旦系底部灯一段和陡山沱组，灯二段下伏为厚层碎屑岩。碎屑岩岩性为灰绿色泥质粉砂岩、粉砂岩、凝灰质泥岩互层，8021m、8022m井深取样分析锆石主峰年龄为708~754Ma，最年轻年龄超过635Ma，据此推测为南华系。综合分析表明，该古陆在陡山沱组沉积期就已存在，灯影组沉积早期古陆区继承性发育，缺失灯一段及大部分灯二段，仅在灯二段沉积晚期开始接受碳酸盐岩沉积，古陆消失。

2. 城口-鄂西台内断陷

城口-鄂西台内断陷在早震旦世陡山沱组沉积期就已形成，上震旦统灯影组沉积期继承演化。灯影组岩性为陆棚-斜坡相泥-粉晶白云岩、硅质白云岩，发育平行层理、水平

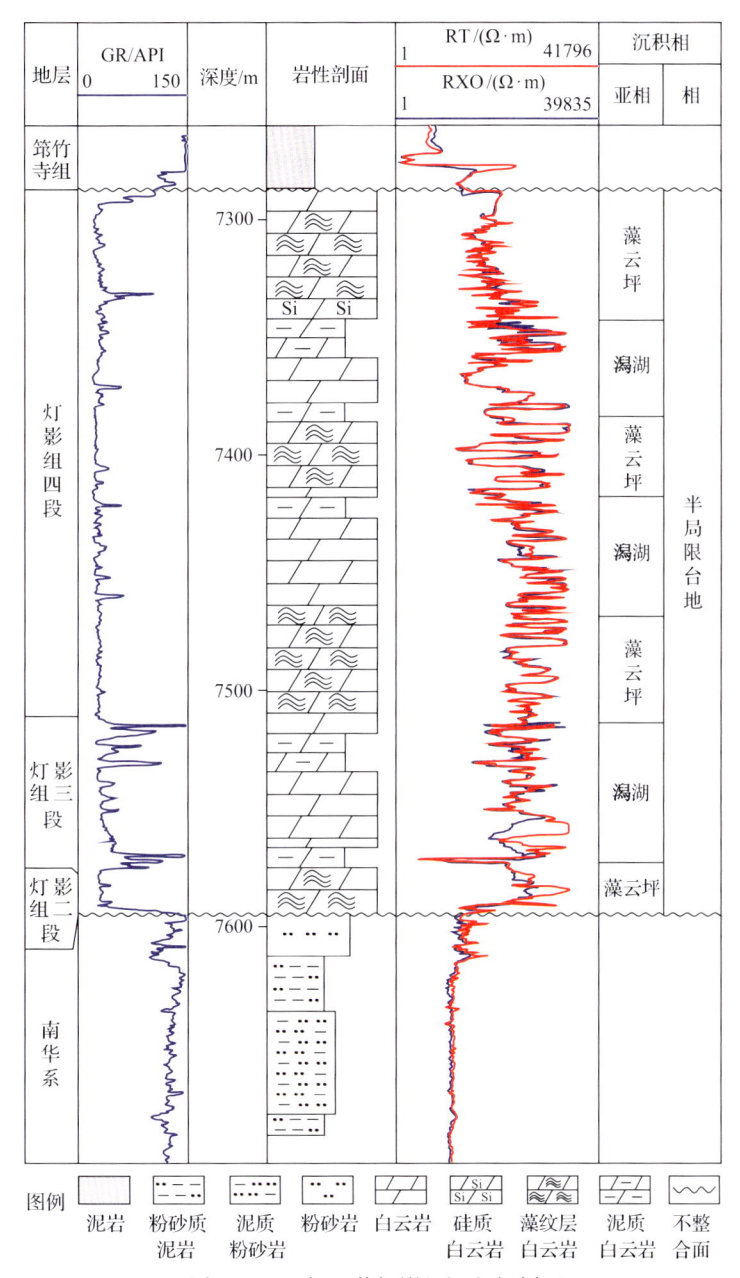

图 4-21 五探 1 井灯影组沉积相剖面

层理，可见包卷层理及滑动构造，厚度一般为 100～150m，与台缘带差异明显。

断陷内的石门杨家坪剖面灯影组可划分四段，灯四段为大套灰色中厚层状泥晶白云岩，水平层理发育，层间夹有硅质岩的条带或硅质岩透镜体，夹有厚约 3m 的滑动构造及包卷层理、竹叶状碎屑白云岩，厚 93m；灯三段为灰黑色中厚层状泥晶硅质白云岩与薄层泥质硅质白云岩互层，夹薄层碳质页岩，厚 14.68m；灯一段+灯二段为灰黑色中-薄层状泥晶硅质白云岩，夹薄层碳质页岩，具泥-粉晶结构，水平层理发育，厚 68.72m。恩施鄂参1井钻遇灯影组厚度仅有92.5m，灯四段为灰色泥晶云岩，见硅质及燧石团块，厚56.0m；灯三段为灰黑-黑色硅质页岩与白云质页岩，厚10.5m；灯一段+灯二段为灰绿色白云岩及白云质灰岩，厚26.0m；陡山沱组以灰黑-黑色页岩、灰绿色泥岩为主，厚65.5m。断陷西侧台缘带的利1井，灯影组厚度达833.5m，岩性为大套微生物(骨架)礁白云岩、凝块石格架白云岩，叠层石、层纹石白云岩，砂砾屑、砂屑白云岩等，表现出显著的高能环境沉积特征。

3. 中扬子孤立台地

中扬子地区指秦岭海槽以南、湘黔桂海盆以北、鄂西恩施—龙山一线以东的湖北省和湖南省大部分地区。灯影组沉积期古地理整体继承了陡山沱组沉积期的主要特点，呈现为四周被较深水所包围的孤立台地。台地周缘发育台缘带，主要沉积为砂屑滩和菌藻类白云质灰泥丘。台地内部发育碳酸盐潮坪相和局限台地相。碳酸盐潮坪相以泥粉晶白云岩、粉晶白云岩夹藻叠层白云岩、砂砾屑白云岩、核形石、凝块石、鲕粒白云岩等为主要沉积，发育潮汐层理、槽状交错层理、羽状交错层理、藻纹层及"鸟眼"等沉积构造。潮坪相外围为宽广的局限台地相区，主要沉积物为鲕粒白云岩、核形石白云岩、凝块石白云岩和具水平层理、波纹层理和沙纹层理的泥粉晶白云岩，局部夹页岩和粉砂质泥岩，其内部常发育以亮晶鲕粒白云岩、核形石白云岩和微晶-粉晶白云岩为主的浅滩和滩间沉积。

**四、灯三段沉积期岩相古地理**

灯三段沉积期是岩相古地理变革的重要时期。灯二段沉积末期，上扬子地区发生了以上升运动为主的桐湾运动Ⅰ幕，露头及钻井剖面均可见灯三段富含泥质的碎屑岩及碳酸盐岩假整合于灯二段含藻白云岩之上，厚度稳定，多在30~50m，岩性变化较大。由于灯三段厚度小，地震剖面上除灯三段底界面表现为连续性较好的强反射之外，地层内部能够反映岩性变化的地震信息缺乏，因而本节没有开展岩相古地理图件的编制。

灯三段沉积期，随着海平面上升，上扬子地区进入海侵期。由于大量陆源物质的输入，抑制了碳酸盐岩的发育，使上扬子地区沉积环境演变为以陆源碎屑为主的局限海环境。南江杨坝剖面，灯三段为近物源的含砾长石石英砂岩，与下伏灯二段风化壳型白云岩假整合接触。川西-滇东地区灯三段为紫红色灰质泥岩、灰质砂岩；川南-黔北地区灯三段为蓝灰色泥岩，磨溪—高石梯—龙女寺一带灯三段为灰黑色泥岩、砂质泥岩。中扬子地区灯三段为硅质云岩，与灯二段为连续沉积。由此可见，灯二段沉积期末上扬子地区发生了不均衡升降运动，总体呈现西高东低，西部剥蚀、东部连续沉积的特点。

潮坪潟湖相沉积广泛分布于上扬子克拉通盆地区(图4-22)，上扬子克拉通东西两缘为潮坪沉积，潮坪沉积之间为潟湖相沉积，岩性为泥质白云岩、细砂岩、粉砂质泥岩。上扬子克拉通东缘沉积区主要为台缘斜坡相，随着水体逐渐变深，岩性也从单一的白云岩沉积变为白云岩和硅质岩沉积。从台缘斜坡向东南方向过渡为斜坡盆地相，该相区水体很深，岩性为硅质岩，反映了深水沉积的特征。

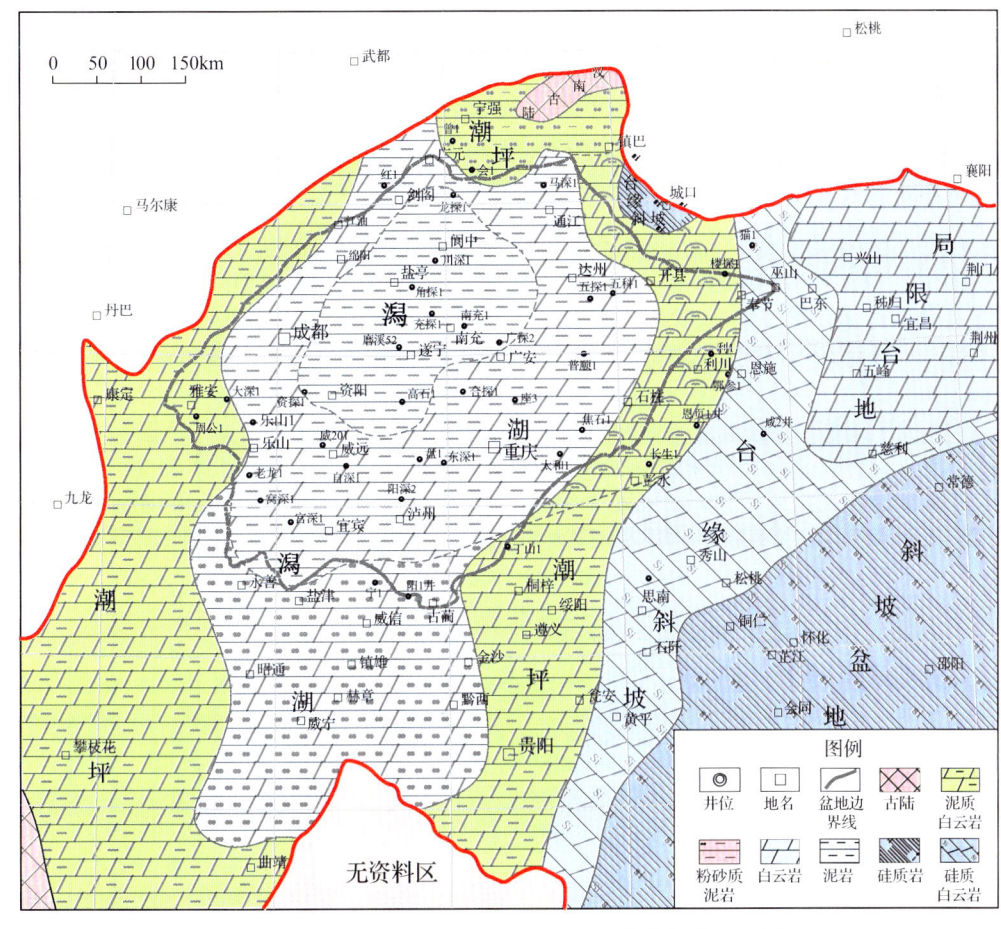

图 4-22　上扬子地区灯影组三段沉积期岩相古地理图

## 五、灯四段沉积期岩相古地理

灯四段与灯二段为连续沉积，是海侵之后高位体系域产物，对应的是上扬子地区又一个大规模碳酸盐岩台地的重要时期。灯四段残余地层厚度为50～600m，岩相古地理特征表现为两个台内断陷分割的三个碳酸盐岩台地(图4-23、图4-24)，台地具有镶边台地特征。

由图4-23和图4-24可见，灯四段岩相古地理格局与灯二段相似，相带展布均为克拉通内断陷与其两侧镶边台缘—开阔台地—局限台地—蒸发台地，以及克拉通边缘镶边台缘、斜坡和海盆。其岩相古地理特点如下。

(1)四川盆地及周缘灯影沉积期岩相古地理的总体特征，表现为川黔碳酸盐岩台地被川西-南秦岭、巫山-保靖、湘桂所在的斜坡-海盆所环绕。

(2)该时期岩相古地理的突出特点，表现为克拉通边缘镶边台缘(沿峨边—康定—北川—青川—宁强—汉中—镇巴—城口—奉节—恩施—黔江—遵义)呈环带状发育，克拉通内镶边台缘(沿德阳—资阳—威远—安岳—阆中—广元)呈"U"形展布。

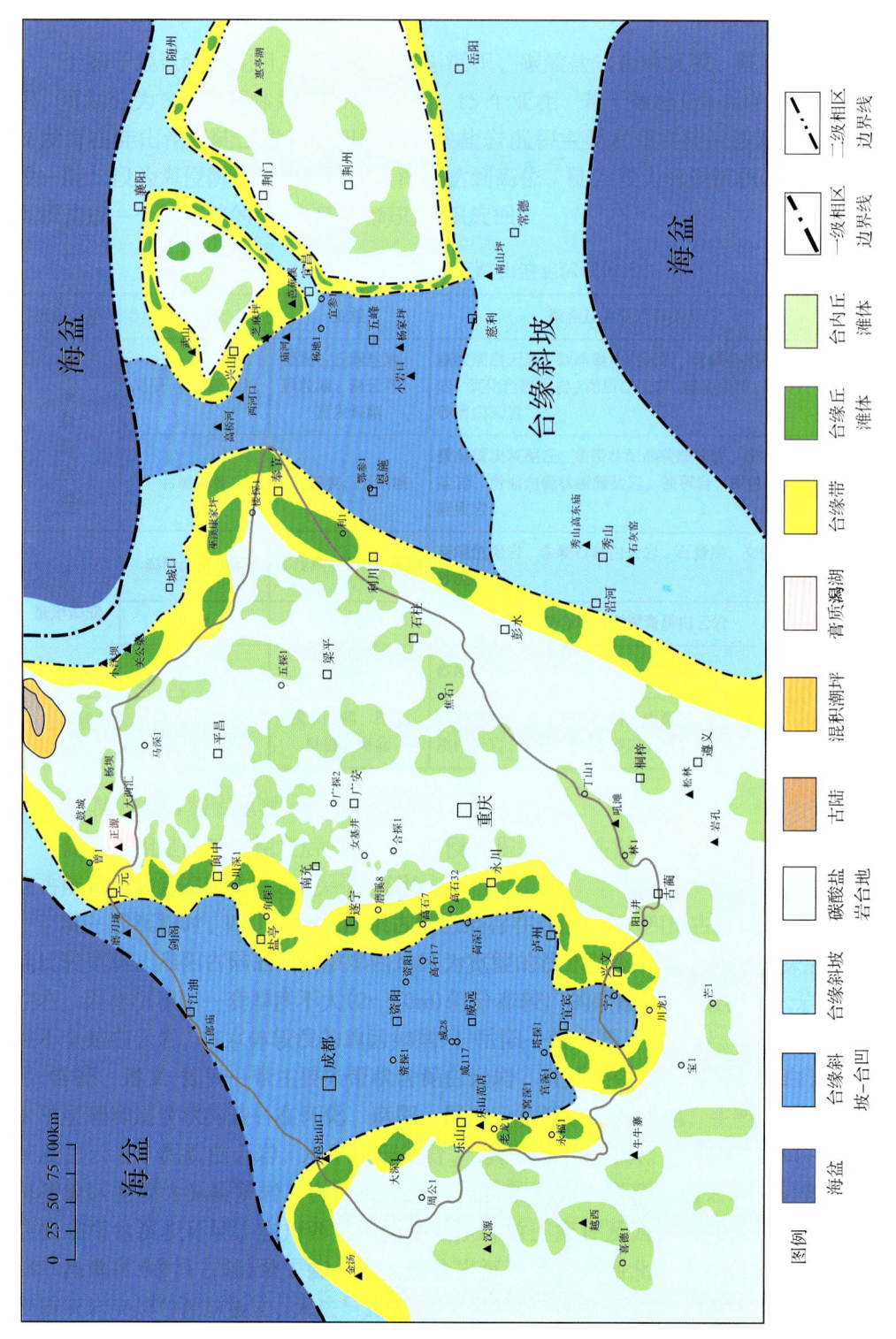

图 4-23　上扬子地区灯影组四段沉积期岩相古地理图

第四章 震旦纪构造-岩相古地理

图4-24 上扬子地区灯影组沉积剖面

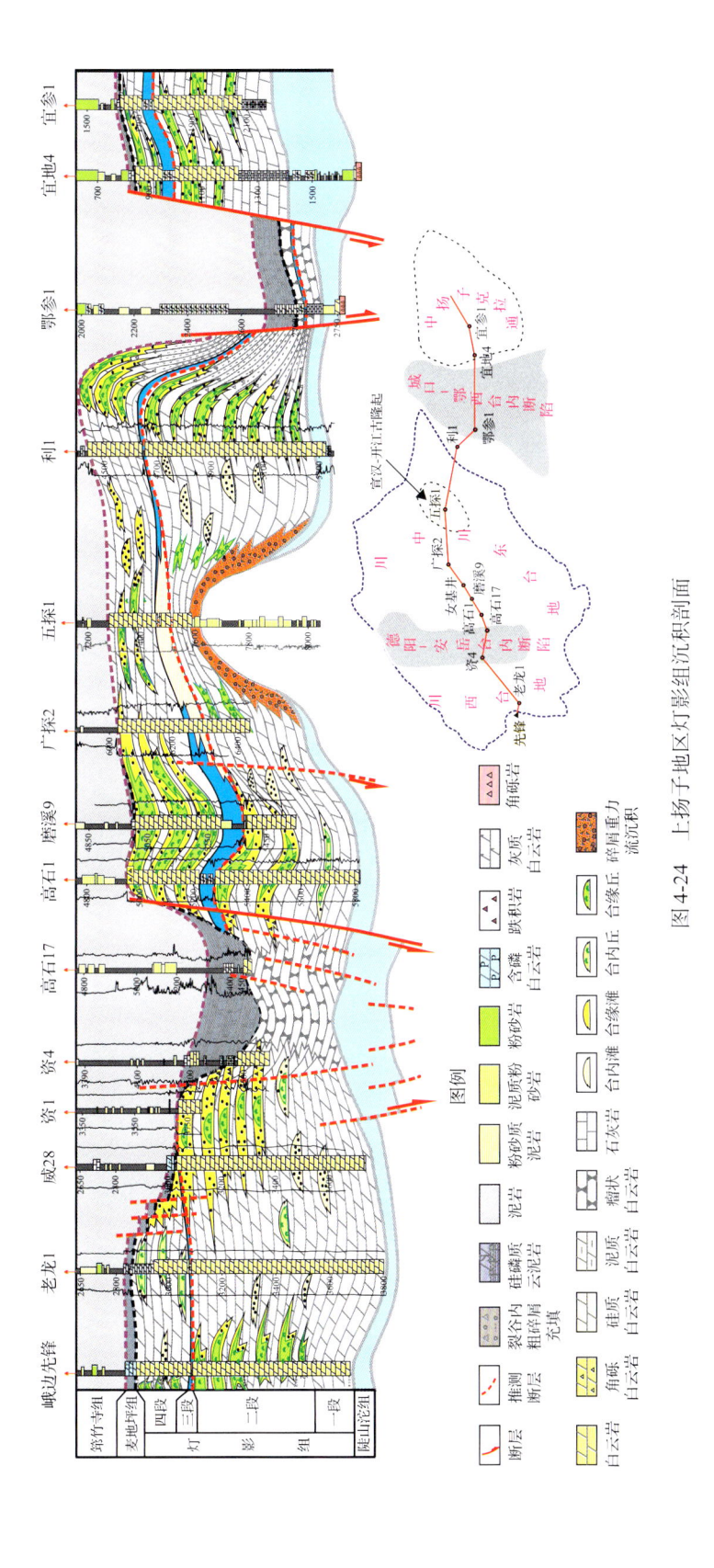

(3) 无论是克拉通边缘还是克拉通内镶边台缘，均受控于被动大陆边缘背景、同沉积控边断裂活动与沉积作用。其中，控边断裂下降盘与沉积作用，控制了斜坡-盆地与克拉通内槽盆的发育和展布；控边断裂上升盘控制了碳酸盐岩台地，尤其是台缘高能带的发育和展布。

(4) 尽管震旦纪生物与显生宙迥然不同，但其形成环境、发育机制却具有相似性，即适宜的水深、清澈的水体、很强的光合作用、面向广海、很强的波浪作用、丰富的养料供给等，无疑有利于生物的繁衍、繁盛。

灯四段沉积期古构造格局整体继承了灯二段，但构造活动性进一步增强，使灯四段岩相古地理与灯二段相比表现出特殊性。

①沉积范围看，灯四段沉积期，随着海侵不断扩大，早期古陆逐渐消失，台地范围覆盖了整个上扬子克拉通。但在川北地区曾1井和会1井分别发育12.5m和23.5m的蒸发潟湖-蒸发潮坪相膏盐岩、白云质膏盐及膏质白云岩，其成因可能与北部克拉通边缘台缘、西侧克拉通内台缘巨大丘滩体障壁所导致的海水循环不畅有关。

②灯四段沉积期水体相对较深，不利于菌藻类的繁盛，菌藻类纹层不发育，主要为泥粉晶白云岩和少量砂屑白云岩，普遍含硅质条带或硅质团块。台地边缘规模较小，台内断陷继承性发育，主要以含泥岩沉积为主，厚50~100m。

③构造活动性增强，导致早期规模较大的碳酸盐岩台地被分割成多个孤立台地。德阳-安岳台内断陷不断向台地腹部延伸，台内断陷沉积范围不断扩大，将上扬子克拉通进一步分割。中扬子地区早期的孤立台地继承性发展，台地西北部台缘带特征更加明显。深部构造运动带来的硅质热流体活动比较强烈，导致灯四段厚层泥微晶白云岩中普遍发育硅质条带或硅质团块。

## 六、克拉通内裂陷台缘带沉积模式

碳酸盐岩台缘带水体能量强、阳光充足，有利于生物礁、微生物丘滩体、颗粒滩沉积，常常形成礁滩复合体、丘滩复合体，储层条件优越，是油气富集的有利地区，因而建立台缘带礁滩或丘滩沉积模式，对指导勘探选区具有重要意义。

如前所述，四川盆地震旦系在德阳-安岳克拉通内断陷两侧发育台缘带，微生物丘滩体厚度大、储层好，是安岳气田震旦系灯影组储层最优质、天然气富集程度最高、产量最大的地区。深入研究表明，受德阳-安岳克拉通内断陷演化影响，存在台缘带镶边台地台缘带及断控型台缘带两类沉积模式。新建立的灯二段发育的断控型台缘带丘滩体沉积模式，对指导灯二段天然气勘探意义重大。

### (一) 台内断陷镶边台地台缘带沉积模式

镶边台地是指跟陆地相连且与盆地间有一显著坡折的浅水碳酸盐岩台地。其规模一般在几千米到上百千米，表面常近乎平坦，在与盆地相邻的台地边缘常以发育半连续到连续的碳酸盐礁和碳酸盐颗粒浅滩为特征。国内外学者对古生代以来的镶边台地进行了广泛而深入的研究(Wilson，1975；Tucker，1985；马永生等，1999)。但对隐生宙镶边台地研究程度较低，尤其是台内断陷镶边台地鲜见报道。

镶边台地经典模式，可概括为两相区、N 相带模式。例如，Wilson(1975)提出的两相区、九相带(克拉通内蒸发台地—局限台地—开阔台地相区，克拉通边缘台缘浅滩—台缘生物礁—前斜坡—斜坡脚—开阔陆棚—盆地相区)模式；Tucker(1985)提出的两相区、七相带(克拉通内潮坪—堤后潟湖—浅水碳酸盐砂—静水碳酸盐泥相区，克拉通边缘礁或碳酸盐砂滩-礁前碎屑岩堆或较深水灰泥丘-开阔海)模式。

以上述经典沉积模式为标准，综合灯影组岩石类型、沉积组构和特殊指相矿物(如含膏团块或硬石膏晶体)，以及测井、地震相标志，尤其是岩相古地理编图成果，归纳凝练出四川盆地灯影组台内断陷镶边台地沉积新模式(图 4-25)，并可概括为三相区、N 相带模式。

由图 4-25 可见，新模式以台内断陷槽盆相为轴，两侧对称发育克拉通内台地边缘微生物丘滩体，构成相区 1；其两侧的克拉通内开阔台地—局限台地—蒸发台地相等，构成相区 2；克拉通边缘台地边缘微生物礁丘滩与斜坡—广盆(盆地)相，构成相区 3。与镶边台地的经典沉积模式对比，新模式的相带数量增加了一倍；新增了克拉通内槽盆及两侧镶边台缘相区和两个相带；相带发育和展布受被动大陆边缘构造背景、克拉通内裂陷和沉积作用三要素的共同控制。

此外，新模式也有别于四川盆地上二叠统长兴组克拉通内镶边台地模式(杜金虎，2010)。前者由底栖微生物群落(包括细菌、真菌、微体藻类和原生动物等)及其生化作用(微生物钙化与捕获、黏结碎屑沉积物，以及微生物活动导致介质环境改变所引起的快速沉积作用)建造(Burne 和 Moore，1987；Riding，2002)，并造架成孔；后者则是由显生宙海生无脊椎造架动物群(如海绵、水螅、珊瑚等)通过其骨架生长及其障积、黏结作用建造，并造架成孔。

(二)断控型台缘带沉积模式

断控型台缘带是指受同沉积断层活动控制的台缘带丘滩体，沿多阶断层呈条带状分布。断层活动引起的断块掀斜作用，使紧邻断层上盘的断块沉积古地貌较高、水体能量强，有利于微生物丘滩体发育，而断块低部位则以滩间海泥晶碳酸盐岩沉积为主，丘滩体不发育(图 4-26)。

通过德阳-安岳台内断陷北段二维、三维地震资料综合解释，在蓬莱-金堂、盐亭-绵阳等地区灯影组灯二段可识别出多条正断层。蓬莱-金堂地区发育多排断层，整体呈近东西向断块横卧在裂陷内(图 4-27)。基于地震相分析，表明灯二段沉积受同沉积断裂控制，紧邻断层的断块高部位地层厚度明显增厚，地震相呈现丘状杂乱反射、断续特征，相对而言，低部位地震则连续性强，为丘滩带地震响应(图 4-28)，揭示了断块高部位水体较浅，水动力相对较强，有利于丘滩体发育。预测蓬莱-金堂丘滩带面积 1720km$^2$，宝林-八庙场丘滩带面积 230km$^2$[图 4-28(a)、图 4-28(b)]。其中，蓬莱-金堂地区灯二段丘滩带上发育 6 个丘滩体，面积 764km$^2$；蓬莱三维区丘滩体面积 210km$^2$。盐亭-绵阳地区裂陷内地震剖面也可见灯二段发育受断块控制的丘滩体，其中位于盐亭-绵阳地区老关庙构造丘滩体面积 820km$^2$[图 4-28(c)]。

图 4-25 四川盆地震旦系灯影组内断陷镶边台地沉积模式（杜金虎等，2016）

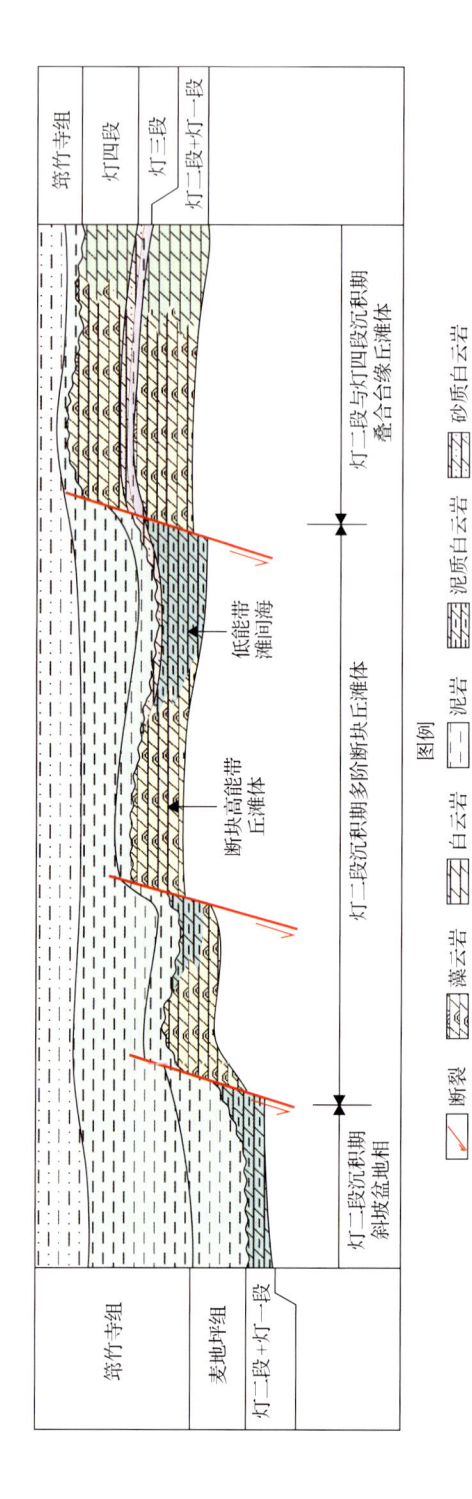

图 4-26 灯二段沉积期断控型台缘带丘滩体分布模式图

第四章 震旦纪构造-岩相古地理

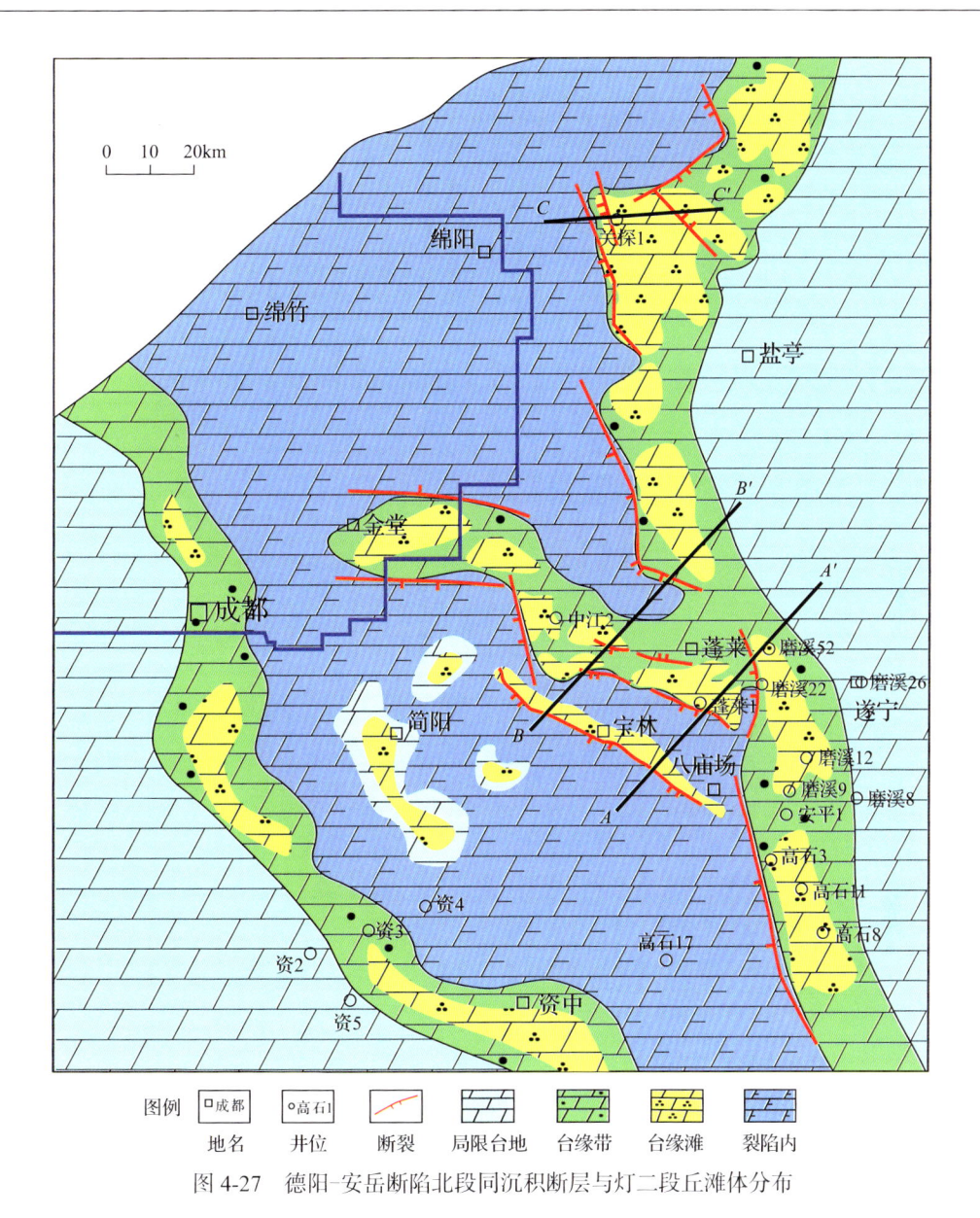

图 4-27 德阳-安岳断陷北段同沉积断层与灯二段丘滩体分布

(a)

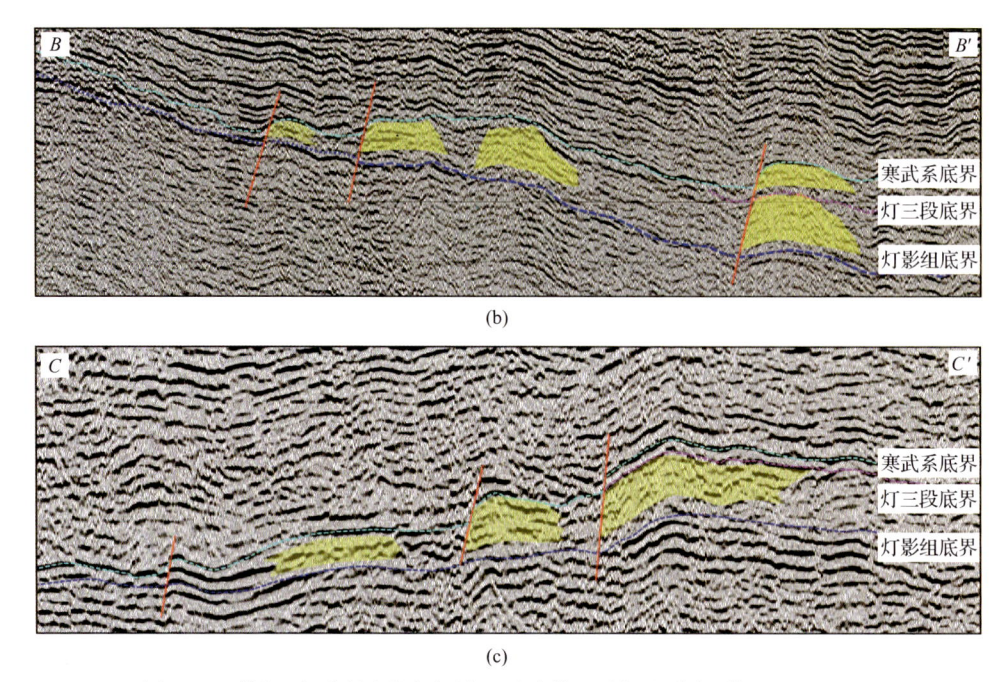

图 4-28　德阳-安岳裂陷北段灯影组丘滩体地震解释(剖面位置见图 4-27)

基于断控型台缘带认识，利用蓬莱三维地震资料，部署风险探井蓬探 1 井。该井于 2020 年 1 月 19 日完钻，进入苏雄组(7m)完钻，完钻深度 6376m。完钻测试在灯二段测试获天然气 121.98 万 m³/d，展示断控型台缘带具有较大勘探潜力。

蓬探 1 井灯二段为台地边缘相，包括丘滩复合体、藻砂屑滩、滩间海和云坪等亚相(图 4-29)。从沉积旋回分析，灯二段可划分为五个沉积旋回，每个旋回早期以滩间海沉积为主，晚期为丘滩复合体沉积，说明水体逐渐变浅的过程，颗粒逐渐变粗，藻砂屑、藻凝块白云岩增多。

蓬探 1 井在灯二段 5726.18～5793.3m 共取心 9 次，共 67.12m，岩心长 58.41m。岩性主要为泥晶白云岩、砂屑粉屑白云岩、雪花状构造白云岩，夹少量藻纹层白云岩、鲕粒白云岩。其中砂屑、粉屑白云岩主要发育在旋回上部，单层厚度多在 1m 以下，最厚达 3.5m，属于小型颗粒滩。滩体与灰泥丘关系紧密，为灰泥丘被波浪打碎后就近沉积，可以单独成滩，或堆积在灰泥丘翼部，形成丘滩复合体。5726.18～5739.55m 取心段，岩性主要为泥粉晶白云岩夹砂屑粉屑白云岩，泥粉晶白云岩岩性致密，砂屑白云岩粒间溶孔发育，见少量垂直构造缝。5739.55～5770m 取心段，岩性主要为雪花状构造白云岩、泥粉晶云岩、藻纹层白云岩和藻格架白云岩；泥粉晶云岩和雪花状构造白云岩比较致密，砂屑白云岩发育粒间溶孔，见葡萄花边构造。5770～5793.3m 取心段，岩性主要为雪花状构造白云岩夹砂屑白云岩、少量藻纹层白云岩，底部为藻格架白云岩；灰色藻格架白云岩格架孔发育，下部岩心破碎较严重，沿构造破碎发育溶蚀孔洞，半充填白云石，少量水晶，沥青，局部充填微粒状黄铁矿。雪花状白云岩和泥粉晶白云岩属于低能环境的产物，其沉积环境一般为丘间洼地。雪花状云岩中"雪花"为结晶白云石，基质为泥晶白

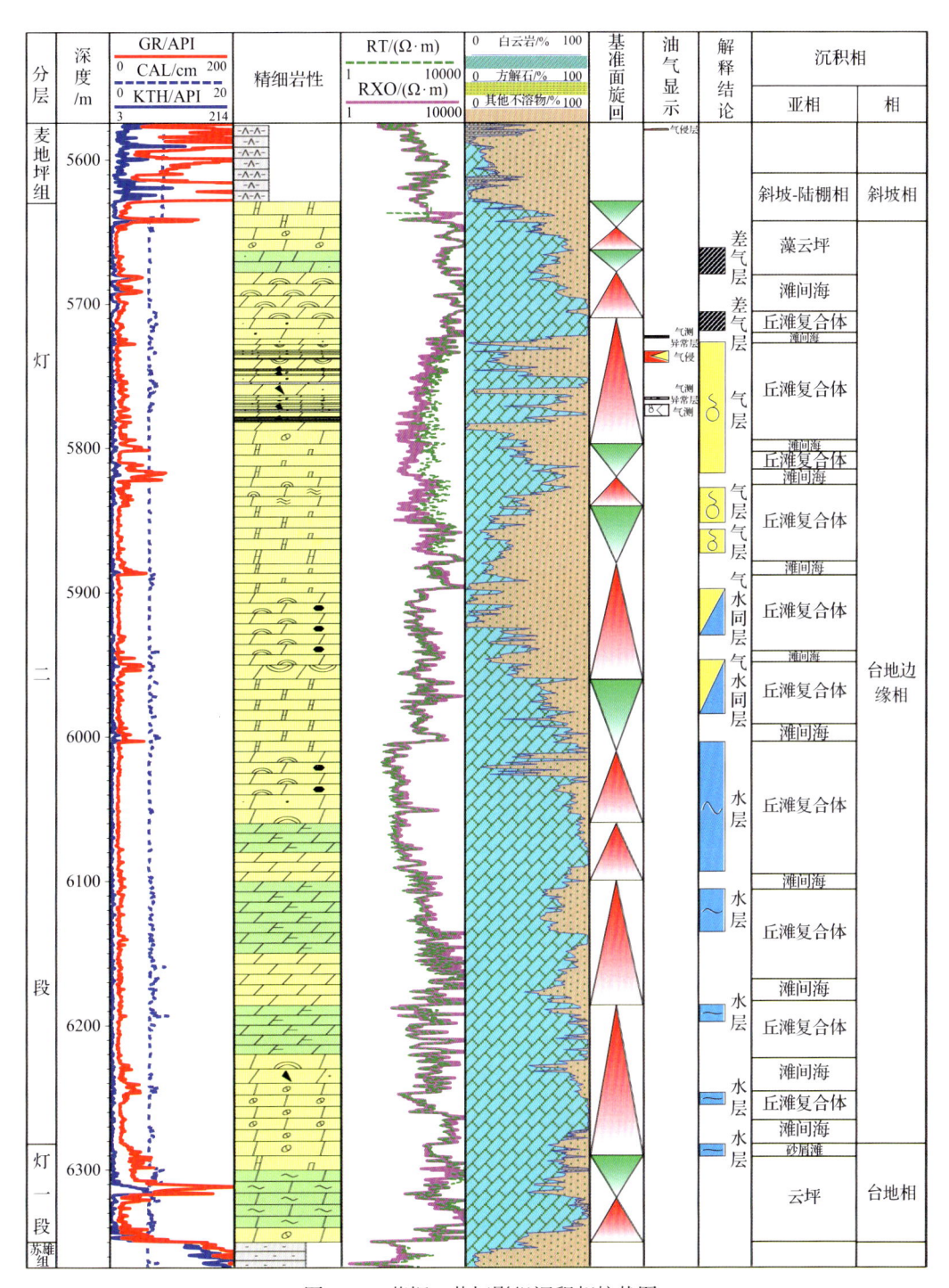

图 4-29 蓬探 1 井灯影组沉积相柱状图

云岩或含少量砂屑，岩性致密，溶蚀孔洞不发育。藻纹层云岩为浅水沉积，一般发育于灰泥丘的顶部，可以认为是灰泥丘的丘顶沉积。藻纹层白云岩和藻格架白云岩属于藻丘类型。

综合地震相解释及蓬探1井钻探成果，建立裂陷北部灯二段沉积模式(图4-25)。灯影组早期(相当于灯一段+灯二段沉积期)，德阳-安岳裂陷的拉张作用明显，邻近裂陷向川西海盆开口部位的裂陷北段拉张活动更为明显，断层更为发育。断层活动引起的断块掀斜作用，使紧邻断层上盘的断块沉积古地貌较高，有利于微生物丘滩体发育，而断块低部位则以滩间海泥晶碳酸盐岩沉积为主，丘滩体不发育。由此可见，微古地貌控制的岩相、岩性变化，有利于形成岩性圈闭。

蓬莱三维区地震属性及地震相表明，蓬莱丘滩体上倾方向具有明显变化，岩相存在差异；地震反射由中弱振幅、不连续，向平行连续强反射特征转变，推测存在岩性致密带。图4-30左侧为灯二段上部属性反演的时间厚度图，可以看出蓬探1井区灯二段丘滩体储层发育，丘滩体上倾方向存在致密层，地震相为平行发射，推测为滩间海沉积的泥晶白云岩，形成良好的侧向封堵。从蓬莱地区以东的磨溪47—磨溪22井钻探情况看，灯三段厚度大，反映灯二段沉积时处于古地貌洼地，滩体发育程度相对两侧较差，推测存在岩性变化。

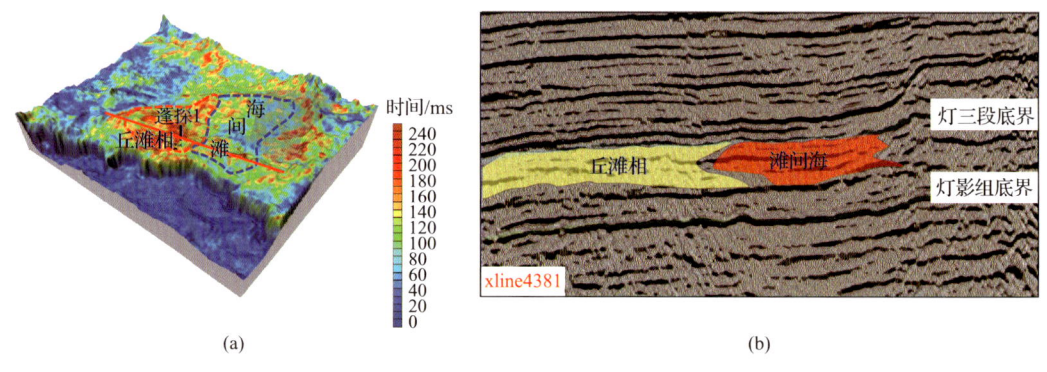

图4-30 蓬莱三维区灯二段上倾方向岩性致密带特征
(a)灯二段上部含气段时间域厚度图；(b)岩性致密带剖面特征

## 第三节 上扬子克拉通桐湾运动幕次与响应特征

桐湾运动导致湘西黔阳县下寒武统五里牌组和南华系南沱组冰碛层间之间形成不整合面(尹赞勋等，1965)。后期其含义发生诸多变化，但多数学者倾向于将"桐湾运动"界定为扬子地区震旦纪与寒武纪之间的构造运动，表现为两者之间的假整合面，即前寒武纪的侵蚀面，代表震旦纪末的大规模上升运动。侯方浩等(1999)研究资阳地区灯影组储层，提出桐湾运动存在两幕，Ⅰ幕发生在灯三段和灯四段之间，沉积间断时间较短；Ⅱ幕发生在灯影组和下寒武统麦地坪组之间，剥蚀时间为10Ma左右。

近年来，在震旦系灯影组、寒武系麦地坪组及筇竹寺组地层研究成果基础上，提出桐湾运动是上扬子地区在晚震旦世灯影期及早寒武世梅树村期发生的Ⅲ幕地壳升降运动，每幕运动导致地层抬升、剥蚀，形成风化壳不整合面(图4-31)和灯影组灯四段、灯二段两套风化壳岩溶储层。

第四章 震旦纪构造-岩相古地理

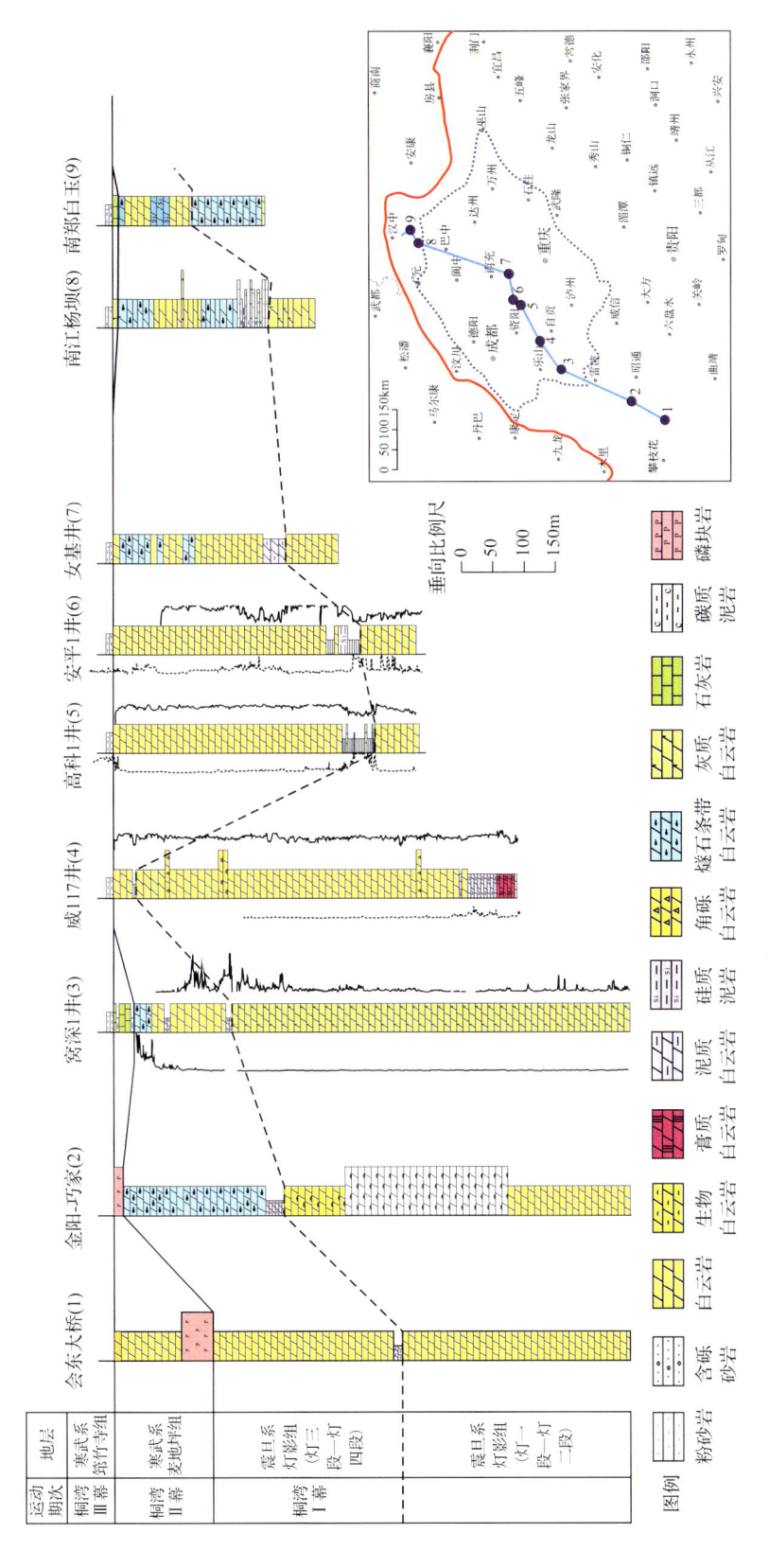

图 4-31 上扬子地区桐湾运动幕期次

## 一、桐湾运动幕次

### (一)桐湾Ⅰ幕

桐湾运动Ⅰ幕发生在灯影组灯二段末期，表现为灯三段区域性碎屑岩假整合于灯二段含藻白云岩。灯三段是一套碎屑岩沉积，厚度稳定，多在30~50m，但岩性变化较大。邻近古陆区灯三段砂岩层发育，如靠近汉南古陆的南江杨坝剖面，可见灯三段含砾长石石英砂岩与下伏灯二段溶孔白云岩假整合接触。其他地区则以泥岩为主，如川西-滇东地区灯三段为紫红色灰质泥岩、灰质砂岩；川南-黔北地区灯三段为蓝灰色泥岩，磨溪—高石梯—龙女寺一带灯三段为灰黑色泥岩、砂质泥岩。川东-鄂西地区灯三段为硅质云岩，与灯二段为连续沉积。由此可见，灯影组灯二段末上扬子地区发生了不均衡升降运动，总体上表现西高东低，西部剥蚀、东部连续沉积特点。

### (二)桐湾Ⅱ幕

桐湾运动Ⅱ幕发生在灯影组末，表现为灯影组与下寒武统麦地坪组假整合接触。如滇东地区肖滩剖面及峨眉六道河剖面，麦地坪组底部含砾石层与灯影组白云岩冲刷接触；黔中南的麻江基东剖面，麦地坪组为硅质岩与白云质灰岩互层，而下伏灯影组则发育垮塌角砾岩，两者之间见风化壳黏土层[图4-32(a)]。由于麦地坪组残留地层分布局限，地层缺失区表现为筇竹寺组直接覆盖在灯影组之上。这一现象在磨溪—高石梯地区表现很明显，该区麦地坪组残厚0~20m，且多数井缺失，筇竹寺组黑色泥质岩直接覆盖在灯影组灯四段白云岩之上。

### (三)桐湾Ⅲ幕

桐湾运动Ⅲ幕发生在早寒武世麦地坪末期，表现为下寒武统麦地坪组与筇竹寺组假整合接触。在四川乐山的范店剖面，麦地坪组含磷白云岩顶部有黏土化暴露特征，可见厚2~3cm的褐黄色黏土层。同样，黔中南部麻江的基东剖面，可见麦地坪组与上覆筇竹寺组假整合接触，不整合面可见厚10cm的风化壳黏土层和褐铁矿层[图4-32(b)]。

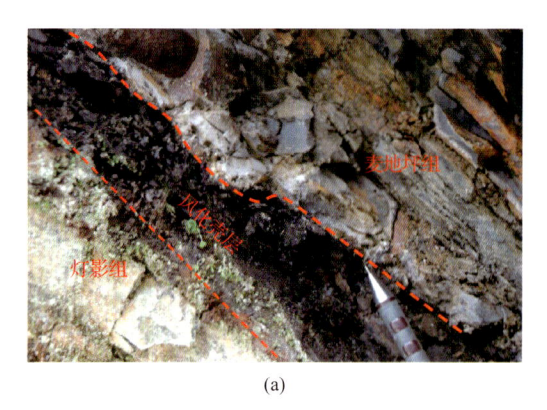

图4-32 灯影组、麦地坪组与筇竹寺组接触关系(黔中南麻江基东剖面)
(a)灯影组与麦地坪组假整合接触；(b)麦地坪组与筇竹寺组之间假整合接触

桐湾运动在地震上也有较好表现。图 4-33 为过高石 17 井、高石 1 井的地震深度剖面(筇竹寺组顶拉平)。在高石 1 井，发育厚度较大的灯四段—灯三段，缺失麦地坪组；而高石 17 井则发育较厚的麦地坪组，超覆沉积在灯二段之上，缺失灯四段—灯三段。

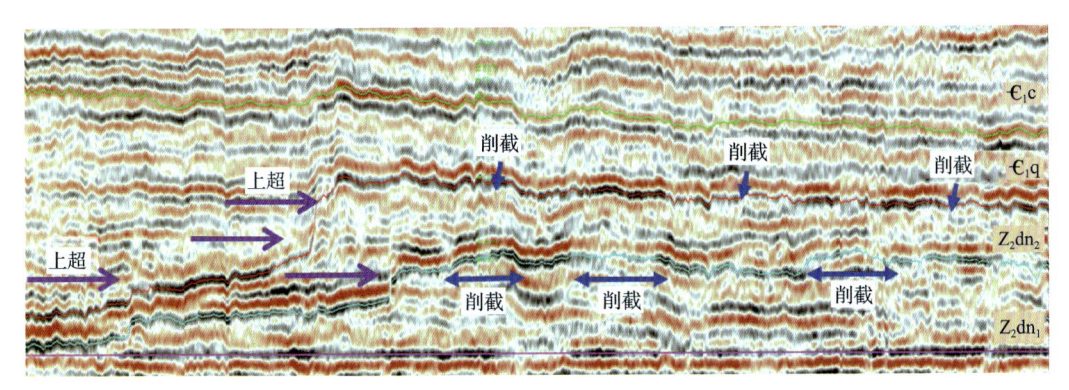

图 4-33 高石梯—磨溪三维地震揭示灯二段、灯四段顶部不整合特征

## 二、不同地区桐湾运动响应特征

### (一)川西地区桐湾运动响应特征

1. 桐湾运动 I 幕

按灯影组地层划分方案，川西盐边-峨眉地层小区灯影组三段底部常见数米至十余米的紫红色页岩或泥质白云岩作为分段的标志层，如汉源赵王庙厚 13.8m。

宁蒗—华坪一带该标志层相变为 43~57m 厚的深灰色薄层状粉砂岩、细砂岩及白云质粉砂岩，产蠕虫化石。云南永善肖滩，灯三段底部蓝灰色页岩夹泥质白云岩，厚 5.2m。越西小相岭灯三段—灯四段残留地层厚度 163m，底部夹页岩、泥灰岩。部分地区，如华坪瓦拉坪、喜德洗明窝、泸定野牛山、宝兴马家山(龙门山小区)等地的灯三段—灯四段由于后期剥蚀没有保存下来，与上覆下古生界-中新生界不同地层呈角度不整合接触。

2. 桐湾运动 II 幕

寒武系麦地坪组为含磷白云岩和硅质白云岩，夹硅质薄层或条带，富产小壳化石。峨眉麦地坪、乐山范店、峨边老矿山磷矿区等，麦地坪组与灯影组的界线划分主要依靠小壳化石，并参考含磷情况。总体上，上下地层界线附近看不到沉积间断，从岩性上进行区分比较困难，但磷以砂砾屑胶磷矿为主，反映潮下-潮间浅水环境，水体能量较灯影组四段高，具变浅的趋势。

3. 桐湾运动 III 幕

由于桐湾运动 II 幕至 III 幕作用，部分剖面麦地坪组上部缺失。保存较好的地区有峨眉麦地坪剖面厚 46m，永善肖滩剖面厚 78.5m，汉源赵王庙剖面厚 48.4m，峨边老矿山剖面厚 11m。其中，马边—雷波—永善一带本组上部常有 35~65m 厚的石灰岩。调查中还发现，永善肖滩剖面筇竹寺组底部发育厚为 20~30cm 的含砾砂岩，与麦地坪组属平行不整合接触关系。

越西敏子洛木剖面接触界线见有古风化壳，有风化残积而成的 1～2cm 厚的黑色钙质粉砂岩(图 4-34)，风化壳之下麦地坪组为一套白云质灰岩，风化壳之上为筇竹寺组，底部为黑色粉砂岩，向上为含砾砂岩、灰黑色中厚层钙质粉砂岩。田坪(1：20 万石棉幅)为 5～20cm 厚的灰黄色粉砂岩和褐铁矿风化壳。峨边永胜老汞山磷矿区，筇竹寺组底部发育黄褐色-黄灰色粗粒岩屑砂岩，界线处有一层黏土层。

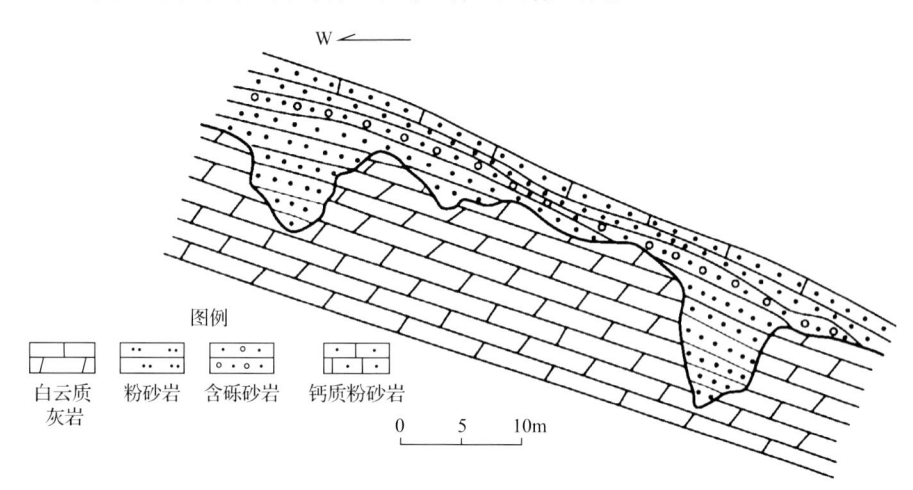

图 4-34 越西敏子洛木沟剖面寒武系筇竹寺组与麦地坪组接触关系

处于四川盆地西部边缘的峨眉麦地坪剖面，筇竹寺组底部发育厚 0.95m 的黑色碳质泥岩夹泥质粉砂岩，与麦地坪组浅灰色含胶磷矿砂砾屑细晶白云岩接触，构造响应较弱。不远的乐山范店剖面，麦地坪组与筇竹寺组界线平整，见厚 2～3cm 的褐黄色黏土层，相邻层上部的白云岩呈灰白色软泥状，未见砂砾岩层，属黏土化暴露标志。

由此看来，桐湾运动Ⅲ幕导致的沉积间断存在无疑，沉积间断与暴露发生在麦地坪组沉积之后。川西地区，由西向东其作用强度呈逐渐减弱的趋势。

(二) 川北地区桐湾运动响应特征

川北地区因汉南古陆的存在，古地势南低北高。喇叭岗组以砾岩或砂岩不整合于火地垭群之上；远离古陆的海域中，砂岩、白云岩比例相应增加。灯影组沉积时期，海侵范围较陡山沱期更广，常直接超覆在汉南古陆上。如南江贵民关、南郑西河以东地区，灯影组厚度减薄至 80～400m，常夹砂岩、粉砂岩层，藻类贫乏，不能进一步进行分段。

1. 桐湾运动Ⅰ幕

贵民关、西河以西出露区(略远离汉南古陆)，灯影组分段性明显。灯三段—灯四段底部为厚约 40m 的含砾砂岩和砂泥岩。至陕西宁强胡家坝、宽川铺一带，该标志层为蓝灰色砂质页岩，风化后呈黄褐色，底部为细砂岩及黑色碳质页岩；向上为砂岩并向碳酸盐岩沉积过渡，厚度为 12～17m，最厚达 58m(李耀西，1975)。四川盆地内的龙女寺、威远等地，该标志层相变为厚 3～5m 的黑色-蓝灰色页岩。旺苍会 1 井(大两会)，井深

732.5~790m 为灯三段底部标志层，钻厚 57.5m（富有机质泥岩厚约 30m）。据描述，底部为硅质岩和蓝灰色泥岩，下部为黑色页岩，上部为砂质-泥质条纹白云岩，顶为蓝灰色泥岩。相邻的强 1 井、曾 1 井标志层清晰，厚 22~23m，岩性接近。

以四川南江县杨坝剖面为代表，川北地区灯三段底部标志层岩性清楚，主要为暗棕色含砾砂岩、灰绿色粉砂质泥岩、灰黑色碳泥质粉砂岩、黑色板状硅质岩（含磷），上部灰色砂质白云岩及白云质粉砂岩，进而向白云岩沉积过渡，碎屑岩段厚约 42.29m（图 4-35）。

图 4-35　四川南江县杨坝剖面桐湾运动Ⅰ幕响应特征
(a)灯二段顶部古喀斯特漏斗堆积；(b)灯三段底部灰黑色砂质泥岩

2. 桐湾运动Ⅱ幕

川北-陕西宁强等地，宽川铺组形成时代为早寒武世，与灯影组整合接触，而与上覆筇竹寺组（或称郭家坝组）呈平行不整合接触。一般夹磷块岩并产丰富小壳化石，可与麦地坪组对应，地层厚度一般为 15~60m。

以南江县杨坝剖面为例，灯影组顶部为浅灰黑色含燧石条带白云岩，上覆宽川铺组下部为条带状含砂砾屑白云质灰岩及白云质硅质岩，上部为灰黑色石灰岩，产多门类小壳化石。与上覆寒武系筇竹寺组黑色碳质泥岩平行不整合接触，Ⅱ幕至Ⅲ幕响应较弱。

(三)滇东地区桐湾运动响应特征

1. 桐湾运动Ⅰ幕

滇东地区，灯三段—灯四段与灯一段—灯二段间普遍有一层紫色页岩作为分界标志，主要岩性为紫色、黄绿色页岩、粉砂岩、白云质粉砂岩等，常见蠕虫化石，局部地区夹有海绿石砂岩或含砾砂岩。

标志层厚度一般为 5~40m，如晋宁王家湾为 36.96m。澄江紫色泥岩及泥质白云岩厚可达 49m，且上部夹粉砂质页岩及泥质白云岩薄层。禄劝中槽子一带，紫色页岩厚为 5m。北部巧家、金阳一带，紫色页岩层厚 9~20m。会理白果湾剖面，紫色页岩层厚 35m，见蠕虫化石。会东大桥紫色页岩厚 43m。东川烂泥坪 4.3m。局部地区，标志层与下伏白云

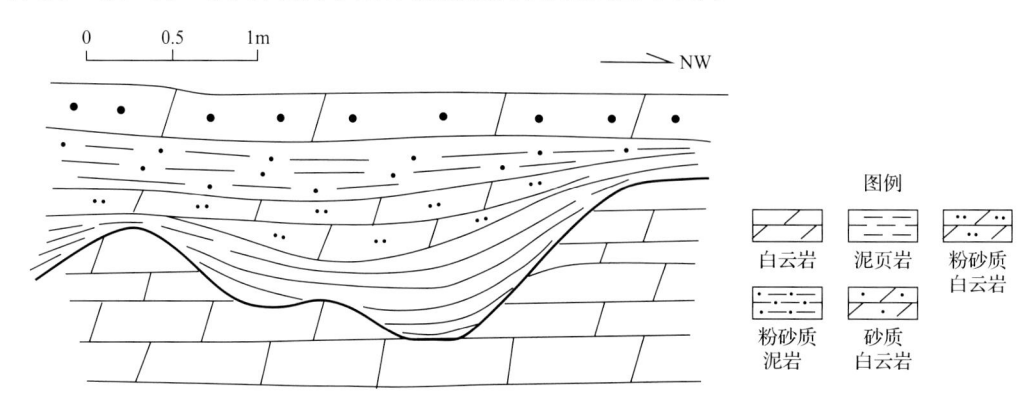

岩(灯一段—灯二段)界线为小型冲刷侵蚀沉积间断(图 4-36)。

图 4-36 云南澄江路居脚剖面灯影组灯三段—灯四段与灯一段—灯二段界线特征

云南晋宁一带,灯影组厚约 554m。灯一段—灯二段厚 316m,产藻类化石,但葡萄状构造总体不发育,灯三段—灯四段厚 239m。灯三段—灯四段底部标志层 36.96m,底部为灰绿色白云质页岩及泥质白云岩,下部为紫红色薄层含海绿石泥质粉-细砂岩、粉砂质页岩,上部灰褐色-灰黄色中厚层石英砂岩、薄层白云质泥岩。向上为灰白色中厚层粉晶白云岩,含硅质条带。

2. 桐湾运动 II 幕

寒武系中谊村段(对应麦地坪组)根据生物化石划分底界与下伏灯影组属连续沉积,界线附近岩性-岩相一致。界线的确定除依据化石外,还参考是否含磷块岩或胶磷矿条带,与上覆筇竹寺组可见为平行不整合接触。区域对比发现,当上覆地层为筇竹寺组时,桐湾运动剥蚀幅度较小,各岩性段保存良好,剖面序列结构总体一致;当上覆为泥盆系或中生界时,灯三段—灯四段多为残留地层,剥蚀严重,导致序列结构不完整。

晋宁王家湾及昆阳等剖面揭示,筇竹寺组底部有 0.2～0.5m 厚的含海绿石石英砂岩,属寒武纪海侵标志。中谊村段(麦地坪组)顶部暴露标志不典型,桐湾运动 II 幕形成的沉积间断在寒武纪海侵上超过程中已经被改造。

(四)川南—黔北—黔东—鄂西地区桐湾运动响应特征

川南—黔北的上扬子克拉通盆地区,灯一段—灯二段总体保存良好,含藻段及葡萄状白云岩段序列结构清晰。地层序列为:白云岩为主体,顶部普遍夹数米至数十米厚度不等的黑色薄层硅质岩,与上述川北、川西、滇东等地剖面序列差异较大(图 4-37)。

顶部硅质岩,黔中古隆起区域硅质岩通常仅数米,古隆起北侧地区以宁 2 井较厚,硅质岩夹白云岩总厚可达 140m,底部薄层蓝灰色泥岩可与灯三段—灯四段底部标志层对比。向东至黔东—鄂西的大陆边缘裂谷盆地区,灯影组白云岩迅速减薄至数米或消失,上部薄层硅质岩(老堡组)保持在 5～30m。除此,硅质岩顶部数十厘米至数米范围内普遍可见夹磷结核,同时牛蹄塘组底部数米范围也含磷结核。由此,老堡组顶部数十厘米至数米范围含磷部分可划归寒武系,并与麦地坪组沉积期对应。

第四章 震旦纪构造-岩相古地理

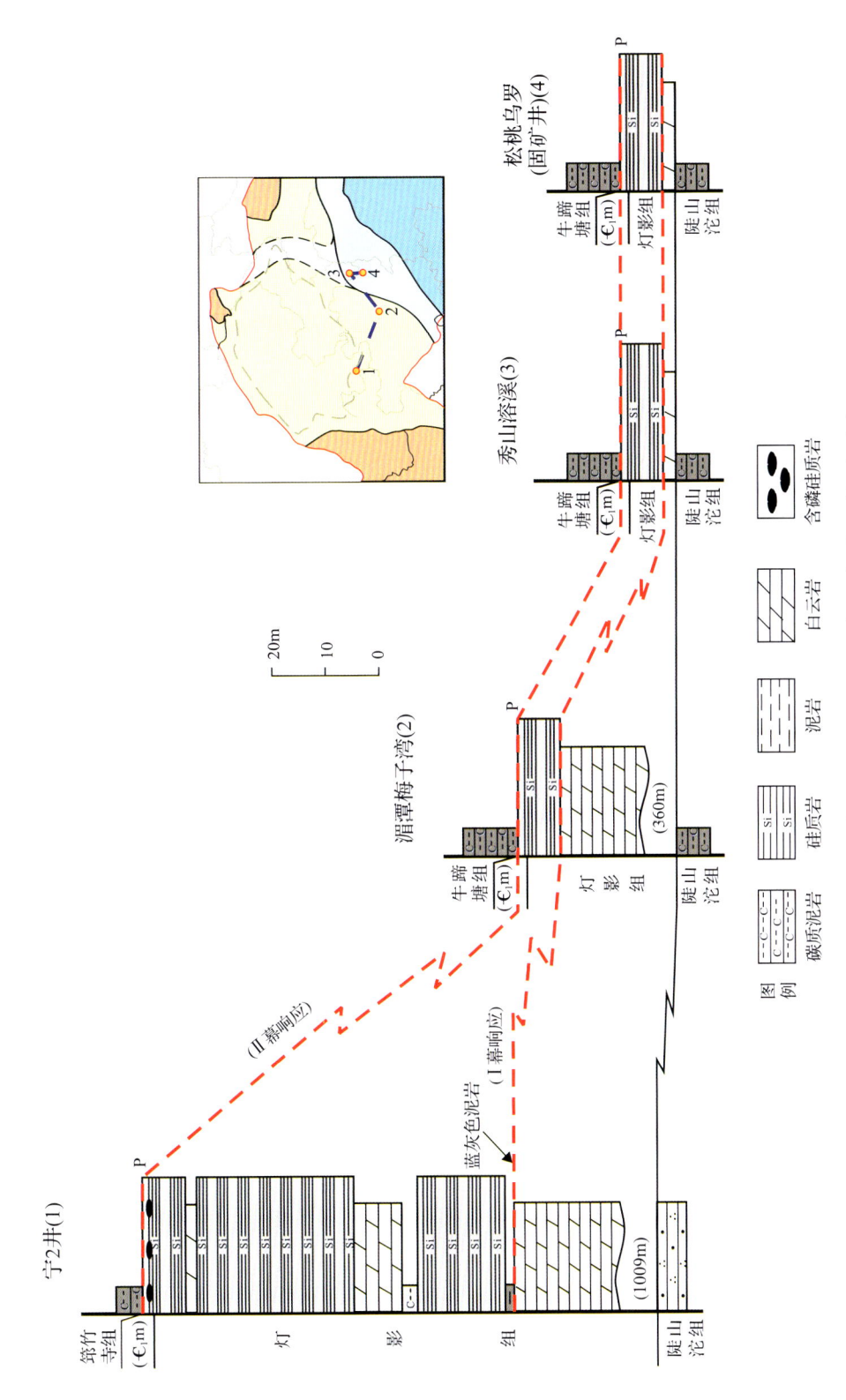

图 4-37 川南—黔东震旦系灯影组地层对比及桐湾运动沉积响应

桐湾运动Ⅰ幕，黔中古隆起区的沉积响应主要体现在白云岩段顶部，黑色薄层硅质岩底部存在黏土化的白云岩，是暴露沉积间断的标志。处于古地形高部位，硅质岩段厚度也较薄。湄潭梅子湾等剖面揭示，白云岩与硅质岩间为数厘米厚灰黑色泥岩，局部尖灭，可能代表了水下沉积间断-沉积转换面。宁2井灯三段—灯四段底部硅质岩及蓝灰色泥岩为佐证，表明灯三段—灯四段在上扬子克拉通东部-大陆边缘地区相变为黑色薄层硅质岩。另一方面，硅质岩与扬子克拉通西部灯三段—灯四段含硅质条带或纹层白云岩，同为富硅，同期沉积的可能性也较大。

桐湾运动Ⅱ幕，川南—黔中—鄂西广大地区沉积响应总体相似，即以含磷结核硅质岩与牛蹄塘组（或筇竹寺组）的界线与上扬子西部的沉积响应相对应。即使黔中古隆起区也具有同样的地层接触关系。总体无暴露特征，桐湾运动形成的沉积间断与水下连续沉积对应。

（五）中扬子地区桐湾运动响应特征

中扬子地区灯影组具有稳定的三分性，即上下两段为白云岩，中部为石灰岩，与上扬子地区该时期岩性组合不同。其间未见明显沉积间断或构造抬升记录，桐湾运动Ⅰ幕对该地区有无影响，尚需进一步开展工作。

天柱山段（归属灯影组顶部）与灯影组白云岩沉积连续，含磷，并产有小壳化石，对应麦地坪组。因无法与灯影组岩性区分开，目前尚未建组。上覆水井沱组为黑色碳质泥岩-薄层石灰岩组合，可与筇竹寺组（牛蹄塘组）进行对比，同为寒武纪广泛海侵初期形成的富有机质沉积。尽管如此，由天柱山段碳酸盐岩台地潮坪环境突变为浅海陆棚弱还原环境，表明地壳的抬升是存在的，与桐湾运动Ⅲ幕相对应。

## 参 考 文 献

曹瑞骥, 赵文杰. 1978. 西南地区震旦纪藻类一新科-套管藻科 Manieosiphoniaceae 的发现及其分类位置的讨论. 古地理学报, 17(1): 29-46.

陈孟莪, 萧宗正, 袁训来. 1994. 晚震旦世的特种生物群落-庙河生物群新知. 古生物学报, 33(4): 391-408.

陈孝红, 汪啸风. 2000. 湘西地区晚震旦世-早寒武世黑色岩系的生物和有机质及其成矿作用. 华南地质与矿产, (1): 16-24.

陈岳龙, 罗照华, 赵俊香, 等. 2004. 锆石 SHRIMP 年龄及岩石地球化学特征论四川冕宁康定杂岩的成因. 中国科学（地球科学）, 34(8): 687-697.

崔晓庄, 江新胜, 王剑, 等. 2012. 川西峨边地区金口河辉绿岩脉 SHRIMP 锆石 U-Pb 年龄及其对 Rodinia 裂解的启示. 地质通报, 31(7): 1131-1141.

杜金虎. 2010. 四川盆地二叠—三叠系礁滩天然气勘探. 北京: 石油工业出版社.

杜金虎, 杨雨, 邹才能, 等. 2014. 川中古隆起龙王庙组特大型气田战略发现与理论技术创新. 石油勘探与开发, 41(3): 268-277.

杜金虎, 张宝民, 汪泽成, 等. 2016. 四川盆地下寒武统龙王庙组碳酸盐缓坡双颗粒滩沉积模式及储层成因. 天然气工业, 36(6): 1-10.

谷志东, 殷积峰, 姜华, 等. 2016. 四川盆地宣汉—开江古隆起的发现及意义. 石油勘探与开发, 43(6): 893-905.

何政伟, 刘援朝, 魏显贵, 等. 1997. 扬子克拉通北缘米仓山地区基底变质岩系同位素地质年代学. 矿物岩石, 17(S1): 83-87.

侯方浩, 方少仙, 王兴志, 等. 1999. 中国地壳运动名称资料汇编. 石油学报, 20(6): 16-24.

李耀西. 1975. 大巴山西段早古生代地层志. 北京: 地质出版社.

凌文黎, 周炼, 张宏飞, 等. 1996. 扬子克拉通北缘元古宙基底同位素地质年代学和地壳增生历史: Ⅱ. 火地垭群. 地球科学, 21(5): 491-494.

刘静江, 张宝民, 周慧. 2016. 古老碳酸盐岩大气田地质理论与勘探实践. 北京: 石油工业出版社.

柳永清, 尹崇玉, 高林志, 等. 2003. 峡东震旦系层型剖面沉积相研究. 地质评论, 49(2): 187-196.

马永生, 梅冥相, 陈小兵, 等. 1999. 碳酸盐岩储层沉积学. 北京: 地质出版社.

汪啸风, 陈孝红, 王传尚, 等. 2001. 关岭生物群的特征和科学意义. 中国地质, 28(2): 6-11.

汪泽成, 赵文智, 胡素云, 等. 2017. 克拉通盆地构造分异对大油气田形成的控制作用——以四川盆地震旦系—三叠系为例. 天然气工业, 37(1): 9-23.

汪泽成, 刘静江, 姜华, 等. 2019. 中-上扬子地区震旦纪陡山沱组沉积期岩相古地理及勘探意义. 石油勘探与开发, 46(1): 39-51.

汪泽成, 姜华, 陈志勇, 等. 2020. 中上扬子地区晚震旦世构造古地理及油气地质意义. 石油勘探与开发, 47(5): 1-14.

杨爱华, 朱茂炎, 张俊明, 等. 2015. 扬子板块埃迪卡拉系(震旦系)陡山沱组层序地层划分与对比. 古地理学报, 17(1): 1-20.

杨遵和, 张洪刚. 1984. 西南地区元古界概论. 中国地质科学院院报, 10: 195-207.

尹赞勋, 徐道一, 浦庆余. 1965. 中国地壳运动名称资料汇编. 地质评论, 23(Z1): 20-81.

赵东旭. 1992. 四川城口陡山沱组的 Epiphtyon 锰质叠层石. 科学通报, (20): 1873-1876.

周传明, 薛耀松, 张俊明. 1998. 贵州瓮安磷矿上震旦统陡山沱组地层和沉积环境. 中国地质, 22(4): 308-315.

Burne R V, Moore L S. 1987. Microbialites: Organosedimentary deposits of benthic microbial communities. Palaios, 2(3): 241-254.

Li Z X, Li X H, Kinny P D, et al. 2003. Geochronology of Neoproterozoic syn-rift magmatism in the Yangtze Craton, South China and correlations with other continents: Evidence for a mantle superplume that broke up Rodinia. Precambrian Research, 122(1): 85-109.

Monty C L V. 1995. The rise and nature of carbonate mud-mounds: An introductory actuafistic approach//Monty C L V, Bosence D W, Bridegs P H, Pratt B. Carbonate Mud-Mounds: Their Origin and Evolution, London: Wiley.

Riding R. 2002. Structure and composition of organic reefs and carbonate mud mounds: Concepts and categories. Earth-Science Reviews, 58: 163-231.

Tucker M E. 1985. Shallow-marine carbonate facies and facies models. Geological Society, London: Special Publications, 18: 147-169.

Webby B D. 2002. Pattern of Ordovician reef development//Kiessling W, Flugel E, Golonka J. Phanerozoic Reef Patterns. London: Geological Society Special Publication: 129-179.

Wilson J L. 1975. Carbonate facies in geologic history. Berlin: Springer-Verlag.

# 第五章　早古生代构造-岩相古地理

下古生界是扬子克拉通进入显生宙的第一套海相沉积，构造-古地理格局受区域构造影响而发生重大变化。寒武纪初期受罗迪尼亚超大陆裂解影响，处于伸展构造环境，总体继承了震旦纪古构造格局，表现为隆凹相间的古地理格局。早寒武世晚期—中奥陶世，构造稳定，差异升降运动控制了西高东低古地理背景，发育大型碳酸盐岩缓坡台地。晚奥陶世—志留纪，受扬子与华夏地块间的相互作用与拼合影响，形成早期前陆盆地。

本章利用钻井、地震及露头资料，分析了早古生代的构造-古地理格局、沉积环境、沉积演化，探讨了加里东运动性质、幕次及在上扬子克拉通的响应特征。

## 第一节　早寒武世早期构造-岩相古地理

如第四章所述，上扬子地区在震旦纪古构造格局表现为"三隆两凹"。震旦纪末期发生了桐湾运动，但这次运动表现为升降运动，到早寒武世早期上扬子地区"三隆两凹"古构造格局继承性发育，控制了早寒武世早期的麦地坪组和筇竹寺组地层及岩相古地理展布。

**一、麦地坪期岩相古地理**

麦地坪组及其相当地层在四川盆地及周缘各地层小区均有分布，局部遭剥蚀。但不同地层小区由于岩性的差异而采用了不同的岩石地层名称，如朱家箐组、宽川铺组、岩家河组、清平组、黄鳝洞组等。这些岩组的岩性虽有一定的区别，但也存在许多共同的特征，如层薄、普遍含磷、含硅，产多门类小壳化石，底部有碳同位素负漂移事件（BACE），高低相间的自然伽马值等，说明它们的可等时对比性。

早寒武世早期，德阳-安岳克拉通内裂陷演化至鼎盛，沉积了麦地坪组和筇竹寺组下部厚达 370m（资 7 井）至 695m（高石 17 井）的黑色岩系；而其两侧的川西与川中台地，麦地坪组与整个筇竹寺组的厚度之和仅 20~220m。对盘 1 井、汉深 1 井为代表的台地相区麦地坪组小壳化石的鉴定发现，其层位较高，可能仅相当于麦地坪组上部，表明在德阳-安岳克拉通内裂陷沉积麦地坪组中下部时，其两侧台地仍遭受剥蚀和风化壳岩溶作用，直至麦地坪组晚期才沉降沉积，之后又发生桐湾Ⅲ幕运动而造成了麦地坪组与上覆筇竹寺组之间的区域不整合。

图 5-1 是四川盆地及邻区麦地坪组岩相古地理图，揭示麦地坪组岩相分区变化特征。这一时期继承了震旦纪古地理格局，德阳-安岳克拉通内裂陷发育厚度达 200m 的含磷碳硅泥岩相沉积，断陷西侧发育含硅磷的白云岩沉积。断陷东侧南部重庆—黔江—习水一带发育含硅磷的白云岩沉积，而北部的广安—石柱—宁强一带发育含磷的灰岩沉积。在

镇巴—城口—巫山—秀山一带发育含硅磷的灰岩沉积。

图 5-1　四川盆地及周缘下寒武统麦地坪组沉积期岩相古地理图

## 二、筇竹寺期岩相古地理

上扬子地区下寒武统筇竹寺组是在桐湾运动Ⅲ幕侵蚀面基础上区域海侵的沉积产物，主要由深灰色-灰色碳质页岩、钙质页岩、硅质页岩和粉砂岩组成。厚度较大、有机质含量高，是在浅水-深水陆棚环境下沉积的富有机质海相地层。据野外地质调查可知，筇竹寺组自上而下颜色由深灰色变为黑色，砂质减少，偶夹碳酸盐岩，至底部有机质富集而成黑色"碳泥质页岩"，局部含少量黄铁矿、菱铁矿结核及磷质结核，含有丰富的三叶虫、腕足类、海绵骨针等生物化石，并且富含硅质透镜体。

筇竹寺组可划分为筇一段、筇二段、筇三段。岩相古地理展布受古构造格局控制明显，筇一段主体分布在克拉通内裂陷区，并向台地超覆沉积；筇二段沉积范围明显扩大，以深水陆棚富有机质泥页岩沉积为主，呈广覆式分布特点；筇三段沉积明显受陆源碎屑供给影响，砂质含量明显增多，以浅水陆棚沉积为主，开始出现三角洲沉积。这一向上变浅的沉积序列，揭示了德阳-安岳克拉通内裂陷逐渐被填平补齐、断陷消亡。

### （一）筇一段

筇一段沉积时期，由于区域性海侵，海平面上升，全区以浅水陆棚沉积和剥蚀区为主，深水陆棚沉积主要存在于德阳-安岳断陷区、川东北城口—镇巴一带和湘鄂西地区，岩性主要是硅质页岩、碳质泥岩等，富含有机质(图 5-2)。如裂陷区中部资 4 井、高石 17

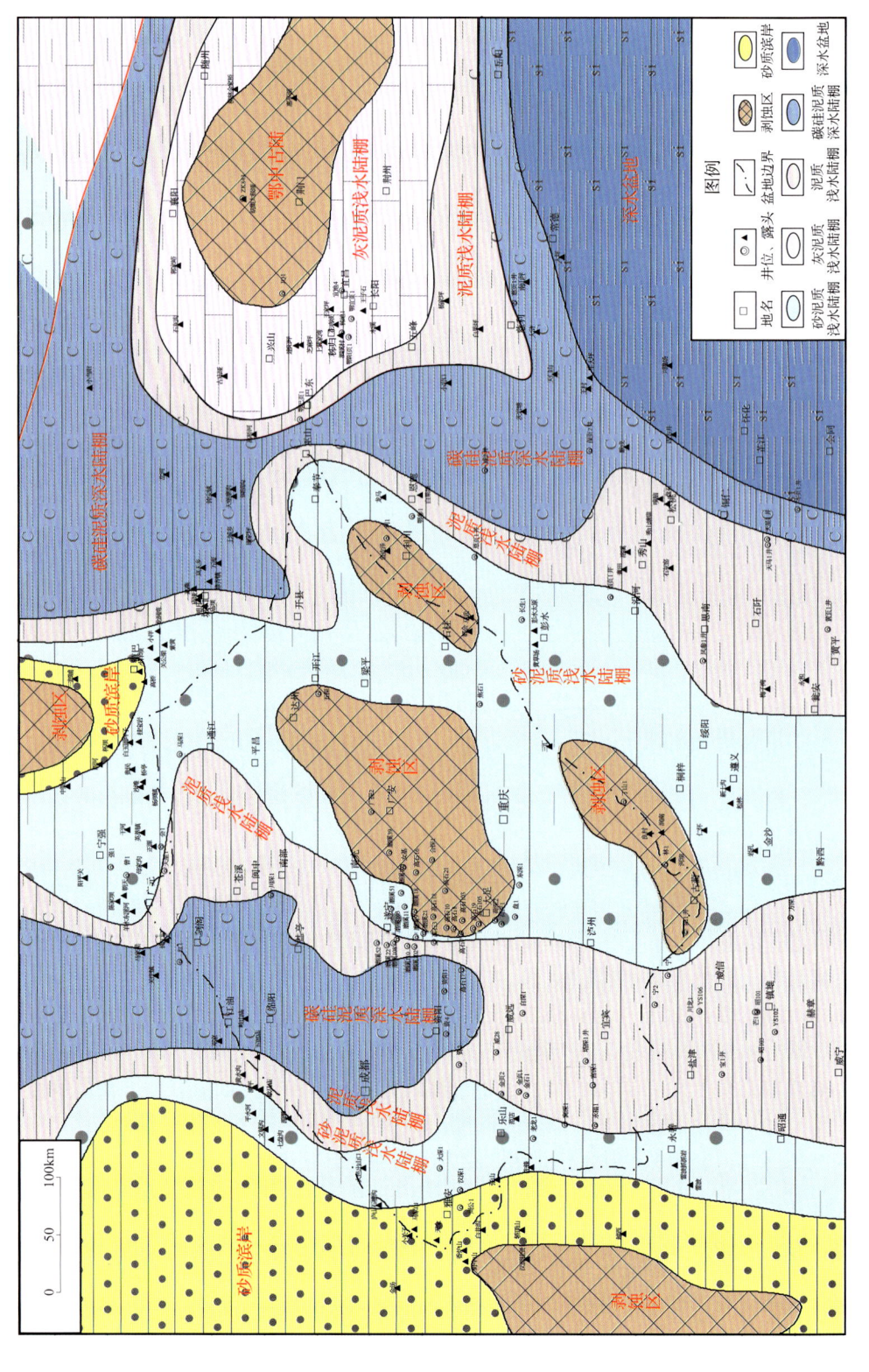

图 5-2 上扬子克拉通筇竹寺组一段沉积期岩相古地理图

井等，筇一段以灰黑色碳质页岩为主，夹少量深灰色细砂岩和粉砂岩，为碳泥质深水陆棚微相沉积，在川北地区旺苍县郭家坝村具有相似的特征；沿裂陷槽并向两侧超覆，两侧为浅水陆棚沉积，沉积深灰色泥岩、粉砂质泥岩和泥质粉砂岩等。在川东北地区，城口-开县裂陷区主要为深水陆棚相沉积环境，沉积了一套深水相硅质泥页岩。盆地中部，受川中古隆起、丁山高地等地区沉积厚度较小或者无沉积，筇一段不发育；在川东及湘鄂西地区主要以砂泥质浅水陆棚沉积为主。

筇一段沉积时期，盆地及邻区自北西向南东方向发育砂质滨岸—砂泥质浅水陆棚—泥质浅水陆棚—碳硅泥质深水陆棚—泥质浅水陆棚—砂泥质浅水陆棚—剥蚀区—泥质浅水陆棚—碳硅泥质深水陆棚—深水盆地沉积。在德阳-安岳裂陷区及城口-开县裂陷区成为筇一段两个沉积中心，控制着筇一段硅碳泥质深水陆棚相有效烃源岩的发育。

(二) 筇二段

到筇二段沉积时期，经筇一段沉积期沉积物填平补齐沉积后，沉积古地貌背景变得相对平缓，筇二段沉积在全区发育。筇二段沉积早期海平面上升，海侵范围进一步加大，深水陆棚相沉积范围增大，在四川盆地及邻区主要以深水陆棚相沉积为主 (图5-3)。

四川盆地及邻区，自北西向南东方向依次发育砂质滨岸—砂泥质浅灰陆棚—泥质浅水陆棚—碳硅泥质深水陆棚—砂泥质深水陆棚—泥质浅水陆棚—碳硅泥质深水陆棚—深水盆地沉积。川西地区接受来自康滇古陆及松潘古陆陆源碎屑物质沉积，以砂泥质浅水陆棚沉积为主，逐渐向德阳-安岳裂陷区过渡为碳硅泥质深水陆棚沉积。川东北地区物源主要来自于汉南古陆碎屑物质；受川中古隆起影响，以浅水陆棚沉积为主，沉积一套浅灰色泥岩、泥质粉砂岩等。在川东及川东南地区，由于受丁山水下高地的影响，沉积主要以化学絮凝沉积为主，以灰泥质浅水陆棚及混积浅水陆棚为主。湘鄂西地区物源主要受鄂中古陆的控制，沉积物主要以化学沉积为主，发育碳酸盐岩台地及灰泥质浅水陆棚等。

(三) 筇三段

到筇三段沉积时期，海平面缓慢下降，全区主要以砂泥质浅水陆棚为主，硅碳泥质深水陆棚在德阳-安岳裂陷槽北段及蜀南地区局部发育，德阳-安岳裂陷槽内第二段硅碳泥质深水陆棚到筇三段演变为泥质深水浅水陆棚；川东北地区城口-开县裂陷区由筇二段硅碳泥质深水陆棚演变为泥质浅水陆棚微相；川中古隆起及川东地区受川北地区砂质滨岸及鄂中古陆陆源的控制作用，沉积一套砂泥质地层，以浅水陆棚为主 (图5-4)。

四川盆地及邻区，沉积微相类型与筇二段大致相同，但沉积范围有变化，自北西向南东方向依次发育砂质滨岸—砂泥质浅灰陆棚—泥质浅水陆棚—碳硅泥质深水陆棚—砂泥质深水陆棚—泥质浅水陆棚—深水盆地沉积。

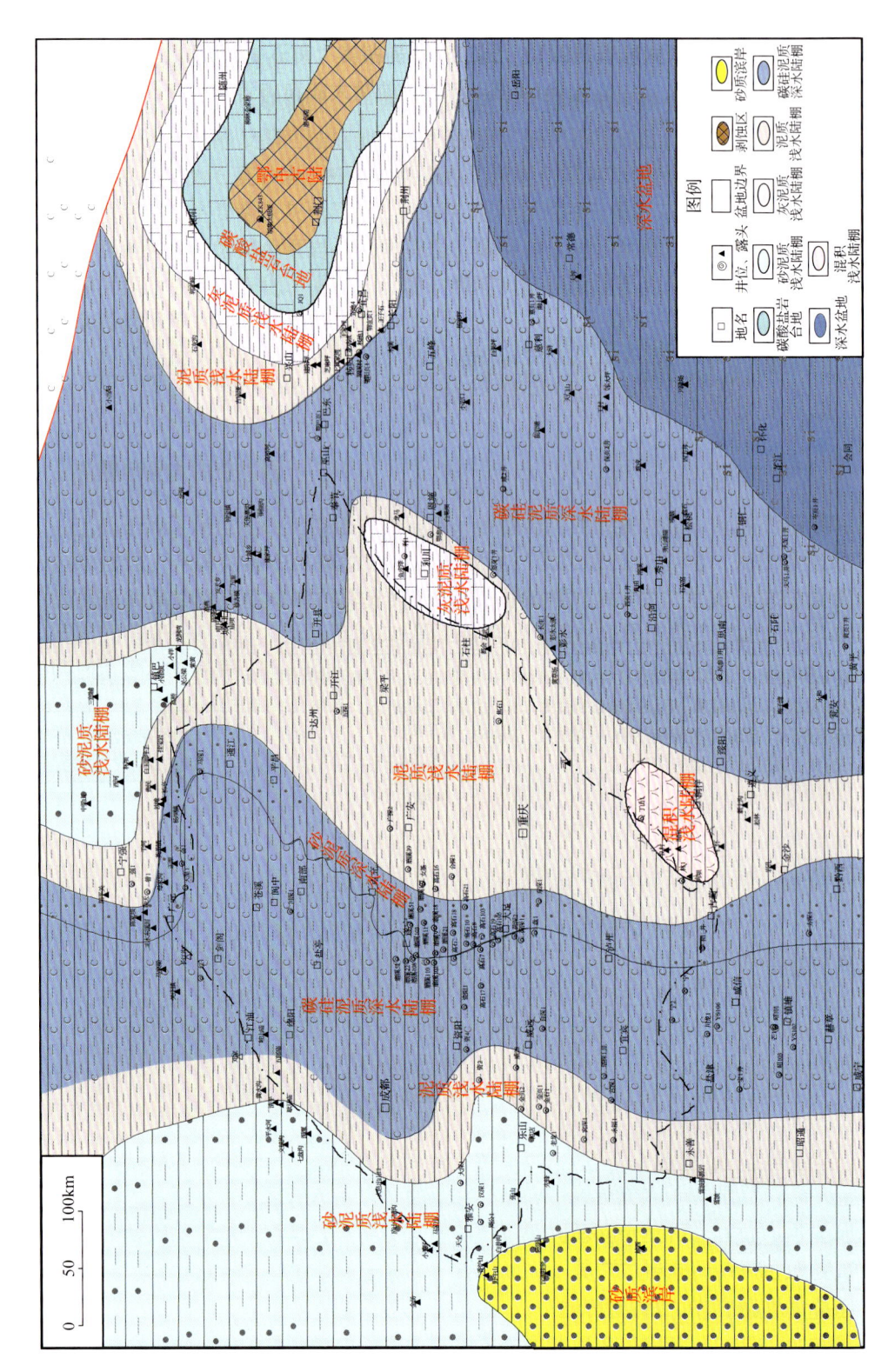

图 5-3 上扬子克拉通第二段沉积期岩相古地理图

# 第五章 早古生代构造-岩相古地理

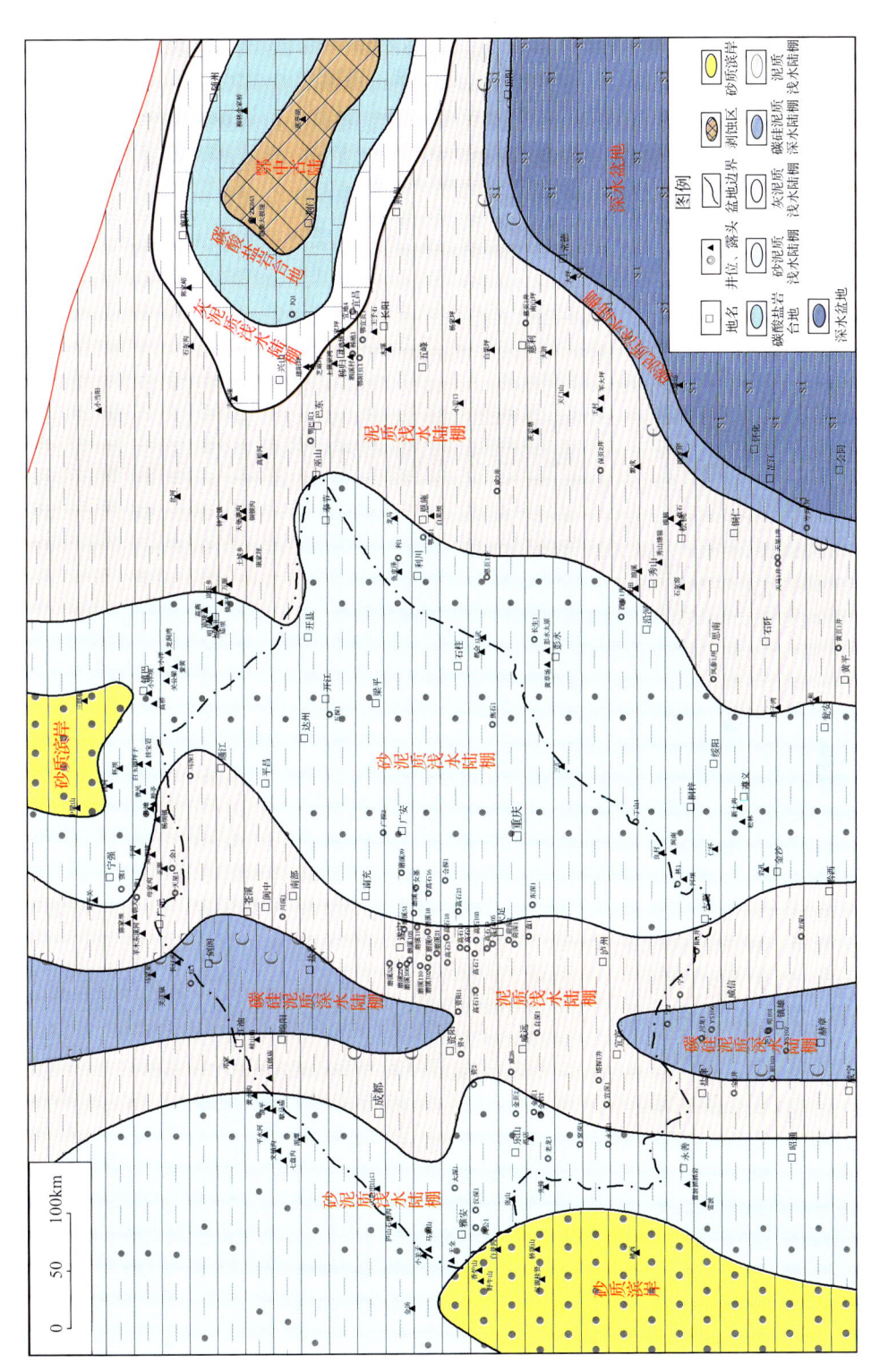

图 5-4 上扬子克拉通筇竹寺段沉积期岩相古地理图

## 第二节 早寒武世中期—中奥陶世构造-岩相古地理

早寒武世早期筇竹寺组沉积之后，克拉通内断陷消亡。至中奥陶世，上扬子克拉通构造稳定，以碳酸盐岩台地发育为重要特征。受克拉通内同沉积古隆起影响，岩相古地理及高能环境沉积的颗粒滩体展布呈现规律性变化。

### 一、沧浪铺期重大构造变革结束了克拉通内裂陷演化历史

早寒武世沧浪铺期上扬子克拉通发生了重大构造变革。四川盆地基本上被"填平补齐"，而南北走向的隆凹分异格局消失，代之以北西隆升、南东沉降、向南东缓缓倾伏这一同沉积古隆起构造-地貌格局的初始形成。沧浪铺组地层分布与筇竹寺组地层厚度分布存在明显差异，表现为古隆起沉积特征，即古隆起高部位地层薄，而斜坡带地层厚度逐渐增大，如毗邻古隆起高部位的资阳地区为130～150m，磨溪-高石梯地区增厚至150～200m，川东地区增厚至250～300m。从沧浪铺组沉积粒度及沉积相看，盆地内部以混积陆棚相细碎屑岩夹碳酸盐岩为特征，但在川西发育三角洲、滨岸相含砾砂岩体，川西北、川北地区普遍发育河流、滨岸相砾岩体，成为早古生代沉积粒度最粗的层系。例如，川西沧浪铺组，尽管主体为混积陆棚相细碎屑岩夹碳酸盐岩沉积，但荥经白井沟、汉源帽壳山和峨眉后山张村等剖面粒度变粗而夹有巨厚含砾砂岩和砂岩体。川西北沧浪铺组（原称油房组），在茂县一带厚逾500m，为薄层状流纹质凝灰岩、凝灰质砂岩、砾岩、角砾岩夹变质砂岩、粉砂岩及碳质板岩；在北川复兴一带厚达860m，为岩屑砾岩夹碳质板岩；在平武黑水潭一带最薄，仅71m，并被志留系茂县群不整合超覆。川北沧浪铺组（原称磨刀垭组），自广元向东至旺苍，砾岩体厚30～310m[图5-5(a)]，均为岩屑砾岩和燧石砾岩，砾径通常为0.2～5cm，最大可达20～30cm[图5-5(b)]。

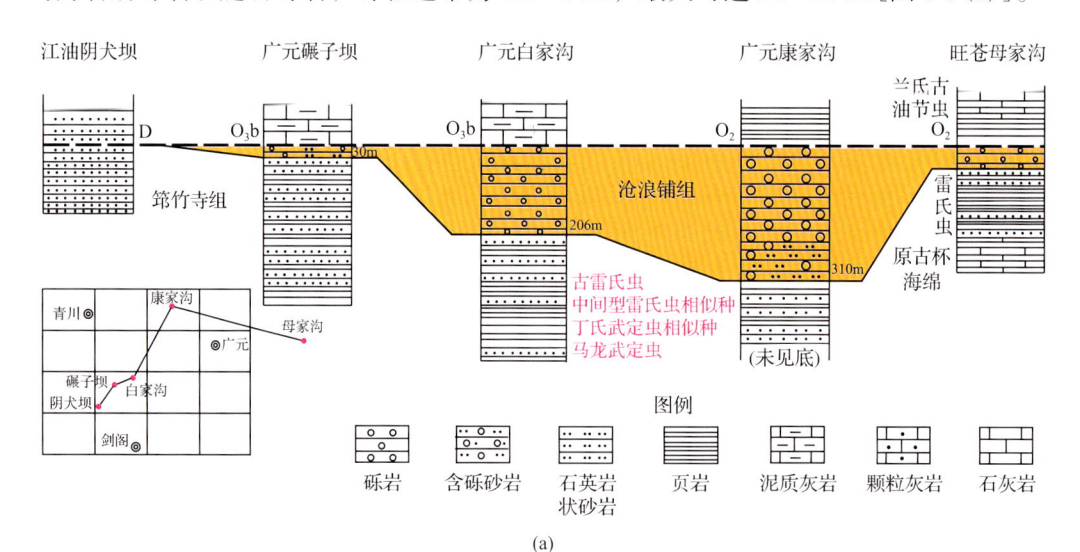

(b)

图 5-5 川西北地区沧浪铺组河流、滨岸相砾岩体的分布(a)及岩性特征(b)
(a)据广元幅 I-48-34 1∶20 万区域地质测量报告(1966 年)修改；(b)旺苍大两乡剖面

上述均标志着沧浪铺期同沉积水上、水下古隆起的形成，并由此控制了该组沉积及残余厚度的规律性变化，以及碎屑岩夹碳酸盐岩混积缓坡的形成，从而为之后构造稳定期的龙王庙组碳酸盐岩沉积奠定了构造-地貌基础且这一古构造-地貌格局一直延续至志留纪末，尽管各组的岩性岩相不同，但均突出表现为：西北部剥缺区范围不断向东南扩展，西北高而东南低、向东南缓缓倾伏的鼻状古隆起越来越清晰；各组的残余厚度均具有西北薄、东南厚的特点；沉积物粒度，总体上具有西北部粗、向东南变细，反映沉积古水深西北浅、东南深的特点。

## 二、碳酸盐岩台地同沉积古隆起

碳酸盐岩台地同沉积古隆起是指碳酸盐岩台地生长发育过程中形成的同沉积古隆起，可以是水下古隆起，对碳酸盐岩沉积相、沉积厚度及短暂剥蚀有明显控制作用。主要特征如下：①古隆起区地层薄、斜坡区地层厚；②古隆起区水体浅、颗粒滩发育，随着同沉积古隆起不断"生长"，不同层系颗粒滩发生规律性迁移；③同沉积古隆起高部位易于受海平面升降影响，可形成多期暴露侵蚀面；④古隆起区上覆地层沉积通常具有上超沉积现象(图 5-6)。

基于上述碳酸盐岩台地同沉积古隆起特征分析，利用钻井、地震资料，提出并刻画川中同沉积古隆起，发育时代为早寒武世沧浪铺期—志留纪，分布面积达 6 万～8 万 km²(图 5-7)。主要特征如下。

(1)川中同沉积古隆起是上扬子克拉通构造转换期的产物。早寒武世早期区域拉张作用，形成了德阳-安岳裂陷。早寒武世沧浪铺期开始进入区域挤压环境，上扬子克拉通西缘开始形成古陆，如汉南古陆、宝兴古陆、康滇古陆。其中，宝兴古陆向四川盆地内部延伸到南充、广安一带，表现为水下同沉积古隆起。到志留纪末期的广西运动，川中同沉积古隆起发生褶皱，形成著名的乐山-龙女寺褶皱型古隆起。可见，川中同沉积古隆起是区域拉张作用向区域挤压作用转换的产物，为乐山-龙女寺褶皱型古隆起的形成与分布奠定了基础。

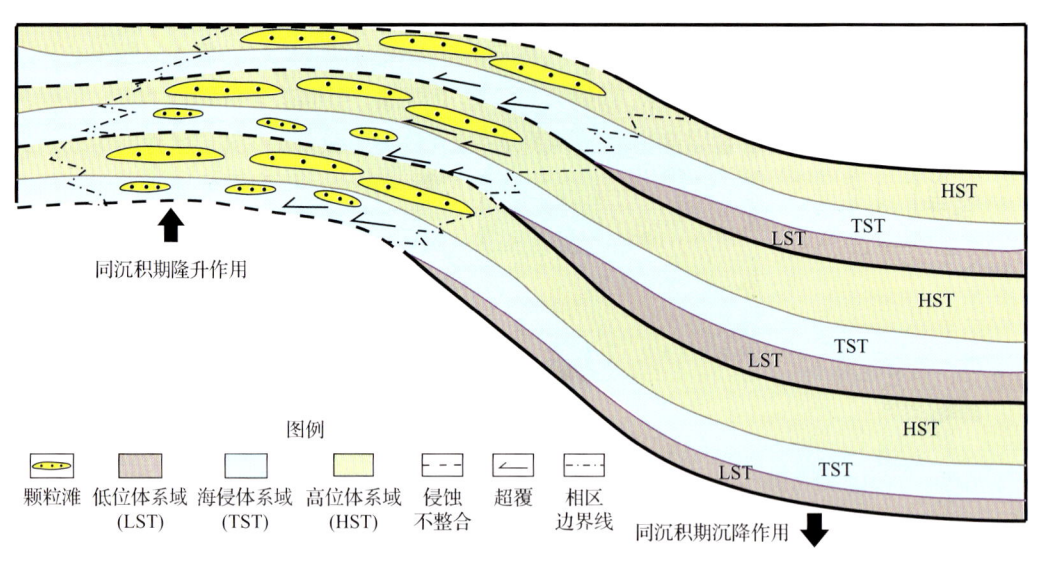

图 5-6 碳酸盐岩台地同沉积古隆起控沉积模式图

(2) 川中同沉积古隆起对沧浪铺组-志留系地层分布的控制。依据地层厚度图，揭示同沉积古隆起区沧浪铺组、龙王庙组、洗象池组及下奥陶统等地层厚度较薄，斜坡区的川东-川东南区地层厚度大。如沧浪铺组在古隆起区厚度为 100~200m，斜坡区厚度增至 200~400m；龙王庙组在古隆起区厚度为 70~120m，斜坡区厚度增至 160~200m；高台组在古隆起区厚度为 0~100m，斜坡区厚度增至 120~200m；洗象池组在古隆起区为 0~150m，斜坡区厚度增至 200~600m；奥陶系在古隆起区厚度为 0~150m，斜坡区厚度增至 200~500m；志留系在古隆起区厚度为 0~200m，斜坡区厚度增至 1000~1200m。

(3) 川中同沉积古隆起区颗粒滩发育。碳酸盐岩台地背景上的同沉积古隆起，沉积地貌相对高、水体浅，有利于颗粒滩相发育。如龙王庙组颗粒滩体表现为环绕川中古隆起区分布，面积可达 8000km$^2$。勘探已证实磨溪地区龙王庙组颗粒滩体，纵向上至少有三套，单层厚度为 10~30m，累计厚度可达 30~70m，平面上叠合连片。

(4) 川中同沉积古隆起区颗粒滩迁移特征。受同沉积古隆起演化控制，高部位发育的颗粒滩体随着年代变新而发生规律性迁移。岩相古地理研究表明，川中同沉积古隆起在早寒武世中晚期至早奥陶世不断向外围"生长"，横穿古隆起近东西向剖面展示了龙王庙组、洗象池组及桐梓组颗粒滩不断向东迁移的特征(图 5-7、图 5-8)。

(5) 川中同沉积古隆起高部位更容易受海平面升降变化影响，发育多期侵蚀暴露面或短暂侵蚀不整合面，有利于形成多套岩溶储层。综合钻井、地震资料分析，川中古隆起的寒武系—志留系至少存在三期局部侵蚀不整合面，即沧浪铺组与龙王庙组之间侵蚀不整合、龙王庙组与洗象池组之间侵蚀不整合、奥陶系与志留系之间侵蚀不整合。钻井揭示龙王庙组、洗象池组及奥陶系均发育岩溶储层。

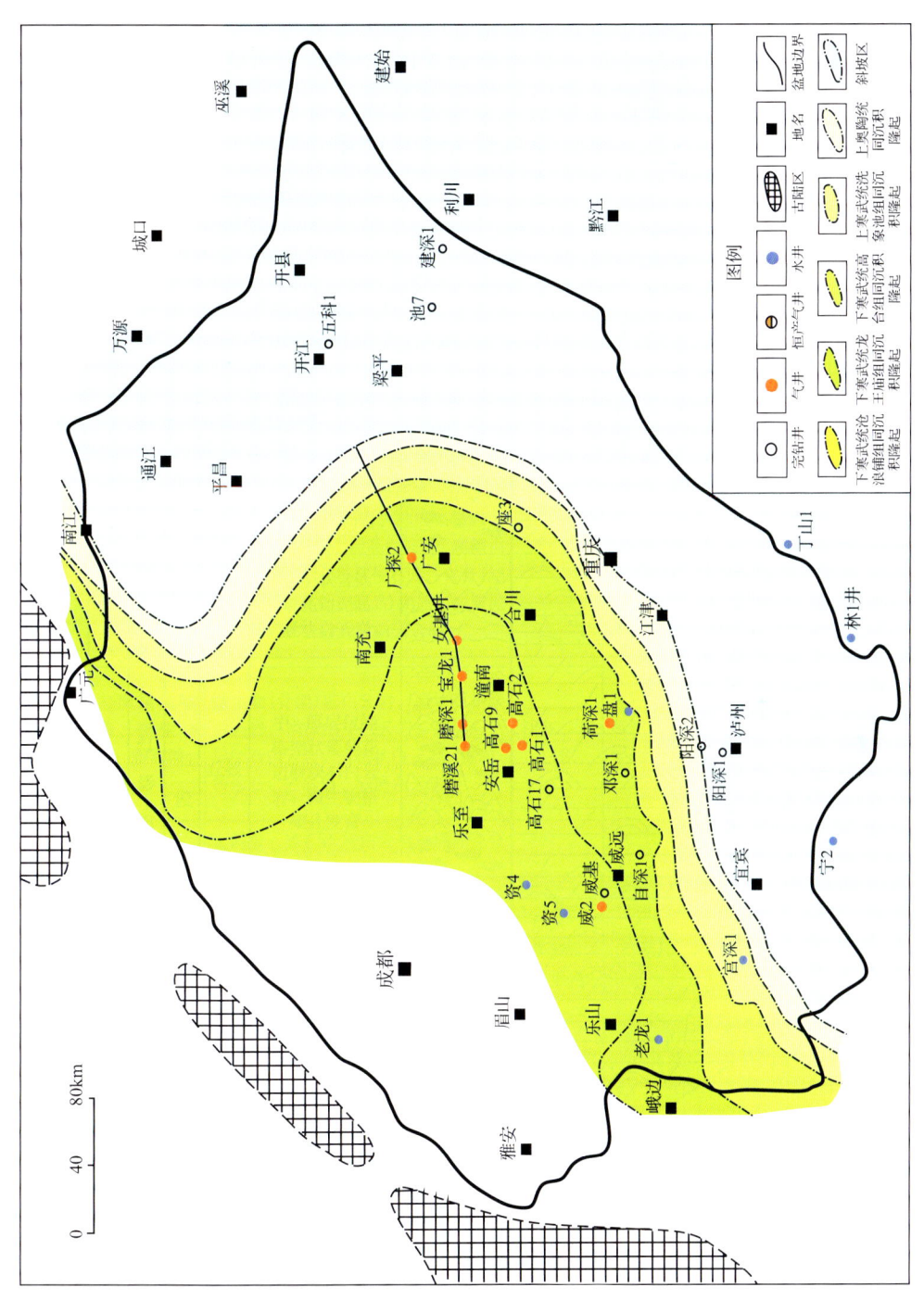

图5-7 四川盆地川中同沉积隆起分布图

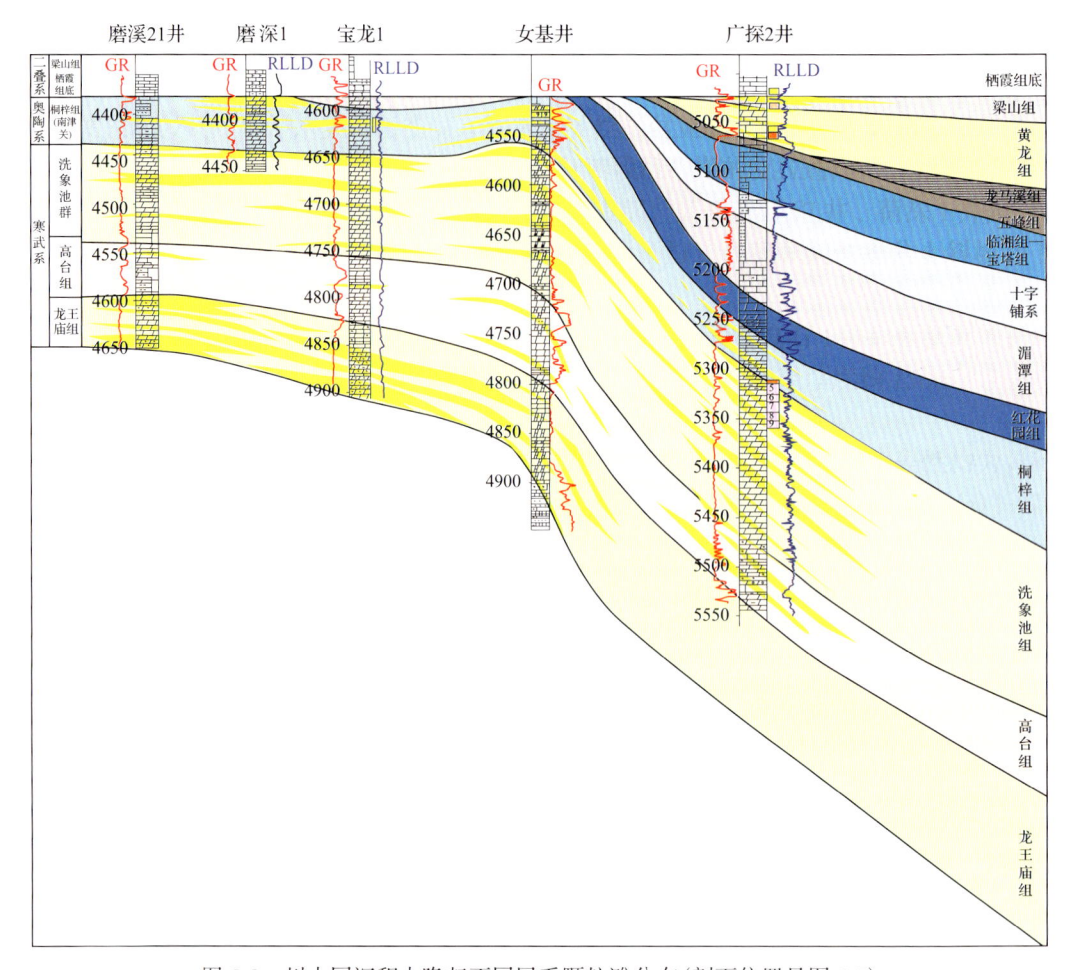

图 5-8　川中同沉积古隆起不同层系颗粒滩分布(剖面位置见图 5-7)

### 三、缓坡型碳酸盐岩台地沉积模式

20 世纪 60~70 年代，国外海相碳酸盐岩大油气田发现处于鼎盛时期，也是碳酸盐岩沉积学发展黄金时期，建立了诸多经典沉积模式，如 Shaw(1964) 和 Irwin(1965) 的陆表海台地模式、Ahr(1973) 的缓坡模式、Wilson(1975) 的台地模式、Tucker 和 Wright(1990) 的台地模式、Read(1985) 的缓坡模式等。20 世纪 80~90 年代以来，随着我国海相碳酸盐岩油气勘探发展，碳酸盐岩沉积学研究取得重要进展，冯增昭(1980)、刘宝珺和曾允孚(1985)、曾允孚等(1983)、关士聪(1984)、马永生等(2006)、陈洪德等(2009)、顾家裕等(2009)等从油气勘探的地质实际出发，分别建立了台地边缘模式、台盆模式、缓坡模式等。这些模式的建立，不但推动了碳酸盐岩沉积学发展，而且对指导油气勘探有重要意义。

上扬子地区寒武系—奥陶系是碳酸盐岩发育的另一个重要时期，构造相对稳定，整体表现为西高东低的低缓斜坡，推算缓坡的最大坡度约 1/1000，最大坡角仅 0.057°。在该构造背景下发育缓坡型碳酸盐岩，以颗粒滩大面积分布为主要特征。

下寒武统龙王庙组是上扬子区以碳酸盐岩为主的地层，顶、底面为区域性不整合。

地层厚度不大、但分布广泛，受控于水下古隆起与区域构造活动及陆源碎屑注入减弱的古地理背景。综合 70 余口探井、30 余个露头剖面龙王庙组的岩石类型、沉积组构，以及成像测井和地球物理响应证据，建立了沉积相识别标志，并通过沉积演化序列与展布的分析，建立了四川盆地龙王庙组沉积相类型及主要相标志(图 5-9)。

1. 混积潮坪相

混积潮坪相的岩石类型为含砂白云岩、砂质白云岩，可夹陆源碎屑岩，如白云质砂岩、白云质泥质粉砂岩和粉砂质泥岩薄层，仅残存在川西北、川西南一隅。因遭受加里东运动剥蚀，残余地层厚度薄，如川西南荥经白井沟和轿顶山剖面，龙王庙组分别为仅厚 13m、23m 的灰色砂泥质白云岩。

陆源碎屑的来源，一种可能是康滇古陆，二是龙王庙组海侵上超过程中侵蚀下伏沧浪铺组碎屑岩，并经沿岸流、风暴回流的搬运而为龙王庙期海域提供陆源碎屑，在峨边先锋剖面龙王庙组底部获得了海侵上超不整合的证据，龙王庙组与下伏沧浪铺组"下红层"的接触面凹凸不平，龙王庙组底部发育砂砾岩，表明沧浪铺组沉积后遭受了沉积间断和暴露，之后在龙王庙期海侵过程中被侵蚀。

2. 内/浅缓坡相

内/浅缓坡介于平均高潮面与正常天气浪基面之间，受波浪与潮汐的双重作用。当海水循环通畅时水体能量高，尤其是在海底古地貌高地上形成颗粒滩、滩间洼地沉积；当海水循环受限时不仅水体能量低，而且形成蒸发潟湖-蒸发潮坪亚相的膏盐岩和膏云岩沉积。由图 5-10 可见，内缓坡相发育颗粒滩与蒸发潟湖-蒸发潮坪两个亚相。

颗粒滩亚相岩石类型均突出表现为遭受强烈生物扰动的颗粒、残余颗粒白云岩，粪球粒白云岩，细中晶和粉细晶白云岩，以及泥粒、粒泥白云岩等(图 5-11)。颗粒滩体中偶见斜层理和交错层理[图 5-11(a)]，其原因与其沉积当时强烈风暴的破坏(侵蚀与夷平)作用有关。颗粒滩高能相带围绕川中同沉积水下古隆起呈半环状展布，其沉积严格受水下古隆起微地貌控制，突出表现为水下古隆起区水体浅、能量高而滩体更发育，但并未发现明显的进积现象。

蒸发潟湖-蒸发潮坪亚相呈半环状包围颗粒滩亚相区，广泛分布在华蓥山大断裂与七曜山大断裂之间的蜀南与重庆地区，以及川东北地区。以含膏白云岩为特征，多发育波状、脉状等潮汐层理，夹有发育板状斜层理的颗粒白云岩，但厚度规模一般不超过 0.4m，反映了潮控特点。在雷波火草坪剖面，累厚 18.5m。自下而上的沉积序列：①灰色厚层状泥晶白云岩；②灰白色白云质石膏岩，呈厘米级韵律条带，石膏层(1~2cm)与泥晶白云岩层间互，局部风化成膏溶角砾岩；③白色细晶石膏岩；④白色白云质石膏岩，呈厘米级韵律条带，石膏层厚 3~5cm；⑤白色粉晶白云质石膏岩，呈厘米级韵律条带，石膏层(1~2cm)与泥晶自云岩层间互；⑥白色泥晶块状石膏岩，成分单一，风化出现 2mm 宽的褐红色铁锈；⑦灰黄色含石膏角砾岩，为 3~5cm 厚韵律条带状石膏岩被大气淡水溶解所致，角砾一般为 5cm×6cm，大者为 10cm×30cm，角砾成分为泥晶白云岩，胶结物为泥质与方解石，泥质为石膏条带溶解后的不溶残余物；⑧灰白色泥晶白云岩，具方解石脉；⑨红色泥岩。

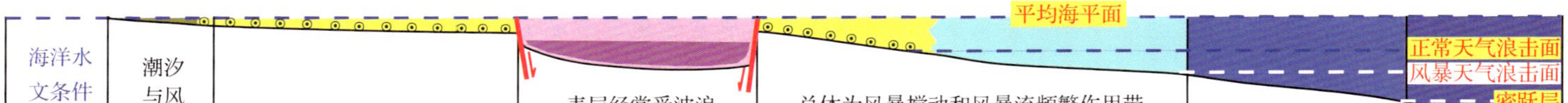

· 178 ·　上扬子克拉通盆地演化与含油气系统

| 海洋水文条件 | 潮汐与风暴潮作用 | | | 正常天气浪基面 / 风暴天气浪基面 / 密度层 |
|---|---|---|---|---|
| 水动力学特征 | 经常性波浪作用高能带 | 表层经常受波浪、潮汐作用，深层静水低能 | 总体为风暴搅动和风暴流频繁作用带，但在古地貌高地上，快速堆积有可形成菜状、丘状的经常性波浪作用带 | 风暴搅动和风暴流作用不频繁 | 偶尔受海啸作用影响 |
| 沉积相 | 后缓坡相 | 内缓坡台凹相 | 中缓坡相 | 外缓坡-盆地相 | |
| 亚相 | 混积潮坪 | 内缓坡潟湖、蒸发潮坪 | 风暴岩、障壁滩、微生物丘-颗粒滩 | 浅水外缓坡深水外缓坡 | 浅水大补偿盆地深水大补偿盆地 |
| 主要岩石标志 | 粉砂岩、粉砂质泥岩、白云质泥砂岩、砂质白云岩 | 蒸发岩（膏岩、岩盐）、膏云岩、层纹石白云岩、含化石泥质粉晶白云岩、含化石粉晶灰质白云岩 | 主体为各类风暴灰岩具丘状、粒序性风暴灰岩与泥粒、粒序性风暴灰岩与微生物丘。但在古地貌高地上，因快速堆积而发育颗粒灰岩、粉皮状含白云质颗粒灰岩障壁滩及层纹石层碳酸盐岩建造的云坪 | 薄层、细粒粒序性风暴岩、夹生物扰动或纹层状泥质灰岩或泥岩，常呈瘤状或薄板状 | 暗色泥页岩与暗色纹层状泥质灰岩、屑灰岩、或者常呈厚薄层块状板状 |
| 代表井/剖面 | 汉源蟹壳山剖面、资阳、高石梯、磨溪钻井 | 雷波火草坪剖面、华蓥田坝、蜀南、重庆钻井 | 南川三汇、石柱马武、城口李梅、渔塘溪剖面、湘西花桓李梅、磨溪21井 | 陕南镇巴、紫阳、安康、湘西大木、王村、江口等剖面 | |

图 5-9 四川盆地及周缘龙王庙组沉积相分布模式

(a)磨溪13井，第5高心，内缓坡相，潮汐与风暴潮作用，颗粒滩亚相，溶蚀孔洞极为发育的颗粒白云岩；(b)雷波火草坪剖面，内缓坡相，蒸发潟湖亚相，硬石膏与蓍容角砾岩露头；(c)华蓥田坝剖面，内缓坡相，蒸发潮坪亚相，发育膏模孔泥晶白云岩；(d)洪雅张村剖面，中缓坡相，具丘状层理白云岩；(e)南川三汇剖面，中缓坡相，具注状层理的砂屑白云岩；(f)磨溪21井，第3高心，中缓坡相，风暴坡折，风暴坡折，风暴改造形泥质与泥屑岩；(g)湘西花桓李梅剖面，外缓坡相，深水，黑灰色泥质纹层与泥屑岩层条带，薄板状，瘤状泥灰岩；(h)、(i)贵州剑河五河剖面，外缓坡相，具各种滑塌变形构造石灰岩的剖面与层面特征

第五章 早古生代构造-岩相古地理

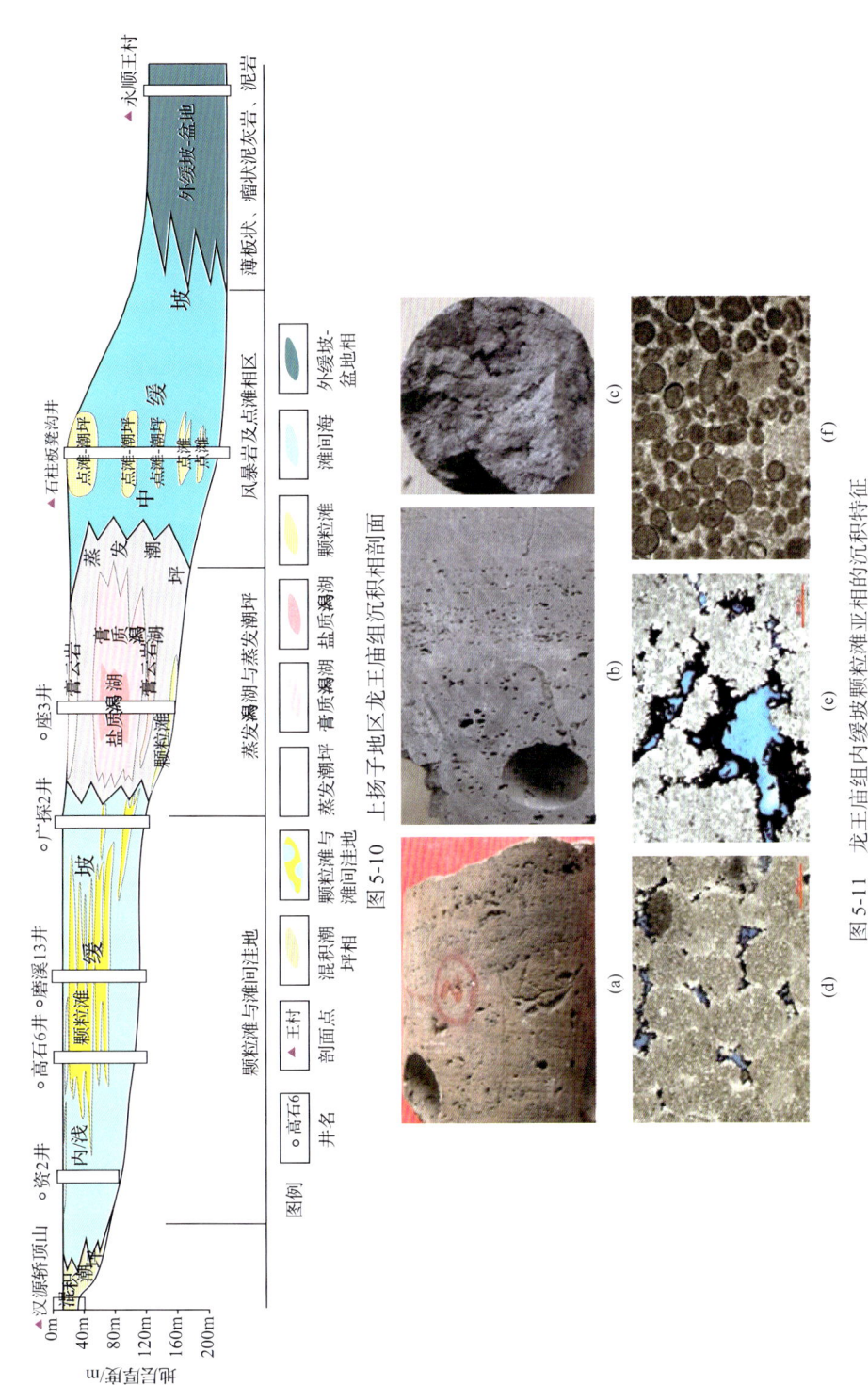

图5-10 上扬子地区龙王庙组沉积相剖面

图5-11 龙王庙组内缓坡颗粒滩亚相的沉积特征

(a)磨溪12井，4621.04m，颗粒白云岩，残存高角度交错层理和顺层分布、在蠕虫铸模孔基础上形成的溶蚀孔洞；(b)磨溪13井，4606.02~4606.17m，蠕虫铸模(溶)孔经多期顺层岩溶后形成的似层状、蜂窝状分布的溶蚀孔洞；(c)磨溪17井，4608.94~4609.08m，强烈生物扰动形成的云雾状、花斑状白云岩，发育生物潜穴铸模(溶)孔；(d)高石6井，4545.99m，鲕粒白云岩，同生期大气淡水溶蚀形成的粒间(溶)孔，边缘充填沥青，(蓝色铸体单偏光；(e)磨溪12井，4622.05~4622.21m，细-中晶残余鲕粒白云岩，同生期大气淡水溶蚀形成的粒间溶孔，边缘充填沥青，白云石胶结，单偏光，4×10倍；(f)高科1井，4571.1m，粪球粒残余鲕粒白云岩，白云石胶结，单偏光，4×10

### 3. 中缓坡相

中缓坡介于正常天气浪基面与风暴浪基面之间，因而各类风暴作用最频繁且强烈。其沉积物，通常为各类、各种粒级的风暴灰岩（具丘状、洼状层理的粗粒-粒序性颗粒灰岩与泥粒灰岩、粒泥灰岩），残余地层厚度一般为180～260m。该亚相区广泛分布在盆地外围南部、东南部的黔中古隆起上，以及川东北的万源—城口—巫溪一带。

然而，在局部的古地貌高地上，因快速加积作用可局部发育成由颗粒灰岩、豹皮状白云质颗粒灰岩、层纹石白云岩所构成的塔状浅缓坡，残余地层厚度可陡然增加至近700m。其沉积相演化序列，则均经历了由中缓坡到浅缓坡的频繁而快速的演化，石柱板凳沟、湘西花垣鱼塘剖面可作为典型代表。由此，也导致中缓坡的古地理景观呈现为塔状的浅缓坡颗粒滩呈"星散状"分布在广阔的广海中。

### 4. 外缓坡-盆地相

外缓坡-盆地相总体上为处于风暴天气浪基面以下的区域，除阵发性滑塌事件和重力流事件外，水体安静，沉积物为薄板状或瘤状泥屑灰岩、暗色灰质泥岩、页岩或薄层硅质岩，并见浊积岩和滑塌岩。该相区分别发育在川东北城口及陕南镇巴、紫阳、安康、岚皋、竹山与黔东北、湘西地区，相界线分别位于镇巴高桥—城口—巫溪—神农架小当阳一线，以及黔东北遵义—正安、渝南秀山、湘西花垣李梅—鱼塘—桑植一带。

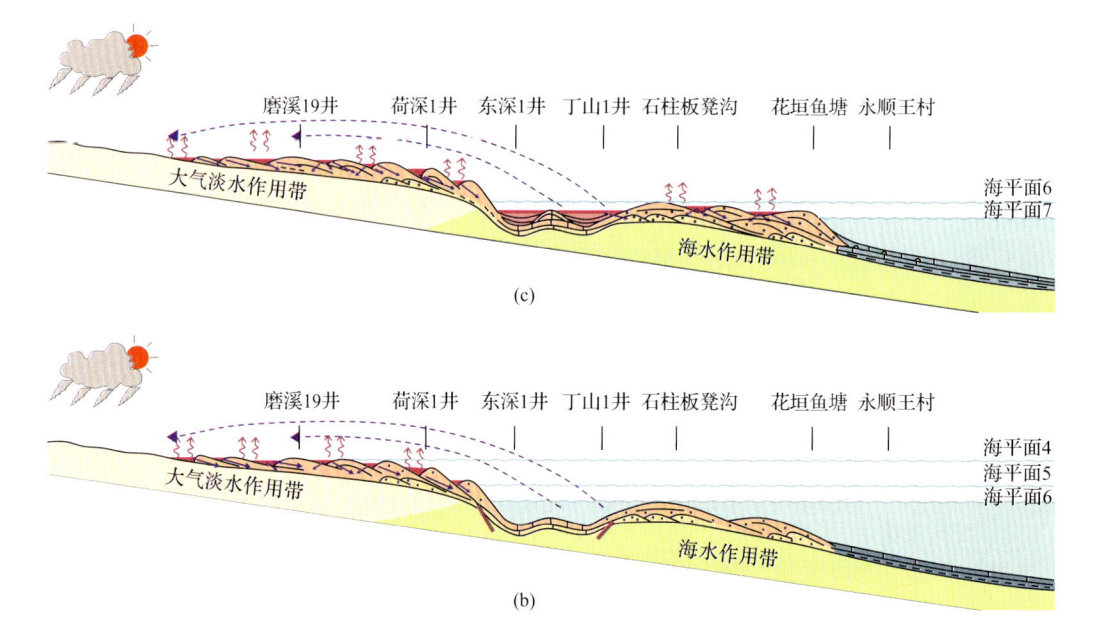

基于沉积相分析，建立龙王庙组沉积模式（图5-12）。

(1) 在高频海平面持续或间歇性上升过程中，海岸线逐渐向内陆方向迁移，从而因滨面（shoreface）（即平均高潮面与正常天气浪基面之间的水下岸坡地带）高能带"爬坡"而沉积自古地貌低部位逐渐向高部位"爬坡"的颗粒滩体。然而，该阶段形成的颗粒滩体，因海平面处于上升过程中而不能暴露和遭受大气淡水溶蚀；海水循环好、盐度正常而不能白云石化[图5-12(a)]。

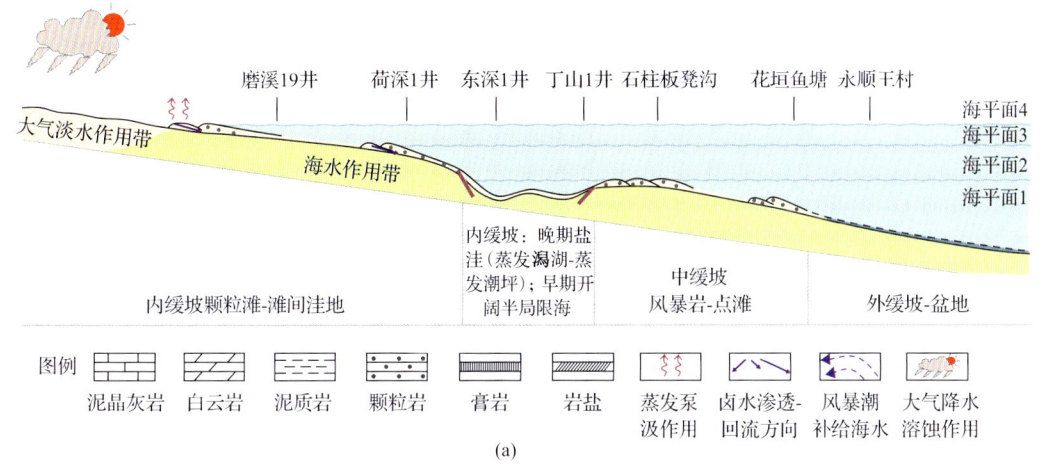

图 5-12　四川盆地龙王庙组沉积模式

(a)干/湿交替气候背景海侵体系域缓坡沉积与早期成岩作用；(b)干/湿交替气候背景高位体系域早期缓坡沉积与早期成岩作用；(c)干/湿交替气候背景高位体系域晚期缓坡沉积与早期成岩作用

(2)在海平面持续或间歇性下降过程中，海岸线逐渐向广海方向迁移，因滨面高能带"下坡"而沉积自古地貌高部位逐渐向低部位进积的一系列颗粒滩体。与此同时，则在沉积区后方渐次形成暴露或近暴露的古地貌高地[图5-12(b)]，尤其是当海岸线退至中缓坡时，几乎整个内缓坡的古地貌高地均暴露或近暴露。

(3)在干热古气候背景下，颗粒滩体中的孔隙海水被蒸发泵汲而演变为卤水；滩间洼地残留的海水被蒸发泵汲而形成"星罗棋布"的高温高盐盐池。因盐池中海水密度大而向下方、侧下方颗粒滩体渗透，由此发生强烈的同生-准同生期蒸发泵与回流-渗透白云石化作用，形成残余颗粒白云岩及泥粉晶白云岩[图5-12(b)、图5-12(c)]。

## 四、主要沉积期岩相古地理特征

1. 早寒武世沧浪铺期

上扬子地区沧浪铺组地层总厚度为65～600m，总体上可分为上下两段。沧浪铺组下段岩性下部为紫红色砂岩、粉砂岩及页岩(俗称下红层)，向上过渡为灰白色中-粗粒石英砂岩、含砾砂岩及细砾岩，含三叶虫化石；沧浪铺组上段下部岩性为黄灰色页岩与薄层灰质细砂岩互层，中上部为灰色泥质条带灰岩夹页岩及生物结晶灰岩(相当于天河板组)，含三叶虫化石。

沧浪铺组下段总体为三角洲—混积潮坪—盆地相沉积格局(图5-13)。盆地西部的剑阁—广元及成都—旺苍一带为三角洲沉积，发育细砾岩、含砾砂岩及中砂岩，砂岩含量高达65%～80%，碳酸盐含量低于20%；至宜宾—资阳—剑阁一带沉积物为砂泥岩及石灰岩薄互层发育，为混积潮坪相沉积；至宝1井—磨溪39井—平昌—镇巴一带砂岩含量降至30%，碳酸盐岩主要集中在该区域发育，为碳酸盐岩台地上缓坡；至盆地东缘发育中缓坡沉积，在宁2-芒1井区发育泥质潟湖，焦石1井发育膏盐湖；另在中扬子地台颗粒灰岩及白云岩含量可达80%，因此将其划分为陆棚内的碳酸盐岩台地相。

图 5-13 中上扬子地区寒武系沧浪铺组下段沉积期岩相古地理图

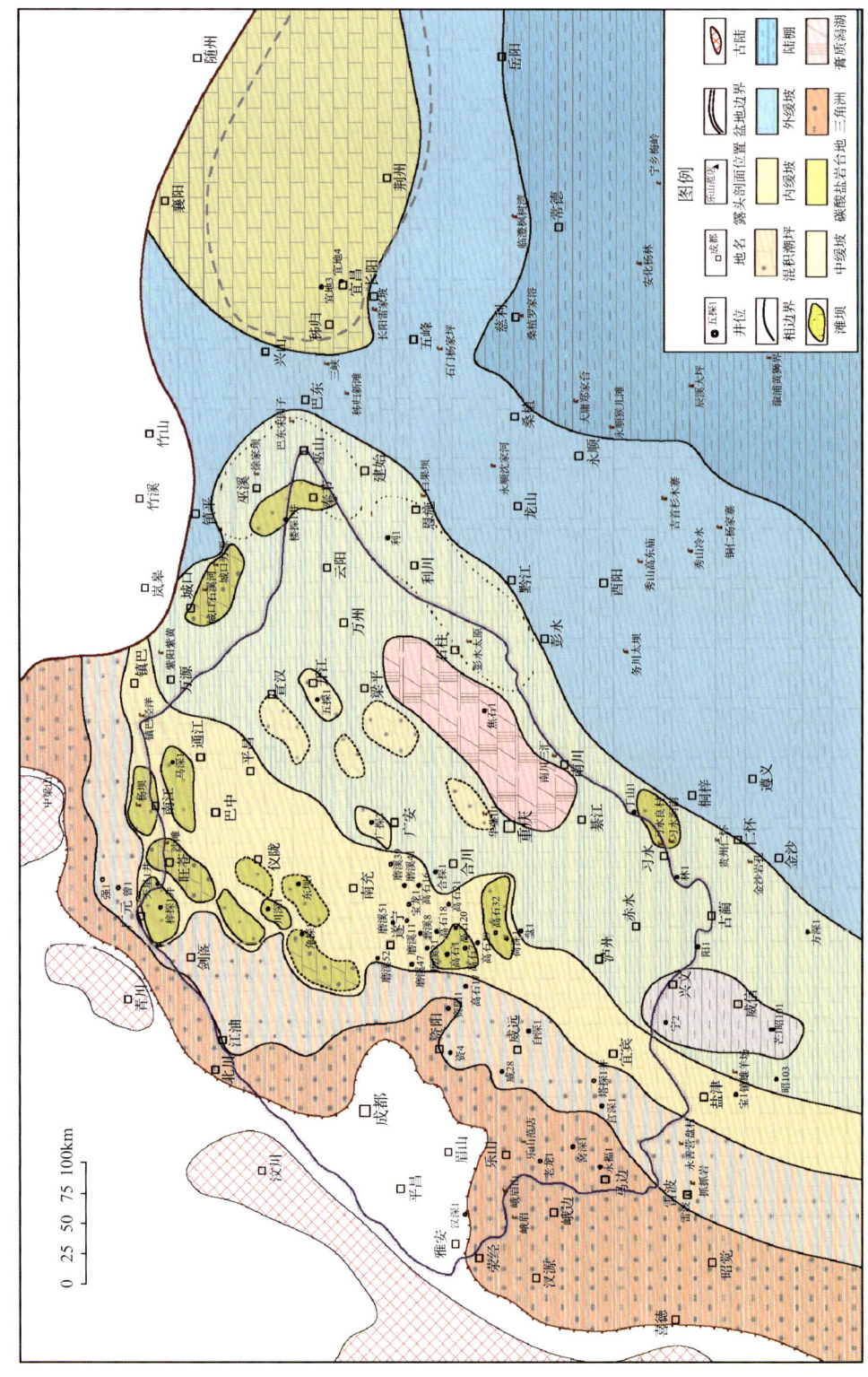

(1)三角洲相：岩性以砂砾岩、砂岩夹泥岩沉积为主，发育明显的正粒序河道沉积和逆粒序的河口坝沉积，向东砂岩粒度明显变细且砂岩含量逐渐降低。岩石颜色由暗紫色、紫红色、浅灰色及灰色组成。在测井上体现为自然伽马曲线的钟形及箱形特征。

(2)混积潮坪相：岩性以砂岩为主，颜色为浅灰色及灰色。潮坪相向海方向沉积物由中砂岩、细砂岩变为细砂岩、粉砂岩及泥质粉砂岩转变。

(3)陆棚相：位于潮坪相的向海方向，处于浪基面之下，水深通常为几十米，水体总体上较为安静。沉积物以暗色和粒度细为特征，主要包括黑色、黑灰色页岩、砂质泥页岩、碳质页岩，夹粉砂岩、泥质粉砂岩、灰质粉砂岩等，连续厚度大，一般为200～400m，发育水平层，含小壳类、三叶虫等化石。

(4)斜坡相：位于盆地东缘地区，在相变带上沧浪铺组地层厚度明显减薄。斜坡相沉积以泥页岩、粉砂质泥岩夹泥质粉砂岩为主，颜色较深。

(5)盆地相：位于黔东、湘西及鄂南等地区，地层厚度骤减，一般为80～140m。岩性上以黑色及黑灰色碳质页岩、泥页岩为主。

2. 早寒武世龙王庙期

上扬子地区龙王庙期构造-岩相古地理继承了沧浪铺期古地理格局，以碳酸盐岩缓坡台地沉积为主要特点。根据龙王庙组地层岩性与电性特征，可将龙王庙组分为上下两段，可区域对比，龙王庙组下段多为灰质岩，上部为一层高伽马段泥质白云岩、泥质灰岩或砂泥岩，龙王庙组上段以白云岩为主。

1)龙王庙组下段沉积期岩相古地理

研究区龙王庙组沉积时为内缓坡蒸发沉积环境。广安—合川—安岳—威远—马边以西地貌较高，为内缓坡白云岩发育区，水体能量相对较大，岩性多以砂屑白云岩、粗晶白云岩为主，颗粒滩储层相对较为发育(图5-14)。广安—合川—安岳—威远—马边以东地貌较低，为内缓坡石灰岩发育区，水体相对安静，能量较低，泥质灰岩发育。三汇—古蔺以东为相对古隆起区，沉积环境相对宽阔，岩性以泥质灰岩、白云质灰岩为主，可形成薄层颗粒滩储层；以东为中缓坡石灰岩沉积区，颗粒滩相对不发育。

2)龙王庙组上段沉积期岩相古地理

龙王庙组上段沉积时，进一步延续蒸发环境，海平面下降，为海退体系域，使川中地区暴露，滩体面积增大，溶蚀作用发育，形成大套颗粒滩有效储层。而原来为内缓坡石灰岩发育区，由于海平面下降，形成了相对凹陷而闭塞的潟湖环境，在不断的蒸发作用下，形成了膏盐，且局部可见灰质潟湖(图5-15)。同样地，在相对宽缓的中缓坡由于海平面下降，水体能量逐渐增强，颗粒滩发育。

再向东至川东鄂西-渝东地区龙王庙组主要发育中缓坡相及浅缓坡相沉积。中上扬子之间鄂西-渝东一带为相对低洼区，为中缓坡相沉积，岩性主要为石灰岩，其分布范围为城口—巫溪—巫山—恩施—石柱王家坪剖面以东，古庙垭—两河口—文家坪—木溪沟以西地区。内缓坡相主要发育在中缓坡洼地的两侧，龙王庙组岩性下段以石灰岩为主，上段发育颗粒白云岩。

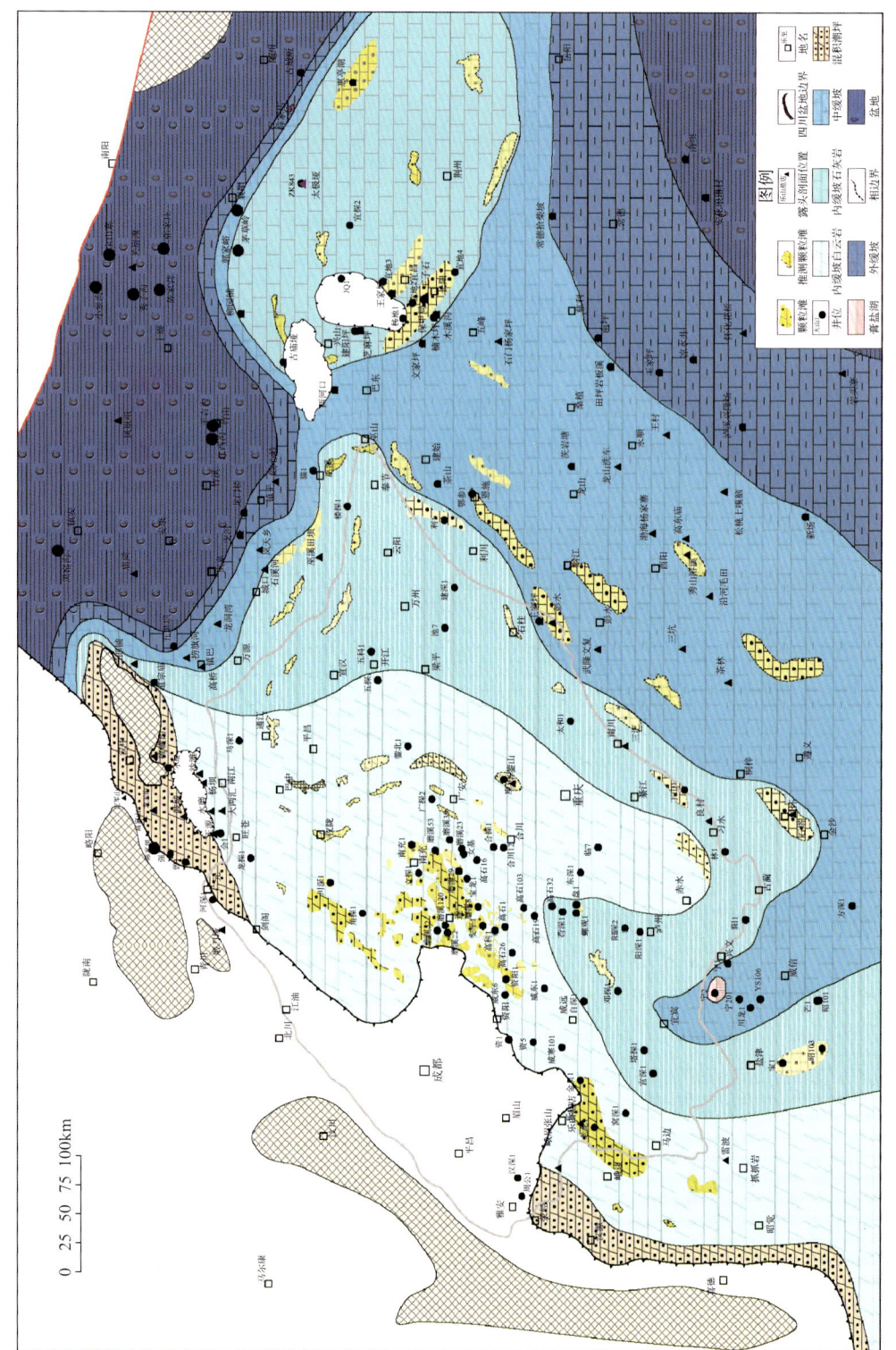

图 5-14 中上扬子地区龙王庙组下段沉积期岩相古地理图

第五章 早古生代构造-岩相古地理

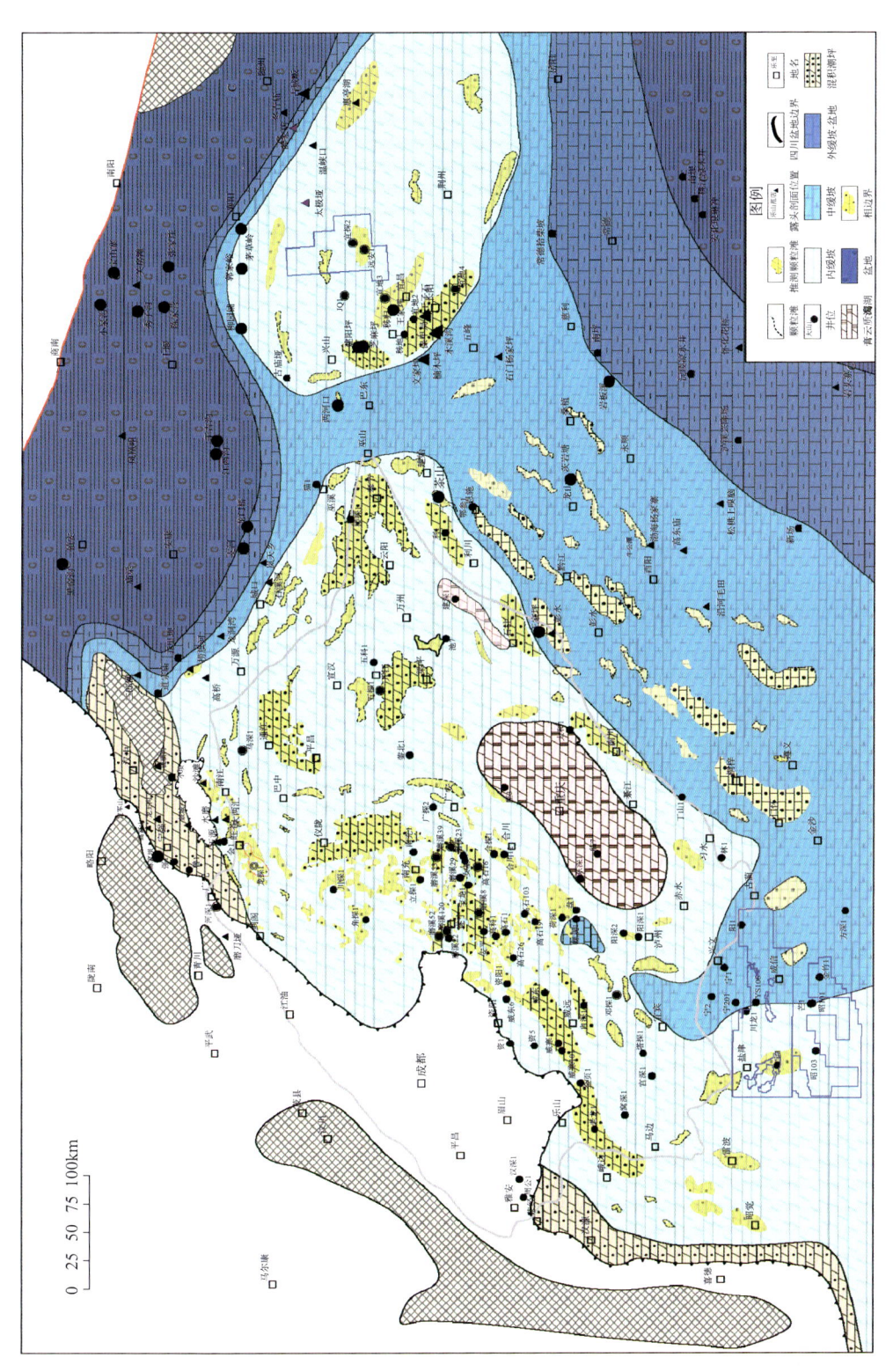

图 5-15 中上扬子地区龙王庙组上段沉积期岩相古地理图

### 3. 中寒武世高台期

中寒武世发生了寒武纪的第二次海退，发育碎屑岩-碳酸盐岩混合沉积，主要岩性为灰绿色、紫红色、棕红色泥质白云岩、白云质泥岩、白云质砂岩、白云质膏岩及黑色页岩不等厚互层，形成了高台组局限台地沉积，砂泥坪与混合坪扩大，发育膏质潟湖、含膏盐白云质潟湖、砂屑滩和砂质滩坝，储层不发育(图5-16)。高台组岩相古地理格局可概括为：盆地西部的峨眉—资阳—南江一带为混积潮坪相沉积，在资阳-南充地区白云岩较为发育，含量可达30%~50%；四川盆地的东部地区均为局限台地相沉积，在威远-自贡-广安地区为云坪相沉积，局部发育砂屑滩，含量在50%以上；宜宾-泸州及重庆-涪陵-开江地区发育大面积的含膏盐白云质潟湖沉积，以膏岩、白云质膏岩为主，石膏质量分数为20%~30%；盆地东缘为局限台地相向开阔台地相转变的过渡区域，该区域以东与含膏盐白云质潟湖之间局部发育白云质砂屑滩；彭水-遵义-恩施-宜昌-荆州地区发育开阔台地相沉积；秀山-吉首-大庸-桑植地区发育厚度较大的台缘带沉积，向湘西地区过渡为斜坡及盆地相。

### 4. 晚寒武世洗象池期

上寒武统洗象池组为一套海相碳酸盐岩，岩性为浅灰、灰、灰黄色白云岩、泥质白云岩，局部含砂质，夹鲕粒白云岩及硅质条带或结核。受加里东古隆起影响，地层西北薄、东南厚。在川北南江-旺苍-广元及川西北龙门山前缘一带缺失，乐山-威远-自贡-龙女寺一带厚度介于200~300m，邻水、永川一带厚约500m，至盆地东南边缘石柱、南川一带可厚达700m。

洗象池组沉积期间，上扬子地区古地理格局基本上继承了中寒武世的"南西高、北东低，东西分异"的特征。受西边的康滇古陆、摩天岭古陆及汉南古陆影响十分微弱，陆源碎屑供给较小，只在靠近古陆的一侧有陆源碎屑与碳酸盐岩不同程度混积的混积潮坪沉积。盆地内部及其周缘为稳定台地，沉积以清水及浅水碳酸盐岩沉积建造为主。川中地区水体不深，岩性主要为泥晶和砂屑白云岩，厚度不大，古隆起周缘发育砂屑白云岩及鲕粒白云岩，为局限台地潮坪亚相和台内滩亚相。川东地区比川中地区水体深，岩性主要为泥晶白云岩，有砾屑白云岩薄层，多为局限潟湖沉积。沉积盆地的东南部及北部为深水斜坡及盆地沉积。

图5-17是中上扬子地区洗象池组岩相古地理图。从西向东，洗象池组地层缺失区(加里东运动遭受剥蚀所致)、混积潮坪相区、半局限-开阔台地相区、台内凹陷相区、台地边缘相区、斜坡-盆地相区。

1) 混积潮坪相

潮坪是指地形平坦、随潮汐涨落而周期性淹没、暴露的环境，发育于局限台地向陆侧海岸带。洗象池组洗二段潮坪相主要发育在南充—安岳一带，岩性以致密泥晶白云岩、泥质白云岩为主，发育交错层理、羽状交错层理、缝合线等典型相标志。

2) 半局限-开阔台地相

半局限-开阔台地相总体上为白云岩夹石灰岩，其中夹有颗粒(鲕粒)石灰岩、颗粒(鲕粒)白云岩和叠层石白云岩。

第五章 早古生代构造-岩相古地理

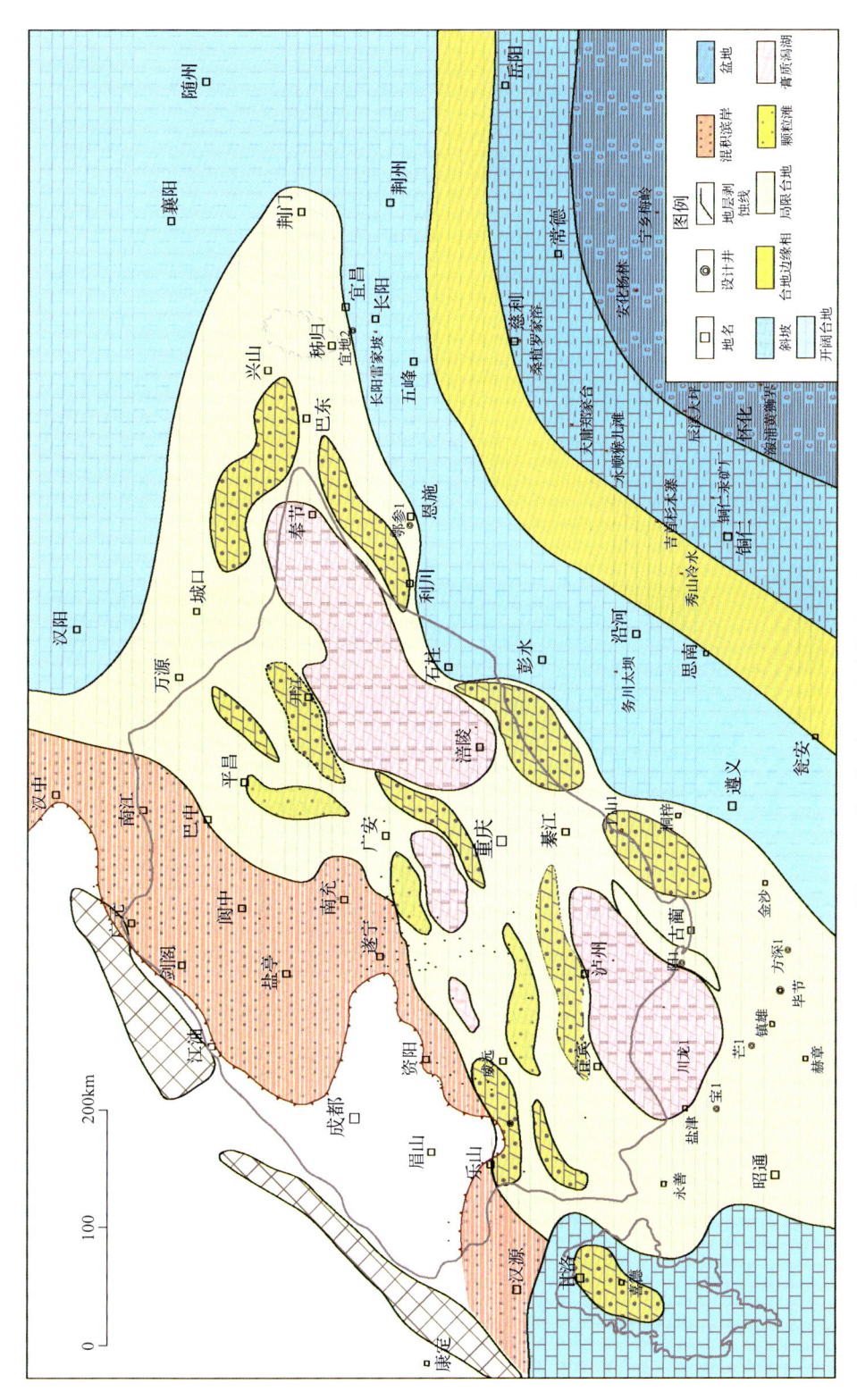

图 5-16 中上扬子地区高台期岩相古地理图

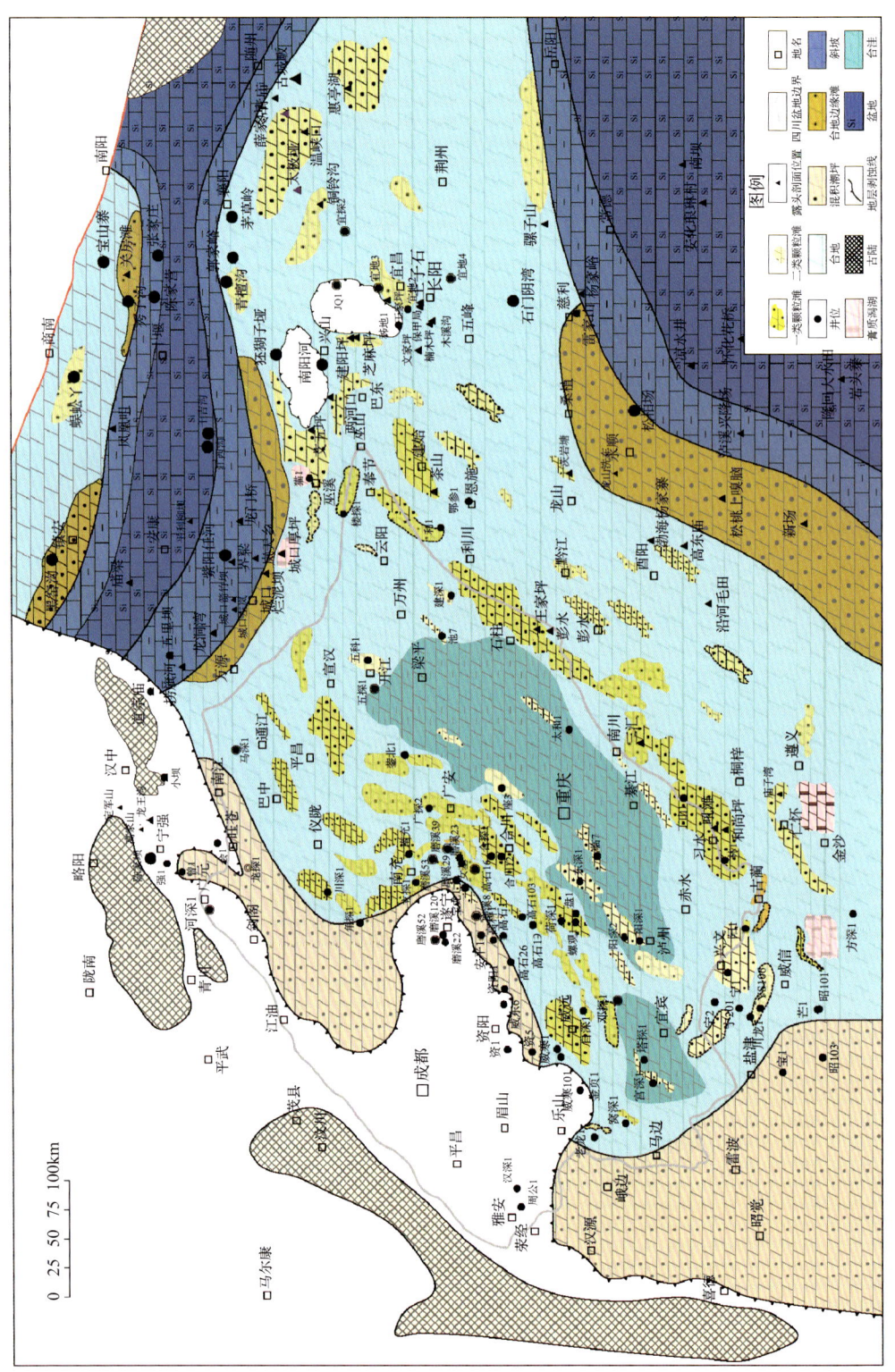

图 5-17 中上扬子地区寒武系洗象池期岩相古地理图

颗粒滩发育于台地上的海底高地，沉积水体能量较高，受潮汐和波浪作用的影响，发育多种颗粒岩，如砂屑、砾屑、鲕粒等，根据颗粒类型可以划分出鲕粒滩、砂屑滩、砂砾屑滩、砾屑滩、生物碎屑滩等微相类型。

3) 台内凹陷相区

台内凹陷相区位于台地之间、水体深度较深，水体环境相对闭塞、安静，以沉积细粒物质为主，主要由生物扰动泥晶白云岩、含不规则泥质纹层的泥晶白云岩和扁条状泥晶白云岩组成。不规则泥质纹层、条带状构造、生物扰动斑、生物潜穴等构造是该亚相的典型特点，也是主要相标志。从分布看，台内凹陷相区主要分布在重庆-宜宾地区，也称之为重庆-宜宾台洼。

4) 台地边缘相

位于碳酸盐岩台地与斜坡之间，是波浪和潮汐作用改造强烈的高能地带。沉积物主要由鲕粒灰岩、鲕粒白云岩、粉晶白云岩、砂屑白云岩和少量泥晶灰岩组成。台地边缘水体能量高，有利于鲕粒的形成和堆积，故沉积厚度大，可达上千米，分布稳定，主要分布在花垣—永顺一带。

5) 斜坡-盆地相

斜坡相是台地边缘与深水盆地之间的过渡带，海水深度一般在 100m 以下，水动力条件不强，水体循环受限制，常处于停滞状态，温度低，透光性差，多为还原环境，底栖生物较少。该沉积环境海底地势陡峭，常发生垮塌作用，台地边缘半固结或者未固结的沉积物被重力流搬运在此沉积，形成成分复杂的粒屑灰岩及角砾岩，并具有滑塌变形构造。洗二段斜坡相主要分布在城口断裂(界梁剖面)以北，发育巨厚层角砾岩 364m。

盆地相为欠补偿沉积环境，水体处于停滞状态，温度低，还原性强，发育硅质岩、页岩。

图 5-18 为北西-南东向沉积剖面图。该剖面过磨溪 12 井—磨溪 8 井—高石 16 井—合探 1 井—太和 1 井—秀山高东庙剖面—永顺松柏场剖面—安化琅琳冲剖面。剖面横穿四川盆地川中—渝东涪陵—渝东南秀山—湘西的大剖面，也跨半局限-开阔台地、局限-蒸发台地、台地边缘和台缘斜坡-盆地。磨溪 8 井、高石 16 井、合探 1 井位于半局限-开阔台地相区，沉积厚度分别为 134m、206m、214m，均以白云岩和强烈生物扰动沉积为特征。太和 1 井位于局限台洼相区，发育大套泥晶白云岩，厚 741m。渝东秀山溶溪剖面位于开阔台地相区，沉积厚度分别为 550m，总体上为白云岩夹石灰岩，其中夹有颗粒(鲕粒)灰岩、颗粒(鲕粒)白云岩和叠层石白云岩。永顺剖面为厚达 1400m 的台地边缘浅滩沉积。安化琅琳冲剖面厚约 180m，主体为一套薄-中层状深灰色泥灰岩、薄板状泥灰岩夹钙质泥岩沉积，反映了沉积型斜坡-盆地的沉积特点。

5. 奥陶纪岩相古地理

奥陶纪各时期海陆分布、沉积条件、沉积特征及生物面貌各不相同，但上扬子地区各时期的沉积特征所反映的基本性质具有明显一致性，即海底地形起伏不大，沉降幅度较小，沉积岩相稳定而有规律，生物发育，属标准的陆台型沉积。根据古地理演化阶段特征，编制了早奥陶世特马豆克期(桐梓期)、弗洛期(红花园期)、中奥陶世大坪期(湄潭期)、中晚奥陶世达瑞威尔期—凯迪期早期(十字铺期—宝塔期)等时期的岩相古地理图。

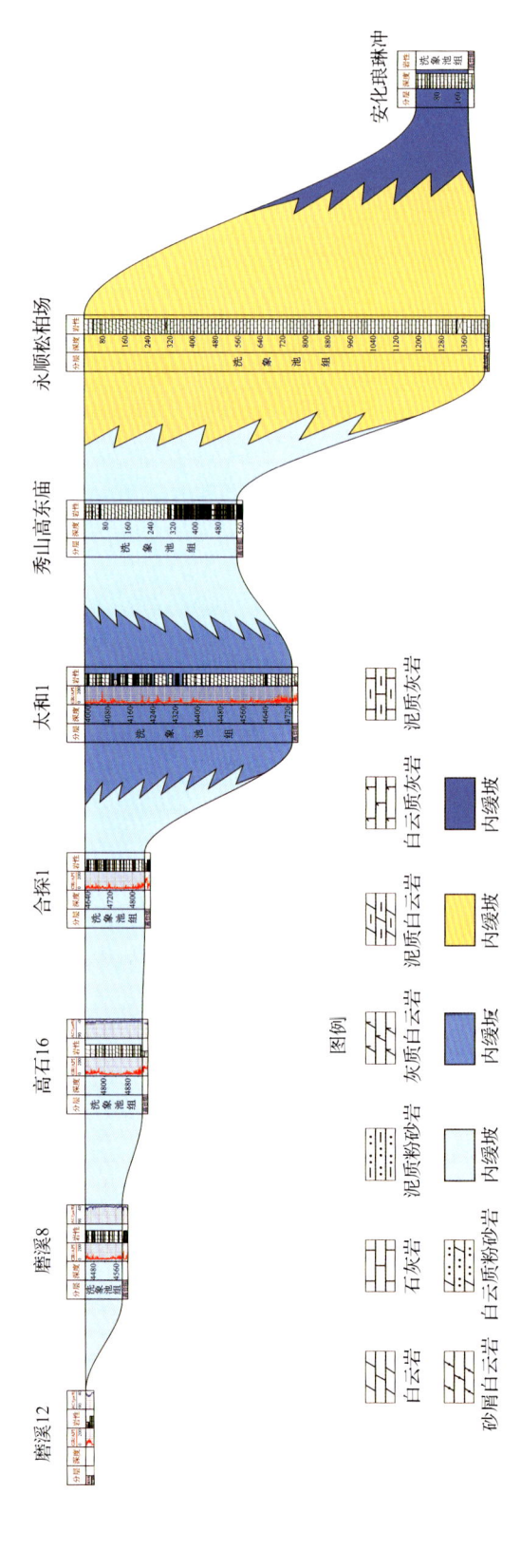

图 5-18 上扬子地区北西-南东洗象池组沉积相剖面

1) 早奥陶世特马豆克期(桐梓期)岩相古地理

早奥陶世早期继承了晚寒武世的沉积格局，受加里东运动影响，西侧剥蚀区范围持续扩大，台内浅滩发育，镶边台地具有一定的规模，局限台地相带分布区缩小，开阔台地增大。四川盆地大部分位于局限台地相区。沉积相带仍大致呈北东-南西向展布(图5-19)。

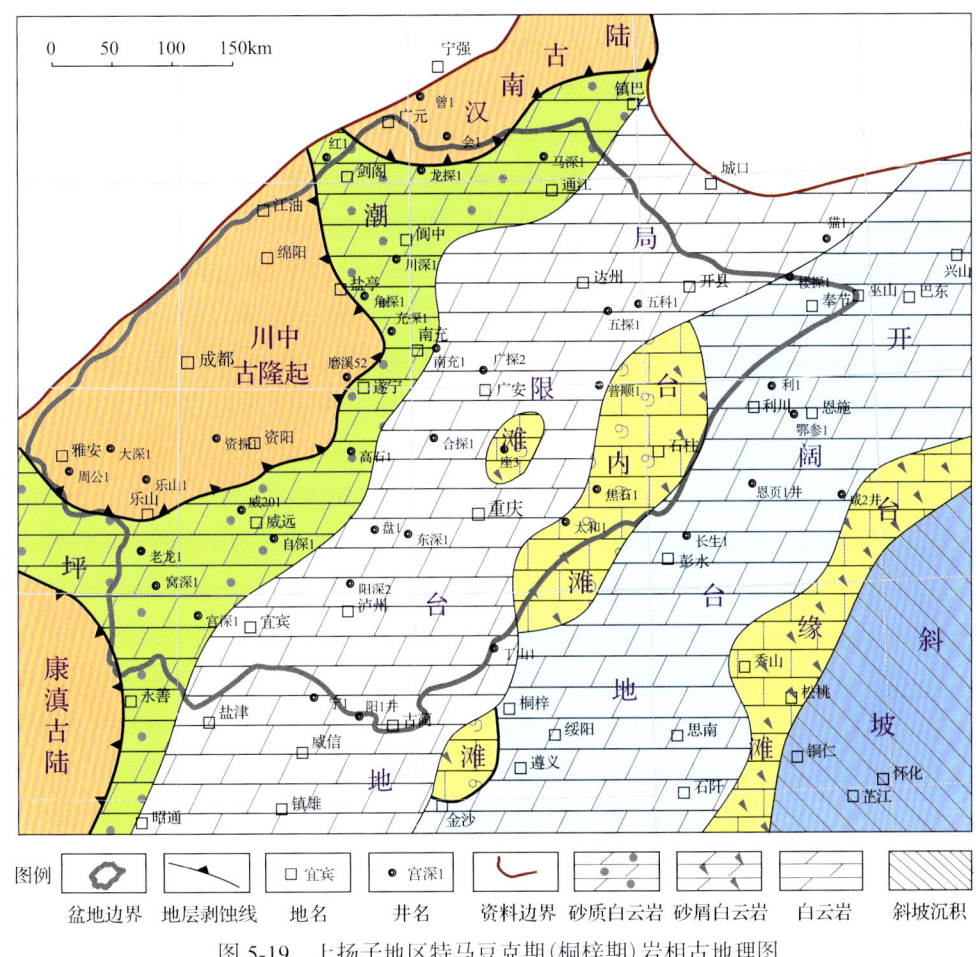

图 5-19 上扬子地区特马豆克期(桐梓期)岩相古地理图

古陆范围持续扩大，其中汉南古陆扩大至河深 1 井—广元沙滩等地。川中古陆向东扩张至遂宁—资阳一线，向南扩张到乐山等地。康滇古陆亦向东扩大。

伴随着古陆的扩张，靠近西部边缘相区的潮坪相主要分布在巴中—南充—宜宾—昭通一线以西地区。岩相组合主要由泥岩、粉砂质白云岩、泥质白云岩、石英粉砂岩、细砂岩、石灰岩，发育潮汐层理。

局限台地主要分布在巴中—南充—宜宾—昭通以东、巫溪—万州—涪陵—桐梓以西地区。岩相组合包括白云岩、灰绿色泥岩，局部夹生物碎屑灰岩。开阔台地相区分布在巫溪—万州—武隆—遵义以东、鹤峰—酉阳—石阡以西地区。岩相组合主要由泥晶灰岩、白云质灰岩和白云岩组成。

台内浅滩主要分布在万州—武隆以西、涪陵—綦江以东地区和华蓥溪口。岩石组合主要由生物碎屑灰岩、砂屑灰岩和生物碎屑砂屑灰岩组成。台地边缘浅滩分布在鹤峰—酉阳以东、张家界—铜仁以西区域。岩石组合主要由生物碎屑灰岩组成。台内浅滩和台地边缘浅滩相带具有极好的储集体分布,是有利的储层分布区。

2) 早奥陶世弗洛期(红花园期)岩相古地理

早奥陶世晚期海平面持续下降,古陆范围增大,局限台地范围略有减少,台内浅滩发育,沉积相带依旧呈北东-南西向展布(图5-20)。

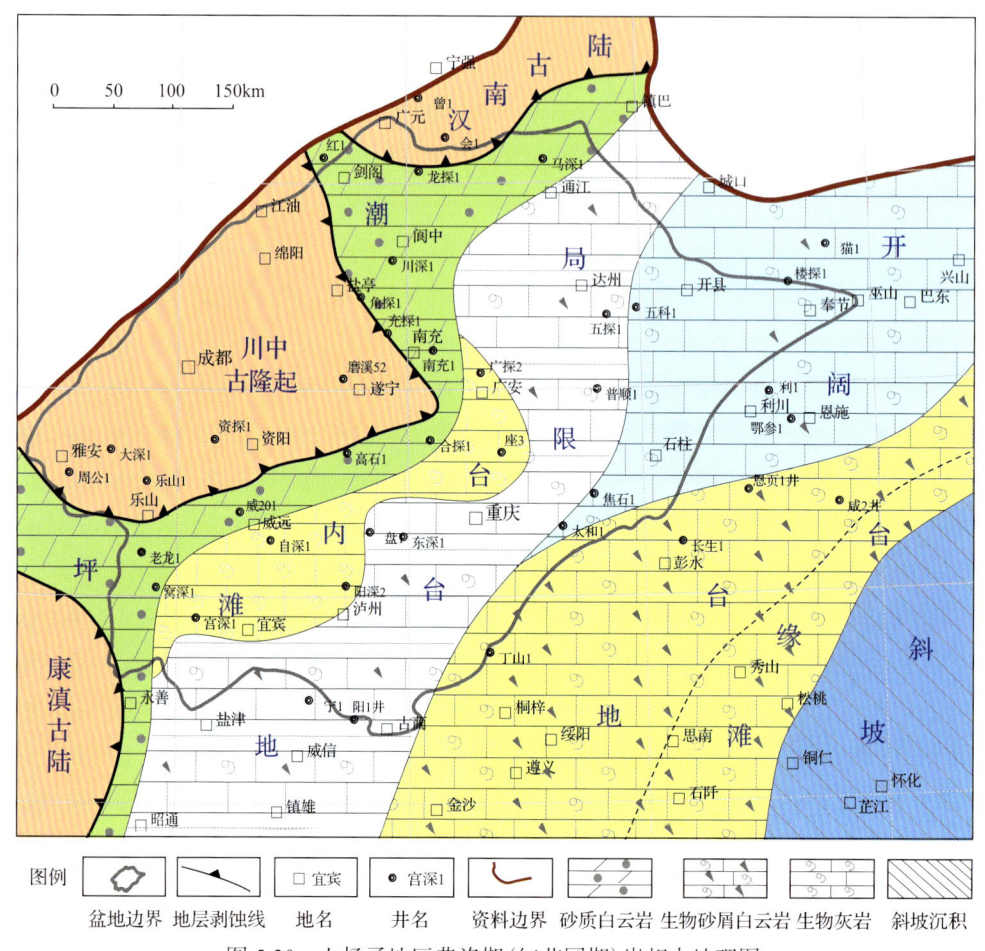

图5-20 上扬子地区弗洛期(红花园期)岩相古地理图

古陆范围持续扩大,汉南古陆变化不大,川中古隆起向东扩展至安岳—南充等地。

潮坪相区略有向东扩张,主要分布在巴中—合川—自贡—昭通以西靠近陆源区。岩石组合主要由石英粉砂岩、粉砂质白云岩、泥质白云岩、砂质页岩组成,发育潮汐层理。

局限台地相区主要分布在巴中—华蓥—重庆—永川—宜宾—昭通以东、城口—宣汉—涪陵—南川—习水以西地区。岩石组合由灰色泥岩、生物碎屑灰岩、砂屑灰岩、白云质灰岩及泥质灰岩组成。局部石灰岩呈瘤状,其中瘤体含生物碎屑。开阔台地相区主要分布在宣汉—涪陵以东、鹤峰以西地区。岩石组合由泥质灰岩、生物碎屑灰岩和砂屑灰岩组成。

台内浅滩发育,主要分布在合 12 井—自贡—窝深 1 井以东、华蓥—座 3 井—盘 1

井—宜宾以西区域。岩石组合由亮晶生物碎屑灰岩和砂屑灰岩组成。台地边缘滩范围扩大，分布在鹤峰—南川—习水以东、张家界—铜仁以西地区。岩石组合由亮晶生物碎屑灰岩、砂屑灰岩组成。具有极好的储集空间，是有利的储集体分布区域。

3) 中奥陶世大坪期岩相古地理

受加里东构造影响，除扬子北缘仍保持被动大陆边缘特征外，包括四川盆地在内的扬子东南缘发生构造掀斜，黔中古隆起和苗岭古隆起相继隆升，汉南古陆范围缩小，川中古隆起持续向东迁移，上扬子区域水体相对加深，镶边台地被淹没，台地相发育史结束(图 5-21)。

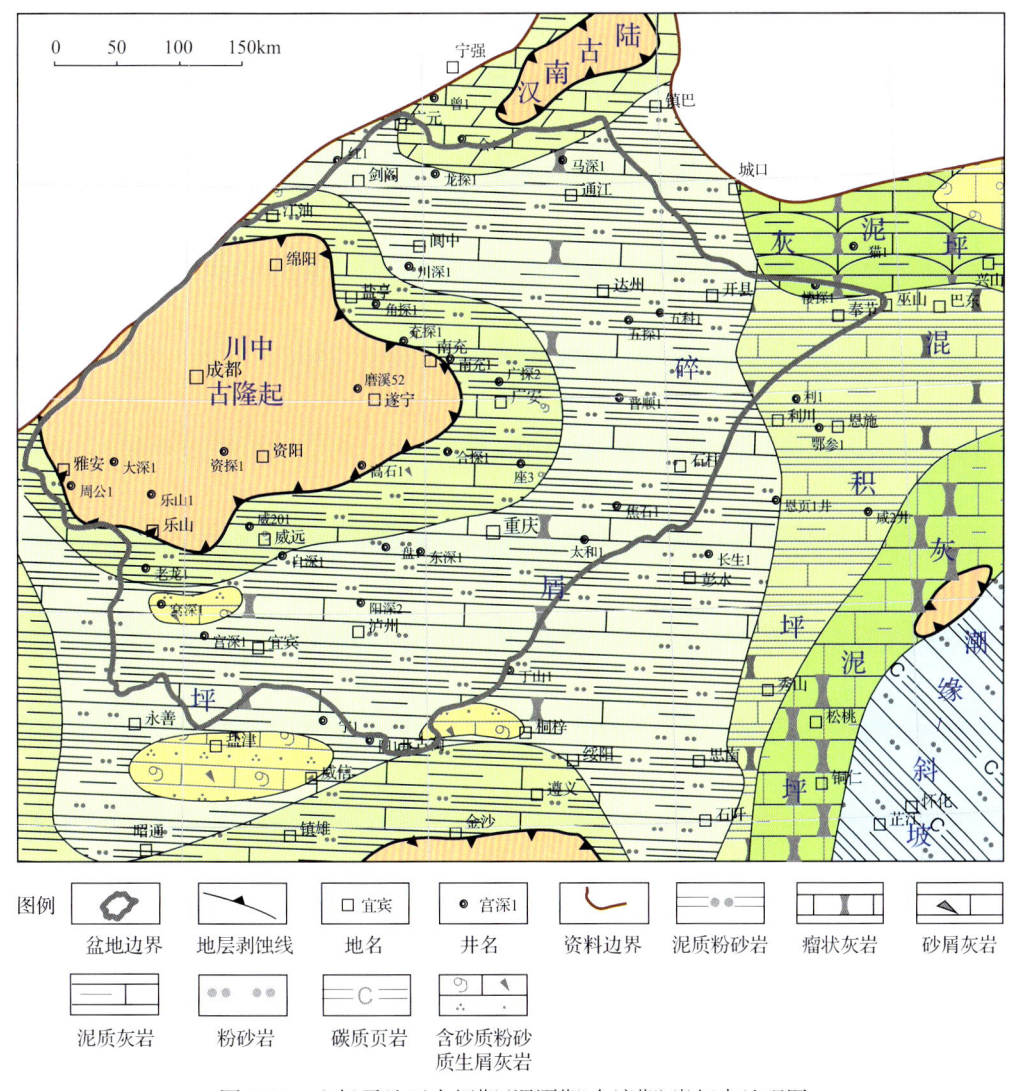

图 5-21 上扬子地区大坪期(湄潭期/大湾期)岩相古地理图

汉南古陆范围缩小，水体上超，在南江沙滩湄潭组砂岩超覆在寒武系陡坡寺组白云岩之上。川中古隆起持续向东扩展至南充-女基井。康滇古陆范围缩小，黔中古隆起和苗岭古隆起初具规模。

被淹没的中上扬子台地形成一个大的混积潮坪体系。靠近汉南古陆水体较浅，陆源碎屑少，沉积物以泥岩、泥质灰岩和白云岩为主。川中古隆起周边阆中—华蓥—重庆—自贡以西地区水体清澈，生物繁盛，沉积物以粉砂质泥岩为主，夹生物碎屑、砂屑灰岩，含丰富动物化石。黔中古隆起北侧沉积物以粉砂质泥岩、泥质粉砂岩夹泥质灰岩为特征，仁怀附近夹灰紫色中层状鲕状赤铁矿。万州—黔江—酉阳—石阡以东、张家界—铜仁以西地区，碳酸盐矿物成分增加，形成灰泥坪，局部水体较深，泥质成分较多，形成混积坪。

在林1井、窝深1井和雷波抓抓岩地区，受古地势影响，沉积物以石英砂岩、生物碎屑灰岩为主。

4）中晚奥陶世达瑞威尔期—凯迪期早期（十字铺期—宝塔期）岩相古地理

中晚奥陶世达瑞威尔阶—凯迪期早期，黔中古隆起、苗岭古隆起逐渐抬升，中上扬子地区由湄潭时期的广海大潮坪转变为平缓的碳酸盐岩缓坡，地势仍保持西高东低的古地理面貌(图5-22)。

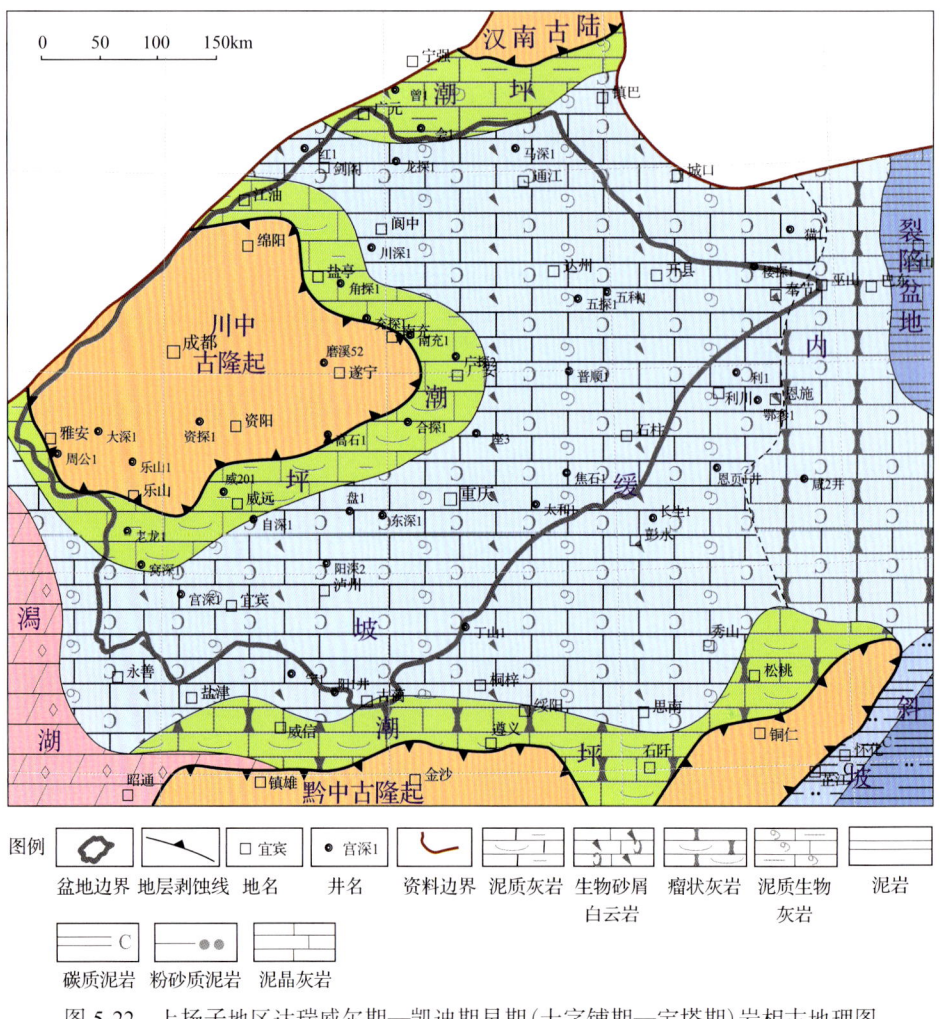

图5-22 上扬子地区达瑞威尔期—凯迪期早期（十字铺期—宝塔期）岩相古地理图

汉南古陆范围持续缩小，海水上超在河深1井—沙滩以北地区形成碳酸盐潮坪。岩石组合由生物碎屑砂屑灰岩和泥质灰岩组成。川中古隆起扩张速度变缓，在古隆起带边缘形成环带状潮坪体系，岩石组合由生物灰岩和泥质灰岩组成。黔中古隆起范围持续扩大，向东已连通苗岭古隆起。古隆起北侧具有一定的缓坡，岩石组合由含生物碎屑瘤状灰岩组成。在美姑—昭通地区形成康滇古陆和川中古隆起、黔中古隆起周围的潟湖，岩石组合以结晶白云岩为主。

包括四川盆地在内的上扬子区主要位于内缓坡相区内，岩石组合以砂屑、生物碎屑灰岩、碳质灰岩为主，向东至镇坪—恩施—吉首相变为瘤状碳质灰岩。

5) 晚奥陶世凯迪期晚期(五峰期)岩相古地理

康滇古陆、黔中古隆起、川中古隆起和汉南古陆等较前期扩大，上扬子海域被古隆起围限，形成一局限滞留浅海盆，海域面积缩小(图5-23)。

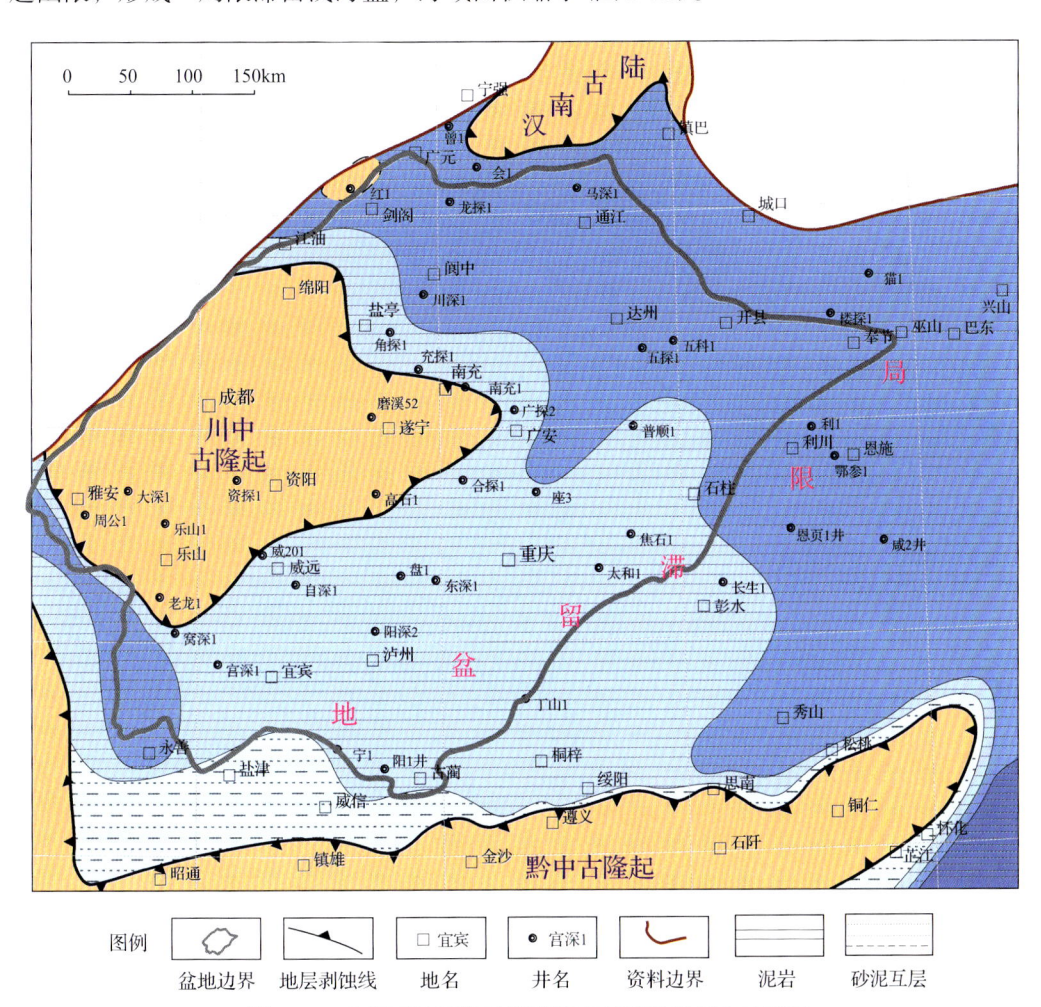

图 5-23 上扬子地区凯迪期晚期(五峰期)岩相古地理图

研究区五峰组整体岩性特征为黑色含笔石碳质页岩、硅质碳质页岩、硅质岩，普遍夹毫米至厘米级斑脱岩。靠近黔中古隆起边缘，水体较浅，以含笔石碳质页岩相为主，厚度较薄。阆中—华蓥—池7井—酉阳以东和老矿山—抓抓岩一线水体较深，岩石组合为含笔石碳质页岩、硅质碳质页岩和硅质岩，地表露头样品中薄片下可见放射虫。阆中—华蓥—池7井—酉阳以西、宫深1井—筠连以东地区位于古隆起衔接带，岩石组合以含笔石碳质页岩、硅质碳质页岩为主。

6) 晚奥陶世赫南特期（观音桥期）岩相古地理

赫南特期古地理面貌延续凯迪期晚期，古陆范围持续扩大。受全球冰期影响，中上扬子地区海平面短暂下降，在古陆附近及阆中—池7井—黔江以西地区水体较浅，沉积物以泥质灰岩、含生物灰岩为主。阆中—池7井—黔江以东海域仍处于滞留海盆，沉积物以碳质泥岩为主（图5-24）。

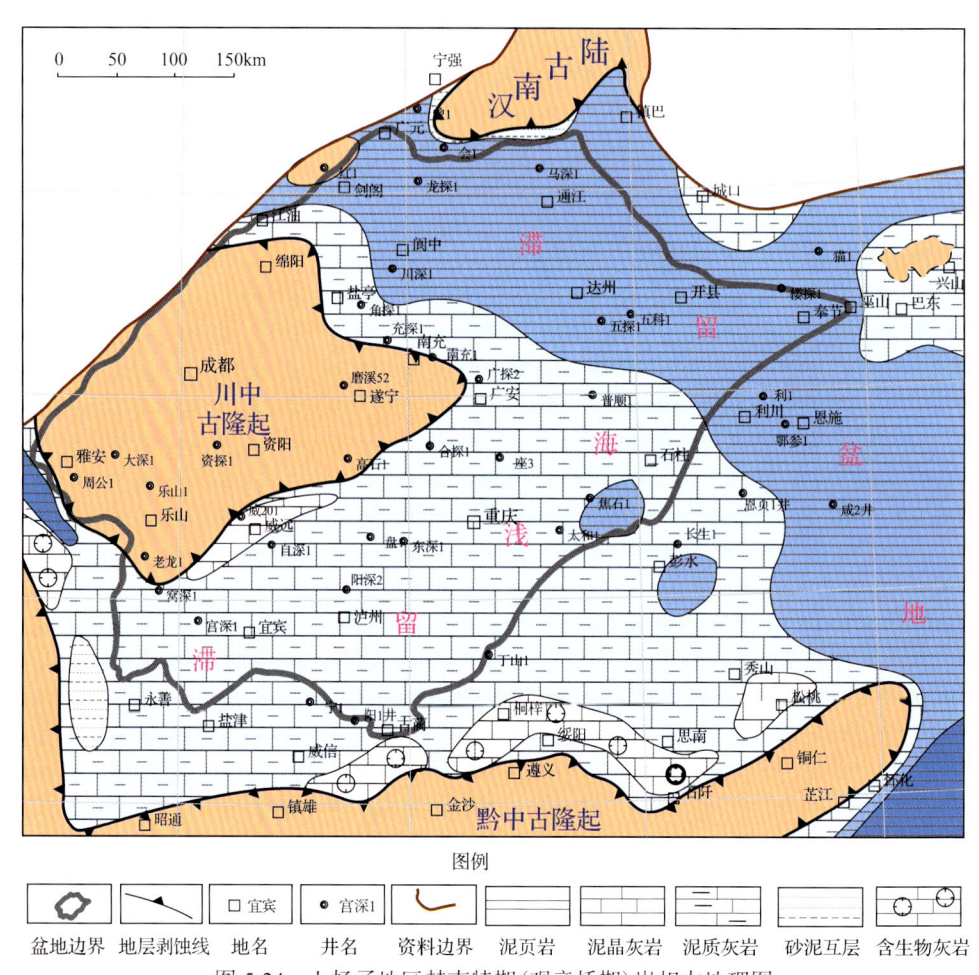

图 5-24 上扬子地区赫南特期（观音桥期）岩相古地理图

## 第三节 志留纪构造-岩相古地理

在奥陶纪和志留纪之交，随着华南板块持续向北俯冲并与滇缅、华北等板块碰撞和拼合，扬子地台发生板内变形，自东南缘向西北逐次向下挠曲并形成深水前陆盆地，建造了五峰组-龙马溪组黑色页岩(王清晨和林伟, 2008; 王玉满等, 2017), 是扬子地区海相页岩气的主力层系。

## 一、志留纪沉积地质背景

晚奥陶世, 扬子地区表现为挤压收缩的构造背景, 华南和江南海域自东向西不断褶皱成陆, 滇黔古陆和华夏古陆扩大, 区域上随华夏板块不断向扬子板块的挤压、拼合, 华夏古陆急剧隆升扩大, 并且不断向西北方向挤压。受其影响, 上扬子地区自中奥陶世末结束了浅水碳酸盐岩镶边台地的沉积发育史, 同时沉积基底地形、海陆分布发生了重要转变。晚奥陶世五峰期开始, 区域上表现为东南高、西北低, 海域也自东南向北逐渐变深; 伴随扬子周缘的抬升, 形成大面积的局限停滞深水陆棚环境, 形成五峰组黑色碳质页岩夹硅质岩沉积。志留系是在该地质背景上形成的一套细粒碎屑陆棚沉积。上扬子地区普遍缺失上志留统, 仅发育下志留统, 自下而上发育有下志留统龙马溪组、下志留统小河坝组或石牛栏组和下志留统韩家店组。

早志留世龙马溪期是中国南方挤压阶段最强烈的时期, 区域上华南海成为褶皱带并产生强烈的向北西方向推挤作用, 华夏古陆急剧扩大, 并与川滇古陆、滇黔桂古陆连成一片, 形成巨大的雪峰古陆, 成为该区主要的物源供给区; 同时, 川中川中古隆起形成并扩大, 海域缩小。志留纪沉积充填是一个向上逐渐变浅的过程, 龙马溪期继承了五峰期的古构造格局, 形成了以黑色碳质页岩、暗色页岩为主的停滞深水陆棚相沉积。小河坝期区域沉积分异作用明显, 在康滇古陆东侧的布拖一带为局限台地环境, 由灰绿、紫红色白云质灰岩、白云岩及页岩组成; 川南的广元—宜宾—泸州一带为由灰、暗灰色泥灰岩、生物灰岩、瘤状灰岩、粉砂质页岩、页岩组成的开阔台地沉积; 川东地区主要为浅海陆棚环境, 由灰、深灰色页岩夹少量粉砂岩、生物灰岩组成, 其中川东南地区发育滨海砂坝, 粉砂岩厚度较大; 韩家店期沉积范围缩小, 为浅海陆棚细粒碎屑岩沉积。志留纪末的广西运动, 南华造山带最终形成。川中古隆起的核部缺失寒武系、奥陶系、志留系、泥盆系、石炭系, 由核部向凹陷残留地层层位依次变新、厚度逐渐增大。

## 二、主要沉积相类型

沉积体系是岩相古地理研究的重要基础工作之一。根据野外露头剖面和五科 1 井的志留系物质组成、岩性、沉积构造、沉积地球化学特征、岩性组合、垂向序列及测井响应等方面信息, 可将志留系划分出三角洲、滨岸砂坝、碳酸盐岩台地和陆棚 4 个沉积相和 11 个沉积亚相、15 个沉积微相(表 5-1)。其中, 陆棚相是志留系最主要的沉积类

表 5-1 上扬子地区志留系沉积相类型及划分

| 相 | 亚相 | 微相 | 分布层位 |
| --- | --- | --- | --- |
| 三角洲 | 三角洲前缘 | 河口砂坝 | 韩家店组 |
|  |  | 远砂坝-前缘席状砂 |  |
|  |  | 分流间湾 |  |
|  | 前三角洲 |  |  |

续表

| 相 | 亚相 | 微相 | 分布层位 |
|---|---|---|---|
| 滨岸砂坝 | | 前滨 | 小河坝组<br>龙马溪组 |
| | | 临滨 | |
| | | 滨外(浅水陆棚) | |
| 碳酸盐岩台地 | 开阔台地 | 浅滩 | 石牛栏组 |
| | | 点礁 | |
| | 台地边缘 | 生物礁 | |
| | | 生物浅滩 | |
| 陆棚 | 浅水陆棚 | 灰质浅水陆棚 | 韩家店组<br>小河坝组<br>龙马溪组 |
| | | 灰泥质浅水陆棚 | |
| | | 泥质浅水陆棚 | |
| | | 砂质浅水陆棚 | |
| | | 砂泥质浅水陆棚 | |
| | 深水陆棚 | 泥质深水陆棚 | 小河坝组<br>石牛栏组<br>龙马溪组 |
| | | 灰泥质深水陆棚 | |
| | | 浊流 | |
| | 停滞陆棚 | | 龙马溪组 |

型，碳酸盐岩台地主要发育在川南地区的石牛栏组，滨岸砂坝则分布在川东南地区的小河坝组，三角洲主要分布在韩家店组。

### 三、早志留世龙马溪期岩相古地理

从早志留世龙马溪期(层序1)岩相古地理图上(图 5-25)，龙马溪期古地理特征及沉积体系展布具有下述特点。

(1) 在古地形地貌上继承了晚奥陶世西高东低的格局。川中—川西地区可能存在同沉积古隆起，地层缺失。环绕川中古隆起发育滨岸-浅水陆棚沉积。川东—川南—鄂西地区为深水陆棚环境，北部与秦岭深海相邻，并形成了区域范围的厚层状黑色页岩及碳质页岩，构成川东乃至盆地范围的下古生界主要烃源岩系及页岩气富集区。昭通—遵义—铜川一线以南为黔中古隆起区，其北侧发育滨岸-浅水陆棚沉积。

(2) 龙马溪期是中国南方挤压阶段最强烈的时期，与晚奥陶世五峰期相比，川中古隆起形成并扩大，海域缩小，海陆分布发生了重大变化。沉积基底起伏不平，存在水下古隆起，主要位于川东地区的武隆—石柱—鄂西利川地区，龙马溪期主要为砂泥质浅水陆棚环境，在武隆江口和桐梓、石柱打风坳和双流坝剖面、鄂西利川的龙马溪组中部夹中厚—厚层绿灰色泥质长石石英粉砂岩、微粒-细粒长石石英粉砂岩，流水波痕、水平及波状层理、生物扰动构造发育，反映了浅水背景下的沉积特征，主要为浅水陆棚背景中的砂坝沉积。

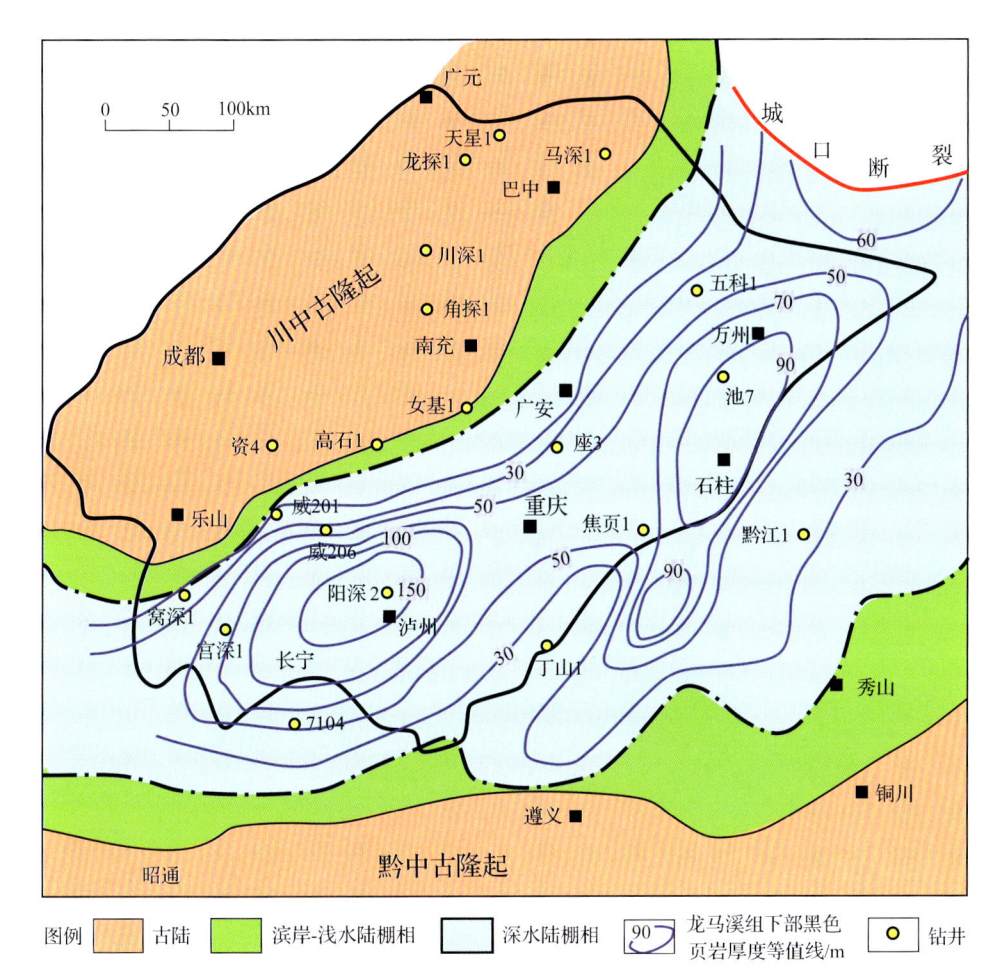

图 5-25　上扬子地区早志留世龙马溪期岩相古地理图(据王玉满等，2017，有修改)

## 四、早志留世小河坝期或石牛栏期岩相古地理

早志留世小河坝(或石牛栏)期，岩相古地理最显著的特点是：其一，随雪峰山古陆持续向北西方向挤压，上扬子地区主体表现为浅水陆棚的扩展和深水陆棚的萎缩；其二，沉积分异作用加剧。川南长宁—泸州—綦江观音桥及川北广元地区发育碳酸盐岩台地，由深灰色页岩、钙质泥岩与泥灰岩、生物碎屑灰岩组成。川东地区南川—重庆以东、石柱-彭水、巫山-云阳等地区发育三角洲前缘砂体，岩性为厚 50~200m 的泥质粉砂岩、粉砂岩、微细粒长石石英砂岩和石英砂岩，是川东地区志留系砂质储层发育带(图 5-26)。

图 5-27 为川东北地区巴鱼—五科 1 井志留系沉积断面图，图 5-28 为川南地区观音桥—华蓥山志留系沉积断面图，分别揭示了川东北地区及川南地区小河坝组砂体展布特征。

与龙马溪组相比，川南及川东地区的浅水陆棚扩展至宜宾—泸州—涪陵—石柱—利川及其以北地区。川南的綦江观音桥以西地区为灰泥质浅水陆棚发育区，由钙质泥岩夹泥灰岩组成。川东地区的南川—武隆—彭水—涪陵—石柱—利川地区、黔江地区为碎屑滨岸环境，主要为一套泥质粉砂岩、粉砂岩、微细粒长石石英砂岩和石英砂岩组合；道真巴鱼发育灰质浅水陆棚，由厚层状泥质灰岩组成。川北地区、广元-南江地区为灰泥质浅水陆棚环境，由黑灰色页岩夹生物碎屑灰岩组成，其中在南江桥亭发育砂坝，由粉砂岩、微细粒长石石英砂岩和石英砂岩组成。川中北部-川东北部为深水陆棚，由深灰色页岩夹纹层状泥质粉砂岩组成。

"小河坝砂岩"的形成及区域沉积相分异与雪峰山古陆持续向北西方向挤压有关。志留纪早期，随雪峰山古陆持续向北西方向挤压，雪峰山古陆碎屑物质供给充分，在龙马溪期末在处于前渊凹陷的南川-道真-彭水-石柱地区发育三角洲前缘沉积，在三维地震剖面上表现出明显的前积特征(图 5-29)。同时，川东南的水下高地可能对来自雪峰山古陆的陆源碎屑物质具有一定的阻挡作用，川南地区可能因邻近的古陆高差相对较小，陆源碎屑物质供给不太丰富，主要形成泥灰岩、生物灰岩与钙质页岩互层的清水-浑水交互的混合陆棚沉积。

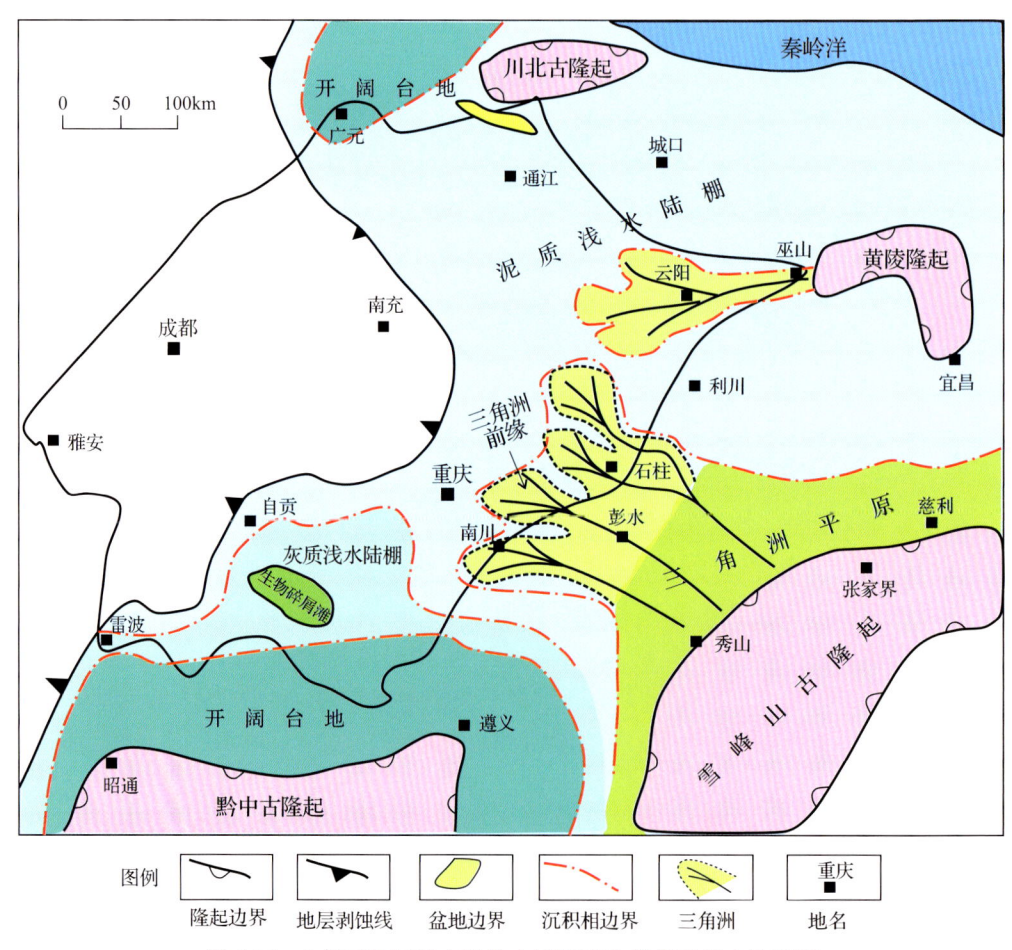

图 5-26 上扬子地区早志留世小河坝/石牛栏期岩相古地理图

第五章 早古生代构造-岩相古地理

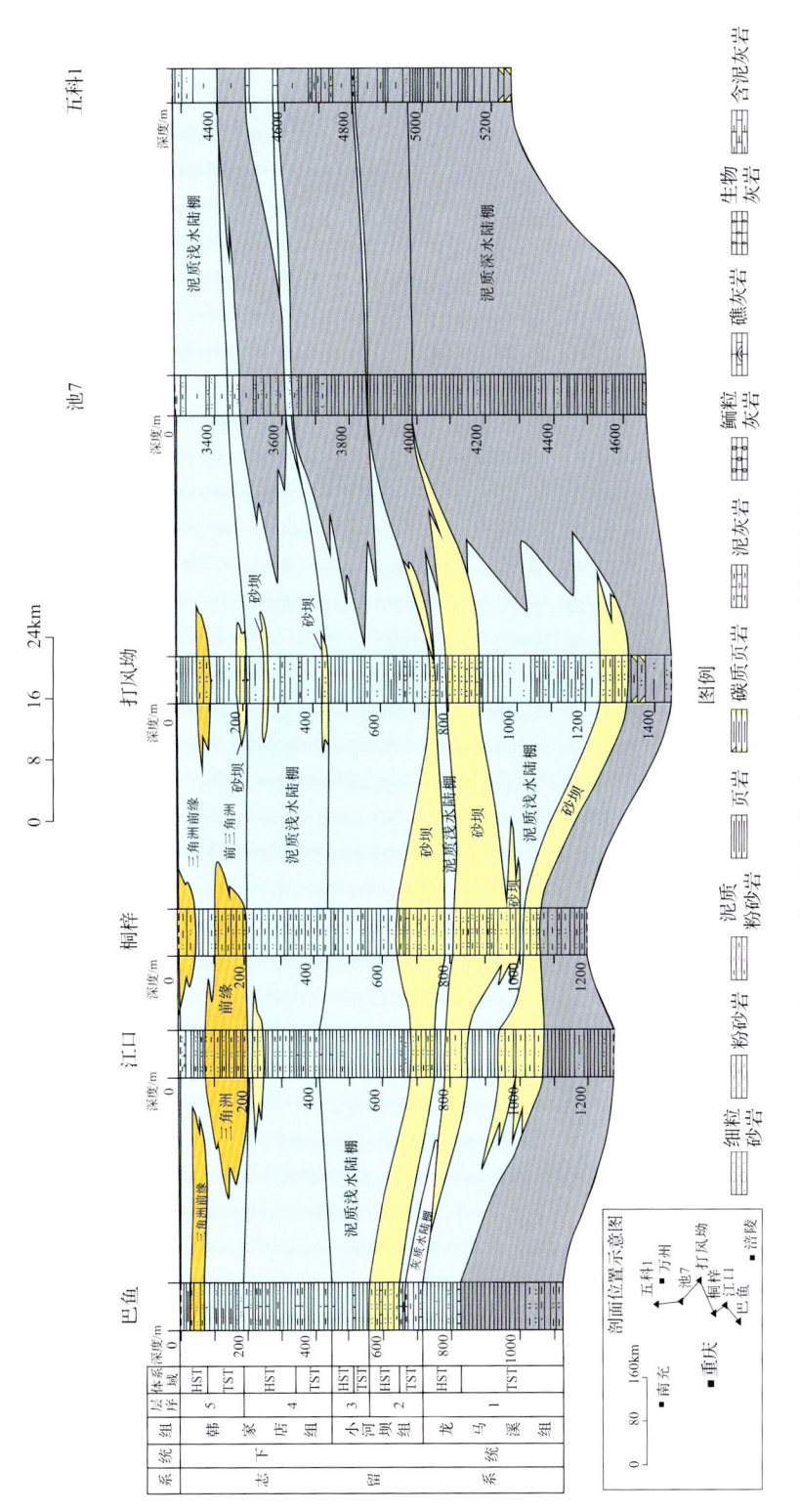

图 5-27 川东北地区巴鱼-五科1井志留系沉积断面图

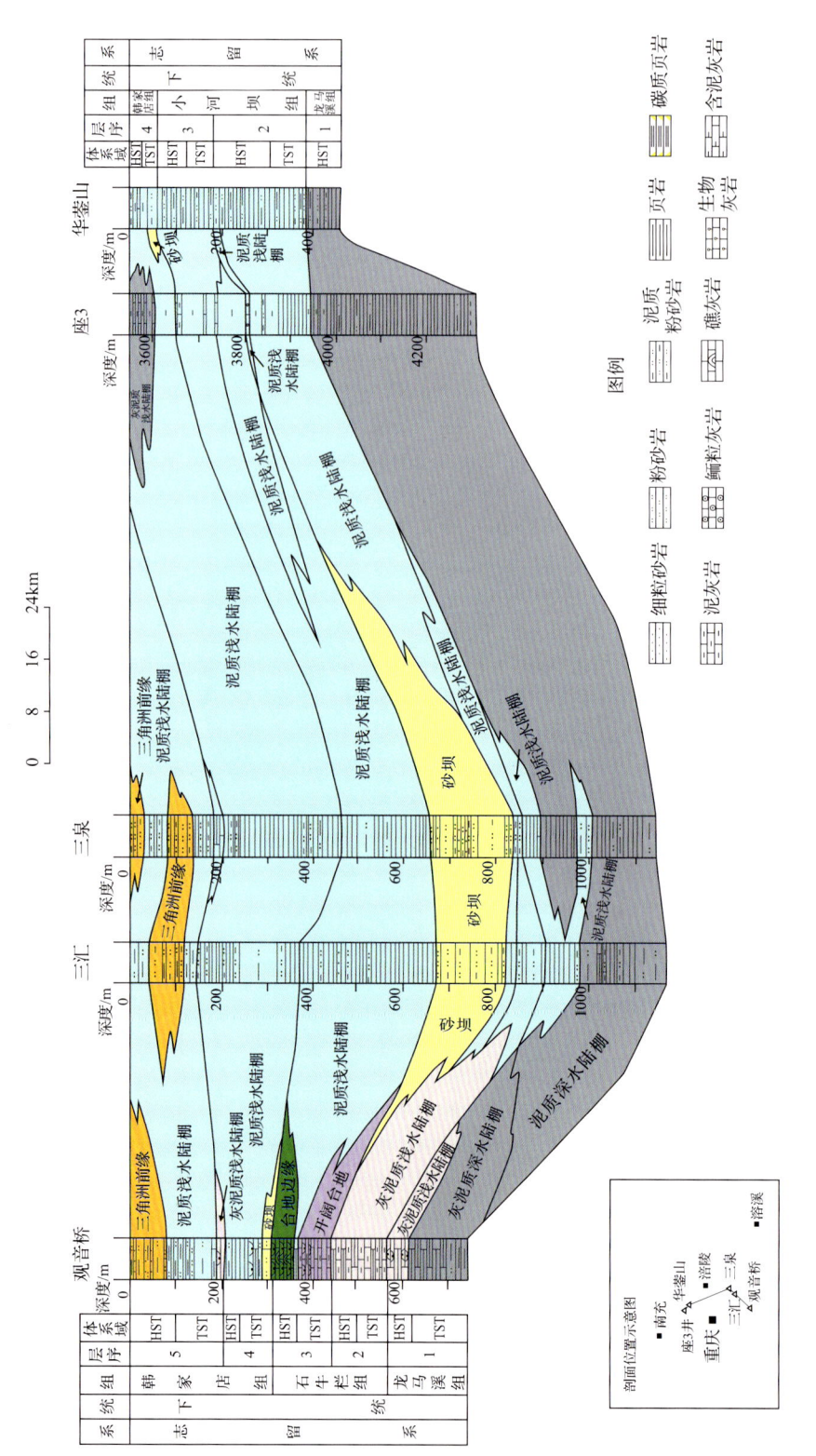

图 5-28 川南地区观音桥-华蓥山志留系沉积断面图

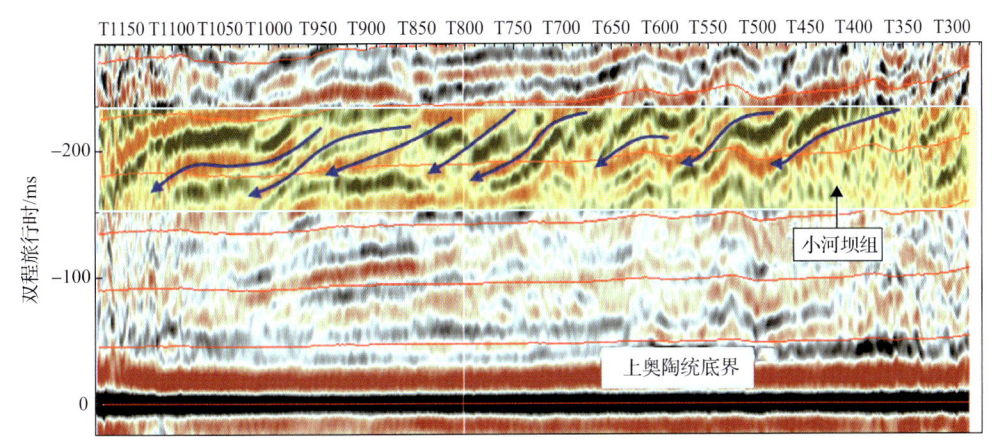

图 5-29　川东连片三维 Line 673 测线上奥陶统底拉平地震剖面显示小河坝组前积现象

因地层做了层拉平，拉平层之下为正值，之上为负值

## 五、早志留世韩家店期岩相古地理

早志留世韩家店期，在雪峰古陆持续向北西方向挤压及黔中古陆向北推移，两古陆可能连成一起，成为韩家店期主要物源区。同时，川中古隆起也向四周扩展，工区内海域变小变浅，浅水陆棚发育为主，在黔中-雪峰古隆起北缘出现海陆过渡的三角洲相，深水陆棚萎缩于工区东北缘的秦岭边缘海地区（图 5-27、图 5-28、图 5-30）。

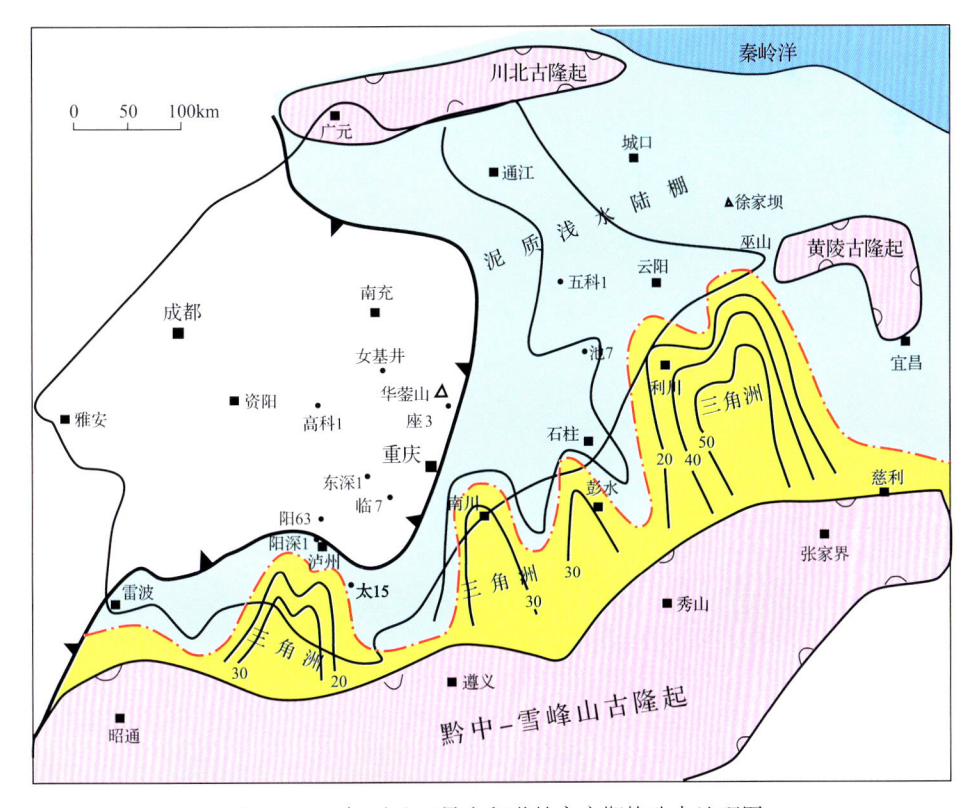

图 5-30　上扬子地区早志留世韩家店期构造古地理图

韩家店期，上扬子地区主要为泥质浅水陆棚，由灰-绿灰色页岩夹纹层状泥质粉砂岩组成，间偶夹泥灰岩透镜体。在川南的泸州—南川—彭水—利川一带发育三角洲前缘沉积，由灰-灰绿色页岩、粉砂质页岩与浅灰色泥质粉砂岩、石英粉砂岩互层组成，偶夹泥灰岩透镜体。另外，在川东北的城口田坝一带发育滨岸砂坝，由灰-灰绿色页岩、粉砂质页岩与浅灰色泥质粉砂岩、石英粉砂岩互层组成，发育流水波痕、生物扰动构造。

综上所述，志留纪经历了龙马溪期的停滞陆棚、小河坝期的浅水陆棚—碳酸盐岩台地—滨岸砂坝、韩家店期的浅水陆棚—三角洲的演化过程，形成了研究区范围内志留系的生储盖岩系。

## 第四节　加里东运动幕次及在四川盆地响应

我国南方扬子与华夏两个陆块全面拼接，形成了华南加里东造山带，而此次造山作用影响范围主要分布在雪峰山陆内造山带以东区域(杜远生和徐亚军，2012；陈宗清，2013)(图5-31)。华南地区加里东运动研究程度较高，认为加里东运动具多幕次特点(吴浩若，2000)，其中寒武纪末期的郁南运动、晚奥陶世末期的都匀运动及志留纪末期的广西运动三幕构造运动具有区域性特点。影响最广的广西运动使我国南方绝大部分地区隆升剥蚀，导致上下古生界之间的角度不整合面广泛分布，其余运动主要发生在滇黔桂-浙闽粤地区。

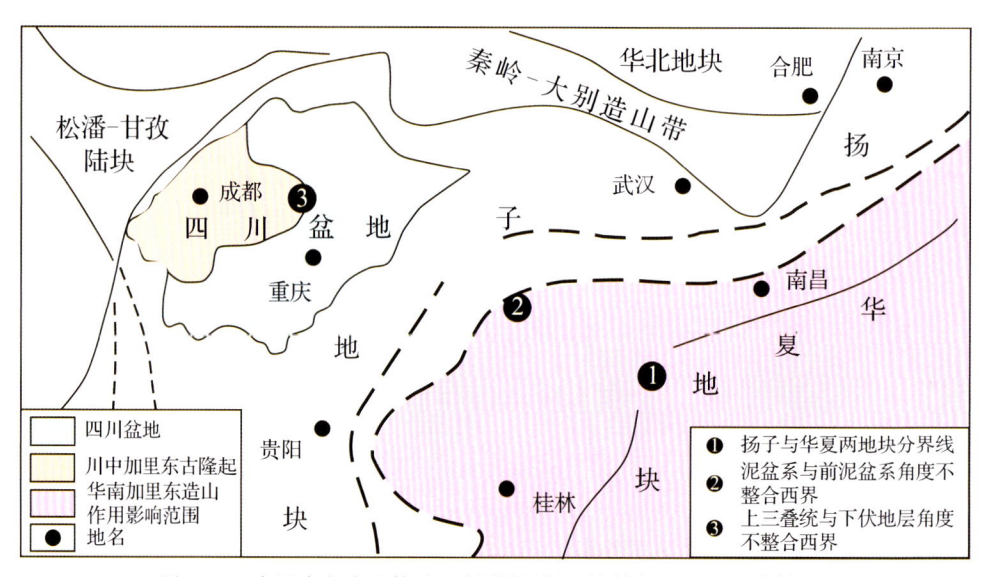

图 5-31　中国南方大地构造区划(周恳恳和许效松，2016，有修改)

位于扬子陆块西部的四川盆地腹部发育面积超过 6.0 万 $km^2$ 的川中古隆起，通常认为是广西运动的产物(陈宗清，2013)，下古生界具备良好的油气地质条件，是天然气勘探的重点领域。然而，四川盆地远离华南加里东造山带，是否存在加里东多幕次构造运动，目前争议较大。本节充分利用四川盆地深层钻井、地震信息，分析下古生界地层接触关系，特别是不整合面类型及其分布，厘定加里东构造运动幕次及古隆起分布，分析构造运动对油气成藏要素与成藏过程的影响，评价有利勘探领域。这项研究有助于全面理解我国南方地区加里东运动，而且对下古生界油气勘探潜力评价意义重大。

## 一、郁南运动与汉中-广元古隆起

区域上，郁南运动是指发生在我国南方地区寒武纪末—奥陶纪初的造山运动（莫柱孙，1985），为加里东运动Ⅰ幕，动力机制与扬子板块以南的云开地块、桂滇-北越地块发生的挤压作用有关（徐亚军和杜远生，2018），导致右江、云开、湘南地区、闽西地区褶皱隆升及前寒武系地层中的近平卧褶皱和由南向北的推覆构造，形成了横贯广西中部的大明山-大瑶山寒武系东西向线性褶皱带，并可能导致云开大山地区下古生界混合岩、混合花岗岩的形成（552～487Ma）（徐亚军和杜远生，2018）。郁南运动被认为仅发生在华南南部地区（滇黔桂-东南沿海）（丘元禧和梁新权，2006）。

周恳恩和许效松（2016）研究上扬子西南部的川西南—滇东—桂西地区，基于川南的雷波、滇东北的昭通、滇东南的个旧、黔中南的安龙—威宁等地区存在的寒武系洗象池组与奥陶系不整合接触现象，提出郁南运动在扬子陆块西部有显著响应，表现为发育一系列的古陆或古隆起，包括康滇古陆、牛首山古隆起、滇东古陆、龙门山古陆，并影响到川中古隆起。郁南运动还造成了上扬子西部晚寒武世—早奥陶世西高东低的古地理格局，总体表现为海岸线不断向东迁移。早奥陶世特马豆克期海岸线已迁移至宜宾—贵阳以西，区内普遍缺失下奥陶统桐梓组（图5-32）。李伟等（2019）利用碳氧同位素、岩性组合、电性等资料

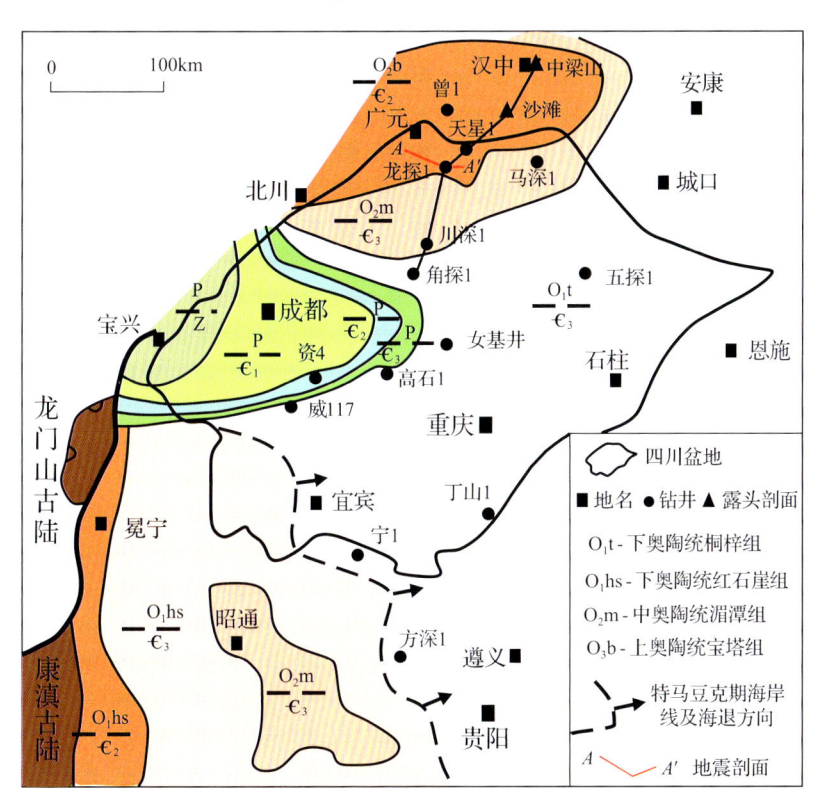

图5-32 上扬子西部寒武系与上覆地层接触关系分布图（据周恳恩和许效松，2016，有修改）

研究四川盆地上寒武统洗象池组层序地层，认为洗象池组下部的洗三段—洗四段(相当于芙蓉统)在盆地西部雅安—绵阳—广元以西地区遭受剥蚀，与郁南运动有关。

为了进一步探索郁南运动对四川盆地的影响，笔者重点关注四川盆地西北部的寒武系与上覆地层接触关系。地层对比研究表明，四川盆地西北部广元—汉中一带缺失上寒武统洗象池组和中下奥陶统，中寒武统高台组与上奥陶统宝塔组假整合接触，表明寒武系与奥陶系之间存在一个古隆起，天星1钻揭宝塔组与中寒武统高台组不整合接触(图5-33)。以高台组剥蚀尖灭线圈定古隆起范围，呈近东西向展布，面积近4万$km^2$，称之为"汉中-广元古隆起"(图5-32)。古隆起东南翼斜坡区洗象池组仅残存洗一段，残厚仅为60～70m，与中奥陶统湄潭组呈假整合接触，川深1钻揭中奥陶统湄潭组与上寒武统洗象池组不整合接触，角探1井钻揭下奥陶统桐梓组与洗象池组呈不整合接触(图5-33)。图5-34为剑阁—九龙山三维地震剖面，将二叠系底界反射层拉平，志留系底部强反射层之下可见龙王庙组、洗象池组及宝塔组的地层尖灭点，表现出削截不整合面特征。区内地层接触关系表明，汉中-广元古隆起形成于寒武纪末期，是郁南运动的响应。到早中奥陶世，古隆起核部仍处于剥蚀状态，直到晚奥陶世接受宝塔组沉积。

需要指出，川中古隆起二叠系与下伏地层呈角度不整合接触(图5-32)，因而依据地层接触关系很难判断寒武纪末期的郁南运动对川中古隆起形成是否有影响。但从川中古隆起区寒武系龙王庙组、高台组、洗象池组厚度变化及高能环境沉积的颗粒滩体分布看，各地层组厚度均表现出西薄东厚的特征，颗粒滩体平面分布表现出环古隆起带状分布、纵向上由老到新由西向东迁移特征，表明在早寒武世晚期—晚寒武世川中古隆起表现为水下同沉积古隆起(汪泽成等，2017)，对地层、沉积作用控制作用明显，表现为同沉积古隆起区地层较薄、颗粒滩体发育。

**二、都匀运动与川中古隆起形成**

晚奥陶世到志留纪，扬子板块与华夏板块的板内碰撞作用，导致南方地区发生加里东运动Ⅱ幕，主要表现为从南到北、从东到西奥陶系与志留系的地层接触关系由角度不整合过渡到微角度不整合、假整合。在广西东南部称之为北流运动(莫柱孙，1985)，云开地区表现较为强烈，云开大山在郁南运动的基础上继续褶皱冲断隆升，造成了上奥陶统与下志留统之间的沉积间断。湘赣地区称之为崇余运动(卢华复，1965)，导致湘赣地区寒武系—奥陶系强烈褶皱，下志留统"阳岭砾岩"角度不整合在下伏地层之上。黔中、黔南地区称之为都匀运动，表现在奥陶系与志留系接触关系为假整合和微角度不整合的变化，形成了黔中古隆起(余开富和王守德，1995)。湖南、湖北地区称之为宜昌上升(李志明等，1997)，奥陶系与志留系假呈整合接触。对于上扬子地区奥陶系与志留系之间不整合面的成因机制，部分学者认为与奥陶纪末期全球冰川事件所导致海平面下降有关(刘宝珺等，1995)，是上扬子地台从北到南的广大范围内发生较大规模的海退事件所致。

四川盆地川中古隆起早在20世纪80年代就已发现，前人称之为"乐山-龙女寺古隆起"，并作为重要的油气富集带而被长期研究。古隆起区志留系缺失，二叠系与下伏震旦

第五章 早古生代构造-岩相古地理

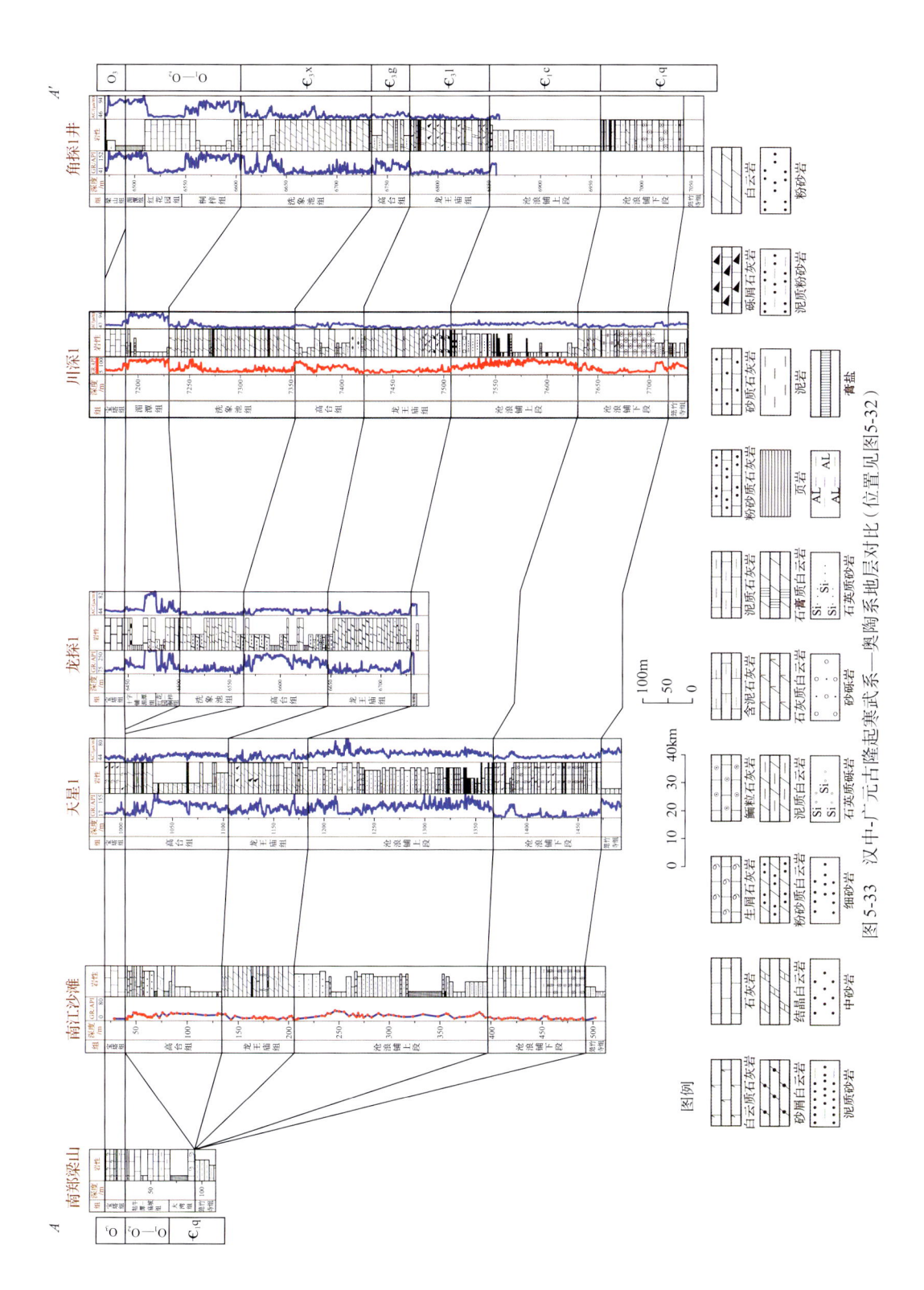

图5-33 汉中-广元古隆起寒武系—奥陶系地层对比（位置见图5-32）

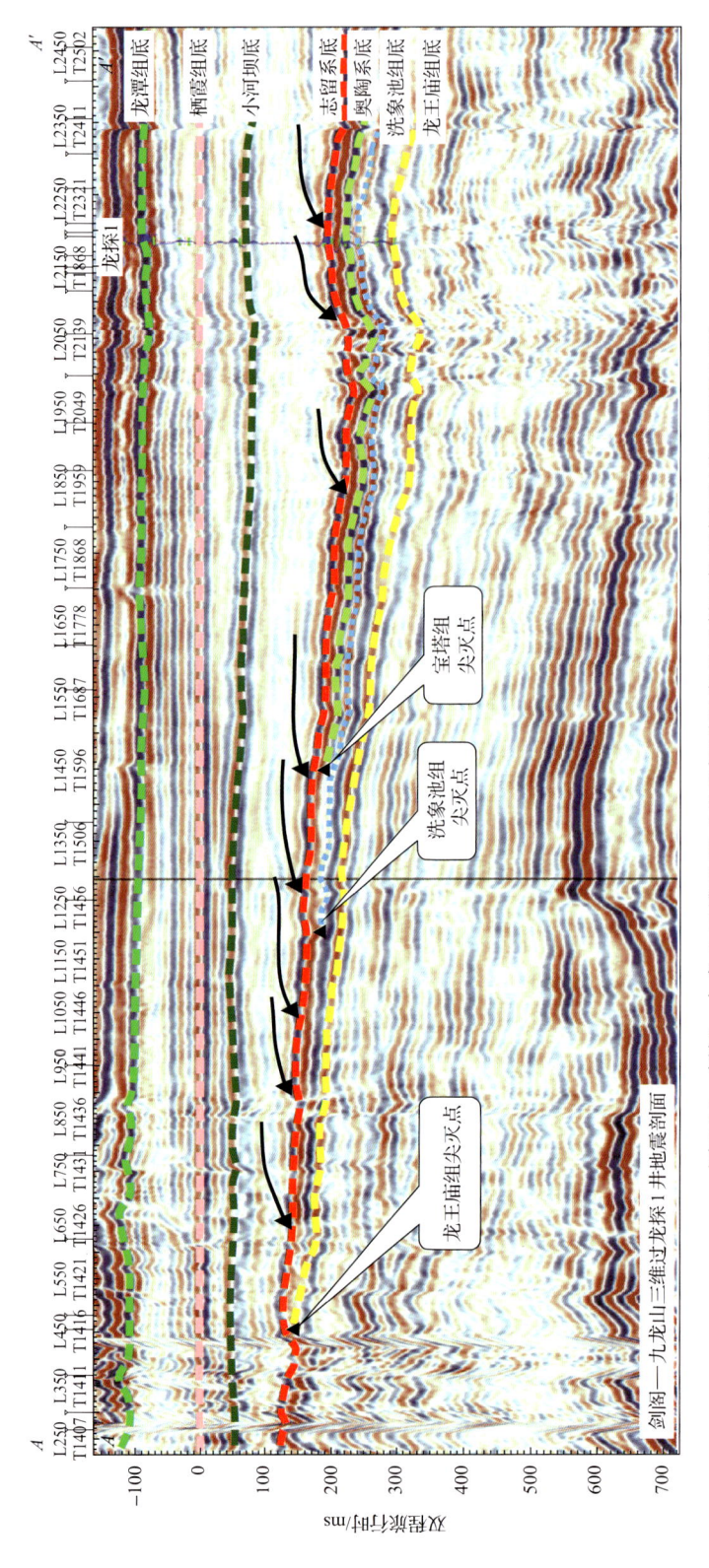

图 5-34 剑阁—九龙山三维地震二叠系栖霞组底界反射层拉平剖面（位置见图 5-32）

因为做了拉平处理，拉平层之下为正值，拉平层之上为负值系—奥陶系角度不整合接触，多数学者认为该古隆起形成于志留纪末期的广西运动(宋文海，1996)，也有学者认为该古隆起在桐湾运动就已初具雏形、加里东期存在同沉积古隆起(汪泽成等，2017)。然而，对川中古隆起志留系大面积缺失为剥蚀成因还是缺失沉积，观点不一。充分利用钻井、地震信息，结合前人对志留系龙马溪组页岩气研究成果，认为川中古隆起在志留纪沉积前已定型，对志留纪沉积有明显的控制作用(图5-35)。主要依据如下。

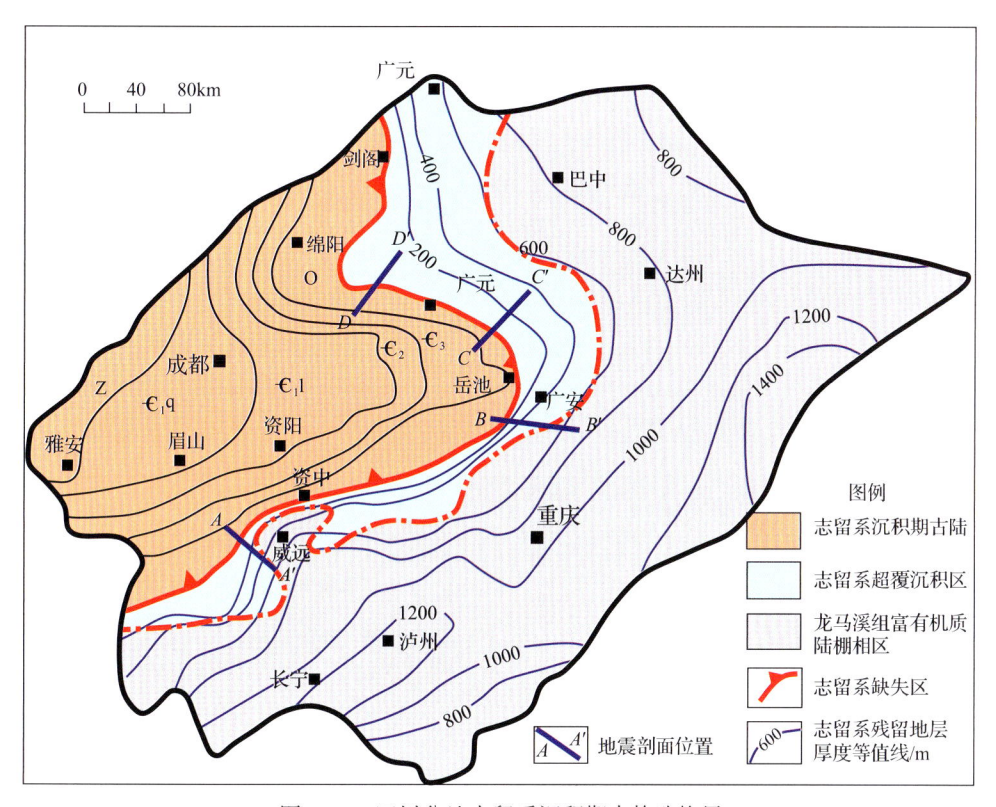

图 5-35　四川盆地志留系沉积期古构造格局

(1)处于前陆盆地前缘古隆起部位。

上扬子地区志留纪龙马溪早期古构造格局表现为"两隆夹一拗"，北部为川中古隆起，南部为黔中古隆起，两古隆起之间为川东-蜀南拗陷。古构造格局控制了早志留世龙马溪早期沉积，古隆起区缺失沉积，古隆起斜坡带发育粉砂质页岩为主的滨岸-浅水陆棚沉积，拗陷区发育富笔石的硅质页岩、碳质页岩，厚度可达 20~150m，有机碳含量高，是页岩气富集的有利区。这一构造-古地理格局持续发展至志留纪末期。从盆地属性看，川东-蜀南志留系拗陷属于前陆盆地，前渊位于泸州—重庆—石柱一带，志留系残留厚度可达 1000~1400m；前渊斜坡带呈环带状围绕川中古隆起分布，位于威远—广安—广元一带，志留系残留厚度为 200~600m。从成盆动力机制看，川东-蜀南前陆盆地形成是滇东-黔中古隆起由南向北挤压及雪峰山古隆起自东向西挤压结果(陈旭等，2012)，川中古隆起可以看成是川东-蜀南志留纪前陆盆地的前缘古隆起。

(2) 地震剖面揭示川中古隆起斜坡带志留系超覆沉积现象明显。

川中古隆起斜坡带志留系底部地震反射层表现为连续的强反射，为五峰组—龙马溪组页岩层与下伏碳酸盐岩的反射界面。图5-36中志留系底部反射层之上的龙马溪组可见前积反射特征，上超点明显，为超覆沉积地层的地震相响应。志留系小河坝组表现为连续性较强的反射特征（龙探1井标定），与龙马溪组前积反射特征存在显著差异，表明龙马溪组与小河坝组之间存在沉积转换面。通过川中古隆起斜坡区地震剖面层位标定，将二叠系底界反射层拉平，可见古隆起斜坡区志留系地震相上超现象明显，表明志留系超覆沉积特征（图5-36）。

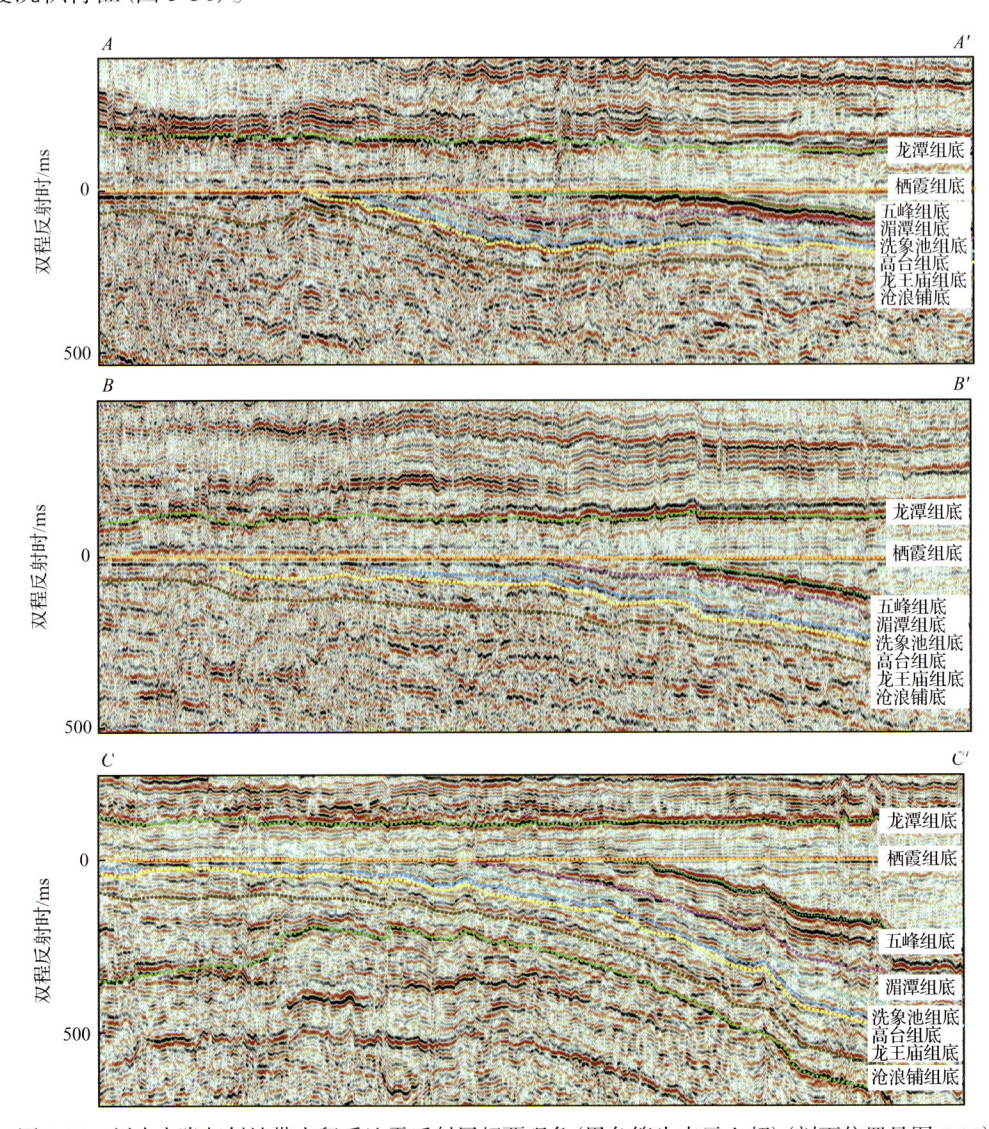

图5-36 川中古隆起斜坡带志留系地震反射层超覆现象（黑色箭头表示上超）（剖面位置见图5-35）

(3) 龙马溪组下部富有机质页岩段具穿时性。

大量钻井资料表明，四川盆地蜀南-川东地区龙马溪组下部普遍发育富有机碳的黑色页岩，其中 TOC>2.0% 的页岩厚度为 20~100m。据此，有学者认为川中古隆起发育志留系沉积，后期被剥蚀殆尽，志留纪前陆盆地为无前陆古隆起的统一拗陷（尹福光等，2002）。在地震剖面上，这套富有机碳的泥页岩在地表现出连续强反射特征，而上超现象发生在强反射层之上，是否意味着富有机质泥页岩沉积之后才发生超覆沉积？实际上，志留系底部的连续强反射层是泥页岩层与下伏碳酸盐岩的反射界面，只能说明泥页岩层普遍分布，并不能说明泥页岩具等时性，可能存在穿时现象。王玉满等（2017）研究川南地区五峰组—龙马溪组优质页岩分布规律，指出龙马溪组高有机碳页岩段具有从南向北迁移特征，鲁丹阶高有机碳页岩段主要分布在泸州—长宁一带，厚度为 10~100m；埃隆阶高有机碳页岩段向西北方向迁移到威远地区，厚度为 10~30m；特列奇阶高有机碳页岩段主要分布在威远地区，页岩厚度为 5~15m。

## 三、广西运动与川中古隆起叠加改造

我国南方志留纪末期或志留纪与泥盆纪之交的广西运动，是加里东多幕次构造运动的谢幕产物，为加里东运动Ⅲ幕。广西运动不仅强烈，而且分布广泛，使南方地区绝大部分地区褶皱隆升、剥蚀，在上下古生界之间形成广泛角度不整合，形成了南方地区古生代地层中最重要的构造界面。

广西运动在四川盆地响应特征显著，造就了 NE 向延伸、横卧于盆地西南部的大型川中古隆起[图 5-37(a)]。从地层接触关系看，川中古隆起从西往东依次出露震旦系到志

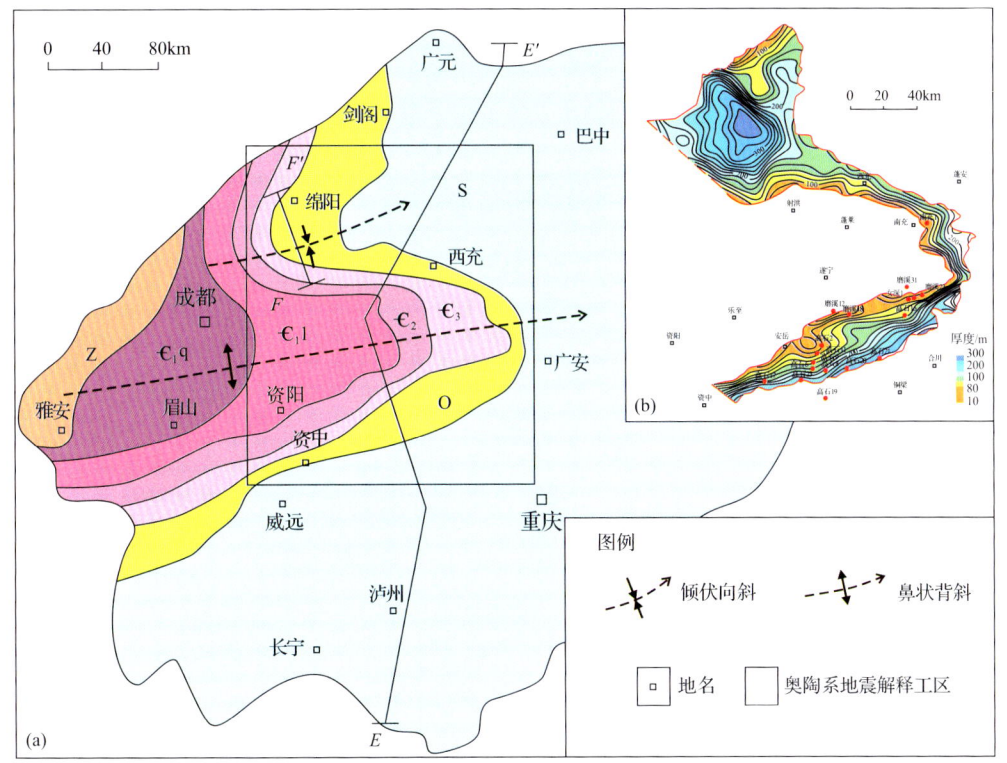

Z-震旦系　€₁q-筇竹寺组　€₁l-龙王庙组　€₂-中寒武统　€₃-上寒武统　O-奥陶系　S-志留系

图 5-37　四川盆地泥盆系前古地质图(a)和环川中古隆起奥陶系残留厚度图(b)

留系，与中二叠统梁山组呈角度不整合接触；盆地东北的巴中—广安—重庆以东地区石炭系与志留系平行不整合接触；盆地西缘及东北缘为泥盆系与志留系呈平行不整合接触。从构造变形看，川中古隆起在都匀运动形成的古隆起基础上，发生了纵弯褶皱作用，形成了轴部位于雅安—广安一线呈 NEE 向倾伏的大型鼻状构造，构造形态不对称，东南翼陡、西北翼缓(图 5-38)。通过古隆起斜坡带地震剖面解释，在古隆起西北翼绵阳一带发育向斜构造(图 5-39)，可见奥陶系明显增厚且向南北两翼减薄，向斜区奥陶系残余地层厚度可达 200~300m，而邻近的西充地区厚度不足 100m[图 5-37(b)]。

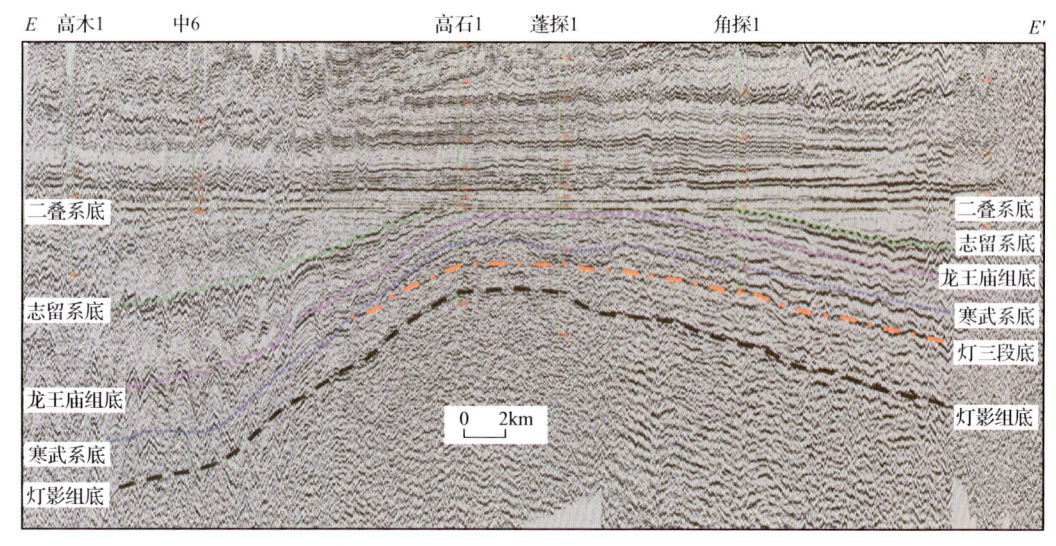

图 5-38 四川盆地近南北向(横切川中古隆起)地震剖面解释(剖面位置见图 5-37)

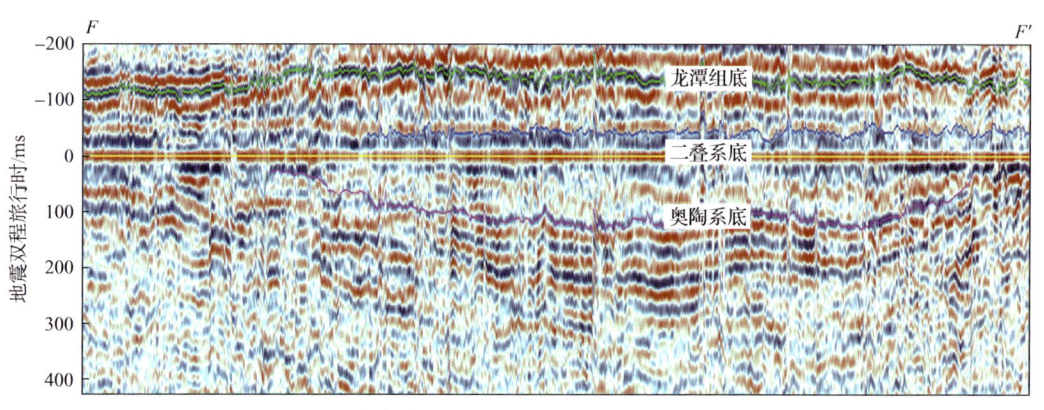

图 5-39 川中古隆起地震剖面解释(剖面位置见图 5-37)

综上，川中古隆起是一个长期继承性发育的古隆起，形成演化经历了三个重要阶段。

(1)加里东运动Ⅰ幕(郁南运动)形成同沉积古隆起。早寒武世筇竹寺晚期，德阳-安岳裂陷被填平补齐，裂陷衰亡。沧浪铺期—洗象池期，西高东低的古地理背景上发育同沉积古隆起(或水下古隆起)，对地层及岩相古地理有明显的控制作用，表现为各层组的地层厚度环绕古隆起向外围逐渐增厚，浅水高能环境沉积的颗粒滩体逐渐向外围迁移。

导致该时期古地理变迁的机制，可能是寒武纪末期郁南运动的早期响应。

(2)加里东运动Ⅱ幕(都匀运动)川中古隆起形成。奥陶纪沉积期，四川盆地整体表现为西高东低古地理格局，同样对奥陶系地层及岩相古地理展布起控制作用。奥陶纪末期都匀运动，受南向北、东向西的挤压应力共同作用，在黔中古隆起以北、雪峰山古隆起以西形成前陆拗陷，沉积厚达1000~3000m的志留系。都匀运动的远程效应，在四川盆地中西部形成了川中古隆起，古隆起高部位暴露剥蚀，志留系超覆沉积。

(3)加里东运动Ⅲ幕(广西运动)川中古隆起改造定型。志留纪末的广西运动导致川中古隆起褶皱隆升，川中古隆起表现为大型鼻状复式褶皱古隆起带，并经历了长达1.5亿年的剥蚀及夷平作用之后，接受中二叠统沉积。古隆起外围构造低部位如龙门山及川东北地区，接受泥盆系、石炭系沉积。

## 参 考 文 献

陈洪德, 黄福喜, 徐胜林, 等. 2009. 中上扬子地区碳酸盐岩储层发育分布规律及主控因素. 矿物岩石, 29(4): 7-16.
陈旭, 张元动, 樊隽轩, 等. 2012. 广西运动的进程: 来自生物相和岩相带的证据. 中国科学: 地球科学, 42(11): 1617-1626.
陈宗清. 2013. 论四川盆地下古生界5次地壳运动与油气勘探. 中国石油勘探, 18(5): 15-23.
杜远生, 徐亚军. 2012. 华南加里东运动初探. 地质科技情报, 31(5): 43-50.
冯增昭. 1980. 碳酸盐岩沉积环境及岩相古地理的研究. 石油实验地质, (3): 27-34.
顾家裕, 马锋, 季丽丹. 2009. 碳酸盐岩台地类型、特征及主控因素. 古地理学报, 11(1): 21-28.
关士聪. 1984. 中国海陆变迁海域沉积相与油气. 北京: 地质出版社.
刘宝珺, 曾允孚. 1985. 岩相古地理基础及工作方法. 北京: 地质出版社.
刘宝珺, 许效松, 徐强. 1995. 扬子东南大陆边缘晚元古代-早古生代层序地层和盆地动力演化. 岩相古地理, 5(3): 1-16.
卢华复. 1965. 皖南加里东地槽地质构造. 南京大学学报(自然科学), 9(3): 360-379.
李伟, 樊茹, 贾鹏, 等. 2019. 四川盆地及周缘地区中上寒武统洗象池群层序地层与岩相古地理演化特征. 石油勘探与开发, 46(2): 226-241.
李志明, 龚淑云, 陈建强, 等. 1997. 中国南方奥陶—志留纪沉积层序与构造运动的关系. 中国地质大学学报: 地球科学, 22(5): 526-531.
马永生, 牟传龙, 谭钦银, 等. 2006. 关于开江-梁平海槽的认识. 石油与天然气地质, 27(3): 326-332.
莫柱孙. 1985. 试论南岭花岗岩的地质环境分类. 大地构造与成矿学, 9(1): 17-28.
丘元禧, 梁新权. 2006. 两广云开大山-十万大山地区盆山耦合构造演化——兼论华南若干区域构造问题. 地质通报, 25(3): 340-347.
宋文海. 1996. 乐山-龙女寺古隆起大中型气田成藏条件研究. 天然气工业, 16(增刊): 13-29.
吴浩若. 2000. 广西加里东运动构造古地理问题. 古地理学报, 2(1): 70-77.
王清晨, 林伟. 2008. 中国南方古生界海相烃源岩的主变形期. 石油与天然气地质, 29(5): 582-590.
王玉满, 李新景, 董大忠, 等. 2017. 上扬子地区五峰组-龙马溪组优质页岩沉积主控因素. 天然气工业, 37(4): 9-21.
汪泽成, 赵文智, 胡素云, 等. 2017. 克拉通盆地构造分异对大油气田形成的控制作用——以四川盆地震旦系—三叠系为例. 天然气工业, 37(1): 9-23.
徐亚军, 杜远生. 2018. 从板缘碰撞到陆内造山: 华南东南缘早古生代造山作用演化. 地球科学, 43(2): 333-354.
余开发, 王守德. 1995. 贵州南部的都匀运动及其古构造特征和石油地质意义. 贵州地质, 12(3): 225-233.
尹福光, 许效松, 万方, 等. 2002. 加里东期上扬子区前陆盆地演化过程中的层序特征与地层划分. 地层学杂志, 26(4): 315-320.
周肯肯, 许效松. 2016. 扬子陆块西部古隆起演化及其对郁南运动的反映. 地质论评, 62(5): 1125-1134.
曾允孚, 王正瑛, 田洪均. 1983. 广西大厂龙头山泥盆纪生物礁的研究. 地质评论, 29(4): 321-333.

Ahr W M. 1973. The carbonate ramp: An alternative to the shelf model. Transations of the Gulf Coast Association of Geological Socsieties, 23: 211-225.

Irwin M L. 1965. General theory of epeiric clear water sedimentation. American Association of Petroleum Geologists Bulletin, 49: 445-459.

Read J F. 1985. Carbonate platform facies models. American Association of Petroleum Geologists Bulletin, 69: 1-21.

Shaw A B. 1964. Time in Stratigraphy. New York: McGraw-Hill.

Tucker M E, Wright V P. 1990. Carbonate Sedimentology. Oxford: Blackwell Scientific Publications.

Wilson J L. 1975. Carbonate Facies in Geologic History. Berlin: Springer-Verlag.

# 第六章　晚古生代—中三叠世构造-岩相古地理

　　从全球构造演化看，晚古生代南方大陆板块曾处于被西南古特提斯洋、东侧古太平洋的环抱中(张国伟等，2013)。在古特提斯扩张和俯冲的背景下，南方大陆板块西缘及北缘遭到拉张裂解作用，形成诸如勉略洋、甘孜-理塘洋和墨江洋等洋盆，分离出新的中小板块。与此同时，扬子克拉通内部产生多期次伸展构造作用，发育以峨眉山玄武岩的喷发、稳定台地与盆地凹陷相间的台盆扩张构造为代表的伸展构造(罗志立，1991)，造成台地与槽盆相间的古地理环境。到中—晚三叠世，南方大陆在整体相对稳定的浅海盆地演化中，发生了广泛的印支期构造运动，周边洋盆相继关闭，构成碰撞造山带，如秦岭-大别、甘孜-理塘、三江古特提斯造山带及龙门陆内造山带，呈环绕镶边分布。在此背景下，上扬子克拉通西部的四川盆地发生了多期的构造-沉积分异，充填沉积了厚度较大的海相碳酸盐岩地层，发育多套碳酸盐岩储集层，成为油气富集的主要领域之一。

## 第一节　晚古生代区域地质背景

　　上扬子地区泥盆纪—中三叠世，是在晚志留世—早泥盆世全面隆升剥蚀背景下，海水由早、中泥盆世开始从桂粤湘向北海侵超覆，后再向东西扩展，至二叠纪—三叠纪时期覆盖全区，成为统一的浅水广海和相对稳定的台地相沉积古地理环境。如果说上扬子地区震旦纪—早古生代古地理以东西分异为主，而到晚古生代则主要表现为南北差异。导致古地理变迁的重大地质事件，包括扬子地块北缘的勉略洋开启与闭合、扬子地块西南缘的滇西古特提斯开启与闭合、扬子地块西南的峨眉地幔柱及海平面升降变化。

### 一、扬子地块北缘的勉略洋开启与闭合

　　早泥盆世，扬子地块北缘在勉略一带出现拉张裂谷化，发育了裂谷型盆地，在中上元古界碧石群基底堆积了以灰黄色砾岩为代表的一套从粗到细的海侵进积系列，基底的快速沉降导致海水急剧加深，形成了一套夹中酸、中基性火山岩的粗碎屑、碳酸盐沉积。细碎屑岩有相当一部分是浊积产物，配合硅质岩的出现反映了一种深水沉积。与此同时，出现的中酸性、中基性火山岩可能是拉张作用最强烈期的产物；蛇绿岩套中的超镁铁质岩、堆晶辉长岩则是此时中泥盆世勉略裂谷盆地扩张成有限洋盆的产物。此后勉略有限洋盆处在一种稳定期，扩张作用停止，从扬子板块北缘及秦岭板块南缘剥蚀来的沉积物就近堆积在勉略有限洋盆中，使勉略有限洋盆处于一种物源富足的状态，一旦扩张停止，便很快被"填平补齐"，使盆地很快呈现出滨浅海环境的特点，并将一直维持到石炭纪(李三忠等，2001)。

前人对勉略洋进行了系统研究(张国伟等,1995;孟庆任等,1996;冯庆来等,1996;董云鹏等,1999;李三忠等,2001;李亚林等,2002)。勉略洋的开启与闭合大体可分为三个阶段:①泥盆纪—早石炭世,裂解扩张出现小洋盆阶段。小洋盆的初始裂解时间,在踏波群中保存有大量早泥盆世化石,在三岔子岩片中与蛇绿岩紧密共生的硅质岩中发现早石炭世放射虫,推断早石炭已有洋壳出现(李三忠等,2001)。此时,秦岭处于南张北压的动力背景下,现今残留的串珠状蛇绿岩反映为串珠状展布的小洋盆格局,即花山—勉略—阿尼玛卿小洋盆。②早石炭世—中二叠世,洋盆扩张与俯冲共存阶段。在勉略带基质中的片岩构成的S1片理的矿物年龄为早石炭世(李曙光和孙卫东,1996),且在高川一带,盆地中记录了一套泥盆纪碳酸盐岩缓坡演变为石炭纪镶边碳酸盐岩陆棚,二叠系为反映盆地进一步加深的静海盆地沉积,其由黑色泥岩、硅质岩及泥灰岩组成(孟庆任等,1996)。总之,在早石炭世—中二叠世是扩张与俯冲并存的格局。③早—中三叠世全面俯冲阶段。从武都—勉县一带,由于与俯冲相关的片岩 Sm-Nd 年龄为 242Ma±21Ma、$^{40}Ar/^{39}Ar$ 年龄为 220~230Ma,代表变质年龄(李曙光和孙卫东,1996),此时存在一个从西至东的连续的前陆盆地及出现285Ma的俯冲型花岗岩(李三忠等,2001)。可见,在早三叠世早期勉略洋发生全面俯冲及消亡。

上扬子地块北缘的勉略洋开启与闭合对四川盆地开江-梁平海槽的形成与衰亡具有重要影响。从四川盆地及邻区的构造演化看,盆地西缘、北缘的裂陷作用始于泥盆纪—石炭纪,构造性质表现为拉张断陷。到二叠纪,盆地内部受周缘裂陷作用影响,开始出现断陷作用(图6-1)。四川盆地内部的构造分异出现在早二叠世晚期(茅口期),发育NWW向和NE向的克拉通内裂陷海槽盆地(图6-2),并相互交叉,因而台地上发生沉积分异。川北地区主要有开江-梁平 NW 向裂陷海槽盆地;贵阳-遵义、咸丰-巴东北东向裂陷海槽盆地等,裂陷海槽盆地中以硅质灰岩、放射虫硅质岩沉积为主。这类裂陷海槽盆地,自中晚石炭世—晚二叠世具有一定的继承性。拉张断裂活动在晚二叠世早期为高峰期,以大隆组普遍发育放射虫为标志。

## 二、峨眉山大火成岩省

大火成岩省(LIP)事件是巨量体积的岩浆(主要为基性-超基性)在短时间内侵位和喷发的板内岩浆事件(Coffin and Eldholm,1994;Ernst,2021),一般被认为是由地幔柱活

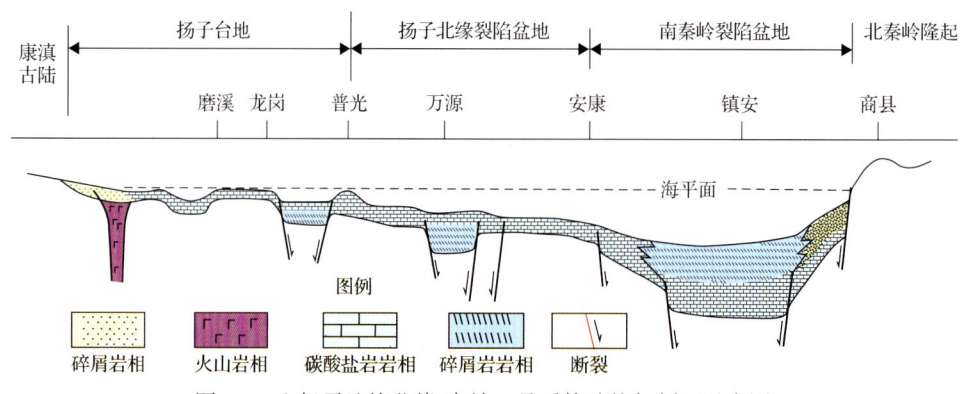

图 6-1 上扬子地块北缘-秦岭二叠系构造格架剖面示意图

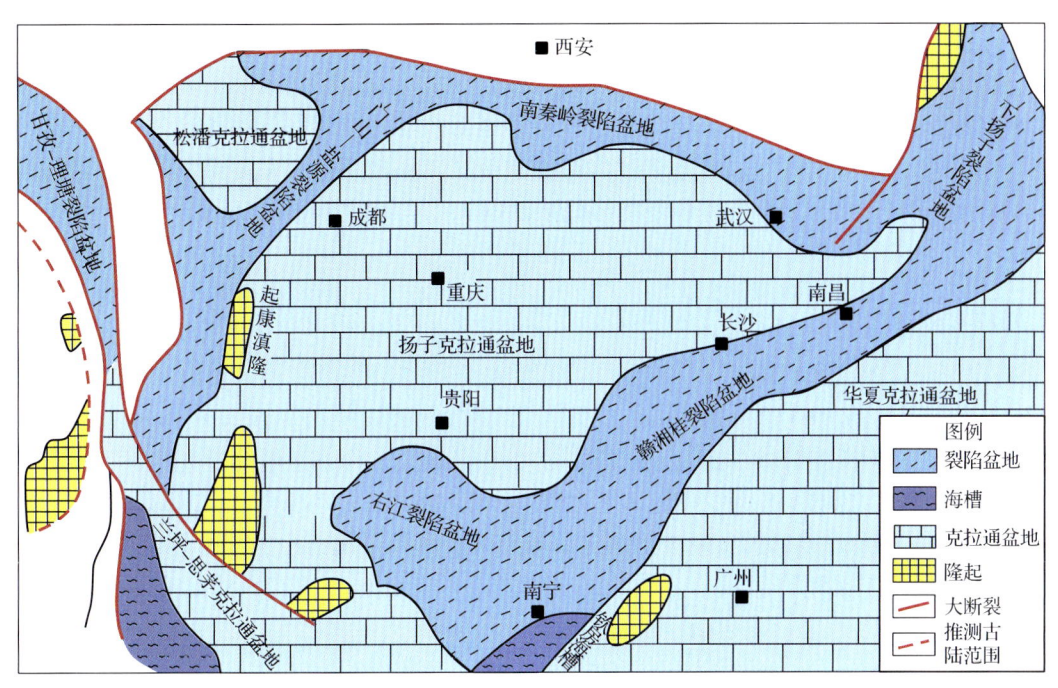

图 6-2 扬子克拉通晚古生代构造格局与盆地原型略图

动所导致的(Richards et al., 1989; Campbell and Griffiths, 1990; Campbell, 2005)。华南地区峨眉山玄武岩是我国唯一被国际学术界认可的大火成岩省(胡元邦等, 2016),由于其形成演化不仅涉及地幔动力学,同时导致全球气候大变与生物大灭绝事件(Wignall, 2001),因而吸引了大量的国内外学者对其进行研究(Xu et al., 2001; Zhang et al., 2006;何斌等, 2006;张招崇等, 2006; Wang et al., 2010; Zhang et al., 2011;徐义刚等, 2013)。

峨眉山玄武岩分布于扬子克拉通西缘,其北界为道孚—小金—理县,南界在中越边境越南侧,东界约在湖南,西侧紧邻三江构造带。滇川黔三省境内的晚二叠纪峨眉山玄武岩,主要由亚碱性及偏碱性的基性火山熔岩及火山碎屑岩组成(胡元邦等, 2016),出露面积 50 万 km$^2$。玄武质火山岩系在空间展布上总体呈西厚东薄的趋势,分为内带、中带及外带。内带位于西部的丽江—大理一带的火山岩系厚度可达到 5000m 以上;中带大致位于峨眉山—织金—罗平以西,火山岩系厚度约在 1000m,少数火山剖面厚度可达 2000m;外带位于火成岩省东部地区,火山岩系厚度总体上小于 1000m。从地层看,峨眉山玄武岩组下伏地层为下二叠统梁山组及中统栖霞组和茅口组,区域上分布十分稳定。钻探证实,四川盆地除西南部发育火山岩外,远在川东的华蓥山和达州、梁平钻井中,仍可见玄武岩沿裂隙喷发。

很多学者采用锆石 U-Pb 测年技术对峨眉山大火成岩省的基性-超基性岩、闪长岩及酸性岩等开展了大量测年分析,结果显示主要岩浆活动发生在 260Ma (Zhou et al., 2002, 2006; Tao et al., 2008)。Shellnutt 等(2012)利用 CA-TIMS 锆石高精度测年技术,在攀西地区开展一些侵入岩的年代学研究,显示峨眉山主岩浆期起始于 259Ma 和结束于 257Ma,持续时间在 2Ma 内。Zhang 等(2014)和 Yang 等(2018)分别对峨眉山大火成岩省西部和东部地区的玄武岩剖面顶部凝灰岩开展了 CA-TIMS 锆石高精度测年,其结果显示峨眉山主喷发期分别结束于 259.1Ma±0.5Ma 和 259.51Ma±0.21Ma。

峨眉山地幔柱的形成演化对扬子克拉通中晚二叠世的古地理、古气候、古生态产生了重大影响,主要表现为:①基于经典地幔柱模型,大规模火山喷发前的千米级规模地表隆升也可以作为火成岩省是否是地幔柱成因的一个关键指标(Saunders et al., 2007)。然而,火山岩组下伏的茅口组及栖霞组碳酸盐岩中包含了大量浅海的生物礁化石夹层,显示出稳定的碳酸盐岩台地,表明火山活动前约 20Ma 内,峨眉山地幔柱并没有导致明显的垂直运动。②峨眉山大火成岩省的早期或初始爆发性火山喷发与 end-Guadalupian 生物间断存在明显的时间联系,暗示其很可能是 end-Guadalupian 生物灭绝事件的驱动者(Wignall et al., 2009;Bond et al., 2010)。完整的地层记录显示生物间断出现在 J. altudaensis 牙形石带与 J. prexuanhanensis/J. xuanhanensis 牙形石组合带之间,其对应的 $\delta^{13}C$ 变化范围为–1‰至+4‰,而 $\delta^{13}C$ 的最低值(–3‰)则出现在到 J. prexuanhanensis/J. xuanhanensis 牙形石组合带(朱江,2019)。③四川盆地西南部火山岩上覆在茅口组之上,有效降低了茅口组的剥蚀程度。钻井地层对比表明,该区内茅口组地层发育较齐全,普遍发育茅四段地层。④峨眉山地幔柱形成导致晚二叠世西南高、北东低的古地理格局,对晚二叠世—早三叠世岩相古地理展布起到了重要的控制作用。

### 三、二叠纪海平面升降事件与放射虫硅质岩

引起海平面变化的因素主要有三个方面:一是全球板块构造活动,如大洋中脊的扩张、洋盆基底上弯、板块挤压等,均可引起同时性的全球海平面变化;二是全球性冰期及冰消作用,导致海水体积增减,可引起全球或地区性海平面升降;三是盆底形态或构造空间形态变化,引起地区性海平面升降二级、三级周期。因此研究某个时期海平面变化,无论是全球性海平面变化还是地区性海平面变化,对古地理重建意义重大。

王成善等(1999)研究了我国南方二叠纪海平面变化及升降事件,指出扬子地区二叠纪发生了五次事件性海平面升降变化,包括栖霞早期的上升事件、茅口早期的最大海泛事件、茅口末期的最低水位事件、吴家坪早期的上升事件及长兴中后期的下降事件。栖霞早期的上升事件可能源自间冰期的冰川消融,导致在侵蚀面之上发育具冰水性质的沉积,碳泥质、沥青质或有机质含量高,缺氧明显,是二叠纪重要的烃源岩发育层段。茅口早期的最大海泛事件,是整个华南二叠纪甚至晚古生代以来的最大海侵,上扬子地区发育眼球状灰岩和页状藻灰岩,开始出现生物礁、丘及其与滩的组合。茅口末期最大海退事件,导致扬子地区出现二叠纪最低水位以及茅口组顶部区域性侵蚀不整合面,可能与峨眉地幔柱的隆升有关。吴家坪早期的上升事件,是茅口末期的下降事件的回返,也是晚二叠世扬子地区第二轮持续海侵的序幕,奠定了晚二叠世古地理轮廓。

放射虫硅质岩在我国南方及邻区的晚古生代至中生代早期广泛分布,有重要的古地理意义。扬子北缘及东南缘中晚二叠世放射虫硅质岩,主要在孤峰组和大隆组中,有的地方为吴家坪组或合山组中,也有很多硅质岩。二叠纪中晚期放射虫硅质岩存在,标志扬子台缘与古特提斯洋连通的深水盆地(吴浩若,1999)。

# 第二节　中二叠世栖霞期—茅口期岩相古地理

## 一、地层特征

### (一)栖霞组

栖霞组总厚度 23～313m，自下而上分为栖一段和栖二段。

栖一段($P_2q_1$)岩性以中厚层深灰-灰黑色含生物碎屑泥-细粉晶灰岩为主，夹泥晶灰岩及泥质、硅质条带。生物碎屑丰富，主要包括藻类、有孔虫、蜓类、腕足和珊瑚等。电性特征表现为自然伽马整体为中低值，变化幅度不大；电阻率变化幅度较大，底部值相对较低，向上逐渐增高。与下伏梁山组电性特征差异明显，梁山组表现为块状高伽马和块状低阻值。

栖二段($P_2q_2$)岩性主要为厚层-块状浅灰、灰色生物碎屑灰岩，色浅质纯，常见亮晶胶结，局部发育豹斑状白云质灰岩、灰质白云岩和白云岩，颜色浅、单层厚。岩性组合特征区域上可对比，其上部的(颗粒)白云岩构成盆地内主要的储集层位和储集岩。电性特征总体表现为块状(或箱状)特征：自然伽马呈明显块状低值，电阻率较高，白云岩层段表现为声波时差和密度曲线较高。与栖一段和茅一段的电性区别主要在于自然伽马的台阶状降低、电阻率的整体高幅以及三孔隙度曲线的低平。

### (二)茅口组

茅口组总厚度一般为 119～508m，由下而上可划分为四个段，即茅一段至茅四段(图 6-3)。

茅一段($P_2m_1$)主要为深灰色、黑灰色生物碎屑泥晶灰岩、含生物碎屑泥晶灰岩、含生物碎屑泥质灰岩，夹细晶-粉晶灰岩和泥灰岩，局部含燧石结核。区域上发育以含腕足类化石 *Cryptospirifer* 为代表的"眼球状灰岩"为典型特征。电性上总体表现为测井值曲线呈锯齿状变化且变化幅度较大的特征。依据岩性变化，自上而下进一步划分为 a、b、c 三个亚段。茅一段 a 亚段为深灰、灰黑色生物灰岩、绿藻灰岩，微含泥质，偶见构造缝及粒内孔。茅一段 b 亚段为深灰、灰黑色泥-粉晶生物碎屑灰岩，微含泥质，生物碎屑分布不均，可见少量保存完好的蜓类及海百合茎。茅一段 c 亚段为灰黑、深灰色泥-粉晶生物碎屑灰岩为主，夹泥-粉晶绿藻屑灰岩及灰岩，微含泥质，局部见黄铁矿细晶粒，生物碎屑分布不均，零星可见少量构造缝。

茅二段($P_2m_2$)主要为灰、深灰色泥晶、细-粉晶生物碎屑灰岩、含生物碎屑灰岩，顶部偶夹细晶白云岩，常含硅质团块。含蜓科 *Chusenella* 和珊瑚 *Ipciphyllum* 等化石，底部偶尔发现腕足类 *Cryptospirifer*。依据岩性变化，自上而下进一步划分为 a、b、c 三个亚段。其中，茅二段 a 亚段为浅灰、灰白色块状亮晶蜓灰岩、亮晶红藻灰岩，古生物以红藻、有孔虫、蜓类为主，颗粒含量较高，胶结物以亮晶为主。茅二段 b 亚段为灰褐色厚层块状泥晶生物碎屑灰岩、虫藻灰岩夹亮晶生物碎屑、亮晶红藻灰岩。茅二段 c 亚段为深灰、灰色中及厚层状泥晶蜓灰岩、有孔虫灰岩、虫藻灰岩夹燧石条带，下部夹泥质条带，腕足、腹足较多，局部具"眼球状"层理。

茅三段($P_2m_3$)主要为灰色细晶-粉晶生物碎屑灰岩、浅灰色亮晶生物碎屑灰岩，生物组合，以䗴科 Yabeina 和 Neomisellina 的始现为分段标志，生物碎屑以有孔虫、棘屑和介屑为主，次为骨针、苔藓虫、䗴及腕足碎片。茅三段电性特征一般表现为块状、似块状：自然伽马为块状低值，当发育厚层块状生物碎屑灰岩时，可表现为极低值；电阻率总体表现为高—极高阻值，并随储层物性的变化而变化。茅口组二段和三段白云岩是较好的储集岩。

茅四段($P_2m_4$)在四川盆地普遍缺失，仅在川西南和川东局部地区残余，岩性以灰、浅灰色中厚层至块状生物碎屑灰岩、深灰色泥晶灰岩为主，夹燧石条带，该段以含丰富的腕足类 Cryptospirifer 化石为特征，测井曲线主要表现为块状低值夹高峰值。该套沉积主要分布在川东地区，沿茅口相变线和茅口组厚度减薄线的地区呈 NW-SE 向展布。该套硅质岩为主的地层在中下扬子地区被称为孤峰组，层位上大致相当于茅口组三组—四段。

## 二、层序地层格架

采用层序地层学方法，综合露头、测井及地震响应，建立了下二叠统层序地层划分方案，搭建地层序格架。以测井识别为标准结合地震资料划分为三个三级层序(图 6-3)，顶底均为Ⅰ型层序界面，层序 SQ1 由栖霞组和梁山组组成，SQ2 由茅一段-茅三段组成，SQ3 由茅四段组成。因东吴运动的影响，茅口组遭受不同程度的剥蚀，SQ3 保存不全，局部剥蚀至 SQ2。

(一)栖霞组层序地层

栖霞组为一个完整的三级层序(SQ1)，在全盆范围内比较稳定，厚度多介于 90～130m，主要集中在 100～120m。

SQ1 底界 SB1 为梁山组和栖霞组的界限，为一岩性岩相转换面。早二叠世末云南运动之后四川盆地开始缓慢沉降，在盆内绝大部分古地貌相对较低部位接受了梁山组沉积，为一套滨岸沼泽相的含碳质、铝土质、粉砂质的泥页岩沉积，SB1 界面之上则为快速海侵背景下形成的海相碳酸盐岩沉积，岩性岩相发生显著变化。SQ1 底界 SB1 清晰，在野外露头上，如城口庙坝剖面，SQ1 底界上覆是栖霞组薄层石灰岩，下伏为志留系砂泥岩；又如旺苍王家沟剖面，SQ1 底界上覆为梁山组薄层碳质泥页岩，下伏为志留系薄层瘤状泥灰岩；从测井曲线上，如龙 17 井、磨溪 39 井等，底界之上表现为低伽马、高电阻率、低声波时差的栖霞组，之下为高伽马、低电阻率、高声波时差的梁山组；在地震剖面上表现为削截特征的不整合界面。

SQ1 顶部层序边界 SB2 为栖霞组和茅口组的界限，为一岩性岩相突变面，局部因暴露于海平面之上表现为暴露不整合界面。SQ1 顶界清晰，岩性突变面，界面上下地层的岩石类型和沉积相特征明显不同。在野外露头上，如水根头、长江沟剖面等，界面之下的栖二段为高位体系域的浅色白云岩、豹斑白云岩、生物碎屑灰岩，高能环境；而界面之上的茅一段为海侵体系域的深色"眼皮眼球"状泥灰岩，低能环境。SQ1 顶界上下的

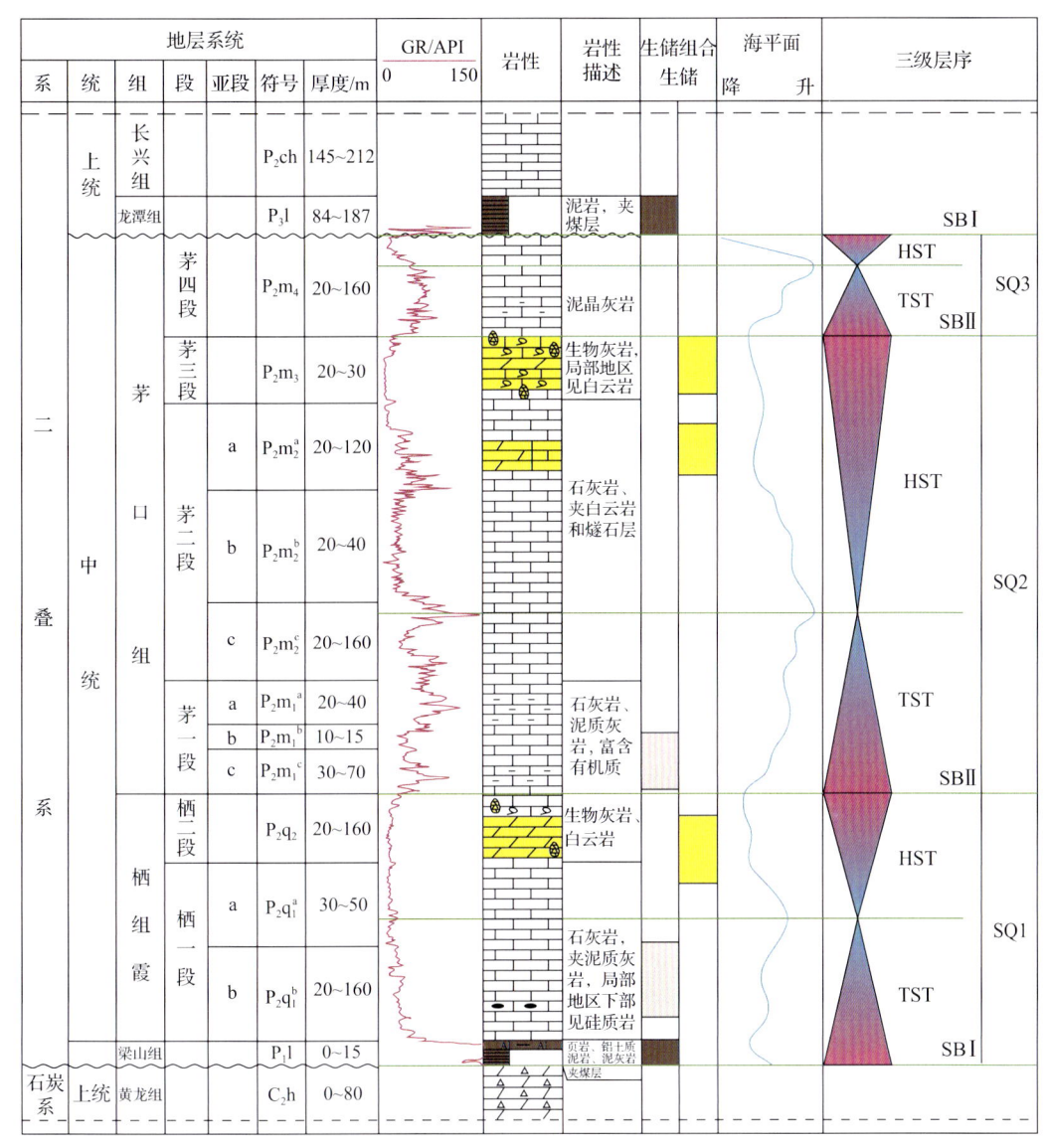

| 地层系统 | | | | | GR/API 0—150 | 岩性 | 岩性描述 | 生储组合 生储 | 海平面 降 升 | 三级层序 | |
|---|---|---|---|---|---|---|---|---|---|---|---|
| 系 | 统 | 组 | 段 | 亚段 | 符号 厚度/m | | | | | | |
| 二叠系 | 上统 | 长兴组 | | | P₂ch 145~212 | | | | | SBⅠ | |
| | | 龙潭组 | | | P₃l 84~187 | | 泥岩,夹煤层 | | | HST | SQ3 |
| | 中统 | 茅口组 | 茅四段 | | P₂m₄ 20~160 | | 泥晶灰岩 | | | TST SBⅡ | |
| | | | 茅三段 | | P₂m₃ 20~30 | | 生物灰岩,局部地区见白云岩 | | | HST | SQ2 |
| | | | 茅二段 | a | P₂m₂ᵃ 20~120 | | 石灰岩、夹白云岩和燧石层 | | | | |
| | | | | b | P₂m₂ᵇ 20~40 | | | | | | |
| | | | | c | P₂m₂ᶜ 20~160 | | | | | TST | |
| | | | 茅一段 | a | P₂m₁ᵃ 20~40 | | 石灰岩、泥质灰岩,富含有机质 | | | | |
| | | | | b | P₂m₁ᵇ 10~15 | | | | | | |
| | | | | c | P₂m₁ᶜ 30~70 | | | | | SBⅡ | |
| | | 栖霞组 | 栖二段 | | P₂q₂ 20~160 | | 生物灰岩、白云岩 | | | HST | SQ1 |
| | | | 栖一段 | a | P₂q₁ᵃ 30~50 | | 石灰岩,夹泥质灰岩,局部地区下部见硅质岩 | | | | |
| | | | | b | P₂q₁ᵇ 20~160 | | | | | TST | |
| | | 梁山组 | | | P₁l 0~15 | | 页岩、铝土质泥岩,泥灰岩 夹煤层 | | | SBⅠ | |
| 石炭系 | 上统 | 黄龙组 | | | C₂h 0~80 | | | | | | |

图 6-3 上扬子地区二叠系综合柱状图

Ⅰ、Ⅱ分别表示Ⅰ级和Ⅱ级层序界面

岩性差异导致岩电特征也存在差异。龙 17 井测井曲线上,界面之下表现为低伽马、高电阻率、低声波时差的高能环境,而界面之上较界面之下表现为较高伽马、较低电阻率、较高声波时差的低能环境。从地震上,SQ1 顶界表现为连续性好、振幅强的同相轴,上下地层无削截或超覆的响应特征。

SQ1 层序由海侵体系域和高位体系域两部分组成。其中,海侵体系域(TST1)相当于栖一段(或其中下部);而高位体系域(HST1)则主要由栖二段构成,最大海泛面 MFS1 相当于栖一段(或栖一段 b 亚段)顶界。

TST1:栖一段沉积早期,四川盆地发生快速的海侵,形成层序 1 海侵体系域。盆地主体为开阔台地沉积，生物化石丰富，沉积了一套以中-薄层状深灰、黑灰色生物（屑）泥晶灰岩和似眼球状灰岩为主的低能沉积。在野外露头剖面上，层序1海侵体系域由一系列正旋回层（准层序）组成，主要以中厚层状泥晶灰岩为主，夹深色纹层状泥灰岩；各旋回层下部单层厚度较大，多为中厚层状，地层颜色较深，一般为灰、深灰色；向上单层厚度变薄，纹层泥灰岩夹层增多，颜色加深，泥质含量增大。TST1的测井响应主要表现为：GR整体变化幅度不大，表现为中低值；电阻率变化频繁且变化幅度较大，底部相对较低，向上逐渐增高。

HST1：栖霞组沉积晚期，研究区相对海平面下降，水体变浅，发育高能颗粒滩沉积，为层序1高位体系域。川西地区（以川西北部矿山梁-天井山、九龙山地区和川西南部周公山—汉王场一带最为典型）HST1表现为岩石颜色较浅、单层厚度较大、纹层状泥灰岩不发育或少见，岩性以亮晶生物（生物碎屑）灰岩为主，反映沉积水体能量相对较强，称之为"白栖霞"。由于受到海平面下降的影响，HST1顶部暴露于大气淡水之中并发生白云石化作用，常形成白云质豹斑灰岩和细-粗晶白云岩。而在川西以东的盆地内部，HST1沉积未接受白云石化作用的改造或改造不强，为相对低能沉积。在测井响应上，GR曲线表现为块状低值，电阻率较高。

(二) 茅口组层序地层

茅口组茅一段至茅三段组成SQ2，茅四段组成SQ3。因东吴运动的影响，茅口组遭受不同程度的剥蚀，SQ3保存不全，局部剥蚀至SQ2，因此SQ3顶面为Ⅰ型层序界面。

1. 层序SQ2

SQ2顶部层序边界SB3为茅三段顶界面，界面上下地层的岩石类型和沉积相特征明显不同，为一岩性岩相转换面。在野外露头上，如旺苍大两汇剖面，界面之下为高能滩相沉积，岩性主要为亮晶生物碎屑灰岩、亮晶虫-藻灰岩，局部发育白云岩，界面之上则为低能的含生物碎屑泥晶灰岩、泥晶灰岩、含泥质泥晶灰岩，夹有燧石条带灰岩，岩性岩相发生明显变化。从测井曲线上，如资6井，界面之下表现为低伽马、高电阻率、低声波时差，而界面之上较界面之下表现为较高伽马、较低电阻率、较高声波时差。

层序SQ2包括茅一段—茅三段，海侵体系域（TST2）主要发育在茅一段及茅二段c亚段；高位体系域（HST2）则划分至茅三段的顶界面，最大海泛面（MFS2）相当于茅二段c亚段的顶界。

TST2：茅口初期四川盆地再次发生大规模海侵，其沉积物以深灰、灰黑色中层生物碎屑泥晶灰岩、含泥质泥晶灰岩为主，夹黑色纹层状泥灰岩，含泥质较重，层面波状起伏形似眼球，故称为眼球灰岩，局部见燧石条带或结核，古生物化石以富 *Cryptospirifer* 腕足动物群为特征。整体具有向上颜色加深、单层厚度变薄、泥质含量加重的趋势。在测井曲线上，GR曲线幅度整体较高，且呈锯齿状变化，电阻率表现为下凹状的低值。

HST2：以灰褐色泥晶生物碎屑灰岩、亮晶生物碎屑灰岩为主，自下而上颜色变浅、厚度增大、泥质含量降低，至HST顶部即茅三段其岩性变为浅灰色厚层亮晶生物碎屑灰岩、白云岩。可进一步划分为早期高位体系域（EHST）和晚期高位体系域（LHST），前者由茅二段 a 亚段和茅二段 b 亚段构成，岩性以中厚层的泥晶生物碎屑灰岩为主，夹有薄层亮晶生物碎屑灰岩，为典型进积序列，GR 曲线值表现为中低幅度值；后者则由茅三段构成，主要为较纯的亮晶生物碎屑灰岩，为典型加积序列，GR 曲线表现为块状低值，在层序顶部常暴露于海平面之上，发生溶蚀和白云石化作用，储集物性较好，是茅口组储层发育的最有利层段。

2. 层序 SQ3

SQ3 顶部层序界面 SB4 为茅口组与上覆地层（龙潭组、吴家坪组或峨眉山玄武岩）的界限，界面上下地层的岩石类型和沉积相特征明显不同。由于四川盆地中二叠世茅口末期发生东吴运动，该区普遍抬升并使茅口组顶部遭受不同程度的剥蚀，该界面为升降侵蚀不整合面，属 I 型层序界面。在野外露头上表现为典型的不整合面风化壳，如旺苍大两汇剖面，界面之下的茅四段为薄层硅质灰岩，界面之上的吴家坪组为薄层硅质泥岩。资 6 井测井曲线上，界面之下表现为低伽马、高电阻率、低声波时差的高能环境，而界面之上较界面之下表现为较高伽马、较低电阻率、较高声波时差的低能环境。地震剖面 SQ3 顶界表现为连续性好、振幅强的同相轴。

需要说明的是，在茅口组顶部的强烈剥蚀区，SQ3（茅四段）部分剥缺甚至完全剥蚀殆尽，导致 SQ2 的顶界面即为不整合层序边界，界面之下为茅三段很纯的生物碎屑灰岩，含泥少，野外露头及岩心录井证实发育溶蚀孔-洞-缝体系，且容易破碎、垮塌形成岩溶角砾堆积，从而形成东吴期岩溶储层，是中二叠统的主要产层段之一。

层序 SQ3 由茅四段构成，因遭受剥蚀作用，盆地内只有川西南和川东局部地区得以保存，其他地区部分或完全遭受剥蚀。海侵体系域（TST3）主要为中薄层灰、深灰色含生物碎屑泥晶灰岩、泥晶绿藻灰岩，夹有燧石结核灰岩，泥质含量较下伏茅三段明显增加；高位体系域（HST3）主要为中厚层灰、浅灰色泥晶生物碎屑灰岩夹亮晶生物碎屑灰岩。在测井响应上，自然伽马曲线表现为中高幅度，电阻率曲线则为中低值。

(三) 层序地层对比

1. 栖霞组层序对比

栖霞组海侵期 TST1，东北部厚度大，西南部厚度小，整体厚度差异小（24~39m），沉积中心在东北部（图 6-4）。古地貌高与乐山-龙女寺加里东期古隆起范围基本一致，而古地貌低洼区与石炭系分布范围一致。当海平面上升，暗色深水相的沉积物在低洼处沉积，厚度变大。

栖霞组高位期 HST1，总体继承了海侵期特征，通过盆内连井剖面的研究，揭示了高位体系域西高东低的古地貌特征。海平面下降时，原本地貌较高的地方由于沉积速率快、沉积厚度大，造成地势越高，形成台缘带。

2. 茅口组层序对比

茅口组 SQ2 海侵期，通过连井剖面研究，发现海侵期继承了 SQ1 高位期西高东低的古地理背景（图 6-5），沉积中心主要在川东地区。但海平面上升时，暗色深水相的沉积物在地势低的川东地区堆积。

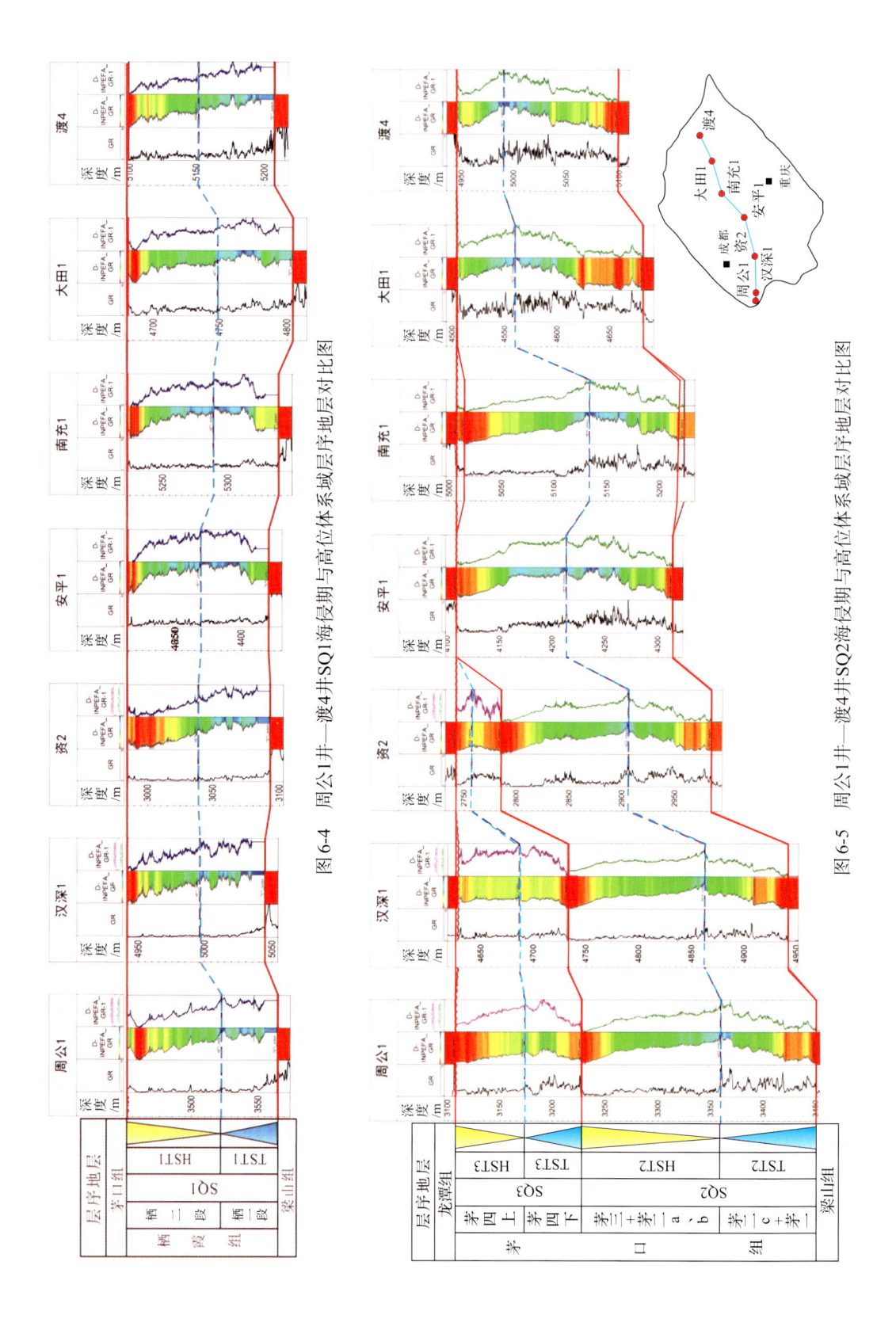

图 6-4 周公1井—渡4井SQ1海侵期与高位体系域层序地层对比图

图 6-5 周公1井—渡4井SQ2海侵期与高位体系域层序地层对比图

茅口组 SQ2 高位体系域总体继承了西高东低的特征,表现出凹隆相间的古地理背景,西南部沉积速率大,东北部沉积速率低。

茅口组 SQ3 随着海平面的持续下降,茅口组发生区域性暴露侵蚀,川中-蜀南、川东北、川西北地层零星分布。

### 三、主要沉积相类型

中二叠世地壳稳定、海域广阔、生物繁盛,古生物主要有珊瑚、有孔虫、蜓类、腕足和藻类等,以底栖生物发育为主,古生物含量达 30%~60%,表明当时的沉积环境为亚热带海域、水体清洁、养分充足、盐度正常、适宜生物生长和繁殖。根据野外剖面和钻井岩心观察、测井资料综合分析,以岩石学特征、沉积构造和古生物等多种相标志分析为基础,将四川盆地栖霞组和茅口组划分 5 种相带 9 种亚相类型(表6-1)。

表 6-1 上扬子地区栖霞组和茅口组沉积相类型及特征

| 相 | 内缓坡 | | 中缓坡 | | 深(外)缓坡 | | | 斜坡 | 盆地 |
|---|---|---|---|---|---|---|---|---|---|
| 亚相 | 台缘及台内颗粒滩 | 滩间海 | 颗粒滩 | 滩间海 | 台洼 | 点滩 | 外缓坡 | 斜坡 | 盆地 |
| 岩性特征 | 灰-浅灰色厚层亮晶砂屑生物碎屑灰岩、泥晶生物碎屑灰岩和生物碎屑泥晶灰岩,具颗粒结构,发育斜层理 | 灰-深灰色泥晶生物碎屑灰岩和生物碎屑泥晶灰岩,夹泥质灰岩 | 浅灰-灰色中厚层亮晶生物碎屑灰岩、泥晶生物碎屑灰岩和生物碎屑泥晶灰岩 | 灰-深灰色泥晶生物碎屑灰岩和生物碎屑泥晶灰岩,夹泥质灰岩 | 黑-黑灰色薄层页岩、硅质岩和石灰岩,水平层理 | 灰-深灰色中层泥晶生物碎屑灰岩、生物碎屑泥晶灰岩 | 深灰色-黑灰色牛眼灰岩、生物碎屑泥晶灰岩、页岩夹凤暴生物碎屑灰岩层,包卷层理、递变层理、水平层理 | 黑-深灰色中薄层泥质灰岩、砾屑灰岩,滑塌构造、水下侵蚀槽道,见浮游生物和浅海生物碎屑 | 黑-黑灰色,薄层硅质岩、泥页岩和泥质灰岩,水平层理、粒序,见浮游生物 |

#### (一)内缓坡

内缓坡主要发育于栖霞组和茅口组的高位体系域,海侵体系域发育较少。平面上主要分布在盆地的西缘龙门山和米仓山的山前带—川中磨溪地区一带。进一步根据岩性可划分为台缘颗粒滩、台内颗粒滩及滩间海亚相。台缘带主要发育在栖霞组上部,沿川西广元—剑阁—雅安—乐山一线地区,随着茅口早期大规模海侵,台缘带在茅口组已经不再发育。台缘带岩性为厚层块状灰褐色、浅灰褐色、浅灰色微亮晶生物碎屑、砂屑灰岩、残余生物碎屑白云岩等。测井上总体主要表现为伽马曲线呈低值箱状,地震上表现为杂乱弱反射特征。

该相带沉积物发育在正常浪基面附近,水体能量大、海水通畅、阳光和氧料充足,有利于生物大量生长繁殖,而强的波浪作用又将这些生物打碎,在斜坡部位大量堆积,形成高能内缓坡颗粒滩。栖霞组和茅口组的内缓坡颗粒滩主要以生物碎屑、砂屑滩为主,生物碎屑和砂屑含量高,生物碎屑种类繁多,主要以绿藻、棘屑、有孔虫和介形虫等古生物为主,一般颗粒的分选性和磨圆度为中等—较好,胶结物以亮晶为主。此种类型滩可形成大量粒间孔隙和生物体腔孔,虽在后期形成的胶结物将其部分充填,孔隙不能大量保留,但这些骨架颗粒形成的高孔渗层段为白云石化及溶蚀作用奠定了物质基础,内缓坡颗粒滩是栖霞组最好的油气储层。

(二) 中缓坡

中缓坡位于浅缓坡与深缓坡之间，水体相对适中，主要发育颗粒滩及滩间海亚相。颗粒滩主要发育在中缓坡相内有一些局部地貌相对高的地带，由于与广海连通性好、盐度正常、养料丰富，适合于多种生物的生长，这些生物死亡后与低能灰泥一起原地或近原地堆积，在地貌相对高的地方间歇性受到较强波浪的改造，形成以泥晶生物碎屑灰岩为主的生物碎屑滩沉积。这种类型的颗粒滩与内缓坡颗粒滩相比，单个滩体规模小、厚度薄，分布范围较窄。岩性以中厚层生物碎屑灰岩及残余生物碎屑白云岩为主，测井上主要表现为伽马曲线呈低值中型箱状，地震上表现为杂乱弱反射特征。滩间海则以含泥质的生物碎屑灰岩为主，生物碎屑分选性较差，磨圆度较低。

(三) 外缓坡

在外缓坡相中，处于水体相对较深的地区，波浪作用难以影响，水体安静，岩性主要以深灰色含泥质生物碎屑灰岩为主，局部地区出现黑色、黑灰色硅质岩、硅质页岩夹薄层灰岩组合为主，地震上主要表现为连续强反射特征。

(四) 斜坡相

斜坡相为台地边缘相与深水盆地相之间的狭长形过渡带，沉积于晴天浪底至风暴浪底之间，水体能量总体较弱，且其沉积受同沉积边缘断裂的控制。主要分布于龙门山断裂以西，可分为上斜坡和下斜坡两个亚相。上斜坡亚相以跌积砾屑灰岩和含泥质灰岩为主，其中砾屑灰岩是由断裂活动导致地貌较高部位的岩层崩塌跌落而形成，其砾屑成分取决于原地沉积物的岩性，包括礁灰岩、颗粒灰岩和泥晶灰岩等；下斜坡亚相以钙质和泥质建造为特征，泥质岩和碎屑成分增多，厚度较薄，生物化石稀少。川西盆地内部仅栖霞组下部发育有不厚的斜坡相沉积，且以上斜坡为主。

由于栖霞期—茅口期川西龙门山地区一系列 NE 向同沉积断裂的存在，镶边台地边缘斜坡坡度较陡，伴随间歇性的断裂活动，台缘礁滩相沉积物在未完全固结或刚固结时发生崩解，并沿斜坡向下跌落，最终在台缘外带或台地前缘斜坡堆积下来，形成跌积砾屑灰岩(图 6-6)，因此跌积砾屑灰岩是台缘斜坡相重要的相标志之一。在川西剑阁磨刀垭剖面，栖霞组下部发育以礁灰岩和生物碎屑灰岩为主要成分的跌积砾屑灰岩，砾屑直径多为 10~30cm，其岩性主体为群体珊瑚格架灰岩，格架间为泥晶充填(障积作用)或亮晶胶结，实为自浅水台地边缘搬运而来；砾屑之间的包绕填隙物为准原地-异地生物碎屑灰岩，也经过一定距离的搬运，常见棘屑、蜓、腕足等浅水环境的底栖生物。该剖面栖霞组上部发育厚层台缘浅滩相白云岩，说明后期随着同沉积断裂的活动性向西迁移，台缘带也随之不断向西侧迁移生长，故以优势相为原则，该剖面应属栖霞组台缘外带沉积。

(五) 盆地相

盆地相位于风暴浪作用面以下，水体深度最大且极为安静，主要分布于四川盆地西侧和北侧的裂陷海盆。其沉积物主要由薄层-中层结晶灰岩、深灰色-灰绿色薄层硅质岩

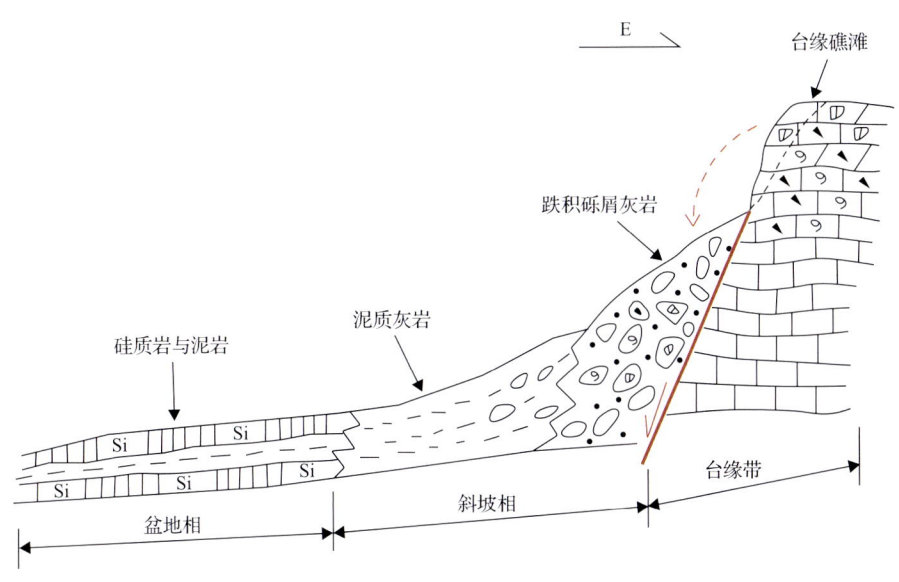

图 6-6 川西地区栖霞组台缘斜坡跌积模式

和黑色深水泥岩组成,生物含量较少且种类特殊,见有原地保存较好的钙球和单轴骨针等。现多已变质为深灰、灰黑色千枚岩及含碳质板岩,区测资料中将后龙门山的这套已变质的斜坡相和盆地相沉积物称为东大河组(据平武幅、小金幅区测资料),其与台地相的栖霞组为同时异相关系。

### 四、中二叠世栖霞期岩相古地理

在野外露头、钻井的单井剖面沉积相分析基础上,建立了多条沉积相连井剖面。通过连井沉积相剖面可以更加直观、清晰地展现出研究区栖霞组沉积相带在空间上的展布特征和在时间上转化的过程,进而绘制了栖霞组及茅口组三个层序海侵期和高位期沉积相平面展布图。

(一)栖霞组沉积早期海侵体系域(SQ1-TST)

栖霞组海侵期,四川盆地仍受加里东古隆起的影响,总体呈西高东低之势,海水整体由南东方向大规模侵入,水体普遍较深,属于中缓坡-外缓坡沉积,如盆地东南部的重庆—石柱地区和东北的旺苍—开江一带。岩性主要以富含泥质的深灰色泥晶生物碎屑灰岩为主,局部含燧石结核。盆地西南部地区地势相对较高,水动力相对较强,属于中缓坡沉积相带,如川西南的大深 1 井—周公 1—汉深 1 井及周缘地区。岩性中可以看到泥质含量明显变少,局部发育白云岩,生物碎屑含量普遍较多。该时期整体水位偏高,因此高能滩较少,主要发育在川西南部中缓坡相带之内(图 6-7)。

(二)栖霞组沉积中晚期高位体系域(SQ1-HST)

栖霞组高位体系域沉积期,古地貌继承了海侵期西高东低的特征,盆地水体由东向西逐渐变浅,该时期为栖霞期相对海平面最低时期,沉积相也发生了较大的变化。盆地

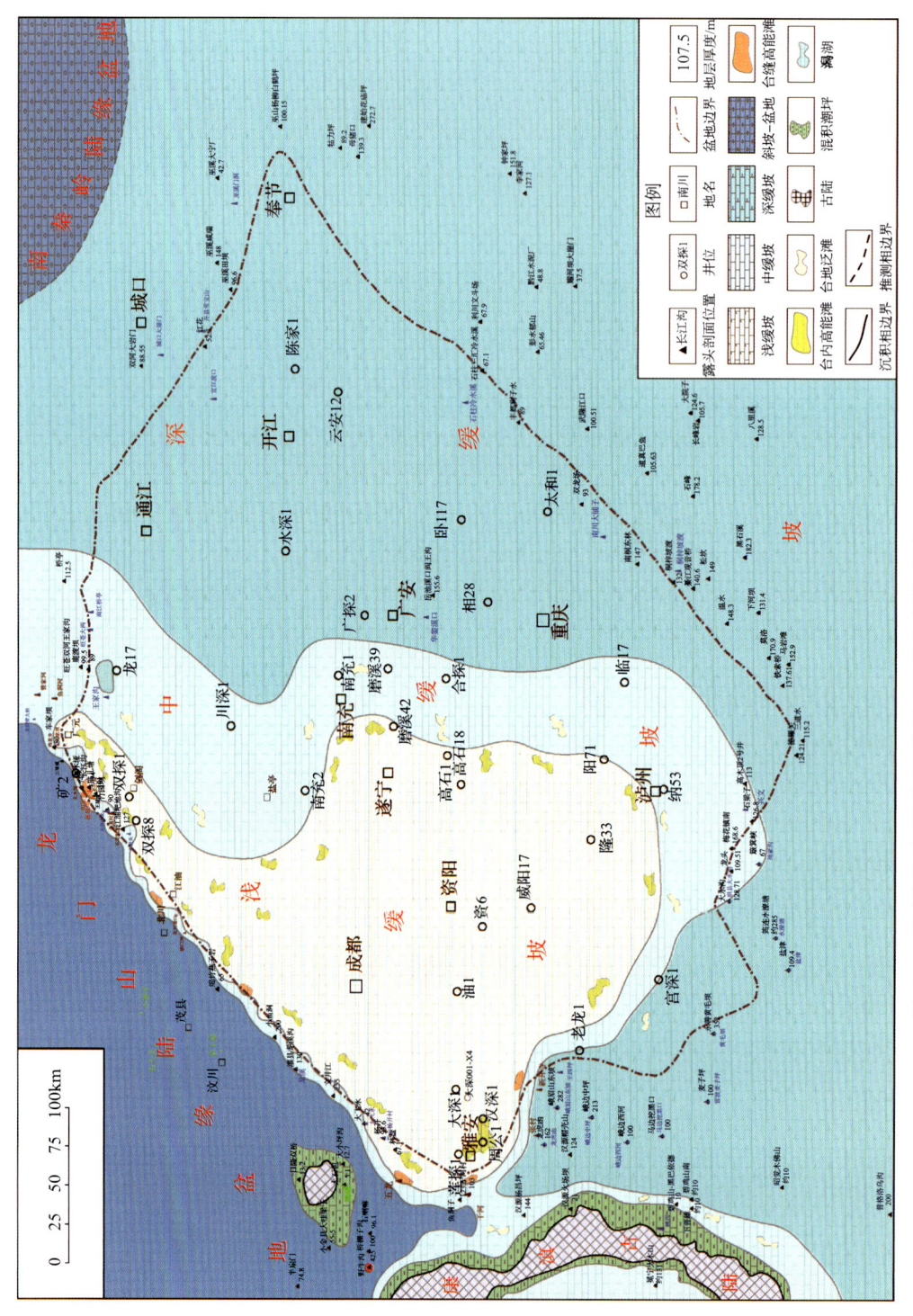

图 6-7 四川盆地及邻区栖霞组沉积早期海侵体系域（SQ1-TST）岩相古地理图

西南部海侵期的内缓坡范围开始逐渐扩大，向东延伸到广元地区，向南延伸至乐山地区，岩性以浅灰色、灰色、灰褐色泥-细粉晶灰岩为主，局部含生物碎屑白云岩，整体生物含量较高。中缓坡分布范围更加广泛，向东南地区延伸到旺苍—阆中—广安—合川—赤水一线，岩性以灰色、灰褐色泥微晶灰岩为主，局部含生物碎屑白云岩。盆地其余地区则主要发育外缓坡-斜坡盆地相。该时期滩体在内缓坡及中缓坡都大量发育，其中内缓坡中发育台缘带，其沿川西北至川西南广元—剑阁—宝兴—雅安一线分布，台缘发育高能颗粒滩，滩体单层厚度及累计厚度较大，如川西南地区的汉深1井、周公1井，川西北地区的矿2井、车家坝剖面及何家梁剖面(白云岩厚度可达120m)，滩体呈近北西向雁列式展布，横向(北东-南西)不连续分布，这也是川西地区储层非均质性较强的重要原因(图6-8)。

## 五、中二叠世茅口期岩相古地理

### (一)茅口组沉积早期海侵体系域(SQ2-TST)

茅口组沉积早期，四川盆地经历了又一次大的海侵过程，该时期古地貌仍为西高东低之势，盆地水体由东向西逐渐变浅，该时期为下二叠统海平面最高时期，且持续时间较长，并伴随了反复海侵的过程。因此，该时期沉积相也发生了较大的变化，该时期由于水体普遍较深，内缓坡已经几乎不存在，主要发育中-外缓坡，岩性主要以富含泥质的深灰色泥晶生物碎屑灰岩，泥质生物碎屑灰岩及钙质泥岩为主，局部含燧石结核(图6-9)。

### (二)茅口组沉积中晚期高位体系域(SQ2-HST)

该时期，盆地海水已经由西向东逐渐退去，为茅口期相对海平面最低时期。盆地西南部开始广泛发育内缓坡相带，主要在江油—五龙—雅安—简阳一带，岩性以浅灰色、灰色、灰褐色泥粉晶灰岩为主，局部含亮晶生物碎屑白云岩，偶见燧石结核。该时期中缓坡分布范围更广泛，向东南地区延伸到剑阁—阆中—广安—卧龙河—南川—习水一线，岩性以灰色、灰褐色泥微晶灰岩为主，偶含燧石结核，局部含生物碎屑白云岩。盆地其余地区则主要发育外缓坡-斜坡盆地相。

该时期滩体广泛发育，主要集中在内缓坡及中缓坡相带中，其中内缓坡主要发育高能滩。滩体厚度相对较大，岩性主要为浅灰色亮晶生物碎屑灰岩及生物碎屑白云岩，孔洞较为发育(图6-10)。

### (三)茅口组沉积末期(SQ3)

该时期，四川盆地又经历了一次海侵及海退，但由于地层保存不全，未分别描述。茅口组沉积末期的海侵相对茅口组沉积早期的海侵规模要小得多。该时期内缓坡及中缓坡相带范围有所减少，滩体规模也相对萎缩。值得一提的是，该时期可能由于东吴运动已经开始，在川东南地区发育了很多相对深水的台洼相沉积，岩性则以富含硅质的硅质泥岩、含泥硅质岩为主，经初步分析，该时期构造活动从地壳深部带来大量的硅质，这可能是该时期地层中富含硅质的主要原因(图6-11)。该时期地层由于经历过东吴运动的长期暴露，普遍接受了剥蚀及侵蚀作用，地层残留程度有所不同，未分海侵体系域及高位体系域进行分析。

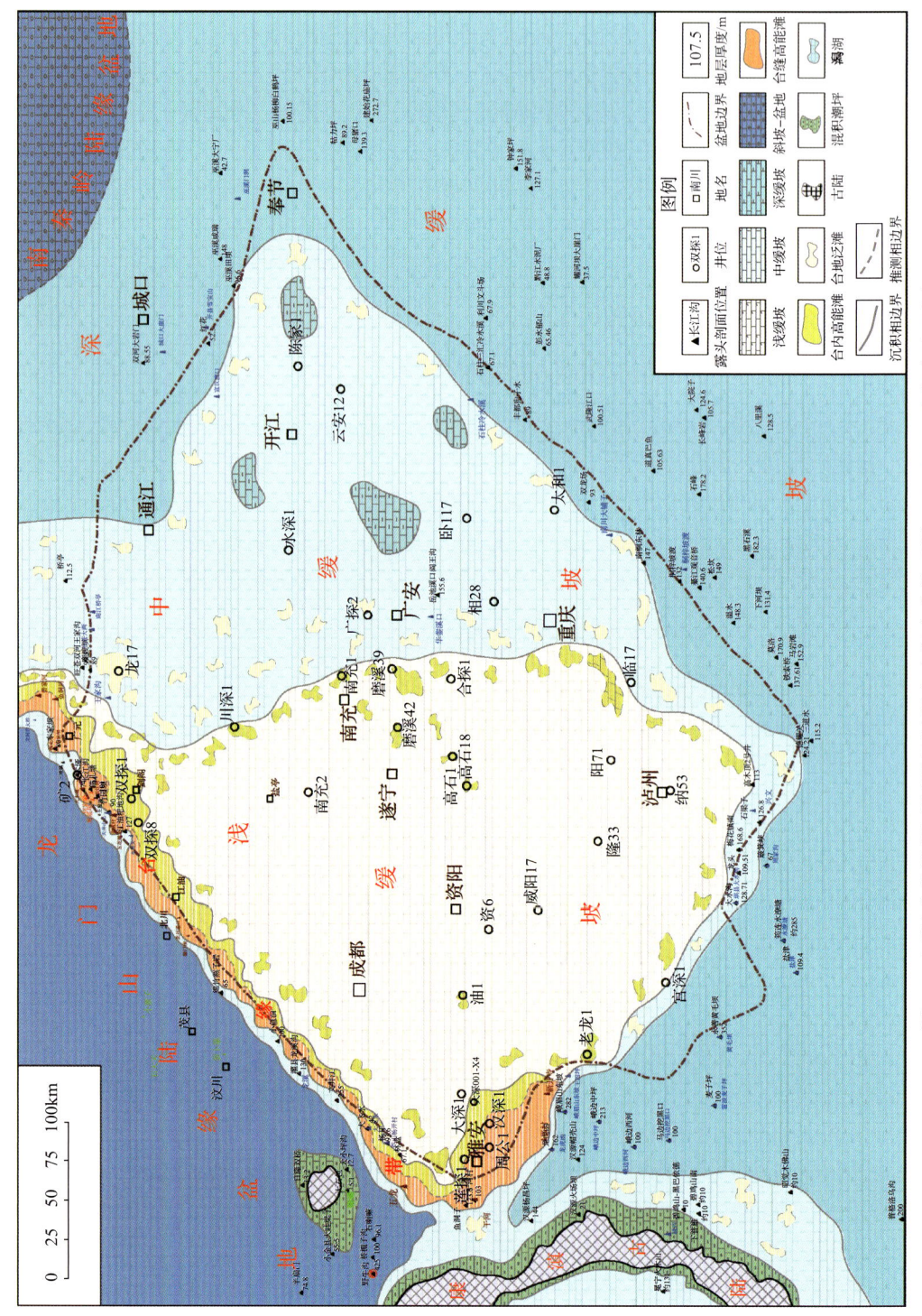

图6-8 四川盆地及邻区栖霞组沉积中晚期高位体系域(SQ1-HST)岩相古地理图

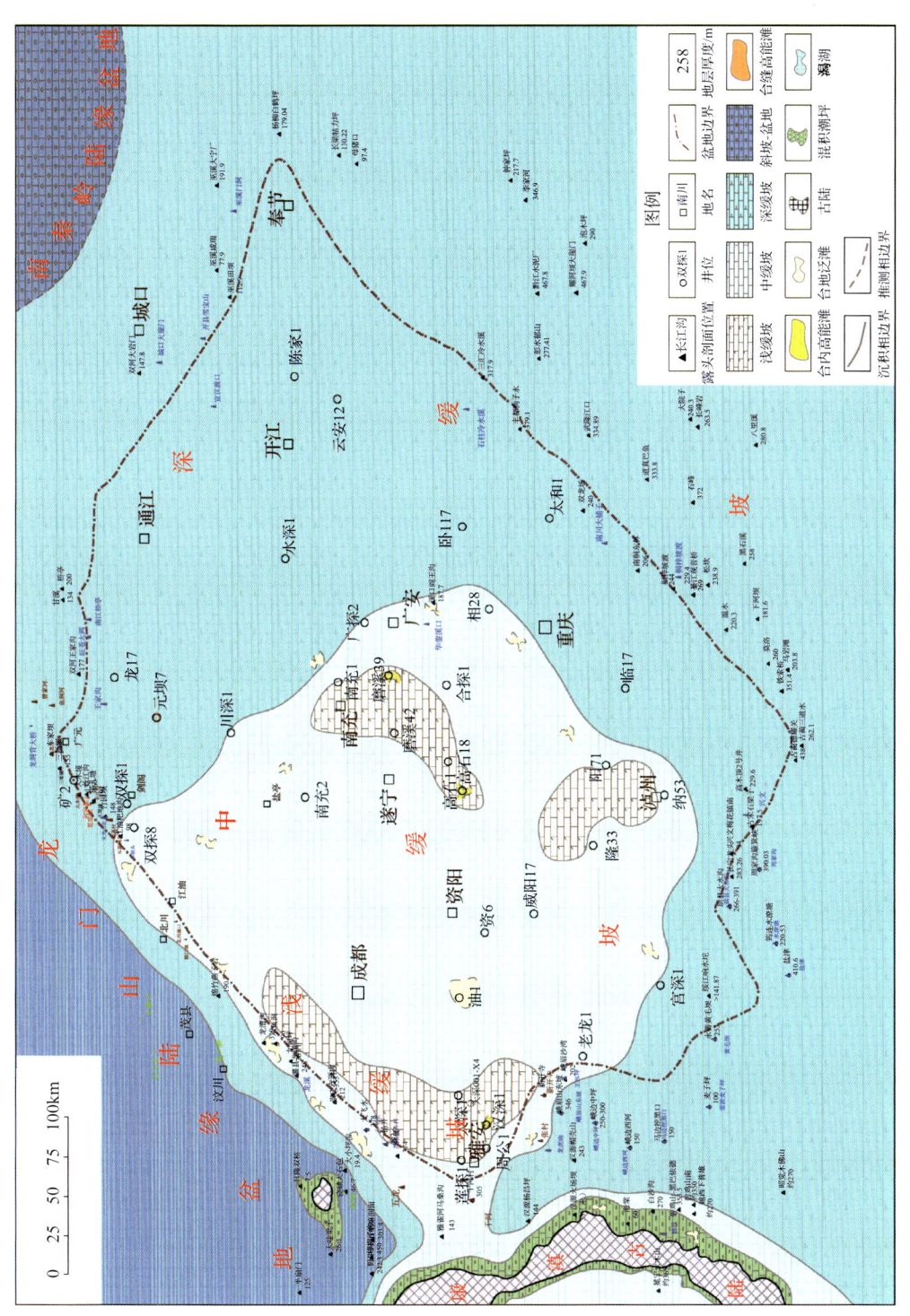

# 第六章 晚古生代—中三叠世构造-岩相古地理

图6-9 四川盆地及邻区茅口组沉积早期海侵体系域(SQ2-TST)岩相古地理图

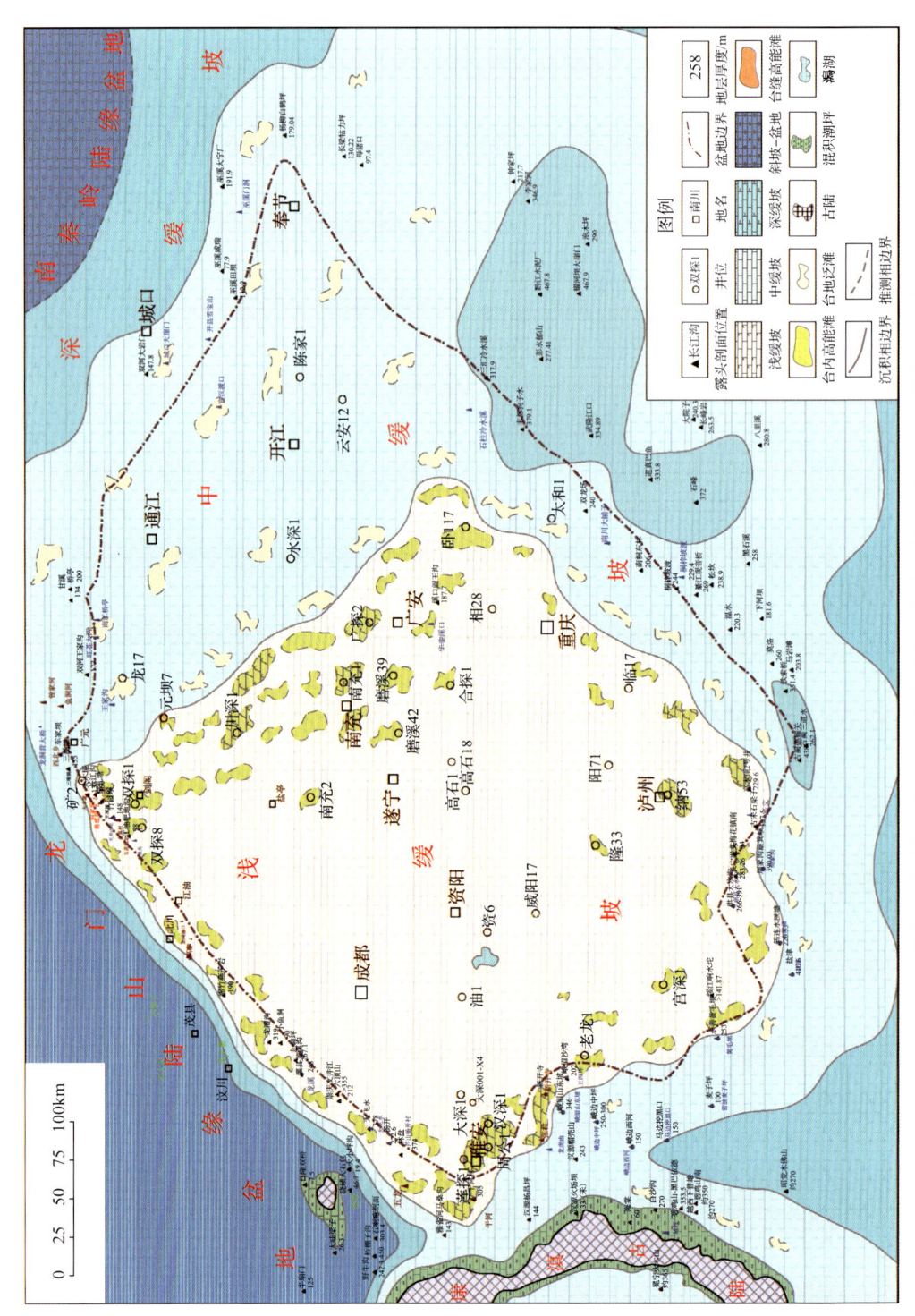

图 6-10 四川盆地及邻区茅口组沉积中晚期高位体系域(SQ2-HST)岩相古地理图

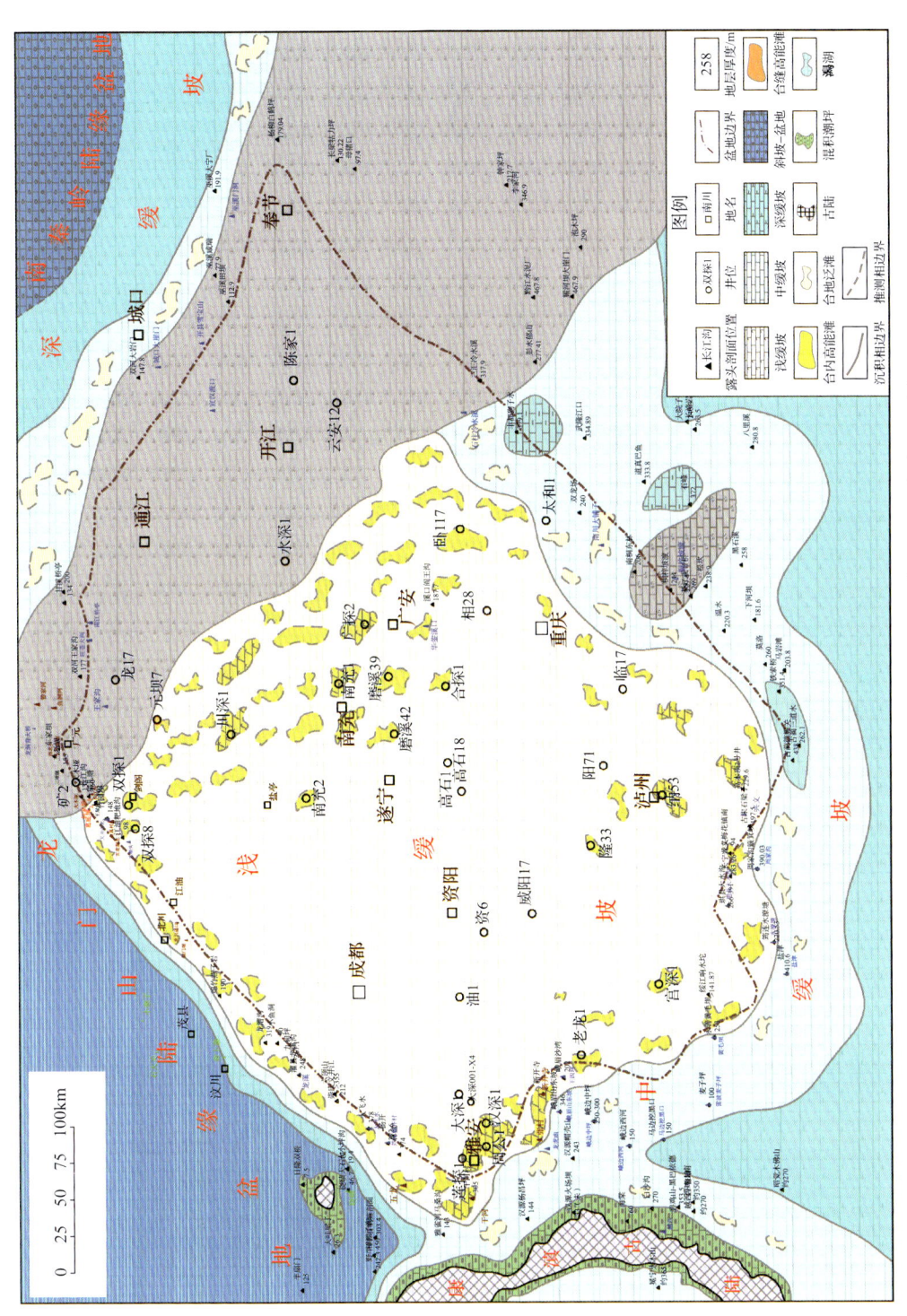

# 第六章 晚古生代—中三叠世构造-岩相古地理

图6-11 四川盆地及邻区茅口组沉积末期(SQ3)岩相古地理图

# 第三节 晚二叠世—早三叠世长兴期—飞仙关期岩相古地理

长兴组—飞仙关组是四川盆地重要的勘探层系，经过 20 余年勘探，环绕开江-梁平裂陷的台缘带发现了一批礁滩大气田，也因此成为学者关注并加以研究的重点，发表了众多的文章及书籍。笔者作为主要执笔者合作出版了专著《四川盆地二叠—三叠系礁滩天然气勘探》（杜金虎等，2010），在此不再赘述。本节重点介绍近几年研究进展。

## 一、开江-梁平裂陷初始形成时间

20 世纪 90 年代，王一刚等（1998）提出了"开江-梁平海槽"的概念之后，诸多学者加强了该领域的研究（汪泽成等，2002；魏国齐等，2004；马永生等，2006；杜金虎等，2010；邹才能等，2011），基本共识是四川盆地北部发育的开江-梁平海槽呈近东西向展布，海槽向西开口、向东变窄至梁平一线消失，其周边发育台缘带生物礁；海槽形成始于晚二叠世吴家坪晚期，在长兴期达到鼎盛，在早三叠世飞仙关期开始变窄、变浅，并于飞仙关晚期填平消失。随着深层碳酸盐岩天然气勘探的发展，笔者团队研究开展研究川北及大巴山前缘带深层领域的长兴组—飞仙关组，充分利用地震信息，重新认识开江-梁平海槽的形成演化，评价有利勘探区，落实勘探目标。

通过对四川盆地剑阁地区 3D 地震解释，结合元坝地区钻探成果，认为开江-梁平克拉通内裂陷形成始于茅口组晚期。

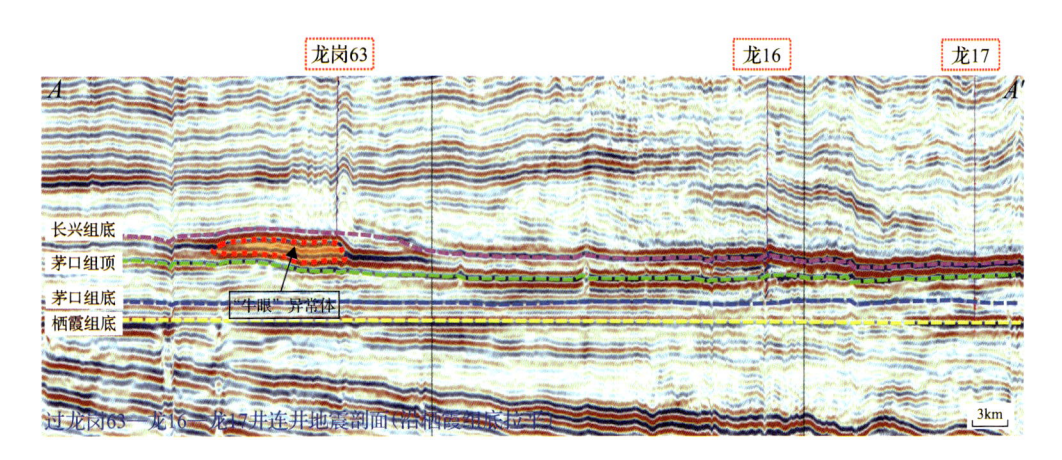

川西北剑阁过龙岗 63 井地震剖面（图 6-12）显示，栖霞组—茅口组中下部地层厚度及地震相没有明显差异，而吴家坪组在龙岗 63 井附近出现"牛眼"状异常体，地震同相轴从异常体向九龙山方向收敛，地层厚度明显减薄，且地震相由弱振-中低连续过渡为强振-高连续特征，表明剑阁-龙岗地区茅口组上部存在明显的坡折带，与吴家坪组"牛眼"异常带、长兴组台缘礁发育位置相近，表现出继承性演化特征。元坝 6 井钻遇家坪组"牛眼"异常体，岩性为碳质泥质岩、泥岩、石灰岩、硅质岩互层，属于深水沉积夹碳酸盐碎屑流，推测为裂陷边缘垮塌堆积体。

过龙岗63—龙16—龙17井连井地震剖面（据汪泽成等，2015）

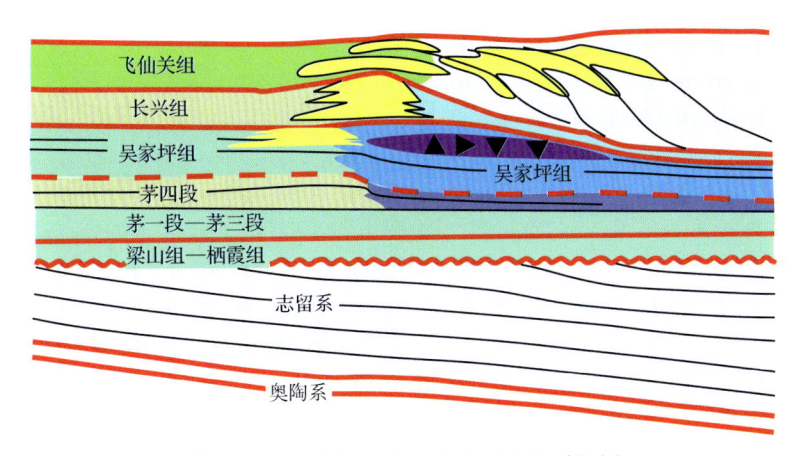

图 6-12　过龙岗 63 井地震解释与地质解译

从区域背景看，茅口组晚期受峨眉地幔柱活动影响，构造活动趋于强烈，导致克拉通内构造分异加剧。从露头和钻井资料看，广元车家坝、青川长江沟、旺苍双河和南江桥亭等剖面茅口组其顶部存在一套典型的深水沉积，厚约 10～30m，岩性为中-薄层状灰黑-黑色的硅质岩、硅质灰岩、硅质泥岩夹透镜状重力流石灰岩，可见体小壳薄的完整腕足类和菊石等化石，水平层理发育。单层厚度较薄，缺乏波浪作用沉积构造，重力流沉积发育，底部具有滑动变形层理，顶部具有风化壳并与上部吴家坪组浅灰色灰岩呈平行不整合接触。双探 2、吴家 1、龙 17 等钻井揭示茅口组顶部发育薄层硅质岩沉积，厚度 10～20m，属于深水沉积，与拉张背景下的快速沉降有关。

综上，开江-梁平裂陷初始发育期为茅口组晚期，形成台内拉张裂陷，沉积分异明显，台地区以碳酸盐岩沉积为主，裂陷区则相变为薄层硅质岩与薄层石灰岩互层。

**二、开江-梁平裂陷形成演化**

结合前面分析，将开江-梁平裂陷演化过程可分为雏形、发育、鼎盛、充填消亡四个阶段(图 6-13)。

1. 雏形阶段

中二叠世茅口期，上扬子区为开阔台地沉积环境，海底地形总体平坦。茅口组沉积末期，随着南秦岭裂陷盆地的拉张作用，开江-梁平地区开始出现拉张裂陷作用，形成西陡东缓的半地堑式裂陷，西侧边界较为发育(图 6-13)，东侧总体表现为缓坡，向南秦岭裂陷盆地过渡，在万源地区可能存在次级坡折。

2. 发育阶段

吴家坪时期，上扬子周缘构造活动进一步加强，北侧勉略洋拉张作用加剧，西南侧峨眉山玄武岩喷出地表，在川西地区堆积了厚度巨大的峨眉山玄武岩。西部火山发的同时，为弥补岩浆房的空间，除康滇地轴外，其余广大地区基底逐渐下沉。西高东低的古地理背景控制了岩相古地理展布，盆地西南部的沐川、乐山一带出现粗碎屑的冲积平原相，重庆—广安—盐亭一线以南地区发育近海沼泽沉积，该线以北则发育海相碳酸盐岩台地沉积。

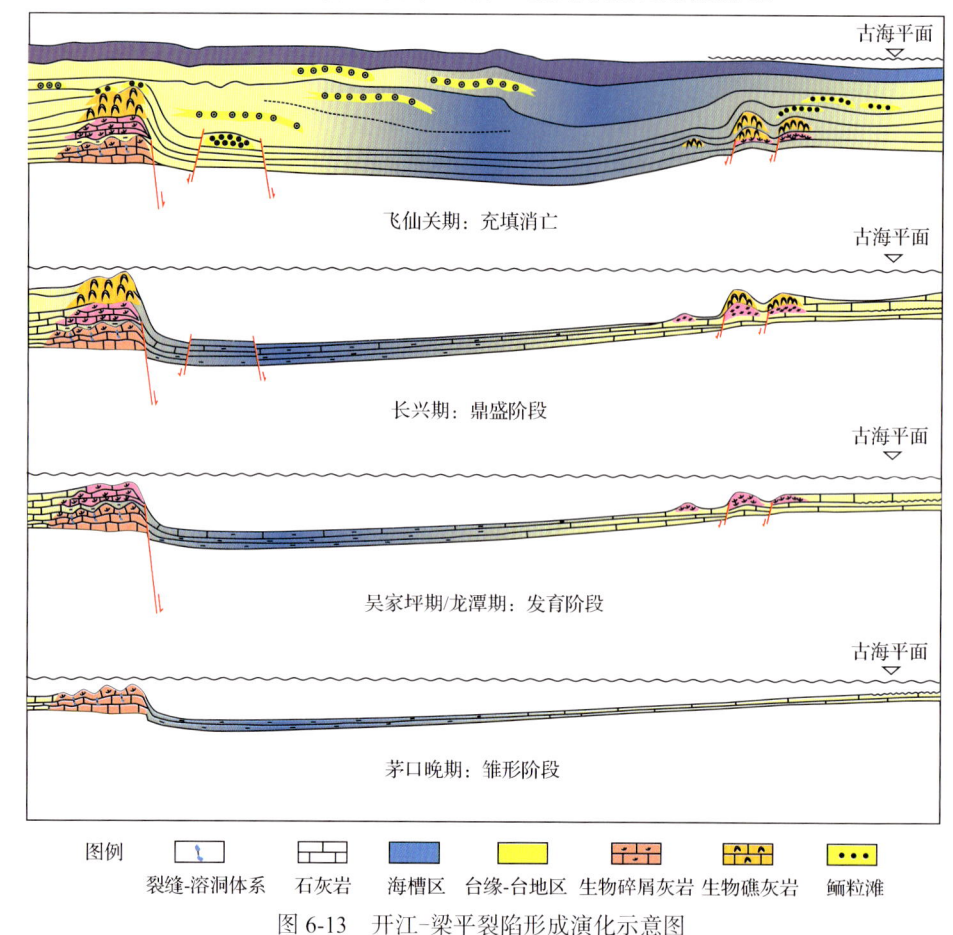

图 6-13 开江-梁平裂陷形成演化示意图

四川盆地北部的开江-梁平裂陷构造分异加剧，形成西陡东缓箕状断陷特征，边界更加清晰。裂陷区以深水沉积为主，发育黑色薄层泥岩、页岩含黄铁矿，水体相对滞留、闭塞，裂陷特征更加明显。

3. 鼎盛阶段

长兴期，中上扬子大部分地区火山活动基本结束，进入地幔柱演化的最后阶段，差异下沉作用进一步加剧，同时，区域拉张作用达到顶峰阶段，同生断裂及生物礁滩快速发育，台槽分异达到鼎盛，台地边缘发育处于高峰，具有西陡东缓的特征，台地—斜坡—海槽沉积相分异更为明显。

长兴组沉积早期随着拉张作用的进一步发展，盆地西南高、东北低的格局进一步加强，同时，该时期海平面上升，可容空间增大，整体造成可容空间增加速率大于沉积物供给速率，因此长兴组沉积早期沉积物整体表现为退积式沉积，且在缓坡的远端因断裂作用和沉积作用的共同影响而逐渐变陡，形成远端变陡的缓坡沉积环境。长兴组沉积中晚期拉张活动减弱，海平面上升速率减小，该时期在开江-梁平海槽及城口-鄂西海槽大部分地区，可容空间增加的速率基本与沉积物(生物礁)增生速率相当，因此形成加积型镶边台地沉积环境，但局部地区(如剑阁地区)沉积物供给速率稍大于可容空间增加速率，因此表现为进积型的镶边台地环境，整体表现为台地边缘向海槽方向的推进。此时期，礁滩大量发育，主要环绕开江-梁平海槽和蓬溪-武胜台凹成群成带发育。

飞一段沉积期基本继承了长兴期的沉积格局，构造分异仍然显著，尤其在开江-梁平裂陷西部地区存在着明显的块断作用，对飞一段鲕粒滩分布有控制作用。基于断块控滩的沉积模式，提出剑探1井钻探目标(图6-14)。剑探1井飞仙关组取心证实鲕粒灰岩发育，总体由上向下逐渐变好。

4. 充填消亡阶段

飞二段—飞三段沉积期，区域构造活动总体平稳，开江-梁平裂陷进入充填沉积阶段。飞二段沉积期，全区海平面下降，使台地不断向原海槽区加积增生，开江-梁平裂陷关闭，其两侧由于基底隆升成为古隆起区，早期为浅滩沉积环境，沉积鲕粒灰岩、砂屑灰岩，晚期海平面下降，浅滩暴露，发生白云石化作用和溶蚀作用，形成鲕粒白云岩、溶孔白云岩等孔隙度高的岩石，古隆起区四周低洼地区为开阔台地沉积环境，沉积大套灰岩。飞三段沉积期，发生海侵作用，鲕粒滩向西北方向迁移，台盆区鲕粒大面积分布，如西北部广元—旺苍等地区发育大规模鲕粒滩，沉积鲕粒灰岩、砂屑灰岩为主，但是由于水体较深鲕粒滩一直淹没于海平面之下，很少暴露，白云石化微弱或者根本未白云石化，溶孔不发育，孔隙度不是很好，达州宣汉地区为开阔台地沉积环境，以沉积泥晶灰岩、泥灰岩为主。

飞四段沉积期，由于海平面区域性下降，台地"咸化"，演变为台地蒸发岩-局限台地沉积环境，沉积紫红色泥岩、泥灰岩、石膏及白云岩。

### 三、长兴期—飞仙关期岩相古地理特征及演化

长兴期，四川盆地总体表现由南向北的区域大缓坡，西南部的康滇古陆是盆地陆源碎屑供应的主要物源区。受古地理环境控制，长兴期沉积体系自南西向北东依次发育陆相沉积体系、海陆交互相沉积体系及海相碳酸盐岩沉积体系。飞仙关期早期(相当于飞一段、飞二段沉积期)继承了长兴期岩相古地理基本格局。盆地西部为陆源碎屑沉积体系，东部为碳酸盐岩台地沉积体系，之间为混积沉积体系。到飞仙关组沉积中晚期，随着沉积物的填平补齐作用及海平面上升，泥质岩减少，碳酸盐岩增多，整体呈现为一个较为宽阔的、平坦的碳酸盐岩台地。这个时期，沉积相分布相对简单，遂宁以北为大面积开阔台地，遂宁以南为混积台地，靠近盆地西南缘发育河流三角洲沉积(图6-15)。

(一)长兴组沉积早期

长兴组沉积早期，受康滇古陆影响，滨岸-沼泽相位于成都—资阳—重庆以南地区。该线以北的广大地区为碳酸盐岩台地相区，后发育零星的生物礁及生物碎屑滩(图6-16)。川北的开江-梁平海槽已经开始断陷沉降，海槽腹部发育深水海盆沉积，向侧翼过渡为斜坡相。在地貌变化较大的海槽西侧和东侧的北段，在局部生物碎屑滩的基础上，生物礁逐渐开始发育，如龙岗礁、铁山礁、梁平礁、普光礁等。鄂西—城口一带开始形成生物

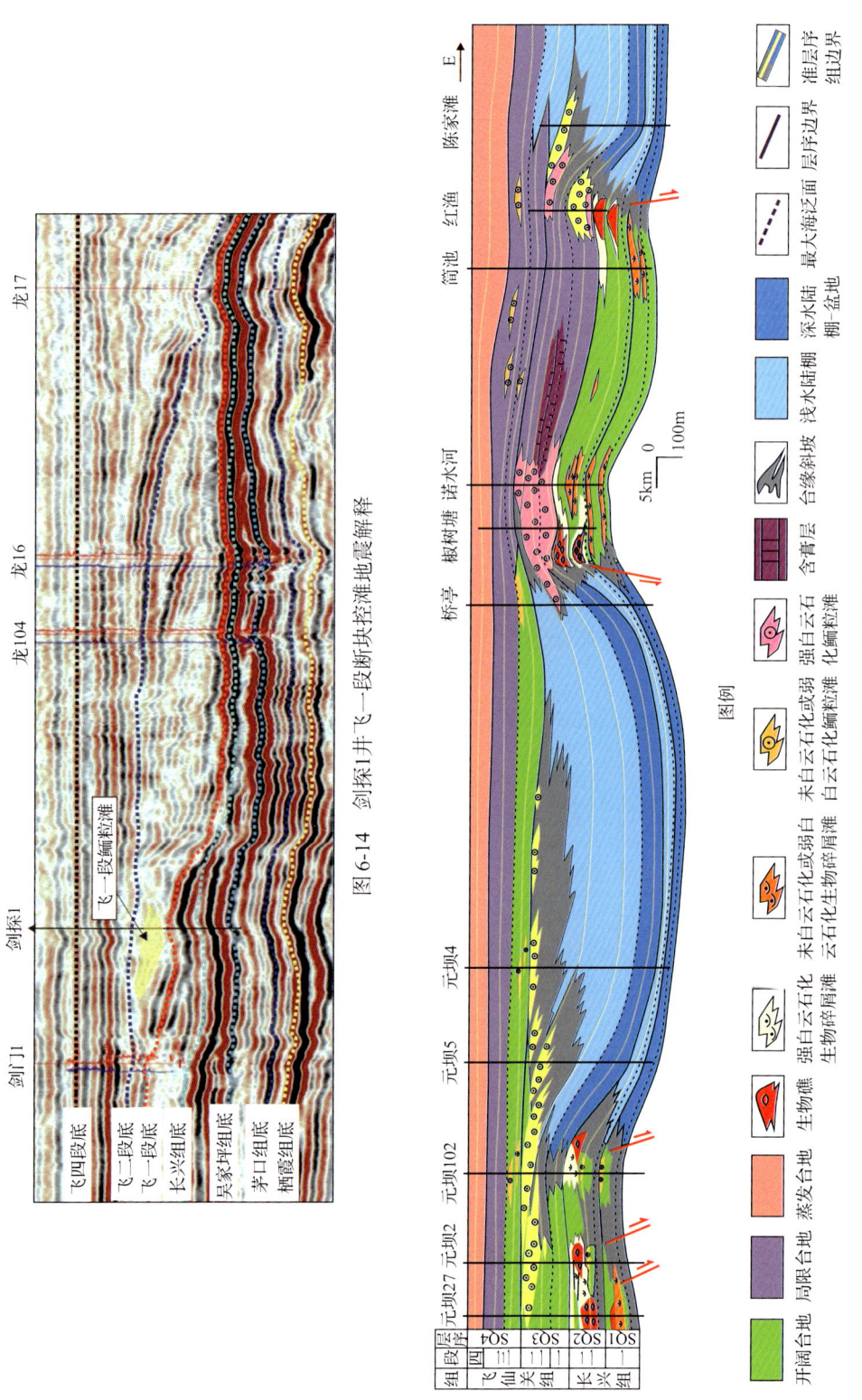

图 6-14 剑探 1 井飞一段断块控滩地震解释

图 6-15 开江梁平海槽长兴期—飞仙关期的沉积相模式图

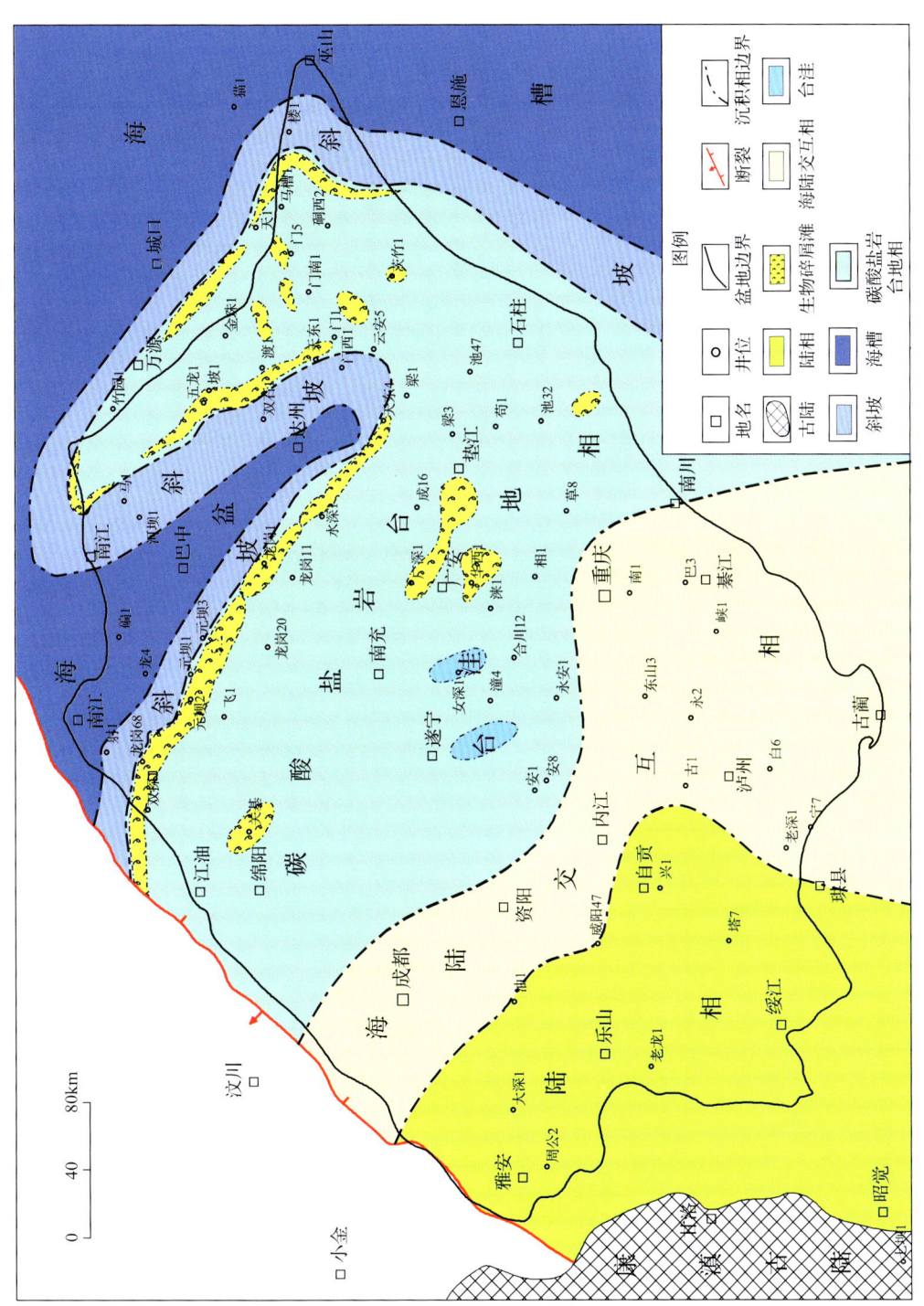

# 第六章　晚古生代—中三叠世构造-岩相古地理

图6-16　四川盆地及邻区长兴组沉积早期岩相古地理图

岩隆，如红花礁、盘龙洞礁等。这一时期，台地内部次级断裂也开始活动，形成小型台凹。

在川西北地区，海槽分布于杨家岩—燕子峡—扁1井一带，呈北西-南东向展布，沉积大隆组硅质岩、页岩，厚20～60m。深水缓坡是水体相对较深的部位，分布在菜溪河—龙16井—元坝6井一带，沉积深灰色薄中层状泥晶灰岩、生物扰动灰岩夹燧石条带、薄层硅质岩。浅水缓坡分布于擂古—剑阁—苍溪—仪陇一线以南地区，主要沉积灰色泥晶灰岩、泥晶砂屑灰岩、泥晶生物碎屑灰岩等。台地边缘浅滩、生物礁分布在浅水缓坡与深水缓坡转折处，位于擂古—建峰乡—剑门1井—龙岗8井一带。礁滩组合中，生物礁规模较大，断续分布，厚度为50～160m，部分白云石化，部分未白云石化，以礁灰岩为主；浅滩规模大，厚度为20～100m，大部分被白云石化，以亮晶生物碎屑白云岩为主。台地边缘礁滩相沉积物各类溶孔丰富，可作为良好的储集岩。

(二) 长兴组沉积中晚期

长兴组沉积中晚期，凹、隆相间的格局更加明显，比邻海槽的台地边缘出现镶边台地沉积，台地内存在台隆、台凹和台坪等次级地貌，"三隆三凹"的古地理格局更加显著。自盆地西南到东北依次发育陆相碎屑岩沉积体系、海陆交互沉积体系、碳酸盐岩-碎屑岩混积沉积体系和清水碳酸盐岩台地沉积体系(图6-17)。该时期台缘礁及生物碎屑滩沿开江-梁平海槽、城口-鄂西海槽周缘呈环带状分布，其规模大于开阔台地内点礁及台洼边缘礁，碳酸盐岩台地演化为镶边台地环境。

在川西北地区，海槽主要位于菜溪河—河14井—龙16井—元坝4井一线以北地区，沉积大隆组硅质岩、页岩。斜坡分布在天井山—射1井—元坝6井一带，以沉积深灰色薄中层状泥晶灰岩、生物扰动灰岩夹燧石条带、薄层硅质岩。台地边缘礁滩主要分布在擂古—坪上—剑阁—苍溪—仪陇一带，以沉积生物礁、溶孔生物碎屑白云岩、亮晶砂屑白云岩为主。岩石中溶孔丰富，储集条件好。开阔台地主要分布在通口—马角坝—阆中一带，主要沉积灰色泥晶灰岩、泥晶砂屑灰岩。

在鄂西-城口海槽地区，长二期由于海平面普遍下降，台地边缘相带开始发育，并表现为向盆地区微弱进积的特点。研究区内自台地区向盆地区水体逐渐加深，开阔台地、台地边缘、斜坡、盆地相依次发育。竹园1井—万源蜂桶—宣汉盘龙洞—巫溪尖山—巫溪田坝—奉1井—见天坝一带为界，界线以西为开阔台地亚相，其西界可至开江-梁平海槽附近。台地内部主要发育台内滩或台内礁与滩间海两个微相，其中台内滩和台内礁在HST时期台地内部高点较发育，如开县红花，马槽1井等地。主要沉积泥晶生物碎屑灰岩夹亮晶生物碎屑灰岩、礁灰岩，局部白云石化，但规模普遍较小。长兴期第一次海退时台地边缘礁滩亚相开始发育，主要集中在万源蜂桶、宣汉盘龙洞、开县满月、奉1井、见天坝等地，沿台地边缘呈串珠状，未形成带状连续分布，该时期主要发育骨架礁微相，顶部常发育白云石化生物碎屑滩微相沉积，以宣汉盘龙洞最为典型。台地边缘滩相主要发育于巫溪田坝—尖山之间，沉积厚度较薄，普遍以亮晶生物碎屑灰岩为主，顶部普遍为粉-细晶白云岩。咸宜—巫溪龙台—楼1井一带为界，界线以西，台地边缘带以东发育斜坡相，该时期由于台地边缘礁滩的发育，斜坡相带变窄；盆地相主要发育于斜坡带以

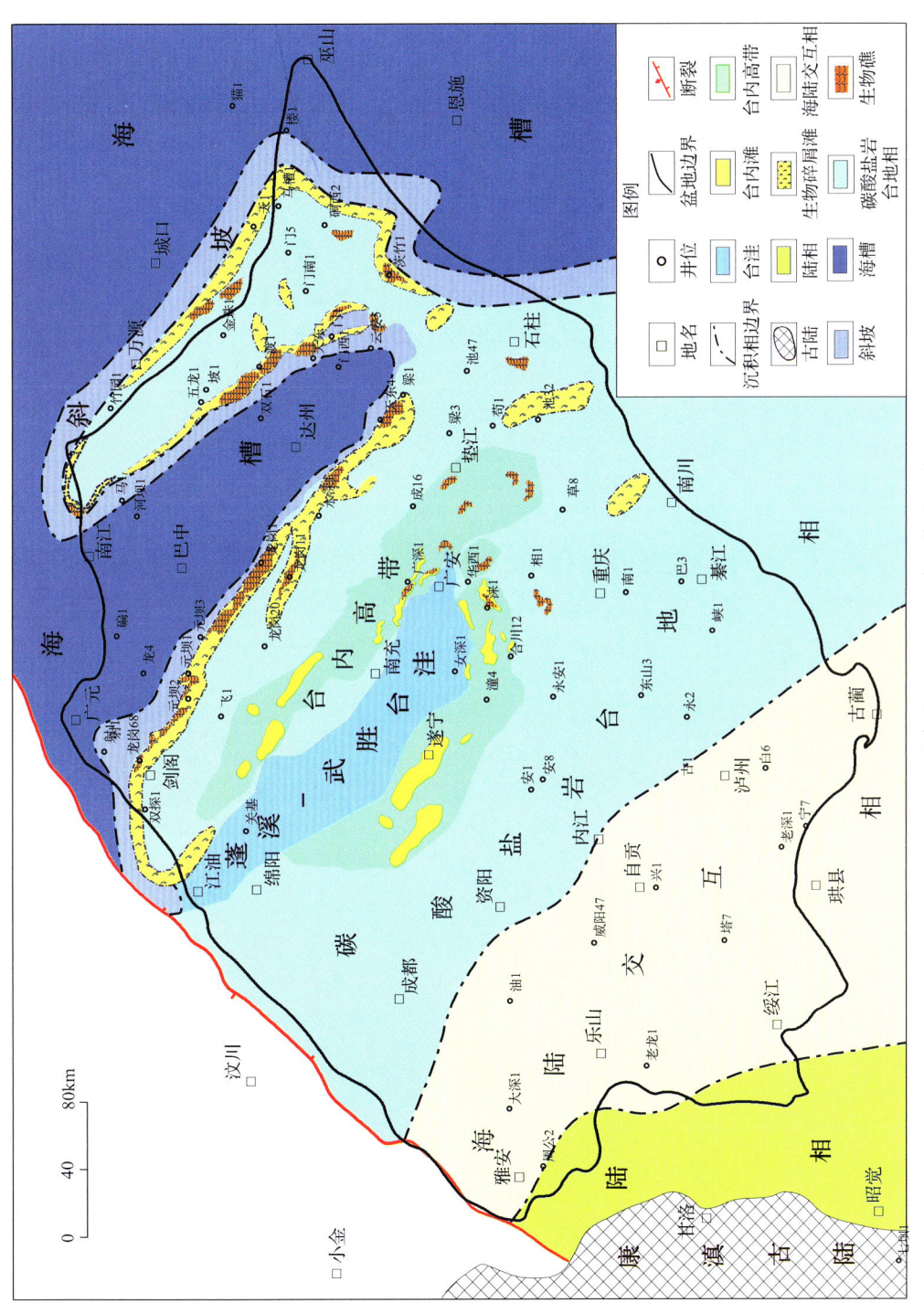

图6-17 四川盆地及邻区长兴组沉积中晚期岩相古地理图

东地区。该时期较长一段沉积期台地面积有所扩大，具有向海槽推进的特征，台地边缘相带以向东部进积为主。

### (三)飞一段沉积期

飞一段沉积期继承了晚二叠世长兴期的沉积格局，依然为"三隆三拗"格局，但开江-梁平海槽和川中盐亭-潼南台洼规模减小、水体深度明显变浅，鲕粒滩主要分布在台洼和台盆周缘。开江-梁平地区底部为薄层灰黑色泥、页岩沉积，上部为大套的灰-深灰色泥晶灰岩、泥质灰岩沉积，地层厚度较大，最厚为230m。开江-梁平地区西侧，岩性由碳酸盐岩逐渐变为泥质岩与碳酸盐岩间互，至盆地西南边界为暗紫红色泥岩夹凝灰质粉砂岩，且地层厚度明显变薄；开江-梁平地区东侧主要为碳酸盐岩沉积，至金珠坪、菩萨殿一带出现较多的蒸发岩。受沉积环境控制，从北向南，依次发育鄂西-城口海槽、川东北局限台地、开江-梁平海槽、开阔台地、混积台地及河流三角洲(图6-18)。

飞一段沉积晚期，飞仙关期第一个海进体系域，鲕粒滩坝普遍发育。陆相范围基本未变，分布在邛崃—威远—自贡—长宁一线以西。开阔台地相的分布范围扩大，海陆交互相的范围缩小。在川中、川东南、川南地区有鲕粒滩，发育在龙女寺地区、磨溪—王家场—永安场—丹凤场附近，营山、广安、渠县、垫江等地区周围也有发育。开江-梁平海槽已经因为台地的侧向进积在地貌上呈现出填平补齐的沉积现象。海槽退缩，环海槽分布的鲕粒坝亦向海槽方向推进，但斜坡环境的范围依然较大。

### (四)飞二段沉积期

飞二段沉积期为高位体系域沉积期，康滇古陆此时最为活跃，陆相边界向东推进到三台—合川—璧山一线以东，以紫红色的泥页岩沉积为主(图6-19)。交互相界限向海推进，以江油—营山—邻水一线为界。界限以东为台地相，在川东的梁平、万州、忠县周缘形成了数个鲕粒滩体。原台缘地区仍然鲕粒滩发育，在达州地区西部的天东、铁山地区局部已经演化为蒸发环境。海槽范围继续缩小，斜坡范围依然较大。

在川西北地区，由于陆源物供应较少，主要形成了一套以碳酸盐岩占优势的台地沉积。相对飞一段沉积时期，飞二段沉积时期高能台地边缘向北迁移至广元地区。通口—双探1—射1—河深1一带及龙岗69—龙16—扁1井一带是高能台地边缘沉积区。在双探1—射1—河深1、龙岗69—龙16—扁1井一线底部由泥质灰岩、泥灰岩及灰岩组成；上部由亮晶鲕粒石灰岩夹灰色泥晶石灰岩等组成，其颗粒岩厚度30~50m，属于典型的高能沉积相带。其中，在九龙山龙16井一带的颗粒岩最为发育，飞二段颗粒岩的厚度最厚达80m，滩体发育多期旋回。总体来看，研究区飞仙关组颗粒滩由鱼洞梁—剑门1井迁移至河深1及鹿渡地区，迁移距离大，颗粒滩体分布广。江油—剑阁—阆中一带广大地区是较清水的开阔台地分布区。在这一地区主要形成了一套灰、浅灰色泥晶灰岩、含泥质泥晶灰岩夹紫红、紫红色的泥页岩和少量颗粒灰岩，局部含一定数量的白云质组分，其中水平层理和生物扰动构造常见，含少量完整瓣鳃类和有孔虫。广元余家沟—罐子坝一线为较深水的斜坡分布区。在这一狭长的地带内，主要堆积了一套中-薄层的暗紫、暗褐、绿灰色的泥页岩、钙质泥岩和泥晶灰岩，水平层理和滑塌变形构造常见；

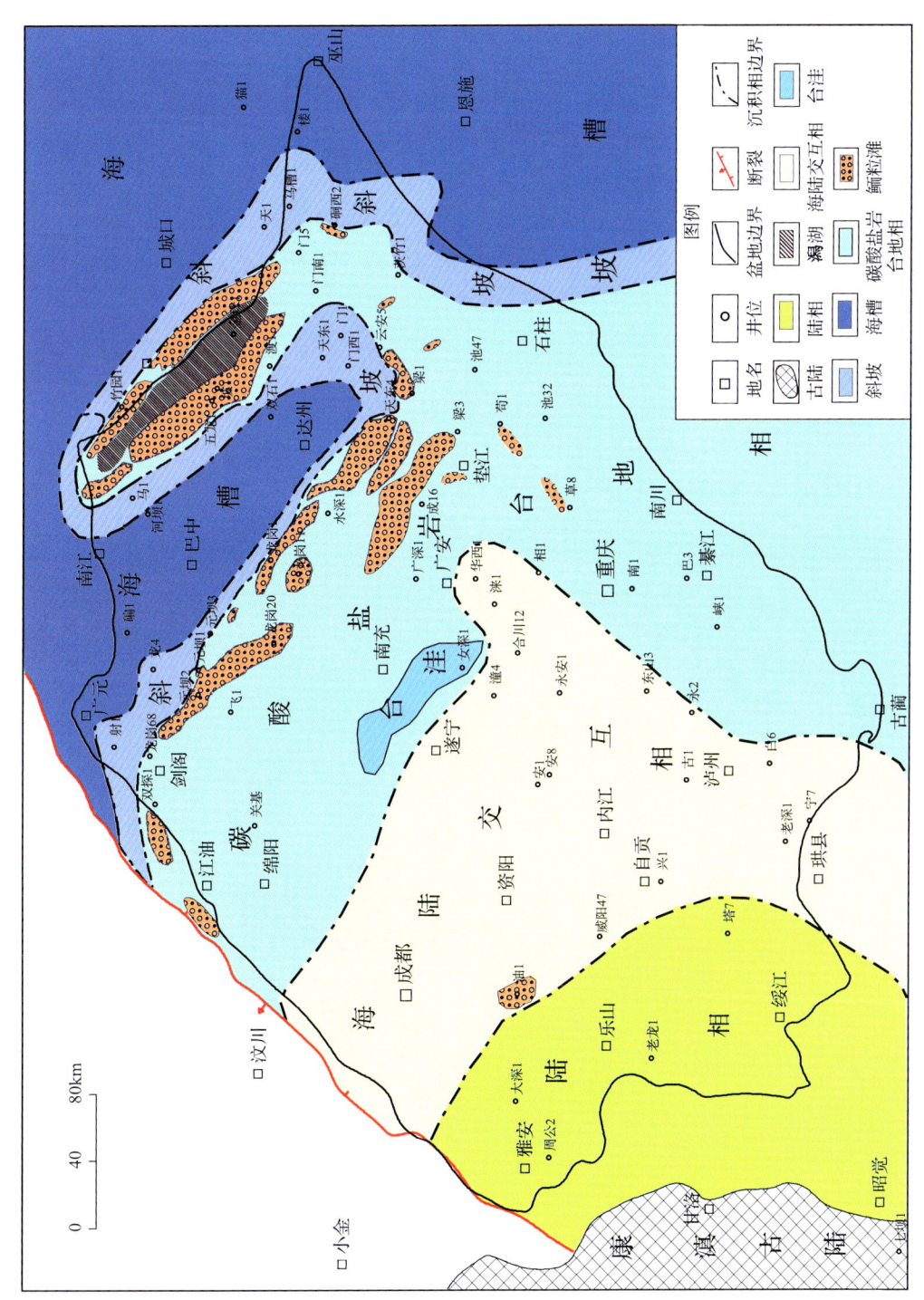

# 第六章 晚古生代—中三叠世构造-岩相古地理

图 6-18 四川盆地及邻区下三叠统飞一段沉积期岩相古地理图

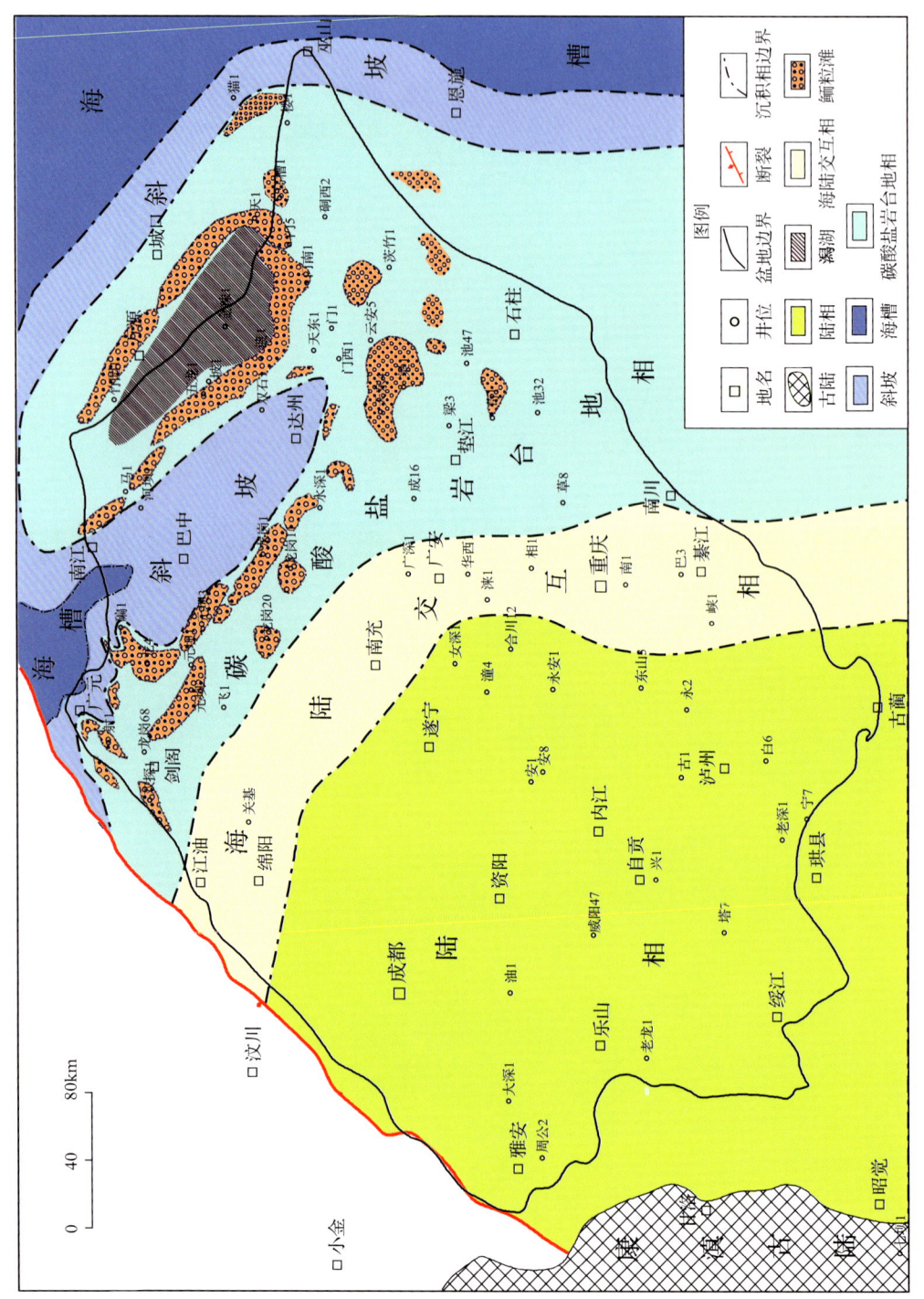

图6-19 四川盆地及邻区下三叠统飞二段沉积期岩相古地理图

其中夹较多薄层状风暴成因的风暴岩和少量重力流成因的砾屑灰岩。说明该带为一水体较深、能量总体较弱、坡度较大的斜坡沉积区。燕子峡—葫芦坝一线地区是深水盆地区，推测是以暗色泥页岩与泥晶灰岩为主体的沉积区。

在鄂西-城口海槽地区，受印支运动的影响，南秦岭洋自东向西逐渐闭合，导致川东北地区自晚二叠世以来的拉张活动停止，构造开始回返。区域上海平面逐渐下降，台地向深水方向推进，盆地向东后退，台缘滩广泛发育，尤其是研究区北部。高位体系域早中期，研究区南部仍处于斜坡相，北部继续被深水所包围，仍处于孤立台地沉积格局。台地边缘大概位于庙坝—尖山—云安6井一线。台地内部竹园1井—龙潭河—渡口—红花一带发育局限潟湖或潮坪相。台地边缘的蜂桶—双河—尖山一带发育鲕粒滩沉积，竹园1井—龙潭河一带鲕粒滩继续发育。盆地相向东基本退出研究区。高位体系域晚期，早期台缘滩进一步生长、扩张；台地迅速扩大，研究区南部大部分地区从斜坡演变为开阔台地，南、北部碳酸盐岩台地连为一片，构成一个大的碳酸盐岩台地，北部台地边缘大致位于庙坝—咸宜—龙台一线，南部边缘位于奉1井—建47井以东地区。至此，川东北地区结束了孤立碳酸盐岩台地沉积历史。

(五) 飞三段沉积期

飞三段沉积期古地理格局总体表现为向东北方向微倾的区域性大缓坡，以碳酸盐岩台地沉积为主。随着海平面上升，泥质岩减少，碳酸盐岩增多，整体呈现为一个较为宽阔的、平坦的碳酸盐岩台地，地层厚度相对稳定，为100~180m。这个时期发育较厚的鲕粒灰岩，是四川盆地重要的成滩期。

飞三段沉积期岩相仍然表现为一个自西南向北东方向的分异(图6-20)。和飞二段沉积期相比，开阔台地分布规模增大，包括川北、川东、川东北和川中部分地区，岩性主要为大套泥晶灰岩、鲕粒灰(白云)岩、砂屑灰岩、泥质灰岩，偶夹泥岩，地层厚度为90~190m。开阔台地内鲕粒滩发育，据地震预测飞三段鲕粒滩分布面积达15060km$^2$，厚度10~50m，主要分布于川东、川东北及川西北地区，其中长寿—垫江、忠县—万州、罗家寨、九龙山—射箭河地区滩体规模较大，累计厚度最大为66m，单层厚度最大为41m。

(六) 飞四段沉积期

飞四段沉积期古地理格局总体也表现为向东北方向微倾的区域性大缓坡，以碳酸盐岩台地沉积为主。该时期为一个明显的海退过程，水体逐渐变浅，碳酸盐岩减少，泥质岩增多，并出现大量的石膏、盐岩及局部的白云岩，开阔海沉积环境逐渐消失，以蒸发台地、局限台地、混积台地和河流三角洲沉积为主(图6-21)。蒸发台地范围较广，包括广大的川东、川东北和川西北永平地区，岩性为暗紫色泥岩、白云岩、泥质灰岩、石膏、膏质白云岩夹泥晶灰岩，厚度较稳定，一般为25~50m，永平地区地层较厚，达70~80m。局限台地岩性为暗紫色页岩、石灰岩、泥灰岩夹少许生物碎屑(鲕粒)灰岩，磨溪—龙女寺和河湾场地区局部分布有薄层鲕粒灰岩，地层厚度为50~140m，总体表现为低能环境。混积台地西侧边界为洪雅西—乐山东—安边西一线，岩性为暗紫色泥岩、灰质泥岩、泥灰岩、粉砂岩夹石灰岩，其中汉6井有薄层鲕粒发育，地层厚度一般为70~120m，但在

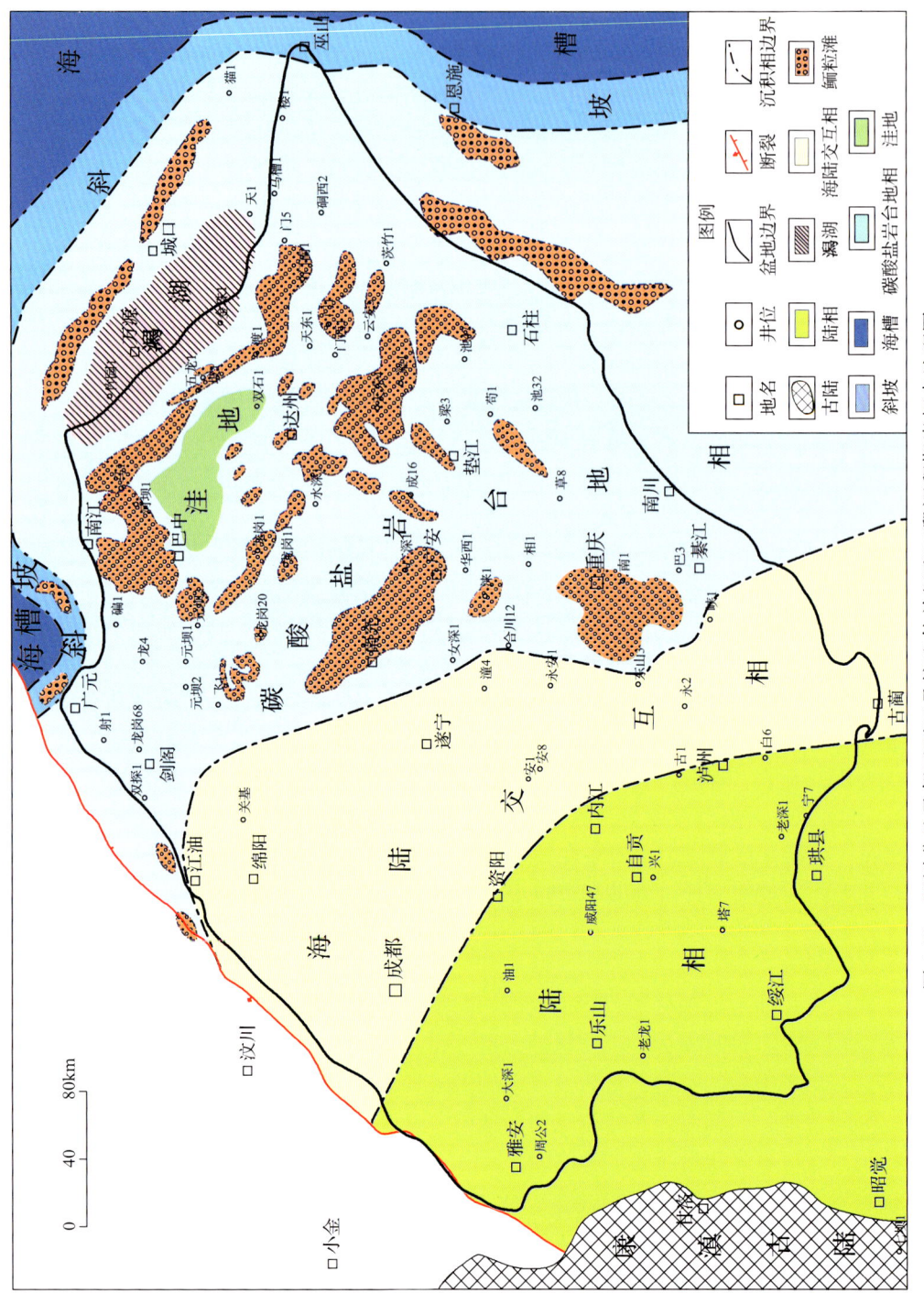

图6-20 四川盆地及邻区下三叠统飞仙关组飞三段沉积期岩相古地理图

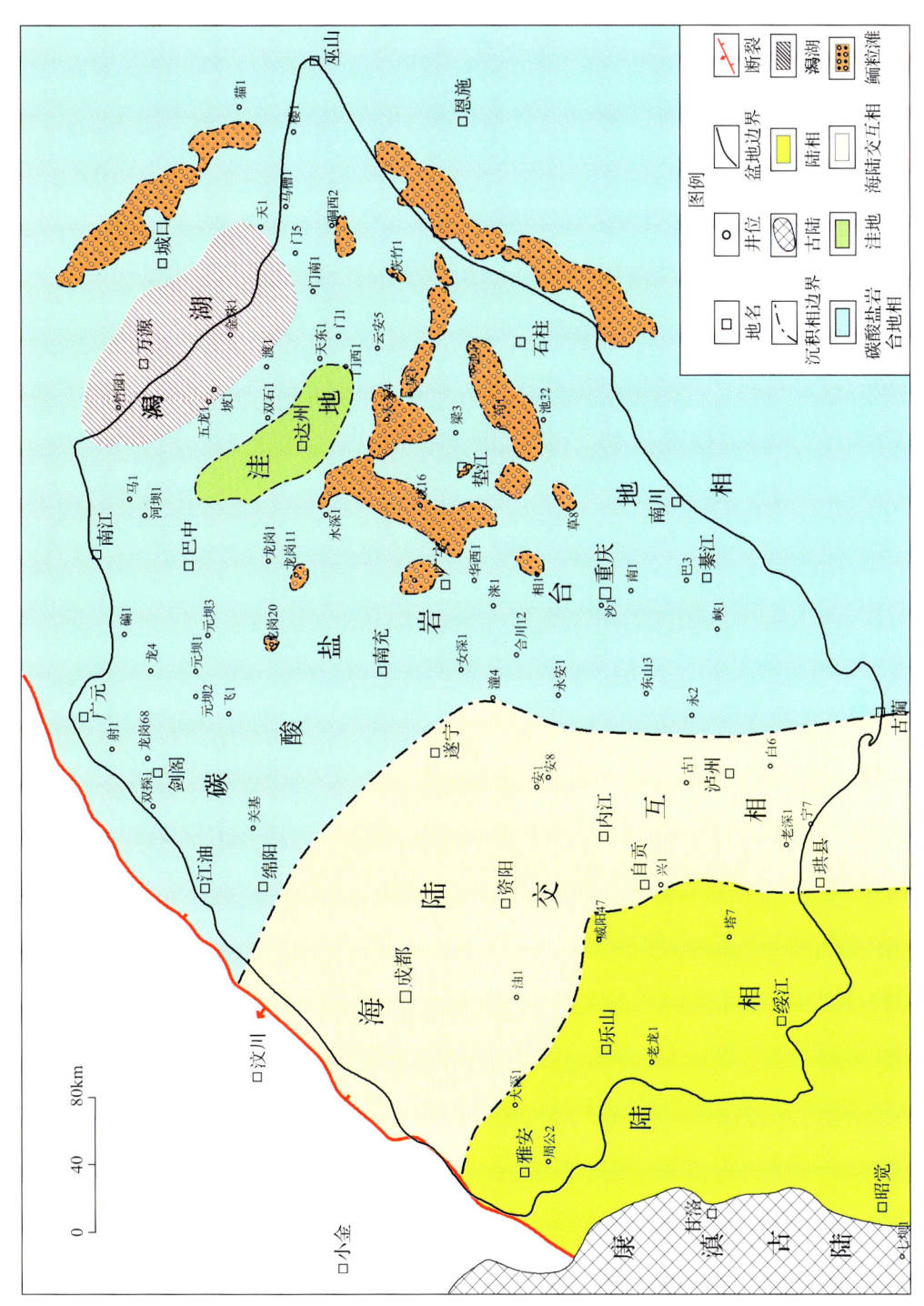

图 6-21 四川盆地及邻区下三叠统飞四段沉积期岩相古地理图

川西北局部地区(如矿山梁)较厚，达180m。

总之，长兴期—飞仙关期早期四川盆地处于拉张环境，基底差异升降导致可容空间的变化，可容空间的变化控制沉积物充填特征。从图6-13显示，北西-南东向的基底断裂对沉积相带展布具有明显的控制作用，蓬溪-武胜台凹位于两组北西-南东向延伸的基底断裂之间，而开江-梁平海槽内存在一条大规模的北西-南东向的基底断裂，开江-梁平海槽与城口-鄂西海槽之间的古隆起区也位于两组北西-南东向的基底断裂之间，因此长兴期—飞仙关期四川盆地的构造演化在一定程度上控制岩相古地理的演化。

## 第四节　中三叠世雷口坡期构造-岩相古地理

### 一、雷口坡组特征

雷口坡组厚0~1200m，纵向上可分为四段(雷一段、雷二段、雷三段、雷四段)。

雷一段在川中地区南充—营山一带残余地层厚度较大，平均厚度大于120m，最厚可达160m以上。川东忠县地区残余地层厚度较大，残留地层厚度平均大于120m；环绕南充—营山地区、忠县地区向外其残余地层厚度逐渐减薄；四川盆地东南部由于泸州-开江水下古隆起的存在，泸州—重庆一带及开县局部地区雷一段地层遭受剥蚀。

雷二段地层分布格局大体与雷一段相似。川中地区南充—营山一带、川东忠县地区残余地层厚度较大，平均厚度大于120m，最厚可达200m以上；环绕南充—营山地区、忠县地区向外其残余地层厚度逐渐减薄；泸州—重庆一带、威远地区及开江局部地区遭受剥蚀。

雷三段分为三个亚段，从下往上依次为雷三$^1$亚段、雷三$^2$亚段、雷三$^3$亚段。雷三$^1$亚段相对于雷二段有所变化，中部南充—营山一带、东部开县东北地区残余地层厚度最厚可达140m以上；泸州—重庆一带、威远地区及开江地区遭受剥蚀。雷三$^2$亚段分布大体与雷三$^1$亚段相似。雷三$^3$亚段格局大体未变，局部略有变化：川中南充—营山一带最厚可达180m以上；东部开县东北地区残余地层厚度最厚可达120m以上；盆地西缘雅安地区残余地层厚度最厚可达120m以上。

### 二、沉积相类型及其特征

通过野外剖面、岩心、薄片的观察，结合测井、地震等，识别了雷口坡组障壁型碳酸盐岩台地的主要沉积相类型，混积潮坪、潟湖、潟湖边缘坪、台内滩、台地边缘相是其骨架相。

上扬子地区雷口坡组障壁型碳酸盐岩台地岩石类型主要包括蒸发岩、颗粒灰岩(生物、球粒、鲕粒、砂屑)、颗粒白云岩、非颗粒灰岩(藻泥晶灰岩等)、结晶白云岩(原岩可以是颗粒灰岩或非颗粒灰岩)、膏溶角砾岩及砂泥岩，它们的组合序列构成了相、亚相和微相识别的标志；不同的亚相或微相在侧向上可以是连续的，也可以是交互的；台内各亚相和微相不同时期的侧向迁移也相当频繁。

1. 混积潮坪相

混积潮坪相靠近古陆，主要处于潮上带环境，其最主要特征是陆缘砂泥质丰富，紫红色陆源砂泥层常与碳酸盐岩互层；四川盆地靠近西南康滇古陆一带及靠近江南古陆的川东地区混积潮坪相发育，混积潮坪又可进一步细分为泥质灰坪、泥质云坪、泥坪等沉积微相。泥质灰坪相主要表现为紫红色、灰紫色泥岩与石灰岩不等厚互层，陆源泥砂质较多，常见有干裂构造等；泥质云坪相表现为紫红色、灰紫色泥岩与白云岩不等厚互层，陆源泥砂质较多，常含斑状和肠状石膏，常见有干裂、帐篷构造等；泥坪则以紫红色、灰紫色泥岩为主，常见夹有干裂构造等。

2. 潟湖相

潟湖主要处于平均低潮面以下的障壁台地内较低洼地区，水体循环受到限制，环境能量低，以静水沉积为主。岩石类型主要包括深灰色、灰黑色及灰绿色泥、页岩，深灰色、灰色泥晶灰岩、泥质灰岩、泥灰岩、泥晶白云岩、膏岩等，可夹泥晶砂屑灰岩、生物碎屑灰岩薄层等。它们可以或多或少地被白云化或石膏化，形成白云质灰岩、灰质白云岩、膏质白云岩、白云质膏岩等。生物化石较少，为广盐度的有孔虫-介形虫组合，也见海百合碎片。水平虫迹发育，水平层理及韵律层理为主，可见薄-极薄层的风暴流碎屑沉积。

根据潟湖沉积物的成分，可将其简单地划分为泥质(或灰泥质)潟湖、泥灰质潟湖、灰质潟湖、白云质(含泥白云质)潟湖、含膏盐白云质/含白云石膏盐质潟湖和膏盐潟湖等微相类型(表6-2)。

表 6-2 雷口坡组障壁台地不同类型潟湖微相特征对比表

| 特征 | 潟湖类型 ||||| 
|---|---|---|---|---|---|
| | 泥质/灰质潟湖 | 泥灰质/灰质潟湖 | 白云质/含泥白云质潟湖 | 含白云石膏盐质/含膏盐白云质潟湖 | 膏盐潟湖 |
| 发育环境 | 半闭塞潮下环境 || 闭塞潮下环境 |||
| 水循环 | 较差 || 差 || 很差 |
| 环境能量 | 低，常有风暴作用 || 低 || 很低 |
| 蒸发作用 | 中等 || 较强 | 强 | 很强 |
| 水体咸度 | 咸-较咸 || 咸 || 超咸 |
| 生物化石 | 较丰富，广盐度的有孔虫和介形虫组合 || 较少 || 罕见 |
| 代表性岩石类型 | 灰黑色及灰绿色泥、页岩 | 深灰色、浅灰色石灰岩 | 深灰、褐灰、泥晶白云岩、泥晶-粉晶白云岩 | 深灰色块状膏岩夹深褐色白云质膏岩、膏质白云岩和泥晶白云岩 | 以深灰色块状膏岩、盐岩为主，可夹褐灰色膏质白云岩与灰绿色泥岩 |

1)泥质(或灰泥质)潟湖微相

由于短期快速海侵的影响，当海侵达到高峰时，已基本上与外海相通，同时古气候也变得相对润湿，康滇古陆的陆源细碎屑供应较为充足，潮坪附近的泥质悬浮物被水流搬运至台地内较低洼的潮下潟湖区，形成以泥质为主的静水沉积物。这种泥质潟湖微相沉积物为灰绿色、深灰色泥岩、黑色页岩。时常含灰质，可夹薄层状灰质泥岩、泥灰岩和泥质灰岩，有时偶夹极薄层状膏岩或偶含石膏斑块，水平层理、韵律层理和水平纹理发育良好，泥岩有时呈块状层理。当潟湖中灰质含量增高，以沉积灰质泥岩为主时，则可称为灰泥质潟湖微相；可见多个泥质潟湖-台内鲕粒、砂屑鲕粒滩的沉积微相组合。

2) 泥灰质潟湖微相

这种微相的岩石类型主要为褐灰、灰、深灰色泥灰岩，可夹薄层状深灰色泥岩、泥质灰岩和泥晶灰岩，生物潜穴发育，有时也可表现为浅灰、深灰色泥岩和页岩与灰色泥晶灰岩等的不等厚互层。

3) 灰质潟湖微相

灰质潟湖主要发育于海侵体系域时期，说明这些沉积时期，受阶段性海侵的影响，水体交换较好，盐度较为正常。岩性主要为黑灰色瘤状灰岩、灰-褐灰色泥晶灰岩夹深灰色泥质条带，发育水平层理、水平虫迹。川中遂宁地区遂47井雷三段岩心就充分体现了灰质潟湖沉积特征：主要以灰岩沉积为主，沉积了一套厚层状深灰色泥晶灰岩夹薄层泥粉晶石灰岩、白云质灰岩、灰质白云岩及鲕粒灰岩，泥晶灰岩水平层理发育。

4) 白云质潟湖和泥质/白云质潟湖微相

白云质潟湖微相以发育厚度较大的灰黑色、深灰、褐灰色泥晶-粉晶白云岩为特征，发育水平纹理，少见虫迹、冲刷面和粒序层理。当潟湖中泥质含量增高时，则形成以褐灰色泥质白云岩为代表的泥质/白云质潟湖微相。它们是在前期灰质潟湖的基础上，由于环境逐渐变闭塞、气候干热、蒸发作用增强演变而成的。泥晶-粉晶白云岩的镜下特征常呈半自形-他形的粒状、等粒状或膏化作用形成的柱状白云石晶体组成，有时可见砂屑幻影，晶体之间呈镶嵌接触，可见泥质均匀分布其中。

5) 膏盐潟湖微相

该微相形成于障壁台地内范围较广阔的深水洼地，是在次级洼隆相间的古地理背景演化而成的，主要发育于低水位的干热时期，由于强烈蒸发，大量卤水回流至台内低洼的潟湖环境，形成白云质石膏岩、膏质白云岩、硬石膏岩、盐岩为主的沉积序列，以形成大套深灰色质纯、块状膏岩、纹层状膏岩为特征，可夹薄层状褐灰色膏质白云岩、灰绿色和深灰色泥页岩以及灰色、灰白色中厚层状、块状的盐岩、盐质膏岩，发育水平层理。由于硬石膏岩塑性流动，常见变形层理，硬石膏岩呈层状或鸡雏状，常含石盐晶体及晶团，塑性变形常见，硬石膏层间有时夹薄层石灰岩或白云岩，石膏产状明显不同于蒸发潮坪环境中形成的结核状和肠状石膏，它们是在前期白云质潟湖的基础上进一步浓缩、变咸演变而成的。川西蒲江地区苏码1井雷四段岩心就发育典型的膏盐湖沉积，苏码1井雷四段沉积了一套厚层状硬石膏岩，硬石膏岩间夹薄层石灰岩或白云岩，硬石膏岩呈层状、鸡雏状或肠状，塑性变形强。

3. 潟湖边缘坪相

潟湖边缘坪处于台地内部的远陆侧的水下高地，是介于平均海平面与潟湖洼地之间的向古陆或古隆起四周缓缓向上倾斜的宽阔坪地，主要处于浅水和较浅水环境，沉积界面在潮间-潮上带附近，周期性或较长期暴露于大气之下，水动力条件总体较弱，气候干热，蒸发作用强，盐度较高，以发育准同生白云岩、膏岩为代表的云坪、膏云坪微环境为特征，具有潮坪的典型沉积特征。但是，这种"潮坪"与连陆滨岸带处于潮缘环境的潮坪在古地理位置和沉积动力学方面又有明显的差异。根据沉积物类型，潟湖边缘坪亚相可细分为云坪、膏云坪、灰坪等微相，分别由膏岩、白云质膏岩、膏质白云岩、泥粉晶白云岩、泥粉晶灰岩等组成。

1）云坪微相

云坪微相以发育灰、深灰、褐灰色、土黄色泥-粉晶白云岩为特征，镜下可见较多的溶蚀孔洞和针孔。云坪微相单个沉积序列的厚度变化较大，封闭-蒸发变浅序列中单个云坪微相厚度一般为 1~2m，云坪微相主要分布于磨溪、潼南等现今构造的高部位。云坪微相处于潮上-潮间环境，强蒸发作用导致的高盐度孔隙水有利于准同生白云石化的发生，白云石化的结果使早期潮坪灰质沉积物转化为泥-粉晶白云岩，经后期成岩作用（如同生期大气淡水淋溶、重结晶作用和埋藏溶蚀作用等）将其改造为晶间孔和晶间溶孔较发育的针孔状粉晶白云岩，从而构成区内雷口坡组储集性能最为优越的储集体。

2）藻云坪微相

川西地区西邻滇青藏古大洋，水浅、盐度高、阳光充足，古沉积环境十分有利于蓝绿藻的发育，形成了大量富含蓝绿藻的碳酸盐岩，大面积发育藻云坪相。藻云坪位于地貌较平坦区，主要由层纹状、波状叠层藻白云岩组成，以泥-粉晶结构为主，局部含少量砂屑、粉屑，多具波状、微波状和纹层状构造；岩石主要由明暗相间的富藻和贫藻纹层组成，富藻纹层颜色较深，常称之为暗层，多由具隐粒结构的藻球粒、藻丝体黏结泥屑和粉屑构成，呈连续或断续的波状、纹层状；贫藻纹层颜色较浅，亦称之为亮层，其中藻类含量少，主要由泥粉晶白云岩组成；常见鸟眼孔、晶间溶孔，具有一定的储集性能。

3）膏云坪微相

膏云坪微相的代表性沉积物主要为灰、深灰、褐灰色泥-粉晶膏质白云岩和粉-泥晶膏质白云岩和含膏质团块的泥粉晶白云岩，或者由灰、褐灰色泥-粉晶白云岩夹薄层状灰白色膏岩的纹层状膏质白云岩组成，可见水平层理、韵律层理和干裂构造等，显微镜下可见到富膏质层与贫膏质层组成的韵律层理。这表明膏云坪微环境比云坪更闭塞，蒸发作用更强，水介质更咸。石膏的沉淀提高了水介质的 Mg/Ca 值，有利于白云石化作用的进行，该微相主要处于潮间上部到潮上环境。磨溪地区磨 29 井雷一段就发育典型的膏云坪沉积。

4）灰坪微相

灰坪微相以灰、深灰、褐灰色、土黄色泥-粉晶灰岩为主，处于潮上-潮间环境；灰坪微相主要分布于磨溪、潼南等现今构造的高部位。

4. 台内滩相

该亚相位于障壁台地内部古地貌较高处，只有在海侵期和海退初期的局部区域，海水能量才足够动荡，波浪作用相对较强，且沉积界面位于平均海平面附近的地带才有可能发育高能台内滩沉积，以颗粒岩（颗粒含量大于50%）为主，颗粒组分含量较高，颗粒成分以鲕粒、砂屑和生物碎屑为主。台内滩沉积的主要岩石类型包括浅褐灰色、灰色、灰褐色中厚层-块状亮晶鲕粒灰岩、亮晶砂屑白云岩、亮晶生物碎屑灰岩，褐灰色-土黄色亮晶砂屑白云岩、亮晶鲕粒白云岩等。具有如下相标志：①发育各种交错层理；②剖面结构上，以向上变浅和向上变粗的沉积序列发育为特征，发育逆粒序层理，区别于潮坪亚相的粒屑坪微相；③随着台内滩生长，位于平均海平面附近几十厘米厚的单滩体即可暴露并接受大气淡水淋溶改造成优质储层。根据颗粒成分可以将粒屑滩亚相划分为鲕粒滩、砂屑滩等微相；按滩体的发育位置可分为滩核、滩缘微相。

1) 鲕粒滩微相

该微相主要由亮晶鲕粒灰岩或鲕粒白云岩组成，鲕粒含量为50%～83%（体积分数），多为正鲕，鲕径为0.4～1mm；含少量砂屑（0%～10%），亮晶方解石胶结物含量为18%～25%，这一类鲕滩形成于能量较高的环境，岩性纯净，胶结物多为环边和粒状方解石，可见残余粒间孔，在磨溪构造高部位，由于经常暴露，形成较多的同生期溶孔。

2) 砂屑滩微相

该微相岩性主要为亮晶砂屑灰岩或砂屑白云岩，砂屑含量为50%～82%，亮晶胶结，亮晶方解石或白云石胶结物含量为15%～45%。滩体厚度较小，砂屑颗粒由呈粒状或去膏化形成的柱状泥-粉晶白云石组成，常呈颗粒幻影，可见少量残余晶间孔和晶间溶孔，胶结充填作用显著。川中磨溪地区磨22井岩心充分体现了台内滩相沉积特征。

3) 生物碎屑滩微相

该微相岩性以浅褐灰色、灰色、灰褐色中厚层-块状亮晶生物碎屑灰岩、白云岩为主，生物碎屑以棘屑、腹足类、双壳类生物碎屑为主，发育各种交错层理。

4) 藻屑滩微相

川西地区西邻滇青藏古大洋，水浅、盐度高、阳光充足，古沉积环境十分有利于蓝绿藻的发育，形成了大量富含蓝绿藻的碳酸盐岩，在古地貌较高处发育藻屑滩沉积。藻屑滩水体位于低潮线之下的浪基面附近，水动力条件较其他沉积区强，主要堆积的是藻屑和鲕粒等颗粒沉积体，其中以藻屑最为发育，鲕粒较少。藻屑滩是由蓝绿藻黏连各种颗粒堆积在一起形成的滩体，滩体主要由浅褐灰色藻屑白云岩组成（图6-22），中厚层块状为主，溶孔较发育，储集性能最好。这类滩体沉积时的水动力条件变化较大，当能量较强时，形成粒径大小不一、分选性和磨圆度较差的砂屑、粉屑；当能量变弱时，生长的蓝绿藻将这些颗粒黏连起来，形成各种黏连颗粒、藻黏结团块和核形石等，并常与周围滩间潮下低能沉积物过渡。

### 三、雷口坡期沉积模式

上扬子地区中三叠世雷口坡期古地质背景与海平面升降旋回控制了雷口坡组障壁碳酸盐岩台地沉积特征及其演化。雷口坡期，东部的雪峰山古隆起与泸州-开江古隆起逐渐抬升，其隆升幅度较周边古隆起较大，尤其比西部龙门山古隆起的幅度要大，总体表现为西深东浅的格局，盆地西缘龙门山古隆起发育台地边缘滩坝沉积，平面上表现为自西向东台地边缘—潟湖边缘坪（台内滩）—潟湖—潟湖边缘坪（台内滩）—潟湖—混积潮坪的沉积相展布特征，纵向上表现为蒸发岩、白云岩与石灰岩互层的演化特征。高位体系域海退期，海平面下降，由于周边古隆起及盆地内部泸州、开江水下古隆起障壁作用导致

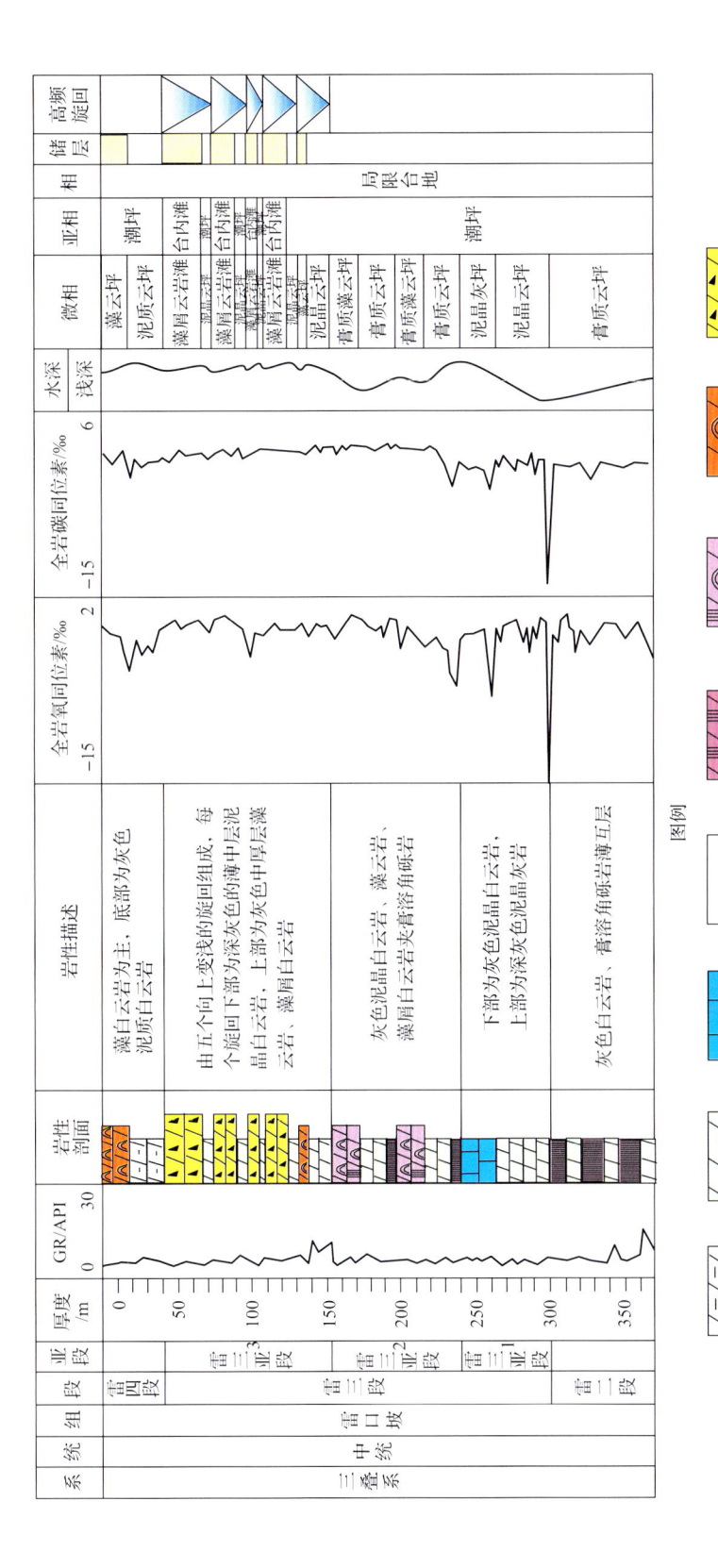

第六章 晚古生代—中三叠世构造-岩相古地理

图6-22 四川盆地中坝46井中三叠统雷口坡组岩心藻屑滩、藻云坪沉积相柱状图

台地内部海水与外海交流不顺畅，台地内部主要为干旱气候下古盐度较高的障壁台地沉积，广泛发育蒸发岩类、白云岩沉积，拗陷处为膏盐潟湖沉积，沉积大套膏盐层。川中拗陷至泸州-开江古隆起区的广大地区为潟湖边缘坪膏质白云岩、白云岩沉积，部分地区发育台内滩颗粒白云岩沉积。东侧受雪峰山古陆影响，陆源碎屑增多，主要为混积潮坪沉积。大规模海侵期，海平面大幅上升，障壁作用减弱，台地内部海水与外海交流较顺畅，灰质沉积为主：拗陷处发育灰质潟湖泥晶石灰岩沉积，拗陷至泸州-开江古隆起区的广大地区为潟湖边缘坪石灰岩沉积，泸州-开江古隆起区为台内滩颗粒石灰岩沉积，东侧仍然为混积潮坪沉积。

雷口坡期主要经历了四次主要的海进和海退，雷一$^1$亚段、雷二段、雷三$^2$亚段、雷四$^{1-2}$亚段沉积时期为快速海侵时期，雷一$^2$亚段、雷三$^1$亚段、雷三$^3$亚段、雷四$^3$亚段沉积时期为缓慢海退时期，雷三$^1$、雷三$^2$晚期、雷四$^3$沉积时期处于高海平面时期，其余时期海平面基本处于低或较低海平面时期。针对此沉积演化特征，结合古构造、古气候等信息，建立了两种沉积模式：高位体系域局限台地沉积模式和海侵体系域局限台地沉积模式。

1. 海侵体系域局限台地沉积模式

中三叠世雷口坡雷三$^1$亚段沉积期、雷三$^3$亚段沉积期处于高海平面时期，川西、西北的台地边缘浅滩带和中部的泸州-开江古隆起的障壁作用减弱，此时古气候主要以潮湿气候为主，障壁后的地区和毗邻的开阔海之间水体的自由流通能力大为改善，此时川中以灰质沉积为主，台地边缘发育边缘礁滩，主体以灰泥沉积物为主；川东主要为大面积的灰泥沉积，陆源泥质、砂质增多（图6-23）。

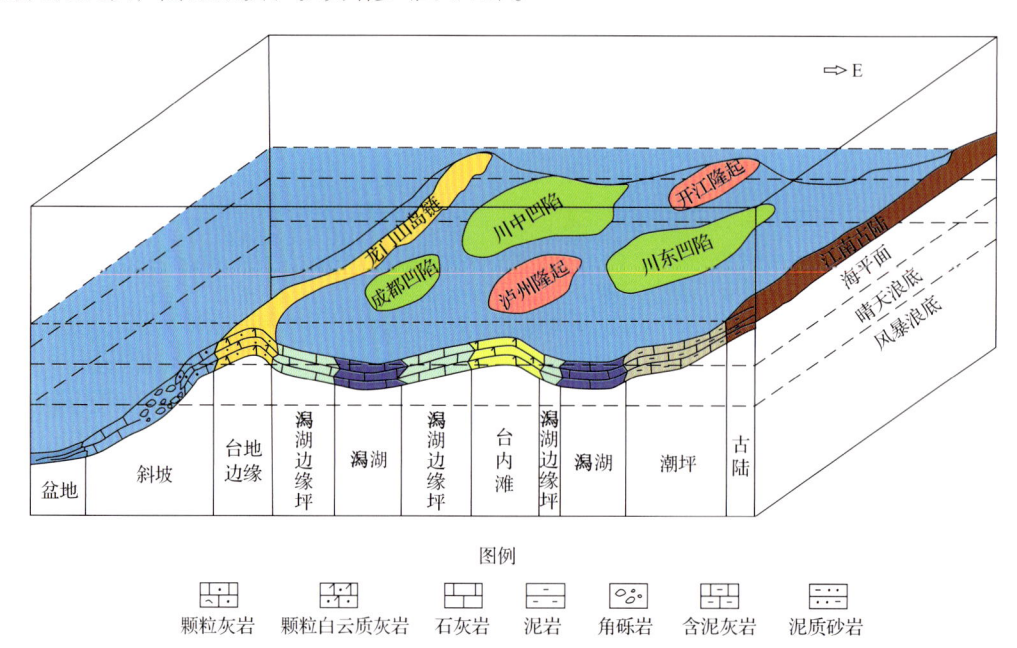

图6-23 四川盆地中三叠世雷口坡期海侵体系域局限台地沉积模式图

2. 高位体系域局限台地沉积模式

在边缘海背景下，构造或沉积成因的水下障壁，如古隆起、古岛链或礁等可以限制障壁后的台地潟湖和毗邻的开阔海之间水体的自由流通，在合适的气候条件下，流入障壁台地潟湖的海水在其从障壁向海岸线流动过程中逐渐地被蒸发，从而建立起水平的高浓度（密度）梯度。当较重的卤水到达潟湖靠陆一侧最终下沉时，会导致重卤水向障壁方向回流。该回流建立起向海倾斜的密度跃层，将流入的海水与流向海洋的浓卤水分离开来。依据密度跃层相对于障壁的位置，回流的浓卤水可以溢过障壁流入广海，也可以被封闭在障壁之后。如果被封闭在障壁之后，该卤水将发生侧向回流穿过障壁，和/或向下穿过构成潟湖或盆地底床的毗邻单元。适用于该模型的环境背景的重要实例有克拉通盆地（如美国二叠纪的特拉华盆地和 Midland 盆地）和内陆盐盆（如上侏罗统的东得克萨斯州和北路易斯安那州盆地）。如果障壁本身就是沉积成因的，如礁带或鲕粒滩复合体，则将建立起沉积加速、相对海平面升降和蒸发盐沉淀三者之间的平衡，沿着局限台地潟湖向陆一侧的边缘可以沉淀厚层蒸发岩。随后，大量的白云化流体可以回流穿过毗邻的多孔灰岩单元并导致其白云化。

中三叠世雷口坡组雷一段、雷二段、雷三$^2$亚段、雷四段沉积期四川盆地处于低海平面时期，海平面相对降低，古气候干燥炎热、大气降水减少、蒸发量大于大气降水补给量，导致盆地内海水广受限制；在边缘海背景下，由于海平面低，川西、西北的台地边缘浅滩带起到障壁作用，中部的泸州-开江古隆起都起到了很好的障壁作用，限制障壁后的台地和毗邻的开阔海之间水体的自由流通，在炎热的古气候条件下，流入局限台地的海水在其从障壁向海岸线流动过程中逐渐地被蒸发，此时四川盆地在低海平面时期总体上是较闭塞的沉积环境，从而以含膏白云岩和泥粉晶白云岩沉积为主，形成大面积的含膏白云岩坪、白云岩坪沉积；川中营山等低洼汇水处，沉积了大套的局限台地膏盐湖相硬石膏岩和盐岩；川东地区受江南古陆影响陆源泥质、砂质增多（图 6-24）。

## 四、岩相古地理特征

四川盆地中三叠世雷口坡期古地质背景与海平面升降旋回控制了四川盆地雷口坡组局限碳酸盐岩台地沉积展布特征及其演化：东部的雪峰古隆起与泸州-开江古隆起逐渐抬升，其隆升幅度较周边古隆起较大，尤其比西部龙门山古隆起的幅度要大，总体表现为西深东浅的格局，盆地西缘龙门山古隆起发育台地边缘滩坝沉积，平面上表现为自西向东台地边缘—潟湖边缘坪（台内滩）—潟湖—潟湖边缘坪（台内滩）—潟湖—混积潮坪的沉积相展布特征。

1. 雷一$^1$亚段沉积期

雷一$^1$亚段沉积期为海侵期，海侵规模较小，气候干旱，台地内部主要为白云岩、蒸发岩夹石灰岩沉积：西部龙门山一带发育浅滩颗粒白云岩沉积，颗粒白云岩以砂砾屑、砂屑白云岩为主；川中、川东拗陷处为膏盐潟湖沉积，沉积了一套厚层硬石膏岩和石盐岩夹膏质白云岩、泥粉晶白云岩，属于水体相对较深、能量极低、盐度大的潮下低能产物；膏盐湖向四周古陆或水下古隆起区方向，水体逐渐变浅，能量增强，逐渐演化成膏质白云岩坪和白云岩坪环境，主要堆积了一套白云岩沉积，夹较多的膏盐类岩石或矿物；川中磨溪—蓬莱—潼南一带发育台内浅滩颗粒白云岩沉积，呈层状分布，是一套良好的孔隙型储层；受江南古陆影响，东部陆源砂泥质碎屑增多，主要为混积潮坪沉积（图 6-25）。

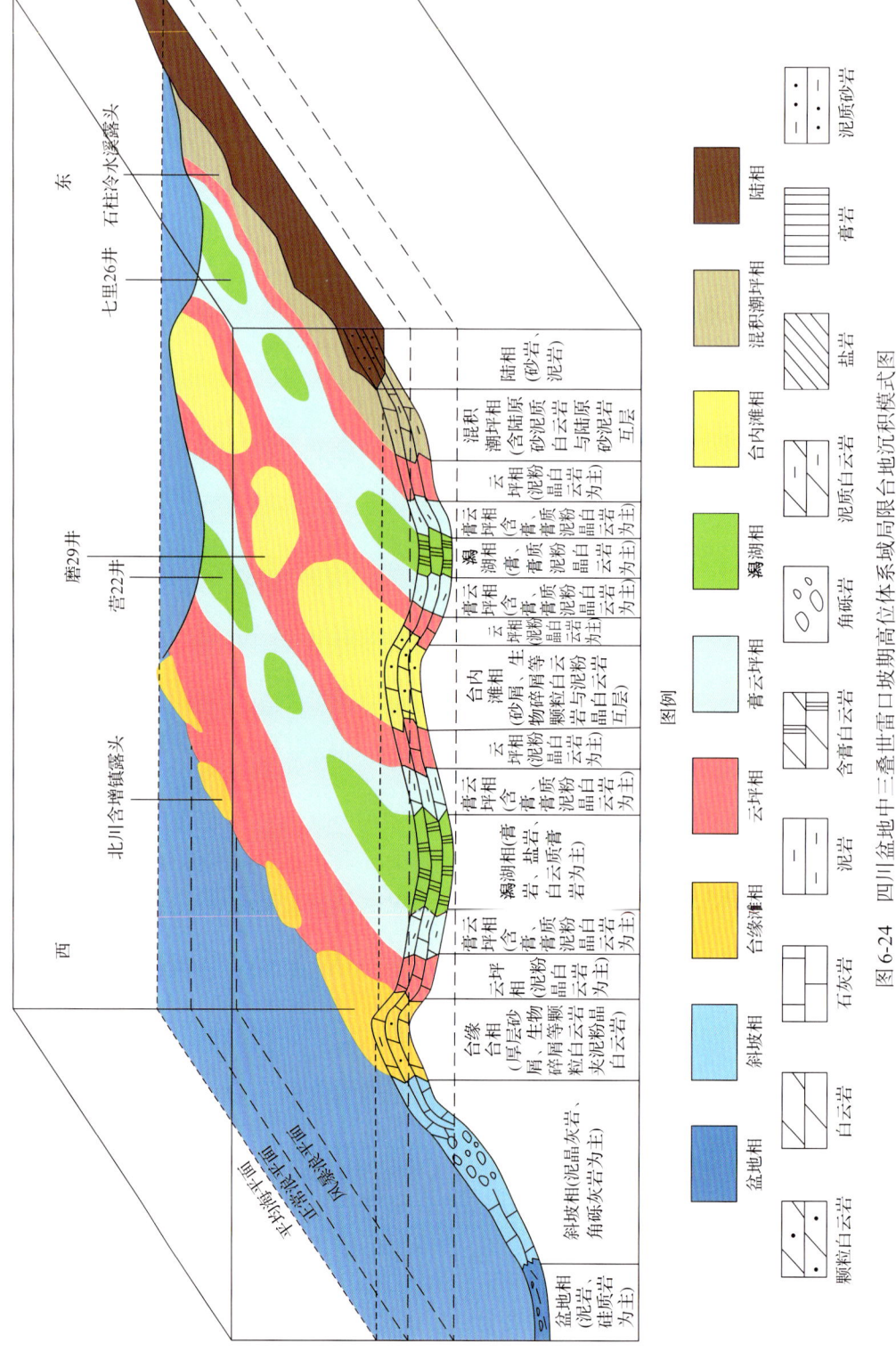

图 6-24 四川盆地中三叠世雷口坡期高位体系域局限台地沉积模式图

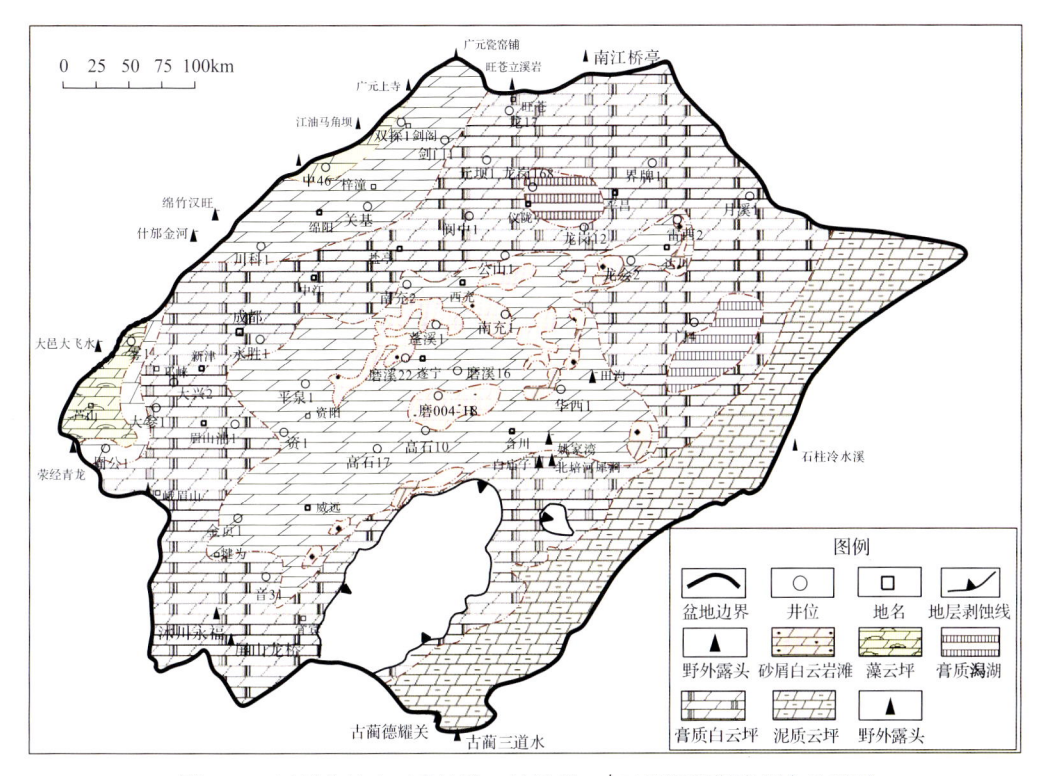

图 6-25 四川盆地中三叠统雷口坡组雷一$^1$亚段沉积期岩相古地理图

## 2. 雷一$^2$亚段沉积期

雷一$^2$亚段沉积期受陆源物质影响较大，泥质含量较高，整体为泥质白云岩、泥岩沉积；川西以泥质云坪相沉积为主；川中以泥质膏质潟湖沉积为主；遂宁和营山地区，沉积了一套膏质白云岩潟湖；川东地区以白云质泥坪沉积为，泥岩多呈紫红色（图 6-26）。

## 3. 雷二段沉积期

雷二段沉积期为高位体系域沉积期，整体为泥质白云岩、膏岩沉积；川中、川东拗陷处为膏盐潟湖沉积，沉积了一套厚层硬石膏岩和石盐岩夹膏质白云岩、泥粉晶白云岩，属于水体相对较深、能量极低、盐度大的潮下低能产物；膏盐湖向四周古陆或水下古隆起区方向，水体逐渐变浅，能量增强，逐渐演化成膏质白云岩坪和白云岩坪环境，主要堆积了一套白云岩沉积，夹较多的膏盐类岩石或矿物（图 6-27）。

## 4. 雷三$^1$亚段沉积期

雷三$^1$亚段沉积期整体为快速海侵时期，海侵规模大，海平面较高，水体较深，障壁后的地区和毗邻的开阔海之间水体的自由流通能力大为改善，以灰质沉积为主：川西成都拗陷、川中南充拗陷、川东拗陷处演化成灰质泥岩潟湖沉积环境，主要为黑色灰质泥岩沉积，略显水平层理，具有一定的生烃能力；灰质潟湖周边主要为泥质灰坪、含泥灰坪相泥质石灰岩沉积；川西江油等地区主要白云岩沉积（图 6-28）。

## 5. 雷三$^2$亚段沉积期

雷三$^2$亚段沉积为海退时期沉积，该时期盆地海水有所咸化，膏盐岩含量增加。川

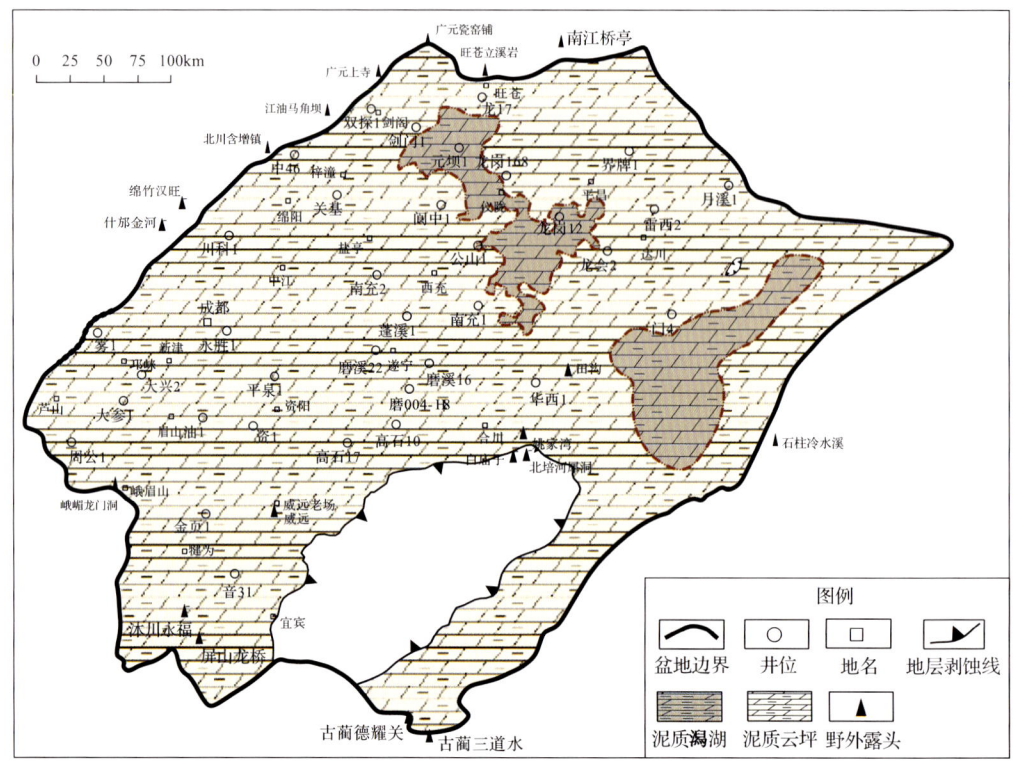

图 6-26　四川盆地中三叠统雷口坡组雷三$^2$亚段沉积期岩相古地理图

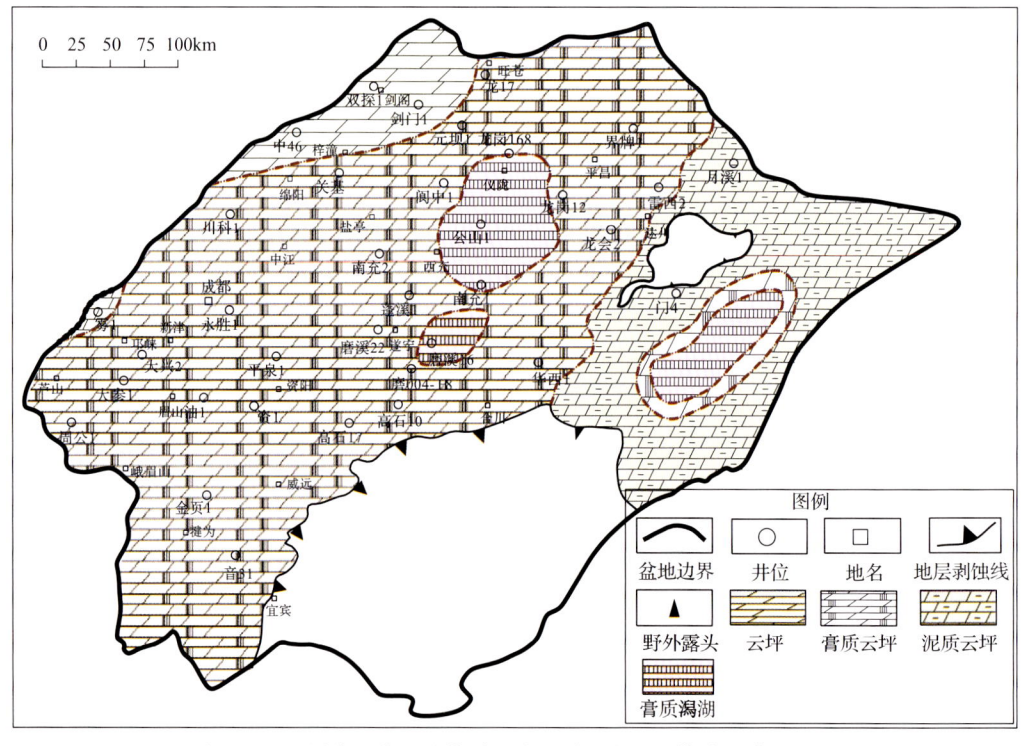

图 6-27　四川盆地中三叠统雷口坡组雷二段沉积期岩相古地理图

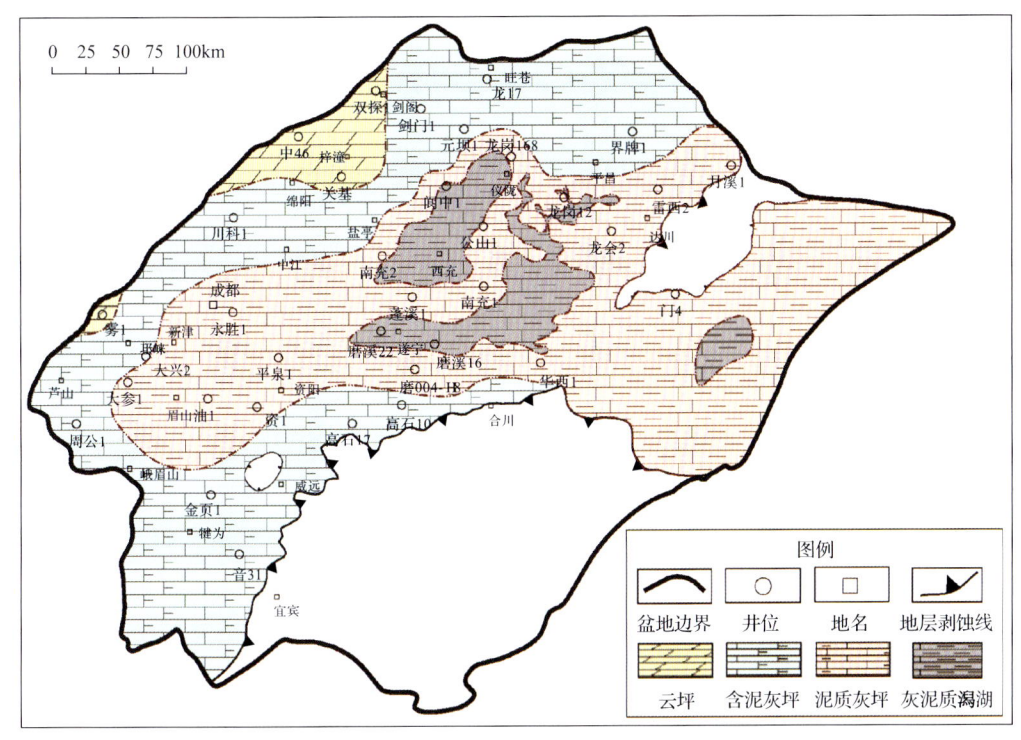

图 6-28　四川盆地中三叠统雷口坡组雷三¹亚段沉积期岩相古地理图

中遂宁-南充、八角场等凹陷及川西凹陷中心沉积了大套的盐岩、膏岩夹泥质灰岩，主要为盐质潟湖沉积环境；盐湖潟湖周边依次向外发育膏质潟湖、膏质灰坪和含泥灰坪沉积；川东由于受到江南古陆影响，主要为海陆过渡混积潮坪相泥质灰岩沉积，与川中泥质不同的是川东泥质多为紫红色；川西龙门山一带主要为白云岩坪泥-粉晶白云岩沉积，在古地貌高处发育膏质藻云坪相沉积(图 6-29)。川中膏盐潟湖周边发育的膏灰坪沉积的膏质灰岩在裂缝发育区容易形成沿裂缝扩展的溶孔溶洞，是缝洞型储层发育区；川中宽广的含泥灰坪相泥灰岩微孔-微缝型储层发育。

6. 雷三³亚段沉积期

受北、西和南三个方向海侵的影响，该时期盆地中西部和东部海水明显淡化，膏盐岩含量减少，以石灰岩沉积为主。川中遂宁-南充、八角场等凹陷及川西凹陷中心沉积了大套的泥质灰岩，主要为泥质灰岩潟湖沉积环境；潟湖周边依次向外发育灰坪和含泥灰坪沉积；另外在大的海侵背景下发育了四期短暂的海退期，川中大部分地区发育四套含膏泥晶白云岩，这四套含膏泥晶白云岩发育膏溶孔、晶间溶孔，是良好的区域性储层；川东主要为混积潮坪相泥质灰岩沉积；沿川西北靠近龙门山古岛链的广元—江油—邛崃一线主要为云坪相白云岩沉积，古地貌高处继续发育了藻屑滩、藻云坪藻白云岩沉积，藻白云岩发育藻黏结格架间溶孔、粒间和粒内溶孔、鸟眼孔、晶间溶孔，为一套优质储层，古隆起区(如川西北天井山古隆起区)发育厚层藻白云岩储层，厚度可达 70m(图 6-30)。

7. 雷四¹亚段沉积期

雷四¹亚段沉积期为快速海退时期，海水向西退却，藻云坪在川西局部发育，台内广

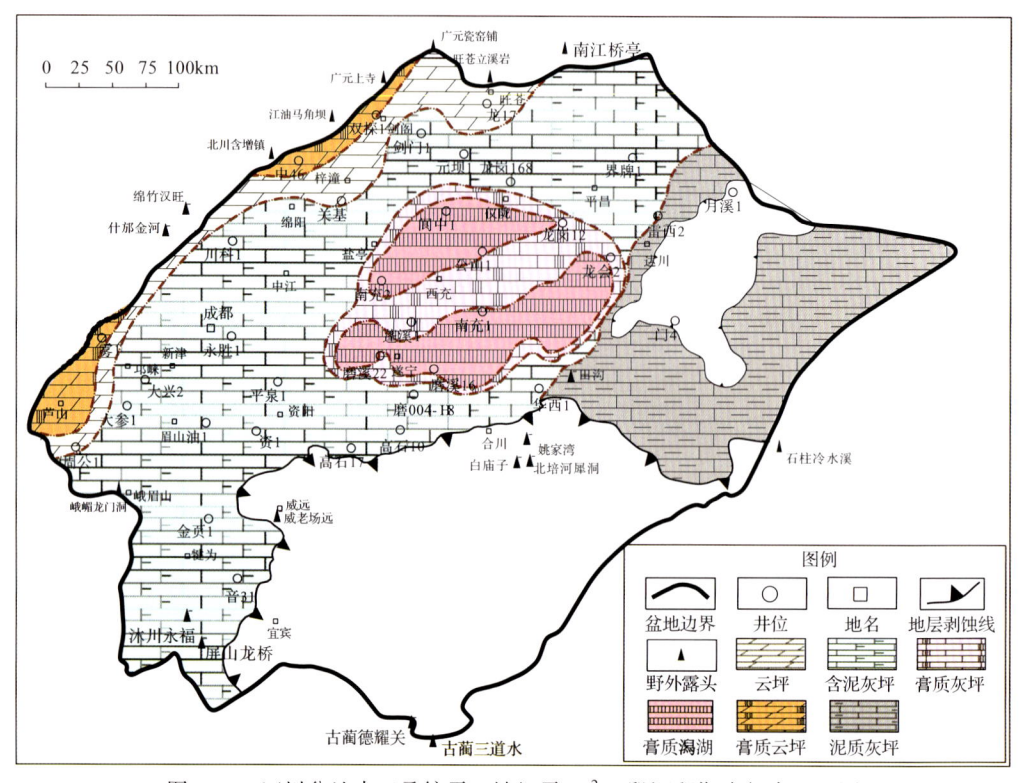

图 6-29　四川盆地中三叠统雷口坡组雷三²亚段沉积期岩相古地理图

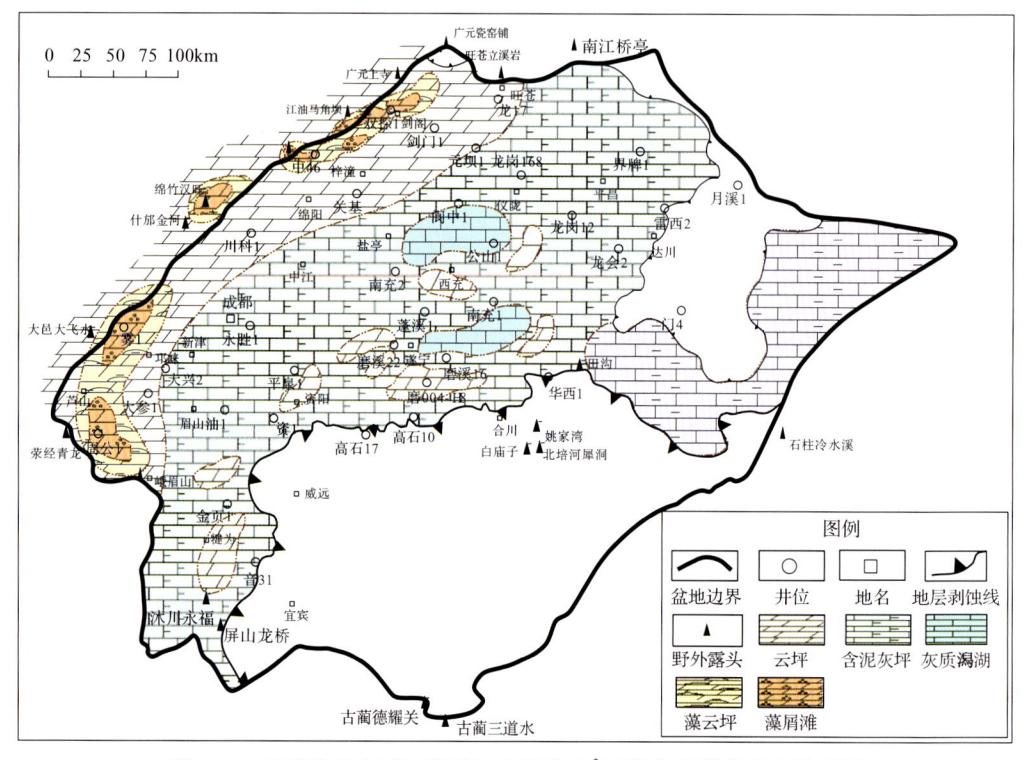

图 6-30　四川盆地中三叠统雷口坡组雷三³亚段沉积期岩相古地理图

泛发育蒸发岩类。雷四$^1$亚段沉积时期主要发育两个大的膏质潟湖，川西南的膏质潟湖主要分在浦江—成都地区，川中的膏岩湖分在盐亭-仪陇地区。膏质潟湖周边发育膏质云坪及云坪沉积，川西北地区的绵阳-剑阁以东，盐亭以北至仪陇，蓬溪-营山以西的这一片地区以发育膏质云坪为主；川中简阳-遂宁地区发育砂屑滩沉积，砂屑云岩发育粒间和粒内溶孔，具有一定的储集性能。川东地区受印支运动早幕影响，逐渐抬升，地层几乎全被剥蚀（图6-31）。

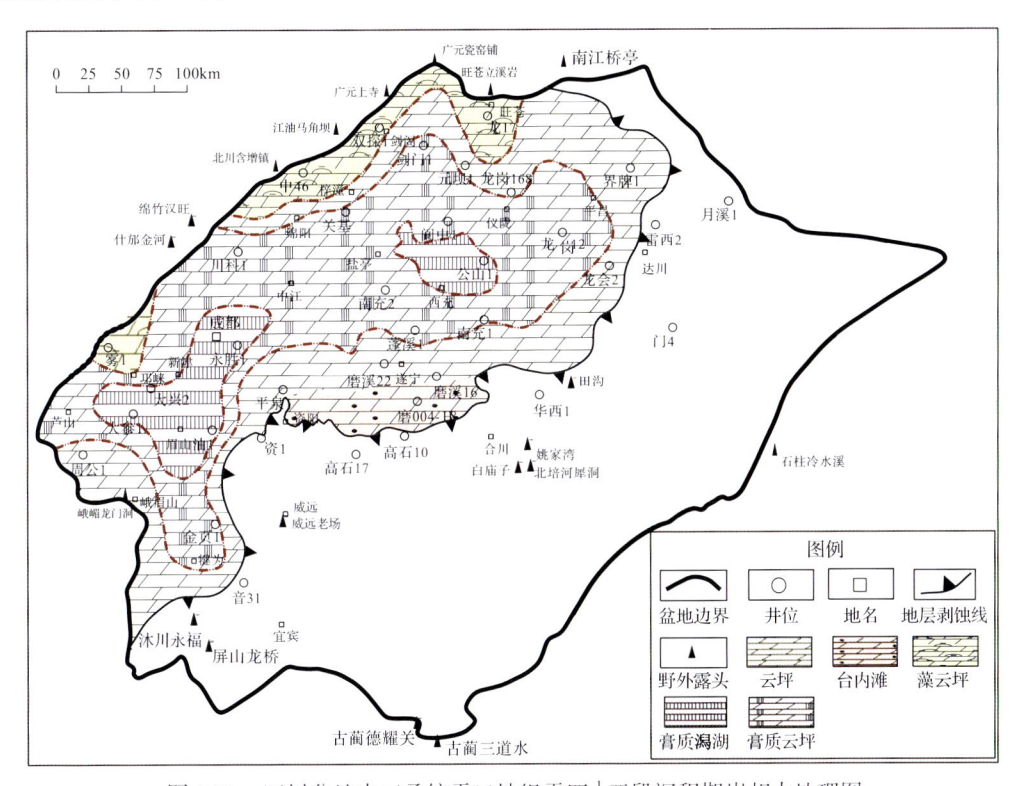

图6-31 四川盆地中三叠统雷口坡组雷四$^1$亚段沉积期岩相古地理图

### 8. 雷四$^2$亚段沉积期

雷四$^2$亚段沉积期海退持续进行，海水继续向西退却。膏质潟湖分布范围在雷四$^1$亚段沉积期的基础上扩大。川西南的膏质潟湖往北最远可能延伸到绵阳以南地区，往西以桑园1井为界。川西北的膏质潟湖大幅度扩张，盐亭-仪陇地区为盐湖的中心，梓潼-营山-蓬溪地区大面积分布膏质潟湖。膏质潟湖往周边逐渐过渡到膏质云坪及云坪相。云坪仅在川西局部发育。川东地区地层后期抬升剥蚀（图6-32）。

### 9. 雷四$^3$亚段沉积期

雷四$^3$亚段沉积期膏质潟湖范围进一步缩小，仅在西充-南充地区发育；川中西充-南充膏质潟湖周边发育台内砂屑滩，沉积了具有一定储集性能的颗粒白云岩、细粉晶白云岩，颗粒成分有各种生物碎屑、砂屑、鲕粒，尤以砂屑最富集，后期地层抬升受印支运动影响，溶蚀作用强，易形成较好的孔隙及裂缝等储集空间，是一套较好的储层。川西地区藻云坪相藻白云岩大面积发育，局部发育藻屑滩沉积，导致川西地区大面积发育藻白云岩储层（图6-33）。

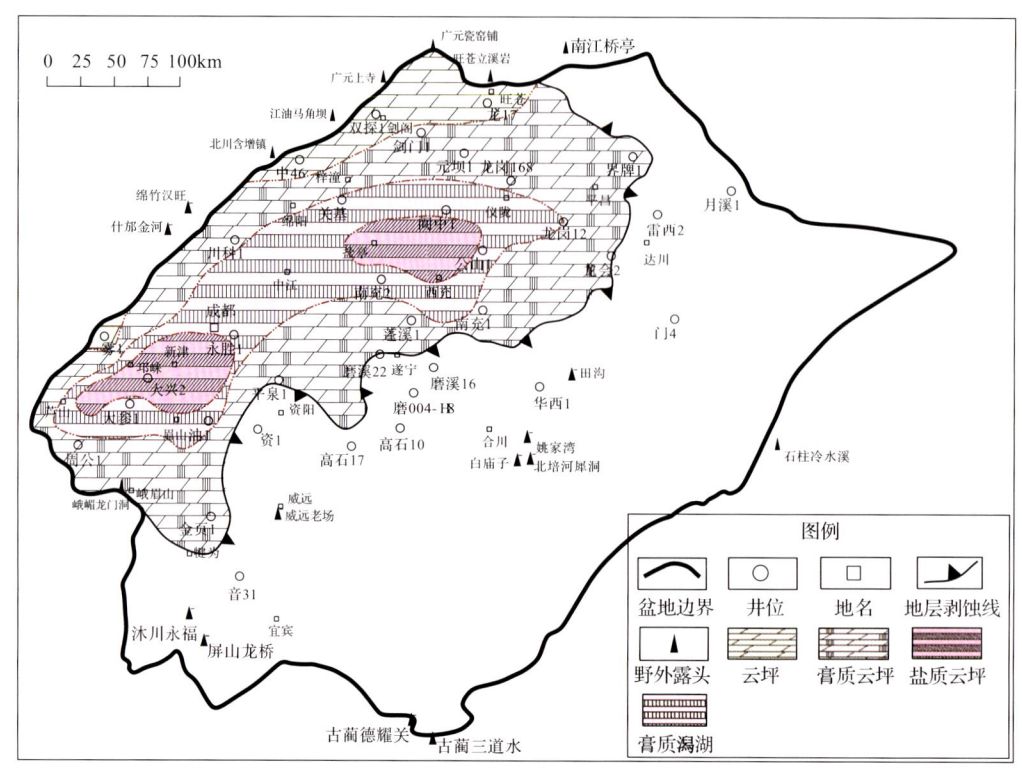

图 6-32 四川盆地中三叠统雷口坡组雷四$^2$段沉积期岩相古地理图

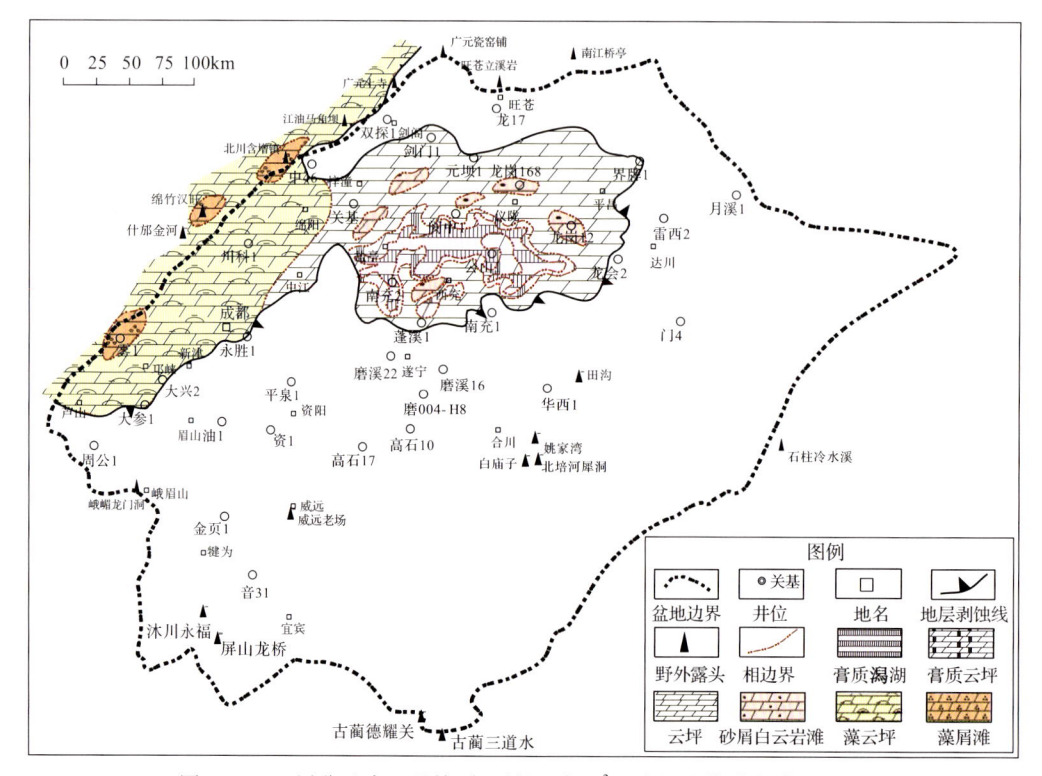

图 6-33 四川盆地中三叠统雷口坡组雷四$^3$亚段沉积期岩相古地理图

## 五、雷口坡期盐盆演化及变迁

四川盆地雷口坡组总体存在两种岩性组合和分布特征的膏盐岩，一类出现于雷一段—雷三$^2$亚段，表现为纹层状膏盐岩夹块状膏盐岩，厚度较小，横向分布稳定，属于潟湖成因；另一类出现在雷四段，以块状硬石膏岩和盐岩为主，厚度差异巨大，横向变化较快，并且膏盐岩沉积中心出现向西、向北迁移的趋势，与早期的膏盐岩形成了鲜明对比，属于膏盐盆成因。由此反映出构造信息，四川盆地中三叠世雷口坡期的构造应力场总体处于由张应力向挤压应力转换，其中雷一段—雷三$^2$亚段沉积时盆地总体处于构造平静期，为张应力向挤压应力转换的过渡期。相比而言，雷四段沉积时为构造活跃期，可能与印支运动泸州—开江古隆起由东向西抬升有关，盆内北西-南东向和北东-南西向应力挤压趋于活跃，新的沉降中心形成，强烈的蒸发作用使膏盐岩在凹地快速沉积，并随挤压的阶段性活跃，发育向北、向西迁移趋势的雷四期膏盐盆，成都凹陷的形成与演化从雷四$^1$亚段沉积期已经开始发育，并在雷四$^2$亚段沉积期已具雏形(图6-34)。

四川盆地雷二段、雷三$^2$亚段沉积期，川中-川西南部拗陷处为膏盐潟湖沉积，沉积了一套厚层硬石膏和石盐夹膏质白云岩、泥粉晶白云岩，属于水体相对较深、能量极低、盐度大的潮下低能产物；雷四段沉积期为快速海退时期，海水逐渐向西部退却，膏盐湖主要分布于川西蒲江-成都等低洼地区，呈北东向展布，主要为硬石膏岩和盐岩等蒸发岩类沉积；雷四段沉积期(相对于雷二段沉积、雷三$^2$亚段沉积期)膏盐湖已向西迁移至盐亭、蒲江地区，川西古地貌高处滩体垂向加积，川中台内滩则呈现由东向西迁移趋势，这一现象可能表明雷口坡组沉积后期已受到印支运动早幕影响，川东地区已逐渐抬升(图6-34)。

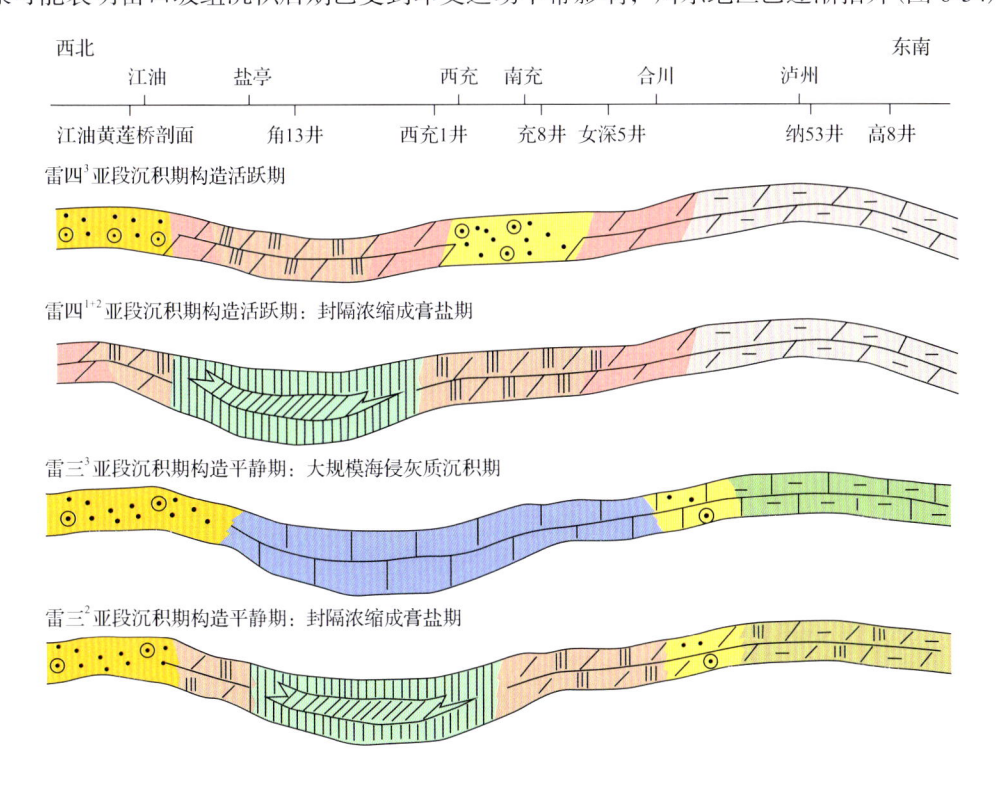

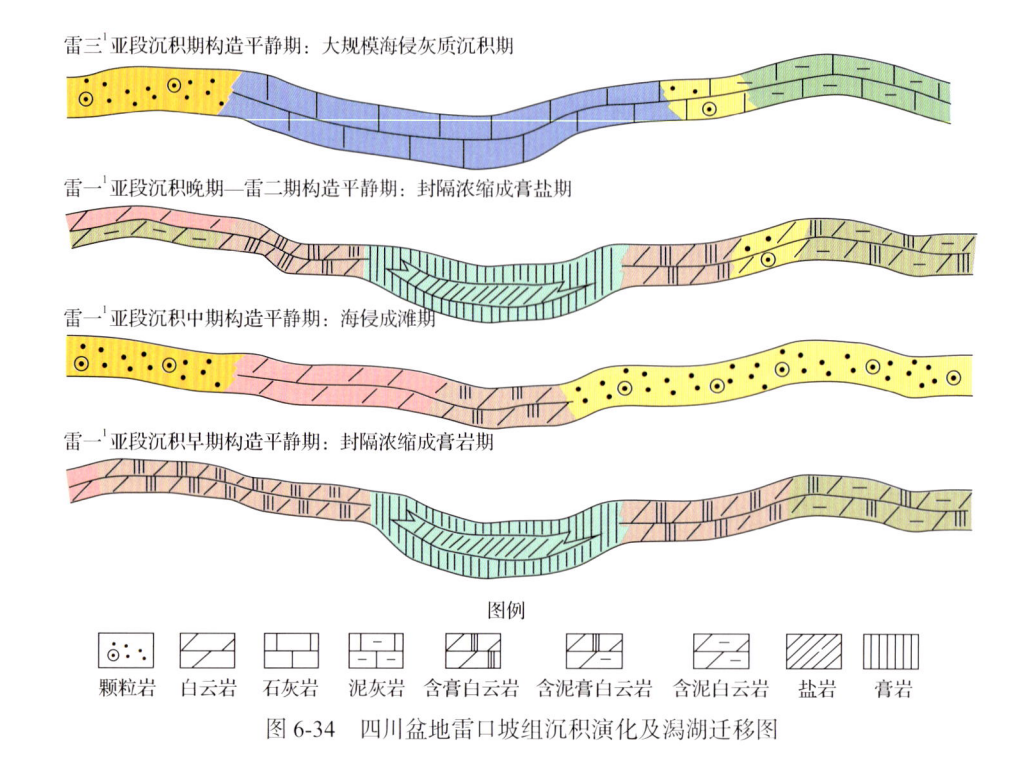

图 6-34　四川盆地雷口坡组沉积演化及潟湖迁移图

# 参 考 文 献

杜金虎, 徐春春, 汪泽成. 2010. 四川盆地二叠—三叠系礁滩天然气勘探. 北京: 石油工业出版社.
董云鹏, 朱炳泉, 常向阳. 1999. 北秦岭地球化学急变带的形成机制与动力学探讨. 地球学报, 20(增刊): 287-295.
冯庆来, 杜远生, 殷鸿福, 等. 1996. 南秦岭勉略蛇绿混杂岩带中放射虫的发现及其意义. 中国科学(D辑), 26(增刊): 28-34.
何斌, 徐义刚, 肖龙, 等. 2006. 峨眉山地幔柱上升的沉积响应及其地质意义. 地质论评, 52(1): 30-38.
胡元邦, 李峥, 童馗, 等. 2016. 地幔柱假说与峨眉山地幔柱研究进展. 四川有色金属, (1): 5-9.
李曙光, 孙卫东. 1996. 南秦岭勉略构造带黑沟峡变质火山岩的年代学和地球化学—古生代洋盆及其闭合时代的证据. 中国科学(D辑), 26(3): 223-231.
李三忠, 张国伟, 李亚林, 等. 2001. 勉略带三岔子蛇绿岩的变质特征及构造意义. 青岛海洋大学学报, 31(1): 89-94.
李亚林, 李三忠, 张国伟. 2002. 秦岭勉略缝合带组成与古洋盆演化. 中国地质, 29(2): 129-135.
罗志立. 1991. 龙门山造山带岩石圈演化的动力学模式. 成都地质学院学报, 18(1): 1-7.
孟庆任, 张国伟, 于在平, 等. 1996. 秦岭南缘晚古生代裂谷-有限洋盆沉积作用及构造演化. 中国科学(D辑), 26(增刊): 28-34.
马永生, 牟传龙, 郭旭升, 等. 2006. 四川盆地东北部长兴期沉积特征与沉积格局. 地质论评, 52(1): 25-32.
王成善, 陈洪德, 寿建峰, 等. 1999. 中国南方二叠纪层序地层划分与对比. 沉积学报, 17(4): 499-510.
魏国齐, 陈更生, 杨威, 等. 2004. 川北下三叠统飞仙关组"槽台"沉积体系及演化. 沉积学报, 22(2): 254-261.
吴浩若. 1999. 放射虫硅质岩对华南古地理的启示. 古地理学报, 1(2): 28-36.
汪泽成, 赵文智, 彭红雨. 2002. 四川盆地复合含油气系统特征. 石油勘探与开发, 29(2): 26-29.
王一刚, 文应初, 张帆, 等. 1998. 川东地区上二叠统长兴组生物礁分布规律. 天然气工业, 18(6): 10-18.
徐义刚, 王焰, 位荀, 等. 2013. 与地幔柱有关的成矿作用及其主控因素. 岩石学报, 29(10): 3307-3322.
邹才能, 徐春春, 汪泽成, 等. 2011. 四川盆地台缘带礁滩大气区地质特征与形成条件. 石油勘探与开发, 38(6): 641-652.
张国伟, 孟庆任, 赖少聪. 1995. 秦岭造山带的结构构造. 中国科学(B辑), 25(9): 994-1004.

张国伟, 郭安林, 王岳军, 等. 2013. 中国华南大陆构造与问题. 中国科学: 地球科学, 43(10): 1553-1583.

张招崇, Mahoney J J, 王福生, 等. 2006. 峨眉山地幔柱上升的沉积响应及其地质意义. 地质论评, 22(6): 1538-1553.

朱江. 2019. 峨眉山大火成岩省地幔柱动力学及其环境效应研究. 北京: 中国地质大学(北京).

Bond D, Hilton J, Wignall P B, et al. 2010. The Middle Permian (Capitanian) mass extinction on land and in the oceans. Earth Science Reviews, 102(1-2): 100-116.

Coffin M F, Eldholm O. 1994. Large igneous provinces: Crustal structure, dimensions, and external consequences. Reviews of Geophysics, 32(1): 1-36.

Campbell I H. 2005. Large igneous provinces and the mantle plume hypothesis. Elements, 1(5): 265-269.

Campbell I H, Griffiths R W. 1990. Implications of mantle plume structure for the evolution of flood basalts. Earth and Planetary Science Letters, 99(1-2): 79-93.

Ernst R E. 2021. Large igneous provinces//Encyclopedia of Geology (Second Edition). Cambridge: Cambridge University Press: 60-68.

Richards M A, Duncan R A, Courtillot V E. 1989. Flood basalts and hot-spot tracks: Plume heads and tails. Science, 246(4926): 103-107.

Shellnutt J G, Denyszyn S W, Mundil R. 2012. Precise age determination of mafic and felsic intrusive rocks from the Permian Emeishan Large Igneous Province (SW China). Gondwana Research, 22(1): 118-126.

Saunders A D, Jones S M, Morgan L A, et al. 2007. Regional uplift associated with continental large igneous provinces: The roles of mantle plumes and the lithosphere. Chemical Geology, 241(3-4): 282-318.

Tao Y, Ma Y S, Miao L C, et al. 2008. SHRIMP dating of zircon from Jinbaoshan ultramafic intrusion in Yunnan, SW China. Bulletin of Science in China, 53(22): 2828-2832.

Wang C Y, Zhou M F, Qi L A. 2010. Origin of extremely PGE-rich mafic magma system: An example from the Jinbaoshan ultramaficsill, Emeishan large igneous province, SW China. Lithos, 119(1-2): 147-161.

Wignall P. 2001. Palaeoecology: Ecosystems, Environments and Evolution. London: Chapman and Hall.

Wignall P B, Védrine S, Bond D P G, et al. 2009. Facies analysis and sea-level change at the Guadalupian-Lopingian global stratotype (Laibin, South China), and its bearing on the end-Guadalupian mass extinction. Journal of the Geological Society, 166(4): 655-666.

Xu Y G, Chung S L, Jahn B M, et al. 2001. Petrologic and geochemical constraints on the petrogenesis of Permian-Triassic Emeishan flood basalts in southwestern China. Lithos, 58(3-4): 145-168.

Yang J H, Cawood P A, Du Y, et al. 2018. Early wuchiapingian cooling linked to emeishan basaltic weathering? Earth and Planetary Science Letters, 492(2): 102-111.

Zhang Z C, Mahoney J J, Mao J W, et al. 2006. Geochemistry of picritic and associated basalt flows of the western Emeishan floodbasalt province, China. Journal of Petrology, 47(10): 1997-2019.

Zhang M J, Li C S, Fu P A E, et al. 2011. The Permian Huangshanxi Cu-Ni deposit in western China: Intrusive-extrusive association, ore genesis, and exploration implications. Mineralium Deposita, 46(2): 153-170.

Zhou M F, Malpas J, Song X Y, et al. 2002. A temporal link between the Emeishan Large Igneous Province (SW China) and the end-Guadalupian mass extinction. Earth and Planetary Science Letters, 196(3): 113-122.

Zhou M F, Zhao J H, Qi L. 2006. Zircon U-Pb geochronology and elemental and Sr-Nd isotope geochemistry of Permian mafic rocks inthe Funing area, SW China. Contributions to Mineralogy and Petrology, 151(1): 1-19.

Zhang C L, Zou H B, Yao C Y, et al. 2014. Origin of the Permian gabbroic intrusions in the southern margin of the Altai Orogenic belt: A possible link to the Permian Tarim mantle plume? Lithos, 204: 112-124.

# 第七章 晚三叠世—侏罗纪构造-岩相古地理

中国南方中、晚三叠世之交发生了一系列重大地质事件，导致了中国南方巨大的海陆变迁。沿着扬子板块北部边缘秦岭造山带的形成与隆升事件，记录了与华北板块的碰撞对接(刘少峰和张国伟，2008；张国伟等，2013)。华南板块东南部宽达 1300km 的造山带强烈作用所产生的前陆逆冲褶皱带的北西向迁移。这些构造事件导致了以碳酸盐岩台地沉积为主的扬子地台消亡(刘宝珺等，1995)，进入前陆盆地演化新阶段。研究表明，存在两期前陆盆地，分别为晚三叠世前陆盆地和中晚侏罗世前陆盆地。

## 第一节 两期前陆盆地

### 一、晚三叠世川西前陆盆地

前人对扬子地区晚三叠世前陆盆地开展了大量研究：①罗志立和龙学明(1992)认为，中三叠世末至晚三叠世早期扬子陆块西侧的松潘—甘孜地区为边缘海，晚三叠世(须家河期)中期之后，龙门山同沉积断裂带反转，在其山前形成与 C 型俯冲有关的前陆盆地。②邓康龄(1992)基于扬子陆块西缘的甘孜-河坝弧后盆地的认识，认为四川盆地是位于陆内的弧盆褶皱山系前陆盆地，经历了成盆前(卡尼期—诺利早期)的弧后盆地东缘大陆架阶段，前陆盆地阶段(诺利中晚期)，拗陷盆地阶段(侏罗纪—中始新世)，构造盆地形成发展阶段(晚始新世后)。③刘树根等(1995)把川西前陆盆地划分为被动大陆边缘发展阶段(晚三叠世马鞍塘期)，地貌盆地发展阶段(晚三叠世小塘子期至须家河三段沉积期)，前陆盆地发展阶段(晚三叠世须家河四段沉积期至第四纪)。④殷鸿福(1982)提出拉丁期海退，整个东亚发生了印支前幕，近年来更明确提出了拉丁期构造演化转换阶段的观点。但是这一观点未能引起研究四川盆地的同行们的足够重视。⑤鉴于"四川盆地"含义的特殊性，许效松(1997)将四川盆地置于泛扬子陆块群板块体制构造-沉积演化的背景中来分析其演化和地球动力学，认为四川盆地从碳酸盐岩台地到前陆盆地的转折时期是中三叠世拉丁期的中晚期，即天井山中期($T_2t$)，经历了边缘前陆盆地阶段($T_2t$—$T_3t$)，后造山(陆相磨拉石)前陆盆地阶段($T_3x$—E)，晚白垩世开始萎缩，始新世末衰亡的演化。

上扬子地区晚三叠世前陆盆地，有学者称之为四川前陆盆地(吴应林等，1994；夏邦栋和李培军，1996；刘少峰和张国伟等，2008)。还有学者强调龙门山造山带的隆升对前陆盆地形成的影响，称之为"龙门山前陆盆地"(曾允孚和李勇，1995；李勇和曾允孚，1995)或"川西前陆盆地"(汪泽成等，2002；刘树根等，2003；杨长清等，2008)。

从盆山耦合关系、前陆盆地地层分布模式、构造沉降特征、沉积体系展布及演化等因素综合分析，本章称之为川西前陆盆地，与侏罗纪大巴山前陆盆地存在明显区别。

1. 川西前陆盆地起始时间

下三叠统顶部绿豆岩地质意义。绿豆岩是前人在自流井构造钻井地质录井中定义的标志层的形象岩石名称，分布在下三叠统嘉陵江组顶部。它是一种大气降落火山灰沉积物——富含钾铝硅酸盐的火山凝灰岩。岩石类型比较复杂，大致有四种类型：①底部硅质层发育的黏土岩；②底部硅质不发育的凝灰质黏土岩；③底部无硅质层，极富硅质豆粒的硅质黏土岩或黏土质硅岩；④底部无硅质黏土质凝灰岩或凝灰质黏土岩。在四川盆地内部广泛分布，为灰绿-深灰色，厚 0.5～2.0m。由于风化作用，火山凝灰岩产生玻化脱硅蚀变为水云母黏土岩，含"硅钙硼石"豆粒(风化残余物)，且非常发育。

吴应林等(1983)对"绿豆岩"作了矿物成分、结构和氧碳同位素分析，大量的资料证明是淡水淋滤作用的结果。

上述研究成果表明，盆地内部大面积分布的"绿豆岩"具有等时性，是下三叠统和中三叠统岩石地层界限，同时又是层序边界(许效松，1997)，它所代表的是这一时期海平面下降形成的古暴露面。此外，嘉陵江组第四段白云岩、石膏和石盐层组成的高位体系域中，盐层中杂卤石说明盐湖盆地为潮上环境，有淡水渗入，同时盐溶角砾中发现多个保存的古土壤层(许效松，1997)。这些均表明早、中三叠世之间发生了一次海平面下降，不仅造成了沉积物的暴露剥蚀，还是上扬子地台海平面变化的转折期，由早二叠世至早三叠世的海平面主体上升在早三叠世末转为海平面主体下降。中三叠统雷口坡组以海退进积型碳酸盐岩-蒸发岩沉积为主。

岩相古地理研究表明，泸州-开江古隆起在中三叠统雷口坡组雷一段沉积时就已有雏形，并持续发展到雷五段，表现为水下古隆起，以障壁岛沉积为主，向东过渡为潮下台盆，向西过渡为潟湖沉积。而在龙门山前缘的江油—绵竹一带，雷口坡组沉积后又沉积了中三叠统天井山组，以江油为厚度中心，向盆地迅速尖灭，表现为碳酸盐岩缓坡楔状体。由此可见，中三叠世的前陆古隆起在中三叠世雷口坡期就已形成(表现为水下古隆起)。该前隆形成后，在其西部龙门山地区沉积一套天井山组碳酸盐岩缓坡楔，前隆在中三叠世末的印支运动早幕得到进一步发展。

因此，中三叠世雷口坡期(安尼期)是四川盆地结束海相沉积的最后时期，同时也是前陆盆地开始形成的前奏。

2. 前陆盆地演化阶段

中生代前陆盆地是在古生代克拉通背景下发展起来的。晚二叠世末的构造活动属于相邻板块间的构造效应。原始秦岭洋盆地的后继俯冲，盆地收缩盆底变窄、海水变深，最明显的是上扬子北缘形成秦岭深水槽，造成晚二叠世相对海平面上升，形成大隆组层序(深海相硅质岩)超覆上扬子的北缘(许效松，1997)。

可见，由构造活动导致海平变化耦合效应的产物是陆相玄武岩楔形体、碎屑岩楔和大隆组层序的上超，标志着前陆盆地造山前的序幕。

(1)周缘前陆盆地：为中三叠世拉丁期至晚三叠世诺利期。中晚三叠世前陆盆地碳酸盐岩缓坡楔横剖面(图7-1)。构造活动的性质由大陆边缘发展为板块间的构造变化，构造和盆地性质的转换起因于古特提斯洋俯冲消减引起海平面下降(许效松，1997)，甘孜-

理塘小洋盆消亡形成岛弧带，从而上扬子西缘转为前陆拗曲盆地，碳酸盐岩台地转为前陆古隆起(图 7-2)。

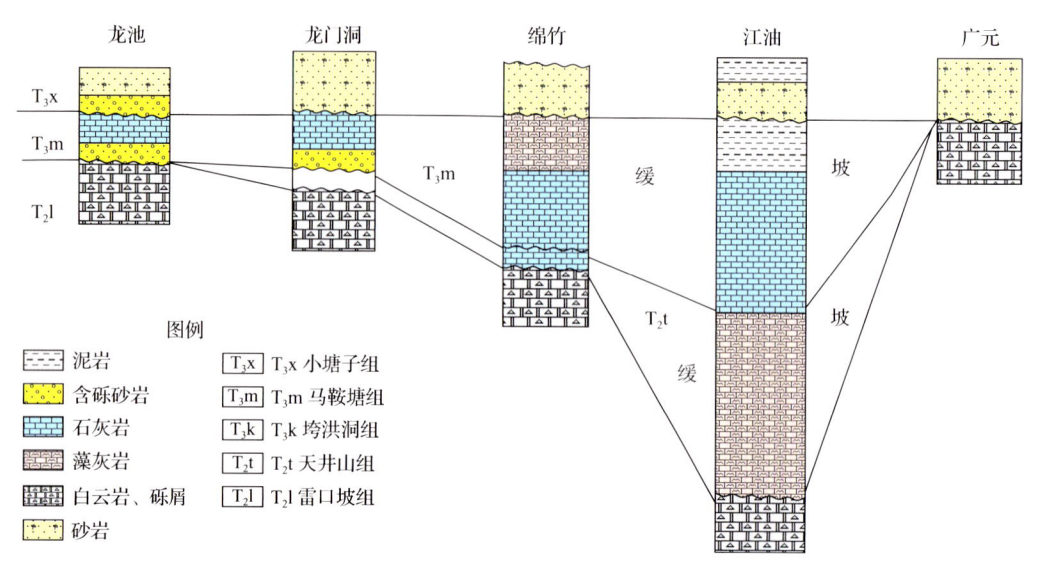

图 7-1 上扬子西缘中晚三叠世前陆碳酸盐岩缓坡楔状体

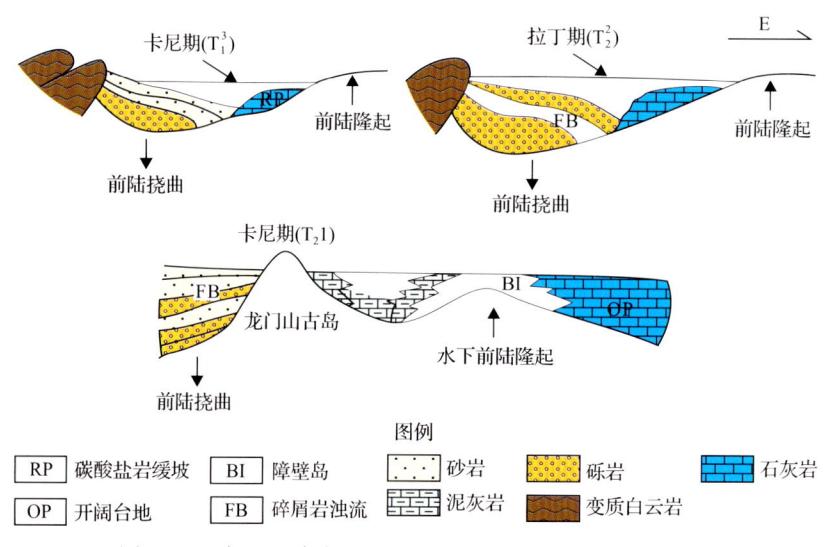

图 7-2 上扬子西缘中晚三叠世前陆古隆起迁移与沉积特征

该时期的前陆古隆起以四川南部泸州为中心形成北东向的古隆起带，使早、中三叠世地层遭受剥蚀，成为古喀斯特侵蚀面及残留地层(图 7-3)。川东南仅保存有下三叠统奥伦尼克阶嘉陵江组第三段，其余地区为中三叠统安尼阶雷口坡组残留体。在前陆古隆起斜坡发育两个碳酸盐岩缓坡沉积楔状插入体，即中三叠统拉丁阶天井山组和上三叠统卡尼阶马鞍塘组。

(2)造山前陆盆地：由晚三叠世瑞替期开始至新近纪为前陆磨拉石充填盆地。底部洪积砾岩层代表逆冲造山带形成，上扬子西缘转为山链，成为四川前陆盆地的前锋带。

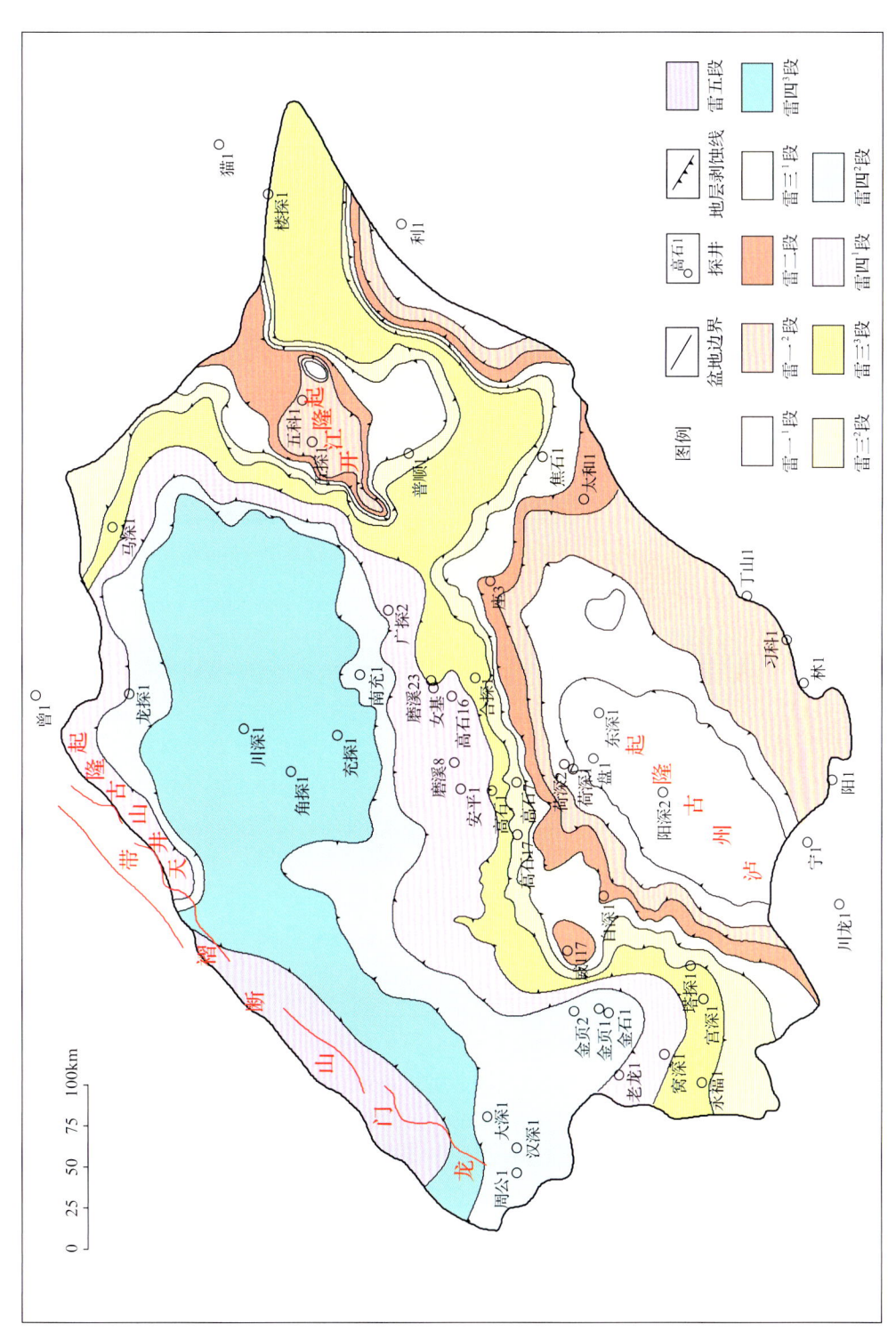

图 7-3 四川盆地晚三叠世前古地质图

受印支期扬子板块与华北板块碰撞、羌塘陆块与扬子板块碰撞拼合及古太平洋板块向西北俯冲的远程效应影响，晚三叠世四川盆地由海相转为陆相，发育形成前陆盆地。前陆盆地形成发展可分为以下几个阶段：前陆盆地雏形发育阶段（须一段沉积期）、前陆盆地形成阶段（须二段沉积期—须三段沉积期）、前陆盆地发展阶段（须四段沉积期—须六段沉积期）、后期整体抬升阶段（侏罗纪以来）。其中须一段沉积期川西地区与西部海槽相连，须二段沉积期—须四段沉积期盆地西南部与西昌盆地相通。

## 二、中—晚侏罗世大巴山前陆盆地

大巴山前陆盆地主体位于四川盆地川北-川东北拗陷，同时包括米仓山-大巴山冲断褶皱带、川东北高陡构造带北部、川中平缓褶皱带北部，面积约 4 万 m$^2$。大巴山前陆盆地的形成时间存在两种观点，一种认为是三叠纪或晚三叠世（Yue，1998；孙肇才，2003）；另一种认为是燕山期（张渝昌，1997）。

### 1. 大巴山前陆盆地形成时间

在讨论大巴山前陆盆地的形成与演化时，主要考虑以下四个方面的因素：①区域构造背景。通过对盆地所处的大地构造属性、构造演化特征，明确前陆盆地成盆期的构造环境。②盆地结构。鉴别陆前盆地的可靠标志是与褶皱-冲断带同期发育的不对称山前拗陷构造几何形态，它和褶皱-冲断带改造其他类型盆地形成的不对称向斜不同。③盆地演化。前陆盆地构造沉降往往具有先缓后陡的两段式特点，因此在尽可能准确地确定地层年龄和恢复被剥蚀厚度基础上，勾绘盆地构造沉降曲线。④前陆盆地地层组合和基底克拉通地层组合有着明显差异。克拉通地层组合通常具有厚度相对均一、岩性及沉积相展布稳定等特点。前陆盆地地层组合在地层厚度上从造山带到前陆盆地具有明显的由厚到薄的变化，沉积相展布沿此方向也发生明显的变化。纵向层序上，往往具有反旋回堆积以及顶部堆积巨厚磨拉石等特点。

根据地震、钻井以及野外露头资料，认为大巴山前陆盆地的形成时间应是中侏罗世。具体分析如下。

(1) 晚三叠世，随着松潘-甘孜造山带和龙门山构造带自北而南的快速隆升，在四川盆地西缘形成川西前陆盆地。最大沉积速率可达 0.62mm/a。早期盆地局限在龙门山前缘及川西地区，中晚期盆地沉积范围明显扩大，向北已到达大巴山前缘。但沉积中心和沉降中心始终在川西地区。此时的南秦岭造山带对盆地的影响远较龙门山小，没有出现类似川西地区的深凹陷，在地貌上呈南倾缓坡，沉积地层较薄，且具有由川中向大巴山超覆沉积的特点（图 7-4）。大巴山前的地震剖面上也可见须家河组以低角度向大巴山超覆。上述资料清楚地表明大巴山地区在晚三叠世处于古隆起状态。

(2) 早侏罗世—中侏罗世早期，龙门山上隆速度明显降低，盆地缓慢沉降，沉积中心向东迁移，沉积厚度明显减薄，仅 400~500m，最大沉积速率只有 0.012mm/a。除盆地边缘仍有一些粗碎屑堆积外，盆地主体呈现"饥饿式"细粒充填，其中充填的大安寨组和凉高山组湖相泥岩构成侏罗系重要的烃源岩。该时期盆地性质应属于陆内拗陷湖盆（汪泽成等，2002）。

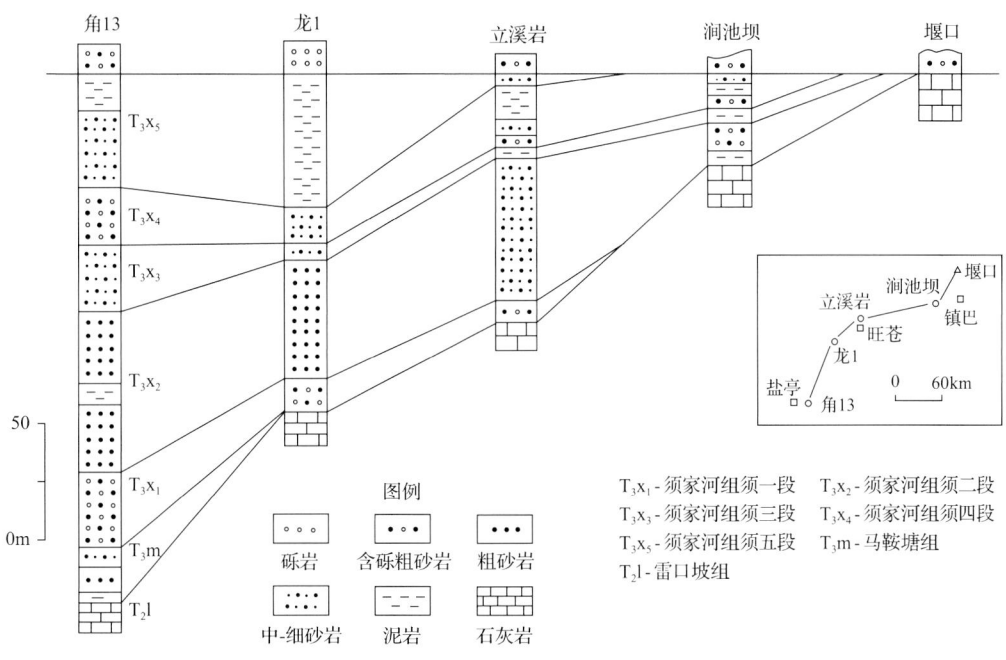

图 7-4 大巴山-川中上三叠统地层对比

(3)中侏罗世中晚期，在大巴山地区发生了较强的挤压构造运动。这次运动在地震剖面上表现出明显的冲断变形以及褶皱。图 7-5 是大巴山前缘通南巴地区一条北东向地震剖面，冲断层只在中侏罗统下沙溪庙组以下地层内发育，表明断层发育时间早于中侏罗世，是燕山运动中幕的结果。地震资料还表明，在三叠系到下侏罗统发生明显的层内褶皱作用，这种作用也并未影响到中侏罗统。

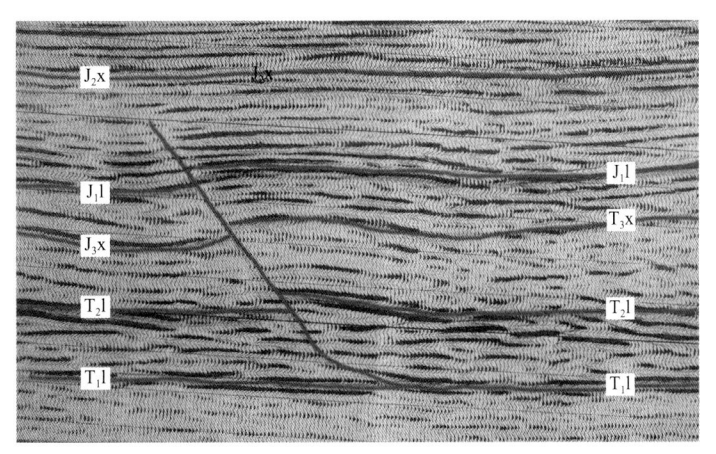

图 7-5 冲断层在下沙溪庙组以下地层内发育

中侏罗世早期发生的燕山运动中幕，改变了早侏罗世以陆内拗陷湖盆沉积格局，尤其在川北地区发生了明显的变化，即沉积了一套巨厚的多韵律的红色碎屑岩。米仓山-大巴山是重要的物源供应区。在大巴山野外露头剖面上，可见粗粒砂岩发育，具发育的大型交错层理和平行层理，底部冲刷常见。砂岩横向变化剧烈，成分和结构成熟度很低。

从编制的地层等厚图看，沉积中心和沉降中心均分布在盆地北部的万源-南江及东北部的开县、忠县地区，且厚度巨大，万源地区可达2000m以上，开县一带厚度为1500m左右。最大沉积速率可达0.11mm/a。该时期川西地区沉积较薄，仅400~600m。

(4)循进型同构造角度不整合。循进型同构造角度不整合是前陆盆地很重要的识别标志。通过从川北到川南的地层对比发现，在凉高山段与沙溪庙组之间存在同构造期不整合。凉高山组在盆地西南部缺失，下沙溪庙组直接超覆在大安寨组或马鞍山段之上。无凉高山组地区东界大致在彭州—青神—五通桥—南溪—叙永—华节一线。向东、东北方向，凉高山组由河流、冲积平原相渐变为滨浅湖至半深水湖相，并显示明显的退覆沉积特征。经区域地层对比，该组自西向东保存趋全。在大足—安岳—中江以西仅保存有下杂色段，而下杂色段中也明显反映东部地层全、向西上部地层越来越少，下沙溪庙组超覆在凉高山组不同地层之上，具明显的削蚀现象。它的形成与大巴山-米仓山在中侏罗世发生同沉积隆升有关。

(5)印支期以来的同位素年龄频谱图中秦岭-大巴山造山带有两个高峰值(孙肇才，2003)，即200~170Ma和140~120Ma，代表了印支晚幕—燕山早幕和燕山中晚幕两次重要的热事件和逆冲作用。前者主要发生在北大巴山，受深层次韧性台阶状滑脱的制约，北大巴山盖层冲断变形更趋复杂，冲断变形扩展过程中的叠加褶皱作用强烈，使古生界出露剥蚀(何建坤等，1999)。后者导致了大巴山整体南冲，形成弧形构造带，与盆内通江、南江、巴中地区北西向构造一致。

2. 大巴山前陆盆地结构与构造变形特征

如前述，大巴山前陆盆地形成始于燕山运动中幕，但前陆区的变形可追溯到印支期，尤其是中三叠世末发生的秦岭山造山作用，在城口以北的北大巴山发生强烈冲断褶皱，城口以南的南大巴山地区变形较弱，以褶皱与隆升为主。燕山期以来发生的多期次冲断，构造变形主要以前展式向盆地方向推进，最终于喜马拉雅期定型。现今的大巴山弧形构造带由一系列向盆地内部冲断推覆的冲断席组成。

现今的大巴山前陆盆地可分为四个构造单元，从大巴山到盆地依次为大巴山弧形构造带、米仓山-大巴山前缘带、川北凹陷带、川中低隆带(图7-6)。大巴山弧形构造带出露地层较老，地表褶皱强烈，冲断层发育，上下构造变形复杂，褶皱、断裂在平面上均呈向南西凸出的弧形展布，由北东向南西方向褶皱、断裂由密而疏，由冲断带变为断褶带而后递变为复式背向斜带。米仓山-大巴山前缘带主要以潜伏的冲断层为主，并在中深层形成双重构造组成的"三角带"。川北凹陷带主体位于巴中—平昌—达州，是早侏罗世—中侏罗世早期的沉降中心，也是中侏罗世中晚期的沉积中心，后期构造变形微弱，中深层可见高角度的逆冲断层，向上多消失在中下侏罗统中。川中低隆位于公山庙—营山以南，构造变形微弱，可见少量的逆冲断层。

3. 大巴山前陆盆地演化模式

大巴山前陆盆地是在晚三叠世上扬子古板块北缘被动大陆边缘的基础上，伴随大巴山和米仓山的隆升而发育起来的，其演化经历了发生、发展到萎缩的过程。根据盆地充填和相邻大巴山构造带造山和隆升的关系，可划分为四个演化阶段(图7-7)。

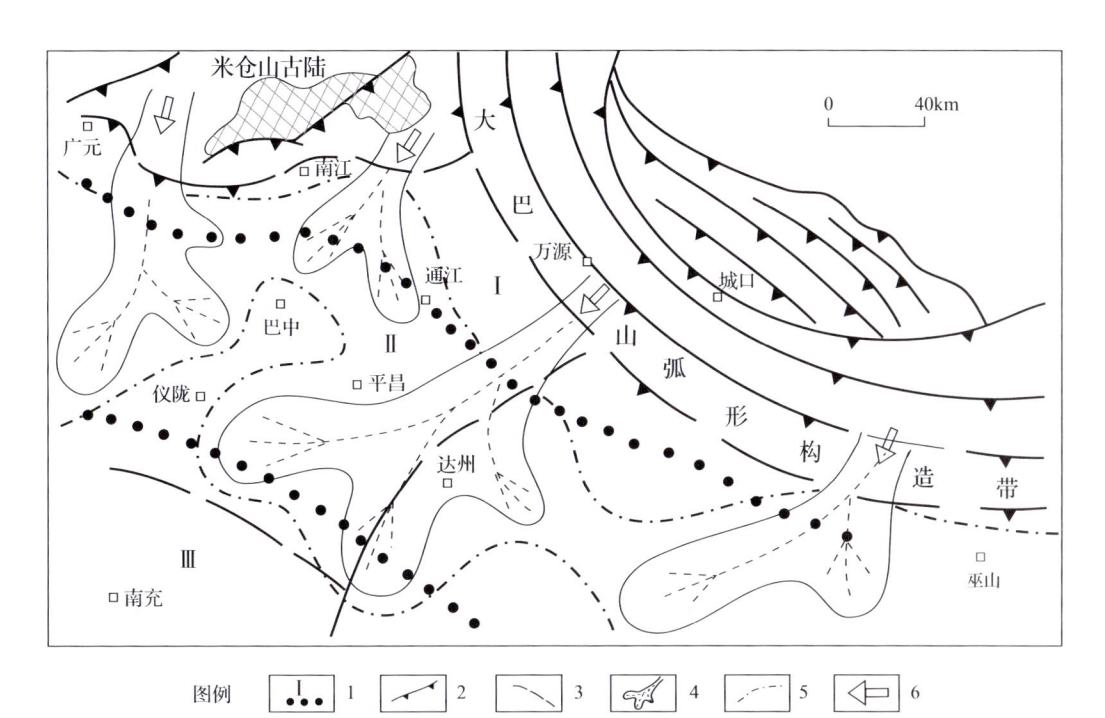

第七章 晚三叠世—侏罗纪构造-岩相古地理

图 7-6 大巴山前陆盆地结构特征与下沙溪庙组沉积体系叠合图

1-构造单元分区线与编号；2-冲断层；3-隐伏及推测断层；4-河流-三角洲沉积体；5-相区分界线；6-物源方向；
Ⅰ-米仓山-大巴山前缘带；Ⅱ-川北凹陷带；Ⅲ-川中低隆带

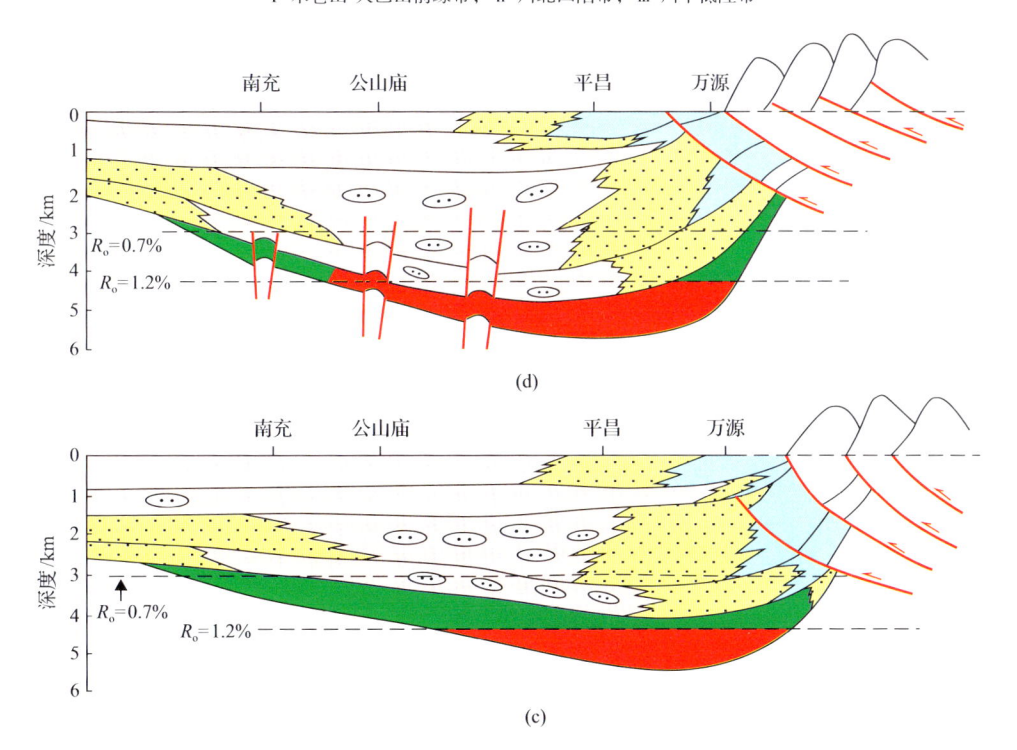

图 7-7 川北前陆盆地演化模式

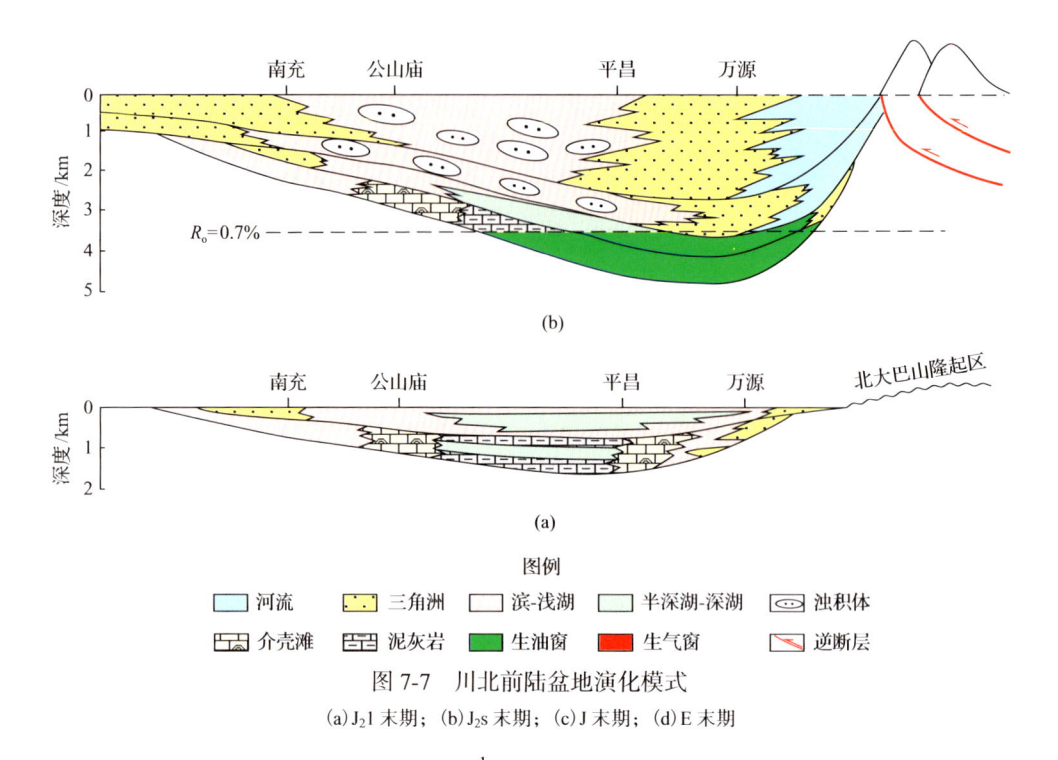

(a) $J_2^1$ 末期；(b) $J_2s$ 末期；(c) J 末期；(d) E 末期

(1) 早侏罗世—中侏罗世早期（$J_1$—$J_2^1$），陆内拗陷湖盆成盆期，由于周缘山系隆升幅度较小，物源供应不充分，沉积充填表现出"饥饿性"细粒沉积，是盆地烃源岩发育的重要时期。

(2) 中侏罗世中晚期（$J_2^2$—$J_2^3$），北大巴山显著隆升，并向盆地推进，在大巴山前缘大幅度沉降，充填厚度巨大的前陆盆地层序，来自大巴山物源的沉积体不断向湖盆推进，构成向上变粗的反粒序沉积。

(3) 晚侏罗世（$J_3$），北大巴山活动平稳，该阶段前陆盆地沉降中心已迁移到川西拗陷区。

(4) 早白垩世—新近纪（$K_1$—N），南大巴弧形断褶带显著活动，川中北缘前陆古隆起进一步隆升，前陆盆地显著萎缩，构造变形也明显增强，并在喜马拉雅期最终定型。

# 第二节　晚三叠世须家河期岩相古地理

## 一、须家河组沉积体系展布

根据研究区须家河组的岩性、岩矿及沉积特征，结合沉积区在整个沉积盆地中所处的位置、沉积时的构造背景、气候条件及野外地质剖面调查等综合分析认为，四川盆地须家河组主要属于辫状三角洲-湖泊沉积体系。晚三叠世，四川盆地四周发育多个山系，在四周形成多个大型三角洲沉积体系（图 7-8）。盆地内部地势平缓、沉积水体浅，沉积了大面积三角洲砂体，盆地西南部存在出口，与西昌盆地相连，水体进退频繁，造成盆地内大型三角洲砂体多期叠置，砂体大面积分布。

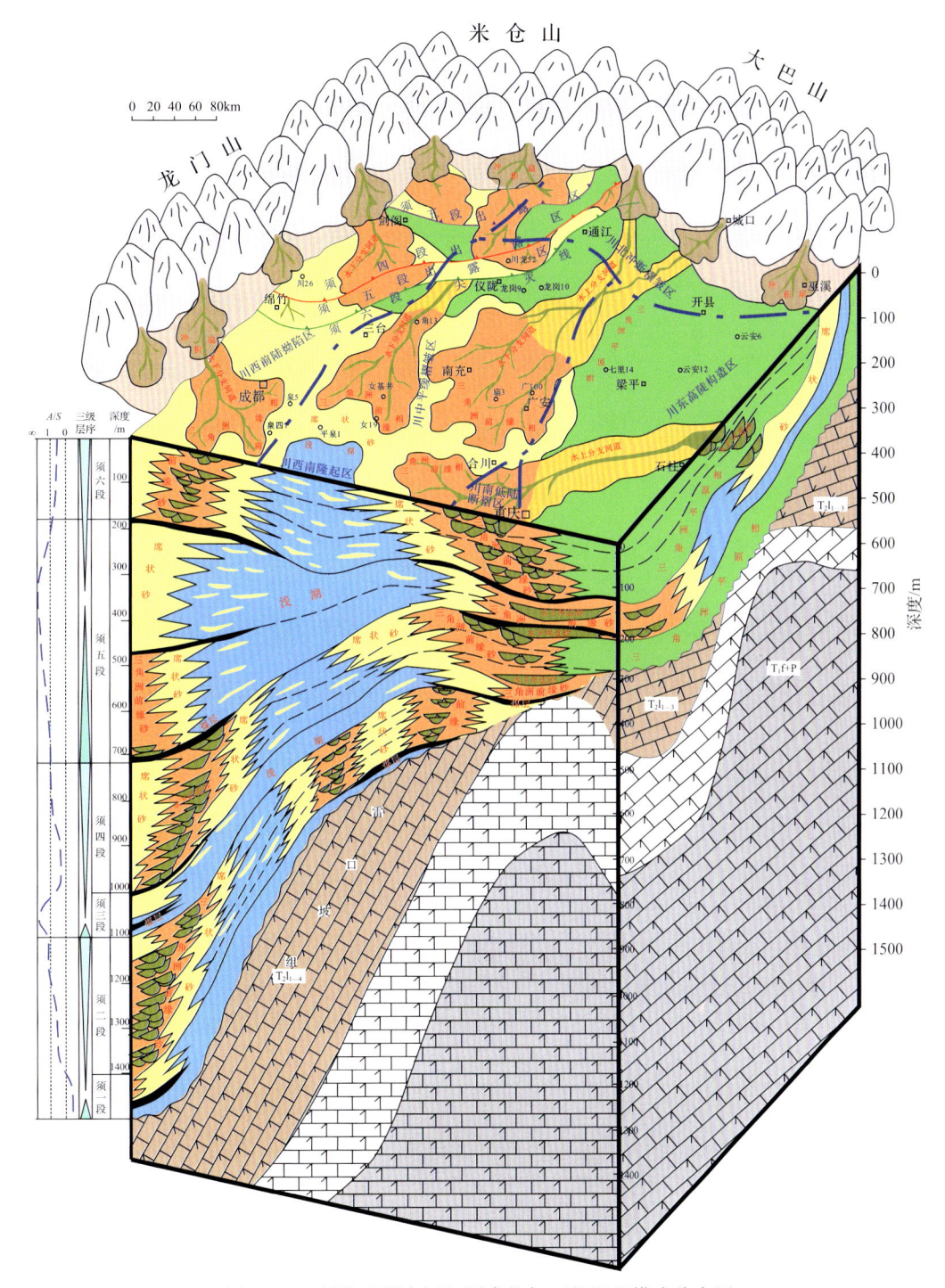

图 7-8 四川盆地须家河组层序格架下的沉积模式分布图

1. 须一段沉积期沉积体系

龙门山北段和康滇古陆向盆地提供物源，形成两个小型三角洲砂体。盆内其他地区以沼泽相和潮坪相沉积为主，沼泽相形成于岸线附近，潮坪相位于盆地西部，向西与松潘-甘孜海相连(图7-9)。该时期地层分布面积较小，沉积中心位于川西中部。

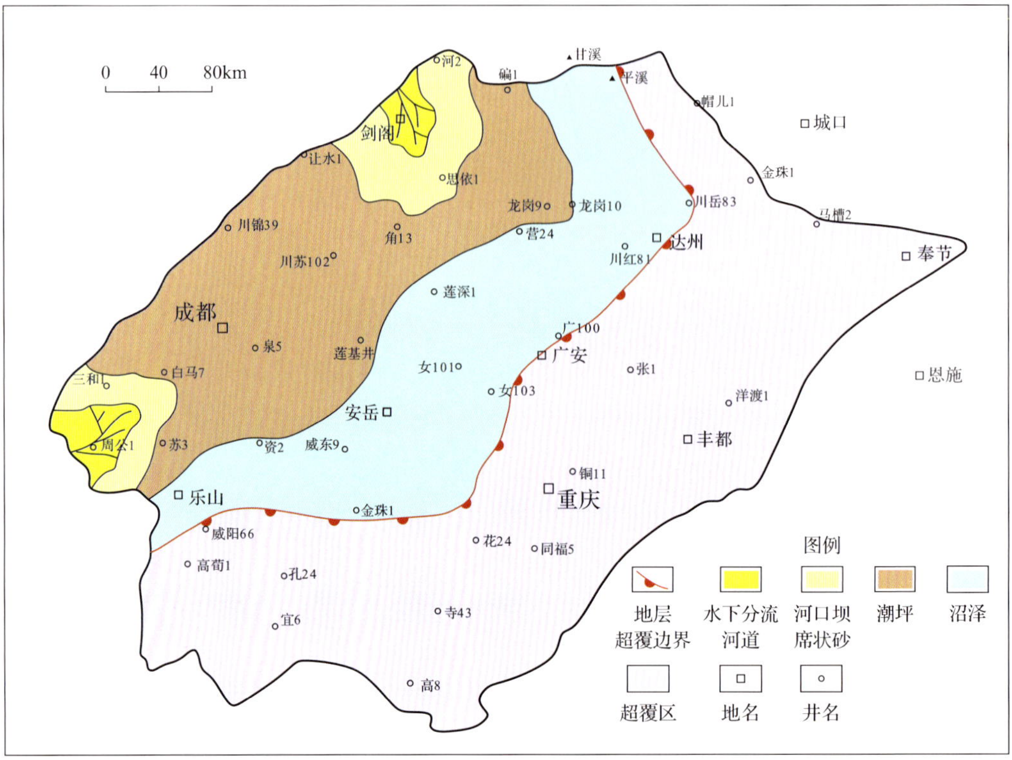

图7-9 四川盆地须家河组须一段沉积期岩相古地理图(杜金虎等，2010，有修改)

2. 须二段沉积期沉积体系

须二段沉积期，四川盆地存在四大源区，发育四个大型三角洲砂体，沉积中心向南迁移，向盆地西部存在出水口。源区位于川西北部、川东北部、江南古陆和康滇古陆，三角洲前缘水下分流河道发育。江南古陆由于地形平坦，多支水下分流河道发育，砂体规模较大。盆地中部以三角洲前缘河口坝-席状砂沉积为主，占全盆地总面积的80%以上。湖泊沉积体系以浅湖亚相为主，仅分布于盆地西部和西南部(图7-10)。

3. 须三段沉积期沉积体系

须三段为湖侵期沉积，以湖泊和沼泽相沉积为主，三角洲相较少。浅湖相沉积分布于盆地中部，而沼泽相沉积分布于盆地西部和东部以湖相泥岩及湖沼相煤系大面积分布为特征。盆地川西北部、川东北部、江南古陆和川西南部仍存在四大源区，发育四个大型三角洲砂体。川西北部砂体规模较大，川东北部、川西南部和江南古陆物源供给较少，砂体规模较小(图7-11)。

4. 须四段沉积期沉积体系

须四段沉积期，由于周缘板块构造活动强烈，源区沉积物供应充分，砂体规模较大，沉积中心位于盆地西南部。该时期源区主要位于川西北部、川东北部和江南古陆，发育六个大型三角洲砂体(图7-12)。三角洲分布面积占总面积80%以上，源区前方以水下分

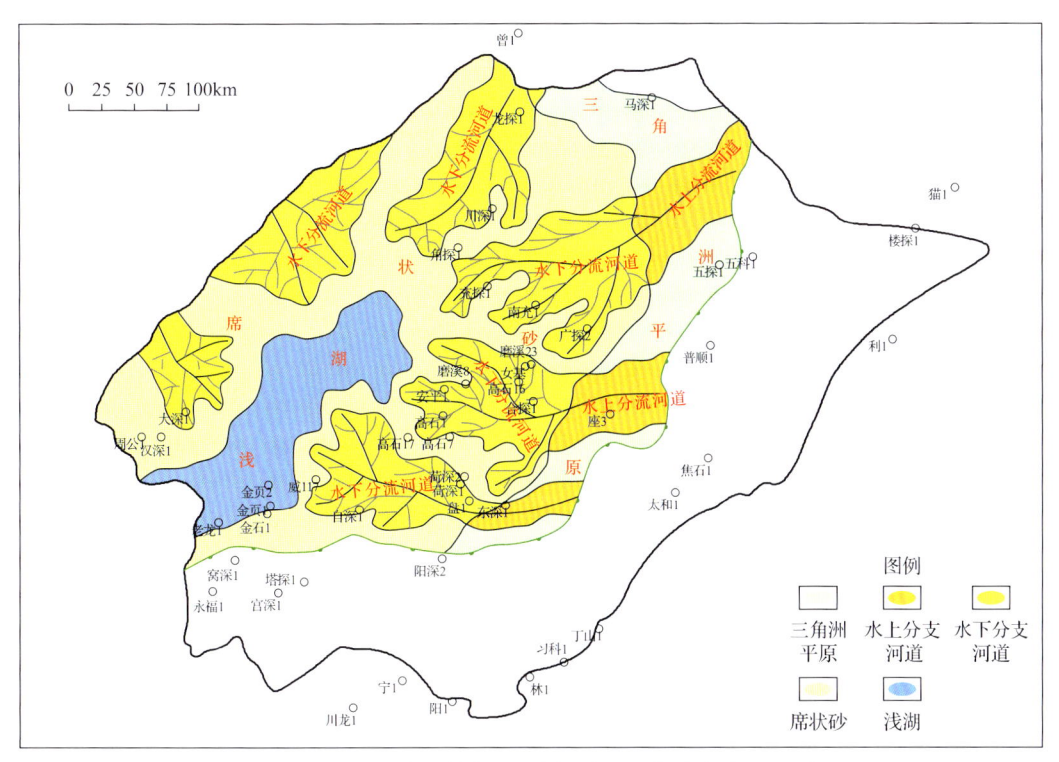

第七章 晚三叠世—侏罗纪构造-岩相古地理

图 7-10 四川盆地须家河组须二段沉积期岩相古地理图

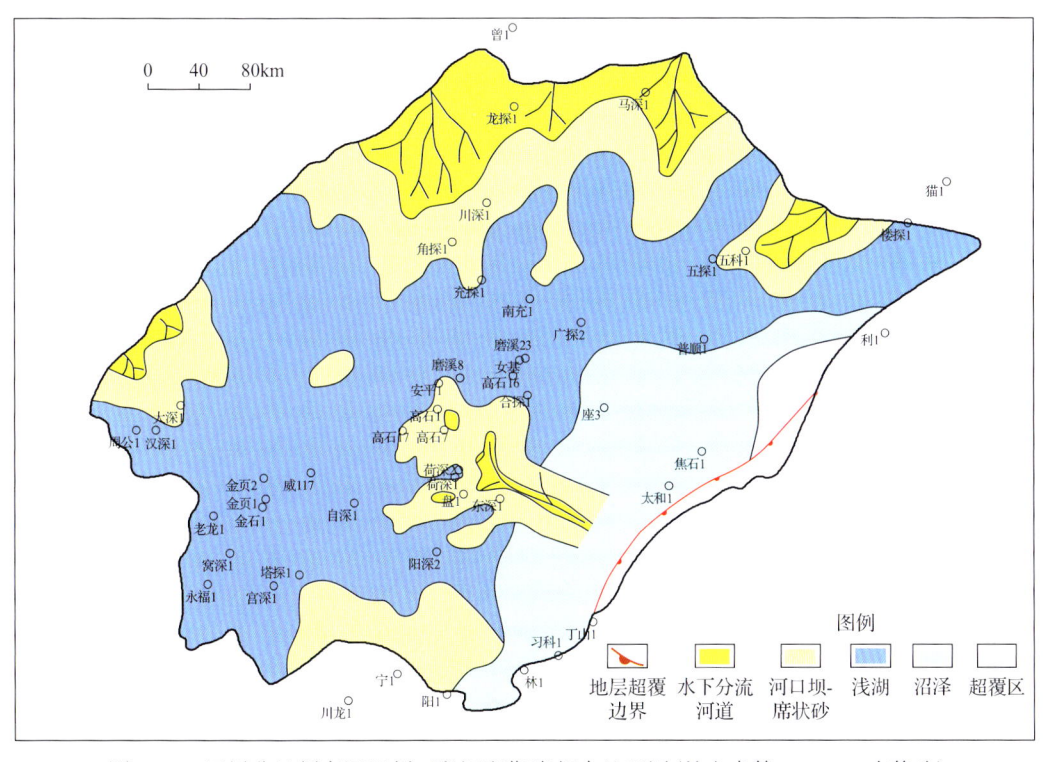

图 7-11 四川盆地须家河组须三段沉积期岩相古地理图(杜金虎等，2010，有修改)

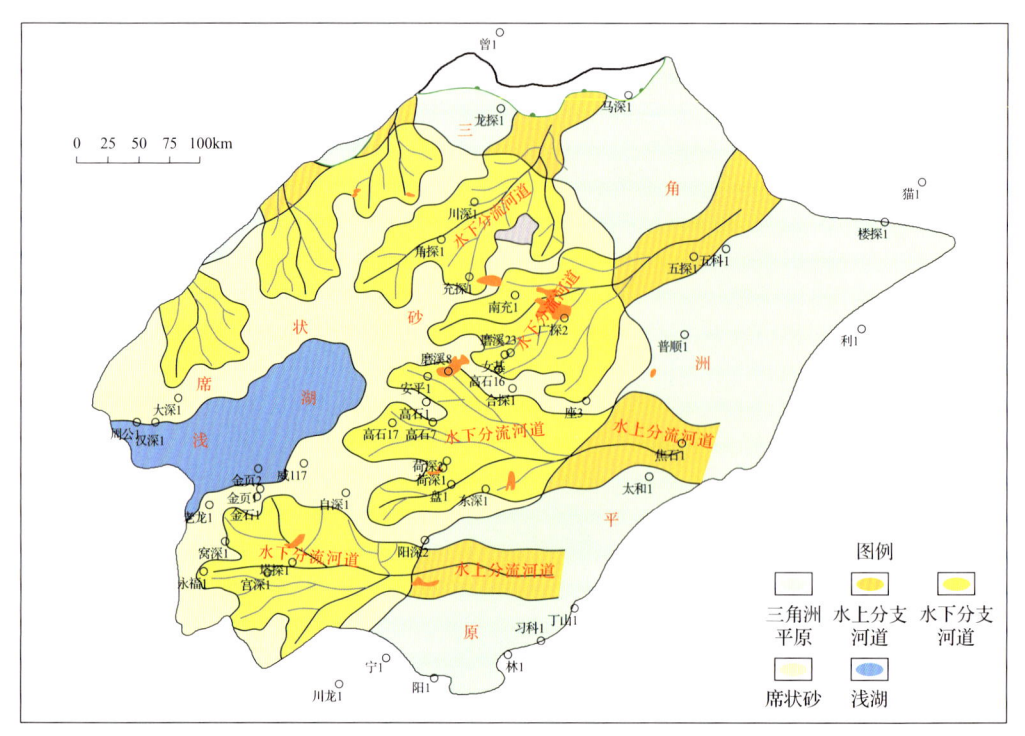

图 7-12 四川盆地须家河组须四段沉积期岩相古地理图

流河道沉积为主，而盆地内部则以河口坝-席状砂沉积为主。湖泊沉积体系分布于川南，以浅湖亚相为主，向西南开口，面积较小。

5. 须五段沉积期沉积体系

须五段沉积期，周缘板块构造活动减弱，物源供给减少，湖泊沼泽相沉积范围扩大。该时期源区位于川西北部、北东北部和江南古陆，形成四个大型三角洲砂体。在三角洲砂体之间，沼泽相沉积发育，而在盆地中部则以浅湖相沉积为主，占总沉积面积的50%之上(图 7-13)。该时期沉积中心进一步向西南部迁移。

6. 须六段沉积期沉积体系

须六段沉积期，源区构造活动增强，盆内冲积扇和三角洲沉积体系分布面积广泛，占盆内总面积的80%。湖泊沉积体系仍分布于川南，以浅湖亚相为主，向西南开口。各沉积体系相带稳定、厚度均一(图 7-14)。

总之，须家河期，盆地西缘受龙门山冲断带的强烈逆冲推覆作用，沉积体系从须一段至须六段不断由盆缘向盆内推进。须三段沉积后期开始，受安县运动影响，龙门山推覆体露出水面形成新的造山带物源，在盆地西缘冲断带发育扇三角洲粗粒沉积，由于坡度大、物源近，扇三角洲水系延伸距离只有50～80km，自须三段至须六段，沉积物中沉积岩屑先增加后减少，而碳酸盐岩屑逐渐增多，说明物源层系逐渐由碎屑岩转为碳酸盐岩地层。另一方面，川东地区属于前陆古隆起带，沉积坡度缓，水系延伸距离长，可达200～240km，辫状河道体系直达湖盆中心，河道砂岩经过长距离搬运，成分和结构成熟度都较高(图 7-15)。

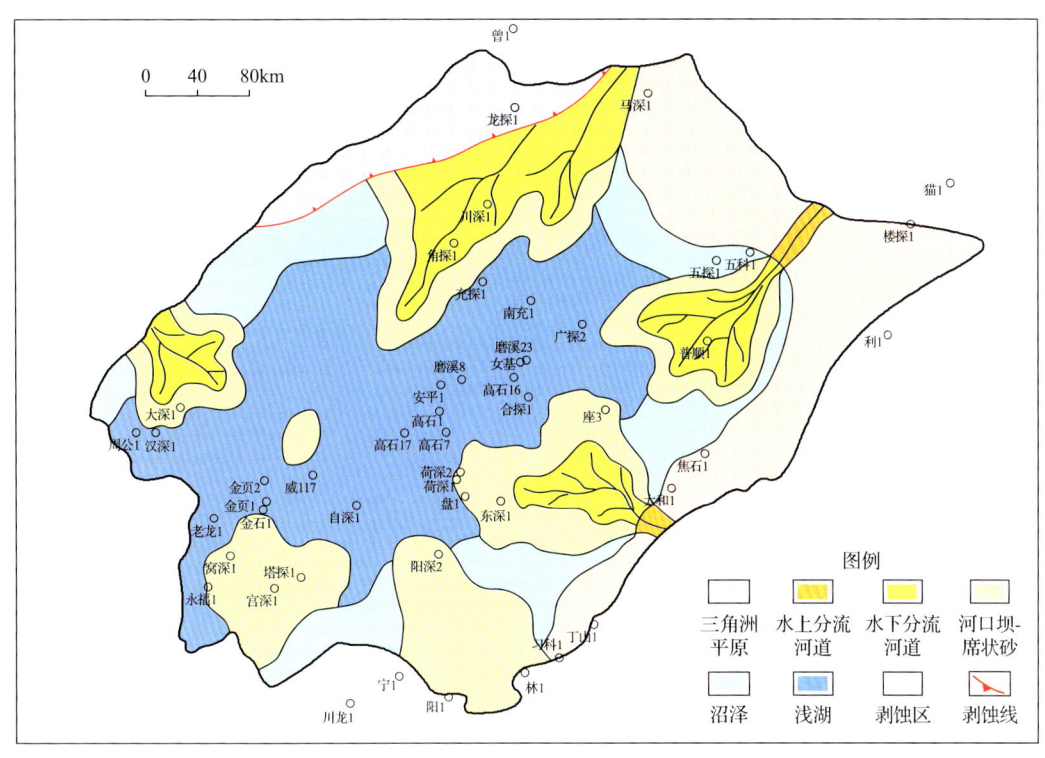

图 7-13　四川盆地须家河组须五段沉积期岩相古地理图（杜金虎等，2010，有修改）

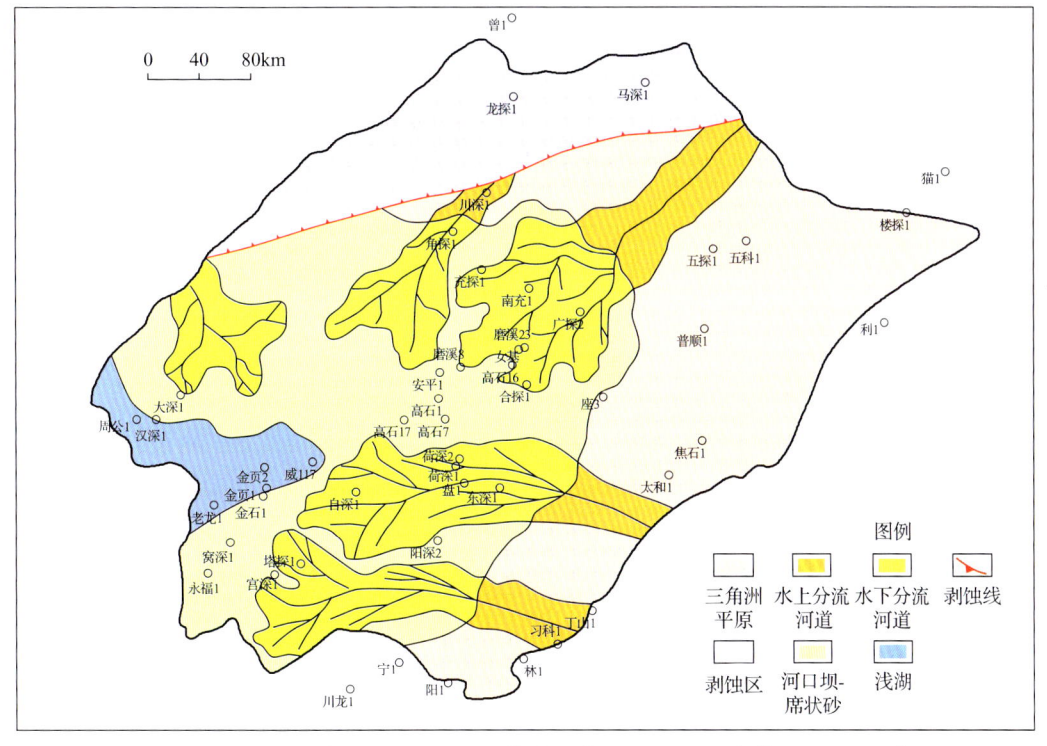

图 7-14　四川盆地须家河组须六段沉积期岩相古地理图（杜金虎等，2010，有修改）

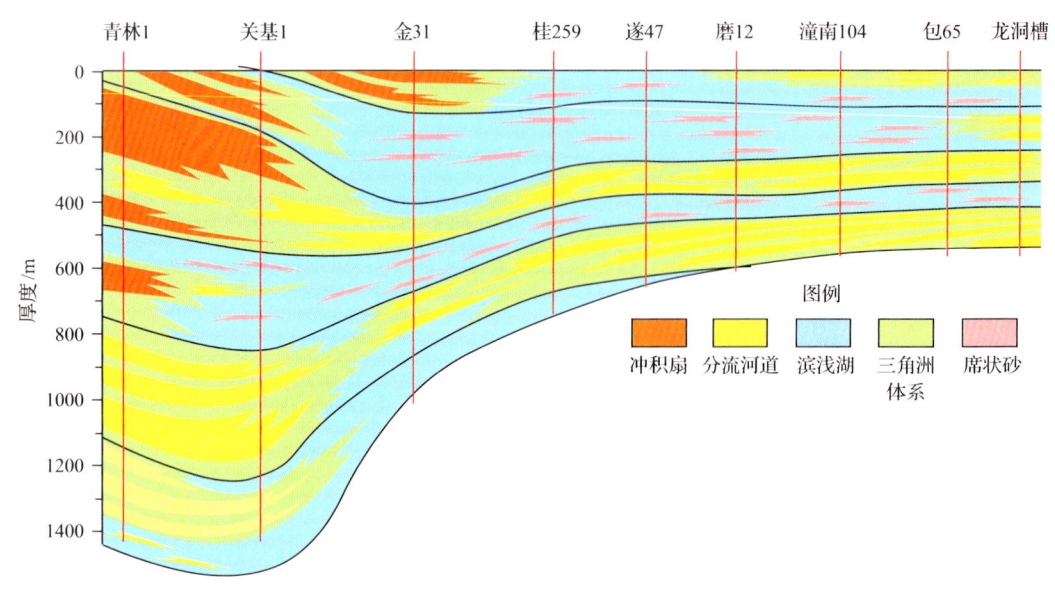

图 7-15 四川盆地须家河地层沉积剖面

沉积相带的展布格局严格受构造控制，以盆地边缘最为明显。例如，在四川盆地西部，沉积相带的展布格局主要受龙门山构造带逆冲推覆作用控制，由各类扇体侧向叠置组成的扇裙具有平行龙门山构造带呈 WE-SW 向展布的特点；在四川盆地北部和东北部，主要受米仓山-大巴山构造带逆冲推覆作用控制，具有自西向东随着米仓山-大巴山构造带的走向由近东西逐渐折向 NW-SE 向的变化，以冲积扇和三角洲为主体的扇裙展布格局也具有同方向变化的特点。

## 二、构造沉降对须家河组沉积体系控制作用的探讨

湖盆沉积体系展布主要受控于盆地构造格架及幕式构造运动。断陷湖盆中存在的构造坡折带对层序的发育、沉积体系域及砂体的分布起重要的控制作用，使断陷湖盆地沉积体系规模较小、沉积相变化快。拗陷盆地通常发育大型浅水三角洲体系，发育规模可达数百千米，以河道充填砂体为主，单砂体规模一般长达 1000～2500m，如四川盆地须家河组合川三角洲沉积体系，三角洲平原亚相延伸长度达 65km，前缘亚相延伸长度达 80km，难以利用坡折带分析方法进行描述。通过构造沉降梯度研究，探讨构造沉降梯度对沉积体系和沉积相变化的控制作用，试图揭示构造沉降对沉积控制的机理。

1. 构造沉降梯度概念

在大型陆相拗陷盆地中，由于沉积基底结构稳定，构造运动通常以升降运动为主，侧向上的挤压和拉张作用对沉积体系的影响相对较弱，如四川盆地上三叠统须家河组，及鄂尔多斯盆地石炭系—二叠系等。构造沉降对沉积的控制主要表现在沉降速率对可容空间变化的影响。湖盆不同区域有不同的沉降速率，产生不同的沉积坡降，导致湖平面的升降和水体深度发生变化，从而影响沉积物的充填和堆积样式，最终影响沉积体系和层序的展布特征。为了定量衡量这种影响的大小，笔者引入了构造沉降梯度的概念，是

指单位时间、单位距离内构造沉降速率横向变化,用 m/(km·Ma)表示。

为了求取构造沉降梯度,首先要对盆地的构造沉降史进行恢复,采用压实校正和回剥的方法计算一个地区的构造沉降量,对于陆相盆地,其公式为(陆克政等,1997)

$$D_\mathrm{T} = \frac{IS(\rho_\mathrm{m} - \rho_\mathrm{s})}{\rho_\mathrm{m} - \rho_\mathrm{w}} \tag{7-1}$$

式中,$D_\mathrm{T}$ 为构造沉降量,m;$S$ 为压实校正后沉积物的厚度,m;$\rho_\mathrm{s}$ 为沉积物平均密度,g/cm³;$\rho_\mathrm{m}$ 为地幔的平均密度,一般取值 3.4g/cm³;$\rho_\mathrm{w}$ 为地层水的密度,一般取值 1.01g/cm³;$I$ 为基底对载荷响应的因子,表示岩石圈均衡的程度,计算中一般认为岩石圈得到了完全均衡,故取值为 1。

得到了某一地区在某一时代地层的构造沉降量,就可以求取该地区这一地层的构造沉降梯度了。理论上,这个值应该是某一点上构造沉降量在不同方向对时间和距离的导数,公式为

$$D_\mathrm{S} = \frac{\mathrm{d}D_\mathrm{T}}{\mathrm{d}L \mathrm{d}t} \tag{7-2}$$

式中,$L$ 为相邻两口井上的横向距离,m;$t$ 为相邻两口井地层的沉积时间,a。

在实际计算中,由于地质时间跨度大、盆地范围广,可以利用两个距离较近井点的构造沉降量的差值再比上这一地层的沉积时间和相邻距离,得到两点之间的构造沉降速率横向变化梯度近似值。公式为

$$D_\mathrm{S} \approx \frac{D_\mathrm{T1} - D_\mathrm{T2}}{Lt} \tag{7-3}$$

式中,$D_\mathrm{T1}$、$D_\mathrm{T2}$ 分别为两个井点各自的构造沉降量,m;$L$ 为两点之间的距离,m;$t$ 为地层沉积的时间跨度,a。该式得到的构造沉降梯度可以较准确地定量表示相邻两点在某地层沉积时的地形坡度,相当于每千米构造沉降速率横向变化值,单位为 m/(km·Ma),即单位时间内由于构造沉降产生的沉积古地形高差。这个值的变化对地层沉积体系和层序分布具有重要的地质意义。

构造沉降梯度揭示了盆地内某一时期构造沉降产生的地形坡度,也就是可容空间的横向变化梯度。高的沉降梯度值表明某一地质时期内地形坡降大,可容空间向湖盆方向迅速增大,湖水迅速变深,相当于构造坡折带的位置,该区域的地层厚度和沉积体系往往发生突变,沉积物通常发生大量卸载沉降,导致水系突然变弱,甚至终止。在构造沉降速率梯度大的区域,水系会出现在上部先集中再向缓坡发散的特征,三角洲沉积区则会出现辫状河、水下扇沉积等明显的相分异作用;而在构造沉降速率梯度较小的地区,水系分散,常出现三角洲分流河道纵横交错、分流间湾广泛发育,从而形成了大水系沉积的特征。

## 2. 构造沉降梯度对须家河组沉积体系控制作用

四川盆地上三叠统须家河组为大型陆相前陆盆地。构造沉降史恢复研究表明，川西龙门山前地区构造沉降速率梯度大，相带展布较窄；川中地区构造沉降速率梯度小，以均衡沉降为主，相带展布宽，为大面积烃源岩与储层发育提供了可容空间条件。

由于受龙门山和大巴山隆升冲断影响，须家河组各层段构造沉降速率很高，可达 24～131m/(km·Ma)。但从构造沉降速率梯度看，存在明显分区。川西前陆拗陷区，构造沉降速率梯度总体偏大，达到 1.0～1.5m/(km·Ma)，与龙门山冲断负载导致前渊构造沉降加快有直接关系。从川西拗陷向川中地区，存在明显的构造沉降速率变化较大的区带，从 1.0～1.5m/(km·Ma) 变化到 0.1～0.05m/(km·Ma)。这一构造沉降快速变化带与沉积相带有很好的对应关系，即从山前的粗碎屑扇三角洲冲积平原沉积过渡到扇三角洲辫状河流沉积，相带宽度前者为 20～40km，后者为 60～80km。川中地区构造沉降速率梯度很小，大部分区域在 0.1～0.3m/(km·Ma) 变化，而这些地区主要为各大水系三角洲平原相带和前缘相带，相带宽度多在 60km 以上，镇原—广安水系和重庆—安岳水系两大水系的平原相带和前缘相带宽度超过 120km（图 7-16、图 7-17）。

岩性特征上，龙门山和大巴山前等构造沉降梯度大的区域，以中粗粒砂岩为主，含砾岩，而细砂和泥岩含量低。同时分选性和磨圆度等结构成熟度低，粒度变化大，岩石致密，成岩和压实程度高，基本呈镶嵌胶结，如川西地区须二段、龙岗地区须家河组，砂岩基质孔隙基本小于 4%，储集空间以裂缝为主。而在广大的川中地区，储层砂岩以中

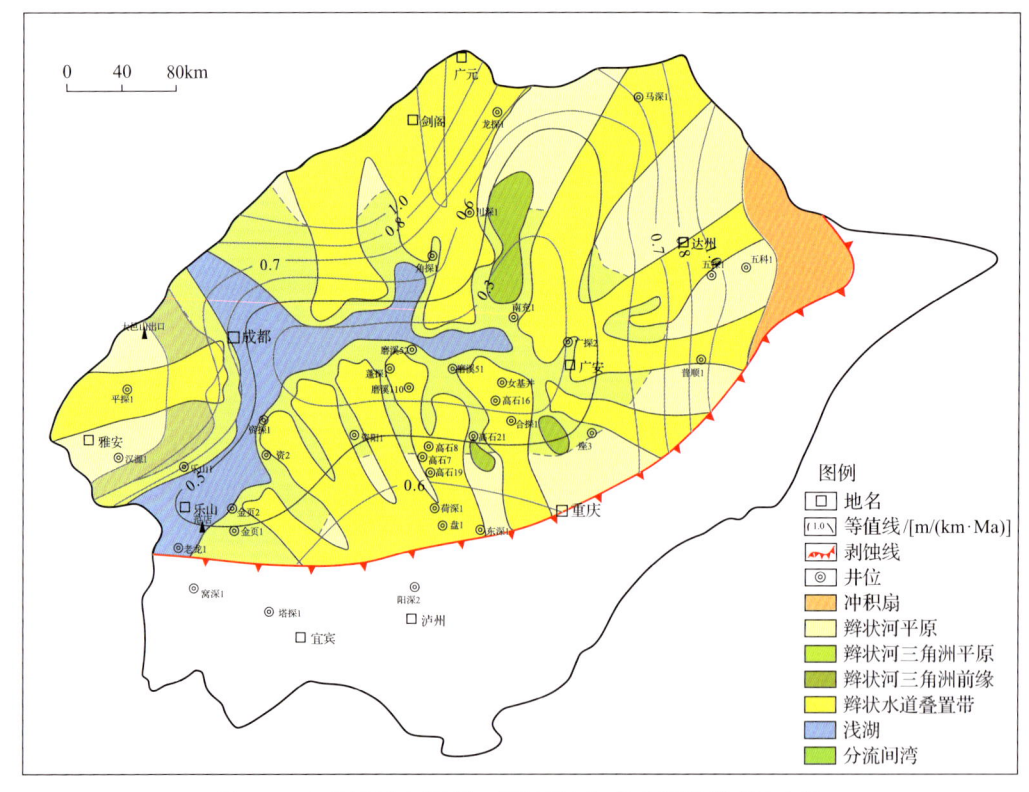

图 7-16 四川须家河组须二段沉积相与构造沉降梯度叠合图

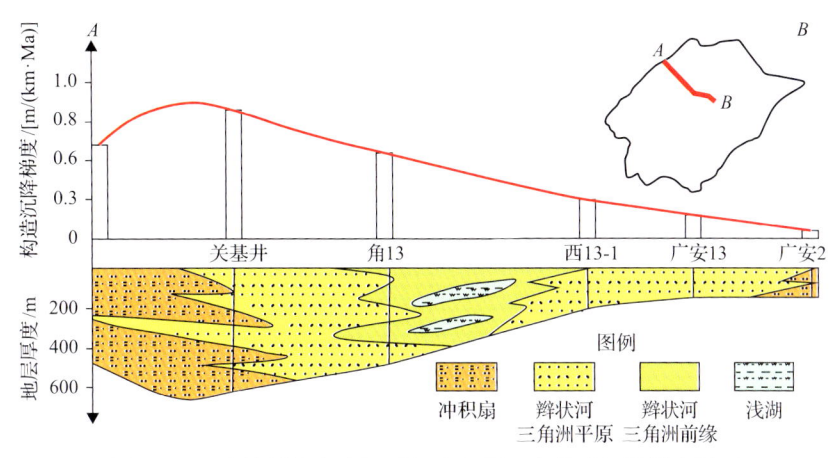

图 7-17 四川须家河组须二段沉积相剖面与构造沉降梯度剖面

细砂岩为主，部分地区含泥岩和粉砂岩，粒度变化小。砂岩的分选性和磨圆度较好，以孔隙胶结为主，溶蚀作用发育，主要储集空间为溶蚀孔隙，如广安地区须六段和合川地区须二段，储层孔隙度平均为4%~10%，渗透率在0.1mD①以上。

在构造活动相对停滞的须一段沉积期、须三段沉积期、须五段沉积期，须家河组的构造沉降梯度较小，龙门山地区为 0.6m/(km·Ma)，盆地其他周缘地区主要为 0.3~0.5m/(km·Ma)，而盆地内部大范围的构造沉降梯度基本为0.1~0.3m/(km·Ma)，变化非常小，可以说，整个盆地基本处于相近水深的以湖相泥岩和煤层为主要沉积的浅水沼泽相，从而形成了须一段、须三段、须五段盆地范围分布的泥岩和煤层的沉积，与须二段、须四段、须六段呈广覆式接触(图7-15)。同时，在靠近山前和物源发育地区，构造沉降梯度相对较大，含煤泥岩中砂岩夹层发育，具有砂泥岩间互的特征，如川西老关庙地区、川中西北部金华地区的须三段和须五段储层较发育，并在多口井中发现工业气流。而在川中地区，泥岩中的砂岩发育程度相对较弱，以细粉砂岩为主，物性相对较差，如广安与合川地区须三段和须五段(图7-18)。

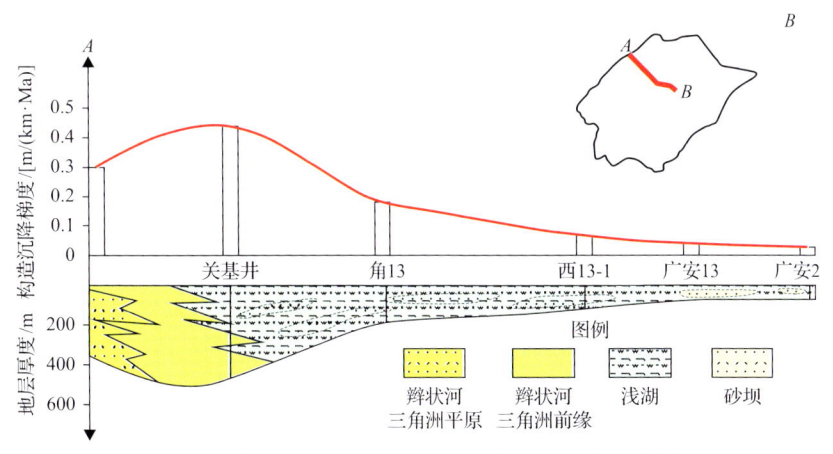

图 7-18 四川须家河组须三段沉积相剖面与构造沉降梯度剖面对比图

---

① 1mD=0.987×10⁻³μm²。

因此，构造沉降梯度对须家河组沉积体系展布特征和岩性变化具有重要的影响。在盆地周缘地区，构造沉降梯度值大，且变化快，相带展布较窄，岩性变化大，沉积体系由冲积扇很快转为辫状河三角洲平原沉积等。而在广大的川中地区，构造沉降梯度值小，变化也小，水体浅，水系分布广泛，出现上百平方千米的辫状河三角洲平原和前缘沉积。

通过上述分析不难看出，构造沉降梯度对须家河组沉积体系展布和岩性组合具有重要的影响。在盆地周缘地区特别是山前构造带，构造沉降速率快、梯度大，致使沉积相带展布较窄、岩性岩相变化快，沉积体系由冲积扇或扇三角洲很快转为辫状河三角洲环境。而在平缓的川中地区，构造沉降速率慢、梯度小，水体浅而面积大，水系延伸距离长、展布面积大，常见长数百千米、流域面积逾万平方千米的大型辫状河三角洲沉积体系(图7-19)。

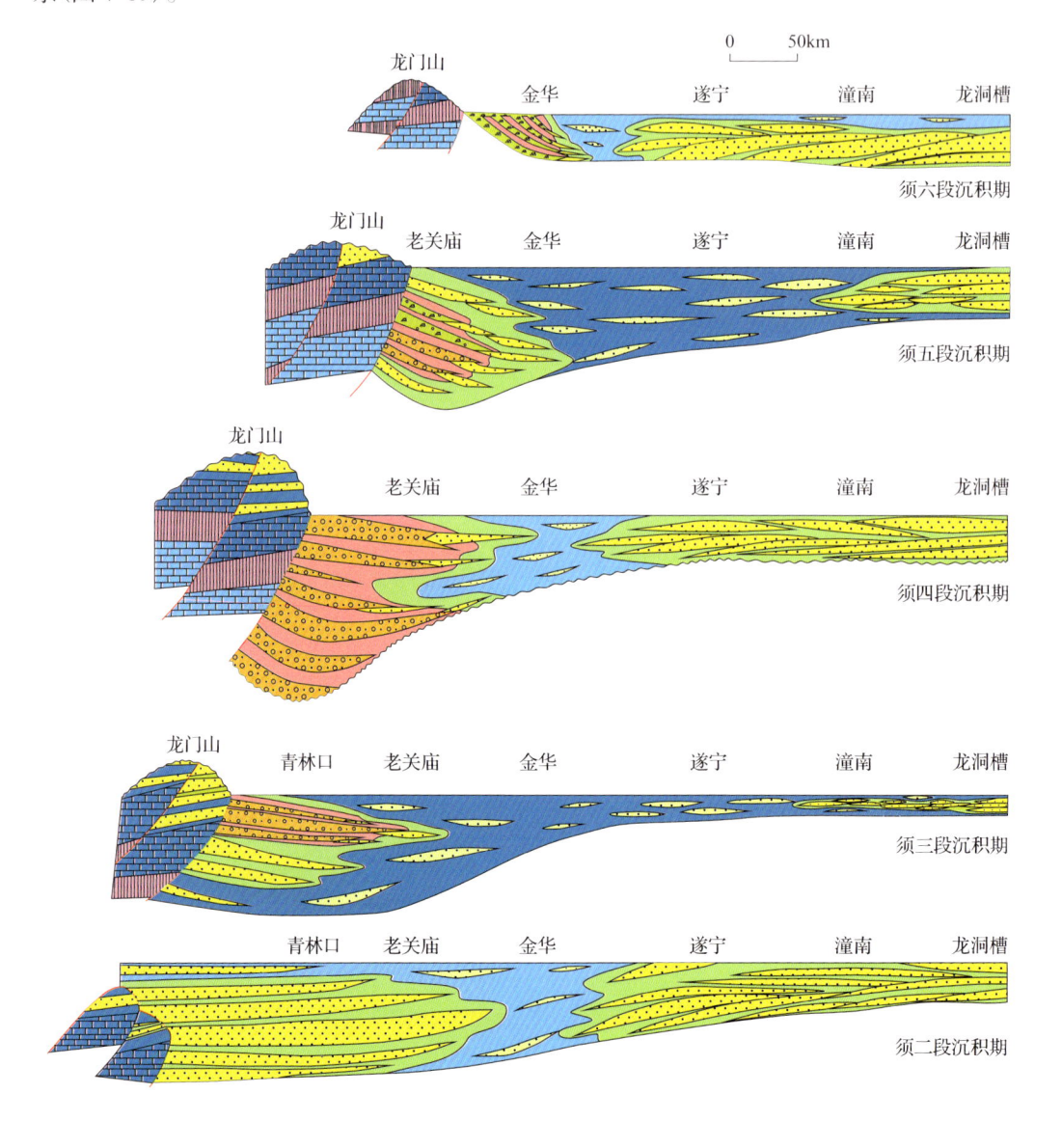

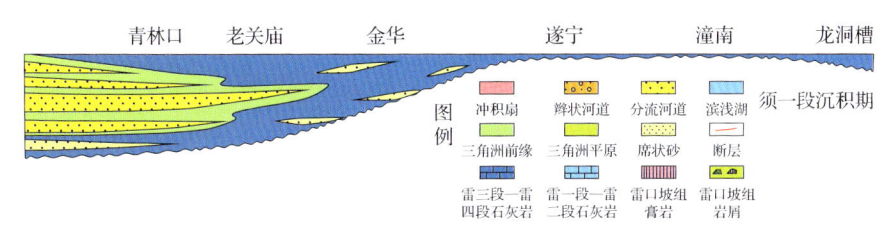

图 7-19　四川盆地须家河组北西向陡坡与缓坡沉积体系对比图

### 3. 其他盆地类比分析

鄂尔多斯盆地二叠系属于大型内陆拗陷盆地碎屑岩沉积。通过构造沉降史恢复研究发现，山西组沉积期，其构造沉降速率很小，只有 5.8～12.2m/Ma，可见其构造沉降十分缓慢，由此导致其沉积速率也非常低，基本在 7.2～12.5m/Ma。构造沉降梯度值同样较小，一般为 0.01～0.001m/(km·Ma)，表明构造沉降整体差异非常小，地形平缓。沉积相研究表明，其主要为浅水河湖相碎屑岩沉积，三角洲平原和前缘分流河道主要呈南北向，相带非常宽，基本在 120～150km，岩性和沉积物粒度变化非常小，主要储层为分流河道和心滩沉积的中细砂岩。这是由于盆地整体构造活动不活跃，沉降梯度变化小，地形平缓，剥蚀区物源供应必然较为缓慢，导致大水系和广泛的河湖相碎屑岩沉积。

与须家河组的前陆盆地和鄂尔多斯大型拗陷盆地相比，陆相断陷盆地的构造沉降速率和梯度变化明显不同。南堡凹陷东三段是断陷沉积地层，该期盆地南北两侧的断裂发育区构造沉降速率达 120～140m/Ma，而距离边界 30km 的凹陷中心构造沉降速率减小为 50m/Ma。相应的构造沉降梯度从边界区域的 6～7m/(km·Ma)，到凹陷中心减小为 1m/(km·Ma)，距离短，梯度大，坡度也大，相变也快。因此，沉积相带宽度只有 6～13km，与须家河组相比要小得多(表 7-1)。断陷盆地相对强烈的断层和构造活动导致较大地形沉降差异，基准面上升速度快，可容空间迅速增加，再加上盆地周缘凸起发育、物源充足，形成了快速沉积和强烈的相变特点。

表 7-1　前陆盆地与断陷盆地、拗陷盆地构造沉降对比

| 盆地/层系 | 盆地类型 | 地层厚度/m | 构造沉降量/m | 沉积速率/(m/Ma) | 构造沉降速率/(m/Ma) | 构造沉降梯度/[m/(km·Ma)] | 亚相长度/km | 岩性/岩相变化 |
|---|---|---|---|---|---|---|---|---|
| 南堡凹陷东三段 | 断陷 | 260～760 | 150～420 | 86～253 | 50～140 | 7～1 | 6～13 | 大 |
| 鄂尔多斯山二段 | 拗陷 | 30～61 | 18～32 | 7.2～12.5 | 5.8～12.2 | 0.0099～0.1 | 120～150 | 小 |
| 四川盆地须家河组 | 前陆 | 150～620 | 62～340 | 57～238 | 24～131 | 1.2～0.1 | 50～110 | 较小 |

以上分析表明，构造沉降活动对陆相湖盆的水系和沉积体系具有重要的控制作用，可以用构造沉降梯度进行衡量。在物源供应较为充足的情况下，构造沉降速率控制了可容空间的变化速率，从而控制地层的沉积速率，断陷盆地的沉降速率最大，沉积速率也最快，形成巨厚的河湖相碎屑岩沉积，而前陆盆地相对较小，大型拗陷盆地最小，沉积速率最慢。构造沉降梯度与沉降速率具有密切的关系。陆相盆地中，构造沉降梯度基本

与沉降速率的变化趋势相一致,断陷盆地构造沉降梯度大,前陆盆地和坳陷盆地相对较小。因此,断陷盆地基准面旋回变化快,可容空间迅速增加或降低,导致相带变化快,水系相对较集中,岩性和岩相差异较大,相带延伸一般只有几至十几千米。前陆盆地山前带变化梯度和沉积速率同样较大,相带较窄,由冲积扇很快相变为辫状河三角洲沉积,如川西龙门山地区,而在广大的川中斜坡带及坳陷盆地构造沉降梯度小,地形平缓,坡降比小,可容空间相对较小,发育大型的三角洲分流河道,水系长,相带宽,延伸可达上百千米,岩相和岩性变化很小。

同一盆地的不同构造部位,其构造沉降梯度也不相同,盆地边部或断裂发育区域较大,断陷盆地达 6~7m/(km·Ma),前陆和坳陷盆地一般为 0.1~2m/(km·Ma)。该区易形成构造坡折带,水系集中,发育冲积扇、决口扇、滑塌沉积等。在盆地短轴方向上,一般物源供应相对匮乏,常发育近岸水下扇等沉积。而在向湖盆中心方向,构造沉降梯度逐渐减小,相带变宽,水系呈发散状,常发育辫状河三角洲沉积,延伸长度可达数十至数百千米宽。但是,构造沉降梯度在所有盆地并非均匀地变化,断陷盆地的次级断层、坳陷和前陆盆地的基底断裂活动产生的挠曲带同样是构造沉降梯度变化较大的坡折带,该区域可容空间突然增加,易发生相变,可形成高能水下扇、滑塌沉积等物性较好的储层砂岩沉积。而在湖盆深部,变化梯度通常降为 0.01~1m/(km·Ma),地形非常平缓,基本是湖相泥岩和三角洲前缘席状砂发育的地区。

总之,构造沉降梯度对陆相盆地沉积体系和沉积相发育规模具有重要的控制作用。断陷盆地的构造沉降梯度大,造成沉积速率和相带变化大,水系相对较集中,岩性和物性变化快;前陆盆地构造沉降梯度相对较小,坳陷盆地最小,其可容空间变化慢,水系和相带宽广。构造沉降梯度值及其变化大的区域,可容空间变化大,导致水系呈现先集中后发散的特征,是相变最易发生的区域,这一作用对湖盆沉积相的变化特征识别和划分具有重要的意义。同时,构造沉降梯度大的区域是三角洲高能水道集中的区域,发育分流河道、水下扇、河口坝等储集性能良好的砂体,对油气勘探具有重要的意义。

## 第三节 侏罗纪岩相古地理

四川盆地广泛分布侏罗纪地层(63~73Ma),其最大厚度达 4000m,一般厚为 2500~3500m,为一套河流—三角洲—湖泊相暗色、杂色、红色碎屑岩建造。其中,下侏罗统以三角洲—湖泊相的暗色碎屑岩、碳酸盐岩沉积为特征,中侏罗统以红绿间互的河湖交互相杂色碎屑岩沉积为特征,上侏罗统以氧化宽浅湖相及河湖交互相红层沉积为特征,具有陆相致密油形成的有利沉积环境和储层条件。

### 一、沉积相类型

根据研究区珍珠冲组、自流井组各段、凉高山组与下沙溪庙组的古生物、岩性与沉积特征,结合前述区域沉积分布格局来看,这些地层均属大陆相组沉积,包括河流泛滥平原、三角洲至半深湖的各类沉积。具体的沉积相类型如表 7-2 所示。

表 7-2 四川盆地东北部地区中—下侏罗统沉积相类型划分一览表

| 相 | 亚相 | | 微相 |
|---|---|---|---|
| 泛滥平原 | 河流 | 辫状河 | 心滩砂 |
| | | 曲流河 | 河底滞留砂砾、边滩砂(砾)、天然堤、决口扇 |
| | 泛滥盆地(洪泛平原) | | 泛滥盆地泥和粉砂 |
| | 洪泛湖 | | 洪泛湖泊泥夹砂 |
| | 湖滨平原 | | 湖滨平原 |
| 三角洲 | 三角洲平原 | | 分支河道砂(砾)、分支间滩泥、分支间沼泽、分支间湾泥 |
| | 三角洲前缘 | | 河口砂坝、远砂坝砂、席状砂、水下分支河道砂 |
| | 前三角洲 | | 前三角洲 |
| 湖泊 | 滨湖 | | 滨湖滩砂、滨湖滩泥、滨湖沼泽 |
| | 浅湖 | | 浅湖泥、介壳滩、浅湖砂、沼泽 |
| | 半深湖 | | 半深湖泥 |

## 二、沉积相展布与演化

### 1. 早侏罗世大安寨期

下侏罗统自流井组大安寨组沉积期，以湖相泥质岩和介屑灰岩沉积为主的细粒沉积，仅在米仓山前缘、川西北和川西南地区边缘部位发育河流-三角洲相沉积。四川盆地广为湖泊覆盖，而且浅湖-半深湖相区范围相当广，表明这个时期是一个湖面上升期，即湖盆扩展时期。大安寨组以发育介壳灰岩为主要特征，形成于淡水陆相湖泊，岩性为介壳灰岩、泥质介壳灰岩，纵向上主要发育在大一亚段和大三亚段，单层厚度一般为 2~5m，厚者可达 20m 以上。

该期的浅湖下部泥夹粉砂与灰岩-半深湖泥页岩相分布很广(图 7-20)，几乎覆盖了整个研究区的南部，包括南部巴中-平昌-达州-营山和万州-开县两大区块。这些区内的灰黑色泥页岩累计厚度占了段厚的 40%以上，绝大部分地区在 50%以上，还有很大一部分地区(公山庙-营山-平昌 1 井-川红 81 井区)达 70%以上。此外，还有相当比例(30%左右)的介壳灰岩，呈环带状大面积分布于浅湖相区，介壳灰岩累厚占段厚的 40%~70%。

### 2. 中侏罗世凉高山期

凉高山期是一个水进期，湖水面上升，水体加深。由于周缘山系隆升，物源供应充分，沉积以暗色泥岩为主，但同时出现较多砂岩和粉砂岩。

凉高山期，来自龙门山的物源供应充分，水系发育，在川西拗陷西部的雅安—德阳—广元一带发育三角洲平原相，到资阳—射洪—旺苍一带为三角洲前缘沉积(图 7-21)。

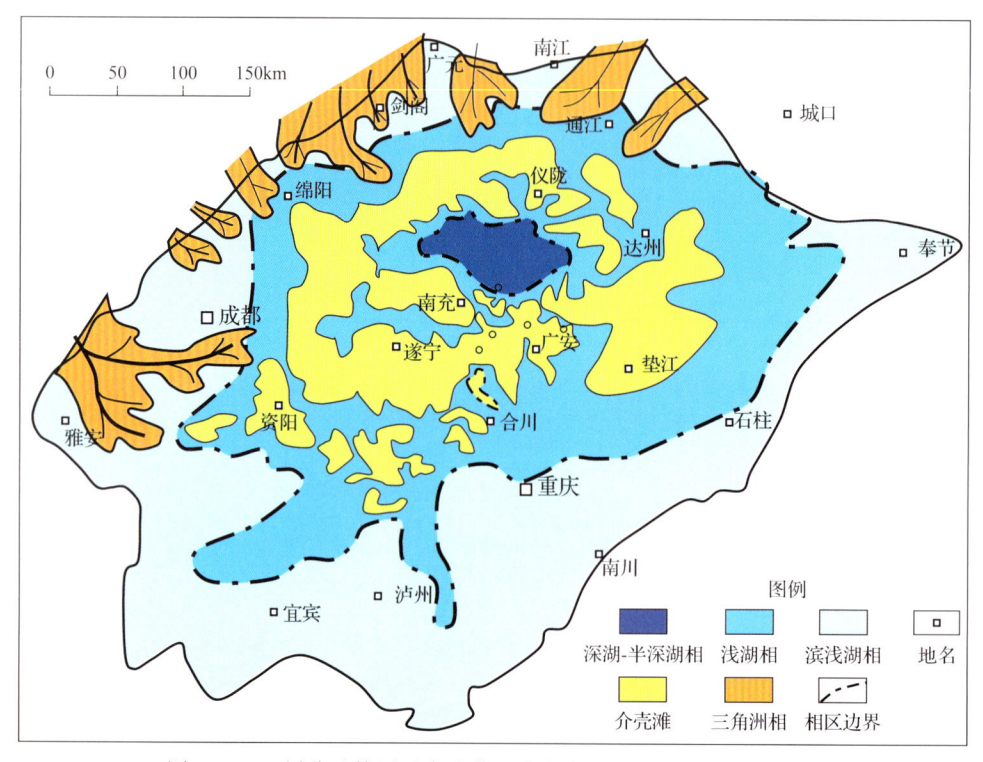

图 7-20　四川盆地侏罗系自流井组大安寨组沉积期岩相古地理图

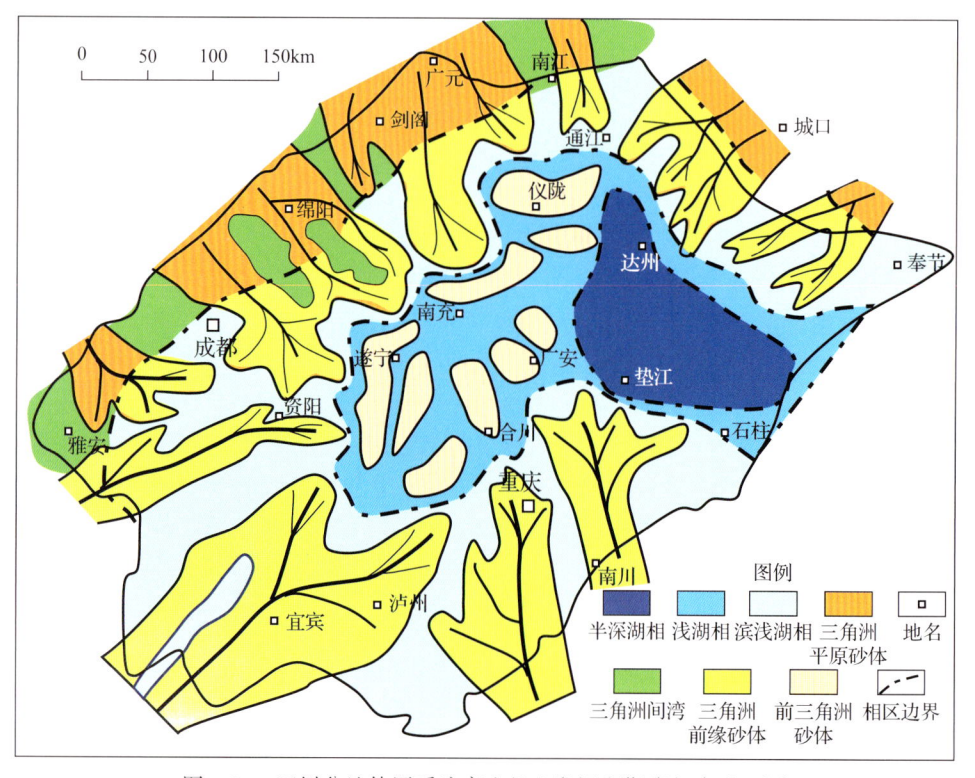

图 7-21　四川盆地侏罗系凉高山组上段沉积期岩相古地理图

川南-川东南部发育东南物源的三角洲水系，宜宾-泸州、綦江-重庆-涪陵也为另一水系的三角洲前缘沉积。大巴山前缘发育北部物源沉积系统。川中大部分地区为浅湖沉积，受湖底地形变化影响，发育多个浅滩-滩坝砂体，如安岳-遂宁、南充、营山、仪陇等地均出现滩坝砂体。半深湖-深湖相区主要位于川中北—川东北的梁平—达州一带，灰黑色泥页岩占比在20%～40%。

3. 中侏罗世下沙溪庙期

从岩性看，下沙溪庙组是一套以紫红色为主的杂色泥岩夹砂岩层的非湖泊相砂泥岩地层。紫红色泥岩的形成环境无疑属氧化环境。该组是一套以紫红色(局部地区有较多灰绿色泥岩)泥岩为主，与粉、细砂岩呈不等厚互层或是紫红色泥岩夹砂岩的地层。经大量地面剖面和剖分岩心观察，该组泥岩中普遍未见明显发育的水平层理或波状层理，多属层理不明显的块状泥岩，风化后往往破裂成碎块状。

下沙溪庙期，周缘山系构造活动强烈，尤其是北部的大巴山地区，因而来自盆缘山系的物源供应充分，河流-三角洲沉积体系不断向湖盆推进(图7-22)。北部三角洲体系的平原相带主要分布在通江—达州—万州以北地区，三角洲前缘相带向湖盆延伸广，前端可达川中的遂宁—射洪一带。西北部三角洲体系在剑阁—绵阳以西地区发育三角

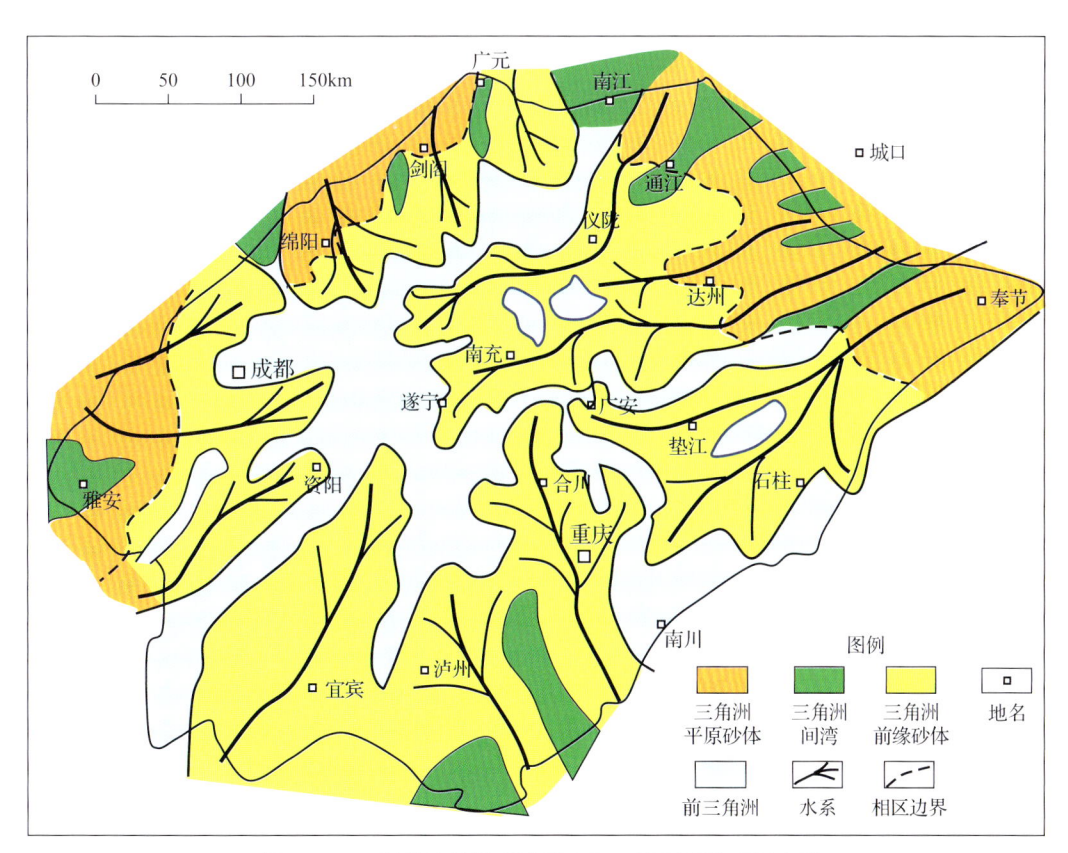

图7-22 四川盆地侏罗系沙溪庙组一段沉积体系展布图

洲平原相沉积，三角洲前缘相位于中江-三台以西地区，表明该时期大巴山隆升强烈，提供的物源更为充分。川西-川西南部发育扇三角洲体系，向湖盆延伸至资阳—简阳—德阳一带，表明龙门山南段该时期构造活动也较为强烈，向湖盆提供的粗碎屑物质较多。川南-川东南三角洲体系也表现出向湖盆进一步延伸。浅湖-滨浅湖进一步萎缩，主体位于川中南部地区。

中侏罗世上沙溪庙沉积期，由于盆地东部的全面抬升，也成为物源供应区。这样上沙溪庙沉积时，存在西、北、东三个方向的物源，提供了大量的陆源碎屑物，使砂岩发育。沉积厚度中心分布在盆地北部的万源-南江及东北部的开县、忠县地区，且厚度巨大，万源地区可达2000m以上，开县一带厚度为1500m左右；往盆地的中南部厚度变薄，南充、成都为900m，美姑、乐山、雅安为500～700m。

晚侏罗世遂宁组沉积期，盆缘构造区域稳定，四川盆地以稳定湖泊沉积为主体。由于气候相对干燥，颜色较独特，具有鲜红色和大片鲜红色土壤发育，厚度稳定在300～500m。

晚侏罗世蓬莱镇组沉积期，由于龙门山的强烈抬升，物源供应充分，在其山前的剑阁、梓潼、安县等地区发育多个巨厚的冲积扇体，盆地北部则主要为河流-三角洲沉积。湖盆中心迁移到西南部的成都、内江—乐山一带，主要为暗紫色、灰绿色泥页岩夹砂岩。同时，可见三个区域性标志层，即"何塘灰岩""李都寺灰岩""景福院页岩"，代表了浅湖-半深湖沉积。湖盆的沉降中心位于龙门山前缘的江油-绵阳及雅安地区，沉积厚度可达1200～1500m。

早白垩世沉积仅局限在盆地西北部，以山麓冲积扇和辫状河沉积为主。此时，湖盆明显缩小，局限在达州—南充—雅安以西地区，厚度300～1200m。

综上所述，晚三叠世以来，四川盆地演化进入了前陆盆地演化阶段，充填了须家河组到白垩系碎屑岩沉积。总的沉积特点如下：①以湖盆沉积为中心，发育冲积扇、河流、三角洲、湖泊等沉积体系。②沉积演化序列在晚三叠世须四段—须六段表现为两个向上变粗的反粒序，侏罗系—白垩系虽发育多个向上变细的正粒序(图7-23)，但总体上表现出三个向上变粗的反粒序，即自流井组—沙溪庙组、遂宁组—蓬莱镇组、天马山组—夹关组—灌口组。每一个反粒序的沉积序列均反映了一次冲断活动向盆地推进。③盆地沉积中心和沉降中心不断迁移(图7-24)。沉降中心在晚三叠世早期(须一段—须三段沉积期)位于川西地区，呈NW向展布；晚三叠世晚期(须四段—须六段沉积期)沉降中心向南迁移到成都以西地区；早侏罗世沉降中心主体位于川中北部南充—巴中地区，中侏罗世受大巴山前陆形成影响，沉降中心位于广元—万源一带；晚侏罗世—早白垩世沉降中心再返回川西北(遂宁组、蓬莱镇组、下白垩统)；晚白垩世沉降中心位于川东北万州一带。沉积中心也从晚三叠世的川西，过渡到自流井期、千佛岩期的川东，上下沙溪庙期的川中及遂宁期、蓬莱镇期的川西南，直至白垩纪的邛莱一带。沉积、沉降中心的变迁主要反映了盆缘造山运动对盆地沉降与沉积的影响，同时也反映了构造活动的强烈程度。

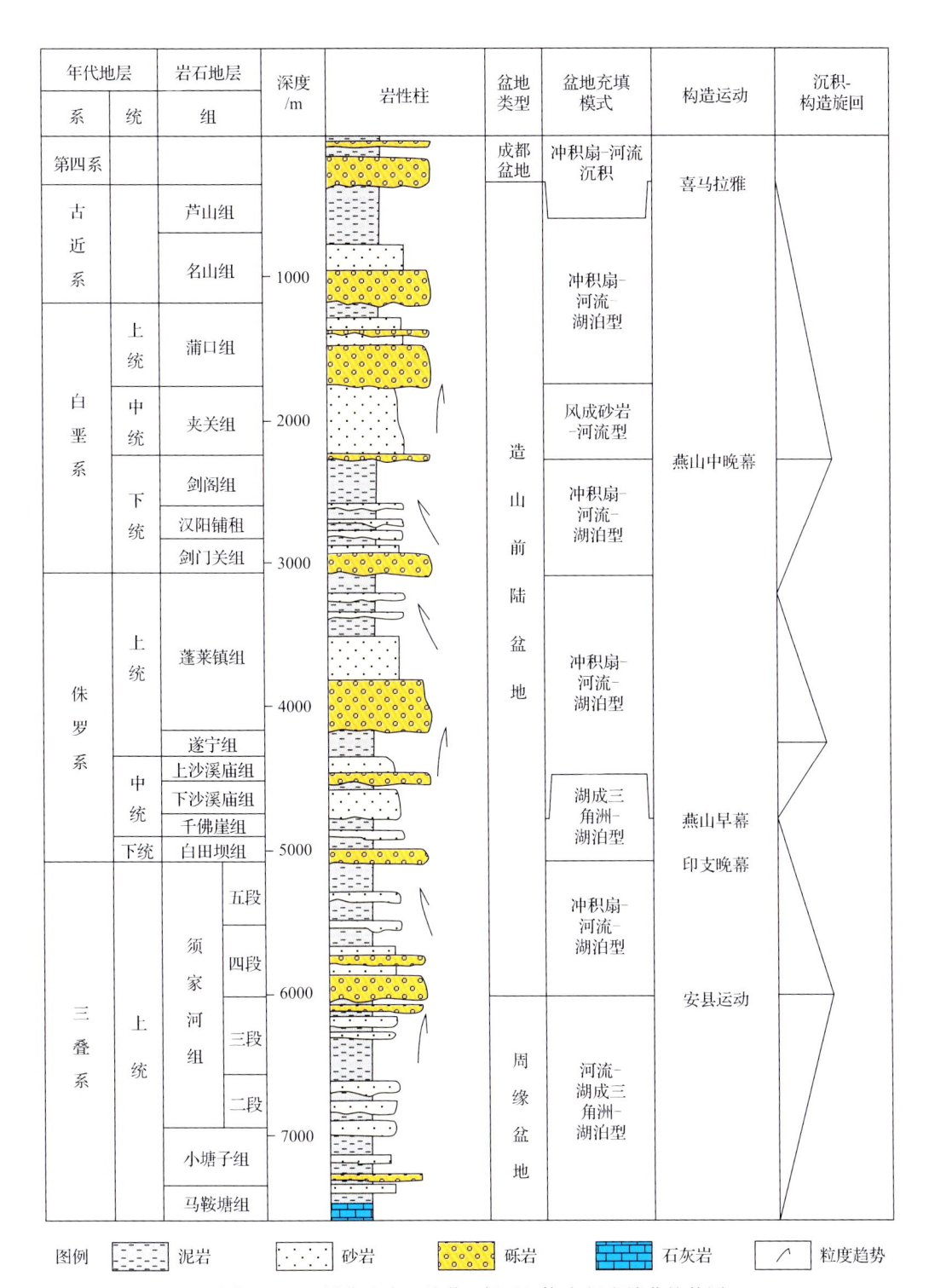

图 7-23 四川盆地晚三叠世—新近纪构造-沉积演化柱状图

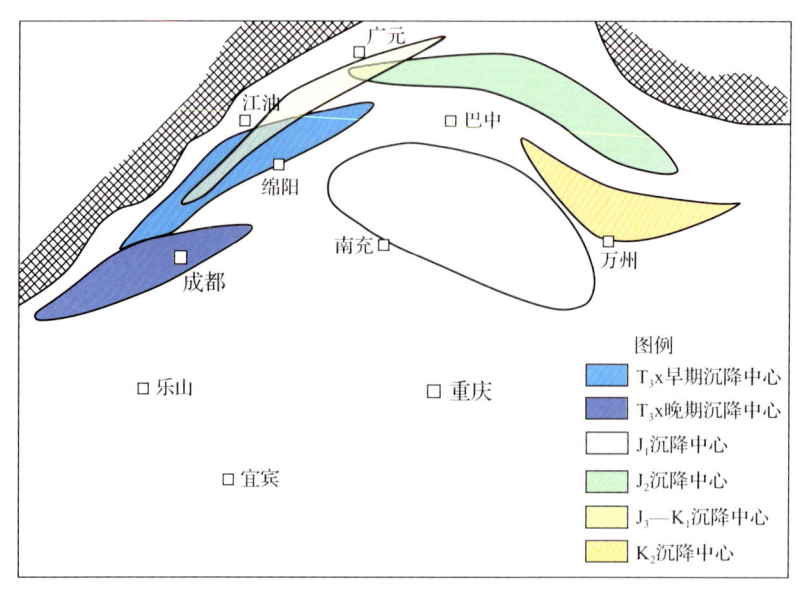

图 7-24 四川盆地晚三叠世—白垩纪沉降中心迁移

## 参 考 文 献

邓康龄. 1992. 四川盆地形成演化与油气勘探领域. 天然气工业, 12(5): 7-14.

杜金虎, 徐春春, 汪泽成. 2010. 四川盆地二叠—三叠系礁滩天然气勘探. 北京: 石油工业出版社.

何建坤, 卢华复, 朱斌. 1999. 东秦岭造山带南缘北大巴山构造反转及其动力学. 地质科学, 34(2): 139-153.

李勇, 曾允孚. 1995. 龙门山逆冲推覆作用的地层标识. 成都理工学院学报, 22(2): 1-10.

刘少峰, 张国伟. 2008. 东秦岭-大别山及邻区盆-山系统演化与动力学. 地质通报, 27(12): 1943-1951.

刘树根, 童崇光, 罗志立, 等. 1995. 川西晚三叠世前陆盆地的形成与演化. 天然气工业, 15(2): 11-17.

刘树根, 罗志立, 赵锡奎, 等. 2003. 龙门山造山带-川西前陆盆地系统形成的动力学模式及模拟研究. 石油实验地质, 25(5): 432-439.

陆克政, 漆家福, 戴俊生, 等. 1997. 渤海湾新生代含油气盆地构造模式. 北京: 地质出版社.

罗志立, 龙学明. 1992. 龙门山造山带崛起和川西前陆盆地沉降. 四川地质学报, 12(1): 1-17.

孙肇才. 2003. 板内形变与晚期成藏-孙肇才石油地质论文集. 北京: 地质出版社.

汪泽成, 赵文智, 张林, 等. 2002. 四川盆地构造层序与天然气勘探. 北京: 地质出版社.

吴应林, 朱忠发, 王吉礼. 1983. 西南地台区三叠纪成盐期岩相古地理研究. 青海地质, (3): 128-139.

吴应林, 朱洪发, 朱忠发, 等. 1994. 中国南方三叠纪岩相古地理与成矿作用. 北京: 地质出版社.

夏邦栋, 李培军. 1996. 中国东部扬子板块同华北板块在中-晚三叠世拼接的沉积学证据. 沉积学报, 14(1): 12-23.

许效松. 1997. 上扬子西缘二叠纪-三叠纪层序地层与盆山转换耦合. 北京: 地质出版社.

杨长青, 刘树根, 曹波, 等. 2008. 龙门山造山带与川西前陆盆地耦合关系及其对油气成藏的控制. 成都理工大学学报(自然科学版), 35(4): 471-477.

殷鸿福. 1982. 中国的拉丁阶问题. 地质论评, 28(3): 235-241.

张国伟, 郭安林, 王岳军, 等. 2013. 中国华南大陆构造与问题. 中国科学:地球科学, 43(10): 1553-1582.

张渝昌. 1997. 中国含油气盆地原型分析. 南京: 南京大学出版社.

曾允孚, 李勇. 1995. 龙门山前陆盆地形成与演化. 矿物岩石, 15(1): 40-50.

Yue G Y. 1998. Tectonic characteristics and tectonic evolution of Dabashan Orogenic Belt and its foreland basin. Journal of Mineralogy & Petrology, 18: 8-15.

# 第八章 新元古界含油气系统

含油气系统是指一个与由有效生烃灶及其形成的油气藏构成的天然流体系统，包括生烃灶与其形成的所有油气藏及形成这些油气藏所必不可少的一切地质要素与作用过程(Magoon and Dow, 1994)。含油气系统强调油气成藏基本要素(包括有效烃源岩、储集岩、盖层与上覆层)与作用过程(包括油气生成、运移、聚集和圈闭等过程)在三维空间的有机联系。赵文智等(2003)强调，含油气盆地烃类流体系统的形成、演变与盆地的地球动力学环境密切相关，不同地球动力学背景之下的沉积盆地，在构造体制与热体制等方面并不相同。其所形成的含油气系统在组成与结构上、热历史与运聚方式上也各具特点。因此，不同的盆地原型，其中充填的沉积层序结构及其制约形成的生储盖组合也不一样，相应形成各具特点的含油气系统。

上扬子克拉通发育多套生储盖组合，经历多期构造运动与成盆演化，因此，研究上扬子克拉通含油气系统必须从盆地演化出发，划分评价含油气系统，考虑如下因素：盆地的地球动力学环境对含油气系统形成背景的制约，以及不同背景之下含油气系统的结构特点；盆地的叠合发育与含油气系统的复合现象，探讨揭示中国复合含油气系统的基本特征；盆地的多旋回演化形成了复杂的含油气系统，多期构造运动对含油气系统的改造和保存作用，评价油气有利聚集区，讨论油气勘探的有效对策。

## 第一节 国外新元古界含油气系统研究进展与启示

对于新元古界而言，受资料及勘探成果限制，含油气系统的早期评价重点关注烃源岩分布及生烃潜力、主力储集层及可能的圈闭类型。

中—新元古界是世界上油气勘探程度很低的领域。然而，西伯利亚、非洲、东欧、印度、阿拉伯、澳大利亚等克拉通盆地，均有中—新元古界至下寒武统原生油气与油气藏的报道(Craig et al., 2009)。在东西伯利亚盆地与阿曼，新元古界—寒武系现探明的油气储量业已达到十亿吨级至亿吨级油当量的规模(王铁冠和韩克猷, 2011)。早在20世纪60年代，我国就已经开始新元古界油气勘探活动，在四川盆地发现了威远震旦系气田。其后的40余年，尽管从未停滞相关研究与勘探，但均未有大的发现与突破。直到近年，针对川中地区磨溪-高石梯构造的勘探，在震旦系灯影组、寒武系龙王庙组发现了高产气层，勘探取得重大突破。这些勘探实践，证实了中—新元古界具有形成原生油气成藏的地质条件，是一个应引起高度重视的油气勘探新领域(赵文智等, 2018)。

对于新元古界潜在的油气勘探领域，国外学者重视含油气系统分析与潜力评价。伦敦地质学会于2006年11月召开"全球始寒武系含油气系统会议"，并出版专辑(Jonathan Craig, 2010)。这次会议的宗旨是梳理当前与全球新元古界—下寒武统含油气系统相关的研究认识，同时论证北非的新元古界值得给予更多的关注。目前看来，北非和中东的新元古界—寒武系含油气系统已从新勘探领域的概念过渡为整个地区的主要油气勘探目标。国内有学者早在20世纪70~80年代就开始研究元古界油气地质条件。受勘探程度低、钻井资料少等条件限制，井下地质研究主要集中在威远地区的震旦系，其余的研究以露头剖面为主，重点讨论油苗的原生性、烃源岩特征、储层特征、古油藏特征等。从含油气系统角度研究新元古界油气资源潜力鲜见报道。在大量调研国外新元古界含油气系统研究基础上，对比分析上扬子地区新元古界成藏条件，从含油气系统研究思路出发，研究含油气系统特征，评价勘探潜力。

目前国际、国内新元古界地层划分对比及新元古代重大地质事件基本可以对比。

国际地层划分中，新元古代地质年代为1000~542Ma，分为三个纪，从老到新分别为拉伸纪、成冰纪和埃迪卡拉纪；同时在西伯利亚盆地又分为文德纪和晚里菲纪。与国际地层对比，我国新元古界三分：青白口系（Qb，$Pt_3^1$）（1000~780Ma）、南华系（Nh，$Pt_3^2$）（780~635Ma）；震旦系（Z，$Pt_3^3$）（635~542Ma）（高林志等，2011）。

新元古代到早寒武世时期，全球发生了一系列重大地质事件：①罗迪尼亚超级古陆的形成、稳定和初始破裂，发生在大约750Ma前的拉伸纪至早成冰世；②全球性冰川作用，发生在中成冰世至早埃迪卡拉世阶段（750~600Ma），包括两次重大冰川作用，即斯图特冰川作用和马里诺冰川作用；③冈瓦纳超级古陆的形成和稳定，发生在中埃迪卡拉世至早寒武世阶段（约600Ma以后）。

## 一、全球气候和冰川作用对新元古界烃源岩分布的控制作用

新元古代时期曾发生过至少两次全球性冰川作用的观点已得到普遍承认（Kerr，2000）。尽管"雪球地球"期是否存在生物存在较大争论（李美俊等，2006），但越来越多的证据表明，重大冰期之后的全球海平面快速上升与局部的盆地发育和裂谷作用耦合，引发了这些富含有机质新元古界地层的沉积（Craig et al.，2009）。北非地区富含有机质的新元古界（如廷杜夫、拉甘和阿赫奈特盆地）大都是在850~540Ma期间沉积的，受限的半地堑或者大面积的陆棚区最有利于富含有机质烃源岩的发育，而在靠近造山带的地区，沉积物可能以来自后泛非造山期古隆起和剥蚀的粗粒碎屑沉积物为主，烃源岩变差（Craig et al.，2009）。

从烃源岩分布的角度考虑，不同时代全球气候、海平面和烃源岩分布之间存在较好的对应关系。Craig等（2009）研究1000Ma以来全球气候变化、海平面和世界主要有效油气源岩时代分布的对应关系（图8-1），指出高海平面期对应于温室气候期，冰川融化导致海平面上升，有利于富有机质沉积物堆积，是世界许多重要油气源岩沉积的主要时期。如北非，志留系底部发育后冰川期烃源岩，直接覆盖在上奥陶统储层之上，古生界含油气系统的总储量约为500亿bbl油当量（Craig et al.，2009）。

根据烃源岩发育时代及与冰川期的先后关系，Craig等（2009）将新元古界—下寒武统划分为三个含油气系统：

(1)拉伸系—下成冰统的前冰川期含油气系统，其分布主要局限于古老的克拉通地块。烃源岩为含有藻类有机质的黑色页岩，储层为叠层石碳酸盐岩储层。

# 第八章 新元古界含油气系统

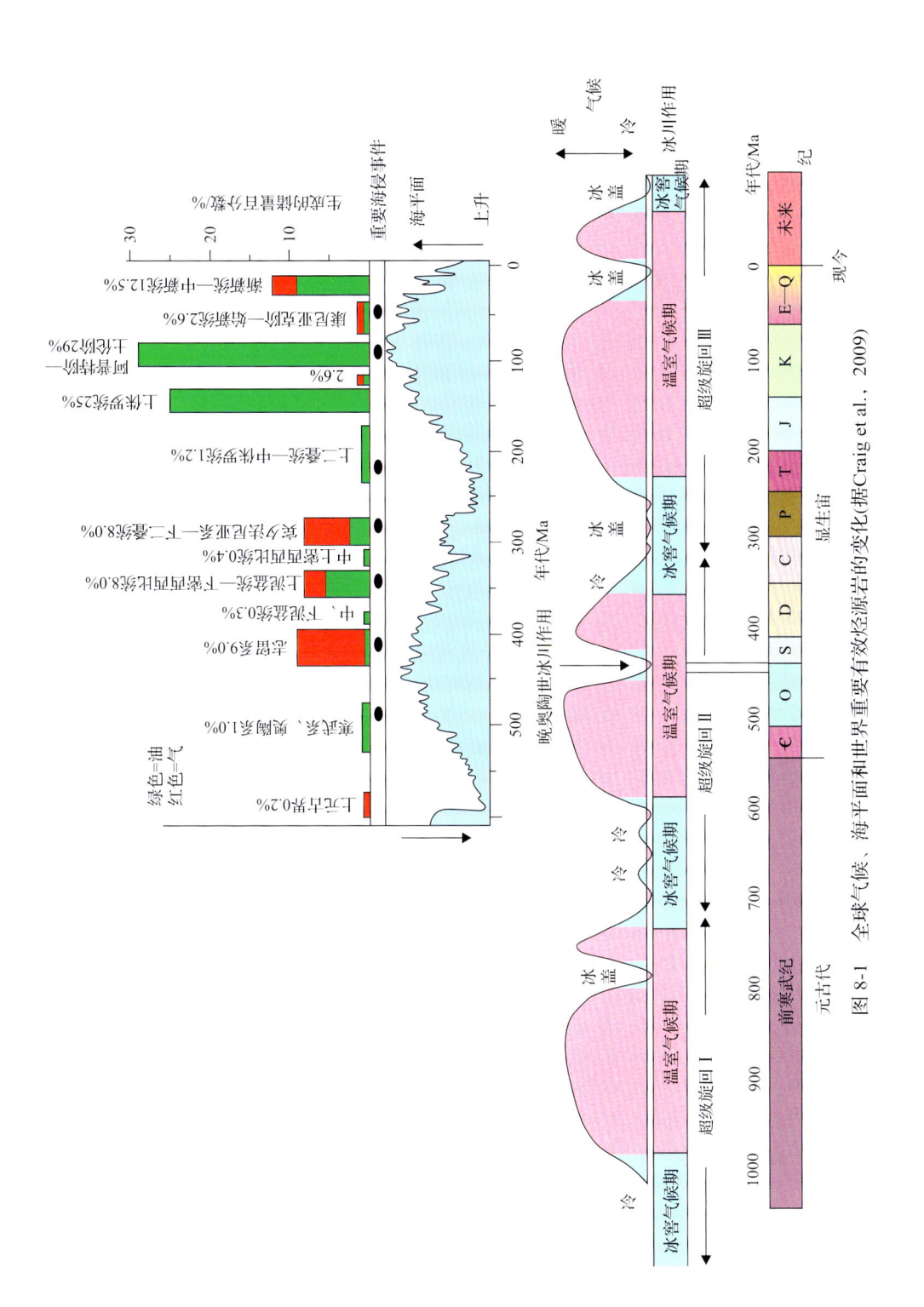

图 8-1 全球气候、海平面和世界重要有效烃源岩的变化(据Craig et al., 2009)

(2) 冰川期含油气系统，形成于"雪球地球"期的中成冰世到早—中埃迪卡拉世（750～600Ma）。显著特点是发育在"盖帽碳酸盐岩层序"内，由后冰川海进阶段沉积的富含有机质页岩源岩控制油气系统分布。一般说来，"盖帽碳酸盐岩层序"是后冰川期海平面上升期沉积产物，与前冰沉川期的岩层呈假整合的覆盖关系。这套层序由深水相—陆架相—潮上相组成，包括微生物岩丘和生物层（叠层石），向上过渡为富含有机质的黑色页岩，两者构成良好的源储配置关系。

(3) 后冰川期含油气系统，层系为上埃迪卡拉统—下寒武统。在冈瓦纳北缘东部以断层为界的"盐盆地"有关，充填了碳酸盐岩、蒸发岩和页岩。目前，已在阿曼、印度和巴基斯坦等地区发现油气。阿曼90%以上的现有石油产量均来自新元古界—下寒武统的源岩。

## 二、早期裂谷—晚期克拉通拗陷的构造带利于形成油气富集区

典型实例是俄罗斯东西伯利亚盆地，也是国内学者较为关注的国外含油气盆地之一。该盆地构造演化主要经历了元古代里菲纪—文德纪早期拗拉谷、文德纪晚期—寒武纪—奥陶纪地台两个发育阶段。现今构造格局表现为地台区隆凹相间、盆缘发育前陆凹陷，是印支运动以后多期构造运动改造的结果。中—新元古界里菲系、文德系是东西伯利亚盆地重要的含油气层系，也是目前世界上中—新元古界发现大油气田数量最多、探明油气储量最多的领域。在里菲系、文德系及下寒武统中，已发现65个原生油气田，总计探明和控制地质储量为22.36亿t油当量。其中，来自文德系的储量占87%，里菲系仅占7%。从油气来源看，源自里菲系的油气占48%，而来自文德系的油气占38%（徐树宝等，2007）。

从烃源条件看，里菲纪拗拉槽和克拉通内裂谷盆地是泥质烃源岩发育区，生烃母质属Ⅰ型干酪根，分布面积近30万$km^2$，总厚度为300～500m。有机碳含量平均值可达2.4%，现今$R_o$值达到2%～4%。

从储集条件看，拗陷期储层好于裂谷期储层。里菲系白云岩储集层主要为孔隙-裂缝型，基质孔隙度低，次生孔隙度为主（孔隙度多在1.0%～3.5%）。文德系砂岩储层主要为滨海相或沿岸砂坝沉积，纵向多层系发育，累计厚度可达20～70m，孔隙度为5%～25%，渗透率为5～2000mD。

从油气富集看，生烃拗陷围限的大型古隆起及其斜坡带是油气富集的有利地区。克拉通拗陷内同沉积古隆起和后期褶皱构造作用叠加的复合体，紧邻生烃拗陷，油气通过渗透性岩层与不整合面向古隆起区运移，易于形成大规模的油气聚集带。

## 三、环冈瓦纳边缘是未来新元古界含油气勘探的有利领域

冈瓦纳超大陆是在新元古代末至古生代初由统一的东冈瓦纳和西冈瓦纳几个大陆块体经过泛非巴西造山运动联合组成的超级大陆。这一地带从今天的南美北部到北非、中东和印度次大陆、中国的青藏陆块、扬子克拉通、塔里木-柴达木陆块等，直至澳大利亚北部。冈瓦纳超级大陆的北缘在新元古代到早古生代经历了周期性全球海进的淹没，形成了一个宽阔的浅海陆架，奠定了新元古界—下古生界含油气系统的物质基础。从盆地

演化看，该地区早古生代拗陷盆地之下都有新元古代盆地。目前，不仅发现并拥有探明的油气层带，也发育潜在的油气层带，是一个宽达500~1000km、以内克拉通盆地为主的含油气系统地带，勘探潜力大。

本节基于上扬子克拉通新元古界油气地质认识程度与勘探程度均较低，依据烃源岩发育层位，划分两个含油气系统。从老到新依次为震旦系含油气系统和南华系含油气系统(图8-2)，前者是已知的含气系统，后者为潜在的含气系统。

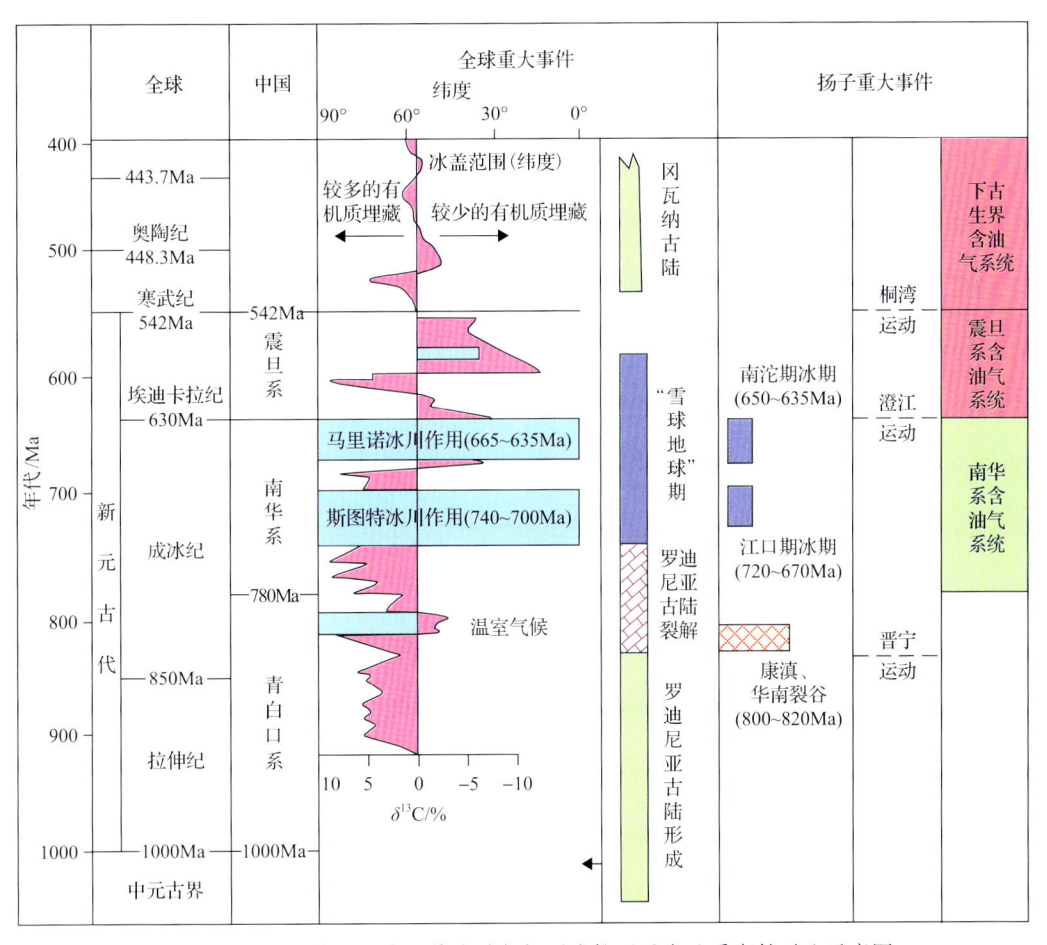

图8-2 新元古代—早古生代全球与扬子克拉通重大地质事件对比示意图

## 第二节 上扬子地区震旦系含油气系统

震旦系为上扬子克拉通拗陷发育的第一套沉积盖层，包括下震旦统陡山沱组和上震旦统灯影组。陡山沱组为一套白云岩与泥质岩互层，地层厚度变化大，数米至220m。底部发育碳酸盐岩岩帽，超覆不整合在南华系南沱组冰碛岩之上。陡山沱组泥质岩中"生物群"发育，如鄂西地区陡山沱组黑色页岩出现了最早的动物胚胎化石和大量结构复杂，且具刺的疑源类和多细胞藻类化石；黔东北发现"瓮会生物群"，是震旦系重要的烃源岩层系。上震旦统灯影组为一套以碳酸盐岩为主沉积,地层厚度700～1200m,从下到上可分为灯一段—灯四段,储集层主要分布在灯二段、灯四段。

震旦系含油气系统是一个被证实的含油气系统。目前,已在四川盆地威远、安岳等地区发现大气田并获探明储量,是中国新元古界发现的第一个具商业价值的原生型气藏为主的含油气系统。此外,在湘鄂西褶皱带宜昌等地,勘探证实了灯影组具有良好的含气性,且在陡山沱组发现了页岩气。这套含油气系统发育在南华系冰期之后的沉积岩层中,可称之为"后冰川期含油气系统",是环冈瓦纳大陆北缘分布的埃迪卡拉含油气系统组成部分。

## 一、三套烃源岩

### 1. 下震旦统陡山沱组优质烃源岩

陡山沱组是上扬子地区重要的烃源岩层系之一。对四川盆地周缘遵义松林、重庆秀山、川东北地区城口等露头剖面陡山沱组黑色页岩、泥岩的系统分析(表8-1)表明,陡山沱组烃源岩主要集中分布在陡二段,TOC值普遍大于1.0%,部分样品TOC值高达13.87%,是一套优质烃源岩;其干酪根$\delta^{13}$C平均值为–31‰,$R_o$值普遍超过2.0%,目前达到高—过成熟生气阶段。

表8-1 上扬子地区露头陡二段烃源岩实验分析数据统计表

| 剖面名称 | 岩性 | 沉积环境 | TOC/% | 干酪根$\delta^{13}$C/‰ | $R_o$/% | 样品块数 |
|---|---|---|---|---|---|---|
| 峨边先锋 | 泥岩 | 潟湖 | (0.78～4.64)/2.42 | (–32.4～–29.0)/–30.4 | 3.26～3.54 | 6 |
| 松林六井 | 泥岩 | 浅水陆棚 | (0.11～4.64)/1.51 | (–31.5～–30.3)/–30.8 | 2.08～2.34 | 35 |
| 松林大石墩 | 泥岩 | 浅水陆棚 | (0.62～3.33)/1.92 | (–31.2～–30.7)/–30.9 | 3.46～3.82 | 13 |
| 秀山孝溪 | 页岩 | 浅水陆棚 | (1.69～13.87)/6.26 | (–31.2～–29.7)/–31.4 | 3.14～3.46 | 43 |
| 城口明月 | 页岩 | 深水陆棚 | (0.75～13.10)/3.29 | (–32.8～–29.7)/–32.1 | 2.86～3.22 | 60 |

注:表中数据表示"最小值～最大值/平均值"。

陡山沱组烃源岩分布与沉积环境有较大关系(图8-3),烃源岩厚值区及有机碳高值区(TOC>2.0%)主要分布于城口凹陷、鄂西海槽等古隆起的边缘凹陷。秦岭海槽、鄂西海槽等地区,都广泛发育巨厚的黑色页岩,城口凹陷及鹤峰凹陷厚度可达500m以上。陡山沱组陡二段、陡四段黑色页岩发育,是重要的页岩气勘探领域。目前,宜昌地区的鄂阳页1井在震旦系陡山沱组钻遇灰黑色碳质泥岩230m,TOC值为1.5%～2.5%,现场测试含气量为4.8m³/t,页岩气测试产量达5460m³/d,显示了该区陡山沱组良好的勘探前景。秦岭海槽、鄂西、黔北、黔东等地区陡山沱组页岩分布广泛,是页岩气选区评价的有利地区。

### 2. 上震旦统灯影组烃源岩

震旦系灯影组(含)泥质碳酸盐岩和灯三段泥质岩均具有一定的生烃潜力。

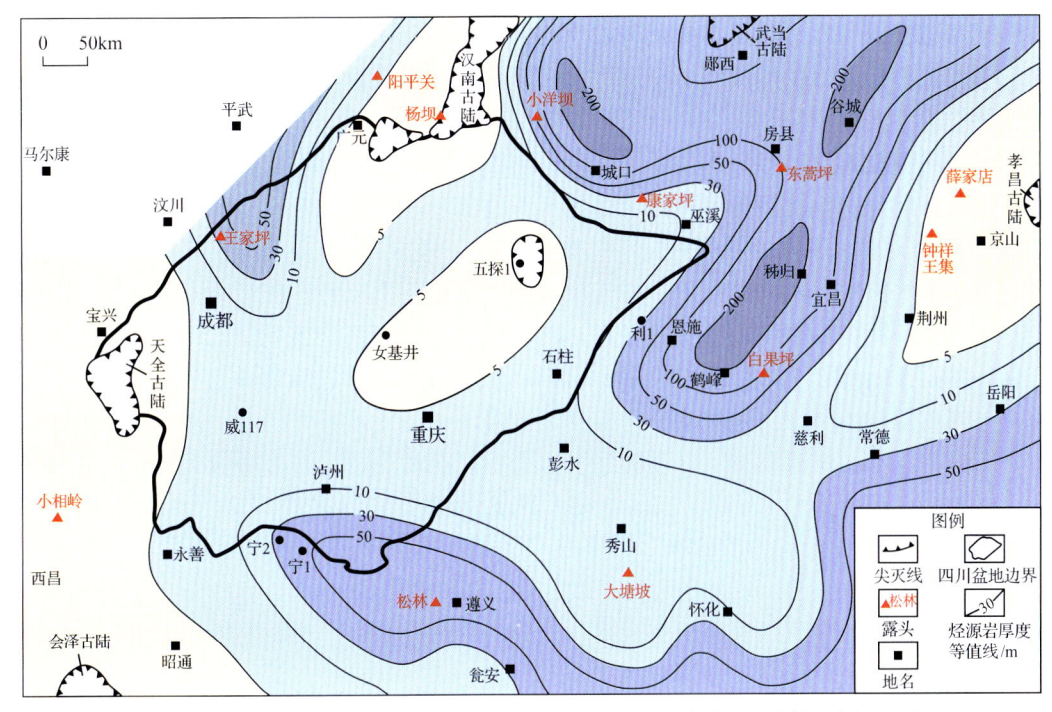

图 8-3 上扬子地区陡山沱组烃源岩厚度等值线图（颜色表示不同的厚度区间）

1)（含）泥质碳酸盐岩

对四川盆地磨溪-高石梯（以下简写为磨-高）地区和威远地区井下灯影组样品分析表明，泥质白云岩有机碳含量低，但部分层段有机质也具有较高的丰度。统计显示 TOC 大于 0.2%的占 31.3%，其中 TOC 为 0.2%~0.5%的占 54.4%，TOC 为 0.5%~1.0%的占 31.8%，TOC 大于 1.0%的占 13.8%。干酪根同位素为-32.8‰~-23.8‰，平均为-29.4‰，有机质类型属腐泥-腐殖型（混合型）。成熟度高，等效 $R_o$ 介于 1.97%~3.46%，达到过成熟阶段。

对富藻泥质碳酸盐岩的热模拟结果显示，总产气率为 69L/t 岩石，可见过成熟富藻泥质碳酸盐岩中仍然具有较高生烃潜力。薄片分析结果显示，显微镜下富藻泥质碳酸盐岩中存在大量原生沥青，表明富藻泥质碳酸盐岩也具备生气潜力。

从分布来看，灯影组泥质碳酸盐岩在 0~100m，全盆地均有分布，厚度中心分布于高石梯构造及以东地区、宜宾-古蔺地区。

2)灯三段泥页岩

磨-高地区灯三段主要为黑色页岩，零星夹薄层灰色白云质泥岩，总体厚度不大，在 10~30m，高科 1 井厚度相对较大，钻遇黑色泥岩 35.5m。盆地周缘灯三段厚度较薄，岩性主要为蓝灰色泥岩，如先锋剖面灯三段黑色泥岩厚约 20cm，蓝灰色泥岩厚约 40cm。有机质丰度相对较高，灯三段 67 个样品 TOC 介于 0.50%~4.73%，平均为 0.87%，TOC>0.5%的占 59.8%。干酪根同位素为-33.4‰~-28.5‰，平均为-32.0‰，有机质类型属腐泥型（Ⅰ型）。等效 $R_o$ 介于 3.16%~3.21%，达到过成熟阶段。

## 3. 下寒武统优质烃源岩

下寒武统烃源岩包括筇竹寺组泥页岩、麦地坪组泥页岩。

### 1)筇竹寺组泥页岩

下寒武统筇竹寺组烃源岩主要为黑色、灰黑色泥页岩、碳质泥岩，局部夹粉质泥质和粉砂岩。富含三叶虫化石和小壳动物化石。烃源岩有机质丰度高，409个样品TOC介于0.50%~8.49%，平均为1.95%，其中TOC>1.0%的占71.3%。局部层段发育黑色碳质泥岩，有机质丰度高，如磨溪9井钻遇近10m的黑色碳质泥岩，TOC含量介于2.49%~6.19%，平均高达4.4%。德阳-安岳裂陷内有多口井钻遇筇竹寺组烃源岩，有机质丰度较高，如高石17井筇竹寺组35个样品的TOC含量介于0.37%~6.00%，平均为2.17%；资4井筇竹寺组16个样品的TOC含量介于0.98%~6.61%，平均为2.18%。

筇竹寺组烃源岩的显微组分以腐泥组为主(占95%以上)，有机质为无定形，表明原始有机物主要为低等水生生物。扫描电镜下表现为絮状体。干酪根碳同位素值普遍较轻，同位素值分布在-36.0‰~-31.0‰，平均为-33.3‰，属典型的腐泥型烃源岩。有机质成熟度高，等效$R_o$介于1.84%~2.42%，达到高过成熟阶段。

为了搞清筇竹寺组烃源岩分布规律，充分利用井震信息，开展层序地层格架控制下的烃源岩评价研究(表8-2)。结果表明：筇竹寺组可划分为三个层段，烃源岩主要发育在筇一段和筇二段。筇一段分布在德阳-安岳裂陷内，为海侵初期产物。岩性以黑-深灰色泥岩、页岩为主，厚度为50~300m，地震剖面表现为强连续反射且向裂陷翼部超覆。有机碳丰度高，TOC为0.5%~4.8%，平均为1.98%，是筇竹寺组烃源岩主力层段[图8-4(a)]。筇二段全盆地分布，为最大海侵期产物，以黑-深灰色碳质页岩、泥岩为主，厚度为50~200m。裂陷内厚度较大，为100~200m；川中台内厚度50~100m，TOC为0.4%~3.1%，平均为1.68%[图8-4(b)]。筇三段为高位体系域沉积产物，受川中古隆起西部物源供应影响，粉砂质泥岩、泥质粉砂岩明显增多，有机碳含量一般小于1.0%，烃源岩质量总体偏差。

**表8-2　四川盆地筇竹寺组层段划分及烃源岩特征表**

| 层段 | 分布区 | 岩性组合 | 测井响应 | 地震响应 | TOC特征 |
|---|---|---|---|---|---|
| 筇三段 | 德阳-安岳裂陷 | 灰-浅灰色粉砂质泥岩、泥质粉砂岩，局部夹碳酸盐岩 | 低GR(30~90API)、低U、低AC | 弱振幅、中-低连续 | TOC一般小于1.0% |
| 筇二段 | 全盆地 | 黑-深灰色碳质页岩、泥岩 | 中-高GR(90~300API)、中高U、高AC | 底部强振幅、强连续；中上部弱振幅、中低连续 | TOC为1.0%~4.0%，优质烃源岩发育段 |
| 筇一段 | 全盆地 | 以黑-深灰色泥岩、页岩为主 | 伽马变化范围大(60~300API) | 中下部强振幅、强连续；中上部弱-中振、中连续 | TOC为0.5%~5%，优质烃源岩发育段 |

### 2)麦地坪组泥页岩

麦地坪组烃源岩主要为硅质页岩、碳质泥岩等，有机质丰度较高，TOC含量介于0.52%~4.00%，平均为1.68%。干酪根同位素为-36.4‰~-32.0‰，平均为-34.3‰，属典型的腐泥型烃源岩。有机质成熟度高，等效$R_o$介于2.23%~2.42%，达到高过成熟阶段。

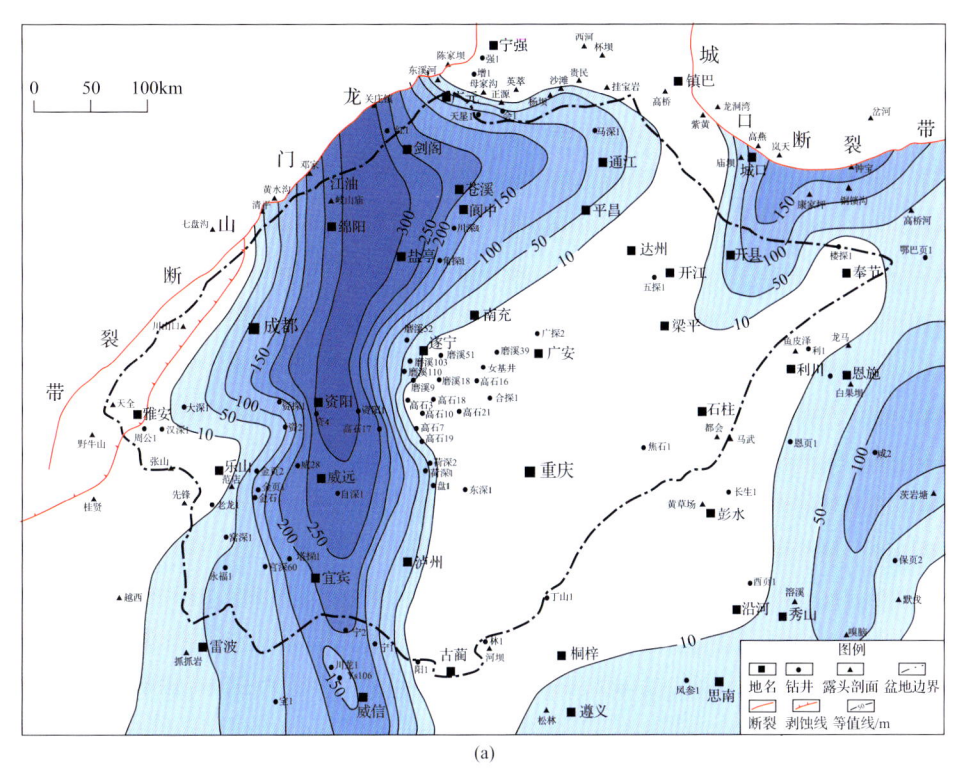

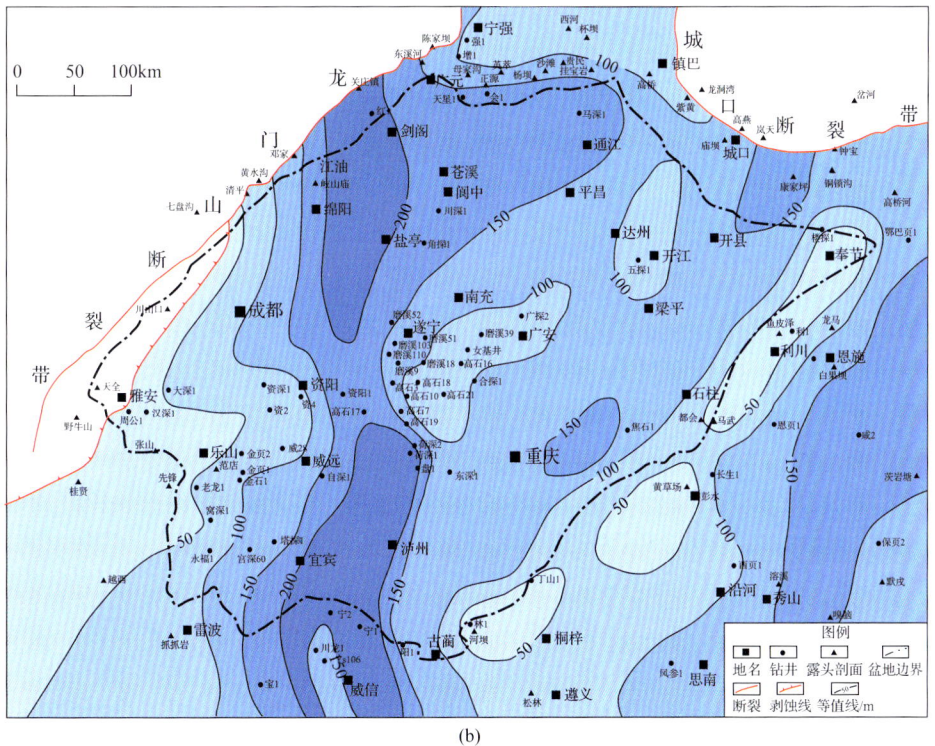

图 8-4 四川盆地下寒武统筇竹寺组有效烃源岩厚度分布图
(a)第一段；(b)第二段

麦地坪组沉积时期裂陷规模最大，沉积水体最深，裂陷内沉积充填泥页岩厚度最大。桐湾Ⅲ幕末期的隆升剥蚀作用导致麦地坪组在四川盆地内分布局限，如裂陷内部高石17井厚128m，资4井厚198m；裂陷东侧高石1井该套地层遭受到剥蚀，筇竹寺组黑色泥岩直接与下伏灯影组白云岩接触。可见，麦地坪组烃源岩也主要分布在裂陷内，厚度在50～100m，而周缘地区仅1～5m，两者相差10倍以上（图8-5）。

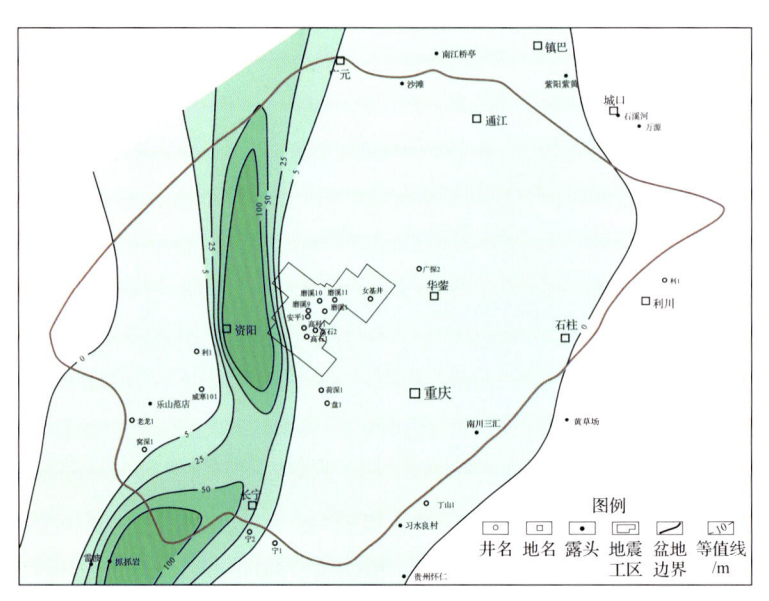

图8-5 四川盆地及邻区下寒武统麦地坪组烃源岩厚度等值线图

## 二、深层震旦系灯影组发育台缘与台内两类规模储层

基于地震资料解释编制的寒武系底界构造图，四川盆地震旦系埋深除威远—乐山一带埋深小于4500m之外的广大地区埋深均超过4500m，属于深层范畴的面积超过15万km$^2$。深层钻探揭示灯影组储层在7000～8000m仍发育良好的储层，如川中古隆起北斜坡低部位的川深1井灯影组在8169～8410m井段钻遇多套储集层，储层累计厚度为71.4m，孔隙度为2.5%～7.8%，平均孔隙度为3.3%，在灯影组上部测井解释气层厚度41.9m。川东地区五探1井灯四段在7291～7303m取心井段发育藻凝块白云岩、砂屑白云岩见溶蚀孔洞，孔隙度高达4.5%，平均孔隙度为3.5%。灯影组储层形成主要受控于沉积相及后期建设性成岩作用，高能环境沉积的丘滩体以及准同生-表生期多期岩溶叠加改造对深层储层的形成与保持至关重要，也决定了灯影组储层大面积分布。

德阳-安岳裂陷侧翼的台缘带高能环境利于微生物丘滩体加积生长，形成厚度较大的丘滩体。台缘带之外的广大台内，受微古地貌控制，古地形相对较高区发育微生物丘及颗粒滩体，厚度不大，但数量众多、分布广。钻井取心资料证实，无论是台缘还是台地内部，发育的微生物岩基本相似。图8-6是两口井取心段的微生物岩及物性剖面，其中磨溪108井位于台缘带，磨溪51井位于台内。微生物岩以藻纹层白云岩、凝块石、树枝石和均一石为主。微生物白云岩的广泛分布为大面积储层形成奠定了物质基础。从现代海洋及湖泊的微生物碳酸盐岩看，未石化的微生物席孔隙度高达 60%，石化的微生物岩孔隙度可达 40%～54%，为后期的成岩改造提供了良好的储集空间。

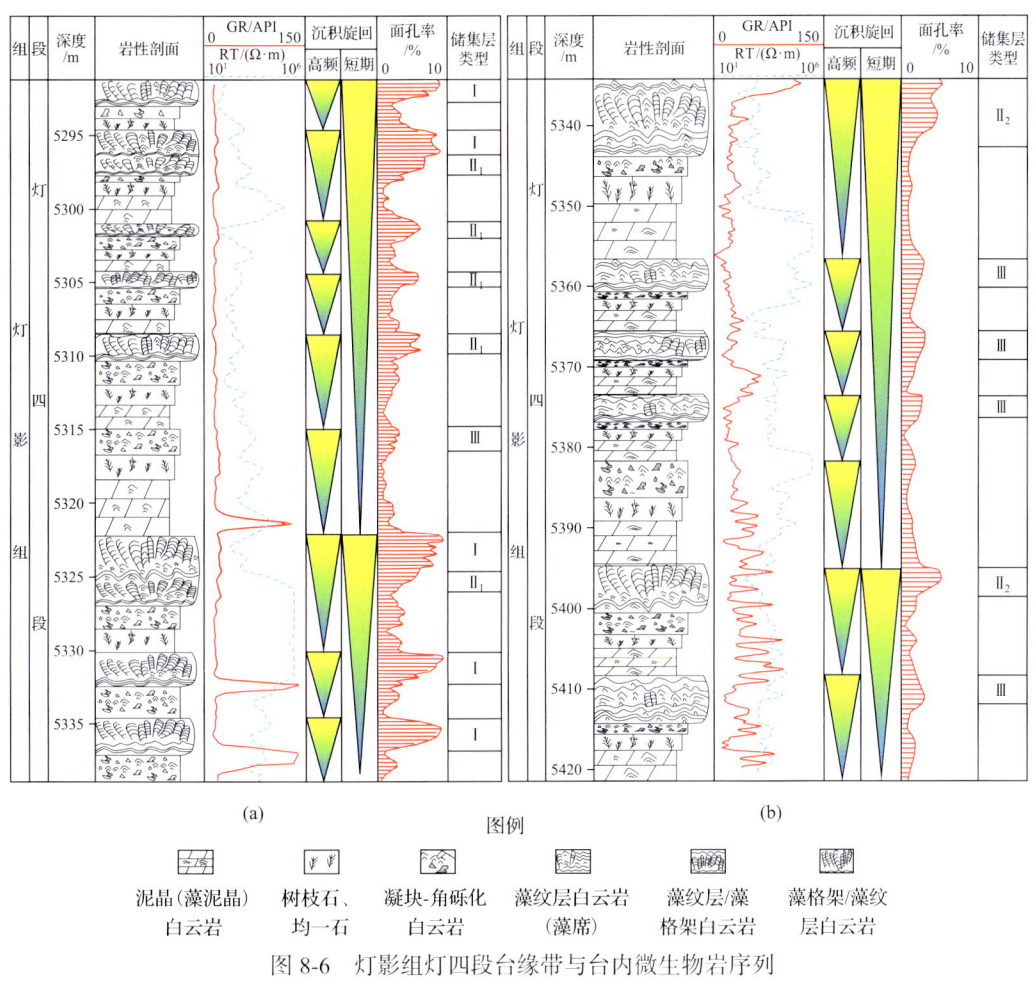

图 8-6　灯影组灯四段台缘带与台内微生物岩序列

(a)磨溪 108 井，台内裂陷周缘；(b)磨溪 51 井，台内

晚震旦世—早寒武世发生的桐湾运动对灯影组规模储层的形成与分布起关键作用。研究表明，上扬子地区桐湾运动至少有三幕，第Ⅰ幕发生在灯影组二段沉积末期，第Ⅱ幕发生在灯影组四段沉积末期，第Ⅲ幕发生在麦地坪组沉积末期。从运动性质看，表现为隆升造陆运动，形成了两个区域性侵蚀不整合面，有利于大面积岩溶储层的形成。从实钻情况看，无论是台缘还是台内，灯四段普遍发育溶蚀孔洞型储层，但台缘带储层厚度可达 60～130m，岩溶储层距顶面可达 200m，而台内储层主要集中在灯四段上部 100m 范围内，储层厚度 30～70m。导致两者储层厚度差异的主要因素在于地层暴露面与岩溶作用程度的差异导致地层和储层保留多少的不同，裂陷内灯四段遭受强烈的侵蚀，几乎丧失殆尽。

值得重视的是，德阳-安岳断陷内部的灯二段也具有良好的储集条件。蓬探 1 井灯二段储层岩性主要为泡沫绵层白云岩、凝块白云岩、藻砂屑白云岩和藻叠层白云岩。主要储集空间为溶洞、溶孔和溶缝(图 8-7)。岩心上溶蚀孔洞发育,见针状溶孔、大孔大洞、高角度缝。根据岩性与孔洞发育情况,取心段可分为四段,顶部藻砂屑白云岩发育,小型溶蚀孔洞,见大量针状溶孔;中上部雪花状白云岩、凝块白云岩发育,小型溶蚀孔洞;中下部雪花状白云岩、砂屑白云岩发育,大孔大洞和针状溶孔发育;底部藻砂屑白云岩发育,大孔大洞和针状溶孔发育。

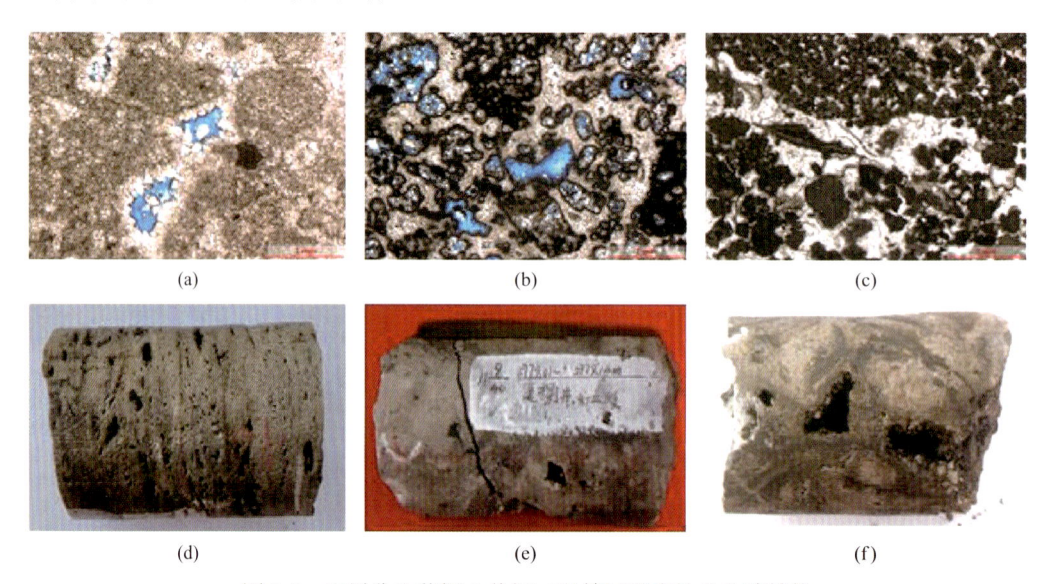

图 8-7　四川盆地蓬探 1 井灯二段储层段岩性及孔隙结构
(a)藻砂屑、藻凝块白云岩,5734.5m;(b)藻砂屑、藻凝块白云岩,5773.21;(c)藻砂屑、藻凝块白云岩,5779.43m;(d)藻砂屑白云岩,5728.72～5728.85m;(e)藻砂屑白云岩,5779.01～5779.14m;(f)藻砂屑白云岩,5789.86～5790m

储层具有低孔低渗的特征,局部存在高孔段。岩心孔隙度(柱塞样)为 1.08%～14.53%,平均孔隙度为 3.6%,平均渗透率 3.6mD。针状溶孔发育的藻砂屑白云岩储层物性最好。测井解释储层段 22 层,孔隙度大于 2.0%的层段 20 层,累计厚度 259.7m,孔隙度为 2.2%～4.5%,平均值为 3.32%。其中,5827.6～5851.9m 及 5856.5～5872.9m 井段为相对高孔段,孔隙度分别为 4.5%和 4.2%。

### 三、多关键时刻与多源供烃成藏

大型叠合盆地的含油气系统通常具有多个关键时刻,包括成油高峰期、成气高峰期、古油藏保存关键期、气藏保存关键期等。

#### 1. 确定油气成藏期次的方法

油气成藏期次厘定方法包括间接法与直接法。间接法主要是通过对储集岩中包含有油气运移信息的包裹体、原油或沥青同位素、胶结矿物成岩作用时间等的确定方法。直接法是指捕获油、天然气(+沥青)热液白云石进行定年的方法。

1)流体包裹体方法

流体包裹体岩相学特征观察中看到的油包裹体、沥青包裹体、沥青+烃气包裹体和纯气相包裹体等多种与烃类活动相关的包裹体。油包裹体荧光观察中获得多种荧光颜色的油包裹体,说明存在多幕多期油充注成藏,而沥青包裹体或含沥青包裹体以及储层孔隙空间大量充填的沥青,充分证明了早期油藏已遭受破坏。大量存在的纯气相包裹体说明晚期天然气充注成藏的过程,进而形成现今气藏的分布。

对所获得的典型油包裹体荧光光谱开展定量化分析,确定其主峰波长($\lambda_{max}$)和荧光光谱参数($QF_{535}$),根据两个参数的相关关系确定原油与天然气充注期次。图 8-8 揭示高-磨地区震旦系灯影组储层经历了四幕油+三幕天然气充注。由于第二幕和第三幕油的 $QF_{535}$ 参数具有较大范围重叠,成熟度相同或相近,故而可划归第二期油充注成藏。因此,来自油包裹体的直接证据表明,具有"四幕三期油+三期天然气"充注成藏特征。

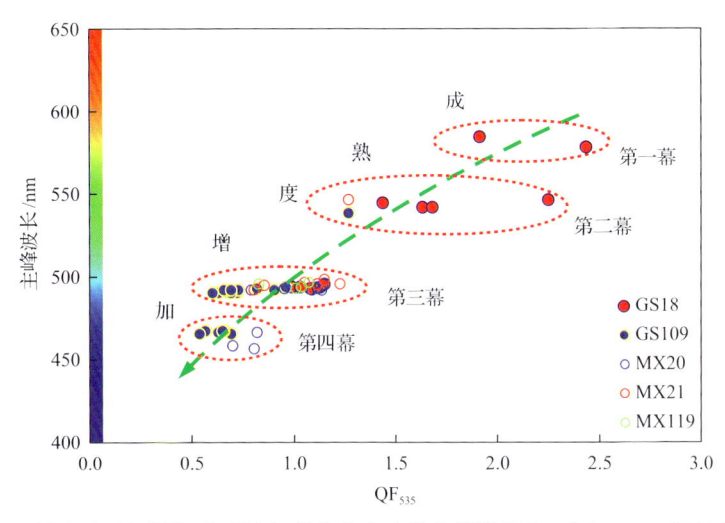

图 8-8　川中地区灯影组典型油包裹体荧光光谱主峰波长($\lambda_{max}$)与 $QF_{535}$ 相关关系图

2) 沥青 Re-Os 定年

原油及沥青 Re-Os(Selby and Creaser, 2001)可被用来探索油气生成-运聚的绝对时间,认为是解决复杂地质条件下油气成藏过程重建的一把钥匙(张有瑜和罗修泉,2011;蔡长娥等,2014)。虽然 Re-Os 同位素体系的稳定性依然存在争议,但 Re 和 Os 同位素表现出亲有机质的特性,在还原环境下,Re 和 Os 易于被有机质捕获,并以有机络合物、化学吸附等形式在有机体系(干酪根、沥青、原油)中富集并长期稳定存在(Selby et al., 2007;沈传波等,2015)。

Re-Os 同位素定年基于 $^{187}$Re 通过 β 衰变形成 $^{187}$Os(半衰期约 44 亿年)(Cohen et al., 1999),Os 同位素组成随时间发生积累。假设 $^{187}$Os/$^{188}$Os 元素组成在初始形成时是稳定的,并且 Re-Os 同位素体系在后期的演化过程中未受干扰,那么 $^{187}$Re/$^{188}$Os 与 $^{187}$Os/$^{188}$Os 同位素比值会表现出正相关性,并且遵循以下等时线年龄公式:

$$(^{187}Os/^{188}Os)_{现今}=(^{187}Os/^{188}Os)_{初始}+(^{187}Os/^{188}Os)\times(e^{\lambda t}-1)$$

式中,$\lambda$ 为 $^{187}$Re 衰变常数($1.666\times10^{-11}$/a);$t$ 为等时线年龄。

由于 Re 和 Os 同位素在烃类体系中主要赋存于沥青质中(Re>90%,Os>83%)(Selby et al., 2007),目前主要是通过沥青质的 Re-Os 同位素特征来反映原油的 Re-Os 同位素信息。

川中地区灯影组和筇竹寺组沥青样品获得的 Re-Os 等时线年龄结果列于表 8-3。在磨溪 21 井灯影组获得最老的沥青 Re-Os 年龄为 509.80Ma，表明该沥青可能来自于灯三段烃源岩。高石 102 井灯影组沥青 Re-Os 年龄为 155.22Ma，可能代表了原油裂解后 Re-Os 体系重置的年龄。金页 1 井筇竹寺组分沥青 Re-Os 年龄为 483~488.27Ma，代表了寒武纪晚期生烃年龄。

表 8-3 川中灯影组和筇竹寺组沥青 Re-Os 同位素定年结果

| 序号 | 井号 | 层位 | 年龄/Ma | 误差/Ma |
|---|---|---|---|---|
| 1 | 磨溪 21 | 灯影组 | 509.80 | ±1.4 |
| 2 | 高石 102 | 灯影组 | 155.22 | ±0.13 |
| 3 | 金页 1 | 牛蹄塘组 | 483 | ±49 |
| 4 | 金页 1 | 牛蹄塘组 | 488.27 | ±21 |

3）流体包裹体均一温度+石英包裹体 Ar-Ar 定年结果

川中地区高-磨构造寒武系龙王庙组孔洞中充填的矿物序列为主线，通过对包裹体岩相学、激光拉曼、均一温度等分析，认为龙王庙组至少存在四期油气充注。不同期次流体包裹体的特征，表明了油藏流体由液态烃(古油藏)→液态烃+气态烃(古油气藏)→油裂解为天然气(古油气藏)→气态烃(天然气藏)的过程。通过包裹体均一温度及龙王庙组埋藏-热演化历史厘定了油气充注时间，并通过石英矿物包裹体的 $^{40}Ar/^{39}Ar$ 定年方法，获得磨溪 21 井龙王庙组(4645.71m)优势年龄 205.15Ma±38.18Ma 和等时线年龄 125.80Ma±8.20Ma，并认为 125.80Ma±8.20Ma 代表了天然气成藏时间。

4）流体包裹体+白云石超低浓度 U-Pb 定年

在详细的成岩作用研究基础上，选取捕获油、天然气(+沥青)热液白云石进行定年，就能准确地约束油、气充注和油发生裂解的时间。

对磨溪 119 井灯四段溶塌角砾岩溶洞中充填白云石研究表明，成岩序次为：白云石(第一世代)→沥青(第一期)→粗晶白云石(第二世代)→沥青(第二期)。其中，第一世代白云石捕获油包裹体均一温度 $T_{h油}$ 为 125.6℃，同时盐水包裹体均一温度 $T_{h盐水}$ 为 140.2℃。第二世代粗晶鞍形白云石中捕获大量天然气(+沥青)包裹体，同期盐水包裹体均一温度 $T_{h盐水}$ 为 149.2℃，其晶间孔也产出大量焦沥青。基于此，可得出两点重要认识：①在第二世代鞍形白云石沉淀时，原油开始发生裂解，原油裂解温度大于 140℃；②鞍形白云石超低浓度 U-Pb 年龄(259.3Ma±3.3Ma)代表了原油发生裂解的时间。

对磨溪 51 井灯四段泥晶白云岩中溶洞充填沥青、白云石、石英中包裹体研究表明，在热液白云石沉淀之前就有第一期沥青附着于溶蚀孔洞壁上，该期沥青主体为焦沥青，同时之间分布有油沥青斑点，热液白云石捕获大量天然气和焦沥青包裹体。基于此，可得出三点重要认识：①第一期沥青可能与风化壳附近的生物降解作用有关，焦沥青化是后续成岩作用所致；②热液白云石中捕获的天然气和焦沥青包裹体原来可能是有包裹体，在后续热事件作用下发生了裂解；③热液白云石超低浓度 U-Pb 年龄(411Ma±39Ma)代表了第一期油充注成藏年龄。

5) 综合方法确定油气成藏期

将包裹体均一温度-埋藏史投影间接定年方法与 MVT 型铅锌矿 Rb-Sr、Sm-Nd、Pb-Pb 和 Ar-Ar 法、沥青 Re-Os 法、稀有气体 Ar-Ar 法和热液白云石超低浓度 U-Pb 法等直接定年方法相结合，综合厘定了灯影组和龙王庙组"两期油+三期气"的成藏过程（图 8-9），具体如下。

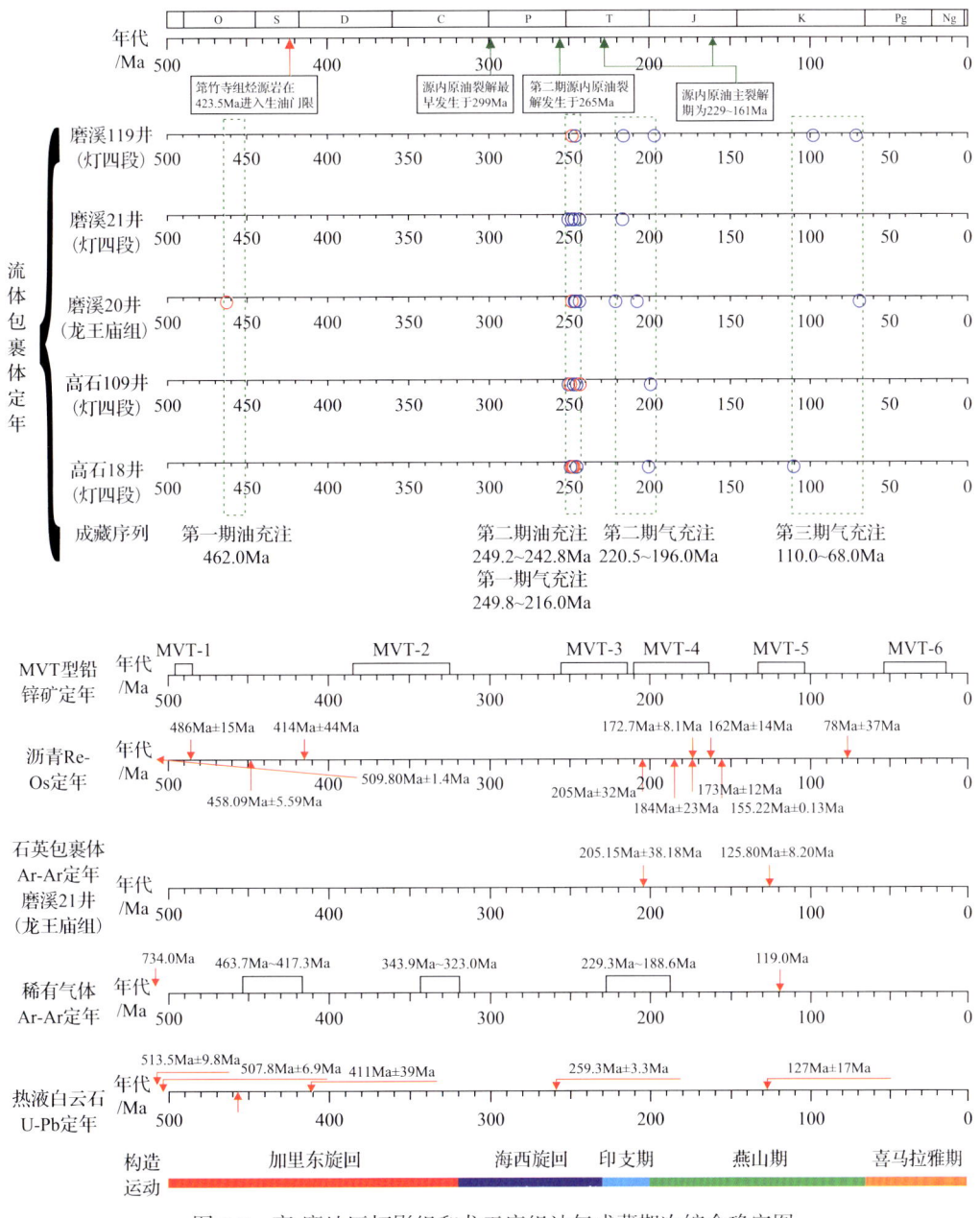

图 8-9　高-磨地区灯影组和龙王庙组油气成藏期次综合确定图

（1）在 411Ma 之前的兴凯运动期间，高-磨地区灯影组就已发生了第一期油气成藏；

生气年龄最老的为734.0Ma，其次为513.5~417.3Ma，分别代表南华系和灯三段烃源岩气源；油充注年龄介于507.8~411Ma，可能为寒武系筇竹寺组烃源岩生成。

(2)第二期来自寒武系筇竹寺组的油充注时限为259.3~242.8Ma，同时发生了第一期天然气充注(249.8~216.0Ma)。也许这一期天然气充注代表的是第一期油残留和第二期油一起遭受热裂解生成的油型气，因为这期间发生峨眉地裂运动，并发生了第三期MVT热液成矿。

(3)第三期成藏发生于220.5~196.0Ma，且只有天然气充注，代表了原油继续裂解和沥青生气贡献。

(4)第四期成藏发生于127~78Ma，也只有天然气充注，代表了沥青继续生气贡献和下部气藏调整过程。

2. 三期充注成藏

解剖研究安岳气田，分析川中古隆起震旦系灯影组成藏期次。研究表明，川中古隆起区油气成藏经历了三个阶段，二叠纪—中三叠世形成的灯影组古油藏在古隆起区大面积分布。构造演化与生烃史研究表明，古油藏主要形成于二叠纪—中三叠世，但主要成藏期为早—中晚三叠世(图8-10)。

古隆起控制了大型古油藏的形成，古油藏裂解成气，是现今气藏气源的主要贡献者。可以说，古油藏裂解成藏控制了现今气藏分布。

古油藏在晚三叠世—白垩纪裂解成气成藏形成古气藏，在古隆起高部位聚集。川中古隆起构造的稳定性及地层-岩性为主导的圈闭类型决定了古油藏裂解气原位成藏，为大面积地层-岩性气藏集群式分布创造了条件。从有机质演化历史看(图8-11~图8-13)，古隆起区灯影组地层型圈闭在中三叠世形成古油藏，到晚三叠世—白垩纪裂解成气，原位成藏形成古气藏。龙王庙组颗粒滩体岩性圈闭，受滩体分布与滩间海泥质白云岩阻隔，岩性圈闭呈集群式分布，成藏模拟显示颗粒滩岩性圈闭古油藏发生裂解成气后原位成藏，形成古岩性气藏，在古隆起及斜坡带大面积分布。

图8-14是横穿古隆起的成藏演化剖面，不仅揭示了油气成藏的三个重要阶段，即古油藏阶段(中奥陶世—中三叠世)、古油藏裂解气成藏阶段(中晚三叠世—白垩纪)及气藏调整阶段(白垩纪至现今)。更重要的是揭示了古隆起现今不同部位油气成藏演化的差异性，如威远地区在成油和成气阶段均处于古隆起斜坡带，喜马拉雅运动导致威远背斜的形成及强烈隆升，形成幅度大的背斜构造圈闭，现今气藏属于调整型气藏，气藏具底水且充满度低；资阳地区成油和成气期均处于古隆起高部位，是古油气藏聚集的有利区，但喜马拉雅期为威远背斜的斜坡带，古气藏被破坏，勘探亦证实为残存型气藏，气水关系复杂；高-磨地区在成油阶段和原油裂解气阶段均处于古隆起高部位，是古油藏和古气藏聚集的最有利部位，现今构造处于古隆起东倾末端的低部位，但受裂陷区巨厚泥页岩侧向封堵及龙王庙组相变控制，气藏保存条件优越，是特大型气田形成的重要因素。

3. 三类烃源灶成气的资源贡献

研究表明，古老海相优质烃源岩历经"双峰式"生烃演化，形成烃源岩、分散液态烃及古油藏三类烃源灶，都可以规模供烃，为天然气晚期成藏奠定资源基础。

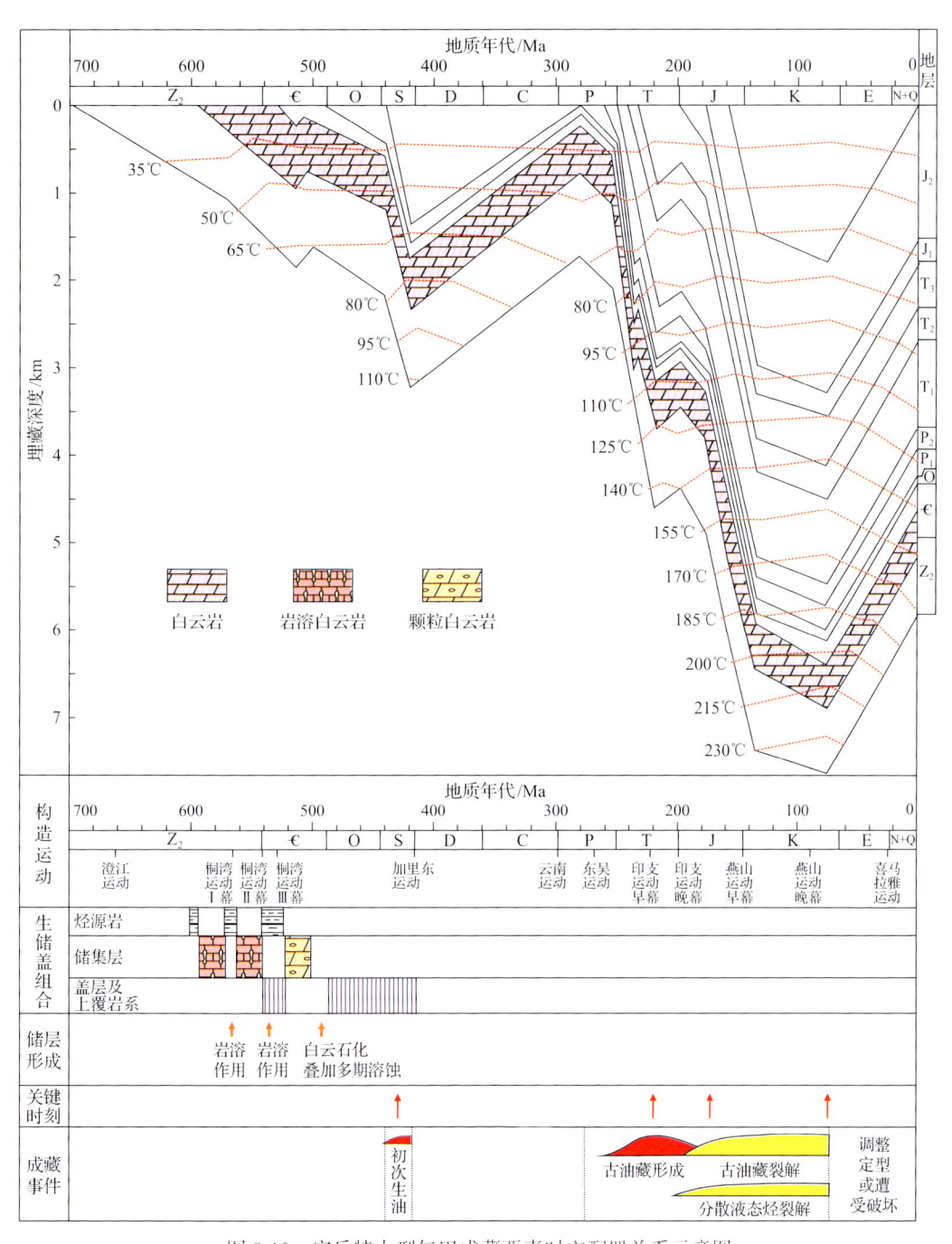

图 8-10　安岳特大型气田成藏要素时空配置关系示意图

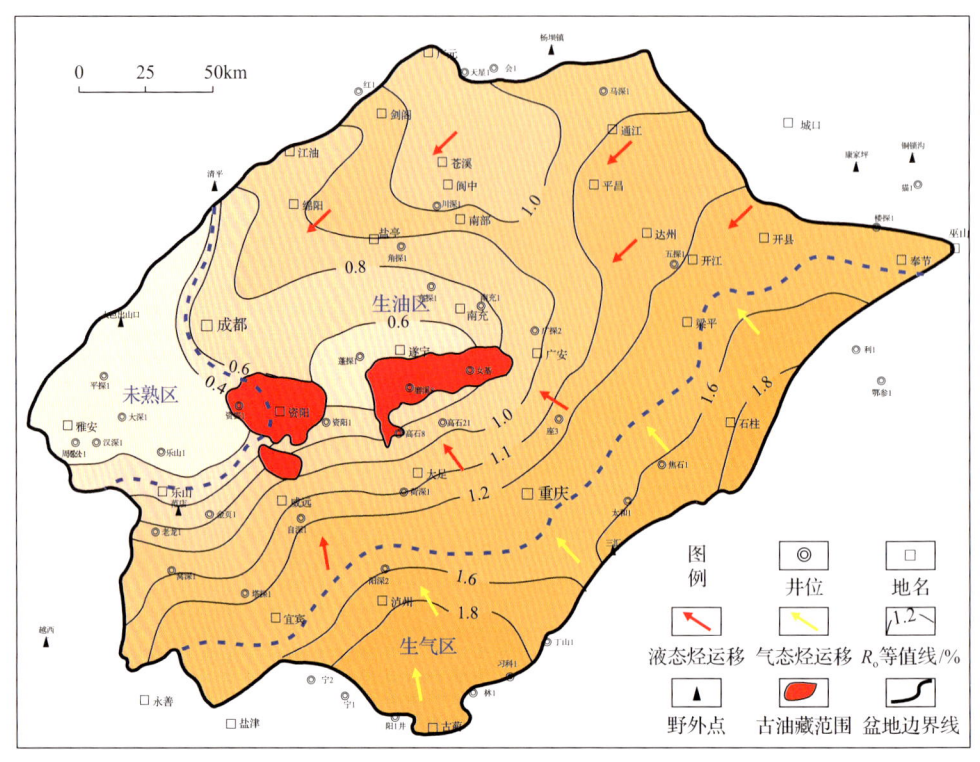

图 8-11 四川盆地三叠系沉积前震旦系顶界有机质演化趋势图

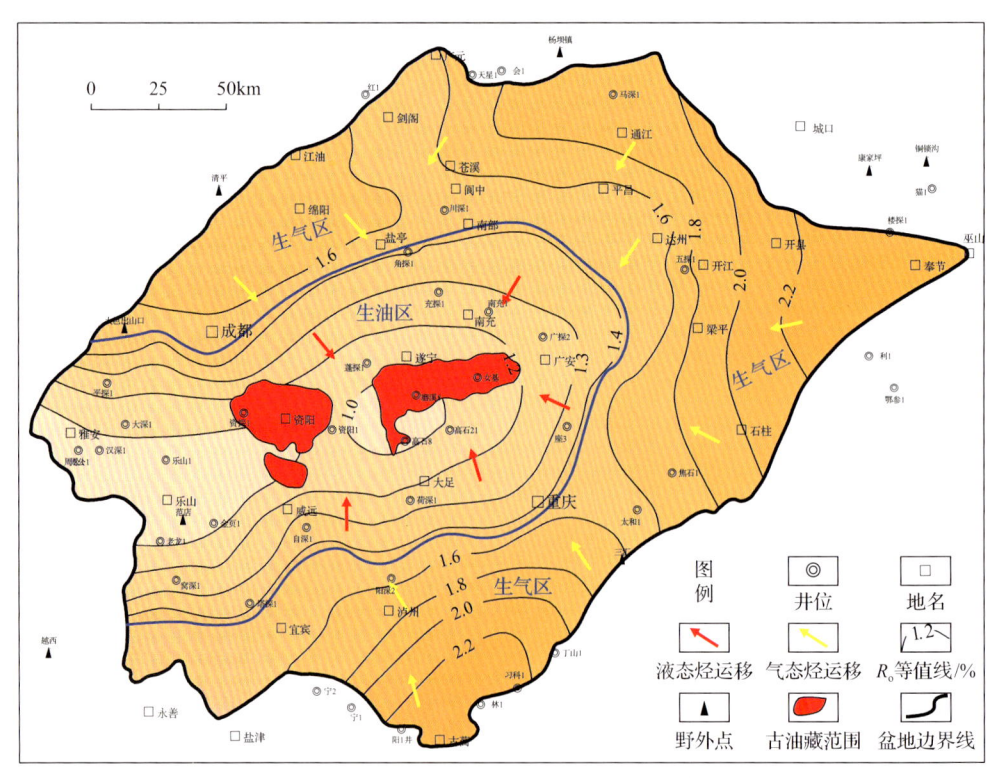

图 8-12 四川盆地侏罗系沉积前震旦系顶界有机质演化趋势图

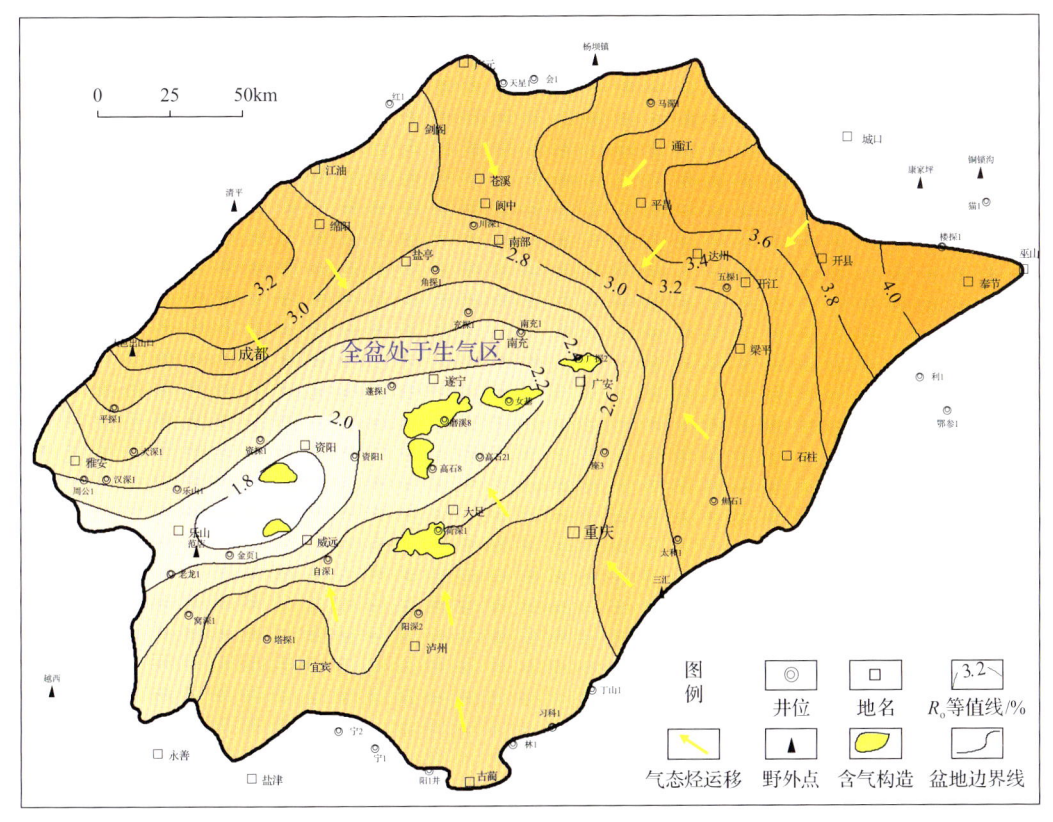

图 8-13 四川盆地喜马拉雅期震旦系顶界有机质演化趋势图

高过成熟度的海相烃源岩普遍经历了早油晚气的"双峰式"生烃演化历史,有机质成烃充分,具有晚期成藏规模大、天然气资源丰富的特征(赵文智等,2005,2019)。一般情况下,有机质生油高峰期对应的 $R_o$ 为 1.0%~1.3%。对于叠合盆地深层的海相烃源岩,长期处于埋深大、地层压力高环境,超压环境对有机质生烃具抑制作用,生油高峰期可推延到 $R_o$ 为 1.4%~1.5%(赵文智等,2019)。石油从烃源岩排出经储集层运移到圈闭聚集成藏,这一生烃、运移过程中存在着大量分散状液态烃滞留在烃源岩及储集层中,前者可称之为源内滞留液态烃,可达 40%~60%(赵文智等,2015),后者称之为源外半聚-半散状液态烃。原油裂解成气实验表明,液态烃大量裂解成气时机对应的 $R_o$ 值为 1.6%~3.2%,且单位液态有机质的裂解气量远大于等量干酪根的降解气量。以此为依据,深层海相地层中普遍存在烃源岩、分散液态烃及古油藏三类气源灶(图 8-15),天然气生成时机较晚,加之与多期构造运动乃至各种成藏要素的有效匹配,决定了天然气晚期成藏的有效性与规模性。

基本思路:①建立源内分散有机质、古油藏、源外分散液态烃三种气源的天然气生烃动力学模型和同位素分馏的动力学模型;②分别计算古油藏和源外分散液态烃的死碳含量,判识了两种气源分布;③结合研究区埋藏史、热史,建立天然气生烃动力学模型和同位素分馏的动力学模型,结合死碳反演评价可溶有机质含量;④综合现今气藏天然气的同位素组成、地质背景,估算不同气源的资源贡献。

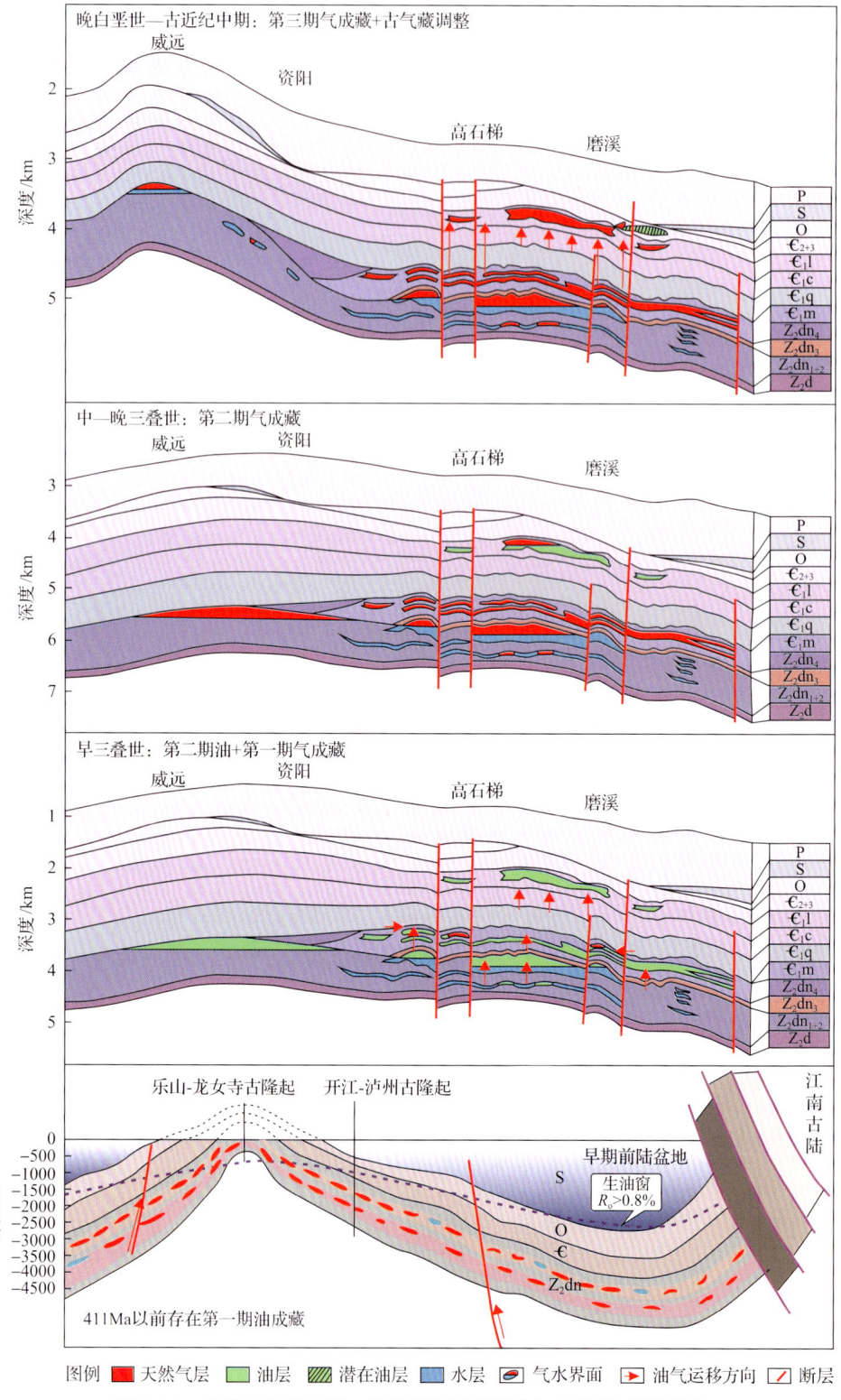

图 8-14 四川盆地震旦系—寒武系油气藏演化与气藏形成模式图

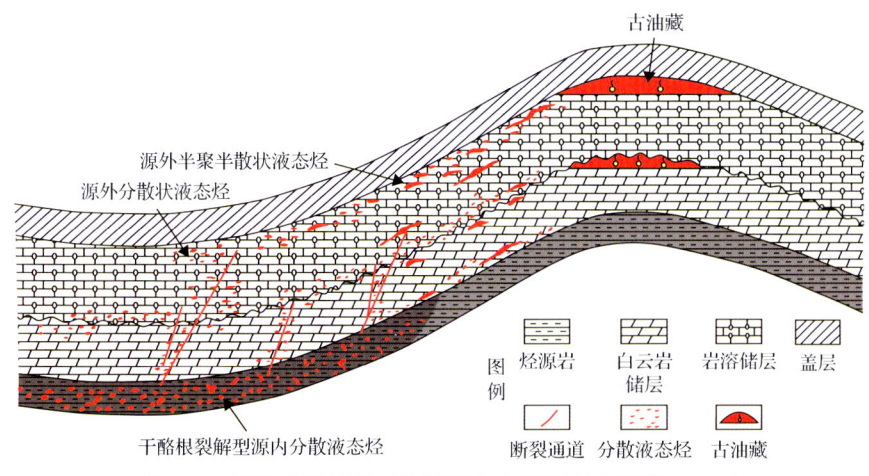

图 8-15 海相碳酸盐岩三类气源灶示意图(赵文智等，2019)

本节采用了穆国栋(2015)建立的死碳评价成气潜力模型对古油藏和源外分散液态烃的裂解量进行计算。对源内分散液态烃裂解量的计算采用了刘雯等(2018)提出的计算公式，即源内分散液态烃裂解油量的计算公式：裂解油量(t)=烃源岩体积($m^3$)×孔隙度(%)×含油饱和度(%)×原油密度($t/m^3$)。

1) 不同烃源灶生油量计算

根据上述公式，分别对川中古隆起寒武系龙王庙组和灯影组灯四段的古油藏、源外分散液态烃的量进行死碳反演评价，即可计算得到古油藏、源外分散液态烃裂解成气的油量，对筇竹寺组及灯三段烃源岩层的源内分散液态烃裂解成气量进行计算，计算结果见表8-4。源内分散液态烃筇竹寺组裂解成气的油量为151.45亿t，灯三段为41.93亿t；古油藏龙王庙组裂解成气的油量为50.90亿t，灯四段为962.28亿t；源外分散液态烃龙王庙组裂解成气的油量为79.85亿t，灯四段为363.47亿t。

表 8-4 四川盆地川中古隆起不同气源裂解成气的油量　　(单位：亿t)

| 源内分散液态烃成气裂解油量 || 古油藏成气裂解油量 || 源外分散液态烃成气裂解油量 ||
|---|---|---|---|---|---|
| 筇竹寺组 | 灯三段 | 龙王庙组 | 灯四段 | 龙王庙组 | 灯四段 |
| 151.45 | 41.93 | 50.90 | 962.28 | 79.85 | 363.47 |

2) 不同气源裂解成气产率及不同时期相对转化率

通过实验和计算，前面已经得到了川中原油不同加水量裂解成甲烷的化学动力学参数、甲烷的氢同位素动力学参数。将研究区具有区域代表性井的沉积埋藏史、热史与甲烷的化学动力学参数相结合，可以得到各井区不同类型可溶有机质裂解成甲烷的生烃史。同样地，以有代表性井的沉积埋藏史、热史与已求的氢同位素动力学参数相结合，就可以得到各井区油裂解成因的正常甲烷和含氘甲烷的转化率，再分别结合生烃潜量计算求取生成量，最终可得到甲烷氢同位素值。根据已有的沉积埋藏史、热史资料，本节研究选取了川中地区高石1、高石2、高石3、高石6、磨溪8、磨溪9、磨溪12、磨溪16、资1、威117共10口井，用于地质应用，计算所得灯影组和龙王庙组不同气源裂解成气产率及不同时期相对转化率(图8-16)。

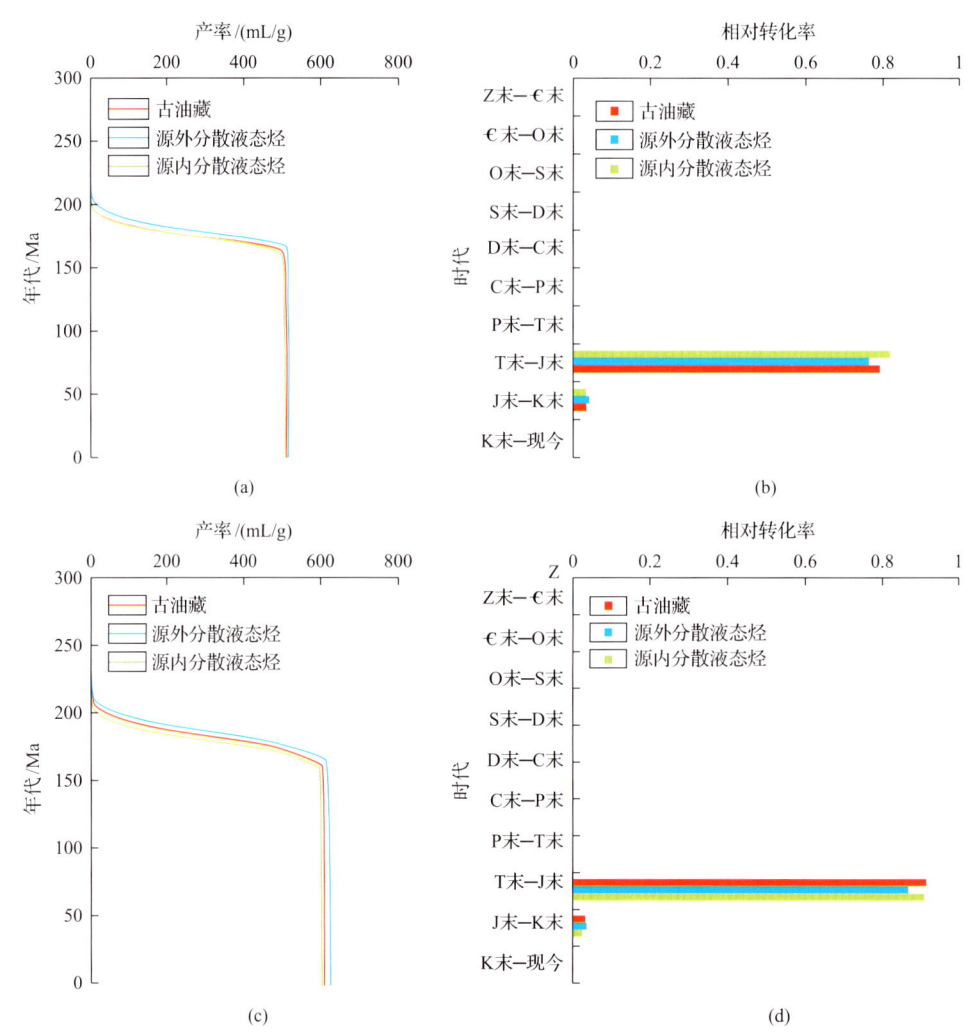

图 8-16　川中古隆起灯影组及龙王庙组不同气源裂解成气产率及相对转化率

(a)龙王庙组不同气源裂解成气产率；(b)龙王庙组各年代的相对转化率；(c)灯影组不同气源裂解成气产率；
(d)灯影组各年代的相对转化率

由图 8-16(a)和图 8-16(c)成气产率随时间的变化情况可以看出，在龙王庙组和灯四段，三种气源都是于 200Ma 左右开始大量裂解成气，到了 150Ma 左右甲烷产率达到最高。龙王庙组源内分散液态烃甲烷最终产率为507mL/g,古油藏甲烷最终产率为510mL/g,源外分散液态烃甲烷最终产率为 515mL/g；灯四段源内分散液态烃甲烷最终产率为605mL/g,古油藏甲烷最终产率为 611mL/g,源外分散液态烃甲烷最终产率为 625mL/g。可推测，源外分散液态烃的甲烷最终产率是三种气源中最高的。

由图 8-16(b)和图 8-16(d)相对转化率随时间的变化情况可以看出，在龙王庙组和灯四段，三种气源的生气期均从二叠纪开始，三叠纪末到侏罗纪末是三种可溶有机质裂解成气的高峰期，由于储层的可溶有机质储量差异及地层埋深不同导致的成熟度差异，两套地层在此时期裂解的可溶有机质占比有所区别：龙王庙组和灯四段龙王庙组约有 80%的可溶有机质在此时期裂解，灯四段约有 90%的可溶有机质在此时期裂解。在二叠纪末到三叠纪末、侏罗纪末到白垩纪末也有可溶有机质裂解生成部分甲烷，可溶有机质裂解量均占总裂解量的 6%~8%。到了可溶有机质裂解的后期(侏罗纪末到白垩纪)，源外分散液态烃的相对转化率最高，其次是古油藏，最低是源内分散液态烃。说明了源内分散液态烃由于水含量少，平均活化能较低，所以最先发生反应。水含量相对较大的源外分散液态烃平均活化能最高，反应相对滞后并延长。

3) 不同气源裂解成气的资源贡献

根据已计算得到的三种气源裂解油量和各时期甲烷相对产率，可分别得到三种气源各时期生气量(表 8-5)。源内分散液态烃筇竹寺组成气总量为 9.28 万亿 $m^3$，灯三段成气总量为 2.57 万亿 $m^3$；古油藏龙王庙组成气总量为 2.78 万亿 $m^3$，灯四段为 59.69 万亿 $m^3$；源外分散液态烃龙王庙组成气总量为 4.66 万亿 $m^3$，灯四段为 22.32 万亿 $m^3$。可见，源内分散液态烃以筇竹寺组为主要裂解气源；灯四段因其较大的可溶有机质储量及更大的埋深导致了更高的成熟度，古油藏和源外分散液态烃的成气量均高于龙王庙组。此外，源内分散液态烃的成气期为二叠纪至白垩纪，古油藏和源外分散液态烃的裂解成气期略微延后，为二叠纪至现今，其中二者在白垩纪至现今期间裂解成气的量虽然较少，但推测同样对现今气藏有积极的意义。

表 8-5 川中古隆起三种气源在不同时期生气量 （单位：万亿 $m^3$）

| 时代 | 源内分散液态烃成气 | | 古油藏成气 | | 源外分散液态烃成气 | |
|---|---|---|---|---|---|---|
| | 筇竹寺组 | 灯三段 | 龙王庙组 | 灯四段 | 龙王庙组 | 灯四段 |
| P—T | 0.74 | 0.30 | 0.03 | 0.57 | 0.01 | 0.22 |
| T—J | 8.29 | 2.39 | 2.69 | 57.20 | 3.56 | 20.40 |
| J—K | 0.20 | 0.04 | 0.21 | 1.67 | 1.03 | 1.62 |
| K 至今 | 0.00 | 0.00 | 0.04 | 0.04 | 0.01 | 0.05 |
| 总生气量 | 9.28 | 2.57 | 2.78 | 59.69 | 4.66 | 22.32 |

注：其他时代生气量较小，未在表中列出。

龙王庙组古油藏三叠纪末—侏罗纪末时期内成气量相对最高，可达 2.69 万亿 $m^3$，占总生气量的 82%，其次是侏罗纪末—白垩纪末，生气量为 0.36 万亿 $m^3$。其生气强度高值区一直呈小规模、集群状分布，作为古隆起高部位的南充北部磨溪 207 井和合川西北部高石 16 井最先开始生气，随后生气中心逐渐向古隆起核部的高石 1 井、磨溪 8 井转移；源外分散液态烃生气的范围较古油藏大，三叠纪—侏罗纪时期内生气量相对最高，为 3.56 万亿 $m^3$，占总生气量的 76.4%，其次是侏罗纪—白垩纪，生气量为 1.03 万亿 $m^3$。生气中心同样由最初的古隆起高部位的磨溪 41 井、磨溪 16 井逐渐向古隆起的核部转移。侏罗纪后，源外分散液态烃的生气强度高于古油藏，且源外分散液态烃的生气量约为古油藏的 2 倍，体现了源外分散液态烃生气过程的相对延长；灯四段古油藏生气强度高值区一直位于古隆起核部，处于古隆起中心东北部磨溪 11 井和磨溪 9 井最先开始生气，随后生气中心逐渐向西南方向的高石 3 井、高石 16 井转移。生气量在三叠纪—侏罗纪相对最高，为 57.20 万亿 $m^3$，占总生气量的 95.8%，其次是侏罗纪—白垩纪，生气量为 1.67 万亿 $m^3$；源外分散液态烃的生气中心同样由古隆起高部位的东北部逐渐向古隆起的核部转移，虽然源外分散液态烃裂解油量较古油少，相对最高生气量为三叠纪—侏罗纪的20.40万亿 m³，但在侏罗纪后二者生气总量相近，分别为1.67万亿 m³、1.62万亿 m³，体现了源外分散液态烃生气后期很大的生气潜力。

筇竹寺组和灯三段的源内分散液态烃生气强度高值区与烃源岩分布位置保持一致，裂陷范围内的源内分散液态烃生气强度约为裂陷范围外生气强度的2～3倍。其中，筇竹寺组的总生气量为灯三段生油强度的2～3倍。这可能是因为筇竹寺组烃源岩在全盆地均有分布，而灯三段烃源岩仅分布在裂陷带北部，并且厚度较小，所以筇竹寺组作为四川盆地主要的生油来源，生成的源内分散液态烃更多，可供裂解成气的源内分散液态烃更多。

通过对探明储量类比，求取运聚系数，再依据生气量，求取资源量（表8-6）。结果为：川中古隆起区龙王庙组天然气资源量为1.29万亿 m³，源内分散液态烃、古油藏、源外分散液态烃的成藏贡献比分别为9.1%、78.88%、12.11%。灯四段天然气资源量为3.15万亿 m³，源内分散液态烃、古油藏、源外分散液态烃的成藏贡献比分别为3.09%、72.93%、23.98%。可见，古油藏对气藏的贡献比例可达70%～80%，是川中古隆起震旦系灯影组和寒武系龙王庙组气藏的主要来源；源外分散液态烃对气藏的贡献比例为10%～20%，是原油在聚集过程中留下的产物，有着不可忽视的贡献量；源内分散液态烃对气藏的贡献比例为3%～10%，对气藏的贡献较小。造成龙王庙组和灯四段源内分散液态烃成藏贡献比差异的原因可能是，龙王庙组气藏属于下生上储型，储层位于筇竹寺组的下方；灯四段气藏虽然受寒武系和震旦系两套烃源岩供气，但主要源内分散液态烃供气来源是筇竹寺组，距离较远，所以源内分散液态烃的贡献率高于灯四段。灯四段的源外分散液态烃贡献比相对龙王庙组更大，说明灯四段的油气可能是上覆烃源岩层生烃后向下伏地层进行的油气充注。

表8-6 川中古隆起三类气源的资源贡献

| 层位 | 气源 | 气源生气量/万亿 m³ | 运聚系数/% | 资源量/万亿 m³ | 贡献率/% |
| --- | --- | --- | --- | --- | --- |
| 龙王庙组 | 源内分散液态烃 | 6.26 | 1.68 | 0.105 | 9.1 |
|  | 古油藏 | 2.92 | 31.25 | 0.91 | 78.88 |
|  | 源外分散液态烃 | 4.6 | 3.05 | 0.14 | 12.11 |
| 灯四段 | 源内分散液态烃 | 5.59 | 1.13 | 0.063 | 3.09 |
|  | 古油藏 | 59.69 | 2.49 | 1.49 | 72.93 |
|  | 源外分散液态烃 | 22.30 | 2.20 | 0.49 | 23.98 |

## 四、震旦系含气系统气藏特征与控藏因素

上扬子地区震旦系天然气勘探主要集中在四川盆地，经历了四个勘探阶段：威远气田发现阶段（1940～1964年）、持续探索阶段（1965～2005年）、风险勘探阶段（2006～2011年）和整体勘探阶段（2012年迄今）。已发现了威远气田（1964年）、资阳含气构造（1997年）、安岳气田（2013年），累计探明储量超过1.0亿 m³（图8-17）。在解剖上述气田及含气构造基础上，总结震旦系含气系统的气藏特征，分析成藏富集的主控因素。

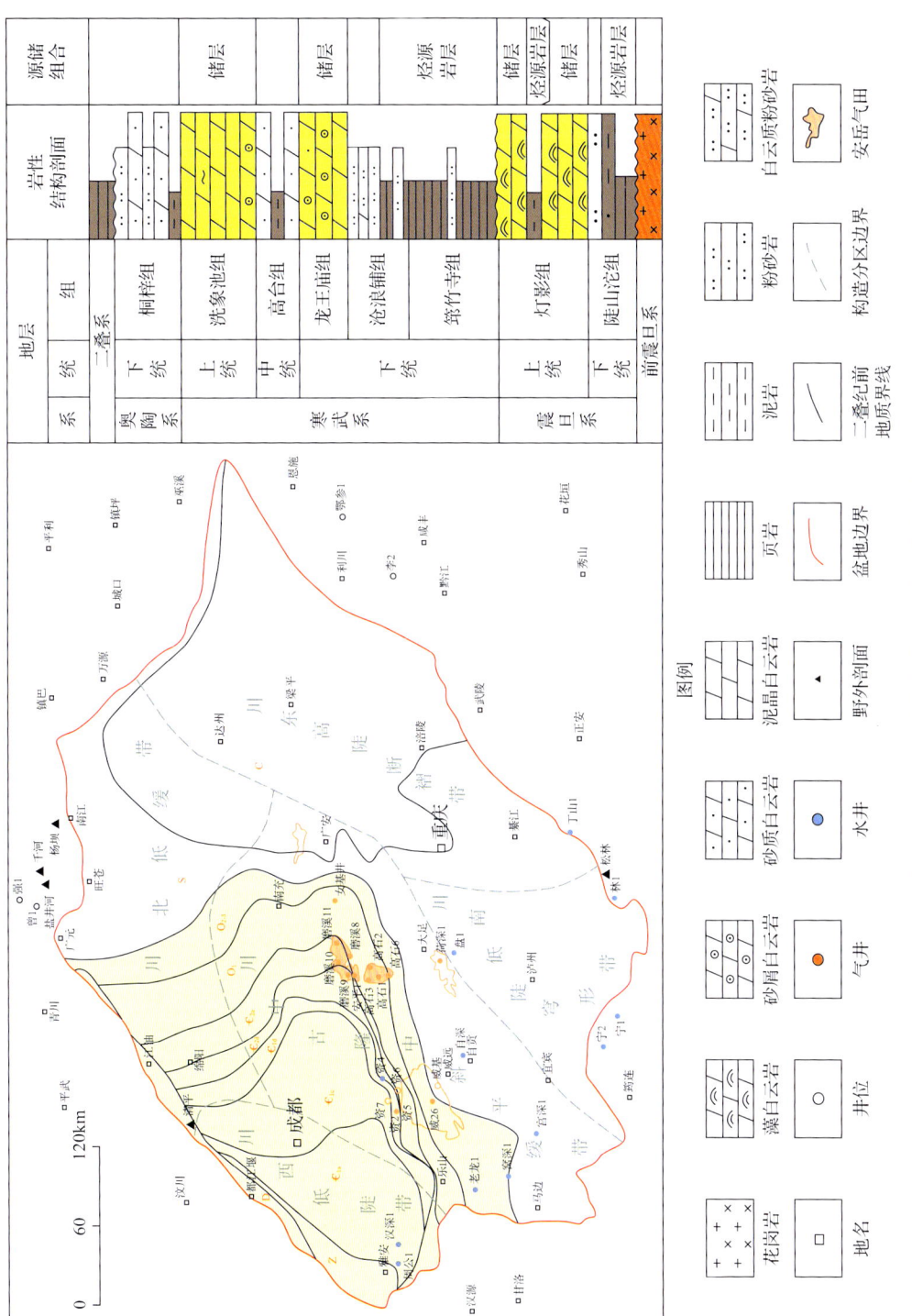

图8-17 四川盆地震旦系灯影组气田分布图

(一)灯影组气藏基本特征

1. 含气层系

灯影组包含两套主要含气层系,即灯二段、灯四段。储集岩以丘滩复合体的藻凝块白云岩、藻叠层白云岩、藻格架岩、砂屑白云岩为主。储集空间以粒间溶孔和晶间溶孔为主,其次晶间孔、粒间孔和格架孔等。此外,中小溶洞和裂缝发育是灯影组储层重要的储集空间。纵向上,溶蚀孔洞层可达震顶侵蚀面以下300m。灯四段孔隙度为2.10%~8.59%,平均为4.34%。水平渗透率主要分布在0.01~10mD,平均为4.19mD。

2. 流体性质及温压特征

灯四段气藏属于中-低含硫,二氧化碳含量中等,微含丙烷、氦和氮的干气气藏。天然气相对密度为0.6079~0.6336,天然气以甲烷为主,含量为91.22%~93.77%(体积分数,下同),硫化氢含量为1.00%~1.62%,二氧化碳含量为4.83%~7.39%,微含丙烷、氦和氮。灯二段气藏属于中-高含硫,二氧化碳含量中等,微含丙烷、氦和氮的干气气藏。天然气相对密度为0.6265~0.6326,甲烷平均含量为91.03%。硫化氢含量为0.58%~3.19%,二氧化碳含量为4.04%~7.65%,微含丙烷、氦和氮。

安岳气田灯二段、灯四段气藏属于超深层、高温、常压气藏。灯四段气藏埋深为5000~5100m,产层中部地层压力为56.57~56.63MPa,气藏压力系数为1.06~1.13。气藏中部温度为149.6~161.0℃。灯二段气藏埋深为5300~5400m,产层中部地层压力为57.58~59.08MPa,压力系数为1.06~1.10。气藏中部地层温度为155.82~159.91℃。

安岳气田龙王庙组气藏属于超深层、高温、高压气藏。气藏埋深大于4600~4700m。气藏中部地层压力在磨溪区块为75.7MPa,压力系数为1.65;高石梯区块平均为68.3MPa,压力系数为1.5;龙女寺区块为78.0MPa,压力系数为1.67。气藏中部平均温度为140.3~150.4℃。

3. 气藏类型

目前勘探已证实灯影组气藏类型主要有三种,构造圈闭型、岩性-地层复合型、构造-地层复合型。威远气田的气藏类型属于构造圈闭型,资阳含气构造的气藏类型为地层-岩性复合型,安岳气田灯影组气藏类型包括岩性-地层复合型及构造-地层复合型(8-18)。

灯影组地层圈闭形成条件:桐湾运动形成灯影组与寒武系不整合面;不整合面下伏灯影组发育风化壳岩溶储层;不整合面之上发育下寒武统泥质岩区域性盖层。图8-19为过高石梯构造的地震剖面,可以看出灯影组灯四段地层向克拉通内裂陷区存在明显的地层剥蚀,与上覆寒武系泥质岩不整合面接触,构成大型地层圈闭。

安岳气田灯四段气藏为构造背景上的岩性-地层圈闭气藏,岩性地层控圈、控藏的特征十分明显。从高-磨地区震旦系顶面构造图看,高石梯、磨溪、龙女寺等局部构造存在共圈,震顶构造圈闭的圈线为-5010m,灯四段圈闭幅度130m,共圈面积达3474km$^2$,为大型构造圈闭。构造圈闭外围的磨溪22井灯四段上部为气层,测试产量超过百万立方米,灯四段下部含水,气水界面海拔为-5230m。以此气水界面确定气柱高度,为590m,大于构造圈闭幅度,表明灯四段气水分布不完全受构造圈闭控制。目前,灯四段在高石

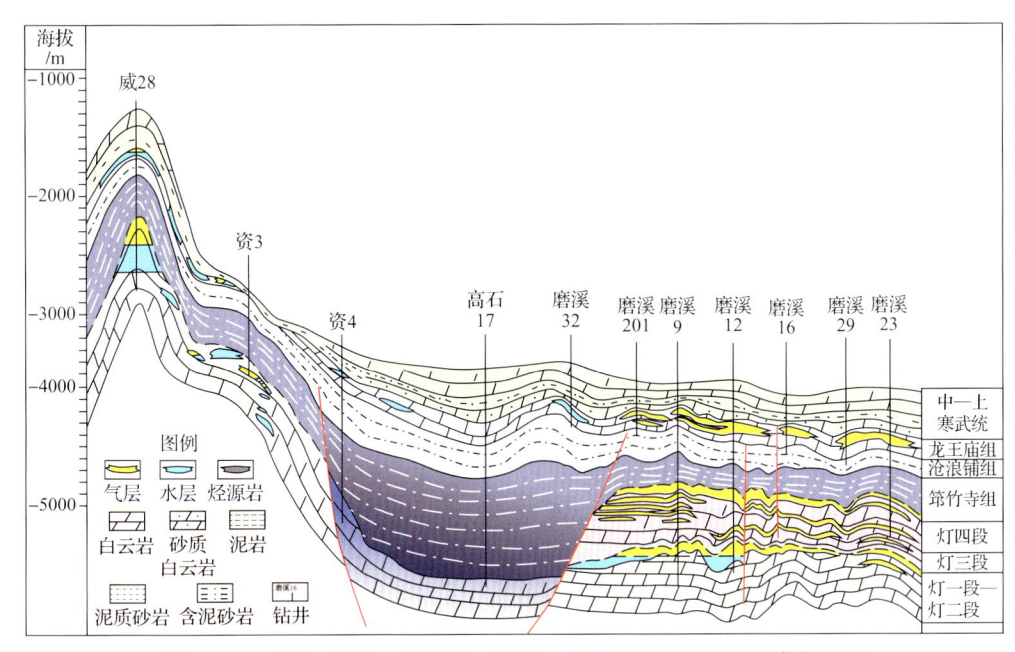

图 8-18 威远—资阳—高石梯—磨溪—龙女寺地区震旦系气藏剖面图

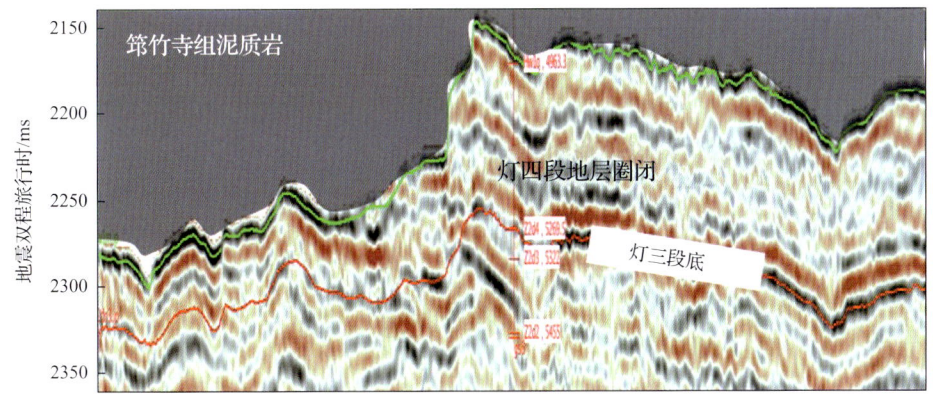

图 8-19 过高石梯构造的地震剖面显示灯影组地层圈闭

梯—磨溪—龙女寺区块总体控制含气面积 7500km², 具有整体含气性。

灯二段勘探程度较低, 基于目前高-磨构造勘探成果, 初步认为灯二段气藏构造-岩性复合型气藏。灯二段上部含气, 下部局部含水, 磨溪区块、高石梯区块各自具有相对统一的气水界面。勘探及综合研究表明, 目前古隆起区灯二段储层大面积连片发育, 多套储层相互叠置。根据测井解释成果, 灯二段下部普遍含水。磨溪构造灯二段气水界面为 –5167.5m。高石梯构造灯二段气水界面为 –5159.2m。

含气范围受现今构造圈闭控制, 气水界面海拔高于灯二段顶界构造最低圈闭线海拔。钻探表明, 单井测井解释最低气层底界海拔 –5167.5m, 比磨溪构造灯二段顶界最低圈闭线 –5200m 高 32.5m。高石梯区块震旦系灯二段气藏气层底界海拔 –5159.20m, 比高石梯构造灯二段顶界最低圈闭线 –5170m 高 10.8m, 气层高于最低构造圈闭线, 气藏的范围局限于构造范围(图 8-20)。

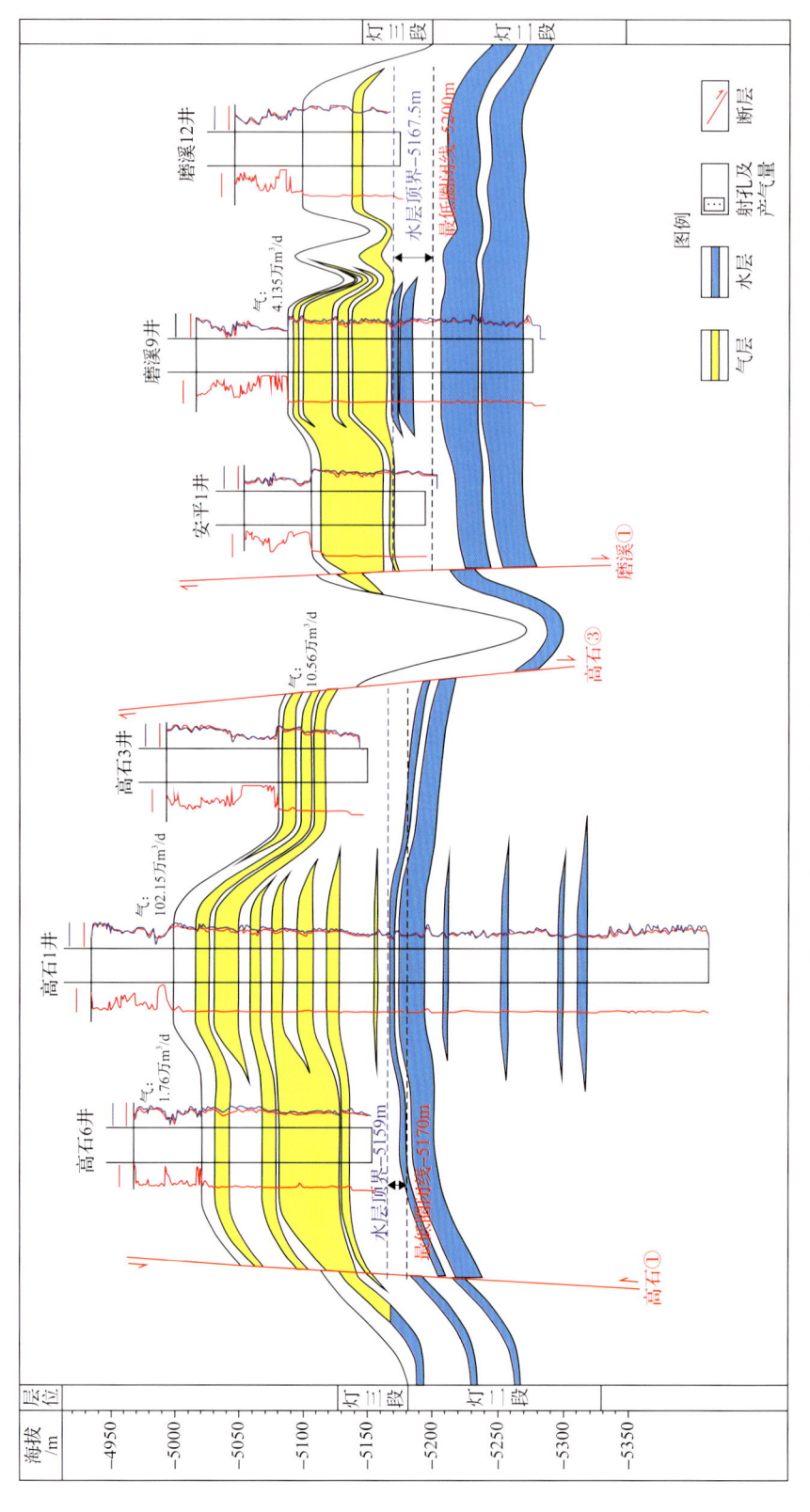

图8-20 高-磨地区震旦系灯二段气藏剖面图

磨溪区块灯二段气藏高度为119.2m，高石梯区块灯二段气藏高度为143.0m，小于灯二段地层厚度为400~500m。气藏发育灯二段上部，下部普遍发育水。试采和测试井有三口井气水同产，其中，高石1井试采过程中有地层水产出，高石6井和磨溪8井测试伴有地层水产出。水分析统计表明，地层水总矿化度分布在57~130g/L，Cl$^-$含量为35896~77991mg/L，Br$^-$含量为15~187mg/L，地层水水型以氯化钙型为主。

在川中古隆起北斜坡的蓬探1井灯二段测井解释气水界面为-5550m，气水界面之上构造-岩性圈闭面积为145km$^2$。蓬探1井气柱高度达到230m，超过构造幅度，因此为大型构造-岩性复合圈闭。蓬探1井上倾方向的断裂与岩性封堵有利于形成构造-岩性复合气藏。蓬探1井测井解释灯二段气水界面为-5550m，而相邻高部位的高-磨地区灯二段气水界面为-5150m，可见蓬莱地区灯二段气水界面比高-磨地区低400m，表明两个地区存在不同的气水系统。基于构造圈闭及岩性圈闭的解释，可以认定蓬探1井区与构造高部位的高磨地区之间存在大型断裂封堵及蓬莱地区丘滩体上倾方向的岩性致密带，是导致不同气水系统的关键。

(二)灯影组天然气成藏富集主控因素

杜金虎等(2016)系统总结安岳特大型气田形成的主控因素，概况为"四古"（古裂隙、古丘滩体、古隆起、古圈闭）控制，认为安岳气田的形成是"四古"地质要素在时间、空间的最佳匹配的结果，克拉通陆内裂陷的发育是核心控制因素。"四古"要素对大气田形成的控制体现在不同的方面，"四古"要素之间也不是彼此孤立的，而是相互联系、彼此影响、互为因果的，作为一个有机的成藏要素体系控制了安岳特大型气田的形成。

灯影组岩溶储层分布特点决定了圈闭类型主要为地层-岩性圈闭。受储层非均质性影响，以溶蚀孔洞型储集体为主要储集空间的圈闭无论在平面上还是剖面上，均表现为集群式分布。震旦系—寒武系烃源岩的主要成油期为中—晚三叠世，大量成气期为中—晚侏罗世至白垩纪，因而生油气高峰期晚于圈闭形成期，为气藏群集群式、大面积分布奠定基础。

新近纪以来的喜马拉雅运动，对盆地深层震旦系产生四种变形方式。其一，强烈的褶皱冲断作用变形，主要发生在盆地周缘，导致震旦系出露地表，如盆地东南缘的桑木场构造。其二，强烈褶皱、隆升，但震旦系未遭受剥蚀，如威远地区隆升幅度高达3000~4000m。其三，中浅层变形强烈，但震旦系未卷入变形或变形微弱，如川东、蜀南地区。其四，深层及中浅层均未卷入变形或变形微弱，如磨-高地区。除第一变形方式对震旦系气藏起破坏作用之外，其余的变形对震旦系气藏调整有影响，但未被破坏。基于此，可将喜马拉雅期震旦系气藏可分为调整型(如威远气田)、残存型(如资阳地区)、原生型(如磨溪-高石梯气田)、原生-调整型(如蜀南深层)(图8-21)。按此评价有利勘探区带，磨溪—高石梯—广安一带长期处于古今构造叠合的高部位，是最有利勘探区；有利区为遂宁-南充斜坡带，较有利区为川东-蜀南深层。

(三)震旦系含气系统的勘探潜力

震旦系灯影组具有源盖一体及近源成藏的有利条件。四川盆地灯影组发育台缘与台

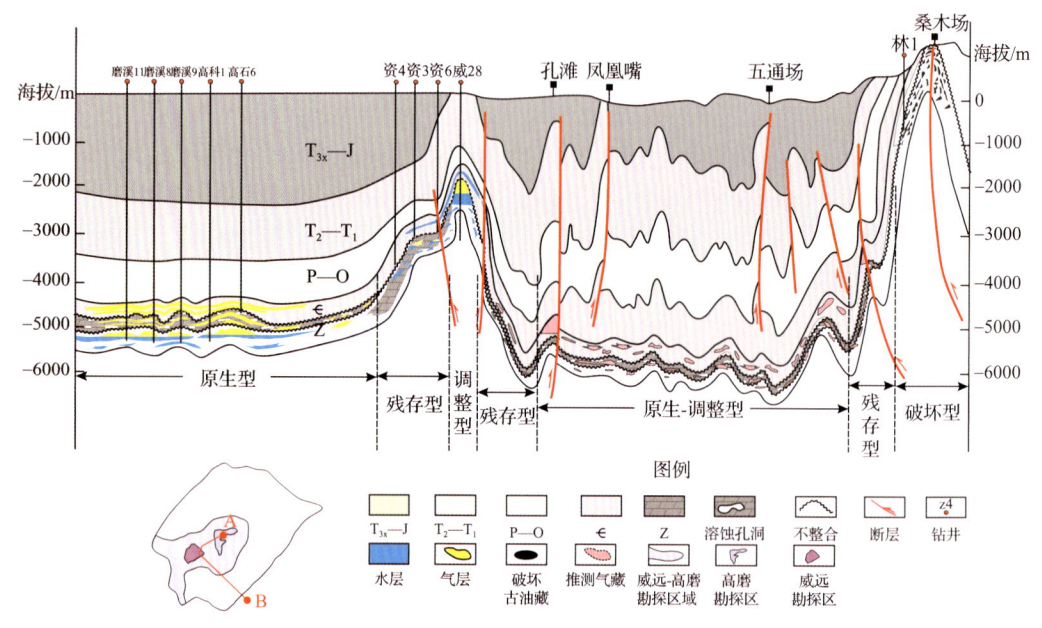

图 8-21 震旦系灯影组气藏形成的主要类型

内两种类型的储集体，前者呈条带状沿台缘带分布，后者呈多层系叠置连片分布，纵向上主要分布于灯四上亚段、灯二段上部。两套储集层夹持在下寒武统泥页岩（既是烃源岩也是区域性盖层）、灯三段泥岩（既是烃源岩也是区域性盖层），以及陡山沱组泥页岩之间，构成良好的生储盖组合，具有近源成藏的有利条件（图 8-22），奠定了灯影组大面积成藏物质基础。

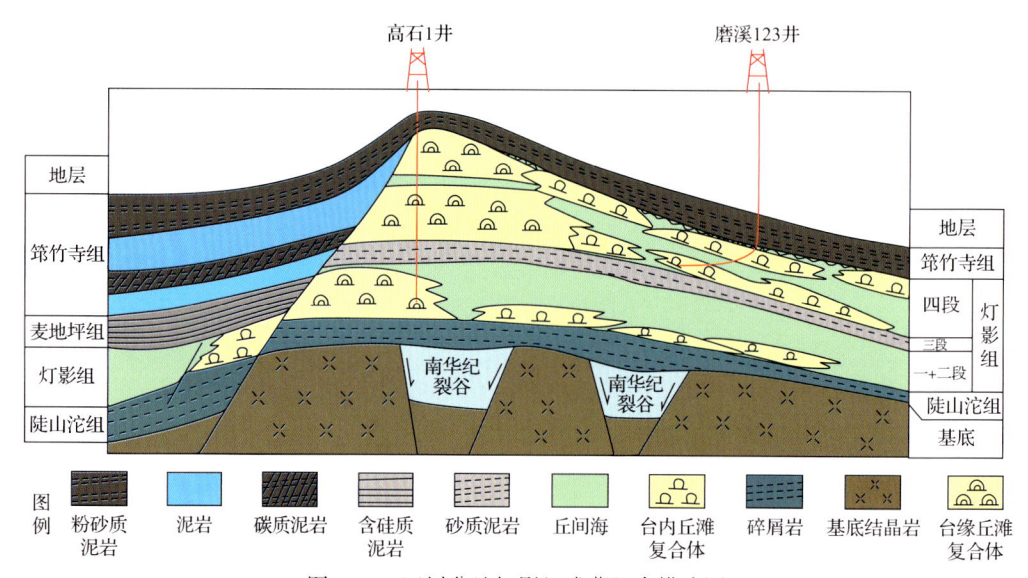

图 8-22 四川盆地灯影组成藏组合模式图

川中古隆起及斜坡长期处于油气聚集的有利部位。川中古隆起是一个长期继承性发育的大型古隆起，震旦纪末期已具雏形，寒武纪—奥陶纪演化为同沉积古隆起，奥陶纪末期的郁南运动古隆起基本定型，志留纪末期的广西运动古隆起最终定型。海西期，除晚二叠世长兴期出现短暂的拉张作用形成开江-梁平海槽之外，四川盆地构造相对稳定，沉积地层厚度变化不大，下伏的震旦系古隆起整体被深埋，但古隆起的演化总体表现出一定的继承性和稳定性。从筇竹寺组烃源岩成烃演化看，二叠纪至早—中三叠世为成油高峰期，因而古隆起及其宽缓斜坡区成为石油聚集的有利部位，聚集于岩性-地层圈闭中，并构成岩性-地层型古油藏群。到晚三叠世—侏罗纪，受川西-川北前陆拗陷巨厚沉积影响，古隆起西翼被深埋，此时古油藏液态烃原位裂解形成古气藏。只要不被后期断裂破坏，古气藏持续保存至今。古油藏分布的有利区涵盖了四川盆地中西部地区，古气藏分布有利区主要集中在印支期古隆起及其斜坡区，但川西-川北拗陷区仍保留部分古气藏。

特别指出，燕山晚期—喜马拉雅期，在四川盆地周缘山系的强烈挤压作用下，形成了著名的威远背斜构造，背斜高部位震旦系顶面与高-磨地区震旦系顶面埋深落差达2500m，川中古隆起最终定型。受其影响，震旦系古气藏出现调整，威远背斜形成背斜气藏，背斜翼部陡坡带形成地层-构造复合型气藏，但构造调整、改造甚至破坏作用，圈闭充满度普遍较低。古隆起中东段的高石梯-磨溪-龙女寺地区，构造变形较弱，形成受低幅度构造圈闭控制的地层-构造复合型气藏。古隆起北斜坡带则主要以地层-岩性型气藏为主。

四川盆地灯影组目前已发现威远、安岳气田，发现储量规模超万亿立方米，待发现近2.0万亿 $m^3$，占全盆地常规天然气的20%，是寻找规模资源的重点层系。从成藏条件看，大面积烃源岩与大面积储集层构成的成藏组合在盆地范围广泛分布。从埋深看，小于8000m的面积超过14万 $km^2$，超深层勘探技术日趋完善。因此，四川盆地大部分地区灯影组可以进行规模勘探。未来勘探的值得关注的领域与方向：灯四段台缘带的扩展、灯二段台缘带的突破与发现、川中古隆起斜坡带台内丘滩体、川东地区可能的裂陷周缘丘滩体等。

## 第三节 震旦系与寒武系分属不同含气系统

众所周知，针对不同的含油气系统所采取的勘探技术方法不同。四川盆地震旦—寒武系天然气勘探已证实，震旦系灯影组与寒武系储集层及气藏类型、天然气成藏与富集规律均存在较大差异，勘探部署思路、技术对策不尽相同。基于近几年针对川中古隆起勘探与研究成果，本章在分析震旦系与下古生界含气系统差异性基础上，重点讨论下古生界储集层特征及分布规律、成藏富集的关键因素，指出勘探有利区。

### 一、震旦系与寒武系天然气组分与气源的差异性

以安岳气田为例，通过对高-磨地区震旦系—寒武系天然气与烃源岩、储层沥青的样品分析，采用气-气对比、气-源对比、储层沥青与源岩对比等技术手段，确定安岳气田震旦系—寒武系的气源。

1. 天然气组分对比

安岳气田灯影组灯四段气藏属于中-低含硫，二氧化碳含量中等，微含丙烷、氦和氮的干气气藏。天然气相对密度为 0.6079~0.6336，天然气以甲烷为主，含量为 91.22%~93.77%（体积分数，余同），硫化氢含量为 1.00%~1.62%，二氧化碳含量为 4.83%~7.39%，微含丙烷、氦和氮。灯二段气藏属于中-高含硫，二氧化碳含量中等，微含丙烷、氦和氮的干气气藏。天然气相对密度为 0.6265~0.6326，甲烷平均含量为 91.03%。硫化氢含量为 0.58%~3.19%，二氧化碳含量为 4.04%~7.65%，微含丙烷、氦和氮。

寒武系龙王庙组天然气为中-低含硫、二氧化碳含量中-低的干气气藏。天然气以甲烷为主，含量为 95.10%~97.19%，乙烷含量为 0.12%~0.21%，硫化氢含量为 0.26%~0.77%，平均为 0.531%，二氧化碳含量为 1.83%~3.16%，平均为 2.389%，微含丙烷、氦和氮。

天然气中氦气（He）含量与沉积物中放射性物质也可用于气源对比。一般认为，碳酸盐岩中放射性物质含量低，泥质岩放射性物质含量高。威远气田震旦系—寒武系、资阳震旦系天然气中氦气含量主要分布在 5%~10%，主要来源于下寒武统筇竹寺组泥质烃源岩（图 8-23）。荷深 1 井灯二段天然气中氦气含量为 3.89%~4.11%，而高-磨地区新钻探井灯影组天然气中氦气含量为 0.44%~2.46%，表现为低氦气特征，与威远气田震旦系—寒武系、资阳地区震旦系天然气不同，说明高-磨地区震旦系天然气与威远震旦系—奥陶系天然气的烃源岩不完全一致。

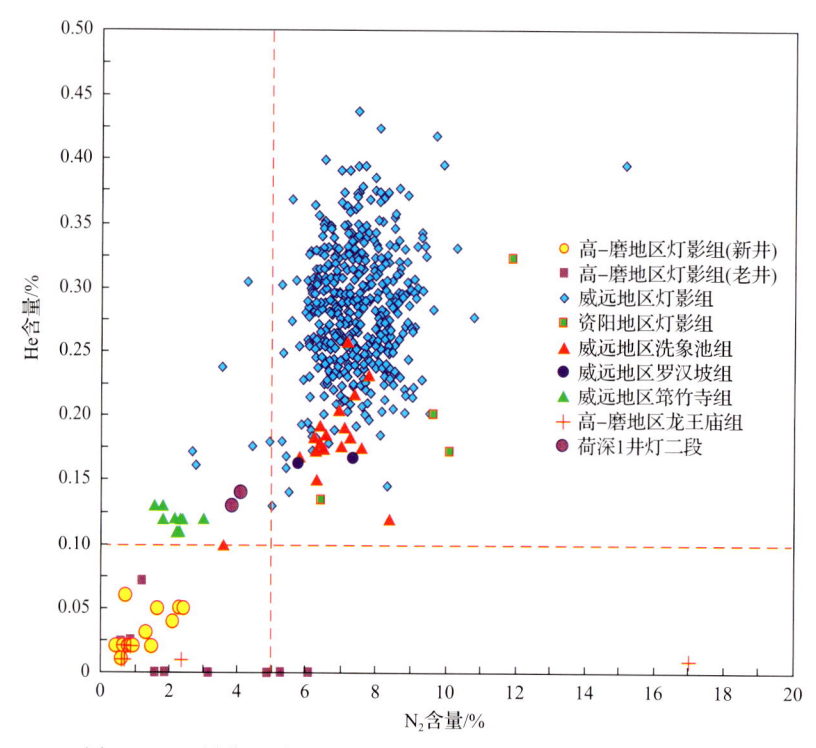

图 8-23 四川盆地震旦—下古生界天然气中 $N_2$ 与 He 含量关系图

2. 天然气同位素特征及对比

天然气同位素是天然气最稳定的参数之一，乙烷碳同位素($\delta^{13}C_2$值)反映母质类型。安岳气田灯影组天然气$\delta^{13}C_2$值比其他天然气重，表明其母质类型的差异。图8-24可见，威远灯影组、洗象池组天然气来源于寒武系，该类天然气乙烷同位素轻，$\delta^{13}C_2<-32‰$，属腐泥型气；高-磨地区震旦系天然气$\delta^{13}C_2$值主要分布在$-29.9‰\sim-26.8‰$，荷深1井天然气$\delta^{13}C_2$值为$-28.4‰\sim-28.1‰$，属混合型气。

寒武系龙王庙组天然气$\delta^{13}C_2$值主要分布在$-35.3‰\sim-32.3‰$，与威远地区天然气$\delta^{13}C_2$值相近(图8-24)，表明二者可能来自同一气源；天然气$\delta D_{CH_4}$值不同于震旦系天然气，以大于$-135‰$为主，主要分布在$-134‰\sim-132‰$。

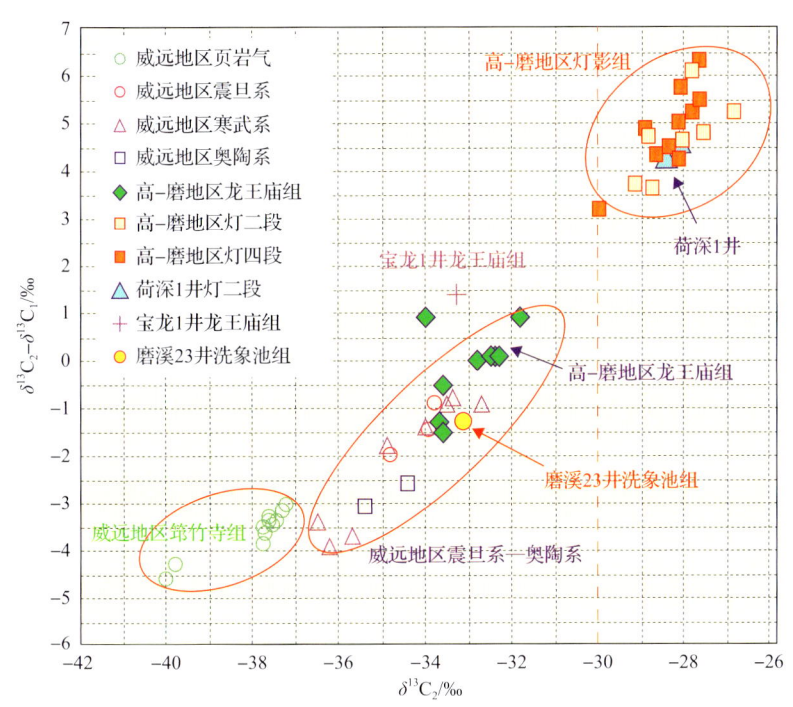

图8-24 四川盆地震旦系—下古生界天然气中$\delta^{13}C_2$与$\delta^{13}C_2-\delta^{13}C_1$关系图

3. 天然气组分特征

安岳气田灯影组天然气以环烷烃为主，甲基环己烷/正庚烷比值(质量比)为$1.55\sim4.33$，(2-甲基己烷+3-甲基己烷)/正己烷比值为$0.05\sim2.55$(图8-25)。不同层位天然气轻烃存在差异。由图8-25可见，灯二段和灯四段下亚段天然气轻烃组成特征相似，以甲基环己烷和正庚烷为主，异构烷烃丰度较高，甲基环己烷/正庚烷比值为$1.43\sim1.59$，(2-甲基己烷+3-甲基己烷)/正己烷比值为$8.14\sim22.78$，甲苯、苯及环己烷的丰度相对较低，同时还检测到较高丰度的$C_8\sim C_{10}$的正构、异构和环烷烃；灯四段上亚段的轻烃组成却与之有明显的差别，基本没有检测到环烷烃、正构烷烃。天然气轻烃组成的这种差异昭示其烃源岩的差异。

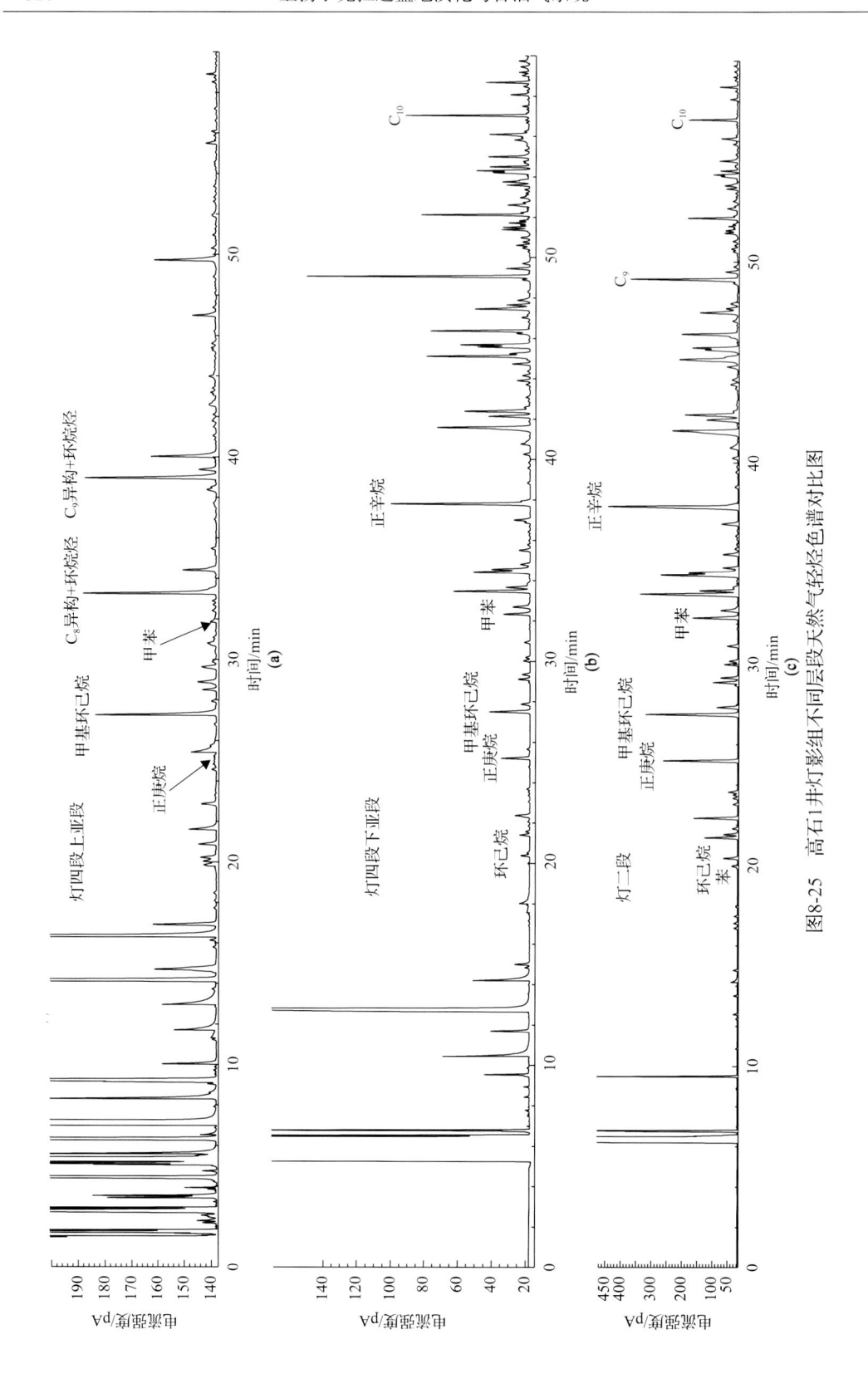

图8-25 高石1井灯影组不同层段天然气轻烃色谱对比图

## 4. 天然气与干酪根同位素对比

天然气及烃源岩中碳同位素最稳定，是常用的气源对比指标。按照干酪根油气生成理论，烃源岩干酪根及其衍生物的碳同位素有如下特征，即：$\delta^{13}C$(干酪根)＞$\delta^{13}C$(沥青质)＞$\delta^{13}C$(非体)＞$\delta^{13}C$(芳香烃)＞$\delta^{13}C$(油)＞$\delta^{13}C$(饱和烃)＞$\delta^{13}C$(烷烃)。如果不依次序而发生倒转，说明不是同一烃源岩的衍生物(戴金星等，1992)。此外，油气生成过程中其碳同位素将产生分馏，分馏度可达 1‰～4.5‰(谢增业等，2005)。根据这一原理，建立了震旦系—下古生界天然气甲烷、乙烷同位素与主要烃源岩干酪根碳同位素的对比关系(图 8-26)。可以看出，灯影组泥岩、陡山沱组泥岩、碳酸盐岩的干酪根 $\delta^{13}C$ 值总体较重，与高-磨地区震旦系天然气同位素较为接近。因此，高-磨地区灯影组、荷深 1 井灯影组天然气有震旦系烃源岩的贡献。

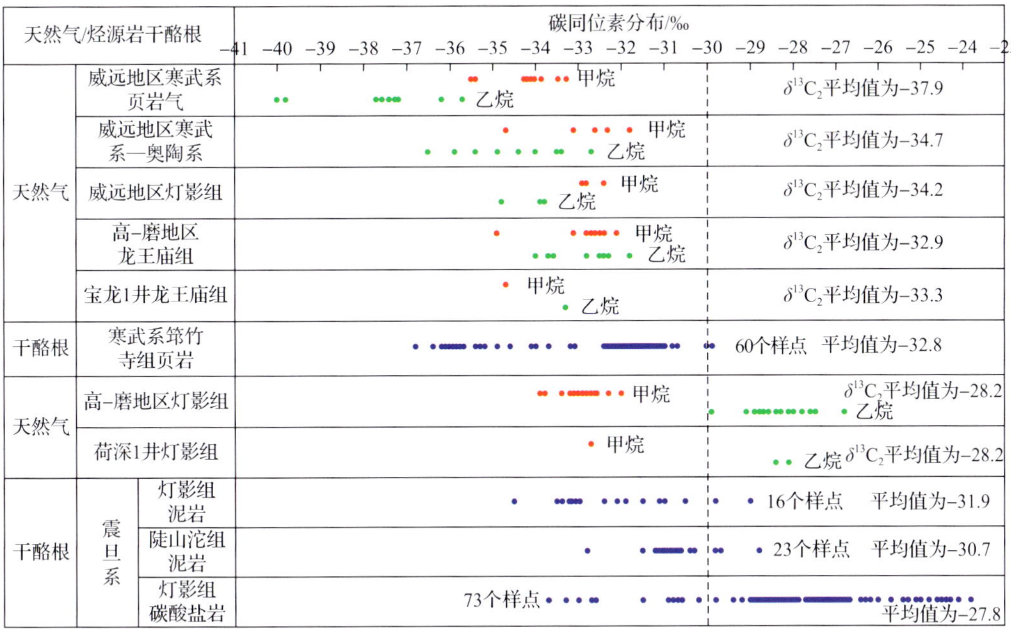

| 天然气/烃源岩干酪根 | | 碳同位素分布/‰ −41 ～ −23 | |
|---|---|---|---|
| 天然气 | 威远地区寒武系页岩气 | 甲烷 / 乙烷 | $\delta^{13}C_2$平均值为−37.9 |
| | 威远地区寒武系—奥陶系 | 甲烷 / 乙烷 | $\delta^{13}C_2$平均值为−34.7 |
| | 威远地区灯影组 | 甲烷 / 乙烷 | $\delta^{13}C_2$平均值为−34.2 |
| | 高-磨地区龙王庙组 | 甲烷 / 乙烷 | $\delta^{13}C_2$平均值为−32.9 |
| | 宝龙1井龙王庙组 | 甲烷 / 乙烷 | $\delta^{13}C_2$平均值为−33.3 |
| 干酪根 | 寒武系筇竹寺组页岩 | | 60个样点 平均值为−32.8 |
| 天然气 | 高-磨地区灯影组 | 甲烷 | 乙烷 $\delta^{13}C_2$平均值为−28.2 |
| | 荷深1井灯影组 | 甲烷 | 乙烷 $\delta^{13}C_2$平均值为−28.2 |
| 干酪根 震旦系 | 灯影组泥岩 | | 16个样点 平均值为−31.9 |
| | 陡山沱组泥岩 | | 23个样点 平均值为−30.7 |
| | 灯影组碳酸盐岩 | 73个样点 | 平均值为−27.8 |

图 8-26 四川盆地震旦系—寒武系天然气与烃源岩干酪根碳同位素对比图

下寒武统筇竹寺组干酪根的 $\delta^{13}C$ 值总体上最轻，按油气生成的碳同位素分馏规律，同位素明显较轻的威远地区页岩气、龙王庙组天然气及威远地区震旦系—奥陶系天然气来源于筇竹寺组烃源岩。

## 5. 储层沥青与烃源岩对比

储层沥青是原油裂解成气后的残留物，可通过储层沥青与烃源岩的饱和烃、芳香烃等生物标志化合物的对比，分析古油藏的烃源岩，从而间接地进行天然气与烃源岩的对比。研究表明，烷基二苯并噻吩与二苯并噻吩的相对分布和甲基、二甲基、三甲基取代物异构体的比值可作为有效的成熟度参数(张敏和张俊，1999)。

安岳气田灯影组储层沥青及震旦系、寒武系烃源岩萜甾烷等生物标志化合物分析显示：高-磨地区灯影组储层沥青的三环萜烷、伽马蜡烷、$C_{30}$ 重排藿烷等特征及储层沥青

的 $C_{27}$、$C_{29}$ 甾烷特征与筇竹寺组、灯影组泥质碳酸盐岩、灯三段及陡山沱组四套烃源岩均有相似性(图 8-27)，表明四套烃源岩对震旦系天然气均有贡献。

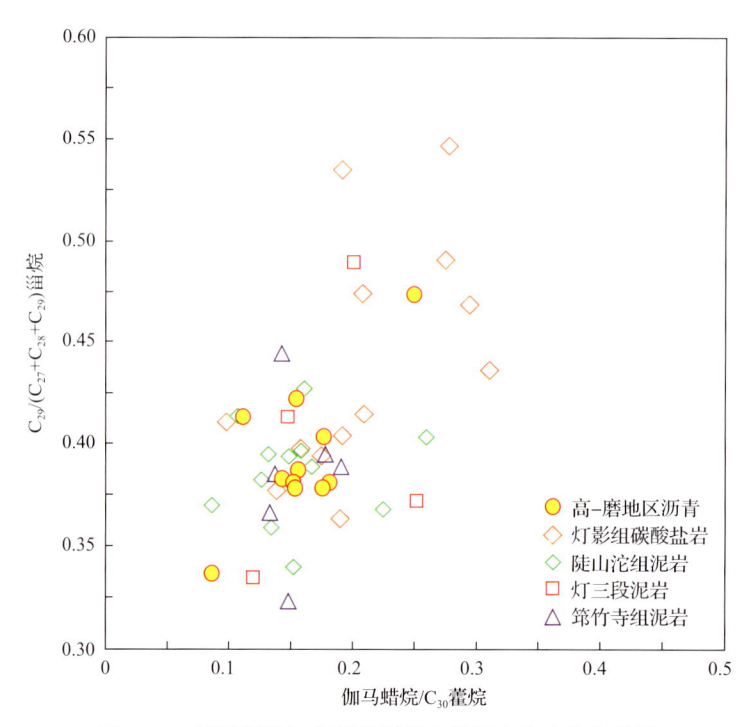

图 8-27 储层沥青与主要烃源岩生物标志化合物相关图

高-磨地区灯四段、灯二段储层沥青，筇竹寺组泥岩，灯影组泥岩等抽提物中均检测到丰富的烷基二苯并噻吩系列化合物。高-磨地区灯影组沥青的 4-甲基二苯并噻吩(4-MDBT)/1-甲基二苯并噻吩(1-MDBT)比值介于筇竹寺组和灯影组烃源岩之间，说明其成熟度也介于后两者之间，表明筇竹寺组烃源岩和灯影组烃源岩对灯影组气藏均有贡献。

高石 6 井、磨溪 11 井龙王庙组含沥青白云岩的 4-甲基二苯并噻吩(4-MDBT)/1-甲基二苯并噻吩(1-MDBT)比值分别为 3.29 和 2.97，磨溪 9 井寒武系筇竹寺组泥岩的比值(3.87)略低，而远低于灯四段储层沥青的比值(4.16)和灯三段泥岩的比值(4.7)。这些特征符合该地区热演化特征，反映了龙王庙组储层沥青来源于其下部的筇竹寺组烃源岩，而不是距离更远的震旦系烃源岩。

综合气-气对比、气-源对比、储层沥青与烃源岩对比结果认为，安岳气田灯影组天然气来源于震旦系和寒武系烃源岩，为混源气。龙王庙组天然气主要来自下寒武统烃源岩。

## 二、震旦系气藏与寒武系气藏压力系统的差异性

安岳气田震旦系气藏属于高温、常压气藏。气藏埋深为 5000～5100m，产层中部地层压力为 56.57～56.63MPa，气藏压力系数为 1.06～1.13。

安岳气田龙王庙组气藏总体上属于高温、高压气藏。气藏埋深大于 4600～4700m。

气藏中部地层压力在磨溪区块为75.7MPa,压力系数为1.65;高石梯区块平均为68.3MPa,压力系数为1.5;龙女寺区块为78.0MPa,压力系数为1.67。气藏中部平均温度为140.3~150.4℃。

### 三、寒武系以构造-岩性气藏、岩性气藏为主

与灯影组地层-岩性气藏、构造-地层复合气藏不同,安岳气田龙王庙组气藏为构造-岩性气藏、岩性气藏。高石梯、磨溪、龙女寺,高16井气水界面、气体性质、压力系统具有明显的差别。磨溪构造主体的龙王庙组气藏,气藏高部位的西、南方向岩性圈闭的特征明显,目前开发证实的气水界面为-4385m。而龙女寺区块龙王庙组气藏的-4600m仍未钻遇水层,从磨溪-龙女寺龙王庙组气藏剖面可以看出,安岳气田龙王庙组气藏总体表现为构造背景上的岩性气藏群。

### 四、构造-沉积分异控制了不同成藏组合

综上,尽管下寒武统烃源岩是震旦系和下古生界主力烃源岩,无论从气藏的天然气组分、气源对比,还是从气藏类型、气水分布、压力系统等方面的综合分析,震旦系与寒武系均属于不同的含气系统。导致震旦系和下古生界分属不同的含气系统的主要原因是下寒武统泥页岩既是烃源岩,又是区域性盖层,有效分割了两个含气系统。

下寒武统区域性分隔层上下存在两种不同的成藏组合。灯影组有"上生下储、下生上储、旁生侧储"三种成藏组合,不整合面是主要油气运移通道。龙王庙组具有"下生上储"成藏组合,断层是主要油气运移通道。该地区紧邻克拉通内裂陷生烃中心,储层发育,具备近源成藏的有利条件。龙王庙组上覆高台组砂岩、泥岩及致密碳酸盐岩夹膏盐为直接盖层,寒武系洗象池组到三叠系沉积数千米的泥岩、砂岩、碳酸盐岩和膏盐为区域盖层,盖层封盖能力强,是灯影组、龙王庙组成藏条件最有利地区。

上扬子地区震旦系—寒武系构造分异控制了成藏要素及成藏组合的时空配置。震旦纪区域拉张构造环境下,克拉通内构造分异强烈,形成了多个孤立台地,发育台缘带丘滩体和台内丘滩体,经建设性成岩作用改造,形成有效储集层。早寒武世早期发生的区域性海侵形成富有机质泥页岩,既是优质烃源岩又是良好的区域性分隔层。早寒武世中晚期,在弱挤压构造环境下发育的大型缓坡颗粒滩,经建设性成岩作用改造,形成多层叠置的优质储集层,为油气聚集提供了有效储集空间,但远离烃源岩,需断层或裂缝等垂向运移通道才能有效成藏。

## 第四节 上扬子地区南华系冰期含油气系统(潜在的)

上扬子地块在晋宁运动之后,形成了统一的、具陆壳性质的褶皱基底,盆地演化进入克拉通盆地阶段,盆地面积约50万km$^2$。南华纪,受罗迪尼亚超大陆裂解的影响,上扬子克拉通盆地发生板内拉张活动及构造热事件。这一时期的古构造格局可分为6个构造单元,从北西向南东依次为汉南古陆、康滇古陆、川西-滇中裂谷盆地、黔东-湘西克拉通内裂陷盆地、克拉通边缘裂陷盆地(溆浦-三江裂陷带)以及湘桂陆内裂陷海盆地。

## 一、裂陷盆地控制优质烃源岩发育

从含油气系统角度分析，克拉通内裂陷盆地以及克拉通边缘裂陷盆地具有良好的烃源岩条件及源-储组合条件，是潜在的含油气系统。

南华纪裂陷盆地主要分布在上扬子克拉通东侧，呈北东向延伸，具地垒、地堑式结构。由西向东，垒、堑高低的幅度增大。西部在黔东—湘西一带沉积物厚度通常仅百余米，向东至溆浦-三江裂陷带则为千余米，并在贵州的铜仁—松桃、重庆秀山、湖南花垣等地。盆地内充填南华系具四分性，由下向上为：莲沱组、古城组、大塘坡组和南沱组。莲沱组为陆相碎屑岩或磨拉石沉积；古城组与南沱组为冰川堆积，尤以后者十分发育。块状、条带状杂乱、无序的冰碛泥砾岩，厚度巨大，分布广泛。大塘坡组为间冰期碳质页岩，且常夹有含锰或含铁岩层，为较暖气候条件下的产物。南沱组之上，为广泛海浸形成的帽状碳酸盐岩沉积，即震旦系陡山沱组底部的盖帽白云岩沉积。

大塘坡组下部总体为一套黑色碳质板岩或页岩、黑色锰质板岩，厚度为0~100m，上部为灰绿色粉砂质板岩，厚度为0~600m。含锰黑色页岩具纹层状、显微粒序层理，富含微粒黄铁矿，与黑色页岩组成层纹并含放射虫。锰矿体呈大小不等的球形、结核状和皮壳状结构，并形成锰枕群赋存在黑色页岩中。通过对秀山千子门剖面采样分析，总有机碳TOC含量为0.25%~3.76%，平均值可达2.23%（25块样品），其中黑色含锰页岩有机碳含量最高。可见，大塘坡组是一套富含有机碳的烃源岩。

## 二、紧邻大塘坡组的碎屑岩储集层具特低孔特低渗特征

大塘坡组烃源岩夹持在南陀组和连陀组两套冰碛岩之间。

下部莲沱组，区域上岩性主要为灰绿色-灰色砂岩、含砾砂岩夹薄层紫红色含砾砂岩。在湖北省境内，莲沱组的岩性与陕西镇巴地区的莲沱组能很好地对应，都以砂岩、岩屑砂岩、含砾砂岩为主。在贵州省境内下南华统底部的两界河组，岩性总体上与镇巴莲沱组可对应，但存在一定的差别。在湖南省境内并没有划分莲沱组和古城组，而是划分了长安组和富禄组，这是因为在这一区域存在有三次冰期（长安冰期、古城冰期和南沱冰期）的说法。于是在湘中西地区没有划分出与莲沱组和古城组对应的岩石地层单位，而是使用了长安组来代表下南华统底部的地层，和镇巴地区的岩性总体上也可以对应，为冰期和冰后期的沉积序列。综上所述，镇巴地区该套地层的特征和扬子地层区中对比区域的岩性基本一致。

南沱组岩性特征主要为灰绿色含砾砂岩，砾石成分复杂，分选性较差，磨圆度为次棱角-棱角状。扬子分区各区域的南沱组岩性与镇巴南沱组较一致，为灰绿色冰碛砾岩、砂砾岩。南沱组在区域上分布稳定，出露较广泛，其岩性特点主要为冰碛岩沉积。

上述碎屑岩储集层属于特低孔特低渗储层类型。大巴山地区镇巴剖面与明月剖面25块样品测试孔隙度平均为5.0%~6.0%，川西地区中河剖面与甘洛剖面38块样品测试孔隙度小于3.2%和4.8%，湘渝黔的秀山剖面与松桃剖面28块样品测试孔隙度小于5%。上述所有样品测试渗透率均小于0.1mD，最高的也仅为0.7mD。

从岩石孔隙结构看（图8-28），川西-康滇地区主要为石英溶蚀孔隙和裂隙扩大溶蚀孔

隙。石英溶蚀既可以沿石英边缘溶蚀，也可从内部溶蚀，石英多呈碎裂状，为典型的火山成因，石英迅速冷却而破裂。火山岩中的碱性物质钠钾元素与水反应生成 OH⁻而呈碱性，溶蚀石英。石英的溶蚀也有一定的方向性，在裂隙方向溶蚀孔隙发育。而在湘渝黔、大巴山地区主要为长石的溶蚀孔隙和基质溶蚀孔隙。

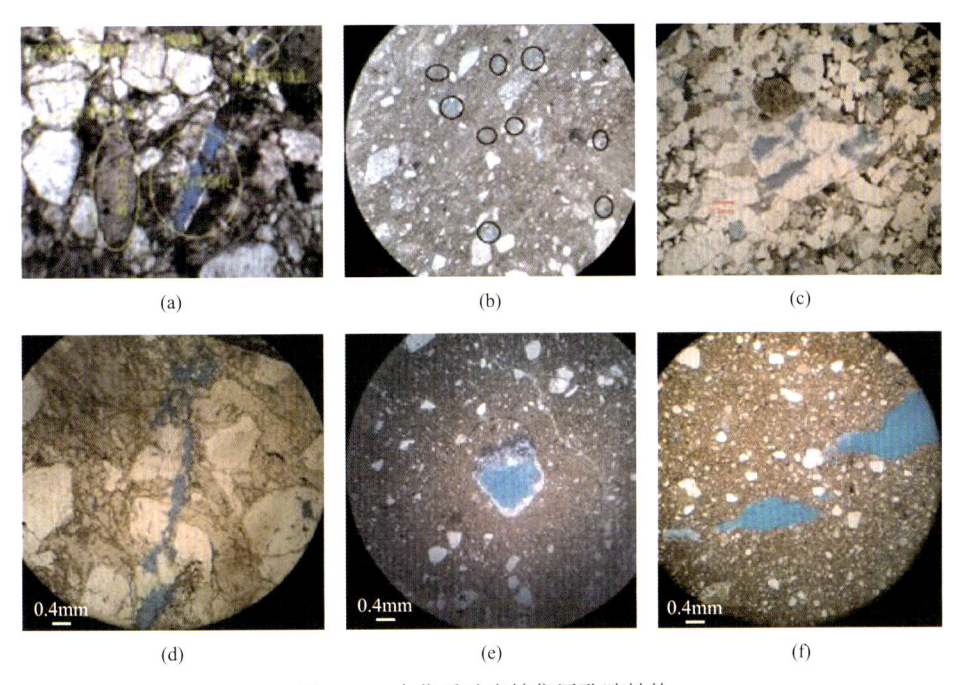

图 8-28 南华系砂岩储集层孔隙结构

(a)长石溶蚀孔隙(镇巴南沱组)；(b)基质溶蚀孔隙(明月南陀组)；(c)石英溶蚀孔隙(甘洛，苏雄组)；
(d)裂隙溶蚀扩大孔隙(甘洛，苏雄组)；(e)长石溶蚀孔(松桃，南沱组)；(f)基质溶蚀孔(松桃，南沱组)

## 三、四川盆地可能存在南华系含气系统

如第三章所述，四川盆地深层存在裂谷盆地，总体表现为 NE 向展布，且受基底断裂控制。裂谷两侧发育断裂与基性火山岩伴生，可能是裂谷初期火山活动的表现。根据区域资料推测，这套中-基性火山岩可能与川西-滇中裂谷充填的巨厚苏雄组及川中女基井钻遇的苏雄组火山岩为同期产物，时代为 803~760Ma。而紧邻火山岩分布为裂谷沉积物充填，表现为重力低值区。需要指出，在重庆—涪陵—南充—遂宁一带，存在受 NW 向断裂控制的裂谷发育区，在地震剖面上有较清楚的反射特征响应，尤其是遂宁—大足之间的基底断裂在地震反射剖面上响应特征更为明显。

基于露头区油气地质研究认识，推测四川盆地腹部潜在的含气系统分布(图 3-12)。南华系裂谷区可能发育大塘坡组优质烃源岩，裂谷侧翼的火山岩或火山碎屑岩为可能的储集层，两者构成良好的成藏组合条件，是潜在的勘探领域。

## 参 考 文 献

蔡长娥, 邱楠生, 徐少华. 2014. Re-Os 同位素测年法在油气成藏年代学的研究进展. 地球科学进展, 29(12): 1362-1372.

杜金虎, 汪泽成, 邹才能, 等. 2016. 上扬子克拉通内裂陷的发现及对安岳特大型气田形成的控制作用. 石油学报, 37(1): 16.

高林志, 陈峻, 丁孝忠, 等. 2011. 湘东北岳阳地区冷家溪群和板溪群凝灰岩 SHRIMP 锆石 U-Pb 年龄——对武陵运动的制约. 地质通报, 30(7): 1001-1009.

李美俊, 王铁冠, 王春江. 2006. 新元古代"雪球"假说与生命演化的环境. 沉积学报, 24(1): 107-113.

刘雯, 邱楠生, 徐秋晨, 等. 2018. 四川盆地高石梯—磨溪地区下寒武统筇竹寺组生烃增压定量评价. 石油科学通报, 3(3): 262-271.

穆国栋. 2015. 四川盆地海相地层可溶有机质撑起规律研究. 大庆: 东北石油大学硕士学位论文.

沈传波, 刘泽阳, 肖凡, 等. 2015. 石油系统 Re-Os 同位素体系封闭性研究进展. 地球科学进展, 30(2): 187-196.

王铁冠, 韩克猷. 2011. 论中-新元古界的原生油气资源. 石油学报, 32(1): 1-7.

徐树宝, 王素花. 2011. 东西伯利亚含油气盆地石油地质特征和资源潜力. 石油科技论坛, 26(2): 33-38.

徐树宝, 王素花, 孙晓军. 2007. 土库曼斯坦油气地质和资源潜力. 石油科技论坛, 26(6): 8.

张敏, 张俊. 1999. 塔里木盆地原油噻吩类化合物的组成特征及地球化学意义. 沉积学报, 17(1): 121-127.

张有瑜, 罗修泉. 2011. 英买力沥青砂岩自生伊利石 K-Ar 测年与成藏年代. 石油勘探与开发, 38(2): 203-211.

赵文智, 张光亚, 王红军, 等. 2003. 中国叠合含油气盆地石油地质基本特征与研究方法. 石油勘探与开发, 30(2): 1-9.

赵文智, 王兆云, 张水昌, 等. 2005. 有机质"接力成气"模式的提出及其在勘探中的意义. 石油勘探与开发, 32(2): 1-7.

赵文智, 王兆云, 王东良, 等. 2015. 分散液态烃的成藏地位与意义. 石油勘探与开发, 42(4): 401-413.

赵文智, 沈安江, 乔占峰, 等. 2018. 白云岩成因类型、识别特征及储集空间成因. 石油勘探与开发, 54(6): 923-936.

赵文智, 王晓梅, 胡素云, 等. 2019. 中国元古宇烃源岩成烃特征及勘探前景. 中国科学: 地球科学, (6): 26-38.

Jonathan Craig. 2010. 全球新元古界的含油气系统: 北非展现的潜力. 朱起煌, 译. 石油地质科技动态, 2010(5): 1-25.

Craig J, Thurow J, Thusu B, et al. 2009. Global Neoproterozoic petroleum systems: The emerging potential in North Africa. Geological Society London Special Publications, 326(1): 1-25.

Cohen A S, Coe A L, Bartlett J M, et al. 1999. Precise Re-Os ages of organic-rich mudrocks and the Os isotope composition of Jurassic seawater. Earth and Planetary Science Letters, 167(3): 159-173.

Kerr A R. 2000. An appealing snowball earth that's still hard to swallow. Science, 287: 1734-1736.

Magoon L B, Dow W G. 1994. The Petroleum System—From Source to Trap. Tulsa: Geological Society Publishing House.

Selby D, Creaser R A. 2001. Late and Mid-Cretaceous mineralization in the northern cordillera: Constraints from Re-Os molybdenite dates. Economic Geology, 96(6): 1461-1467.

Selby D, Creaser R A, Stein H J, et al. 2007. Assessment of the [187]Re decay constant by cross calibration of Re-Os molybdenite and U-Pb zircon chronometers in magmatic ore systems. Geochimica et Cosmochimica Acta, 71(8): 1999-2013.

# 第九章 下古生界—中三叠统碳酸盐岩含油气系统

上扬子地区下古生界—中三叠统以海相碳酸盐岩沉积为主,发育多套烃源岩、多套储集层及分隔层。以区域分隔层为界划分子系统,不同子系统油气成藏要素、成藏主控因素及油气分布规律存在较大差异(图9-1)。同时,也存在多油气系统之间油气相互连通的复合含油气系统。

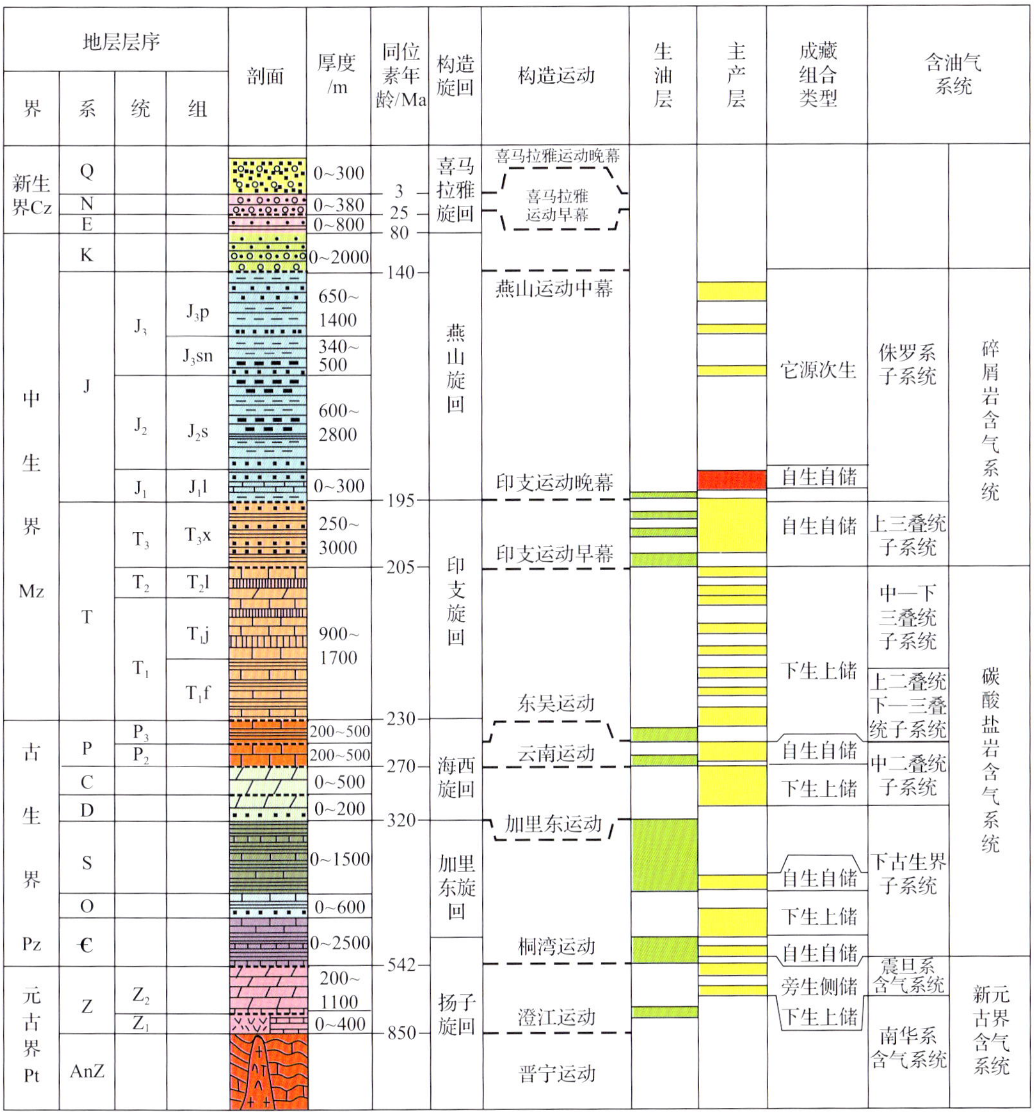

| 地层层序 |||| 剖面 | 厚度/m | 同位素年龄/Ma | 构造旋回 | 构造运动 | 生油层 | 主产层 | 成藏组合类型 | 含油气系统 |
|---|---|---|---|---|---|---|---|---|---|---|---|---|
| 界 | 系 | 统 | 组 | | | | | | | | | |
| 新生界Cz | Q | | | | 0~300 | 3 | 喜马拉雅旋回 | 喜马拉雅运动晚幕 | | | | 碎屑岩含气系统 |
| | N | | | | 0~380 | 25 | | | | | | |
| | E | | | | 0~800 | 80 | | 喜马拉雅运动早幕 | | | | |
| 中生界Mz | K | | | | 0~2000 | 140 | 燕山旋回 | 燕山运动中幕 | | | 侏罗系子系统 | |
| | J | J₃ | J₃p | | 650~1400 | | | | | 它源次生 | | |
| | | | J₃sn | | 340~500 | | | | | | | |
| | | J₂ | J₂s | | 600~2800 | | | | | | | |
| | | J₁ | J₁l | | 0~300 | 195 | | 印支运动晚幕 | | 自生自储 | | |
| | T | T₃ | T₃x | | 250~3000 | 205 | 印支旋回 | 印支运动早幕 | | 自生自储 | 上三叠统子系统 | 碳酸盐岩含气系统 |
| | | T₂ | T₂l | | 900~1700 | | | | | | 中—下三叠统子系统 | |
| | | T₁ | T₁j | | | | | | | 下生上储 | | |
| | | | T₁f | | | 230 | | 东吴运动 | | | 上二叠统下三叠统子系统 | |
| 古生界Pz | P | P₃ | | | 200~500 | 270 | 海西旋回 | 云南运动 | | 自生自储 | 中二叠统子系统 | |
| | | P₂ | | | 200~500 | | | | | 下生上储 | | |
| | C | | | | 0~500 | 320 | | 加里东运动 | | | 下古生界子系统 | |
| | D | | | | 0~200 | | | | | 自生自储 | | |
| | S | | | | 0~1500 | | 加里东旋回 | | | | | |
| | O | | | | 0~600 | | | | | 下生上储 | | |
| | € | | | | 0~2500 | 542 | | 桐湾运动 | | 自生自储 | 震旦系含气系统 | 新元古界含气系统 |
| 元古界Pt | Z | Z₂ | | | 200~1100 | 850 | 扬子旋回 | 澄江运动 | | 旁生侧储 | | |
| | | Z₁ | | | 0~400 | | | | | 下生上储 | | |
| | AnZ | | | | | | | 晋宁运动 | | | 南华系含气系统 | |

图 9-1 上扬子地区含油气系统划分示意图

# 第一节 下古生界含油气子系统

上扬子地区在新元古代—早寒武世早期结束了构造分异较强的古构造格局之后，早寒武世中晚期—中奥陶世进入以碳酸盐岩台地沉积为主的稳定克拉通拗陷盆地演化阶段，西高东低的古地理背景之上发育了大型碳酸盐岩缓坡台地，在寒武系沧浪铺组、龙王庙组、高台组、洗象池组及中—下奥陶统等多个层系发育颗粒滩，经建设性成岩作用改造形成多套储集层，纵向上相互叠置，构成了下古生界含油气系统的主要储集层，烃源岩主要来自下寒武统及新元古界。晚奥陶世—志留纪，受雪峰山陆内造山作用影响，在四川盆地东南部—湘鄂西一带发育前陆盆地，沉积充填了以五峰组、龙马溪组泥页岩优质烃源岩。

## 一、主力烃源岩

下古生界含油气系统主要发育下两套优质烃源岩，分别为下寒武统筇竹寺组、上奥陶统—志留系五峰组—龙马溪组。其中，筇竹寺组烃源岩在上扬子地区广覆式分布，是下古生界含油气系统的主力烃源岩，第八章已论述。五峰组—龙马溪组主要分布在川东—蜀南—湘鄂西地区，是川东石炭系的主力烃源岩，也是海相页岩气富集的主力层系。

## 二、主要储集层特征

### (一) 下寒武统龙王庙组储层特征

#### 1. 储层岩石类型

龙王庙组储集层的主要岩性包括颗粒白云岩和晶粒白云岩(图 9-2)。其中颗粒白云岩以砂屑白云岩及鲕粒白云岩为主，普遍发育残余粒间孔及溶蚀孔洞，是安岳龙王庙组气藏的主要储集岩类型。

砂屑白云岩：岩石中颗粒含量50%以上，其中砂屑占颗粒总量的65%以上[图 9-2(a)、(b)]。常含砾屑、鲕粒、生物碎屑，偶见陆源石英，残余粒间孔及粒间扩溶孔洞发育。

鲕粒白云岩：岩石颗粒含量约占60%以上，其中鲕粒占颗粒总量的60%~80%，含少量砂屑、砾屑及生物碎屑。鲕粒呈圆—次圆状，粒径0.4~2mm，可见鲕粒间残余1~2期胶结物[图 9-2(c)]。

粉-细晶白云岩：主要由细晶白云石及粉晶白云石组成，岩石的原始结构因白云石化作用而被破坏，部分残留颗粒幻影，大多则颗粒结构完全消失。白云石呈半自形—他形镶嵌状，晶间孔发育[图 9-2(d)]。

斑状白云岩：为了方便油田现场而使用的一种形态描述性命名，宏观上具有黑白杂乱分布的斑状结构[图 9-2(e)]。微观上，黑色斑块的晶间孔发育，被沥青充填而呈黑色或深灰色，即"黑斑"；白色斑块白云石镶嵌接触，晶间孔不发育，极少或无沥青充填而呈灰白色或浅灰色，即"白斑"[图 9-2(f)]。

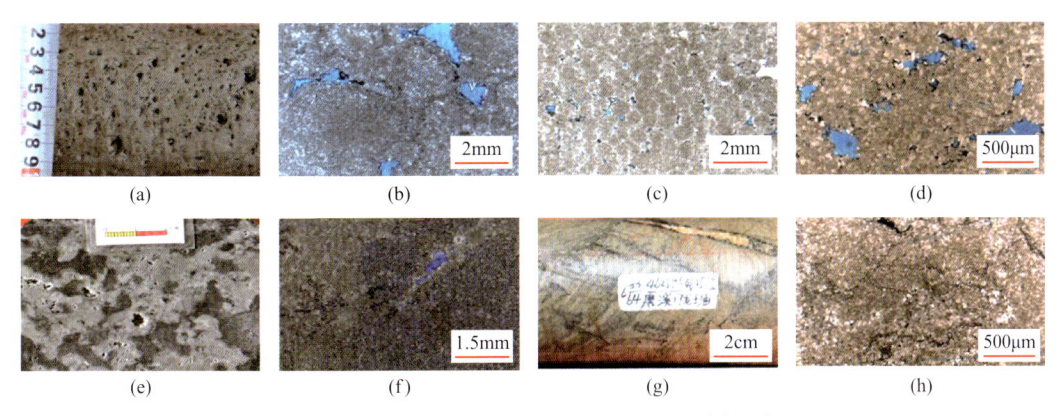

图 9-2 寒武系龙王庙组储层岩石类型及储集空间

(a)灰色颗粒白云岩,溶蚀孔洞呈不规则圆形-椭圆形,洞径 2~10mm,少量白云石和沥青充填,面孔率 14%。磨溪 13 井,4607.54m,龙王庙组,岩心照片。(b)含砾屑砂屑白云岩,颗粒大小 0.3~3mm 不等,粒间发育等厚环边栉壳状白云石胶结物,局部被选择性溶蚀,残余粒间孔发育。磨溪 13 井,4615.09mm,龙王庙组,蓝色铸体片,单偏光。(c)鲕粒白云岩,鲕粒直径 0.8~1mm,滚圆,部分鲕粒尚保留圈层结构,亮晶白云石胶结,残余粒间孔发育,见少量沥青充填。高石 6 井,4546.23m,龙王庙组,蓝色铸体片,单偏光。(d)细晶白云岩,晶粒 0.1~0.2mm,以他形-半自形为主,发育晶间孔和溶孔,其中见沥青充填,面孔率 9%。磨溪 13 井,4613.15m,龙王庙组,蓝色铸体片,单偏光。(e)花斑状白云岩,由不规则的灰色和暗色斑组成,暗色斑的形成可能与生物扰动有关,发育溶蚀溶洞。高石 10 井,4632.66m,龙王庙组,岩心照片。(f)斑状白云岩,黑斑由半自形粉晶白云石组成,晶间孔发育,沥青充填,白斑由他形白云石镶嵌接触构成。磨溪 12 井,4618.91m,龙王庙组,蓝色铸体片,单偏光。(g)粉晶白云岩,裂缝和缝合线形成网络。磨溪 17 井,4625.6m,龙王庙组,岩心照片。(h)粉晶白云岩中裂缝沟通孔隙。磨溪 13 井,4457.73m,龙王庙组,蓝色铸体片,单偏光

2. 储层孔隙类型

龙王庙组储层主要发育四种类型孔隙:溶蚀孔洞、残余粒间孔、晶间孔及裂缝。

(1)溶蚀孔洞,孔洞长轴直径介于 0.2~20mm,主要介于 4~10mm,在颗粒白云岩及晶粒白云岩中均有发育,但主要发育在颗粒白云岩中,是龙王庙组最主要的储集空间[图 9-2(a)、图 9-2(d)、图 9-2(e)]。

(2)残余粒间孔,发育在颗粒白云岩中,粒间孔形成于颗粒滩沉积期,孔径一般为 0.02~0.08mm,孔隙多呈不规则多边形,常见纤维状或栉壳状白云石环边胶结物,部分可见栉壳状及粒状两期白云石胶结物[图 9-2(b)、图 9-2(c)]。该类型孔隙储集性能仅次于溶蚀孔洞。

(3)晶间孔,发育在晶粒白云岩(包括粉-细晶白云岩及斑状白云岩)中,是白云石化过程中对先期孔隙(粒间孔和准同生期溶蚀孔洞)调整形成,孔径大小与晶粒大小相关,一般介于0.003~0.004mm,孔隙多呈三角形或不规则多边形,常见沥青半充填[图 9-2(d)、图 9-2(f)]。该类型孔隙储集性能与残余粒间孔相当或仅次于残余粒间孔。

(4)裂缝,常见的有与断裂有关的高角度纵向缝,与成岩有关的网状缝及缝合线。岩心上高角度构造缝延伸 30~100cm,裂缝内有白云石充填[图 9-2(g)];网状缝及缝合线缝隙小,部分扩溶,缝隙中常见残余有机质[图 9-2(h)]。裂缝虽然储集性能有限,但对渗流条件的改善极其重要。

龙王庙组储层类型主要有两种,即裂缝-孔洞型和裂缝-孔隙型,以裂缝-孔洞型为主。裂缝-孔洞型储层,储层孔隙度普遍大于 4%,在压汞曲线上表现为在压汞曲线上具有双

平台特征，初始进汞压力大多在 0.3MPa 以下，压力小于 5MPa 的低平台段汞饱和度达 70%～80%，高平台段占 20%～30%，说明储层具有双重介质孔隙特征且大孔大喉占绝对优势。结合岩石学特征，判断该类型储层溶蚀孔洞占总孔隙的 70%～80%，而粒间孔及晶间孔占总孔隙的 20%～30%。

目前勘探证实，磨溪地区龙王庙组以发育裂缝-孔洞型储层为主，而高石梯地区以裂缝-孔隙型储层为主，储层类型与单井产量密切相关，裂缝-孔洞型储层产能一般可达 100 万 $m^3/d$，而裂缝-孔隙型储层产能一般只有几千到几万立方米/天。

3. 储层物性

龙王庙组颗粒滩储集层孔隙度介于 2.01%～18.48%，平均为 4.28%，渗透率介于 $0.0001\times10^{-3}$～$248\times10^{-3}\mu m^2$，平均为 $0.966\times10^{-3}\mu m^2$，其中，孔隙度介于 2%～4%的样品占 54.55%，介于 4%～8%的占 39.54%，大于 8%的占 5.91%；渗透率小于 $0.01\times10^{-3}\mu m^2$ 的样品占 46.55%，介于 $0.01\times10^{-3}$～$1\times10^{-3}\mu m^2$ 的占 46.95%，大于 $1\times10^{-3}\mu m^2$ 的占 6.4%。

127 个全直径岩心样品分析显示，孔隙度介于 2.01%～10.92%，平均为 4.81%，渗透率介于 $0.01\times10^{-3}$～$78.5\times10^{-3}\mu m^2$，平均为 $4.75\times10^{-3}\mu m^2$，其中，孔隙度介于 2%～4%的占 37.8%，介于 4%～8%的占 53.54%，大于 8%的占 8.66%；渗透率小于 $0.01\times10^{-3}\mu m^2$ 的样品，介于 $0.01\times10^{-3}$～$1\times10^{-3}\mu m^2$ 的样品占 58.33%，大于 $1\times10^{-3}\mu m^2$ 的占 41.67%。

4. 储层电性特征

龙王庙组储集岩岩性以颗粒白云岩、晶粒白云岩及斑状白云岩为主。储层常规测井表现为低自然伽马、中低电阻率和低密度、高声波时差和较高补偿中子孔隙度的"三低两高"特征(图 5-29)，自然伽马小于 20API，声波时差大于 45μs/ft，中子孔隙度大于 3%，密度小于 $2.8g/cm^3$，电阻率为高阻背景上相对降低，一般小于 $10000\Omega\cdot m$。随着物性变好，自然伽马、密度降低，而声波、中子增大，当储层含气时，电阻率升高，一般在 $55\Omega\cdot m$ 以上，非储层段(孔隙度<2%)电阻率值一般较高，三孔隙度曲线接近岩性骨架值。储层存储的流体性质也影响储层的测井响应，例如，气层双侧向电阻率明显正差异且深电阻率值相对较高，而水层双侧向电阻率接近重合且深电阻率值相对较低。

裂缝-孔洞型储层：常规测井特征表现为三孔隙度曲线形态变化不一致(反映孔隙形态复杂多样)，成像测井特征表现为暗斑发育且不规则分布。

裂缝-孔隙型储层：常规测井特征表现为三孔隙度曲线变化一致(反映孔隙形态比较单一)，成像测井表现为发育细小暗色斑点，且近似呈层状分布，偶可见孤立溶孔引起的暗斑或由裂缝引起的暗色正弦曲线。

裂缝-孔洞与裂缝-孔隙过渡型储层：常规测井特征表现为三孔隙度曲线变化趋势介于孔洞发育层和孔隙地层之间，成像测井特征表现为可见零星暗斑，偶见由裂缝引起的暗色正弦曲线或呈180°对称的两条暗色竖直条纹。

(二)洗象池组储层特征

1. 岩石特征

洗象池组储集岩以白云岩为主，常见储层岩石类型为砂/砾屑白云岩、中粗晶白云岩、粉砂质白云岩、鲕粒白云岩和泥晶白云岩，但具有储集性能的白云岩主要为颗粒白云岩与晶粒白云岩两种类型。

颗粒白云岩是颗粒滩遭受白云石化后的产物，颗粒大小不等，有砂屑、砾屑、鲕粒和藻砂屑及少量含陆源石英颗粒的砂质颗粒白云岩等，多为次圆-圆形，颗粒之间常见粉-细晶白云石、中晶白云石2~3期胶结，发育粒间孔和粒间溶孔洞和少量粒内溶孔，面孔率一般小于3%，如威寒1井、威寒103井洗象池群中都可见到大段颗粒白云岩储层，其残余粒间孔可高达到6%~8%。

晶粒白云岩储层多见发育于洗象池群中，主要包括粉晶-中、粗晶白云岩，晶粒多数呈半自形-自形，镜下可看到颗粒幻影及大量晶间孔和晶间溶孔发育，面孔率多数小于3%，少数可高达5%~8%，如螺观1井和广探2井的洗象池群中可见该类储层，推测该晶粒白云岩储层是颗粒滩在遭受白云石化和重结晶作用过程中岩石结构特征发生了变化。

2. 孔隙特征

研究区洗象池组储层的孔隙类型主要包括三种类型：第一类是组构选择性孔隙，如晶间孔、晶间溶孔、粒间孔/粒间溶孔、膏模孔/藻骨架窗格孔、铸模孔/粒内溶孔等；第二类是非组构选择性孔隙，包括各类溶蚀孔洞；第三类是裂缝，主要由构造缝、沉积-成岩缝组成，见图9-3。

1) 组构选择性孔隙

膏模孔，主要是指石膏、硬石膏等盐类矿物被溶蚀后而形成的一种孔隙，在野外露头上通常可见较大的孔隙发育，往往沿层面呈串珠状或者蜂窝状发育，孔隙形态多样，可呈圆形、椭圆形或不规则状[图9-3(a)]；在偏光显微镜下也见有发育，常见于粉晶白云岩到泥微晶白云岩中。

晶间孔，为自形-半自形白云石晶体之间由次生作用形成的孔隙，孔隙边界多平直，多呈三角形或多边形。晶间孔在晶型较大，结晶程度较好的晶粒白云岩中，洗象池组中则主要见于细晶白云岩和中晶白云岩中[图9-3(b)]，此类白云岩在野外常表现为砂糖状。

晶间溶孔，是在白云石晶间孔的基础上进一步遭受溶蚀扩大形成的孔隙。其孔隙具有显著的不均一性，其一些晶间孔隙尺寸明显大于其白云石晶体的尺寸[图9-3(c)、图9-3(d)]。

粒间孔是指碳酸盐岩颗粒之间发育的原生孔隙，粒间溶孔则是由溶蚀作用产生的粒间次生孔隙。在研究区内，一般发育在残余砂屑白云岩，残余鲕粒白云岩中。通常分布在中高能沉积环境中，如台地边缘相边缘滩，开阔台地内的台内滩等，颗粒分选性好，缺乏基质。粒间孔一部分是原始沉积时形成原始粒间孔保存下来，另一部分则与颗粒灰岩在中早期成岩作用过程中颗粒间胶结物或者基质被选择性溶解形成有关。如果溶蚀作用强，进一步将颗粒边界部分溶解，则形成可称为粒间溶孔或溶蚀扩大粒间孔，通常粒间孔和粒间溶孔较难区分[图9-3(e)、图9-3(f)]。

粒内溶孔是在成岩阶段由于溶解作用在颗粒内部形成孔隙。粒内溶孔是颗粒的部分溶解，而铸模孔则是颗粒的基本完全溶解，仅剩下一个颗粒模。粒内溶孔形成主要是与被溶解颗粒与其他组构之间矿物有差别造成的，颗粒被选择性溶解，通常两种情况较普遍：一是文石质颗粒被溶解，这种情况一般发生在成岩作用早期；二是方解石在白云石化过程中，由于基质选择性白云石化，方解石颗粒被后来的流体所溶蚀。

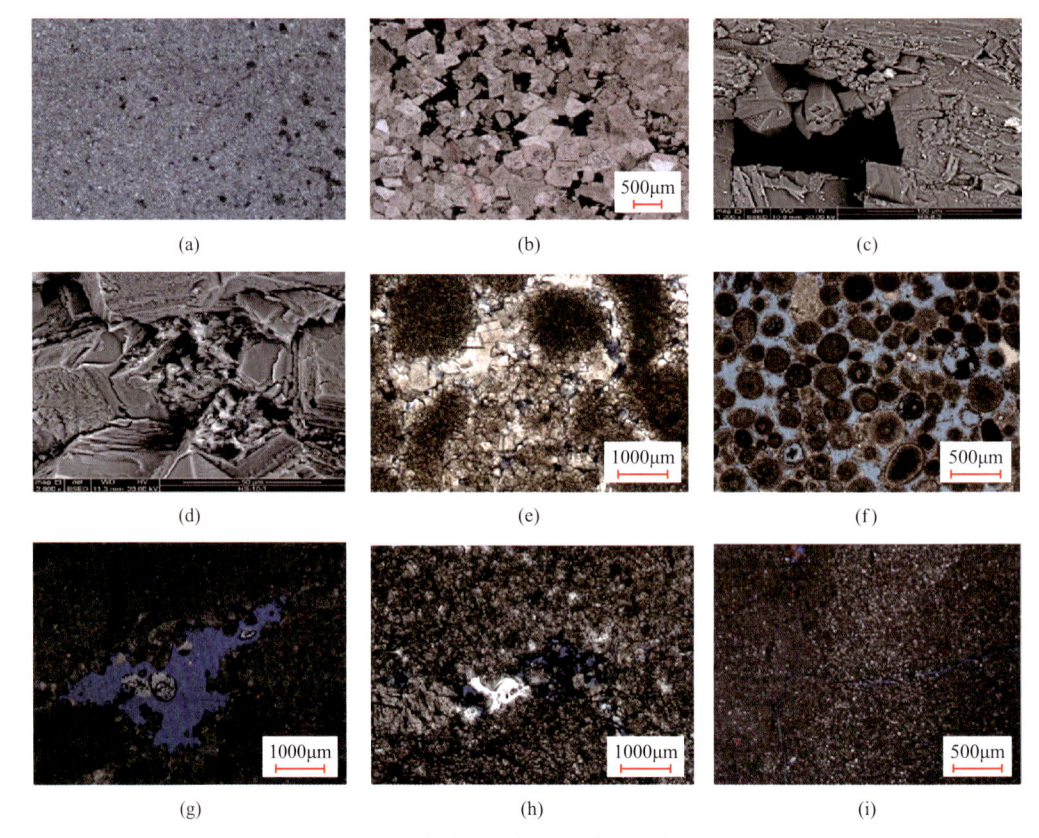

图 9-3 寒武系洗象池组储层孔隙类型

(a)膏模孔,粉晶白云岩,洗象池组,永善团结剖面,40倍(-);(b)晶间孔,细晶白云岩,沥青充填,广探2井;(c)晶间孔,中-细晶白云岩,汉深1井,扫描电镜;(d)晶间溶孔,细晶白云岩,铸模孔,汉深1井,扫描电镜;(e)溶孔,残余颗粒白云岩,石柱李子垭,20(-);(f)粒间孔及粒间溶孔,亮晶鲕粒白云岩,务川京竹;(g)溶孔,微-粉晶白云岩,永善团结,40(-);(h)溶孔局部与裂缝相连,微-粉晶白云岩,金沙岩孔,4(+);(i)裂缝,微晶白云岩,永善团结,20(-)

2) 非组构选择性孔隙

溶蚀孔洞,主要发育于各类颗粒白云岩及藻(生物)白云岩中,孔径大于2mm,孔隙形态不规则,洞壁除有少量白云石、方解石及石英生长外,大部未被完全充填,少数洞内可见石英等充填[图9-3(g)、图9-3(h)]。

3) 裂缝

洗象池组裂缝可分为两种类型:一种缝壁通常较平直,垂直缝及中高角度缝居多,主要为构造活动期受局部构造张性力形成的破裂缝,即构造缝,缝宽一般为0.01~10mm,未充填至全充填缝均有,充填物多为方解石、白云石或自生石英;另一种类型的裂缝水平发育为主,缝壁凹凸不平,缝宽大小不一,形态弯曲,可使彼此孤立的孔洞相连,也可见明显的沿裂缝所形成的扩容空间,未充填、半充填、全充填缝均有,常见充填物为自生石英、方解石、白云石等,这类裂缝在各类岩石中均可出现[图9-3(i)]。

3. 储层物性特征

四川盆地寒武系洗象池组154件常规物性样品分析,储层孔隙度分布范围为0.54%~

14.02%，其中孔隙度分布介于 2%～3%的样品占样品总数的 27.9%，分布于 3%～4%的占样品数的 26%；平均值孔隙度为 3.38%，孔隙度 5%以下的样品占总数的 87%，显示出洗象池组整体孔隙度较低的特征。洗象池组 153 件常规物性样品储层渗透率分布范围为 0.001～99613mD，近一半样品的渗透率分布集中于 0.01mD 以下，占样品总数的 48.4%。由此可见，寒武系洗象池组白云岩基质物性具有特低孔、特低渗的特征。

(三) 奥陶系储层特征

1. 储层岩石学特征

奥陶系主要储层段位于桐梓组(包括南津关组和分乡组)和宝塔组中，其次为红花园组。常见储层岩石类型为砂/砾屑白云岩、中粗晶白云岩、粉砂质白云岩、鲕粒白云岩/灰岩和泥晶白云岩和生物碎屑灰岩。白云岩是奥陶系储层的主要储集岩类型，以颗粒白云岩和中-细晶白云岩为主，主要分布在奥陶系桐梓组和红花园组，而石灰岩类储层主要是颗粒(含白云质)灰岩和泥晶灰岩，集中分布在红花园组、十字铺组和临湘组—宝塔组。

白云岩储层，主要分布在奥陶系桐梓组和红花园组，以颗粒白云岩为主。颗粒白云岩是颗粒滩遭受白云石化后的产物，颗粒大小不等，有砂屑、砾屑、鲕粒和藻砂屑及少量含陆源石英颗粒的砂质颗粒白云岩等，多为次圆—圆形，颗粒之间常见粉-细晶白云石、中晶白云石 2～3 期胶结，发育粒间孔和粒间溶孔洞和少量粒内溶孔，面孔率一般小于 3%。泥晶云岩的晶粒细小，呈他形和紧密镶嵌特征，其晶间孔多数不发育，但在裂缝大规模发育时，也能形成良好的储层，如贵州都匀坝固坡角寨红花园组泥晶白云岩中发育大量裂缝，且大量被方解石和沥青充填。

石灰岩类储层主要分布在奥陶系红花园组、十字铺组和临湘组—宝塔组，包括颗粒(含白云质)灰岩和泥晶灰岩，其储集性能相对于白云岩类储层要差，基质孔隙度很小。颗粒(含白云质)灰岩储层中颗粒主要包括有砂屑、鲕粒、藻砂屑、生物碎屑(棘屑、三叶虫、腕足)等，以及少量陆源碎屑石英颗粒等，其中颗粒含量 50%～70%，白云石含量 0%～15%，常见颗粒内部发生选择性溶蚀，优先选择和交代生物碎屑及部分灰泥基质，形成少量粒内溶孔。泥晶灰岩本身不具备储集空间，一旦裂缝发育，也可以作为储层，该类储层主要发育在宝塔组中，如东深 1 井宝塔组钻获产气达 22 万 $m^3/d$ 的高产气井，河深 1 井奥陶系完钻测试产气 3.29 万 $m^3/d$。

2. 储集空间类型

奥陶系储层孔隙类型整体以粒/晶间溶孔、粒内溶孔和粒/晶间孔为主，其次为裂缝，溶洞发育规模和范围有限。粒/晶间溶孔和粒内溶孔主要形成于奥陶系桐梓组亮晶砂屑白云岩、亮晶砂砾屑白云岩、亮晶鲕粒白云岩和残余砂屑粉晶白云岩之中。裂缝在宝塔组中较发育，主要包括构造缝、溶蚀缝和成岩缝，其中构造缝多见水平层间和高角度构造缝，早期缝缝壁不平直，被硅质、中-粗晶方解石、白云石、泥质充填严重，晚期裂缝平直，部分缝壁被白云石充填；成岩缝包括成岩收缩缝和压溶缝合线，是成岩过程中压实、脱水形成的不规则缝，后被亮晶方解石所充填，多发育于奥陶系红花园组和宝塔组以及洗象池群中，缝合线也是一种有利于油气运移的通道，常见其内含有沥青。溶洞在奥陶系中的发育规模和范围有限，主要与岩溶作用和裂缝扩溶作用有关，常常沿岩溶发育区、裂缝延伸方向及裂缝带附近出现，且溶洞中多充填有沥青、细晶-粗晶白云石、石英、自形晶方解石等。

奥陶系储层的储集空间类型可分为裂缝-孔隙型、裂缝-孔洞型、孔隙型和孔洞型，整体以裂缝-孔隙型为主，其中桐梓组储层储集空间以孔隙型或孔洞型和裂缝-孔隙型储层为主；红花园组储层储集空间以裂缝-孔隙型或裂缝-孔洞型为主；宝塔组微裂缝和缝合线较发育，其储集空间主要属于裂缝-孔隙型或裂缝型储层；洗象池群储层储集空间主要属于孔隙型、裂缝-孔隙型和裂缝-孔洞型类型。

3. 储层物性特征

四川盆地近260个岩心样品物性分析结果统计，奥陶系整体上以特低孔和特低渗特征为主(图9-4)，局部发育高孔渗储层，非均质性强。储层整体平均孔隙度为1.79%，最大孔隙度为13.9%，最小孔隙度为0.11%，孔隙度主要分布在1%~4%；平均渗透率为0.8mD，最大渗透率为10mD，最小渗透率为0.0001mD，渗透率主要分布在0.001~0.1mD。桐梓组储层岩心物性孔隙度主要分布范围在2%~4%，平均为3.09%，小于0.01mD的渗透率样品数占63.3%，平均渗透率为2.65mD，发育裂缝型和孔隙型两类储层。红花园组岩心孔隙度分布在0.1%~5%，平均为2.3%，其中孔隙度为1%~3%的样品占58.2%，平均渗透率为0.13mD，分布在0.001~0.1mD的样品占72.3%，主要以裂缝型、孔隙型储层为主。上奥陶统宝塔组生物灰岩样品基质孔隙度普遍小于2%，平均孔隙度为1.66%，渗透率为0.01~1mD的样品占68.2%，平均渗透率为1.02mD，以裂缝型泥晶白云岩储层为主。

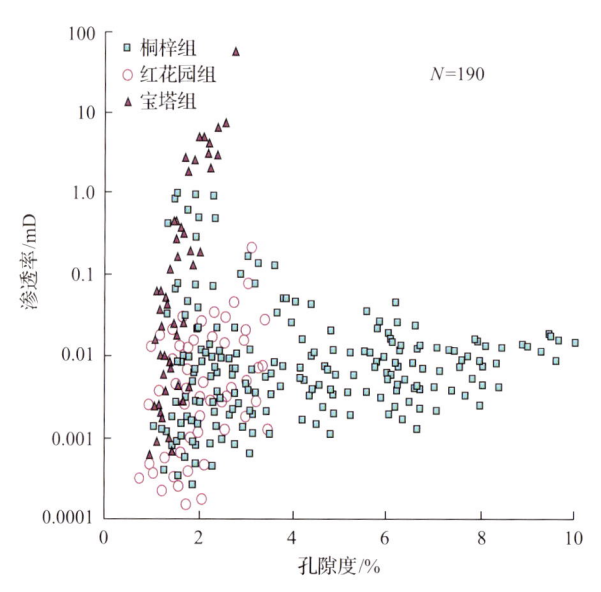

图9-4 四川盆地奥陶系孔隙度和渗透率分布特征

(四)寒武系—奥陶系储层形成的主控因素

1. 有利沉积微相是孔隙形成的物质基础

四川盆地寒武系—奥陶系白云岩储层孔隙度统计显示，储层主要发育于颗粒白云岩、结晶白云岩中，颗粒白云岩代表了滩相沉积环境，结晶白云岩为颗粒白云岩或微生物白云岩经强烈重结晶作用而成，泥晶白云岩中仅代表潮坪相的具膏模孔的泥粉晶白云岩孔隙发育，即储层具有明显的相控特征(图9-5)。

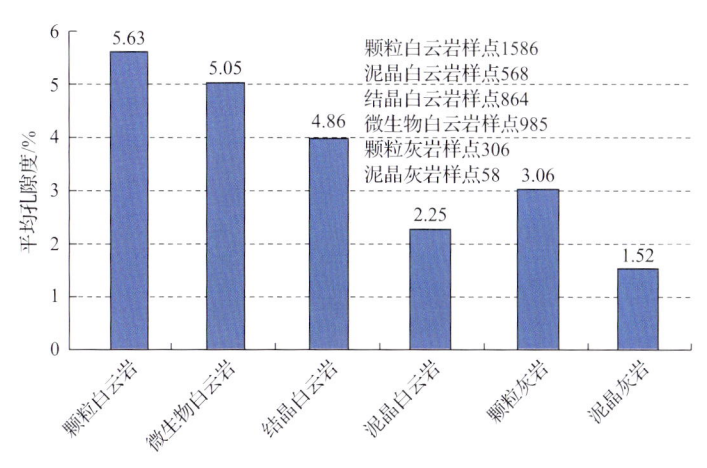

图9-5 四川盆地震旦系—奥陶系不同类型岩石平均孔隙度柱状图

从储层纵向叠置样式看，储层纵向发育也具有明显的相控特征。以四川盆地龙王庙组滩相白云岩储层发育规律为例，颗粒滩的下部为砾屑白云岩，向上过渡为砂屑白云岩，顶部为泥粉晶白云岩，即砂屑-砾屑滩旋回具有粒径自下而上逐渐变小的特征。底部的颗粒滩，受大气淡水溶蚀影响较弱，颗粒原始结构被保存，孔隙不发育。上部颗粒滩，受大气淡水溶蚀影响较强，颗粒原始结构被破坏，但保留孔隙组构选择性特征。下部原始沉积物为砾屑则发育溶蚀孔洞，中上部原始沉积物为砂屑组构则发育粒间孔，顶部泥晶白云岩孔隙不发育。储层孔隙类型的这种纵向叠置规律，一方面说明原始组构直接影响了孔隙的类型，另一方面也说明龙王庙组储层发育具有明显的相控特征。

2. 溶蚀作用是孔隙形成的关键因素

溶蚀作用是酸性地下水或大气降水使碳酸盐岩发生的选择性或非选择性溶解作用并产生孔洞的、有利于储层发育的成岩作用。根据溶蚀作用发生的时间和环境的不同，可分为同沉积期-准同生期溶蚀作用，埋藏溶蚀作用和表生期溶蚀作用。

同沉积期-准同生期溶蚀作用可称为近地表溶解作用，在这些环境中，孔隙系统是开放-半开放的，大气淡水是溶解的主要原因。由于碳酸盐沉积物还未完成矿物稳定化过程，文石质、高镁方解石质结构组分在不同条件下发生优先溶解，或在颗粒下方形成月牙形的遮蔽孔，但是这些孔隙只在少量沉积后长期停留在渗流带的沉积物中形成，且多数在后来的埋藏过程中被压实或胶结物充填，在古老碳酸盐岩中极少能保存下来。

埋藏溶蚀作用是四川盆地碳酸盐岩中有效储集空间形成的最直接的控制因素，其发育特征表现出一种选择性和继承性，酸性流体通过裂缝沟通进入早期多孔层，溶解前期各种孔、洞、缝中的亮晶胶结物和颗粒组分，恢复或扩大原来的储集空间。洗象池群和桐梓组(南津关组)均有不同程度的埋藏溶蚀形成的储集空间。这类溶蚀作用的发生强度与原始孔隙的保存程度和裂缝的发育程度密切相关：原始储集空间保存较好的滩相储层在后期裂缝的沟通下更有利于富有机酸地下流体的运移而发生埋藏溶蚀作用。而原始空间不发育的致密泥晶灰岩、泥晶白云岩和致密颗粒灰岩、颗粒白云岩中，埋藏溶蚀作用仅仅发生在裂缝附近，影响范围甚小。因此溶蚀作用在白云岩中强度明显大于石灰岩，早期方解石胶结致密的石灰岩一般溶蚀作用较弱，而一些早期白云石化强烈的颗粒白云岩、结晶白云岩在埋藏期也多由溶蚀作用扩大晶间、粒间孔隙，并伴随油气的充注（沥青充填作用）。

表生期溶蚀作用主要发生在川中古隆起周围，由于构造抬升作用使地层抬升至潜水面以上，从而在古隆起核部及斜坡局部形成大规模岩溶地貌。其分布具有局限性且受到构造等多方面因素影响，岩溶作用形成的孔洞可在二次埋藏过程中垮塌压实形成角砾岩，或被充填，但整体物性优于未经抬升改造的岩石。

3. 准同生期白云石化作用有利于早期孔隙的保存

四川盆地下古生界白云岩主要发育在颗粒滩、碳酸盐岩建隆环境，主要存在撒布哈（Sabkha）白云石化作用和渗透回流白云石化作用，二者均为准同生期的白云石化作用，其发生的时间早于埋藏压实作用。白云岩的绝大多数白云石有序度低（介于0.45~0.6），其稀土元素具有负Ce异常、负Eu异常及正Y异常特征（图9-6），指示了与海水有关的快速白云石化作用，也可以佐证白云石化作用主要发生在准同生期。

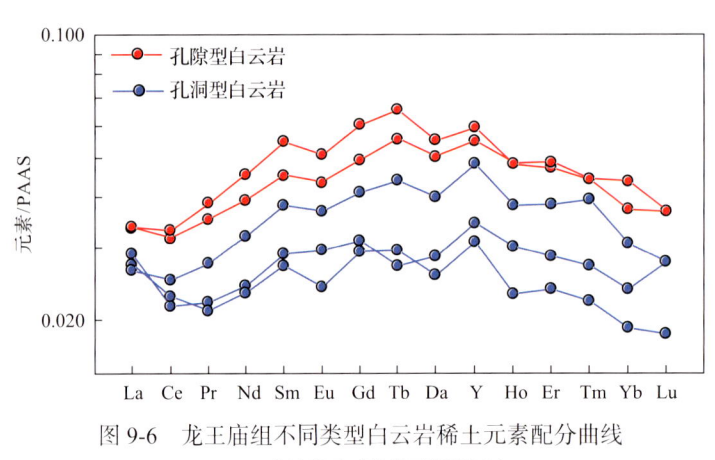

图9-6 龙王庙组不同类型白云岩稀土元素配分曲线

PAAS表示岩石/球粒陨石（质量比）

准同生期的白云石化作用未必具有增孔效应，致密的泥晶灰岩白云石化后形成的泥晶白云岩依然致密，但是白云石化对孔隙保存的积极作用却不容忽视，白云石化作用将方解石及文石转化为白云石，增加了岩石抗压强度，抵抗了压实及压溶作用，减少了埋藏过程中方解石胶结物的形成，进而使准同生期形成的大面积层状分布的粒间孔及溶蚀孔洞持续保存下来，没有发生白云石化作用的颗粒灰岩则发生了较强的压实作用、压溶作用以及胶结作用，因此，准同生期的白云石化作用是孔隙保存的关键因素。

4. 构造作用有利于改善储层物性

深层经历了复杂的构造运动，部分深层白云岩曾经历了表生岩溶作用，如四川盆地龙王庙组、洗象池组等，多期表生岩溶作用对早期形成的孔隙进行了叠加改造，表生岩溶的作用改善了储层物性，但决定储层优劣的先决条件是前述的准同生期形成的大面积层状连续分布的高孔(隙度)、高渗(透率)层，多起构造运动也有利于构造缝的发育从而改善储层渗透性。

(五)优质白云岩储层演化模式

四川盆地寒武系滩相白云岩储层主要经历了八种成岩作用：颗粒滩沉积→海水胶结→准同生期大气淡水溶蚀→准同生期白云石化→表生岩溶→热液矿物充填→埋藏溶蚀→构造碎裂(图9-7)，为了确定八种沉积成岩作用对储层的建设性或破坏性作用并进一步明确储层发育的决定性因素，建立储层演化模式，识别不同沉积成岩作用的标志，并进行统计。

龙王庙组颗粒滩微相发育两种标志性岩石类型，颗粒白云岩及颗粒白云岩经过白云石化后强烈改造后形成的结晶白云岩，滩间海微相及滩间潟湖微相则发育泥晶白云岩、泥质泥晶白云岩。研究表明，颗粒滩沉积原始孔隙度可达25%～35%，而海底胶结作用导致孔隙度降至5%～10%甚至更低，即"颗粒滩微相控制了储层发育的物质基础"。

海水胶结作用典型的标志为"栉壳状胶结物"。通过对4856片薄片观察，鉴定出残余颗粒比较完整的颗粒白云岩2985片，其中具有"栉壳状胶结物"的106片，虽然比例较小，但说明部分颗粒白云岩经历了海水胶结作用，"栉壳状胶结物"多为文石，稳定性差，也是其比例较小的原因之一。

表生岩溶作用典型的标志是渗流粉砂，19口井(累计572m)岩心及4856片薄片观察总体显示，越靠近剥蚀线，渗流粉砂越发育，孔隙度越高，整体磨溪地区高于高石梯地区，但是距离剥蚀线较远不发育渗流粉砂的高石梯地区也存在高孔隙度储层，如高石10井、高石6井。因此表生岩溶作用可以在一定程度上改善储层的储集性能，但决定性条件还是颗粒滩微相的分布，即相控。

热液活动对储层主要是破坏性作用，4856片薄片观察统计，1868片发现鞍状白云石或石英充填孔隙，但未发现明显的热液溶蚀证据。埋藏溶蚀主要特征是白云石晶体被溶蚀呈"港湾状"，4856片薄片观察统计，仅10片存在"港湾状"特征，埋藏溶蚀作用不明显。

构造破裂作用的典型标志为高角度裂缝发育，19口井(累计572m)岩心观察统计，高角度裂缝发育段占取心段的16%。高角度构造缝的发育，也是"龙王庙组储层在微观上具非均质性而宏观上则呈现出似均质高渗透性的特点"的主要因素之一。

根据前面综合分析，将八种成岩作用可归结为孔隙形成、表生岩溶改造、埋藏热液充填、埋藏溶蚀-沥青充填及构造破裂五个阶段，建立了储层演化模式(图9-7)。

1. 沉积-准同生期成孔阶段

该阶段奠定了孔隙类型和物性基础，主要经历了滩体沉积、海水胶结、准同生期大气淡水溶蚀及准同生期白云石化作用。滩体沉积造就了颗粒碳酸盐岩大量粒间孔的形成，原始孔隙度可达25%～35%；随后的海水胶结作用包括海水渗流带的纤状胶结物和海水潜流带的刃状(栉壳状)胶结物使原生孔隙度大幅下降，降至5%～10%；准同生期

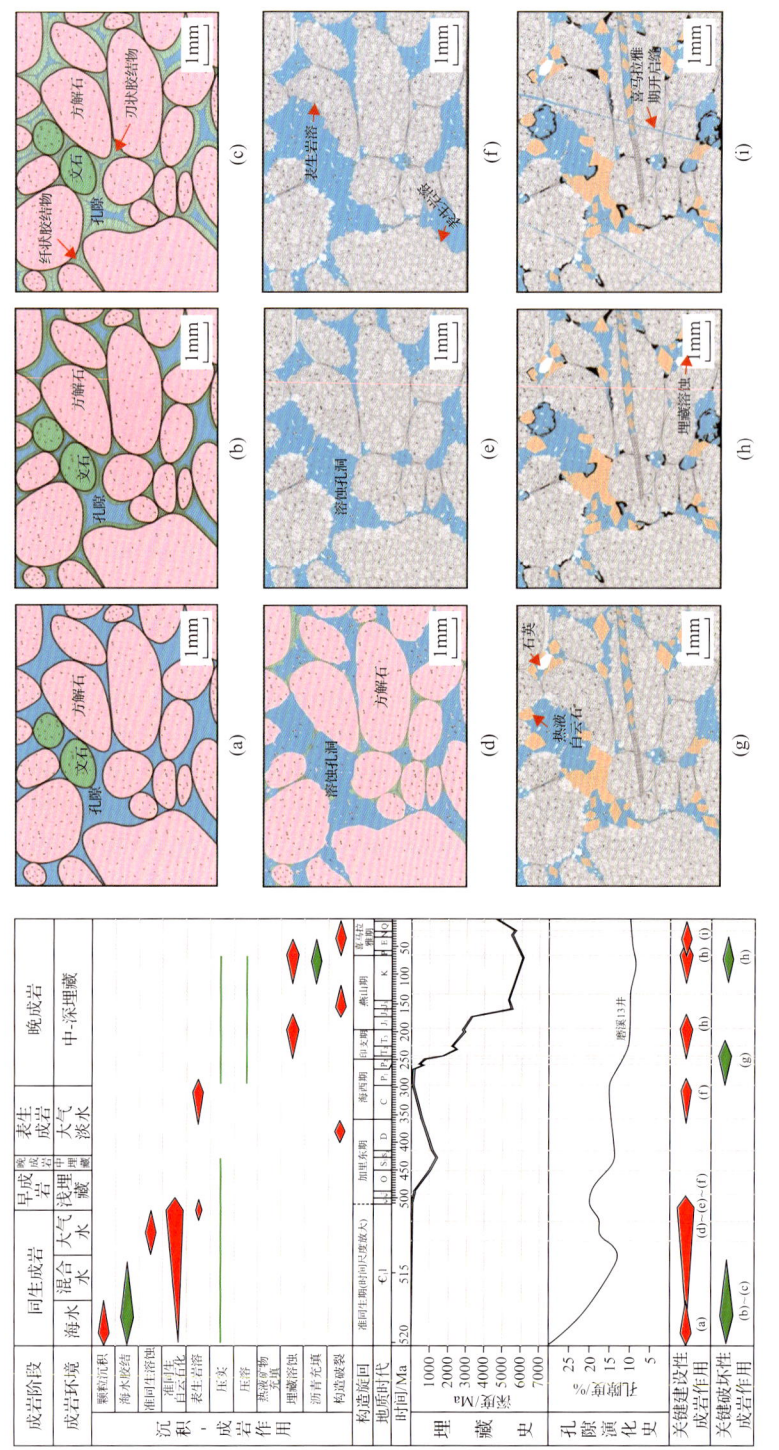

图 9-7 安岳大气田田王油组储层孔隙演化模式图

(a)滩体沉积，原始孔隙度为25%~47%；(b)海水渗流带纤维状胶结物胶结，孔隙度为20%~30%；(c)海水渗流带刃状胶结物胶结，孔隙度为5%~10%；(d)准同生期大气淡水溶蚀，孔隙度为10%~30%；(e)准同生期白云石化，增强抗压性，有利于保存原始组构及早期粒间孔及溶蚀孔洞；(f)表生岩溶，文石及部分海水胶结物被溶蚀，发生非组构选择性溶蚀，孔隙度增量小于5%，孔隙度为15%~35%；(g)热液矿物充填，热液活动导致鞍状白云石及热液矿物充填，孔隙度减小约10%，孔隙度为5%~20%；(h)埋藏溶蚀和沥青充填，溶蚀作用微弱，但部分分区或沥青充填作用较强，总体表现为孔隙度降低；(i)构造破裂，孔隙度无明显增加，渗透率增加大气淡水溶蚀使海底胶结物及部分文石质颗粒溶蚀,形成大量组构选择性溶孔溶洞,孔隙度可恢复至 10%~25%;与之同时或稍后的准同生期白云石化作用使石灰岩转变为白云岩并保留了大量原岩组构,包括早期形成的粒间孔和溶孔溶洞。经过该阶段的成岩演化,孔隙由原始粒间孔转变为以溶孔溶洞为主、粒间孔为辅的状态,从而奠定了储层的孔隙类型基础。

2. 加里东期表生岩溶改造阶段

龙王庙组经历了两期表生岩溶作用,第一期表生岩溶作用发生在龙王庙末期,与区域海平面下降有关,位于古地貌高部位的地区大都暴露地表,岩溶范围较广,但持续时间较短,岩溶强度不大,仅对早期孔隙有所扩溶并产生少量溶缝;第二期发生于加里东末期,与构造抬升和川中古隆起的形成有关,该期岩溶持续时间较长,可能持续到早二叠世,沿古隆起剥蚀区及有断裂沟通地表的区域岩溶作用较强,可形成大型缝洞系统,但因后期泥质充填严重,储集性能不佳。表生岩溶作用的微观特征表现为非组构选择性溶蚀,该阶段岩溶新增孔隙不到5%,储层孔隙度增至15%~35%。

3. 中晚二叠世热液充填阶段

热液活动与峨眉山火山作用密切相关,该期充填作用表现为由明亮的粗粒白云石和自形石英矿物充填于裂缝和早期形成的孔洞,充填物包裹体均一温度为180~220℃。充填作用分布不均,充填作用强的区域可见孔洞被半充填-全充填,减孔明显;充填作用弱的地方,仅少量自形白云石沿孔洞边壁析出,该期充填作用孔隙度降低最大约10%,总孔隙度降至5%~20%。

4. 晚二叠世以后沥青充填-埋藏溶蚀阶段

经历两期溶蚀作用,第一期溶蚀与烃类充注伴生,第二期溶蚀与硫酸盐低温热化学作用(TSR)有关,这两期溶蚀作用都比较微弱,增孔不超过2%,但在该阶段,随着烃类的裂解产生大量沥青,沥青不仅充填孔隙还堵塞喉道,减孔 2%~5%,因此,该阶段储层总体演化趋势是孔隙度降低,降至2%~16%。

5. 喜马拉雅期构造破裂阶段

喜马拉雅期发生强烈的构造运动,形成大量高角度裂缝和网状裂缝,虽然孔隙度没有明显的增加,但渗透率增加明显。龙王庙组储层微观上表现为非均质性,但宏观上表现为视均质性,试气过程中压力扰动半径可达 4km,且无明显的边界效应,测试普遍高产,这些特征均与该期构造裂缝沟通基质孔隙(溶蚀孔洞、粒间孔及晶间孔)有关。

**三、成藏过程与控藏因素**

(一)成藏期次

以龙王庙组为例,阐述碳酸盐岩台内颗粒滩成藏过程及成藏主控因素。

1. 流体包裹体信息

磨溪 20 井,龙王庙组,4597.29~4598.73m,白云岩(样品编号 MX20-1)。裂缝充填白云石脉中检测到两期原生盐水包裹体:第一期均一温度为 142.2~154.6℃,平均温度为 148.5℃，盐度为 11.0%（NaCl 质量分数，下同）；第二期均一温度为 163.1～165.1℃，平均温度为 164.1℃，盐度为 6.6%。溶蚀孔洞充填白云石中检测到原生和盐水包裹体：原生盐水包裹体均一温度为 134.7～147.8℃，平均温度为 141.7℃，盐度为 14.9%；次生盐水包裹体均一温度为 179.8～192.3℃，平均温度为 187.8℃，平均盐度为 5.6%。均一温度统计直方图见图 9-8。

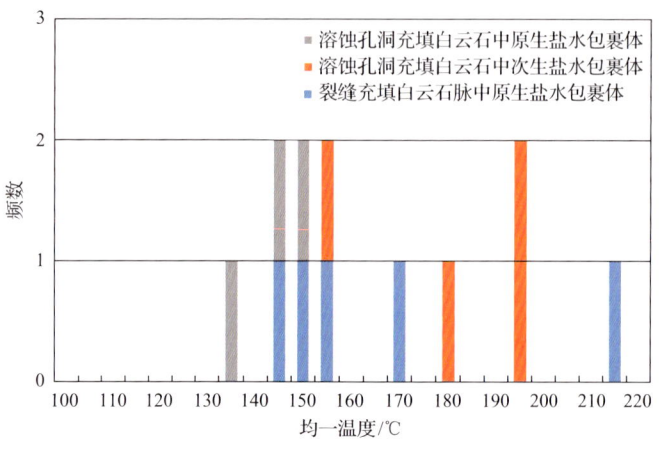

图 9-8　样品 MX20-1 流体包裹体均一温度统计直方图

高-磨地区龙王庙组储层整体上经历了 1～2 期油充注和三期天然气充注成藏（表 9-1，图 9-9）。其中，第一期油充注仅在磨溪 20 井龙王庙组中检测到，发生于加里东中期III幕；灯影组总体发生"两幕一期油、三期天然气"充注成藏，分别发生在海西晚期（三叠纪早期）、印支期（三叠纪中晚期至侏罗纪早期）和燕山晚期（白垩纪晚期）。

表 9-1　高-磨地区灯影组和龙王庙组油气成藏期次和时期数据表

| 井号 | 层位 | 充注幕次 | 充注期次 | 充注时间/Ma | 成藏期次 |
| --- | --- | --- | --- | --- | --- |
| 高石 18 | 灯四段 | 油：第二幕+第三幕<br>气：第一幕<br>第二幕<br>第三幕 | 油：第二期<br>气：第一期<br>第二期<br>第三期 | 油：248.5～244.6<br>气：248.3～244.1<br>200.0<br>110.0 | 一期油+三期气 |
| 高石 109 | 灯四段 | 油：第二幕+第三幕<br>气：第一幕<br>第二幕 | 油：第二期<br>气：第一期<br>第二期 | 油：249.0～242.8<br>气：249.2～244.2<br>198.5 | 一期油+两期气 |
| 磨溪 20 | 龙王庙组 | 油：第一幕<br>第二幕<br>气：第一幕<br>第二幕<br>第三幕 | 油：第一期<br>第二期<br>气：第一期<br>第二期<br>第三期 | 油：462.0<br>248.0～244.7<br>气：245.8～242.8<br>220.5～207.0<br>68.0 | 两期油+三期气 |
| 磨溪 21 | 灯四段 | 气：第一幕 | 气：第一期 | 气：249.8～216.0 | 一期气 |
| 磨溪 119 | 灯四段 | 油：第二幕+第三幕<br>气：第一幕<br>第二幕<br>第三幕 | 油：第二期<br>气：第一期<br>第二期<br>第三期 | 油：247.5～245.0<br>气：245.5～245.2<br>215.5～196.0<br>97.5～70.0 | 一期油+三期气 |

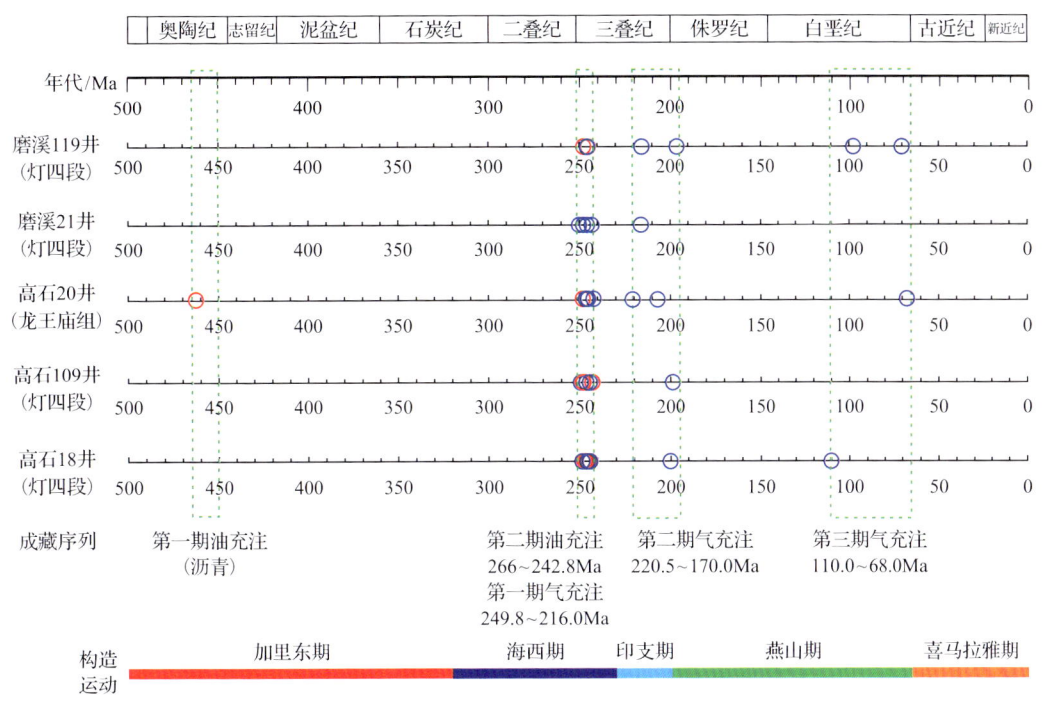

图 9-9  高-磨地区灯影组和龙王庙组流体包裹体方法油气成藏期次及时期确定图

**2. 综合方法确定油气成藏期和成藏时期**

将包裹体均一温度-埋藏史投影间接定年方法与 MVT 型铅锌矿 Rb-Sr、Sm-Nd、Pb-Pb 和 Ar-Ar 法、沥青 Re-Os 法、稀有气体 Ar-Ar 法和热液白云石超低浓度 U-Pb 法等直接定年方法相结合，综合厘定了灯影组和龙王庙组"两期油+三期气"共四期的成藏过程，具体如下。

(1) 在 411Ma 之前的兴凯运动期间，高-磨地区灯影组就已发生了第一期油气成藏；生气年龄最老的为 734.0Ma，其次为 513.5~417.3Ma，分别代表南华夏系和灯三段烃源岩气源；油充注年龄介于 507.8~411Ma，可能为寒武系筇竹寺组烃源岩生成。

(2) 第二期来自寒武系筇竹寺组的油充注时限为 259.3~242.8Ma，同时发生了第一期天然气充注(249.8~216.0Ma)；也许这一期天然气充注代表的是第一期油残留和第二期油一起遭受热裂解生成的油型气，因为这期间发生峨眉地裂运动，并发生了第三期 MVT 热液成矿。

(3) 第三期成藏发生于 220.5~196.0Ma，且只有天然气充注，代表了原油继续裂解和沥青生气贡献。

(4) 第四期成藏发生于 127~78Ma，也只有天然气充注，代表了沥青继续生气贡献和下部气藏调整过程。

**(二) 走滑断裂发育期次与油气成藏时-空匹配关系**

对油气成藏来说，沟通油气源的走滑断裂最大的特点之一是良好的垂向输导体系，几乎是走滑断裂向上断到哪个层位，就能够将深部油气输送到哪个层位；走滑断裂最大的特点之二是形成断溶体圈闭，而不受古隆起构造控制，即使是斜坡带和/或拗陷带，只要发育与走滑断裂相关的断溶体圈闭，就能够富集油气。

根据走滑断裂活动期次和油气成藏期次和时期确定，就会发现(走滑)断裂活动与油气成藏在时间上的匹配关系(图9-10)。

(1)在加里东早期伸展背景下，高-磨地区灯影组发生了第一期油成藏。

(2)加里东晚期—海西早期，扬子板块由伸展机制转变为挤压机制，板内第一期走滑断裂活动强烈，挤压抬升剥蚀，不但造成烃源岩生烃终止，而且走滑断裂会造成第一期油藏破坏或调整，形成第一期油沥青。

(3)海西晚期川中地区走滑断裂活动较为强烈，发生了第二期油和第一期天然气成藏。应该说，该期成藏代表了高-磨地区灯影组主成藏期，筇竹寺组烃源岩再度深埋发生二次生烃，提供了大量油充注；灯三段烃源岩进入生气门限，提供气源充注。

| 断裂活动阶段 | 期次 | 应力场特征 | 断裂活动特征 | 代表性地震解释剖面 | 主要发育地区 |
|---|---|---|---|---|---|
| 印支早期 | ④ | 剪切 | (较弱)走滑活动 | 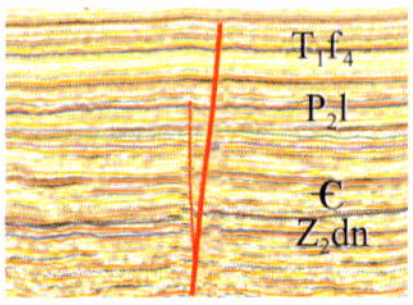 | 部分早期活动的走滑断裂发生继承性活动 |
| 海西晚期(茂口组沉积末期) | ③ | 剪切 | (较强)走滑活动 | 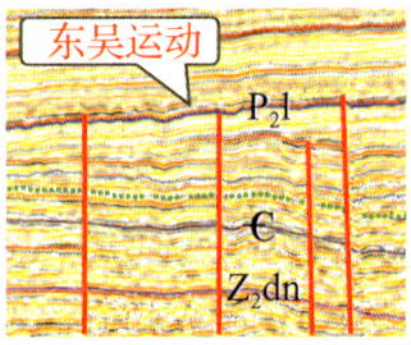 东吴运动 | 川中地区广泛发育 |
| 加里东晚期—海西早期 | ② | 剪切 | (较强)走滑活动 | 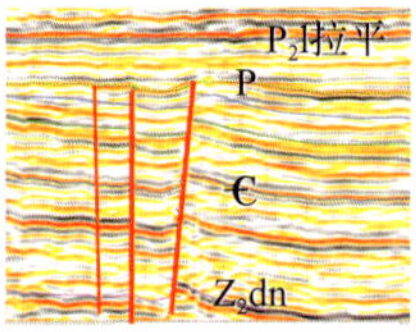 | 川中地区广泛发育 |
| 加里东早期 | ① | 伸展 | (较强)张扭活动 |  | 主要分布于裂陷槽边缘及内部 |

图9-10 高-磨地区震旦系—寒武系断裂活动与油气成藏时间匹配关系

(4)印支早期，走滑断裂持续活动，但强度有所减弱；深部高温热液(>140℃)沿着走滑断裂上升至灯影组及其以上断至层位(龙王庙组、茅口组等)，不仅形成MVT型铅锌矿和热液白云岩，而且导致先期油发生大量裂解，形成原油裂解气和大量焦沥青(第二期)，并发生了第二期天然气聚集成藏。

(5)燕山期，深部走滑断裂基本没有活动，但持续的沉降和多期热液作用，造成原油完全裂解和沥青质生气，形成了第三期天然气聚集。

在空间上，走滑断裂作为热液通道有利于热液白云岩储层和深成岩溶型储层的发育而有利于油气聚集；再加上断溶体圈闭不受构造控制，突破了古隆起控藏的限制。从寒武系底(灯影组顶)构造图与单井产量分布叠合图来看，高产井并非都是位于古隆起脊部或顶部上，北部斜坡部位在近东西向走滑断裂附近的井也出现高产。最为理想的富集条件是："古隆起+走滑断裂+靠近烃源岩"，但在斜坡带和裂陷槽内走滑断裂发育带同样具备油气成藏条件。

**四、油气分布规律**

研究表明，古老海相碳酸盐岩大油气田形成条件可概括为"四性"，即烃源灶的充分性、源-储组合的规模性、保存的封闭性及晚期成藏的有效性。对四川盆地而言，寒武系龙王庙组、洗象池组及奥陶系等颗粒滩储集层远离烃源岩层，断层沟通是成藏有效的关键。因而，灯影组与龙王庙组及其以上层系的油气富集规律既有相似性，又有差异性。相似性表现为长期继承性发育的古隆起有利于油气规模聚集，有利储集相带控制规模储集层，双峰式生烃演化决定了早油晚期的成藏过程。差异性主要表现在油气运移的疏导体系，震旦系主要以不整合面为主，而龙王庙组及其以上层系的油气成藏则必须有断层沟通油气源，方可规模成藏。

(1)同沉积古隆起继承性叠加控制了颗粒滩规模分布，与断层沟通形成了有利源-储-盖组合条件。

龙王庙组及其以上层系颗粒滩受同沉积古隆起控制，大面积分布，经建设性成岩作用改造，形成环古隆起分布的有利储集层。其本身不具备烃源条件，气源来自下伏的寒武系筇竹寺组烃源岩，构成"下生上储"型源-储组合。龙王庙组上覆高台组砂、泥岩及致密碳酸盐岩夹膏盐为直接盖层，寒武系洗象池组到三叠系沉积数千米的泥岩、砂岩、碳酸盐岩和膏盐为区域盖层，盖层封盖能力强。

(2)古油藏在晚三叠世—白垩纪裂解成气，原位成藏形成古气藏，在古隆起高部位聚集。

川中古隆起构造的稳定性及地层-岩性型为主导的圈闭类型决定了古油藏裂解气原位成藏，为大面积地层-岩性气藏集群式分布创造了条件。从成藏模拟看，古隆起区灯影组地层型圈闭在中三叠世形成古油藏，到晚三叠世—白垩纪裂解成气，原位成藏形成古气藏。龙王庙组颗粒滩体岩性圈闭，受滩体分布与滩间海泥质白云岩阻隔，岩性圈闭呈集群式分布，成藏模拟显示颗粒滩岩性圈闭古油藏发生裂解成气后原位成藏，形成古岩性气藏，在古隆起及斜坡带大面积分布。

(3)构造型古隆起长期继承性叠加，延缓了烃源岩及古油藏成气历程，为古隆起区天然气晚期成藏及大面积分布创造了构造环境。

生烃史研究表明，受古隆起晚古生代—中生代继承性发育影响，古隆起区的有机质生烃作用与古拗陷区相比，成油高峰与成气高峰均明显滞后，有利于天然气晚期成藏。以筇竹寺组烃源岩热演化为例，川东-蜀南古拗陷区的成油高峰期为志留纪—石炭纪，成气高峰期为二叠纪—中三叠世；古隆起区成油高峰期为二叠纪—中三叠世，成气高峰期为晚三叠世—白垩纪。

(4)古断裂与不整合面构成的网状输导体系是重要的油气运移通道，是古隆起区震旦系、寒武系成藏与复式聚集提供了良好的运移通道。

从油气运移的输导条件看，不整合面及断层组成的网状输导体系在古隆起区广泛发育，为大面积油气成藏提供良好通道(图9-11)。

磨-高地区高角度断层发育，断层向下切割烃源岩层，多数断层向上止于龙王庙组，且以张性断层为主，是龙王庙组油气运移的有效通道。由此可见，网状输导体系不仅使油气沿不整合面发生侧向运移，而且使油气沿断层发生纵向运移，导致古隆起区多层系油气富集。

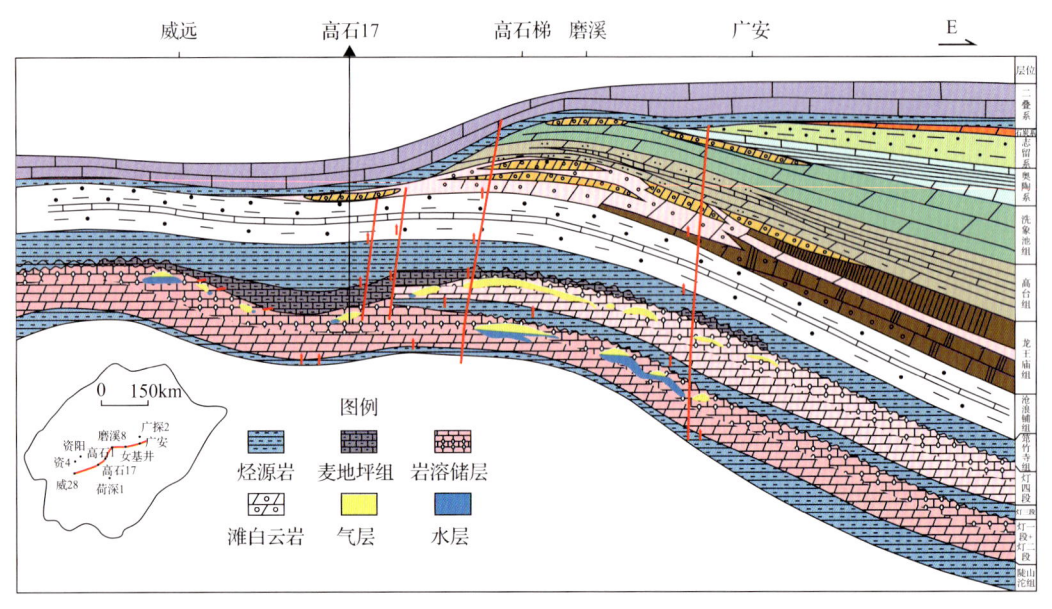

图 9-11 川中古隆起威远-磨溪区块灯影组—龙王庙组成藏模式示意图

(5)高-磨地区喜马拉雅期构造变形微弱，为特大型气田保存创造了良好的保存条件。

构造研究表明，川中古隆起区存在4个构造层，上构造层为下三叠统嘉陵江组—白垩系；中构造层为寒武系—飞仙关组；下构造层位震旦系—新元古界；基底构造层位中元古界及其以下层位。不同构造层构造样式存在差异，上构造层以发育低缓褶皱、逆冲断层为特征，褶皱变形相对较强。中、下构造层构造变形主要表现为高角度断层发育，断距较小，平面延伸较短，褶皱变形微弱。总体看来，深层构造变形较弱，对气藏的破坏作用较小。

综上，川中古隆起经历了早期沉积型古隆起、同沉积古隆起与构造型古隆起的叠加作用，不仅控制了最有利的源-储成藏组合条件，还控制了古圈闭分布、古油藏富集区、晚期成藏等地质要素与过程，为古特大型气田形成创造了最有利的构造背景。

## 第二节 中二叠统含油气子系统

中二叠统含油气子系统是一个被证实的含油气系统。中二叠统栖霞组和茅口组是四川盆地天然气勘探最早的层系之一，历时长达60余年。早期勘探主要集中在蜀南地区，按照裂缝型气藏特点，基于"溶洞沿裂缝分布"的认识及勘探不断深入，逐渐形成了有特色的裂缝性气藏勘探模式，勘探模式由早期的"一占一沿""三占三沿"，发展为"断层裂缝圈闭六项布井原则和模式"，不但提高了探井成功率，而且推动勘探由主体构造带向非背斜区、向斜区拓展。

近几年来，勘探证实该系统在四川盆地具大面积含气特点。作为川中古隆起天然气勘探的兼探层系，在大多数井中见良好显示，并在南充1、螺观1等井获工业产能。在川西北地区，以双探1为代表的风险探井在栖霞组颗粒滩岩溶及白云岩储层中取得高产，开辟了下二叠统天然气勘探新领域。双探1井突破后，栖霞组—茅口组作为川西北主探层系，近年来对双鱼石地区实施整体勘探，有多口获高产，有望获得规模储量。

总结四川盆地中二叠统勘探成果，得出如下启示。

(1) 从天然气资源现状看，中二叠统天然气资源丰富，资源探明率不足6%，勘探潜力大。新近完成的资源评价结果显示，二叠统天然气资源量为1.47万亿$m^3$，已获探明储量仅811.68亿$m^3$，资源探明率不足6.0%，剩余资源丰富。

(2) 从储层钻遇情况看，中二叠统发育裂缝-溶洞型和白云岩孔洞型两类主要储集层。绝大多数井钻遇裂缝-溶洞型储层，且以茅口组为主，仅少数井钻遇白云岩储层且变化快。川西南的汉深1、周公1等井在栖霞组和茅口组均钻遇白云岩储层；川西北的矿2、双探2、双探3等井在栖霞组钻遇白云岩储层；川中地区南充2、广探2等井钻遇茅口组白云岩储层。总体看，川西地区白云岩储层较发育，单层厚度一般为3～5m，栖霞组累计厚度为4～50m，茅口组总厚度为5～30m。

(3) 从油气发现看，中二叠统茅口组在全盆地均有勘探发现。蜀南地区中二叠统已探明储量中茅口组储量占98%。统计川中-川西中二叠统获气井，16口出气井中茅口组占15口。单井测试产量高，如川西北的双探1、龙16、龙004-X1等井茅口组测试日产量超百万立方米，川中的南充1、螺观1、华渌1等井测试产量达30万～50万$m^3/d$。

(4) 从蜀南地区裂缝-溶洞型气藏开发效果看，以自2井为代表的一批高产井，累计产量高、效益好。单井产量多在20万$m^3$以上；单井累计产量超亿方的井近30口，其中大于50亿$m^3$的井1口(自2井)，大于10亿$m^3$的井8口，大于1亿$m^3$的井近20口。

总之，60余年的勘探成果揭示四川盆地中二叠统茅口组具普遍含气的特征，具备大面积成藏条件，是重要的勘探层系。

## 一、主力烃源岩

前人解剖研究蜀南地区栖霞组—茅口组气藏的气源问题，证实该系统具有多源灶供烃的复合含油气系统特征。前人通过天然气组分和碳同位素分析，认为蜀南二叠系气藏中存在志留系过熟油型气的混入，志留系龙马溪组泥质烃源岩是茅口组主要烃源岩层系。黄籍中和张子枢(1982)通过对比栖霞组—茅口组石灰岩和茅口组天然气的碳同位素，He、Ar同位素特征，提出二者存在亲缘关系，中二叠统泥质碳酸盐岩也是茅口组油气成藏的供烃来源。

为了进一步搞清中二叠统烃源岩质量及分布，本次研究立足于钻井资料，在实测岩心总有机碳(TOC)基础上，建立自然伽马曲线与实测TOC值的关系(GR=38.501TOC+

20.201，$R^2$=0.8789），运用自然伽马测井评价 TOC 方法，对全盆地 117 口井中二叠统栖霞组—茅口组烃源岩进行了评价，表明茅一段发育良好的烃源条件，对提升中二叠统含油气系统评价及勘探选区有重要意义。

(1)中二叠统栖霞组—茅口组计算烃源岩 TOC 与实测 TOC 相关性较好（计算 TOC=0.7556×实测 TOC+0.203，$R^2$=0.7243）(图 9-12)。

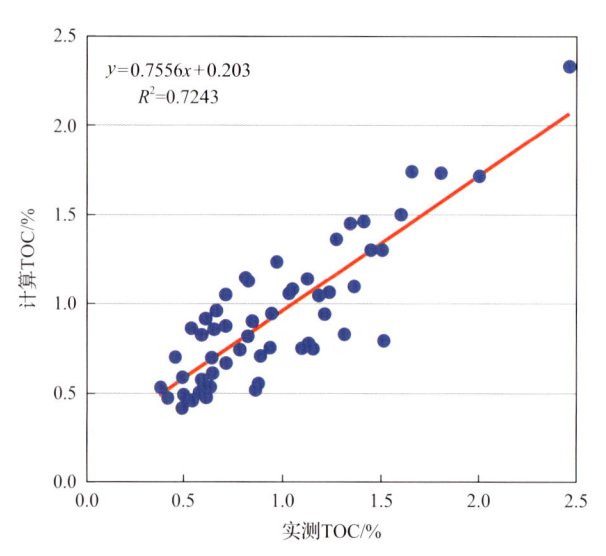

图 9-12　栖霞组—茅口组实测 TOC 与测井计算 TOC 相关性图

(2)栖霞组烃源岩岩性以泥质灰岩为主，主要分布在栖一段，烃源岩厚度为 10～70m，具有西薄东厚特征，TOC 分布范围为 0.5%～2.0%，为差-中等烃源岩。

(3)茅口组烃源岩岩性以泥质灰岩、生物灰岩为主，主要分布在茅一段和茅二段 c 亚段，在川西南地区茅四段也发育烃源岩段，厚度 30～200m，西薄东厚特征明显(图 9-13)，TOC 为 0.5%～3.0%，为中等—好级别烃源岩。

综上，茅口组作为主要目的层，纵向上发育茅口组一段—茅二段 c 亚段及龙潭组(吴家坪组)两套烃源岩，构成"三明治式"源-储成藏组合，为大面积成藏奠定烃源基础。

## 二、储集层

### (一)栖霞组储集层

上扬子地区栖霞组储层岩性主要有四类：晶粒白云岩、"豹斑"灰质白云岩、"斑马纹"白云岩及生物碎屑灰岩。其中，晶粒白云岩在野外常常风化为类似白砂糖一粒粒的单个晶体，因此又称之为砂糖状白云岩，其分布范围广、单层厚度大，储集物性较好，平均孔隙度为 3.43%，是栖霞组最主要的储集岩。储集空间主要为溶蚀孔洞、晶间孔、粒间孔和裂缝。

四川盆地川西北双鱼石构造超深层发现的栖霞组气藏，以白云岩储集层为主，钻获多口高产工业气井。其中主力产气层栖霞组埋藏深度超过 7000m，地层温度为 158℃，压力系数为 1.33，原始地层压力为 96MPa，为超深高温高压气藏。

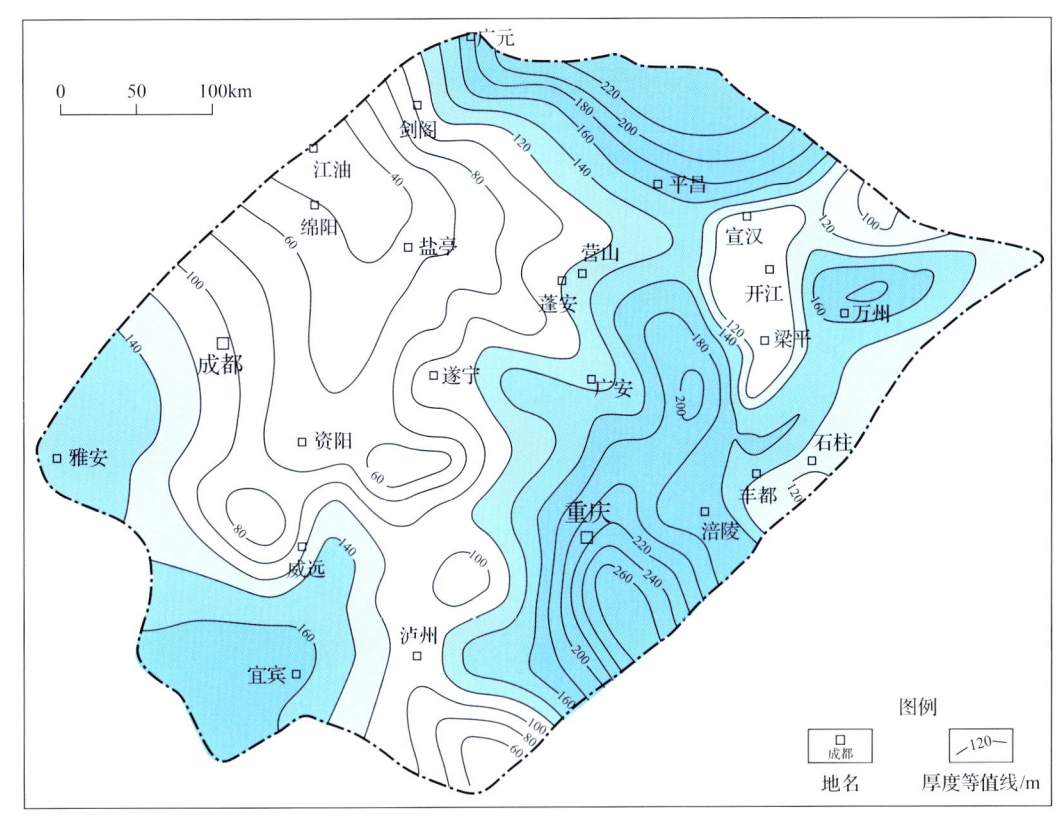

图 9-13 四川盆地茅口组烃源岩厚度等值线图

双鱼石构造栖霞组取心井资料统计结果分析，栖霞组主要储层岩石类型以白云岩为主，白云岩呈褐灰色、浅灰色，白云岩晶粒以中-粗晶为主，呈半自形，部分为他形或自形。根据西南油气田公司资料，柱塞岩心样(49块)孔隙度介于 1.20%~7.59%，平均值为 3.08%；渗透率介于 0.002~56.000mD，平均值为 7.780mD。全直径岩心样(75块)孔隙度介于 0.90%~6.88%，平均值为 3.77%；渗透率介于 0.013~27.200mD，平均值为 2.150mD。全直径岩心样物性好于柱塞岩心样，表明该区栖霞组基质孔隙度普遍较低，属于特低孔、低渗-特低渗储层。

栖霞组储集空间组合类型可划分为裂缝-孔洞型、裂缝-孔隙型、孔洞型和孔隙型四种类型，统计表明裂缝-孔隙型、孔隙型和裂缝-孔洞型三类储集类型总占比为 69.39%；以全直径岩心样的物性资料，栖霞组储层以裂缝-孔洞型、裂缝-孔隙型和孔洞型为主，三类储集类型总占比为 81.33%，其中裂缝发育的储集类型占比基本超过 50%，说明栖霞组储层总体渗流能力较好。

基于钻井、露头资料，编制栖霞组白云岩分布图(图 9-14)。从图中可以看出，栖霞组白云岩储集层主要分布在川西北和川西南地区，累计厚度可达 20~50m，而川中地区、蜀南地区白云岩零星分布，厚度普遍小于 10m。这一分布特征与沉积相关系密切，其中川西北及川西南的白云岩主要为栖霞组台缘带颗粒滩相沉积，川中零星分布白云岩主要为台内点滩沉积。无论是台缘带颗粒滩体还是台内点滩，原始灰岩岩性主要为亮晶颗粒(生物碎屑为主，部分砂屑)灰岩，在同生-准同生时期，这些位于地貌高部位的相对高能的颗粒滩发生海水-淡水混合水或大气淡水溶蚀，形成选择性的或非选择性的溶蚀孔洞；经浅埋藏期的渗透回流或热对流白云石化作用，形成细晶白云岩；后经油气充注，大部分孔隙被保存下来；后期热液对白云岩及其中的孔隙空间进行改造，形成中-粗晶白云岩，孔隙被白云石、方解石或硅质部分胶结，形成最终储集空间主要以晶间孔和溶孔、溶洞为主的储层，未被充填的裂缝等可成为有效的储集空间。由此可见，栖霞组白云岩分布的相控特征明显。精细的沉积相研究与平面成图将是有利区评价的重要环节和手段。

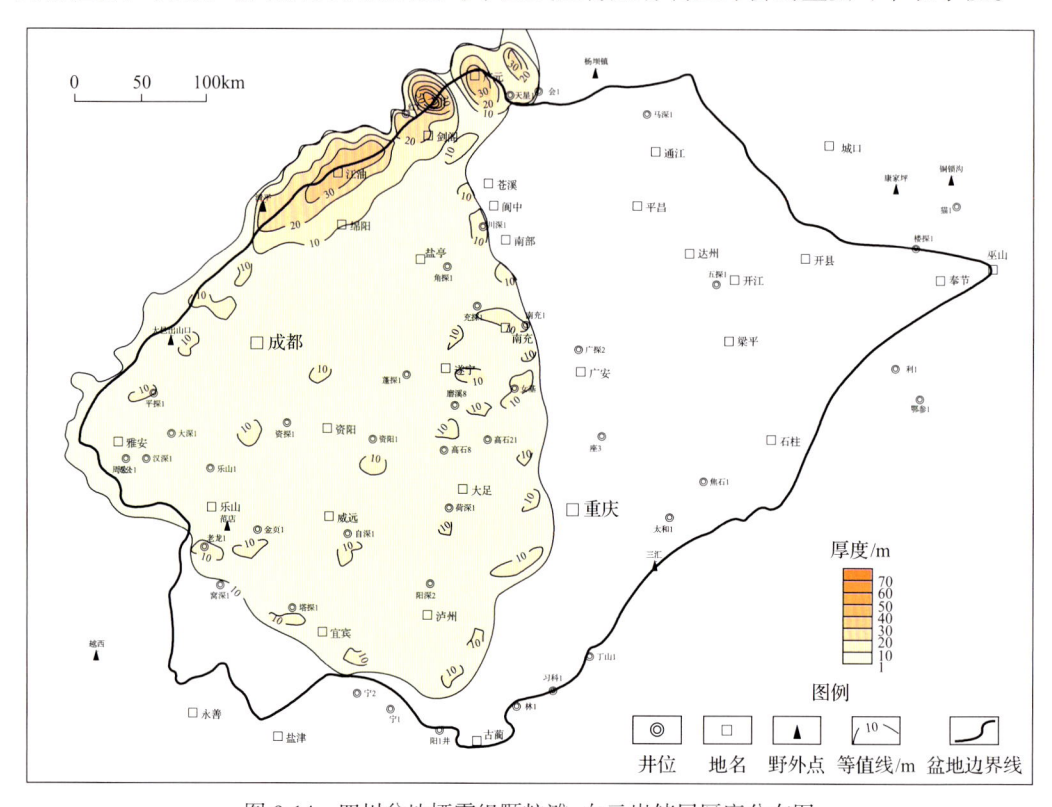

图 9-14　四川盆地栖霞组颗粒滩-白云岩储层厚度分布图

栖霞组储集层除相控因素之外，在深埋阶段的建设性成岩作用对储层改造也很重要。主要包括两种作用：晚期断裂/裂缝的改造、埋藏白云岩作用。在川西北构造带，晚期的构造运动提高了滩相储层的渗透能力，大大提高了储集性能。构造运动，尤其是晚期（燕山及喜马拉雅期），会使地层产生强烈的褶皱挤压和断裂，由此而产生多种有效的构造裂缝，如龙 17 井，71 个岩心样品物性分析结果表明，岩心表面也发现多条裂缝，取心段 17.4m，见裂缝 40 条，其中有效缝 28 条。有效构造裂缝的产生，可进一步改善构造高部位或者断层附近的滩体储层，增大储集体的渗透能力，这种裂缝与孔洞沟通的地方，十分容易形成缝洞复合体，从而形成优质的储层，为气藏最终成藏创造有利条件。

川西南地区栖霞组白云岩除准同生白云岩外，埋藏白云岩和热液白云岩也较为发育，按成因大致可分为准同生白云岩、埋藏交代白云岩、热液白云岩。白云石化作用主要经历了早期（准同生期）准同生白云石化→埋藏白云石化作用→热液白云石化作用三个阶段，其中热液改造作用在川西南地区最为强烈。多重、多期次的白云石化作用形成了川西南地区的颗粒滩-白云岩储层。

（二）茅口组储集层

中二叠统茅口组茅口组主要以孔洞型、裂缝-孔洞型、裂缝型灰岩储集层为主，局部地区发育白云岩储集层。前者主要与茅口末期的东吴运动有关，后者主要与热液白云岩有关。

1. 茅口组灰岩岩溶储层

中二叠统茅口组沉积期上扬子西部的四川盆地主要为缓坡型碳酸盐岩台地，受局部地形高地控制的台内颗粒滩发育；茅口末期的东吴运动，导致茅口组地层广泛遭受剥蚀。因而，茅口组储集层的形成不仅受沉积相控制，而且岩溶作用也是重要因素。

层序地层对比表明，岩溶储层段主要分布在茅二段、三段。钻井液漏失及放空现象普遍，成像测井上表现出"上部垂直渗流带、下部水平渗流带、底部致密层"的风化壳岩溶结构特征，地震剖面上可见"低频弱振幅""杂乱反射"及亮点响应等特征。

茅口组风化壳岩溶储层是否大面积普遍发育，关键在茅口期末的东吴运动性质的认识。基于层序地层对比及牙形石带缺失分析，笔者曾提出了四川盆地存在面积可超过 8 万 km² 的东吴期古隆起，命名为"泸州-通江古隆起"，指出古隆起斜坡带茅三段地层剥蚀暴露，是风化壳岩溶储层发育的有利地区。图 9-15 是在补充新近钻井资料基础上修

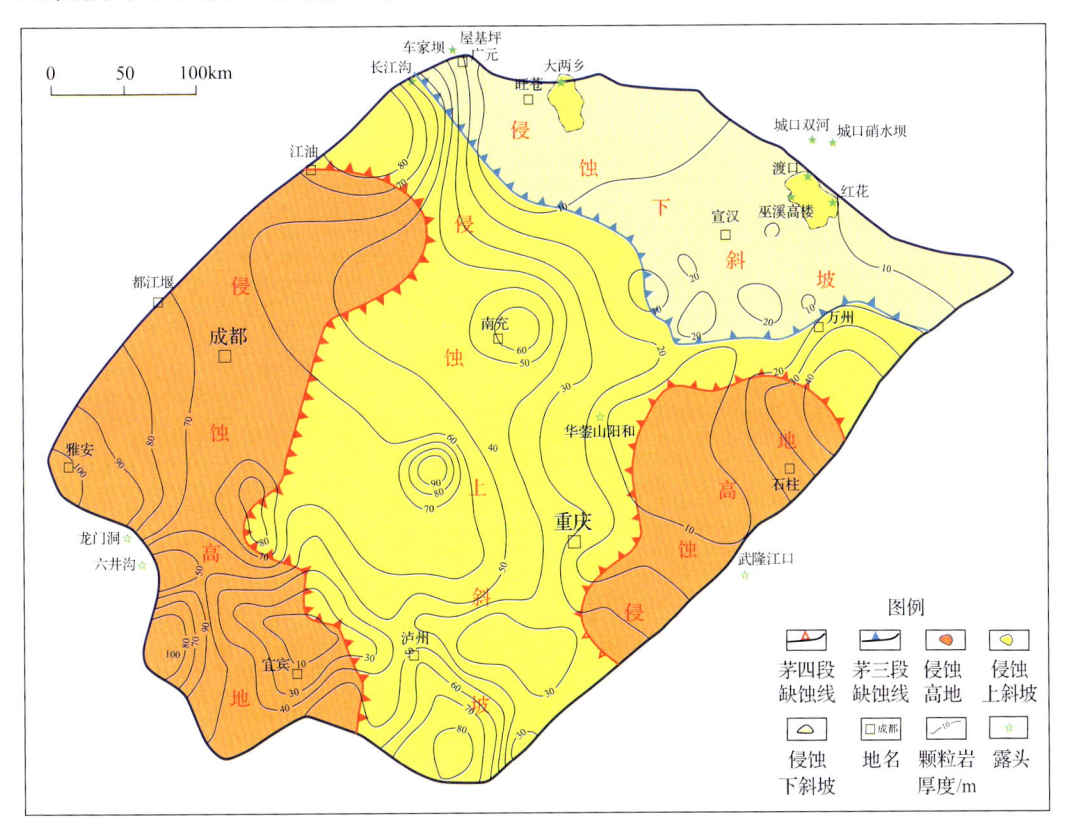

图 9-15  四川盆地茅口组岩溶古地貌与颗粒岩厚度叠合图

改完善的茅口组岩溶古地貌与颗粒岩厚度叠合图。茅口期末侵蚀古地貌总体表现为西南高东北低，按残留地层厚度可分为"侵蚀高地""侵蚀上斜坡""侵蚀下斜坡"三个侵蚀地貌单元。侵蚀高地分布在盆地西南地区及川东石柱地区，主要特征为茅四段地层部分被保留；侵蚀上斜坡分布在南充—泸州一带，主要特征为茅四段剥蚀殆尽、茅三段部分遭受剥蚀；侵蚀下斜坡分布在川北地区，主要特征为茅三段剥蚀殆尽，茅二段部分遭受剥蚀。侵蚀上斜坡区茅三段颗粒岩发育，长期遭受风化淋滤作用，有利于形成溶蚀孔洞型储层。

2. 茅口组白云岩储层

茅口组白云岩储集层主要分布在川中地区的广安—南充—盐亭一带，呈 NW 向带状展布（图 9-16）。从原始沉积物看，白云岩原始沉积物为台内颗粒滩体。从成因看，存在埋藏-交代白云岩及热液白云岩两种。

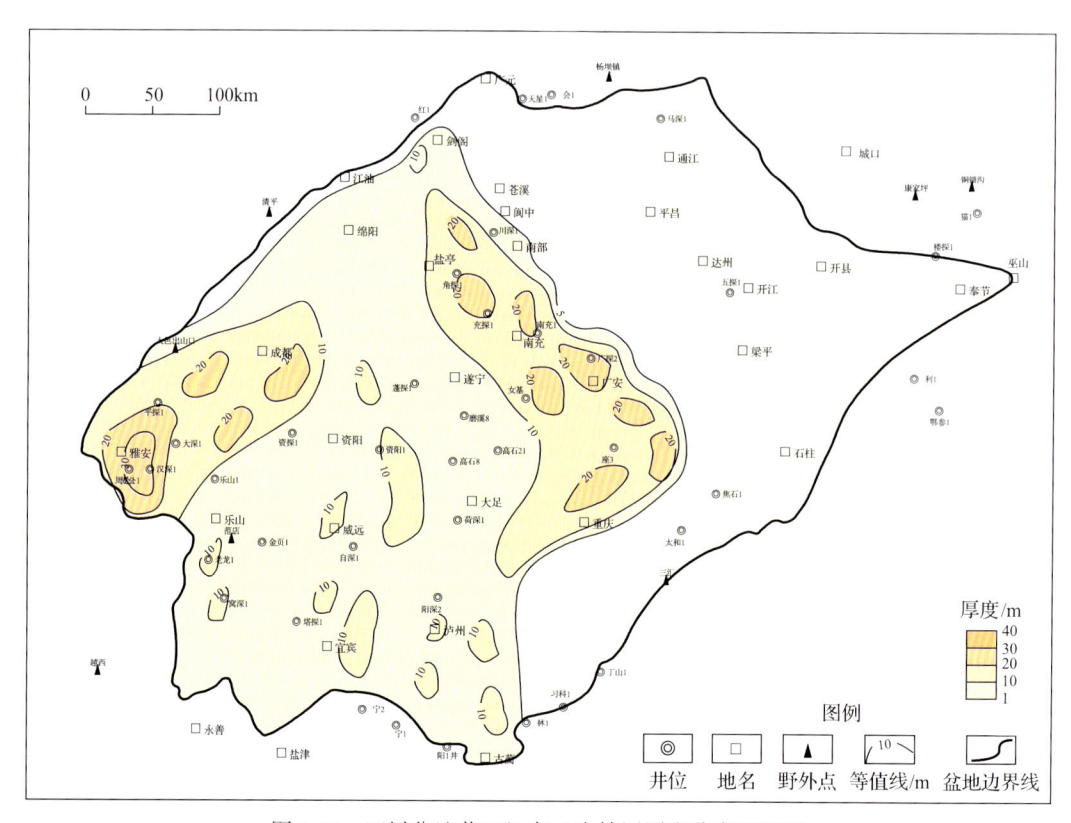

图 9-16 四川盆地茅口组白云岩储层厚度分布预测图

埋藏-交代白云岩：在川中地区较为发育，厚度大，分布稳定，以浅灰色为主，局部呈灰黄色，其间可见方解石晶洞。在镜下，该类型的白云石以半自形-他形结构为主，彼此构成镶嵌结构，部分晶体可见雾心亮边。主要的埋藏白云石化模式为热对流模式，热对流模式和热液白云岩有着本质的区别。热对流的原始驱动力源于温度在空间上的差异，并导致孔隙水密度和有效水头的改变，以下情况可能会造成这种温度在空间上的差异：火成岩侵入造成其附近热流密度的升高；温暖的台地水域和寒冷的大洋水域之间的侧向温度差；岩性变化造成的热传导率的差异，如碳酸盐岩之上覆盖厚层蒸发岩的情况。

热液白云岩：在华蓥二崖剖面可见热液的改造使早期形成的埋藏白云岩结晶形成中粗晶白云岩，同时在洞缝边缘鞍形白云石较为发育，原始结构基本消失。华蓥二崖剖面茅口组在茅二段发育 29m 的中-粗晶白云岩。野外观察可见白云岩显示为灰褐色，显微观察显示白云岩具明显的重结晶现象，其含有少量晶间孔，但并不含大量沥青。孔渗分析表明，这些白云岩孔隙度为 2.85%～3.45%，局部可达 5.79%；渗透率 $0.001\times10^{-3}$～$0.067\times10^{-3}\mu m^2$，局部可达 $95.152\times10^{-3}\mu m^2$，仅为Ⅲ类储层。这类颗粒滩白云岩是热液改造的结果。

### 三、茅口组成藏演化

以蜀南地区茅口组为例。蜀南地区茅口组已经历 60 余年勘探，迄今为止仅在断裂发育的构造高部位发现一批小规模的"缝洞型"气藏。前人多强调断裂、岩溶古地貌对天然气成藏的控制作用，而对蜀南地区天然气富集主控因素缺乏整体研究，制约了油气勘探部署。通过对蜀南地区老井进行复查，发现茅口组天然气富集不完全受构造和裂缝带控制，云锦等多个现今向斜构造钻探获得工业气流，证实了茅口组具有普遍含气的特征。受认识程度限制，茅口组能否进行规模勘探，亟待回答三方面的科学问题：①油气成藏期次的厘定；②不同构造部位油气成藏差异性，尤其是远离断裂带的斜坡区及向斜区能否规模成藏；③天然气成藏富集规律。

针对上述科学问题所采取如下技术思路。第一，厘清茅口组成岩序次。第二，综合运用阴极光分析、荧光观察与单个油包裹体的显微荧光光谱分析、气态/固态包裹体的激光拉曼探针分析、沥青包裹体显微红外光谱分析及流体包裹体温盐测试分析，确定了茅口组油气充注时间与充注期次。第三，应用方解石胶结物 U-Pb 同位素定年技术，将方解石胶结物形成绝对地质年龄作为约束条件，间接厘定原油充注时间。第四，将流体包裹体分析结果与方解石胶结物同位素定年结果相结合，运用埋藏史投影法，完成茅口组油气成藏期次与时间的厘定。

#### （一）成岩序次厘定

通过岩心和单偏光、阴极光观察，分析了储层成岩作用类型并厘清了不同成岩矿物之间的交切关系，提出茅口组经历"(准)同生-早成岩期混合水环境下的方解石胶结作用→表生期大气淡水环境下的溶蚀作用→中-晚成岩期地层水环境下的方解石与白云石胶结、交代作用与酸性流体溶蚀作用"的成岩演化过程(图 9-17)。

茅口组高能生物碎屑灰岩发育大量粒间孔与生物体腔孔，为流体活动提供空间。在(准)同生期海水环境下，生物颗粒边缘沉淀不稳定的栉壳状高镁或文石胶结物；随着埋深增大，地层-大气混合水环境使有孔虫等生物体腔被溶解，体腔孔内充填渗流粉砂形成示顶底构造。早成岩阶段等轴粒状方解石充填于生物碎屑颗粒之间或充填于示顶底构造的渗流粉砂之上[图 9-17(a)]。中二叠统末期蜀南地区整体抬升发生表生暴露，早期不稳定的栉壳状方解石胶结物被溶蚀并形成层状风化壳岩溶与张性裂缝[图 9-17(b)]。地层再次沉降进入中-晚成岩阶段，生物碎屑在强烈压实作用下破碎并呈定向排列，粗亮晶方解石胶结物与自形-半自形白云石充填于溶洞与裂缝,同时在这一阶段烃类与热液流体沿溶蚀孔洞与压溶缝合线充注,再次扩大了储集空间[图 9-17(c)]。晚期构造抬升过程产生微裂缝,泥晶方解石充填了晚期裂缝[图 9-17(d)]。

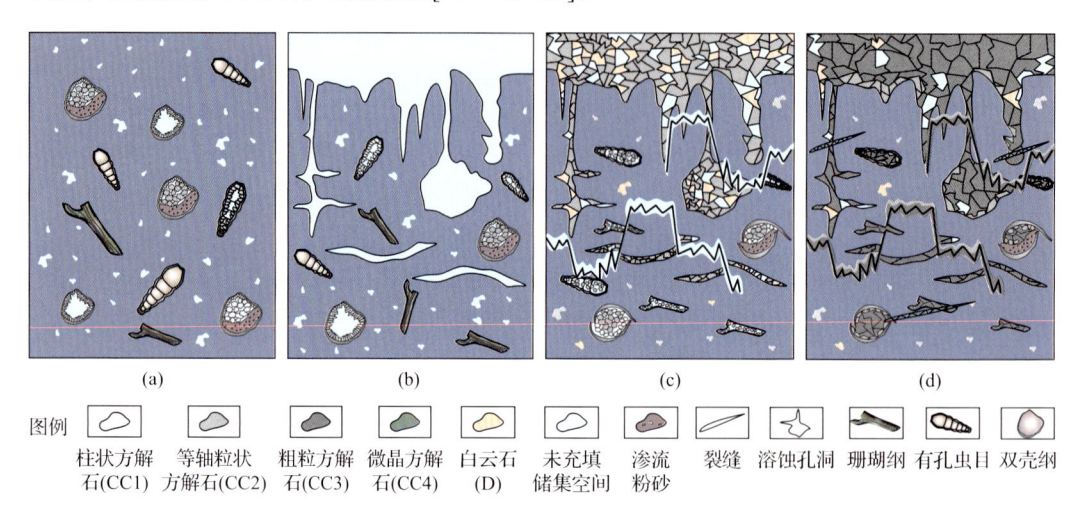

图 9-17 蜀南地区茅口组成岩序次模式图
(a)(准)同生-早成岩期;(b)表生期;(c)中成岩期;(d)晚成岩期

图例:柱状方解石(CC1)、等轴粒状方解石(CC2)、粗粒方解石(CC3)、微晶方解石(CC4)、白云石(D)、未充填储集空间、渗流粉砂、裂缝、溶蚀孔洞、珊瑚纲、有孔虫目、双壳纲

### (二)流体包裹体岩相特征

通过流体包裹体单偏光和荧光观察,认为茅口组存在固、液、气三种相态的流体包裹体,结合激光拉曼探针对气态和固体包裹体进行测试,按照张鼐等(2009)提出的常温常压下实验室包裹体分类方案,茅口组主要存在五种相态的流体包裹体:气液相盐水包裹体、液态烃包裹体、气态烃包裹体、含沥青气态烃包裹体、沥青包裹体。这五类流体包裹体主要赋存于粒间碳酸盐胶结物及溶蚀孔洞、裂缝中充填的碳酸盐胶结物(方解石、白云石)。流体包裹体分布特征包括在主矿物晶粒内随机分布[图 9-18(a)、图 9-18(b)]、沿方解石生长环带分布[图 9-18(c)]、沿方解石胶结物愈合裂纹分布[图 9-18(d)~图 9-18(f)]。

#### 1. 气液相盐水包裹体

气液相盐水包裹体常赋存于切穿碳酸盐胶结物晶粒的微裂隙、碳酸盐胶结物晶粒的次生长愈合裂纹及方解石胶结物生长环带。单偏光下通常为透明无色,流体包裹体与赋存矿物存在明显边界,而在荧光下与赋存矿物无明显边界。茅口组气液相盐水包裹体气液比通常为2%~10%,大小为2~10μm,形态主要是长条形、圆形、椭圆形和不规则形。

#### 2. 液态烃包裹体

茅口组现存的液态烃包裹体数量较少,在包 20 井、音 11 井、牟 11 井、威远 17 井中发现少量液态烃包裹体,随机分布或呈带状分布在碳酸盐胶结物的晶粒或长愈合裂纹内。单偏光下包裹体呈淡黄色或淡绿色,荧光下发黄绿色、蓝绿色、蓝色或亮蓝色荧光。茅口组液态烃包裹体尺寸较小,以尺寸小于 5μm 的包裹体为主,形态主要是圆形、椭圆形和不规则形。

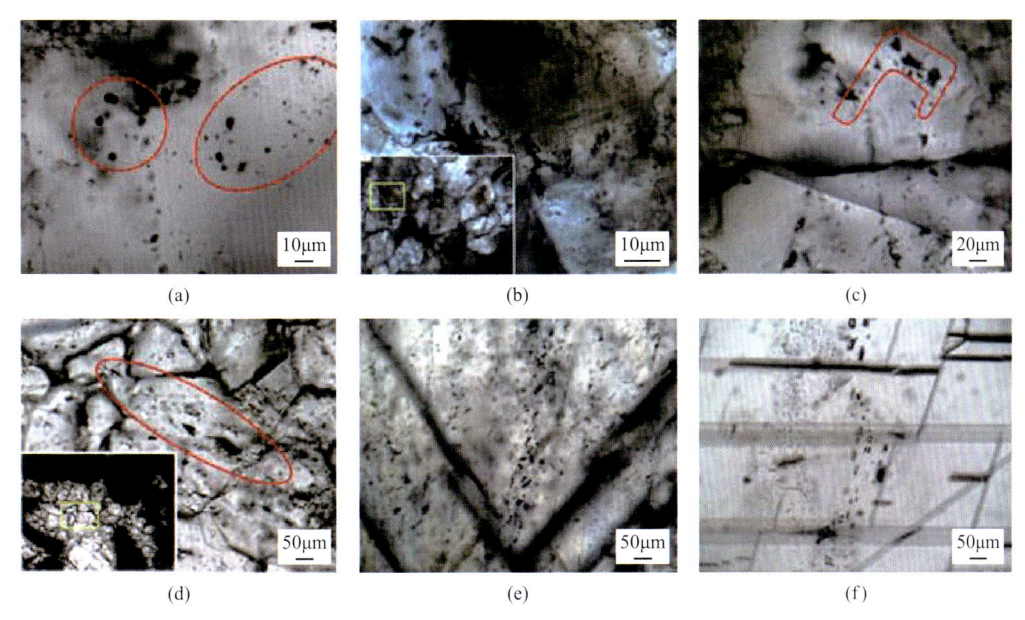

图 9-18　蜀南地区茅口组流体包裹体产状的单偏光照片

(a)纳 23 井,茅二段 a 亚段,2818.89m,方解石内随机分布的沥青包裹体与盐水包裹体;(b)音 11 井,茅一段 a 亚段,4061.00m,白云石中随机分布的盐水包裹体;(c)纳 23 井,茅二段 a 亚段,2861.33m,溶洞充填方解石生长环带内的沥青包裹体;(d)牟 11 井,茅三段,2628.07m,石灰岩,方解石胶结物裂纹中的气态烃包裹体;(e)包 20 井,茅二段 c 亚段,3674.07m,溶洞内方解石晶体裂纹中的沥青包裹体;(f)包 20 井,茅二段 b 亚段,3648.64m,方解石晶体的裂纹中的次生气态烃包裹体

3. 气态烃包裹体

气态烃包裹体多呈带状或随机分布在碳酸盐胶结物晶粒或长愈合裂纹内。在单偏光下呈中心无色而边缘灰黑色,荧光下则中心发微弱荧光而边缘为暗色荧光。茅口组气态烃包裹体多为圆形或方形,尺寸在 3～8μm 范围。通过激光拉曼探针测试可知,茅口组气态烃包裹体中的气体成分为 $CH_4$,如图 9-19(a)、图 9-19(d)所示牟 11 井裂缝内充填方解石胶结物的原生气态烃包裹体,波数 2913$cm^{-1}$ 是 $CH_4$ 特征拉曼谱线。

4. 含沥青气态烃包裹体

含沥青气态烃包裹体赋存规律与气态包裹体类似,多呈带状或随机分布在碳酸盐胶结物晶粒或长愈合裂纹内,镜下特征也与气态包裹体有相似之处,差异在于单偏光下含沥青气态烃包裹体的边缘可见黑色不透明固体杂质,且杂质一般不超过包裹体体积的 20%[图 9-19(d)]。通过激光拉曼探针测试可知,茅口组含沥青气态烃包裹体中的固体杂质为碳质沥青。纳 23 井溶洞内充填方解石胶结物的气固两相包裹体中测出波数为 1605$cm^{-1}$ 和 1334$cm^{-1}$ 成对代表碳质沥青拉曼特征峰,及波数 2913$cm^{-1}$ 代表 $CH_4$ 拉曼特征峰,代表在高温高压埋藏环境下包裹体未发生破裂,但原油发生裂解,轻烃与沥青质共存于包裹体。

5. 沥青包裹体

沥青包裹体是茅口组碳酸盐胶结物中较常见的包裹体类型,在碳酸盐胶结物晶粒或长愈合裂纹内呈带状或随机分布。单偏光下呈不透明黑色,荧光下发黑色荧光,形状多为方形或不规则形态,尺寸范围较大,为 2～13μm[图 9-19(a)、(b)]。如图 9-19(c)和图 9-19(d)

所示，包 20 井裂缝内充填方解石胶结物的固相包裹体中测出波数为 1605cm$^{-1}$ 和 1334cm$^{-1}$ 成对的碳质沥青拉曼谱线，指示烃包裹体经历高温发生破裂，轻烃组分逸出，液烃稠化甚至碳化为沥青残留下来。

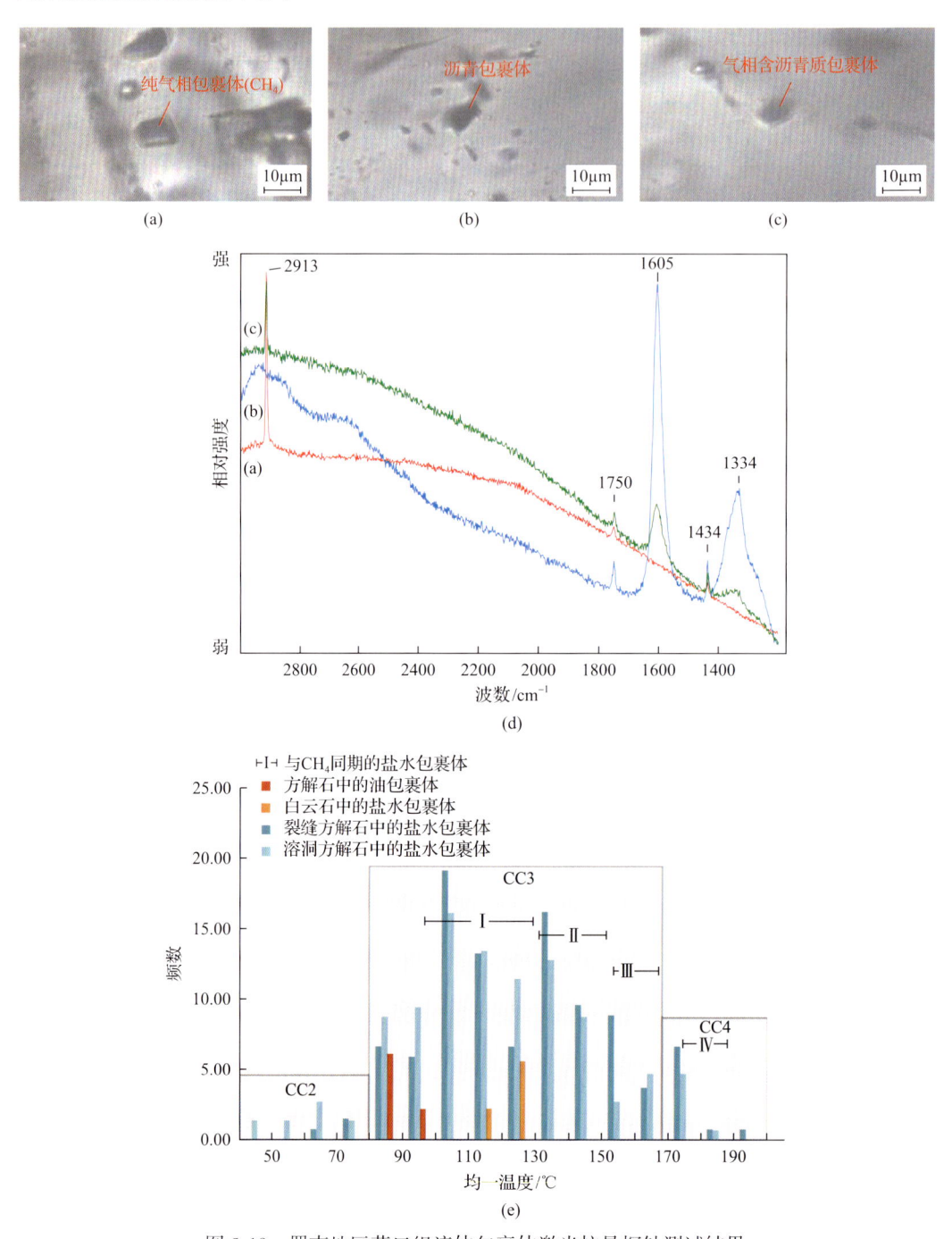

图 9-19　蜀南地区茅口组流体包裹体激光拉曼探针测试结果

(a)牟 11 井(M11)纯气态烃包裹体；(b)纳 23 井(N23)气相含沥青质包裹体；(c)包 20 井(B20)沥青包裹体；(d)牟 11 井流体包裹体激光拉曼探针测试结果；(e)各类流体包裹体均一温度实测结果频率对比

### (三)液态烃包裹体荧光和光谱特征

在明确流体包裹体岩相类型的基础上,通过对单个液态烃包裹体的荧光颜色和荧光显微光谱分析,依据不同荧光颜色的液态烃包裹体荧光光谱参数,判断液态烃包裹体成熟度的差异,定性厘定茅口组原油充注期次。

#### 1. 液态烃包裹体荧光颜色

荧光颜色是定性鉴定不同成熟度的液态烃包裹体的常用实验之一,基本原理是液态烃中的芳香烃化合物与杂环化合物的发光基团对不同波长的光的吸收能力有所差异,而这种荧光颜色特征的差异性主要取决于饱和烃/芳香烃值与芳香烃的成熟度(陈红汉,2014)。在紫外荧光下,随着液态烃成熟度的增大,流体包裹体的荧光颜色将发生"褐色→黄色→绿色→蓝色→蓝白色"的变化,即发生"蓝移"(凡闪,2014)。欧光习等(2006)还提出在不考虑油气运移中的色析效应等影响,液态烃包裹体单偏光下的颜色也对其成熟度有一定的指示意义,近透明的气-液两相或纯液相包裹体一般为高成熟的凝析油气或凝析油包裹体,而褐色或暗色的液态烃包裹体则为低成熟的重质油包裹体。

茅口组液态烃或含气液态烃包裹体可根据单偏光和紫外荧光颜色特征分为两期。第Ⅰ期在单偏光下为浅褐色,含有少量沥青质,在紫外荧光下为黄绿色,相态为单一液相,属于中质成熟油。第Ⅱ期在单偏光下为淡黄色或无色,饱和烃含量较高,在紫外荧光下为蓝绿色或亮蓝色,相态为纯液相或气-液两相,属于高熟轻质油。

#### 2. 液态烃包裹体荧光光谱分析

液态烃包裹体荧光光谱分析是通过多个光谱参数分析,实现定量化描述液态烃包裹体成熟度和油质的无损实验方法,其基本原理是液态烃中的芳香烃化合物在不同发射激光波长下会产生不同特征的荧光光谱,实验证明随着原油成熟度增大,芳香族发生缩聚,导致高环芳香烃化合物比低环芳香烃化合物的最大光谱强度所对应的波长更长,即荧光"红移"(王光辉和张刘平,2012)。显微荧光光谱主要参数包括主峰波长($\lambda_{max}$)、红绿熵($QF_{535}$ 和 $Q_{650/500}$)等。$\lambda_{max}$ 是指最大光谱强度对应的波长,$\lambda_{max}$ 增大,反映原油密度增大且成熟度减小。$QF_{535}$ 代表发射波长在 535~720nm 的积分面积与发射波长在 420~535nm 的积分面积之比。$Q_{650/500}$ 则表示波长为 650nm 时的荧光强度 $I_{650}$ 与波长为 500nm 时的荧光强度 $I_{500}$ 的比值。$QF_{535}$ 和 $Q_{650/500}$ 的数值均与原油成熟度负相关,即红绿熵值越大,原油成熟度越低(方欣欣等,2012)。此外 $I_{650}$ 值越大,代表原油中高分子化合物含量越高;$I_{500}$ 值越大,代表原油中小分子化合物含量越高。

据液态烃包裹体显微荧光光谱分析,蜀南地区茅口组液态烃包裹体的最大主峰波长分布较为集中,在 492~552nm 范围。通过样品的荧光光谱特征图和 $\lambda_{max}$-$QF_{535}$ 交会图可划分为两个数据集群,代表茅口组发生过两期不同成熟度的原油充注(图 9-20,图 9-21)。第Ⅰ幕次的液态烃包裹体 $\lambda_{max}$ 在 542~552nm,$QF_{535}$ 在 1.22~1.8,$Q_{650/500}$ 在 0.42~0.94;第Ⅱ幕次的液态烃包裹体 $\lambda_{max}$ 在 492~496nm,$QF_{535}$ 在 0.79~1.09,$Q_{650/500}$ 在 0.24~0.36。与第Ⅰ幕次液态烃包裹体相比,第Ⅱ幕次的烃包裹体高环芳香烃化合物含量较低,轻质组分含量较高，原油成熟度高于第Ⅰ幕次充注的原油。由荧光光谱与原油密度的关系图版可知，第Ⅰ幕次原油密度为 089~0.93g/cm³，属于中质原油，第Ⅱ幕次原油密度为 0.78~0.82g/cm³，属于轻质原油，分析结果与荧光颜色分析一致。

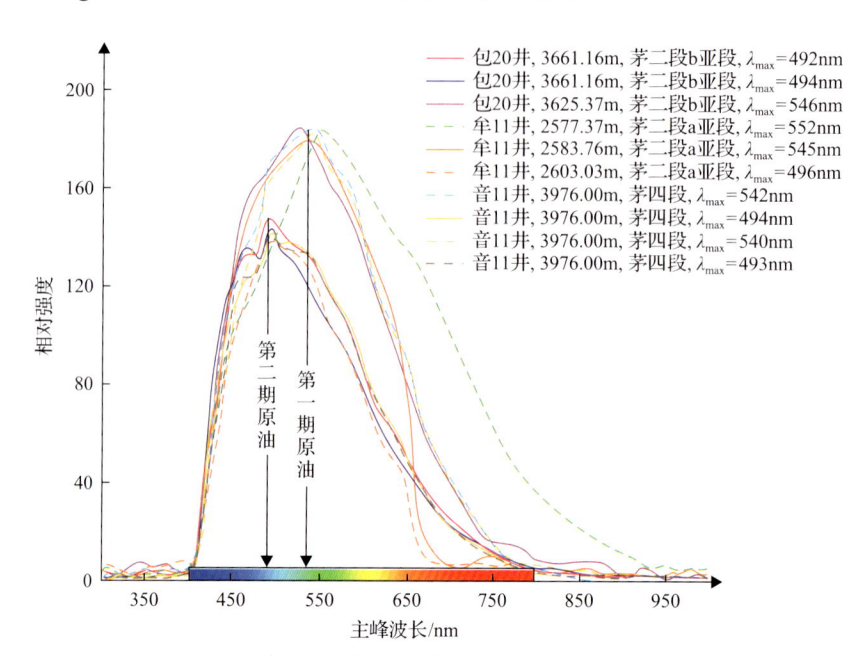

图 9-20  蜀南地区茅口组液态烃包裹体显微荧光光谱特征

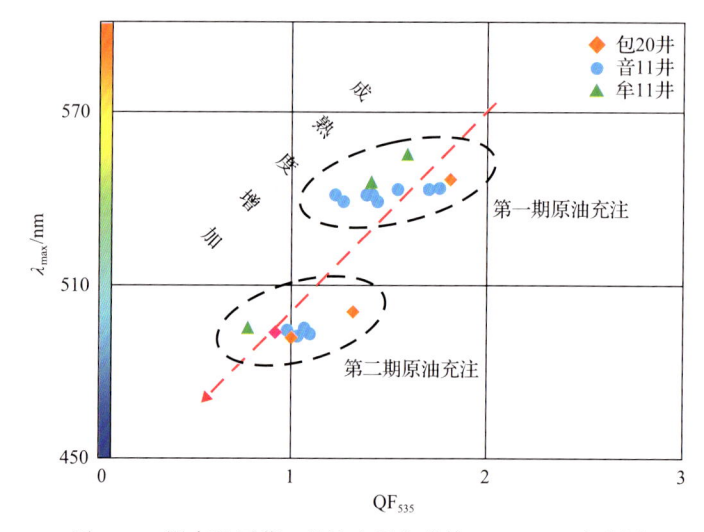

图 9-21  蜀南地区茅口组液态烃包裹体 $QF_{535}$-$\lambda_{max}$ 交会图

(四)流体包裹体均一温度

根据液态烃包裹体荧光颜色和显微荧光分析可知，茅口组主要捕获了以黄绿色荧光为主和以亮蓝色荧光的液态烃包裹体，推测茅口组发生过两期原油充注过程。

为进一步厘清亮蓝色包裹体的成因,本节分析了 $\Delta T_h$(伴生盐水包裹体均一温度与烃类包裹体均一温度的差值)和伴生盐水包裹体均一温度 $T_h$ 的关系(表9-2)。茅口组与黄-黄绿色荧光的液态烃包裹体伴生的盐水包裹体均一温度基本小于 100℃ 且 $\Delta T_h$ 基本小于 10℃,属于早期原油充注产物。茅口组与发蓝白色荧光的液态烃包裹体伴生的盐水包裹体均一温度均超过 120℃,地层处于中-深埋藏环境,$\Delta T_h$ 多小于 20℃,属于晚期高温环境原油充注的产物。而牟11井与亮蓝色荧光烃类包裹体伴生的盐水包裹体均一温度为144℃,$\Delta T_h$ 为 30.2℃,推测认为这是由于烃类包裹体的捕获温度过高导致。综合流体包裹体荧光颜色、显微荧光光谱及均一温度分析,认为蜀南地区茅口组发生过两期原油充注时间,第一期原油包裹体发黄-黄绿荧光且液态烃包裹体均一温度大多低于 100℃,为中成熟原油充注;第二期原油包裹体发蓝-亮蓝色荧光且液态烃包裹体均一温度一般高于110℃,为高成熟原油充注。

表 9-2 蜀南地区茅口组液态烃包裹体与其伴生盐水包裹体均一温度统计表

| 井号 | 深度/m | 层位 | 荧光颜色 | 液态烃包裹体均一温度/℃ | 伴生盐水包裹体均一温度 $T_h$/℃ | $\Delta T_h$/℃ | 幕次 |
|---|---|---|---|---|---|---|---|
| 音11 | 3976 | 茅四段 | 黄-黄绿 | 78.6 | 79.1 | 0.5 | I |
| 音11 | 3976 | 茅四段 | 黄-黄绿 | 76.4 | 79.1 | 2.7 | |
| 牟11 | 2577.3 | 茅二段a亚段 | 黄-黄绿 | 90.2 | 99.5 | 9.3 | |
| 牟11 | 2583.7 | 茅二段a亚段 | 黄-黄绿 | 89.4 | 91.6 | 2.2 | |
| 包20 | 3625.3 | 茅二段b亚段 | 黄-黄绿 | 80.4 | 84.6 | 4.2 | |
| 音11 | 3976 | 茅四段 | 蓝色-亮蓝 | 120.1 | 129.3 | 9.2 | II |
| 音11 | 3976 | 茅四段 | 蓝色-亮蓝 | 119.4 | 129.3 | 9.9 | |
| 牟11 | 2603 | 茅二段a亚段 | 蓝色-亮蓝 | 113.8 | 144 | 30.2 | |
| 包20 | 3661.1 | 茅二段b亚段 | 蓝色-亮蓝 | 110.2 | 126.7 | 16.5 | |

(五)方解石胶结物 U-Pb 同位素定年

实验用标准样品为塔里木盆地阿克苏地区下寒武统肖尔布拉克组碳酸盐岩样品 AHX-1,测试样品是蜀南地区茅口组与原油充注伴生的或胶结于原油充注之前的,同源同期且较纯净的裂缝或溶洞内的方解石胶结物。在同位素定年之前,首先需对靶样进行超净处理并对样品池进行 2h 的气体冲洗,然后对处理后的每个样品采样 35 个点,测量 $^{238}U$、$^{207}U$、$^{206}Pb$、$^{208}Pb$、$^{232}Th$、$^{204}Pb$ 等同位素含量测量所得的实验数据运用 Iolite 3.6 软件进行处理,得到同位素比值,接着利用 Isoplot 3.0 软件绘制等时线,得到等时线斜率,并计算方解石形成的绝对地质年龄。

实验共测试 8 个样品中方解石胶结物 U-Pb 同位素年龄,其中威阳 17 井的一个样品年龄误差较大(191Ma±44Ma),不参与结论分析。针对表 9-3 中的数据可知,大部分样品 U 含量明显高于 Pb 含量,$^{238}U/^{206}Pb$ 显示 $^{238}U$ 明显高于 $^{206}Pb$,且 $^{238}U$ 均值含量远高于测试极限值,说明测试样品较为理想。

表 9-3 蜀南地区茅口组裂缝和溶洞内方解石胶结物 U-Pb 同位素定年数据表

| 井号 | 样品号 | U/(10⁻³mg/g) | Pb/(10⁻³mg/g) | $^{207}Pb/^{206}Pb$ | $^{238}U/^{206}Pb$ | 同位素年龄/Ma |
|---|---|---|---|---|---|---|
| 牟11井 | M11-2 | 5.898 | 0.063 | 0.133 | 22.331 | 235.5±8.8 |
| | M11-3 | 3.562 | 0.473 | 0.383 | 14.756 | 258.2±3.1 |
| | M11-4 | 2.254 | 4.127 | 0.830 | 1.595 | 237.0±6.6 |
| 威阳17井 | WY17-15A | 0.885 | 0.032 | 0.344 | 16.563 | 255.9±7.4 |
| | WY17-15B | 0.330 | 0.009 | 0.249 | 19.248 | 257.0±5.2 |
| | WY17-15C | 0.183 | 0.012 | 0.481 | 12.615 | 272±11 |
| | WY17-9 | 1.343 | 0.010 | 0.472 | 20.047 | 267.0±4.3 |
| | WY17-21 | 0.036 | 0.008 | 0.830 | 7.323 | 191±44 |

通过等时线斜率计算的方解石形成时的绝对年龄表明，本次的方解石胶结物样品形成年代连续，范围在272Ma±11Ma 和 235.5Ma±8.8Ma 之间，但胶结于三类不同的流体环境。最早期的方解石胶结物(WY17-15C 和 WY17-9)的同位素年龄为272Ma±11Ma 和267.0Ma±4.3Ma，与茅口组同期形成，即在同生或准同生海底环境形成(图9-22)。中期形成的方解石胶结物样品为 M11-3、WY17-15A 和 WY17-15B，同位素年龄为258.2Ma±3.1Ma、255.9Ma±7.4Ma 和257.0Ma±5.2Ma，其中WY17-15 样品中的一组 X 形裂缝中充填同期方解石胶结物，该时期的方解石胶结物形成于龙潭组沉积时期，受东吴运动茅口组隆升接受风化淋滤作用的影响，产生一系列溶蚀缝洞和张性裂缝，内部充填了在大气淡水和地层水混合作用下形成的方解石胶结物。最后一期方解石胶结物(M11-4 和 M11-2)的同位素年龄为 237.0Ma±6.6Ma 和 235.5Ma±8.8Ma，即中三叠世末期至晚三叠世初期，这一时期茅口组处于早—中成岩阶段，方解石胶结物的形成受控于地层水与热液活动(图9-23)。

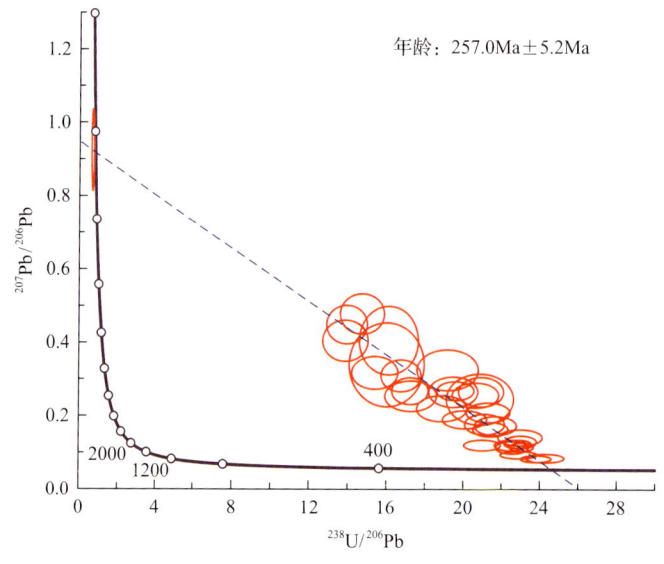

图9-22 威阳17井裂缝内方解石胶结物激光原位 U-Pb 同位素定年

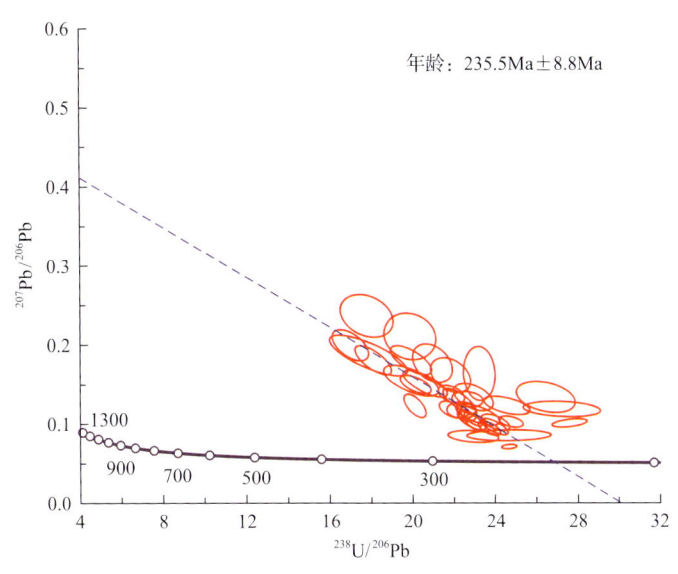

图 9-23 牟 11 井溶洞内方解石胶结物激光原位 U-Pb 同位素定年

本次测试牟 11 井样品 M11-2 和 M11-4 均可见沥青质充填，其中 M11-2 在流体包裹体薄片中测试盐水包裹体均一温度为 100～140℃，流体包裹体均一温度和方解石胶结物 U-Pb 定年均证实，该期方解石胶结物是中—晚三叠世的产物，而沥青质充填于方解石胶结物的残余孔洞或切穿方解石胶结物的缝合线构造，这也进一步证明了在晚三叠世或更年轻的时代，茅口组再次发生过原油充注事件。由于采样条件等因素的限制，本次研究未能取得更年轻时代且与沥青质伴生的方解石胶结物的年龄，但本次实验证实这项正在走向成熟的微区原位碳酸盐岩 U-Pb 同位素定年方法能够获得定量化的油气充注期次证据。

### (六)蜀南地区茅口组油气成藏期次综合分析

综合流体包裹体综合分析和方解石胶结物 U-Pb 定年结果，蜀南地区茅口组发生过两期原油充注和两期天然气充注。综合烃源岩生烃史、热史和成岩流体活动等信息，建立茅口组油气成藏演化过程(图 9-24)。

蜀南地区受中二叠世末期峨眉地幔柱隆升，导致玄武岩喷发产生热效应影响，古热流值明显升高至 70～100mW/m$^2$，促使志留系烃源岩进入低成熟-中成熟阶段；同时峨眉地幔柱隆升使茅口组顶部遭受风化淋滤，形成张性断裂和溶蚀缝洞。早—中三叠世(248～223Ma)中—低成熟原油沿烃源断裂运移至茅口组形成第一期古油藏。

中三叠世末经历地层区域大幅抬升，龙马溪组烃源岩生烃停滞，直至晚三叠世地层再次持续沉降，志留系烃源岩在晚三叠世—中侏罗世(201～161Ma)进入生油高峰，高成熟-成熟原油再次沿油源断层充注至茅口组，形成大规模古油藏。

中侏罗统志留系泥质烃源岩进入生气高峰，同时二叠系碳酸盐岩烃源岩进入生油高峰，前人普遍认为原油裂解的温度一般在 160～220℃，而与这期气态烃包裹体伴生的盐水包裹体均一温度均大于 160℃，地层温压达到原油裂解条件，故该期天然气主要是古

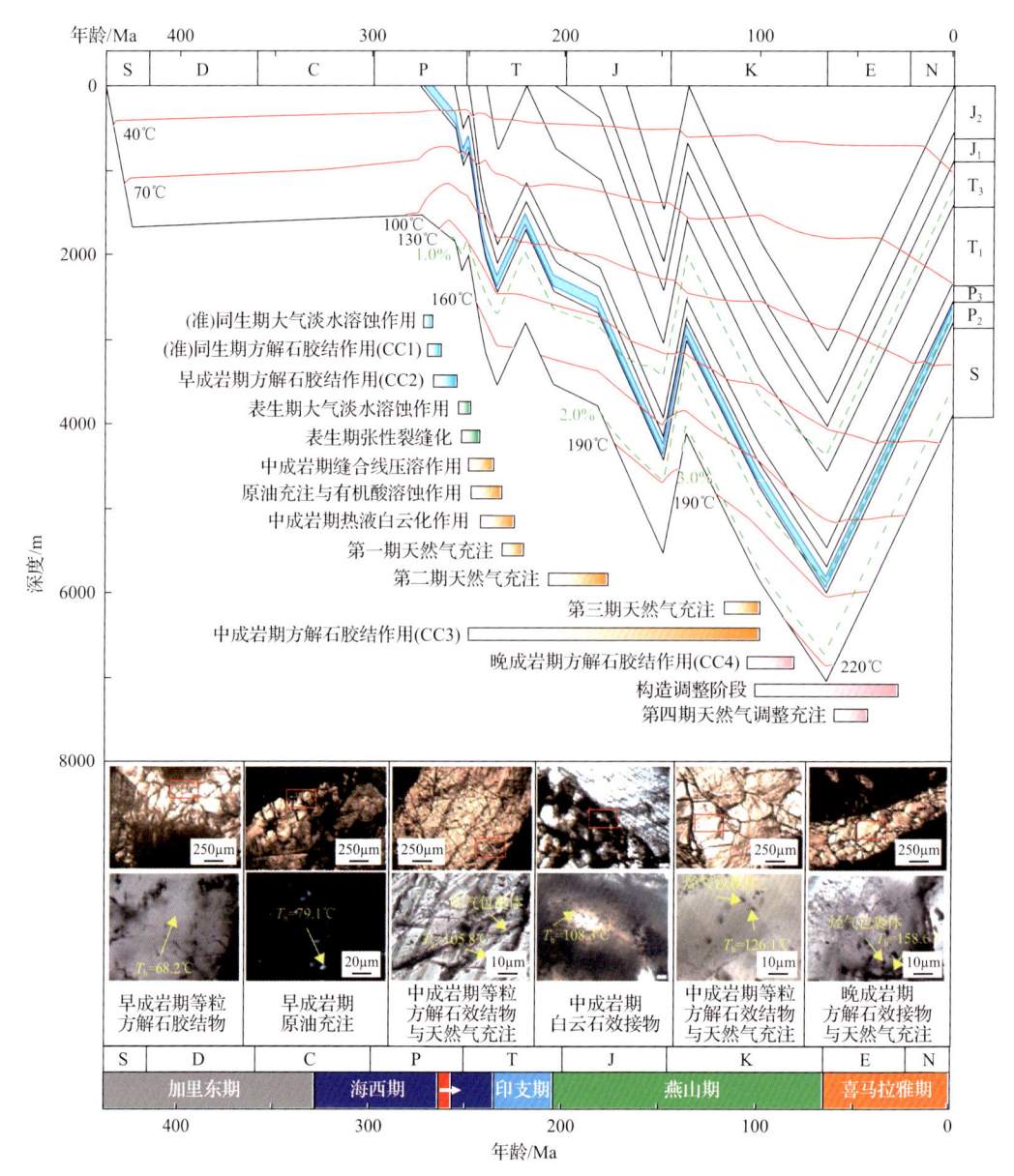

图 9-24 蜀南地区茅口组油气成藏时间和成岩作用阶段耦合图

油藏原油裂解气（158～65Ma）。通过四口单井的天然气充注时期与单井埋藏史图可以发现，音 11 井和包 20 井在侏罗纪—白垩纪处于构造斜坡-向斜区，牟 11 井和纳 23 井位于泸州古隆起核部边缘，而斜坡-向斜区和古隆起核部的高差在 500～700m，因此构造斜坡-向斜区原油裂解气充注时间（晚侏罗世）早于古隆起区（早白垩世）。

晚白垩世—新近纪以来（40Ma 至今），在燕山期—喜马拉雅期强烈构造活动与两套烃源岩的共同作用下，茅口组在晚白垩世之后发生了第二期天然气成藏，考虑中二叠统碳酸盐岩烃源岩生气能力较弱，这期天然气主要是由于早期天然气藏经历构造调整重新聚集成藏（图 9-25）。

图 9-25 蜀南地区茅口组油气充注期次综合投影图

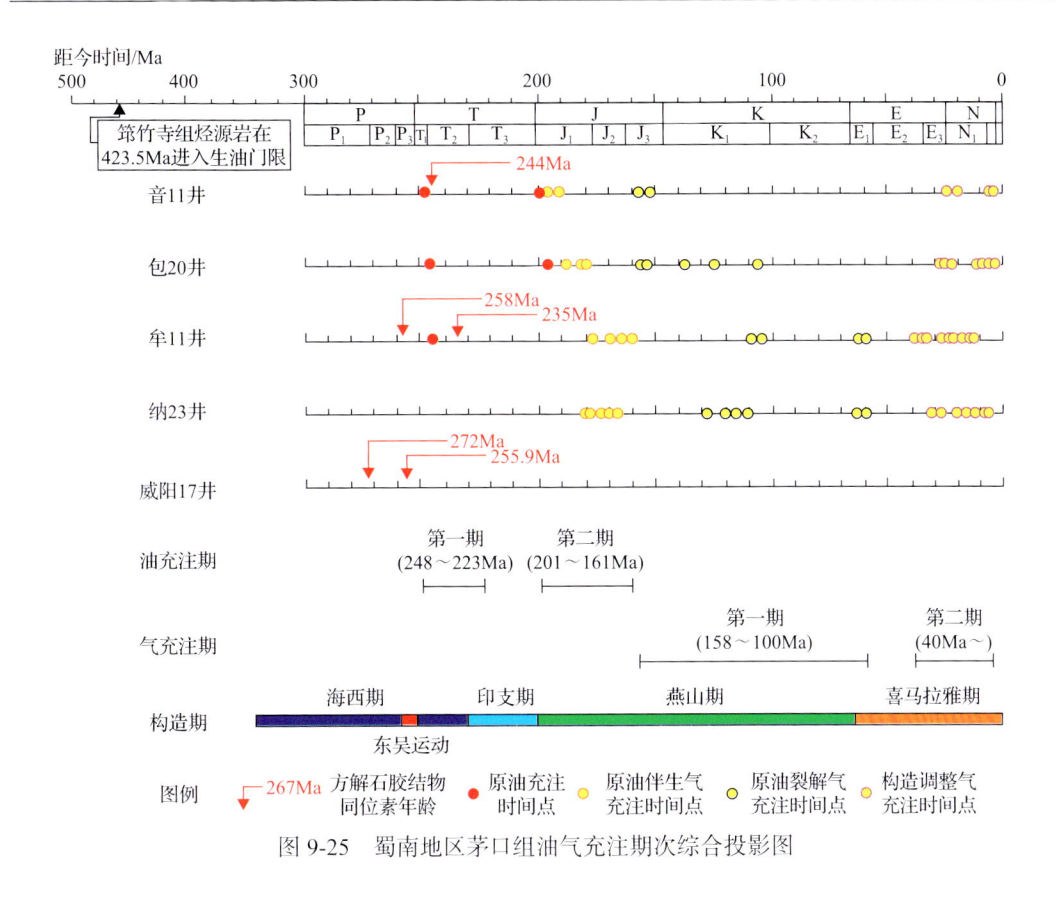

## 四、油气分布与勘探有利区带

### (一)栖霞组

中二叠统栖霞组以颗粒滩相白云岩为主要储集层，烃源主要来自下伏寒武系、二叠系，气藏类型多样，但岩性气藏及构造-岩性复合气藏占主导，也是勘探的主要对象。勘探选区评价基本思路是围绕白云岩储集层，优选有利沉积相带。因此，川西北及川西南台缘带是下一步勘探的重点。其有利条件包括台缘带高能环境沉积的颗粒滩体发育优质储层，下伏德阳-安岳台内断陷的下寒武统优质烃源岩，区内构造圈闭发育，断层发育可有效沟通气源。

### (二)茅口组

茅口组存在普遍含气现象，但钻遇的储层发育程度及单井产量变化大，寻找富集高产有利区评价优选是当前勘探面临的主要问题。研究表明，有利的侵蚀微古地貌及走滑断裂发育带是评价富集高产区的关键因素。

走滑断裂相关的大型洞缝系统是茅口组天然气富集高产的关键因素。蜀南荷包场及川中高磨两个三维地震工区分析走滑断裂带的储层特征及含气性，表明：①走滑断裂有利于形成大型缝洞体，纵向多层缝洞体叠置，平面串珠状分布。基于三维地震资料，荷包场地区可识别出两条主走滑断裂，一条位于包 24 井—包 42 井一线，呈 NNE 向展布，另一条位于包 21 井—包 33 井一线，呈 NE 向展布。钻井证实，沿这两条走滑断裂带岩溶缝洞体发育，已发现了包 33、包 46、包 21 等富集高产的含气缝洞体。②断裂沟通气源，断裂与风化壳岩溶缝洞叠合区含气性好。高-磨地区钻穿茅口组的钻井很多，由于不是钻探的主要目的层，绝大多数井未在茅口组试气。对该区 63 口井茅口组储层及含气性开展测井评价。从储层发育情况看，有 25 口井岩溶发育，单井累计储层厚度大于 15m、平均有效孔隙度大于 3.5%，分布在高石梯及磨溪现今构造高部位和斜坡区与古岩溶地貌较高部位的叠合区，主要受构造及岩溶地貌控制。从含气性情况看，41 口井解释出"气层"或"差气层"，占 65%；22 口井解释出"水层"或"干层"，占 35%，表现出不完全受构造控制的大面积含气特点，但"气层"井呈现出沿断裂分布的特点。

因此，茅口组天然气富集高产区受颗粒滩-风化壳岩溶-走滑断裂"三位一体"控制，选区评价应充分该考虑有利相带、侵蚀微古地貌及后期走滑断裂三大因素。综合研究认为，重庆-蜀南、江油-成都为有利区，南充-广安及川西南地区为较有利地区。

综上，对四川盆地中二叠统栖霞组和茅口组的有利勘探区进行综合评价，认为川西地区发育栖霞组台缘带白云岩，北部还发育泥盆系白云岩等多套有利储集层，成藏条件优越，是多层系立体勘探的重点地区；川东-蜀南地区发育多套海相烃源灶中心，泸州古隆起为核心的茅口组具有大面积成藏有利条件，是下一步精细勘探的有利区。川中的南充-广安一带，发育白云岩储集层，已有多口井见工业气流，是下一步勘探重要的兼探层系。

## 第三节 上二叠统—下三叠统子系统

上二叠统—下三叠统子系统以上二叠统龙潭组为主要烃源灶，发育长兴组生物礁、飞仙关组鲕滩两套储集层，普遍含气；飞仙关组飞四段膏盐岩及嘉陵江组膏盐岩是该子系统的区域性盖层。目前，已在川北地区发现一批礁滩气藏群，累计探明储量超万亿立方米，是四川盆地主力产气层系。

### 一、主力烃源岩

烃源岩及气-源对比研究表明，礁滩气藏的烃源岩主要有三套，分别是龙潭组煤系及泥质岩、海槽区长兴组泥质岩及深层志留系泥质岩。尽管受烃源岩分布及生烃强度控制，不同层系烃源岩对礁滩气藏的贡献有差异，但总体而言，龙潭组泥质岩及煤系是长兴组—飞仙关组礁滩气藏的主力烃源岩；长兴组烃源岩分布局限，仅对海槽两侧礁滩气藏有一定贡献；志留系等深层烃源岩可为川东、川东北高陡构造带礁滩气藏提供气源。

主力烃源岩龙潭组，烃源岩主要为碳质泥岩、泥页岩，厚度 10～140m，盆地范围内几乎均有分布，大部分地区在 40m 以上。受沉积相带控制，存在两大烃源岩厚值区。川东北烃源岩厚值区主要分布在川东北云安、普光一带最厚，可达 100～140m。沉积环境为海湾，水生生物繁盛，干酪根以 I-II$_1$ 型为主。有机显微组分以藻类为主，其相对含量为 12.5%～82.5%，干酪根 $\delta^{13}C$ 在 –29.24‰～–26.9‰，平均为 –27.8‰。烃源岩有机质丰度高，TOC 为 0.5%～12.55%，多分布在 3%～5%。有机质热演化程度高，目前均已达到高—过成熟演化阶段，$R_o$ 为 1.9%～2.9%。另一个龙潭组烃源岩厚值区分布在重庆—磨溪一带，呈北西向展布，以煤系和碳质泥岩为主要烃源岩，厚度为 80～120m，干酪根类型以 Ⅱ-Ⅲ 型干酪根为主，是重要的气源岩。

龙潭组烃源岩有机质类型的分布决定了成烃演化差异性。川东北龙潭组腐泥型烃源岩经历了早油晚气的生烃历史，目前天然气资源主要为原油裂解气，部分混有煤型气；而川中地区龙潭组以煤成气为主。这种成气机理的差异在天然气同位素上得到较好的体现。如川东及川东北礁滩气藏天然气 $\delta^{13}C_1$ 值为 -36.0‰～-29.5‰，$\delta^{13}C_2$ 值为 -33.8‰～-29.4‰，表现为油型气（图 9-26）。龙岗礁滩气藏天然气 $\delta^{13}C_2$ 值均大于 -28‰，表现为典型的煤成气，但局部混有油型气。

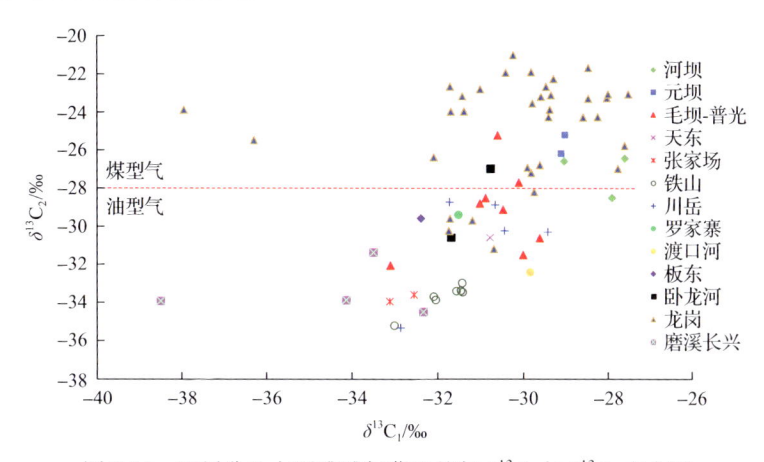

图 9-26 四川盆地主要礁滩气藏天然气 $\delta^{13}C_1$ 与 $\delta^{13}C_2$ 交会图

海槽区长兴组泥质岩也具有一定的生烃潜力。分布在开江-梁平海槽区及城口-鄂西海槽区的大隆组发育黑色硅质泥岩/硅质灰岩及暗色泥岩，具有良好的烃源岩条件。烃源岩厚度最大为 30m，一般为 20m 左右，厚度高值区分布在宣汉-开江、旺苍-矿山梁地区，分布面积约为 2.5 万 $km^2$。烃源岩 TOC 平均值达到 3.88%，其中黑色泥岩样品 TOC 平均为 6.21%。干酪根中腐泥组、镜质组、惰质组含量平均值分别为 71.9%、11.3%、16.4%，属 Ⅰ-Ⅱ$_1$ 型干酪根。这套烃源岩生气强度为 9 亿～23 亿 $m^3/km^2$，川西北地区生气强度较高。

志留系等深层烃源岩在川东地区非常发育，烃源岩厚度大，生烃强度高。从构造特征看，该区高陡构造区断裂十分发育，断裂规模大、延伸广，向下可断至奥陶系甚至寒武系，向上消失于嘉陵江组和雷口坡组的膏岩层。这些大断裂沟通了多套烃源岩（寒武系、下志留统、下二叠统）和礁滩储层，可为礁滩气藏提供气源。

## 二、主要储集层特征

四川盆地长兴组、飞仙关组礁滩储层质量与分布主要受沉积相及成岩作用控制，其中沉积相是关键因素。因此，以储层评价预测为目的礁滩储层分类，应以礁滩体的沉积相为基础，综合考虑礁、滩体类型、岩性及物性特征。基于此，将礁滩储层类型划分为台缘带礁滩体、台内礁滩体两大类型。

(一) 台缘带礁滩体储层

台缘带礁滩体储层按沉积相类型，可分为台缘生物礁白云岩、蒸发台地边缘鲕滩白云岩两亚类。

1. 台缘生物礁白云岩

台缘礁滩白云岩储层主要发育在长兴组台缘礁滩复合体内，以长三段上部为主，沿台缘带呈带状分布。该类储层岩石类型主要为残余生物碎屑白云岩和晶粒白云岩，少量残余海绵礁白云岩，偶见礁角砾白云岩，另有少量生物碎屑灰质白云岩和礁灰质白云岩，并普遍含有1%～3%的沥青。

残余生物碎屑白云岩的生物碎屑含量大于50%，可识别的生物主要包括有孔虫、蜓类和棘屑。交代生物碎屑白云石一般为粉晶结构[图9-27(a)]，晶体污浊，他形-半自形；残余生物碎屑的白云石多呈单晶结构[图9-27(b)]。晶粒白云岩是礁复合体内的生物碎屑滩或礁核相灰岩经白云石化和重结晶作用强烈改造形成，岩石呈晶粒结构，残余生物碎屑含量小于10%。白云石晶体大小一般为0.12～0.40mm，自形-半自形，点-面状接触[图9-27(c)]，晶体污浊，部分白云石具雾心亮边构造。残余海绵礁白云岩是海绵礁灰岩

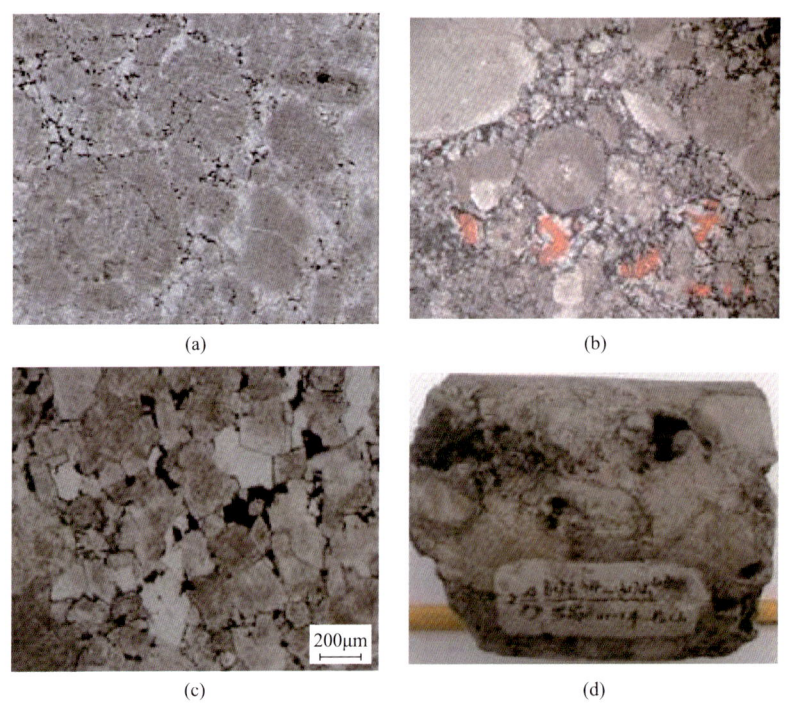

图9-27 台缘带礁滩白云岩储层岩石类型

(a) 残余生物碎屑白云岩。粉晶白云石交代有孔虫和蜓，粒间充填粉-细晶白云石和沥青。龙岗2井，6120.06m，长兴组，单偏光，×25。(b) 残余生物碎屑白云岩。生物碎屑以棘屑为主，其间充填泥粉晶白云石、沥青和方解石(红色)。龙岗2井，6120.06m，长兴组，单偏光，×25，染色。(c) 细-中晶白云岩。自形-半自形白云石以面状接触为主，晶体污浊，晶间孔充填沥青。龙岗28井，5994m，长兴组，单偏光。(d) 海绵礁骨架白云岩。局部发育蜂窝状溶蚀孔洞。龙岗82井，4235.62～4235.88m，长兴组

经白云石化作用形成[图9-27(d)]，可识别的造礁生物主要为海绵，偶见水螅和珊瑚，有时含少量苔藓虫、管壳石、古石孔藻、蓝绿藻等包壳联结-黏结生物。格架间充填棘屑、有孔虫、蜓、腕足、藻屑等附礁生物。交代海绵水管系统的白云石一般为泥晶结构，交代海绵骨骼及其他生物的白云石多为粉-细晶结构。

储集空间主要包括粒间溶孔和晶间孔，少量的生物体腔孔、格架孔及溶洞，孔隙直径一般为0.1~0.4mm，最大达1.3mm，溶洞直径一般为1~3cm。局部发育构造缝和构造溶蚀缝，缝宽0.02~20mm不等，形成孔隙型、裂缝-孔隙型储层。

储层储集物性好，孔隙度一般为2.03%~15.85%，平均为5.25%，渗透率为$0.00033 \times 10^{-3}$~$1000 \times 10^{-3} \mu m^2$，平均为$6.05411 \times 10^{-3} \mu m^2$。储层以III类为主，占73.8%；其次为II类，占23.8%。储层厚度较大，单层厚度一般为0.5~5m，单井累计厚度2.5~70m，一般为8~45m。

2. 蒸发台地鲕滩白云岩

蒸发台地鲕滩白云岩储层主要分布在开江-梁平海槽东侧台缘带的川东北地区，发育层位为飞一段—飞二段。岩性以残余鲕粒白云岩为主，次为残余鲕粒晶粒白云岩和晶粒白云岩，少量的砂屑白云岩、砾屑白云岩、豆粒白云岩和颗粒白云岩，储层沥青含量较高，一般为2%~5%，局部达12%。

残余鲕粒白云岩，鲕粒含量大于50%，以正常鲕为主，局部出现少量复鲕，滩体顶部常出现负鲕，滩体底部常含有少量豆粒、砂屑、砾屑和腹足、瓣鳃、介形虫等生物化石或碎片。鲕粒较粗，直径一般为0.4~1.8mm，多呈圆形，少数为椭圆形。由于白云石化强烈，鲕粒和胶结物均被白云石交代，交代鲕粒的白云石包括粗粉晶-细晶、泥晶两种结构。由粗粉晶、细晶白云石交代的鲕粒主要分布于滩体中下部和远离蒸发潟湖的滩体内，颗粒以点-线接触为主，孔隙以粒间溶孔为主，且连通性好[图9-28(a)]，靠近滩体上部的鲕粒白云岩则以粒内溶孔为主[图9-28(b)]。泥晶白云石交代的鲕粒主要发育在滩体顶部和靠近蒸发潟湖的滩体内，以发育粒内溶孔和铸膜孔为特征，孔隙连通性差[图9-28(c)]。

晶粒白云岩多由残余鲕粒白云岩、残余砂屑白云岩经重结晶形成，岩石主体为晶粒结构，白云石晶体大小一般为0.08~0.25mm，以自形-半自形为主，晶体污浊，有时见雾心亮边结构，常见少量残余鲕粒、砂屑或生物碎屑等颗粒幻影，颗粒总量小于10%。当残余鲕粒含量介于10%~50%时，称为残余鲕粒晶粒白云岩。晶粒白云岩及残余鲕粒晶粒白云岩以发育晶间孔为主[图9-28(d)]，少量粒间溶孔和粒内溶孔，孔径一般为0.05~0.2mm，孔隙内有时充填鞍状白云石、方解石和石英等自生矿物。

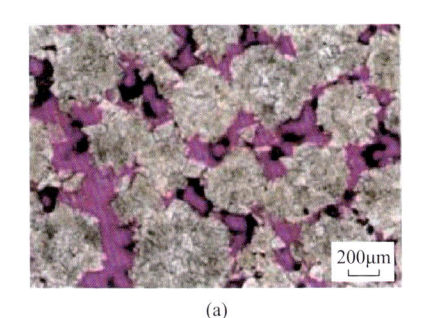

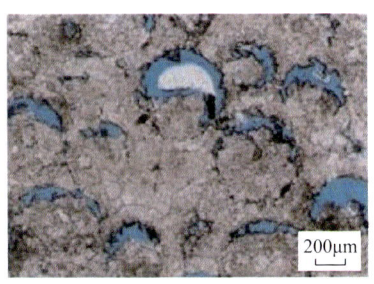

(a)　　　　　　　　　　　　(b)

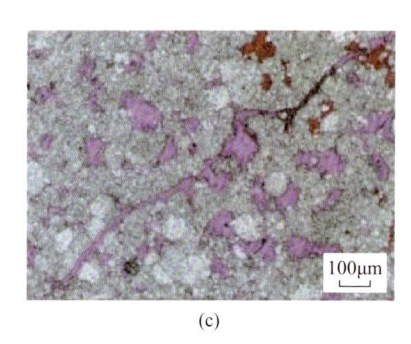

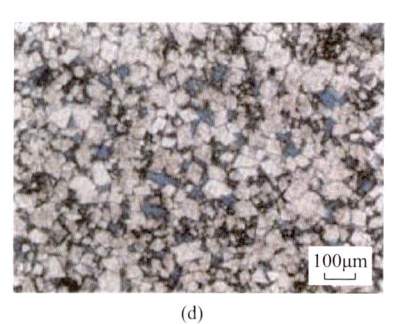

图 9-28　蒸发台地边缘白云岩鲕滩储层岩石类型及储集空间

(a)残余鲕粒白云岩。发育粒间溶孔，黑色为沥青。罗家 2 井，3244.5m，飞仙关组，单偏光，铸体(红色)。(b)残余鲕粒白云岩。鲕内上方发育新月形溶孔。渡 4 井，4224.6m，飞仙关组，单偏光，铸体(蓝色)。(c)残余鲕粒白云岩。孔隙以粒内溶孔为主，晚期构造缝连通孔隙。罗家 5 井，2989.12m，飞仙关组，单偏光，染色，铸体(粉红色)。(d)残余鲕粒粉晶白云岩。晶间孔充填沥青。坡 1 井，3456.5m，飞仙关组，单偏光，铸体(蓝色)

蒸发台地鲕粒白云岩储层的单层厚度一般为 1.5~15m，单井累计厚度可达 20~50m。孔隙度为 2%~26.8%，平均为 8.29%，渗透率为 $0.000538\times10^{-3}$~$1160\times10^{-3}\mu m^2$，平均为 $59.7344\times10^{-3}\mu m^2$。统计表明，Ⅰ类储层占储层总厚度的 24.7%，Ⅱ、Ⅲ类储层分别占储层总厚度的 33.3%和 42%。

(二)台内礁滩体储层

台内礁滩体分为台内点礁灰岩、台凹边缘礁滩白云岩、台内生物碎屑滩灰岩、台内鲕滩灰岩四个亚类，其中台内生物碎屑滩灰岩和台内鲕滩灰岩为主，分布广泛。

台内生物碎屑滩灰岩储层主要分布川中地区。从磨溪钻井资料看，生物碎屑主要包括棘屑、有孔虫和腕足类，少量瓣鳃、腹足、苔藓虫等。填隙物以亮晶方解石胶结物为主，少量泥晶方解石基质。白云石化作用弱，白云石含量小于 10%。储集空间以粒间溶孔及粒内微孔隙为主，少量溶洞。孔隙度为 2.1%~5.89%，平均为 3.6%，渗透率为 $0.00097\times10^{-3}$~$13.40\times10^{-3}\mu m^2$，平均为 $0.96682\times10^{-3}\mu m^2$，均为Ⅲ类储层。储层单层厚度一般为 0.25~2m，单井累计厚度为 3~45m，一般为 3~15m。

台内鲕滩灰岩储层主要发育在台内飞一段上部及飞三段。储集岩主要为亮晶鲕粒灰岩，偶见鲕粒白云岩、鲕粒灰质白云岩及鲕粒白云质灰岩。鲕粒以正常鲕为主，少量表鲕，圆-椭圆形。鲕粒通常较小，直径一般为 0.3~0.7mm，有时含腹足、瓣鳃和介形虫化石及砂屑、砾屑等颗粒。颗粒以点接触为主，鲕粒间可发育 1~3 期方解石胶结物，第一世代方解石胶结物呈纤状、柱状或粒状；第二世代为粒状结构，有时在第一世代与第二世代之间发育微型溶蚀不整合面；第三世代呈块状或连晶结构，属埋藏成岩环境产物。

储集空间以粒内溶孔和铸膜孔为主，孔隙连同性差，少量构造缝。孔隙度为 2.02%~23.92%，平均为 6.47%，渗透率为 $0.0009\times10^{-3}$~$12.5\times10^{-3}\mu m^2$，平均为 $0.4861\times10^{-3}\mu m^2$。储层以Ⅲ类为主，占 60.7%；其次为Ⅱ类储层，占 28.6%；少量Ⅰ类储层，占 10.7%。储层单层厚度一般为 0.5~2m，单井累计厚度 4~36.3m，一般为 5~20m。

综上所述，台缘带礁滩体储层最优，主要分布于长兴组上部及飞一段—飞二段；岩性为白云岩，以生物碎屑白云岩、残余鲕粒白云岩和晶粒白云岩为主；储集空间以粒间溶孔、粒内溶孔和晶间孔为主，局部溶蚀孔洞、构造缝及构造溶蚀缝发育，为裂缝-孔隙型、裂缝-孔洞型储层；储层物性较好，以Ⅱ类为主，部分为Ⅰ类。这类储层沿台缘带呈带状分布，厚度大，分布广。比较而言，台内礁滩体储层条件明显要差。储层岩性以石灰岩为主，包括生物碎屑灰岩和鲕粒灰岩；孔隙以粒内溶孔、铸膜孔和生物体腔孔为主，属孔隙型、孔洞型储层，部分属裂缝性灰岩储层；物性较差，以Ⅲ类储层为主，部分为Ⅱ类；储层厚度较薄，但发育层位多、分布面积大，尤其是飞仙关组飞三段大面积发育该类储层，应引起勘探重视。

### 三、礁滩气藏分布及富集规律

1. 礁滩气藏类型及分布特征

四川盆地礁滩气藏主要有构造型、岩性型、复合型三大类。其中，构造型气藏主要有背斜型和断层-背斜型两个亚类；岩性型气藏主要有台缘礁滩型和台内点礁型两个亚类；复合型气藏主要有岩性上倾尖灭-构造复合型、岩性侧变-构造复合型、低幅构造-岩性复合型三个亚类。

已发现礁滩气藏有70多个，以孔隙型或者裂缝-孔隙型储层为储集空间的礁滩气藏有50余个，其中29个气藏分布在开江-梁平海槽台缘带，气层单层厚度一般在5～25m，累计厚度达40～70m，海槽东侧台缘带的铁山坡气田、普光气田飞仙关组气层厚度达到200～358m；单个气藏储量丰度在5亿～15亿 $m^3/km^2$，累计储量占总储量的91.6%。

台缘带礁滩气藏具"一礁、一滩、一藏"的特点，平面上表现为串珠状分布。纵向上，气藏主要分布在长兴组顶部，如龙岗气田；飞仙关组气藏主要分布在飞仙关组中下部，已发现飞仙关组鲕滩气藏储量的90%以上来自飞仙关组下储层发育段。

2. 礁滩气藏成藏与富集主控因素

1) 断裂是决定礁滩气藏成藏与聚集的重要条件

长兴组—飞仙关组礁滩气藏的气源主要来自下伏层系龙潭组，两者构成下生上储的生储盖组合。在这种成藏组合条件下，断裂沟通气源是决定礁滩体成藏、聚集的重要条件(图9-29)。断裂不仅使烃类流体从烃源岩向储集层运移充注，而且沟通多套储层，使得天然气在储层与储层之间运移充注。川东北地区高陡构造和大断层发育，天然气的输导条件好，气藏充满度高。龙岗地区断层不发育，天然气充注成藏主要靠裂缝，礁滩气藏充满度相对较低。

高陡构造带断裂与裂缝发育，气源供给充沛，气藏充满度高。川东及川东北高陡构造带，深大断裂发育，向下可断至二叠系、志留系、寒武系等多套烃源岩。深层断裂可沟通志留系乃至寒武系气源，经断裂向上运移，为礁滩气藏提供烃源。如铁山北礁滩气藏，发育在呈NE向的断垒背斜构造，两侧被断裂夹持。断裂向上消失于嘉陵江组膏盐层，向下延伸至奥陶系，断层倾角分别为50°～70°和40°～60°，断层落差为300～420m。但相对而言，裂缝较发育的龙岗1—龙岗2、龙岗6—龙岗27等井区气藏的充满度则较高。此外，整个长兴组与飞仙关组气藏相比，前者充满度(平均为77.9%)高于后者(平均为58.3%)，反映了长兴组优先充注、礁滩天然气近断裂、近源富集的特征。

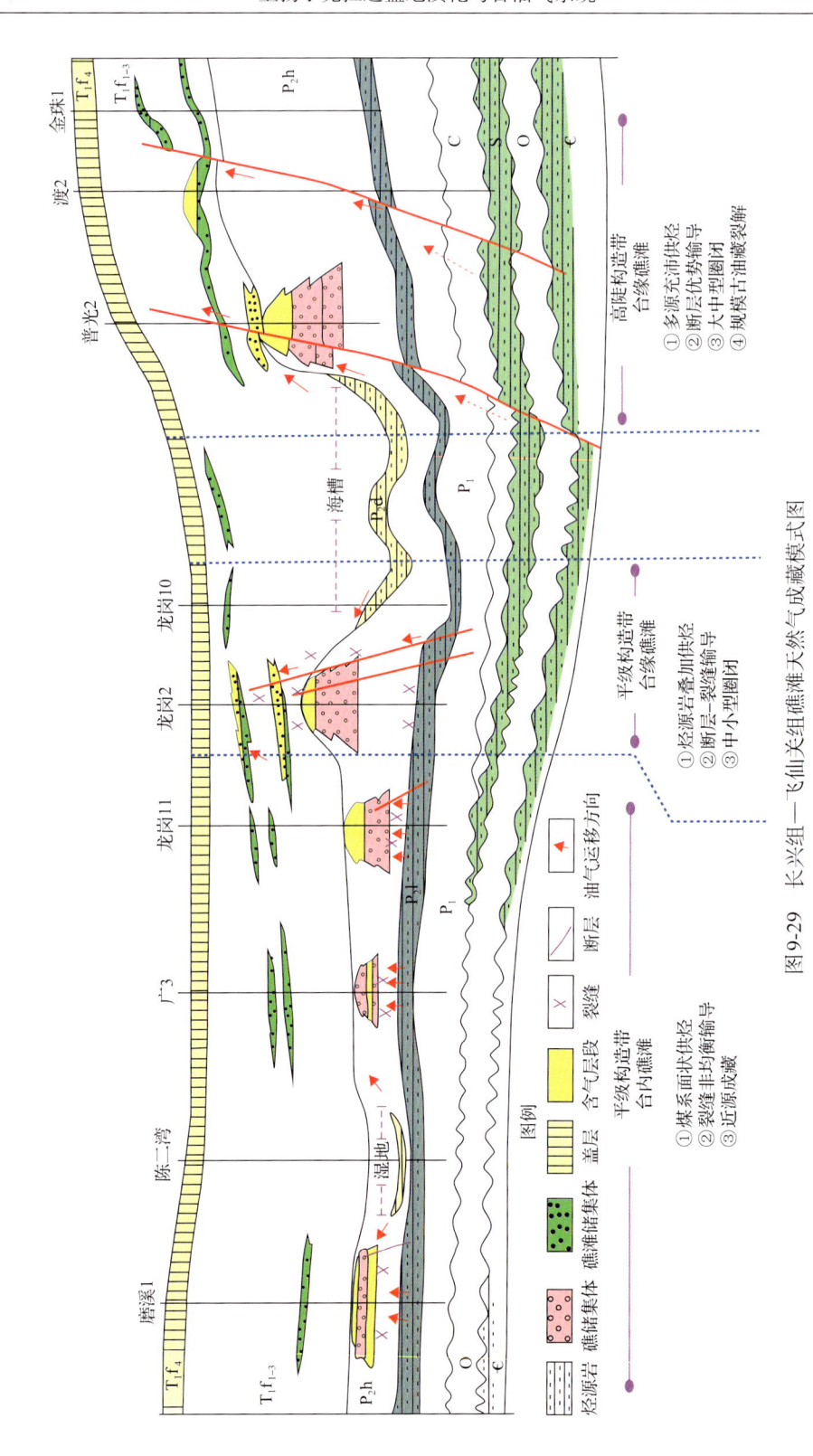

图 9-29 长兴组—飞仙关组礁滩天然气成藏模式图

平缓构造背景下，缺乏深大断裂，只有下伏的龙潭组煤系供烃，烃源条件单一。断层或高角度构造缝沟通烃源岩是成藏的关键。礁滩储层与断层-裂缝叠合部位有利于天然气成藏，但受气源供应及储层发育规模影响，天然气富集程度较低。如磨溪地区磨溪1井礁滩钻探成果也说明了断层或裂缝对礁滩体气源供给的控制作用。该井以礁滩为主要目的层，在长兴组生物碎屑灰岩储层中测试获高产，而飞仙关组产水。从储层发育情况看，长兴组孔隙度多集中在1%～3%，渗透率变化较大，相对高渗岩石主要为裂缝性灰岩，产气。飞仙关组下部3815.50～3804.70m井段发育鲕滩，鲕粒铸模孔、粒内溶孔发育，孔隙度明显优于长兴组，大于5%的样品占18%，但渗透率明显较低，属于典型的中-低孔特低渗储层。从成像测井资料看，飞仙关组鲕滩储层裂缝不发育，缺乏沟通气源的输导条件，不能有效成藏。

2) 台缘带控制天然气富集

台缘带礁滩体天然气富集程度远高于台内礁滩体。其主要原因有两个方面：一是台缘带存在多源、多期供烃，烃源充足；二是有效储层厚度大、分布稳定。开江-梁平海槽台缘带礁滩体发育龙潭组和大隆组两套烃源岩，累计烃源岩厚度达90～150m，生烃强度高达80亿～100亿 $m^3/km^2$；川中台内礁滩体主要靠龙潭组供烃，烃源岩厚度和生烃强度均小于海槽区。储集条件而言，台缘带礁滩储集体白云石化程度高、白云岩储层厚度大，而台内礁滩储集体以石灰岩储层为主，储层物性及厚度均要比台缘带差。

已知气藏储量丰度统计表明，台缘带礁滩白云岩储层厚度大、物性条件好，以中等丰度为主。如龙岗地区长兴组有效储层厚度为20～50m，孔隙度为4%～9%，飞仙关组有效储层厚度为20～60m，孔隙度为3%～12%，平均为5.8%，储量丰度为2亿～6亿 $m^3/km^2$。川东北飞仙关组有效储层厚度为30～60m，孔隙度为2%～12%，平均为7.8%，储量丰度多为5亿～15亿 $m^3/km^2$。

3) 构造背景与台缘带礁滩体叠合控制气藏规模

长兴组—飞仙关组礁滩分布受古地理格局控制，呈北西向展布，而现今盆地构造单元则表现为北东向展布，因而导致礁滩体跨越构造带分布。如开江-梁平海槽西侧台缘带礁滩体在川中地区以平缓构造为主，而在川东地区则与高陡构造叠合；海槽东侧台缘带主体位于大巴山前构造带；川中台内礁滩体现今构造主要表现为平缓构造。从成烃演化与构造演化配置关系看，北东向构造带主要形成于燕山晚期—喜马拉雅期，而龙潭组烃源岩主要成气期发生在燕山晚期，礁滩气藏成藏期与构造形成期相匹配，决定了构造背景对气藏类型、规模有明显的控制作用。

高陡构造与台缘带礁滩叠合发育带，具有优越的成藏条件，利于形成较高储量丰度的大气田。一方面，台缘带发育厚层优质礁滩白云岩储层，但储层横向变化快、储层非均质性强，与高陡构造叠加，可形成大型岩性-构造复合圈闭。另一方面，高陡构造带深大断裂发育，能够有效沟通下志留统至上二叠统等多套腐泥型优质烃源岩。因此，高陡构造与台缘带礁滩叠合发育带在大量成油期可形成规模较大的古油藏，经历后期深埋，古油藏发生原油裂解成气，"原地"聚集成藏，成藏效率高。晚期经抬升期调整定型后，形成现今的大型礁滩气藏。目前已在川东北地区发现一批较高储量丰度的礁滩大气田，气藏类型以构造型和岩性-构造复合型为主，气层分布稳定，属于高丰度的整装型气藏。

平缓构造背景下台缘带礁滩体，构造高部位天然气充满度高，构造低部位天然气充满度较低。以开江-梁平海槽西侧台缘带为例，在长达300余千米的台缘带，构造表现为东高西低的区域性单斜构造。东西构造落差大，东部的龙岗 27 井与西部龙岗 63 井长兴组顶埋深落差超过 2500m。这种构造背景下，礁滩体圈闭主要受礁滩储渗体控制，以岩性圈闭或构造-岩性复合圈闭为主。气藏规模不仅受储渗体大小控制，还受构造背景及断层发育程度控制，总体表现为构造高部位及断层发育区气藏充满度较高，构造低部位或断层不发育区气藏充满度低或者不含气。目前勘探已证实，龙岗西地区的龙岗 62 井处于背斜构造部位长兴组和飞仙关组均获高产气流，但气藏充满度飞仙关组只有 16%，长兴组为 65%。该井向西的剑门 1 井埋深加大，长兴组获气，充满度为 49%；到深拗陷区的龙岗 63 井，虽然长兴组钻遇优质储层，但测试产水。龙岗主体是目前勘探程度较高的地区，已证实为多个气藏组成的大气田，气藏平均充满度飞仙关组为 59%，长兴组为 74%。到龙岗东地区，已发现龙会场、铁山南、双家坝等多个气田，飞仙关组气藏平均充满度达到 86.7%，长兴组气藏充满度更高。

## 四、礁滩气藏有利勘探区带

通过对长兴组—飞仙关组三大领域，即开江-梁平海槽及台缘带、鄂西-城口海槽台缘带、川中台内礁滩，进行定量评价，结果表明环开江-梁平海槽台缘带为Ⅰ-Ⅱ类有利勘探区，有利勘探区带有四个，面积达 6500km$^2$；鄂西-城口海槽台缘带及川中台内礁滩为Ⅱ类有利勘探区，有利勘探区带有五个(图 9-30)。目前勘探重点是开江-梁平海槽西侧

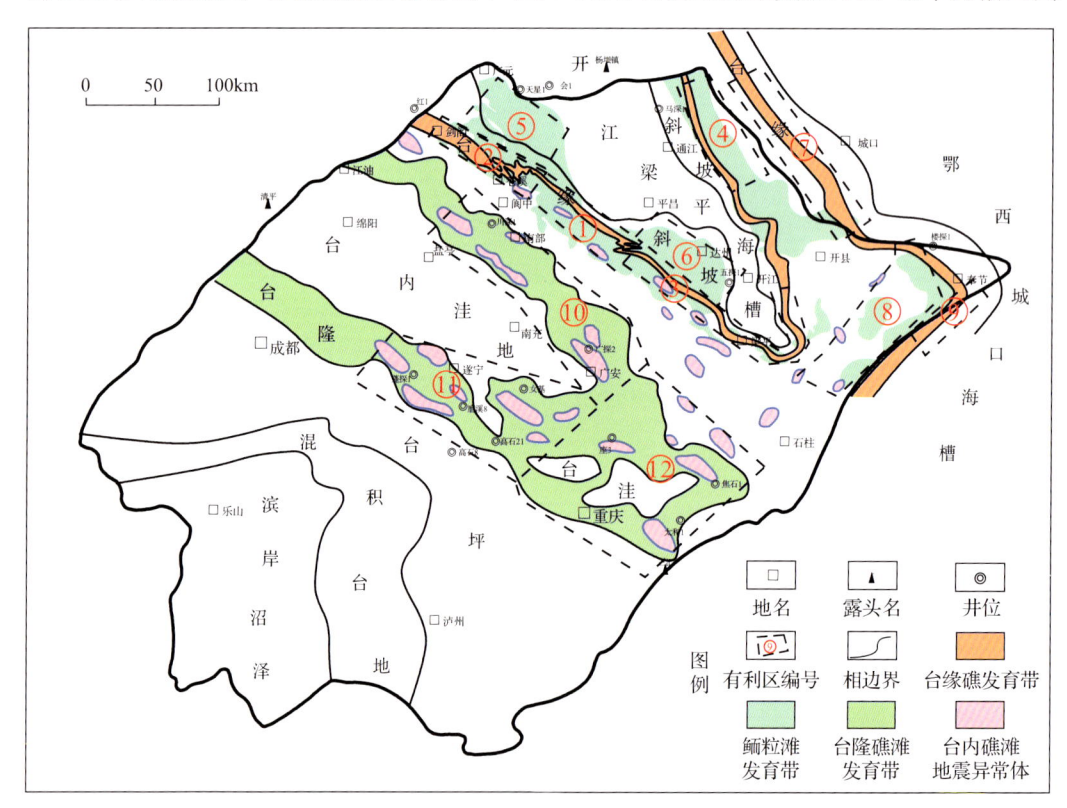

图 9-30 四川盆地长兴组—飞仙关组礁滩勘探有利区带综合评价图
①龙岗主体；②龙岗西；③龙岗东；④坡西；⑤广元-旺苍；⑥平昌-梁平；⑦万州-城口；
⑧开县-镇巴；⑨巫溪-奉节；⑩广安-公山庙；⑪磨溪-中江；⑫江津-涪陵区

台缘带，已发现了龙岗礁滩大气田；在开江-梁平海槽东侧及鄂西-城口西侧台缘带，有望成为未来重要的接替区带。台内礁滩大面积分布，目前勘探程度很低，但从少量钻探成果看，台内礁滩具有良好的成藏条件，是值得进一步探索的领域。

## 第四节 中三叠统雷口坡组子系统

中三叠统雷口坡组属于干旱气候的含盐盆地沉积。成藏系统由生油气层、运移通道、储层、盖层、圈闭及保存条件等静态条件和油气生成、排出、运移、聚集、调整改造和破坏等动态因素组成，其中静态条件为动态条件的基础和载体，决定了动态要素的发展演化规律。

### 一、发育多套烃源岩

四川盆地雷口坡组气藏气源自中坝气田突破后就倍受重视，但至今仍存争议。雷口坡组气藏的天然气有三种来源：①上覆上三叠统烃源岩，构成上生下储的"倒灌"源储组合。②下伏深层烃源岩，如上二叠统煤系烃源岩，构成下生上储的源储组合。③雷口坡组本身，构成自生自储组合。从目前雷口坡组气田的气源分析看，雷口坡组天然气来源具有多源特征，主要供烃层系包括上三叠统须家河组煤系烃源岩和上二叠统煤系烃源岩。

近年来，不少学者针对川西拗陷中部雷口坡组气藏开展气源研究，强调雷口坡组泥灰岩具有一定的生烃潜力，是天然气资源的重要来源。杨克明（2016）研究认为，川西中段雷口坡组烃源岩均处于过成熟演化阶段（$R_o > 2.0\%$），以残余有机碳含量下限值0.2%评价碳酸盐岩烃源岩分布，烃源岩主要分布在大邑-温江-彭州-广汉及孝泉地区，烃源岩厚度达250~350m，有机碳含量为0.4%~0.6%，有机质类型主要为$II_1$-$II_2$型烃源岩，有机质主要来源于水生浮游生物，具有较好的生烃潜力。谢刚平（2015）指出，雷口坡组潟湖相黑灰色泥微晶白云岩、石灰岩烃源岩，其生烃强度为10亿~40亿 $m^3/km^2$，具备形成大中型气田的气源条件。

通过对川中地区雷口坡组烃源岩研究，提出雷三段发育有效烃源岩，具备一定生烃能力，可对川中地区雷三$^2$亚段供烃。充探1、合平1等井雷三段11个岩心残余TOC为0.1%~4.72%，平均为1.39%；部分样品TOC>2.0%，达到优质烃源岩的标准，具备一定的生烃能力（表9-4）。

表9-4 四川盆地中西部雷三段烃源岩岩心样品TOC数据表

| 井号 | 深度/m | 实测残余TOC/% | 恢复后TOC/% |
| --- | --- | --- | --- |
| 充探1 | 3560.4 | 0.81 | 1.21 |
|  | 3560.75 | 0.80 | 1.19 |
|  | 3561.3 | 0.49 | 0.73 |
|  | 3561.6 | 0.57 | 0.85 |

续表

| 井号 | 深度/m | 实测残余TOC/% | 恢复后TOC/% |
|---|---|---|---|
| 大参1 | 4115 | 4.72 | 6.99 |
| 汉1 | 3605.5 | 0.1 | 0.15 |
| 合平1 | 2348 | 1.98 | 2.93 |
| 龙深1 | 6337.5 | 2.76 | 4.08 |
|  | 6261.5 | 1.46 | 2.16 |
|  | 6295 | 0.87 | 1.29 |
|  | 6275 | 0.72 | 1.07 |
| 均值 |  | 1.39 | 2.06 |

钻探证实川中地区雷三$^2$亚段产气，如磨溪3井在该段测试日产气0.78万 m³/d，合探3、合探1、合平1、高石112等井均见气侵显示，点火焰高2～3m。雷三$^2$亚段天然气可能源自雷口坡组烃源岩自身生成的产物。川中雷三$^2$亚段天然气为湿气，甲烷含量低，重烃含量高，不含$H_2S$，与其他地区雷口坡组天然气组分明显不同，其成因可能存在一定差异。川中雷三亚段烃源岩现今成熟度主要处于高成熟-过成熟早期阶段，部分地区仍处于生成湿气窗范围内。

## 二、主要储集层特征

四川盆地雷口坡组储层类型主要有颗粒滩型和颗粒滩叠合岩溶型两类储层，其载体主要为颗粒白云岩和藻白云岩两种类型，原岩分别为藻灰岩和颗粒灰岩，准同生期的白云石化保留了大部分的原岩结构。

### (一) 颗粒滩相白云岩储层

颗粒滩型储层其成因主要为沉积成因，干旱条件下潮坪、台缘滩、台内滩沉积环境下形成的颗粒白云岩和含膏泥粉晶白云岩是其物质基础，也是储层发育的主控因素。

**1. 储层岩性特征**

野外露头、钻井岩心、薄片观察等综合研究表明：雷一、三段沉积期发育滩体沉积，储层主要发育在颗粒浅滩有利相带中。储层岩石类型主要有颗粒白云岩、细粉晶白云岩、泥粉晶白云岩及藻白云岩，颗粒白云岩种类包括砾屑白云岩、砂屑白云岩、粉屑白云岩和鲕粒白云岩等，其中又以砂屑白云岩最为发育，其次是砾屑白云岩和粉屑白云岩，鲕粒白云岩较少，颗粒白云岩还含有大量特殊的蓝绿藻及相关组分，构成多种黏结和黏连结构。

**2. 储集空间**

宏观储集空间以露头、岩心级别的针状溶孔为主；微观储集空间类型有残余粒间孔、粒间溶孔、粒内溶孔和铸模孔、颗粒黏结格架(溶)孔、晶间溶孔、生物体腔孔或遮蔽孔、膏模孔、构造缝、缝合线，以残余粒间孔、粒间溶孔、晶间溶孔、粒内溶孔为主。

3. 储层物性特征

雷口坡组整体表现为低孔低渗、中孔中渗。孔隙度一般为 4%~8%，最高可达 25%；渗透率一般为 $0.1\times10^{-3}$~$1.0\times10^{-3}\mu m^2$，最高可达 $131\times10^{-3}\mu m^2$。基质孔隙发育，以孔隙型储层为主。

雷口坡组颗粒滩型储层成因可总结为以下四个方面：①干旱气候条件下的高能礁滩相沉积为储层的发育提供了物质基础；②海平面下降导致的沉积物暴露和大气淡水溶蚀是孔隙形成的关键，尤其是文石质鲕粒和石膏的组构选择性溶解；③蒸发成岩环境卤水的回流渗透导致下伏地层的白云石化及亮晶方解石胶结物的缺乏使大量孔隙得以保留，白云石化作用往往具有组构选择性；④埋藏白云石化叠加改造形成的晶间孔和晶间溶孔是对储集空间的重要补充。

储层"相控"特征明显，相对高孔渗储层主要位于高频旋回或三级旋回向上变浅序列的上部，侧向上与膏岩层相变，垂向上为膏岩层覆盖；靠近膏盐潟湖一侧的台缘、台内礁丘白云岩、礁滩白云岩，甚至是膏云岩均可发育成有效储层。区域上除川西地区雷一、三段沉积期稳定发育台缘滩坝颗粒白云岩储层，川中泸州-开江古隆起与川中凹陷之间的微高地貌带台内浅滩带也发育该储层，储层层状分布，连续性好，均质性好，为相控性储层，具受有利沉积相带（颗粒浅滩）、海平面升降旋回控制的特征（图 9-31、图 9-32）。

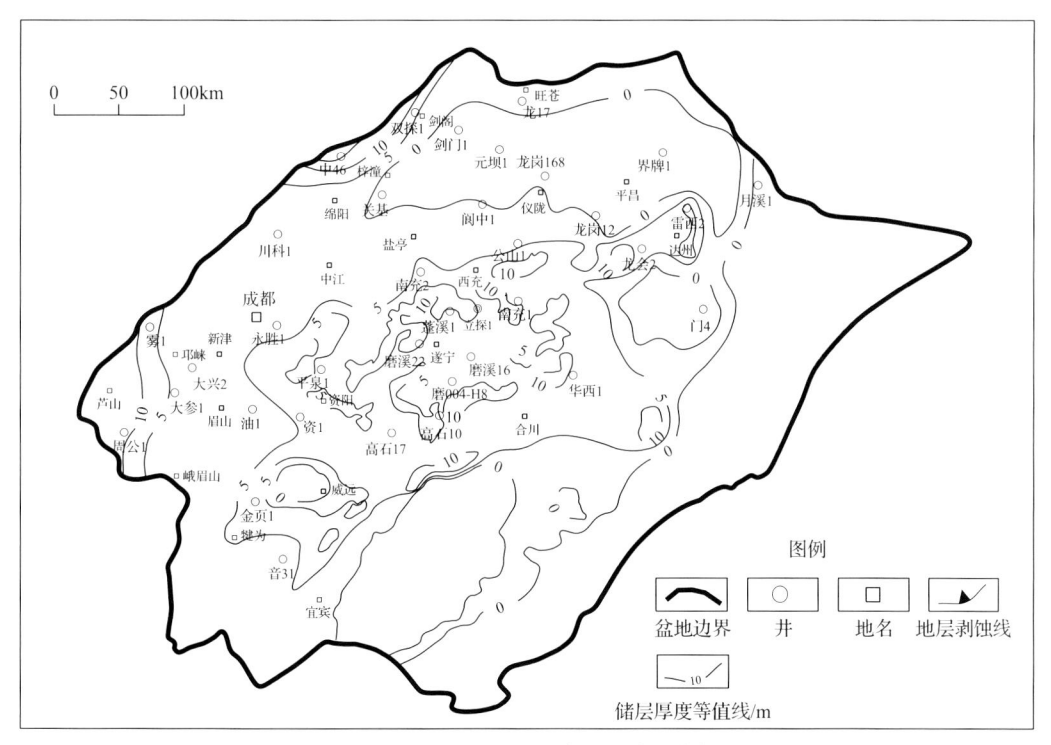

图 9-31 四川盆地雷一$^1$亚段储层分布图

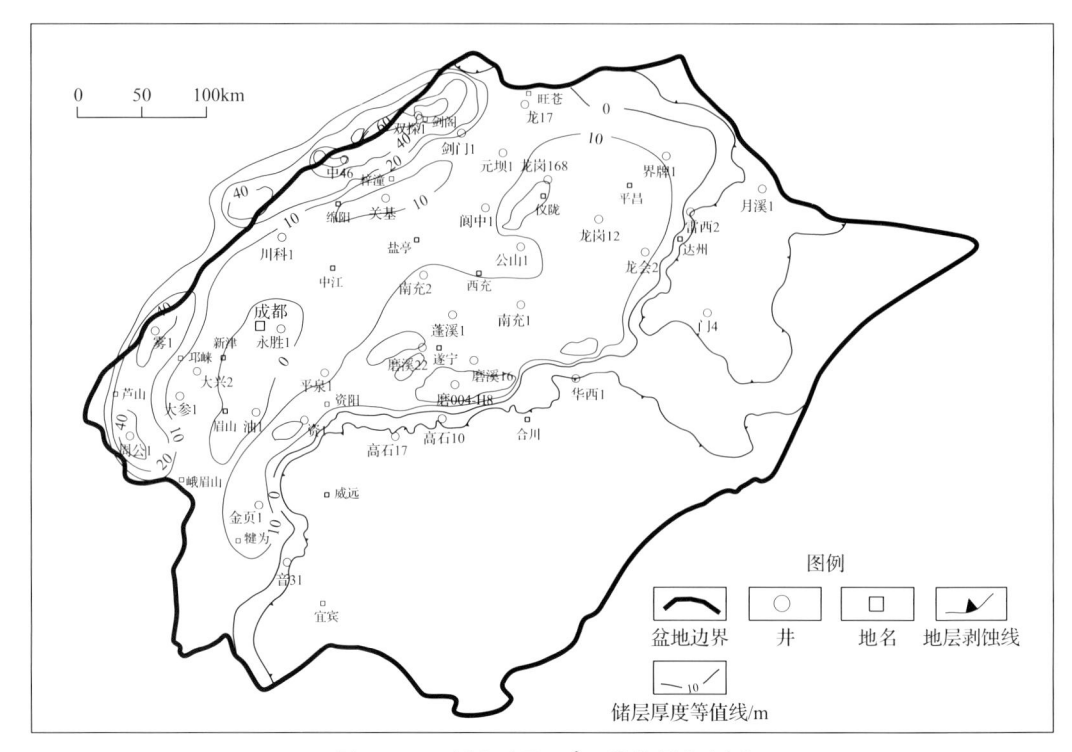

图 9-32　四川盆地雷三$^3$亚段储层分布图

(二)颗粒滩叠合岩溶型储层

1. 储层岩性

颗粒滩叠合岩溶型储层主要为一套靠近雷顶风化壳的多孔的颗粒白云岩、细粉晶白云岩，颗粒成分有各种生物碎屑、砂屑、鲕粒，尤以砂屑最富集(图 9-33)。

2. 储集空间

宏观储集空间以岩心级别的针状溶孔、裂缝为主，溶沟、溶洞、溶缝基本被充填。微观储集空间类型以粒间、粒内溶孔、晶间孔、晶间溶孔、裂缝为主(图 9-33)。

3. 储层物性

储层物性表现为低孔中渗特征，基质孔隙度较低，孔隙度主要分布在 1%～5%，最大孔隙度为 9.9%，平均孔隙度为 3.22%，孔隙度大于 3%的占 50.2%，渗透率较高(大于 0.1mD 的样品占 41%)，总体属低孔中渗的裂缝-孔隙型储层。

四川盆地颗粒滩叠合岩溶型储层储层成因可总结为以下三个方面：①雷口坡组沉积末期的构造抬升和地层剥蚀为中短期的喀斯特岩溶作用和白云岩风化壳储层的发育提供地质背景；②干旱气候条件下白云石化形成的蒸发台地浅滩相颗粒白云岩及云坪相膏云岩为白云岩风化壳储层的发育提供了物质基础；③岩溶作用是储层发育的关键因素，对储层既有建设性又有破坏性作用。颗粒滩叠合岩溶型储层主要分布滩体与岩溶斜坡叠合区(图 9-34)。

图 9-33 龙岗地区雷四³段岩心储层特征

(a)龙岗 168 井，4583.36～4583.43m，浅灰色鲕粒白云岩，针状溶孔发育；(b)龙岗 168 井，4583.22m，鲕粒白云岩，粒间、粒内溶孔，铸体，单偏光；(c)龙岗 19 井，3760.03m，藻黏结砂屑白云岩，单偏光；(d)营山 107 井，3064.93m，粉晶白云岩，晶间溶孔，裂缝，铸体、染色，单偏光；(e)龙岗 160 井，3710.08～3710.25m，浅灰黄色破裂状白云岩，低角度、网状裂缝发育；(f)营 24-S 井，3214.23～3214.42m，与构造和断层有关的高角度裂缝，方解石半充填

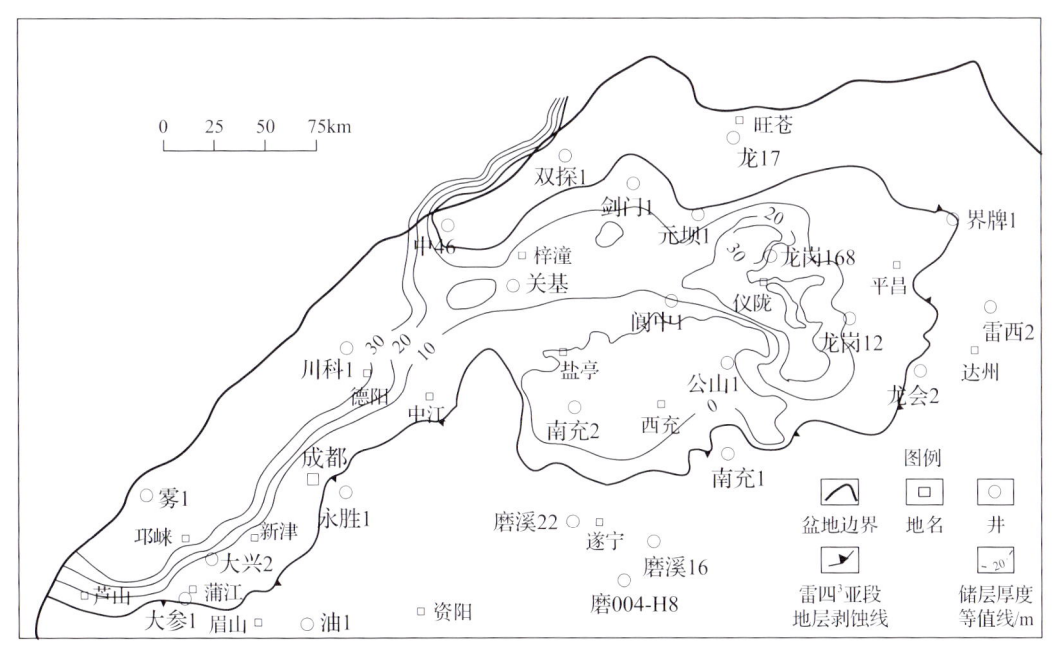

图 9-34 川中—川西地区雷四³亚段储层厚度等值线图

### 三、雷口坡组成藏组合与关键时刻

1. 成藏组合

按主要生储盖层配置关系及生烃层系生成油气在时空上的分布特征，可以将上二叠统—中三叠统雷口坡组—上三叠统须家河组划分为三个成藏组合：下生上储（二叠系烃源）、自生自储（雷口坡组烃源）和上生下储（须家河组烃源）(图9-35)。

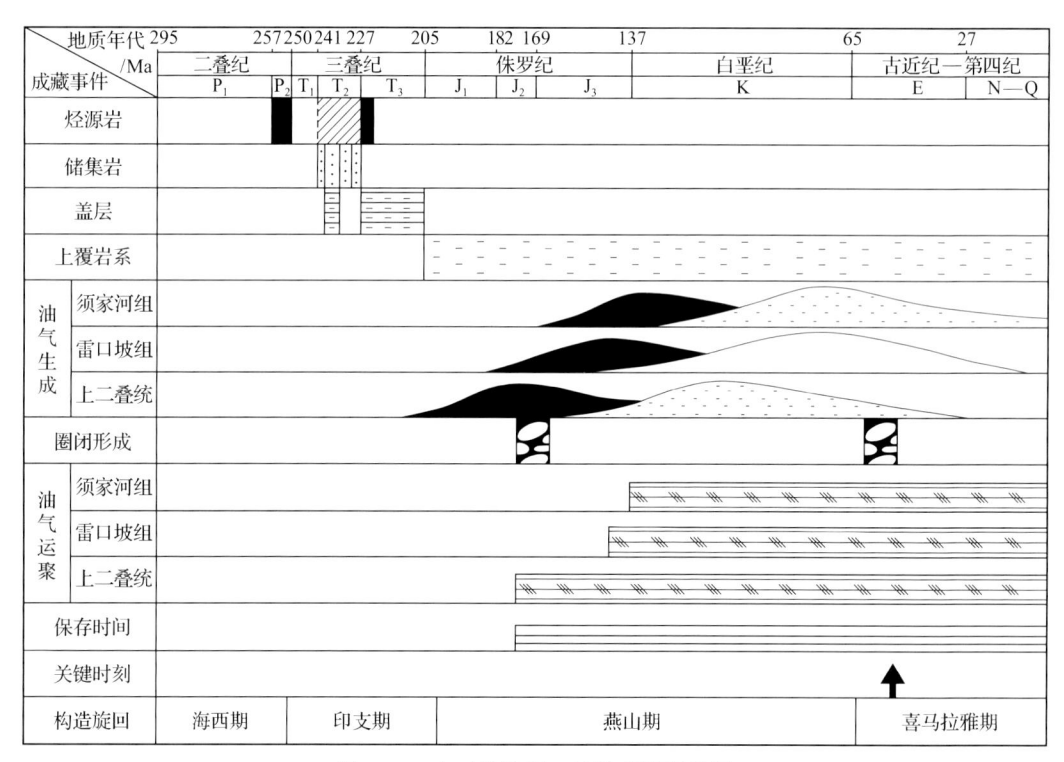

图 9-35  中三叠统雷口坡组成藏事件图

储集层为中三叠统雷口坡组的雷三段、雷一¹亚段及雷二段储层，储层储集类型主要为裂缝-孔隙型；盖层为上三叠统须一段的海相泥页岩、中三叠统雷口坡组内部发育的泥页岩层、膏盐岩层、硬石膏岩及致密灰岩层。油气源对比研究也发现，在中三叠统雷口坡组气藏中，确实有来源于上二叠统和上三叠统须一段的天然气。

2. 成藏关键时刻

四川盆地中三叠统雷口坡组，曾经历了印支期、燕山期和喜马拉雅期等多次构造运动，由于变形作用强烈，裂缝、断层系统相对较发育，一方面使保存条件相对变差，同时为油气运移提供了通道。在盆地中、西部地区，由于上部地层断层相对欠发育，区域性分布的上三叠统煤系地层及侏罗系—白垩系红色砂泥岩在一定程度上能够有效阻止油气的散失；而深部地层发育的断层系统，为油气向上运移提供了良好的通道，油气可以由凹陷带朝着两侧的古隆起带方向移动，并通过断层、裂缝系统等运移通道运移到有利的岩性、构造等圈闭中聚集成藏，油气具有垂向运移和侧向运移的双重特征。

下伏二叠统烃源岩最大生油期为三叠世末期，最大生气期为中侏罗世，最大排油期为中侏罗世，最大排气期为白垩世。上覆须家河组烃源岩于中侏罗世成熟，白垩纪开始生气，最大排油期为晚侏罗世末期，最大排气期为晚白垩世。四川盆地雷口坡组圈闭大多形成于印支期、燕山期，最终定型于喜马拉雅期，油气成藏关键时刻在喜马拉雅期。

## 四、气藏类型与分布规律

### 1. 气藏类型

四川盆地川西地区雷口坡组气藏类型可以分为两类：构造气藏和构造-岩性地层气藏。

#### 1) 构造气藏

中坝气藏为典型实例，气藏发现于1971年，主力含气层为雷三段、须二段。中坝雷三段气藏属于混源气，气源为雷口坡组、上三叠统泥页岩层。圈闭类型为断层-背斜复合圈闭，断层下盘上三叠统烃源层与上盘雷口坡组雷三期储层相对接，源-储侧向对接成藏，油气主要聚集在断裂上盘的构造圈闭中。

#### 2) 构造-岩性地层气藏

龙岗气藏是典型构造-岩性地层气藏，龙岗气井分布在构造背景上的岩性地层圈闭上，不完全受构造控制，构造高部位既有气井也有水井，构造底部位也有气井。气源主要来自上覆须家河组煤系烃源岩，侧向运移是其主要运移方式。

龙岗地区雷口坡组雷顶储层上倾方向由于断层、岩性变化或地层尖灭被非渗透层遮挡，形成构造-岩性地层圈闭，须家河组须底油气通过断裂、不整合面向雷口坡组雷顶储层运移并在构造-岩性地层圈闭中聚集成藏。

### 2. 分布规律

四川盆地雷口坡组成藏规律可归纳为"多源多期供烃、沉积成岩控储、膏岩泥岩封盖、断裂不整合输导、早期生成运聚、晚期调整成藏"；可归纳为三种成藏模式：①川西中坝型，冲断断裂+构造+台缘滩相叠合岩溶；②川中磨溪型，走滑断裂+构造+台内滩；③中西部雷顶龙岗-新场型，断裂、不整合面+构造-岩性地层+滩相叠合岩溶(图9-36)。

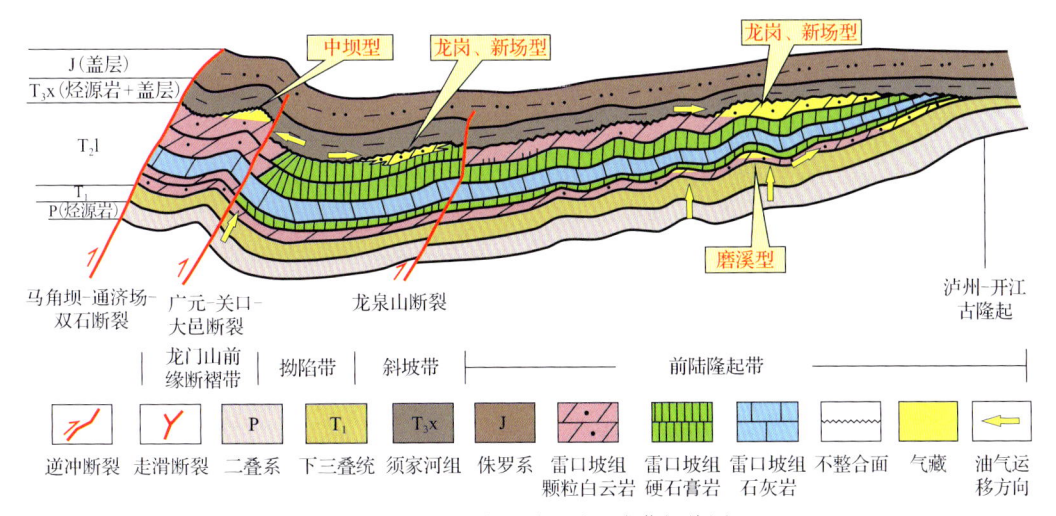

图 9-36 四川盆地雷口坡组成藏规律图

1) 川西中坝型

川西前陆盆地是典型的陆内前陆盆地，位于其西侧的龙门山冲断带具有复杂的构造地质特征，龙门山前缘断褶带位于马角坝-通济场-双石断裂和广元-关口-大邑隐伏断裂之间，主要发育背冲断块构造和断层相关褶皱构造等，这些构造样式较容易形成圈闭。广元-关口-大邑隐伏断裂控藏作用主要体现在两个方面：①控制源储配置，断层上盘的储层与下盘的须底烃源岩直接接触，源储配置好，下盘的须底油气侧向运移至断层上盘的储层中；②形成与断层相关的褶皱型圈闭，油气主要聚集在断裂上盘的构造圈闭中。

2) 川中磨溪型

川中磨溪地区大多数断裂向下沟通龙潭组烃源岩，向上未断穿雷口坡，具有沟通气源的积极作用，形成有效断裂。沟通气源的走滑断裂是其主要运移通道。走滑断裂在雷口坡组气藏成藏过程中的关键作用主要体现在：下伏二叠系优质烃源通过断裂垂向运移至雷一$^1$亚段优质储层中并在构造圈闭中聚集成藏。

3) 中西部雷顶龙岗-新场型

四川盆地中西部地区雷顶颗粒滩叠合岩溶型大面积分布，须一段泥岩、雷口坡组本身膏盐层提供了良好的盖层和封堵条件，雷口坡组由东向西遭受剥蚀，具备形成构造背景下的岩性地层圈闭条件。雷顶储层上倾方向由于断层、岩性变化或地层尖灭被非渗透层遮挡，形成构造-岩性地层圈闭，须底油气通过断裂、不整合面向雷口坡组雷顶储层运移并在构造-岩性地层圈闭中聚集成藏(图 9-37)。

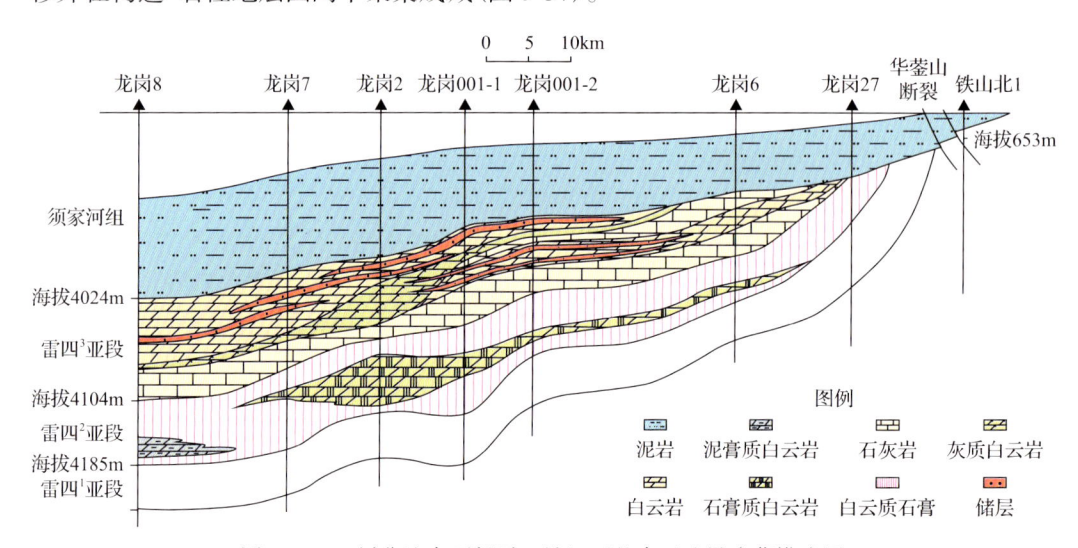

图 9-37 四川盆地中西部雷口坡组不整合面疏导成藏模式图

## 参 考 文 献

陈红汉. 2014. 单个油包裹体显微荧光特性与热成熟度评价. 石油学报, 35(3): 584-591.

凡闪. 2014. 塔北北部英买 7-牙哈地区寒武-奥陶系油气藏流体包裹体研究. 北京: 中国地质大学(北京).

方欣欣, 甘华军, 姜华, 等. 2012. 利用石油包裹体微束荧光光谱判别塔北碳酸盐岩油气藏油气充注期次. 中国地质大学学报: 地球科学, 37(3): 581-588.

黄籍中, 张子枢. 1982. 四川盆地阳新统天然气的成因. 石油勘探与开发, (1): 12-26.
欧光习, 李林强, 孙玉梅. 2006. 沉积盆地流体包裹体研究的理论与实践. 矿物岩石地球化学通报, 25(1): 1-11.
王光辉, 张刘平. 2012. 显微荧光光谱参数及其应用. 大庆石油地质与开发, 31(6): 6-13.
谢刚平. 2015. 川西拗陷中三叠统雷口坡组四段气藏气源分析. 石油实验地质, (4): 418-422.
杨克明. 2016. 四川盆地西部中三叠统雷口坡组烃源岩生烃潜力分析. 古地理学报, 38(3): 366-375.
张鼐, 田作基, 毛光剑, 等. 2009. 沥青包裹体的拉曼光谱特征. 地球化学, 38(2): 174-178.

# 第十章　前陆盆地碎屑岩含油气系统

印支运动之后，四川盆地进入前陆盆地演化阶段。晚三叠世前陆盆地的沉积中心和沉降中心分布在川西拗陷。受四川盆地西缘龙门山褶皱冲断带幕式活动下，沉积了须一段、须三段、须五段以泥质岩为主，须二段、须四段、须六段以砂岩为主的"三明治"结构，构成独特的致密砂岩储层含气系统。侏罗纪主要受大巴山前陆影响，沉积中心和沉降中心主体位于大巴山山前带，盆地中北部发育拗陷湖盆沉积，烃源岩发育，目前仍处于以生油为主的生油阶段，形成了独特的湖相致密油含油气系统。目前，这两个含油气系统勘探程度和研究程度均较低，勘探前景良好。

## 第一节　上三叠统致密砂岩含气系统

### 一、烃源岩特征

四川盆地须家河组烃源岩广泛发育，在纵向上多套烃源岩叠置，以须一段、须三段和须五段烃源岩为主，烃源岩厚度大，有机质丰度高，以Ⅲ型有机质为主，热演化程度高，是主力烃源岩层段。须二段、须四段、须六段也具有一定生气潜力，但厚度薄，是次要烃源岩层段(杜金虎等，2010)。

1. 须一段烃源岩特征

须一段烃源岩以泥岩为主，属于海湾-潟湖及三角洲平原-前缘沉积。泥岩厚值中心位于川西南的安县、都江堰，达350m。绵阳、广汉、成都一带厚度为125m，至孝泉地区减薄至100m，川中地区多在20~50m(图10-1)。有效烃源岩厚度与泥岩厚度的趋势大体相同，川西地区最厚，达300m，向东南和东北方向减薄，川中地区厚度在10~50m。有机碳含量分布在0.09%~6.16%，平均值达到1.32%，其中有机碳含量大于1%的占53.9%，大于0.5%的占92.1%。平面上川西拗陷、川中地区及川北局部地区有机碳含量高，基本上大于2.0%，其他地区烃源岩有机碳含量比较低，分布在0.5%~1.5%。$R_o$分布在1.0%~2.5%。川西拗陷都江堰、新场、丰谷及旺苍地区，$R_o>2.0$%。往西南和西北方向逐渐降低，在龙台、洛带和丹棱一带降至1.3%。川中-川南地区的烃源岩镜质组反射率主要分布在1.0%~1.3%，处于成熟阶段。泥质烃源岩生气强度分布在2亿~24亿$m^3/km^2$，强生气区位于川西拗陷，最大生气强度为24亿$m^3/km^2$，向盆地的中东部生气强度逐渐降低，在川中、川北和川南地区，生气强度低于2亿$m^3/km^2$。

2. 须三段烃源岩特征

须三段为三角洲平原-前缘和浅湖-滨湖沉积，发育泥岩及煤层烃源岩。泥岩烃源岩厚度在旺苍、邛崃、盐亭等地区厚度最大，达60~100m，往东逐渐减薄(图10-1)。川中地区泥岩烃源岩厚度大部分在5~20m。有机碳含量分布在0.06%~14.80%，平均值达到

2.40%，其中有机碳含量大于 1%的占 81.89%，大于 2.5%的占 33.9%，绝大部分在 1%～4%。须三段普遍发育煤层，主要分布在川西坳陷内，煤有机碳一般为 30.19%～82.15%，平均为 57.43%。有机质成熟度比须一段要低，$R_o$ 分布在 1.0%～1.9%，川西和川北烃源岩成熟度高，$R_o$ 都在 1.3%以上；川北的南江、通江、巴中等地的烃源岩成熟度较高，往南逐渐降低，在苍溪、仪陇和宜汉一带 $R_o$ 降至 1.3%。川中和川南地区 $R_o$ 为 1.0%～1.3%。须三段泥质烃源岩生气强度分布在 1 亿～14 亿 $m^3/km^2$。强生气区分布在川西坳陷南段，最大生气强度为 14 亿 $m^3/km^2$，在川西北段绵阳-文兴场、川北地区有两个生气强度高值区，川中地区的生气强度比较低，分布在 1 亿～4 亿 $m^3/km^2$ 的范围内。

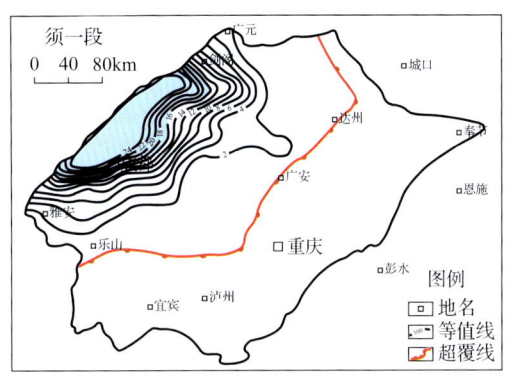

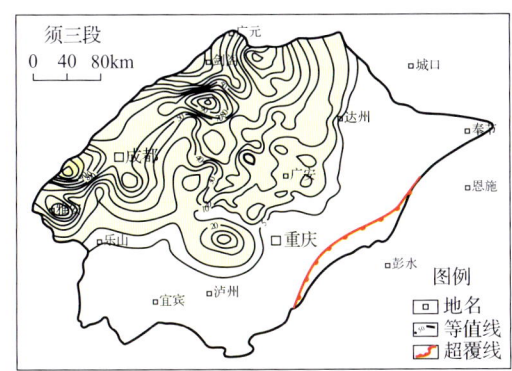

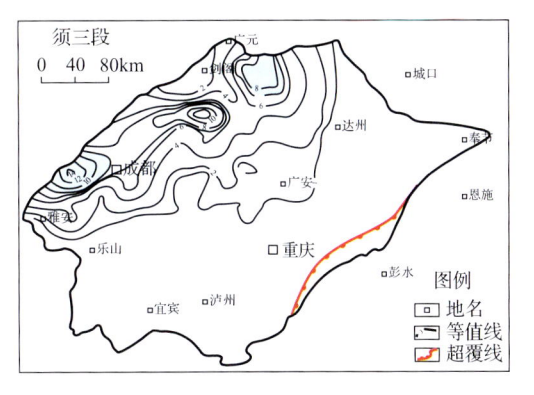

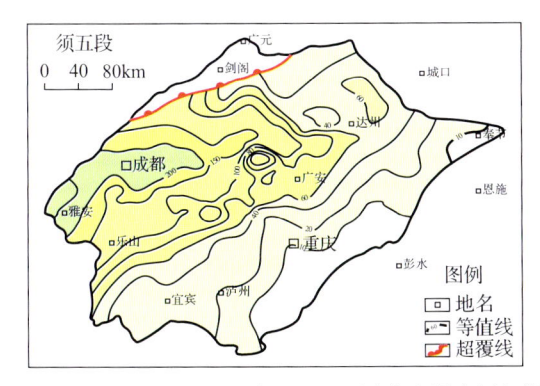

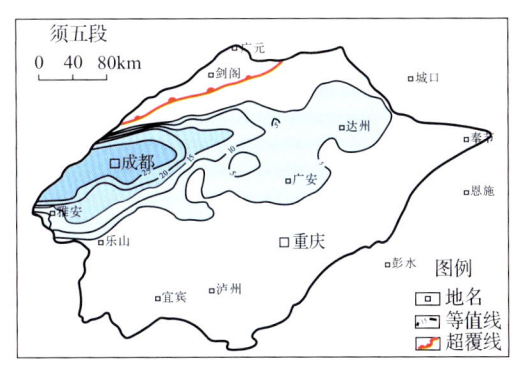

图 10-1 四川盆地须家河组泥岩和煤层等值线图(单位：m)

左侧图为泥岩厚度等值线图，右侧图为煤层厚度等值线图

3. 须五段烃源岩特征

须五段为滨湖-浅湖和三角洲平原-前缘沉积，发育泥岩及煤层烃源岩。有效烃源岩厚度在川西南地区最厚，为200m，向东、东南方向逐渐减薄。在川中-川南地区厚度普遍小于40m(图10-1)。泥质岩有机碳含量分布在0.07%~7.20%(质量分数，下同)，平均值达到2.55%，其中有机碳含量大于1%的占77.95%，大于5%的占38.4%。煤层的有机碳含量一般31.68%~76.73%，平均为59.39%。平面上有机碳含量具有西部和北部高、东部低的分布特征，在中东部大部分地区有机碳含量分布在1.0%~2.0%，局部地区最高达5.0%。成熟度在川西南段和北段较高，$R_o$分布在0.9%~1.5%，川南的威远和荣县地区，烃源岩成熟度较低，$R_o$在0.5%~0.7%。须五段泥质烃源岩生气强度分布在5亿~30亿 $m^3/km^2$。强生气区分布在川西拗陷西南部，最大生气强度为30亿 $m^3/km^2$，在东部和南部大部分范围内烃源岩的生气强度都比较低，小于5亿 $m^3/km^2$。

综上，四川盆地须家河组泥质烃源岩总厚度为50~850m，烃源岩厚度具有从东向西逐渐增大的分布特征。川西拗陷泥质烃源岩厚度大，分布在300~850m；川中地区，泥质烃源岩厚度分布在100~300m；盆地的东部、南部和北部，泥质烃源岩厚度相对较薄，一般小于100m。煤层分布广，厚度一般为4~20m，厚值区主要位于川西南部地区。须家河组烃源岩总生气强度分布在10亿~150亿 $m^3/km^2$。强生气中心位于川西拗陷的中南部，生气强度分布在50亿~150亿 $m^3/km^2$，大部分地区分布在10亿~50亿 $m^3/km^2$，在川南和川东北地区，生气强度相对较低，一般小于10亿 $m^3/km^2$。

## 二、储集层特征

四川盆地须家河组须二段、须四段和须六段砂岩储层发育，总体表现为：①岩石成分为成分成熟度较低而结构成熟度较高的长石和岩屑砂岩；②以低孔-低渗储层为主，但致密砂岩储层与常规砂岩储层相共生；③大面积分布，但储层非均质性强烈。这一储层特征决定了须家河组具备形成大面积致密气藏的储层条件。

1. 岩石学特征

须家河组储集体为砂岩，成分以石英为主、长石和岩屑为辅，石英颗粒以单晶石英为主，少量燧石和复石英，石英含量介于15%~97%，平均为70.8%。川西地区石英含量(质量分数，下同)在32%~97%，平均为72.8%；川中地区石英含量在20%~86%，平均为69.8%。长石以正长石和中酸性斜长石为主，少量微斜长石和条纹长石，长石绢云母化较普遍，含量介于2%~44%，平均为14.3%。岩屑包括沉积岩岩屑、变质岩岩屑和岩浆岩岩屑。岩屑含量一般在5%~50%，最高可达87.3%，平均为13.9%。沉积岩屑以泥页岩、粉砂岩岩屑为主，碳酸盐岩屑在川西北含量较高，常见泥粉晶灰岩、白云岩、生物灰岩及方解石。变质岩屑以千枚岩和变质石英为主，另有少量片岩和片麻岩，含量一般为1%~5%，最高可达15%，平均为2.31%。

须家河组储层为一套成分成熟度较低而结构成熟度较高的陆源碎屑岩。成分成熟度较低表现在石英含量较低，而长石、岩屑含量较高，须家河组岩石成分成熟度在2~3。盆地内，远离物源区，结构成熟度较高表现在碎屑颗粒分选性、磨圆度较好，杂基含量较少。盆地边缘山前褶皱带内，距物源较近，砂岩分选性偏差，以次棱-次圆状为主，孔隙式、接触式胶结。盆地斜坡古隆起带砂岩的结构成熟度较高，少数砂岩的结构成熟度高。不同构造单元岩石成熟度不同，山前褶皱带和前渊带岩石成分成熟度逐渐降低，说明物源逐渐向前推进；斜坡带和古隆起带岩石成分成熟度逐渐增高，说明物源逐渐成为远源。

2. 储集空间类型

须家河组储层储集空间类型多样，按成因分为残余原生粒间孔隙、次生溶孔和裂缝三大类，其中残余粒间孔、粒间溶孔、粒内溶孔和裂缝为主要的储集空间，孔喉结构中小孔喉占主导。

大量岩石薄片、铸体薄片和扫描电子显微镜图片(图 10-2)和孔喉直径统计结果显示，四川盆地须家河组砂岩储层中岩石颗粒接触紧密，多为接触式胶结，偶有溶蚀式胶结，储集空间主要为残余粒间孔、粒间溶孔和粒内溶孔，其次为杂基孔和少量微裂缝等，溶蚀孔主要发育在长石、火山岩屑和绿泥石周边，其孔喉结构复杂，属于近致密和致密储层的低孔和微孔的孔隙(孔隙直径 $D=0.2\sim0.05\mu m$)的体积约为 54.2%，属于超致密储层的纳米级孔的孔隙($D\leqslant0.05\mu m$)约为 30.4%，综上，四川盆地须家河储层的孔隙主要以低孔、微孔和纳米级孔为主体，约占80%以上。

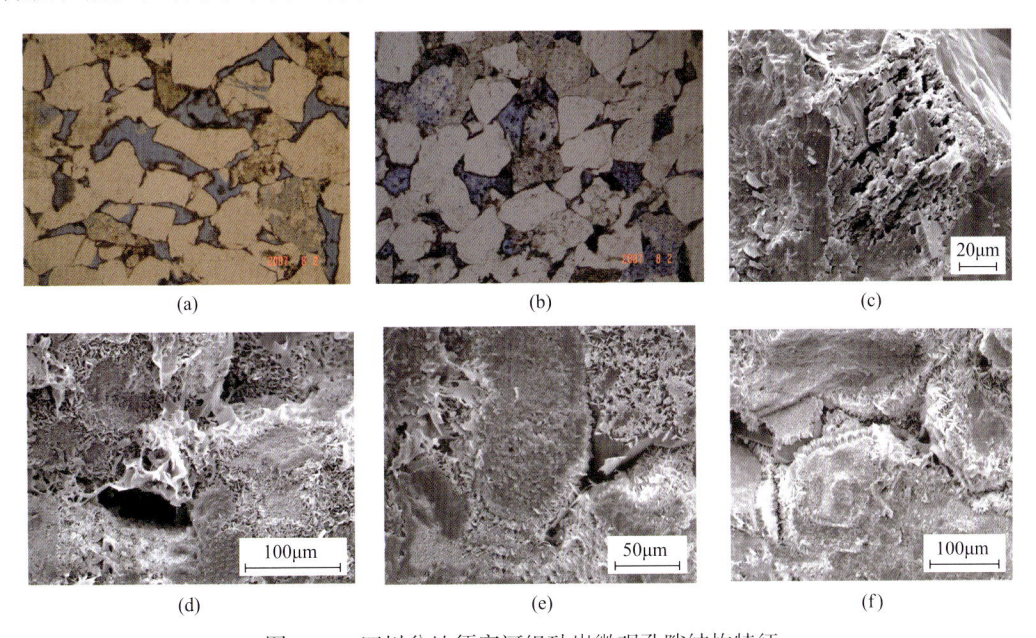

图 10-2 四川盆地须家河组砂岩微观孔隙结构特征

(a)合川 7 井，井深 2191.18m，残余原生粒间孔，铸体，单偏光，2.5×10；(b)合川 1 井，井深 2116.99m，长石粒内溶孔，铸体，单偏光，5×10；(c)合川 1 井，2158.52～2158.58m，长石粒内溶孔，扫描电镜，800×；(d)合川 1 井，2152.35～2152.40m，残余粒间孔内分布片状、丝缕状伊利石，扫描电镜，350×；(e)合川 103 井，2342.13m，残余粒间孔，绿泥石环边发育，一孔多喉，扫描电镜，500×；(f)合川 106 井，2193.43m，残余粒间孔，绿泥石环边发育，一孔多喉，扫描电镜，300×

3. 物性特征

须家河组砂岩物性数据统计表明，砂岩平均孔隙度为 5.9%，孔隙度主要分布在 5%～10%范围内；砂岩平均渗透率为 $0.45\times10^{-3}\mu m^2$，渗透率主要分布在 $0.01\times10^{-3}\sim1\times10^{-3}\mu m^2$

范围内，总体上表现为储层物性较差，属低孔低渗致密储层，局部发育有少量中孔低渗型储层。各个层段的储层物性有差异性，须四段孔隙度最高，须二段次之，须六段最差；须四段渗透率最高，须六段次之，须二段最差。

孔隙度和渗透率呈一定正相关性。以原生孔隙为主的储层，其孔渗相关性好，以次生孔隙为主的储层，其孔渗相关性差，同时根据广安地区孔隙度与剩余粒间孔面孔率的关系，发现剩余原生孔隙决定了储层的基本性质。在物性较好的储层中（孔隙度大于10%），原生孔隙所占比例可达到50%～70%及以上；在物性中等或偏差的储层中，原生孔隙占40%～60%。因此，在川中地区主要是发育孔隙型储层。在川西南地区，储层孔隙度较差，但是裂缝发育，储层渗透率高，储层类型为裂缝-孔隙型。因此在整个四川盆地须家河组主要发育孔隙型和裂缝-孔隙型两类储层。

尽管须家河组砂岩储层整体具有低孔低渗特点，但致密砂岩储层与常规砂岩储层共生。图10-3是须家河组储层含气性与孔隙度、渗透率及其孔喉中值直径的关系图版，可以看出须家河组储层主要由致密砂岩储层和常规砂岩储层组成，以致密储层为主体，约占84%，其中渗透率为 $0.01\times10^{-3}\sim1\times10^{-3}\mu m^2$ 的近致密储层约占42%，其平均孔隙度分布在 4%～14%，平均为 8.3%；渗透率小于 $0.1\times10^{-3}\mu m^2$ 的致密和超致密储层约占42.3%，其平均孔隙度分布在 4%～8%，平均为5.3%，而渗透率大于 $1\times10^{-3}\mu m^2$ 的常规储层仅占15.7%，其平均孔隙度大于14%。

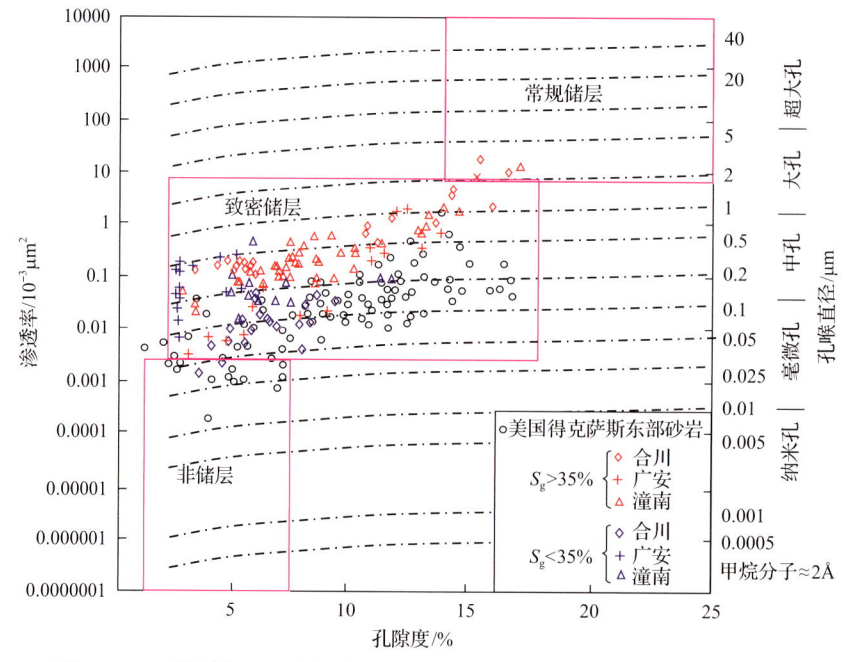

图10-3 四川须家河组含气储层与孔隙度、渗透率及其孔喉直径关系图版

$S_g$—含气饱和度

4. 非均质性强

储集体非均质性是沉积、成岩及构造等因素共同作用的结果，通常是指储层在空间分布及内部属性上都存在不均匀变化，这些变化直接影响地下油气水运动规律、油气成

藏特征及其分布及油气采收率等。须家河组大型砂岩储集体是由多期砂体叠置、切割或搭桥组成的砂体群，其非均质性突出表现为砂体层内和层间非均质性、砂体侧向连通程度及平面非均质性较强。

1)层间和层内非均质性强

层间非均质性的强弱主要取决于小层间砂岩物性变化大小和隔层发育程度。合川-潼南物性随机模拟结果显示，须二段可划为四个小层，各小层的层间非均质性较强，下部 3 和 4 小层之间平均孔隙度和渗透率差异不大，分别在 $5\times10^{-3}\sim12\times10^{-3}\mu m^2$ 和 $0.01\times10^{-3}\sim0.12\times10^{-3}\mu m^2$，层间渗透率变异系数 $K_v$ 为 0.6；上部 1 和 2 小层的物性相对较差，平均孔隙度和渗透率分别为 3%~7%和 $0.01\times10^{-3}\sim0.06\times10^{-3}\mu m^2$，1 和 2 小层间渗透率变异系数 $K_v$ 为 0.8，而 2 和 3 小层间渗透率变异系数 $K_v$ 高达 0.9，非均质性极强，高孔渗砂体一般位于河道砂底部或砂坝顶部，呈分散状展布；须二段内各小层之间泥岩隔层不发育，主要发育含泥细粒粉砂质物性隔层。

层内非均质性强弱取决一个单砂层内沉积韵律、物性和夹层在垂向上的变化规律和差异程度。合川-潼南 30 口井沉积和物性模拟结果显示，高孔渗段主要位于粗粒微相单元，4 个小层内非均质性明显，1、2、3 和 4 小层的层内平均渗透率变异系数 $K_v$ 分别为 0.87、0.81、0.63 和 0.80，层内泥质夹层不发育，仅在局部层段发育含泥细粒粉砂岩的物性夹层。

2)砂层厚度大且连续性较好，但有效砂体厚度薄且侧向连通程度低

川中 30 口单井砂体钻遇率统计显示，须二段砂体平均钻遇率多在 80%以上，单层厚度多在 8~20m，但有效砂体(孔隙度大于 6%的气层)的钻遇率仅为 20%~40%，单层有效厚度在 0~10m。图 10-4 为川中合川地区须二段已发现气层对比图，可见须二段砂岩侧向连续性较好，但因砂层物性不同，其含气饱和度变化较大，含气砂体横向分布变化快，侧向连通程度低，平均仅为 30%，单个含气砂体之间被纵多致密砂体所分割，呈栅状分布在大型致密储集体中，二者在空间上相互交叉和"渗透"，非均质性极强。

3)平面非均质性强

储层平面非均质性主要由渗透率和孔隙度宏观上表现出来的方向性引起。四川盆地须家河组孔隙度和渗透率平面图显示，孔隙度为 8%~12%和渗透率大于 $0.1\times10^{-3}\mu m^2$ 的高值区域主要位于大川中地区，大川中地区储层物性明显好于川西地区，且孔隙度和渗透率的平面分布趋势一致，高孔高渗带主要分布沿主河道或次水道的流向分布，方向性明显(图 10-5)。

### 三、须家河组大面积储层形成的主控因素

#### 1. 区域性致密化的成岩作用是储集体大型化的基础

1)煤系沉积成岩环境是砂层大面积致密化的主要内因

我国低孔渗砂岩储层沉积的古气候条件多为潮湿环境。四川盆地上三叠统须家河组储集层，其沉积物中富含陆生植物碎屑，埋藏后形成碳屑层、煤线或薄煤层，与砂泥岩构成含煤地层沉积建造。含煤地层埋藏后易产生腐殖酸，沉积物成岩早期具有酸性水介质条件(郑浚茂和应凤祥，1997；应凤祥等，2002)。在这种成岩环境条件下，沉积物

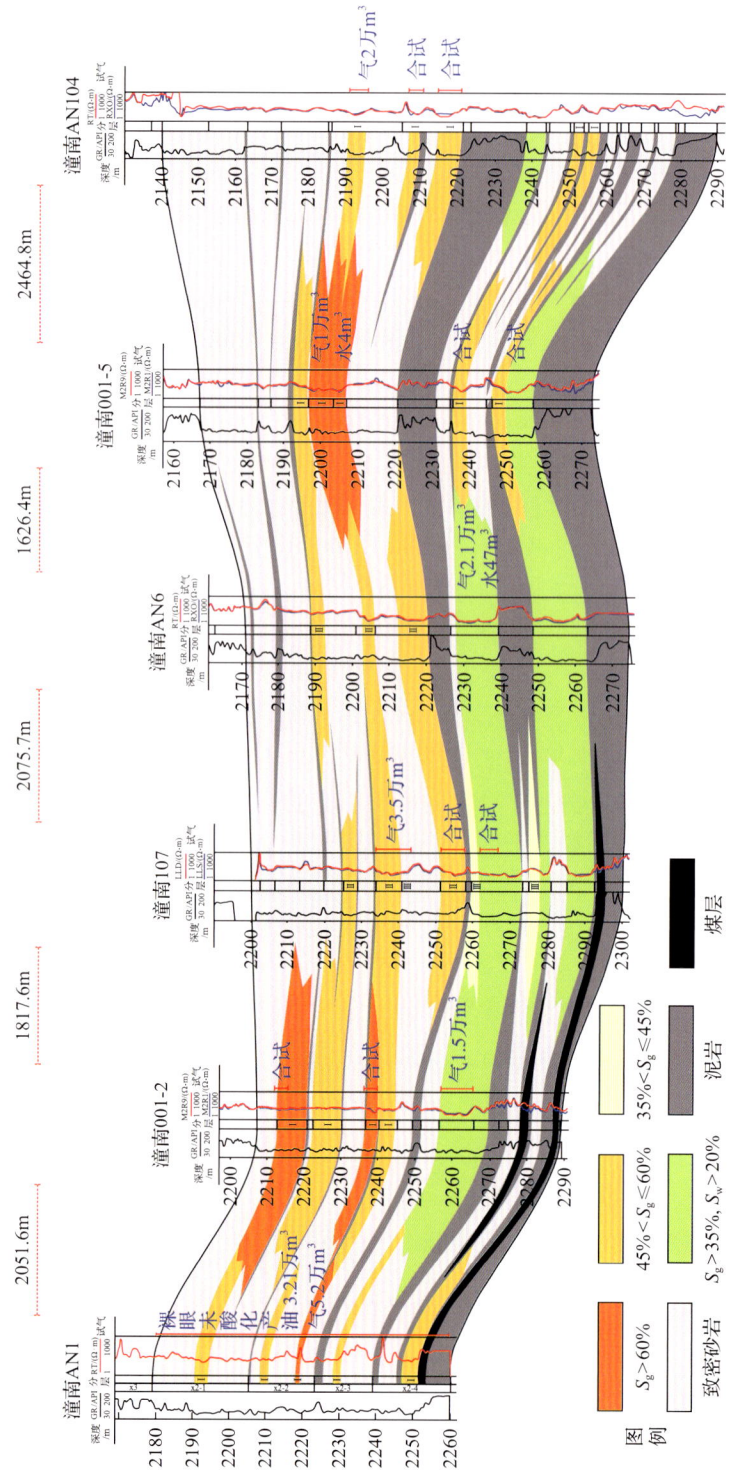

图10-4 川中地区合川气田须二段砂层含气饱和度对比剖面

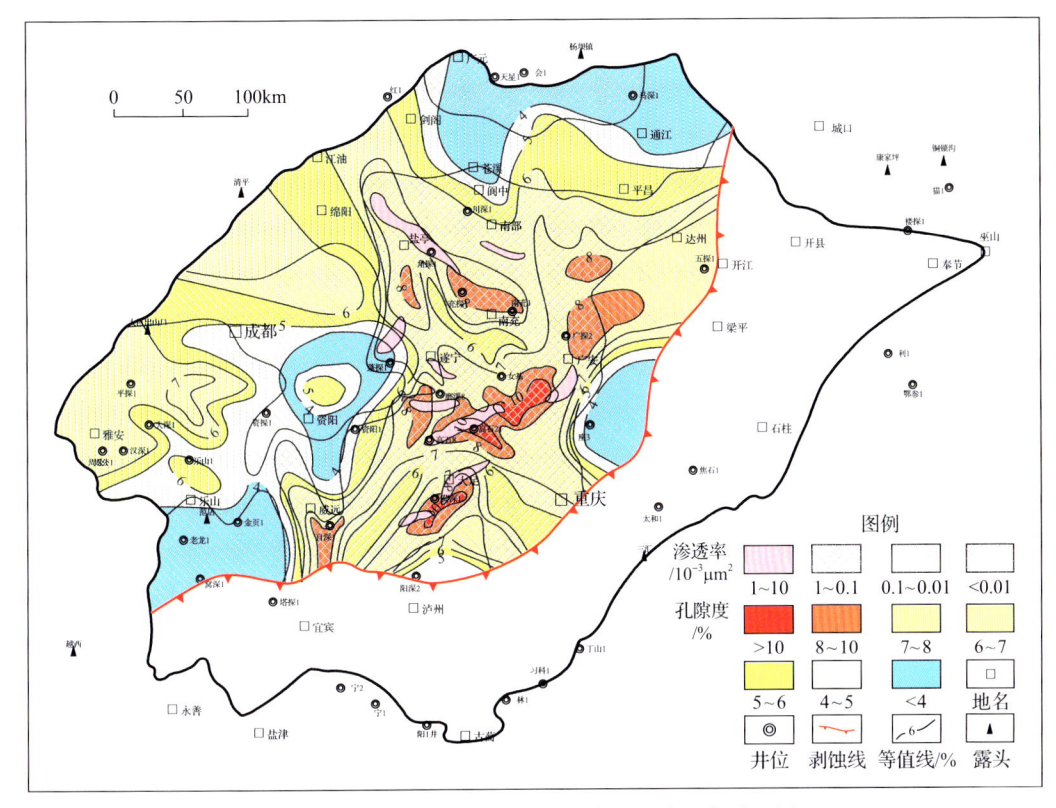

图 10-5 四川盆地须二段组孔隙度和渗透率平面图

在成岩早期不易形成抗压和易溶性颗粒胶结物(特别是碳酸盐胶结物),主要形成一些黏土类自生矿物,造成岩石抗压实能力较弱,原生孔隙损失严重;在成岩中期和晚期,由于温度和压力升高,煤系地层砂岩颗粒间形成以硅质、黏土矿物和晚期碳酸盐为主的胶结物,这些胶结物阻塞了粒间孔隙,又不易发生溶蚀作用,导致大面积致密砂岩的形成,仅在局部长石或部分易溶性岩屑颗粒发育的部位有一些次生溶蚀孔隙,如粒间孔、粒内孔和铸模孔。总之,储集层致密是由组成特征、强烈的压实作用和胶结作用共同影响的结果。其中,除碎屑物质本身沉积组构成熟度低以外,煤系酸性成岩环境是导致砂岩储集层严重致密化的主要内因。

2) 岩石原始组构成熟度低且早期快速深埋导致砂岩区域压实强烈

压实作用在沉积物成岩初期是原生孔隙减少的主要原因,压溶作用是成岩晚期孔隙减少的一个原因,主要表现为硅质沉积物充填孔隙。成岩史和孔隙演化史研究表明,致密砂岩储层都经历了早期快速和持续沉降的埋藏特点及高地温成岩环境(图 10-6)。须家河组岩石颗粒细且各类岩屑(火山岩屑、变质岩屑和沉积岩屑)含量高,导致其成岩早期抗压能力弱,大量塑性碎屑受压变形堵塞孔隙,原生孔隙损失高达 15%~20%,后期强烈成岩改造后损失孔隙度近 7%,造成须家河组砂岩大面积具有低孔低渗特征且分带性明显,如川中前渊带因发育细粒岩屑砂岩和长石质石英砂岩且富含变质石英岩岩屑成分,造成其压实和压溶作用强烈,常见线-凹凸状接触和缝合线状接触和刚性碎屑破裂等;而冲断带和古隆起带与前渊带相比，因其埋深多在 3000m 以内，总体压实作用较弱，颗粒以线状接触为主。另外，川西北部由于海水退出较晚，仍在局部发育碳酸盐胶结物，而东部煤系特征则较弱，如营 24 井碳酸盐平均含量达 8%，部分井段达 35%，碳酸盐胶结物充填粒间孔隙，一定程度上阻止了压实作用的进一步发育，压实较弱，仍有部分原生孔隙得以保存。

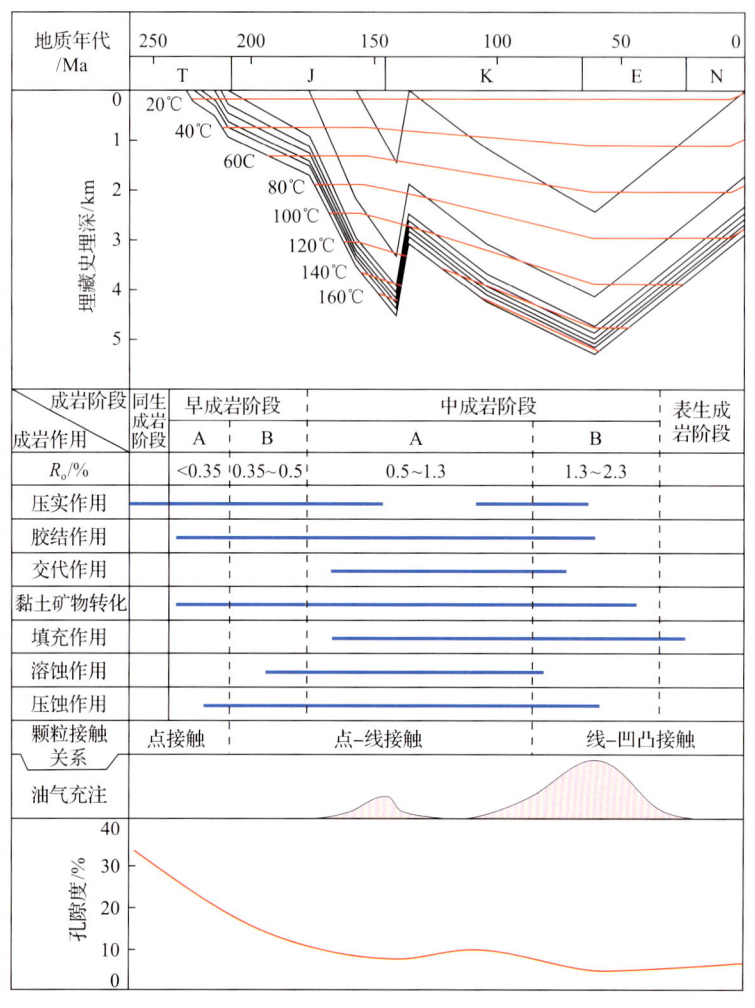

图 10-6　四川须家河组埋藏史与成岩史分析图

3）多期硅质胶结和晚期碳酸盐胶结也是储层致密化的主要原因

成岩演化史和岩心薄片观察综合研究表明，须家河组受煤系酸性环境和快速沉降影响，其成岩早期缺少碳酸盐胶结物而压实作用强烈，而成岩中期和后期主要以碳酸盐胶结和多期硅质胶结作用及其交代充填作用为主，石英次生加大现象在砂岩中普遍存在。图 2-15 显示，成岩中后期的碳酸盐胶结物以方解石为主，少量白云石、菱铁矿，分布不均匀，通常含量小于 1%，个别可达 40% 以上，多呈连晶胶结交代充填，其硅质胶结物多以多期石英次生加大方式存在，早成岩阶段发育少量 I 期围绕石英颗粒同轴次生加大；

中成岩早期在孔隙中多见发育Ⅱ期石英次生加大，主要围绕石英颗粒局部加大沉淀而成，属于自生石英；中成岩后期在早期绿泥石沉淀后的溶蚀孔隙中发育第Ⅲ期自形石英。硅质胶结物、碳酸盐矿物含量与其孔隙度统计资料进一步证实，三者之间具有明显的相关性，随着硅质胶结物和碳酸盐物含量增加，砂岩孔隙度明显降低。综上，多期硅质胶结和晚期碳酸盐胶结是大型砂岩大面积致密化的主要原因之一。

2. 有利沉积微相与建设性成岩作用是储集体大面积分布的关键

1) 河道微相的较粗粒砂岩原生孔发育且易发生溶蚀作用，可形成中低孔渗储集体

须家河组大型砂体由多期辫状河三角洲河道滞留微相、砂坝相和溢流砂坪相等微相组成，不同微相之间的空间组合关系直接反映岩石组构或粒度的空间展布，复合砂体中不同部位的成岩作用类型和强度不同，导致了储层非均质性。川中地区须家河组不同微相砂样的孔隙度和渗透率统计结果显示(图10-7)，不同微相与储层孔、渗之间存在很好的对应关系，相对中高孔渗储层主要位于水上或水下河道及辫状河水道的河口坝砂体中，可见粗粒河道微相砂岩的物性较好。

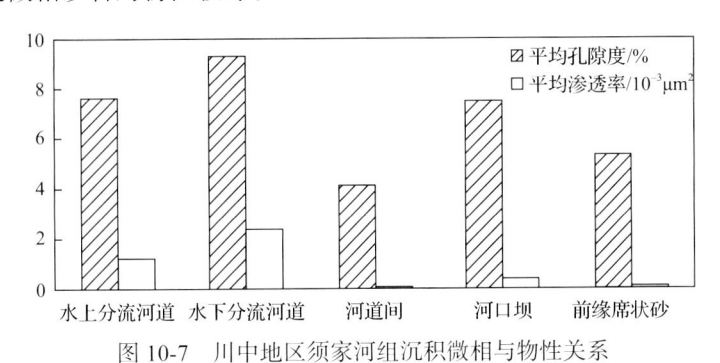

图10-7 川中地区须家河组沉积微相与物性关系

2) 含绿泥石或富含碱性长石砂岩是导致差异性溶蚀作用的内因

长石具较强溶解和向高岭石转化性质，在成岩过程中能够发育大量次生孔隙，改善和提高砂岩孔隙度和渗透率。罗孝俊和杨卫东(2001)认为长石溶解度随pH呈"U"形变化，中性和弱碱性环境中长石的溶解度最小；认为长石向高岭石转化而形成的次生孔隙的多少与转化时溶液酸碱度有关，碱性长石(钾长石、钠长石)在较为酸性或较为碱性介质中均易发育次生孔隙，而斜长石(近钙长石)在偏碱性介质中才易发育次生孔隙。大量岩心分析显示，须家河组砂岩中富含长石和可溶性岩屑，且属于煤系酸性成岩环境，长石次生溶蚀孔普遍发育，二者具有明显正相关关系(图10-8)。

绿泥石胶结物在砂岩中多以颗粒环边方式产出，称之为绿泥石环边胶结物。等厚连续黏土包壳可以抑制碎屑石英的成核作用，从而抑制石英次生加大作用。本次研究通过观察合川须家河组大量岩心铸体薄片和扫描电镜资料，认为该区砂岩孔隙中也发育大量绿泥石胶结物，通常以颗粒环边方式产出，呈放射纤维状或片状垂直颗粒生长，含量一般为1%~4%。统计显示，绿泥石含量与孔隙度呈明显正相关关系(图10-13)，当绿泥石含量大于0.02%时，孔隙度多数大于5%，综合上述，绿泥石胶结物的存在，能够大大改善须家河组砂岩的储集能力。

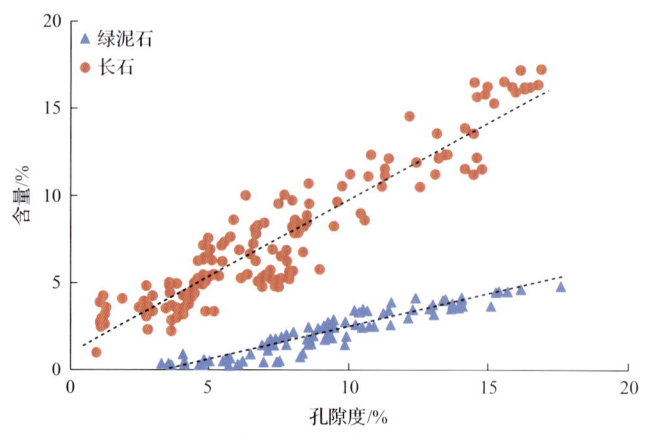

图 10-8 须家河组砂岩孔隙度与长石和绿泥石含量关系

3) 裂缝作用可改善储集体物性

挤压冲断带与构造交会部位断裂发育，能够大大改善大面积致密砂岩的储集物性，从而控制有效储层分布。四川盆地龙门山、米仓山-大巴山山前冲断带和古隆起带裂缝发育，距离构造枢纽距离越近，裂缝密度越高，其砂岩储层类型常为裂缝-孔隙和孔隙-裂缝储层，储渗流能力明显改善。川西地区南部官 1 井取心段 11 个无裂缝砂岩样品的渗透率平均为 $0.056\times10^{-3}\mu m^2$，为超致密砂岩，而 5 个有裂缝砂岩的渗透率最高可达 $112\times10^{-3}\mu m^2$，平均为 $27.72\times10^{-3}\mu m^2$。新场气田大多数中高产井分布在构造向东南陡翼的转折部位和构造向北东鼻状倾没的高曲率部位，而这些部位正是裂缝发育的有利部位，如新 5 井、新 67 井和新 78 井等产层段虽孔隙度仅为 4%，但因裂缝发育，获得高产气流 5 万～8 万 $m^3/d$。

3. 主河道频繁迁移摆动是储层强非均质性的内因

邓宏文（1995）认为基准面变化过程中，$A/S$ 值（可容纳空间与沉积物补给量之比）变化是诸多控制沉积作用因素的综合响应，能够决定可容纳空间沉积物堆积速度、保存程度和内部结构（如堆积样式）等，$A/S$ 值变化趋势决定砂体规模及其叠置样式的变化规律，当 $0<A/S\leqslant 1$ 时，河道以多期侧向迁移的进积作用为主，各期砂体间或搭接或切割或垂向加积，呈带状或宽毯状展布，分布面积广。

利用大量野外露头、岩心和测井等资料开展须家河组沉积微相研究，通过解剖川中合川潼南地区须二段大型砂体，发现其内部结构主要由四期大规模河道迁移摆动形成的不同微相砂体在空间上切割、搭桥和叠加而成，平面上河道由西向东迁移，沉积砂体不断向湖盆中心进积且呈带状或宽毯状大面积展布。同期沉积的砂体自身内部存在较强的非均质性，河道滞留微相砂体和砂坝相砂体的粒度和孔隙度明显大于溢流砂坪相细砂岩，高孔渗段主要位于主河道和砂坝等粗粒微相中。当河道多期迁移摆动后，所形成的大型化砂体内部各期河道砂体之间相互切割、搭桥和叠加，加剧了砂体内部结构的复杂性和非均质性，故河道频繁迁移摆动是砂岩储集体非均质性强的主要内因。

### 四、成藏关键因素与富集规律

1. "三明治"式生储盖组合大面积分布奠定了大面积成藏的物质基础

"三明治"式生储盖组合，主要发育于四川盆地川中须家河组，是指气源岩与储集体呈指状交互、大面积接触，天然气从源灶排出以后，也主要以蒸发式和下灌式向上和向下短距离移入相邻的储集体中，在上覆和下伏众多砂体中形成中低丰度天然气藏群，气藏的充满程度变化较大，取决于源灶的质量、供气规模与横向非均质变化等。

须家河组是在四川盆地周缘山系的幕式冲断作用下，形成了大面积满盆分布的烃源岩和储集层，它们在纵向上相互叠置构成宏观的"三明治"结构。同时，在每一次基准面旋回的内部，浅水湖盆短期湖平面频繁振荡使每一套烃源岩内部也沉积了砂岩地层，同样，每一套储集层内部也有泥质岩的发育。这就使源储不仅在宏观上相互大面积叠置接触，而且在每一套内部也相互穿插，充分接触，既增大了烃源岩与储层的接触面积，提高排烃效率，也增大了各有效储层砂岩成藏的机会，扩大了气藏的分布范围。其中成熟的有效烃源岩厚度大于 20m 以上面积占川中地区面积的 80% 以上，其与砂岩的接触面积占整个烃源岩分布面积的 80%，为储层中的各类有效砂体大面积成藏提供了充足的气源，形成了多套有效生储盖组合。因此，这种须家河组源储的不同时间尺度上的交互式结构，为大面积成藏创造了必要的条件。

须家河组交互式生储盖组合在宏观上主要有须一段-须二段-须三段组合(图 10-9)、须三段-须四段-须五段组合及须五段-须六段组合。以川中地区须三段-须四段-须五段组合为例，须三段成熟烃源岩厚度大于 20m 的面积占川中地区面积的 80% 以上，与砂岩接触面积占整个烃源岩分布面积的 80% 以上，而须四段有利储层在川中地区广泛分布，厚度大于 5m 的储层占储集层总面积的 70% 左右。须五段泥质岩呈全区分布，平均厚度

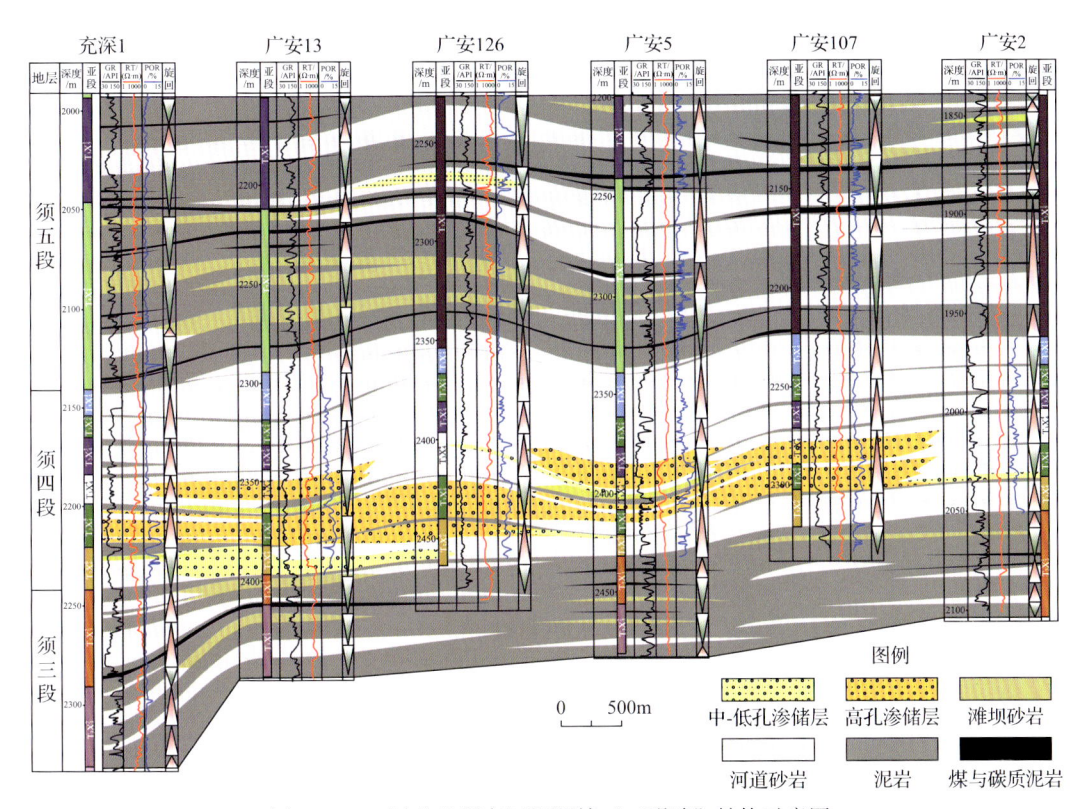

图 10-9 四川盆地须家河组源储"三明治"结构示意图

大于 50m，既可作为盖层，也是良好的气源岩。这种典型的交互式结构是大面积成藏的重要基础。

2. 小气柱高度降低了对盖层的要求

含气高度和地层压力是控制天然气突破能量的关键因素。含气高度越大、地层压力越高则对天然气藏盖层的封闭能力要求越高。中低丰度"集群式"气藏群主要分布在盆地的构造平缓区，地层倾角一般小于 5°。同时，此类气藏表现为大量小规模岩性气藏相对孤立分布在大面积低孔低渗的致密砂岩中，有效砂体连通性差，单个气藏气柱高度仅 2～5m。由气藏气柱形成突破能量远远小于致密砂岩的排替压力，降低了气藏对盖层的要求，使致密砂岩也具有一定的封闭能力，有利于气藏的保存。四川盆地须家河组主力含气层段为须二段、须四段和须六段，砂岩发育，厚度大，但有效含气层薄，广安气田须四段砂岩厚度为 80～120m，有效储集层厚度为 5～30m，含气层厚度仅 3～25m。

3. 储层非均质性导致气藏内部含气层连通性差，降低了气藏整体突破能量

构造比较平缓的拗陷湖盆，由于物源区岩性多变、水动力能量多变，多数储集层内部的非均质性非常强，作为多期叠置的砂体规模很大，但作为连续的储集体却有限。因而，流体在其内部流动时因"障壁"阻隔而受到限制。一个独立的油气藏规模并不大，而数十、数百乃至上千个油气藏构成的油气藏群规模就相当大，往往达数百、数千甚至上万平方千米。如苏里格气藏就是由近两万个相对独立的岩性气藏组成的大型集合体。这样，对于一个独立的油气藏，因规模有限，自身的突破能量并不大，而多个油气藏构成的油气藏群尽管规模很大，但由于内部的非均质性，分化了能量，整个油气藏群的突破能量就像分力不等于合力（图 10-10），因而对盖层条件的要求也不苛刻。很多以往认为

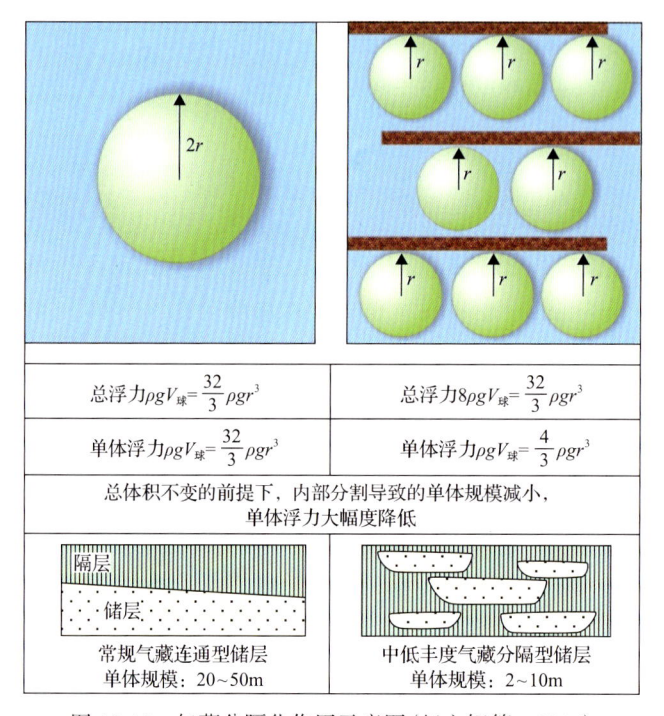

| 总浮力 $\rho g V_{球}= \frac{32}{3}\rho g r^3$ | 总浮力 $8\rho g V_{球}= \frac{32}{3}\rho g r^3$ |
|---|---|
| 单体浮力 $\rho g V_{球}= \frac{32}{3}\rho g r^3$ | 单体浮力 $\rho g V_{球}= \frac{4}{3}\rho g r^3$ |

总体积不变的前提下，内部分割导致的单体规模减小，单体浮力大幅度降低

| 常规气藏连通型储层 单体规模：20～50m | 中低丰度气藏分隔型储层 单体规模：2～10m |
|---|---|

图 10-10　气藏分隔化作用示意图（赵文智等，2004）

不能成藏的地区，现在看来都具备成藏的可能性。

广安气田是须家河组已发现的主要气田之一，其主力气层为须四段和须六段，探明天然气地质储量分别为 566 亿 $m^3$ 和 788 亿 $m^3$。广安 101 井 2025~2077m 为产层段，测井曲线表现为齿状近箱形，为水下分流河道滞留沉积。如该砂体作为一个整体气层计算，含气高度有 52m，突破能量可达 2.5MPa。根据测井和岩心物性分析资料，须六段共解释出六个储层段(图 10-11)，分别为气层、气水同层和含气水层。这六个储层段中间被致密砂岩或泥岩隔开，使单个气层高度较小，一般为 4~12m，面积为 51~218.5km$^2$。储层段的物性较好，孔隙度为 10%~11.8%，渗透率为 $0.68\times10^{-3}$~$0.9\times10^{-3}\mu m^2$，排替压力为 0.34~1.32MPa，以中砂岩和中细砂岩为主。隔层的物性较差，孔隙度为 2.8%~5.5%，渗透率为 $0.01\times10^{-3}$~$0.05\times10^{-3}\mu m^2$，排替压力为 0.94~8.38MPa，都是非常致密的砂岩或泥岩，厚度在 4~13m。致密层将该水下分流河道滞留沉积分为 6 个气层，最厚的一个气层厚度不足 8m，仅为整体含气高度的 1/7 左右，突破能量也降低至 0.4MPa。广安气田须四段和川中地区其他气藏中也都有这样的隔层，造成储层含气不连续，给须家河组天然气大面积成藏带来困难，但宏观看，天然气大范围成藏应无问题。

统计广安气田须四段气藏下亚段储层砂体厚度与连通性发现，每一等时亚层序内河道砂体较发育，但河道间砂岩多已致密化，有效储集体之间的连通性不好。用砂体厚度、沉积微相、测试压力和试气等资料可将广安气田须四段划分为 28 个相对独立的储集单元，其中有 21 个是含气储集体，它们相互独立，有各自的压力系统。另外 7 个储集体或因物性差而微产气，成为含气水层；或因与气源岩无接触而产水。因此，须家河组储层从局部来看，含气储层呈明显"斑块状"分布，彼此间具有独立的气水压力系统，是独立的气藏单元。而从宏观上看，这种不连续、不规则、数量众多的天然气藏可在大范围出现，是典型的"补丁"式成藏组合。

由此可见，物性差异造成了砂体内部的分隔，低孔低渗砂岩起到了"阻流层"的作用，构成该区有效隔层，大大减小了气柱高度，从而降低气藏突破能量。对我国大中型气田的统计结果也显示，典型中低丰度天然气藏群的直接盖层厚度均较小，如苏里格气田为 2~20m、榆林气田为 2~36m、广安气田为 3~8m 等。盖层的单体厚度均较小，主要通过频繁互层的形式，降低气藏突破能量，形成有效封盖。

通过上述分析可见，频繁的互层出现将使一个整装的大型圈闭分隔成数个单体孤立的小气柱气藏，这种分隔不单单指泥岩与砂岩的互层，致密砂岩与甜点砂岩之间的排替压力差足以形成上述的"栅状"分隔层。这种分隔层的存在突破了必须规模的水体进退才能形成有利的大范围封闭层的观点，使浅水部位的频繁水体振荡导致的粒度变化也可以成为有效的局部天然气封盖层。"栅状"分隔的存在有效地减小了气藏的含气高度，从而为天然气的保存提供了条件。

4. "甜点"中气体突破能量低、致密砂岩具有封闭能力

地层压力是气藏中气体突破盖层天然能量，封闭超压气藏所需的封盖条件要远高于低压气藏，因此越低幅度的地层压力将越有利于天然气在圈闭中的保存。对我国天然气藏的统计显示，低丰度气藏压力系数主要为 0.8~1.2，平均为 1.06；中丰度气藏压力系

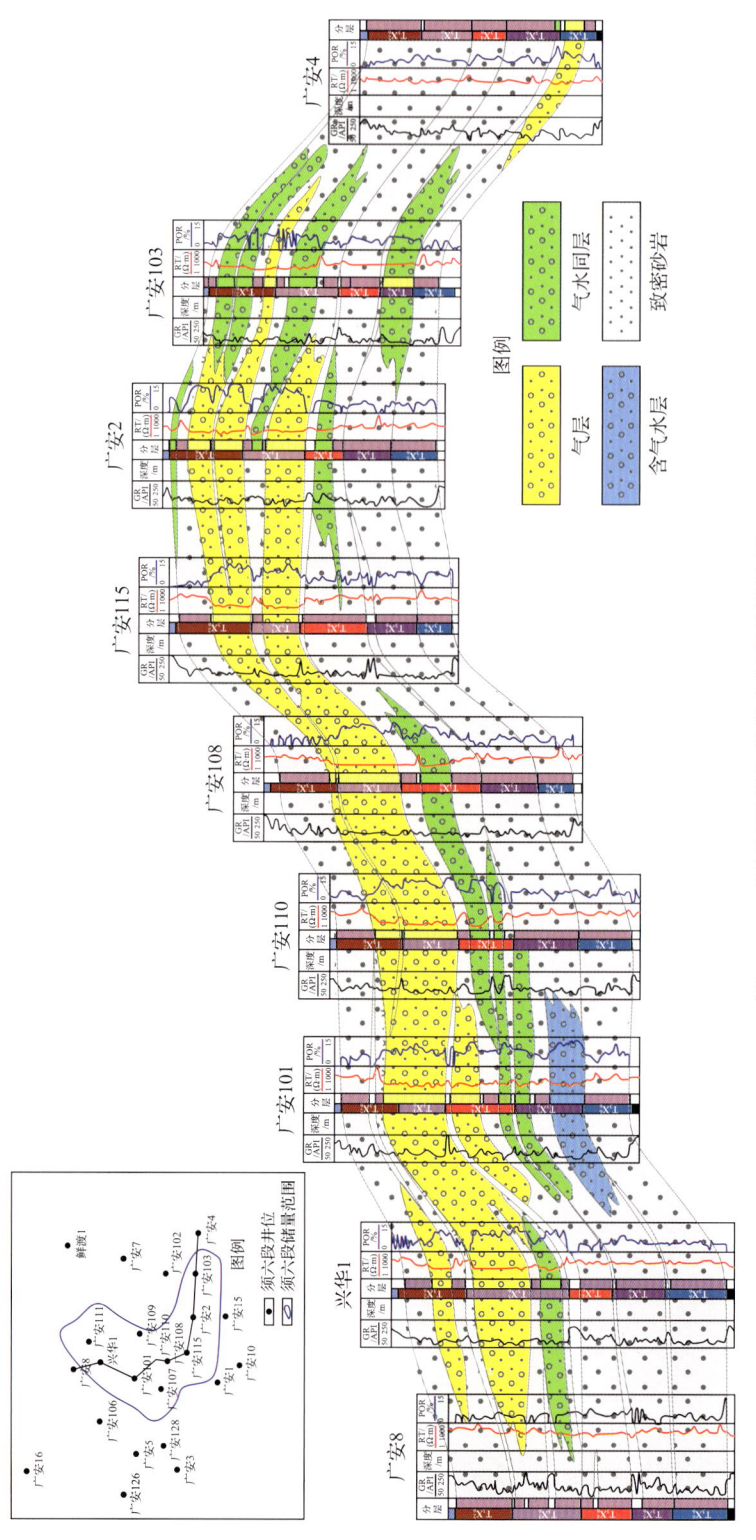

图 10-11 广安气田须六段纵向气藏分隔特征

数主要为 0.8~1.4，平均为 1.12；高丰度气藏主要为 1.1~1.6，存在不少大于 2.0 的情况。可见，中低丰度天然气藏普遍是低压-常压状态，气藏本身的能量较低，常压条件下将难以形成天然气的体积流突破现象。

广泛分布的致密层本身也具有较高的分割流体的能力。通过实测的岩石饱和水排替压力发现，随渗透率的增大而迅速降低。在相同的渗透率条件下，泥岩样品的排替压力普遍比砂岩样品高 1 个数量级，如渗透率 $0.1\times10^{-3}\mu m^2$ 的泥岩排替压力约为 12MPa，而相同渗透率的致密砂岩的排替压力仅为 1.3MPa。致密砂岩（渗透率不大于 $0.1\times10^{-3}\mu m^2$）的排替压力平均为 1.2MPa，而渗透性较好的"甜点"砂岩（渗透率不小于 $1\times10^{-3}\mu m^2$）的排替压力则仅为 0.2MPa，二者之间的排替压力差可达 1MPa 以上。静水压力条件下，1MPa 的排替压力差足以封闭 200m 的连续气柱。这就造成大面积分布的致密砂岩中，"甜点"与致密砂岩之间互不连通，一些"甜点"气藏具有明显底水，"甜点"之外部分区域气水混生，部分地区又有连续气藏的特征（图 10-12），常规与非常规成藏混生，资源具有明显的过渡性。

平缓构造区大面积分布的岩性气藏，气层压力通常以常压为主，局部地区还会有负异常压力。如鄂尔多斯盆地苏里格地区上古生界气藏，压力系数仅为 0.83~0.89；四川盆地须家河组地层压力变化较大，除川西深拗陷区普遍存在异常高压外，川中平缓构造带大范围内以常压为主。由此可见，平缓构造背景下油气柱高度较小，油气藏对盖层条件的要求远低于构造气藏，表现为盖层厚度较小、突破压力较低。这种低压和常压条件也降低了对盖层的要求，使得在盖层条件不是很理想的地区仍然可以成藏。

通过以上分析，中低丰度天然气藏具备的地层平缓、储层非均质性强的特征有效地降低了天然气的突破能量，为天然气的大面积保存提供了有效保障。

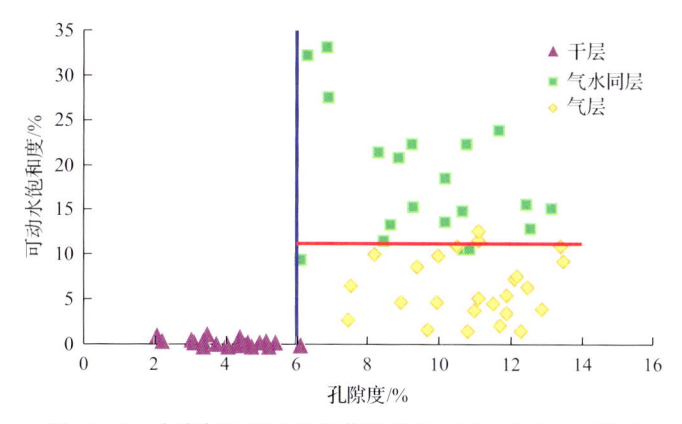

图 10-12 广安气田须六段气藏孔隙度与可动水饱和度关系

5. 相对独立的源储组合决定了天然气富集区带与勘探方向

1）相对独立的源储组合

成藏研究表明，四川盆地须家河组由于煤系有效气源灶和低孔渗储集体分布的不均一性，导致天然气自烃源岩排出后难以发生侧向或垂向大规模运移聚集，而是在距离烃源岩较近的储集体中聚集成藏，称之为近源成藏。近源成藏使一套紧密接触的有效烃源岩和储集体构成了一个独立的成藏组合，天然气在这套有利源储组合中近距离运聚成藏，如川中须家河组具有明显的近源成藏特征。

广安地区须四段和须六段气藏是同一地区不同层系的两个气藏,天然气的组分和同位素具有明显的差异,须四段天然气甲烷体积分数为90%~95%,乙烷体积分数为3%~6%,须六段甲烷体积分数为87%~93%,乙烷体积分数为5%~8%,而须四段甲烷碳同位素为-38‰~-36‰,乙烷碳同位素为-26‰~-22‰,须六段甲烷碳同位素为-42‰~-39‰,乙烷碳同位素为-29‰~-25‰。这些特征表明须四段气藏的成熟度比须六段高,两者分别来自不同的气源,而须家河组气源主要来自其自身,属于自生自储气藏,综合该地区气源岩的地球化学参数和成熟度来看,须四段天然气主要来自其下伏的须三段气源岩,两者构成一套独立源储组合,而须六段气藏来自其下伏的须五段烃源岩,属于另一套源储组合。

在这些独立的成藏组合中,核心构成是一组紧密接触的源储组合,天然气组分与同位素数据证实,近源运聚特征十分明显。在广安气田,须六段气藏含气饱和度较高,储层厚度平均为15~20m,孔隙度为10%~11.8%,渗透率为0.68~0.9mD,气层连通性较好,主要是其下伏直接接触的须五段是一套较好的煤系碳质泥岩,平均厚度大于10m,且连续分布;相比之下,广安须四段的储层厚度与物性条件和须六段相当,储层厚度为10~20m,孔隙度为7%~10%,但测试结果以水层为主,含气饱和度很低,主要原因是其下部直接接触的须三段煤系碳质泥岩厚度薄,小于3m,且不连续分布(图10-13)。

相对独立的有利源储组合控制了天然气的分布。以四川盆地须家河组须三段与须四段源储组合的分布为例。首先,须三段内部的砂泥岩间互构成自身的源储组合,其泥岩厚度平均为40~100m,有机碳含量平均为1.5%~4.0%,$R_o$平均为1.1%~1.6%,生气强度为5亿~20亿 $m^3/km^2$,砂岩比大于35%的范围区,组成了较好的源储组合,主要分布在川西北地区。其次,须四段内部的砂泥岩也可以组成自身的源储组合,该段地层总厚度平均为100~150m,在川西北部分地区和川西南地区,含泥率较高,岩性以黑色泥岩

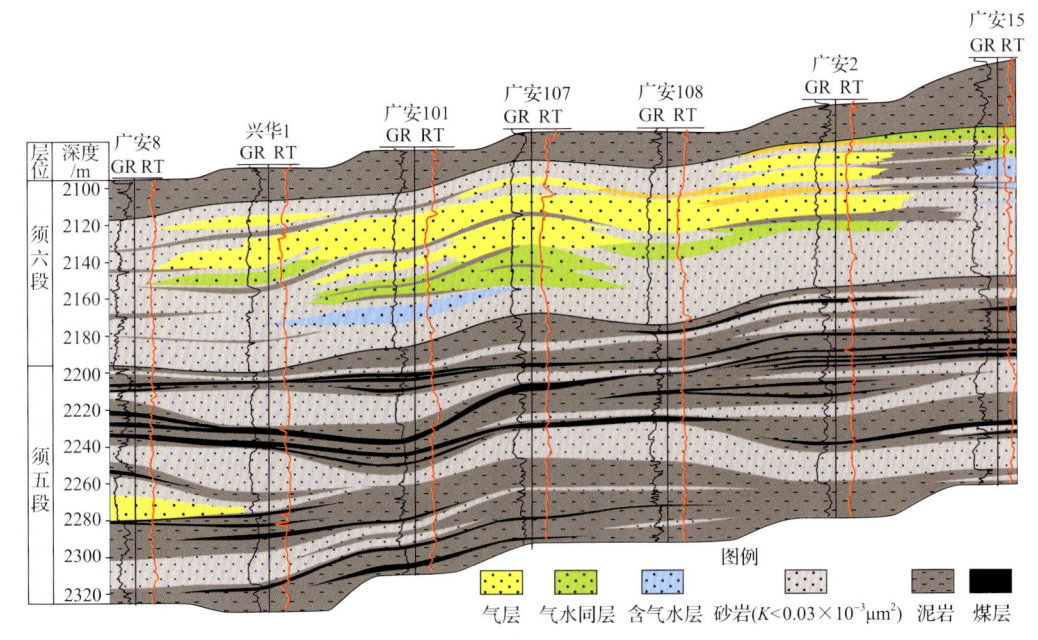

(a)

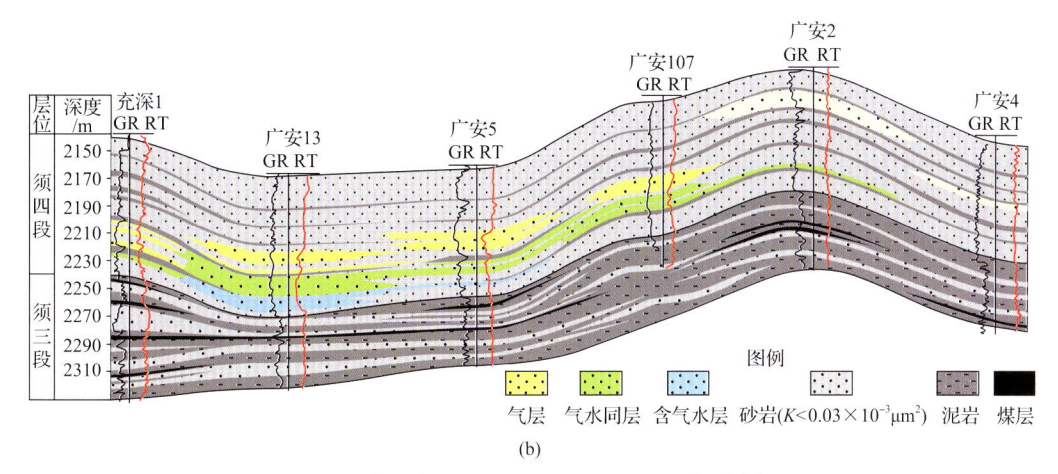

图 10-13 广安气田须六段(a)和须四段(b)气藏剖面图

夹煤层和碳质页岩为主，有机碳含量为 1.0%～3.0%，$R_o$ 平均为 1.0%～1.5%，与须三段泥质烃源岩相当，可以与须四段内部的砂岩构成自身的源储组合。再次，由须三段含砂率较低的纯泥岩分布区与上覆须四段砂岩接触区形成了须三段+须四段源储组合区。

2) 有利源储组合的控藏作用

平面上，差异分布的源储组合对须三段、须四段天然气藏的形成起到了控制作用。须三段有效源储组合分布在川西北地区，如图 10-14 所示。须三段较纯的泥岩分布区与

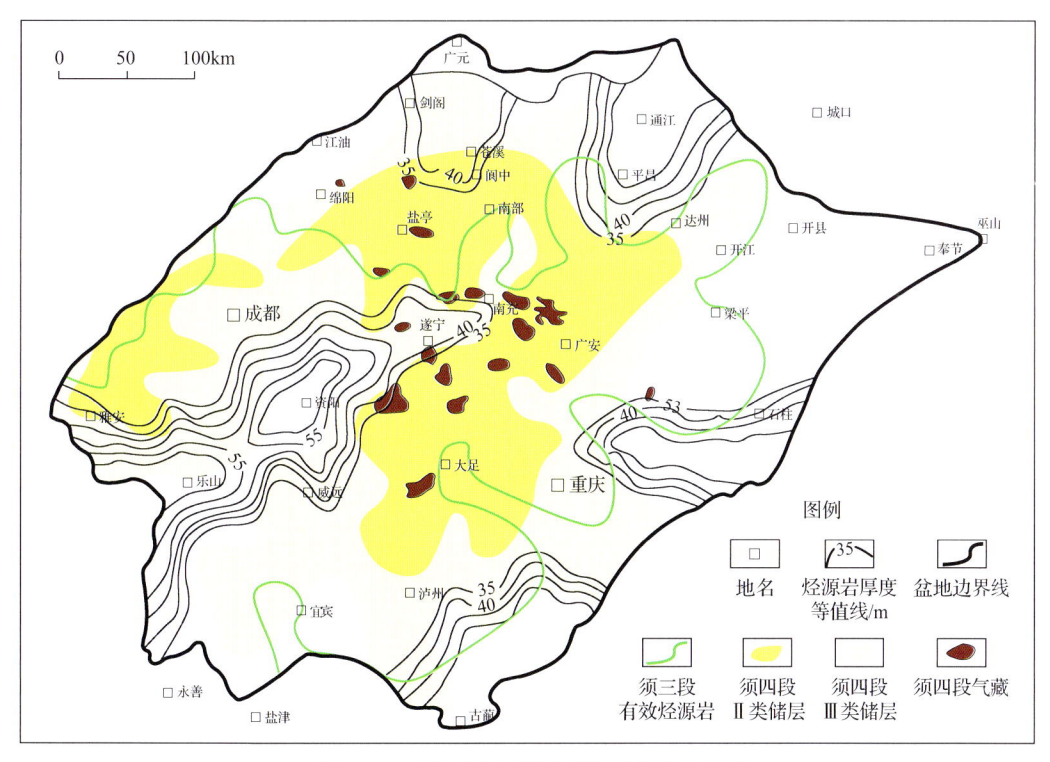

图 10-14 须三段与须四段源储组合分布图

上覆须四段有利储层叠置区，可以保证须三段源岩向须四段储层供气成藏。目前须四段已发现的气藏和含气构造基本分布在源储叠置区，大气田有广安、充西、磨溪等。而在须四段有利储层分布区内，那些既没有须四段本身的泥岩分布，也缺少须三段源岩供气的区域，如盐亭、营山等地区，应特别注意其气源条件，好的储层有可能含水饱和度较高。八角场气藏的含水饱和度就比较高，具有明显的底水，而营山地区须四段物性较好，含气性较差。

3) 勘探方向

四川盆地须家河组分布范围大，面积广，在全盆地近 18 万 km² 范围内，除川东、川南有部分区域出露外，可供勘探的面积约 16 万 km²。最新资源评价结果认为，四川盆地须家河组天然气资源量约 3.15 万亿 m³。截至 2019 年底，中石油在四川盆地须家河组已获天然气探明地质储量约 6922 亿 m³，剩余资源量高达 2.46 万亿 m³。

与国内外成熟勘探盆地相比，四川盆地须家河组勘探程度仍然很低，可供勘探的剩余资源潜力大。目前已发现的天然气资源主要分布于川中地区的广安、合川-安岳、八角场等少数地区，勘探面积仅占大川中地区的 25%，其他大部分地区尚未针对须家河组开展勘探工作。而近期在大川中地区针对须家河组甩开钻探的探井相继获得成功，且探井成功率较高，发现了蓬莱、营山、龙岗等规模较大的含气区，可见须家河组下一步天然气勘探前景广阔(图 10-25)。

(1) 大川中地区是寻找规模气田的现实领域。

须家河组沉积时期，大川中地区平缓的前陆斜坡为须家河组源储大面积发育创造了重要的构造背景。

须一段、须三段、须五段沉积时期，以湖泊和沼泽相沉积为主，是主要的烃源岩发育期。烃源岩有机质丰度高，平均有机碳为 1.32%~2.55%，且发育煤层；厚度大，分布广，大川中地区烃源岩分布面积约 9.4 万 km²，厚度一般为 100~300m，且大部分烃源岩达到高成熟阶段，资源潜力大，生气强度均超过 10 亿 m³/km²。

须二段、须四段、须六段沉积时期，盆地发育 4~6 个大型三角洲，分流河道的频繁改道，使三角洲砂体纵向上叠置发育，平面上广泛分布，全盆地砂地比大于 50%，砂地比大于 70%的面积约 11.7 万 km²，占盆地面积的 65%。虽然须家河组以低渗储层为特征，但相对高孔渗储层亦广泛发育，孔隙度大于 6%的分布面积为 8 万~9.6 万 km²，主要分布在大川中地区。

大川中地区须家河组源储叠置式生储盖组合，有利于大面积岩性圈闭的形成，为大面积岩性气藏的形成创造了条件。结合须家河组天然气成藏特点、分布规律及勘探和认识程度，将大川中岩性气藏发育区划分出 9 个有利勘探区带，其中广安、合川-安岳两个区带为Ⅰ类区带，该类区带是当前现实的勘探区带，也是近期储量增长的主要地区；营山、蓬莱、剑阁、西充-仁寿、平泉-成都、乐山-威远、龙岗 7 个区带为Ⅱ类区带，该类区带是需要加快和积极准备勘探的有利区带。

(2) 川西拗陷主力烃源灶区是寻找致密气的潜在领域。

如前所述，川西南地区是须家河组主力烃源灶的分布区，须二段、须四段、须六段致密储层发育，具有最佳的近源成藏组合条件，是致密气富集的有利区。目前勘探主要以构造型圈闭为主要勘探对象，气水关系复杂。下一步勘探要按照致密气理念，跳出构造带进入斜坡带乃至向斜区勘探，加大三维地震部署及"甜点"区评价优选，力争早日突破。

除须二段、须四段、须六段主力储集层外，还原重视须一段、须三段、须五段烃源岩内砂岩储集体勘探。剑阁区块勘探表明，须三段砂体发育（图10-15），有效储层平均厚度为17.1m，孔隙度为5.1%。储层类型为Ⅱ-Ⅳ型，目前勘探已获得重大突破，展示了巨大的勘探潜力，是下一步勘探需要重视的领域。

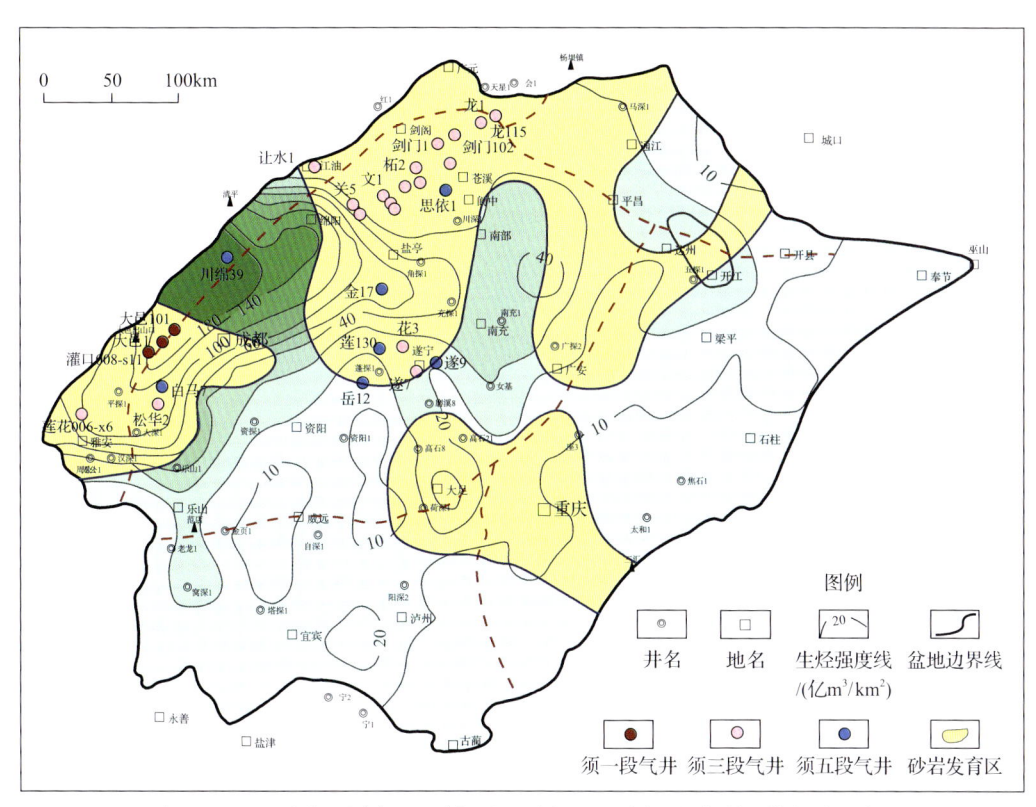

图10-15 四川盆地须家河组须一段、须三段、须五段有利区带划分示意图

## 第二节 侏罗系湖相致密油含油气系统

### 一、储层特征

四川盆地侏罗系主要储层发育段为大安寨组、凉高山组和沙溪庙组，大安寨组储层以介壳灰岩为主，凉高山组储层以三角洲水下分流河道砂岩为主，而沙溪庙组储层则以泛滥平原中的厚层河道砂体为主。

(一) 大安寨组储集层特征

1. 岩性特征

大安寨组储层主要为滨浅湖相生物介屑滩相的介壳灰岩，介壳滩厚度一般为 30～40m。通过钻井和野外剖面统计，大安寨组主要发育多个介壳滩，分别为绵阳-盐亭-阆中介壳滩、巴中-平昌-税家槽介壳滩和开江介壳滩，它们均分布在大安寨半深湖周围，其中开江介壳滩和绵阳-盐亭-阆中介壳滩较厚，累计厚度可达 40～50m，巴中-平昌-税家槽介壳滩相对较薄，累计厚度一般为 25～30m，但是巴中—平昌—税家槽介壳滩分布面积广，而且大部分介壳滩近邻大安寨组烃源岩，在裂缝-孔隙发育部位容易捕获油气。

大安寨组介壳灰岩形成环境多样，介壳滩滩后、滩核、滩前乃至深湖-半深湖的风暴沉积均接受介屑沉积。但不同沉积微相的介壳灰岩存在岩性差异，表现为由碳酸盐和陆源碎屑以不同比例混积而成。除了沉积环境，后续的成岩作用亦对储集岩岩性产生重大影响。笔者以水动力和介壳灰岩的矿物成分为主线，参考矿物组构形态及成岩作用，将大安寨组储集岩分为 9 类（图 10-16）。

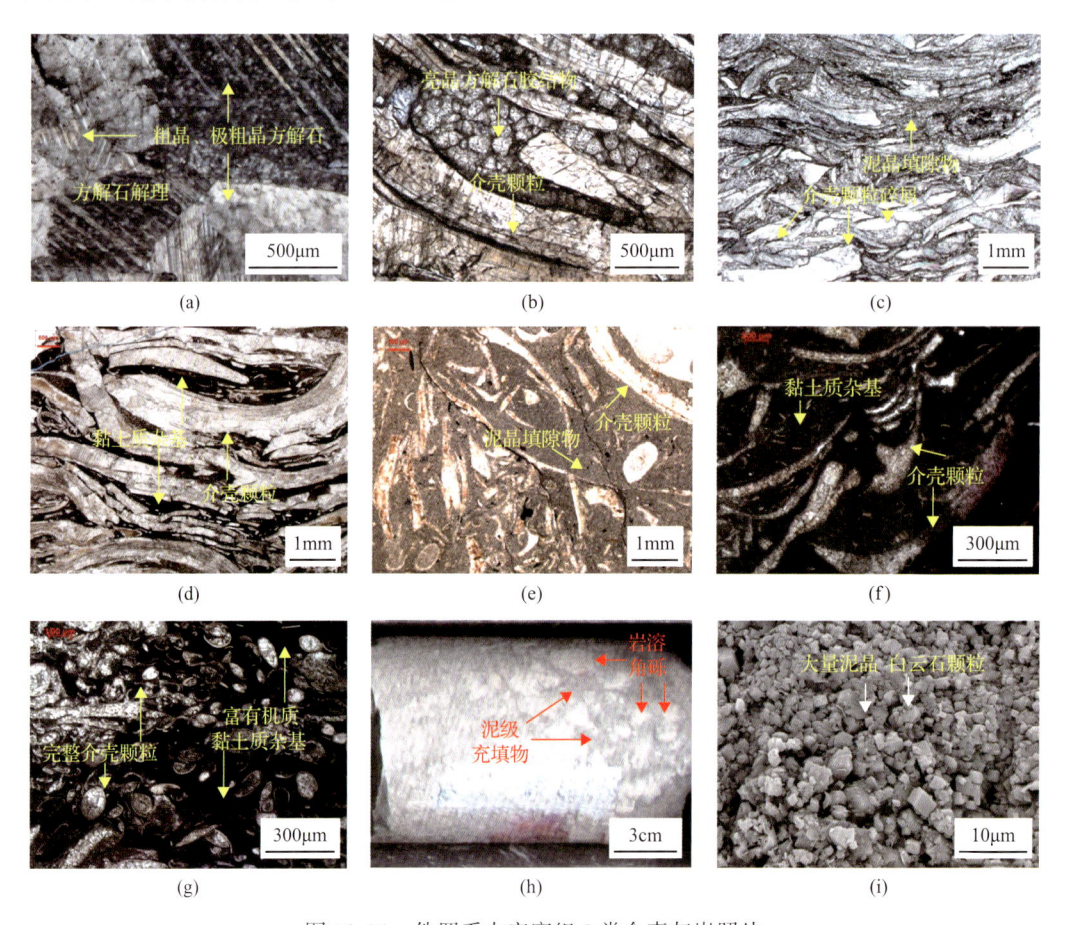

图 10-16  侏罗系大安寨组 9 类介壳灰岩照片

介壳滩中的介壳灰岩纵向上层数多，但一般单层厚度小，横向延伸不远，小层难以追踪对比，主要分布在大一段、大二段上部和大三段。显微镜下观察，介壳灰岩主要由30%～90%的生物碎屑支撑的生物碳酸盐岩组成，生物碎屑主要以瓣鳃类为主，其次为腹足类、介形虫。生物碎屑间常常被泥质或粉晶方解石充填，根据泥质的含量多少，介壳灰岩可分为亮晶介壳灰岩、含泥质泥晶介壳灰岩、生物结晶灰岩及含介壳泥灰岩四种岩石类型。亮晶介壳灰岩和含泥质泥晶介壳灰岩形成于开阔滨浅湖区的中-高能水动力环境；而生物结晶灰岩及含介壳泥灰岩形成于闭塞的水动力条件相对较弱的滨浅湖区。其中亮晶介壳灰岩和含泥质泥晶介壳灰岩是研究区大安寨组介壳滩中主要的储集岩类。

2. 物性特征

大安寨组介壳灰岩储集性能较差，孔隙度一般为 0.5%～2.0%，渗透率一般小于 $0.05 \times 10^{-3} \mu m^2$，但是在裂缝发育部位，溶蚀孔隙发育情况下，孔隙度可达4.7%，渗透率可以增加数个数量级。根据对大安寨组储层的钻井岩心和野外样品的物性统计结果，开江介壳滩和绵阳-盐亭-阆中介壳滩物性相对较好，孔隙度为1.07%～2.7%，巴中-平昌-税家槽介壳滩物性相对较差，一般孔隙度小于1.0%。在裂缝发育部位，大部分瓣鳃碎片被溶蚀，形成裂缝-孔隙型储集空间。

3. 储集空间类型

大安寨组介壳灰岩的孔隙类型包括两大类：一类为构造裂缝及与之伴生的溶蚀孔洞；另一类为介壳灰岩中的黏土泥质或粉晶方解石基质中发育的微孔隙。其中构造裂缝及与之伴生的溶蚀孔隙是大安寨组介壳灰岩的主力储集空间，但是目前测定的物性参数，不能反映这部分孔隙系统的发育特征，只是反映介壳灰岩基质中发育的微孔隙系统。按成因和发育部位的差异，将大安寨组储集层储集空间划分为4大类14亚类。

次生溶孔：大安寨组介壳灰岩中的溶蚀孔隙主要为介壳颗粒之间的粒间溶孔和介壳粒内溶孔，粒间溶孔大多是介壳之间的亮晶方解石胶结物被溶蚀后形成的溶蚀孔隙，它常常和介壳粒内溶蚀孔隙及构造裂缝一起形成连通性好的孔隙空间。

裂缝：根据川中地区大安寨介壳灰岩近五十年的勘探实践表明，没有裂缝，就没有大安寨的油气层产能。如果不论裂缝的成因和规模，几乎每口井、每一层都发育裂缝，而且规模越小的裂缝分布越普遍，规模较大的裂缝分布有限，且分布也不均匀。裂缝的宽度相差很大，可以从数微米到数厘米，一般来说，地下水沿裂缝的溶蚀作用是裂缝宽度增加的主要原因，据统计，一般宽度大于数毫米的裂缝大部分与溶蚀作用有关。另外，介壳灰岩中介壳含量越高，泥质含量越少，其裂缝越发育。

通过野外和少量钻井岩心观察，川东北地区介壳灰岩储层裂缝有构造裂缝、成岩裂缝和层间缝，构造缝主要以高角度或垂直裂缝为主，部分被方解石半充填；成岩缝包括成岩早期的近垂直的干缩缝和成岩后期的压溶缝，但是大多被泥质充填。另外，由于介壳灰岩均由生物介壳呈层状堆积而成，因此，不管是野外剖面或钻井岩心上观察，介壳灰岩均呈"千层饼"状，层间缝非常发育。但是，曾在川中桂花油田吉祥试验区针对介壳灰岩层间缝发育段多次射孔试油，否定了层间缝的导流作用。然而，层间缝发育的介壳灰岩有利于构造裂缝的形成。

总的来说，大安寨介壳灰岩储层中油气的富集和高产，主要受控于与构造应力作用有关的裂缝系统发育程度和空间展布。

(二)凉高山组储集岩特征

1. 岩石特征

凉高山沉积期是四川盆地侏罗系湖盆发展的鼎盛时期，当时整个川东北地区为浅湖-半深湖沉积，仅米仓山和大巴山前缘为滨湖相沉积。凉高山中晚期，湖盆开始缩小，在盆地川东北发育三角洲沉积体系。根据野外和钻井岩心观察，研究区凉高山组储集岩主要以三角洲前缘水下分流河道砂岩为主，纵向上叠置厚度大，横向上砂体连通好。

根据显微薄片分析，储集岩类主要以细砂岩为主，其次为中砂岩，岩石类型主要为长石岩屑砂岩和岩屑砂岩。砂岩成分成熟度较低，结构成熟度中等。碎屑颗粒中石英含量较低，一般为40%～50%，平均为44.91%；长石含量一般为10%～20%，平均为13.23%；岩屑含量普遍较高，一般为30%～40%，平均为31.9%。岩屑成分以火山岩屑为主，其次为泥岩、千枚岩、片岩等软岩屑，这些软岩屑在压实作用下常常被压扁呈假杂基状，另外，还见少量糜棱岩岩屑。碎屑颗粒分选性中等，磨圆程度主要为次棱-次圆状；颗粒间以线状接触为主，胶结物以方解石、硅质为主和少量的黏土泥质。

2. 物性特征

凉高山组砂岩储层孔隙度主要分布在2.0%～4.0%，平均为3.2%，渗透率一般小于$0.1×10^{-3}\mu m^2$，属于超低孔、超低渗储层。然而，在裂缝发育的储集岩中，其渗透性能可以得到很大的改善，渗透率增大几个数量级，可达到中-低渗储层，渗透率可达$0.9×10^{-3}\mu m^2$。物性统计结果表明，万源-达州三角洲平均孔隙度为2.11%，平溪-巴中三角洲平均孔隙度为3.0%，旺苍三角洲平均孔隙度为5.0%。尽管万源-达州三角洲储层物性相对较低，但是由于万源-达州三角洲砂体厚度大，分布面积广，而且紧邻凉高山组烃源岩，极易捕获油气。总体来说，川东北地区凉高山组储层物性比川中地区好。因此，从储层物性方面来看，川东北地区凉高山组比川中地区具有更好的勘探前景。

3. 储集空间类型

1)次生溶孔

次生溶孔是凉高山组和下沙溪庙组砂岩储层的主要储集空间。通过大量铸体薄片观察，凉高山组储层以粒间溶孔、长石粒内溶孔及高岭石、伊利石等黏土矿物晶间孔为主，但是，总的来说，凉高山组储层中的次生溶孔没有下沙溪庙组发育。下沙溪庙组砂岩储层主要以浊沸石溶孔为主，其次为长石粒内溶孔和少量的绿泥石晶间溶孔，下面将分类描述。

2)粒内溶孔

粒间溶孔在凉高山组和下沙溪庙组储层中都可见到，但主要发育在下沙溪庙组砂岩储层中，而且主要是浊沸石胶结物被溶蚀后形成的粒间溶蚀孔隙，这类孔隙呈不规则的三角形、长条形及不规则状，孔径一般为0.01～0.03mm，面孔率一般小于1.0%，少数可达2.0%。一般来说，在下沙溪庙组砂岩中的粒间溶孔和裂缝或断裂发育关系密切，通过对川中地区下沙溪庙组浊沸石溶孔形成机理的研究，认为浊沸石溶孔是下伏大安寨组、凉高山组烃源岩中的有机质，在大量生烃前形成的有机酸性水，通过裂缝或断裂向上运移至下沙溪庙组含浊沸石的砂岩中，溶蚀其中的浊沸石胶结物并形成浊沸石溶孔。因此，只有在裂缝和断裂发育的砂岩中，才有可能形成粒间溶孔。在溶蚀作用强烈的砂岩中，粒间溶孔中浊沸石胶结物基本被全部溶蚀，粒间溶孔中很少见浊沸石残留，而在溶蚀作用较弱的砂岩中，在粒间常见浊沸石残留，岩心呈麻斑状。

3）粒内溶孔

粒内溶孔主要包括长石颗粒内和中酸性火山岩屑颗粒内溶蚀形成的粒内孔，这类孔隙呈蜂窝形、长条形，其孔径一般为 0.0004～0.005mm。在下沙溪庙组储层中，浊沸石粒间溶孔储层和长石粒内溶孔相互沟通，形成了下沙溪庙组储层的主要孔隙系统；在凉高山组储层中，长石粒内溶蚀孔隙与高岭石、水云母等晶间孔共同组成了凉高山组储层的孔隙系统。

4）晶内溶孔

晶间溶孔在绿泥石黏土衬边和高岭石、水云母黏土胶结中常发育晶间溶蚀孔隙，这类孔隙多呈蜂窝状，其孔径一般为 0.0005～0.001mm。但这些大多为微孔，油一旦进入，就被黏土矿物紧紧吸附，很难再排出，因此这类孔隙常成为无效孔隙。

5）裂缝

凉高山组和下沙溪庙组砂岩储层中主要发育垂直缝，其次为低角度斜交缝，缝宽一般为毫米级。而且，统计分析发现，砂岩中裂缝的发育程度比相邻泥岩高。这些裂缝的发育，可以大大改善凉高山组、下沙溪庙组这类低渗、特低渗储层的渗滤能力。

（三）下沙溪庙组储集岩特征

下沙溪庙组砂岩储层主要为泛滥平原环境中发育的厚河道砂体，物源来自于大巴山和米仓山地区，通过钻井和野外剖面沉积相分析，川东北地区共有三个厚河道砂体发育带。即万源-达州河道砂体发育带、平溪河道砂体发育带、旺苍-阆中河道砂体发育带。其中万源-达州河道砂体发育带中砂岩累计厚度最大，分布面积广，河道砂岩累计厚度一般为125～200m；平溪和旺苍-阆中砂体发育带分布面积相对较小，砂岩累计厚度相对较薄，一般砂岩厚度为 100～125m。川东北地区下沙溪庙组储集岩以中粒、中粗粒长石岩屑砂岩和岩屑长石砂岩为主，其次为粗粒和细粒长石岩屑砂岩。岩屑成分主要以火山岩屑为主，少量的泥岩、千枚岩、片岩和石英岩岩屑。砂岩成分成熟度和结构成熟度较凉高山组高。川东北地区沙溪庙组和凉高山组沉积物源都主要来自大巴山、米仓山方向，因此其碎屑颗粒成分与凉高山组砂岩基本相似，其中石英含量一般为 40%～55%，平均为 46.5%；长石含量一般为 15%～25%，平均为 23.04%；与凉高山组相比，下沙溪庙组岩屑含量相对较低，一般为 15%～25%，平均为 20.43%。碎屑颗粒分选性中等，磨圆度为次棱-次圆；颗粒间以点-线状接触为主，胶结物以绿泥石黏土衬边、浊沸石、硅质为主，少量方解石胶结物。由于绿泥石黏土衬边和浊沸石胶结物主要分布在厚河道砂岩中，并且均为成岩早期形成的胶结物，对压实作用有很大的抑制作用。因此在下沙溪庙组厚河道砂岩中，压实作用一般较弱，颗粒之间大部分以点-线接触。方解石胶结物主要以胶结交代致密夹层分布在砂体的顶、底或砂体的边部，少量在浊沸石不发育的地方已充填孔隙状胶结物。

需要特别指出的是，通过野外剖面观察和显微薄片统计，川东北地区浊沸石胶结物分布普遍，含量一般为 6%～8%，基本上所有的厚河道砂岩中都含浊沸石胶结物，而且越向大巴山物源区浊沸石的含量越高，最高可达 20%（如万源石冠寺剖面）。在裂缝或断裂发育的部位，有机酸性水运移到河道砂岩中可溶蚀浊沸石并形成大量的浊沸石溶孔。

下沙溪庙组储层物性相对较好，孔隙度一般分布在 4.0%～6.0%，平均为 5.3%，渗透率一般小于 $0.1 \times 10^{-3} \mu m^2$，属于低孔低渗储层。在孔隙度分布直方图上，砂岩孔隙度主要分布在 4%～6%范围内，渗透率主要分布在 $0.05 \times 10^{-3}$～$0.3 \times 10^{-3} \mu m^2$ 范围内。根据野外样品和钻井岩心物性分析统计，万源-达州河道砂体发育带浊沸石溶孔发育，物性最好，孔隙度一般为 4%～5%，最高可达 11.2%；平溪和旺苍-阆中河道砂体发育带浊沸石溶孔发育较差，孔隙度相对较低，一般为 3%～4%。

## 二、成岩作用特征及其孔隙演化

### （一）成岩作用类型及其特征

通过对大安寨组、凉高山组和下沙溪庙组储集岩的显微薄片、铸体薄片、阴极发光、X 射线衍射、扫描电子显微镜、电子探针及包裹体等多项资料分析，探讨各种成岩作用类型及特征，发现影响川东北地区大安寨组、凉高山组和下沙溪庙组储层储集性能的主要成岩因素为压实、胶结和溶蚀三种作用。

1. 压实作用

通过大量薄片观察，与川中地区相似，川东北地区凉高山组和下沙溪庙组储层在成岩早期受到强烈的压实作用，从而导致储层具超低孔-超低渗特征。压实作用主要表现如下：①泥岩、千枚岩等软岩屑被挤压变形呈假杂基状；②部分长石、石英颗粒被压碎或压裂；③云母被压弯变形；④颗粒间主要为点-线接触和镶嵌状接触。

压实作用主要发生在早成岩 A 期。在压实作用下，颗粒多具定向排列，颗粒间为点-线接触或镶嵌状接触；显微薄片下常可见软岩屑（泥岩、板岩、千枚岩）被挤压变形，呈假杂基状充填在原生粒间孔隙中，云母常被压弯变形；刚性颗粒及解理发育的矿物被压碎或压裂。压实作用强烈的主要原因是上沙溪庙组为强烈的超补偿沉积，上沙溪庙组虽仅历时约 172～163Ma，但在川东北大巴山前沉积最厚达 2300 余米，在川中地区沉积厚 900～1500m，其沉积速率平均高达 160m/Ma。而正是由于上沙溪庙组快速而巨厚的沉积，导致了大安寨组、凉高山组和下沙溪庙组的储层经受了强烈的压实作用，使砂岩储层中的原生孔隙大大减少，形成大面积低孔低渗储层，只有在那些三角洲分流河道或厚河道砂岩中可以保存部分原生孔隙。

此外，早期的胶结物对压实作用也有一定的抑制作用。例如，在下沙溪庙组储层中，部分颗粒周边含有绿泥石衬边，由于这些黏土衬边形成时间早、相互支撑，对压实作用有抑制作用。但是，由于凉高山组和下沙溪庙组储层中石英等刚性颗粒的含量较少，故压实作用总体很强。

## 2. 胶结作用

通过显微薄片、扫描电子显微镜、电子探针、包体等分析结果表明，川东北地区大安寨组储层的胶结作用主要形成于早成岩阶段早—中期，形成的胶结物主要是亮晶方解石，方解石主要充填在介壳之间的原生粒间孔中；在后期构造裂缝发育的部位，这些亮晶方解石常常被溶蚀形成粒间溶孔；凉高山组和下沙溪庙组储层中的胶结作用主要形成于早成岩 B 期到中成岩 A 期。胶结物类型较多、含量较高，胶结作用较强。其中，凉高山组储层中胶结物主要由硅质、方解石和少量高岭石、水云母等黏土矿物组成；下沙溪庙组储层中主要以绿泥石黏土衬边、浊沸石、硅质、方解石胶结为主，少量水云母黏土胶结。

### 1) 绿泥石黏土衬边

绿泥石黏土衬边在下沙溪庙组砂岩储层中常见，而且主要发育在下沙溪庙组厚河道砂岩中，绿泥石胶结物主要以叶片状充填在粒间孔隙内或沿孔隙边缘生长，大小均一，一般为 3~4μm。在单偏光下呈浅黄绿色，但由于常被原油浸染，故呈褐灰色；薄片下统计，绿泥石含量较低，一般含量为 1%~3%。由于它是下沙溪庙组砂岩储层中最早形成的胶结物（早成岩 A 期），而且均沿颗粒边缘垂直生长，因此绿泥石黏土衬边对早期压实作用有一定的抑制作用，对原生孔隙的保存起到积极作用。但是，由于绿泥石为富含铁镁的硅酸盐类矿物，为了防止酸化液在与绿泥石反应过程中形成 $Fe(OH)_3$ 和 $Al(OH)_3$ 沉淀而堵塞孔喉，应对酸化液添加冰醋酸稳定剂，或其他一些铁离子络合剂，并尽可能缩短工作周期，避免形成沉淀而堵塞孔喉。

### 2) 浊沸石胶结物

根据野外、钻井岩心及扫描电子显微镜观察，发现川东北地区下沙溪庙组砂岩储层中普遍含浊沸石胶结物，其含量一般为 3%~8%，最高可达 18%。有机包体分析结果表明，浊沸石主要形成于早成岩阶段 B 期，紧接着在晚成岩阶段 A 期，凉高山组、大安寨组烃源岩中的有机质脱羧作用形成大量有机酸，沿着断裂或裂缝向上运移到沙溪庙组河道砂岩中溶蚀其中的浊沸石胶结物，形成浊沸石次生溶孔。近几年，川中地区沙溪庙组的勘探实践表明，现已找到的油藏大部分都聚集在这些浊沸石溶孔中。因此，探讨浊沸石的成因及分布规律，对沙溪庙组油气藏的成藏机理及油气富集规律研究具有重要意义。

砂岩储层中的浊沸石胶结物具非常发育的柱状节理，其形成时间又较早，大致为早成岩 B 期。之后，沿这些节理遭受有机质脱羧基产生的大量酸性水的强烈溶蚀，形成非常有利的浊沸石次生溶孔，这对川中地区下沙溪庙组超低孔-超低渗储层物性的改善起了非常重要的作用；当溶蚀程度中等或较弱时，因溶蚀不彻底而使岩心呈麻斑状；而当溶蚀程度很弱或未被溶蚀时，浊沸石胶结物主要呈嵌晶状充填于原生粒间孔隙中，通常表现为几个相邻的粒间孔隙中的浊沸石在正交偏光下同时消光。

### 3) 自生石英

自生石英是川东北地区凉高山组和下沙溪庙组砂岩储层中常见的一种胶结物，含量一般为 3%~4%，最高可达 8%。自生石英通常以自形晶体充填在粒间孔隙中，少部分以石英次生加大的形式出现，即围绕相应的石英颗粒表面向孔隙空间次生加大生长，但加大边多数不连续，发育程度弱—中等。

石英次生加大从早成岩期开始形成，发育时间一般为机械压实作用中期点接触开始出现前后，早于连晶浊沸石、碳酸盐胶结物开始形成的时间。镜下观察可见，在颗粒点状-线状接触部位不见次生加大边，非接触部位有次生加大边的存在，同时也可见次生加大边位于即将接触的颗粒之间，抑制了机械压实作用的进一步进行，这些都表明次生加大作用形成于颗粒点、线接触前后；连晶浊沸石、碳酸盐胶结物分布于次生加大边之外，抑制了次生加大的进一步形成。黏土杂基及自生黏土矿物的存在亦可抑制次生加大的形成。在黏土杂基及自生黏土胶结物发育的部位通常缺乏次生加大现象。

但是，充填孔隙状的自生石英一般形成时间较晚，通过测定自生石英中盐水包体的均一温度，其均一温度一般为 127～147℃。另外，在界牌 1 井下沙溪庙组砂岩样品中，发现自生石英胶结物中含有一些气烃包裹体。因此，自生石英的形成时间大致相当于晚成岩 B 期。

自生石英的物质来源可能有三种：①石英、长石颗粒压实压溶作用过程中析出的 $SiO_2$；②浊沸石溶蚀后析出的 $SiO_2$；③火山岩碎屑蚀变过程中析出的 $SiO_2$。但是，从图 10-17 可以看出，硅质胶结物与火山岩屑及浊沸石含量呈负相关关系，硅质胶结物和石英、长石含量呈正相关关系，依次说明硅质可能主要来源于石英、长石压实压溶过程和浊沸石溶蚀后析出的溶蚀 $SiO_2$。

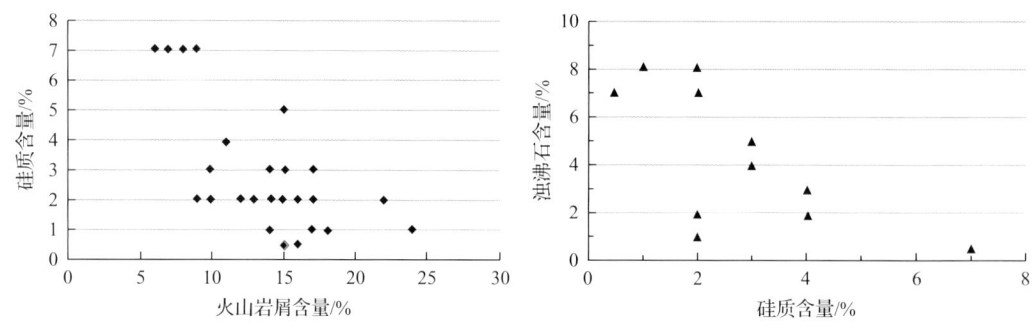

图 10-17 沙溪庙组硅质胶结与火山岩屑及浊沸石含量关系

4) 方解石胶结物

凉高山组和沙溪庙组储层中的方解石胶结物可分为两种：一是粉-细晶方解石；二是细-粗晶方解石。粉-细晶方解石胶结物主要出现在粉砂岩、细砂岩中，含量较高，一般为 10%～15%，局部含量在 30%以上，当含量超过 35%时，构成基底式胶结。该类方解石胶结物与强烈的交代作用有关，如方解石以交代长石和岩屑颗粒为主，交代成因的方解石中含有一定量的泥质，表面较脏，被交代的颗粒边缘具港湾状，而残存颗粒呈悬浮状分布于胶结物中。细-粗晶方解石主要为充填孔隙状，富含铁，在沙溪庙组砂岩中，偶尔见方解石交代浊沸石胶结物的现象，说明方解石形成时间晚于浊沸石。根据有机包体分析，充填孔隙状方解石胶结物中常含灰褐色的液烃包裹体，通过测试其中的盐水包体的均一温度，一般为 70～80℃，形成于晚成岩 A 期。

5) 伊利石、高岭石胶结物

伊利石和高岭石胶结物主要分布在凉高山组储层中，自生伊利石在扫描电镜下呈弯曲的片状、毛发状或不规则形态，高岭石一般呈六方片状。它们以交代长石颗粒或充填在粒间孔隙中。

3. 溶蚀作用

川东北地区大安寨组介壳灰岩储层、凉高山组和下沙溪庙组的砂岩储层，经过强烈的压实和胶结作用，其储层物性大大降低，但由于储集岩中含有大量易溶的方解石、浊沸石等胶结物，因而在烃源岩大量生烃前形成的有机酸性水作用，沿断裂或裂缝运移到储集岩层中，溶蚀介壳灰岩中的亮晶方解石、砂岩中的长石颗粒、浊沸石胶结物等，从而形成有利的介壳亮晶溶孔、浊沸石粒间溶孔、长石粒内溶孔，以及少量的火山岩屑粒内溶孔和黏土基质溶孔。这些次生溶孔构成了川东北地区大安寨组介壳灰岩储层、凉高山组和下沙溪庙组砂岩储层的主要储油气空间。

(二) 成岩孔隙演化

1. 成岩演化序列

通过对川东北地区大安寨组、凉高山组和沙溪庙组储集岩的显微薄片、铸体薄片、阴极发光、X射线衍射、扫描电镜、电子探针及包裹体等多项资料的分析，总结它们的成岩演化序列如下。

大安寨组介壳灰岩储层：机械压实→亮晶方解石充填→酸性水进入溶蚀→铁方解石充填。

下沙溪庙组砂岩储层：机械压实、绿泥石衬边、粉晶方解石→浊沸石和含铁方解石充填→酸性水溶蚀→铁方解石充填→硅质充填。

凉高山组砂岩储层：机械压实→石英自生加大→方解石和高岭石充填→酸性水进入溶蚀→铁方解石充填→硅质充填。

2. 孔隙演化

大安寨组介壳灰岩储层、凉高山组和沙溪庙组砂岩储层，随着埋藏深度的增加及温度的升高，在无机和有机成岩作用下，经历了早成岩阶段及晚成岩阶段，其孔隙也经历了由大到小、再由小增大的演化过程(图10-18)。据此，结合成岩演化序列，其孔隙演化可划分为四个阶段。

1) 同生期：原生孔隙基本保持阶段

该阶段沉积物粒间水与湖底沉积水相连通，成岩介质条件基本为弱酸性，原始孔隙度平均约为35%。该阶段发生的成岩作用主要是弱泥晶化、绿泥石衬边和菱铁矿的胶结，使早期沉积物弱固结，原生孔隙度虽有所减少，但减少的幅度不大。

2) 早成岩A亚期(沙溪庙组沉积末期)：原生孔隙急剧减少阶段

由于上沙溪庙组的快速沉积，使得大安寨组、凉高山组和下沙溪庙组的沉积，在上沙溪庙组沉积期末迅速埋藏，随着深度和温度的快速增加，在上覆地层重力的影响下，强烈的压实(主要是机械压实)作用使塑性颗粒变形，呈假杂基状充填在原生孔隙中，部分刚性颗粒碎裂，介壳灰岩中的介壳定向排列和发生定向排列，原生粒间孔隙急剧减少，储层孔隙度急剧降低至10%～15%。

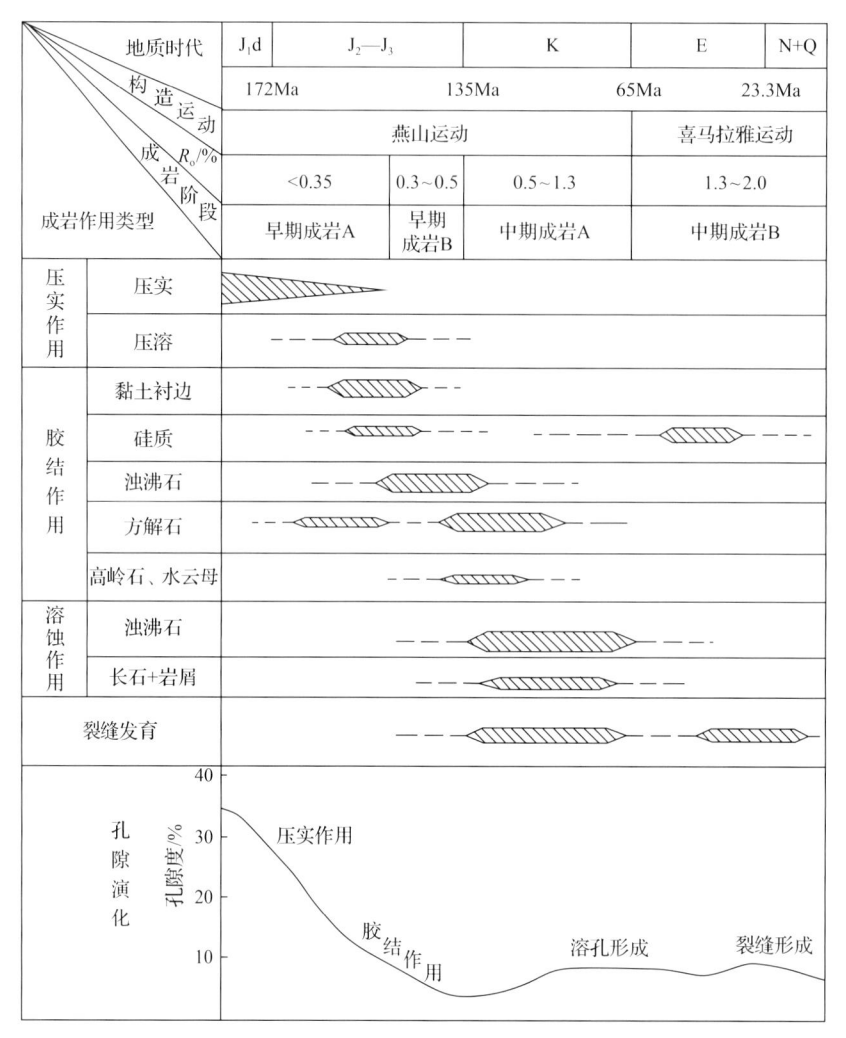

图 10-18　四川盆地凉高山组和沙溪庙组储层成岩孔隙演化图

3) 早成岩 B 亚期(侏罗系沉积末期)：强烈的胶结作用使原生孔隙进一步减少

随着深藏深度继续增加，机械压实达到极限，进而转变为化学压实及石英次生加大。该阶段储层孔隙水由弱酸性变为弱碱性，大量浊沸石、方解石和部分黏土矿物沉淀于残留的原生孔隙内，使孔隙度降低至 3%~4%。经过该阶段，原生孔隙基本消失，仅有少量残余粒间孔。

4) 晚成岩 A 期(白垩系沉积时期)：次生孔隙形成阶段

随着埋藏深度的增加，大安寨组和凉高山组的烃源岩有机质热演化开始进入成熟阶段，其产生的大量有机酸通过断裂或裂缝进入凉高山和沙溪庙组储层中，在有机酸性水的作用下，方解石、浊沸石及长石、岩屑等颗粒发生溶解，形成粒间浊沸石溶孔、长石、岩屑粒内溶孔、杂基内溶孔等次生孔隙，从而使储层孔隙度增至 3%~4%。燕山期、喜马拉雅期产生的裂缝叠加其上，使其成为裂缝-孔隙型储层。

## 三、储层分布特征

影响川东北地区大安寨组、凉高山组和下沙溪庙组储层性能的主要因素有沉积、成岩和构造作用三大因素。其中沉积因素是基础，它不仅控制着储层分布和原生孔隙数量，还影响着后期成岩作用的类型和强度；成岩作用是关键，它不仅影响储层储集空间的演化过程和孔隙结构特征，还决定了现今储层的具体分布特征；构造作用是条件，它不仅可以在一定程度上增加储层的孔隙度，还可以大大改善储层的渗滤能力，决定着储层的产能。

### 1. 大安寨介壳灰岩储集层

大安寨组介壳滩相是介壳灰岩发育的主要相带(图 10-19)。由于每个介壳滩的水动力条件不同，其介壳灰岩的累计厚度不同，泥质含量也不同。例如，开江介壳滩和绵阳-盐亭-阆中介壳滩沉积时，湖水动力强，介壳灰岩中的泥质含量较低，介壳灰岩累计厚度较大，厚度可达 40~50m，因此其介壳灰岩的储层物性相对较高，孔隙度一般为 1%~2%；巴中-平昌-税家槽介壳滩沉积时湖水动力较弱，介壳灰岩中泥质含量相对较高，累计厚度相对较薄，厚度一般为 25~30m，介壳灰岩的基质孔隙度一般小于 1%。当然，大安寨组的储物性除了沉积条件的影响外，构造作用的影响更大。

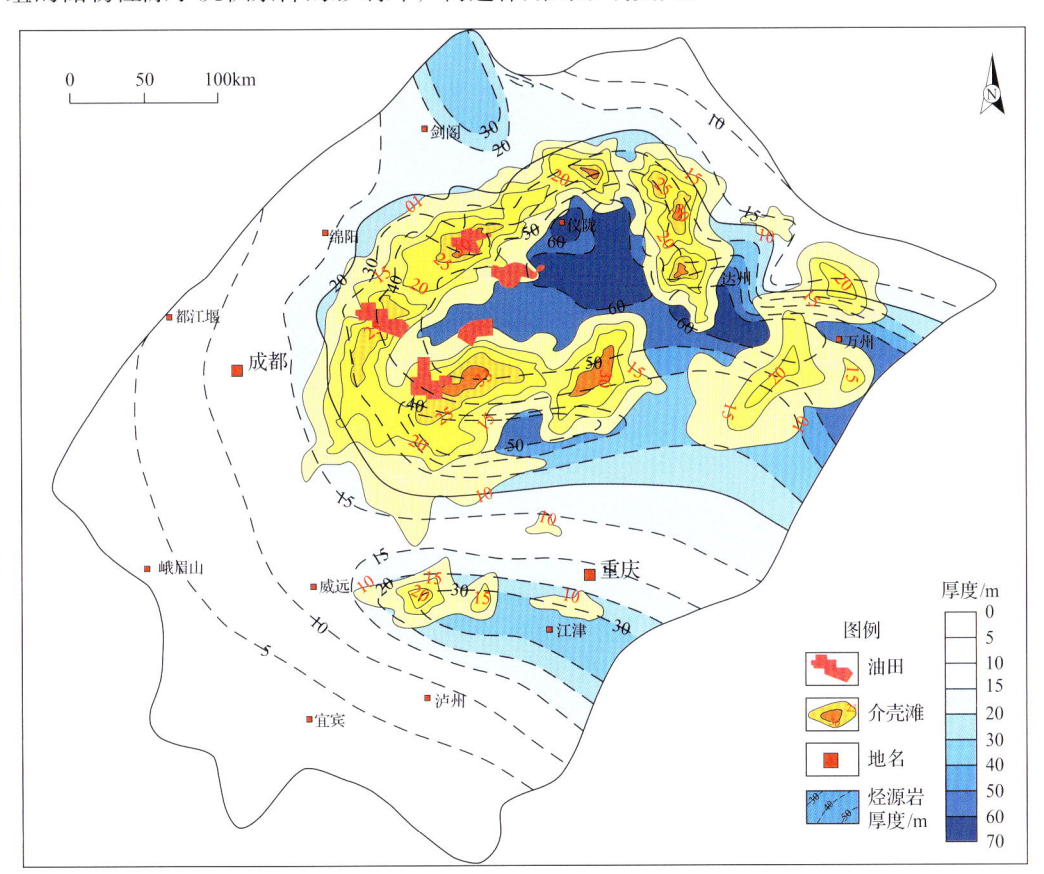

图 10-19 四川盆地侏罗系大安寨组介壳灰岩与油气田分布图

## 2. 凉高山组砂岩储层

凉高山组砂岩储层主要发育在靠近大巴山和米仓山物源区的三个三角洲相带中,其中三角洲前缘水下分流河道微相是最优微相带(图 10-20),而且水下分流河道砂体纵向上叠置厚度大,横向上砂体连通好。

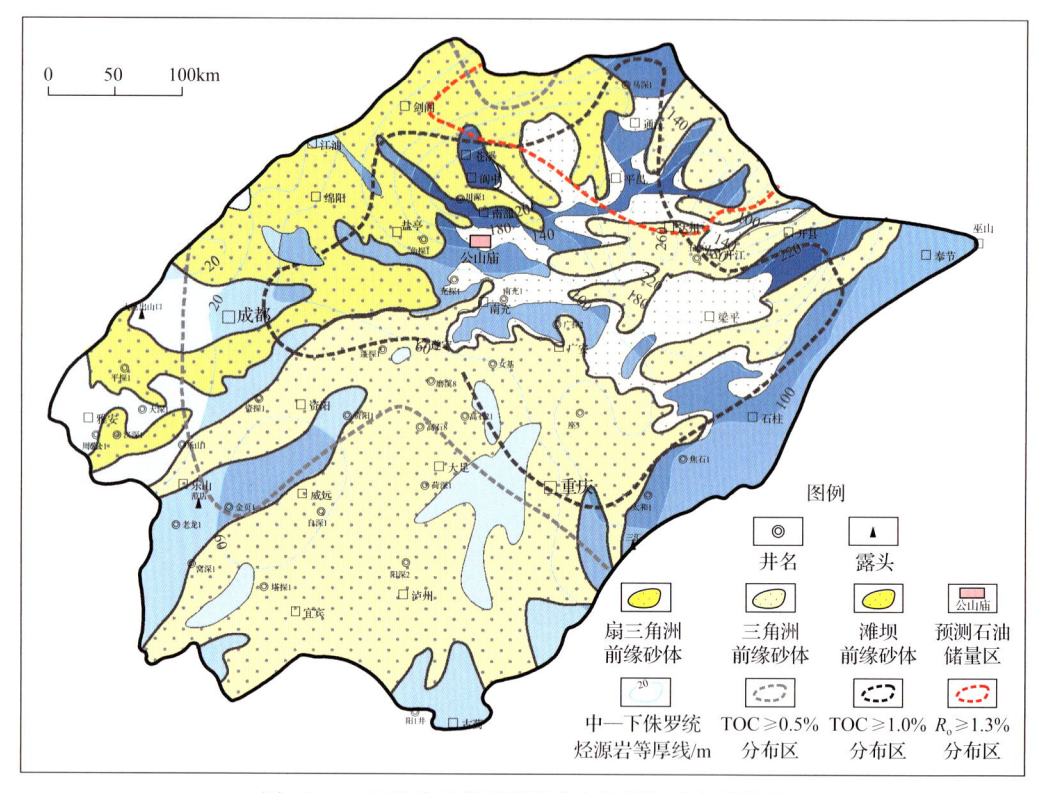

图 10-20 四川盆地侏罗系凉高山组储层综合评价图

## 3. 下沙溪庙组砂岩储层

下沙溪庙组砂岩储层主要以泛滥平原相中的河道砂岩为主(图 10-21)。但是,一般来说,薄(1~2m)的河道砂岩其储层物性较差,孔隙度一般小于 3%,而厚河道砂岩(大于 5m)的储层物性相对较好,孔隙度一般为 4%~6%,且厚河道砂体常常由多个向上变细的河道砂叠置而成。研究发现,厚河道砂岩中常常含绿泥石黏土衬边和浊沸石胶结物,由于它们均为成岩早期的胶结物,因此对强烈的压实作用有一定的抑制作用,在晚成岩 A 期,有机酸性水对浊沸石的溶蚀并形成浊沸石溶孔。而薄砂层中通常不含绿泥石衬边和浊沸石胶结物,压实作用强烈,原生孔隙基本消失,次生溶孔又不发育,因此储层物性很差。

## 四、侏罗系致密油聚集规律和主控因素

### (一)致密油生成与运移特征

**1. 早—中侏罗世处于湖盆广布的沉积背景,烃源岩及油气分布广泛**

大安寨期和凉高山期处于湖盆广泛分布的沉积背景,川中-川东北地区烃源岩较为

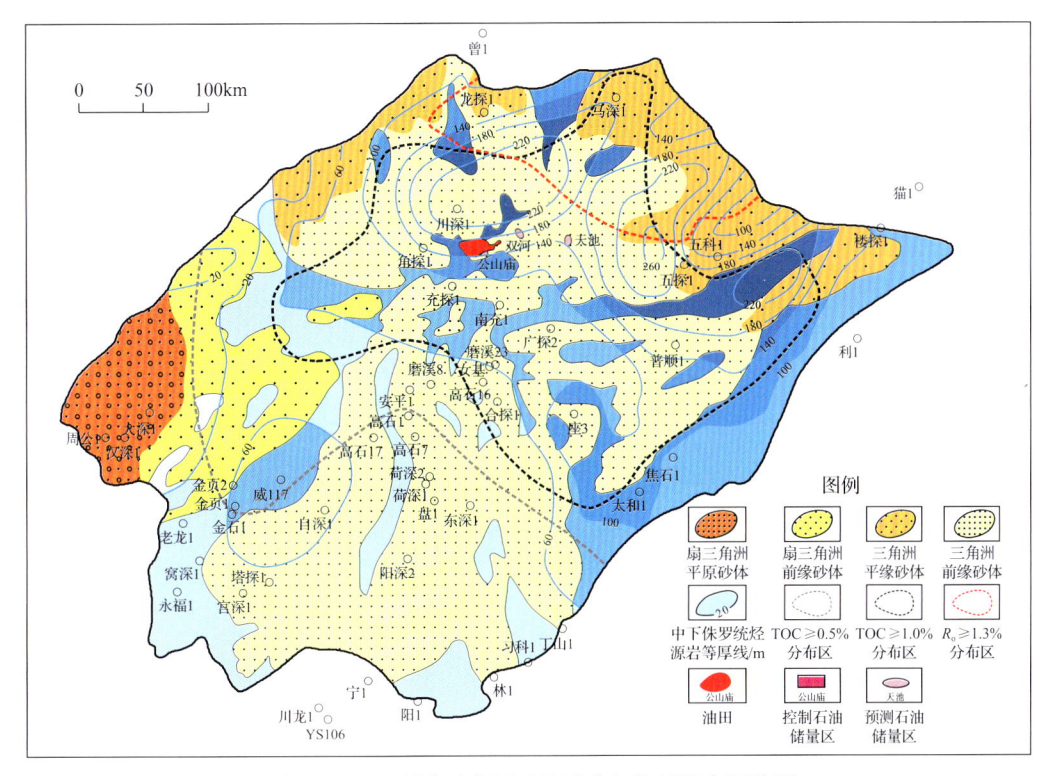

图 10-21　四川盆地侏罗系沙溪庙组储层综合评价图

发育，分布广、厚度大，有机质丰度高（多数 TOC＞1.0%）。在纵向上烃源岩分布层位多，包括凉高山组和大安寨组，在大巴山前发育有 $J$、$T_3$、$P_2$、$S_1$ 等多套多层烃源岩，横向展布范围广；有机质类型和丰度优于川中地区（图 10-22），致密油围绕生烃中心分布。

四川盆地侏罗系烃源岩成熟度有差异，南低北高。总体来看，北部以气为主，中部油气共生，南部以油为主，但不同地区、不同层系因有机质类型、烃源层的差异，油气分布规律复杂。

由于盆地北部构造平缓、烃源岩分布广、油气分散，要形成一定规模的工业油气藏，圈闭规模和储聚条件是两大关键要素，不仅要有一定规模的圈闭和储集空间，还要有大规模的运聚作用过程。在勘探中应注意在平缓中找古隆起、在砂泥或泥灰混杂的背景中找一定规模的岩性储集体。

2. 不同地区侏罗系具有不同的生排烃特征

盆地川东北不同区带由于所处的构造沉积环境不同，因而生排烃特征也明显不同。川北凹陷烃源岩埋深大，处于异常高压带，储层致密，故总体而言排烃不畅，表现为泥页岩低密度、高声波时差的特点，且氯仿沥青"A"明显偏高。这可从烃源岩及油气地球化学特征明显看出，川北凹陷凉高山烃源岩氯仿沥青"A"含量为 0.0040%～0.450%，明显高于大巴山前缘，如界牌 1 井凉高山烃源岩氯仿沥青"A"含量为 0.0030%～0.0051%。油气物性和组成特征也明显不同，川北凹陷如川 41 井凉高山组油的相对密度大（＞0.83），含蜡量高，黏度高，颜色深（一般为墨黑、黄绿、绿黄色），不透明，芳香烃含量高，初

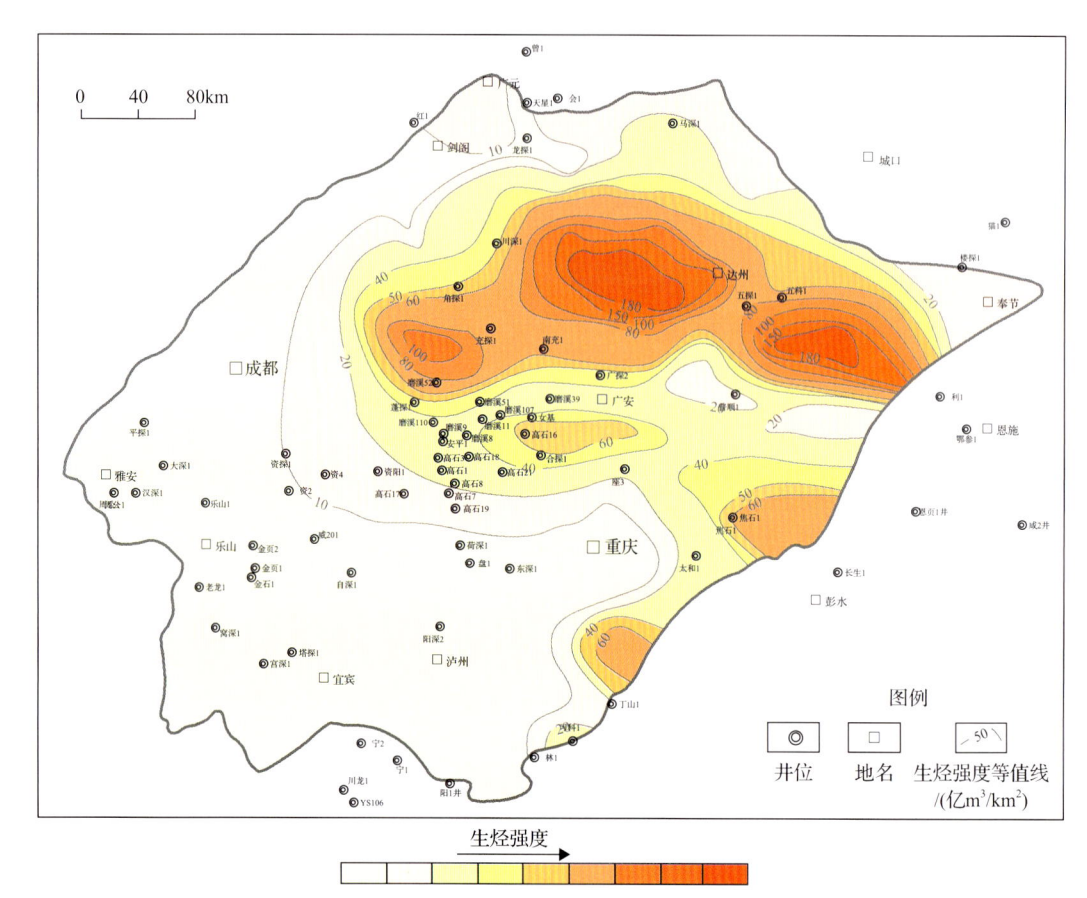

图 10-22 四川盆地侏罗系烃源岩生烃强度分布图

馏点高，馏程长，为重质原油。凉高山组的气，甲烷含量较低（78%左右），重烃含量高，属湿气或溶解气；大安寨组的气，甲烷含量高，相对密度小，多属凝析气。造成这种差异的主要因素可能是与生成石油的原始有机质类型、埋深、演化程度、运移距离及盖层好坏有关。而北部靠近大巴山前缘带，无论凉高山组和大安寨组的油气总体上油质轻、含蜡量较低，如川复52井凉高山组原油无色透明，相对密度小，为0.7631，汽油含量占50%左右，主要为烷烃和环烷烃，含量达96.05%，芳香烃含量较低，为3.95%，属轻质原油，天然气相对密度为0.6299，甲烷含量为87.97%，重烃含量较高。从已有烃源岩分析资料来看，川东北地区凉高山组烃源岩族组成中饱和烃含量明显偏低（5%～25%），芳香烃含量明显偏高（38%～65%），而川中地区截然相反（图10-23），饱和烃含量明显偏高（36%～82%），而芳香烃含量明显偏低（4%～22%），表明川东地区北烃源岩成熟度高，但通常情况下排烃不是很充分，取决于构造及断裂裂缝发育情况。

在大面积低孔低渗的储集背景下，又处于异常高压带，因此，油气排聚关键在于断裂和裂缝的存在。在断裂和裂缝发育区，由于异常压力的释放和驱动，油气将发生高效排聚，为运聚成藏提供了有利条件。

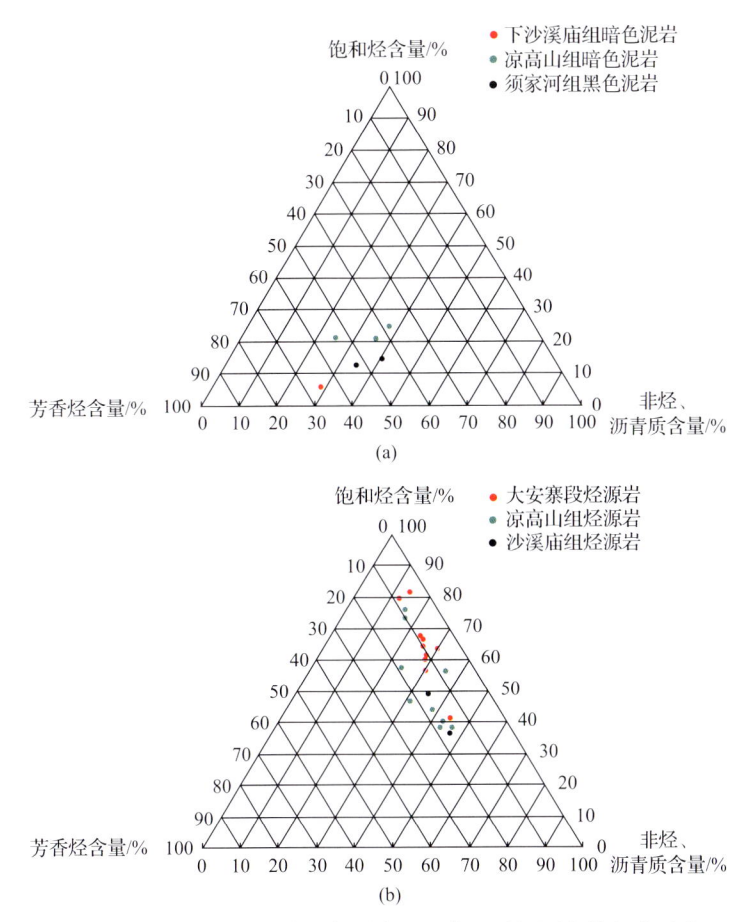

图 10-23　四川盆地川东北与川中地区侏罗系烃源岩族组成对比
(a)川东北地区侏罗系；(b)川中地区侏罗系

### 3. 有效烃源区分布广泛、就近运聚、就近补给

盆地川东北有效烃源区分布广，不仅工区东部沉积中心的厚层源岩是有效源岩，西部石龙场—仪陇地区的较薄层烃源岩也是有效的烃源岩，事实上盆地川东北存在两个生烃中心，分别位于巴中北和达州—宣汉。目前在石龙场、巴中和平昌地区所发现的凉高山组和沙溪庙组油气藏，其油气源主要来自本地的凉高山组半深湖相的较薄层烃源岩(120～180m)，而非东部沉积中心的半深湖-深湖相的较厚层烃源岩(160～200m)，因为川北地区西部仪陇—巴中—平昌一带也存在高丰度的优质烃源岩。由于早燕山期沉积中心的不断变迁，在凉高山中期沉积中心位于西部，沉积了一套有机质丰度较高(TOC 在 1.0%～2.0%以上)的泥页岩，凉高山中晚期沉积中心迁移到达州—万州—开县一带，沉积了一套厚度较大的泥页岩，晚燕山期沉积中心又迁移到西部地区，从仪陇—平昌区块的地震剖面来看，现今侏罗系仍是东高西低，向东抬起。以至于晚燕山期烃源岩达到生烃高峰时，油气由东向西运移的可能性不大。

### 4. 油气运移的动力、路径和方向

盆地北部总体构造平缓，油气运移受浮力影响有限，运移的动力除浮力以外，烃源

岩生烃形成的异常高压是油气运移的重要动力因素之一；运移的路径主要为断裂、层间缝或不整合面，基质中运移通道为微米和纳米级的微裂缝及喉道(图10-24)；运移的方向以垂向运移为主、侧向运移为辅，南北运移为主、东西运移为辅；运移的特征是：就近运移、就近捕获。因为仪陇-平昌凹陷油源主要来自原地凉高山组和大安寨组，而非来自东部凉高山组沉积中心的深湖-半深湖区，因为晚燕山期生油高峰阶段，侏罗系东高西低，东部烃源岩所生油气很难优先进入西部而发生由东向西的运聚作用。大巴山前缘带在燕山期由于川北前陆冲断作用，已有明显的构造起伏，因此，油气的运移受构造和浮力影响较明显，但侧向运移的规模不大。公山庙-营山北斜坡，油气以侧向运移为主，川北凹陷生成的油气沿着不整合面或断层面向南部斜坡方向运移。

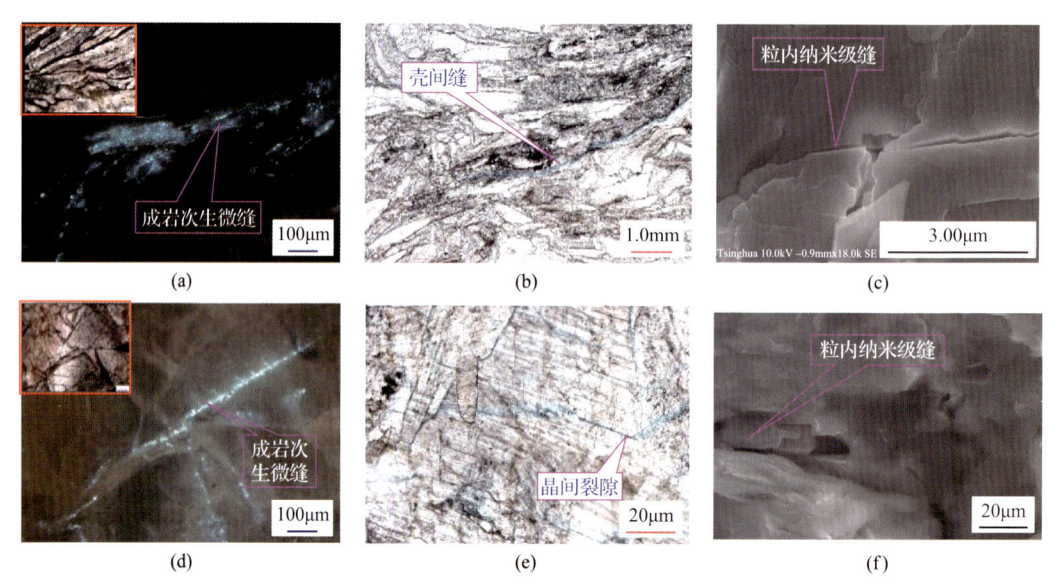

图 10-24 流体包裹体和环境扫描电镜揭示基质微缝作为致密储层基质中油气运移路径

以上不同区带的油气运移特征，决定了油藏规模和分布特征也明显不同。川北凹陷和大巴山前缘带因总体上就近运移、就近捕获，通常形成的油藏规模有限，且较分散，当然油藏规模还受储集体规模和动力裂缝发育程度制约。而公山庙-营山北斜坡带，由于存在大规模侧向运移，又有本地烃源补给，断裂裂缝、构造圈闭和岩性地层条件也非常有利，所以具有形成较大规模油气藏的条件。

(二)异常压力与致密油聚集

1. 侏罗系生烃凹陷处于异常高压带

钻井资料分析及前人研究结果表明，仪陇-平昌凹陷处于异常高压带。已有统计结果显示，川北侏罗系主要存在上下两层异常高压带(图10-25)，分别位于凉高山组中段和大安寨组中部，与其相邻纵向上存在上、中、下三个压力过渡带，是裂缝型油气藏的有利产层。

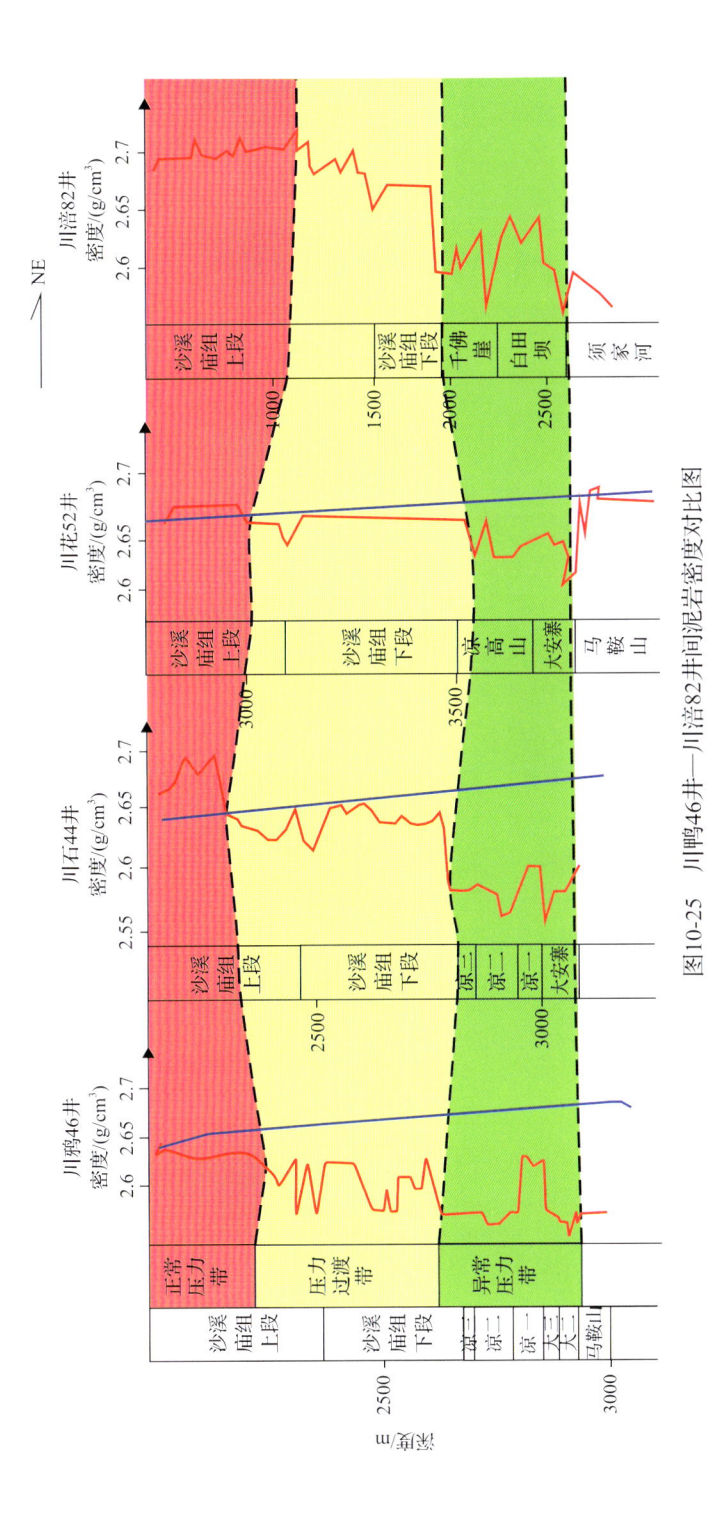

图10-25 川鸭46井—川涪82井间泥岩密度对比图

2. 异常压力在成藏中的作用

异常压力在川东北成藏中的作用：一是作为油气运移的动力；二是自辟运移通道；三是压力扩张形成泥页岩裂缝型储集空间。川北侏罗系主要存在上下两层异常高压带（图 10-26），与其相邻纵向上存在上、中、下三个过渡，是裂缝型油藏的有利产层。

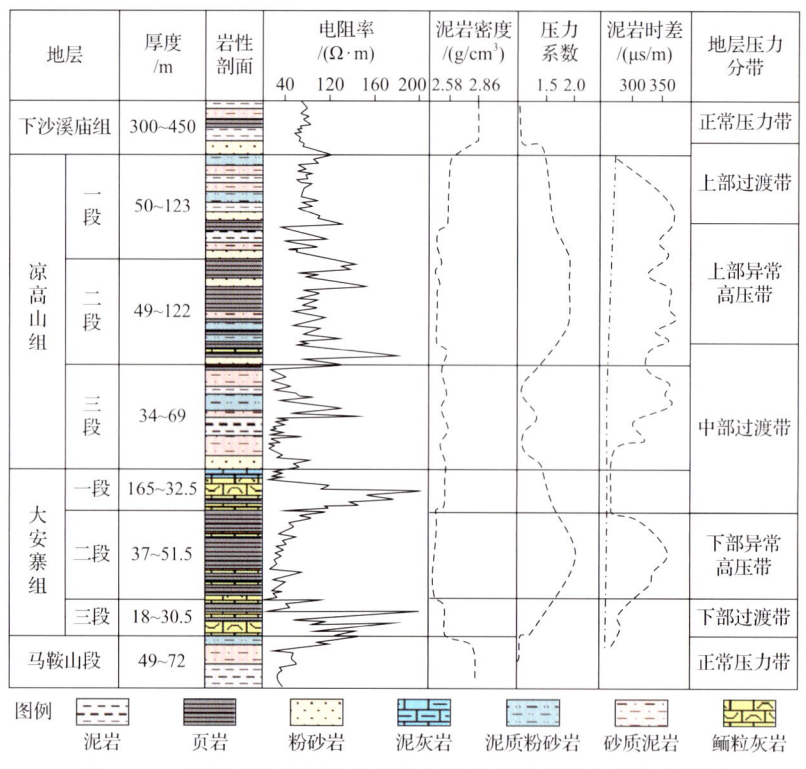

图 10-26 四川盆地北部主要目的层岩性及异常压力分带示意图

整个川北凹陷侏罗系凉高山组和大安寨组具有明显的异常高压特征，压力梯度一般为 1.4～1.8atm[①]/100m。压力过渡带内油气显示频繁，裂缝发育，其中裂缝主要是高压膨胀引发所致，多以水平缝和低斜缝为主，高斜缝和垂直缝较少，张开缝为主，充填缝较少（如石龙场、元沱构造等）。在川花 52 井和川石 44 井凉高山组泥页岩及泥质粉砂岩见到较好的油气显示，发生井喷和井涌，日产油 0.5～2t 不等，在川石 44 井大安寨组泥岩段也发现较厚的裂缝型油层（约 30m）。这两口井的产油层均是由于异常高压导致泥页岩或泥质粉砂岩发生膨胀效应产生的裂缝构成的储油空间。

3. 异常压力分带

根据钻井自然伽马、声波时差、泥岩密度、压力系数、异常压力梯度等参数的统计，将盆地川东北侏罗系地层压力划分为三个不同区带，大巴山前缘带为山前正常压力带（泄压区），川北凹陷为凹陷区异常高压带，川北与川中过渡带为斜坡区压力过渡带。凉高山组泥页岩或泥质粉砂岩裂缝型油气藏在平面上主要分布于凹陷区异常高压带。

---

① 1atm=101325Pa。

4. 侏罗系异常高压成因机制

从时间上来说，异常高压是成岩压实作用之后的烃源岩大量生油生气过程中形成；从流体类型上来说，高压层内所含流体不是水，主要是油气；从自生矿物类型上来说，黏土矿物为伊利石，而非富含水的蒙脱石；从异常高压属性上来说，属烃源岩晚期生烃增压，而非通常所认为的欠压实作用。

导致异常高压的主要因素是生烃增压，成油高峰期前生成的部分油气储集于邻近低孔隙储层中；成油高峰期后生成的大量油气排驱不出，造成生油层的所谓"欠压力实带"（异常高压带）和紧邻生油层的"混合压实带"（压力过渡带）。

次要因素是构造挤压，构造挤压具有双重效应，即增温和增压，盆地川东北侏罗系地温梯度低（平均为 2.18℃/100m），本来达不到与目前烃类流体类型（凝析油-湿气）相匹配的热演化程度，尤其川北凹陷区断裂和岩浆活动较弱，没有相应的异常热源，那么最有可能的是主要来自大巴山的构造挤压。

同样是泥岩晚期生烃，为何川中异常压力明显低于川北凹陷，原因如下。

(1) 增压效应不同：川北凹陷处于生烃中心，有机质丰度高、埋深大、生气强度高，增压效应明显。

(2) 封存条件不同：川北处于凹陷区，断裂不发育，规模有限，断裂多数上通至下沙溪庙组。而川中地区则明显不同，虽为低缓古隆起，但地震解释结果表明断层和裂缝非常发育，大断裂也非常发育，如公①号断裂等。这样烃源岩生烃所积聚的异常压力难以保存下来。

(3) 压力内部调整分配：一定层段内部的压力调整将使异常高压分散、减低，如在局部隐伏断裂和裂缝发育部位，使烃源岩晚期生烃所导致的异常高压没有完全保存下来，川中公山庙等构造存在隐伏断层这种情况，但压力内部调整分配对成藏有积极作用，若异常高压仅在下沙溪庙以下层位局部构造薄弱处释放，将有利于油气的排聚和成藏，如公 16 井、公 18 井下沙溪庙组砂岩油藏。若在通天断层发育处，则完全泄压为正常压力带，如公 1 号断层附近及大巴山前缘带。

(三) 川北凹陷致密油成藏规律与成藏模式

烃源岩有机质类型和热演化程度决定了川北前陆油气并存，南部以油为主、北部以气为主。南部的公山庙-营山北斜坡带与川中地区成藏体系特征较为接近，这里仅简要分析川北凹陷的成藏体系特征。

1. 成藏体系特征

从成盆角度来说，油气藏受内陆克拉通上叠盆地的短暂、主动沉降发展阶段的大型淡水湖盆向前陆前陆盆地转换的成油机制控制。在早中侏罗世大型淡水湖盆发育阶段，烃源岩分布广泛，提供了广泛的生烃基础，到中侏罗世前陆盆地发育阶段，砂岩覆盖于烃源岩之上，形成良好的生储组合，同时，由于地壳的振荡运动，形成砂泥间互，构成有利的生储盖组合。

从成烃角度来说，生油层分布广，有机质丰富，但沉降中心不断转移，使生油层厚度不大，既有一定数量油气生成又使油气分散，难以形成大规模聚集，从而使油气藏规模小，分布分散。

从成藏角度来说，属成岩后生油气藏，即成岩压实作用之后烃源岩才大量生烃，聚集成藏，表现为储层成岩演化与生烃演化的不协调性，导致油气层系多、不规则、油气分布分散而又不均匀，并且只产油气，不产水。

从油气藏类型角度来说，类型多样，有构造-岩性油气藏(大安寨介壳滩)、岩性油气藏(大安寨)、高压裂缝型油气藏(大安寨组、凉高山组裂缝发育带)、早期古构造油气藏(成岩压实作用之前)和早期岩性油气藏(生油区内的有利砂体)。

2. 成藏条件与油气藏特征

(1) 构造条件：川北凹陷区域构造稳定，后期褶皱平缓、微弱，断裂活动弱，但小断层和裂缝较发育。大巴山前缘构造活动剧烈、形变复杂。不同的构造带油藏类型和成藏模式不同，前者不完全受构造控制，为岩性油气藏或构造-岩性油气藏，后者受构造控制作用明显。而南部的公山庙-营山北斜坡带处于二者之间，为构造背景下的岩性油气藏或构造-岩性油气藏。

(2) 温度条件：地温梯度低、油气生成迟缓，生烃高峰来得晚。如上所述，成油高峰前生成的部分油气储集于邻近低孔低渗储层中，成油高峰期后生成的大量油气排驱不出，造成生油层的异常高压带和紧邻生油层的压力过渡带，结果构成川北凹陷大范围的各种岩类(砂岩、泥质砂岩和泥页岩等)超低孔、微裂隙储油。由于在成岩压实作用之后烃源岩才达到成熟阶段，运聚成藏，所以这类油藏属成岩后生油藏。

(3) 压力条件：目的层埋深较大，又处高压异常带，具良好的封闭系统(压力封存箱)。异常压力有两种效应：一是具有良好的封闭性能，构成压力封闭；二是异常压力导致泥页岩或泥质砂岩构造薄弱带发生膨胀产生裂缝，形成裂缝型油气藏。

(4) 生储组合：油气多为自生自储、就近运聚，部分具有侧生邻储的特点，如大巴山前缘带以自生自储为主而公山庙-营山北斜坡带则主要为侧生邻储。

(5) 油气产状类型：①重质原油及少量溶解气(工区南缘斜坡)；②轻质原油和大量溶解气(双河场-税家槽)；③大量含重烃的湿气和少量轻质原油(工区南缘斜坡、仪陇-平昌)；④凝析油气共存(仪陇-平昌、大巴山前缘)；⑤凝析油气与干气共存(大巴山前缘带，油气源可来自下部多层系高过成熟烃源岩)。

3. 成藏模式

四川盆地侏罗系油气藏形成受油源区分布、断裂和裂缝、储集体展布及其物性三重因素控制。其中，断裂及其共生裂缝在油气藏形成，特别是富集高产区块的形成过程中，起关键性作用；(低角度)断裂及其共生裂缝与下沙溪庙组—凉高山组—大安寨组之间的假整合或沉积间断面，对油气运移、输导和聚集成藏起了决定性作用。综合成藏主控因素与成藏各要素间的时空配置关系，针对该区油气藏的勘探实际，编制了川中地区侏罗系油气成藏模式示意剖面图(图10-27)。

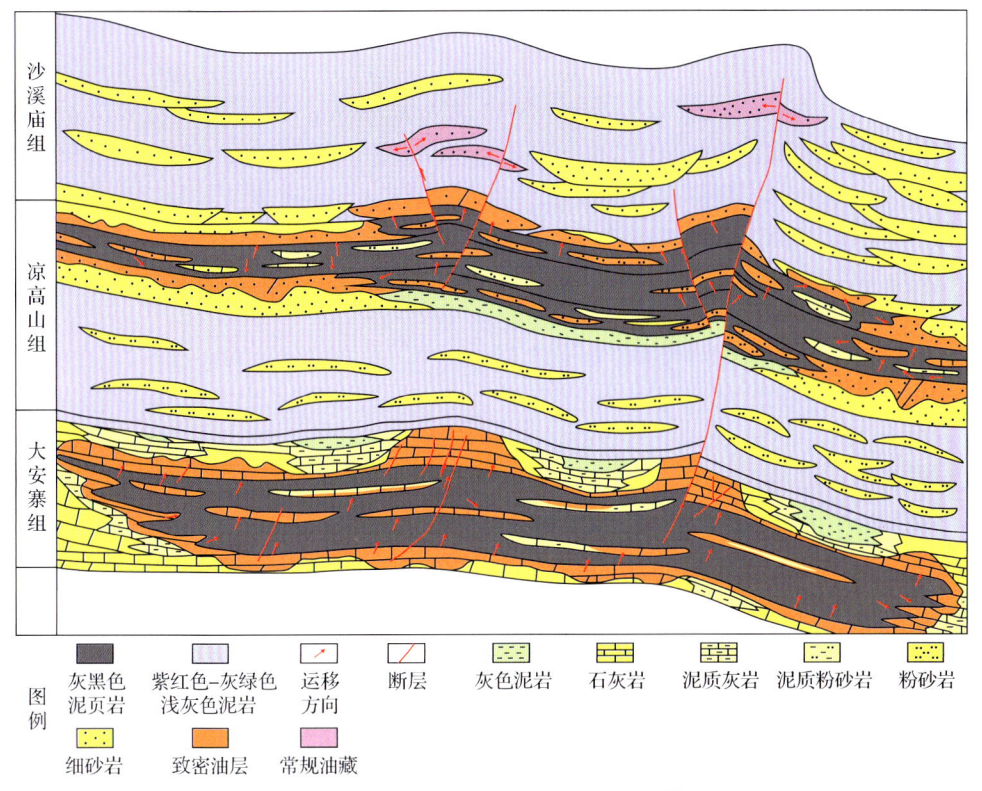

图 10-27 四川盆地侏罗系致密油富集模式

川中-川东北油气源为原地的凉高山组和大安寨组泥页岩,基本不存在横向运移的情况,即使有横向运移,距离和规模也较小。

该区介壳灰岩较发育,介壳滩分布较广、厚度较大,形成自生自储的致密油和页岩油,储集空间受介壳滩的孔洞和裂缝控制,构造控制作用主要表现为断裂及裂缝对生油区和储油区的沟通。凹陷内虽然介壳滩分布较广、厚度较大,但单层介壳滩或单层油气藏在横向上延展并不大,仍表现为滩朵状,而非整体连片的层状油气藏。

凉高山组油气成藏具有独特之处,即存在泥页岩裂缝型油气藏,尤其川北凹陷主体部位构造活动相对较弱,异常压力保存较好,凉高山组和大安寨组泥页岩晚期生烃增压,导致泥页岩膨胀破碎、产生裂缝,以至于在异常高压带上下的压力过渡带内形成压力封存箱,形成泥岩裂缝型油气藏。

储层致密,油气产出主要靠裂缝。凉高山组裂缝发育带甚至泥页岩裂缝均具有较好的含油气远景。龙场构造川 30 井、川 41 井、川 42 井处于背斜构造北翼向北拱起地带,尤以川 41 井及其附近是由 NE 向与 NW 向构造线交叉复合地带,各种裂缝系统较发育,交叉复合,油气显示较好。

沙溪庙组油气藏断裂较发育,但多数断裂仅断穿到下沙溪庙组,油气藏多分布于沙底"关口砂岩"中及其以上的沙一段,上沙溪庙组因缺少油源断裂导通,油气运聚成藏的可能性不大,仅在有油源断裂沟通的地方才有可能。川北凹陷区下沙溪庙组断裂裂缝的发育程度较南部斜坡和大巴山前缘弱,局限于下沙溪庙组的隐伏断层发育,成藏条件有利。

(四) 油气富集规律

1. 沙溪庙组油藏

沙溪庙组总体为泛滥盆地相，在工区北部发育三个主河道砂体，通过以上分析可知，由于南北成藏条件和成藏模式的差异性，故不同区带油气富集规律也有所差异。盆地川东北侏罗系油源充足，但沙溪庙组自身不具备生烃条件，故自下而上的油源断裂的存在对油藏的形成起着关键作用，此外，沙溪庙组储层总体上具有低孔低渗特征，因此，局部高孔地段或裂缝发育带是油气富集的有利地区。

1) 有油源断裂沟通且有砂体发育的部位是油气成藏和富集的有利部位

四川盆地川东北已有钻井显示情况表明，沙溪庙组油气显示均受裂缝和砂体发育控制，如石龙场构造川41井中下侏罗统断裂和裂缝较发育，下沙溪庙组和上沙溪庙组中粗粒砂岩中分别有油斑和油迹显示。川中地区及公山庙的勘探实践也证实了这一点。

2) 局部构造或构造变形明显部位有利于油气的运聚成藏

虽然川中和盆地川东北油气富集不完全受构造控制，但同等条件下，构造高部位或构造变形明显部位还是更有利于油气的运聚成藏，因为这些构造部位断裂和裂缝较发育，同时，目前发现的非构造高点油藏在地质历史时期可能是处于构造高点。本区川中地区已发现的断层多分布于正向构造上[①]。石龙场构造川石43井下沙溪庙组岩屑长石中粒砂岩中为斑状含油气层，该井位于金垭高点处，小断裂和裂缝相对较发育。

3) 油源断裂-砂体-裂缝三者匹配是油气富集高产的有利地区

上已述及，沙溪庙组本身不具备生烃条件，所以油源断裂的存在是下沙溪庙组油气成藏的前提条件。川北凹陷下沙溪庙组主体为泛滥盆地相沉积，虽发育三个主河道砂体，但总体胶结致密，具低孔低渗特征，所以有利砂体的分布十分局限。同时，裂缝的存在对于低孔低渗砂体储集性能的改善具有至关重要的作用。所有油气的高产富集的关键条件组合是油源断裂-砂体-裂缝的有效匹配。川北凹陷由于勘探程度低，下沙溪庙组至今尚未发现工业油气藏，但已有的钻井油气显示表明，在有油源断裂和砂体的情况下，油气显示级别取决于裂缝的发育程度。如川石41井下沙溪庙组裂缝发育，油气显示普遍见油斑，而川花52井因沙溪庙组裂缝不发育，没有显示。公山庙地区有裂缝发育部位明显高产，无裂缝显示较差。

4) 不同区带油藏分布层段有所差异

川北凹陷小断层和裂缝较发育，但大断裂不发育，多局限于下沙溪庙组，断穿上沙溪庙组的断裂不多，故下沙溪庙组上部及上沙溪庙组油气显示级别较低甚至无显示，主要集中于下沙溪庙组底部。但在大巴山前缘带由于大断裂发育，在上沙溪庙组有可能存在油气藏，但保存条件要求严格。

2. 凉高山组油藏

1) 公山庙-营山北斜坡和大巴山前缘带

烃源岩-砂岩-裂缝的有利匹配是该区油气成藏和富集的关键因素。

---

① 陈更生，张健，廖曦，等. 2002. 川西白马庙地区侏罗系气藏综合评价研究（内部报告）. 成都：西南油气田公司.

在盆地川东北范围内，这两个地区相对来说砂体较发育，但砂岩成岩作用强烈，仍属低孔低渗储层，储层的建设性改造作用主要靠裂缝。石龙场构造川41井凉高山组已获得工业油流，测试日产油2.506m$^3$、日产气3132m$^3$，该井区凉高山组地层横向变化不大，岩性、岩相简单，油气主要受构造裂缝的控制。

公山庙以北地区，凉高山组烃源岩-砂岩-裂缝的有利配套是油气成藏的必要条件。从阆中地区现有各井的实钻资料来看，凉高山组中部都有一套保存极好的深水湖相黑色页岩建造，这套深色页岩富含有机质及生物碎屑，有一定的厚度和分布面积，是一套良好的生油岩。在这套生油岩中间及其上下，层间裂缝、构造裂缝十分发育，还间有楔状粉砂岩及砂岩体，可作为油气运移的良好通道和储集场所，故阆中及东南部相邻的石龙场地区油气显示较好。

2) 川北凹陷中心泥页岩或泥质粉砂岩裂缝发育带是裂缝型油藏形成的有利地区

钻井资料揭示川北凹陷泥岩微裂缝较发育，孔隙度也较高，甚至高于同层的砂岩孔隙度，因此，川北凹陷裂缝是油气储集和成藏的关键条件，如川花52井凉高山期处于半深湖相区，虽储集性能差，但凉高山组泥页岩裂缝发育，并且泥页岩孔隙度也较高（1.7%～5.3%），高于砂岩的孔隙度（0.8%～2.6%），所以油气显示良好，日产油0.5～1t。

位于石龙场构造和万年场构造之间的川柏54井，开始钻进过程中使用的是相对密度为1.26的泥浆，中途发生强烈井涌，为防止井喷，后来用相对密度为1.6的泥浆并逐渐加入重晶石粉11t，但仍未能压住，产生强烈井喷，放喷108h喷出混合原油总产量约1100余吨。油气富集的原因是凉高山晚期处于浅湖相，砂泥间互，并且处于斜坡带的上倾方向，裂缝又发育。因此，作为低孔低渗条件下的油气层，获得高压油气流，构造裂缝起主要作用。

川复56井也是如此，凉上段的气层、裂缝十分发育，其宽度有达1cm以上者，裂缝内存在完整的无色透明的石英双锥晶体，表明裂缝存在的时间较长、空间较大。同时，凉高山组气层具有明显的超压现象，根据凉上段钻进中喷气和压井资料，推测压力系数高达1.48，按照泥岩密度回归方程计算的压力梯度为1.68atm/10m。因此，该井区裂缝的存在既有构造因素，又有异常压力因素。从地质录井来看，川复56井裂缝较发育，油气录井显示也并不亚于川柏54井，但川复56井却没有理想的油气显示成果，其原因是川柏54井在钻进凉高山组上部前没有加重泥浆，当钻遇井喷后也没能及时压井，而任其畅喷，油气层得到充分解放，测试工作也比较及时，故效果很好，而川复56井在钻遇油气层之前，为防止井喷提高了泥浆相对密度，在揭开油气层后又采取了压制的措施，虽有显示，但实际上油气层仍处于受压制状态，再加上测试不够及时，油气层受浸泡污染的时间太长，因而测试效果不好。但不可否认川复56井凉高山组具有较好的油气潜力。

3) 三角洲水下分流河道砂体与泥页岩有利匹配的地区是有利勘探区块

三角洲水下分流河道砂体发育带的南端是有利部位，凉高山组沉积相带展布具有和松辽盆地南部三角洲前缘带类似的特征。目前松南三大前缘带区带资源18亿t，已探明近10亿t，剩余区带资源8亿t，近几年可找到3亿t。尽管这两个地区的沉积微相发育模式和储层物性有一定差异，但其生储盖组合类型基本相近，预示着四川盆地川东北地区一定的勘探前景，但因储层物性较差，故裂缝的存在是油藏形成和高产的关键。

3. 大安寨组油藏

1)油气区域分布受沉积相带控制

整个四川盆地中北部早侏罗世大安寨湖盆沉积相带在平面上具有明显的环带状展布特征，凹陷中心为半深湖亚相环境，位于仪陇-达州一带，向外依次为浅湖-半深湖、滨浅湖-浅湖、滨湖及淤积平原亚相区，沉积相带的展布控制了沉积物的分布。湖盆中心生油条件好，但介屑灰岩不发育；远离湖盆中心地带，生油岩不发育的地区，钻探效果差，如营山、龙女、合川、税家槽等地区。仪陇-盐亭-遂宁地区位于大安寨湖盆沉积体系北环带的浅湖相，水体动荡较浅，故介壳滩非常发育，同时毗邻生烃中心，构成有利的生储组合，具备致密油有利的聚集条件。

2)油气富集区块受高能滩微相及裂缝发育带控制

介壳灰岩是川北凹陷大安寨组的主要储集岩类型，而介壳或介屑灰岩的分布严格受高能滩微相的控制，高能滩微相是大安寨有利储层发育和高产井分布的主要地区。由于大安寨油气具有就近聚集的特点，因此处于有利沉积相带中的高能滩微相，储层发育，是钻探效果较好的地区。石龙13井和石龙15井大安寨组为处于局部古隆起背景下的高能滩相沉积，油气生储配置有利，石龙13井产油80.4t/d，产气6.5万m$^3$/d；石龙15井产油24.3t/d，产气4.09万m$^3$/d；石龙16井产油40t/d，产气0.56万m$^3$/d。西部邻区的金华油田西端金34井—金61井之间湖退期形成的北西向高能滩，中台山地区角84井—狮1井湖进期形成的北西向高能滩，台2井—年9井湖退期形成的近东西向高能滩和莲池油田湖退期形成的近东西向高能滩，工业井成功率达80%以上，其中高产井成功率高达75%。

可见，沉积相带控制了油气产出的区域分布，高能滩微相区及迎浪面指状高能滩控制了介屑灰岩的发育分布，是储层纵向分布较集中，生储条件良好的油气相对富集有利区块。

3)局部构造变形明显、裂缝发育部位是油气富集和高产的关键因素

大安寨组介壳灰岩基质孔隙度低，储油主要靠裂缝。由于大安寨储层具有显著的非均质性特征，在有利的岩性岩相带内，区块的稳产能力及油井产能的高低，并不受局部构造圈闭的严格控制，也与构造位置高低无关，无论背斜、向斜、高点、低点都可获得高产井、高产片区。显然，在有利的岩性岩相区块内油气富集与高产受裂缝发育程度的控制。川43井对大一亚段储集层采取解堵酸化和小型压裂酸化措施后，进行了测试，获得日产油10余立方米、日产气9万m$^3$，但由于钻井泥浆相对密度达1.685，且油气藏未能完全解堵漏如油气层的泥浆未吐净等因素，所得油气产量数据明显偏低，不能反映真实产能。该井岩心裂缝和溶洞发育，并且其发育程度与油气显示级别正相关，储集类型为孔隙-裂缝型。

在构造受力较强、变形明显的地区，裂缝相对发育，若处于高能滩相发育部位，生储组合条件良好，则勘探效果好。如石龙13井位于阆中市老鸦构造张家湾高点北部斜坡上，附近有多个高点(背斜)及鼻状构造，构造变形明显。该处附近的局部构造基本上是在印支期后的古隆起地区发育起来的，经历了燕山和喜马拉雅两期不同方向的构造应力作用，产生了一系列不同方向不同期次的褶皱、裂缝，为油气的高产富集提供了有利条

件。西部的金华油田西端向南西转折部位、中台山、狮子场、万年场一带也是如此，均是钻探效果较好的地区。

介壳灰岩与泥岩薄互层区，由于生油条件充分，在构造受力强、裂缝发育的地区，补偿了薄层储层储集厚度的不足，亦能形成油气的相对富集。而强构造受力条件是川中大安寨油藏薄互层地区勘探的首要考虑因素。即使在灰页岩薄互层区，如金华及八角背斜附近，大三亚段及大一亚段底部灰岩质较纯，介屑灰岩单层厚度一般为 2～3m，石灰岩总厚一般为 10～15m，灰泥岩比大于 1：4，由于成岩阶段差异压实作用较强，局部构造变异显著，为后期裂缝的进一步改造提供了良好的条件，如金 3 井大一亚段裂缝系统、金 1 井高产部位等。

4) 裂缝是大安寨组储油和富集高产的决定性因素，大安寨组泥岩和砂岩层也不例外

在油源和其他运聚条件具备的情况下，只要有裂缝，泥岩和砂岩也可储油。川北凹陷大安寨组岩石致密，即使介壳灰岩，其基质孔隙度也较低，多数在 1%左右，且不超过 2%，油气储集主要靠裂缝，裂缝发育部位泥岩也可储油。本次研究表明，川北凹陷大安寨组无论滨浅湖相，还是半深湖相，泥岩的孔隙度(1.7%～3.1%)均大于同层石灰岩和砂岩的孔隙度(0.8%～1%)，如川石 44 井，大安寨组裂缝发育，槽面显示油气浸、井口涌浆，为裂缝含油气层。中途测试，日产油一般为 0.5～1m$^3$。

到了大巴山前，大安寨组的岩性发生了明显的变化。从川北凹陷至大巴山前缘带，岩性由泥岩和介壳灰岩过渡到含介壳的粉砂岩。油气聚集成藏主要受砂体、裂缝和保存条件制约。

## 参 考 文 献

邓宏文. 1995. 美国层序地层研究中的新学派——高分辨率层序地层学. 石油与天然气地质, 16(2): 89-97.
杜金虎, 徐春春, 汪泽成. 2010. 四川盆地二叠—三叠系礁滩天然气勘探. 北京: 石油工业出版社.
罗孝俊, 杨卫东. 2001. 有机酸对长石溶解度影响的热力学研究. 矿物学报, 21(2): 6.
应凤祥, 杨式升, 张敏, 等. 2002. 激光扫描共聚焦显微镜研究储层孔隙结构. 沉积学报, 20(1): 75-80.
郑浚茂, 应凤祥. 1997. 煤系地层(酸性水介质)的砂岩储层特征及成岩模式. 石油学报, 18(4): 19-25.

# 第十一章 大油气田分布规律与勘探方向

四川盆地是在扬子克拉通基底上发育起来的大型叠合含油气盆地，天然气资源丰富，是我国天然气资源战略的主战场，本次研究系统总结大气田形成条件与分布规律将对深化天然气勘探意义重大。本章在前面章节论述基础上，重点介绍复合含油气系统、碳酸盐岩大气田分布规律及成藏组合评价方法，最后指出大气田勘探方向。

## 第一节 复合含油气系统

赵文智院士将中国叠合含油气盆地含油气系统，按照系统形成的不同阶段所处盆地性质、类型与继承、转化与改造的程度及其中发育的生烃源岩层系数量、生烃和成藏期次与油气发生调整、破坏与窜通的变化等，基本上可以分为三大类(赵文智，2002)：简单含油气系统、复合含油气系统、复杂含油气系统。其中，复合含油气系统是最具中国叠合含油气盆地特点的含油气系统类型，是指由多期继承或跨越重大构造期的多套生烃层系的生烃、成藏与调整变化过程所形成的含油气系统。存在着由多期生烃、成藏与已经聚集油气藏的调整变化所决定的关键时刻；来自不同生烃灶的油气除形成各自独立的油气藏而外，一部分油气在某些共享的区带和目标中发生混合聚集，或到了基于"源控论"的思想而无法准确预测的地方。含油气系统的划分已经不能简单地从生烃灶的确定开始，通过对油气从生烃灶排出到圈闭中聚集的简单过程追踪就能客观确定下来的。即便是以源灶为核心，划分了独立的含油气系统，实际上，由于一部分油气已经窜至系统以外的目标中聚集，也很难基于含油气系统的划分来客观预测系统内的油气资源潜力与分布。对于这类含油气系统，必须根据油气窜通的空间范围，并考虑发生油气窜通各系统中独立油气聚集涉及的空间范围，综合划分含油气系统的边界，并以复合含油气系统命名，除表示与简单含油气系统的区别而外，也蕴含了由多个发生油气窜通的半独立含油气系统复合构成的含义。

本书第八章至第十章，基于烃源灶为核心的含油气系统划分方法，将四川盆地划分为多个独立的含油气系统。然而，对于上扬子地区而言，多期盆地演化具良好的继承性，使海相烃源岩与湖相烃源岩在空间上有着良好的叠置关系。区域性稳定分布的优质盖层，又使各套烃源岩形成了相对独立、烃类流体窜通不明显的独立含油气系统。但中新生代以来的构造运动，在盆山接合部位及区域大断裂带部位，断裂和裂缝的沟通作用，使独立的含油气系统内流体又发生局部窜通与复合，形成复合含油气系统。这一认识不仅有利于客观评价含油气系统，同时对选区评价也具有重要参考价值。

### 一、多个生烃灶叠合分布

四川盆地纵向上发育八套烃源岩层，其中 $Z_2dn$、$P_1$、$T_{1+2}$ 主要为碳酸盐岩烃源岩，

$\epsilon_1$、$S_1$、$P_2$、$T_3$ 和 $J_1$ 主要为泥质岩烃源岩。上述烃源岩层系在剖面上叠置或平面上叠置或交叉，多套烃源岩叠置区构成了主生烃灶。

烃源岩生烃潜力指数(source potential index，SPI)用于反映烃源岩生成油气的能力，其定义是指地下单位体积的成熟烃源岩生成油气的最大数量，单位为吨烃/平方米($t\,HC/m^2$)。利用 SPI 可以进行生烃源岩潜力平面变化的评价。

寒武系烃源岩 SPI 值中心主要分布在德阳-安岳裂陷中，最高值可达到 $400\sim500t\,HC/m^2$；在绵阳—南充—涪陵一带为低值区，$<50t\,HC/m^2$，大巴山前缘巴中—达州一带中等，为 $100\sim200t\,HC/m^2$。志留系烃源岩 SPI 值主要分布在川东及川南地区，并呈现两个高值区：川东南的泸州高值区，SPI 值为 $200\sim500t\,HC/m^2$；川东的万州-达州高值区，SPI 为 $200\sim400t\,HC/m^2$。下二叠统碳酸盐岩烃源岩 SPI 值在全盆地变化较小，多在 $100\sim200t\,HC/m^2$ 间变化，但在内江、万州地区相对较高。上二叠统烃源岩的 SPI 值存在川南和川中两个高值区，前者在乐山—宜宾一带，为 $400\sim600t\,HC/m^2$；后者在遂宁一带，为 $300\sim400t\,HC/m^2$。上三叠统烃源岩主要分布在川西拗陷，SPI 值以川西中南部的雅安—绵阳一带最高，均大于 $500t\,HC/m^2$，最高可达 $1000\sim1500t\,HC/m^2$，表明前陆盆地沉降中心具有丰富的烃源岩，最大生烃中心和最大沉降中心吻合。侏罗系烃源灶主要分布在川中北部-大巴山前缘，大体以平昌-通江为界，该界线以北有机质演化程度高，以生气作用为主；该界线以南有机质演化程度低，以生油为主，是盆地内唯一的油源灶。

从层系上看，上三叠统生烃灶 SPI 值最高，在川西拗陷南部形成中心，是盆地生烃潜力最大的层系之一，其次是下古生界寒武系和志留系。从平面上看，寒武系和志留系最大生烃灶在川南和川东是叠置的，上二叠统最大生烃灶位于川中和川西南，上三叠统的生烃灶主要位于川西拗陷。

## 二、两期关键时刻

尽管四川盆地发育多套烃源岩层系，而且不同成盆阶段热体制存在差异，但由于早期构造运动以升降运动为主，使古生界烃源岩在古生代末能进入生烃门限。中新生代强烈构造沉降及巨厚的地层堆积，加速了烃源岩热演化历程。根据油气资源评价中盆地模拟和地球化学热模拟结果，寒武纪—三叠系多套烃源岩的成油高峰期相对集中，主要在三叠纪末—侏罗纪初(图 11-1)，仅上三叠统和侏罗系生烃灶成烃高峰稍晚，上三叠统为 J 末至 K 初，侏罗系为 $J_2—J_3$。气态烃大量形成时间多为 J 末至 K，表明复合含油气系统的成油气关键时刻具有同时性或相近。

需要说明，川中加里东古隆起以外的深拗陷部位，由于早古生代沉积厚度大，经加里东抬升剥蚀后仍保留了巨厚地层，使该区寒武系烃源岩的成烃作用时间早。如利用 Karweil 方法对位于川东五百梯构造的五科 1 井下古生界烃源岩进行模拟，结果表明二叠系沉积后，寒武系进入低成熟阶段；早三叠世沉积期间寒武系主体进入生油峰期。早侏罗世，寒武系已开始进入以生气为主的阶段，志留系进入主生油期。中侏罗统沉积后，寒武系已进入生气死亡门限下限，志留系已开始大量生气(图 11-2)。

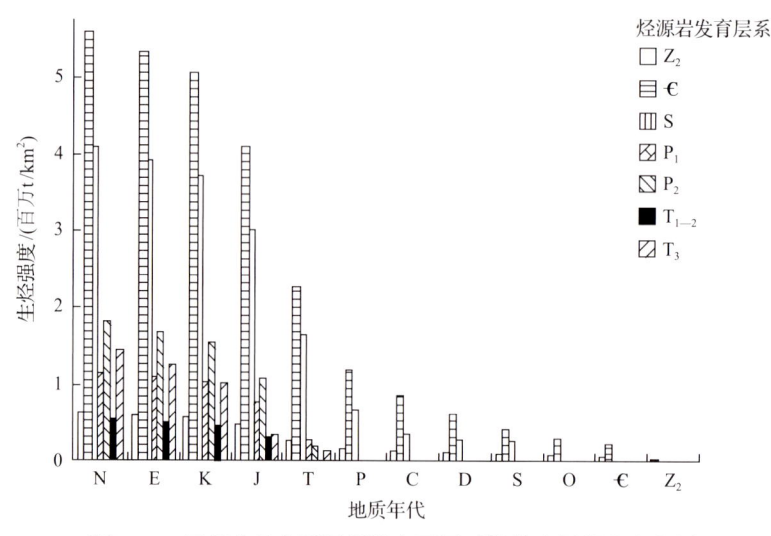

图 11-1　四川盆地主要烃源岩在不同时期的生烃强度直方图

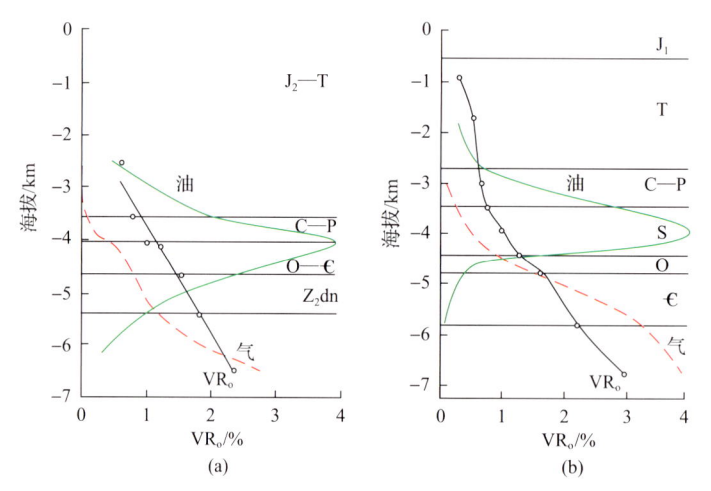

图 11-2　川中古隆起寒武系烃源岩晚侏罗世前成烃演化剖面
(a)高科 1 井；(b)五科 1 井；VR$_o$-等效镜质组反射率

## 三、晚期构造活动导致多含气系统的贯通复合

在印支期之前的漫长地质历史演化过程中，四川盆地所经历的构造变形主要以区域性抬升剥蚀作用为主，断裂不发育，下伏于多套海相区域性优质盖层之下的早期油气藏不易发生窜通和混聚现象，所形成的含油气系统表现出很好的独立性。印支运动以来，盆地周缘构造活动加强，并不断由盆地周缘向盆地内部推进，尤其是燕山晚期—喜马拉雅期，龙门山、大巴山及雪峰山等造山带从不同方向向盆地腹部推覆、挤压，使盆地内部的构造变形越来越强烈，断裂活动也增强，由此导致了该时期盆地油气发生窜通和混聚，形成了复合含油气系统。

戴金星(1996)对四川盆地震旦系到侏罗系各层系的天然气烷烃碳同位素研究，为天然气混源提供了有力证据。图 11-3 中雷口坡组及嘉陵江组、震旦系的大部分样品点落在Ⅲ₁区，为碳同位素正常系列；二叠系、飞仙关组及石炭系样品点落在Ⅲ₂区，为碳同位素倒转系列，即 $\delta^{13}C_1 > \delta^{13}C_2$。造成倒转的主要原因是多源天然气的混合结果（戴金星，1996）。这种复合性主要表现在以下两个方面。

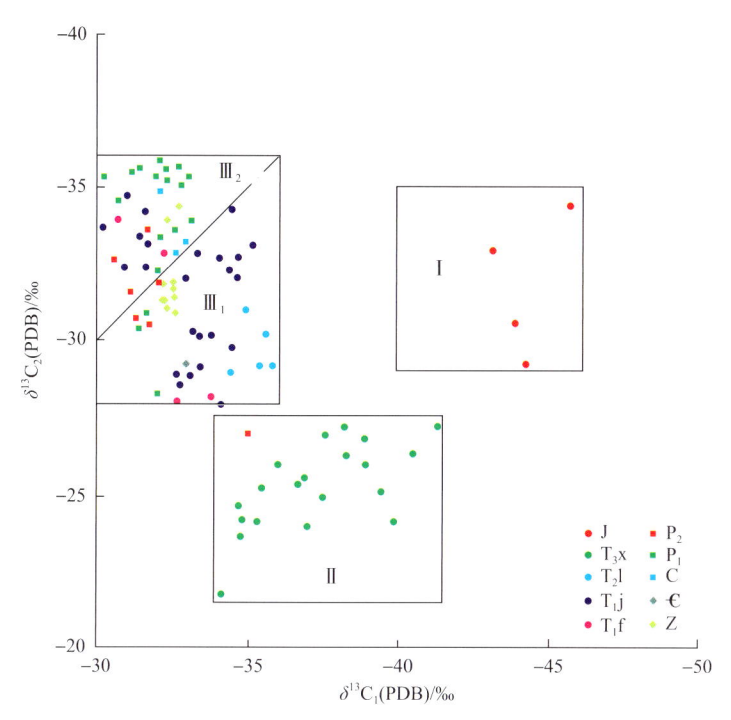

图 11-3　四川盆地天然气 $\delta^{13}C_1$-$\delta^{13}C_2$ 关系图（据戴金星等，1996）

1. 断层贯通

断层作为四川盆地主要运移通道在多个含油气系统共享。

形成于燕山期—喜马拉雅期的川东高陡构造发育的主干断层作为油气运移的主要通道，它沟通了不同的烃源岩层。卧龙河气田就是典型实例。该气田目前已发现 C、$P_2^2$、$T_1j_3$、$T_1j_4$、$T_1j_5$ 五个产气层系。石炭系气源来自下伏的志留系，其余四个产气层系气源主要来自于二叠系（王兰生等，1993）。这两个含气系统的主要运移通道是该构造下盘的主干断层（图 11-4）。

除川东高陡构造外，断层贯通造成的混源聚集现象在川南、川西南低缓断褶带的古生界及川西的三叠系—侏罗系、川西北的古生界—中生界、川北的古生界—中生界等地区均有发现。因此，断层活动是四川盆地叠置含气系统发生油气窜通复合的关键地质因素。

2. 不整合贯通

不整合是四川盆地多个含气系统复合的另一个主要地质因素。不整合贯通使得古隆起成为不同含气系统的天然气发生早期混源聚集的最佳场所。

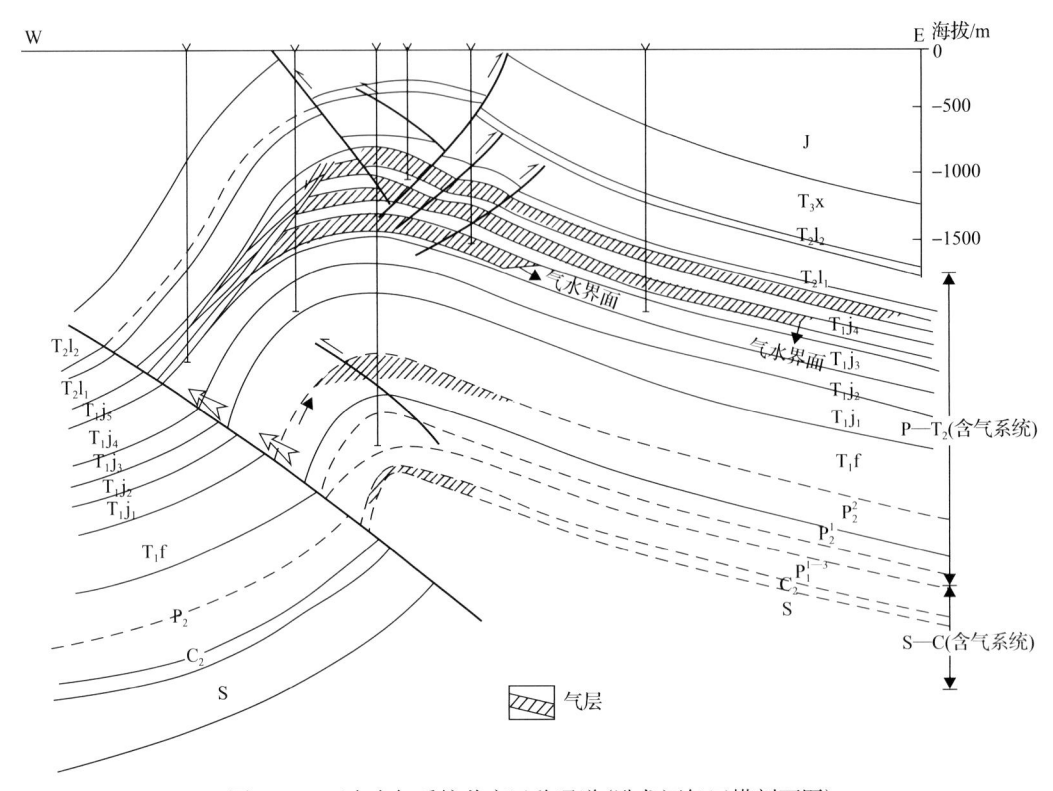

图 11-4  两个含气系统共享运移通道(卧龙河气田横剖面图)

如前所述,四川盆地在地史演化过程中存在多期、多个古隆起,如加里东期古隆起(川中古隆起)、印支期古隆起(泸州古隆起、开江古隆起、石柱古隆起)、燕山期古隆起(大兴古隆起、新场古隆起、江油古隆起)。不同时期形成的古隆起具有继承发育的特点,且形成期早于或同时于油气发生大量运聚的时间。因而,古隆起是油气运聚的最佳场所。

从油气运移通道看,加里东运动和晚海西—早印支运动所形成的古隆起地层缺失严重,新地层超覆在不同时期的老地层之上,由此导致了多期不整合面在古隆起区发育,在拗陷区(即生烃中心)不发育。生烃中心生成的油气可通过不整合面发生长距离运移,古隆起背景上的局部构造是多源含气系统油气运聚的有利场所。如开江古隆起不仅对石炭系气分布起控制作用,而且对二叠系、下三叠统气也起一定的控制作用,气源分别来自志留系和二叠系。

在上述复合含气系统中除贯通复合外,还存在共盖复合含气系统。例如川东地区 $T_3$—K 区域性盖层对二叠含气系统和石炭系含气系统的形成与分布均具有重要作用。

综上所述,四川盆地不同层系天然气受控于不同的含气系统,在后期构造改造阶段强烈,尤其是断层的贯通作用,使一部分天然气发生了上窜,形成混源聚集。这部分聚集在规模上较之于单源独立天然气聚集比较小。因此四川盆地的复合含气系统是以叠置复合为主导的含气系统,表现在构造稳定区呈多含气系统的叠合,构造变形强烈区又表现为多含油气系统的窜通复合(图 11-5)。

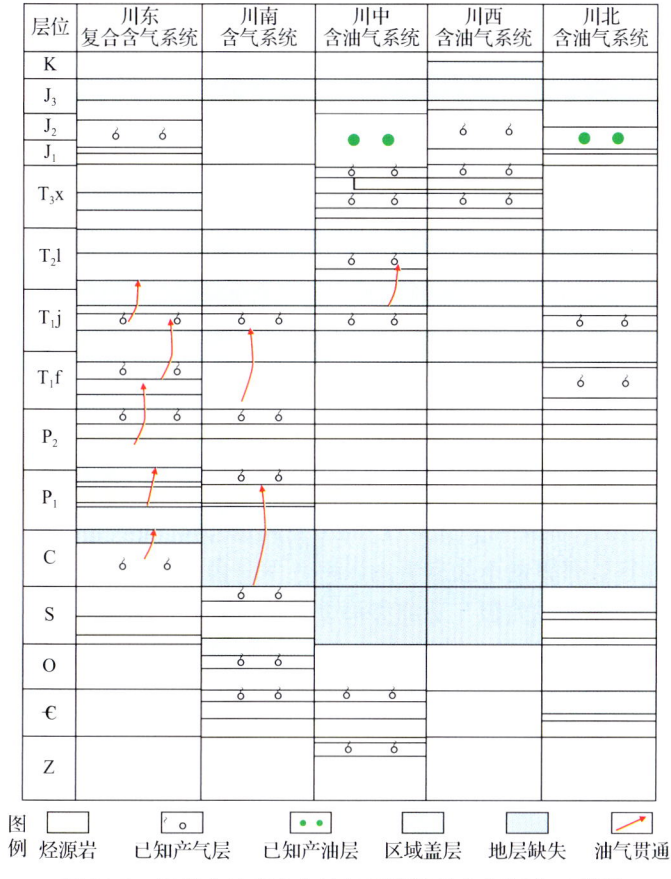

第十一章 大油气田分布规律与勘探方向

图 11-5 四川盆地多个含油气系统的叠合与复合示意图

## 四、复合含油气系统分布

首先,四川盆地复合含油气系统上述特点,决定了对复合含油气系统的划分首先应围绕各生烃灶,确定其空间分布与成烃历史及成藏过程。其次,在关键时刻时间界面上,明确天然气运聚单元,并分析单元内成藏要素组合关系,确定天然气聚集的有利部位。再次,从构造变形特征和气藏地球化学特征入手,分析中、晚期构造运动(燕山晚期—喜马拉雅期)对已聚集天然气藏的调整变化,从中分析出天然气发生混源窜通的空间范围与聚集的部位。最后,对各天然气运聚单元空间叠置关系与天然气窜通范围综合分析,划分复合含气系统。

(一)川东复合含气系统

该复合含气系统以志留系和二叠系为主要生烃灶,发育石炭系、下二叠统及中下三叠统多套储集层。其中的孔隙型储集层包括石炭系、上二叠统长兴组生物礁和下三叠统飞仙关组鲕粒滩。天然气成藏具有特殊性,主要表现在印支期古隆起控制了古油藏的分布,燕山期的强烈沉降,加速了原油裂解成气,以古油藏及分散状态分布的液态烃构成了高效气源灶的生气母质;燕山晚期—喜马拉雅期的构造变形,使天然气发生高效聚集。

目前，该区已发现石炭系、长兴组—飞仙关组礁滩等气田。尽管勘探程度较高，但剩余天然气资源丰富，是今后精细勘探的有利地区。

川东高陡构造带以下寒武统膏盐岩为滑脱层，滑脱层之下的震旦系构造变形微弱，滑脱层之上的构造变形强烈，断层发育，因而导致寒武系—奥陶系存在新的成藏模式，即志留系源岩与洗象池组—奥陶系储层断层对接的晚期成藏模式(图 11-6)，具有类似成藏条件的构造圈闭发育，是下一步深化勘探的重点领域。

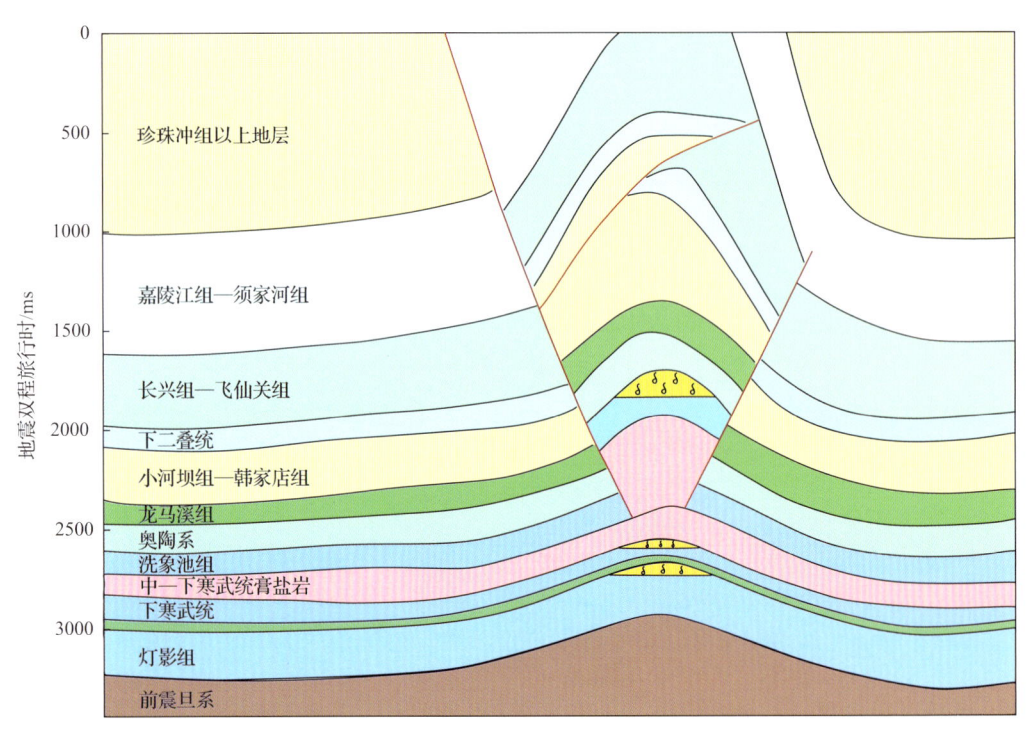

图 11-6 川东高陡构造下古生界成藏模式(02NMC010 测线地质解释剖面)

(二)川西复合含气系统

该复合含油气系统发育下寒武统、中二叠统、上三叠统等多套烃源岩，总生气强度大于 50 亿 m³/km²，最高达 200 亿 m³/km²。储集层发育震旦系灯影组、栖霞组、茅口组、二叠系火山岩、雷口坡组及须家河组等。

以断层为运移通道的构造或构造-岩性复合气藏的成藏模式。这种类型的气藏发生在与通气源断层相伴生的构造圈闭或构造-岩性复合圈闭中。从构造变形特征看，主要分布在龙门山山前地带及川西南部的龙泉山等构造带，在龙门山前缘断裂发育，构造圈闭成排成带分布，特别是龙门山断裂带与峨眉-瓦山断裂带交会部位，断裂和局部构造发育，圈闭类型主要为构造气藏或岩性-构造圈闭。从层系上看，包括二叠系栖霞组气藏、茅口组气藏、火山岩气藏、上三叠统气藏和侏罗系气藏。

实例：四川盆地川西南部地区平落坝潜伏构造钻探的平探 1 井(图 11-7)，栖霞组钻遇细-中晶白云岩储层厚度为 15.4m，平均孔隙度为 3.78%。射孔段：6743~6748m、6756~

6769m、6771~6785m、6795~6810m，射厚共 47m，酸化后测试，日产气 66.86 万 m³。平探 1 井气样甲烷、乙烷同位素测试分析，甲烷同位素为–30.61‰，乙烷同位素为–26.02‰。平探 1 井栖霞组与川西北双鱼石栖霞组、茅口组及川中灯影组具有相似的天然气来源，主要来源于寒武系筇竹寺组烃源岩，此外有二叠系自身烃源。

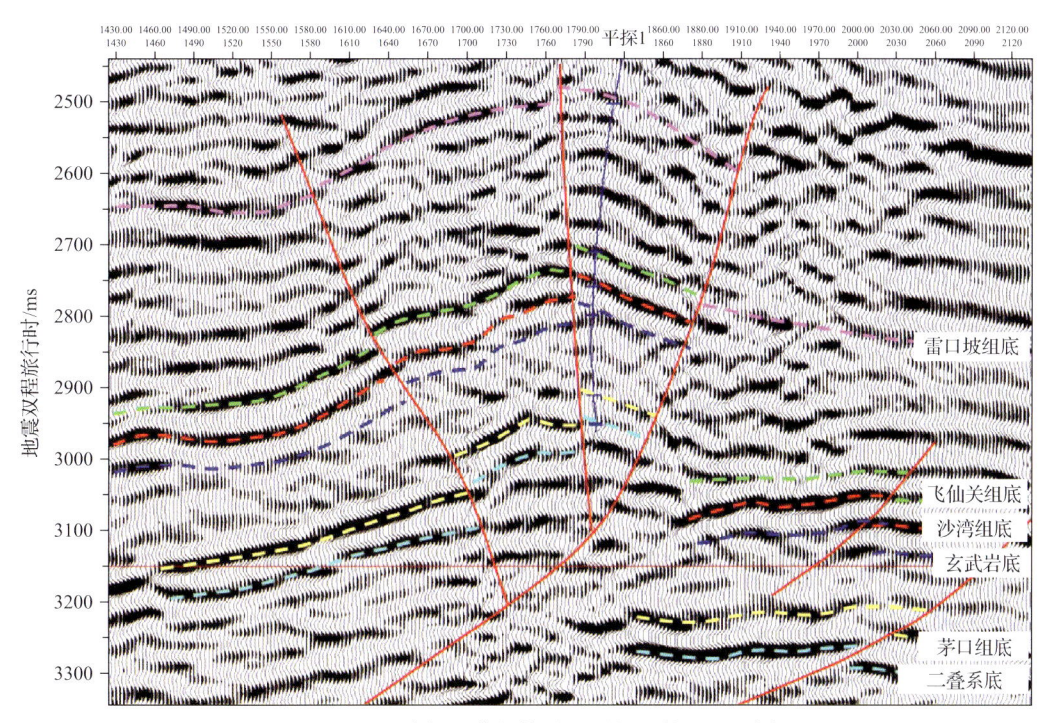

图 11-7　川西南部平落坝构造过平探 1 井的地震剖面

(三) 川中复合含油气系统

近年来，我国克拉通盆地腹部发现了大量延伸远、规模大的走滑断层，如塔里木盆地塔中-塔北奥陶系走滑断层、鄂尔多斯盆地三叠系延长组走滑断层，这些走滑断层对复合含油气系统形成及控储控藏作用显著，成为深层碳酸盐岩油气勘探的重要对象之一。在此启发下，重点解剖川中平地区，开展四川盆地深层走滑断裂在油气成藏聚集中作用研究。

夹持在华蓥山断裂及龙泉山断裂之间的川中地区以构造稳定为特征，断层、褶皱构造变形主要发生在中下三叠统以上的中浅层。以往研究认为，深层海相烃源岩很难向上运移至中浅层，各油气系统之间烃类流体串通现象较少。随着勘探的不断深入，尤其是深层钻探及三维地震勘探的不断加强，深层走滑断层的分布及其对油气成藏的控制作用认识取得了重要进展，对推动川中平缓构造带深层碳酸盐岩油气勘探意义重大。

利用高石梯-磨溪连片三维地震资料和钻井资料，利用断层构造解析方法，分析研究区走滑断层的构造特征与形成演化及其对天然气成藏富集的控制。

高石梯-磨溪古生界发育张扭性走滑断层，剖面上发育高陡直立、花状构造、"Y"

字形与反"Y"字形三种构造样式。平面上，寒武系发育近东西向、北西向、北东向三组断层，呈线状延伸，整条断层由多条呈斜列状展布的次级断层组成；二叠系以近东西、北西向断层为主，分布在研究区中东部，且具有北多南少的特点。

深层走滑断层在天然气成藏中的作用主要体现在以下两个方面。

(1)断层发育有助于改善储集层物性，断层作用产生的裂缝不但有利于提高储集层渗透性，而且有利于大气淡水向下淋滤形成溶蚀孔洞。前人研究揭示，高-磨地区龙王庙组溶蚀孔洞型储集层形成于石炭纪—早二叠世古隆起大规模隆升暴露期，此时龙王庙组之上覆盖有厚 20~30m 的洗象池组，早加里东期发育的走滑断层有助于大气淡水沿断层下渗到龙王庙组形成溶蚀孔洞。另外，龙王庙组高角度裂缝发育，特别是走滑断层周缘北西向、近东西向高角度构造裂缝广泛发育。这些高角度裂缝改善了储集层整体渗流能力，提升了孔渗性。靠近走滑断裂发育区的龙王庙组滩体渗透率为 $3.246×10^{-3}$~$13.000×10^{-3}\mu m^2$，远离断裂发育区的滩体渗透率一般低于 $1×10^{-3}\mu m^2$。

高-磨地区二叠系茅口组岩溶储集层的发育也体现了走滑断层对储集层发育的控制作用。研究区茅口组岩溶储集层地震反射表现为低振幅、低频率的特点，通过均方根振幅属性可以很好地预测茅口组岩溶储集层的分布。茅口组储集层分布与走滑断层分布具有一致性(图 11-9)，储集层主要分布在北部磨溪地区，且断层周围更为发育，南部高石梯地区岩溶储集层不发育。

(2)断层是油气运移的主要通道，研究区走滑断层的多期活动形成了该区多层系含气的局面。川中地区发育震旦系灯影组三段泥岩、下寒武统筇竹寺组泥页岩两套优质烃源岩，区内广泛发育的走滑断层连接了烃源岩与震旦系灯影组、寒武系龙王庙组、二叠系栖霞组—茅口组等多套储盖组合，形成高-磨地区震旦系—古生界多层系含气的局面。目前的钻井也证实了这一点，高-磨地区大量钻井在震旦系—寒武系获得高产工业气流的同时，在二叠系栖霞组—茅口组气测显示良好甚至获得高产气流，这些产气井的分布与走滑断裂关系密切。研究区共有 6 口井(图 11-8)在栖霞组—茅口组获得高产气流，其中 5 口井分布在断层周围。8 口井在栖霞组—茅口组测井解释为气层，除了南部 G23 井周围断裂不发育，其余都分布在断层周围 2km 以内。这些都证实川中高-磨地区古生界张扭性走滑断层的发育促使该区具有多层系含气的特征。

综上所述，深层走滑断层是川中平缓构造带复合含油气系统形成的关键因素，导致油气多层系立体含气。高-磨地区纵向发育震旦系—二叠系多套含气层系，具备多层系立体勘探的地质条件。磨溪以北地区发育大量走滑断层，源储配置优越，是下一步勘探的有利地区，将高-磨地区震旦系—寒武系继续往北拓展，可能会发现更多的油气资源。

(四)川北复合含油气系统

该复合含油气系统发育志留系、二叠系、飞仙关组及中下侏罗统等多套烃源岩层系，断裂沟通而发生混源混聚。二叠系海相泥岩、泥灰岩和下三叠统飞仙关组海槽内发育的深水泥质岩，是该区主力生气层系。侏罗系烃源岩目前处于湿气阶段，既生油又生气。储集层多套，二叠系以石灰岩储集层为主，下三叠统飞仙关组发育鲕粒灰岩、鲕粒白云

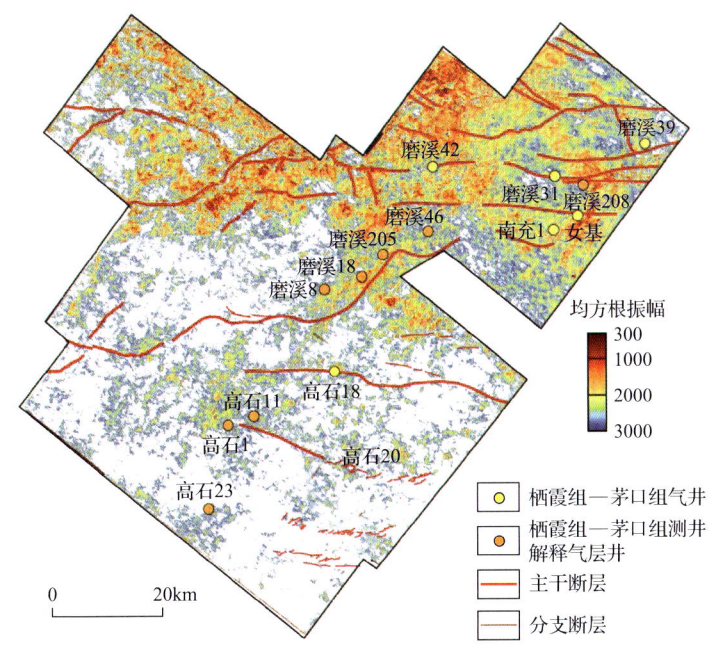

图 11-8 茅口组走滑断层与均方根振幅属性叠合图

岩储集岩，上三叠统和侏罗系以砂岩为储集层。该区勘探程度很低，从目前已有资料分析，认为米仓山-大巴山前缘下古生界—中三叠统、上三叠统—侏罗系及侏罗系，具有断裂沟通气源的成藏特点，是值得加强探索的领域。

## 第二节　碳酸盐岩大油气田分布规律

上扬子地区的四川盆地海相碳酸盐岩是我国最早开发利用天然气的地方。早在西汉时期就有利用天然气熬盐和照明，到清道光年间钻井技术已相当成熟，盐卤和天然气生产已具有相当规模。但真正有计划地大规模开展油气勘探是 20 世纪 50 年代初，截至 20 世纪末，先后在蜀南地区二叠系—三叠系、威远的震旦系、川东石炭系、川东北长兴组—飞仙关组等发现一批气田。进入 21 世纪，海相碳酸盐岩领域的天然气勘探取得了重要进展，发现了一批大型碳酸盐岩气田，在川北地区发现了龙岗礁滩气田、川中地区震旦系—寒武系安岳气田，以及川西北地区上古生界双鱼石气田。系统总结四川盆地海相碳酸盐岩大气田形成条件与分布规律，不仅对勘探部署有指导意义，而且对发展完善我国海相碳酸盐岩油气地质理论意义重大。

### 一、碳酸盐岩大气田基本特征

1. 大气田主力含气层系分布稳定，具"层控"特征

四川盆地海相碳酸盐岩从震旦系到中三叠统发育 17 个含气层系，但已发现的大气田集中分布在震旦系灯影组、寒武系龙王庙组、石炭系黄龙组、中二叠统栖霞组及茅口组、上二叠统长兴组及下三叠统飞仙关组。上述主力含气层系累计探明天然气储量占盆地海

相层系总探明储量的90%，天然气产量占95%以上。

2. 大气田的气藏类型以中低丰度的地层型、岩性型及复合型为主

国外碳酸盐岩大油气田主要以构造型圈闭为主。据 C & C 公司 1998 年统计资料，世界已发现 198 个碳酸盐岩大油气田中，属于构造型圈闭的油气田占 46.9%，其中以与盐活动相关的背斜和断背斜为最多，占 15.2%；其次是冲断层相关的背斜圈闭，占 9.5%；属于复合圈闭的油气田占 31.5%，其中又以鼻状构造-岩性复合圈闭为主，占 12.9%；属于地层型圈闭的油气田占 21.6%，其中又以生物礁岩性圈闭为主，占 10.8%。从储量分布看，构造型油气田发现储量占碳酸盐岩大油气田总储量的 84%，地层-构造复合型发现储量占碳酸盐岩大油气田总储量的 14.2%，地层型发现储量占碳酸盐岩大油气田总储量的 1.8%。

我国古老海相碳酸盐岩大油气田主要油气藏类型为地层型、岩性型，以古潜山、风化壳、礁滩等地层-岩性油气藏为主。这一点与国外碳酸盐岩油气藏有本质区别。从统计结果看，四川盆地海相碳酸盐岩发育多种类型的圈闭与气藏类型(表 11-1)。

表 11-1 四川盆地海相碳酸盐岩圈闭类型与气藏实例

| 圈闭类型 | | | 四川盆地实例 |
|---|---|---|---|
| 构造圈闭 | 挤压背斜圈闭 | | 卧龙河(C)、渡口河($T_1f$)、铁山($T_1f$)、罗家寨($T_1f$) |
| | 逆断层-背斜圈闭 | | 五百梯(C)、大池干(C)、普光 2($P_2$)、铁山坡($P_2$) |
| | 断层-裂缝圈闭 | | 蜀南(P—$T_1$) |
| 岩性圈闭 | 生物礁/微生物丘滩体圈闭 | 边缘礁圈闭、台缘带丘滩体 | 龙岗 1($P_2$)、安岳气田($Z_2dn$)、塔中 82($O_2l$) |
| | | 台内点礁圈闭 | 高峰场($P_2$)、龙岗 11($P_2$)、板东 4($P_2$) |
| | 颗粒滩圈闭 | 鲕粒滩岩性圈闭、台内丘滩体、生物碎屑滩岩性圈闭、砂(砾)屑滩 | 龙岗($T_1f$)、元坝($T_1f$)、安岳气田($Z_2dn$)、安岳气田($\epsilon_1l$)、磨溪($T_2l$) |
| | 成岩圈闭(如白云石化) | | 磨溪($T_1j$)、 |
| 地层圈闭 | 不整合面之下 | 准平原化侵蚀古地貌圈闭 | 龙岗($T_2l_4^3$) |
| | | 似层状缝洞体圈闭 | 安岳气田($Z_2dn$) |
| | | 地层楔状体圈闭 | 华蓥山西(C) |
| 复合圈闭 | 构造-岩性复合圈闭 | 构造-生物礁复合圈闭 | 普光($P_2$)、黄龙场($P_2$) |
| | | 构造-颗粒滩复合圈闭 | 铁北 101($T_1f$)、安岳气田($\epsilon_1l$) |
| | 构造-地层复合圈闭 | | 温泉井(C)、天东(C) |
| | 地层-岩性复合圈闭 | | 磨溪($\epsilon_1l$) |
| | 断层-热液白云岩复合圈闭 | | 南充($P_2m$) |

注：实例后( )为含油气层位。

我国海相碳酸盐岩大油气田的油气藏类型以岩性-地层型油气藏为主，储量丰度总体偏低。统计表明，四川盆地气藏储量丰度以礁滩气藏储量丰度相对较高，台缘带礁滩体储量丰度一般为 3 亿～30 亿 m³/km²、台内礁滩体储量丰度 1.2 亿～6.5 亿 m³/km²；构造型

及岩性-构造复合型气藏储量丰度偏高,如川东北普光气田储量丰度高达 32.56 亿 m³/km²,罗家寨气田储量丰度高达 7.56 亿 m³/km²;川东高陡构造带石炭系气藏储量丰度在 3 亿~6 亿 m³/km²。

表 11-2 是环开江-梁平海槽台缘带礁滩体已发现气藏的储量丰度。从表中可以看出,礁滩气藏丰度总体属于中低丰度,但局部构造型气藏储量丰度较高,如川东北的罗家寨鲕粒滩气藏、普光气藏等。除构造因素外,礁滩储层厚度也是储量丰度重要因素,储层厚度大,储量丰度高。

表 11-2  四川盆地长兴组—飞仙关组气藏白云岩储层厚度与气藏丰度统计

| 地区 | 层位 | 气藏 | 白云岩储层 ||||  储量丰度/(亿 m³/km²) |
|---|---|---|---|---|---|---|---|
| | | | 厚度/m | 平均孔隙度/% | 平均渗透率/% | 延伸距离/km | |
| 龙岗 | T₁f | 龙岗 2 | 47.01 | 9.45 | 67.45 | 4.2 | 3.6 |
| | | 龙岗 1 | 61.34 | 11.49 | 40.22 | 11.2 | 5.8 |
| | | 龙岗 26 | 32.21 | 7.47 | 30.67 | 4.2 | 2 |
| | | 龙岗 27 | 26.03 | 3.16 | 0.05 | 7.9 | 2.3 |
| | P₂ch | 龙岗 8 | 24.78 | 4.67 | 0.146 | 4.7 | 1.4 |
| | | 龙岗 2 | 54.73 | 4.84 | 1.866 | 3.9 | 1.6 |
| | | 龙岗 1 | 32.94 | 4.84 | 0.277 | 6.2 | 5.1 |
| | | 龙岗 28 | 43.11 | 4.96 | 1.283 | 5.6 | 4 |
| | | 龙岗 26 | 50.19 | 5.76 | 0.44 | 3.5 | 3.8 |
| | | 龙岗 27 | 32.92 | 5.19 | 0.653 | 5.3 | 2.6 |
| | | 龙岗 11 | 19.43 | 4.78 | 0.601 | 5.9 | 2.5 |
| 川东北 | T₁f | 渡口河 | 42.5 | 8.64 | 10.62 | 15.4 | 10.6 |
| | | 罗家寨 | 37.7 | 7 | 7.56 | 33.8 | 7.6 |
| | | 铁山坡 | 67.92 | 7.41 | 15.04 | 14.2 | 15 |
| | P₂ch | 七里北 | 42.7 | 3.82 | 4.24 | 8.2 | 7.7 |
| | | 黄龙场 | 42.2 | 4.97 | 2.79 | 5.6 | 2.6 |

**3. 碳酸盐岩大气田气藏集群式分布特征**

碳酸盐岩油气藏集群式分布是我国古老碳酸盐岩中低丰度大油气田最显著的特点。所谓集群式分布是指同一类型油气藏沿某个层系或几个层系集中分布,单个油气藏规模小,但数十个乃至数千个油气藏群累计规模大,共同构成大油气田。造成油气藏集群式分布的主要因素是碳酸盐岩储层非均质性强烈,油气藏与油气藏之间缺乏连通性。由于圈闭成因不同,油气藏集群式分布特点也不同,因而所采取的勘探开发技术对策也有所差异。

总结四川盆地海相碳酸盐岩大油气田中油气藏群分布,可归纳如下。

(1) 台缘带生物礁油气藏和颗粒滩气藏"串珠状"状分布。

台缘带生物礁圈闭及鲕粒滩圈闭均为岩性圈闭，受沉积相带控制，总体表现出"串珠状"环绕台缘带分布。这类油气藏受礁、滩储渗体控制，"一礁、一滩、一藏"特征明显。如龙岗地区龙岗7—龙岗28井区，发现长兴组生物礁气藏17个，飞仙关组鲕粒滩气藏19个，每个气藏具独立的气水系统。

四川盆地长兴组—飞仙关组环开江-梁平海槽台缘带是天然气勘探的重点区带。地震预测该台缘带礁滩体长度绵延600km，宽度2～6km。沿该台缘带发育长兴组生物礁及飞仙关组鲕粒滩，勘探程度相对较高。目前，四川盆地长兴组已发现生物礁气藏30余个，储量规模近千亿立方米；飞仙关组鲕粒滩气藏40余个，其中大中型鲕粒滩气藏主要分布在蒸发台地、开阔台地及其边缘相带，台地内部分布有限。已发现了罗家寨、渡口河、普光、龙岗等大型气田和一批气藏。

龙岗生物礁储层主要位于长兴组顶部，以白云岩储层为主。礁气藏受储层控制，一礁一藏特征明显。储层气水关系复杂，缺乏统一的气水界面，具有多个气水系统。研究表明，龙岗地区长兴组发育17个气水系统(图11-9)，各区块内均发育水层，向构造低部分水体增大，各井气水界面不一致。

龙岗地区台缘鲕粒滩气藏受储层非均质性控制，气藏成群分布。宏观上，气藏圈闭形成主要受岩性控制，但局部低幅构造控制气水分布和气藏边界，形成以岩性为主要控制因素的构造-岩性复合型气藏。依据目前资料分析，飞仙关组发育24个气水系统(图11-10)，其中9个纯气藏，10个边底水型气藏，5个纯水层。龙岗主体区构造相对平缓，气水界面相对统一，低部位多为水层；东区受华蓥山断裂带影响，构造较龙岗主体高，变形强度较大，在低部位主要发育底水，高部位发育纯气藏。

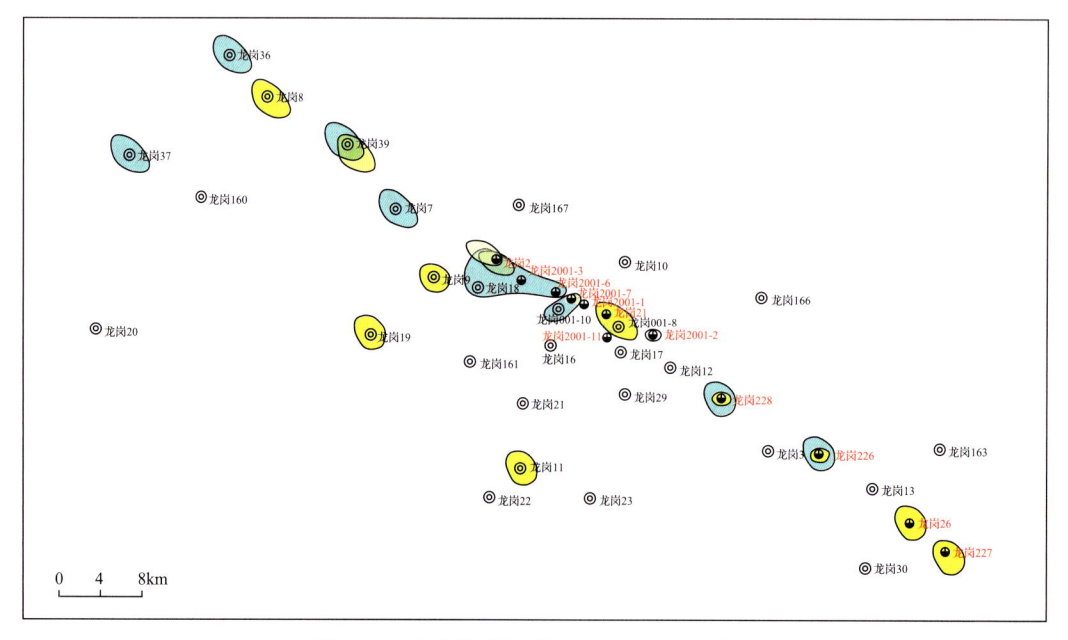

图11-9 龙岗长兴组储层气水系统平面分布

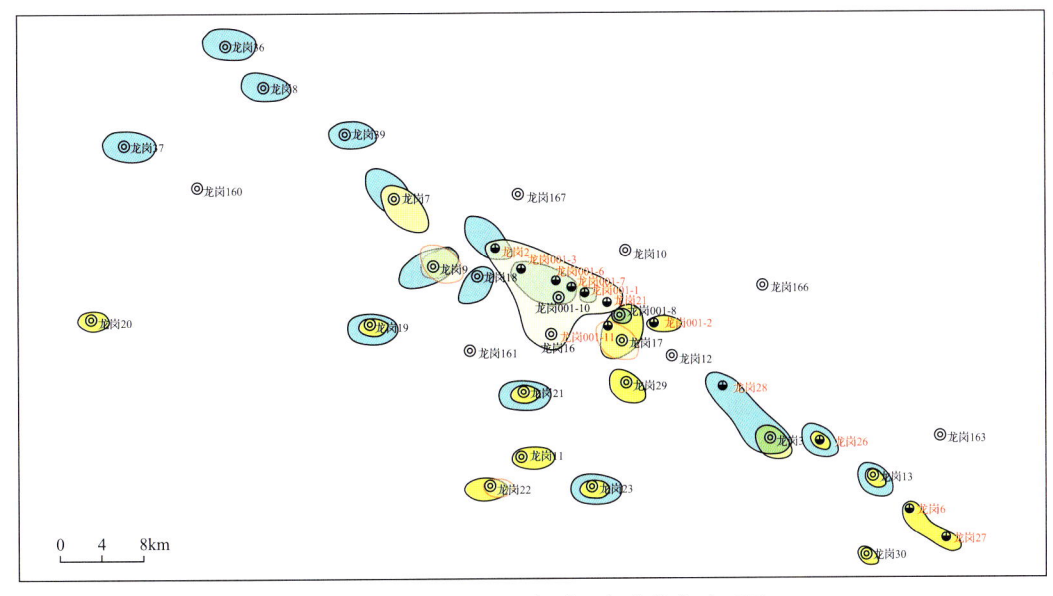

图 11-10 龙岗地区飞仙关组气藏分布平面图

(2) 古隆起及斜坡带多层系天然气"楼房式"分布。

气藏"楼房式"分布是指在某一区带发育多套似层状分布的气藏，平面上沿某个层系发育多个油气藏，集群分布构成似层状；纵向上发育多套，构成"楼房式"分布。这种分布模式主要发生在古隆起及其上斜坡部位，如川中古隆起磨溪构造。

磨溪构造位于川中平缓构造区，是一个 NE 向的背斜构造，也位于川中加里东期古隆起的轴部，形成于晚三叠世的印支期，经燕山期最后定型于喜马拉雅期。构造上存在多个断层的垂向组合。自 20 世纪 70 年代勘探以来，先后在中三叠统雷口坡组雷一$^1$亚段、下三叠统嘉陵江组嘉二$^1$亚段、上三叠统须家河组、震旦系灯影组灯四段及灯二段、寒武系龙王庙组等层系发育大气田，是四川盆地截至目前唯一的多层系发现大气田的构造。构造主体油气分布表现出典型的"楼房式"分布。其中，磨溪气田雷一$^1$亚段和嘉二$^1$亚段气藏的天然气主要来源于上二叠统的煤系烃源岩，天然气是通过断层垂向运移至龙女古构造，然后经过横向运移至磨溪构造聚集成藏。灯影组气藏及龙王庙组气藏气源主要来自筇竹寺组，不整合面及断层是其主要的运移通道。

(3) 古隆起斜坡带天然气似层状分布。

继承性古隆起发育风化壳储层，不同部位储层分布有差异。古隆起核部通常发育古潜山风化壳储层，由于出露不同时代地层，因而风化壳岩溶储层表现出穿层性特点，即在不整合面以下数十米到数百米深度范围内均发育风化壳岩溶储层。研究证实，古隆起斜坡部位发育顺层岩溶，这类岩溶储层以缝洞型储层为主，分布具有似层状特点。当油气运移并聚集在似层状储集层中，形成了似层状油气分布。

川中古隆起北斜坡在加里东期位于川中古隆起相对高部位，晚三叠世—侏罗纪受川西前陆盆地快速沉降影响，今构造位于古隆起的斜坡部位。从成藏条件看，桐湾运动与加里东运动的抬升剥蚀，导致震旦系灯影组、寒武系发育多套丘滩体及颗粒滩体岩溶储集层，呈准层状分布。下寒武统筇竹寺组优质烃源岩发育，使斜坡带深层震旦系—寒武系具有近源的有利条件。三叠纪—侏罗纪的成烃高峰期，斜坡带处于有利的油气运移聚集带，利于古油藏及原油裂解气古气藏的形成。从目前勘探看，灯影组及龙王庙组均具备良好的含气性。图 11-11 是川中古隆起北斜坡带的灯影组气藏剖面，处于斜坡带高部位的磨溪 52 井气水界面海拔为-5230m，而斜坡带低部位的角探 1 井气水界面海拔为-7226m，比磨溪 52 井低 2000m，表明古隆起北斜坡带主要以岩性气藏为主，具有大面积成藏的有利条件，是未来勘探的重点地区。

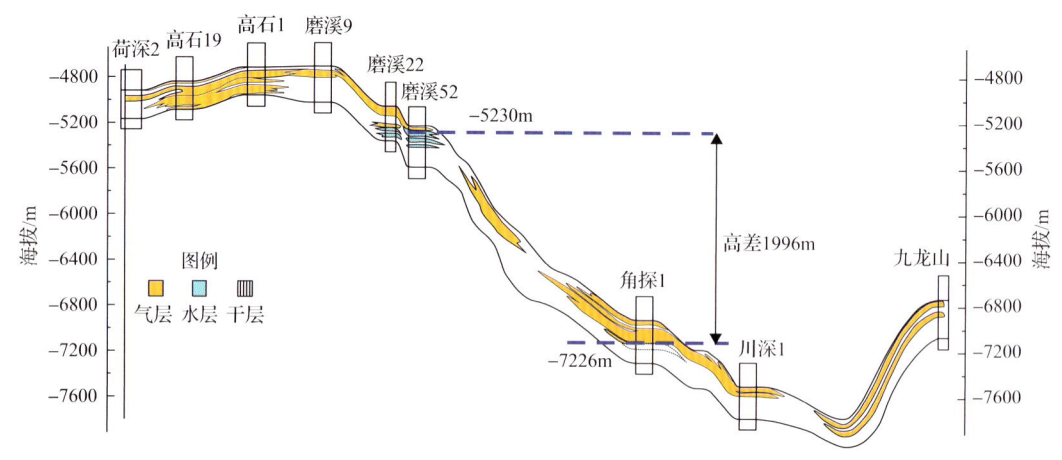

图 11-11　川中古隆起北斜坡灯影组气藏剖面

(4) 沿侵蚀基准面油气大面积分布。

这类油气分布主要发生在"准平原化"的风化壳储集体内。由于老年期喀斯特古地貌的显著特点是古地貌高低落差较小，岩溶古地貌呈现"准平原化"特点，局部见"孤峰残丘"。排水基准面落差小（<100m），岩溶具水平岩溶带呈层状稳定分布特点。油气藏类型主要以风化壳古地貌气藏为主，沿风化壳古侵蚀面集群式分布。受风化壳侵蚀面控制，储层厚度薄，气藏分隔受沟槽及岩性致密带控制，单个气藏规模较小，储量丰度低，但多个层系的气藏叠合连片，可形成大油气田。

四川盆地雷口坡组顶部风化壳储层，上覆上三叠统须家河组煤系烃源岩，也具备形成下侵式成藏条件。在这一认识指导下，针对龙岗地区雷口坡组顶部风化壳储层勘探，在雷口坡组上部雷四段发现风化壳储层，厚度 30~50m，有多口井获气，预测储量超过千亿立方米。

## 二、深层碳酸盐岩大气田形成条件

中国海相碳酸盐岩主要分布在扬子、华北、塔里木三大地块，以古生界为主。保存较完整的地层多分布于叠合盆地下构造层，具有时代老、埋藏深、时间跨度大、含油气层系多、成藏历史复杂等特点，油气勘探始终面临着三方面科学问题，即高过成熟烃源岩晚期生烃的有效性与规模性、古老碳酸盐岩储集层的有效性与规模性、历经多旋回构造运动的油气成藏有效性与规模性。"十一五"以来，以国家油气科技专项及中石油重大科技专项为平台，围绕上述科学问题开展攻关研究，提出了深层海相碳酸盐岩大油气田形成条件与分布规律，在指导勘探部署中发挥了重要作用。

1. 深层海相碳酸盐岩大油气田形成同样遵循"源控论"，有效烃源控制了油气资源分布

"源控论"是老一辈石油地质学家基于我国东部中新生代盆地油气富集受烃源岩控制而得出的规律性认识。这一认识同样适用于古老海相碳酸盐岩油气分布规律。然而，与国外碳酸盐岩及东部裂谷盆地所遵循的"源控论"有很大差别，有其特殊性，主要表现在以下三个方面：①从烃源岩-储集层配置关系看，既有同构造期海相烃源岩(以Ⅰ-Ⅱ型为主)，又存在跨构造期的烃源岩(可以是湖相泥质岩，也可以是煤系泥质岩)；②从有机质演化历史看，古老烃源岩多经历了早油晚气的"双峰式"生烃历史，有机质成烃充分，具有晚期成藏规模大、天然气资源丰富的特征；③从成烃机理与时机看，既存在干酪根热解成烃，又存在烃源岩及储集层内滞留分散液态烃晚期成气，两者构成接力成烃。深层海相地层中普遍存在烃源岩、分散液态烃及古油藏三类气源灶，天然气生成时机较晚，加之与多期构造运动乃至各种成藏要素的有效匹配，决定了天然气晚期成藏的有效性与规模性。

安岳气田的形成得益于德阳-安岳台内断陷发育充足的烃源岩，优质烃源岩厚度可达200~450m、生气强度高达60亿~140亿 $m^3/km^2$。同样，川北二叠系—三叠系礁滩大气区的形成得益于宣汉-广元的上二叠统烃源岩生气中心，生气强度达到30亿~70亿 $m^3/km^2$。

2. 高能环境礁(滩)体经建设性成岩作用叠加改造形成有效储集层，深层-超深层碳酸盐岩仍可发育多类型规模储集层

越来越多的深层勘探已证实，埋深超过6000m的深层碳酸盐岩仍然发育良好储集层，如川北-川西北的二叠系—寒武系，埋深6500~7500m碳酸盐岩储集层孔隙度可达5%~8%。总结深层古老碳酸盐岩规模储层形成与分布规律如下。

(1)高能环境沉积的礁滩体、颗粒滩体奠定了规模储层形成的物质基础。主要包括台缘带礁滩体及台内颗粒滩体两类沉积体。其中，台缘带礁滩体表现为单一的台缘礁或台缘滩，也可以是礁、滩复合体，具有厚度大(数十米至数百米)、条带状分布(宽4~20km、长可达数百千米)特点，主要见于四川盆地震旦系灯影组、寒武系龙王庙组、中二叠统栖霞组、上二叠统长兴组、下三叠统飞仙关组。

台内颗粒滩体沉积受微古地貌及海平面升降变化控制，可以是单层颗粒滩体较大范围连续延伸，或者是侧向相互交替，垂向叠置发育，一般分布范围多在数千至数万平方千米以上。主要见于四川盆地震旦系、寒武系、中二叠统茅口组、下三叠统飞仙关组。

(2)建设性成岩作用改造是储层形成的关键，包括同生-准同生期的白云石化作用及溶蚀作用；中浅埋藏阶段的白云石化作用及酸性流体溶蚀作用；深埋阶段的埋藏溶蚀、热化学硫酸盐还原(TSR)作用及热液白云石化；抬升剥蚀阶段的各类溶蚀作用等。这些建设性成岩作用对深层储层形成有贡献，但是规模储集层形成主要取决于规模成储期的主导性成岩作用及后期建设性成岩作用的叠加改造。

同生-准同生期及表生期是碳酸盐岩规模成储的两个关键时期。

同生-准同生期高能环境的礁滩体或颗粒滩体原生孔隙发育。一方面，通过蒸发泵白云石化作用及渗透回流白云石化作用，形成白云岩储集层。另一方面，频繁地短暂暴露，

大气淡水淋滤溶蚀作用强烈，溶蚀孔发育。如四川盆地龙王庙组、长兴组、飞仙关组。

表生期岩溶作用也是碳酸盐岩规模储层形成的关键成岩作用。这一作用可以发生在短暂的沉积间断期，或者历时较长的地层剥蚀期。存在两大类岩溶储层发育模式(图11-12)，第一类是沿侵蚀面或不整合面分布的岩溶储层，包括风化壳岩溶储层、顺层岩溶储层及层间岩溶储层。这类岩溶储层通常呈楼房式多层叠置、大面积分布特点，如川中古隆起震旦系灯影组、寒武系龙王庙组、洗象池组。第二类是沿断裂分布的岩溶储层，也称之为断溶体，表现为沿高角度断裂分布(以走滑断裂为主)，纵向上多层系缝洞体叠置发育，平面上狭长条状或线性分布，如川中、蜀南地区的茅口组断溶体。

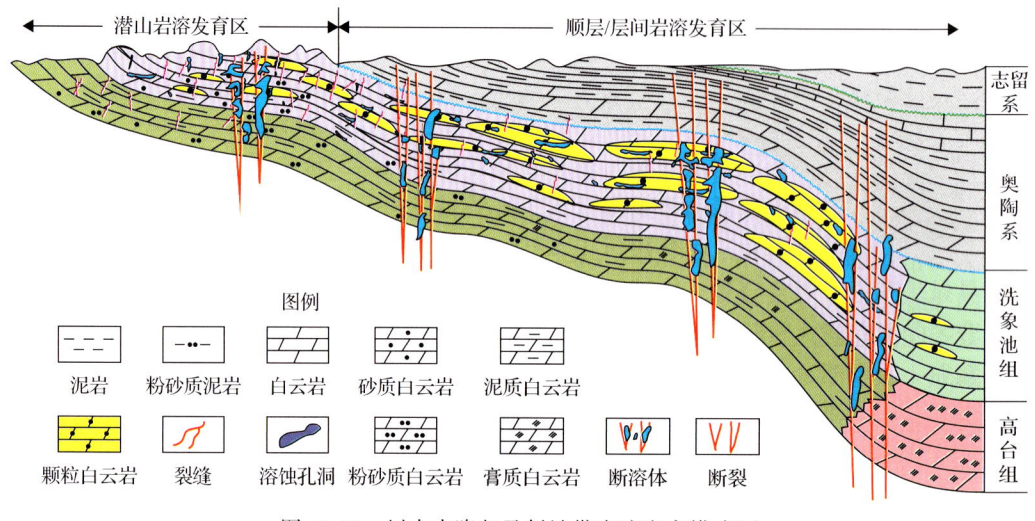

图 11-12　川中古隆起及斜坡带岩溶发育模式图

**3. 有规模的近源成藏组合是深层碳酸盐岩大油气田形成的必要条件，古隆起、古斜坡、古台缘带与古断裂带是油气成藏富集的有利区**

我国克拉通盆地海相碳酸盐岩存在同构造期成藏组合和跨构造期成藏组合两大类组合型式。同构造期成藏组合强调生油层、储集层均为同一构造期产物，两者在空间分布上具良好的配置关系，能够为某一区带的油气生成与聚集提供烃源。典型实例为四川盆地开江-梁平裂陷侧翼台缘带的长兴组—飞仙关组，裂陷内发育优质烃源岩，而裂陷周缘台缘带发育有利储集体，两者构成最佳的源-储组合。跨构造期成藏组合是指烃源岩、储集层与盖层的形成期不属于同一构造期。该类组合类型多样，源-盖一体的成藏组合是重要的组合类型，在碳酸盐岩大油气田中具有重要地位，已发现的鄂尔多斯盆地奥陶系风化壳气田(石炭系—二叠系煤系是主力烃源岩)、四川盆地震旦系气田(下寒武统泥质岩是主力烃源岩)、龙岗地区中三叠统雷口坡组风化壳气藏(上三叠统须家河组煤系是主力烃源岩)，均属于这类成藏组合。

长期继承性发育的大型古隆起及斜坡，发育大面积准层状缝洞型为主的储集层，多套储集层叠置"楼房式"分布，不整合面与断裂构成油气运移的网状疏导体系，有利于碳酸盐岩油气大面积成藏富集，是目前发现大油气田的重点领域，如川中古隆起及斜坡、泸州-开江古隆起等。

古台缘带一般与同期裂陷或凹陷相邻，源-储组合条件优越，有利于形成礁滩型油气藏，如德阳-安岳台内断陷的灯影组台缘带、川西地区栖霞组台缘带及川北长兴组—飞仙关组台缘带等。

碳酸盐岩层系的大型断裂带往往是碳酸盐岩纵向缝洞型储层集中发育带（即断溶体），最显著特征是断溶体沿断裂分布，远离断裂带储层不发育。同时，断裂沟通油气源形成断溶体油气藏，如川中-蜀南茅口组、川东地区下古生界等。

### 三、克拉通内构造分异对碳酸盐岩油气成藏要素规模分布的控制

中国克拉通盆地具有规模小、活动性强等特征，在经历多旋回构造运动之后，克拉通边缘盆地多卷入俯冲消减带或造山带而被强烈改造与破坏，现今保存较完整部分以克拉通盆地为主，是海相碳酸盐岩油气赋存的主体。受区域构造活动影响，克拉通盆地并非铁板一块，存在构造变形与构造沉降差异性，这种差异性对岩相古地理展布及油气地质条件有显著的控制作用。正如此，笔者于2014年提出克拉通盆地构造分异概念，认为构造分异对碳酸盐岩油气成藏要素规模分布具有控制作用。

(一) 克拉通盆地构造分异

1. 构造分异概念

分异作用是自然界常见的一种地质作用过程，如岩浆分异、沉积分异、地域分异等，分异作用最终导致地质要素在空间分布上呈现规律性变化。"构造分异"术语尚未见确切的定义，但已在少量文献中出现。陈国达等（2005）研究亚洲大陆中部构造演化-运动史，提出亚洲大陆中部壳体存在东、西部历史-动力学的构造分异现象，而陆内地幔热能聚散动力学机制是导致构造分异的主要因素。汤良杰等（2012，2015）强调构造差异性及其对油气成藏有控制作用，虽未提及"构造分异"，实际上这种构造差异性是构造分异所致。

本书所谓的克拉通盆地构造分异是指在克拉通盆地受构造应力、先存构造、地幔热能聚散动力学等因素影响，形成差异性构造变形及其有规律变化，主要表现为克拉通盆地的块断活动、差异隆升与剥蚀、基底断裂多期活化等，形成了诸如克拉通内裂陷、古隆起、古拗陷、深大断裂带等构造单元，对地层层序、沉积作用、岩相古地理及油气成藏要素有明显的控制作用。

2. 构造分异型式

克拉通盆地构造分异取决于外部环境和内部因素。从外部环境看，板块的俯冲碰撞以及开裂所产生的区域构造应力为克拉通盆地的构造分异提供外动力，如古华南大陆板块新元古代晚期的扩张裂解导致华南陆内裂谷的形成，这一伸展构造作用一直可持续到早古生代奥陶纪才结束。从内部因素看，克拉通盆地中先存构造如基底拼合带、基底断裂等，在后期构造作用下产生"活化"，为构造分异提供内动力，如四川盆地开江-梁平裂陷的形成与NW向基底断裂活化有关。

通过对四川、塔里木、鄂尔多斯等盆地深层构造研究，将克拉通盆地构造分异分为三大类，分别为拉张构造环境下的构造分异、挤压环境下的构造分异及多期活动的断裂

线性构造带(图 11-13)。各大类又可根据变形样式进一步细化(表 11-3)。

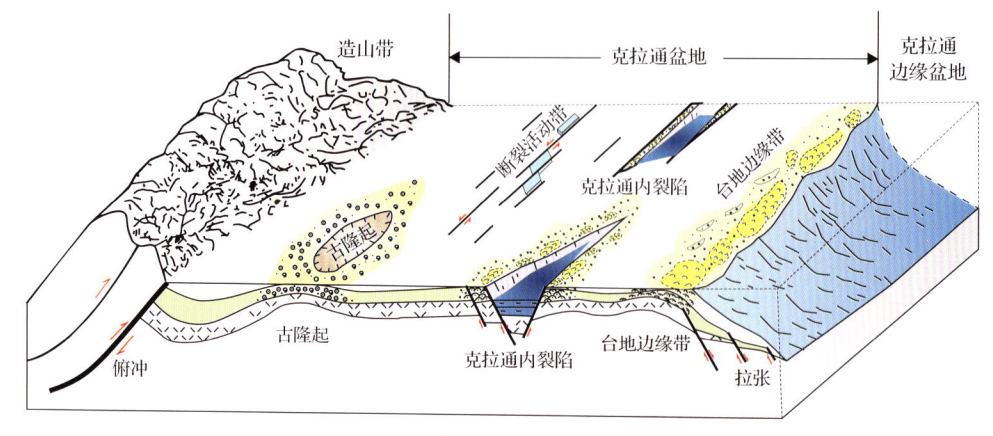

图 11-13　克拉通盆地构造分异示意图

表 11-3　我国克拉通盆地构造分异特征表

| 克拉通盆地构造分异型式 | | 基本特征 | 示意图 | 实例 |
|---|---|---|---|---|
| 拉张 | 陆内裂谷 | 主要发生在克拉通盆地形成初期，多为中新元古代。规模大，充填地层可达数千米甚至上万米，初期伴随强烈火山活动；存在多个层序界面；继承性演化特征明显，重磁电响应特征明显 | | 扬子克拉通南华系裂谷、华北克拉通中元古界裂陷槽 |
| | 克拉通内裂陷 | 发生在克拉通碳酸盐岩台地内，具早断晚拗特征，台缘带特征明显，"下礁上滩"没有明显火山活动，电磁响应特征不明显 | | 四川盆地德阳-安岳断陷/地堑、开江-梁平断陷/地堑 |
| 挤压 | 差异剥蚀型古隆起 | 整体抬升背景下，因差异剥蚀作用形成的古隆起，对上覆地层沉积具一定控制作用 | | 四川盆地桐湾期古隆起 |
| | 同沉积古隆起 | 碳酸盐岩台地生长发育过程中形成的同沉积古隆起，可以是水下古隆起，对碳酸盐岩沉积相、沉积厚度及短暂剥蚀有明显控制作用 | | 四川盆地川中加里东期古隆起 |
| | 褶皱型古隆起 | 碳酸盐岩地层在强烈的挤压构造作用下发生褶皱而形成的古隆起，发育区域性角度不整合面，不整合面上下两套地层在构造特征或沉积环境发生重大变化 | | 川中古隆起塔北古隆起塔中古隆起庆阳古隆起 |
| 挤压/拉张 | 深大断裂线性构造变形带 | 显性断裂：断裂活动在地表、物探资料上有明显特征，表现为高角度、线性展布，易于识别<br>隐形断裂：断裂活动造成的断层落差与上覆沉积层中产生的变形、变位并不明显，不易识别 | | 塔北古隆起斜坡区多组断裂带塔中古隆起近东西向断裂带四川盆地15号基底断裂带 |

1)拉张环境下的构造分异

拉张环境下主要有两种类型,即陆内裂谷和克拉通内裂陷。

陆内裂谷主要发生克拉通盆地形成初期,具规模大、沉积巨厚、初期伴随火山活动等特征,裂谷充填地层可达数千米至上万米,存在多个层序界面。陆内裂谷的形成与大陆裂解有关,如在全球罗迪尼亚超大陆裂解的构造动力学背景下,扬子和华夏在晋宁Ⅱ期拼合形成统一的华南古大陆板块发生裂解,板块周缘分裂出微板块,上扬子克拉通内部在南华纪发育陆内裂谷;华北克拉通中元古代裂谷则是哥伦比亚超大陆裂解的动力学背景下的产物(翟明国,2011,2013)。然而,对叠合盆地深层的中新元古代陆内裂谷,由于埋深大、钻井资料少,裂谷分布特征认识程度低。

克拉通内裂陷是在区域拉张构造作用下克拉通盆地形成的断陷,具"早断晚拗"的演化特征,规模较小,充填地层厚数百米至上千米,没有明显火山活动,重、磁、电等地球物理剖面上响应特征不明显。如四川盆地德阳-安岳裂陷,晚震旦世为碳酸盐岩台地背景上的裂陷,深水沉积为主,厚度薄,发育"葡萄花边"的瘤状泥质泥晶白云岩、泥晶白云岩,裂陷边缘往往发育纵向加积明显的丘滩或礁滩复合体,在地震剖面上有明显的响应特征;早寒武世为陆棚背景上的裂陷,通常发育厚层泥页岩,裂陷外围发育的泥页岩厚度明显减薄。

2)挤压环境下的构造分异

受区域挤压作用影响,克拉通盆地构造分异以古隆起为特征,存在三种成因的古隆起,即差异剥蚀型古隆起、同沉积古隆起、褶皱型古隆起。对于海相碳酸盐岩层系而言,区分和识别不同类型的古隆起具有重要意义。

差异剥蚀型古隆起是指在碳酸盐岩地层整体抬升过程中因剥蚀程度不同而形成的侵蚀古地貌高地,对上覆地层沉积有控制明显的作用。如四川盆地桐湾期磨溪古隆起、资阳古隆起。

同沉积古隆起是指碳酸盐岩台地生长发育过程中形成的同沉积古隆起,可以是水下古隆起,对碳酸盐岩沉积相、沉积厚度及短暂剥蚀有明显控制作用,主要特征如下:①古隆起区地层薄,翼部地层厚;②古隆起区水体浅,颗粒滩发育,环古隆起大面积分布;③不同古隆起发生规律性"生长",导致不同层系颗粒滩规律性迁移;④古隆起高部位可发生多期短暂剥蚀,形成多期暴露侵蚀面。

褶皱型古隆起是指碳酸盐岩地层在强烈的挤压构造作用下褶皱而成的古隆起,是区域构造运动产物,主要特征如下:①古隆起定型后覆盖区域性不整合面,不整合面下伏地层广遭强烈剥蚀,与上覆地层角度不整合接触;②不整合面上下两套地层在构造特征及沉积环境发生重大改变。如塔里木盆地塔中古隆起、鄂尔多斯盆地庆阳古隆起等。

3)深大断裂线性构造变形带

深大断裂是克拉通盆地常见的构造形迹。一般地,盆地周缘发育成排成带的逆冲断层及褶皱。盆地腹部主要发育高角度断裂,断裂性质多表现为压扭性质,可见花状构造。这些断裂经历了多期构造运动和多期活动,现今的断裂形态应是多期活动的结果。对于这类在地震剖面上可识别的断裂,称之为显性断裂,如塔北古隆起的主要断裂在地震剖面上表现为近乎直立状,在经历加里东期—早海西期、晚海西期、印支期—燕山期、喜马拉雅期等多期构造运动后，形成了不同走向的断裂带。然而，由于埋深大、断层断距小、深层地震分辨率有限等原因，大多数断裂在地震剖面上无法识别，只能借助地质与地球物理资料的蛛丝马迹进行综合判断，这类断裂可称之为隐性断裂(汪泽成等，2005，2008)，断裂的多期活动对沉积体系、储层及成藏同样有重要影响。

(二)上扬子地区震旦纪—早中生代构造分异

上扬子地区在震旦纪—中三叠世经历了多期次的伸展作用和挤压作用，受区域构造作用影响，克拉通内发生了克拉通内裂陷、多类型古隆起及深大断裂等类型的构造分异。

1. 晚震旦世—早寒武世克拉通内裂陷

在四川盆地腹部形成了安岳-德阳台内断陷，呈"喇叭"形近南北向展布，往北向川西海盆开口，往南向川中、蜀南延伸，宽度50～300km，南北长320km，在盆地范围内面积达6万km$^2$。在川东-鄂西地区形成城口-鄂西断陷，近南北向展布，成为分隔上扬子台地和中扬子台地的负向构造单元。

台内断陷分布受同沉积断裂控制。断陷演化经历了三阶段，震旦纪断陷形成期、早寒武世早期断陷强盛期、早寒武世沧浪铺期断陷消亡期。

2. 早寒武世沧浪铺期—志留纪同沉积古隆起

川中古隆起在早寒武世晚期—志留纪具有同沉积古隆起性质，分布面积达6万～8万km$^2$。这一时期，上扬子克拉通西缘开始形成古陆，从北向南依次为汉南古陆、宝兴古陆、康滇古陆。其中，宝兴古陆核部位于宝兴—雅安以西，向四川盆地内部延伸到南充、广安一带，表现为同沉积古隆起，对沧浪铺期—志留纪沉积有明显的控制作用。

3. 志留纪末期的褶皱型古隆起

川中古隆起经历志留纪末期的广西运动的强烈挤压作用，形成大型褶皱型古隆起。古隆起核部下古生界地层广遭剥蚀，面积可达6万km$^2$。

4. 晚二叠世—早三叠世克拉通内裂陷

受勉略古洋扩张控制，扬子克拉通在晚古生代—早中生代又经历了一次区域性拉张作用。受其影响，晚二叠世—早三叠世，上扬子克拉通发生块断作用，从克拉通边缘到腹部，依次发育城口大陆边缘盆地、开江-梁平克拉通内裂陷、蓬溪-武胜克拉通内裂陷，均呈北西向平行展布，形成"三隆三凹"的构造古地理格局。开江-梁平克拉通内裂陷位于四川盆地北部，呈向西开口的喇叭形，两侧发育同沉积正断层，长300km，西段宽100km，向东逐渐收拢，到梁平以东消失。航磁和重力资料显示，开江-梁平裂陷及蓬溪-武胜裂陷均存在NW向基底断裂。可见，裂陷形成的力学机制是区域拉张背景下，基底断裂活化导致上覆地层块断作用，稳定克拉通拗陷产生差异性构造沉降的结果。

(三)构造分异对碳酸盐岩油气成藏的控制

不同型式的构造分异对碳酸盐岩油气成藏要素、成藏组合、油气分布有重要影响。

## 1. 克拉通内裂陷对优质烃源岩分布及近源成藏组合的控制

晚震旦世—早寒武世德阳-安岳裂陷，发育三套优质烃源岩，包括灯三段泥质岩、麦地坪组泥质岩及筇竹寺组泥页岩。实验分析数据统计表明，裂陷区的烃源岩厚度、有机碳含量、生烃潜力等参数，均要比相邻地区高出2~3倍，为安岳特大型气田形成提供充足的烃源条件。

晚二叠世—早三叠世开江-梁平克拉通内裂陷发育大隆组黑色硅质泥岩/硅质灰岩及暗色泥岩，具有良好的烃源岩条件，烃源岩厚度10~30m，TOC平均值达到3.88%，分布面积约2.5万$km^2$。这套烃源岩对长兴组—飞仙关组台缘带礁滩气藏形成有一定贡献。

克拉通内裂陷两侧发育台缘带高能相带，有利于形成优质储集体。如德阳-安岳裂陷东侧的高-磨地区发育灯影组灯四段微生物丘（滩）体，开江-梁平裂陷两侧发育长兴组台地边缘礁滩复合体。丘滩体或礁滩体经白云石化及岩溶作用改造，形成带状分布的优质储集层，紧邻裂陷生烃中心，构成有利的近源成藏组合，有利于油气运聚成藏与富集。

## 2. 构造分异对碳酸盐岩规模储集体的控制

海相碳酸盐岩规模储层形成受控于原始沉积物质及成岩改造作用"双重因素"控制。克拉通构造分异不仅对礁、滩分布有控制作用，还对碳酸盐岩成岩改造有重要影响。

总结四川盆地震旦系—中三叠统碳酸盐岩储层发育特点，存在四类与构造分异相关的碳酸盐岩规模储层（表11-4）：①沿克拉通内裂陷两侧分布的台缘带丘滩体或礁滩体，具带状分布、储层累计厚度大等特征，如安岳-德阳裂陷两侧的灯影组、开江-梁平裂陷两侧的长兴组与飞仙关组；②同沉积古隆起及斜坡区发育的颗粒滩体，经白云石化及岩溶作用叠加改造，可形成大面积分布的优质储层，如磨溪地区寒武系龙王庙组；③褶皱型古隆起及斜坡区分布的风化壳岩溶储集体，具分布面积广、缝洞发育、储层非均质性强等特征，如川中古隆起灯影组；④沿深大断裂带分布的热液白云岩体，具沿断裂带分布特征，如盆地中部15号基底断裂对中二叠统栖霞组—茅口组白云岩分布控制作用明显（汪华等，2014）。

表11-4 四川盆地碳酸盐岩储集体特征与气藏类型统计表

| 构造带 | 层位 | 分布区 | 储集体类型 | 分布预测 | 储层厚度/m | 孔隙度/% | 储集空间 | 主要气藏类型 | 已发现气田 |
|---|---|---|---|---|---|---|---|---|---|
| 克拉通内裂陷侧翼的台缘带 | 灯影组灯四段 | 德阳-安岳裂陷东翼台缘带 | 微生物丘滩体 | 长500km，宽4~15km | 36~150 | 2.0~9.3，平均4.2 | 溶孔、溶洞、洞穴及裂缝 | 丘滩体圈闭 | 威远、安岳 |
| | 长兴组 | 开江-梁平裂陷两翼台缘带 | 生物礁、滩复合体 | 长650km，宽2~4km，面积9500km² | 10~45 | 2.0~15.8，平均5.2 | 以粒间溶孔、晶间孔为主 | 生物礁圈闭 | 龙岗、普光等 |
| | 飞仙关组 | 开江-梁平裂陷两翼台缘带 | 鲕粒滩 | 长650km，宽5~10km，面积15000km² | 6.7~90 | 2.0~26.8，平均8.4 | 以粒间溶孔为主 | 鲕粒滩圈闭 | 罗家寨、铁山坡等 |

续表

| 构造带 | 层位 | 分布区 | 储集体类型 | 分布预测 | 储层厚度/m | 孔隙度/% | 储集空间 | 主要气藏类型 | 已发现气田 |
|---|---|---|---|---|---|---|---|---|---|
| 同沉积古隆起 | 龙王庙组 | 高-磨地区 | 颗粒滩 | 9650km² | 10~70 | 2.0~15.1,平均4.8 | 溶孔、粒间孔、晶间孔及裂缝 | 颗粒滩圈闭 | 安岳 |
| 同沉积古隆起 | 洗象池组 | 合川-广安 | 颗粒滩 | 3000~4500km² | 5~30 | 2.0~11.0,平均2.8 | 粒间孔、溶洞及裂缝 | 颗粒滩圈闭 | 高16、磨溪23等多口井获气 |
| 差异剥蚀型古隆起 | 灯影组 | 合川-广安-南充 | 颗粒滩-风化壳岩溶储集体 | 4000~5000km² | 30~70 | 2.0~6.0,平均3.0 | 缝洞、洞穴 | 地层型圈闭、地层-岩性复合圈闭 | 磨溪、龙女寺含气构造 |
| 褶皱型古隆起 | 南充-通江古隆起茅口组 | 川中-川西 | 颗粒滩-风化壳岩溶储集体 | 10000~13000km² | 15~30 | 1.0~7.0,平均3.1 | 缝洞、洞穴 | 地层型圈闭、地层-岩性复合圈闭 | 南充1等井获工业气流 |
| 深大断裂带 | 15号基底断裂带 | 卧龙河-广安-绵阳 | 热液白云岩体 | 长350km、宽10~60km | 5.0~35 | 1.0~15.7,平均3.4 | 以孔隙、溶洞、裂缝为主 | 断裂-岩性复合圈闭 | 双探1等获高产 |

3. 构造分异对地层-岩性圈闭(群)分布的控制

构造分异对碳酸盐岩地层-岩性圈闭分布有控制作用(表11-4)。克拉通内裂陷侧翼的台缘带通常发育生物礁圈闭、丘滩体圈闭、颗粒滩圈闭等,这些圈闭呈串珠状沿台缘带分布。同沉积古隆起受颗粒滩分布控制,通常发育颗粒滩岩性圈闭、上超尖灭型圈闭,呈集群式大范围分布特点,如川中古隆起龙王庙组岩性圈闭群。差异剥蚀型古隆起及褶皱型古隆起通常发育地层型、地层-岩性复合型圈闭,如磨溪地区灯影组、川中地区茅口组。与深大断裂热液白云岩相关的圈闭,以断裂-岩性复合型圈闭为主,但受断裂后期活动影响,早期的复合型圈闭被改造为断块型圈闭,如双探1井栖霞组圈闭。

4. 多期构造分异叠合有利于形成大油气田

安岳气田是四川盆地近年来发现的震旦系—寒武系特大型气田,发育灯影组、龙王庙组两套主力含气层。该气田形成的主控因素可概括为"四古"控制,即古裂陷控制生烃中心、古丘滩体控制优质储层、古地层-岩性圈闭控制油气成藏、古隆起控制油气富集。

如前述,安岳气田所处位置经历多期构造分异作用,不同时期构造分异的叠合为"四古"要素空间匹配创造了有利条件,是特大型气田形成的关键因素:①晚震旦世—早寒武世形成的德阳-安岳裂陷对生烃中心、灯影组台缘带丘滩体有控制作用;②桐湾运动形成的资阳、磨溪古隆起,有利于灯影组风化壳岩溶储层及沿台缘带分布的地层-岩性古圈闭;③早寒武世晚期—志留纪形成的同沉积古隆起控制了寒武系颗粒滩及岩性古圈闭的分布;④加里东晚幕运动形成的川中古隆起及其继承性发育,不仅有利于形成震旦系—奥陶系风化壳岩溶储层,还有利于形成古油藏;⑤燕山晚期—喜马拉雅期,随着威远背斜的隆升，安岳地区位于川中古隆起低部位，德阳-安岳裂陷充填的泥质岩为安岳气田天然气向上运移提供良好的侧向封堵条件，是古老气田得以保存的关键。

## 四、油气成藏的三大要素及其对碳酸盐岩高效大气田形成的主控作用

### (一)油气成藏的三大要素

成藏动力学研究成为油气地质研究领域的热点课题。广义的成藏动力学，以盆地为背景、以油气为对象、以油气系统为单元,研究油气生成、运移、聚集、保存的成藏动力学过程及其控制因素的综合性学科，内涵包括油气生成动力学、油气运聚动力学，以及油气藏保存与破坏动力学。狭义的成藏动力学，强调研究沉积盆地中流体运动系统，并出现运聚动力学分支。尽管如此，无论是广义的成藏动力学还是狭义的成藏动力学，都倾向于把油气生成、运移、聚集与保存的动力学过程作为成藏动力学研究的核心，通过对能量场(包括地温场、地压场、地应力场)定量化研究，再现油气生成、排烃、运移、聚集、保存等成藏全过程，并将这些过程作为一个统一的整体来探讨油气成藏和分布的规律，指导油气勘探工作。

1. 地质要素、作用过程与能量场环境

传统石油地质学认为，油气藏形成的地质条件可归纳为生油层、储集层、盖层、运移、圈闭、保存，并称之为油气成藏"六大地质要素"。油气能否聚集成藏取决于这些条件是否存在、质量好坏及相互之间的配合关系。其中最重要的地质要素是生油层、储集层与盖层，并将其组合条件即"生储盖组合"，作为一项很重要的油气藏地质评价指标。

油气藏的形成是一个复杂的地质作用过程。油气藏形成不仅取决于地质要素的规模与质量以及诸要素在空间上配位关系，还取决于成藏作用过程的时效性、优质地质要素形成与保持的时效性以及两者在时间和空间上有效配置的时效性。尤其对大中型油气藏形成而言，需要优质成藏要素与高效的成藏作用过程在时间和空间上具有良好的配位关系。对这种配位关系的认识仅仅依据于"生储盖组合"等要素的描述与评价是远远不够的，它不能揭示成藏作用过程(包括油气生成效率、输导途径与效率等过程)对油气藏的贡献，也不能说明什么样的能量场环境背景下才会形成上述良好的配位关系。也就是说，油气藏的形成必须具备三大要素，即地质要素、作用过程及能量场环境，它们在油气藏形成过程中缺一不可且相互联系。因此，油气藏评价不仅要对其"生储盖组合"等静态要素进行评价，更重要的要对油气藏形成的动力学过程进行分析。只有这样才能从机理上认识油气藏形成过程及其主控因素，达到客观评价的目的。

本书所指的地质要素包括烃源岩、输导层、储集层、圈闭和盖层等地质体，是油气藏形成过程中油气流体赋存的地质载体。烃源岩是有机质赋存的载体，烃源岩质量取决于赋存在泥质岩、碳酸盐岩、煤系地层等岩体上的有机质质量。不同热动力条件下，即使是相同质量的烃源岩，其生成油气的效率有明显差别，对油气藏的贡献也不同。输导层是油气发生运移的通道，如断层、裂缝、不整合、渗透砂岩等。不同类型输导层输导油气的效率不同；不同时间形成的输导层，对油气藏形成所起的作用也不同。储集层是为油气聚集提供有效空间的地质体，如砂岩、石灰岩等。盖层是油气得以有效保存的地

质体，是圈闭有效性的关键，而圈闭又是油气聚集与保存的载体。上述地质要素在空间上组合搭建了油气藏形成的地质体"框架"。地质要素的形成、质量与分布主要受控于地温场、地压场、地应力场及由此衍生的水动力场、生物场、化学场等。

油气成藏的作用过程是指油气从有机质堆积到有机质热演化成烃，油气生成后经过输导层运移，在圈闭内聚集与保存，或最终被改造与破坏的过程。这一作用过程构成了油气藏形成的时间序列，是不可逆的过程，而且终极结果是油气藏被破坏。和地质要素相似，成藏作用过程同样主要受控于地温场、地压场、地应力场及由此衍生的水动力场、生物场、化学场等，但是成藏作用过程研究对象是油气，涉及油气的生成、运移(动力、相态、方式等)、聚集、保存与破坏等。由于作用过程是动态的，作用过程研究必须站在油气从生成→运移→聚集→保存等时间坐标轴上，通过选择合适的成图，考查作用过程发生的条件、方式、途径、动力、效率等。

能量场是地温场、地压场、地应力场(即三场)的通称，是地球内能以不同形式在地壳上的表现。能量场是最本质的，由能量场可衍生出水动力场、化学场与生物场。能量场是油气地质要素形成和成藏作用过程发生所依赖的环境条件。不同能量场环境背景下所形成的地质要素差异大，所发生的成藏作用过程差异也很大，由此导致了油气藏的类型、规模与质量等方面的差异。这一点在以往的相关研究中往往被忽视。图 11-14 是能量场与地质要素、作用过程之间关系示意图。该图表明能量场之间的相互影响、相互作用，共同构成了油气成藏的作用过程发生的环境。

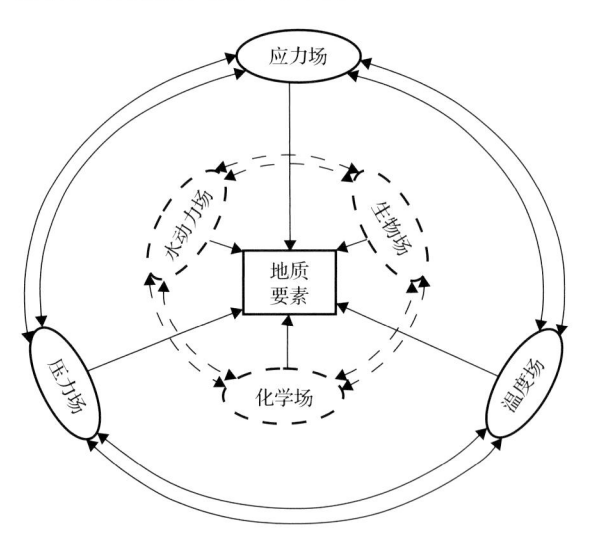

图 11-14　"三场"及其衍生场与成藏地质要素关系

虚线表示衍生场，箭头表示作用方向

总之，油气藏的形成是地下流体系统和固体系统在能量场环境下发生相互作用的复杂过程。地质要素是油气流体赋存的载体，能量场环境是地质要素和作用过程发生的环境条件。地应力场决定了盆地性质，控制了生油深凹、沉降中心、烃源岩、油气聚集带的展布，为地质要素的形成及油气分布格局奠定了基础。近年来，地应力场对油气成藏的影响已引起了许多学者的重视：一方面构造应力通过产生机械能及力化学作用促进了干酪根热降解,促进了油气的生成;另一方面构造应力作用于地质体时,使地质体发生形变,改变了不同岩性岩体的孔隙度和孔隙压力,驱动油气从高势区向低势区运移、聚集。地温场是有机质热演化成烃作用的关键,有机质热演化过程是由温度、压力和有效受热时间控制的化学动力学过程。地压场是岩石成岩作用的主导因素之一,也是油气运移的主要动力之一。对我国大中型气田烃源岩层和储集层的剩余压力统计,结果表明两者之间的剩余压力差(可简称为"源-储剩余压差")越大,气藏的储量丰度越大。前人统计同样表明,异常压力与油气分布关系非常密切,世界范围内超压体与油气分布有因果关系的含油气盆地多达 160 个。另外,超压可抑制油气的生成演化,推迟了烃源岩进入生烃门限和生烃高峰期。

除上述能量场外,由能量场衍生出的水动力场、生物场和化学场对地质要素和作用过程的影响也很重要,如水动力场既是盆地沉积充填的关键因素,也是油气运移的主要动力之一。受水动力场影响的生物场决定了烃源岩有机质丰度、类型与规模;成藏期后的生物场细菌作用还是油气破坏的主要营力之一。

上述分析表明成藏地质要素、成藏作用过程及能量场环境是油气藏形成必须具备三大要素,深刻揭示了油气藏形成机理。三大要素的深入研究将为油气藏评价提供新思路,有利于指导勘探实践。为此,作者建议三大要素的研究可作为成藏动力学研究的关键内容。

2. 关键时刻的成藏要素组合

关键时刻是指一个含油气系统中绝大多数油气的生成、运移、聚集发生的最主要时间段,通常用烃源岩大量生烃和排烃时间来确定。关键时刻的地质要素和作用过程在空间上的有效组合,决定了油气藏的质量与规模。对大中型油气藏形成而言,在大量生烃、排烃时期,存在优势运移通道,保障大量油气沿输导体发生优势运移;有良好的储集体和圈闭条件,保障聚集油气的规模;有良好的盖层与封闭条件,保障油气藏被保存下来。只要上述条件有一个不匹配,就很难形成大中型油气藏。

实际上,优质的成藏地质要素与高效的成藏作用过程在时间和空间上具有良好配置的地质现象,并不是在所有含油气盆地或者同一盆地的所有构造单元内都能够发生,需要有特定的地质背景及能量场环境。我国西部新近纪以来的再生前陆盆地,具有沉降速率大、地层堆积厚度大、挤压构造变形强烈等特点。这种背景下,能量场表现为异常高的增温和增压速率、强大的侧向挤压应力等特征。异常高的增温速率使烃源岩成烃效率高,且以成气作用为主。异常高的增压速率和侧向挤压应力,导致储层岩石孔隙流体压力增高、抗压实作用增强,原生孔隙得以保存或部分保存,物性条件较好。此外,强挤压应力所产生的地层变形强烈,规模较大的圈闭发育,以断层相关褶皱为主。断层是油气运移的主要通道,其形成时间与大量生烃、排烃时间相近,具有较高的运移效率。值得注意,保存条件可能因为断层作用而变得较差,能否形成大中型油气藏保存条件是关键因素之一。总之,西部再生前陆盆地能量场环境下,关键时刻的油气成藏地质要素和成藏作用过程在时间和空间上具良好的配置关系,为大中型油气田形成创造了条件。

发育在稳定地块之上的克拉通拗陷盆地沉降速率小、地层层序齐全且时间跨度大(包括古生界、中生界及新生界)、盆缘构造变形强烈而盆内变形微弱等特点。地温场和地压场演化呈渐变式或过渡式。地应力场演化复杂，受区域构造运动影响，地应力的方向、强弱发生变化。但和前陆盆地相比，表现为以垂直升降运动为主。这种背景下，油气成藏的各种作用过程得以充分进行，即烃源岩进入生油窗或生气窗的地质时间明显加长，使盆地既富油又富气、深层气浅层油的油气分布特征较明显。发育复合油气系统，具多个关键时刻。储集层因埋藏缓慢、侧向挤压弱等因素，成因作用充分，次生孔隙是主要的孔隙类型，物性条件整体较差，但在异常高压的封存箱内或早期有烃类充注等条件下，储层物性较好。在构造平缓，断层不发育的情况下，不整合面和孔隙型储层是油气运移的主要通道。围绕古隆起发育的地层圈闭及岩性圈闭是主要的圈闭类型。因此，这种能量场环境下，在关键时刻优质成藏地质要素与高效的作用过程能否在时空上具良好配置，是大中型油气田形成的重要因素。当两者配置关系不好时，常常形成一些低丰度、低产能的油气田，如鄂尔多斯盆地上古生界气田。

(二) 川东北礁滩高效气田的成因机制

赵文智和刘文汇(2008)提出高效气田概念，将探明地质储量大于100亿 $m^3$、储量丰度在3亿 $m^3/km^2$ 以上、千米井深日产量在5万 $m^3/(km \cdot d)$ 以上的气田称为高效气田。笔者对四川盆地海相碳酸盐岩高效气田进行了深入研究，表明川东高陡构造五百梯石炭系气田、川东北长兴组—飞仙关组气田均为高效气田，近年来发现的安岳气田磨溪龙王庙组以及高-磨地区灯影组台缘带气藏也属于高效气田。这类气田可动用程度高，投入开发后具有较好的经济效益。总结高效气田的形成条件与分布规律，将对指导高效大气田勘探具有重要指导意义。

研究表明，高效气藏的形成必须具备高效气源灶、高效输导过程及优质成藏地质要素(如大圈闭、好储层、优盖层等)组合。实际上，同时具备上述条件并不是在所有含油气盆地或者所有构造单元内都能够发生的，需要有特定的地质条件及能量场。即高效气藏形成的地质条件苛刻，只有成藏三要素在时空演化上出现最佳配置时，才能形成高效气藏。

本节以川东地区飞仙关组鲕粒滩气藏为例，利用数值模拟技术，反演地温度场、压力场、应力场演化历史；利用油气藏定年技术与实验分析数据，剖析成藏三要素的演化以及成藏关键时刻的耦合作用，分析要素之间的耦合对高效气藏形成的影响。

1. 川东北地区飞仙关组高效气藏基本特征

川北地区位于四川盆地北部，包括米仓山-大巴山冲断褶皱带前缘、川北凹陷带、川中古隆起带北部以及川东断褶带北部，面积约4万 $km^2$。大地构造位置处在四川盆地与大巴山弧形褶皱带接壤部位，同时还包括部分川西断褶带、川中地块北部、川北拗陷带以及川东高陡构造带中北段。二叠纪—早三叠世，该区发育 NW 向延伸的开江-梁平海槽，海槽边缘发育礁滩沉积，是主要的勘探目的层。中—晚侏罗世发育大巴山前陆盆地，燕山晚期—喜马拉雅期，发生冲断与褶皱变形。

川东北地区飞仙关组天然气勘探始于20世纪60年代初期，发现的气藏多属于灰岩裂缝性气藏，储量规模小，因而长期未被重视。自1995年渡口河构造发现鲕粒白云岩气藏以来，先后发现了渡口河、铁山坡、罗家寨、普光等五个探明地质储量大于300亿 $m^3$

大气田及金珠坪、毛坝场、正坝南、七里北等含气构造。目前发现的鲕粒滩气藏属于构造-岩性复合型气藏，气藏埋深在 3048~5845m，气藏温度为 64~130℃，压力梯度为 0.95~1.30MPa/km。天然气组分中以 $CH_4$ 为主，体积分数为 54.2%~99.4%，平均为 90.6%。$H_2S$ 含量高，体积分数达到 3.0%~17.4%，平均值达到 11.2%，渡 5 井高达 36.6%；现场分析表明，$H_2S$ 含量为 0.05~523.63g/m³，平均为 125.82g/m³。$H_2S$ 含量与 $CH_4$ 含量具良好的负相关性，$CH_4$ 含量越高，$H_2S$ 含量越低(图 11-15)。

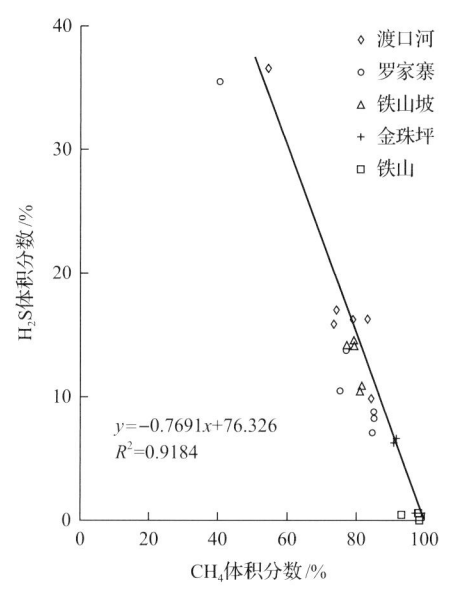

图 11-15 飞仙关组鲕粒滩气藏甲烷与硫化氢含量相关关系

储层物性受岩性控制。鲕粒白云岩物性条件好，即使在埋深超过 5000m 的深层仍具良好物性。如七里北 1 井在 5700~5900m 井段孔隙度高达 15%~20%，且孔隙度($\phi$)与渗透率($K$)之间具良好的相关性，可拟合为关系式：$K = 0.0027\phi^{3.3887}$ ($R^2 = 0.78$)。相反，鲕粒灰岩物性差，孔隙度通常小于 4%，以裂缝为主。

2. 研究方法

耦合作用是指系统间或一个系统的各种特性之间的相互作用而表现出的具有成因联系的现象。耦合作用是一种普遍性的地质现象。不同系统之间存在耦合作用，如地球内部层圈耦合作用(毛桐恩等，1999)、地球内外动力耦合作用(王思敬，2002)、构造与气候耦合作用(蒋复初等，1999)、构造耦合(包括中国西部的盆山耦合以及东部的活动大陆边缘构造耦合现象)(郭令智等，2003)。同一系统内部不同作用过程也存在耦合作用，如天然气成藏过程中运移动力耦合(宋岩等，2001)，金属矿床形成的渗流场、地应力场、地温场耦合作用(谭凯旋等，2001)等。

地质上的各种耦合作用日益成为研究的热点。目前研究耦合作用多是从定性角度进行认识，定量化研究难度较大。油气藏形成过程中，能量场、成藏作用过程与成藏地质要素三者之间耦合同样具有普遍性和必然性，而且贯穿全过程。实际上，油气藏形成是一个漫长不可逆的自然过程，因此，研究成藏三要素的耦合作用必须站在时间坐标轴上，考查关键时刻的能量场、成藏作用过程及地质要素三者之间的相互作用与成因联系。基于此考虑，可以通过数值模拟手段，反演能量场、成藏作用过程及其动力、地质要素的形成演化历史，分析大量生烃与排烃关键时刻各要素的相互作用与成因联系，实现耦合作用的定量化、半定量化分析。

本节针对飞仙关组和上二叠统两个目的层系，开展古构造恢复与应力场分析、热史与生烃史模拟、压力史模拟等模拟工作；同时，结合包裹体等成藏年龄测定、岩石薄片鉴定等资料，探讨成藏三要素的耦合对川东北飞仙关组高效气藏的影响。

3. 能量场演化数值模拟

1) 应力场分析与古构造恢复

构造动力学和构造变形机制分析是应力场研究的重要途径。区域构造演化历史研究表明，大巴山前构造带在不同动力学背景下经历了多期应力转换。野外观察到古生界中发育高角度正断层及受隐伏基底断裂和深断裂活动影响的海底基性火山岩(峨眉山玄武岩)，表明印支期前主要为拉张伸展环境。在此区域应力场背景下，晚二叠世—早三叠世早期(相当于飞仙关早期)继承性发育广元-开江裂陷槽，早三叠世晚期—中三叠世进入拗陷沉积期。印支运动末期在华蓥山断裂东翼形成 NE 向延伸的开江古隆起。燕山早期在大巴山前缘形成中—晚侏罗世前陆盆地，即大巴山前陆盆地。燕山晚期—喜马拉雅期，随着大巴山前陆和雪峰山前陆的褶皱隆升及其向四川盆地推挤，在川东北地区形成了独特的挤压应力场，来自大巴山的挤压应力为 SW 向，来自川东的挤压应力为 NW 向，两者的合力作用在华蓥山基底断裂以西、具刚性基底的川中地块上，产生 SE 向反作用力。三方向应力的联合作用(图 11-16)，形成了大巴山前缘弧形带与川东北弧形带"双弧交会"的构造变形样式，构造形迹上表现出构造干扰复合现象。

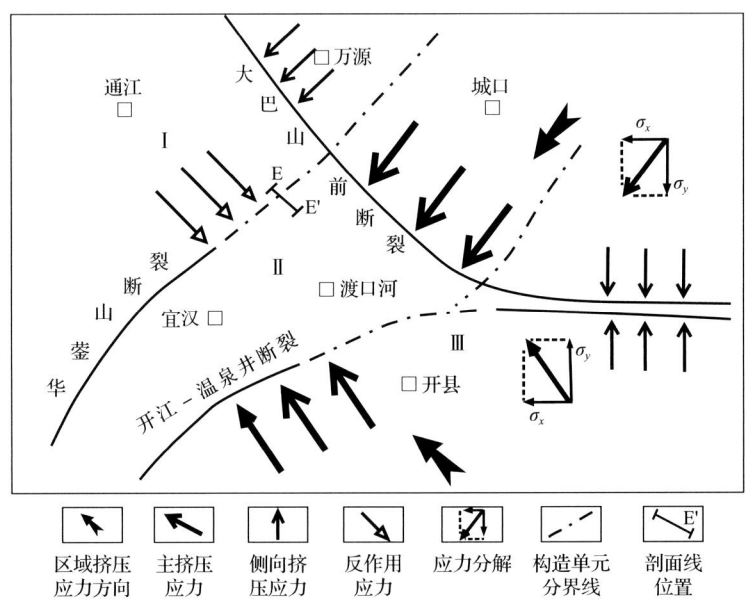

图 11-16 川东北地区中新生代应力场分析

Ⅰ-通江-铁山城西 NW 向潜伏断褶带；Ⅱ-五宝场-铁山坡 NW-NE 向构造交会带；Ⅲ-温泉井-奉节近 EW 向构造带

基于上述认识，对钻探程度较高的渡口河-开江地区开展古构造恢复研究。在研究过程中，通过拟合镜质组反射率与深度的相关关系，得公式如下：

$$H = 1010R_o + 889.65, \quad R^2 = 0.7558$$

式中，$H$ 为地层埋深，m；$R_o$ 为镜质组反射率，%。

利用该公式恢复单井在不同时期的剥蚀厚度，共计42口井。再利用地层厚度趋势厚度法进行平面成图，完成了飞仙关组顶面和二叠系顶面在不同时期的古构造图。图11-17(a)、(b)分别是晚三叠世末和晚侏罗世末飞仙关组顶面构造图。图中可以看出，开江古隆起在三叠纪末期就已形成[图11-17(a)]，并在早侏罗世继承性发育。中侏罗世受大巴山前陆快速沉降影响古隆起成为凹陷区，到晚侏罗世末受燕山运动影响，古隆起形态明显，但埋深已达到6500~7200m。古构造演变对该区油气生成、聚集与成藏的控制作用明显。

2) 温度场演化

和我国中西部地区中新生代地温场演化相似，川东地区现今地温梯度较低。利用15口钻井测试资料，拟合温度与深度关系曲线，得方程如下：$T = 0.028H - 485.08$（$R^2 = 0.8955$），地温梯度为2.8℃/100m。飞仙关组温度集中在60~110℃（图11-18）。

古热流场研究表明，川东北地区自晚二叠世以来大地热流场处于逐渐降温，晚二叠世初期(约在255Ma)古热流为62~70mW/m²，现今热流平均为45mW/m²。古热流场演变反映了构造环境的变化，二叠纪克拉通裂陷作用(可见玄武岩喷发)，大地热流值高；晚三叠世以来挤压背景下的前陆挠曲沉降，大地热流值明显变低。

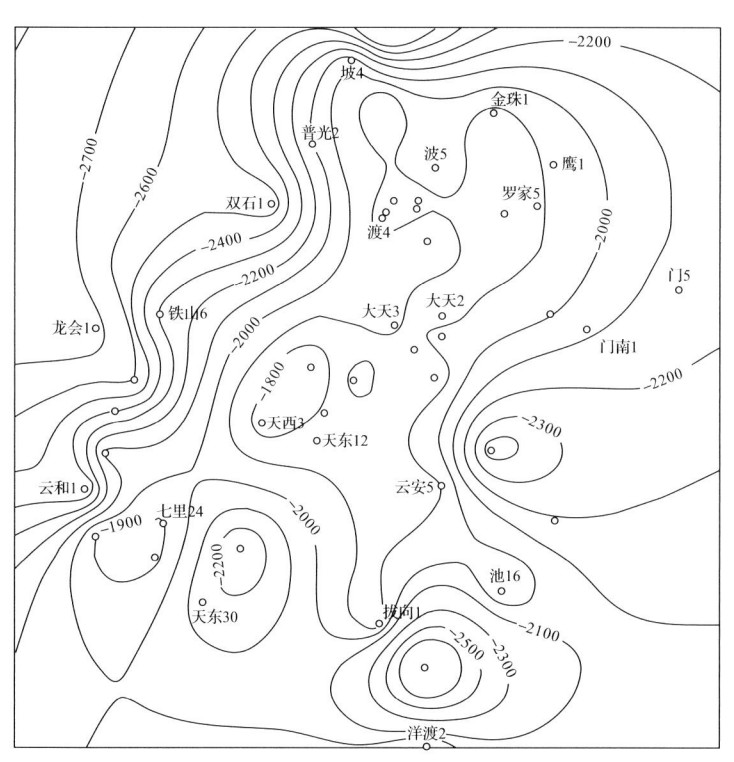

(a)

(b)

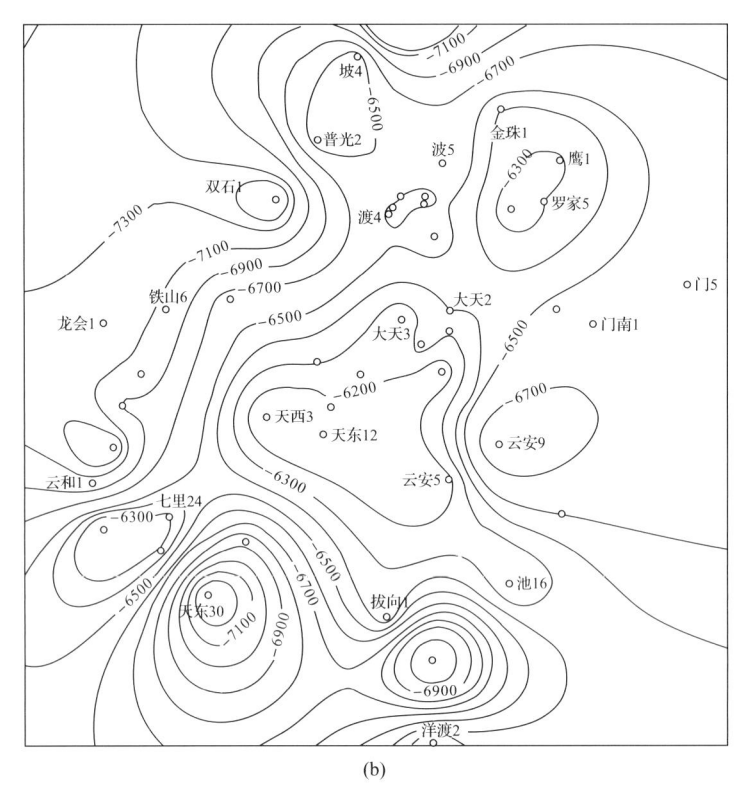

图 11-17 川东北飞仙关组顶面在不同时期古构造图(单位：m)

(a)晚三叠世末；(b)晚侏罗世末

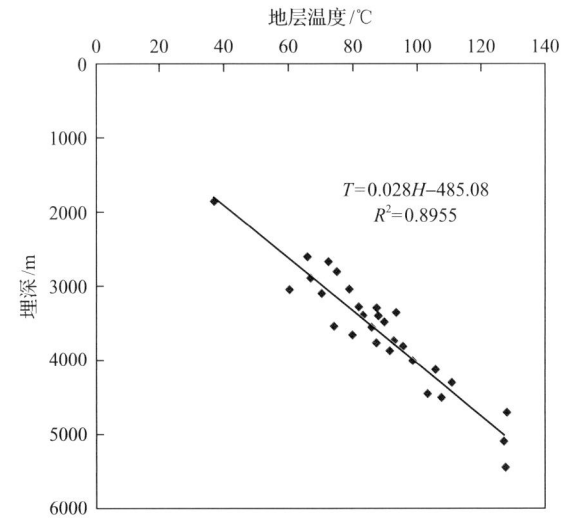

图 11-18 川东北飞仙关组现今地层温度与埋深关系图

$T=0.028H-485.08$
$R^2=0.8955$

为了定量模拟飞仙关组古地温演化历史，选用古热流法恢复热史，对区内的 24 口井开展了热史恢复。部分单井热史恢复结果见图 11-19。由图可见：220～170Ma(晚三叠世—早侏罗世)飞仙关组地层温度相对稳定，保持在 90～110℃；到 170～135Ma(中侏罗世—早白垩世），地层快速增温，并于晚侏罗世—早白垩世达到 170～220℃；晚白垩世以来，地层温度因抬升逐渐降低。这一模拟结果和包裹体均一温度吻合较好。模拟结果还显示温度场演化受构造沉降与隆升影响，不同区块地温差异较大，总体上华蓥山断裂以西的大巴山前缘深凹陷区地层温度比开江古隆起区高。

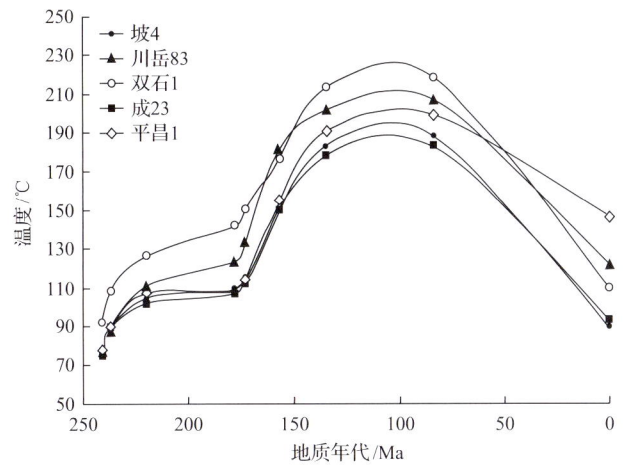

图 11-19　川东北地区部分钻井飞仙关组地层温度演化模拟曲线

3) 压力场演化

川东北地区飞仙关组现今地层压力复杂，存在常压和异常高压两种压力状态（图 11-20）。统计 30 口井 33 个地层压力资料点，结果表明物性良好的白云岩储集层以常压为主，压力与埋深具有良好的正相关性，表明气藏储层的连通性好，且有高产和稳产特征。相反，超压主要出现在致密、连通性较差的石灰岩或致密的白云岩地层中，压力系数在 1.15～1.8 变化，但以 1.2～1.5 为主；气藏因储层致密产量较低，但当存在裂缝时，产量变高，如峰 15 井在埋深 3831.5m（飞三段）的石灰岩中地层压力达到 72.24MPa，压力系数超过 1.8，裂缝性储层，产气量为 140.89 万 $m^3/d$。

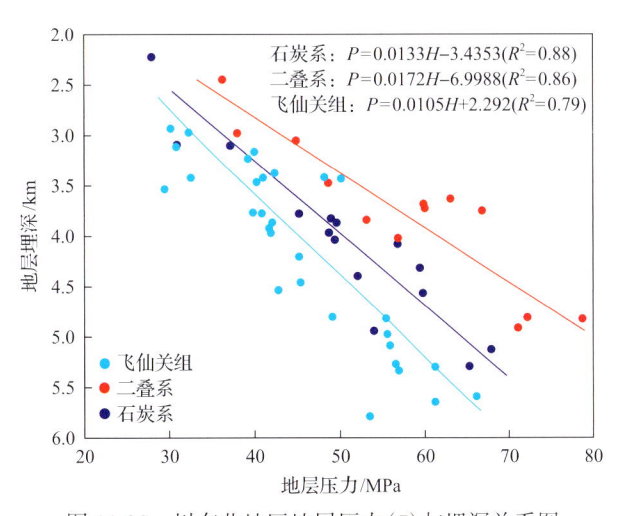

图 11-20　川东北地区地层压力（$P$）与埋深关系图

采用德国 IES 公司 PetroMod 模拟软件，反演研究区飞仙关组地层压力演化历史。通过对坡东 1 井飞仙关组地层压力进行模拟，得出飞仙关组静岩压力、地层压力、静水压力三个压力值，再利用三者之间关系计算超压和有效应力。从图 11-21 中可以看出，晚三叠世前，地层压力和静水压力相近，超压较低，反映处于正常压实状态。早侏罗世开始，飞仙关组地层超压明显，并于晚侏罗世—早白垩世达到高峰。晚白垩世至现今，地层压力和超压明显降低。

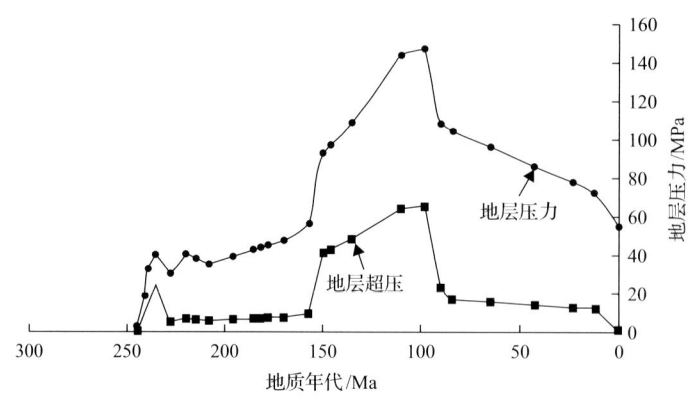

图 11-21 坡东 1 井飞仙关组顶压力演化历史模拟

模拟结果表明，超压形成时间与古温度高值区形成时间吻合较好，均发生在晚侏罗世—早白垩世。这表明异常高压的形成可能与天然气大量生成和强烈构造挤压作用有关。成烃史模拟揭示二叠系烃源岩在早侏罗世末进入生油高峰，石油通过断层输导进入飞仙关组储集层，导致地层超压；中晚侏罗世时，二叠系烃源岩和飞仙关组古油藏均进入生气期，因而大量气体充填孔隙是导致异常高压的主要原因。此外，中侏罗世以来的快速沉降及挤压作用不断增强，也可能对异常高压形成产生一定影响。

4. 关键时刻的耦合作用

地质上的各种耦合作用是一种普遍现象，表现形式也各不相同。本节探讨关键时刻的耦合作用是指在一个油气系统内的关键时刻(古油藏形成期和原油裂解成气期)，能量场演化过程中成藏作用过程(主要是成烃作用、成藏动力)与地质要素(主要是储层)两者之间的相互影响、相互作用，是飞仙关组鲕粒滩高效气藏形成的关键因素。

1) 晚三叠世—早侏罗世的耦合作用

温度和有机质成熟度反演模拟结果表明，晚三叠世—早侏罗世川东北地区上二叠统地层(烃源岩)温度为 90~120℃，镜质组反射率 $R_o$ 值在 230Ma 达到 0.5%，170~180Ma 为 1.0%左右，进入大量成油期。即上二叠统烃源岩在晚三叠世进入生油窗，到晚侏罗世达到生油高峰。

古构造分析表明，晚三叠世末期的印支运动在华蓥山断裂东翼形成 NE 向延伸的开江古隆起，同时产生 NE 向和 NW 向两组逆冲断层。利用钻井勾绘的渡口河-开江地区古构造，表现为东高西低的"复式褶皱"(图 11-22)，罗家寨—渡口河及铁山坡分别处于复式褶皱的两个高带，其间被双石 1 井到朱家 1 井鞍部所隔。川东北地区飞仙关组气藏的储层中不同程度含有固体沥青。沥青分布与孔隙大小和含气性具良好正相关性(图11-22)，是古油藏原油裂解成气后的残留物。

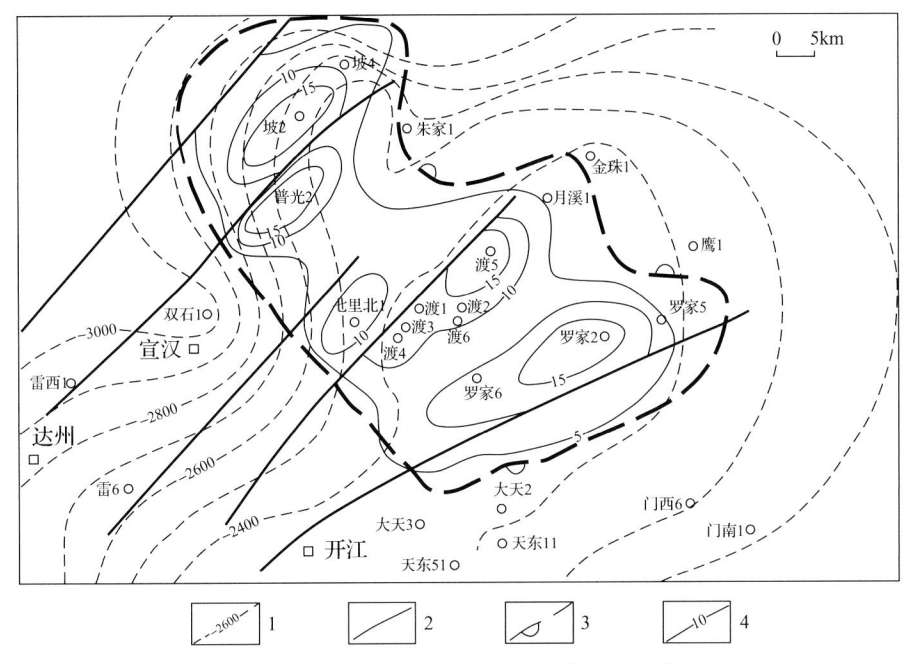

图 11-22 川东北部飞仙关组古油藏分布示意图
1-早侏罗世末飞仙关组顶界埋深等值线(单位：m)；2-晚印支—早燕山运动形成的 NE 向断层；
3-推测古油藏分布范围；4-储层沥青含量等值线(单位：%)

断层的形成为原油运移提供了良好通道，而大型古构造则为石油聚集提供了有利场所。断层是该区油气运移的主要通道。目前发现的古油藏及气藏均与断层有关。断层输导油气的直接证据是储层中构造裂缝内充填大量沥青(图11-23)。镜下观察，至少存在三期裂缝。第一期裂缝，多呈张性，被方解石充填，且被后期裂缝错开。裂缝内方解石脉包裹体以盐水包裹体为主，均一温度为80～95℃，推测形成于印支早期，并在成油期前形成。第二期裂缝切割第一期裂缝，缝内充填大量沥青[图 11-23(a)]；部分薄片可见沥青充填鲕粒并被错开[图 11-23(b)]。裂缝内方解石脉包裹体均一温度为 120～130℃，推测形成于燕山早期，与大量生油期相吻合。第三期裂缝，切割早期裂缝，多未被充填[图11-23(d)]；裂缝内少量方解石脉的包裹体均一温度在150～170℃；推测形成于燕山晚期或喜马拉雅期，与成气期相吻合。裂缝发育程度与溶蚀孔发育程度有很好的相关关系，网状分布的裂缝发育区[图 11-23(c)～(e)]，溶蚀孔往往连成一片；孤立的裂缝、溶蚀孔多呈链条状分布[图 11-23(d)]。岩心观察发现，沥青沿微裂缝呈叶脉状或毛细血管状分布[图 11-23(f)]，清晰地再现了油气运移痕迹。

川东北地区飞仙关组古油藏到底有多大规模？古油藏分布范围的确定主要依据钻井的储层沥青的分布与含量、结合成油期古构造形态进行综合判断。沥青含量在铁山坡、普光 2、渡口河、罗家寨等气田部位表现出明显的高值，反映古油藏分布受局部构造控制，紧邻断层的高部位沥青含量增高。将沥青含量等值线图和早侏罗世末期飞仙关组顶

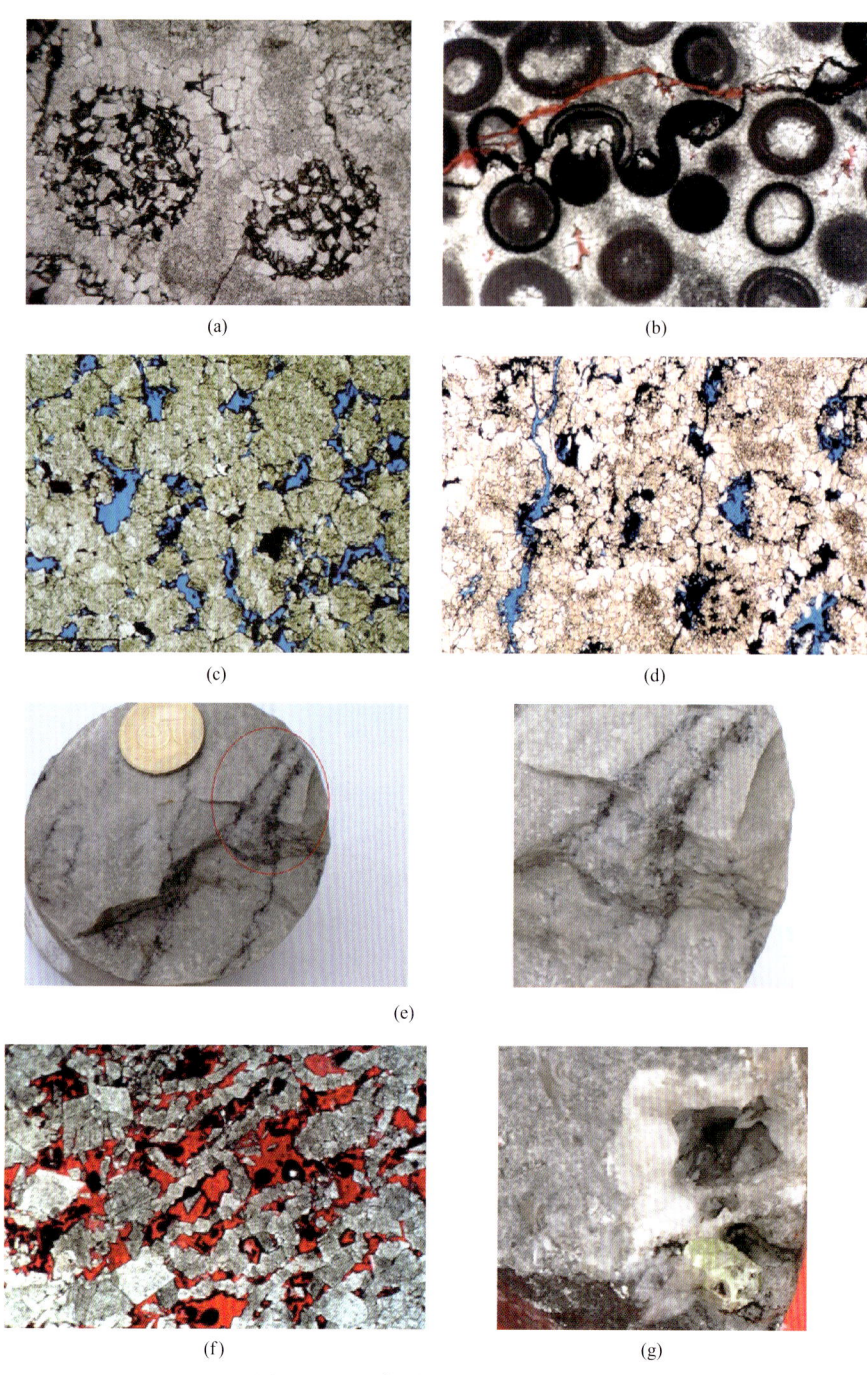

图 11-23 飞仙关组岩心与薄片照片

(a)残余鲕粒粒内孔及其粒间孔被沥青充填(七里北1井，5740.05m，铸体单偏光，×100)；(b)沥青充填鲕粒、并被后期裂缝错开与压溶(普光2井，4593.58m，铸体单偏光，×100)；(c)粒间溶孔，并被沥青充填(罗家1井，5740.05m，铸体单偏光，×100)；(d)溶孔沿裂缝发育，第三期裂缝被沥青充填晚期裂缝未被充填(罗家1井，5740.05m，铸体单偏光，×100)；(e)岩心裂缝(上图：裂缝被沥青充填；下图：局部放大)(七里北1井，5740.05m)；(f)溶蚀孔沿裂缝发育，并被沥青充填(普光2井，57040.05m，铸体单偏光，×100)；(g)膏质砂屑白云岩中发育溶蚀孔洞，被方解石半充填，见单体硫磺及向洞内生长的石英晶体，石英包裹体均一温度为141～147℃(金珠1井，2798.79m，岩心)

面的古埋深图叠合(图 11-22)，考虑受相带控制的白云岩分布，综合推测古油藏分布面积达 700km²，原油储量 45 亿～50 亿 t，为大型的构造-岩性复合型油藏或含油区块。

古油藏形成后，液态烃充注孔隙可有效抑制成岩作用，使储层良好物性得以保持。大量铸体薄片观察表明，未见沥青充填的石灰岩或白云岩，孔隙几乎全被白云石胶结物充填，从颗粒边缘至粒间孔中心，由栉壳状白云石→细晶白云石→中晶白云石的变化特征明显[图 11-23(a)]。相反，有沥青充填的白云岩中，溶蚀孔发育，且被沥青环绕，充分表明这些储层中曾经被液态烃所充注。液态烃充注孔隙的过程，实际上是油驱水的过程，使孔隙内可动水含量大大减少，水岩反应概率降低，孔隙内的胶结作用减少，早期形成的孔隙得以保存。

从上述清楚地看出，晚三叠世—早侏罗世是上二叠统烃源岩大量成油期，印支运动形成的断层和大型古圈闭为石油在飞仙关组鲕粒滩聚集成藏提供了有利条件；石油充注鲕粒粒溶孔和粒间孔，有效阻止成岩作用发生，使早期形成的良好孔隙得以保持，也为后期的孔隙演化奠定基础。

2) 晚侏罗世—白垩纪的耦合作用

中—晚侏罗世大巴山前陆盆地形成与快速堆积，使二叠系—下三叠统被深埋，埋深可达 6500～7200m，地层温度也因此上升。热史模拟结果显示，上侏罗统—白垩系飞仙关组地层古地温达到 170～220℃，达到了原油裂解成气温度，古油藏发生裂解成气。按上述古油藏的石油储量规模推算生气量，可达到 2.5 万亿～3.0 万亿 m³，为气藏的形成提供了充足的气源。这一点从目前发现的高效气藏主要分布在古油藏分布区内得到证实(图 11-24)，飞仙关组古油藏成为主要的气源灶。

基于赵文智等(2005)高效气源灶评价指标，分别为熟化速率($\Delta R_o$/Ma)＞0.05%/Ma、生气速率大于 0.02 亿 m³/(km²·Ma)、主生气期持续时间小于 40Ma。以 160℃作为原油裂解成气的温度下限推算，多数井模拟结果显示飞仙关组古油藏温度从 157Ma 进入 160℃，并持续到 135Ma，持续时间为 22Ma；生气速率为 1.6 亿～2.0 亿 m³/(km²·Ma)。由此可见，飞仙关组古油藏属于高效气源灶。

同时，高温环境下发生热化学硫酸盐还原作用(TSR)，导致飞仙关组鲕粒滩储层的深部溶蚀作用，形成优质储层。在 TSR 反应过程中，主要控制因素包括硫酸根浓度、$H_2S$ 分压以及温度。其中，温度是最重要的影响因素。尽管目前认识到的 TSR 反应最低温度尚不统一，可以在 100～140℃，但 TSR 反应速率与 $H_2S$ 含量有关，且随着 $H_2S$ 分压增大而升高；在无 $H_2S$ 时反应速率特别低。

TSR 反应是川东北部飞仙关组鲕粒滩高效气藏普遍高含 $H_2S$ 的关键因素，但 TSR 反应的地质年代目前尚不清楚。从温度模拟结果分析，TSR 反应发生可能在 157～135Ma，即晚侏罗世—早白垩世。该时期发生断裂作用，使得富含 $SO_4^{2-}$ 的地层水不断沿原有溶孔、溶缝及断裂进入古油藏，在高温环境下，烃类与 $SO_4^{2-}$ 发生 TSR 反应。从与单体硫磺相伴生的石英晶体包裹体均一温度(147℃)，推断 TSR 反应温度应在 140℃以上。此外，原油大量裂解成气导致异常高压，也有利于 TSR 反应速率增大。

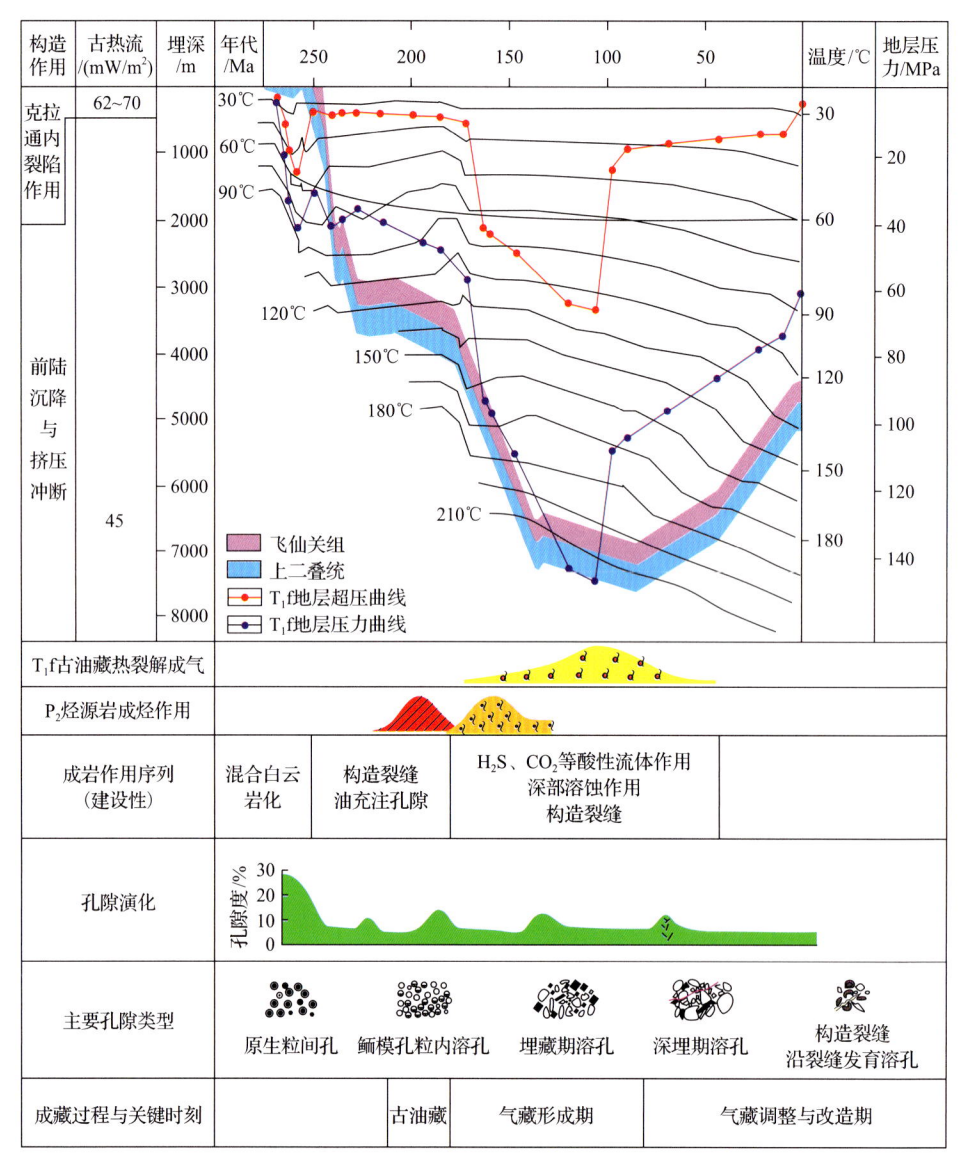

图 11-24 飞仙关组高效气藏形成过程中成藏三要素的耦合作用示意图

TSR 反应一方面消耗烃类，另一方面产生大量酸性气体 $H_2S$ 和 $CO_2$。而这些酸性气体对早期方解石胶结物产生溶蚀作用，使原有的孔隙不断扩大。这种深埋环境下产生的溶蚀孔隙，在薄片中主要表现为沥青四周都发育孔隙，而且孔隙形态多呈港湾状，或者与裂缝相连（图 11-25）。薄片统计表明，在局部层段，深部溶蚀孔的面孔率可达到 3%～6%。

3）飞仙关组鲕粒滩成藏三要素耦合作用模式

上述能量场模拟与成藏研究研究表明，飞仙关组鲕粒高效气藏的形成是能量场、成藏作用过程、地质要素三者耦合作用的结果，尤其是两个关键时刻的耦合作用使高效气源灶、优势输导及优质储盖组合在空间上具良好配置关系，是高效气藏形成的关键因素。

首先，晚三叠世—早侏罗世上二叠统烃源岩进入大量成油期，开江-渡口河地区发育大型古构造圈闭，强大的源-储剩余压力差促使石油沿断层发生优势运移，形成巨型大油田(或油田群)。同时，液态烃充注孔隙，使得储层的早期溶蚀孔隙得以保存。

其次，晚侏罗世—白垩纪大巴山前陆盆地充填期，尽管地温场变低，但快速沉降与巨厚堆积使得古油藏被深埋，地层温度高，古油藏裂解成气，为气藏形成提供了充足的气源。同时，与膏盐岩互层的储集层地层水中富含 $SO_4^{2-}$，在裂缝输导及高温作用下，与烃类发生 TSR 反应，产生了大量的 $H_2S$ 和 $CO_2$ 等酸性流体，使先存的被石油充注的孔隙发生再溶蚀作用，孔隙进一步被扩大，物性变好。

再次，燕山晚期—喜马拉雅期，大巴山前陆的冲断、隆升作用，一方面早期形成的气藏发生调整与改造，形成现今受构造-岩性控制的复合型气藏；另一方面，地层温度与压力在抬升过程中发生降温与降压作用，TSR 作用趋于停滞，连通性良好的高效气藏压力以常压为主，但储层致密的石灰岩气藏仍保持异常超压。

上述耦合作用可用图 11-24 来描述。川东北地区飞仙关组鲕粒高效气藏形成有三个重要因素，即充足的气源、优质储层及良好的盖层条件(飞仙关组发育的膏盐岩)。前两者的形成主要受控于两个关键时刻的耦合作用：①晚三叠世—早侏罗世，上二叠统烃源岩大量成油，沿古断层向上运移到印支末期古圈闭，聚集形成大型飞仙关组古油藏，烃类充注孔隙，有效阻止成岩作用，良好物性得以保持；②晚侏罗世—白垩纪，飞仙关组被快速深埋，导致地层快速增温并达到原油裂解温度，古油藏成为高效气源灶，并发生大量裂解成气，使地层出现异常高压，同时，TSR 反应产生大量酸性气体，导致深部溶蚀作用，形成优质储层。

## 第三节 古老海相碳酸盐岩油气成藏组合的评价方法

我国陆上海相碳酸盐岩发育层系多，从震旦系到古近系均有发育，但以古生界为主。这一领域位于叠合盆地深层，不仅埋深大，而且地层时代老，有利勘探区带的评价与优选难度大。其中，最为关键的是采用什么样的有效评价方法，实现低勘探程度区有利区带的快速评价与优选。

针对海相碳酸盐岩油气有利区带评价优选，目前主要有三种评价思路：一是立足现今构造特征，按照圈闭类型及其分布进行区带评选，如东部断陷盆地中二级构造带发育的潜山构造圈闭、四川盆地川东高陡构造带构造圈闭；二是立足目的层的古构造格局特征，按古隆起、斜坡带及拗陷带进行区带评价优选，如塔里木盆地塔北古隆起带、塔中古隆起带；三是立足储集体成因及展布特征进行区带评价，如鄂尔多斯盆地奥陶系马家沟组风化壳储集体、四川盆地长兴组—飞仙关组礁滩体。在上述区带的勘探实践中，既有成功的喜悦，也不乏失利的实例。总结原因，关键在于区带评价过程中只重视勘探目标(圈闭或储集体)，而忽视其他成藏要素，如烃源岩问题。因而，针对古老碳酸盐岩油气有利勘探区带的评价，要从成藏要素有效组合出发，才能做出更为客观的评价，优选出有利勘探区带。

在系统梳理四川、塔里木、鄂尔多斯等盆地深层海相碳酸盐岩油气地质条件的基础上，提出古老海相碳酸盐岩成藏组合类型、特征与评价方法，以期对有利勘探区块评价研究有所裨益。

## 一、古老海相碳酸盐岩成藏组合研究方法

含油气系统理论中将成藏组合定义为介于含油气系统和圈闭两者之间的含油气单元，基本含义是一组在地质上相互联系具有类似烃源岩、储层和圈闭条件的勘探对象；一个成藏组合可以包含若干个已发现的油气田或远景圈闭。从定义出发可以看出，成藏组合研究的落脚点是勘探对象，因而成藏组合与油气勘探的方向和勘探部署密切相关。这一概念一经提出，就成为各大油公司重点关注对象，也成为地质勘探家研究热点。鉴于成藏组合在勘探评价研究中具十分重要地位，童晓光等(2009)指出，对于低勘探程度地区，要想在较短时间内发现规模储量，最好的评价方法就是通过成藏组合快速分析，确定主力成藏组合，在此基础上优选主力成藏带，圈定勘探目标。

我国多数学者倾向于将"成藏组合"等同于"区带"，也正因此国内学者在进行区带评价时，更愿意采用"区带"而较少采用"成藏组合"。这一做法在简单含油气系统中是合理的，因为简单含油气系统中不仅烃源灶单一，而且具有相对比较单一的油气藏主形成期，油气分布基本上受烃源灶到圈闭的一次过程控制，即使有多个层系含油气，也遵循相似的成藏规律(赵文智等，2003)。因此，对于简单含油气系统而言，一旦确定了某个有利的成藏组合，评价的关键就在于圈闭的识别与评价，而很少再涉及烃源岩条件评价(童晓光等，2009)。然而，对于叠合盆地深层海相碳酸盐岩而言，烃源灶的多样性、生烃与成藏作用的多期次，决定了含油气系统以复合或复杂含油气系统为主。这一系统中，油气成藏组合条件复杂，即使同一构造带不同层系的含油气差异很大，用构造带作为区带评价的依据不能有效指导勘探发现。因此，针对我国古老海相碳酸盐岩油气地质特点，采用"成藏组合"进行有利勘探区带的评价优选，研究的核心内容是"源-储"的有效配置，即烃源条件与储集体两个关键地质要素在时空演化上是否具备良好的配置关系。

我国陆上海相碳酸盐岩具有复杂的油气地质条件，和中东地区中新生代为主的海相碳酸盐岩相比，有较大的差异性(图11-25)。对于后者，生储盖组合多属于同一时期的产物，时空配置关系优越，尤其是在大陆边缘沉积中发育最优的生储盖组合。我国古老海相碳酸盐岩经历了复杂的构造运动，生储盖组合主要以跨构造期组合为主。和原始沉积相比有很大变化，大陆边缘沉积卷入变形或者遭受破坏，残留保存较为完整的地层多属于板块内部克拉通盆地沉积，现今又多位于叠合盆地深层；另一方面，从生烃与成藏过程看，海相层系普遍经历了多期生烃与多期成藏，而且在成藏期后又经历了调整改造与破坏。因而，应用成藏组合方法评价优选古老海相碳酸盐岩有利勘探区带，核心研究内容包括三大方面。

1. 烃源条件评价是基础

烃源灶评价是成藏组合评价的基础。对我国古老海相碳酸盐岩而言，存在两种类型的烃源灶。

一类是干酪根型烃源灶，油气生成主要是烃源岩中有机质在热力作用下发生降解、裂解作用而生成烃类物质。这类烃源灶的评价，关键是确定主力烃源岩的质量、分布与

成烃潜力。通过编制烃源岩厚度等值线、不同时期烃源岩生烃强度等值线等基础图件，确定烃源灶供烃中心。

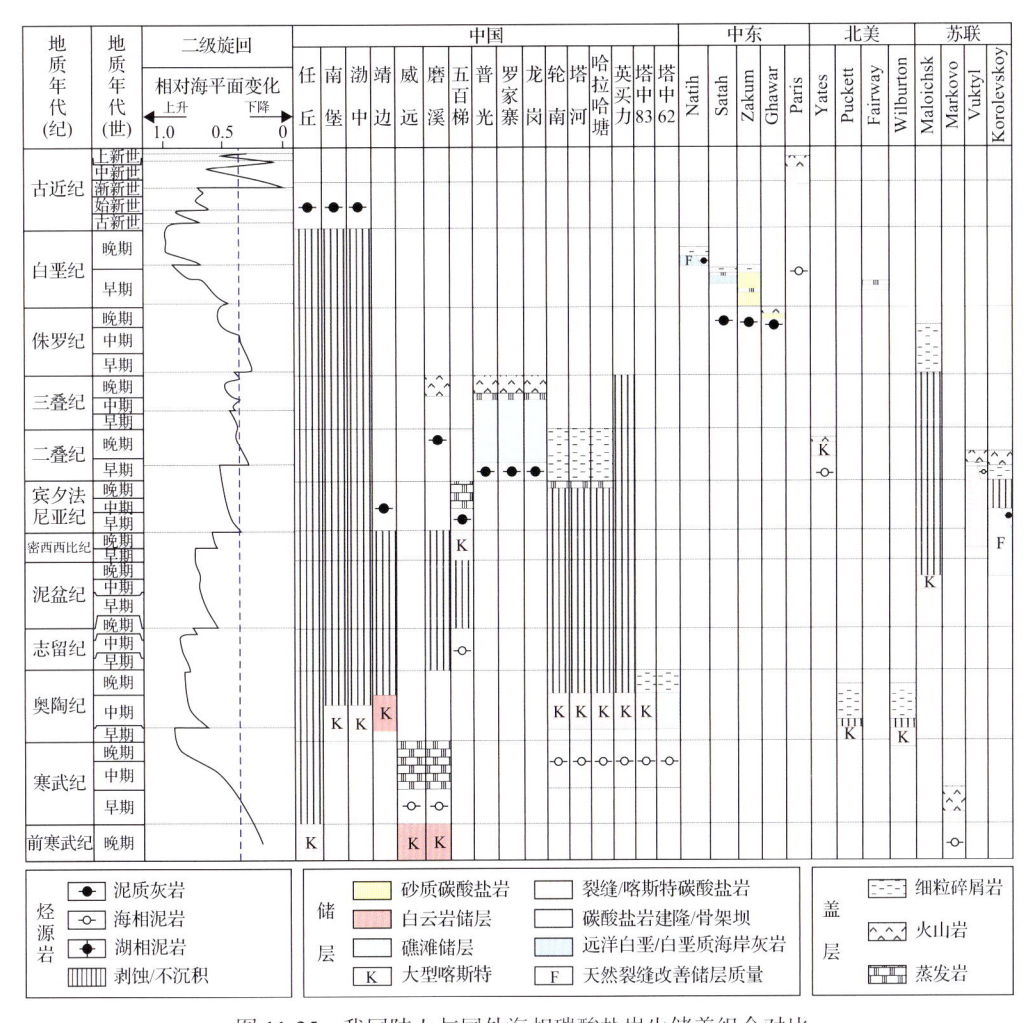

图 11-25 我国陆上与国外海相碳酸盐岩生储盖组合对比

另一类烃源灶为液态烃裂解型，烃类的生成主要是古油藏或分散液态烃在热力作用下裂解成气。研究表明，当地层温度超过160℃，液态烃裂解成气(赵文智等，2006；汪泽成等，2007)。根据液态烃赋存状态，可分为两类：古油藏裂解型气源灶和分散液态烃裂解型气源灶。古油藏裂解成气可形成大气田，如和田河气田、川东石炭系气田、川东北飞仙关组鲕粒滩气田等气源主要来自古油藏裂解气(赵文智等，2006；汪泽成等，2007)。古油藏作为气源灶，评价的关键是要搞清古油藏分布与规模。滞留在烃源岩中或者储集层中的分散液态烃也作为气源灶，评价的关键是要搞清分散液态烃数量以及经受的温度演化历史。从页岩气的成功勘探可以看出，滞留在烃源岩中分散液态烃生成的天然气资源总量也很大，一旦满足成藏条件，也可以形成大气田。塔里木盆地塔中奥陶系发现的气田主要与分散液态烃成气有关。

## 2. 储集条件评价是关键

位于盆地深层的古老海相碳酸盐岩，储集条件的质量与规模往往决定了油气勘探的经济性。因而，储集条件是古老碳酸盐岩油气地质评价研究的关键要素。评价的基本思路，要在搞清有效储层特征与成因的基础上，抓住控制储层分布的关键因素，开展储层分布预测。

研究表明，我国海相碳酸盐岩储层成因类型多样，但规模而有效的储层主要有三类，即沉积型礁/滩及白云岩储层、多类后生溶蚀-溶滤型储层与深层埋藏-热液改造型储层（赵文智等，2010）。这三类储层的分布规律：沉积型储层主要受沉积相带控制，表现为台缘带礁滩体呈串珠状沿台缘带分布及台内高能滩相控制的大面积分布；后生溶蚀-溶滤型储层在古隆起及其斜坡带呈似层状大面积分布，垂向上受多期岩溶作用控制多套叠置；埋藏白云石化作用受原始沉积相带约束，在深层形成条带状或斑块状大面积分布的有效储集体；与热液作用相关的储层多沿深大断裂分布，形成垂向上呈串珠状、平面上呈带状-栅状分布的有效储集体。

需要指出，统计我国已发现碳酸盐岩油气藏类型，在已发现的大中型碳酸盐岩油气田中油气藏类型主要以地层-岩性型圈闭为主，且呈集群式分布。这一特点有别于国外中新生代碳酸盐岩大油气田。其关键因素在于我国古老海相碳酸盐岩中圈闭的形成、分布受储集体的非均质性控制。因此，储集条件的评价研究也是圈闭评价的基础。不同储集条件决定了圈闭的分布规律不同，勘探部署思路与方法也不同。

## 3. 源-储组合评价是核心

越来越多的勘探实践表明，只重视储集条件而忽视烃源条件，往往会导致勘探失利。因此，源-储配置关系是成藏组合评价的核心。即只有烃源条件与储集条件均发育且空间配置良好的区域，才是成藏组合有利区域。从源-储配置关系来讲，归纳起来有两种类型：一是同沉积期的源-储配置，主要发育在盆地相或海槽相区的烃源岩与台地边缘相区的碳酸盐岩储层的有机组合；二是跨构造期的源-储配置，是指烃源岩与储集层分属不同构造期产物，如渤海湾盆地新近系烃源岩与奥陶系储层，很难用沉积相分布来确定源-储关系，而必须从盆地演化的视角，分别考虑烃源岩与储集层的发育规律，做出综合评价。

源-储配置是决定成藏组合有效性的关键。发育在复合含油气系统或复杂含油气系统中的成藏组合有效性评价，核心问题是搞清成藏诸要素的动态演化及时空有效配置。评价思路是以地质年代为主轴，研究两个关键时刻（即干酪根大量成烃期和液态烃大量成气期）的烃源灶、有效储层与圈闭的形成与分布，建立成藏模式，确定有利区带。图11-26是理想化的成藏组合演化示意图。图 11-26(a)为干酪根烃源岩大量生烃期有效储集体与烃源灶叠合关系，其中位于烃源灶内的有效储集体成藏条件优越，可形成古油气藏；图 11-26(b)为液态烃大量成气期有效储集体与气源灶叠合关系，处于气源灶范围内的有效储集体具良好的成藏条件。需要指出，碳酸盐岩储集体的形成与分布往往具有"层控"特点，即有效储层呈"层状"或"似层状"特点，因而在成藏组合评价时，要分"层"评价。

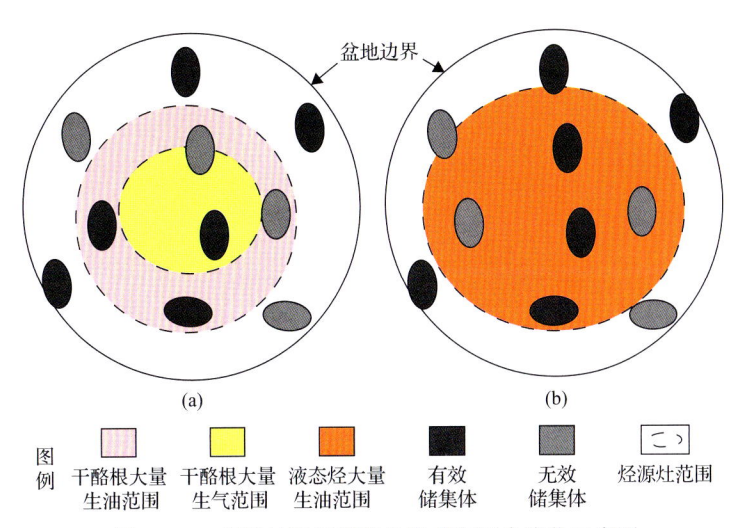

图 11-26 理想的海相碳酸盐岩成藏组合演化示意图
(a)干酪根大量成烃期成藏要素组合；(b)液态烃大量成气期成藏要素组合

特别指出，盖层条件是油气藏形成与保持的地质要素之一。然而，对于古老海相碳酸盐岩而言，现今保存的油气藏往往都是盖层条件较好，因而在成藏组合评价时，盖层条件是重要因素但不是评价的关键。

## 二、古老海相碳酸盐岩成藏组合类型

关于成藏组合类型的确定，比较流行的方法是依据圈闭类型，并用"储层层位+圈闭类型"进行命名。如 IHS 资料库中，根据储集层的时代与圈闭类型相结合，以地层层位为基础，对成藏组合进行命名，如侏罗系构造圈闭，侏罗系地层-岩性圈闭。这种成藏组合的分类适合于简单含油气系统中成藏组合。对于古老海相碳酸盐岩而言，由于沉积体系的多变性及成岩作用的复杂性，使圈闭类型复杂多样，很难用这种简单分类方案和命名方法。C&C 公司 1998 年在分析碳酸盐岩成藏组合类型时，倾向于利用储层成因、分布和几何外形来进行分类，把世界上碳酸盐岩成藏组合划分为六种类型，分别是碳酸盐岩砂、生物建隆、泥质白云岩/白垩灰岩、原生白垩、不整合和大型喀斯特、后期埋藏成岩，并按此分类进行碳酸盐岩大油气田分布统计，认为最重要的成藏组合是生物建隆成藏组合，其次是不整合和大型喀斯特成藏组合。

从源-储配置关系看，我国克拉通盆地海相碳酸盐岩存在同构造期成藏组合和跨构造期成藏组合两大类组合类型。

所谓同构造期成藏组合，是指生油层、储集层均为同一构造期产物，两者在空间分布上具良好的配置关系，能够为某一区带的油气生成与聚集提供烃源。在克拉通台地背景下，这类组合的形成受克拉通台地差异沉降控制，如克拉通台地内的裂陷作用可形成海槽或局部台内凹陷，海槽区或台内凹陷区是烃源岩有利沉积区，而海槽或台内凹陷周缘的高能环境则是有利储集体(如生物礁、颗粒滩等)的分布区。这种背景下，凹陷内的烃源岩与凹陷周缘的储集层可形成良好的生储配置(图 11-27)。

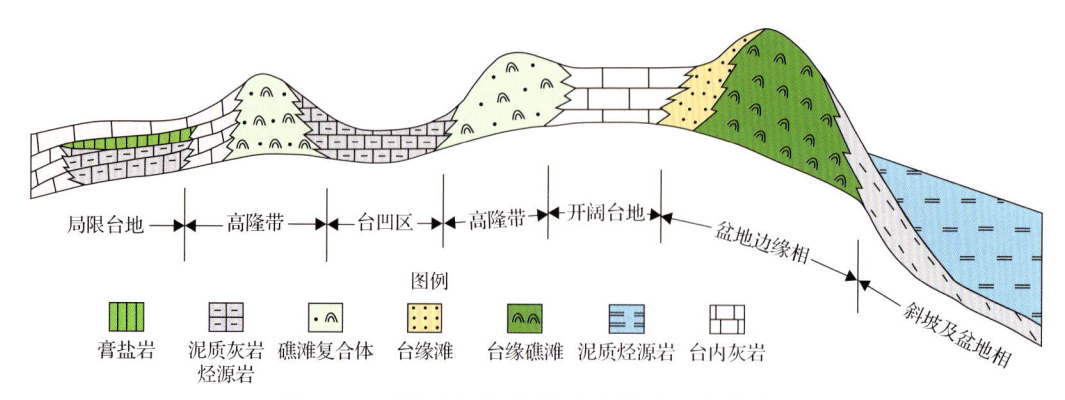

图 11-27 碳酸盐岩台地同沉积期源-储组合模式图

所谓跨构造期成藏组合，是指烃源岩、储集层与盖层的形成期不属于同一构造期。主要有四种类型(图 11-28)。图 11-28 中的成藏组合①，烃源岩与储集层属于同构造期，但盖层为异构造期。这类成藏组合多数发育在大型古隆起带，盖层发育时代与质量(如岩性、厚度等)是油气成藏与富集的关键因素。典型实例是塔北古隆起的寒武系—奥陶系，烃源岩与储集层属于同构造期，上覆上古生界至中生界不同层系盖层。图 11-28 中的成藏组合②，烃源岩与储集层为同期沉积产物，盖层为跨构造期沉积产物。该组合类型的典型实例为四川盆地下二叠统气田，烃源来自下二叠统，储层以栖霞组、茅口组为主，盖层为上二叠统。图 11-30 中的成藏组合③，烃源岩、储集层与盖层三者均不为同构造期产物。该组合类型的典型实例为四川盆地川东石炭系气田，烃源来自下伏志留系，盖层为二叠系。图 11-28 中的成藏组合④，烃源岩与盖层上覆在储集层上。这类成藏组合在克拉通盆地碳酸盐岩大油气田中具有重要地位，已发现的渤海湾盆地碳酸盐岩古潜山

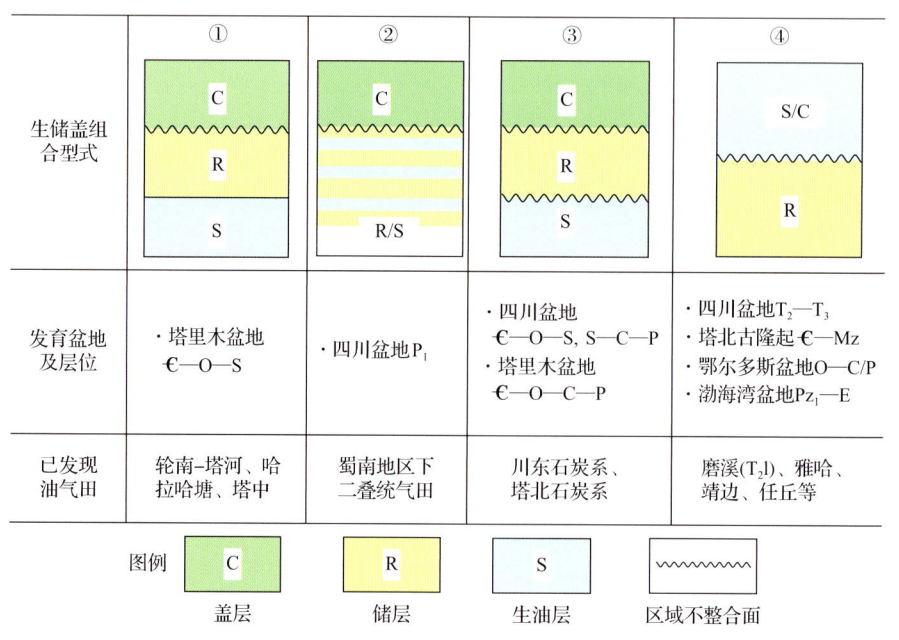

| 生储盖组合型式 | ① C / R / S | ② C / R/S | ③ C / R / S | ④ S/C / R |
|---|---|---|---|---|
| 发育盆地及层位 | ·塔里木盆地 €—O—S | ·四川盆地 P₁ | ·四川盆地 €—O—S, S—C—P ·塔里木盆地 €—O—C—P | ·四川盆地 T₂—T₃ ·塔北古隆起 €—Mz ·鄂尔多斯盆地 O—C/P ·渤海湾盆地 Pz₁—E |
| 已发现油气田 | 轮南-塔河、哈拉哈塘、塔中 | 蜀南地区下二叠统气田 | 川东石炭系、塔北石炭系 | 磨溪(T₂l)、雅哈、靖边、任丘等 |

图例　C 盖层　R 储层　S 生油层　〰 区域不整合面

图 11-28 我国海相碳酸盐岩跨构造期成藏组合类型示意图

大油气田(烃源岩为古近系—新近系湖相泥质岩)、鄂尔多斯盆地靖边奥陶系大气田(石炭系-二叠系煤系是主力烃源岩)、四川盆地威远震旦系大气田(下寒武统泥质岩是主力烃源岩)及龙岗地区中三叠统雷口坡组风化壳气藏(上三叠统须家河组煤系是主力烃源岩)，均属于这类成藏组合。统计已有的勘探成果，跨构造期成藏组合是中国陆上海相碳酸盐岩大油气田形成的主要组合类型。

鉴于我国古老海相碳酸盐岩主要以地层-岩性型圈闭为主体，圈闭形成又主要与储集体的成因有关，建议用"储层层位+储集体类型"来命名成藏组合。如塔里木盆地塔北地区鹰山组岩溶缝洞体成藏组合、塔中Ⅰ号坡折带良里塔格组礁滩体成藏组合；四川盆地长兴组生物礁成藏组合和飞仙关组鲕粒滩成藏组合；鄂尔多斯盆地马家沟组风化壳成藏组合和马家沟组颗粒滩成藏组合等。这种成藏组合的命名具有简洁、实用的特点，不仅可以清楚地知道勘探对象的地质特征，还对勘探配套技术的选择有指导作用。

### 三、成藏组合实例

以四川盆地长兴组—飞仙关组为例，阐述同构造期成藏组合特征；以震旦系—寒武系为例，阐述跨构造期成藏组合特征。

1. 长兴组—飞仙关组同构造期成藏组合

四川盆地在早二叠世末经历了东吴运动，进入晚二叠世，发生了区域性海侵作用，早期沉积的龙潭组为一套海陆交互相煤系地层，晚期沉积的长兴组为一套海相碳酸盐岩地层，生物礁发育。二叠纪末经历了短暂沉积间断。早三叠世又发生海侵作用，飞仙关期沉积一套鲕粒滩发育为主要特征的碳酸盐岩地层(王一刚等，1998；冉隆辉等，2005)。长兴组生物礁与飞仙关组鲕粒滩是两类重要的储集体，与下伏的龙潭组煤系及海槽区大隆组泥质岩是主要烃源岩，成藏组合属于同构造期组合类型。鉴于两个层系的储集体类型不同，成藏条件也存在较大差异，应分别命名为长兴组生物礁成藏组合、飞仙关组鲕粒滩成藏组合。

礁滩体分布受古地理环境控制，不同古地理环境下的生物礁及鲕粒滩类型、规模不同，后期的成岩作用差异也很明显，因而导致储集体性能和圈闭类型不同。从储层特征看，台缘带生物礁与鲕粒滩叠置发育，白云石化作用强烈，白云岩储层厚度大，物性条件好；而台内礁滩体，白云岩不发育，主要以灰岩储层为主，物性条件较差。基于此，长兴组与飞仙关组成藏组合可进一步划分为台缘带亚组合、台内礁滩亚组合。无论烃源条件还是储层条件，台缘带生物礁及台缘带鲕粒滩成藏组合条件明显优于台内组合。

从成藏过程看，长兴组—飞仙关组礁滩气藏的源-储组合为下生上储型，断裂沟通气源是决定礁滩体成藏的重要条件。断裂不仅使烃类流体从烃源岩向储集层运移充注，还沟通多套储集层，使天然气在储集层与储集层之间运移充注。比较而言，海槽两侧台缘带的断裂与裂缝发育程度要高于川中台内相区，这也使台缘带礁滩体油气运聚的输导条件要优于台内礁滩。勘探实践证实，在川东北地区高陡构造和大断层发育，深层断裂向下可沟通二叠系、志留系、寒武系等多套烃源岩，为礁滩气藏提供烃源，使气藏充满度高，目前已发现气藏的充满度高达90%以上。川中平缓构造背景下，尽管缺乏深大断裂，但台缘带礁滩体在沉积期受同沉积断层控制，使台缘带断层和裂缝发育程度高于台内，同样有利于气藏形成，但天然气富集程度低于高陡构造与礁滩体叠合发育区。

综上，四川盆地长兴组、飞仙关组成藏组合中，台缘带成藏组合是最有利的成藏组合，这就决定了该领域油气勘探应以台缘带为重点。

2. 震旦系—寒武系跨构造期成藏组合

四川盆地震旦系—寒武系是天然气勘探的重点领域，生产实践中常常把两者合二为一，当成一个成藏组合进行选区评价。正如本书第八章所述，震旦系和下古生界分属两个独立的含气系统，各自具有不同的成藏特征及油气富集规律，因而在选区评价时应充分考虑成藏组合的差异性，分别进行选区评价。

从烃源条件而言，震旦系的烃源供给来自陡山沱组、灯三段、麦地坪组及筇竹寺组，而下古生界烃源主要来自下寒武统筇竹寺组。从储集条件而言，震旦系发育灯二段、灯四段两套主力储集层，而且台缘带与台内的储集层还存在较大差异；而下古生界则发育沧浪铺组、龙王庙组、洗象池组及下奥陶统。

按照"储层层位+储集体类型"成藏组合命名原则，可分为灯二段丘滩体白云岩成藏组合、灯四段丘滩体白云岩成藏组合及龙王庙组颗粒滩白云岩成藏组合等。

1) 灯二段丘滩体白云岩成藏组合

该成藏组合主要为"下生上储伴有自生自储"型，下伏陡山沱组泥页岩为主力烃源岩，自身藻白云岩为可能提供补充烃源的烃源岩。由于区内受桐湾多幕构造运动的影响，灯二段顶部存在剥蚀界面，不排除在局部地区灯三段泥岩或下寒武统泥岩对灯二段气藏的侧向烃源补充，如资阳、威远地区。

从目前勘探实践看，德阳-安岳台内断陷内存在下寒武统烃源岩直接上覆灯二段储集层，构成了沿不整合面运移的"上生下储型"成藏组合，气藏类型以地层-岩性气藏为主，蓬探1井证实该组合具有良好的勘探潜力。

2) 灯四段丘滩体白云岩成藏组合

该成藏组合主要为"侧生旁储伴有下生上储型"，下寒武统筇竹寺组泥页岩与下伏灯三段泥页岩为主力烃源岩，藻白云岩可能提供补充烃源。

由于桐湾Ⅱ幕长期的风化剥蚀影响，灯影组顶部大面积剥蚀，形成大量的岩溶残丘和岩溶台地。横向上形成下寒武统筇竹寺组泥页岩与灯四储层段大面积接触和横向的连续对接特征，这为下寒武统筇竹寺组泥页岩生成的油气侧向运移至灯四储层提供了便利，从生储组合上属于"侧生旁储(新生古储)型"。由于川中地区灯三段局部发育较好的黑色泥页岩(如高科1井)，因此，灯三段泥页岩的供烃作用亦可能较强，形成"下生上储型"。综上认为，区内灯四气藏的生储组合主要为"侧生旁储伴有下生上储型"，藻白云岩可能提供补充烃源。

3) 龙王庙组颗粒滩白云岩成藏组合

该成藏组合为"下生上储"型，下寒武统筇竹寺组泥页岩为主力烃源岩，龙王庙组颗粒滩相白云岩为主要储集层。

高-磨地区龙王庙组天然气主要来源于寒武系筇竹寺组烃源岩，主要为原油裂解气，少部分为晚期干酪根裂解气。筇竹寺组优质烃源岩是龙王庙组下伏的距离最近（150~200m）、烃源条件最好的一套烃源岩，是龙王庙组天然气主要来源。龙王庙组天然气与筇竹寺组页干酪根碳同位素对比、龙王庙组储层沥青与筇竹寺组烃源岩的地球化学特征对比均表明，龙王庙组天然气来源于寒武系烃源岩。龙王庙组上覆高台组砂、泥岩及致密碳酸盐岩夹膏盐为直接盖层，寒武系洗象池组到三叠系沉积数千米的泥岩、砂岩、碳酸盐岩和膏盐为区域盖层，盖层封盖能力强。

安岳气田龙王庙组气藏处于持续性古隆起的高部位，气藏形成过程稳定，后期调整幅度小，大型破坏性断裂不发育，但古隆起区在加里东期发育多条烃源断裂，断开层为从震旦系至洗象池组，为下寒武统优质烃源向龙王庙组运移提供了通道。

## 第四节  资源潜力与勘探方向

### 一、资源现状

四川盆地油气勘探始于20世纪50年代初，迄今已有70余年的勘探历史，已发现的27个工业油气层系中，常规、致密油气产层25个，页岩气产层2个，是国内首个百亿立方米级气区，也是中石油首个以气为主的千万吨级大油气田。

根据中石油2019年完成的资源评价结果，四川盆地天然气总资源量38.11万亿 $m^3$，探明储量3.97万亿 $m^3$。其中，中石油矿权内天然气总资源量30.67万亿 $m^3$，探明储量2.72万亿 $m^3$，探明率8.9%（图11-29）。待发现天然气资源量9.3万亿 $m^3$，其中海相碳酸盐岩层系占85%，主要分布在震旦系、寒武系、二叠系、下三叠统，陆相碎屑岩层系发现资源量1.39万亿 $m^3$，占15%，主要分布在上三叠统须家河组和侏罗系。

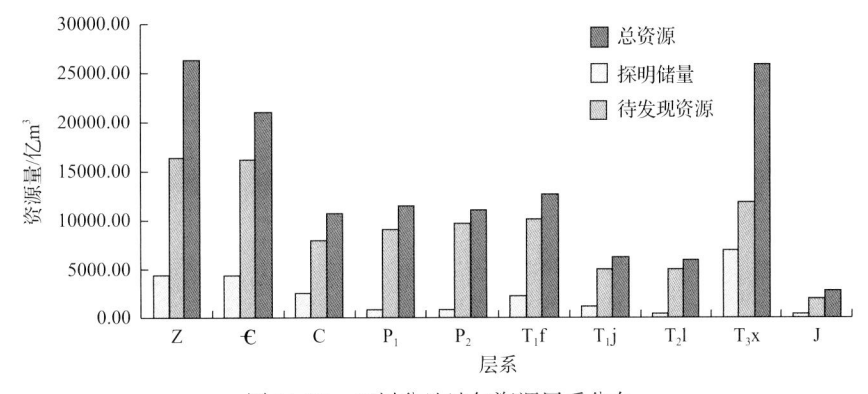

图11-29  四川盆地油气资源层系分布

页岩气分布层系包括下寒武统筇竹寺组、下志留统龙马溪组、上二叠统龙潭组及下侏罗统大安寨组，地质资源量为43.76万亿 $m^3$，可采资源量为9.8万亿 $m^3$，其中龙马溪组页岩气资源占65.37%，筇竹寺组占15.36%，龙潭组占15.0%。截至2018年底，龙马溪组获探明地质储量为2700亿 $m^3$，可采储量为644亿 $m^3$。

石油资源主要分布在侏罗系，资源总量 1.7 亿 t，目前仅探明石油地质储量 583 万 t。

## 二、待发现天然气资源分布特点

天然气资源在四川盆地油气资源中占主导地位。资源类型包括常规天然气(主要赋存在海相碳酸盐岩储集层)、致密气(主要赋存在碎屑岩储集层)及页岩气。以下重点分析常规天然气和致密气待发现资源分布特点。

### (一)海相碳酸盐岩天然气

1. 层系分布

海相碳酸盐岩天然气含气层系包括震旦系、下古生界—中三叠统，待发现资源总量为 12.58 万亿 m$^3$。从不同层系待发现资源占比看，寒武系占比高达 23%，其次为震旦系占 19%，二叠系茅口组、长兴组及下三叠统飞仙关组均占 10%，石炭系占 8%，栖霞组占 7%。

2. 埋深分布

中浅层(埋深小于 4500m)的待发现资源总量为 4.12 万亿 m$^3$，占比 33%；深层(埋深为 4500~6000m)为 5.79 万亿 m$^3$，占比 46%；超深层(埋深大于 6000m)为 2.67 万亿 m$^3$，占比 21%。由此可见，深层-超深层累计占比 67%，是未来天然气勘探的重点。

3. 构造区带分布

川中古隆起带待发现资源总量为 4.82 万亿 m$^3$，占比 38%，主要分布在深层的震旦系—寒武系及中浅层的二叠系、三叠系。

川东高陡构造带待发现资源总量为 3.39 万亿 m$^3$，占比 27%，主要分布在中深层的石炭系、深层-超深层的震旦系—寒武系，中浅层的长兴组—飞仙关组。

川南低陡构造带待发现资源总量为 1.82 万亿 m$^3$，占比 14%，主要分布在深层的震旦系—寒武系及中浅层的二叠系、三叠系。

川西拗陷带待发现资源总量为 1.47 万亿 m$^3$，占比 12%，主要分布在深层-超深层的二叠系、三叠系。

川北拗陷带待发现资源总量为 1.07 万亿 m$^3$，占比 9%，主要分布在深层-超深层的二叠系、三叠系及震旦系—寒武系。

### (二)陆相碎屑岩致密气

陆相碎屑岩致密气含气层系包括下三叠统须家河组及侏罗系，主要分布在川中平缓构造带-川西拗陷，待发现资源总量为 3.25 万亿 m$^3$，其中须家河组占 76%，侏罗系占 24%。

从埋深情况看，浅层(埋深小于 3500m)的待发现资源总量为 2.27 万亿 m$^3$，占比 69.2%；中深层(埋深为 3500~4500m)为 1.0 万亿 m$^3$，占比 30.8%。

## 三、大气田勘探方向

基于目前地质认识，按照源灶的充分性、储集体的规模性、成藏的有效性等，结合剩余资源分布及勘探成果,分析四川盆地大气田勘探的主攻方向。

1. 古隆起斜坡带的海相碳酸盐岩是规模勘探的现实领域

四川盆地不同时期发育不同的古隆起,如加里东期川中古隆起、印支期开江-泸州古隆起,目前已在古隆起高部位发现一批大中型气田。古隆起斜坡带面积大、成藏条件有利、勘探程度低,是下一步勘探的重点(表11-5)。

表 11-5　四川盆地古隆起碳酸盐岩油气勘探潜力统计表

| 古隆起及斜坡带 ||| 主要油气藏类型 | 主要含油气层系 | 勘探发现 |
|---|---|---|---|---|---|
| 古隆起 | 古隆起面积/km² | 斜坡带面积/km² | | | |
| 川中 | 30000 | 45000 | 背斜型、构造-岩性型、地层不整合型 | 震旦系、寒武系、奥陶系、二叠系 | 威远气田、磨溪气田、资阳等含气构造,累计探明天然气5000亿 m³ |
| 开江 | 5000 | 40000（石炭系面积） | 背斜型、构造-岩性型、地层不整合型 | 石炭系、二叠系、中—下三叠统 | 五百梯、大天池等石炭系气田,累计探明天然气2410亿 m³ |
| 泸州 | 13600 | 35000 | 背斜型、构造-岩性型、地层不整合型 | 寒武系—奥陶系、二叠系、中—下三叠统 | 蜀南二叠系—中下三叠统中小型气田群,累计探明天然气1086亿 m³ |

川中古隆起北斜坡带震旦系—寒武系。从储层分布看,发育灯影组丘滩体及龙王庙组、沧浪铺组、洗象池组颗粒滩、栖霞组—茅口组、长兴组—飞仙关组等多套储集层。从成藏演化看,成油高峰期(晚三叠世)之前作为川中古隆起一部分,长期处于构造高部位,有利于早期原油聚集及古油藏分布;成气高峰期,受川西前陆盆地差异沉降影响,演变为古隆起斜坡区,早期岩性圈闭为主的古油藏发生裂解成气形成古气藏;中新生代深层构造活动弱,保存条件良好。从勘探潜力看,天然气资源量为3.5万亿~4.0万亿 m³,有利勘探面积达2.0万~3.0万 km²。

2. 环台内断陷台缘带是寻找高效气田的重点领域

台内断陷控制主力烃源岩和生烃中心,提供充足油气来源,有利于近源成藏。从储集层角度考虑,受裂陷区构造演化与沉积充填影响,存在源上和源下两种类型的储集层,构成了两种成藏模式。四川盆地德阳-安岳裂陷内灯二段及开江-梁平裂陷飞仙关组是值得重视的有利区。

德阳-安岳台内断陷灯二段具备源下成藏的有利条件。该断陷发育始于早震旦世陡山沱期,发育于晚震旦世灯影期。受桐湾运动抬升剥蚀影响,断陷区灯影组遭受剥蚀,发育以灯二段为主的岩溶储集层,与上覆的下寒武世筇竹寺组主力烃源岩不整合接触,构成了良好的成藏组合。断陷区荷深1、金页1井灯二段均获气,蓬探1井灯二段钻遇厚层优质储集层,且含气性良好。预测有利区面积1.5万~2.5万 km²,勘探潜力良好。

开江-梁平台内断陷飞仙关组具备源上成藏的有利条件。断陷区发育大隆组及龙潭组两套烃源岩。飞一段—飞三段沉积期,裂陷区发育从台缘带向裂陷延伸的鲕粒滩前积体,具有一定的储集物性,与下伏烃源岩组成良好的成藏组合。目前,已在川北河坝地区飞三段获控制储量，在川东北的铁山、龙门、大罐坪等区块发现气田，川西九龙山龙16井获工业气流，展示了裂陷内飞仙关组鲕粒滩良好的勘探前景。

除此之外，川西地区栖霞组台缘带发育白云岩储集层，成藏条件有利，目前在川西北的双鱼石地区及川西南的平落坝地区部分井获高产，展示了良好的勘探前景。

3. 川西拗陷是寻找中低丰度致密气田的现实领域

川西拗陷是上三叠统须家河组煤系烃源岩分布的有利地区，生气强度大，发育多套砂岩储集层，储层致密，与烃源岩构成"三明治"式成藏组合，具备大面积成藏的有利条件。以往勘探主要针对构造带的构造圈闭部署，发现一批中小型气田，且气水关系较为复杂。下一步勘探应按照致密气勘探理念，跳出构造带，在构造带外围、斜坡带乃至向斜区，围绕砂体分布的有利沉积相带，加大三维地震部署力度，预测"甜点"区分布，确定勘探靶区。

4. 川东石炭系老区挖潜的潜力大

川东石炭系发育有利岩性及含油气构造，勘探前景依然较好，石炭系圈闭类型主要包括构造圈闭、地层(岩性)-构造复合圈闭。已发现的复合圈闭储量规模大，大天池-明月峡构造带的地层-构造复合圈闭气藏探明储量占了该带探明储量的95%，说明复合圈闭的勘探潜力巨大。近期对川东地区石炭系未钻的复合圈闭进行梳理表明，目前未钻复合圈闭47个，圈闭面积786.74km$^2$，圈闭内资源量总计达1675.7亿m$^3$，具有较好的勘探前景。

5. 值得关注的三个重要领域

1) 膏盐岩-碳酸盐岩组合

勘探已证实盐下是寻找大油气田的重要领域，如库车前陆盆地盐下深层碎屑岩发现特大型气田。目前，盐下海相碳酸盐岩领域相继在塔里木盆地寒武系盐下、鄂尔多斯盆地中东部奥陶系盐下、川中雷口坡组取得勘探突破与发现，展示了该领域良好的勘探潜力。

四川盆地海相层系发育多套膏盐岩-碳酸盐岩组合。值得重视的领域包括川东寒武系盐下及川中雷口坡组内幕气藏。川东地区寒武系发育龙王庙组和高台组两套膏盐岩层系，厚度大、分布广，作为区域性滑脱层，盐上、盐下构造变形差异大。盐上发育冲断-褶皱变形，构造变形强烈；盐下构造变形较弱，以宽缓褶皱变形为主，发育四排背斜构造带，构造圈闭发育且面积较大。从源储组合条件看，发育筇竹寺组和陡山沱组两套优质烃源岩及灯影组、沧浪铺组、龙王庙组等储集层，成藏条件有利，值得勘探重视。

中三叠统雷口坡组是一套潟湖-潮坪沉积产物，膏盐岩与滩相白云岩频繁互层。以往勘探重点关注雷口坡组顶面不整合面风化壳岩溶储层，川中地区近期勘探有充探1、合平1等多口井在雷三$^2$亚段见气侵、气测异常等良好气显示，聚气点火可燃，磨溪3、磨溪115等井测试获气。初步研究认为，雷三$^2$亚段具有良好的自生自储型成藏组合。充探1、合平1等井烃源分析表明，雷三段烃源岩以泥晶灰岩为主，夹薄层页岩，TOC在0.1%~4.72%，平均1.39%；$R_o$为2.3%~2.4%，处于生成凝析油-干气窗范围内，具备一定的生气能力。从储层看，雷三$^2$亚段发育缝洞型和微孔-微缝型两类储层，其中以微孔-微缝为主的致密储层孔渗关系良好，且在膏盐湖周缘泥灰坪相区大面积分布，也是目前含气显示最活跃的层段，可能存在大面积分布的致密气，是下一步勘探值得重视的新领域与新类型。

2) 龙门山构造带

龙门山构造带具备良好的油气地质条件，包括筇竹寺组、中二叠统及上三叠统等多套烃源岩；储集层发育灯影组、龙王庙组、栖霞组、茅口组、长兴组、雷口坡组等碳酸盐岩储集层，同时也包括须家河组、侏罗系砂岩储集层，目前在山前带已发现一批构造圈闭型气田。但龙门山构造带构造复杂，近年完成的少量束线三维地震揭示山前构造带存在多层滑脱构造变形，在中深层的二叠系—震旦系发育掩覆的构造圈闭，圈闭面积大，值得勘探探索。

3) 大巴山构造带

大巴山构造带具备良好的油气地质条件，包括筇竹寺组、志留系、上三叠统及侏罗系等多套烃源岩；储集层发育灯影组、龙王庙组、栖霞组、茅口组、长兴组、飞仙关组等碳酸盐岩储集层，同时也包括须家河组、侏罗系砂岩储集层，目前在山前带已发现一批构造圈闭型气田。但大巴山构造带构造复杂，地震及电法等资料揭示大巴山构造带存在多层滑脱构造变形，在中深层的震旦系—二叠系发育掩覆的构造圈闭，圈闭面积大，值得勘探探索。

## 参 考 文 献

陈国达, 彭省临, 戴塔根. 2005. 亚洲大陆中部壳体东、西部历史-动力学的构造分异及其意义. 大地构造与成矿学, 29(1): 7-16.

戴金星. 1996. 中国大中型气田有利勘探区带. 中国石油勘探, 1(1): 6-9.

郭令智, 朱文斌, 马瑞士, 等. 2003. 论构造耦合作用. 大地构造与成矿学, 27(3): 197-206.

蒋复初, 吴锡浩, 肖华国, 等. 1999. 中原邙山黄土及构造与气候耦合作用. 海洋地质与第四纪地质, 19(1): 45-52.

毛桐恩, 肖广银, 范思源, 等. 1999. 地电阻率各向异性度的动态演化图像与地震孕育过程. 地震学报, 21(2): 180-186.

冉隆辉, 陈更生, 徐仁芬. 2005. 四川盆地罗家寨大型气田的发现和探明. 海相油气地质, 10(1): 43-48.

宋岩, 夏新宇, 王镇亮, 等. 2001. 天然气运移和聚集动力的耦合作用. 科学通报, 46(22): 1906-1911.

谭凯旋, 谢焱石, 谢淼石, 等. 2001. 构造流体成矿体系的反应输运动力学耦合模型和动力学模拟. 地学前缘, 8(4): 311-322.

汤良杰, 漆立新, 邱海峻, 等. 2012. 塔里木盆地断裂构造分期差异活动及其变形机理//构造地质与地球动力学学术研讨会, 武汉.

汤良杰, 李萌, 杨勇, 等. 2015. 塔里木盆地主要前陆冲断带差异构造变形. 地球科学与环境学报, (1): 46-56.

童晓光, 李浩武, 肖坤叶, 等. 2009. 成藏组合快速分析技术在海外低勘探程度盆地的应用. 石油学报, 30(3): 317-324.

汪华, 沈浩, 黄东, 等. 2014. 四川盆地中二叠统热水白云岩成因及其分布. 天然气工业, 34(9): 25-33.

汪泽成, 赵文智, 门相勇, 等. 2005. 基底断裂"隐性活动"对鄂尔多斯盆地上古生界天然气成藏的作用. 石油勘探与开发, 32(1): 9-13.

汪泽成, 赵文智, 张水昌, 等. 2007. 成藏三要素的耦合对高效气藏形成的控制作用——以四川盆地川东北飞仙关组鲕滩气藏为例. 科学通报, 52(Z1): 156-167.

汪泽成, 郑红菊, 徐安娜, 等. 2008. 南堡凹陷源上成藏组合油气勘探潜力. 石油勘探与开发, (1): 11-16.

王兰生, 陈盛吉, 王廷栋. 1993. 川东地区过成熟天然气烃类组分中碳同位素值倒转原因的探讨. 西南石油大学学报: 自然科学版, (S1): 54-56.

王思敬. 2002. 地球内外动力耦合作用与重大地质灾害的成因初探. 工程地质学报, 10(2): 115-118.

王一刚, 文应初, 张帆, 等. 1998. 川东地区上二叠统长兴组生物礁分布规律. 天然气工业, 18(6): 6-15.

翟明国. 2011. 克拉通化与华北陆块的形成. 中国科学: 地球科学, 41(8): 1037-1043.

翟明国. 2013. 中国主要古陆与联合大陆的形成——综述与展望. 中国科学: 地球科学, (10): 1583-1606.

赵文智. 2002. 中国含油气系统基本特征与评价方法. 北京: 中国石油天然气股份公司.

赵文智, 张光亚, 王红军, 等. 2003. 中国叠合含油气盆地石油地质基本特征与研究方法. 石油勘探与开发, 30(2): 1-9.

赵文智, 汪泽成, 王兆云, 等. 2005. 中国高效天然气藏形成的基础理论研究进展与意义. 地学前缘, 12(4): 499-507.

赵文智, 王红军, 王兆云, 等. 2006. 中国天然气高效成藏的内涵及意义. 天然气工业, 26(12): 6-16.

赵文智, 刘文汇. 2008. 高效天然气藏形成分布与凝析低效气藏经济开发的基础研究. 北京: 科学出版社.

赵文智, 王红军, 徐春春, 等. 2010. 川中地区须家河组天然气藏大范围成藏机理与富集条件. 石油勘探与开发, 37(2): 146-158.